U0804102

全国性物流节点城市包括：

北京、天津、沈阳、大连、青岛、济南、上海、南京、宁波、杭州、厦门、广州、深圳、郑州、武汉、重庆、成都、南宁、西安、兰州、乌鲁木齐共21个城市。

物流节点 枢纽城市

物流业是融合运输业、仓储业、货代业和信息业等的复合型服务产业，是国民经济的重要组成部分，涉及领域广，吸纳就业人数多，促进生产、拉动消费作用大，在促进产业结构调整、转变经济发展方式和增强国民经济竞争力等方面发挥着重要作用。

根据《物流业调整振兴规划》中对我国重点发展九大物流区域、建设十大物流通道和一批物流节点城市的规定，2013版《中国物流年鉴》针对21个全国性物流节点城市的部分重点物流企业进行列名展示。通过对部分重点物流企业的展示，希望可以带动更多的物流企业稳步、健康的发展。

特别感谢：辽宁省物流与采购联合会、青岛市物流协会、山东省物流与采购协会、南京物流行业协会、宁波市物流协会、厦门市物流协会、广州市白云区物流协会、河南省物流协会、武汉市物流协会、重庆市物流与供应链协会、成都市物流协会、广西物流与采购联合会、陕西省物流与采购联合会、甘肃省物流与采购联合会。

排序说明：城市排序按《物流业调整和振兴规划》中节点城市顺序排列。每个城市中的企业排名不分先后。

北京市

中国邮政速递物流股份有限公司	用心每一步
中国远洋物流有限公司	务实，协调，创新，进取
中铁现代物流科技股份有限公司	打造铁路物流特色突出、金融物流行业领先的专业化综合物流服务提供
中储发展股份有限公司	物流天下　服务社会
中国物流有限公司	安全、高效、准确、规范
中铁国际多式联运有限公司	客户第一，信誉至上；多式联运，便捷世界
中物华商国际物流股份有限公司	中物华商，让世界更流畅！
联邦快递（中国）有限公司	我们深信企业的成功，全赖背后团队的优秀表现
北京福田物流有限公司	成为物流行业最优秀的整体物流解决方案提供商
博大世通国际物流（北京）有限公司	保税亦庄　商贸世界
普天物流技术有限公司	持续融合创新科技，提高物流运作效率
北京宅急送快运股份有限公司	20年专注服务品质，国内代收货款领先品牌！
北京长久物流股份有限公司	成为卓越的汽车供应链物流服务商

天津市

天津物产集团有限公司	热烈庆祝天津物产集团再次入榜世界500强
世能达物流（天津）有限公司	传承悠久私营历史，引领卓越行业先锋
天津滨海泰达物流集团股份有限公司	中国综合物流专家
易特物流有限公司　诚信致远	成就价值　与客户共成长
天津丽兴园物流发展有限公司	创新带来发展，奉献带来财富
天津丰田物流有限公司	爱、人·地球，以超越之势缔造价值
天津中石化工物流有限公司	整合物流资源，实现经济、快捷、安全，高效物流
天津市嘉通盛辉国际货运代理有限公司	客户满意是我们永远的追求

沈阳市

沈阳市部分企业由辽宁省物流与采购联合会推荐

沈阳储运集团有限公司	团结、求实、开拓、创优
国药控股沈阳有限公司	关爱生命 呵护健康
沈阳煤业（集团）国源物流有限责任公司	致力于打造产业融合、结构优化、开放共赢、物商互动的国际化现代综合型服务企业
顺丰速运（沈阳）有限公司	成为最值得信赖和尊敬的速运公司
沈阳远通物流服务有限公司	专业的团队、优质的服务、诚信的态度,立足新起点、再创新辉煌

大连市

大连市部分企业由辽宁省物流与采购联合会推荐

中铁铁龙集装箱物流股份有限公司	成为国内最值得信赖的、以特种箱运输为主导的现代物流企业
大连中远物流有限公司	做最强的物流服务商，做最好的船务代理人

青岛市

青岛市企业由青岛市物流协会推荐

中创物流股份有限公司	中庸兴业 创新未来
交运集团公司	社会需要交运 交运奉献社会
青岛裕龙东雍国际物流有限公司	做受人尊重的物流服务商
中国外运山东有限公司	服务创造价值
青岛思锐国际物流有限公司	致力于重大件/EPC工程物流/车辆滚装，全球领先的一体化物流供应商
青岛全球捷运物流有限公司	标准化港口配套物流公共服务平台
青岛泽翰物流有限公司	诚信为本、客户至上、超越自我、追求卓越
青岛铁路经营集团有限公司	路有多远，情有多长
青岛福兴祥物流有限公司	国内运营单体面积最大、现代化程度最高的第三方商业物流之一
青岛远洋大亚物流有限公司	严格严谨，宽厚宽容，优质高效，责任至上
青岛日日顺供应链有限公司	人单合一 速决速胜
青岛中远国际货运有限公司	让我为您想的更多，做的更好

济南市

济南市部分企业由山东省物流与采购协会推荐

山东盖世国际物流集团有限公司	服务八方 物流天下
山东佳怡物流有限公司	佳怡物流 货通中国
济南零点物流港有限公司	打造总部经济型园区，实现规范化、标准化、信息化
济南维尔康冷链物流有限公司	哪里有市场，哪里就有维尔康
山东思锐佳顺物流有限公司	国内领先的汽车供应链物流专家
山东奔腾物流有限公司	选择奔腾 事业必成
山东力诺物流有限公司	绿色物流的开拓者

上海市

上海百联集团有限公司	打造一流商贸流通大集团
远成物流股份有限公司	以心传递 畅达天下
上港集团物流有限公司	宏谋志专 和谐致远
上海外高桥物流中心有限公司	承载历史 承接使命
太古冷链物流（上海）有限公司	保鲜可靠，全程无忧
上海现代物流投资发展有限公司	联接一切可能、服务创造价值
上海商业储运有限公司	传承 发展 创新
上海中石化物流有限公司	打造中国一流的专业化工物流企业
上海华运通仓储配送有限公司	网络物流 运通天下
国药集团医药物流有限公司	呵护健康，用心交付
顶通物流集团有限公司	以建立“向全中国乃至世界提供附加价值的高水平服务之综合性物流企
上海市浦东汽车运输有限公司	我们的服务就是客户品牌的延伸
上海无忧物流配送有限公司	致力于成为中国领先的物流服务集成商
上海化学工业区物流有限公司	安全生产是企业最大效益 诚信和谐是企业最佳名片
上海宝钢物流有限公司	成为国内领先的数字化钢铁物流服务商
上海安吉汽车零部件物流有限公司	共同创造 最佳实践
中外运化工国际物流有限公司	服务创造价值 专业成就客户
上海山汉国际物流有限公司	畅通服务到永久

南京市

南京市企业由南京物流行业协会推荐

江苏金陵交运集团有限公司	厚德载物，和合共生
南京港（集团）有限公司	承启东西物流，集疏江海文明
江苏远成投资有限公司	以心传递、畅达天下
南京华能南方实业开发股份有限公司	发展是我们永恒的追求
江苏润恒物流发展有限公司	打造中国现代食品物流平台，塑造食品物流第一品牌
中国外运长江有限公司	供应链物流，一体化服务
江苏顺源集团有限公司	稳定、创新、巩固、优化、团结、信心
南京龙蟠物流有限责任公司	诚信为本，创新为魂

宁波市

宁波金洋化工物流有限公司	引领危化品物流企业走安全、绿色、和谐的可持续性发展道路
宁波富邦物流有限公司	专注于服务业外包、供应链管理、金融物流等综合性物流企业
宁波龙星物流有限公司	争创行业龙头，力拼中国百强
宁波雅戈尔国际贸易运输有限公司	商贸全球，物流天下；与时俱进，携手共赢
浙江飞达物流有限公司	飞越梦想，通达天下
宁波中通物流集团有限公司	创物流品牌、树行业典范
宁波市一洲货运有限公司	综合物流倡导者
宁波港东南物流有限公司	致胜·致诚·致精·致远
宁波市金星物流有限公司	致力打造国内公路港联合航母
镇海石化物流有限责任公司	专业、敬业、优质、高效
宁波港铃与物流有限公司	内强管理 外拓市场 资源整合提升

宁波市部分企业由宁

杭州市

传化公路港物流有限公司	要发货，来传化。要配货，来传化
浙江川山甲供应链有限公司	川山互动，共甲天下
浙江新颜物流有限公司	做中国第三方物流连锁复制探索者
浙江新安物流有限公司	以心传递，成就你我
杭州畅宇物流有限公司	物畅环宇，真心多赢
杭州汤氏物流有限公司	您的需求，就是我们的追求

厦门市

厦门市部分企业由厦门市物流协会推荐

建发物流集团有限公司	诚信 专注&高效于服务的每一个细节
福建中邮物流有限责任公司	持续为客户创造价值
厦门大顺集团有限公司	大顺在心中，服务在行动
厦门珉挚集装箱服务有限公司	集装箱服务的专业典范，和谐珉挚、快乐珉挚
厦门正旸物流有限公司	专业、热忱、纪律、进步
厦门荆艺软件有限公司	荆玉润德 游艺志道
厦门海沧保税港区供应链有限公司	做海西一流的供应链服务商
国药控股福建有限公司	关爱生命，呵护健康
厦门华贸物流有限公司	货交华贸，安全可靠
厦门海翼物流有限公司	海纳百川，翼展天地
厦门诚达运通国际货运代理有限公司	厚德载物，成己达人

广州市

广州市部分企业由广州市白云区物流协会推荐

广州市商业储运公司	优质、便捷、诚信
广东物资集团公司	做具有国内引导力、国际竞争力的现代供应链集成服务商
广东省航运集团有限公司	做珠江龙头，立江海旗帜
广州城市之星运输有限公司	厚德载物行天下
广州市宏峰物流有限公司	是一家集水陆联运、仓储服务、重卡维修于一体的国家4A级物流企业
广州市弘森商贸有限公司	致力打造华南地区首家生态航空快递物流品牌园区
广州大驿站物流有限公司	诚信为本、服务至上、规范管理、合作共赢

深圳市

华南国际工业原料城（深圳）有限公司	中国现代综合商贸物流规划、建设和运营领航者
宝湾物流控股有限公司	现代物流设施开发商与运营商
深圳速必达商务服务有限公司–速必达物流	成为受人尊敬和行业领先的综合物流解决方案提供商
深圳市华鹏飞现代物流股份有限公司	服务社会 创造价值 实现共赢
深圳市华夏龙供应链管理有限公司	商超与电商物流服务运营商
深圳市共速达物流股份有限公司	精益求精，客户放心
深圳市海格物流股份有限公司	致力于建设畅通、高效、可靠、安全的B–B物流网络渠道，成为客户最有 最可以信赖的物流伙伴

郑州市

郑州市部分企业由河南省物流协会推荐

河南中原铁道物流有限公司	物随心动 德行天下
河南煤业化工集团国龙物流有限公司	用心做事 追求卓越
河南万里物流有限公司 万里物流	德行天下
河南万邦国际农产品物流股份有限公司	亲商、爱商、安商、富商 以公司微薄之力，托起行业明天的希望
河南省阳光物流发展有限公司	为客户创造价值，为企业创造效益，为社会创造财富
河南省鸿泰物流有限公司	诚信创建品牌，服务决定未来
河南巨洋方圆物流有限公司	视诚信为生命，以服务求发展
郑州铁路经济开发集团有限公司	严肃、认真、和谐、愉悦
郑州长通实业有限公司	兢兢业业 因需而变

武汉市

武汉市部分企业由武汉市物流协会推荐

武汉港务集团有限公司	诚信立企，创业兴港
华中航运集团有限公司	江海同舟 勇争一流
武汉诚通物流有限公司	诚信为本，通商四海
武汉东西湖保税物流中心	开拓创新，打造物流强区
中国长江金属交易中心	中国现代金属物流领跑者
武汉中原发展汽车物流有限公司	安全高效 求实创新
湖北汽车运输总公司	服务全方位 满意全过程
武汉中力物流有限公司	货到武汉活、物流中力兴
武汉钢铁物流有限公司	诚信 务实 团结 创新
武汉中百物流配送有限公司	做连锁商超企业信赖的伙伴
武汉捷利物流有限公司	客户满意是企业永恒的追求

重庆市

重庆市部分企业由重庆市物流与供应链协会推荐

重庆秀山（武陵）现代物流园	物聚武陵、流通天下
重庆长安民生物流股份有限公司	争行业先锋 作物流旗舰
民生物流有限公司	民生公司最后的意义绝不是帮助本身，而是帮助社会！
重庆城北物流有限公司	诚信城北，八方通达，快捷是我们的承诺，诚信是我们操守
重庆中集物流有限公司	安全、快捷、优质、便利；以质量求生存；以信誉求发展
重庆轮船（集团）有限公司	诚信服务、安全便捷、质量第一
中国石油集团川庆钻探工程有限公司重庆运输总公司	努力把公司建设成为一流的石油工程物流企业
重庆耀程物流（集团）有限责任公司	德兴耀程，勤酬八方
重庆保时达保税物流有限公司	物畅四海，诚待天下；货通五洲，保时到达

成都市

成都市企业由成都市物流协会推荐

中国储运总公司成都物流中心	逆水行舟、激流勇进
四川长虹民生物流有限公司	至诚为本、至信以恒、创造价值、成就双赢
成都市汽车运输（集团）公司	抓安全、保经营、促发展、求稳定、突飞跃
中铁八局集团现代物流有限公司	提供优质服务 助力社会进步
成都蚂蚁企业(集团)	蚂蚁虽小、服务更好
四川文轩物流有限公司	致力打造中欧商品交易中心、保税仓储物流
四川金桥物流有限公司	方便、快捷、安全、价值
成都市汇翔实业有限公司	仁德待人、厚德载物
大合仓（成都中新西南物流有限公司）	物为基，人为本，运营高效，设备精良
成都蓉欧班列物流有限公司	海运价格，空运时间，实现门到门
联洲国际物流有限公司	致力于为客户提升供应链运营效率
四川东方物流有限公司	创新服务、诚信共赢
成都伟经投资集团有限公司	致力于四川各地物流园区建设与运营，打造现代物流企业
成都银犁冷藏物流股份有限公司	共同参与，共同发展
四川航空货运	西南地区主要航空货运承运人，综合物流服务提供商
四川恒荣物流有限公司	打造四川高品质创新仓储物流集散网络

南宁市

南宁市部分企业由广西物流与采购联合会推荐

广西物资贸易储运有限责任公司	共进、共赢、共命
广西玉柴物流集团有限公司	和谐发展 服务至上
广西兴隆运通物流有限公司	致力于推动广西航空物流业的发展
广西北部湾弘信供应链管理有限公司	成为中国最专业的白糖供应链与平台运作商
广西中远物流有限公司	做最强的物流服务商、做最好的船务代理人

西安市

西安市部分企业由陕西省物流与采购联合会推荐

西安国际港务区管理委员会	西部雄心 全球视野
陕西恒顺物流有限责任公司	恒源逾昌 顺达天下
中铁二十局集团陕西物资有限公司	以人为本，守法经营；现代铁军，永争第一；领先行业，创誉中外
招商局物流集团西安有限公司	形成全国性网络布局，具有提供供应链高端服务能力，成为有较好效益、有特色、有品牌的中国标志性现代物流企业
陕西宝顺仓储物流管理有限公司	甘做默默铺路石，托起物流新朝阳
陕西远成物流有限公司	远成为家、团结为上；开拓为志、信誉为本
陕西朝阳物流有限公司	客户的需要就是我们的追求，以诚为本，合作双赢
陕西三愚煤炭集运股份有限公司	进取创新、锲而不舍；厚德载物、集思广益
陕西东运物流有限公司	天地悠悠、仁厚待友；缘结四海、东运物流
陕西红光钢铁物流有限责任公司	提供便利、创造价值
陕西省邮政速递物流有限公司	站在新起点、孕育新希望、争创新业绩
陕西燎原行晟科技发展有限责任公司	携手福田欧曼，打造高效、低碳物流
西安市华中快运有限公司	诚实守信、用心做事；关注细节、恪守承诺
陕西美达物流有限公司	细节做起、用心对待；承担责任、体现便捷
陕西大件汽车运输有限责任公司	团结合作，共同担负起振兴民族物流事业之重任
西安卓昊物流有限公司	递送品质，承载托付
西安恒基汽车货运有限责任公司	承载信任，传递品质

兰州市

兰州市部分企业由甘肃省物流与采购联合会推荐

甘肃省物产集团有限责任公司	及时 专业 高效 快捷
甘肃省商业储运股份有限公司	厚德载物 守城致远；梦想飞扬 物流中国
甘肃西部物流有限责任公司	诚信 周到 方便 快捷
甘肃省木材总公司	诚信、开拓，全力打造国家级品牌市场

乌鲁木齐市

新疆天顺供应链有限公司	向卓越企业迈进
新疆亚欧大陆桥煤炭运销有限责任公司	敬业诚信 优质高效 同心同德 悦客立业
新疆安信物流有限公司	为客户创造增值价值，实现公司可持续发展
新疆兆中快运物流有限公司	诚信 安全 精准 快捷

成都 物流天下

今天，在世界的东方，成都正以中国西部经济发展领头羊的姿态，成为北、上、广之外，中国第四个经济集聚区

西部区域物流中心

在产业西进的推动和影响下，成都大力改善物流环境，不断扩大虹吸效应，以建立健全物流服务和口岸服务体系为基础，以提高物流资源和要素集聚集约为路径，以物流通道和集中发展区建设为重点，以信息技术和高新技术应用为动力，以提高物流效率优化资源配置为保障，不断提升物流业的基础性和先导性产业地位。

亚欧转运中心

两千年前，一列百余人马队路出了一条古代亚欧商贸的命脉——丝绸之路，谱写了一段亚欧经贸往来的传奇。

经过两年多的努力，集合与欧洲经贸合作的基础、现状和潜力，成都开辟出一条连接亚欧通达全球的现代丝绸之路——蓉欧快铁。

中国第四大国际航空枢纽

全球20%的电脑在成都制造，50%的笔记本电脑芯片在成都封装测试，70%的苹果平板电脑在成都生产。截至2013年6月，成都双流国际机场国内通航城市达99个，国际、地区通航城市达56个，国际、地区货运定期航班通航城市达23个。成都成为中西部唯一的UPS、Fedex、DHL三大国际快递巨头均开设货运直航的城市。

中国第四大国际航空枢纽的目标正在从蓝图变成现实，成都连接世界主要城市的航空交通圈已具雏形。

成都市物流协会 宣

成都，未来十年全球发展最快的城市之一 ——《Fortune》

承载历史 承接使命

上海外高桥物流中心有限公司是由上海外高桥（集团）有限公司与上海港务集团物流有限公司合资成立的国有企业，注册资本金4亿人民币，是上海外高桥保税物流园区开发建设与营运管理主体。园区于2004年4月15日由海关总署等八部委联合验收封关运作，成为我国首家保税物流园区。经过五年多的开发建设，园区已经建成45万平方米仓库，14万平方米集装箱转运区以及卡口和关检等配套设施；引进中外物流企业29家，贸易公司56家，累计引进外资4亿美元；开发面积1.03平方公里，总投资33亿人民币，2012年进出区货值1014亿美元，海关税收实现100亿人民币。经过多年来的开发建设，园区已基本实现与港区的规划联动、信息联动、政策联动、业务联动和利益联动，充分体现了保税物流园区对国际现代物流业转移的承接能力和产业的集群效应，开拓了国际采购、国际配送、国际中转和转口贸易的功能，提高了政策应用能力，推进了服务管理创新。

作为园区开发建设、招商引资、营运管理和客户服务的职能承担者，上海外高桥物流中心有限公司将围绕上海两个中心建设的总体要求，发挥先行先试的示范作用，着力于区港联动向区港一体化提升；功能创新、联动发展向长三角辐射；监管系统向长三角通关一体化延伸；保税物流运作向制造业紧密融合。依托两个中心建设，实施对外联动，提高现代物流领域的对外开放水平，力争“十二五”期间，园区实现“四个一”的目标：建成100万平方米仓库和场地，引进100家中外物流企业，年集装箱综合处理能力达到100万TEU，实现年进出区货值1000亿美元，为上海发展现代服务业作出新的贡献。

上海外高桥物流中心有限公司

www.wblz.com.cn

联系电话：021-38751008

河南中原铁道物流有限公司

河南中原铁道物流有限公司是专业化大型骨干铁路物流企业。拥有17个分（子）公司，物流服务经营网点116个，客票代售网点322个，员工2159人，资产总值79331万元。

公司始终坚持“大物流、大协调、大发展”的经营理念，经营规模与经济总量连续多年保持快速增长，2012年实现收入40.98亿元。公司具有国际国内贸易和物流、货运代理、货运延伸服务等经营资质，提供国内全程物流服务、国内和国际货运代理、铁路客票代售、货物配送、运输业务咨询、运输信息查询、软件开发及服务；仓库、场地、设施及设备的租赁服务；仓储、住宿餐饮服务。公司建有圃田现代综合物流园区、许昌粮食铁路物流园区、三门峡煤炭经营基地、新郑物流基地、晋北货场、焦作九府坟货场等实体。

公司是中国物流与采购联合会常务理事单位、中国铁路企业管理协会常务理事单位、河南省物流与采购联合会副会长单位、河南省物流协会副会长单位。公司先后获得全国物流协会“2012年度最佳物流成就企业”、河南省物流企业“最佳成就企业奖”、郑州铁路局“三个打造”先进企业、多元经营标杆单位等称号，并于2012年通过中国物流与采购联合会评审，获得5A级物流企业认证。

公司总经理李德海荣获中国物流与采购联合会、国家人力资源部共同命名的全国物流系统劳动模范称号。

联系地址：河南省郑州市二七区陇海东路188号附51号

联系电话：0371-68360165、68367629、68361317

投诉电话：0371-68361346

公司网址：www.hnzytdwl.com

甘肃西部物流有限责任公司成立于2001年6月，注册资本1.4亿元，下设宁夏、兰州、嘉峪关、兰州配送4个分公司和快运服务中心、特货运输服务公司2个直属公司和上海兰铁油品销售有限公司1个子公司。截至2012年年底，实现经营收入32.6亿元，总资产10.82亿元。

成立以来，公司的经营立足于提供仓储、城市配送、公路运输、铁路快速直达、物流信息服务为一体的综合性物流服务。具有国际货物运输代理、道路运输、危险化学品、煤炭、石油成品油运输、外贸进出口、铁路危险货物托运等多项经营资质。以兰州、银川、嘉峪关为三大主要经营支点，在甘、宁两省区建设整合了一批具有一定规模和创效能力的大型装车点、物流基地、物流经营部及经营网点。经营业务辐射全国31个省、市、自治区。在长期的经营实践中，积极推进铁路货物运输服务链的延伸，由传统的“站到站”货运逐步向“门到站”、“站到门”、“门到门”现代物流转型，并逐步建立了与中石油、中石化、酒钢集团、兰铝、青铝、靖煤、可口可乐、西门子电器等国内外大中型企业的战略合作关系。

公司是中国物流与采购联合会会员单位、理事单位，甘肃省物流协会副会长单位和宁夏现代物流协会常务理事单位。为中国AAAAA级综合服务型物流企业和AAA级信用企业，并连续7年成为中国物流企业50强之一。公司先后获得“甘肃省物流标杆企业”、“全国物流行业先进集体”、甘肃省“文明单位”、甘肃省“高新技术企业”荣誉称号；物流企业税收试点单位、国家级服务业标准化试点单位、甘肃公路交通物流试点企业和甘肃省重点联系企业。

甘肃西部物流有限责任公司

公司网址：www.gwl.cc

公司地址：甘肃省兰州市城关区和政路156号金轮大厦

甘肃物产

甘肃省物产集团公司是经省政府（甘政函〔2001〕65号）批准，于2001年9月由原甘肃省物资局机关及其有净资产的直属企业组建成立的国有独资公司。现有职工4800多名，总资产10.3亿元。共有25户企业，其中与省物产集团公司建立资产纽带关系的子公司9户，托管企业16户。主要从事生产资料、生活资料、汽车及农副产品的批发零售，仓储配送，进出口贸易，房地产开发，城市供暖等业务，2012年完成营业收入25亿元，上缴税金2792万元，实现利润1736万元。

省物产集团公司是甘肃省省属大型国有物资流通企业，现有7个物流园区，分别分布在兰州市区和周边的河口、皋兰以及天水、陇西等地，主要依托3200多亩场地、18条铁路专用线、16.5万平方米库房、2.6万立方米液体储罐和物流设施设备等从事物资仓储、运输、加工和物流配送等业务。有比较完善的物流基础设施，技术熟练的操作人员和经验丰富的管理团队，还有一批相对稳定的客户和资源渠道。在物资流通、管理经验和资源信息等方面具有相对优势。2012年货物吞吐量达800万吨，市场交易额185亿元。

2012年12月30日，省政府批准了《甘肃省物产集团公司调整结构深化改革加快发展现代物流业实施方案》，现正按照省政府批复，努力实现物流企业整体改制上市，以"搭建一个公共物流信息服务平台、打造两个配送中心、建设三个公路港物流基地、改造提升四个公铁物流园、启动一个出城入园项目"为载体，实现两个转型（由传统物流企业向现代物流企业转型，由一般服务向综合服务转型）、两个延伸（从生产资料领域向生活资料、农副产品领域延伸，从主要依靠铁路物流向公路物流、城市物流延伸）。

以促进体制、机制、管理三大创新为着力点，以铁路、公路、城市物流为依托，做大做强现代物流产业，努力打造全省物流行业龙头骨干企业。

企业使命：为客户创利益、为员工谋幸福、实现企业价值、承担社会责任

企业精神：拼搏、创新、诚信、务实

企业宗旨：物畅其流

经营理念：利润是根、信用为本

及时 专业 高效 快捷

联系电话：0931-8469892 传真：0931-8466633 邮箱：gswcfgb@163.com 地址：甘肃省兰州市城关区酒泉路181号

敬业诚信 优质高效
同心同德 悦客立业
新疆亚欧大陆桥煤炭运销有限责任公司成立于2006年4月，注册资本2500万元。是隶属于乌鲁木齐铁路局具有独立法人资格的有限责任公司。
经营范围：煤炭批发经营，普通货物运输，公路、铁路联运代理服务，仓储服务，场地租赁，装卸等。
公司具备新疆维吾尔自治区煤炭工业管理局颁发的“煤炭经营资格证”资质。2008年公司通过ISO 9000: 2008国际质量管理体系认证，同年通过中国物流与采购联合会AAAA级物流企业评审。
煤炭运销
COAL TRANSPORTATION & SALES
新疆亚欧大陆桥煤炭运销有限责任公司
地 址：新疆乌鲁木齐市头屯河区火车西站沟西路49号
联系人：刘旭雁 联系电话:0991-7936556

中国物流年鉴

2013（下册）

CHINA LOGISTICS YEARBOOK 2013

CFLP

中国物流与采购联合会编

中国财富出版社
CHINA FORTUNE PRESS

图书在版编目（CIP）数据

中国物流年鉴．2013：全2册/中国物流与采购联合会编．—北京：中国财富出版社，2013.10
ISBN 978－7－5047－4818－8

Ⅰ．①中…　Ⅱ．①中…　Ⅲ．①物流—中国—2013—年鉴　Ⅳ．①F259.22－54

中国版本图书馆CIP数据核字（2013）第229566号

策划编辑　张　茜　　**责任印制**　何崇杭
责任编辑　韦　京　禹　冰　　**责任校对**　梁　凡

出版发行　中国财富出版社（原中国物资出版社）
社　　址　北京市丰台区南四环西路188号5区20号楼　　**邮政编码**　100070
电　　话　010－52227568（发行部）　　010－52227588转307（总编室）
010－68589540（读者服务部）　　010－52227588转305（质检部）
网　　址　http://www.cfpress.com.cn
经　　销　新华书店
印　　刷　北京华正印刷有限公司
书　　号　ISBN 978－7－5047－4818－8/F·2024
开　　本　880mm×1230mm　1/16　　**版　　次**　2013年10月第1版
印　　张　40.75　**彩插**：5.5　　**印　　次**　2013年10月第1次印刷
字　　数　1150千字　　**定　　价**　480.00元（全2册）

版权所有·侵权必究·印装差错·负责调换

《中国物流年鉴》（2013）编委会

顾　问

陆　江　中国物流与采购联合会名誉会长

丁俊发　中国物流与采购联合会顾问

编委会主任

何黎明　中国物流与采购联合会会长

编委会副主任

崔忠付　中国物流与采购联合会副会长兼秘书长

周林燕　中国物流与采购联合会副会长

任豪祥　中国物流与采购联合会副会长

蔡　进　中国物流与采购联合会副会长、中国物流信息中心主任

贺登才　中国物流与采购联合会副会长

余　平　中国物流与采购联合会党委副书记

戴定一　中国物流学会常务副会长

王　彪　中国邮政速递物流股份有限公司总经理

杨　阳　中国铁路物资股份有限公司总裁助理、中铁现代物流科技股份有限公司董事长

编委会委员（按姓氏笔画排序）

王旭东　北京物资学院院长

王宗喜　解放军后勤指挥学院军事物流工程实验室主任、教授

王德占　中铁国际多式联运有限公司总经理

尹国杰　湖南星沙物流投资有限公司董事长

白辉龙　中国西部现代物流港党工委书记、管委会主任

冯　涛　一汽物流有限公司总经理、党委书记

冯德富　内蒙古呼铁伊东储运股份有限公司总经理

邢慷弟　上海外高桥物流中心有限公司党委书记
伍茂辉　广东物资集团公司董事、副总经理、党委委员
刘占芳　中国国际货运代理协会副会长
刘伟平　天津物产集团有限公司总经理
刘秉镰　南开大学现代物流研究中心主任、教授、博导
刘建中　晋能有限责任公司董事长
刘景福　中物华商国际物流股份有限公司董事长
许建华　浙江川山甲物资供应链有限公司董事长
杨小民　秀山华渝物流投资有限公司董事长
李　敏　河北港口集团有限公司总经理、副董事长、党委副书记
李光甫　国药控股股份有限公司副总裁
李国庆　河北省物流产业集团有限公司党委书记
李国辉　澳门货运协会会长
李　岷　上海山汉国际物流有限公司总裁
李德海　河南中原铁道物流有限公司总经理
何　磊　成都市物流协会秘书长
何明珂　北京工商大学研究生部主任、教授、博导
汪　鸣　国家发展和改革委员会综合运输研究所副所长、研究员
汪晓秀　中国物流学会副会长、淮矿现代物流有限责任公司董事长
沈绍基　中国仓储协会会长
宋远方　中国人民大学商学院副院长、教授、博导
宋海棠　广州市商业储运公司党委书记
宋耀征　国家统计局贸易外经统计司司长
张　俊　上海华运通仓储配送有限公司总裁
张际庆　中国远洋物流有限公司总经理
陈启贤　广西玉柴物流集团有限公司董事长
陈嘉良　联邦快递（中国）有限公司中国区总裁
罗煌枫　香港物流商会主席
郑会友　香港物流协会会长
郑松兴　华南城控股有限公司联席主席、执行董事
周建亚　武汉商贸职业学院物流学院名誉院长

钟荣钦　台湾物流协会秘书长
俞业钊　襄阳光彩国际物流产业投资有限公司总经理
施文进　惠龙港国际钢铁物流股份有限公司董事长
姜还发　深圳速必达商务服务有限公司总经理
姜超峰　中国物资储运协会会长
郭戈平　中国连锁经营协会会长
郭鹤立　甘肃省物产集团有限责任公司总经理、党委书记
秦青林　百联集团有限公司副总裁
高会恩　北京福田物流有限公司党委书记、总经理
黄有方　上海海事大学校长、教授、博导
黄建华　博大世通国际物流（北京）有限公司董事长
盖忠琳　山东盖世国际物流集团有限公司副总经理
韩　松　西安市人民政府副市长、中共西安国际港务区工作委员会书记
韩继志　国家粮食局政策法规司副司长
谢为民　甘肃西部物流有限责任公司总经理
谢秉臻　中国美旗控股集团有限公司战略决策委员会主席、中国物流与采购联合会副会长
赖展京　南光物流有限公司总经理
翟玉峰　武汉东西湖保税物流中心有限公司董事长、总经理
薄世久　北京长久物流股份有限公司董事长

特别支持单位

中国邮政速递物流股份有限公司

中国远洋物流有限公司

博大世通国际物流（北京）有限公司

西安国际港务区管理委员会

百联集团有限公司

环宇物流（福建）有限公司

北京福田物流有限公司

淮矿现代物流有限责任公司

南光物流有限公司

联邦快递（中国）有限公司

华南城国际工业原料城（深圳）有限公司

晋能有限责任公司

《中国物流年鉴》（2013）

主　　　办　中国物流与采购联合会
承　　　办　《中国物流与采购》杂志社
主　　　编　何黎明
副 主 编　崔忠付　蔡　进　贺登才
编辑部主任　刘乃杰
编辑部副主任　徐小青
编　　　辑　崔　冬　罗　楠　朱贝特　卢　婷　杜　林　贾　丽
发　　　行　高　威
广告设计　阳光设计工作室

联系方式
编 辑 部　010－68391393　010－68392774
邮　　箱　xxq6429@yahoo.com.cn
　　　　　gwrshk@126.com　zgwlnj@126.com
发　　行　010－68391021　010－68392774
传　　真　010－83203997

《中国物流年鉴》（2013）供稿者

（按姓氏笔画排序）

马　蕾　马清涛　马增荣　井夫卉　王　武　王　涛　王　敬　王文博　王立东　王国清　王爱军
王能民　文德华　田　征　史晓青　冯耕中　权　威　朱华斌　朱建清　刘　尹　刘　洋　刘长庆
刘宇航　刘伟华　刘昆林　刘昊霖　刘清利　刘缨缨　汤筠伟　许　磊　孙　敏　闫　鸣　杨雅妮
李　婷　李红梅　李惠红　励方奎　吴菁芃　何　烨　何民爱　汪晓秀　沈　玲　张　洁　张　喆
张云飞　张劲梅　张树义　张海山　张晓东　张彩霞　陆苗苗　陈婷丽　邵　迈　祈庆民　武美燕
范琳琳　周　红　周建夫　胡雨涵　荣　蓉　赵　楠　姜　旭　姜　峰　秦玉鸣　顾国祥　夏　坚
晏庆华　倪东生　徐　勇　徐梦馨　徐海涛　黄志鹏　曹　璐　龚卫锋　盛刻索　崔宇秋　盖忠琳
韩　松　韩文娟　韩永生　韩兆轩　彭弋凌　董军佩　蒋　炜　蒋长兵　焦　飞　鲁　泽　曾庆宝
谢宝贵　谢雨蓉　谢满华　强晓安　靳　伟　樊一江　潘立飞　穆宏宇

国家发展和改革委员会、国家发改委经济运行调节局、国家统计局、国家统计局贸易外经司、国家发展和改革委员会综合运输研究所、北京市统计局服务业处、北京市投资促进局、江苏省经济和信息化委员会、江西省统计局、山东省经济和信息化委员会、山东省统计局、湖北省交通运输厅物流发展局、宁夏自治区统计局、沈阳市发改委经济贸易处、长春市发改委、长春市统计局、南京市统计局、厦门市物流协会 、银川市商务局、苏州市发改委、扬州市发改委物流办、宁波市发改委、晋中市统计局、常州市经济和信息化委员会、连云港市统计局、临沂市经济和信息化委员会、乌海市统计局、中国连锁协会、中国国际货运代理协会、中国粮食行业协会、中国工程机械工业协会工业车辆分会、河北省现代物流协会、吉林省物流与采购联合会、四川省现代物流协会、陕西省物流与采购联合会、黑龙江省物流与采购联合会、长春物流协会、青岛市物流协会、中物联行业部、中物联网络事业部、中物联培训部、中物联标准化委员会、中物联评估办、中物联科技奖励办公室、中物联“宝供物流奖”办公室、中物联汽车物流分会、中物联托盘专业委员会、中物联冷链物流专业委员会、中国物流信息中心、中国散装水泥推广发展协会、重庆市物流与供应链协会、中国木材与木制品流通协会、上海国际航运研究中心、华夏物联网研究中心、广东省现代物流研究院、西安商用信息系统分析及应用工程实验室、北京物资学院商学院、北京科技大学物流研究所、天津科技大学、天津大学管理与经济学部、解放军后勤指挥学院、大连海事大学、上海海事大学、西安交通大学管理学院、山东交通大学、中国邮政速递物流股份有限公司、中铁现代物流科技股份有限公司、中远网络物流信息科技有限公司、中物华商国际物流股份有限公司、中烟商务物流公司、快递物流咨询网、《中国物流与采购》杂志社

编 辑 说 明

一、《中国物流年鉴》（以下简称《年鉴》）是中国物流与采购联合会主办、《中国物流与采购》杂志社承办的大型文献性工具书。自2002年出版发行至今，《年鉴》发行量和发行范围不断扩大，得到业界广泛好评。为使《年鉴》越办越好，我们将继续提高《年鉴》的编辑质量，使其更具权威性、可读性和资料性，成为业界人士查询、引用、论证、存档不可或缺的“工具”。

二、2012年被业内人士称作“政策落实年”。各有关部门为落实“物流国九条”做了大量工作。国家发改委、铁道部、交通运输部等多部门出台政策，鼓励和引导民间投资进入物流相关领域。国家发改委起草编制《物流园区发展专项规划》和《应急物流发展专项规划》；财政部出台物流企业土地使用税减半征收政策，将物流业纳入营业税改征增值税试点范围，扩大营业税差额纳税试点；交通运输部开展收费公路清理工作，积极推广甩挂运输，支持公路枢纽型物流园区建设；商务部启动现代物流技术应用和共同配送综合试点，提出仓储业转型升级指导意见；原铁道部实施货运组织改革，试行“实货制”运输组织方式；工业和信息化部推进工业物流和物流信息化发展；海关总署推进特殊监管区域改革发展。同时，各地政府陆续出台了“物流业发展规划”和配套政策。在各方面共同努力下，“物流国九条”的落实工作取得了新进展，我国物流业政策环境得到进一步改善，物流业在国民经济中的地位和作用日益突出，对于促进其他产业生产方式变革和流通模式转变，进一步支撑我国经济结构调整和发展方式转变发挥了积极作用。

2013版《年鉴》继续延续2012版的框架结构和主体内容，以求真务实的态度，紧跟行业发展的变化，充实了烟草物流、医药物流等相关内容，扩大了地区物流的篇幅，使《年鉴》更加真实、全面地记录行业发展变化的轨迹，成为社会了解行业发展的窗口。

三、2013版《年鉴》的组稿、编纂工作得到了国家发改委、商务部、交通运输部、国家统计局等中央部委和部分省市自治区政府部门、物流行业社团，相关行业协会，中国物流信息中心、全国物流标准化技术委员会等机构，以及中国邮政速递物流股份有限公司、中铁现代物流科技股份有限公司、中远网络物流信息科技有限公司、中物华商国际物流股份有限公司、中烟商务物流公司等知名企业的大力支持，对此我们表示衷心的感谢。

四、对不符合《年鉴》编辑要求的来稿，编辑人员作了谨慎认真地删改，由于时间原因这部分稿件来不及请作者核校，希予见谅。

五、因编辑部人员水平有限，如有不妥之处，恳请批评指正。欢迎大家继续对2014版《年鉴》的组稿和编辑工作给予支持！

《中国物流年鉴》编辑部

2013年8月10日

前　　言

2012 年，在一系列利好政策的促进下，在经济企稳回升的推动下，我国物流行业保持了平稳增长的态势。全社会物流总额为 177.3 万亿元，按可比价格计算，同比增长 9.8%，增幅比上年回落 2.5 个百分点；物流业增加值 3.5 万亿元，按可比价格计算，同比增长 9.1%，为国民经济平稳增长作出了新贡献。

自改革开放以来，我国经济在较长时期内保持了持续高速增长。从 1978 年到 2010 年，我国 GDP 年均增长 9.9%，其中 2001 年到 2010 年的十年间，GDP 增速达到 10.7%。在经济持续高速增长的推动下，2001—2010 年我国物流业增加值年均增长达到 14.8% 的高速，较好地发挥了对国民经济的支撑和保障作用，有力地促进了经济结构调整和发展方式转变。然而，从 2010 年下半年开始，我国经济运行下行压力加大，GDP 同比增长出现回落势头。2012 年我国 GDP 同比增长 7.8%，截至 2012 年年底我国 GDP 已连续八个季度延续增速回落态势。有研究机构提出，我国潜在经济增长率将逐步放缓，未来一二十年将从“持续高速增长阶段”进入“中速增长阶段”。这是经济发展到一定阶段的客观规律，也是我国主动政策调整的必然结果。

现实情况表明，我国经济增长阶段的转换期已经开始。受此影响，物流运行增速开始趋缓。截至 2012 年年底，我国社会物流总额增速已经连续八个季度放缓，企业效益不断下滑，投资增速持续回落。与此同时，长期掩盖在高速增长下的物流总体需求不足、产业层次水平不高、物流效率提升缓慢、市场经营风险加大、能力不足和运力过剩等一系列问题日益突出，成为行业转型发展必须面对的挑战。毋庸置疑，“中速增长阶段”将使我国物流业在未来一段时期内的产业地位、社会需求、发展模式、产业格局和组织方式诸方面发生重大变化。

国际经验表明，经济增速放缓时期，物流业“第三利润源”的战略地位将得到凸显。从目前我国物流业的发展情况看，进入“中速增长阶段”后物流将成为企业挖潜增效、提升利润的重要源泉，物流的产业地位将更加受到重视；受经济增速趋缓影响，客户企业集中主业压力明显加大，将逐步加快物流业务和资源外包；经济增速趋缓和要素成本的提高，将倒逼物流企业发展模式转变；物流外包的深度和广度日益拓展，将推动物流企业组织方式深入变革；在区域产业格局加快调整的局面下，产业转移将呈现新的变化。世间事物都是在变化中发展的，变化中往往孕育着新机遇。对此，业内人士既要有清醒的认识，更要有积极应对的准备，特别是对变化中可能出现的新机遇要有充分的准备。

未来一段时期，伴随经济“中速增长”成为经济运行的常态，我国物流业也将进入适度增长的战略调整时期。物流业在国民经济中的地位和作用日益突出，并将有力促进其他产业转型升级，进一步支撑我国经济结构调整和发展方式转变。新时期物流业要积极应对“中速增长”带来的挑战，抓住产业发展的机遇，坚持“稳增长、调结构、抓整合、促转型”的发展思路，提高增长的质量和效益，减轻经济发展对增长速度的依赖。加快推动物流业从原有成本驱动、速度优先的粗放式增长方式向创新驱动、效益优先的集约化方式转变；从单一功能、比拼价格的传统物流服务商向系统集成、合作共赢的供应链管理服务商转型，全面推动行业持续健康和可持续发展。

《中国物流年鉴》是中国物流与采购联合会主办、《中国物流与采购》杂志社承办的大型文献性工具书。十几年来，《中国物流年鉴》始终坚持不懈地记录我国物流业发展的历程，用数据和事实清晰反映物流业发展变化的轨迹，赢得了业界好评。面对我国物流业不断发展变化的形势，《中国物流年鉴》将继续以求真务实、严谨负责的态度做好资料收录工作。同时，真诚地希望业界同人提出宝贵意见，以使其越做越精、越做越好。

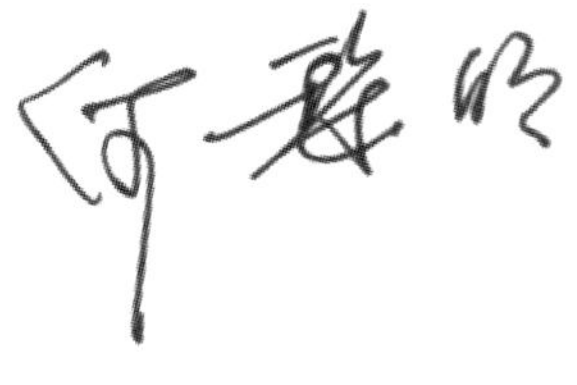

二〇一三年八月十五日

目 录

上 册

第一部分 重要政策

2012 年发布的物流与采购相关的重要政策 …… 3
国务院及国务院办公厅发文 …… 3
国务院《关于深化流通体制改革加快流通产业发展的意见》 …… 3
国务院《关于第六批取消和调整行政审批项目的决定》 …… 8
部委发文 …… 10
财政部 国家税务总局《关于物流企业大宗商品仓储设施用地城镇土地使用税政策的通知》 …… 10
国家邮政局 商务部《关于促进快递服务与网络零售协同发展的指导意见》 …… 11
财政部 交通运输部《关于印发〈公路甩挂运输试点专项资金管理暂行办法〉的通知》 …… 14
国家发展和改革委员会等 12 部委《关于鼓励和引导民间投资进入物流领域的实施意见》 …… 17
商务部办公厅《关于进一步做好流通标准化工作的通知》 …… 20
商务部《关于推进现代物流技术应用和共同配送工作的指导意见》 …… 23
商务部《关于促进仓储业转型升级的指导意见》 …… 26

第二部分 物流统计

2012 年全国物流运行情况通报 …… 31
2012 年全国物流统计工作取得明显进展 …… 33
2012 年全国物流运行情况分析 …… 36
2012 年全国重点企业物流统计调查报告 …… 42

钢铁行业物流成本分析 …… 46
汽车行业物流成本分析 …… 48
金属制品行业物流成本分析 …… 50
有色金属行业物流成本分析 …… 52
石油加工行业物流成本分析 …… 54
煤炭行业物流成本分析 …… 56
化学原料及化学制品制造行业物流成本分析 …… 59
农副食品加工行业物流成本分析 …… 62
食品行业物流成本分析 …… 64
纺织行业物流成本分析 …… 66
医药行业物流成本分析 …… 68
电气机械行业物流成本分析 …… 70
2012 年 1—12 月份中国制造业采购经理指数（PMI） …… 72
2012 年 1—12 月份中国非制造业商务活动指数 …… 85
2012 年重点生产资料流通企业经营情况 …… 99

第三部分　物流产业

2012 年中国交通运输业 …… 111
2012 年中国铁路物流业 …… 119
2012 年中国包装业 …… 125
2012 年中国港口物流业 …… 134
2012 年中国物流地产业 …… 145
2012 年中国保税物流业 …… 155
2012 年中国快递业 …… 168

第四部分　行业物流

2012 年中国制造业物流 …… 179
2012 年中国钢铁物流 …… 198
2012 年中国粮食物流 …… 206
2012 年中国汽车物流 …… 209
2012 年中国书业物流 …… 216
2012 年中国冷链物流 …… 220

2012 年中国烟草物流 …… 225
2012 年中国医药物流 …… 233
2012 年中国军事物流 …… 239
2012 年中国生产资料市场 …… 245
2012 年中国水泥市场 …… 251
2012 年中国木材与木制品市场 …… 260

下 册

第五部分 地区物流

北京市 …… 271
重庆市 …… 276
河北省 …… 286
吉林省 …… 296
黑龙江省 …… 305
江苏省 …… 308
浙江省 …… 312
江西省 …… 319
山东省 …… 324
湖北省交通 …… 331
广东省 …… 335
四川省 …… 338
陕西省 …… 342
宁夏自治区 …… 345
沈阳市 …… 346
长春市 …… 349
南京市 …… 352
厦门市 …… 356
银川市 …… 363
苏州市 …… 367
扬州市 …… 371
宁波市 …… 376

青岛市 …… 379
晋中市 …… 382
常州市 …… 389
连云港市 …… 390
临沂市 …… 393
乌海市 …… 396

第六部分 物流技术与装备

2012 年中国工业车辆行业 …… 403
2012 年中国自动化立体库行业 …… 409
2012 年中国托盘业 …… 411
2012 年中国物联网技术应用 …… 415

第七部分 政府采购

2012 年中国政府采购情况 …… 425
2012 年中国政府集中采购情况 …… 430
2012 年中国政府采购工作 …… 434

第八部分 物流教育、科技、信息化、标准化

2012 年中国物流教育 …… 445
2012 年中国物流科技 …… 449
2012 年中国物流信息化 …… 454
2012 年中国物流标准化 …… 460
2012 年中国物流与供应链相关科技文献发表情况 …… 470

第九部分 部分优秀物流企业经典案例

中远网络物流信息科技有限公司的综合物流信息管理平台系统 …… 487
中航物流的一体化供应链信息系统 …… 493
一汽成都公司的整车仓储定位管理系统 …… 501
唯智运输管理系统在广东中烟的应用 …… 508

全渠道、快响应服装物流服务 …… 512
中铁现代物流供应链集成服务模式 …… 516
盖世集团的综合物流园区之路 …… 520
中物华商打造一体化的玉米购销供应链模式 …… 525
西安国际港务区内陆开发开放的有益探索 …… 530
国药物流的药品运输安全质量管理体系 …… 534
淮矿物流“平台＋基地”一体化运作案例 …… 538

第十部分 附录

关于中国物流企业 50 强排名的通告 …… 547
2012 年中国连锁百强名单和主要外资连锁企业经营情况统计 …… 549
2012 年中国连锁百强名单 …… 549
2012 年主要外资连锁企业经营情况统计 …… 554
2012 年度中国货代企业百强（综合）名单 …… 555
2012 年度中国物流与采购联合会科学技术奖获奖项目主要完成单位及完成人名单 …… 559
2012 年中国物流与采购行业十件大事 …… 570
2012 年中国物流年度人物 …… 571
2012 年度“中国物流示范基地”、“中国物流实验基地”名单 …… 572
2012 年物流企业信用评价 A 级信用企业名单（第九批、第十批） …… 573
物流企业综合评估第十四批 A 级物流企业名单 …… 575
2011—2012 年“宝供物流奖”及“宝供物流奖奖学金”获奖名单 …… 583
2012 年全球物流发展动态 …… 586
2012 年美国物流发展报告 …… 586
从数据统计的连续性看日本物流的变化 …… 596

第五部分

地区物流

2012 年北京市物流业运行情况

2012 年，在国际经济形势较为严峻，国内经济转型调整的情况下，北京市物流业总体保持稳定运行，规模继续扩大，收入和从业人员稳步增长，有力地保障了人民群众的生产生活和城市的良性运行，较好地推动了经济发展方式的转变。

一、物流业总体运行情况

（一）物流业增加值增速放缓，比重下降

2012 年，北京市物流业实现增加值 598.5 亿元，按现价计算（下同），比上年增长 6.4%，增速比上年回落 7.5 个百分点；占全市地区生产总值的比重为 3.3%，比上年下降 0.2 个百分点。其中，占物流业增加值比重达 3/4 的交通运输、邮政、仓储业增长 5.3%，增速比上年回落 7 个百分点；流通加工、配送、包装业增长 10%，增速比上年回落 9.7 个百分点（如表 1 所示）。

（二）社会物流总费用与地区生产总值的比率与上年持平

2012 年，北京市社会物流总费用 2701.5 亿元，比上年增长 10.4%。其中，运输费用为 1775.3 亿元，比上年增长 4.7%；保管费用 671.3 亿元，比上年增长 30.3%；管理费用 230.1 亿元，比上年增长 4.6%；一体化物流费用 24.8 亿元，比上年增长 44.7%。社会物流总费用与全市地区生产总值的比率为 15.1%，与上年持平（见图 1）。

表 1　　2012 年北京市物流业增加值及增速情况

指　标	绝对值（亿元）	同比增速（%）	占比（%）
增加值	598.5	6.4	100.0
其中：交通运输、邮政、仓储业	452.7	5.3	75.6
流通加工、配送、包装业	145.8	10.0	24.4

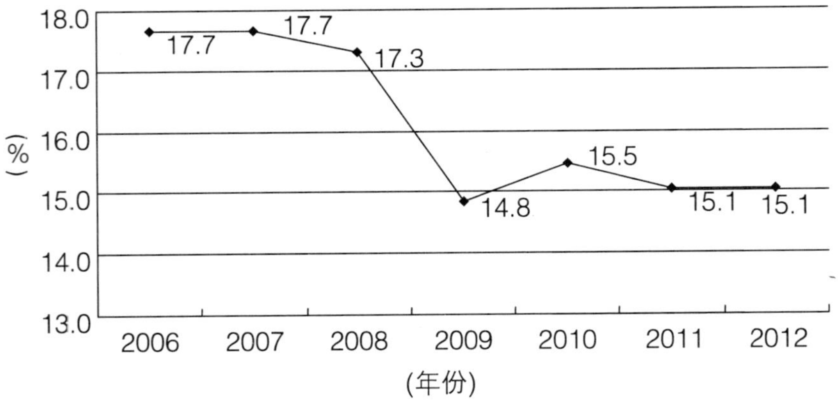

图1 2006—2012 年北京市社会物流总费用与地区生产总值的比率

（三）物流业从业人员呈现稳步增长的势头

2012 年，北京市物流业从业人员为 51.9 万人，比上年增长 2.6%。其中，交通运输、邮政、仓储业从业人员占物流业的 67.4%，比上年增长 3.4%。

二、物流业主要运行特点

2012 年，北京市物流业运行表现出以下三个明显特点。

（一）社会物流总额增速回落，内部结构有所调整

2012 年，北京市社会物流总额为 65851.1 亿元，比上年增长 10.4%，增速比上年降低 7.8 个百分点。受物流服务需求增速进一步放缓的影响，北京市物流业务收入增速小幅回落，全年物流业务收入合计 2104.4 亿元，比上年增长 11.3%，增速降低 0.9 个百分点（见图 2）。

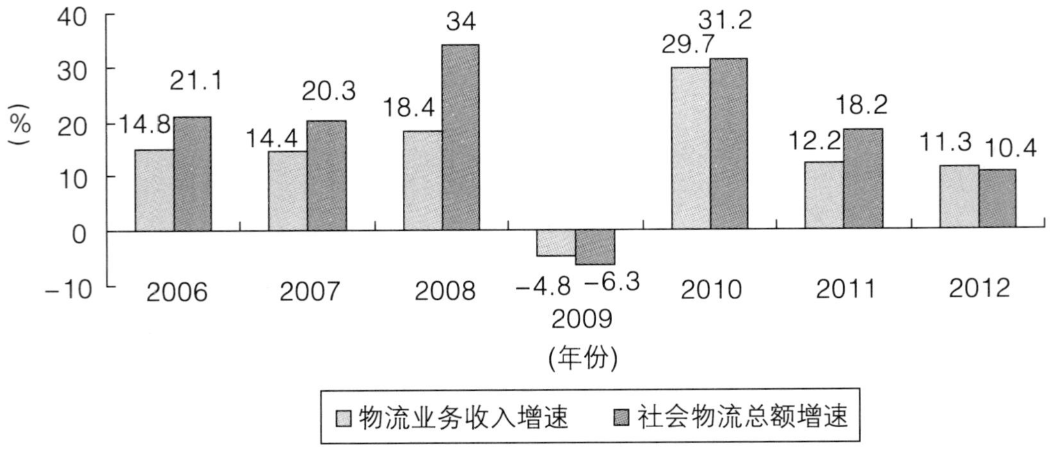

图2 2006—2011 年北京市社会物流总额、物流业务收入增速走势

统计数据显示，2012 年北京市社会物流总额增速比上年有所回落，社会物流总额的构成情况有所变化。

1. 受外需放缓、制造业回升较慢的影响，进口货物、工业品物流额比重下降

2012 年，北京市进口货物和工业品物流额分别为 21984. 3 亿元和 13008. 6 亿元，分别比上年增长3%和5. 5%，占全市社会物流总额的比重分别下降 2. 4 个和 0. 9 个百分点。

2. 外省市流入物品物流额比重上升

2012 年，北京市市外购进商品总额 3009. 7 亿元，比上年增长 12%。在北京市外购进较快增长的带动下，外省市流入物品和单位与居民物品物流额比重提升。2012 年，北京市外省市流入物品物流额达 30284. 2 亿元，比上年增长 19. 3%，占全市社会物流总额的 46%，比上年提高 3. 4 个百分点（见表 2）。

表 2　　2012 年北京市社会物流总额及构成情况

指　标	绝对值（亿元）	比重变化百分点	同比增速（%）
社会物流总额	65851. 1	—	10. 4
农产品	337. 8	0. 0	8. 9
工业品	13008. 6	-0. 9	5. 5
进口货物	21984. 3	-2. 4	3. 0
再生资源	67. 0	-0. 1	-36. 4
外省市流入物品	30284. 2	3. 4	19. 3
单位与居民物品	169. 2	0. 0	13. 1

（二）物流相关行业利润“七升两降”

2012 年，北京市规模以上专业物流企业（不含北京铁路局）实现利润总额 143. 3 亿元，比上年增长 12. 8%。从行业结构看，利润七升两降。受仓储业服务需求增加以及投资收益增长等因素的影响，仓储业和道路运输业利润增幅较高，分别实现利润 5. 9 亿元和 5. 4 亿元，比上年分别增长 45. 7% 和 44. 2%；在新投产的天然气项目拉动下，管道运输业实现利润 45. 4 亿元，比上年增长 24. 4%；邮政业和铁路运输业赢利态势保持稳定，分别实现利润 28. 1 亿元和 41. 7 亿元，分别比上年增长 9. 7% 和 4. 1%；因国际航线业绩下滑态势有所好转，航空货物运输业较上年减亏 1. 8 亿元。受成本上升等因素的影响，装卸搬运和运输代理业、包装服务业利润有所下降，分别实现利润 24. 1 亿元和 284. 5 万元，比上年分别下降 8. 1% 和 28. 1%。

（三）中央企业增长贡献突出，效益水平稳步提升

1. 中央专业物流企业带动作用增强、贡献突出

2012 年，北京市 85 家规模以上中央专业物流企业资产总计 3665. 4 亿元，占规模以上专业物流企业总资产的 85. 6%，比上年提高 4. 4 个百分点；实现营业收入 1224. 3 亿元，同

比增长14.4%，占规模以上专业物流企业营业收入的60.2%，比上年提高2.3个百分点，对营业收入增长的贡献率达83.6%。

2. 中央专业物流企业效益水平提升较快，获利能力进一步加强

2012年，北京市规模以上中央专业物流企业实现利润总额达100.1亿元，同比增长7.7%；实现主营业务利润189亿元，同比增长8.8%，占规模以上专业物流企业主营业务利润的55.6%，比上年提高3.6个百分点；成本费用利润率（扣除北京铁路局）为17.6%，比上年提高5.5个百分点，高于地方专业物流企业15.4个百分点；收入利润率（扣除北京铁路局）为13.7%，比上年提高1.0个百分点，高于地方专业物流企业13.0个百分点。

三、推进物流业持续发展的对策建议

2012年，在国际经济形势较为复杂，国内经济转型调整的情况下，北京市物流业总体保持平稳运行。但是，受需求不足、竞争加剧、成本高涨等多重因素的影响，部分物流企业受到一定程度的冲击，市场适应能力较弱，经营较为困难。为此，应不断加大政策引导力度，不断提高企业专业化、集约化水平，促进物流业有序健康发展。

（一）推进物流业硬件建设，改善物流业发展环境

近年来，北京市物流硬件设施建设不断推进，但从满足需求、提高效率的角度而言，仍存在专业化运输车辆和仓储设施数量较少、城市“最后一千米”不畅达、装卸货设施不完备等突出问题。仓储、装卸搬运系统基础设施建设明显落后于运输系统。2012年，北京市物流及相关行业完成固定资产投资303.5亿元，比上年下降3.4%。其中，航空运输业完成投资178.2亿元，比上年增长0.9%；铁路运输业和道路运输业分别完成投资42.7亿元和72.7亿元，分别下降8.5%和3.7%；仓储业、装卸搬运和其他运输服务业分别完成投资5.7亿元和0.7亿元，分别下降48.6%和57.5%，占比仅为1.9%和0.2%（见表3）。

表3　　2012年北京市物流相关行业固定资产投资完成情况

行　业	绝对值（亿元）	比重（%）	同比增速（%）
合　计	303.5	100.0	-3.4
铁路运输业	42.7	14.1	-8.5
道路运输业	72.7	23.9	-3.7
航空运输业	178.2	58.7	0.9
装卸搬运和其他运输服务业	0.7	0.2	-57.5
仓储业	5.7	1.9	-48.6
邮政业	3.6	1.2	34.3

建议北京市政府相关部门继续大力推进物流园区、配送中心等基础设施的建设运营，加大在仓储业、装卸搬运和其他运输服务业等领域的投资，不断完善现代物流节点体系，引导和鼓励硬件设施、设备的升级改造，为不断提高物流整体运营效率创造良好的硬件条件。

（二）推进物流业转型升级，提高专业化发展水平

近年来，尽管北京市物流业专业化发展水平不断提高，但与发达国家和地区相比，北京市工业、商业企业自营物流占比仍处于较高水平。2012年，北京市规模以上工业企业自运货运量为1.1亿吨，占总货运量的33.5%；规模以上商业企业自运货运量为0.4亿吨，占总货运量的6.5%。工业、商业自营物流在长距离、大批量运输中处于劣势，货物在库、在途时间长，周转缓慢，难以和具有专业化物流模式企业的规模效益相比。

与专业物流企业相比，北京市工业、商业企业自营物流费用较高。2012年，北京市主营业务收入8000万元及以上的工业企业运输费用和配送、流通加工及包装费用分别为152.4亿元和19.5亿元，占企业物流费用的比重分别为65.3%和8.4%；主营业务收入2亿元及以上的批发业企业、6000万元及以上的零售业企业运输费用和配送、流通加工及包装费用分别为225.8亿元和1.6亿元，占企业物流费用的比重分别为57.1%和4.1%；均高于专业物流企业运输成本和配送、流通加工及包装成本占物流成本的比重50.5%和1.3%。

建议北京市政府相关部门积极推进北京市物流业从传统物流向现代物流服务的转型。一方面，出台政策鼓励工业、商业企业积极利用第三方物流降低成本；另一方面，积极培育扶持专业物流企业，营造高效率、低成本的现代物流服务体系。

（三）完善小微企业支持政策，增强小微企业发展活力

2012年，北京市规模以上小型和微型专业物流企业的收入增速分别为2%和1.5%，远低于规模以上大型和中型专业物流企业12.5%和13%的增速。规模以上小型和微型专业物流企业利润分别比上年下降11.1%和43.1%，降幅大于规模以上大型专业物流企业下降5.4%的水平。在经济不景气的情况下，物流业务需求有所减少，小微型企业受到较大影响，成本费用攀升明显，其经营能力和获利能力均有较大程度的下降。

建议北京市政府相关部门针对小微企业抵抗风险能力弱、经营波动性较大的不足，加大对小微型专业物流企业的扶持力度，给予税收减免、财政补贴和信贷支持等政策，并加大宣传和执行力度，拓宽政策惠及面，不断增强众多小微型专业物流企业的运营活力。

（姜峰　北京市统计局服务业处）

2012 年重庆市物流发展情况

近几年，随着重庆市工农业生产规模的逐年扩大和市场需求的日益增长，重庆市的物流货运量呈不断增长态势。为适应重庆市经济快速发展的要求，重庆市充分利用水陆空立体交通优势，着力建设、完善货运物流基础设施和综合性服务平台，催生具有较强竞争力、掌握先进经营理念和现代技术的大中型货运物流企业，促进全市货运物流产业从传统向现代转变。重庆市现代物流业开始加速发展。

一、物流基础设施更加完善，物流业总量规模不断扩大

2012 年，重庆市公路、铁路、航空和港口等物流基础设施更加完善，全市公路通车里程累计达到 12.07 万千米，其中高速公路 1909 千米，全市行政村公路通达率 100%。物流基础设施建设能力的提高有效促进了重庆市物流服务水平的上升，2012 年重庆市物流货运量持续平稳增长，全市物流业增加值达 620 亿元，同比增长 15%；全市货运总量突破 10 亿吨，同比增长 17%；全市交通运输、仓储和邮政业增加值为 515.15 亿元，比上年增长 9.1%，占全市地区生产总值的 4.5%。重庆市近十几年来货运量变化情况如下图所示。从图中可以直观看到 1997—2012 年，重庆市的货运量呈逐年增加的态势，其中 2008 年以来的 5 年间增幅明显，2012 年达到峰值。

2012 年，重庆市主要运输方式完成货物运输量为 110135.89 万吨，比上年增长 13.8%（详细情况如表 1 所示）。其中重庆市水运完成货运量为 1.28 亿吨，同比增长 9.8%；水运完成货运周转量 1740 亿吨千米，同比增长 11.7%；水运完成集装箱货运量 66.1 万标准箱，同比增长 6%。在水运完成货运量中，内河港口完成货物吞吐量 12502.40 万吨，比上年增长 7.7%。

2012 年，重庆市空港完成货物吞吐量 27.04 万吨，比上年增长 12.9%；完成集装箱吞吐量 87.10 万标准箱，比上年增长 16.8%；完成货运周转量 1740 亿吨千米，同比增长 11.7%。在笔记本电脑产业迅猛发展的带动下，2012 年重庆市航空货邮量增长迅速，增速达到 12.5%，其中国际航空货邮量首次突破 8 万吨大关，重庆机场货邮吞吐量进入全国机场前八位，国际航空货邮量增幅居十大机场之首。

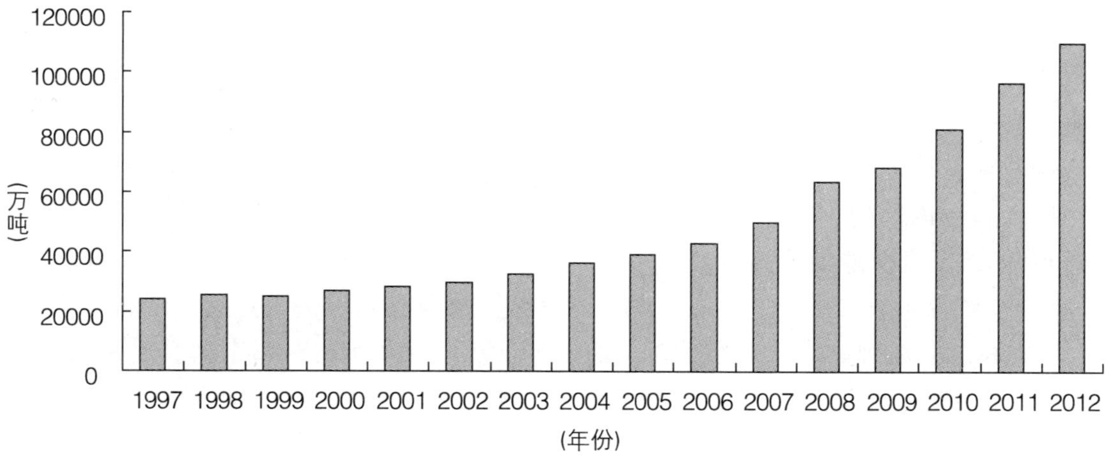

1997—2012 年重庆市货运量情况图

表 1　2012 年重庆市货物运输总量

指　标	2012 年	比上年增长（%）
货物运输总量（万吨）	110135.89	13.8
铁路运输总量（万吨）	2240.47	7.0
公路运输总量（万吨）	95009.00	14.7
水运运输总量（万吨）	12874.48	9.8
航空运输总量（万吨）	11.90	5.2

二、重点物流园区和枢纽建设稳步推进

（一）“三基地四港区”国家级物流枢纽建设

“三基地四港区”布局规划是国家发展改革委书面确认的第一个省级物流园区规划。截至 2012 年年底，在重庆市发展改革委、市规划局、市国土房管局以及有关区县政府的共同推动下，“三基地四港区”建设平稳推进。

1. 铁路物流基地建设

即重庆西部现代物流产业园建设。该园 33 平方千米全部纳入重庆市新城乡总体规划，16.2 平方千米控制性详规已编制完成，正在编制 1887.3 公顷用地控规。目前已开工项目用地 13801 亩，累计投资 130.61 亿元，建成 105.3 万平方米房屋和 16.1 千米道路，累计签约引进项目 17 户，其中美盈森一期、大川国际建材城一期、重铁巨龙、永辉一期常温库四个项目已建成投用，与 431 户企业签订入驻协议，其中 257 户企业正式入园。

2. 公路物流基地建设

目前，公路物流基地建设已完成 7 平方千米产规和概规审批，4 平方千米控规通过了重庆市政府审批（实际为 4.9 平方千米），累计投入资金 25.52 亿元。“一桥两路”和 27 万平方米标准厂房已竣工，普洛斯、西联钢材、巴闽城等产业类项目已开工，已引进浙江传化公路物流港等项目。

3. 航空物流基地建设

航空物流基地占地约10平方千米，包括两路寸滩保税港区的空港功能区和机场物流园。机场物流园计划占地2平方千米，一期已运营、二期在建、三期规划为远期用地。一期占地353亩，设计吞吐能力30万吨，包括进港区、出港区、物流分拨区、办公区等，集海关、国检、分拨、监管、配送服务于一体，主要为惠普IT产品与国内其他普货进出口服务，已正式运营。二期分两个地块，保税港区物流园规划占地546亩，设计吞吐能力120万吨，建筑面积为17万平方米，已开发3.5万平方米，主要为国际进出港物流区，为重庆市所有需要进出口的企业服务；C3地块规划1233亩，建筑面积为12.5万平方米，为国内进出港物流区，包括一级货站、二级货站、货代企业区、办公区等，计划2014—2015年完工。三期占地400亩，为远期用地。

目前，重庆机场已拥有约10万平方米货运站、2万平方米二级仓库，可实现80万吨货物保障能力，已有60家物流企业入驻。

4. 寸滩港区建设

寸滩保税港区包括水港与空港功能区。其中，空港功能区占地约5.94平方千米，现已建成两个仓库并投入使用；水港片区占地约2.43平方千米，一二期作业区已建成并投入使用。目前，已建成2个3000吨级集装箱泊位、3个5000吨级集装箱泊位、2个商品汽车滚装泊位，年吞吐集装箱70万标准箱、滚装商品车30万辆。

5. 果园港区建设

果园港区包括前方果园作业区与后方物流区，果园作业区规划面积约4平方千米，后方物流区面积约为5平方千米。其中，果园作业区一期建成2个件散杂货泊位及相应陆域堆场与配套设施，年通过能力200万吨，已投入试运行；二期工程和二期扩建工程已于2010年开工，年通过能力分别为1000万吨和1800万吨，水体泊位已完工；进港铁路专用线已招标完成，将和渝怀复线同步建设完成；连接绕城高速公路的果园立交桥，将在2013年上半年建设完成。此外，连接内环快速路的疏港大道和通往鱼复工业园的果园东立交桥等也在建设中。

6. 东港港区建设

东港港区已开港投入运营，后方配套道路正加快实施，疏港大道、东西干道、南北干道、南北次干道A、B支线三条骨干道路实现初通。

7. 黄磏港区建设

目前，黄磏港区西彭物流园区内部铝城大道、观江路、滨江路、鑫邦大道等主要道路已基本建成，后方园区招商态势良好。港湾门窗总部基地已落地进港，鑫邦钢材城一期厂房主体已建完，旭龙有色金属市场与粮食储运公司项目已运营。

（二）市级重点物流园区建设

为扶持引导重点物流园区建设和发展，重庆市在全国率先以政府名义启动重点物流园区认定工作，首批认定7个市级重点物流园区，除“三基地四港区”核心功能区纳入认定外，西部国际涉农物流加工区、白涛化工园区现代仓储物流中心、永川港桥现代物流产业园和秀山（武陵）现代物流园区4个物流园区被认定为重庆市重点物流园区。目前，重点园区的建设工作稳步推进。

西部国际涉农物流加工区（白市驿）是重

庆市冷链和粮食物流一级节点，2012年共招商引资25个项目，完成投资18亿元，正加快建设渝黔新线白市驿货站等重点基础设施项目。目前园区已经出让土地282.6亩用于专业市场建设，在建项目主要有中国西部农产品冷链物流中心、重庆沁园实业（中国）总部生产基地、重庆九州国际汽摩（农机）配件物流商城、贝迪颐园温泉旅游度假区二期、重庆现代都市农业科技示范园区安置房三期、渝台农业综合开发示范区、登山步道乡村旅游街。

秀山（武陵）现代物流园区已全面落实一期3.5平方千米项目用地，累计获批用地指标5016亩，累计完成投资45亿元，基本建成专业市场区、铁路物流区、化工品区，建成共80万平方米的8个专业批发市场，园区已有21家开发企业、22个项目落户园区（其中已有4个竣工使用），协议引进资金73.2亿元。

（三）市级物流枢纽和地区级物流枢纽建设

1. 市级物流枢纽建设

重庆市现有万州、涪陵、长寿、江津、永川等五大市级物流枢纽。万州新田港口物流园规划10平方千米，前方港口作业区一期700亩已启动建设，正在进行港地开挖。万州董家市场物流园正加紧编制相关规划。涪陵李渡物流园规划1.76平方千米，2011年完成“七通一平”面积0.4平方千米，建成仓储及堆场用地0.2平方千米，完成建筑面积1.65万平方米。目前码头正在建设中；涪陵龙头港物流园港口前方作业区正在建设；涪陵白涛物流园一期已运营。长寿化工、钢材商贸物流园目前正在编制可行性研究报告。江津双福新区道路实施面积28.9平方千米，专业市场建筑面积147万平方米，加工及标准厂房已建成建筑面积14.4万平方米，在建建筑面积21.2平方千米。江津双福新区物流园区1个商贸物流项目（机电、汽车、工程机械）与2个专业物流项目（汽车仓储、运输、检测）已投入运营，3个商贸物流项目（钢材、农产品、汽摩配件）在建；江津珞璜综合物流园目前有1个钢材市场在建；正加紧编制江津德感综合物流园规划研究。永川港桥物流园规划3.54平方千米，已开发1平方千米；正在建设永川港区、再生金属交易市场、永川港联检大楼等。永川商贸物流园规划20平方千米，近期8平方千米，其中5平方千米为既有商贸市场，新建部分已启动2平方千米核心区建设。

2. 地区级物流枢纽建设

黔江—秀山（酉阳）、合川、南川—綦江、忠县—垫江（石柱）和奉节五大地区级物流枢纽的建设均按照加快完善区域物流基础设施，建立健全区域现代物流网络，加速培育区域物流企业和物流市场主体，提高区域物流业整体运作效率的思路加快推进。

三、物流市场主体持续壮大

据统计，重庆市现有物流企业众多，包括各类以物流冠名的企业1000多家、公路货运户超过10万家、水路运输经营总户约280多家、货运代理户总计1300多家、航空货运代理企业20家左右和国际货物运输代理企业近150家。在众多的物流企业中80%企业只能简单地提供运输（送货）和仓储服务，民营企业占7成。

（一）重点物流企业迅速发展壮大

近年来，一批具有现代物流特征的重庆本地物流企业正在迅速发展壮大。如重庆港务（集团）有限责任公司、民生轮船股份有限公司、重庆长安民生物流股份有限公司等。重庆港务（集团）有限责任公司、民生轮船股份有限公司在2012年度中国物流百强企业中分别名列第16位和第39位。重庆港务物流集团有限公司、重庆交通运输控股（集团）有限公司和民生轮船股份有限公司在2011年中国服务业500强中分别名列第222位、第273位和第460位。

在国家发展改革委与国家税务总局确定的全国物流税收试点企业中，重庆市有重庆交通控股（集团）有限公司、重庆中集物流有限公司、民生物流有限公司等47家。经认定的A级物流企业有重庆公路运输（集团）有限公司、重庆轮船（集团）有限公司、重庆重铁物流有限公司等16家。

重庆市重点现代物流企业和重点现代物流项目已完成7批评审认定工作，包括重庆交通控股（集团）有限公司、重庆港务物流集团有限公司、长安民生物流股份有限公司、重庆市邮政速递物流有限公司、招商局物流集团重庆有限公司、重庆美联国际仓储运输（集团）有限公司、重庆保时达保税物流有限责任公司等40家企业、重庆中集物流有限公司物流配送中心、重庆双远（寸滩）物流中心、招商局物流集团重庆分发中心二期工程、重庆庆荣物流配送中心项目、长安民生物流CAFM汽车分拨中心、重庆领先公共物流中心、普洛斯（重庆）物流园开发有限公司二期项目、现代医药物流配送及电子商务中心（一期）、重庆安得物流园、永辉西部物流园等64个项目。

（二）国际国内物流企业纷纷入驻重庆

随着“三基地四港区”国家级物流枢纽加快建设，“渝新欧”等物流通道运行良好，物流基础设施日益完善，公铁水空齐备的得天独厚的物流条件，重庆市吸引了一批国内外大型物流企业入驻。马士基、DHL等跨国巨头已在重庆设立分公司或办事处，中海、中储、中集、中远等国内大型物流企业已在重庆市设立分公司或办事处。

1. 外商物流企业

目前，世界100强物流企业中UPS、马士基、联邦快递（FedEx）等30多家企业入驻重庆。其中，新加坡APL、荷兰安吉、中国台湾长荣、日本住友商事和近铁、俄国铁路、德国铁路、哈萨克铁路等分别与重庆本土企业成立长安民生、安吉红岩、庆荣物流、住商云信、及时达物流、渝新欧物流等合资公司。

2. 国内知名物流企业

中远物流、中外运、中储物流、中国海运、中集物流、中国邮政快递、中铁联合国际集装箱有限公司、中铁快运、中铁特货等大型物流央企均在重庆市设立了下属公司，利用其全国网络开展物流业务。中石油、中石化、中粮集团、中国铝业、川维物流等央企在重庆设立独立运行的物流公司，一方面，为其在重庆和西南的制造销售提供物流支撑；另一方面，积极建设项目，向外拓展物流业务。远成集团、永辉物流、明品福等民营物流企业也纷纷进入重庆市。

四、物流通道优势更趋明显

（一）渝新欧国际铁路联运大通道

该通道的开通，使重庆市成为内陆口岸、内陆交通枢纽、西部通往欧洲的桥头堡。我国的货物可以经“渝新欧”运往欧洲，欧洲的货物也可经其运至我国，重庆市已成为欧洲货物运至我国的集散地。对于生产企业来说，渝新欧国际铁路联运大通道开通，有了比沿海更便捷的物流大通道，可大大降低货物运输成本。对商贸服务业来讲，每天几十个甚至几百个集装箱的货物从欧洲运到重庆，再转运其他地区，可进一步带动重庆市物流业及商贸服务业的发展。渝新欧铁路已成为重庆市的“王牌”，吸引着世界各地投资者的目光。全球最大的集装箱运输公司马士基、全球最大的工业及物流基础设施提供商和服务商美国普洛斯公司等国际物流巨头亦纷纷布局重庆市。

2010年10月，渝新欧国际铁路联运大通道国内段开始试运行，运距达3812千米，运行时间4天（96小时46分）。2011年1月28日，渝新欧中俄段启动试验班列，全程8120千米，设计运行时间为11天。2011年3月19日晚，渝新欧进入全程试运行，从重庆团结村国际集装箱中心站发出，经过16天抵达德国的杜伊斯堡。2011年6月30日晚，首列满载“重庆造”IT产品的国际货运专列正式出发，沿渝新欧国际铁路驶往德国杜伊斯堡，全程经过6个国家，运行里程达10300千米。2011年10月，中国海关和比利时海关已签署相关协议，把渝新欧铁路的终点站从德国杜伊斯堡延伸到比利时安特惠普港。2012年4月，由交运集团主导，中铁、哈铁、俄铁、德铁合资组建的渝新欧（重庆）物流有限公司挂牌成立。2012年11月，随着渝新欧（重庆）物流有限公司全程独立操作的宏碁华硕组合班列顺利抵达德国杜伊斯堡。

渝新欧国际联运“五定”班列实现了新突破：使用国际货约、国际货协统一运单，建立统一的标准和规则，减少中途换单环节，提高了通关效率和准点率；搭载服装类等消费品集装箱，实现多品种货源组合运输，使渝新欧班列承运货物向多元化迈进，推动了重庆市国际货物集散功能发挥；实现沿途卸货，增加了作业点，更大程度地满足了重庆市外贸企业和沿线不同客户的需求。预计2013年“渝新欧”实现3班/周常态开行，全程运行时间稳定在16天，单个40英尺集装箱站到站运输价格有望下降。

（二）水运五定快班轮

为进一步发挥重庆市“黄金水道”优势，提高物流效率，促进外贸集装箱水运发展，加快西部地区物流中心建设。2011年继续稳定运行渝沪“五定”快班轮航线；新开涪陵—万州—上海外贸集装箱“五定”快班轮航线，发挥涪陵、万州区域性中心城市辐射带动作用，有效改善库区国际贸易和投资环境；延伸沪渝“五定”快班轮航线，开通重庆至四川泸州港、宜宾港的“水水中转”集装箱班轮，吸揽周边货源经重庆港中转，将重庆港外地货源占比提升至30%，增强了寸滩保税港区的辐射能力。2012年6月，万州上海“五定”（定港口、定航线、定船期、定运时、定船舶）外贸快班轮由原来每周一班增至五班，与此同时，经向市外经委和口岸办的积极争取，负责运行万州上海“五定”外贸快班轮的公司由原来的重庆中远国际货运代理公司一家增至重庆太平洋国际物流公司、民生轮船股份有限公司和重庆中远国际货运代理公司三家。

（三）渝深五定班列

渝深铁海联运大通道于2010年5月19日开始运行，是重庆市和中远公司联合打造的第一条出海大通道，由集装箱中心站、铁路运输线、国内港口、国际海运航线和国外港口五大部分组成，起点为重庆市团结村集装箱中心站，通过渝怀线、沪昆线、京广线、广九线、平盐线铁路到达深圳的盐田港站，再由深圳盐田等码头的国际海运航线到达全球各大洲。随着“渝深”集装箱五定班列的成功开行，重庆至深圳全程运行时间由原来的116小时缩短为约53.5小时，货物从沙坪坝的团结村装运至深圳盐田港，然后再出海运至欧洲上岸，只需27天。

2011年渝深班列重庆—深圳重下班列一共开行39趟，每班平均承运64.36吨/趟。2011年11月1日和4日成功完成双班试运行。现渝深班列已进入每周双班的常态运行。

2012年3月，“渝新欧”班列和“渝沪”班列成功进入了铁道部“百千”快捷货运班列规划。铁道部“百千”快捷货运班列于2013年6月开始试点，开行“100列高附加值快捷班列”和“1000列大型煤矿、港口到重点电厂和钢厂的大中货物循环直达列车”。纳入铁道部快捷货运班列规划之后，“渝深”班列将更加准点和快捷。伴随“重庆造”打印机货源进入渝深铁海联运大通道运输，重庆铁海联运运输量会进一步增加，重庆市有关部门正在制定渝深”班列1班/天的方案，力争运行时间和成本各降低5%。

（四）“渝沪”五定班列

“渝沪”五定班列是为满足上海和重庆两地IT企业往返原材料和产成品铁路运输。这条线路由重庆及时达与中铁国际多式联运公司合作运行。班列既可将华东地区生产的笔记本零部件通过班列运达重庆市，又可将上海及周边的出口货物通过班列发往重庆市，经重庆市中转再通过“渝—新—欧”铁路大通道运往欧洲。同时，重庆市生产的出口产品也能用班列运输到上海市，再通过装上海船出境。“渝沪”五定班列装车组织站为上海杨浦站，卸车组织站为重庆市团结村。

2011年6月30日，首列渝沪“五定班列”满载来自长三角企业的笔电原材料，从上海杨浦站出发，于7月3日抵达重庆团结村。2011年7月8日，重庆市国资委旗下的重庆公路运输（集团）有限公司与上海近铁国际物流有限公司合资成立负责运营这条铁路货运线的重庆及时达国际物流有限公司。2011年11月16日，“沪渝”铁路首个五定班列经63小时全程运行，成功抵达重庆团结村，比6月份试验型运输时间少27小时，实现“沪渝”铁路五定班列常态开行。“渝沪”五定班列初期每列装载40～50个标准集装箱，每周一班双向开行，途中运行时间为55～60小时。

五、国际物流发展前景广阔

（一）进出口总量和国际物流量不断攀升

2012年，重庆市进出口达到532亿美元，同比增长82.2%，在全国排位升到第11位。其中，出口位居中西部第一，首次超四川省升至全国第10位。2012年重庆市国际物流运行情况良好，全市国际物流总量为722万吨，同比增长8.6%（如表2所示）。

2012年，重庆市进出口集装箱量为43.1万标准箱，同比增长22.4%；进出口集装箱（重箱）33.1万标准箱，同比增长26.8%。2012年重庆市进出口集装箱重箱总量情况如表3所示。

表2　　2012年重庆市进出口货物总量

指　标	2012年	同比增长（%）
国际物流进出口货物（万吨）	722.0	8.6
水运进出口货物（万吨）	705.4	7.5
水运出口货物（万吨）	218.7	13.6

续　表

指　标	2012 年	同比增长（%）
水运进口货物（万吨）	486.7	5.1
陆路进出口货物（万吨）	7.725	144.7
航空进出口货物（万吨）	8.887	49.9
航空出口货物（万吨）	6.209	63.5
航空进口货物（万吨）	2.678	25.6

表 3　　2012 年重庆市进出口集装箱重箱总量

指　标	2012 年	同比增长（%）
进出口集装箱重箱（万标准箱）	33.1	26.8
水运集装箱重箱（万标准箱）	31.9	23.6
水运出口重箱（万标准箱）	10.8	47.9
水运进口重箱（万标准箱）	10.8	47.9
陆路集装箱重箱（万标准箱）	1.1891	313.0
陆路出口重箱（万标准箱）	0.5843	5840.0
陆路出口重箱（万标准箱）	0.6048	117.6%

重庆地区对外贸易进出境主要通道有水路顺长江直达上海，铁路南下直达香港、北上连接欧亚大陆桥；国际航线通达中国香港、中国澳门、名古屋、泰国等城市；邮路可交换直封到日本、美国等地的邮件总包；公路有海关监管货物运输车队承运与各关之间的转关运输货物。近年来，重庆地区对外经贸事业发展迅猛，已与中国香港、日本、美国、韩国、德国、法国等世界 112 个国家（地区）建立了经贸关系，出口商品共有 16 个大类、3000 多个品种，主要出口商品为机电产品、纺织品、服装、医药品、钢材等。

（二）口岸通关服务能力提升

重庆海关设有开放型口岸 2 个（江北机场、九龙坡港口），并设立两路寸滩保税港区和西永综合保税区 2 个海关特殊监管区域。本地通关主要集中在 2 个一类口岸（江北国际机场和重庆港）和 3 个二类口岸（上桥铁路东站、万州港及涪陵港）以及 6 个出口加工区，实行“5＋2”24 小时全天候通关，水陆出口平均通关时间为 6～8 小时，进口为 12 小时，航空进出口平均通关时间为 4～6 小时。

成功实现与长江流域区域通关，与广西、云南、四川、贵州、新疆和天津快速转关，实现了部分通关业务网络化管理。重庆物流信息基础设施建设步伐加快，港口、铁路、航空等口岸电子操作平台已投入使用。

（三）海关监管及国际合作

随着内陆开放步伐的加快，海关不断创新监管模式，中国海关与哈萨克斯坦、俄罗斯、白俄罗斯等多个国家海关签订了合作协议，重庆、乌鲁木齐两地海关在渝签署了《关于建立渝新欧国际铁路大通道出口转关监管机制的协议》和《区域通关改革合作备忘录》，使重庆出发的货物实现沿途通关监管互认，信息共享，运输全程只需一次申报，一次查验，一次放行。经中欧双方海关联合委员会商定，安智贸第二阶段扩大试点，新增中国上海港、重庆港，通过安智贸国际海关合作项目，融入世界范围内“海关与海关间的合作”、“海关与商界的合作”，推动集装箱安全设备（CSD）的使用和有效监管，避免进口国海关重复查验，缩短货物在港口的滞留时间，降低物流成本，促进内陆开放高地建设，提高重庆在国际上的知名度。

六、积极推进“一江两翼”国际物流大通道战略

为把重庆建设西部地区物流中心和国际贸易大通道，重庆加快实施“一江两翼”国际物流大通道战略。“一江”即通过长江通达太平洋。“西北翼”即通过渝兰铁路或渝安（康）西（安）铁路，由新疆阿拉山口出境、经哈萨克斯坦—俄罗斯—白俄罗斯—波兰—德国—鹿特丹港通达大西洋。“西南翼”近期通过渝黔铁路由贵阳—昆明—大理—瑞丽出境，经缅甸中部城市曼德烈—皎漂港通达印度洋和中东地区；远期规划建设渝昆货运铁路，经昆明至瑞丽及缅甸皎漂港直达印度洋和中东地区。

“一江两翼”物流战略成效显著。促进重庆建成国家级物流枢纽城市，推动重庆内陆开放高地建设，带动中西部地区开放型经济发展，加速中西部地区内陆物流与国际物流融合。开辟中西部地区、东南地区与欧非经贸往来的新通道，提升经贸往来水平，给长江上游地区与欧洲、西亚、南亚、中非之间的物流运营模式带来深远而积极的影响，改变世界经贸版图。有助于调整货物出入境的路线，将长江黄金水道的成本优势与西北向、西南向出海铁路通道的时间优势结合起来，缩短出海运输距离，降低西部地区物流成本（即从重庆周边地区及长江中下游地区的出口货物通过陆路或水路运抵重庆后，经重庆保税港报关后经出海铁路通道出境）。时间上，长江中上游地区（武汉 200 千米半径区域）货物经长江出海，绕马六甲海峡至鹿特丹港至少需要 45 天，而经过长江水运至重庆，再由“西北翼”至鹿特丹港只需要 15 天，节省 30 天以上。经长江水运至重庆，再由“西南翼”至鹿特丹港也只需 30 天，至少节省 15 天。运距上，长江中上游地区货物经长江水运至重庆，无论是从“西北翼”，还是从“西南翼”至鹿特丹港，都比经上海出海至鹿特丹港缩短 6000 千米以上。

七、实施保税物流港（区）战略

加快实施重庆保税物流（港）区战略，建设两路寸滩保税港区和西永综合保税区，打造内陆政策最优、功能最全、开放程度最高的开放门户，建成国家重要的保税物流基地、加工贸易基地和服务贸易集聚区。充分发挥两路寸滩保税港区和西永综合保税区“境内关外、出口退税、进口保税”政策优势，探索在内陆地区开展国际配送、国际采购、国际中转业务、加工贸易、保税物流业务，建成集贸易、加工、物流、口岸、结算、保险、信息等功能为

一体的西部国际贸易大平台。

（一）重庆两路寸滩保税港区

两路寸滩保税港区，依托长江水港和机场空港优势，突出口岸物流和中转贸易功能，重点发展国际中转、配送、保税仓储、商品展示、研发加工和制造业务，侧重口岸物流及中转贸易等功能，辐射重庆及周边省市。

重庆保税港区初步规划选址在寸滩港地块和机场北部地块，规划总面积达 15.16 平方千米，近期按 8.37 平方千米进行规划建设，其中，港口保税区涉及寸滩港及其周边地块，面积约 6 平方千米（“水港”功能区）；机场周边地块 2.37 平方千米（“空港”功能区）；保税港区的远期拓展区 6.79 平方千米，水港和空港两个区域相距约 18 千米。

重庆两路寸滩保税港区一二期工程分别在 2010 年和 2011 年通过国务院正式验收，规划的 8.37 平方千米实现全围网。截至 2012 年 6 月，保税港区已累计完成投资约 200 亿元，建成各类笔电厂房及仓库 46.4 万平方米。区内入驻企业和项目累计达到 200 个，其中包括世界 500 强 12 家，中国 500 强 8 家。

（二）重庆西永综合保税区

西永综合保税区，重点引进 IT 类企业入驻，大力发展保税物流和保税加工，以航空物流为依托，服务于周边的加工制造业。

规划占地面积 10.3 平方千米，分 A、B 两个区块。A 区规划面积 4.18 平方千米，位于沙坪坝西永镇中梁山以西、襄渝铁路以东及周边地块；B 区规划面积 6.12 平方千米，位于沙坪坝陈家桥镇寨山坪以西、虎曾路以东地块。目前该区已经吸引惠普、富士康、英业达、广达等一批 IT 巨头相继进驻，将助推重庆建成中西部第一大加工贸易基地。

重庆西永综合保税区一期项目建成面积为 5.67 平方千米并通过国务院验收，已入驻美国惠普公司，以及我国台湾的富士康、广达、英业达等世界级笔记本电脑加工厂，另约 150 家物流企业及报关企业入驻。

（焦飞　重庆市物流与供应链协会）

2012 年河北省物流业发展情况

2012 年，伴随着产业结构调整和城市化进程的加快，河北省产业物流和生活性物流的市场需求及规模逐步扩大，全省物流总额和社会物流增加值均创造了历史最好水平。

一、2012 年河北省物流业发展情况

2012 年，面对复杂多变的宏观经济环境，河北省物流业总体运行放缓趋稳，稳中有进。河北省生产总值实现 26575 亿元，比上年增长 9.6%，在经济持续增长和一系列政策措施的推动下，河北省物流需求规模继续保持较快增长，物流业固定资产投资增速较快，企业效益有所好转并呈现出以下新变化和新特点。

（一）物流业总体运行放缓趋稳并适度增长

经核算，2012 年河北省社会物流总额达到 74685.2 亿元，同比增长 11.6%，高于全国 9.8% 的增幅；物流业增加值达到 2253.1 亿元，同比增加 11%，高于全国 9.1% 的增幅。社会物流总费用与 GDP 的比率为 19.8%，高于全国 18% 的 1.8 个百分点，这表明经济运行中的物流成本依然较高。2012 年，河北省社会物流总额及增加值情况如表 1 所示。2012 年各季度河北省社会物流总额及增加值如表 2 所示。2012 年前三季度河北省社会货物物流总额构成情况如图 1 所示。

表 1　　2012 年河北省社会物流总额及增加值

	一季度	上半年	前三季度	全年
社会物流总额（亿元）	14142.5	32881.3	55891.2	74685.2
物流增加值（亿元）	418.5	1058.8	1708.2	2253.1

表 2　　2012 年河北省社会物流总额及增加值分季度数据

	一季度	上半年	三季度	四季度
社会物流总额（亿元）	14142. 5	18738. 8	23009. 9	18793. 9
物流增加值（亿元）	418. 5	640. 3	649. 4	544. 9

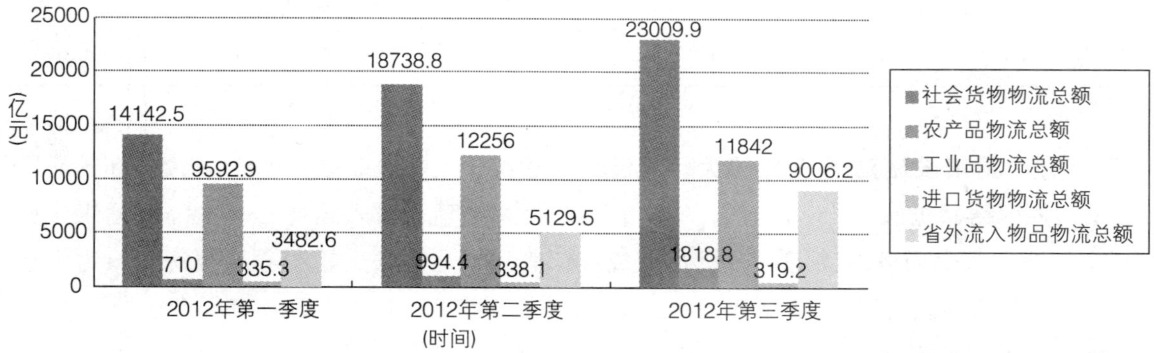

图 1　2012 年前三季度河北省社会货物物流总额构成情况

（二）物流市场价格低位运行，社会物流总费用较高

2012 年河北省社会物流总费用为 5252 亿元，其中，运输费用为 3570 亿元，占社会物流总费用的比例为 68%；管理费用为 447 亿元，占比为 9%；保管费用为 1233 亿元，占比为 23%。2012 年河北省社会物流总费用构成如图 2 所示。2012 年河北省社会物流总费用的情况详见表 3。

受近几年物流企业人力成本不断增加，燃油价格不断上涨，过路过桥费已占运输成本的 1/3，大中城市物流业用地及仓库租金不断攀升的影响，一些企业资金使用成本超过利润总额，致使河北省社会物流总费用占 GDP 的比重居高不下，一直在 19% 上下浮动，高于全国 18% 的平均水平，更高于西方发达国家 8% ~ 10% 的平均水平，说明河北省物流运行质量偏低，物流成本偏高。

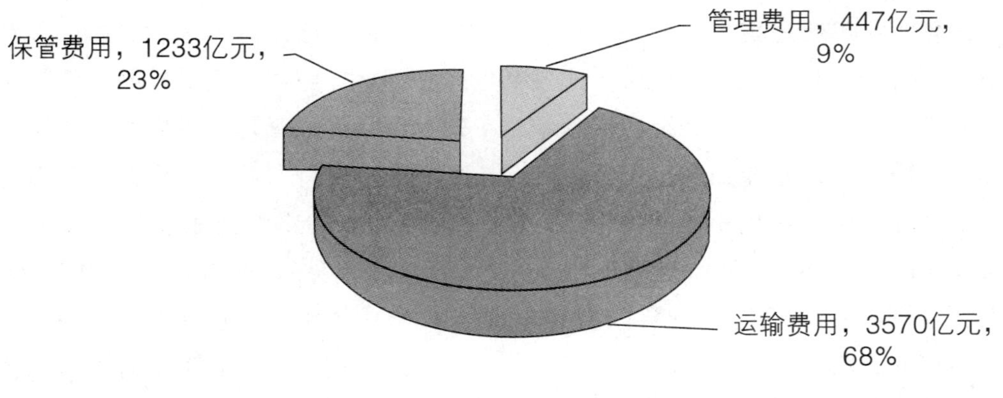

图 2　2012 年河北省社会物流总费用构成

表 3　　2012 年河北省社会物流总费用

	一季度	上半年	前三季度	全年
社会物流总费用（亿元）	968. 0	2403. 0	3914. 3	5252
运输费用（亿元）	639. 0	1639. 0	2681. 7	3570
保管费用（亿元）	251. 0	569. 0	920. 0	1233
管理费用（亿元）	78. 0	195. 0	312. 0	447

（三）物流基础设施建设投资加大，物流重点建设项目取得新进展

2012 年河北省交通运输固定资产投资完成 920 亿元，物流基础设施建设取得新进展。高速公路通车里程突破 5000 千米，跃居全国第 3 位；京广高铁河北段全线开通，石家庄新客站投入运营；三大港口吞吐量突破 6 亿吨；四个省辖市机场相继建成，三个机场正在加速建设；24 个物流产业集聚区通过规划论证并加快建设，入驻企业已达 555 家，一批物流重点项目相继建成投入运行；秦皇岛海运煤炭交易中心和河北钢铁交易中心上线运行，为大宗商品交易搭建了物流公共信息平台。

2012 年河北省完成货物运输量 2403 亿吨，全社会货物周转量为 10844. 8 亿吨千米，当年全省货运量与货物周转量的统计情况如表 4 所示。

表 4　　2012 年河北省货运量与货物周转量统计

	一季度	上半年	前三季度	全年
全社会货运量　（亿吨）	4. 5	10. 6	17. 3	24. 3
全社会货物周转量（亿吨千米）	2204. 1	4728. 9	7809. 9	10844. 8

（四）物流企业转型升级步伐加快，物流社会化、专业化水平不断提高

2012 年，河北省现代物流业得到快速发展，其重要标志具体表现是：物流企业迅速崛起，一是原有的国有物流企业加快重组改制和业务转型。如河北物流产业集团、开滦集团国际物流有限公司、冀中能源国际物流有限公司、沧运集团、河北万合物流股份有限公司、中铁物资集团华北有限公司、河北中储物流中心和中国外运河北公司等实现了重组改制和业务转型。二是民营企业加速发展。如河北顺邦物流集团、唐山海港远大、唐山佳源、唐山盛唐、邢台好望角和安平丝网物流等民营企业快速发展壮大。三是一批生产或商贸企业的物流部门通过推行“主辅业剥离”的改革，以原有的业务为基础向社会拓展，形成具有专业特色的物流供应商，如开滦集团国际物流有限公司、冀中能源国际物流有限公司、唐山银河物流有限公司等，“主辅业剥离”后企业经营规模和效益明显增强。四是第三方物流企业发展较快。据统计，河北省物流企业已有4700多家，限额以上物流企业法人单位1100多家，从业人员近15万。以河北万合物流股份有限公司、河北顺邦物流集团、中运、唐山盛唐、唐山佳源和中恒泰达为代表的一批第三方物流龙头企业逐步做大做强，有8家企业进入全国百强物流企业，有50家企业被评为河北物流五十强企业。五是工商企业物流外包，企业物流向物流企业转变、传统物流向现代物流转换步伐明显加快。一批运输、仓储及货贷企业逐步向现代物流企业转型发展，邮政快递物流发挥行业优势不断提升发展。六是物流产业集聚效应明显增强，一批省级物流聚集区相继投入建设，产业聚集态势凸显。河北三大港口临港产业物流加快发展，正定空港、石家庄内陆港加快建设，空港物流初见端倪，曹妃甸保税物流园区加快规划建设已初具规模，为开展国际保税物流业务奠定了基础。七是物流业与制造业融合联动发展。长城汽车、天威大型输电设备等制造业与物流业的协调联动日益深入，冀中能源、石药等大型企业加快扩展物流业务。开滦集团曹妃甸动力煤储配基地、河北钢铁集团大型港口钢铁物流基地、唐山丰润钢铁物流中心、成润港骅粮食物流中心等一批大型物流项目抓紧建设，生产性大宗商品物流发展迅速。八是一批商品交易专业市场、生产资料市场逐步向区域性商贸物流中心、物流分拨中心、物流信息中心、物流金融中心转型发展，物流节点作用日益显现。

（五）物流信息化、技术水平稳步提升，物流标准化和培训等基础性工作成效显著

2012年，河北省物流行业基础性工作成效显著。一是河北省物流信息化加快推进，覆盖城乡的物流信息网络初步形成。二是为电子商务提供服务的企业有了较快发展，计算机网络技术普遍应用，物流信息化、机械化、自动化、智能化为一体的集成化水平有了一定程度的提高。三是以A级综合物流企业评估为代表的物流标准化有序推进，截至2012年年底，河北省A级物流企业已达到41家。四是现代物流教育和培训工作成效显著，物流学科体系建设、职业技能培训认证工作取得积极成效。截至目前，河北省已有60多所本科院校和职业技术学校，以及中等专业学校开设了物流类专业；已有2000多人参加了物流师职业资格培训与认证，其中有1500多人取得了资格证书。

（六）物流业发展环境进一步改善，政策引导和支持力度不断加大

2012年，国家有关部委围绕贯彻落实“物流国九条”，先后出台了《物流园区发展专项规划》和《应急物流发展专项规划》；物流企业土地使用税减半征收和将物流业纳入营业税改征增值税试点政策；收费公路清理、推广甩挂运输、支持公路枢纽型物流园区建设、试行“实货制”运输组织方式、推进物流信息化发展和特殊监管区域改革发展等项政策。河北省人民政府先后颁布了煤炭、农产品、商贸流通、国企物流、沿海港口集装箱物流发展补贴资金使用管理方法等多项政策措施。各级政府加强了宏观管理，政策环境明显改善，物流产业地位显著提高，物流市场秩序有效改观。

二、进一步发展河北省物流产业的政策建议

近年来，河北省现代物流业虽然取得了较快的发展，但从总体来看，长期掩盖在高速增长下的一系列问题尚未根本解决，已成为继续加快发展的制约因素，如物流企业综合税赋偏

高。仓储设施占地仍有土地使用税率偏高等税收管理制度尚待完善的问题，如“大吨小标”影响物流业发展的交通问题和交通运输管理乱罚款、乱收费等，物流企业融资难的瓶颈问题。

为促进河北省物流业向现代物流业的快速发展，进一步适应当前经济发展的新形势要求，针对河北省改造提升物流产业的重点和难点问题，提出如下政策建议。

（一）完善税收征管政策，切实减轻企业负担

鉴于物流行业属微利行业，为减轻企业负担，建议税务部门一是对国内急需的进口大型设备，给予关税减免政策。二是简化国有大中型物流企业（集团）内部资产调拨、股权转让、重组并购等审批程序，减轻相关环节税金。三是允许物流企业物流设施设备加速折旧，并予以税前列支；应取消物流企业库房租金收入12%的适用税率。四是针对物流企业网络化经营的特点，应允许物流企业以集团（总部）统一计算与缴纳所得税，以减轻物流企业重复纳税的负担。五是在“营改增”改革的当前阶段，从整体上看实现了结构性减税，但是，对于提供货物运输服务的物流企业的一般纳税人来讲，“营改增”后税率由3%上升到11%，“营改增”前购入的运输设备等固定资产不能抵扣，这样就造成了“营改增”前的存量资产无法抵扣，“营改增”初期销项税额和进项税额必然在一定程度上无法配比。“营改增”后，对物流企业的主要成本进行分析，我们不难看到：由于客观原因燃油费专用发票难以完全取得，由此造成物流企业进项税额不足；运营成本占比高的路桥费尚未纳入“营改增”，路桥费的发票不能抵扣，由此造成物流企业进项税额抵扣有限。基于上述情况，提供货物运输服务的物流企业一般纳税人在“营改增”后税负会有一定程度的上升，会导致一段时间内的结构性增税。在这一阶段建议省财政部门比照已经进行试点的上海、北京、江苏、安徽、广东、福建、浙江、天津、深圳市等试点地区的做法，对河北省物流企业实施过渡性财政扶持政策。

（二）整顿交通运输秩序，切实降低企业运输成本

为减轻物流企业在正常营运过程中的实际困难，建议交通部门一是要进一步整顿交通运输秩序，建立完善长效机制。按照交通运输部等五部委关于清理收费公路的通知要求，切实有效地做好收费公路清理工作。撤并不合理的收费站点，对各种已经收回成本、达到收费年限的公路收费站应予以撤销，加大对公路收费的监管力度，逐步降低偏高的公路收费标准。二是对已出让经营权的繁忙路段及收费期限的公路，应根据政府财力状况逐步收回经营权。三是规范交通执法行为，建立河北省性的统一执法程序与处罚标准，建立河北省执法申诉、投诉平台；建立执法复核程序，对申诉、投诉限时回复。同时，建立河北省公路运输执法队伍的考核程序，严厉处罚违规执法及执法舞弊现象。四是为解决城市中转配送难、配送货车停靠难等问题，建议建立统一标志的“绿色车队”，最大限度地减少“绿色车队”的限行时间和路段，以便利城市配送服务。五是加强公路管理，逐步削减公路管理和维护费用，降低公路运行成本，逐步减少收费公路规模。严格控制新建收费公路，坚决制止“乱收费”、“乱罚款”现象，并形成长效机制。六是提高通行效率，缓解省级高速公路口交通压力。推广ETC（高速路通过不停车自动收费）系统。清理和减少收费公路。加快推进物流综合运输体系建设，加强港口、机场和道路场站建设。降低运输车辆管理费用，摸清河北省运输物流现状，制定促进运输物流的快速发展。七是要建立多式联运的协调机制，制定支持多式联运发展的交通管理政策，落实集装箱运输通行费优惠政策，促进多式联运和甩挂运输的发展。八是为从根本上解决“大吨小标”商用车的管理问题，建议国家有关部门商生产企业尽快拿出办法，以解决物流企业正常运营中的突出问题。

（三）解决物流项目征地难问题，确保物流重点项目建设

物流重点项目征地是当前制约项目建设的瓶颈问题，为确保物流重点项目的建设，建议土地等有关部门一是建立和完善适合物流产业发展的土地政策体系。在省、市政府掌握的用地指标中，重点解决物流重点项目的用地问题。按照集中用地、节约用地的原则，对主要提供公共服务、具有公益性质的物流集聚区（园区）、物流中心、保税物流中心、货运枢纽场站、口岸设施等重要的物流设施项目要落实土地用地指标。二是积极支持工商企业利用旧仓库、旧厂房改造为物流项目，“主辅分离”改制的物流企业使用原主体企业的行政划拨土地，应优先安排土地供应指标。三是要进一步明确物流企业认定范围，凡拥有仓储设施用地的均可享受“物流国九条”提出的土地使用税减半征收政策。四是进一步完善大宗商品仓储设施用地的土地使用税政策，土地使用税税率，建议税务部门按照国务院规定的低档、下限征收和解决房产税偏高和重复征收问题。五是凡列入物流发展规划的重点物流项目，入驻省级物流产业聚集区的要在土地利用年度计划中优先安排，确保重点项目用地。

（四）合理放宽融资约束政策，解决物流产业发展的资金瓶颈问题

为加快现代物流产业的发展，须将物流业作为融资政策支持的重点产业。建议金融有关部门合理放宽融资约束政策。一是要积极引进商业银行的防范资金风险机制，适当放宽物流企业贷款融资条件，降低其融资成本，缓解当前国际金融危机对物流企业的影响，鼓励各金融机构对信用好、有竞争力、有市场、有订单、暂时出现经营或财务困难的物流企业给予信贷支持。二是加强银企合作，建立和完善贷款、抵押、担保、监管机制。积极支持符合条件的物流企业上市和发行企业债券，拓宽融资渠道。三是加大财政资金支持力度，对纳入城市建设规划的物流集聚区（园区）、物流中心、物流配送中心等重点物流项目的基础设施建设应享受财政贴息政策。四是在加强诚信体系和担保机制建设的同时，要鼓励民间资本参与物流业融资，发挥民间金融在支持中小微企业发展中多样化的需求。适当增加金融机构面向中小微物流企业网络建设的贷款比重，以支持中小微物流企业的发展。五是各级政府每年要安排一定的物流发展基金，重点扶持物流基础设施项目建设和重点物流企业发展。对具有示范效应、核心竞争力强的物流企业，在其信息化提升、新技术应用等方面予以适当支持；对于运行良好、管理规范的物流企业、物流聚集区（园区）的技术改造、信息化建设、节能减排设施及改善周边交通条件的项目，给予财政补助。

（五）加强规划政策指导力度，促进物流聚集区健康发展

物流聚集区是河北省物流产业创新发展的新模式，其做法已得到国家发改委的充分肯定。为促其健康持续发展，建议省政府有关部门在调查研究的基础上，制订聚集区发展规划及相关政策。一是抓紧制订河北省物流聚集区（园区）发展专项规划，充分体现物流四大通道（冀东物流大通道、冀中南物流大通道、环京津物流产业带、沿海物流大通道）和物流节点城市基本布局；铁路、交通、商务、民航、国土、规划等相关部门要参与规划制订，部门规划要与河北省和全国规划相衔接；对未纳入河北省或全国物流聚集区（园区）规划的项目要严格控制。二是要妥善解决物流聚集区（园区）的征地问题，对纳入国家和省规划的物流聚集区（园区）土地征用给予重点保障；对于资金短缺、运行较好的入园企业，应当允许租用聚集区（园区）土地进行项目建设，适度放宽租期，租金给予优惠；在保障消防安全的前提下，适当放宽容积率和单体库房面积的限制，要区别不同情况配备消防设施。三是拓宽物流聚集区（园区）建设的投融资渠道，要建立支持物流聚集区（园区）发展的专项资金，对于已纳入全国和河北省物流聚集区（园区）规划、具有发展潜力的聚集区（园区）给予优先贷款和贴息；鼓励地方政府对公益性物流基础设施建设，采取 BOT（建设—经营—移交）、BTO（建设—转让—经营）、TOT（移交—经营—再移交）等多种项目融资方法扩大项目融资，减轻企业一次性投资压力；要允许金融机构投资参与聚集区（园区）建设，开展多样化的投融资服务；鼓励外资和民间资本投资聚集区（园区），形成多层次、多渠道投融资环境。四是要重视物流聚集区（园区）周边交通运输配套设施建设与园区外部的有效衔接；适当放宽入区物流企业车辆限行、禁行限制，有条件的可建立出、进园区的绿色通道。五是合理制定物流聚集区（园区）营运的税费政策，可以聚集区（园区）为单位，进行营业税差额纳税试点，凡入园物流企业均可享受仓储营业税减免政策；物流聚集区（园区）用电、用水、用气等可采用工业价格，取消向物流企业收取的不符合国家规定的各种收费项目，减轻税费负担。六是建立健全物流聚集区（园区）评价考核体系。针对各物流聚集区（园区）的特点，对园区政策制定、规划建设、交通、优化项目布局、促进资源整合、减少环境污染等各项指标建立健全社会化的物流聚集区（园区）评价体系；建立项目评价机制，对占用土地而迟迟不开工的项目采取有针对性的措施；可组织实施聚集区（园区）示范工程，凡列入示范工程的应在土地、投融资及税费等方面赋予优惠政策，重点扶持，促其快速发展，发挥其典型示范作用。

（六）转变物流增长方式，促进物流企业做强做大

为支持物流企业做强做大，一是建议工商登记、财政税收、统计信息、融资服务、法律事务等经济管理部门，合理界定物流企业，明确物流行业的主体地位和主管部门，并重点支持物流企业规模化、一体化、网络化、国际化发展，重点培育一批基础条件好、服务水平高、国际竞争力强的大型现代物流企业。二是鼓励现有运输、仓储、货代等行业进行服务延伸和功能整合，加快传统物流企业向现代物流企业的转型发展；吸引大型央企和外资跨国物流、货代企业进入河北，建设地区总部和采购中心；鼓励物流企业兼并重组，支持大型物流企业通过增资扩股、加盟连锁和委托管理等方式对中小物流企业进行兼并、重组和托管。对重组企业增设网点、技术改造，发行股票、债券、申请贷款等提供方便；要支持大型物流企业对场站、码头、仓库、车辆等物流资源的兼并、重组和整合利用；鼓励大型物流企业加快技术改造、扩展原有业务，加快向一体化物流服务转型；鼓励中小微物流企业与规模化服务相配套，开展专业化的特色服务，满足多样化的物流需求。三是把推进制造业与物流业联动发展作为产业升级的重点工程，加大政策支持力度。引导制造企业与物流企业信息沟通、标准对接，整合供应链、建立战略合作伙伴关系；鼓励制造企业整合优化业务流程，分离、分立物流资产和业务，创新物流管理模式，进行社会化重组改造，开展面向社会的物流服务；要积极引导制造企业根据自身需要，将能够整合外包的物流业务外包给专业物流企业；鼓励现有运输、仓储、货代、联运、快递等有关企业进行功能整合和业务延伸，加快向现代物流业转型；支持制造企业和物流企业通过参股、控股、兼并、联合、合资、合作等多种形式进行资产重组，联合组建第三方物流企业，不断做强做大。四是培育一批服务水平高、国际竞争力强的跨国、跨区域、跨所有制的大型专业物流企业；大力发展关联度强、贡献率高、科技含量高的高端物流。鼓励河北物流企业进入跨国企业的分工协作体系，参与高端物流业务的竞争；加快发展集装箱运输、多式联运、物流咨询和国际货代等业务；鼓励民营资本进入物流领域，增强行业活力。五是按照无污染、低能耗、保安全的要求，鼓励企业采用节能减排先进技术和设备，实施绿色运输管理、绿色包装管理、绿色流通加工，大力发展绿色物流。六是发展新兴运输服务方式，解决由于运输方式落后和各种运输方式衔接不畅带来的多次搬倒、多次拆装等问题。推广应用厢式货车、集装箱车辆，开发使用专用车辆，提高运输速度和效率。推行以托盘化为核心的单元装卸方式，统一托盘标准，开发托盘公用系统。鼓励物流企业采用仓储运输、装卸搬运、分拣包装、条码印刷等专用物流技术设备，提高物流技术和标准化水平。七是大力宣贯《物流企业分类与评估指标》（GB/T 19680—2005）等国家标准，制定鼓励性政策，加快A级物流企业综合评估工作进度，提高A级物流企业在河北省的覆盖面。以评估认定的A级物流企业为依托，建立重点物流企业统计直报系统，提升社会物流综合统计和行业预警预测能力。进一步加大对省级物流示范企业、A级物流企业的政策扶持力度，加强品牌建设，推出一批省级物流服务品牌，促进A级物流企业做大做强。

（七）加强物流信息化建设，全面提升物流技术应用水平

引导企业推广应用机械化、自动化的装卸、搬运、传送、分拣设备，以及自动分拣系统、计算机控制系统、电子识别系统、无线射频技术、电子订货系统、全球定位系统等先进的物流技术。建立区域性和河北省物流公共信息平台，加强物流信息平台与政府、金融、税务、海关、检验检疫等行业信息系统的合作，发挥政府信息公益性和社会指导性作用。以信息共用和资源共享为原则，加快建立和完善支撑物流业发展的信息基础设施，在安全、可靠、可控的条件下构建物流信息平台和电子商务平台，充分利用河北省现有的信息基础设施和资源，高起点规划、高标准建设河北省统一的物流公共信息平台。

（八）加大支持力度，促进农产品物流健康发展

农产品物流是现代物流产业体系的重要组成部分，转变物流发展方式必须加快现代物流管理技术在农业领域的推广与应用。要积极探索以粮食物流、果菜物流和冷藏物流为主体的农业物流发展模式，逐步建立现代物流服务体系。要严格执行鲜活农产品绿色通道和配送车辆24小时进城通行、便利停靠政策。鼓励大型批发市场配套建设农产品加工物流中心，完善加工、存储、拣选、包装、检验检测的物流功能。对参加“农超对接”的农业产业化龙头企业和超市，鼓励投资建设物流配送中心，对新建或改造农产品冷库、冷藏车辆等冷链系统设施的应给予专项补贴，享受贷款贴息、税收等扶持政策。加强物联网在农产品物流领域的应用，对与可追溯系统相关的检验中心、信息系统等要给予必要的补贴扶持，建立贯穿农业生产、物流、销售等整个供应链的质量安全可追溯体系，促进农产品物流健康有序发展。

（九）积极营造宽松政策环境，推进京津冀区域物流一体化发展

推进京津冀经济一体化进程，对加快区域现代物流的发展至关重要。建立跨行业、跨部门、跨地区的现代物流共享机制是一项复杂的系统工程。一方面，要充分发挥三地政府物流业主管部门的作用，建立健全高层协调会议制度，制定配套政策，加强地方与中央之间、部门之间、市与区县之间的协调配合，达成共识、形成合力。通过制度创新，推动区域物流、交通、基础设施重点物流项目等空间布局规划的合理衔接，加强对区域现代物流发展的统筹规划、科学指导和规范管理，促进京津冀物流统一市场的建设，疏通区域物流大通道。另一方面，要充分发挥市场的主导作用，企业主体作用和中介组织作用，建立区域合作共赢机制。引导社会或民间力量参与区域物流发展。要充分发挥京津冀三省市物流协会战略联盟的作用，要建立长效合作机制，促进深度合作。定期和不定期举办京津冀物流合作发展论坛、会展、项目洽谈、招商引资、相互观摩、业务对接等活动，促进重点物流项目、物流产业聚集区（园区）、物流中心、物流配送中心、物流保税中心之间的联合与合作，推动第三方物流企业营运的有效对接，实现互利双赢。此外要培育“智库”，积极开展与高等院校、科研院所、社科机构的交流合作，开展区域物流学术研究，为三方物流企业合作提供理论支撑。鼓励科研院所、大中专院校设置发展物流专业，成立研发机构。通过物流产业聚集区、临港物流、陆港物流、物流节点等重大项目的实施，引导京津冀区域物流企业与大中专院校、科研机构建立长期稳定的合作关系，促进区域物流的健康持续快速发展。

（十）发挥行业组织作用，扶持行业协会发展

在市场经济条件下，行业协会的作用不可忽视。随着政府职能的转变，有关行业管理的职能将移交给社会中介组织承担，迫切需要行业协会发挥其在政府和企业之间的桥梁纽带作用。为加强行业协会建设，国务院颁发了《关于加快推进行业协会商会改革和发展的若干意见》（国办发〔2007〕36号），提出行业协会要在提供政策咨询、加强行业自律、促进行业发展、维护企业合法权益等方面发挥重要作用。

根据《河北省人民政府关于印发河北省行业协会发展指导意见及其实施意见的通知》（冀政〔2005〕1号）文件精神，河北省现代物流协会自2005年成立以来，服务于政府、服务于企业，在参与政策规划制定、开展行业调查研究、反映企业诉求、加强行业自律管理，普及现代物流理念、社会物流综合统计、行业预警预测、宣贯国家物流标准、培训物流专业人才、树立行业先进典型、引领行业发展等方面发挥了重要作用。实践证明，行业协会贴近行业、贴近企业，是政府和企业之间的桥梁与纽带，在推动河北省现代物流业发展过程中发挥着不可替代的作用。

为更好地发挥行业协会在改造提升物流产业，推进现代物流业发展中的作用，建议政府部门要进一步转变职能，把适宜于行业协会行使的职能委托或转移给行业协会，有关政府主管部门要积极培育扶持各级行业协会的建设。在出台涉及河北省物流业发展的重大政策措施前，应主动听取和征求行业协会的意见和建议。要吸收协会参与相关法律法规、宏观调控和产业政策的研究、制定，参与行业标准、行业发展规划、行业准入条件的制订、修订，不断完善行业管理，促进行业发展。要通过购买服务等方式，对协会给予一定的经费支持，以利于协会更好地开展活动。

（十一）加强组织协调，形成推进合力

鉴于物流产业是一个新兴复合型产业，涉及部门较多、领域较广，既需要各有关部门各司其职搞好服务，又需要营造良好的政策环境。各级各部门要从战略高度，把加快发展现代物流业作为提升经济竞争力的重要任务，精心谋划，强力推进。要充分发挥省现代物流业发展领导小组综合协调、政策指导、督促检查、组织推进的作用，进一步加强各经济主管部门的协调力度。发改、国土、财政、交通、税务、工商、工信、商务、海关、质检等政府有关部门，要研究提出切实可行的推进性政策，减少审批环节，实行“一站式”服务。要尽快制定和出台河北省关于贯彻《国务院办公厅关于促进物流业健康发展政策措施意见》的实施细则，并形成推进的合力，要完善省、市、县三级政府促进物流产业发展的政策体系，努力把支持物流业发展的各项政策落到实处，为河北省现代物流业发展创造更加宽松的发展环境。

当前，河北省现代物流发展正面临许多新的机遇和挑战，主要表现在税收、交通、融资、物流聚集区（园区）、物流需求释放和物流产业结构调整等几个方面。其中，现行税收管理体系有待完善，影响物流业发展的交通问题较为突出，物流企业面临较大的融资压力，物流聚集区（园区）发展存在较大约束，物流企业仍需做大做强，支持现代物流业发展的政策体系亟待完善。

（鲁泽　崔宇秋　谢宝贵　河北省现代物流协会）

2012年吉林省物流业发展情况

2012年吉林省物流运行总体趋势良好，社会物流需求增速虽有所回落，但仍然保持着较快增长，物流业增加值稳步增长，为保证吉林省国民经济平稳较快发展发挥了重要的支撑保障作用。

一、2012年吉林省物流业运行情况

（一）社会物流总费用增长较快，经济运行成本中的物流成本依然较高

2012年，吉林省社会物流总费用为2129.9亿元，按现行价格计算同比增长13.2%，增幅与上年同期相比回落9.3个百分点。社会物流总费用的构成情况如图1所示。

其中，运输费用为1219.7亿元，同比增长12.9%，增幅与上年同期相比回落9.3个百分点，占社会物流总费用的比重为57.3%，同比下降0.2个百分点。在全部运输费用中，铁路运量呈下降趋势，与上年同期相比铁路货运量和货运周转量分别下降7.8%和2.3%，运输费用下降2.3个百分点；公路运量呈快速增长态势，与上年同期相比公路货运量和货运周转量分别增长19.9%和19.4%，公路运输费用同比增长15.0%。运输物流费用构成情况如图2所示。

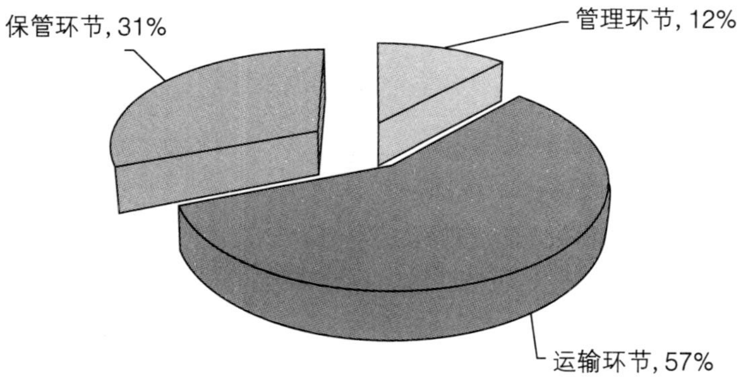

图1 2012年吉林省社会物流总费用构成情况

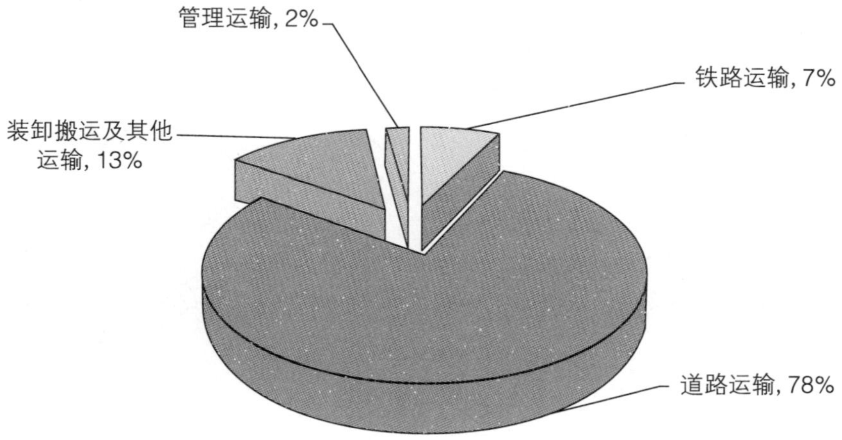

图2 2012年吉林省物流运输费用构成情况

保管费用为657.6亿元，同比增长13.7%，增幅与上年同期相比回落9.3个百分点，占社会物流总费用的比重为30.9%，同比上升0.2个百分点。其中，利息费用为283.4亿元，同比增长14.4%，增幅与上年同期相比回落14.6个百分点；仓储费用为162.2亿元，同比增长13.9%，增幅与上年同期相比回落4.5个百分点；配送费用、流通加工费用、包装费用同比分别增长14.5%、12.8%和14.4%。吉林省保管费用构成情况如图3所示。

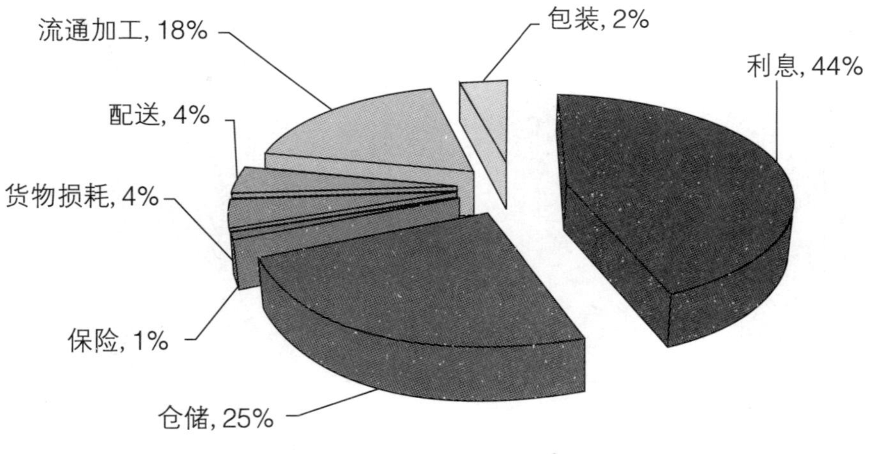

图3 2012年吉林省保管费用构成情况

管理费用为252.6亿元，同比增长13.3%，增幅与上年同期相比回落8个百分点，占社会物流总费用的比重为11.9%，与上年同期相比提高0.1个百分点。

社会物流总费用占GDP的比率为17.841%，与上年同期相比下降0.028个百分点。2006—2012年吉林省社会物流总费用与地区生产总值走势情况如图4、图5所示。

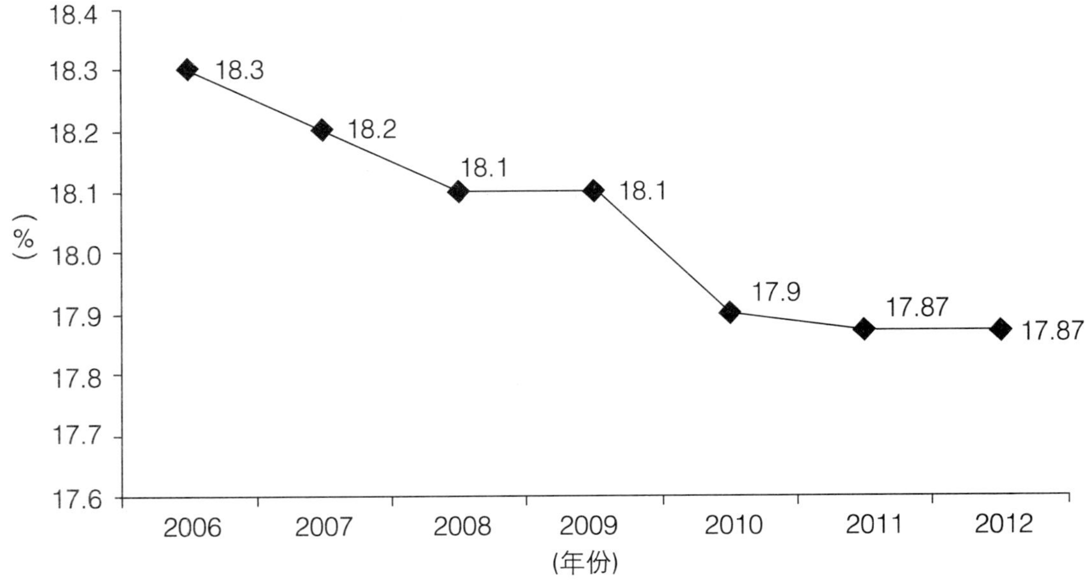

图4　2006—2012 年吉林省社会物流地区生产总值走势

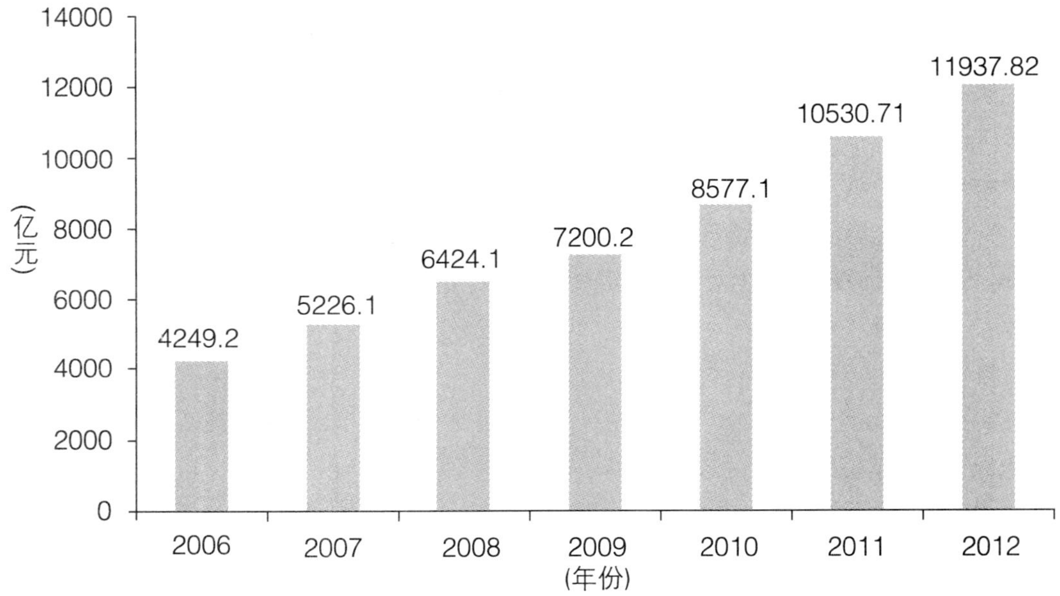

图5　2006—2012 年吉林省社会物流总费用走势

（二）社会物流总额增势平稳，增长较快

2012 年，吉林省社会物流总额为 30421 亿元，按现行价格计算，同比增长 11.2%，增幅与上年同期相比回落 9.8 个百分点。分季度看呈前低后高的态势，一季度增长 11.7%，二季度增长 12.8%，三季度增长 14.5%。

从构成情况上看，农产品物流总额为 1000.8 亿元，同比增长 10%，增幅与上年同期相比回落 13 个百分点；工业品物流总额为 22422.4 亿元，同比增长 13.2%，增幅与上年同期相比回落4.8个百分点：外部流入物流总额6918.8亿元，同比增长5.2%，增幅与上年同期相比回落25.4个百分点。外部流入物流总额中，进口货物物流总额1173.6亿元，同比增长8.9%，增幅与上年同期相比下降22.4个百分点。外省市流入物流总额5745.2亿元，同比增长4.8%，增幅与上年同期相比回落14.6个百分点：再生资源物流总额和单位与居民物流物品总额分别增长了37.4%和18.3%。2011—2012年吉林省社会物流构成情况如图6所示。

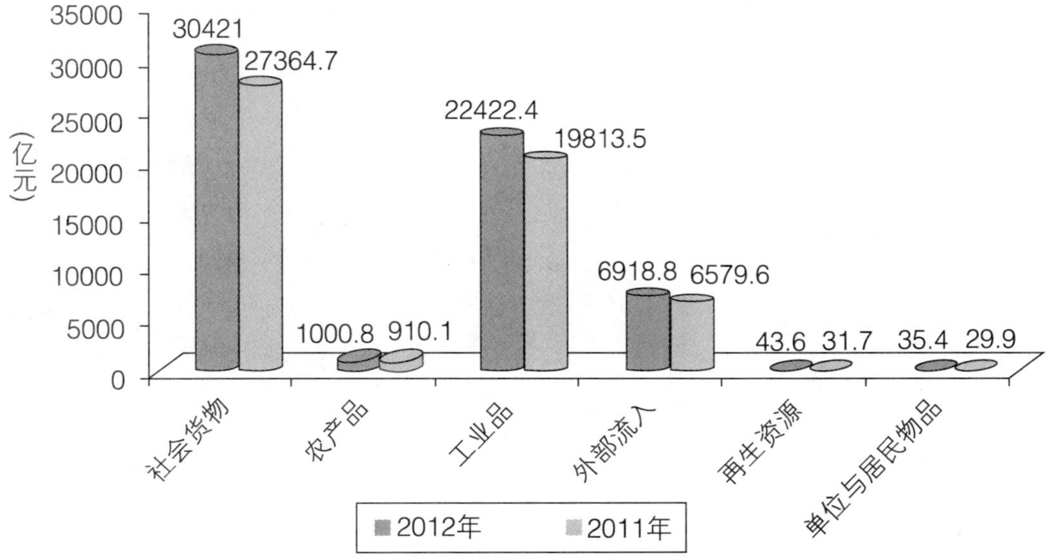

图6 2011—2012年吉林省社会物流总额构成情况

（三）物流业增加值稳步增长

2012年，吉林省物流业增加值为709.0亿元，按现行价格计算，同比增长13.7%（见表1）。其中，交通运输业增加值为505.3亿元，同比增长13.5%；仓储业增加值为50.6亿元，同比增长13.9%；邮政业增加值为9.9亿元，同比增长21.4%；贸易业增加值为143.2亿元同比增长13.9%。

物流业增加值占GDP的比重为5.94%，与上年同期相比提高0.02个百分点，占服务业的比重为17.08%，增幅与上年同期基本持平。

2006—2012年吉林省物流行业总收入与增加值走势如图7所示。

表1　2012年吉林省物流业增加值绝对值

物流业增加值	计量单位	金额	同比增长（%）
增加值总额	亿元	709.0	13.7
其中：交通运输业	亿元	505.3	13.5

续 表

物流业增加值	计量单位	金额	同比增长（%）
仓储业	亿元	50. 6	13. 9
贸易业	亿元	143. 2	13. 9
邮政业	亿元	9. 9	21. 4

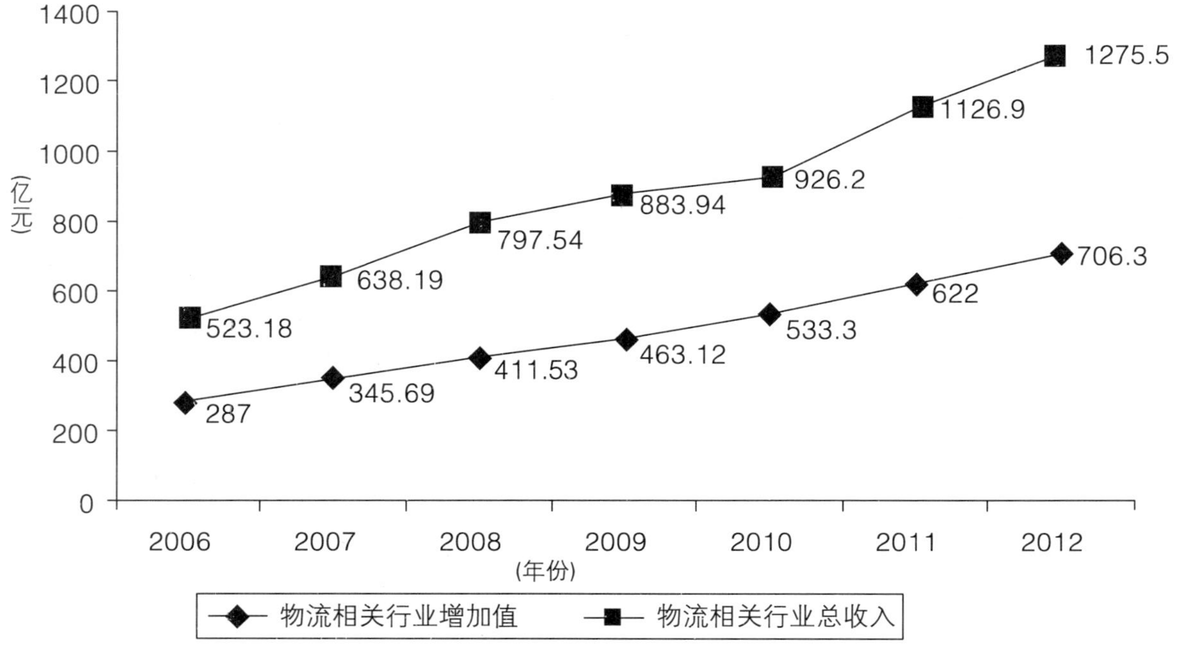

图 7 2006—2012 年吉林省物流行业总收入与增加值走势

（四）吉林省物流相关行业固定资产投资持续增长

2012 年，吉林省物流相关行业固定资产投资完成额为 952. 7 亿元，同比增长 31. 3%。其中，交通运输业固定资产投资额为 415. 5 亿元，与上年同比增长 0. 5%；仓储业固定资产投资额为 110. 1 亿元，与上年同比增长 62. 1%；邮政业固定资产投资额为 2. 9 亿元，与上年同比增长 29. 7%；贸易业固定资产投资额 424. 23 亿元，与上年同比增长 67. 2%，如表 2 所示。

表 2 2012 年吉林省前三季度物流业固定资产投资完成情况

物流相关行业固定资产投资完成情况	计量单位	金额	同比增长（%）
前三季度投资完成总额	亿元	952. 7	31. 3
其中：交通运输业	亿元	415. 5	0. 5

续　表

物流相关行业固定资产投资完成情况	计量单位	金额	同比增长（%）
仓储业	亿元	110.1	62.1
邮政业	亿元	2.9	29.7
贸易业	亿元	424.2	67.2

二、吉林省物流业发展情况

（一）物流业发展引导政策推动物流业发展

2012年，吉林省大力发展现代物产业，积极出台物流发展引导政策，推动货运业向物流服务领域拓展延伸，培育和扶持龙头企业。升级改造货运枢纽场站，延伸其功能向物流园区转型。大力发展甩挂运输、集装箱运输、零担快运等新型货运组织方式，提高物流组织化、网络化水平，取得了显著的社会效益和经济效益。

2012年5月14日，吉林省人民政府办公厅发布了《吉林省人民政府办公厅关于促进物流业健康发展政策措施的实施意见》（以下简称《意见》）（吉政办发〔2012〕26号）。《意见》按照吉林省在现代物流业发展“十二五”规划中提出的“物流业成为吉林省经济社会发展的优势产业、建设东北亚国际物流重要枢纽基地”的发展定位，提出为支持物流业调整和振兴，吉林省将拓宽融资渠道，调整和优化信贷结构，并将加大对物流业资金倾斜力度，同时加大土地、交通等政策支持物流园区建设。明确把物流产业作为发展现代服务业的核心内容，加大对物流业的投入和土地政策支持力度，加快物流管理体制改革，鼓励整合物流设施资源，并优先发展农产品物流业。

2012年，吉林省交通运输部门下发了《关于认真做好甩挂运输试点工作的通知》，精心选择企业试点，出台了《关于给予甩挂运输试点企业优惠政策的通知》，明确5家从事甩挂运输的挂车不再进行二级维护和综合检测，并免费为这些车辆安装了GPS。目前，已有一汽物流有限公司等5户运输企业确定了28条甩挂运输线路，有77辆牵引车、116辆挂车开展甩挂运输业务。

2012年大力整合全省物流信息资源，完善省物流信息网。加速提高物流组织化、网络化水平。截至2012年年底，吉林省累计发展物流会员2020家，日发布信息量达到3.3万多条，实现了城市之间、物流企业用户之间信息共享，提高了吉林省社会闲置物流资源的利用率。

2012年，吉林省把小件快货运输的发展作为现代物流业发展的重要抓手。截至2012年年底，吉林全省所有二级以上客运站都开展了小件快货运输工作，各客运站与邮政、商业网点加强沟通合作，业务网络覆盖了黑龙江、辽宁、山东、江苏、上海等12个省（市），248个市（县），运输专线415条、2600多个班次。

（二）地区范围内物流园区建设取得成果

在吉林省政府的引导推动下，全省范围内物流园区建设取得成果。

1. 长春国际物流经济开发区建设

长春国际物流经济开发区是吉林省省级开发区。2012年，长春国际物流经济开发区在吉林省50家省级开发区评比中，综合评价得分排名第三位，其中“社会发展与贡献”指标位列第一。

2012 年，长春国际物流经济开发区利用区域发展的优势条件，大力发展现代物流，商贸物流、农业及冷链物流、工业物流、建材物流和医药物流等发展迅猛，重点物流企业经营红火，年销售额再创新高。长春国际物流经济开发区的物流类企业由原 300 户增加到 600 户，翻了一番。其中，顺风物流、昌达物流、金河物流、千锤纸业、金正物流 5 户企业都已成功申报成为 3A 级物流企业。各家物流企业都从传统物流业向搭建电子平台、实行网络化建设转型。

2012 年，长春国际物流经济开发区采取一系列务实管用措施，加大了对企业的扶持服务力度。全年共组织企业申报国家、省、市各类政策性资金支持 262 批次，惠及 60 户企业，帮助企业争取扶持资金 6226 万元。

2012 年以来，长春国际物流经济开发区经济指标稳步增长，综合实力显著增强。一是项目建设取得重大成效。该区大力发展物流和商贸两大产业项目，多次赴北京、上海、广东、大连等地与国内知名企业对接，相继引进内蒙古维多利集团、华润万家集团、北京王府井等一大批战略投资者。红星美凯龙家居广场、万科 1948 商街、凯利国际工业品城、正茂生产资料大市场、长东北总部经济园等 20 余个重大项目开工开业，东北亚时尚广场、华润物流中心、奥特莱斯等 35 个重点项目正在办理前期手续。目前，远达大街沿线聚集了四大家居卖场，汇集了几千个国内外著名家居装饰品牌，营业面积达 70 多万平方米，现代家居装饰产业链条初步形成，产业集群效应凸显。同时，开发区内集聚的物流商贸项目总面积达 4.5 平方千米，初步形成了家居建材、生产生活资料、石陶交易和物流仓储四大集群，年交易额达 500 亿元以上。二是基础设施日趋完善。总投资 10 亿元、总长度 23 千米的现代物流中心区 9 条道路、3 座桥梁、地下管网建设已完成总工程量的 70%。完成了远达大街北延长段等 74 条（段）街路及桥梁的新建、续建和维修、改造任务。八里堡二次变电站、长江村区域燃气工程全部开工建设。全区新增水、电、气、热等基础设施配套面积达 5 平方千米。目前，开发区内将新增现代物流区 10 平方千米、商业居住区 18 平方千米，“七通一平”面积达到 20 平方千米，水、电、气、热、污水处理等基础设施同步完成。东吉林大路、东自由大路、英俊大街、山水大道等重点工程正在稳步推进，雾开河景观工程取得阶段性成果。通过加大基础设施建设力度，使区域的城市面貌得到明显改善，城市承载功能得到显著提高。三是用 6 年时间创造了 10 项“吉林省之最”。即吉林省最大的家居装饰大市场集群、吉林省最大的花卉大市场、吉林省最大的茶叶茶具交易中心、吉林省最大的生产资料大市场集群、吉林省最大的石材陶瓷大市场、吉林省最大的工业品大市场、吉林省最大的轮胎大市场、吉林省最大的生活用纸物流中心、吉林省唯一的内陆通关港口和吉林省最大的棚户区改造项目。截至 2012 年年底，开发区内的服务业税收已经占全区财政收入的 60% 以上，成为拉动经济增长的重要增长极。

2. 长春兴隆综合保税区建设

2011 年 12 月末，长春兴隆综合保税区正式获得国务院批准。作为吉林省首个国家级综合保税区，它的设立对促进东北亚经济合作具有重要的战略意义。截至 2012 年年底，综合保税区已经签约了 19 个项目，总投资 29.6 亿元，年进出口额约 5.7 亿美元。2.73 万平方米的联检大楼已交付使用，机房设备正在进行安装、调试；海关、国检查验中心已经完工；1万平方米的保税仓库已实现冷封闭，很快可使用；主次卡口已经建设完成，监控设备已经安装完毕；一期围网和巡关道路（横宽9米）全长共计6千米已建设完工；验收需要的辅助管理系统平台正在搭建，模拟测试环境已经建立，正在进行技术指标测试，共五大类40项工程已经基本完工。

3. 四平市的内陆港和东北亚物流港建设

2012年，四平市充分发挥交通区位优势，借助长平高速改造扩建、哈大高铁建成通车等有利契机，全面启动内陆港和东北亚物流港建设，引进大型商贸物流企业，努力打造集交易、仓储、配送、运输及配套服务功能于一体的东北地区综合型物流基地，将其作为吉林省对外开放的突破口和先导区，成为对接长春、沈阳，辐射周边、面向国际的枢纽型资源"集散地"，成为吉林省对外开放的"桥头堡"。一是建设东北亚物流港，打造开放型物流平台。作为吉林、黑龙江及内蒙古东部地区通向沿海口岸和环渤海经济圈最近的城市，四平围绕国际物流系统、先进制造业基地物流系统、城乡居民生活物资配送系统，建设物流信息中心、货物周转中心、内陆港等，把东北亚物流港建设成为现代化综合型物流基地。通过与大连港合作，打造开放型的物流平台，大连港已承诺将为四平设立出港基地，并筹建四平内陆港。同时，四平还将引进天津港和营口港到四平建设内陆港，通过良性竞争提高服务质量和效益，达到多方共赢。二是建设汽配物流园区，打造配套型物流平台。四平依托毗邻长春、接壤一汽的地缘优势，重点发展汽车整车及零部件物流、做足"省会经济"文章，以一汽大众汽车物流园为平台，大力发展现代物流业，已有国华物流、长久物流等多家物流企业入驻公主岭经济开发区；大岭汽车物流产业园区正在规划建设中，园区内一汽大众汽车公司整车仓储和零部件仓储、一汽轿车配备品仓储、整车点检中心、信息调度中心等主题工程已完成前期工作，预计2014年即可形成配送能力，成为长春一汽真正的"停车场"和零部件"传输带"。三是建设商贸物流基地，打造超市型物流平台。四平市通过引进广东佛山东鹏陶瓷集团等大批商贸企业纷纷入驻，以龙头企业带动地方中小商贸企业发展，建设一批新的商网和市场，重点发展汽车零部件市场、建材市场、电子元件市场和农产品批发市场等。以商贸企业的繁荣发展，推动商贸物流做大做强，组建起商贸物流网络，努力打造一体化的商贸物流信息平台，使其成为东北地区商贸流通的"中转站"。四是建设冷链物流中心，打造科技型物流平台。四平市以怀德冷链物流园为载体，打造集冷藏服务、物流配送、商品流转和展示交易于一体的东北亚农副产品冷链物流中心。以冷藏中心为依托，建立食品展示中心，物流配送中心和食品加工中心，通过对物流平台的建设，整合第三方物流资源，开创新型物流运营模式。该中心对促进吉林乃至东北亚的冷链物流产业向现代化、信息化、专业化方向发展具有积极作用。

4. 白城物流园建设

2012年，省级物流项目白城内陆港建设项目正式启动建设。白城内陆港物流中心是白城市"十二五"规划建设的重点项目，是建设区域经济商品集散地的重要载体。项目占地30万平方米，计划投资10亿元，2012年计划启动一期工程建设，占地面积5万平方米。项目建成后将成为吉林、黑龙江、内蒙古三省区结合部规模最大的物流中心，年产值可达1.2亿元，实现利税2000万元。

白城工业园区总投资5000万元，占地面积2.2万平方米的绿色包装城项目正在加速建设，目前，厂房的基础工程已经完成。白城扶桑专用汽车制造有限公司项目总投资3.6亿元，项目建设分两期进行，一期完成投资1.6亿元，建成厂房14600平方米，装备自卸车生产线一条，天吊、开卷机等各种设备21台，二期工程正在建设中。

5. 延边州的园区、开发区建设

近年来，延边州从园区、开发区建设入手，完善了园区发展规划，加大园区配套设施建设，充实项目，调整产业结构。2012年，延边州开发区（园区）已发展到11个，规划面积达123.17平方千米，建设面积达32.77平方千米，入园企业达776家，其中，2012年新入驻企业63家，开发区（园区）建设已成为目前延边经济快速发展的重要增长级。

2012年，延边州入省级管理的14个特色工业园区累计实现产值274.7亿元，占全州规模以上工业总产值的29%，同比增长11%；实现销售收入256.5亿元，同比增长11%；新增入驻企业55户，企业总数达737户。

2012年，延边州园区招商效益提升，载体作用日益突出。全州共开工建设3000万元以上项目达到760个，超亿元以上项目达到275个，韩国浦项等现代世界500强企业相继落户延边。珲春边境经济合作区以加强与俄罗斯、朝鲜跨境经济合作为主线，以推动国际区域合作向纵深推进为重点，不断加大对日、韩、俄等国家和地区的招商力度。目前，合作区内已注册企业447户，逐步形成了能源矿产、纺织服装、木制品加工、高新电子、新型建材、食品海产品加工等特色产业。

6. 珲春国际物流体系建设

2012年10月17日，吉林省政府出台《关于支持中国图们江区域（珲春）国际合作示范区发展的若干意见》，从支持管理体制创新、保证建设用地合理需求、加大省级财税金融支持、支持转变经济发展方式、提高基础设施支撑保障能力、提升对外开放水平、切实加强组织领导七个方面给予支持。珲春市编制的《珲春国际合作示范区总体规划》已通过专家评审会报省政府审批。

近年来，珲春市正在发展以口岸为核心的国际物流体系，以口岸为依托，建设对俄、对朝、面向东北亚的国际物流节点，重点建设国际物流园区、边境小额贸易中心等物流园区和专业物流中心。珲春国际物流园区按照“五个定位”、“三条路径”和“一园、一城、七区”模式建设铺开，总开发面积为12平方千米。

截至2012年年底，珲春市各园区基础设施建设、入区企业和项目建设都在稳步推进之中。已完成投资7500万元，建设园区市政道路及相关配套设施一期工程。在加快园区基础设施建设的同时，珲春市通过域外推介、会议推介、广告推介等形式，大力开展各项招商活动，引进一批物流项目入驻园区。已引进珲春浦项现代国际物流园区、珲春天道物流货站等一批重点项目入驻珲春国际物流园区。其中，总投资13亿元的珲春浦项现代国际物流园区项目自开工建设以来，已完成用地内宽道路路基及项目施工临时办公、居住用房施工，正在进行一期工程施工。珲春天道物流货站项目已完成项目规划选址和征地工作，场地回填平整、用地围挡、看护用房、简易仓库等临建工程已完成过半。总投资15亿元的香港永晖铁路口岸物流园区有序推进，内贸货物跨境运输完成运量10万吨的国际物流集散中心雏形初显。

（刘清利　王立东）

2012 年黑龙江省物流业发展情况

2012 年，在国家物流产业发展的大环境、大背景下，黑龙江省紧紧围绕“八大经济区”和“十大工程”建设，进一步确立了物流产业的重要地位，黑龙江省政府相继出台了一系列支持物流产业发展的政策和措施，推动了地区物流产业的快速发展。

一、物流发展出现了“四个”新现象

第一，主要物流指标有了新的提升。2012 年，黑龙江省社会物流总额为 25398.3 亿元，按可比价格计算，同比增长 17.8%；社会物流总费用为 2519.8 亿元，同比增长 8.9%，增幅比上年下降 13.6 个百分点；物流业增加值实现 745 亿元，按可比价格计算，同比增长 9.8%。

第二，物流基础设施有了新的加强。2012 年，黑龙江省公路重点工程建设获得丰硕成果。加格达奇至嫩江高速公路、鸡西至虎林高速公路、黑瞎子岛乌苏大桥及引道工程全部交工通车，前嫩公路伊春至嫩江段项目交工通车。四个项目交工里程总计为 634 千米，其中高速公路里程为 507 千米。由此，黑龙江省高速公路总里程突破 4300 千米，进入全国公路建设先进行列，实现了 13 个地市和哈尔滨以高速公路相连接，进一步完善了黑龙江省横贯东西、纵穿南北的现代化公路网络。2012 年黑龙江省铁路完成新建及扩能改造里程近 600 千米，机场由 5 个增加到 9 个，水运航道及码头建设加快推进，黑龙江省现代化立体交通网络基本形成。

第三，物流运营主体有了新的发展。首先是国有大中型物流企业正在成长为行业龙头，如大庆油田、农垦北大荒、中国一重等物流集团；其次是民营物流企业开始成为行业的中坚力量，现在已经占据了全省物流业的半壁江山，如北大仓、建恒、神州、平安、华晟等物流企业。

第四，物流发展环境有了新的改善。黑龙江省及市县各级政府对物流发展工作越来越重视，不仅制订了中长期发展规划，而且还出台了一系列加快物流业发展的政策和措施，哈尔滨市成立了由市政府主要领导任组长的物流工作领导小组，大庆市政府也成立现代服务业发展局以统筹物流工作。

二、物流推进工作出现了“四个”新变化

变化一：紧跟中心、服务大局，在推动政策落实上取得了新进展。一是黑龙江省发改委与黑龙江省物流与采购联合会于 2012 年共同进行了一次系统全面的调查，在摸清了全省物流产业状况的基础上，向省政府提出了加快物流业发展的五个方面建议。二是黑龙江省物流与采购联合会积极参与了全省物流业发展规划的编制工作；组织编制了牡丹江市、大庆市、鸡西市物流发展规划和哈大齐工业走廊物流产业园区发展规划。黑龙江省发改委起草了东北振兴 10 周年物流业发展专题报告和黑龙江省落实国务院《物流业调整和振兴规划》情况的报告；黑龙江省商务厅编制了 11 县连片扶贫开发攻坚物流规划。三是黑龙江省物流与采购联合会提出了贯彻落实国九条有关物流政策建议、省市共建重点产业园区加强物流基础设施建设的意见和推进东北地区物流托盘化产业发展工作方案。四是黑龙江省物流与采购联合会与大庆市现代服务业发展局进行合作，成功地举办了物流投资招商说明会，推动了地方政府对物流业的重视及相关支持政策的出台。

变化二：突出重点、规范自律，在加强行业引导上取得了新成果。一是推进行业评估认定工作。截至 2012 年，黑龙江省物流与采购联合会按照《物流企业分类与评估指标》国家标准，先后向中国物流与采购联合会评估推荐 21 家 A 级物流企业，目前，全省有 5A 级物流企业 3 家、4A 级物流企业 4 家、3A 级物流企业 7 家、2A 级物流企业 7 家。二是黑龙江省人社厅、省发改委和省物流与采购联合会联合开展了全国物流行业先进集体、劳动模范及先进工作者的评选推荐工作，共获得先进集体的 1 个、劳动模范 6 人、先进工作者 1 人。三是探索尝试产学研相结合、特别是校企合作的新路子，黑龙江省物流与采购联合会与省教育厅大学生就业指导中心签订了长期合作协议，并开展了一系列校企合作和项目对接等活动。四是黑龙江省物流与采购联合会与中物联、兄弟省市协会和地方协会建立了紧密联系机制，在评估、培训、统计等业务领域开展合作，并同一些知名物流咨询机构和物流服务组织保持经常性的联系和交流。

变化三：探索创新、开发功能，在服务物流企业上取得了新成效。一是黑龙江省物流主管部门与省物流与采购联合会组织优质专线运输企业赴山东佳怡物流学习、考察和业务交流，与深圳易流科技公司合作举办运输过程透明管理专题研讨会，促进企业信息化水平的提升和业务领域的扩展。二是黑龙江省政府有关部门通过专项物流招商会、参加全国性的各种会议，组织物流企业进行业务对接，学习了解外地先进物流企业的成功经验；省法制办召开改善物流业发展环境座谈会，认真反映物流企业合理诉求。三是黑龙江省物流与采购联合会同合力叉车有限公司举办物流装备推介会，开展物流技术装备团购活动；与省教育厅联合组织了高职院校物流职业技能大赛。四是黑龙江省物流与采购联合会承办了“第三届老工业基地振兴与物流业发展论坛”和“2012 首届新材料产业博览会采购与供应链高峰论坛暨采购供需对接会”，与有关省份共同召开了“第四届东北物流联盟大会”。

变化四：积极探索、不断创新，在完善基础工作上取得了新业绩。一是黑龙江省发改委、省统计局和省物流与采购联合会联合下发了关于组织实施黑龙江省社会物流统计报表制

度的通知，建立了省级物流统计制度，此后，在原来每年一次总量指标测算的基础上改为季度测算，加大了数据密度，增加了指标分析，提高了物流统计对物流实际工作的指导作用。二是将黑龙江省物流与采购联合会的《物流通讯》改版为《黑龙江物流》内部连续期刊，采用彩版印刷，扩大了信息容量。三是建立了黑龙江省物流与采购联合会的会员基础档案和重点单位联系制度，区分不同类型，有针对性地开展会员服务。四是黑龙江省物流与采购联合会在全国物流行业中率先成立了工会组织，并积极开展物流行业工会工作，成功举办了“2012 北大荒物流杯”乒乓球邀请赛，增进了物流企业之间的沟通与联系。

（张树义　黑龙江省物流与采购联合会政研室）

2012年江苏省物流业发展情况

2012年，江苏省物流需求平稳增长，运行态势总体良好，为全省社会经济较快发展提供了重要保障。

一、物流业发展概况

（一）社会物流总额

2012年，江苏省实现社会物流总额为168568亿元，同比增长13.6%，占全国社会物流总额的9.5%，占比较上年提高0.9个百分点。从构成上看，工业品物流总额为137119亿元，同比增长15.7%，在社会物流总额中所占比重为81.3%，较上年提高0.6个百分点；进口货物物流总额为13800亿元，同比下降5.9%，所占比重为8.2%，较上年下降1.6个百分点；外省市商品购进物流总额为14577亿元，同比增长16.7%，所占比重为8.7%，较上年提高1.0个百分点；农产品物流、再生资源物流及单位与居民物品物流总额为3072亿元，所占比重为1.8%，未发生变化。

（二）社会物流总费用

2012年，江苏省社会物流总费用为8313亿元，同比增长11.3%。从构成上看，运输费用为4451亿元，同比增长10.2%，占社会物流总费用的比重为53.5%，较上年下降0.6个百分点；保管费用为2990亿元，同比增长13.3%，所占比重为36.0%，较上年提高0.7个百分点；管理费用为872亿元，同比增长10.5%，所占比重为10.5%，较上年下降0.1个百分点。社会物流总费用与GDP的比率为15.4%，与上年持平。

（三）物流业增加值

2012年，江苏省物流业增加值为3596亿元，按可比价格计算同比增长10.4%，占全国物流业增加值的10.3%，占比较上年提高0.4个百分点。江苏省物流业增加值占全省GDP的比重为6.7%，较上年提高0.2个百分点，占全省服务业增加值的比重为15.2%，较上年提高0.5个百分点。

（四）重点监测的物流企业运营情况

2012年，受物流服务价格难于提高和物流运营成本持续上升的双重挤压，江苏省物流企业营业收入、利税总额提升缓慢，经营压力仍然较大。当年，江苏省重点监测的128户物流企业主营业务收入为569.89亿元，户均为4.45亿元，同比增长1.9%；利税总额为

31.06亿元，户均0.24亿元，同比增长1.3%。其中，利润为20.28亿元，户均0.16亿元，同比增长1.7%。在128户江苏省重点监测的物流企业中，有48户利润同比负增长；有7户亏损，亏损面为5.5%，比上年下降0.6个百分点。

二、物流业发展的主要特点

2012年，江苏省物流业发展稳中有进，呈现以下三个特点。

（一）物流载体平台日益完善

2012年，江苏省各种类型的物流基地（园区）蓬勃发展，综合型的、临港型的、商贸型的、保税型的等各种类型的物流基地（园区）蓬勃发展，物流功能日益完善，为其他产业和地方经济服务配套的能力日益增强。目前，江苏省已有68家省级重点物流基地（园区），这些基地（园区）服务能力强、辐射范围广、集聚效应大、配套功能全，已成为区域物流发展和产业互动发展不可或缺的载体平台。

（二）优势物流企业加快成长

目前，江苏省已有省级重点物流企业200家，这些企业都是在各地物流发展中涌现出来的佼佼者，他们在激烈的物流市场竞争中不断地成长壮大，企业经营规模不断扩大，物流服务水平不断提高，带动性和影响力持续增强，具有较强的市场竞争力、较高的市场占有率和较好的市场诚信度，他们在江苏省物流业发展中发挥着越来越重要的示范带动作用。

（三）物流业态模式不断拓展

2012年，江苏省物流业的发展推动了物流业态模式不断扩展。一是各地充分利用自身的区位和资源优势，形成差异化的竞争优势。如苏锡常地区的国际物流，南京地区的专业化配送物流，南通、连云港地区的江海河铁联运物流等都各具特色，为当地及区域经济的快速健康发展提供了重要保障。二是物流企业与制造企业的联动继续向深入发展，物流服务范围不断向供应链两端延伸，从单纯的承揽简单物流功能外包向上游的采购物流和下游的销售物流延伸，业务领域得到新的拓展，物流专业化服务水平和效益都得到了很大提高。

三、推进物流业发展的主要工作

2012年，江苏省政府相关部门为推进物流业发展做了大量具体的工作。

（一）加强物流基础平台建设工作

一是抓物流统计体系建设。一方面，组织召开江苏省物流统计工作会议，开展物流统计人员培训，帮助各市建立物流业监测分析系统，切实推进江苏省及各省辖市物流监测分析平台进一步完善；另一方面，按季开展全省物流运行分析，及时反映全省物流业规模、结构、发展水平和运行状况，为科学决策和政策制定提供可靠依据。二是开展物流指数研究。会同南京财经大学研究出版了《江苏省物流指数研究报告》，通过物流指数，扩大物流分析视角，更加全面详尽地反映江苏省物流业发展的状况。三是抓物流人才培育。自2011年发起成立江苏省现代物流职业教育联盟以后，持续不懈地加大工作力度，一方面，会同江苏省教育厅进一步完善职教联盟实训体系；另一方面，利用职教联盟校企合作的优势，重点抓教育与实践的结合，共同培养江苏省物流行业发展所急需的物流技能型人才。

（二）加快推动物流业与其他产业的联合互动

一是抓典型推广。在海安组织召开了江苏省物流业发展现场推进会，总结学习交流了海安发展物流业的理念、做法和经验，推动各地、各部门树立发展新理念、建立发展新思路、确立发展新目标，推动全省物流业又好又快发展。二是抓区域合作。江苏省经信委与浙江省发改委、上海市商务委和两省一市物流行业协会在浙江省义乌市再次联合召开了长三角地区现代物流联动发展大会，在更深的层次上推动江浙沪两省一市现代物流业融合互动发展。三是抓展览展示。在苏州成功举办了第六届中国国际物流科技博览会。这次展会吸引了来自海内外190家企业现场展览展示，集中展示了当今国内外先进的物流装备及其配套设施产品、技术和服务，通过展会加强了国内外物流行业间的合作交流，促进了物流供需双方的有效对接。

（三）大力扶持物流企业发展壮大

一是组织了第七批江苏省重点物流基地和重点物流企业、第五批省认定物流企业技术中心的申报、专家评审和认定工作，新认定7家江苏省重点物流基地、35家江苏省重点物流企业和11家江苏家省认定物流企业技术中心。目前，江苏省共有省级重点物流基地68家、省级重点物流企业200家、国家级物流企业技术中心1家、省认定物流企业技术中心40家，这些基地和企业在江苏省物流业发展中发挥了越来越大的示范带动作用。二是深入开展各类专题调研活动，及时做好部分服务业营业税改增值税试点对物流行业影响分析，坚持与省级重点物流企业建立日常联系制度，积极帮助企业协调解决重点、热点和难点问题。

四、物流业发展的展望

根据2012年江苏省物流发展的情况，江苏省政府物流相关部门下一步要通过资源整合、模式创新，加快物流产业结构优化，促进物流产业转型升级。完善物流基地（园区）载体，提升综合配套能力，增强集聚带动作用；壮大物流企业主体，增强品牌企业影响，大力发展专业化第三方物流，与制造业的互动融合得到进一步深化。加快构建布局合理、技术先进、节能环保、便捷高效，与全省经济社会发展相适应、具有国际竞争力的现代物流体系，推进全省物流业继续保持平稳较快增长态势，物流综合效率得到进一步提高。为此，要全力做好以下工作。

一是着力创新发展，加快物流产业转型。紧紧把握江苏省实施创新驱动核心战略机遇，鼓励物流企业创新服务理念、服务内容和服务方式，转变和超越传统物流服务模式，实现由传统物流向现代第三方物流的转型，全面增强产业和企业的核心竞争力。

二是着力载体建设，推进集聚配套发展。继续推进江苏省省级重点物流基地（园区）等物流载体建设，通过整合优化、功能提升，发挥其整体效能和集聚带动作用，促进供应链相关环节在物流基地（园区）内的高效对接。

三是着力品牌培育，扶优扶强龙头企业。注重引导扶持，加快培育一批核心竞争力强、规模较大的物流企业集团。充分发挥江苏省省级重点物流企业的引领带动作用，着力打造江苏物流知名品牌，强化其在全国乃至国际物流体系中的信誉度和影响力。

四是着力两业联动，拓展物流发展空间。把先进制造业和现代物流业“两业联动”作为促进工业经济优化升级的重要抓手和推进新型工业化的重要内容，完善物流业与制造业联动发展平台，强化物流企业为产品采购、生产、销售提供的物流配套能力，通过协作、协调与协同，实现资源整合和业务聚合，提高制造业供应链物流的整体效率。

五是着力外向发展，增强国际竞争能力。充分发挥江苏省外向型经济发达、物流保税功能完备、保税区和出口加工区数量较多的特色优势，加快发展适应国际货物中转、采购、配送、转口贸易业务要求的国际物流。推动江苏省物流企业积极参与国际市场竞争，加快物流服务“走出去”的步伐。继续举办好每年一次的中国国际物流科技博览会，扩大展会外向度，并以此为平台，增进国际合作交流。

六是着力区域协作，促进城乡一体发展。继续积极推进长三角区域物流联动发展，引导物流资源跨区域整合，共同培育统一开放、通畅高效的现代物流市场体系。针对江苏省内不同区域经济发展的特点和产业特色，着力构建与区域内产业配套的物流保障体系。建立健全城市物流共同配送体系和农村物流市场体系，畅通“工业品下乡与农产品进城”双向物流渠道，推动城乡物流一体化协调发展。

（江苏省经济和信息化委员会）

2012 年浙江省物流业发展情况

2012 年，浙江省深入贯彻落实科学发展观，深入实施“八八战略”和“两创”总战略，面对严峻复杂的外部环境和困难挑战，坚持“稳中求进、转中求好”的工作基调，抓转型，惠民生，全省经济在加快转型升级中实现平稳增长，基本完成年初确定的预期目标，为建设“两富”现代化浙江奠定了坚实的基础。

一、2012 年浙江省经济发展概况

1. 经济发展状况

2012 年，浙江省生产总值约为 34606 亿元，比上年增长 8.0%。其中，第一产业增加值为 1670 亿元，比上年增长 2.0%；第二产业增加值为 17312 亿元，比上年增长 7.3%；第三产业增加值为 15624 亿元，比上年增长 9.3%。三次产业比例为 4.8: 50.0: 45.2，与上年相比，一产比重下降 0.1 个百分点，二产比重下降 1.2 个百分点，三产比重上升 1.3 个百分点。人均 GDP 63266 元（按年平均汇率折算为 10022 美元)，比上年增长 7.7%。

2012 年，浙江省全年进出口总额为 3122.4 亿美元，比上年增长 0.9%。其中，进口额为 876.7 亿美元，比上年下降 5.8%；出口额为 2245.7 亿美元，比上年增长 3.8%。民营企业出口额为 1403.2 亿美元，比上年增长 8.5%，高于全省出口平均增速 4.7 个百分点，占全省出口总值的 62.5%，比上年提高 2.7 个百分点；对全省出口增长的贡献率为 133.3%。

2012 年，浙江省服务业增加值为 1.56 万亿元，比上年增长 9.3%，高于 GDP 增速 1.3 个百分点，高于第二产业增速 2 个百分点，对浙江省经济增长的贡献率为 51.1%，较上年同期提高 5.3 个百分点。全省当年交通运输、仓储和邮政业增加值为 1277 亿元，比上年增长 6.7%。

2. 交通运输概况

（1）公路运输。截至 2012 年年底，浙江省公路总里程达到 11.4 万千米，比上年增加 1774 千米，同比增长 1.6%。其中，高速公路 3618 千米，比上年增加 118 千米；一级公路 4903 千米，比上年增加 338 千米；二级公路 9447 千米，比上年增加 223 千米。二级以上公路占公路总里程的 15.8%。行政村公路通达率和通畅率均达 99.5%。

2012 年，浙江省高速公路通行量 3.25 亿

辆次，日均88.9万辆次，比上年增长5.9%。其中，货车通行9509万辆次，日均26万辆次，占总通行量的29.2%。全省完成公路客运量22.1亿人，比上年增长1.0%。公路旅客周转量921亿人千米，比上年增长1.4%。公路货运量为11.3亿吨，比上年增长4.4%；公路货物周转量为1526亿吨千米，比上年增长6.3%。

（2）水路运输。2012年，浙江省水运运力规模突破2200万载重吨，其中海运船舶运力为1920万吨，居全国各省市首位。

2012年，浙江省累计完成水路货运量7.3亿吨，同比增长1.3%。其中，内河完成2.79亿万吨，同比增长-4.2%；沿海完成4.34亿万吨，同比增长3.8%；远洋完成2453.27万吨，同比增长30.1%。累计完成水路货物周转量7366.5亿吨千米，同比增长7.1%。其中，内河完成410亿吨千米，同比增长-4.1%；沿海完成5145.6亿吨千米，同比增长2.9%；远洋完成1810.8亿吨千米，同比增长24.8%。

2012年，浙江省港口完成货物吞吐量13.2亿吨，比上年增长7.8%。其中，沿海港口完成货物吞吐量9.3亿吨，比上年增长7.0%；内河港口完成货物吞吐量3.9亿吨，比上年增长9.8%。浙江省沿海港口完成集装箱吞吐量1759万标准箱，比上年增长11.1%。

2012年，宁波—舟山港完成货物吞吐量7.4亿吨，比上年增长7.2%，占全省货物吞吐量的80%；完成集装箱吞吐量1617万标准箱，比上年增长9.9%，占全省集装箱吞吐量的93%。宁波港口完成货物吞吐量4.53亿吨，同比增长4.53%，居中国大陆港口第三位、世界前五位；完成集装箱吞吐量1567万标准箱，同比增长7.99%，箱量排名保持中国大陆集装箱港口第三位、世界港口前六位。

2012年宁波港完成集装箱海铁联运吞吐量6万标准箱，同比增长28%。继宁波港台州、宁波港—江西上饶、宁波港—江西鹰潭海铁联运发展较好后，2012年启动了宁波港—湖北襄阳集装箱海铁联运。

2012年，浙江省大力发展内河集装箱运输，成功开辟上海、太仓等内河集装箱航线，内河集装箱吞吐量突破14万标准箱，同比增长179%。

（3）铁路运输。2012年，浙江省铁路完成客运量9000万人，旅客周转量390亿人千米，分别比上年增长3.4%和2.2%；完成货运量4000万吨，同比增长-7.7%，货物周转量291亿吨千米，同比增长-6.7%。

（4）航空运输。2012年，浙江省民航完成旅客吞吐量3201万人，同比增长6.5%，完成民航货邮吞吐量45.8万吨，同比增长7.9%。其中，出港货物27.4万吨，同比增长8.7%。

二、2012年浙江省物流运行情况

2012年浙江省物流业运行总体形势良好，继续保持平稳发展，为浙江省经济“稳增长、调结构”作出了积极贡献，为推动发展方式转变发挥了重要作用。

（一）社会物流总额持续增长

2012年浙江省社会物流总额为11.1万亿元，比上年增长6.7%；物流业增加值为3350亿元，比上年增长9.1%，占浙江省GDP比重的9.7%，占服务业比重的21.4%。2012年浙江省物流需求系数（社会物流总额与GDP的比重）为3.21，表明随着浙江省经济社会发展目标的调整，物流需求逐步由快速增长向平稳较快增长转变，始终较好地支撑了宏观经济发展。

（二）货物运输和港口生产总体持续增长

2012年浙江省完成货物运输量19.11亿吨、9183.3亿吨千米，同比增长2.9%、6.4%，其中，公路完成11.34亿吨、1525.6亿吨千米，同比增长4.4%、6.3%；水路完成7.38亿吨、7366.5亿吨千米，同比增长1.3%、7.0%；铁路完成0.38亿吨、291.3亿吨千米；航空完成45.8万吨。完成沿海港口货物吞吐量9.3亿吨、集装箱吞吐量1759.4万标准箱，同比增长7.0%、11.1%。其中，宁波—舟山港完成货物吞吐量7.4亿吨、集装箱吞吐量1617.5万标准箱，同比增长7.2%、9.9%。2012年浙江省物流行业货物运输量构成及增长情况如表1所示。

表1　2012年浙江省物流行业货物运输量构成及增长情况

水路运输	货运量（亿吨）	增速（%）	货运周转量（亿吨千米）	增速（%）
	7.38	1.3	7366.5	7.1
公路运输	货运量（亿吨）	增速（%）	货运周转量（亿吨千米）	增速（%）
	11.34	4.4	1525.6	6.3
航空运输	旅客吞吐量（万人次）	增速（%）	货邮吞吐量（万吨）	增速（%）
	3201.4	6.5	45.77	7.9

（三）物流税收贡献突出

2012年浙江省交通运输、仓储和邮政等物流领域实现税收110.97亿元，比上年增收18.28亿元，增幅为19.73%，高于同期行业增加值增幅。分行业看，交通运输业、仓储业、邮政业分别入库地税税收103.51亿元、4.04亿元和3.42亿元，分别比上年增长19.32%、26.65%和24.37%。从营业税指标看，交通运输业、仓储业、邮政业分别入库营业税51.83亿元、1.65亿元和1.17亿元，分别比上年增长15.6%、9.28%和47.87%，行业呈现出较好的发展势头。

（四）物流园区、企业建设效益显现

《浙江省“十二五”物流业发展规划》中重点建设的20个物流园区取得明显进展，显现了良好的社会经济效益和集聚辐射效应。20个重点物流园区累计完成投资241亿元，比上年增长68.9%；实现税收6.58亿元，比上年增长61.4%；营业收入增加171.4亿元，比上年增长58.3%。营业收入超10亿元的重点物流园区有8家，占20个重点园区总营业收入的比重为40%；入园物流企业总数达到2938家，比上年增加344家。

《浙江省“十二五”物流业发展规划》重点培育的100家物流企业实现主营业务收入共550.61亿元，资产总额达到1348.57亿元。2012年，浙江省共有物流法人单位1.3万余家。截至2013年中国物流与采购联合会，发布第15批A级物流企业名单，浙江省共有A级以上物流企业339家，占全国A级物流企业总数的16.8%。浙江省各地市全国A级物流企业分布情况如表2所示。

表 2　　浙江省全国 A 级物流企业分布情况

地市名称	A 级物流企业（家）	其中：3A 级以上（家）	其中：5A 级（家）
浙江省	339	253	8
杭州	59	51	6
宁波	113	76	1
温州	15	13	—
嘉兴	17	12	—
湖州	26	14	—
绍兴	13	10	—
金华	63	52	1
衢州	3	2	—
舟山	5	5	—
台州	18	14	—
丽水	7	4	—

2012 年浙江省物流从业人数超百万人，物流行业就业人数明显增加。其中，货运从业人员达 637674 人。在 89 家商贸物流样本企业中，2012 年年末有从业人员 20825 人，人均工资 3.8 万元；在 23 家仓储业样本企业中，2012 年年末有从业人员 4965 人，人均工资 3.1 万元。

（五）标准化建设成效明显

据统计，浙江省已主导制定物流国家标准 8 项。其中，《运输通道物流绩效评估与监控规范》、《药品冷链物流运作规范》等其他道路运输辅助活动国家标准 3 项；《国际物流责任保险国际货运代理人责任基本要素》等货物运输代理服务国家标准 2 项；《物流网络信息系统风险与防范》、《国际物流企业信用评价指标要素》等基础性物流标准 3 项。同时，积极开展国家级和省级物流服务业标准化试点。浙江省国家级、省级物流服务标准化试点情况如表 3 所示。

表 3　　浙江省国家级、省级物流服务标准化试点一览

试点级别	试点项目名称
国家级（3 项）	金华市农副产品物流服务业标准化、浙江省杭州市物流服务标准化、浙江医药物流服务业标准化 3 项试点
省级（17 项）	货物运输项目：危险化学品运输服务标准化、货物公路运输服务业标准化等 4 项；内河货物运输项目：内河集装箱运输服务标准化 1 项；货物运输代理服务项目：国际货运代理服务标准化等 2 项；仓储业项目：物流仓储管理服务标准化 1 项；快递服务项目：快递物流服务标准化试点 1 项；零售业项目：校园食品统一配送服务标准化等 2 项；其他物流项目：交通物流业 RFID 技术服务标准化等 6 项

（六）物流信息化基本普及

浙江省物流业发展已基本实现信息化。一是物流企业信息化基本普及。规模以上物流企业基本建立了企业业务管理信息系统，部分企业建立了与客户信息系统对接的平台，形成了以供应链为基础的高效、快捷、便利的信息平台，成为提高物流效率的关键工具。二是公共信息平台建设有序推进。自浙江省启动国家交通运输物流公共信息共享平台建设以来，目前，已向社会提供物流业务企业间数据交换服务量累计达3.8亿条，日数据交换量稳定在80万条，平台链接用户已超过10万家，使用平台物流管理软件企业达1万余家。

（七）两业联动不断深化

随着浙江省工业化推进和产业升级，“主辅分离”、“非核心业务外包”等理念深入人心，工、商企业加快资源整合，采取了多种方式分离外包物流功能，与物流企业联动发展。一是分离设立。如恒逸化工、新安化工等制造企业将物流业务从主业中分离出来，成立了面向社会服务的物流企业；二是合资合作。如振石宇石物流、玉柴九龙物流等由制造企业与物流企业合资组建的物流公司；三是全面外包。如百世物流已经介入服装企业的各经销商库存管理、网上网下分销配送等业务，物流外包已进入供应链整合阶段。此外，在医药、通信、化工、汽车、冷链物流等细分领域，英特医药物流、中通通信等一批专业服务能力强的物流企业经过市场锤炼规模快速扩张。

（八）供应链服务能力增强

越来越多的物流企业在经营模式上寻求突破，向供应链上下游延伸，介入工商企业采购、加工、分销等业务，开展代理采购、供应商管理库存、分销执行、电子商务、信息咨询、金融服务为一体的供应链综合服务。如八方物流的橡胶供应链、绍兴集亚的危化供应链、余慈物流的小家电供应链等。“系统化方案设计、集约化资源配置、集成化高效运作、精细化客户服务、信息化运行掌控、专业化网络协调”等先进供应链管理理念正在浙江省物流行业中不断深化推广，物流企业供应链一体化服务能力不断增强。

三、物流运行存在问题及建议

2012年受浙江省经济增速整体回落的影响，浙江省物流业发展存在以下几方面问题：

一是物流整体运行放缓。社会物流总额增幅较上年回落18.1个百分点、物流业增加值增幅较上年回落10.2个百分点、公路货运周转量增幅回落了3个百分点、水路货运周转量回落18.8个百分点，海港口货物吞吐量增速回落3个百分点；受出口形势严峻影响，外贸货物吞吐量和集装箱吞吐量增幅较上年分别回落5.8个和1.7个百分点；邮政行业汇兑业务累计完成1732.6万笔，同比下降17.8%。

二是企业运行成本偏高。要素成本持续上涨，物流企业经营风险明显加大，主要体现在人力成本上升，“招工难”问题越来越普遍；燃油价格高位运行，“营改增”试点后税率偏高和抵扣不足，企业税赋压力增加；企业汇款账期延长，仓库租金持续上涨，企业资金使用成本继续增加；物流用地紧缺，规划落实存在困难。

三是发展方式有待调整。一方面，各设区市根据各自的行政区域、不同的经济、行业管理部门分别制订了一系列物流规划，但省和地方仍然缺乏专项物流园区建设规划，对物流园区的布局和建设没有形成全局性的指导意见。各地物流规划虽然起到了一定的统筹、协调和整合作用，但相互之间协同不足，功能布局不清，在定位上存在交叉，缺少专业化的物流园区布局规划，难以发挥物流集约化运作的效益，不利于有效整合各地资源，不利于物流园区的可持续发展。另一方面，物流企业依然存在“三多三少”（传统企业多、现代企业少，中小企业多、大型企业少，一般人才多、高端人才少）的现象，更缺少专业化、社会化的大型物流企业引领行业发展。从事传统装卸、储存、运输服务的企业依然占很大比重，无序竞争还比较严重。此外，“低碳经济”的要求已对“绿色物流”形成某种倒逼机制，物流行业运作模式和发展方式亟待调整。

四是管理体制尚需理顺。物流业涉及发改、交通、国土、工商、税务、运管、路政、消防、安全等多个政府职能部门，尽管物流业的产业地位在国家规划层面已经确立，但管理职能并未分解明确，部门间存在职能交叉，出台的政策有待形成合力。

2013 年，浙江省物流业将呈现增长速度放缓、规模扩张趋稳、结构调整加快、服务要求提高的态势。物流相关部门要以“稳增长、调结构、抓整合、促转型”为指导思想，着重做好以下工作。

第一，把握机遇，加快发展。一是要把握扩大内需特别是消费需求的战略机遇，在有效满足消费需求、降低流通成本、提高流通效率中发挥物流业的更大作用。二是要把握产业转型升级的战略机遇，推动物流需求社会化和供应链一体化，带动制造业服务化。三是要把握新型城镇化的战略机遇，加强城市物流服务体系的改造和建设，促进城乡物流一体化发展。四是把握在浙江实施的“海洋经济、舟山群岛新区、义乌市国际贸易综合改革试点、温州市金融改革试验区”等国家战略发展机遇，推进“三位一体”港航物流服务体系建设，推进舟山港综合保税区建设，推进义乌市商贸保税物流中心、无水港等平台建设，推进金融物流发展创新。

第二，强化保障，推进整合。一是加大对物流项目用地支持。对纳入城市总体规划的物流园区等基础设施用地加强保障，在用地指标上优先考虑，不得随意变更用地性质和规模。推行租地建库模式，有效杜绝以物流园区建设名义圈地的现象，减轻物流企业一次性投资压力。二是加强对物流企业的金融支持。开发更多符合企业需求的金融产品，允许有发展潜力的物流企业发行长期债券，鼓励其推进股票上市。三是以联盟合作、兼并重组、内部整合等形式实现产业链上下游企业进行资源要素整合重组，优化业务流程，提升管理方式，外拓市场，苦练内功，开源节流，降本增效，增强产业活力和企业动力。

第三，调整结构，理顺体制。未来几年，伴随电子商务、快递物流、冷链物流、城市配送等与商贸服务业相关的居民消费服务需求的增加，专业化发展将成为物流行业的一种长期发展趋势。同时，食品、药品、快速消费品、农产品等的物流要求越来越高，倒逼企业降低运作成本，提高运作效率，调整业务结构，发展专业化、差异化的细分物流。

从国民经济行业分类、产业统计、财政税收、工商注册、土地规划、法律法规等方面明确物流业类别，建立高效务实的行业管理体制，真正落实物流业的产业地位。

第四，科技创新，绿色发展。要密切关注新兴技术、新型能源、节能减排、物流信息化等领域科技发展的新动向，加强科技转化力度，提升企业信息化、自动化、智能化、绿色化水平。转变物流运作模式，重点加速推进综合运输体系建设，发展铁路运输，推进大宗货物重载化、高附加值货物快捷化和公铁、海铁联运，开发内河运输；优化公路运输，积极推广甩挂运输和多式联运，引导企业选用节能环保车辆，推进绿色发展。

（韩文娟　陈婷丽　彭弋凌　刘尹　蒋长兵　浙江工商大学）

2012 年江西省物流业发展情况

近年来，江西省经济发展步伐加快，农业产业化水平不断提高、工业化步伐加快、消费品市场需求旺盛、对外贸易快速发展，有力地推动了江西省物流业进入新的发展时期。

一、江西省物流业发展情况

（一）物流业发展稳定，物流总额不断增长

2012 年，江西省物流业继续保持稳定发展，社会物流总额为 36020 亿元，较上年增长 6.4%。从物流总额构成看，农产品物流总额为 1756 亿元，同比增长 8.4%，占社会物流总额的 4.87%；工业品物流总额为 22751 亿元，同比增长 7%，占全省社会物流总额的 63%，所占比重最大；区域外流入货物物流总额为 9390 亿元，同比增长 2.4%，占社会物流总额的 26%；贸易批发购入物流总额为 1992 亿元，同比增长 19%，占社会物流总额的 5.5%；再生资源物流总额为 97 亿元，单位与居民物品物流总额为 32 亿元。2012 年江西省物流总额构成如下图所示。

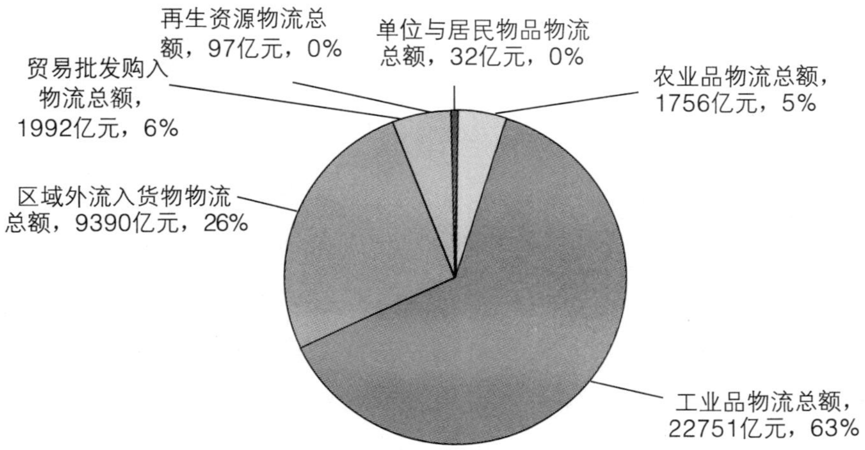

2012 年江西省物流总额构成

（二）物流总费用占 GDP 比重下降，物流运行效率有所提高

2012 年，江西省社会物流总费用为 2490 亿元，比上年增长 12.2%。社会物流总费用与 GDP 的比率为 19.2%，与上年持平。从社会物流总费用构成来看，运输费用 1539 亿元，同比增长 17.4%，占社会物流总费用的 61.8%；保管费用 681 亿元，同比增长 4.1%，占社会物流总费用的 27.3%；管理费用 270 亿元，同比增长 9%，占社会物流总费用的 10.8%。数据表明，江西省 2012 年物流发展态势良好，运行效率有所提高。

（三）物流业增加值稳步增长，相关行业投资显著增加

2012 年，江西省物流业增加值保持稳步增长态势，达到 891 亿元，现价同比增长 17.4%，物流业增加值占第三产业增加值的比重为 20%，占江西省 GDP 的比重为 6.9%，所占比重较上年增加 0.3 个百分点。

2012 年，江西省物流相关行业固定资产投资为 930 亿元，与上年相比有显著提高，同比增长率为 20%。其中，交通运输业、仓储和邮政业固定资产投资额为 490.04 亿元，同比增长 10.0%；批发和零售业固定资产投资为 439.91 亿元，同比增长 27.7%。数据反映出各级政府对物流业日益重视，物流相关行业固定投资的增加有利于促进物流业进一步更快更好地发展。

（四）物流需求日益扩大，货物运输量明显增长

2012 年，江西省物流需求旺盛，各种运输方式完成的货物运输量持续增长。全省全年共完成货物运输量 127020 万吨，比上年增长 13.8%。其中，公路完成货物运输量 113703 万吨，水运完成货物运输量 7931 万吨，分别比上年增长 15.6% 和 6.5%。各种运输方式完成货物周转量为 3448.97 亿吨千米，比上年增长 9.7%，其中，公路和水运完成的货物周转量分别为 2559.78 亿吨千米和 207.26 亿吨千米，同比增长分别为 23.9% 和 2.0%。

（五）基础设施不断完善，为物流业发展夯实了基础

近几年，随着国家一系列扩内需、促增长措施的实施，江西省加大对铁路、公路等交通基础设施的投入，推动了交通基础设施建设的快速发展，已逐步形成了由铁路、公路、水运、航空、管道组成的较为完备的物流运输基础设施体系，营运能力大幅提高。

2012 年，江西省铁路营运里程达到 2734 千米，其中，复线里程 1670 千米；随着铁路第六次大提速的成功实施，江西省率先在中东部地区进入准铁时代；高速动车组、大功率机车、大型养路机械等进入批量运用时期，由此释放出了强大的运输能力。

2011 年，江西省公路运输业完成固定资产投资 421.31 亿元，同比增长 7.5%，首次突破 400 亿元；江西省公路通车里程达到 150595 千米，比上年增加 3964 千米，其中，一二级公路达到 11081 千米；江西省高速公路通车里程从 3603 千米增加到 4229 千米，增加了 626 千米，全省“三纵四横”高速公路主骨架基本建成。

近年来，江西省通过加强航道养护、严格经营资质审查等措施，航道条件明显改善。特别是通过着力发展长江和鄱阳湖航运，加快形成了以九江为龙头、以鄱阳湖水系航道为脉络的干支直达、江海联运的水运网络。2012 年，江西全省内河航进里程已达到 5716 千米。

（六）物流企业发展迅速，物流园区建设步伐加快

随着江西经济的整体发展和对物流需求的不断扩大，相当一部分物流企业已发展为集货物运输、仓储、配送、加工、包装、信息处理等多功能为一体的专业化现代物流集团。截至2012年年底，江西省达到国家A级标准的物流企业共有24家，其中，5A级1家、4A级15家、3A级6家、2A级1家、1A级1家。

近两年，江西省按照《江西省现代物流业“十一五”发展专项规划》中提出的“重点建设一批综合型物流园区和物流中心”的要求，物流园区建设不断加快。从目前建设与运行情况看，已建成的19个物流园区和中心有9个位于南昌市，占比近1/2，其他分别为上饶3个、新余2个、赣州2个、九江、萍乡、宜春各1个。省会城市园区比较集中，符合区位发展和集群优势。

二、江西省物流业发展存在的主要问题

随着经济的发展和市场对物流需求的增大，近年来，江西省现代物流业的发展较为迅速，但仍存在一些问题。

（一）人均GDP较低制约着物流业的发展

一方面，物流业的发展与经济增长具有高度关联性，GDP总量越大，物流总量越大。从人均国民生产总值这一指标可以反映地区物流发展的基础和保障能力。2002年以来，江西省GDP一直保持两位数的增长速度，高于全国9%的年均增长速度。但是由于GDP总量小，江西省人均GDP一直较低，经济规模仍属国内中下游水平。

另一方面，经济增长与物流发展是一种循环互推关系，两者在循环因果关系中相互作用，其中任一方面的变化都会导致另一方面发生变化。比如GDP越高，物流总量越大；而物流的发展会带动劳动力、资本、技术、信息等生产要素的聚集，进一步支持经济的增长。因此，国内物流需求弹性逐年增高，经济发展对物流的依赖程度也越来越高。2005年我国每一单位GDP的物流需求系数为2.6，到2011年扩大到3.4。物流需求弹性系数正不断增大，如果江西省现代物流业的增长速度不加快，势必影响江西省GDP的增长。

（二）物流企业规模偏小、设施落后

中国物流与采购联合会公布的全国2011年物流企业主营业务收入前50强中，排名首位的企业主营业务收入为1615.94亿元，最低的企业主营业务收入为18.79亿元，平均主营业务收入为145.48亿元。而居江西省物流企业首位的江西京九物流有限责任公司，主营业务收入仅为27.26亿元，江西省物流企业的差距较为明显。此外，江西省物流仓储设施多为老旧的仓库，现代化的大型仓储设施少，在一定程度上也制约了江西省物流企业的发展。

（三）物流企业的服务能力不高，服务功能单一

江西省长期以来服务业发展缓慢，加上物流是新兴产业，经营范围边界不清，江西省物流企业的业务多数还只停留在运输、仓储搬运、货运代理等方面，服务内容单一，综合化程度、利用现代技术和信息化水平较低，能提供物流整体解决方案或物流全过程服务的企业很少，难以适应中高端物流消费者的需求和企业供应链一体化的要求。这与沿海城市为生产制造型企业提供服务的第三方物流和依托信息化的第四方物流等现代物流模式渐成气候形成明显差距。

（四）物流管理和经营人才缺乏

随着第三方物流企业的迅速增加，市场对物流人才的需求与日俱增。目前，江西省出现了一批第三方物流企业，像长运物流、邮政物流、商储物流、福盛物流、宏浩物流、大众物流等，但总体来说，这些企业的从业人员的专业性和受过正规教育的人员不多，并且大部分都是有多年从业经验者或从别的专业转过来的人员，高等级的、专业的物流管理和经营人才严重不足。

三、促进物流发展的对策和建议

根据江西省物流业发展的现状，要使江西省物流业发展取得新突破，必须做好支持推动工作。

（一）加强统筹规划，加大扶持力度

针对目前江西省物流企业"散、小、多、弱"状况，应鼓励通过兼并、联合等形式进行资产重组和业务整合，引导企业走联合发展道路，发展一批大型化、社会化、专业化的物流企业。同时，通过市场竞争，筛选一批运作灵活的小型企业，满足社会不同物流需求。积极引进全国知名物流企业进驻，鼓励民营资本参与，培植一批多元投资主体的现代物流企业。把重点物流项目、国家A级物流企业和物流中介作为扶持对象，建立物流业发展基金，对企业的关键和重大物流基础设施项目给予一定的补助，对本地物流企业各项行政收费给予优惠，并且对物流企业、物流项目等在贷款、信贷担保、企业融资、上市融资和募集资金等方面给予金融扶持。

（二）加快构筑江西省区域性物流公共信息平台

通过搭建区域性物流公共信息服务平台，推动物流企业信息化建设，引导企业根据自身条件和业务需求，完善信息发布、信息查询和综合服务等功能，实现订单处理一体化、仓库管理智能化、货物跟踪全程化、客户咨询自动化，实现信息流与物流的同步统一。用一个完整的信息平台去追踪所有的货物，及早发现延误信息并采取相应的补救措施。通过基于神经元系统、具有自学功能的软件代理还能够做到提前预见到由于气象、运输工具的故障等可能造成的延误，实现前瞻性的主动式管理。通过系统自动地严格执行企业的各项政策，保证物流体系的顺畅运行。

（三）构建综合交通运输体系，不断改善物流发展环境

以机场、铁路货运站、公路主枢纽货运站、集装箱及航运码头为依托，以城市主干道为配送道路体系，全面构建由机场、铁路货站、水运码头、公路主枢纽货运站系统构成的物流运输平台，形成公、铁、空、水相结合的综合运输体系，形成鄱阳湖生态经济区物流通道，提高区内物流组织化、集约化程度，提高鄱阳湖生态经济区、全省物流基地和口岸建设水平，为江西省物流企业的发展创造良好的发展环境。

（四）加快区域性物流园建设步伐

物流园区的建设需要政府根据当地经济发展水平、产业布局、城市规划和交通状况科学制订现代物流业发展总体规划，引导物流业合理布局，整合企业资源，实现物流园区的规模效益、集聚效应，促进园区健康发展。要防止同类型物流园区在同一地区的有效辐射半径内的重复建设。同时，政府要加大政策扶持力度，物流园区建设周期长，投资额度大，政府应在土地、融资、税费等方面提供必要的政策支持，为园区的发展和招商引资创造良好的环境。集中力量建设一批集中小企业集货平台、物流信息交易中心、仓储中心、集成配送中心、服务管理中心及配套服务区于一体的现代化综合物流园。实行专业化和规模化经营，共享相关设施，发挥物流企业整体优势，促进物流技术和服务水平的提高，降低运营成本，提高规模效益。

（五）建立以企业集群为导向的相互依存的产业体系

要重视物流企业和相关产业依存关系的建立，尤其是物流企业和制造业的联动发展，努力形成物流企业、运输组织、工商企业之间的紧密配合、专业分工与协作完善的体系。同时，积极为江西的优秀物流企业提供相关服务，以增加这些企业的本地植根性。各物流企业不应片面追求“大而全”，而应体现出运输枢纽型、区域物流组织型、商贸型、综合型等不同类型园区的优势，形成各具特色的物流产业群。

（六）树立现代物流理念，坚持市场化运作

物流企业应转变思想，接受现代物流理念。制造企业应从繁杂的运输、仓储等事务中跳出来，把物流业务从核心业务中分离出来，实行业务外包或与物流企业合作，从而降低物流成本，提高物流效率，并能够付出更多的精力发展核心业务。在物流产业的建设运营过程中，要按照市场经济要求坚持以企业为运作主体，明确政府的引导功能，按照“政府搭台、市场运作、统一规划、分步实施、完善配套、搞好服务”的企业主导型市场化运作模式进行规划建设。

（七）重视对现代物流管理和经营服务专业人才的培养

一是在高校拓展设置物流管理专业，资助扶持本地高校和科研机构在物流领域的研究和创新活动；二是支持行业协会举办从业和职业培训，建立物流行业职工终生教育系统；三是可直接聘请国外一些高层次的物流专业人才来江西省物流企业任职或是讲学。这样既满足了我省发展现代物流业的专业人才需求，又保证了行业升级发展的人员素质提高。

（胡雨涵　周红）

2012 年山东省物流业发展情况

2012 年山东省经济保持平稳健康发展，全省实现生产总值 50013.2 亿元，比上年增长 9.8%。经济的平稳发展为山东省现代物流业的快速发展提供了充足的货源，全年物流运行形势总体良好，物流需求不断增加，运行效率有所提高，物流业增加值稳步上升，为保证全省经济平稳较快发展发挥了重要的支撑保障作用。

一、社会物流总额较快增长

2012 年，山东全省社会物流总额为 150352.9 亿元，同比增长 12.3%。其中，工业品物流总额 117719.6 亿元，同比增长 12%，占社会物流总额的比重为 78.3%；省外货物流入总额为 14345.6 亿元，同比增长 17.2%，占比为 9.5%；进口货物物流总额为 7373.8 亿元，同比增长 3.6%，占比为 4.9%；农产品物流总额为 6168.3 亿元，同比增长 17.6%，占比为 4.1%；再生资源物流总额为 2141.9 亿元，同比增长 22.3%，占比为 1.4%；省外货物过境出口总额为 1458.2 亿元，同比下降 1.2%，占比为 1%；单位与居民物品物流总额为 1145.5 亿元，同比增长 20.4%，占比为 0.8%（见图 1）。

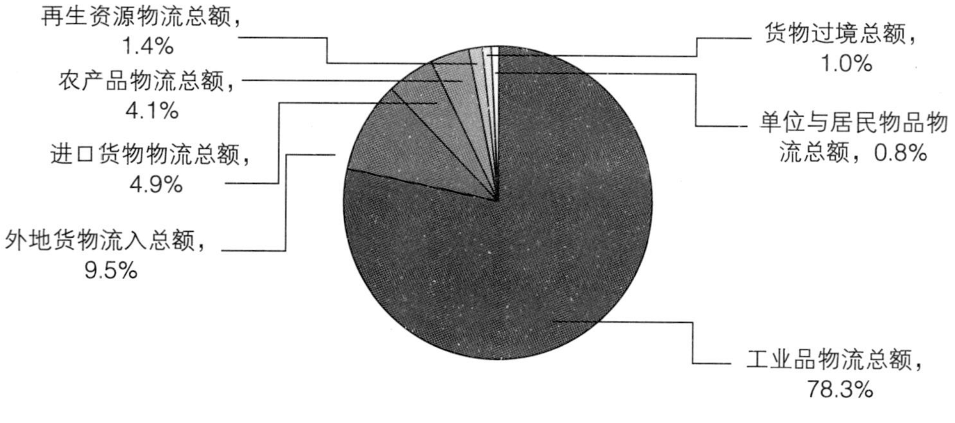

图 1 2012 年山东省物流总额构成

从物流实物量来看，货物发送量完成33.42亿吨，同比增长5.49%。其中，铁路发送货物2.37亿吨，同比下降1.82%；公路发送货物29.68亿吨，同比增长6.22%；水路发送货物1.37亿吨，同比增长3.46%；航空发送货物15.79万吨，同比增长2.33%。管道运输长度达10035千米，输送天然气66.5亿立方米、原油5000万吨、成品油887万吨。

根据17个市上报的2012年物流总规模和占比情况看，全年物流总额过万亿元的市达到7个，依次是青岛（24797.4亿元）、临沂（19244.7亿元）、烟台（16615.2亿元）、潍坊（13681.4亿元）、济南（13455.8亿元）、淄博（13371.2亿元）、东营（11347.7亿元）。其中，东营市物流总额首次超过万亿元。上述七个市的物流总额合计占山东全省物流总额的63.6%。另外，全年聊城、德州和泰安三个市2012年的物流总额均超过8000亿元；济宁、威海、滨州三个市2012年的物流总额均超过7000亿元。从物流总额的构成来看，各市物流总额及其占比客观反映了当地的经济总量和经济结构特点。农产品物流总额占比较高的分别是济宁（10.8%）、潍坊（10.5%）、烟台（9.4%）三个农业大市；工业品物流总额占比居前三位的是青岛、烟台和潍坊三个市，占比分别为12.7%、10.8%和9.2%；进口物流总额占比居前三位的依次是青岛、日照和烟台三个市，占比份额分别为27.7%、18.3%和16.6%。2012年山东省17个市物流总额及在全省物流总额占比情况如图2所示。2012年山东省及各市物流总额统计情况详见表1。

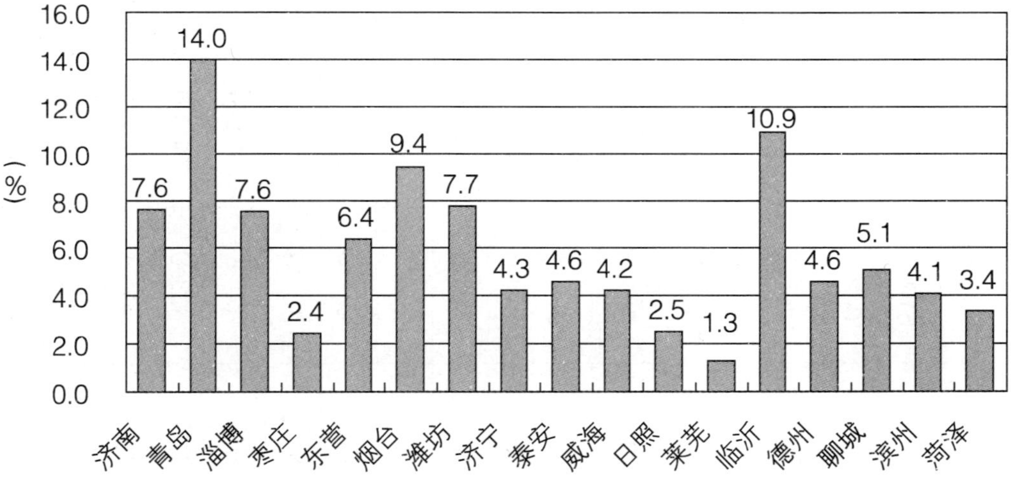

图2 2012年山东省17个市物流总额及在全省物流总额占比情况

表 1　2012 年山东全省及各市物流总额统计　单位：亿元

省市名称	社会货物物流总额	比上年增长（%）	农产品物流总额	工业品物流总额	进口货物物流总额	货物过境总额	外地货物流入	再生资源物流总额	单位与居民物品物流总额
山东省	150352.9	12.3	6168.3	117719.6	7373.8	1458.2	14345.6	2141.9	1145.5
济南	13455.8	25.7	349.5	4431.1	215.4	150.0	8091.9	9.5	208.4
青岛	24797.4	6.2	427.8	15029.6	2046.0	4650.0	2323.2	139.4	181.4
淄博	13371.2	10.3	149.0	10425.5	266.0	0.0	2461.0	13.0	56.8
枣庄	4261.7	10.1	191.1	3470.0	12.1	0.0	509.9	57.3	21.4
东营	11347.7	20.8	151.1	10089.0	462.0	0.0	616.7	6.1	22.9
烟台	16615.2	5.1	519.9	12824.4	1227.4	268.5	1567.7	126.6	80.8
潍坊	13681.4	15.3	579.1	10846.4	252.7	0.0	1788.9	97.0	117.4
济宁	7547.3	17.3	599.3	4649.6	121.2	0.0	2086.0	23.8	67.5
泰安	8068.5	15.0	323.4	5618.2	59.2	0.0	2017.9	12.4	37.4
威海	7455.6	6.7	224.5	5661.7	408.2	252.6	840.9	22.0	45.7
日照	4414.4	10.9	161.3	2386.2	1352.0	197.0	273.1	20.2	24.6
莱芜	2221.4	9.3	68.2	1448.4	87.9	0.0	305.1	300.0	11.8
临沂	19244.7	27.7	428.0	7463.0	252.0	8624.0	1336.0	1104.0	37.7
德州	8084.3	23.2	394.1	6557.1	53.7	0.0	925.1	105.0	49.4
聊城	8974.5	25.8	362.4	6745.8	236.3	270.0	1247.8	68.6	43.5
滨州	7283.8	18.3	292.7	6076.5	217.7	0.0	643.2	5.2	48.4
菏泽	5990.7	23.9	308.0	4532.7	104.3	0.0	962.8	31.9	51.0

二、物流业增加值保持平稳增长

2012年，山东全省物流业实现增加值3721亿元，比上年增长11.6%。物流业增加值占GDP的比重为7.4%，比上年上升0.1个百分点，占服务业增加值的比重为18.6%，比上年下降0.5个百分点。

从各市物流业增加值总量来看，青岛市为643.1亿元，高居榜首；临沂市以380.2亿元排名第二，济南市以341.7亿元排名第三。从发展速度上看，泰安、菏泽和东营三市分别以18%、16.9%和14.6%的增速排名前三。从占当地同期生产总值的比重看，临沂市12.6%的占比最高，其次是莱芜市（9.8%）和日照市（9.4%）。2012年山东省及各市物流业增加值统计情况详见表2。

表2　　2012年山东全省及各市物流业增加值统计

省市名称	物流业增加值（亿元）	同比增加（%）	占GDP比重（%）	占三产比重（%）
山东省	3721.0	11.6	7.4	18.6
济南	341.7	10.8	7.0	13.0
青岛	643.1	11.0	8.7	18.0
淄博	283.2	9.5	8.0	21.3
枣庄	129.5	11.6	7.3	22.4
东营	115.2	14.6	3.6	14.9
烟台	269.6	6.6	4.8	14.0
潍坊	296.4	5.4	7.8	20.4
济宁	207.0	13.4	6.5	18.1
泰安	152.8	18.0	6.0	14.9
威海	141.7	8.2	6.1	15.6
日照	127.1	10.3	9.4	24.9
莱芜	66.9	10.2	9.8	30.1
临沂	380.2	8.1	12.6	30.2
德州	156.3	8.9	7.1	20.1
聊城	154.5	12.6	7.2	22.1
滨州	141.8	9.0	7.8	18.8
菏泽	138.2	16.9	7.7	24.1

三、社会物流总费用与 GDP 的比例略有下降

2012 年，山东全省社会物流总费用为 8852.3 亿元，比上年增长 9%。其中，运输费用为 4943.1 亿元，占社会物流总费用的比重为 55.8%，比重比上年下降 2.9 个百分点；保管费用为 2893.3 亿元，占比为 32.7%，比重比上年上升 2 个百分点；管理费用为 1015.9 亿元，占比为 11.5%，比重比上年上升 0.9 个百分点。社会物流总费用与 GDP 的比例为 17.7%，比上年下降 0.2 个百分点，物流运行效率有所提高。2012 年山东省物流费用构成情况如图 3 所示。

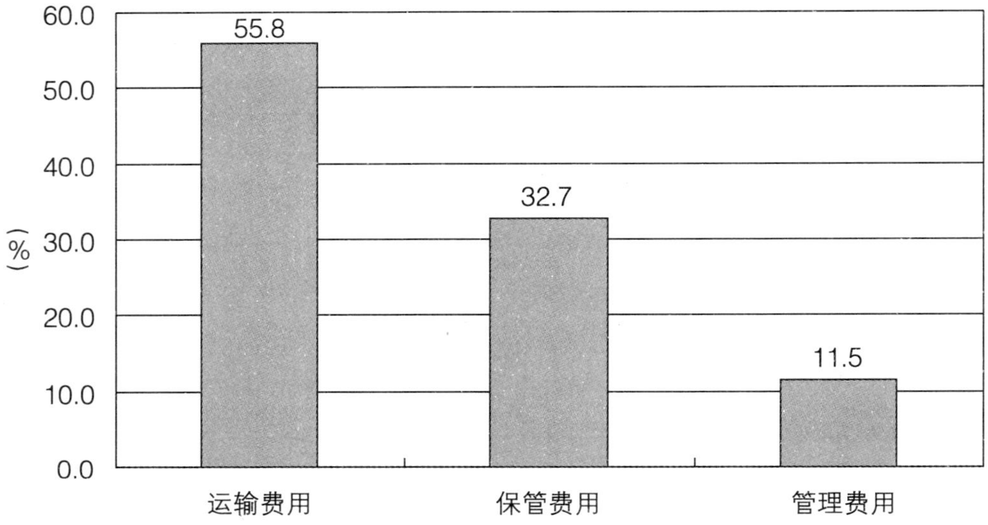

图 3 2012 年山东省物流费用构成

四、物流相关产业固定资产投资增长较快

2012 年，山东全省物流相关产业固定资产投资达 2878.6 亿元，比上年增长 24.1%，比上年提高 7.9 个百分点；物流业投资占全部投资的比重为 9.5%，比上年提高 0.6 个百分点。其中，交通运输业固定资产投资为 1128.4 亿元，比上年增长 8.5%；仓储邮政业投资为 475.3 亿元，比上年增长 41.8%；贸易业投资为 1274.9 亿元，比上年增长 34.9%。2012 年，山东全省物流相关产业新增固定资产 1806 亿元，比上年增长 18.8%。

从山东省 17 个市的物流相关产业固定资产投资情况看，物流相关产业固定资产投资额位列前三名的市依次是烟台、青岛和威海，分别为 401.7 亿元、357.5 亿元和 264.3 亿元，占山东全省的比重分别为 14%、12.4% 和 9.2%。从增速来看，德州、潍坊和济宁三市分别以 89.7%、64.7% 和 57.2% 位列全省前三名。2012 年山东省 17 个市的物流相关产业固定资产投资情况如图 4 所示。2012 年山东全省及各市物流相关行业固定资产投资情况详见表 3。

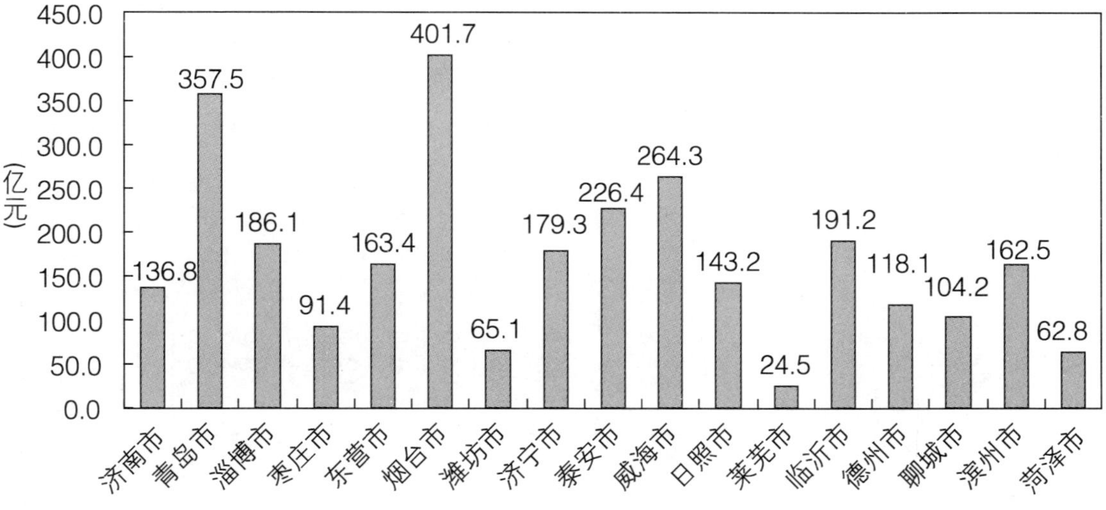

图4　2012年山东省17个市的物流相关产业固定资产投资情况

表 3　　2012 年山东全省及各市物流相关行业固定资产投资情况

指标名称	固定资产投资总额（亿元）	物流相关产业固定资产投资总额（亿元）	同比增长（%）	物流投资占全省物流投资的比重（%）	物流投资占全部投资的比重（%）	固定资产投资额（亿元）		
						交通运输业	邮政仓储业	批发零售业
山东省	30319.8	2878.6	24.1	100.0	9.5	1128.4	475.3	1274.9
济南市	2186.1	136.8	-7.4	4.8	6.3	88.2	9.4	39.3
青岛市	4153.9	357.5	-10.8	12.4	8.6	189.8	46.7	121.0
淄博市	1743.3	186.1	54.6	6.5	10.7	46.8	61.4	77.9
枣庄市	1044.6	91.4	42.2	3.2	8.7	23.1	15.4	52.8
东营市	1963.0	163.4	20.3	5.7	8.3	57.3	46.4	59.7
烟台市	3043.9	401.7	25.3	14.0	13.2	220.3	44.6	136.8
潍坊市	3012.9	65.1	64.7	2.3	2.2	12.2	21.0	32.0
济宁市	1809.7	179.3	57.2	6.2	9.9	69.1	9.5	100.7
泰安市	1774.5	226.4	17.2	7.9	12.8	64.3	20.7	141.4
威海市	1595.5	264.3	41.4	9.2	16.6	55.3	82.5	126.5
日照市	922.4	143.2	14.7	5.0	15.5	69.5	35.3	38.3
莱芜市	441.1	24.5	16.6	0.9	5.6	5.6	2.9	16.1
临沂市	2016.7	191.2	42.8	6.6	9.5	78.2	11.7	101.3
德州市	1401.6	118.1	89.7	4.1	8.4	36.6	21.4	60.1
聊城市	1260.7	104.2	42.4	3.6	8.3	37.8	21.4	44.9
滨州市	1262.7	162.5	16.7	5.6	12.9	57.0	18.7	86.8
菏泽市	687.1	62.8	50.1	2.2	9.1	17.4	6.1	39.4

（山东省经济和信息化委员会　山东省统计局）

2012 年湖北省交通物流业发展情况

2012 年，湖北省交通物流系统坚持省委、省政府提出的稳神竞进、逆势而进、实虚并进、扎实推进、激情奋进的“五进”方针不动摇，紧扣“服务提升年”目标任务，全面践行“打牢发展大底盘，建设祖国立交桥”全新战略，进一步转变观念、统一认识、破冰攻坚，着力推进传统运输业向现代物流业转型升级，取得了明显成效。

一、2012 年湖北省交通物流业发展的基本情况

（一）综合运力进一步增长

2012 年湖北省完成货物周转量 4693.61 亿吨千米，比上年增长 16.1%。其中，全年全省公路货运量和货运周转量分别为 9.71 亿吨和 1565.45 亿吨千米，比上年增长 17.4% 和 22.5%；全省铁路完成货运量 9177.4 万吨，比上年下降 8.8%；货物周转量 1194.1 亿吨千米，比上年下降 2.6%；全省水路货运量和货运周转量分别为 1.99 亿吨和 1933.05 亿吨千米，分别比上年增长 14.5% 和 25.6%；港口累计完成货物吞吐量 2.3 亿吨、集装箱吞吐量 95 万标准箱，同比分别增长 8.3% 和 11.8%；航空运输累计完成货运量 8.57 万吨，比上年下降 9%，完成货物周转量 1.01 亿吨，比上年下降 8.8%。铁、水、公、空在总运输量分别占比为 7.3%、15.7%、77%、0.01%，呈现出公路运输地位更加稳固，铁水空三家低速并进的格局。

（二）硬件基础进一步夯实

2012 年，湖北省相关部门强化了物流发展的基础建设工作。一是加快布局建设物流园区基地，全年集中开工三批共 17 个物流园区项目，总规模达 72.9 亿元，掀起了物流项目建设高潮。建成了武汉高桥物流园年检大楼、长江物流园二期、江陵飞达物流园、随县冷链物流中心、武汉青山钢铁物流园等 5 个大型物流园区项目。二是积极争取各类园区支持资金，武汉高桥物流园被交通运输部纳入全国首批综合枢纽建设示范项目，给予 5000 万元资金补助，宜昌三峡物流园被列为资金申请报告制度实施以来的首个申报项目，并成功通过交通运输部组织的专家审查，获得 1000 万元补助，全年共有 5 个重点物流园区列入交通运输部 2013 年计划投资备选审查项目。“十二五”规

划项目中，已建成5个，开工24个，开展前期工作56个，项目启动率为85%；“十二五”前两年完成投资31.7亿元，占规划总投资的63%。

（三）科技信息进一步推广

为加强湖北交通物流信息平台建设，有关部门积极工作，一是专门成立了湖北省交通运输物流公共信息平台建设领导小组，组建工作专班，召开了湖北省交通运输物流公共信息平台建设工作启动会，完善了《湖北省物流公共信息平台建设工作方案》。二是对湖北省交通物流公共信息平台不断进行改版升级，已经建立了省、市（州）、县三级交通物流网的窗口页面，增加了短信互动功能，改版后的平台做到了“全省数据共享、各地自主使用”。三是湖北全省80余家物流企业成功推广使用了普通货物软件和仓储管理软件。四是湖北交通物流网上注册企业达3000家，注册率达40%以上，在册车辆近5000辆，累计点击16万次以上。五是湖北省交通物流公共信息平台获得了中国物流与采购联合会颁发的“2012年中国物流与采购信息化优秀案例”奖。

（四）市场主体进一步壮大

湖北省依托优越的地理区位、便捷的交通网络、低廉的投资成本，吸引了境内外一大批如法国捷夫凯、丹麦马士基、中国香港狮龙国际、上海佳吉物流等大型国际化现代物流企业以合资、合作、独资等方式入驻。武汉市在2012年就引进和新增1亿元以上的物流企业6家、1000万元以上的16家，逐渐成为知名物流企业入驻、投资的“聚宝盆”。同时，以TNT、德邦物流为代表的第三方物流企业，以京东商城、亚马逊为代表的仓储配送企业，以DHL、锦海捷亚、普路通为代表的国际货代企业也积极到湖北抢滩登陆，先后在湖北建立区域总部或分公司，带动了全省物流企业管理水平的提高，进一步增强了湖北物流企业的竞争力。湖北省现有5A级5家、4A级46家、3A级59家、2A和1A级38家，物流从业人员近50万人。

（五）农村物流进一步繁荣

2012年湖北省建成农村五级综合服务站39个，在建的农村五级综合服务站20个。同时，湖北省推出了17个农村物流示范点，初步形成了引进物流企业改造经营模式、多部门资源共享模式、交邮共建模式、招商引资模式、交农对接模式等五种各具特色的农村物流发展模式。十堰竹溪顺通物流公司在物流发展机构的引导下，对当地五级客运站进行改造，建成了新洲农村综合运输服务站。宜昌长阳物流局、经信局、邮政局、供销社四部门联合共建农村物流综合服务体系，探索了一条“四点合一、资源共享”的农村物流发展之路。襄阳南漳与邮政部门合作建设了集客货运输、农产品运输、小件快运、农资配送、物流信息等为一体的综合物流服务站。黄冈罗田对九资河五级客运站进行改扩建，引入圆通快递公司进驻经营，走出了一条“以站带商、以商补站”的发展之路，2012年3月29日，李盛霖部长及全国农村公路建设与管理养护现场会的代表参观了该站，给予了充分的肯定。湖北交通物流部门推进农村物流发展的经验和做法引起了各大媒体的高度关注，《湖北日报》、《农村新报》、《中国交通报》分别进行了专题报道。

（六）甩挂运输进一步突破

按照交通运输部有关文件要求，湖北省相关部门组织召开了全省甩挂运输试点工作会议，认真学习交通运输部有关文件精神，并邀请专家到企业现场指导，组织有实力的企业到先进省市参观考察，形成了发展甩挂运输共识。湖北省汽运总公司、湖北大通互联物流有限公司、武汉赤湾东方物流、十堰亨运集团有限公司、荆门弘业物流有限公司5家企业先后列入部甩挂运输试点项目，全年共争取部补助资金2000万元。预计在2013年还将争取申报3家企业纳入全国甩挂运输试点。此外，湖北省还积极参与区域甩挂运输合作，签署了《中部六省推进公路货物甩挂运输发展战略协议》、《川渝鄂发展长江公水甩挂运输协议》，甩挂运输试点工作取得较大突破。

（七）体制机制进一步转型

湖北省政府办公厅转发了《湖北省交通运输厅关于进一步加快推进全省交通物流业发展意见的通知》（鄂政办发〔2012〕74号），进一步明确了物流发展机构的工作职责和目标任务，物流工作得到了省政府的高度重视和大力支持。2012年湖北省已有22个市县区政府成立了物流发展工作领导小组，并将办公室设在物流发展局。已有8个县区政府出台了促进物流发展的指导意见。进一步完善落实重点企业联系制度，为重点物流企业开展“直通车”服务、保姆式服务。此外，省道路运输协会更名为道路运输与物流协会，黄石、孝感、襄阳、钟祥、当阳等14个市县相应成立了物流协会；全力支持武汉市举办了第九届国际物流节，组织全省14个市州100多家物流企业参展参会，充分展示了湖北物流的良好形象。

（八）服务环境进一步优化

2012年，湖北省各地市州积极谋划物流发展，开展了专项调研，向省局选送了有情况、有分析、有建议的优秀调研报告68篇，为政府及相关部门决策提供了有力依据。积极为物流企业搭建发展舞台，襄阳老河口市借力当地梨花节活动积极推进项目落地，并向物流企业制发企业服务联系卡，安排专人担任企业服务联系人；宜城市深入物流企业了解情况，填写“宜城市物流企业基本情况调查表”，受到物流企业好评；云梦县协调县政府在物流局召开重点企业座谈会，倾听企业呼声，帮助企业解决事迹困难。组织开展了“物流诚信月”活动和诚信星级评定工作，引导物流市场主体以诚信经营为基础，规范经营行为，工作得到了物流企业的初步认可，取得了良好的效果。

二、促进湖北交通物流业健康发展的对策

（一）全力建设以武汉为中心的中部物流区

充分发挥武汉市特殊的区位交通优势，突破性发展武汉市的物流业，增强武汉市辐射中部地区的物流服务功能，支持武汉构建以区域物流为重点、以国际物流、省内物流为支撑的全国物流中心。依托重点龙头企业，建立覆盖中部地区、服务全国的物流网络，提高武汉服务中部物流发展的能力。积极推动东湖综合保税区与保税区物流中心（B型）、出口加工区及武汉新港、武汉空港、开展“港区联动、区区联动”，引进更多的国内外大企业入驻。

（二）加快培育规模大、辐射强的物流企业

探索在湖北省内推动铁路、公路、水运、航空等多种物流资源整合的路径，在全国争创综合型物流新优势。支持和鼓励大型工业企业按照现代企业制度加快推进战略重组，分离各自的物流业务，重组业务流程，组建1～2个物流大龙头企业。支持大型优势物流企业对分散的物流设施资源进行整合，鼓励中小物流企业加强联盟合作。发挥省级重点物流企业的引领带动作用，选择一批企业予以重点扶持。着力打造湖北物流知名品牌，强化其在中部乃至

全国物流体系中的影响力和信誉度。

（三）打造一批规模大、集聚力强的物流示范区

打造大型物流示范区，搭建物流业与其他产业联动发展平台。支持物流企业与工业企业、商贸企业、金融企业的战略合作。在重点物流产业园区、大型商贸流通专业市场等产业集聚区和交通枢纽节点，推进省级重点物流基地建设，发挥其在物流业集聚发展方面的整体效能和带动作用。加快按照全省城市发展规划布局，结合各地产业特色，充分利用已有运输站场、仓储基地等基础设施，打造一批省级物流示范区。

（四）建立支持物流业持续发展的政策体系

一是加大土地政策支持力度。科学制订物流园区发展规划，对纳入全省物流业发展规划的重点园区用地给予重点保障，有计划地将工业旧厂房、仓库和城区存量土地资源用于发展物流业。二是加大财政政策支持力度。各级政府要加大对物流基础设施的资金扶持，积极引导银行业金融机构加大对物流企业的信贷支持，拓宽融资渠道。设立交通物流业发展财政专项资金。三是提高物流车辆通行便利化程度。研究降低或减免物流车辆过路过桥费办法，解决城市中转配送难、配送货车停靠难等问题。

（五）建立适应大物流发展的管理体制机制

物流业是跨行业、跨区域的复合性产业，既是经营性产业，也具有服务经济发展和民生保障的公益性质，在全省发展格局中有着极其重要的地位，建立高效快捷的物流业行政管理尤其重要。进一步推广总结武汉市物流局的经验，积极按照权责一致、分工合理、决策科学、执行顺畅、监督有力的要求，加快探索建立起推动全省物流业跨越式发展的管理体制和运行机制。

（邵迈　许磊　湖北省交通运输厅物流发展局）

2012 年广东省物流业发展情况

近年来，广东省在商务部的大力指导和支持下，认真贯彻落实国务院《物流业调整和振兴规划》（国发〔2009〕8 号）、《商务部关于加快我国流通领域现代物流发展的指导意见》（商改发〔2008〕53 号）和《商务部、发展改革委、供销总社关于印发商贸物流发展专项规划的通知》（商贸发〔2011〕67 号）等政策文件，大力发展现代物流业，积极构建布局合理、技术先进、节能环保、便捷高效、安全有序并具有一定国际竞争力的现代物流服务体系，有力推动了制造业、商贸业联动发展，为广东全省产业转型升级发挥了重要的支撑保障作用。

2012 年，广东省物流业发展的基本情况如下：

一、产业规模平稳增大

2012 年，广东省物流业实现稳中渐升，全省实现社会物流总额约 14.66 万亿元，同比增长 13.9%，占全国社会物流总额的 8.26%；实现物流业增加值 4058.1 亿元，同比增长 9.5%，占 GDP 的比重为 7.1%，占全省现代服务业增加值的比重为 26.4%，占全国的比重为 11%；广东全省社会物流总费用约为 8629.8 亿元，同比增长 11%，占 GDP 的比率为 15.1%，比全国平均水平（17.8%）低 2.7 个百分点。2008—2012 年，广东省物流业增加值年均增长 14%，略高于广东省 GDP 的增长速度。

二、港口、公路货运能力不断增长

2012 年，广东省港口完成货物吞吐量 140776 万吨，同比增长 5.3%，其中，外贸货物吞吐量为 48170 万吨，同比增长 6.1%。港口集装箱吞吐量为 4762.99 万标准箱，同比增长 3.2%。广东省全年完成铁水联运 1575 万吨，比 2007 年增长了 169.2%。尽管铁路在中长途运输和节能环保上占优，但长期以来计划组织模式一成不变，运作僵化，铁路物流市场逐渐被公路和水路吞噬。2008—2012 年年底，广东省货物周转量增长了 115%，其中公路增长 110.2%，铁路却下降 12.1%。铁路的市场份额由 2008 年的 8% 下降到 2012 年的 3%。

三、物流园区发展迅速

依托发达的运输网络，广东省形成了以广州、深圳为核心，珠三角区域为主体，粤东西北为基础的整体物流格局。建设了一批土地集约、功能集成、模式先进、代表未来物流业发展趋势的的物流产业集群，其中，以广州林安物流、惠州金泽物流、顺德欧浦钢铁物流、广州白云空港、深圳盐田港等为典型代表，物流园区的数量、规模和层次均居全国前列。目前，广东全省共有各类物流园区 362 家，分布在省内 21 个地市，其中规模较大的有 20 多家，主要集中在珠三角地区。广东省物流园区主要分为 6 大类：港口物流园（64 个）、航空物流园（6 个）、铁路物流园（27 个）、医药物流园（9 个）、公路物流园（191 个）、冷链物流园（23 个）、其他（42 个），总占地面积约 2.1 万亩。

四、两业联动取得新进展

2012 年，为加快广东省制造业与物流业的融合发展，促进制造业转型升级，提高物流业服务能力和运行效率，广东省经济和信息化委开展了“广东省制造业与物流业联动发展示范企业认定工作”。广州市嘉诚国际物流股份有限公司和广州市浪奇实业有限公司等 27 个企业被认定为首批广东省制造业与物流业联动发展示范企业。这有助于鼓励联动企业以更高标准、更严要求进一步加大制造业与物流业联动发展力度和深度，充分发挥示范带动作用，为推动广东省现代物流业迈上新台阶和全省产业转型升级作出积极贡献。

五、物流信息化水平不断提升

物联网、云计算等信息技术和先进适用设备在农产品流通、制造业物流、商贸物流中得到较广泛应用。众多物流园区、物流企业主动适应智慧物流的需要，对运输工具、仓储设备、装卸设备、信息化管理系统、物流设施等进行智能化、标准化改造。南方物联网物流示范工程等示范项目的实施，大大提升了广东省物流业的信息化水平。欧浦物流、宝供物流、嘉诚物流等一批物流企业先后被认定为高新技术企业、省级企业技术中心。

目前，广东省正在积极推进省现代产业 500 强项目——南方物流公共信息平台的建设，力争 2013 年下半年正式上线运营。广州市积极推进广州物流公共信息平台功能拓展和推广应用，该平台作为南方物流公共信息平台的重要组成部分，已为南方物流、风神物流、广汽丰通等 100 多家物流企业 5000 多辆车辆提供监控、调度等公共信息和资源共享服务。新开发的物流交易中心、资讯中心、增值中心、ASP 服务平台也已上线。佛山市建成了电子口岸、网上虚拟物流市场——“宽带城市”以及华南钢铁交易网、华南五金交易网等平台。中山市正在建设“中山政企通物流服务项目”，旨在整合物流行业资源，为中山物流企业和政企通客户提供高效便捷的物流信息服务和电子商务服务。

六、外商投资活跃

2012 年，广东省新批设立物流业（含交通运输、仓储和邮政业及批发和零售业）外商直接投资项目 2109 个，同比增加 0.1%；合同外资金额40.67亿美元，同比下降11.8%；实际使用外资金额36.27亿美元，同比增长23.06%。

从投资来源地看，物流业的外商投资主要来自中国香港。2012年，广东设立港资物流业项目1384个，占同期全省外商投资物流项目总数的65.6%；合同外资金额27.99亿美元，占全省总数的68.8%；实际使用外资金额26.28亿美元，占全省的72.5%。2012年在广东物流业投资前十位的国家和地区依次为：中国香港地区、英属维尔京群岛、美国、日本、中国澳门地区、新加坡、开曼群岛、韩国、萨摩亚和中国台湾地区。

从投资分布看，2012年外商投资物流业项目主要集中在珠三角地区。其中，广州、深圳分别新设立外商投资物流业项目602个和871个，分别占全省外商投资物流业项目总数的28.6%和41.3%。

（广东省现代物流研究院）

2012年四川省物流业发展情况

2012年，四川省牢牢把握“稳定增势、高位求进、加快发展”的工作基调，把稳增长放在突出位置，着力推进“两化”互动、统筹城乡、投资拉动、产业支撑，经济延续了近几年快速发展的好势头，全年实现地区生产总值（GDP）23849.8亿元，按可比价格计算，比上年增长12.6%。其中，第一产业增加值为3297.2亿元，比上年增长4.5%；第二产业增加值12587.8亿元，比上年增长15.4%；第三产业增加值为7964.8亿元，比上年增长11.2%。三次产业对经济增长的贡献率分别为4.7%、64.9%和30.4%。人均地区生产总值29579元，比上年增长12.3%。三次产业结构由上年的14.2∶52.4∶33.4调整为13.8∶52.8∶33.4。

一、社会物流总额保持稳定增长

2012年，四川省社会物流总额为45949.8亿元，按可比价格计算（下同），同比增长12.0%，增幅比上年提高2.8个百分点。从构成情况看，工业品物流总额为32588.5亿元，同比增长13.6%，增幅比上年提高1.7个百分点，占四川省社会物流总额的比重为70.9%；农产品物流总额为4964亿元，同比增长8.7%，增幅与上年持平，占四川省社会物流总额的比重为10.8%；进口（包括外省流入）物流总额为7101.3亿元，同比增长7.7%，增幅比上年提高3.5个百分点，占四川省社会物流总额的比重为15.5%；再生资源物流总额为1018.1亿元，同比增长6.8%，增幅比上年回落0.3个百分点，占四川省社会物流总额的比重为2.2%；单位与居民物品物流总额为277.9亿元，同比增长17.0%，增幅比上年提高7.9个百分点，占四川省社会物流总额的比重为0.6%。

2012年，四川省物流业实现增加值1324.66亿元，按可比价格计算，同比增长12.1%。物流业增加值占四川省GDP的比重为5.6%，占四川省服务业增加值的比重为16.6%。

二、社会物流总费用与GDP的比率有所提高

2012年，四川省社会物流总费用为4556.4

亿元，同比增长 15.4%，增幅比上年回落 5.1 个百分点。其中，运输费用为 2965.2 亿元，同比增长 10.6%，增幅比上年回落 7.4 个百分点，占社会物流总费用的 65.1%，在社会物流总费用中的比重较上年下降 2.8 个百分点；保管费用为 1193.3 亿元，同比增长 26.5%，增幅比上年回落 0.8 个百分点，占社会物流总费用的 26.2%，占社会物流总费用的比重较上年提高 2.3 个百分点；管理费用为 397.9 亿元，同比增长 23%，增幅比上年提高 0.6 个百分点，占社会物流总费用的 8.7%，占社会物流总费用的比重比上年提高 0.5 个百分点。

2012 年，四川省社会物流总费用与 GDP 的比率为 19.1%，同比提高 0.3 个百分点，经济运行中的物流成本依然较高。

三、道路运输能力不断增强

2012 年，四川省道路建设取得新成果。其中，公路新（增）开 16 条省际货运专线、62 条城际货运班车；铁路已形成宝成、成渝、成昆、内昆、达成 5 条铁路专线，三万、小梨、资威、成汶、德天、广岳、广旺、宜珙 8 条铁路支线和 4 条地方铁路组成的铁路路网。截至 2012 年年底，四川省已开行 8 列行包专列和 12 列货运直达班列，位居西部第一。

2012 年，四川省公路货运量为 15.84 亿吨，同比增长 13.3%，其中，高速公路货运量为 93609.75 万吨，同比增长 5.5%。快递业全年累计完成业务量 13264.67 万件，同比增长 24.7%，完成业务收入 23.2 亿元，同比增长 26.5%，其中，国内异地业务占总收入的 77%。

2012 年，四川省铁路货物到达量为 12187.6 万吨，同比增长 1.7%，重点物资到达量靠前的依次是化肥、工业机械、粮食、鲜活产品等。铁路货运发送量为 7415.2 万吨，同比降低 3.1%，重点物资发送量靠前的依次是水泥、磷矿石、工业机械等。

四、四川省现代物流协会为推进四川省物流业快速发展发挥了积极作用

2012 年是中国共产党高举中国特色社会主义伟大旗帜继往开来的重要一年，也是四川省现代物流协会（以下简称协会）正式成立的第八个年头。协会在四川省发改委的直接指导和支持下，在四川省物流办及各方的配合支持下，按照四川省委省政府建设西部物流中心、加快物流业发展的总体要求，坚持为会员、为企业、为政府服务的宗旨，做了大量的具体工作，为推进四川省现代物流工作持续发展发挥了积极作用。

（一）积极推进相关政策实施

四川省现代物流协会紧紧围绕四川省委九届四次全会确定的把四川建设成为中国西部经济战略高地和建设“西部物流中心”的目标，积极开展工作。首先，积极推进落实四川省政府有关促进物流业发展的各项政策措施，包括省政府办公厅下发的《关于促进物流业发展的实施意见》（川办发〔2012〕71 号）、省发改委等 13 委厅局下发的《关于鼓励和引导民间投资进入物流领域的意见》（川发改经贸〔2012〕904 号）和交通、商务等部门制定的促进物流业发展的相关措施。其次，按照四川省发改委的要求积极促进部分企业物流项目列入省重点项目。最后，为把国务院关于促进物流业发展的实施意见落到实处，经过深入走访和调查研究形成书面报告，向四川省政府相关部门提出具体建议。此外，协会还参与完成《四川省“十二五”农产品冷链物流发展规

划》的编制工作。

（二）组织或参与物流相关调查研究

2012年，四川省现代物流协会（以下简称协会）参与了多个物流相关调查研究项目工作，如参与国家发改委等部委来四川进行的地方物流发展、传化物流港经验和物流园区布局城市等专题调研及座谈；受四川省物流办委托完成了《四川物流成本比较研究》课题，向四川省发改委提交了《四川省物流园区布局城市研究报告》，完成四川省政府领导交办的《达州市物流发展及面临的问题调研报告》；组织人员对南充、达州、成都青白江、新都、泸州、宜宾、乐山、资阳和眉山等地的物流发展情况进行调研；参与《泸州临港产业物流园区总体规划》的创意规划和总体规划完成的评估评审，向成都市青白江区委区政府提交《青白江制造业（商贸业）与物流“两业”联动的发展与策略研究》；对《关于鼓励和引导民间投资进入物流领域的意见》提出意见和建议，对《四川省粮食现代物流发展规划（2013—2020年）》提出修改意见。

（三）积极为会员、为企业服务

2012年，协会为会员单位免费服务活动超过10次，参加人次1800余人。继续开展国家星级物流仓库及仓储服务质量达标认证，开展一系列国内国际间物流设备、信息化、科技等业务的横向交流活动。对口上门辅导及服务物流企业138次。6月，协会指导、组织召开的“2012西部（成都）物流信息化峰会”，为会员单位提供了一次很好的信息化建设学习机会；11月，协会积极组织兄弟省及本省物流高级会员单位700多人参加了四川省政府多家单位组织的“2012中国（四川）国际物流博览会”。此外，协会还为部分业内企业提供物流发展及战略合作咨询服务，为企业发展献计献策。

（四）做好物流统计工作，发布运行情况通报

物流统计是四川省政府领导关心和支持的一项重要行业统计工作。四川省政府办公厅发布的《关于建立物流统计分析制度的通知》（川函〔2011〕125号）进一步明确了协会做好物流统计季度分析的职责。协会已连续多年与四川省发展改革委和统计局联合对外发布了“四川物流运行情况通报”，公告了2009年、2010年和2011年四川省物流总额、物流总费用、物流总费用与GDP的比率和物流增加值等指标值，为社会各界了解四川省现代物流的情况提供了重要的信息。

如今，物流统计工作作为协会承担的政府委托和联合推进的重要事项，已成为协会重要的日常工作，统计数据成为指导行业发展和政府制定政策的重要依据。

（五）做好A级物流企业评审工作

2012年，在四川省政府相关部门和中物联的支持下，四川省A级物流企业的认定工作得到企业的积极响应和支持，A级物流的品牌效应进一步显现。截至2012年年底，四川省获得A级物流企业认证资质的企业已达83家，其中，2012年新增32家，创四川省A级企业评定数量的新高；复核的17家企业全部达到复核要求。目前，四川全省有5A级物流企业1家、4A级物流企业15家，3A级物流企业30家、2A级物流企业37家。5A级企业实现零的突破。

（六）树立物流品牌，做强做大企业

2012年协会开展了优秀企业的评定工作。包括“2012年度四川省物流企业50强”的认定，优秀仓储企业、优秀物流应用人才培育机构、优秀物流信息化软件服务商等组织评选和授牌表彰工作，一批物流企业获得认定。通过树立品牌，评定优秀，进一步提升了优秀企业在行业的引领作用。

（七）加强对外交流，参与全国有关活动

2012 年，四川省现代物流协会多次组织会员单位代表分别赴美国、中国香港地区和中国台湾地区参观考察现代物流发展情况。组织安排达竹物流到大西南铁路储运、农资蜀龙物流考察学习。接待兄弟省区现代物流考察团、物流企业、行业组织、政府及物流行业 230 余人来川学习交流、参观考察，了解四川省 A 级物流企业规划、组织实施和项目经营情况。

协会注重对外的交流和了解全国的发展动态。协会先后派人员参加了国家发改委组织的来川调研；参加中物联召开的有关会议；参加发改委组织的在海南召开“泛珠三角物流发展”工作会；参加广东省物流行业协会组织的在广州召开的“泛珠三角物流发展论坛”等活动，并于广东、海南、贵州、江西等有关协会进行了交流。

2012 年，协会的培训工作也取得新进展，参加物流培训的人员达 300 多人次。协会培训的学员就业率达 80% 以上，就业单位有苏宁电器物流基地、和记黄埔物流、中国平安保险公司、中外运物流、杜臣物流和成都传化物流基地等。

（文德华　四川省现代物流协会）

2012 年陕西省物流业发展情况

2012 年是国内经济调整转型发展最为关键的一年，陕西省经济继续保持增长势头，增速在全国位居前列。粮食生产实现“九连增”，工业增速居全国首位，固定资产投资增速高于全国 7.7 个百分点。

一、陕西省经济建设运行平稳

2012 年，陕西全省实现生产总值 14451.18 亿元，比上年增长 12.9%。其中，第一产业增加值 1370.16 亿元，比上年增长 6%；第二产业 8075.42 亿元，比上年增长 14.9%；第三产业 5005.6 亿元，比上年增长 11.5%。2012 年陕西省农业生产再获丰收，达到 1245.1 万吨，比上年增长 4.2%，粮食生产连续九年稳定在 1000 万吨以上；规模以上工业增加值突破 6000 亿元，达 6641.54 亿元，比上年增长 16.6%，累计增速连续 7 个月位居全国首位；投资保持较快增长，全省固定资产投资（不含农户）12501.43 亿元比上年增长 28.9%；消费市场增长稳定，社会消费品零售总额 4330.75 亿元，比上年增长 16%。；金融机构存贷持续增加，12 月末全省金融机构（含外资）人民币各项贷款余额 13865.61 亿元，比年初新增 1990.36 亿元，同比多增 135.13 亿元；对外贸易出现好转，2012 年全省进出口总额 147.99 亿美元，增速由前 11 个月下降 0.5%转为增长 1%。

二、陕西省物流业呈现适度增长的态势

2012 年，陕西省社会物流总费用约为 3649.4 亿元，同比增长 11.4%，社会物流总费用与 GDP 的比率约为 18%，同比提高 0.2 个百分点。与此同时，全省物流企业人力成本平均增长 15% ~20%，燃油价格则相当于 2000 年的 3 倍左右，过路过桥费占到运输成本的 1/3左右，物流成本明显上升。总体看，2012 年陕西省物流业发展有以下特点。

（一）物流业总体运行放缓趋稳

2012 年，陕西省社会物流总额约为 7.04 万亿元，同比增长 9.8%，增幅较上年同期回落 2.5 个百分点。物流业增加值占 GDP 的比重为 6.8%，占服务业增加值的比重为 15.3%。社会物流总费用与 GDP 的比率约为 18%，同比提高 0.2 个百分点，经济运行中的物流成本

依然较高。

（二）物流市场需求细分化趋势明显

一是生产资料类和进出口物品的物流需求增速放缓。由于国内市场增长乏力，因投资需求趋缓，钢铁、建材、煤炭、能源等工业和大宗商品物流需求下降，导致去库存压力加大。2012年下半年以来，陕西省内钢贸流通行业仓单重复质押问题造成多方债务纠纷，金融物流触发系统风险。2012年陕西省汽车产销同比增长仅为4%左右，整车物流高速增长局面开始逆转。

二是快速消费品和网购物流需求增势迅猛，网购交易额分别占社会消费品零售总额的33.8%和5.8%。与电商网购配套的快递物流实现高速增长，同比增长55%。随着居民消费水平和安全意识的提高，对食品、药品、快速消费品、农产品等物流质量的要求越来越高，冷链物流应用领域进一步拓展。

三是制造业物流分离外包速度加快。生产制造企业推动资源向主业集中，传统制造企业物流外包水平明显提升，IT、汽车、家电、服装等制造企业物流外包进入供应链整合阶段。一批具有专业服务能力的物流企业逐步从集团公司分离设立，前几年由制造企业分离设立的物流企业，经过市场化锻炼规模快速扩张。

（三）物流企业专业化服务能力得到提升

一是物流要素成本全面上涨。据调查，2012年陕西省物流企业人力成本平均增长15%～20%，燃油价格相当于2000年的3倍左右，过路过桥费占运输成本的1/3，多数企业资金使用成本超过利润总额，大中城市物流业用地及仓库租金再度上涨。全国重点物流企业主营业务收入同比增长26.5%，而主营业务成本同比增长31.6%，主营业务收入利润率仅为3.7%。

二是物流企业积极应对市场变化，大型物流企业重组整合、兼并收购，中小物流企业依托公共平台集聚和联盟发展。国内航运企业大幅削减运力，调整业务结构。快递企业传统加盟模式暴露管控风险，“直营”和“收权”转型渐成趋势。

（四）经营业态交叉融合正在加速

一是各类企业跨界经营。商贸流通企业从交易功能向物流功能延伸服务，现货市场、交易中心、期货交割库等商贸物流业态快速发展。物流企业介入代理采购和分销业务，借助金融机构开展供应链一体化服务。

二是多种业态深度融合。制造业与物流业联动发展，在采购、生产、销售等环节加强协作。联想、海尔、一汽等一批制造企业与物流企业深化战略合作，促进业务流程再造。商贸业与物流业共生发展，百联、物美、浙江物产、天津物产等一批商贸企业改造传统流通渠道，创新流通模式。金融与物流的融合，提升物流业对整个供应链的掌控能力。汽车、家电、电子、医药、零售等行业上下游多种业态深度融合，供应链协同模式加快变革。

（五）物流园区初具规模

2012年陕西省内物流园区共计103家，其中运营的87家。物流园区区域分布趋于均衡，转型升级态势明显。园区服务范围逐渐扩大，集聚和辐射效应持续增强。

（六）物流信息化和技术水平稳步提升

一是物流信息化水平较快提高。2012年，陕西省内的交通、邮政、食品药品监管等一批电子政务系统加快物流信息资源开发利用。陕西省内铁路系统推出货运电子商务平台，货运业务实现网上办理；陕西省交通运输物流公共信息平台建设工作正式启动；RFID技术在物流与交通领域应用获得政府支持，危险品运输车辆 GPS 车载终端开始强制推行；物联网技术开始在烟草等物流领域应用。

二是物流装备市场改造升级。2012 年，陕西省内的叉车、货架、托盘等物流装备产品整体陷入市场低迷，装备制造企业加大市场开发力度，研发高端产品、升级服务模式、开发新兴市场；随着连锁零售、电子商务、医药、烟草、快递等行业快速发展，物流配送中心数量大幅增加，对立体仓库、自动分拣系统、自动识别系统、手持终端以及设备系统集成需求旺盛，物流装备系统化、自动化、智能化趋势明显。

（七）物流标准化和教育培训等基础性工作成效显著

2012 年，陕西省物流学科体系建设、职业技能培训认证工作取得积极成效。目前全省已有 7 所本科院校、11 所职业学校开设了物流类专业。中物联物流师职业资格培训与认证工作自 2003 年 11 月开展以来，已有 2.4 多万人参加了认证培训，5500 多人取得资格证书。

（八）物流业政策环境进一步改善

自 2011 年 8 月国务院办公厅发出《关于促进物流业健康发展政策措施的意见》后，陕西省政府为落实“物流国九条”做了大量工作，并出台了《加快推进物流业发展的意见》等相关政策，鼓励和引导民间投资进入物流相关领域。同时，在物流企业土地使用方面给予支持，积极开展收费公路清理工作，推广甩挂运输，支持公路枢纽型物流园区建设。陕西省商务厅启动现代物流技术应用和共同配送综合试点，提出仓储业转型升级指导意见；陕西省工业和信息化厅积极推进工业物流和物流信息化发展，出台相应的配套政策。

总体看，2012 年陕西省物流业呈适度增长态势，对促进全省经济稳定快速发展起到了积极作用。但是，目前陕西省物流业还存在一些问题，一是物流需求社会化程度依然不高，企业物流外包层次低，物流服务内部化特征明显。物流企业集中度不够，专业化服务能力不强，低端化、同质化竞争比较严重，诚信缺失引发社会关注。二是物流效率和效益提升缓慢，无论是物流总费用与 GDP 的比率，还是企业物流成本费用率居高不下，物流市场经营风险加大，要素成本上涨趋势难以逆转，物流企业生存空间进一步压缩。三是物流能力不足和运力过剩长期共存，多种运输方式不均衡、不协调、不衔接。四是在物流基础设施建设中，一方面，物流用地供应难以保障，建设规划难以落地；另一方面，有的地方借物流名义盲目圈占土地，改变用途。物流业涉及管理部门多，协调难度大，导致相关政策出台慢、落实难，体制和政策环境与行业发展的需要不相适应。尽快解决上述问题是陕西省物流相关部门的职责。只有解决好影响物流业发展的问题，陕西省的物流业才能取得更大的发展。

（闫鸣　陕西省物流与采购联合会）

2012 年宁夏自治区物流业发展情况

2012 年，宁夏自治区物流保持较快增长势头，物流主要指标均高于全国平均水平。全年社会物流总额达到 4052 亿元，同比增长 26.7%。其中，工业品物流总额为 2940 亿元，同比增长 27.4%，占社会物流总额的 72.6%。批发业物流为 975 亿元，同比增长 29%，占社会物流总额的 24.1%。进口货物物流总额为 35.79 亿元，同比下降 16.2%。农产品物流总额为 96 亿元，同比增长 5.5%。

2012 年，宁夏自治区社会物流总费用 585 亿元，同比增长 3.4%。社会物流总费用与 GDP 的比率为 25.1%，比上年降低 1.8 个百分点。

2012 年，宁夏自治区物流相关行业实现增加值 319.82 亿元，按可比价格计算，比上年增长 10.1%，占地区生产总值的 13.7%，占第三产业增加值的 33%。其中，交通运输、仓储、邮政业完成 195.48 亿元，同比增长 8.7%；批发零售业增加值 124.34 亿元，同比增长 11.6%。

2012 年，宁夏自治区物流相关行业固定资产投资额完成 167.33 亿元，同比增长 13.7%。其中，交通运输、仓储、邮政业投资额完成 113.78 亿元，同比增长 7.8%；批发零售业投资额完成 53.55 亿元，同比增长 28.8%。

目前，宁夏自治区从事物流、运输、仓储等业务的工商注册企业达 1300 多户，物流园区达 30 多个，主要分布在铁路、公路沿线一带。截至 2012 年年底，全区 A 级物流企业达 26 家，位居西北地区第二名，2013 年上半年又有 5 家企业通过现场评估。

近几年，宁夏自治区持续加大物流人才培训力度，开设物流专业的高等院校和职业学校已达 7 所。截至 2012 年年底，全区累计有 1748 人次参加了不同级别的物流师考试，其中 1253 人取得了物流师证书。

（宁夏自治区统计局）

2012年沈阳市物流业发展情况

2012年，在沈阳市市委、市政府的正确领导下，沈阳市深入贯彻落实《沈阳市物流业发展"十二五"规划》，积极应对国内外严峻复杂的经济形势，全力推动重点物流项目和基础设施建设，扎实推进制造业与物流业联动发展。全市物流业继续保持平稳较快发展态势，物流业增加值稳步增长，产业结构进一步优化升级，发展环境不断改善，运行效率显著提升，为全市"稳增长、促振兴"，加快完成"五大任务"、实现"三大目标"提供了有力保障。

一、物流业发展的基本情况

2012年，沈阳市物流业继续保持平稳发展的态势，主要有以下特点。

（一）物流业增加值持续攀升

2012年，沈阳市物流业增加值实现274.9亿元，比上年增长9.1%，比上年同期提高1.6个百分点；占地区生产总值的比重保持在4.2%，与上年同期基本持平；占服务业增加值的比重为9.5%，比上年同期提高0.3个百分点。

（二）货运总量增长较快

2012年，沈阳市铁路、公路、航空货运总量达到21719.6万吨，比上年增长11.9%，继续保持较快增长势头。其中，铁路货运量实现456.4万吨，比上年减少9.5%；公路货运量实现21259万吨，比上年增长12.5%；民航货运量实现4.5万吨，比上年增长5.2%。沈阳市铁路货物周转量达到2361716万吨千米，同比增长9.0%；公路货物周转量达3325522万吨千米，同比增长14.9%；民航货邮周转量达8417.8万吨千米，同比减少0.2%。

（三）物流业固定资产投资增势强劲

2012年，沈阳市物流业固定资产投资仍然呈现快速增长态势。物流业固定资产投资总额实现355.5亿元，比上年增长32.2%，增幅高于沈阳市全社会固定资产投资9个百分点，占服务业固定资产投资总额的10.2%，位列服务业14个行业中的第2位。

（四）物流基础设施日趋完善

2012年以来，沈阳市铁路、公路、航空场站和货运枢纽等基础设施加快建设。哈大客专建成通车，新沈阳南站综合交通枢纽已开工建设；一二环及三环部分路段、七朱公路已经通车，四环快速路全线贯通，沈阜开发大道、沈抚二号公路等工程进展顺利；桃仙国际机场T3航站楼主体完工。各类物流集中发展区、物流中心、配送中心以现代物流理念和技术标准建设的专业物流设施、设备比例明显提高，物流企业信息化管理水平大幅提升。

（五）重点物流项目建设成效显著

沈阳综合保税区获海关总署验收通过。润恒农产品冷链物流、中储股份辽宁物流产业园、招商局物流园、中外运增资扩产项目、安得物流园、上海宇培集团宇航物流中心、中储股份辽宁物流产业园、中国外运华晨宝马物流配套服务项目、京东商城电子商务产业园等一批重大物流项目接连启动，助推产业结构优化升级。物流集中发展区加紧规划建设，招商引资力度空前，中铁集装箱中心站、传化公路港物流园、宝湾国际物流园、阿里巴巴电子商务园等一批项目正在包装、洽谈和开展前期工作，为全市物流发展增添新的动力。

二、物流业发展的问题与对策

2012年，沈阳市物流业实现了平稳较快发展，但总体水平仍然偏低，服务和支撑全市经济和社会发展的能力不足，尚有一些亟待解决的问题。一是物流业运行效率偏低。从宏观上看，虽然物流业已具备一定规模，但产业集中度不高，中小型企业和从事单一业务服务的企业居多，大型企业和从事一体化物流服务的企业较少，资源配置分散，社会物流高成本运行；从微观上看，现代物流经营理念、信息化管理水平和自动化作业程度不高，缺乏信息采集、处理和服务的交换共享机制、渠道和平台，市场响应速度慢，企业经营成本居高不下。二是市场供需结构不够合理。一方面，传统运输、仓储、货代市场趋于饱和；连锁经营、物流配送、电子商务等高端市场正处于培育期；大型制造企业通过流程再造和服务外包释放生产性物流业务的步伐缓慢。另一方面，提供低端服务的物流企业盲目发展，增值服务和差异化服务水平低导致无序竞争，经营惨淡；提供专业化服务的第三方物流企业缺乏目标市场与合作对象；而专门为三方物流提供规划、咨询、信息、技术服务等一整套供应链解决方案的第四方物流目前在我市市场认知度很低。三是规划工作有待提高。一些领域和地区没有依据《沈阳市物流业发展“十二五”规划》制订相应的规划。部分地区虽然有相关规划，却对产业布局、功能定位、占地面积等缺乏具体规划方案。尤其在物流集中发展区的建设上，仍缺乏科学细致的规划作为基础和依据，产业割裂、分散，功能单一、孤立，重复招商、建设的问题仍不同程度地存在。物流规划体系亟待完善，产业规划需要与相关规划进一步协调衔接，园区规划的专业化水平和精细化程度需要进一步提高。

针对物流业发展的问题，沈阳市物流主管部门应采取下述对策措施，确保沈阳市物流业持续健康发展。

一要落实物流联席会议制度。强化物流联席会议集中管理、综合协调的职能，统一思想，形成共识，确立物流联席会议制度在研究全市物流发展工作中的主导地位。研究制订部门和地区分工方案，明确相关部门和地区工作责任；建立议事决策机制，研究协调解决涉及全市物流业发展的重大问题；建立信息交换、协调沟通和监督考评制度，促进物流各相关行业和地区在统一部署下协同配合，健康发展。

二要进一步完善政策体系。认真贯彻落实《国务院办公厅关于促进物流业健康发展政策措施的意见》（国办发〔2011〕38 号），完善沈阳市支持物流业发展的政策体系。相关部门和地区要按照国家各部委出台的政策或者参照《国务院办公厅关于印发贯彻落实促进物流业健康发展政策措施意见部门分工方案的通知》要求，在税收、土地、便利通行、企业改制重组等方面抓紧制定切实可行的政策措施，在全市形成有利于物流业健康发展的政策环境。

三要发挥财政性资金引导作用。积极组织和帮助物流企业争取各级资金支持，引导和扶持企业物流基础设施建设、提高信息化水平、开展增值服务、拓展市场业务，参与市际、省际乃至国际竞争与合作。加强和改进物流项目市级服务业专项资金申报和评审工作，资金支持要逐渐向物流节点设施和集中发展区内的项目倾斜。对于列入市级以上规划的重大物流基础设施建设项目，要积极协调金融机构给予信贷支持，必要时可考虑给予融资担保或安排预算内建设投资，以资本金注入等方式给予有偿支持，由企业进行市场化运作。

四要夯实基础性工作。加大对基础性工作的筹划和投入，认真组织实施全市物流企业（年营业收入 1000 万元以上）和 2007 年以来物流项目（投资额 5000 万元以上）摸底调查工作，切实摸清全市物流产业底数和业态分布情况。着手研究建立全市物流业统计调查制度和工作体系，为准确把握物流业发展情况制定有关政策和规划，加强宏观调控提供科学依据。重视物流人才工作，采取职业教育、定向委培、联合办学等多种形式，加快物流实务和物流技术人才的培养；以任命、挂职、聘用、合作、采购咨询服务等方式，为市区相关职能部门和企事业单位引进高层次的物流管理人才；建立全市物流人才数据库，为沈阳市储备一批物流领域的专家型人才。

（汤筠伟　张海山　沈阳市发改委经贸处）

2012 年长春市物流业发展情况

2012 年长春市物流需求缓中趋稳，企业物流效率有所提升，但经济运行中的物流成本依然较高。

一、2012 年长春市物流业运行情况

（一）社会物流总额稳中趋缓

2012 年，长春市社会物流总额实现 14147.8 亿元，同比增长 12.6%，占国家物流总额的 0.79%，反映出物流需求实现平稳增长。

从社会物流总额构成上看，工业品物流总额为 8000.9 亿元，同比增长 14.0%，占社会物流总额的 56.6%；外部流入物流总额为 5596.1 亿元（含进口 1057.1 亿元），同比增长 11.1%，占社会物流总额的 32.0%；农产品物流总额为 500.6 亿元，同比增长 6.7%，占社会物流总额的 3.5%；再生资源物流总额为 38.2 亿元，同比增长 7.6%，占社会物流总额的 0.3%；单位和居民物品物流总额为 12 亿元，同比增长 17.6%，占社会物流总额的 0.1%，如下表和图 1 所示。

2012 年长春市社会物流总额构成及增长变动情况统计

名　称	同比增长（%）	在物流总额中所占比重（%）
工业品物流总额	14.0	56.6
农产品物流总额	6.7	3.5
外部流入货物物流总额	11.1	32.0
进口货物物流总额	9.6	7.5
再生资源物流总额	7.6	0.3
单位与居民物品物流总额	17.6	0.1

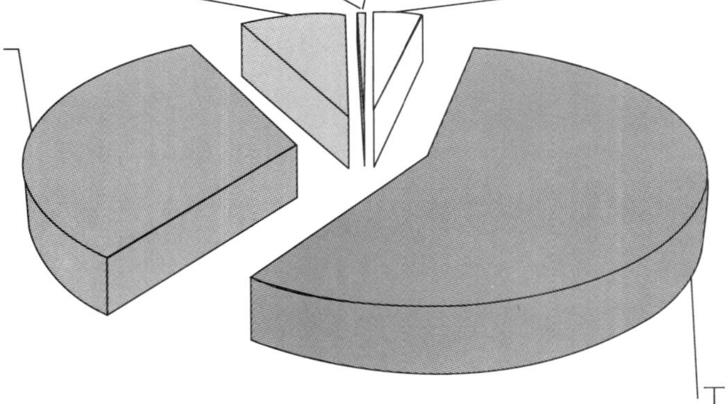

图1　2012年长春市社会物流总额构成

（二）社会物流总费用较快增长

2012年，长春市社会物流总费用为799.36亿元，同比增长16.2%。社会物流总费用与GDP的比率为17.936%，比2011年上升0.754个百分点。

从社会物流总费用的构成看，运输费用为406.6亿元，同比增长12.3%，占社会物流总费用比重为50.8%；保管费用为283.45亿元，同比增长18.1%，占社会物流总费用比重为35.5%；管理费用为109.31亿元，同比增长27.4%，占社会物流总费用的13.7%，如图2所示。

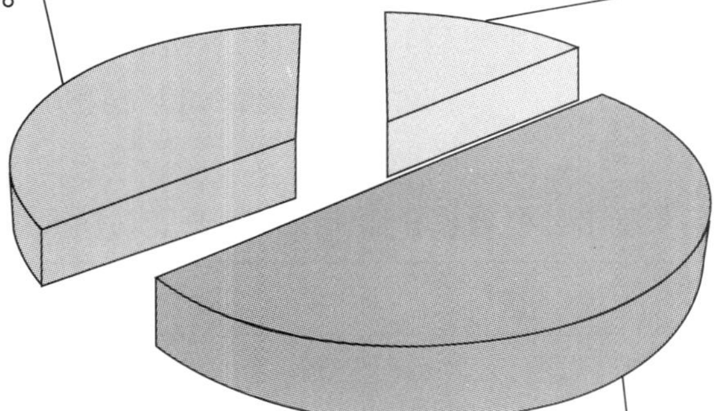

图2　2012年社会物流总费用构成

（三）物流增加值平稳增长

2012年，长春市物流业增加值为309.61亿元，同比增长11.9%；占GDP的6.94%，比上年上升0.03个百分点；占现代服务业增加值的16.7%，同比下降0.3个百分点。主要原因是由于铁路货运量和周转量下降20.4%等因素所导致。

二、2012年长春市物流业发展情况

（一）物流基础设施不断完善

自2011年长春市政府出台了支持物流业发展的政策意见以来，长春市物流业发展取得了明显成果，物流基础设施不断完善，行业企业得到了实惠。在税收方面，降低了物流企业自开票标准；在土地方面，中农机物流等5户物流企业享受到了土地政策优惠；在财政方面，东北亚物流等10户新评定3A级以上企业共得到190万元的财政奖励。

截至2012年年底，长春市城区仓储库总面积约为350多万平方米，运输车辆总数约11万多台，特种装卸设备4856台，物流专营线路90多条；长春市铁路里程约达375千米，公路通车里程达7000千米，高级公路达1200千米，货运航线49条；内陆口岸2个，保税仓库2个，物流园区12个。香江物流园、东北钢材物流园、亚奇物流园等现代化物流园总投资100多亿元，这些园区的建设运行带动了长春市标准化物流园区建设向纵深发展。

（二）长春市物流协会在行业发展中发挥了重要作用

2012年，依托长春市物流协会开展的各项行业发展工作成绩斐然，协会与民生银行合作成立的小微物流企业融资合作社，很好地解决了中小物流企业融资难问题，加快了小微物流企业发展，2012年为小微企业提供了一亿多元的信贷资金支持；物流公共信息平台经过两年多的发展，打造了企业信息管理系统、运单结算管理系统、客户服务中心等八大服务功能，基本具备了为物流及相关企业提供多种服务的能力；物流电子结算改革也顺利推进，应用技术日渐成熟；协会创办的《长春物流》刊物充分发挥了指导行业发展的舆论和导向作用；协会与市法制办、公安、司法等部门合作，为企业在司法维权方面提供帮助，维护了社会稳定与和谐；2010—2012年先后请专家教授名企法人，对企业高管及专业人员进行授课、培训，总计培训达2000多人；经过一年的努力，协会进一步规范了统计核算和标准化工作，人才培养和技术创新等基础性工作也取得了明显成效。

近几年长春物流协会会员队伍不断壮大，已发展会员500多家（含加盟会员），理事会成员单位70多家。协会下一届工作将继续坚持发挥职能作用，为政府当好参谋、提高服务水平、探索功能方式转变，向更高的服务方向迈进。

（长春市发展和改革委员会　长春市统计局　长春物流协会）

2012 年南京市物流业发展情况

2012 年，在南京市经济运行稳中有进、转型升级步伐加快、民生保障持续改善、各项社会事业全面进步的形势下，南京市物流业发展速度较上年有了明显提升，为全市经济的发展提供了有力支撑。

一、南京市物流业发展的总体情况

根据物流直报系统统计和与物流发展相关的统计数据核算，2012 年南京市物流业发展情况如下①。

（一）社会物流总额

2012 年南京市社会物流总额达到 21764.8 亿元，同口径增长 13.9%。从物流总额构成上看，农副产品物流总额 152.9 亿元，增长 17.3%，占社会物流总额的 0.7%；工业物流 13162.6 亿元，增长 15.2%，占社会物流总额 60.5%；进口货物物流总额 1466.7 亿元，负增 14.3%，占社会物流总额的 6.7%；再生资源物流总额为 40.0 亿元，增长 25.7%，占社会物流总额的 0.2%；单位与居民物品物流总额为 8.9 亿元，增长 15.8%，占社会物流总额的 0.04%；外市商品购进额 6930.9 亿元，增长 19.5%，占社会物流总额的 31.8%。

（二）社会物流总费用

2012 年，南京市社会物流总费用为 1126.2 亿元，比上年增长 13.2%。社会物流总费用与 GDP 的比率为 15.6%，比上年下降 0.06 个百分点。南京市社会物流总费用构成情况如下。

1. 运输环节费用

2012 年，南京市运输环节费用为 562.5 亿元，比上年增长 12.7%，占社会物流总费用 49.9%。其中，铁路运输费用为 26.4 亿元，比上年增长 -1.8%，占运输费用的 4.7%；道路运输费用为 151.3 亿元，比上年增长 10.8%，占运输费用的 26.9%；水上运输费用为 288.4 亿元，比上年增长 17.3%，占运输费用的 51.3%；航空运输费用为 10.5 亿元，比上年增长 7.5%，占运输费用的 1.3%；管道运输费用为 15.7 亿元，比上年增长 7.8%，占运输费用

① 除物流增加值增长速度外，其他数据均按当年现行价格计算。

的2.8%；装卸搬运及其他运输费用为70.1亿元，比上年增长6.9%，占运输费用的12.5%。

2. 保管环节费用

2012年，南京市保管环节费用为413.9亿元，比上年增长13.9%，占社会物流总费用的37.0%。其中，利息费用为117.0亿元，比上年增长11.1%，占保管费用的28.3%；仓储费用为92.7亿元，比上年增长13.6%，占保管费用的22.4%；保险费用为5.5亿元，比上年增长13.0%，占保管费用的1.3%；货物损耗费用为12.5亿元，比上年增长12.5%，占保管费用的3.0%；信息及相关服务为1.4亿元，比上年增长17.8%，占保管费用的0.3%；配送费用为44.4亿元，比上年增长17.9%，占保管费用的10.7%；流通加工费用为109.0亿元，比上年增长15.5%，占保管费用的28.8%；包装费用为17.5亿元，比上年增长15.9%，占保管费用的4.2%。

3. 管理费用

2012年，南京市管理费用为146.8亿元，比上年增长13.8%，占社会物流总费用的13.0%。

（三）物流业增加值

2012年，南京市物流业增加值为485.2亿元，按可比价计算，比上年增长11.2%。

二、南京市交通物流业发展情况

（一）交通物流业保持平稳健康发展

1. 社会物流总额继续攀升，货物运输总量提升

2012年，南京市社会物流总额达到21764.8亿元，比上年增长13.9%。全市完成货物运输量4.20亿吨，比上年增长6.2%。其中，公路货运量为2.20亿吨，同比增长11.1%；水路货运量为1.51亿吨，同比增长7.1%；航空货运量为6.69万吨，同比增长10.0%。

2. 货运周转量保持较快增长，港口外贸货物和集装箱吞吐量跃升

2012年，南京市共完成货物周转量4624.72亿吨千米，比上年增长17.2%，增速较上年提高3.3个百分点。南京市各港口全年完成外贸货物吞吐量0.17亿吨，同比增长64.1%，增幅比上年上升36.8个百分点；完成集装箱吞吐量230万标准箱，在上年增长26.8%的高基数基础上又增长了24.8%。

3. 交通物流业固定资产投资进一步增长，增速加快

2012年，南京市交通运输、仓储和邮政业完成固定资产投资356.49亿元，同比增长41.8%，增速较上年提高了28.9个百分点。

（二）交通物流企业的新特点

2012年，对南京市交通运输物流企业来说是比较艰难的一年。面对经济增速放缓的大环境，受到高油价、人力成本提高的影响以及营业税改增值税等政策环境变化的影响，南京市交通运输物流企业普遍感到压力加大。根据南京市相关部门2012年对占全市交通物流业营业收入总量80%以上的379家重点交通运输、仓储和邮政企业的统计调查年报数据进行分析认为，2012年南京市交通运输物流业发展呈现出以下三个新特点：

1. 企业规模稳中有增，利润空间缩小

统计调查年报数据显示，2012年参加统计调查的397家企业资产总计为2426.36亿元，同比增长12.7%。从全年数据看，二、三、四季度397家企业资产一直保持递增趋势。其中，四季度较三季度提高2.2个百分点。397家企业全年实现营业利润49.29亿元，同比下

降22.3%，相对于全部重点服务业企业下降6.8%的平均降幅有明显的萎缩。在参加调查的379家企业中，亏损的企业有115家，占比达30.3%；赢利在10万元以下的微利企业有65家，占比为17.2%。亏损及微利企业比重达47.5%。数据说明企业规模增长趋缓，显示交通物流企业已经进入微利时代。

2. 营业收入保持较快增长，吸纳就业趋近饱和

统计调查年报数据显示，2012年参加统计调查的379家企业全年实现营业收入878.20亿元，同比增长23.5%；截至2012年年底，379家企业共有从业人员11.08万人，仅比当年第三季度增加了42人，比上年同期减少613人。

2012年受网购爆炸式增长的拉动，南京市邮政快递企业业务收入急剧快速增长，全年实现营业收入13.75亿元，同比增长25.4%，高出整个交通运输物流企业平均增幅1.9个百分点。南京市邮政局、顺丰等几家大的邮政快递企业营业收入均突破亿元，增幅高达25%～40%，高于平均增幅。

3. 营业成本上涨快于收入，物流企业“营改增”税赋有所加重

2012年参加统计调查的397家企业营业成本共计752.42亿元，同比增长28.8%，营业成本增速快于同期营业收入增速5.4个百分点。“营改增”的目的是避免对企业重复征税，减轻企业税赋，但由于物流企业自身的特点及“营改增”只在部分省市试点，使得占物流企业成本60%左右的车辆加油费、车辆维修费等因无法获得有效而完整进项税票据，导致企业因进项税抵扣不足而实际税赋增加。据对“营改增”半年的相关统计资料分析得出的结果是南京市交通运输物流企业“营改增”后税赋平均提高了1.2～1.3个百分点。

（三）交通物流业继续发展的对策

根据南京市交通运输物流企业面临的问题，要使南京市物流业在未来一段时间继续保持“稳中求进，平稳增长”的发展趋势，需要相关政府部门加大对交通物流企业的扶持和政策激励，具体有以下几点。

1. 进一步完善“营改增”后对交通物流企业的政策扶持措施

根据南京市交通物流企业“营改增”后税赋有所加重的情况，首先要建立交通物流业企业存量固定资产过渡性抵扣政策。针对水上运输企业和航空运输企业运输工具购置成本高、使用年限长，如不是新建企业或大批量更新运输工具，实际可抵扣的固定资产项目很少，采取存量固定资产过渡性抵扣政策，对“营改增”政策实施前购置的存量机器设备和运输工具，允许按每年计提的折旧额核定一定的可抵扣进项税额；将水上运输企业相对固定性的支出（如港口费规费、保险费等）按照行业平均水平测算应抵减比例，将这些项目的支出作为减计收入处理，计算销项税额。其次要合理扩大进项抵扣范围。鉴于道路货运企业过桥过路费在运输成本中占25%左右的比重，建议将其纳入可抵扣范围，并采取全国高速公路联网充值、统一开具增值税发票。最后要整合物流资源，规范优化市场主体结构。以全面实施“营改增”为契机，研究出台相关引导政策，规范和整顿交通运输市场，大力培育龙头骨干企业，加快引导骨干优势企业发挥市场组织和整合功能，吸纳整合改造小微企业，逐步改变货运及水运市场“小、散、乱”的格局。建立运价联动机制和大宗货物运输招投标机制，规范市场竞争行为，克服货运企业的无序价格竞争。

2. 需进一步科学合理规划和组织城市交通

现代物流业是一个系统化、一体化、信息

化的新型服务业，更加科学合理地进行城市交通规划和组织，不仅能够促进交通物流业的健康有序发展，也能够进一步改善民生、提高居民生活水平。如为了加强城市管理，更好地维护城市环境，南京市的很多地区都被划为货车禁行区。此举使得很多运输物流企业因大货车不能进城就用改装的小车运货，造成原本一趟大货车可以运完的货物要用改装的小车跑数趟（如果运输过程被有关部门查处还要交罚款）。大货车改小货车送货，一方面，加大了企业的运输成本；另一方面，加重了城市交通压力，带来更多的安全隐患。由于物流企业利润率降低以及民生物资物流服务附加值相对较低，导致物流企业在这些涉及民生领域的服务投入不高，因而造成蔬菜、粮食和食品中间成本难降。如果政府部门能够根据城市发展、民生需求和企业发展的实际情况，兼顾多方利益制订合理的物流规划和科学组织城市交通，一些现实的问题就可以迎刃而解。

3. 需进一步提高交通物流企业自身管理水平

交通运输业是一个低门槛的劳动密集型服务业，而现代交通物流业则是一个建立在利用现代信息技术和设备基础上的新型业态。“几个人一台车跑运输”的传统运输企业已经不能适应如今高人力成本、高油价的竞争压力。运输组织化程度低，运输效率偏低，无效交通多，空载率、等待时间长等都是企业自身急需打破的瓶颈。提高企业管理水平，利用高科技的信息化手段合理配置资源，提高资源的使用效率是交通物流企业在“微利时代”的唯一出路。

（顾国祥　南京市统计局）

2012年厦门市物流业发展情况

厦门市是我国东南沿海最早实行对外开放的中心城市，在全国经济发展中具有特殊地位。2009年3月，在国家颁布的全国十大产业振兴规划之一的《物流业调整和振兴规划》中，厦门市被列为重点发展的九大物流区域之一，即东南沿海物流发展区域的中心城市，同时也是全国性21个一级物流节点城市之一；2009年5月，国务院通过《关于支持福建省加快建设海峡西岸经济区的若干意见》，确立厦门市为海峡西岸经济区对台物流业交流合作发展的重要中心城市；2010年3月厦门市成为国家首批流通领域现代物流示范城市；2010年年底国家商务部确定为对台食品物流示范城市之一。由此可见，厦门市在国家物流产业发展格局中，占有着突出的地位。

多年来，厦门市始终重视现代物流业的发展，着力培育成城市经济社会发展新动力。目前，厦门市物流业为厦门市制造业和商贸流通业的高速发展提供着强有力的支撑，正逐步成为提升城市综合竞争力不可或缺的重点产业。

一、厦门市物流业发展的基本情况

（一）物流通道设施情况

截至2012年，厦门市已建成以海港、空港为枢纽，铁路、公路、海运和空运相互衔接的综合立体交通运输体系，为物流业的快速发展提供了有力支撑。

1. 港口运输

2012年，厦门市加快推进东南国际航运中心建设，厦门港形成了以东渡港区、海沧港区、嵩屿港区、招银港区、刘五店为货运港区，和平作业区、东渡客运区和五通客滚作业区为客运中心，其他港区功能互补的港口布局，全港生产持续稳定增长。

截至2012年年底，经过“十一五”期间的两次整合，厦门港现拥有12个港区，其中厦门市辖区5个、漳州辖区7个，整合后的厦门港共有生产性泊位139个，其中万吨级以上泊位62个（含10万吨级以上泊位14个）、万吨级以下泊位77个；泊位总长41357米，码头货物综合通过能力达1.4亿吨，集装箱通过能力964万标准箱。旅客通过能力1825万人，车辆通过能力136万辆。具体情况详见表1。

截至2012年年底，厦门港共完成货物吞吐量17227.32万吨，比上年增长10.05%，其中，内贸吞吐量完成8740.97万吨，比上年增长14.73%，占总货物吞吐量的50.74%；外贸吞吐量完成8486.35万吨，比上年增长5.62%，占总货物吞吐量的49.26%。集装箱吞吐量位居世界集装箱港口前20强。2003—2012年厦门港货物吞吐量及增长率如表2所示。2003—2012年厦门港货物吞吐量及增长率走势如图1所示。

表1　厦门港码头泊位情况

港区	泊位长度（米）	泊位个数（个）	泊位年通过能力			
			货物（万吨）	集装箱（万标准箱）	旅客（万人）	汽车（万辆）
厦门港合计	41357.0	139	14000	964	1825	136
原厦门港区	21092.1	114	13157	962	1812.7	136
原漳州港区	20264.9	25	853	2	12.3	0

表2　2003—2012年厦门港货物吞吐量及增长率统计

年份	2003	2004	2005	2006	2007	2008	2009	2010	2011	2012
货物吞吐量（万吨）	3404	4261	4771	7218.7	8117.2	9701.96	11096.28	12728.05	15653.55	17227.32
年增长率（%）	24.46	25.18	11.97	51.30	12.45	19.52	14.37	14.71	22.98	10.05

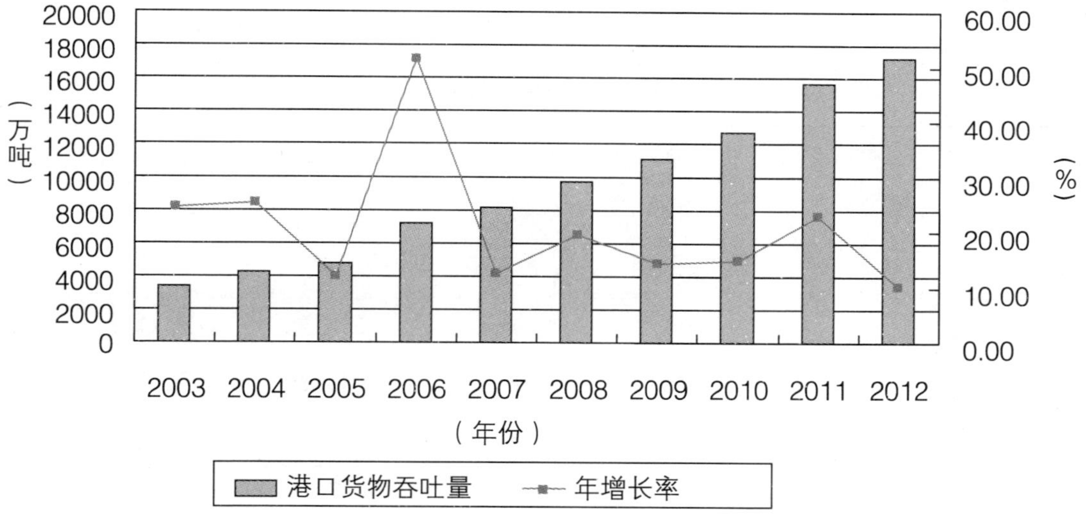

图1　2003—2012年厦门港货物吞吐量及增长率走势

2. 空港运输

截至2012年年底，厦门空港已开通运营城市航线131条，在厦门市机场通航运营的外国（地区）航空公司20家，与22个国际城市（含香港、澳门、台北、高雄）通航。全年完成空港货邮吞吐量27.15万吨，比上年增长4.2%。2012年厦门市航空运输货邮吞吐量具体情况如表3所示。

表3　　2012年厦门市航空运输（货邮吞吐量）统计

生产指标		2011年	2012年	同比增长（%）
货邮吞吐量（吨）	总计	260575.13	271500	4.19
	1. 国内航线	214528.59	228800	6.65
	其中：地区航线	45064.3	56351	25.05
	2. 国际航线	46046.5	42700	-7.27
	境外合计	91110.8	99051	8.71

3. 铁路运输

2012年，厦门市铁路完成货物发送量997.60万吨，比上年增长20.2%，铁路货物到发总量为1677.15万吨，比上年增长3.44%。2003—2012年厦门市铁路年货物发送量及增长情况如表4所示。2003—2012年厦门市铁路年货物发送量及增长走势情况如图2所示。

4. 公路运输

2012年，厦门市公路货运量为8082.75万吨，货运周转量为968700.0万吨千米，分别比上年增长16.4%和15.6%（如表5所示）。随着厦门市道路基础设施和公路枢纽的建设，公路货运将继续保持高速发展。

表4　　2003—2012年厦门市铁路年货物发送量及增长情况

年份	2003	2004	2005	2006	2007
货物发送量（万吨）	323	435.7	473.4	520.9	620.5
比上年增长（%）	19.19	34.89	8.65	10.03	19.12
年份	2008	2009	2010	2011	2012
货物发送量（万吨）	775.3	621.3	735.8	829.95	997.6
比上年增长（%）	24.95	-19.86	18.43	12.8	20.2

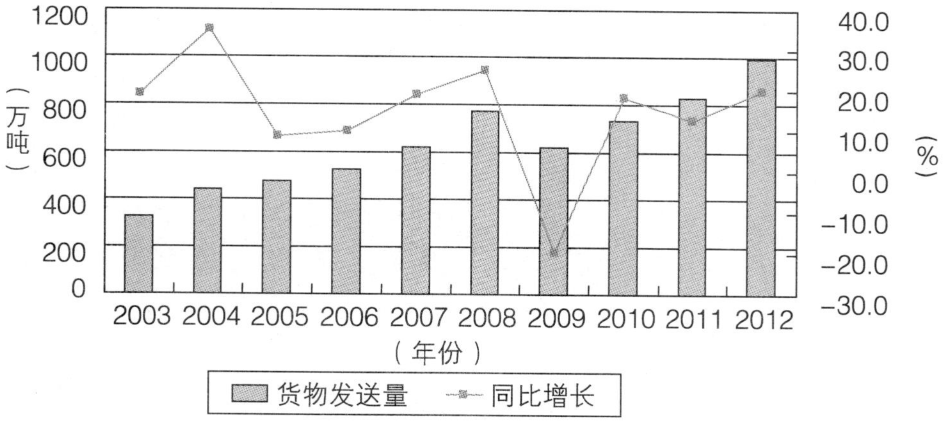

图2　2003—2012 年厦门市铁路年货物发送量及增长走势

表5　2008—2012 年厦门市公路货运主要指标统计

年份	2008	2009	2010	2011	2012
货运量（万吨）	4367.1	5018.1	5781.9	6942.8	8082.8
货运周转量（万吨千米）	261760.6	627901.1	732545.2	838270.3	968700.0

（二）物流园区和专业物流中心情况

厦门市规划建设四大物流产业集群区是现代物流园区、海沧物流园区、杏林物流园区和火炬翔安保税物流中心。

现代物流园区：占地面积约 9 平方千米，包括象屿保税区（一期、二期）、保税物流园区、航空港物流园区、厦门港（海天与象屿码头）作业区四大功能区，是厦门市本岛唯一一个综合性物流园区；园区重点发展以保税物流、国际物流和对台物流为特征的口岸航运物流；以海港、空港为龙头，着力发展国际中转、国际采购、国际配送、国际分拨等业务。

海沧物流园区：规划面积约 15 平方千米，包括保税港区和非保物流园区。保税港区一期已于 2010 年年底正式封关运作。目前主要集中发展国际集装箱物流、再生资源、能源化工和石材物流等业务。

杏林物流园区：规划面积约 7.2 平方千米。该园区将以前场铁路大型货场（项目总用地 5374 亩，总投资额约 70 亿元）为核心，建设厦门市唯一陆路综合物流园区。该园区未来将是厦门市乃至闽西南直达大陆中西部地区海铁联运的主要节点和对台贸易出海通道的重要节点。

火炬翔安（B 型）保税物流中心：规划面积 2.5 平方千米，已于 2009 年 9 月 6 日正式封关运行。厦门火炬（翔安）保税物流中心（B 型）周围集中了火炬（翔安）产业区、同安工业集中区和翔安巷北工业区，同时辐射周边的泉州、漳州和龙岩地区。火炬（翔安）产业区内的 400 多家企业就近就可享受出口及时退税、进口料件保税的优惠政策。该中心主要为先进制造业提供配套物流服务及服务于区域物流、城市物流和对台贸易。

此外，根据厦门市的产业经济结构特点和服务周边地区的物流业务需求，还分别规划和建设了机电产品、建材家居、石材加工及进出口、再生资源、农副食品和汽车及配件等一批专业化的物流中心，其中绝大部分已建成投产运营，在实施项目带动辐射促进物流业的发展方面发挥了重要的作用。

（三）物流信息平台情况

截至目前，厦门市已初步建成覆盖厦门市物流园区的宽带网络和运输作业数据交换联动系统、通关数据支持系统、物流公共信息服务系统，基本实现了与海关、国检和大部分物流企业等单位信息系统的一点接入，还能与中国电子口岸、国检总局等国家级垂直管理系统成功对接，基本形成了一个高效、便捷、畅通的一体化信息网络。同时，完成了物流数据申报系统、通关数据查询系统、海关电子关锁系统、进口货物检验检疫电子闸口系统、“提前报关、卡口分离、实货验放”系统、海沧保税港区信息平台等系统和平台的建设。目前已经上线运行的口岸信息化项目达31项，在建项目达15项，业务涵盖海运、空运、物流园区、信息增值服务等多个领域，兼具申报、监督、查询、物流服务等功能，并不断扩大平台覆盖范围。

（四）物流服务需求情况

厦门市立足闽西南地区、面向国际国内两个市场，着力培育物流需求市场和拓展物流服务腹地，物流市场空间不断扩大。30年来全市国民生产总值保持年均15%以上的增长，截至2012年年底，《财富》全球500强企业已有55家在厦门市投资兴办企业，投资项目99个，投资总额51.6亿美元。厦门市的火炬翔安高科技产业区、同安工业集中区、集美机械工业集中区和轻工食品工业园区等园区的产业聚集效应不断增强，2012年全市规模以上工业总产值达到4430.8亿元，商贸业实现增加值379.7亿元，物流服务被广泛采用；随着新型商业业态建设的推进和新型商业经营模式的导入，厦门市已逐步成为闽西南地区商业中心和旅游购物中心，城市、城际配送市场已初具规模。

厦门市已与200多个国家和地区建立经贸关系，2012年外贸进出口总值达744.9亿美元，其中对台进出口贸易额达7605亿美元。

此外，伴随区域经济一体化的发展趋势，作为闽西南五市和闽粤赣十三市区域合作中心城市，通过区域经济合作机制，推动区域物流合作，发展海铁等多式联运和区域口岸合作，建设“陆地港”，打造共同出海物流通道，进一步增强了厦门市对周边城市及腹地物流的双向辐射功能，从而带来强大物流服务市场需求。

（五）物流配套服务体系情况

因应物流业跨行业、跨部门、跨区域的特点，厦门早在2001年年初成立由政府相关职能部门和区政府组成的市级发展现代物流产业协调小组，推动发展现代物流产业各项工作的开展。2003年厦门市物流协会成立，开展行业建设、规范和自律，建言献策，发挥行业协会的双向服务功能。2002年以来，厦门市先后出台物流发展规划和加快发展厦门市现代物流业政策措施，在土地、财政、税收、信息化、道路通行等多方面给予扶持。

在其他配套服务体系方面，继在国内率先设立海、空港联检报关中心后，厦门市致力于完善电子口岸建设，积极推进无纸化通关，以进一步优化口岸通关环境；国内首家地方物流仲裁机构——厦门市仲裁委员会物流仲裁中心2008年成立，为物流产业的发展提供与国际接轨的法律配套服务机制；30余家中外银行、保险企业为物流业提供全方位的金融服务；政、产、学、研的有机结合，以及温馨的生活环境为厦门市物流业的健康发展吸引着了各类专业而优秀的人才。

二、厦门市物流业发展前景

厦门市物流业规划发展目标：在“十二五”期间实现现代物流业从作为产业支撑到成为支柱产业的跨越式转变，重点打造一批具有区域核心竞争力的第三方、第四方物流企业，将厦门市建成区域性航运物流中心和海西经济区物流中心城市。预计“十二五”期间，厦门市物流产业将以年均 18.65% 递增，到 2015 年厦门市的物流业增加值将达到 348.60 亿元；2015 年社会消费品零售总额将分别达到 1000 亿元左右，物流产业规模不断增长，物流服务能力和水平不断提高。

厦门市物流业规划发展建设：围绕上述目标，在进一步优化现有物流基础服务设施空间布局和完善提升服务功能及资源合理配置的基础上，厦门市将重点推进“两个联动”、“四条通道”、“六大平台”、“ 十八类项目中心” 的发展建设，以推动物流业的持续快速增长。

“两个联动”：一是加强物流业与生产制造业的联动发展，引导在工业集中区、产业集聚地和特色工业园附近设立的物流集聚区，以及物流企业主动对接生产制造企业，更好地为生产制造业提供物流配套服务，鼓励生产制造企业分离非主营的物流业务功能，积极采购社会化专业物流服务；二是加强物流业与商贸流通业的联动发展，建立能辐射周边地区、能为商贸流通业提供仓储、区域分拨和配送物流服务的城市/城际配送物流基地，重点支持专门从事为大型综合超市、连锁企业便利店、大型专业交易批发市场提供城市/城际配送物流业务的企业。

“四条通道”：一是深化加强闽西南五市、闽粤赣十三市的区域物流合作，架设更为迅捷、通畅的物流合作通道；二是继续推动面向中西部的物流通道建设，深入拓宽内陆腹地；三是着力与航商、跨国公司合作，开辟海港、空港航线，在厦设立基地，做强国际通道；四是在拓宽对港澳物流合作通道的基础上，积极推进对台物流合作，打造大陆对台物流桥头堡。

“六大平台”：一是基础设施服务平台，即重点加快推进“四大”物流产业集群区（现代物流园区、海沧物流园区、杏林物流园区、火炬翔安保税物流中心）的建设，完善相关服务功能，发挥基础设施平台的规模集聚和项目辐射带动作用；二是政策服务平台，在组织实施现有相关扶持政策的基础上，不断因应产业发展的新要求，继续深入研究制定细化扶持物流业发展的政策措施；三是物流公共信息服务平台，持续推进物流公共信息平台、数字港口建设，不断完善服务及联网辐射周边地区的功能，提升物流业整体信息化应用水平，以构筑现代化全程物流网络；四是金融服务平台，促进物流企业与包括银行、保险、证券和产权交易等类金融企业加强合作，指导行业协会等社会中介组织通过组建物流业服务联盟，双方共同建立信用评价体系等方式，架构物流金融服务平台，为物流企业提供“一站式”金融服务；五是公共配套服务平台，主要包括建立先进技术应用推广中心、人才服务中心、咨询策划信息服务中心、企业等级综合评估等，为物流业发展提供良好的人才环境、市场环境、技术环境、合作环境等；六是区域合作服务平台，根据国家物流产业调整和振兴规划的部署，以培育区域共同物流市场和拓展厦门市物流业的外延发展空间为目标，通过政府间交流协作和行业协会合作的机制，引导开展具体的项目合作（陆地港）和企业业务合作，促进区域物流业和经济的共同发展。

“十八类项目中心”：厦门市将在建设完善“四大”物流产业集群区的基础上，根据厦门市及周边地区和港口双向腹地辐射区域的产业结构特点和经济发展水平需求，以生成拓展新的物流市场领域为导向，继续推进一批服务厦门市及辐射区域的专业、特色物流中心的建设。主要包括城市/城际配送物流中心、冷链物流中心、对台商品交易物流中心、城市快速消费品物流中心、网购与快递物流中心、金属矿产与能源物流中心、钢材物流中心、建材与家居用品物流中心、综合化学与危险品物流中心、粮食物流中心、石材物流中心、再生资源物流中心、农副与水产品物流中心、汽车物流中心、医疗药品与器械物流中心、机械产品物流中心、光电与电子产品物流中心、进口酒类物流中心十八类项目物流中心。

（厦门市物流协会）

2012年银川市物流业发展情况

“十二五”以来，银川市委、市政府高度重视现代物流业发展，通过科学规划、政策支持、项目带动，全市物流业发展呈现出规模快速扩张、效益日趋显著，为全市经济和社会发展作出了积极贡献。银川市先后被商务部列为全国“流通领域现代物流示范城市”、“现代物流技术应用和共同配送试点城市”，累计争取国家、自治区各类物流扶持资金1亿余元。

一、银川市物流业发展现状

（一）2012年物流业发展基本情况

2012年，银川市社会物流总额完成2210亿元，占宁夏回族自治区社会物流总额的54.5%，同比增长38.5%，增幅呈逐季回落态势。在社会物流总额构成中，工业品物流仍占主导地位。2012年，全市工业品物流总额完成1609亿元，比上年增长38.2%，占全市社会物流总额的72.8%，拉动全市社会物流总额增长27.8个百分点。批发业物流稳中趋升。2012年，银川市批发业物流总额完成565亿元，比上年增长44.9%，占全市社会物流总额的25.6%，拉动全市社会物流总额增长11个百分点。进口贸易物流持续下降。2012年，银川市进口货物物流总额完成17.96亿元，比上年下降27.1%。农产品物流平稳增长。2012年，银川市农产品物流总额完成17.69亿元，比上年增长10.1%。邮政快递业务物流保持增长。近年来邮政快递业务已成为商品流通的重要通道，受电子商务市场繁荣及网络购物的推动，银川市快递业务量保持增长态势。2012年，银川市邮政快递业务物流总额完成4395万元，比上年增长4.3%。

2012年，银川市物流相关行业实现增加值126.8亿元，按可比价格计算，比上年增长10.7%。占全市地区生产总值的11.1%，占第三产业增加值的27.3%，物流业对国民经济增长的贡献逐步增强。在物流业增加值构成中，交通运输、仓储、邮政业完成68.46亿元，比上年增长9.8%；批发零售业增加值58.34亿元，比上年增长11.8%。

2012年，银川市铁路、公路、航空完成货运量13519万吨，比上年增长14.6%。其中，铁路货运量完成542万吨，比上年增长66.3%；公路货运量完成12976万吨，比上年增长13.1%。航空货邮运量完成0.79万吨，比上年下降1.1%。

目前，银川市从事物流、运输、仓储等业务的注册企业586家，占宁夏回族自治区同类企业总量的56%，其中，注册资金500万元以上物流企业73家，4A级物流企业2家、3A级物流企业9家、2A级物流企业3家。

（二）2012年物流业工作完成情况

一是物流基础设施建设日趋完善。物流基础设施建设完成投资近40亿元，累计新建续建众一、四季鲜等各类物流中心、园区、物流配送中心等29个项目。二是骨干物流企业培育卓有成效。培育2A级以上物流企业14家，占全区的78%；培育物流行业"小巨人"企业20家。三是第三方物流健康快速发展。培育宁夏领鲜、新华物流等第三方物流企业做大做强，支持银川中外运、宁夏港通等企业扩大第三方物流业务和规模。四是物流信息化建设步伐加快。大力推进GPS全球定位系统、条码技术等现代物流信息技术和物联网技术在商贸物流领域的应用；推动宁夏交通国际物流港建设北斗卫星货车动态监控管理公共信息服务平台，实现全方位的货物跟踪定位技术；支持宁夏众一物流有限公司开发建设物流信息化系统，为宁夏乃至周边地区的物流运输车辆提供高效便捷的信息服务。五是加快发展农村物流配送体系。建成农家店100个、配送中心4个，新建沿黄城市带特色村镇超市10个、乡镇商贸中心4个，新建生态移民村直营连锁网点6个、新增各类冷藏冷冻库3万平方米。六是现代物流人才队伍建设成果显著。支持鼓励区内高等院校开设物流本科专业，先后培训物流中高级技能人员2500人次；全市新增中高级物流师500余人。落实2011年商贸物流企业大学生就业补贴资金44.1万元。

二、存在的主要问题

一是物流市场主体薄弱，企业组织化程度低，运作效率不高，资源分散；二是物流信息化水平不高，新技术应用层次较低，创新能力不足；三是物流成本相对较高；四是跨区域协作有待进一步加强。

三、推进物流业健康快速发展的重点工作

为了构建银川市大物流格局，促进银川市物流业持续健康快速发展，围绕"一个目标"，即按照"2258"工作思路，努力把银川市建设成为立足银川、服务宁夏、辐射蒙陕甘，影响西北及中东、中亚地区，特色明显的区域性物流中心。拓展"两个开放"，即外贸、清真产业物流向西开放，工业、农业产业物流向全国开放。抓住"三个重点"，重点抓骨干物流项目建设和重点物流企业培育，发展壮大第三方物流；积极培育发展保税区仓储和物流产业，促进综保区保税物流发展；重点推进物流服务的信息化和物流技术装备的标准化。构筑"四大体系"，即构筑城市统一配送体系、生产资料物流配送体系、农村商贸物流配送体系和农产品冷链物流体系。

（一）加强重点商贸物流项目协调服务

一是进一步完善银川市物流重点项目库，加快推动加强对银川润恒农副产品（冷链）物流产业园、西北现代供应链科技园区（物美仓储物流中心）、西夏国际公铁物流城交易展示中心、银川陆港物流中心等34个计划总投资150亿元的重点物流项目建设。二是积极争取中央和自治区对银川市重点物流项目的支持资

金，增强物流企业的发展后劲。

（二）加强第三方物流企业、配送骨干企业培育

一是鼓励大型优势物流企业对分散的物流设施资源进行整合，重点培育物流配送骨干企业10家；新建、改造商贸流通、鲜活农产品、冷链等专业物流配送中心5个。二是加快构建第三方物流服务体系，重点培育宁夏领鲜、新华物流等第三方物流企业5家，支持银川中外运、宁夏港通等企业扩大第三方物流业务和规模。三是以“小巨人”企业培育为契机，积极引导金融机构加大对物流企业的信贷支持力度，拓宽融资渠道。

（三）进一步完善城乡配送体系建设

一是进一步拓展“万村千乡”市场工程物流网络，重点培育宁夏新合作、中农金合等一批农资和农村日用消费品配送企业，提高农资、农村日用消费品的配送率。二是大力发展农产品冷链物流，重点支持北环、新世纪和四季鲜等大中型鲜活农产品批发市场建设和改造冷冻冷藏、信息管理、电子结算、检验检测等设施，新增冷冻库、冷藏库2万平方米。

（四）进一步加强现代物流技术应用和共同配送综合试点工作的组织实施

一是积极对接商务部流通发展司落实好试点工作，督促宁夏领鲜物流有限公司、银川新华百货东桥电器有限公司等5家项目实施企业加快项目建设进度，确保试点工作顺利完成。二是进一步推进物流技术创新和应用。加强物流新技术的研发，重点支持货物跟踪定位、无线射频识别、物流信息平台、智能交通、物流管理软件、移动物流信息服务等关键技术应用，提高物流服务效率和经营管理水平。

（五）加强物流企业“走出去”和“请进来”

一是鼓励本地有实力的物流企业到外省市开设分支机构或办事处。重点支持宁夏特色工业产品、农副产品、清真食品和穆斯林用品物流配送项目建设。二是以银川市建设全国流通领域现代物流示范城市为契机，大力引进世界知名物流企业，全国50强物流企业、4A级以上物流企业以及中国物流百强企业，提升银川市现代物流业发展的档次和水平。三是配合做好综合保税区、公铁联运物流中心、兴庆物流港等物流园区（中心）的招商引资工作，鼓励国内外知名物流、商贸骨干企业进驻物流园区（中心）。

（六）稳步推动物流业与其他行业联动发展

一是推动物流业与制造业、商贸流通业、农业等相关产业的联动发展，促进天地快运物流、新华物流、领鲜物流等企业完善服务功能，推动物流产业升级和集约化发展。二是提升制造企业物流管理和运作水平，鼓励制造业企业通过资源整合将物流业务剥离或外包，提升供应链管理水平，促进制造业与物流业有机融合、联动发展。

（七）深入开展物流人才培训和物流统计工作

一是开展物流知识培训讲座，对物流从业者进行中高级物流师培训，有针对性地讲解国家物流政策最新动态，争取全年培训达到400人次。二是提高社会物流统计指标选取、分析和研究水平，按季度编制并发布《银川市社会物流统计报告》，切实为市委市政府相关决策提供依据。

（八）进一步提升现代物流业发展的宏观指导

一是积极开展银川市现代物流业扶持政策的草拟工作，通过调研、座谈修改完善了《关于加快促进银川市区域性物流中心建设发展的若干政策》，并于5月20日上报市政府提请研究。二是该政策已在7月25日的银川市人民政府第九次常务会议上进行了研究、讨论，现正在进一步修改、完善中，力争年内出台该政策。

（九）加大现代物流业相关领域的调查研究力度

一是调查研究银川至迪拜国际货运航线的航运需求和货源。二是积极协调早日开通银川至天津的铁路货运“五定班列”，进一步畅通银川向东部沿海、向西（中东阿拉伯世界）开放的物流大通道。三是深入研究太中银铁路对银川市物流产业发展的影响，增强银川市物流辐射能力。

（银川市商务局）

2012 年苏州市物流业发展情况

近年来，苏州市把大力发展物流业作为繁荣现代服务业、转变经济发展方式的重要抓手，创新工作举措，狠抓载体建设，出台鼓励措施，优化全市物流业发展环境，促进了全市物流业平稳、健康发展。

一、2012 年苏州市物流业发展情况

2012 年，苏州市物流业发展继续保持良好态势，呈现以下特点。

（一）物流总额平稳增长，物流费用快速上升

2012 年苏州市全社会货运量达 17656.2 万吨，比上年增长 13.2%；全社会货运周转量为 170.51 亿吨千米，比上年增长 10.6%。社会物流总额为 4.66 万亿元，社会物流总费用为 1830.7 亿元，分别比上年增长 3.05% 和 11.38%。全市物流业增加值达 410 亿元，比上年增长 13.6%。物流业增加值占服务业增加值的比重为 7.7%，占 GDP 的比重为 3.4%。

（二）港口物流平稳发展，集装箱运输增长迅速

随着国家、江苏省、苏州市支持长江沿江港口发展政策和太仓港享受“海港”待遇政策效应的逐步显现，苏州港经受了国内外经济持续低迷的严峻考验，保持了良好发展态势。2012 年，太仓美锦汇风件杂货泊位水工码头工程和设备安装结束，常熟长江港务公用码头建设顺利推进，苏州港新增 4 个万吨级以上泊位。2012 年，苏州港货物吞吐量全年完成 4.28 亿吨，同比增长 12.6%；全港集装箱吞吐量达 586.35 万标准箱，同比增长 25.2%。太仓港货物吞吐量完成 1.23 亿吨，同比增长 19.6%；集装箱吞吐量突破 400 万标准箱，同比增长 31.3%。

（三）保税物流独领风骚，进出境货物迅猛递增

2012 年，苏州市保税区全年进出境仓储或转口货物总值达 533.18 亿美元，同比增长 89.3%。苏州高新区综合保税区进出口总值达 134.75 亿美元，同比增长 50.5 %，监管货值达 500 亿美元，同比增长 40% 以上；苏州工业园区综保区完成监管货值 1100 亿美元，增长同比 10% 以上，进出口总额达 244.98 亿美元，同比增长 58.4%；昆山综合保税区完成进出口总额达 545.87 亿美元，同比增长 1.7%，实现

保税物流总额750亿美元，同比增长3.5%；昆山综合保税区完成进出口总额达545.87亿美元，同比增长1.7%，综保区二区完成验收；张家港保税港区完成进出口总额达93.76亿美元，进出区货运总量1200万吨，化工品、纺织原料、粮油、木材四大市场实现成交额突破700亿元。

（四）信息化建设得到加强，融合发展效应日益显著

苏州现代物流商会建设了苏州现代物流信息交易平台，为物流公司及广大生产企业提供物流渠道的第一手信息和网上一站式便利服务。张家港保税港区电子口岸整合了区内政府机构、商务平台、专业市场等，服务能力进一步增强，大通关建设初露端倪。昆山综合保税区建设了综保区电子信息平台，系统主要功能包含综合保税区申报系统、综合数据交换系统、综合保税区海关监管系统和与外部系统接口。苏州传化物流基地依托公路港一站式平台，已入驻各类物流企业523家，平均每天发布货运信息2000条，建设运营近300条辐射全国的零担快运专线，日流动车辆5000多辆，整合社会车辆近7万辆，年承载货物量1200多万吨，实现了物流服务、物流载体和物流需求三大资源的有高效集聚，2012年基地实现营业总额21.75亿元，上缴税收8400多万元。

（五）重点项目加快推进，部分项目进展较慢

一是中央投资物流项目进展较好。2010年，中央投资项目——苏州工业园区物流配送交易中心物流公共信息平台建设通过验收；2011年，江苏飞力达股份昆山现代物流中心建设项目通过省级会审；2012年，江苏常客隆冷链物流中心项目建成投运。二是江苏省“十二五”重点物流项目加快实施。张家港玖隆钢铁物流一期工程完成投资52.5亿元，1号库、2号库、3号库投运，玖隆商务区方案基本确定。张家港国际汽配物流中心完成投资5000万元，金港物流主体工程完成土建工程工作量50%，百禾医药物流土建开工。张家港正大富通连锁汽配服务中心完成投资51000万元，累计建设仓储面积53000平方米，物流信息化完成实施。昆山（千灯）普罗斯物流项目完成投资12000万元，一期3栋库竣工。苏州物流中心现代物流公共信息平台项目完成投资4782万元，电子政务系统已经完成，电子商务系统正在建设。一批大项目批准建设。总投资达2.9亿美元的苏州高新普洛斯现代物流中心项目在2012年8月31日获得省发改委核准；总投资5.5亿元的中国外运苏州物流中心项目，于2012年12月7日在苏州工业园区吴淞江胜浦段北岸开工建设。

（六）发展环境进一步优化

2012年苏州市物流主管部门一是积极推进《国家物流业调整和振兴规划》、《江苏省“十二五”物流业发展规划》的实施工作，编制完成并出台了《苏州市“十二五”物流业发展规划》。二是认真贯彻落实《国务院办公厅关于促进物流业健康发展政策措施的意见》和《江苏省政府办公厅印发关于促进全省物流业健康发展若干政策措施的通知》，起草下发了《苏州市政府办公室关于促进全市物流业健康发展的实施意见》。三是推动“营改增”试点新旧税制顺利转换。苏州市政府制定了过渡性财政扶持政策意见，设立了“营业税改征增值税改革试点财政扶持资金”，专项用于试点企业的财政补贴，帮助试点企业在新旧税制转换过程中实现平稳过渡。四是充分发挥物流商会、物流协会的作用，通过商会网、协会网、《苏州物流》杂志和会员沙龙等方式加强会员企业间的交流和信息沟通，组织会员企业外出学习考察、洽谈项目，举办银企对接洽谈会、城市共同配送对接研讨会，建设物流专业学生业见习基地，共同推进物流业转型提升、科学发展。

二、推进苏州市物流业持续发展的对策

总体看苏州物流业发展情况良好，但也存在着一些必须重视的问题。一是“营改增”的影响与冲击。首先是试点前来自上海物流业“营改增”增值税进项税金抵扣增加，减少了全市财政收入；其次是2012年10月试点后，除报关货代等辅助服务、物流业小规模纳税人、仓储业务税负变化较小除外，物流运输、运输装卸（简称力资）等业务由于税率提高至11%、增值税抵扣链条不完整等因素，造成部分企业税负为原来的1.5～3.3倍，特别是原营业税差额纳税企业在“营改增”后税负显著增加。最后是因税负增加和油票预充值等因素造成企业成本上升，使得部分物流企业不敢承接运输业务，有的企业业务量下降50%，造成物流业务收入总额下降。二是企业效益普遍下降。由于制造业企业不景气经济效益下滑，社会消费品零售总额增速也比往年以所减小，为转嫁成本压低物流费用，使物流企业在货运量增长超过13%的同时，物流总值仅增长3%，再加上人工成本普遍上升15%左右，预计会导致全市物流企业经济效益下滑20%左右。

面对苏州市物流业存在的上述问题，苏州市政府相关部门继续推进苏州市物流业持续稳步发展，近期应采取以下对策积极应对。

第一，着力引导物流园区科学发展。一是贯彻落实《全国物流园区发展规划》和《江苏省物流园区发展规划》，指导苏州市列入规划的综合物流园区、专业物流园区按照规划要求高标准推进园区建设，提升园区规划建设水平、发展水平和竞争能力。二是按照国务院批复要求，指导做好张家港整车进口口岸物流园的规划建设，完善进口汽车产业链，实现与上海口岸的错位发展、互补发展，争取2013年投运一期项目，形成年进口5万～10万辆整车的规模。三是苏州市有关部门要做好全市各类物流园区的规划引导，按照国家和省级标准排出一批综合物流园区、专业物流园区，采取灵活的鼓励政策引导物流企业进区投资兴业，促进物流项目向园区集聚，促进物流园区做大、做强。

第二，加快推进重点物流项目建设。一是按照国家发改委和江苏省发改委的统一部署，全力做好重点物流项目管理工作。会同各县级市、区发改部门，积极做好重大物流项目储备工作，支持项目单位做好项目前期工作。二是加强项目审批工作，严格执行好规划和产业政策，抓好市级权限项目核准（备案）和限上项目报批审核，指导项目单位办理用地、规划、环评、能评等各类手续，做好项目可行性研究和市场预测，提高单位土地投资强度和产出率。三是对获得中央预算内投资的物流项目、列入《江苏省“十二五”物流业发展规划》的重点项目、新批投资5000万元的项目进行重点管理，掌握项目动态进展，帮助协调解决项目建设过程中的有关问题，全力促进物流项目早开工、早竣工、早运营、早出效益。

第三，积极支持物流企业做大、做强。一是加强宣传贯彻国家、江苏省和苏州市各级政府关于产业结构调整和转变经济发展方式的方针政策，进一步落实物流业提升发展和制造业分离发展现代服务业的优惠政策，增强企业投资现代物流业，引导发展第三、第四方物流企

业，促进传统运输企业向现代物流企业功能转变。二是加快物流标准化和信息化建设，鼓励利用现代信息技术改造传统物流业，加快“电子口岸”建设，完善物流发展支撑体系。依托国家级保税物流优势和口岸功能，加快发展国际物流和保税物流，加快集聚国际船代、国际货代、国际船舶运输等港口物流企业。三是规范物流市场秩序，提高物流企业货物存储、分拣、加工、配送等环节的服务效率和运行品质。四是加快区域物流交流与合作，引导物流企业与制造业、商贸业紧密对接，鼓励企业专业化、跨区域经营，走联动发展之路，支持发展城市共同配送，有效降低各种物流和流通费用。五是指导企业加强现代企业制度建设，加强企业运营管理，引导企业参与企业评估和信用评估工作，积极推进具有成长潜力、经营管理规范的物流企业上市融资，走规范化、社会化发展之路。

第四，建设一流的物流业发展环境。一是深化物流企业税负调查，切实减轻物流企业税收负担。深入开展“营改增”试点工作。针对交通运输业和部分现代服务业营业税改征增值税改革试点的实施情况，积极会同财政、税务部门加快进行调查摸底工作，根据“企业据实申报、财政分类扶持、资金按期拨付”的方式及时兑现扶持资金，并积极向国家、江苏省相关部门反映交通运输及装卸服务等业务税负大幅增加的实际情况，提出建设完善试点改革的配套机制和政策建议。二是加强对综合保税区的指导服务，推进海关特殊监管区域整合发展。科学引导综合保税区功能叠加，实现政策共享和错位发展。三是加大土地政策支持，促进物流车辆便利通行，支持发展农产品物流业和城乡商贸共同配送。四是支持发展供应链金融，依托核心企业发展供应商融资、经销商融资方式，拓宽企业资金筹措渠道。五是重视物流人才引进和培养，支持大专校院物流科研和实习基地建设，提高校企合作的层次和水平。

（朱建清　苏州市发展和改革委员会）

2012年扬州市物流业发展情况

2012年是扬州市狠抓物流产业发展的一年。在市委、市政府的高度重视下，扬州市物流产业发展取得了显著成绩。2012年，扬州市委、市政府的主要领导多次到物流园区视察调研，组织物流管理部门和企业座谈，在此基础上提出通过基础设施建设、实施物流重大项目、积极发展临港产业和实现港城联动等一系列重要举措，到“十二五”末把扬州港打造成“亿吨大港、百万标箱”的目标。各地、各部门高度重视市委、市政府提出的战略目标，纷纷行动起来加大物流园区建设工作，开展招商引资，跟踪重大项目，为“亿吨大港、百万标箱”目标的实现奠定了基础。

一、2012年物流业发展基本情况

2012年，在市委、市政府的支持推动下，扬州市物流业发展呈稳步向好态势。

（一）物流运输总体规模稳步提升

2012年，扬州市物流运输保持较快增长，全年实现货物运输总量12243.89万吨、货运周转量252.71亿吨千米，同比增长10.2%和11.5%。其中，公路货运量7644.79万吨、货物周转量94.02亿吨千米，同比增长11.1%和11.1%；水路货运量4599.10万吨、货运周转量158.69亿吨千米，同比增长8.7%和11.8%。港口货物吞吐量8822万吨，同比增长4.4%。其中，沿江主要港口货物吞吐量5924万吨（包含扬州港区完成货物吞吐量2499万吨，同比下降11%；江都港区完成货物吞吐量2112万吨，同比增长54.9%；仪征港区1313万吨（其中，扬州管控码头230万吨，同比下降1.5%），同比增长7.6%；内河主要港口货物吞吐量为2898万吨，同比增长-1.6%。集装箱吞吐量41.1万标准箱，同比增长-0.6%。2012年，扬州市物流业增加值为111.39亿元，同比增长8.7%，占扬州市GDP的3.8%，占服务业GDP的9.5%。

（二）港口基础实施建设有序推进

2012年，扬州市一些港口基础建设项目陆续竣工。如扬州市六圩港5号泊位建成等待验收；江都港中信泰富码头建设完成，已交付使用。还有一些基础建设项目按计划陆续启动建设，如5月18日扬州港江都港区3、4、5号通用泊位开工建设（又称中远3、4、5号泊位）；可进行30万吨船舶和1万箱集装箱船系泊试验的中海系泊试验码头建设项目已开工建设；总投资3亿元的扬州港仪征港区公共液体化工码头二期建设项目3月正式开工，6月打下第一根桩，整个项目的预计2013年年底完成建设。

（三）项目建设取得进展

2012年10月17日山东渤海实业股份有限公司与扬州经济技术开发区共同签署建设的"扬州港口物流园渤海粮油交易中心项目"，已在年内完成名称预核准和工商注册手续。2012年12月15日普洛斯扬州物流园项目建设正式开工。招商局物流集团（扬州）有限公司项目已完成土地平整等前期工作，待临时用电手续办理完毕后即可进入正式开工建设。长江石化物流中心3个物流项目业已相继完成，分别是总投资5000万元的南京港液化烃储存工程项目、总投资8500万元的公共化工管廊二期项目和总投资1.35亿元的园区烯烃管线项目。另外，还有4个项目在稳步推进中：①总投资1.42亿元的杰嘉固废中心一期工程项目于2012年5月正式开工建设，截至年底已完成主体工程建设；②总投资3.92亿元的奥克化学5万立方米低温乙烯储罐项目已完成土地平整，正在进行桩基工程的施工；③总投资1.39亿元的扬州化工园区高新技术创新创业中心项目于2012年11月20日举行了奠基仪式，截至年底已完成场地平整，进入桩基工程的施工阶段；④总投资10.28亿元的仪征原油商业储备基地项目的可研报告于11月16日在江苏省发改委完成备案，同时，项目安评、环评报告已上报待批，配套管线工程已全线开工建设，临时围墙建设已完工，场地平整工作已结束，桩基施工紧张进行。

在建设项目中还包括商贸物流园和公铁水联运物流集聚区的建设。

一是商贸物流园建设。总投资2.9亿元、占地290亩、建筑面积5.37万平方米的扬州固业港金属城已经建成；总投资3亿元、占地215亩、建筑面积7万平方米的中港金属城正在建设中；总投资约5亿元，占地约110亩、总建筑面积12.77万平方米由扬州志胜仓储有限公司投资开发为东方国际食品城的仓储配套的项目正在施工建设阶段。

二是公铁水联运物流集聚区建设。中国物流业50强国药控股江苏有限公司投资建设的国药控股江苏医药物流中心开始运营，扬州亚邦物流基地、物流中心项目开始建设，中亚物流配送基地建设开始启动。

（四）A级物流企业申报工作取得成效

扬州市物流主管部门从2010年起开始帮助企业进行A级物流评估申报，当年扬州外轮代理有限公司首获3A级物流企业；2011年，江苏省九洲交通物流集团、江苏省扬州港务集团有限公司获4A物流企业，扬州市天成国际集装箱货运有限公司、扬州三笑物流有限公司获3A物流企业；2012年，高邮戚伍冷链物流有限公司获4A物流企业评审，扬州第一运输有限公司、扬州申通快递有限公司、扬州远安物流有限公司、高邮诚信物流园区、高邮红太阳物流有限公司、仪征上汽赛克物流有限公司获3A物流企业评审，现等待中国物流与采购联合会授牌。2012年12月，扬州市国药控股江苏有限公司通过了5A物流企业预审，正等待国家评审组的现场评审。截至2012年年底，扬州市已有A级物流企业12家（不包括1家企业等待评审），扬州市A级物流企业的数量在江苏省各市排名第四。

（五）园区建设取得突破

2012年，扬州市委、市政府严格坚持园区建设要以招商引资与招商引税并重、企业服务与项目服务并重、日常监管与规范运行并重的原则，同时要求政府相关部门扎实有效地做好园区建设与服务工作，使得市政府重点打造四大物流园区工作取得了喜人成绩。2012 年，扬州港口物流园实现主营收入 50.72 亿元，同比增长 24.8%；实现税收 6179.14 万元，同比增长 18.5%；完成固定资产投资 46791 万元，同比增长 55.7%；出口加工区累计实现进出口贸易总额 125400 万美元，保税物流总额 65300 万美元。长江石化物流中心实现主营收入 30.2 亿元，同比增长 31.3%；实现税收 3000 万元，同比增长 30.4%；完成固定资产投资 6 亿元，同比增长 31.6%，实现注册外资实际到账 3000 万美元，注册民资实际到账 2.13 亿元。公铁水联运物流集聚区实现主营收入 36 亿元，同比增长 67%，实现税收 3456 万元，同比增长 36%；项目投资 4.5 亿元，同比增长 50%；民资注册 4.5 亿元，实收资本 4.0 亿元；合同利用外资 5136.3 万美元，到账外资 1143 万美元；商贸物流园实现市场交易总额 75 亿元，同比增长 100%；实际税收 5086 万元，同比增长 28%；合同利用外资 6712 万美元、实际利用外资 3200 万美元，民资注册资本 5.45 亿元，完成全社会固定资产投资 12 亿元。

（六）调整物流集聚区发展规划

扬州市政府相关部门在编制的《扬州市“十二五”现代物流业发展规划》基础上，根据新的区划调整梳理扬州“四大物流带”，一是沿江物流带，指以扬州港口物流园区、扬州长江石化物流中心、苏中沿江（江都）港口物流园为核心的三大沿江港口物流集聚区，主要发展适箱经济、保税物流、石化物流等；二是沿运河物流带，指以城北物流园（整合规划公铁水联运物流集聚区和槐泗河粮食物流园）、扬州商贸物流园、高邮港口码头物流园、宝应湖粮食物流园为主的沿运河物流集聚区，主要发展粮食物流、五金和钢材物流、医药物流及城市物流配送。三是临空港物流带，即规划建设苏中空港物流集聚区，重点发展航空物流、保税物流及多式联运等综合性物流。四是沿路网物流带，规划建设苏中公路港、杭集公铁水联运物流集聚区、仪征汽车物流园等，依托地区优势产业，推进制造业与物流业融合发展，重点发展第三方物流和多式联运等。通过对物流带的调整梳理，使得扬州市物流业的发展结构更合理，布局更科学，管理更清晰。

（七）物流集聚区重新得到认定

2012 年 8 月，扬州市物流主管部门对扬州市物流集聚区重新组织了评审，各县（市、区）申请上报物流集聚区项目 10 项，通过实地察看、PPT 演示、现场提问、专家评审，扬州三笑物流园、扬州市商贸物流园、扬州公铁水物流集聚区、仪征汽车物流园、高邮诚信物流动员中心、高邮红太阳物流中心、江苏宝应湖粮食物流中心 7 家单位通过了专家评审和认定。上述物流集聚区将荣获市政府颁发“扬州市现代服务业集聚区”奖牌。

（八）协会工作得到加强

《扬州物流》杂志发行工作正常，刊物内容丰富多彩。《2012 扬州物流年鉴》编写完成，已成为机关事业单位了解扬州物流业发展的工具书，成为部分院校教学的辅导教材。协会会员从原来的 55 家发展到 80 余家。2012 年 6 月，协会和江海学院高校合作建设了物流人才培训基地，首届学员于 9 月参加培训，共有 47 名学员参加全国统考，其中 33 名学员通过考试。协会和《现代物流报》编辑部门合作，对扬州物流业发展跟随采访，整版报道了港口发展、园区建设情况。帮助高邮戚伍公司、诚信物流公司制定《水产品冷链物流服务规范》、《应急物流服务规范》，并作为扬州市地方标准由扬州市质量技术监督局对外发布。协会还组织力量到北京、上海、苏州、杭州、宁波、海安调研考察，上门招商。扬州公路港项目建设投资主体已经确定，项目的定点和土地指标正在确认之中。协助地税局、国税局开展“主辅分离”、“营改增”的调研，向政府提供物流产业基础材料。

（九）物流信息化、智能化工作逐步推开

扬州物流网站进行了改版，改版后的物流网具有新颖性、资料性、可阅读性，为政府了解扬州物流最新动态提供了平台。商贸物流园积极推进江苏“亚联”公司扬州农副产品交易中心建成电子结算和信息系统平台、东方国际食品城建成电子交易平台、运河港码头钢材市场建成交易结算平台、志胜仓储建成城市生活用品电子配送平台。“四大平台”的建成和运行给买卖双方交易和市场管控带来极大方便，取得了明显的经济效益和社会效益。

（十）专业物流已形成体系

围绕产业特色，初步形成了粮食、冷链、汽车、医药、快递、金属钢材、化工物流等专业物流产业。粮食物流方面，重点建设了扬州粮食加工储运中心和宝应湖粮食物流中心，目前规模不断扩大、功能不断完善。冷链物流方面，全市有高邮戚伍水产冷链物流等重点物流企业5家，冷库的仓储容量已达11.2万吨，扬州农产品加工及冷链物流配送基地项目开始招商引资。医药物流方面，建有省内规模最大、自动化程度最高的国药控股医药物流配送中心开始使用，提升智慧物流供应链管理系统在抓紧研发。快递业务方面，形成了以邮政速递为主体、社会快递为补充的市场竞争格局，目前，申通快递物流智慧分拣已经使用，邮政正在着手筹建“电子商务物流交易中心”。金属钢材物流方面，固业港金属城、中港金属城、聚龙钢材、闽江钢材、方正钢材、兴业钢材等一批钢材市场已投入使用，中海钢材集配中心、美钢管业给配中心等一批项目正在建设之中。化工物流方面，长江石化物流中心仓储项目不断扩大，仪征原油商业储备基地、低温罐区乙烯储罐、危化基地加快建设。

（十一）一批企业得到引导资金扶持

2012 年，扬州市发改委向江苏省发改委申报江苏亚联农副产品有限公司扬州市农副产品交易中心服务平台项目、高邮康新物流中心项目，当年分获省级服务业引导资金 300 万元和 180 万元。扬州市财政划拨 1000 万元物流引导资金用于扶持仪征汽车物流园、扬州三笑物流园、高邮诚信物流动员中心和 14 家物流企业项目建设，拉动投资 6.9 亿元。

二、推进物流业发展的对策

目前，扬州市物流业发展态势良好，对促进扬州市经济发展起到了有力的支撑作用。但是，现实中的一些问题已成为影响扬州市物流业进一步发展的障碍，如坐落在公铁水联运物流集聚区的波特物流零单货运、零散运营的状况未能有效改变；扬港物流以大宗物资的点到点运输为经营重点，服务资源未能得到有效的整合，物流成本仍然偏高，市场竞争力偏弱；物流园区土地资源紧缺，成为招商引资的“瓶颈”；物流重大项目推进不快，优质物流储备项目偏少；物流业涉及管理部门多，牵涉的分管领导多，管理交叉、职能重叠、协调难度大。因此，制定对策逐步解决上述问题是扬州市政府加快推进现代物流业的发展的重要工作。

根据扬州市政府提出的“以‘亿吨大港、百万标箱’为目标，整合沿江沿河港口资源，实施江河联动，打造区域性物流中心”的目标，扬州市将按照发展临港产业、港城联动思路，调整港口建设规划，创新运作模式，优化配置资源，实现政府、企业双赢；加快实施“江河联动”，强化扬州港与运河沿线内河港口的联动发展，深度开发货源，培植壮大运河集装箱运输专线，将扬州港打造成为内河集装箱集散中心；大力推进市域京杭运河主要港区建设，加快建设一批标准化、规模化、专业化的内河码头，带动地区特色适港产业在港区集聚，驱动内河港与长江港功能衔接，将扬州内河港培育为带动沿河经济加速崛起的重要引擎；抓住扬州泰州机场一类航空口岸开放申报的契机，发展空港物流、空港商贸、空港产业；依托进出口加工区，申报国家综合保税物流中心，大力发展保税物流。

扬州市发改委（服务业办公室）将认真贯彻扬州市政府“全市服务业发展工作会议”精神，发挥物流指挥部引领作用，会同交通、口岸、边检、港口、江都区、开发区等部门，创新举措，加大力度，加快推进扬州市现代物流业的发展，力争到2016年实现扬州港六圩港区、江都港区港口货物吞吐量突破1亿万吨，集装箱吞吐量突破100万标准箱的发展目标。首先，要强化对扬州市沿江、沿河的港口调研，找出制约扬州港口发展的症结，探索创新体制和机制，寻找可行的对策措施，制定相关扶持政策。其次，要加大招引力度，有针对性地做好物流招商工作，敲门招商，争取更多第三方、第四方物流项目落户。再次，要大力推进物流重大项目的建设工作，重点跟踪渤海粮油物流、普洛斯物流、招商局物流等重大项目的实施进度，促进在建重大物流项目的投产达效。在抓好在建项目的同时，认真梳理排查新的项目源和增长点，建立“十二五”全市物流储备项目库。积极组织向国家、省申报物流项目“点供地”和专项引导资金，为企业发展注入活力。最后，要加快品牌建设，发挥品牌效应，全力推进物流企业的创A工作，扶持一批在信息化、标准化、品牌化、专业化等方面绩效显著的物流龙头企业和成长型企业。

（夏坚　朱华斌　沈玲　扬州市发展和改革委员会）

2012 年宁波市物流业发展情况

港口是宁波市最大的战略资源。近十几年，宁波市物流业依托港口资源优势、区位优势和外向型经济优势持续快速发展，为区域经济开放发展作出了积极贡献。2009 年，国务院发布的《物流业调整和振兴规划》中明确宁波为全国性物流节点城市和长三洲区域物流中心城市。进入“十二五”以来，宁波市委、市政府确定了“六个加快”发展战略和基本建成现代化国际港口城市、率先基本实现现代化的“两个基本”战略目标，提出了加快建设贸易物流港和区域性贸易物流中心等战略任务，进一步明确了现代物流业的发展定位。2012 年，宁波市物流业继续保持快速发展的良好态势并呈现五个新特点。

一、物流业规模进一步扩大

2012 年，宁波市物流业增加值为 666 亿元，比上年增长 14.7%，占宁波市地区生产总值比重 10.2%，占服务业增加值比重 24.3%。宁波市物流业规模的不断扩大，使得物流业已成为宁波市国民经济的支柱产业和重要的生产性服务业。“十一五”以来，宁波市大力推进省内外“无水港”建设和海铁联运发展，积极拓展港口经济腹地，加快发展保税物流、大宗商品物流和国际集装箱物流。2012 年，宁波港口货物吞吐量突破 4.53 亿吨，增幅为 4.5%，居中国大陆港口第三位、世界前五位；集装箱吞吐量达 1567 万标准箱，增幅达 8%，箱量排名保持中国大陆集装箱港口第三位、世界港口前六位。

二、重点物流园区建设进展顺利

2012 年，宁波市重点物流园区建设进展顺利。一是宁波市梅山保税港区自一期工程封关运作至今，已累计引进物流、贸易、金融等企业 800 家。二是镇海大宗货物海铁联运物流枢纽港以液体化工、煤炭、钢材、再生金属等交易市场为依托，以存储、配载和运输方式转换为手段，正加快建设华东及中西部大宗货物资源配置中心和集散中心。三是宁波经济技术开发区现代国际物流园已引进中外运、前程物流等一批知名物流企业落户，正在建设依托港口的高端国际物流中心。四是 2011 年开工的邬隘集装箱海铁联运中心站建设项目 2012 年取得突破，该项目建成运行后，对加快宁波市海铁联运步伐、优化区域急疏运网络、缓解公路运输压力、提高综合运输能力具有十分重要的作用。

三、物流企业发展水平进一步提高

2012 年，宁波市物流企业发展水平进一步提高。具体表现为：一是吸引世界排名前 20 位的船公司和 FedEx、UPS、TNT、DHL 等国际知名物流企业落户宁波，形成了一些物流企业总部和跨国公司的职能型分支机构。二是推进工商企业主辅分离，剥离培育了一批第三方物流企业。三是强化政策引导，培育形成了一批主营业务收入数亿元至数十亿元的本土物流企业。目前，宁波市实际从事物流相关业务的注册企业为 5000 多家。其中，交通运输企业约占 1/3，货代企业约占 42%，仓储企业约占 9%，邮政及快递企业、配送企业、流通加工及包装企业、装卸及搬运企业等约占 16%。四是在市场倒逼机制下，宁波市物流企业纷纷转型，供应链物流、双重运输、贸易物流一体化、双业联动等新型业态不断催生。截至 2012 年年底，宁波市共有 A 级物流企业 112 家，其中国家 5A 级物流企业 1 家、4A 级 16 家、3A 级 59 家。宁波市 3A 级及以上物流企业的数量约占浙江省 3A 级及以上物流企业数量的 1/2。门类齐全、机制灵活、运作高效、竞争充分的物流市场主体业已形成。

四、智慧物流建设取得积极进展

2012 年，宁波市物流业发展的一个亮点是智慧物流建设取得积极进展。具体表现为：一是交通设施感知化建设取得一定成效。依托“数字公路”、“数字港航”、“数字运管”、公安智能交通管理系统建设，基本建立重要交通道路、枢纽运行监测与监控系统，实现宁波市高速公路联网监控，建立了港口设施保安暨危货码头视频监控系统，基本实现主要港口码头、航道和前沿水域的 AIS 信号无缝接入。宁波港智能闸口系统建设大大提升了通港效率和服务效能。二是智慧物流产业基地全面启动。宁波国际智慧物流软件与信息服务外包产业园于 2011 年 5 月开工建设，项目总投资约 80 亿元。杭州湾新区智慧物流产业装备创新基地物联网传感器产业招商进展顺利。三是智慧物流应用平台发展良好。宁波第四方物流平台推出 GPS 物流监控平台、AIS 船舶监控平台、智能闸口、RFID 电子铅封产品、物流金融、海运通、陆运通等平台特色服务。IBM 中国开发中心（宁波）暨智慧物流解决方案中心于 2011 年 5 月正式落户宁波，已展开宁波智慧物流平台第一期建设，除物流管理系统的开发、部署和试点运行外，建设中的还有供应链数据大交换平台和智慧物流手机。

五、物流业发展环境进一步优化

2012 年，宁波市政府部门继续贯彻国家大力发展现代物流业的政策精神，根据宁波市物流业发展的实际情况适时出台相应的扶持政策，促进宁波市物流业发展环境进一步优化。具体表现为：一是宁波市政府口岸部门积极探索口岸管理机制创新和流程优化，着力促进口岸大通关与区域口岸大通关协调推进，实体服务平台功能与虚拟服务平台功能共同完善，监管机制创新与生产服务创新共同提升，口岸服务环境、工作效能和综合竞争力继续提高，贸易便利化水平得到进一步提高。二是宁波市政府制定出台智慧物流扶持政策，宁波市财政每年安排2000万～3000万元资金扶持智慧物流项目建设；宁波市政府相关部门组织实施了现代物流示范企业扶持政策、现代贸易物流企业扶持政策、第四方物流市场建设运营考核扶持政策，兑现政策资金3500多万元。此外，政府相关部门还组织企业申报国家物流项目，争取了2012年经贸领域中央投资项目中央投资资金和物流调整与振兴中央预算内投资（地方切块）项目补助资金共计1600万元。三是开展腹地物流、城市配送物流重大课题的研究，做好基础工作。四是加强物流企业营改征试点后的税负变化情况的调研，协调推进财政补助政策的制定，切实减轻企业负担。

（李惠红　宁波市发展和改革委员会）

2012 年青岛市物流业发展情况

近年来，在青岛市委、市政府的坚强领导下，青岛市紧紧围绕建设东北亚航运综合枢纽和东北亚国际物流中心的战略目标，抢抓山东半岛蓝色经济区发展机遇，充分利用青岛开放型口岸城市优势，物流基础设施条件不断完善，现代物流业发展取得显著成效。青岛市被国家列为山东半岛物流区域中心城市和 21 个全国性物流节点城市，并已连续多年获得全国物流中心城市杰出成就奖和最佳投资环境奖等荣誉。

2012 年，青岛市物流业总规模不断扩大，物流基础设施日益完善，口岸物流竞争力显著增强，物流集聚区建设硕果累累，物流品牌企业培育成效显著，物流业发展环境进一步优化。

一、物流业总规模不断扩大

2012 年，青岛市物流业实现增加值 643.1 亿元，同比增长 11.0%，占全市 GDP 的比重为 8.8%，比全国平均水平高 2.0 个百分点，占服务业增加值的比重为 18.0%，比全国平均水平高 2.7 个百分点。青岛市物流业增加值已连续 3 年实现 2 位数增长。

2012 年，青岛市社会物流总费用达到 1230.5 亿元，同比增长 6.8%；社会物流总费用占 GDP 的比重为 16.9%，较全国平均水平低 1.1 个百分点。

2012 年，青岛市社会物流总额达到 24797.4 亿元，同比增长 8.5%。从物流总额构成来看，工业品物流总额占比为 12.7%，进口物流总额占比 27.7%，2 项指标均在山东省 17 个市中列居第一位。

二、物流基础设施日益完善

截至 2012 年年底，青岛市公路通车里程为 16221 千米，公路密度为每百平方千米 146.36 千米，居全国同等城市领先水平。青岛市境内现有铁路 5 条，里程为 252 千米；正在规划建设的铁路项目 5 个，总里程约 395 千米。青岛港口有万吨级以上泊位 67 个，拥有海上航线 153 条，与世界 166 个国家和地区的 450 多个港口有贸易往来。青岛机场有空中航线 110 条，其中，国际（地区）航线 15 条，通航 5 个国家。

三、口岸物流竞争力显著增强

2012年，青岛市完成货物运输量29229.1万吨，同比增长10.2%。其中，铁路货运量6126.4万吨，同比增长7.5%；公路货运量21312万吨，同比增长11.0%；水运货运量1790.7万吨，同比增长10.2%。

2012年，青岛港完成货物吞吐量4.146亿吨，同比增长9.2%，居全国第六位，全球第八位；外贸吞吐量为2.89亿吨，同比增长8.3%，居沿海港口第三位。青岛港2012年完成集装箱吞吐量1450万标准箱，同比增长11.4%，居全国第五位，全球第八位。截至2012年年底，青岛港董家口港区已累计建成11个泊位，通过能力达到1亿吨。

2012年，青岛机场货邮吞吐量为17.2万吨，同比增长3.2%。青岛机场成功引进汉莎航空、济州航空、釜山航空、长龙航空和重庆航空等5家国内外客货航空公司驻场运营，新增航线10条，加密航线9条；开通首条洲际航线——青岛至洛杉矶货运航线；第一架顺丰速运全货机飞抵青岛机场。

四、物流集聚区建设硕果累累

在物流规模逐步扩大的基础上，青岛市不断加快物流集聚区建设。青岛市规划建设了8大物流园区、12个物流中心和8个配送中心。前湾国际物流园、保税港区物流园及空港物流园投入运营并已形成规模；胶州湾国际物流园、城阳综合物流园、楼山物流园及董家口港区物流园建设项目正在稳步推进，部分园区已开始运营；青岛市总投资230亿元“千万平米”物流园工程建设进展顺利，到2012年年底已完成投资80亿元，竣工254万平方米；30余个投资过亿元的物流大项目正在加快推进建设速度，其中，中国北方冷链物流基地力争2013年开工建设。

五、物流品牌企业培育成效显著

青岛市引进联合包裹（UPS）、丹麦马士基、以色列以星等70多家带动作用强、拉动力大的物流大企业落户青岛。青岛市已有中创物流等45家物流企业获评全国A级物流企业，远洋大亚物流等14家企业荣获全国先进物流企业称号，中储物流等2家企业被列为全国制造业和物流业联动发展示范企业。中外运山东公司和交运集团被列为省级甩挂运输试点企业。

六、物流业发展环境进一步优化

青岛市设立了物流业发展工作专门管理机构，并在全国率先建立了社会物流统计核算体系。青岛市出台了《关于促进现代物流业加快发展的意见》、《青岛市现代物流业“十二五”发展规划》、《关于加快我市鲜活农产品流通体系建设的意见》等政策性文件，对甩挂运输、物流公共信息平台、新技术应用和标准化建设及物流重点项目予以重点扶持。开通了中韩陆海联运汽车货物运输项目通道，开创了青岛市国际物流一体化发展新局面。启运港退税政策提升了青岛港竞争力。青岛保税港区成为山东省唯一能够开展汽车整车进口业务的口岸。

为巩固青岛市物流业发展取得的成绩，继续推动物流业向纵深发展，青岛市政府相关部门相互配合，努力实现四个突破：坚持规划引领发展，在物流集群化、一体化上实现突破；坚持项目带动发展，在物流高端化、低碳化上实现突破；坚持产业联动发展，在物流社会化、专业化上实现突破；坚持技术创新发展，在物流标准化、信息化上实现突破。毋庸置疑，青岛市物流业在 2013 年将会取得新的进步。

（史晓青　青岛市物流协会）

2012 年晋中市物流业发展情况

2012 年，晋中市的生产总值达到 986.6 亿元，位居山西省第八位。晋中市经济实力的不断增强，为晋中市物流业的加快发展提供了坚实的物质基础。

一、晋中市物流产业发展现状

（一）物流产业增加值稳定增长

2012 年，晋中市现代物流业稳定发展，推动了全市服务业的快速发展。初步核算，2012 年晋中市物流产业增加值占全市 GDP 的 17.4%，约为 171.7 亿元，比上年增长 8.1%，如下图所示。交通运输和仓储业增加值占物流产业增加值总量的 56.6%，批零业占 43.1%。其中，邮政业的增加值增长最为突出，交通运输和仓储业的占比最高。具体情况如表 1 所示。

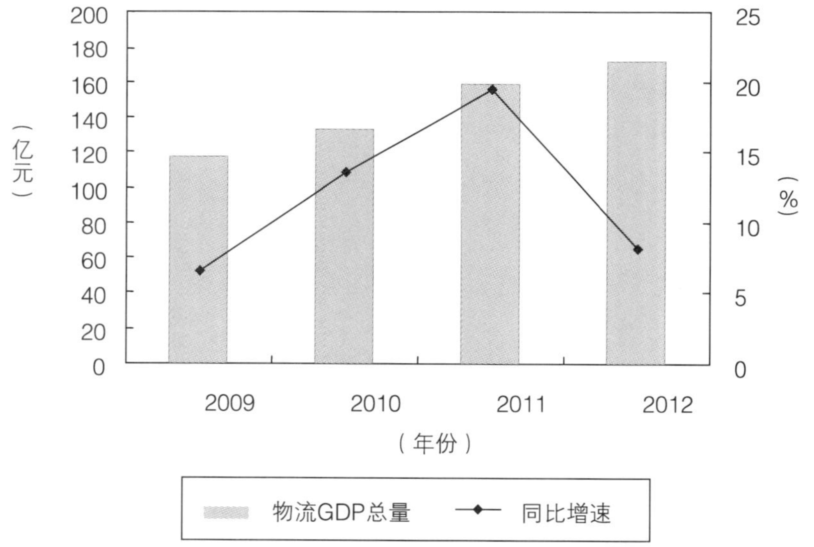

2009—2012 年晋中市物流 GDP 总量及增幅走势

表1　　晋中市2012年物流产业增加值情况

指标名称	绝对额（亿元）	绝对额比上年增长（%）	构成（%）	同比增长（%）
物流产业合计	171.7	8.1	100.0	—
交通运输和仓储业	97.2	7.3	56.6	-0.4
邮政业	0.5	25.0	0.3	0.0
批发和零售业	74	9.0	43.1	0.4

注：交通运输业包括铁路和道路货运业。表中未包含包装服务业、装卸搬运和其他运输服务业。

（二）物流项目建设迅猛推进相关新增投资增长迅猛

物流相关行业投资额与新增固定资产是直接反映物流产业发展潜力的主要指标。2012年，晋中市物流相关行业固定资产投资完成额为48.1亿元，与上年同期比有所下降。道路运输业以36.3亿元的投资位居各行业之首，批发业以4.3亿元的投资位列第二。与2011年各行业投资相比，铁路运输业、批发业和零售业增速明显，但道路运输业、仓储业投资完成额同比下降。

2012年，晋中市物流产业新增固定资产额为52.6亿元，比上年同期增长180.0%。在物流各相关行业中，新增固定资产额位于前列的是道路运输业和铁路运输业，其新增固定资产额分别为28.4亿元和48.9亿元。与2011年相比，仓储业、批发和零售业出现负增长。具体情况详见表2。

表2　　2012年晋中市物流相关行业固定资产投资情况

	投资完成额（万元）	比上年增长（%）	新增固定资产额（万元）	比上年增长（%）
物流产业合计	481314	-24.2	526049	180.0
铁路运输业	17483	171.2	28412	255.2
道路运输业	363248	-32.8	489204	262.3
仓储业	20079	-63.3	2220	-92.9
批发业	43225	214.4	600	-88.2
零售业	37279	99.8	5613	-29.6

注：由于缺乏测算资料，本表分别以铁路运输业、道路运输业（均包含旅客运输和相应的辅助活动）代替铁路货运业、公路货运业。投资以当年有工作量的项目计算合计。

2012年，晋中市现代物流业发展势头强劲，三晋综合保税物流港建设启动，山西能源工业国际分销物流港等项目建设加快，太原地区货运（物流）中心获得铁道部批复，前期各种评估和用地预审工作已完成，方略保税物流中心功能延伸工程项目推进顺利。

围绕三晋综合保税物流港成型建设发展，晋中市努力打造全省乃至全国一流的现代综合物流港。“1+7”大型现代化内陆物流港，即建成1个核心功能区，7个涵盖煤机、商贸、粮食、农产品、图书、机电、建材的专业物流园区。截至目前，港内建成、在建和拟建大型现代物流项目20多个。其中，已建成（部分建成）投产项目7项、在建项目5项、拟建项目8项、概念项目7项，总投资达到400多亿元，完成投资近20亿元。三晋综合保税物流港建设是晋中市立足优越的区位优势，抓住大太原经济圈建设的重要机遇，按照山西省转型发展、跨越发展的战略要求，重点谋划的山西省产业转型的标志性工程。目前，该区域已汇集各类企业上千家，初步形成了机械装备制造、能源化工、农副产品加工、电器、金属材料制品和高新技术等产业集群，具备了发展“铁（路）公（路）机（场）”立体化大型现代物流得天独厚的基础。山西能源工业国际分销物流港项目是晋中市正在倾力打造的三晋综合保税物流港项目之一，与此同时，在北起太旧高速，南至榆次工业园区，东到172库，西接太原小店区的面积约50平方千米的区域内，三晋综合保税物流港已渐成雏形：山西粮食物流中心、山西田森农副产品加工配送中心、山西滋育丰源医药有限公司医药仓储基地、榆次汇隆农产品综合市场有限公司农产品综合市场等多个项目正在紧张建设中。已经建成投入运营的山西三晋国际商贸物流城、山西新华书店集团有限公司山西新华物流中心、山西金利恒钢材市场、山西吉隆斯商贸股份有限公司家家利配送中心、兰田汽贸国际物流园、太原铁路分局集装箱货运、中铁快运有限公司铁运物流配送7个项目构成了三晋综合保税物流港的重要主体。

（三）物流企业增长快、种类多

随着经济的发展，晋中市物流量明显增加，物流企业快速增长。截至2012年年底，晋中市登记注册的交通运输、仓储、邮政企业达到2520家，其中，内资企业256家、私营企业661家。除了单纯的货物运输，专门提供服务信息的物流企业也相继产生。晋中市注册资本在1000万元以上的物流企业已达15家，各类仓库近百个、铁路货运站场27个。晋中市作为煤焦资源大市，煤焦运输是支撑全市物流业的重要业务之一，2012年晋中市向省外运输原煤4761.4万吨，比上年增长14.2%。其中，通过铁路直接售予外省1592.0万吨，同比增长5.4%；通过公路运往外省3169.4万吨，同比增长19.3%。外运原煤占原煤产量的59.7%。晋中市全年向省外运输焦炭888.1万吨，比上年增长37.7%。其中，通过公路直接售予外省330.8万吨，同比增长68.1%；通过铁路直接售予外省557.3万吨，同比增长24.4%。外运焦炭占焦炭产量的比重为78.8%。

（四）大型物流企业上规模、辐射力强、拉动内需明显

已建成投产的晋中市开发区宝丰隆物贸有限公司、太原铁路分局集装箱货运、中铁快运有限公司铁运物流配送项目、家家利物流配送、山西金利恒钢材市场、顺源通物流仓储中转基地和信息中心项目和山西新华图书物流中心、三晋国际商贸物流城、烟草物流配送中心等，是上规模、有特色、辐射力强的现代物流专业市场、物流中心和物流基地。

2011 年成立的晋中晋煤煤炭销售有限公司是一家晋中区域煤炭销售企业，对晋中市范围内合法地方煤炭企业，各大集团整合晋中地方煤炭资源组建的煤炭生产企业和洗煤厂、焦化厂、储（售）煤场所生产、经营，并通过公路运输出省、出县的原煤、混煤、精煤、工程煤及其副产品，供电厂、洗煤厂、焦化厂用煤、铁路上站煤炭及煤矿铁路专用线发运的煤炭进行统一销售、物流配送。利用丰富的煤炭资源，结合自身优势，创新机制，逐步向现代化大型煤炭物流旗舰企业发展。2012 年该公司完成销售 249 亿元，是晋中市最大的煤炭物流销售企业。

（五）中国晋商物流信息平台上线运营

目前，由晋中市运管局主办的中国晋商物流信息网正式上线运营，信息化服务水平有所提高，减少了货运资源的浪费。平台主要由物流信息、物流专线等子平台组成，货源信息、运力信息、从业人员信息等内容通过平台进行融汇、整合。主要立足山西省辐射全国，服务于山西省道路货运（物流）企业、货运物流站场、个体货运业主、货运信息部、仓储服务业户、货源单位、个体货主、个体车主、个体驾驶员等。通过为山西省道路物流服务供需各方搭建信息沟通的桥梁，提供货运（物流）信息交流服务，应用互联网、定位、短信和呼叫中心等技术手段，整合山西省物流信息资源，提高货运效率，推进行业节能减排，提升山西省物流信息化水平，促进山西省现代物流体系建设。

山西省“十二五”道路运输规划明确表示，到 2015 年要建成以综合交通网络为基础，以物联网公共信息和保税政策平台为依托，以重点物流工程建设为抓手，培育第三方物流企业，推进物流产业链的无缝连接，形成专业化、信息化、集约化的现代物流体系。晋商道路物流公共信息平台的正式启动和运行，将加速全省物流信息交流、整合物流资源，推进山西省现代物流的快速发展，是山西省向现代物流发展跨出的极具重要意义的关键一步，标志着山西省物流业进入了一个崭新的发展阶段。

（六）物流行业发展优势凸显

现代物流业是一个新型的跨行业、跨部门、跨区域、渗透性强的复合型产业，具有多功能、一体化、综合性服务的特点，是引导生产、促进消费的先导行业，属新兴的第三产业，其在国民经济中的作用和地位日益凸显。晋中市地理位置优越，交通便利，发展现代物流业具有得天独厚的优势。

1. 地理位置优势

晋中市地处山西中部，具有天然的“浅内陆、近沿海”区位优势，紧邻武宿机场和鸣李铁路集装箱货场，是太原市的南大门。太旧、太长、大运三条高速公路和 108、307、榆邢、榆盂、榆长五条干线公路以及同蒲、太焦、石太三条铁路由此汇交，太中银、大西两条高铁过境，道路交通条件十分便利，是山西省的地理性交通枢纽，具有得天独厚发展现代物流的区位优势。依托优越的自然条件，晋中市正努力建成服务晋中、太原，辐射晋东、晋南，融入环渤海经济圈的区域物流中心。

2. 产业资源优势

晋中市是山西的产煤大市，有丰富的煤炭资源优势。近年来，纺织机械、汽车零部件、医药化工等工业行业发展迅速，加上部分工业发展在山西省甚至全国居于领先地位，内外贸产品流通和交换的总量和频度不断加大，促使物流行业迅速成长。

3. 政府引导政策支持优势

晋中市政府按照物流“国八条”和山西省物流发展规划的精神，一方面，将现代物流发展规划定为晋中市重点规划项目之一，为物流业发展提供了蓝本，指明了发展方向；另一方面，出台相关政策，为物流业发展创造条件，借助利用交通、区位、产业等天然优势助力物流产业发展，晋中市政府加大政策和资金扶持力度，加强用地支持，加快人才引进和培养，全面改造、提升、整合现有各类商品市场，集中规划建设一批有规模、有特色、有辐射力的专业市场、物流中心、物流基地，为物流业的发展提供了有力保障。

4. 物流基础设施优势

随着物流行业固定资产投资力度的不断加大，晋中市物流基础设施日益完善。晋中市境内有铁路专线70余条，包括石太客运专线、石太线、南同蒲线、太焦线、阳涉线、介西线6条铁路干支线560余千米，地方铁路墨左线25千米，还有30余条企业专用线160余千米，加上新建成的太中银铁路22千米，大西客运专线132千米，总里程近900千米。晋中市是山西省非常重要的一个铁路交通枢纽。有铁路货运站场27个，其中，大型铁路货场年吞吐量达1230万吨。公路通车里程15330.6千米，比上年增加367.1千米、增长2.5%。其中，高速公路572千米，比上年年末增加117千米；一级公路434千米，比上年年末增加35千米；二级公路2181千米，比上年年末增加11千米。2012年晋中市完成公路货运量为8430万吨，完成货物周转量为172.2亿吨千米。贯穿晋中市境内的交通网络将与京、津、冀、豫、陕、蒙、甘的交通网络以及环渤海经济带连成一片，晋中市作为区域性交通枢纽已渐具雏形。

目前，晋中市各类仓储设施逐步完善，容量较大。城乡商业网点密布，大中城市内新型商业经营业态不断出现，2012年晋中市限额以上批发和零售法人达257家，比上年增长23.6%；营业面积达91.8万平方米，从业人员2万余人。批发和零售业的迅速发展带动了各种配送机构正的蓬勃兴起。

5. 太原晋中同城化发展加快，居民收入提高

随着太原晋中同城化发展加快，极大地促进了晋中市物流业的发展。同时，在晋中市城乡居民收入取得较快增加的带动下，2012年城镇居民人均可支配收入为21409.0元比上年增长13.2%；农村居民人均纯收入为7936元，比上年增长14.8%。居民消费的持续较快增长成为现代物流发展的内在条件。

6. 物流专业人才培训已步入轨道

晋中职业技术学院是晋中市唯一的一所高职院校，已设立物流管理专业，立足于培养服务区域经济发展的实用型人才，服务于晋中物流业发展，支撑区域现代物流营运。

二、晋中市物流业发展中存在的问题

近几年晋中市物流业发展取得了一些成果，但是仍有一些问题不容忽视，需要尽快解决。

（一）物流产业增加值占GDP比重偏低

2012年，晋中市第三产业增加值占GDP总量的36.9%，但低于第二产业增加值在GDP中54.7%的比重，三产规模有待提高，经济结构仍需优化。第三产业成为加快推进产业结构调整增加就业的重要途径，作为占三产增加值47.2%的物流业，仅占全社会GDP的17.4%，比重明显偏低，距离2015年物流业增加值将占服务业增加值比重的60%、占GDP比重的

30%的目标仍有一定差距。

（二）物流固定资产投资比例偏低

2012年，晋中市完成固定资产投资额744.1亿元，比上年增长28.2%。第三产业在完成固定资产投资额占全社会投资的45.8%，比上年同期提高5个百分点。物流相关行业投资完成额为48.1亿元，占三产投资额比重较上年下降。反映出晋中市物流固定资产投资比例偏低，发展物流需要继续扩大相应投资。

（三）部分物流企业规模偏小，专业程度低

第二次全国经济普查数据显示，晋中市现有批发和零售业企业法人单位2015个、个体户41726个，从业人员分别为3.69万人和8.62万人。其中，限额以上的企业只占总体个数的0.3%，从业人员占总数的11.6%。限上企业的比重偏低，规模效应不足，大型连锁超市经营企业数不多；限下企业及个体户受到自身分布偏散、商品附加值低、需求弹性低，对物流服务需求不高。

截至2012年年底，晋中市登记注册的交通运输、仓储、邮政企业达到2520家，其中，个体工商户1603家，占单位总数六成以上的，这些个体户都规模不大，提供服务单一，专业程度不高。

（四）小型企业发展艰难，部分企业发展存在局限性

随着产业结构的调整和经济的发展，大批小规模物流企业经营出现困难，提供运输、仓储等单一服务的传统物流企业受到严重冲击。部分物流企业，如邮政公司，相对于社会物流，由于资费和成本较高，竞争力受限。

（五）物流以道路运输为主，新型物流形态缺少

现阶段晋中市大多数物流企业以从事单一功能的运输、仓储和配送，很少能提供物流策划、组织及深入到企业生产领域进行供应链全过程的管理，绝大部分企业缺乏现代增值服务，现代物流服务方式与水平还难以满足经济发展的需求。

（六）企业运输成本高，营业利润少

据调查资料显示，物流企业的营业收入同比增加，营业利润却同比减少。主要原因是近年来油价一直持续上涨，人工、原料成本受物价上涨因素影响也不断提高，企业的运输成本过高，费用支出比较大。尽管相关部门出台了一系列相应政策缓解这种压力，但是，高额的运输成本仍是限制物流业发展的重要因素。

三、加快晋中市物流业发展的建议

为加快三晋综合保税物流港快速成型发展，晋中市围绕区位交通优势和周边产业基础，重点谋划和建设了一批带动性强、辐射范围广、经济效益和社会效益高的重大项目，以项目促园区，以园区带项目，努力打造山西省乃至全国一流的现代综合物流港。据测算，通过整合资源和发展海、铁、陆多式联运及航空运输，尤其是方略保税物流中心功能延伸工程，使三晋综合保税物流港具备保税物流功能，实现了陆路、海路、空运与国内、国际市场的直接连通。届时，区域范围内工商企业可降低库存50%～60%，节约流通成本15%左右，将有效推动晋中太原同城化发展的进程。预计到2015年，港内项目全部建成投产后，可实现营业收入1000亿元以上，年上交税金60亿元以上，可提供就业岗位5万个以上，带动运输、餐饮等服务行业增加就业岗位10万个以上。

现代物流业对区域经济发展和社会和谐都

起着重要的作用。为加快晋中市现代化物流业的快速成型，建议相关部门在以下方面给予必要的关注和支持推动。

（一）进一步优化交通运输网络

依托高效、便捷、安全的综合交通运输体系，改造提升物流组织和物流运行方式。利用晋中市紧邻太原可作为太原城市容量的补充，且地价、劳动力价格较太原偏低，依托太原作为中心城市的影响和辐射，同城化将是晋中转型综改的最大优势。加快建设以公路为基础，以铁路为骨干，航空和城市道路协调发展的高效便捷、有机衔接的综合交通运输网络。

（二）建立综合协调机制

现代物流业是一个综合性行业，是一项与经济和社会发展各个方面密切相关的系统工程，涉及发改委、经贸、财政、规划、环保、建设、交通和公安等若干部门。促进物流业发展必须加强领导，整体协调，形成各部门密切配合、市区县共同推进的工作机制。晋中市政府部门应建立物流业发展的综合组织协调机制，负责统一编制、协调各部门、各区域的物流发展规划和物流行动计划。

（三）规划和引导物流建设

支持重大物流工程建设、培育大型物流企业、引导物流资源整合和传统物流改造提升、扶持农产品批发市场建设。可以设立现代物流业发展专项资金，采取财政贴息或补助方式用于物流发展。

（四）鼓励传统运输及物流服务企业和中小物流企业进行升级改造、兼并重组

传统运输及物流服务企业根据现有资源，利用先进的信息技术对企业进行改造升级，开展采购代理、加工配送、储运分拨等现代物流业务，逐步实现向现代物流的转变；对中小物流企业进行兼并重组，促进传统物流业转型升级，大力扶持有一定基础的企业向现代物流企业转型，鼓励其向集团化、规模化发展。

（五）大力发展第三方物流

大力发展第三方物流，以满足生产经营企业集中精力搞好主业、把相关物流活动以合同方式委托给专业物流服务企业的需求，同时，通过信息系统与物流企业保持密切联系，以达到对物流全程管理控制的一种物流运作与管理方式。

（六）加强企业金融、税收政策支持，减轻成本压力

晋中市各级政府及有关部门应加强对物流业的金融服务，在银行信贷方面给予企业支持，尽快解决中小物流企业融资难的问题。进一步改进、完善有利于物流企业发展的税收减免政策，争取更多的物流企业享受税收优惠政策。物流企业，一方面，通过引进节能高效的运输车辆，重视科学管理、合理安排运输路线，依靠科技手段加强物流信息化建设等措施，以适应高油价和“低碳经济”的约束。另一方面，应加大员工培训力度，提升物流服务质量和服务效率，加强物流业务结构性调整以有效降低综合物流成本，提升企业赢利能力和核心竞争力。

（张彩霞　晋中市统计局）

2012 年常州市物流业发展情况

2012 年，在国内外经济大环境趋紧的形势下，常州市物流业保持了总体良好的运行态势，物流需求平稳增长，为全市社会经济较快发展提供了支撑和保障。

2012 年，常州市物流业运行的主要指标核算情况如下：

一、社会物流总额

2012 年，常州市社会物流总额为 14009.1 亿元，同比增长 13.2%。其中，工业品物流总额 10728.6 亿元，同比增长 13.4%，占社会物流总额的 76.6%；进口物流总额为 585.8 亿元，同比下降 2.2%，占社会物流总额的 4.2%；农产品物流总额为 59.3 亿元，同比增长 12.8%，占社会物流总额的 0.4%。

二、社会物流总费用

2012 年，常州市社会物流总费用为 624.9 亿元，同比增长 11.3%。其中，运输费用为 334.9 亿元，同比增长 10.0%，占社会物流总费用的 53.6%；保管费用为 219.4 亿元，同比增长 13.4%，占社会物流总费用的 35.1%；管理费用为 70.6 亿元，同比增长 11.3%，占社会物流总费用的 11.3%。

2012 年常州市社会物流总费用与 GDP 的比率为 15.7%，与上年持平。

三、物流业增加值

2012 年，常州市物流业增加值为 278.1 亿元，同比增长 11.8%；占常州市服务业增加值的比重为 15.9%。

（常州市经信委）

2012 年连云港市物流业发展情况

近年来，连云港市大力实施“双千双百”工程，着力提升产业规模化、集聚化、高端化水平，有力推动物流规模不断扩大。2012 年连云港市经济持续稳定发展，为物流业发展提供了强大的需求和机遇，发展现代物流业对地方经济有着极为重要的现实意义。

一、物流业运行情况

2012 年，连云港市物流业实现增加值达到 121.05 亿元，较上年增长 19.4%。其中，交通运输物流增加值较上年增长 9.7%，仓储物流增加值较上年增长 32.5%，批发、零售物流增加值较上年增长 22.5%，邮政物流增加值较上年增长 37.8%。物流业增加值占全市服务业增加值的比重达到 19.1%，较上年比重提高 0.7 个百分点。

2012 年，连云港市社会物流总额突破5000 亿元，达到 5451.28 亿元，较上年增加 1367.92 亿元、增长 33.5%。其中，工业品物流总额为 3808.99 亿元，同比增长 40.1%，占物流总额的比重为 69.9%，是带动社会物流总额增长的主要因素；连云港市农业品物流总额为 191.81 亿元，占物流总额的比重为 3.5%；进口货物物流总额为 276.62 亿元，较上年增长 40.0%，占物流总额的比重为 5.1%；外省市商品购进额为 1169.19 亿元，较上年增长 14.4%，占物流总额的比重为 21.4%；再生资源商品销售额为 2.36 亿元，单位与居民物品物流总额为 2.31 亿元。

2012 年，连云港市突出抓好集聚区和重点项目建设，加快打造 26 个现代服务业集聚区，保税物流中心进出货值达 14 亿美元。

二、交通运输市场情况

2012 年，连云港市交通运输市场呈现新的变化，铁路和公路运输主要指标完成良好，水运主要指标波动较大，航空主要指标保持平稳增长。

（一）铁路运输

2012 年，连云港境内 9 个铁路货运站累计货物发送量 4297.83 万吨，较上年增长 5.0%，占整个上海铁路局当年发送量的比重为 17.9%，占整个徐州铁路车务段的比重达 81.2%。其中，连云港东站货物发送量

3261.90万吨，较上年增长4.8%，占全市境内铁路发送总量的75.9%，占整个上海铁路局发送量的比重为13.6%，占徐州铁路车务段的比重达61.6%。

（二）公路运输

2012年，连云港市公路货运量完成13107万吨，较上年增长16.2%，较上年增幅高出1.2个百分点；公路货运周转量实现88.93亿吨千米，较上年增长14.2%。

（三）水路运输

2012年，连云港市内河货运量完成1725万吨，较上年增长6.4%；内河货运周转量完成121.22亿吨千米，同比增长6.8%，均明显低于上年度增长幅度。

三、港口发展呈现多个亮点

2012年是连云港港口生产最为艰难的一年。在困难面前，连云港港口发展继续逆势上扬，主要生产指标突破历史，总体发展呈现多个亮点。

一是港口货物吞吐量突破1.85亿吨，继续稳居全国海港第13位。2012年，连云港港口货物吞吐量完成18528万吨，较上年净增1900万吨，其中，外贸吞吐量完成9680万吨，占全部吞吐量比重达52.2%。从全国沿海主要港口看，连云港港口吞吐量居全国第13位，依次低于烟台、秦皇岛和深圳，高于北部湾、厦门和湛江。港口外贸吞吐量位居全国第11位，低于北部湾，高于厦门和烟台。

二是港口货物吞吐量增长达到11.3%，在全国排名前移到第5位。从增长情况看，连云港港口货物吞吐量实现逆势上扬，较上年增长为11.4%，在全国沿海主要港口中位居第三，依次低于唐山港（15.4%）、营口港（15.4%）、北部湾港（13.8%）和福州港（11.6%）。

三是港口散杂货吞吐量实现1.16亿吨，连续第二年突破亿吨大关。2012年，连云港港口散杂货吞吐量渐渐回升，几大主力货种均实现高位增量。其中散杂货吞吐量完成达1.16亿吨，连续第二年突破亿吨大关，占全部港口吞吐量的比重达62.7%。全年港口铁矿石吞吐量超过5100万吨，红土镍矿作业量首次突破1000万吨大关，煤炭吞吐量完成2343万吨，较上年增长21%。

四是港口进口完成吞吐量1.17亿吨，连续2年跨进亿吨关口。从进出口情况看，2012年连云港进口货物吞吐量继上年首次跨上亿吨大关后实现11702万吨，较上年净增1033万吨、增长9.7%。全年港口出口货物吞吐量完成6826万吨，较上年增长14.5%。

五是港口集装箱吞吐量跨上500万台阶，全国排名继续保持第9位。2012年，连云港港口集装箱吞吐量首次跃上500万台阶达到502.01万标准箱，较上年增长3.5%，在全国沿海主要港口中继续排名第9位，高于营口，低于大连和厦门，在全国沿海10大集装箱港口中排名第7位，仅高于上海、广州和深圳。

六是港口集装箱铁水联运量超过30万标准箱，再居全国沿海港口首位。自1992年新亚欧大陆桥开通运营以来，连云港大陆桥过境箱运量一直领跑全国沿海港口。2011年，连云港港口集装箱铁水联运量首次跃居全国沿海港口第1位。2012年，连云港新开8条集装箱航线，连云港至霍尔果斯直达集装箱班列的开通实现了新突破。全年港口集装箱铁水联运量达30.3万标准箱，较上年增幅近3%。其中，中西部地区完成24万标准箱，增幅达23.0%，继续领跑全国沿海港口。

四、重点物流企业情况

从重点物流企业统计调查数据看，水上运输企业、装卸搬运及运输代理企业、道路运输企业在连云港市物流行业举足轻重。2012 年，连云港市列入国家重点服务业企业统计的 19 家水上运输企业年营业收入累计 92.28 亿元，较上年增长 4.1%，居全市物流企业首位。连云港市 46 家国家重点装卸搬运及运输代理业企业收入为 56.66 亿元，较上年增长 12.9%。连云港市 86 家道路运输企业实现营业收入 27.81 亿元，较上年整体下降 2.2%，一定程度上反映出部分道路运输企业经营困难加大，缺乏发展后劲，有待采取对策加以改进。

（马清涛　连云港市统计局）

2012 年临沂市物流业发展情况

2012 年临沂市经济保持平稳健康发展，全市实现生产总值 3012.8 亿元，比上年增长 11.8%。经济的平稳发展为现代物流业的快速发展提供了良好的条件，2012 年临沂市物流运行形势总体良好，物流需求不断增加，运行效率有所提高，物流业增加值稳步上升，交通运输货物量及物流总额列山东省第 2 位，占临沂市第三产业的比重居山东省第 1 位。临沂市现代物流业的快速发展为保证临沂地方经济平稳较快发展发挥了重要的支撑保障作用。

一、社会物流总额持续增长

2012 年临沂市物流总额为 19244.7 亿元，总量居山东省第 2 位（见图 1），同比增长 27.7%，增幅居山东省第 1 位。其中，农产品物流总额为 428 亿元，占比 2.2%；工业品物流总额为 7463 亿元，占比 38.8%；进口物流总额为 252 亿元，占比 1.3%；货物过境总额为 8624 亿元，占比 44.8%；外地流入物流总额为 1336 亿元，占比 6.9%；再生资源物流总额为 1104 亿元，占比 5.7%；单位与居民物流总额为 37.7 亿元，占比 0.3%。

从物流实物量来看，货物发送量完成 3.37 亿吨，同比增长 7.1%。其中，铁路发送货物 211.8 万吨，同比增长 13%；公路运送货物 3.35 亿吨，同比增长 7.23%；航空发送货物 0.27 万吨，同比增长 44.85%。

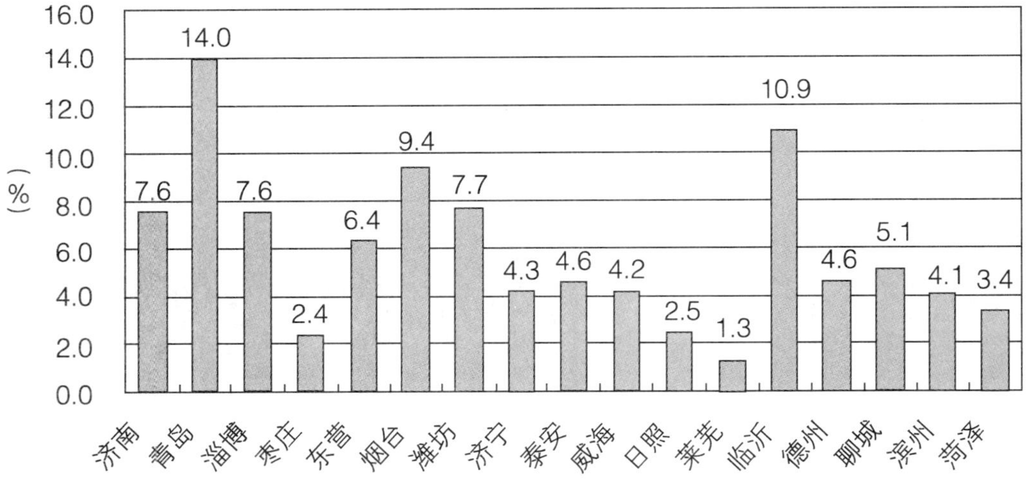

图1　2012 年山东省各市社会物流总额完成情况占全省社会物流总额的比例

二、物流业增加值继续位居山东省前列

2012 年临沂市物流业实现增加值 380.2 亿元，同比增加 8.1%，仅次于青岛市 641.1 亿元，居于山东省第 2 位。物流业增加值占当地同期生产总值的比重为 12.6%，占服务业增加值的比重为 30.2%，均高居山东省榜首。2012 年临沂市物流总额构成情况如图 2 所示。

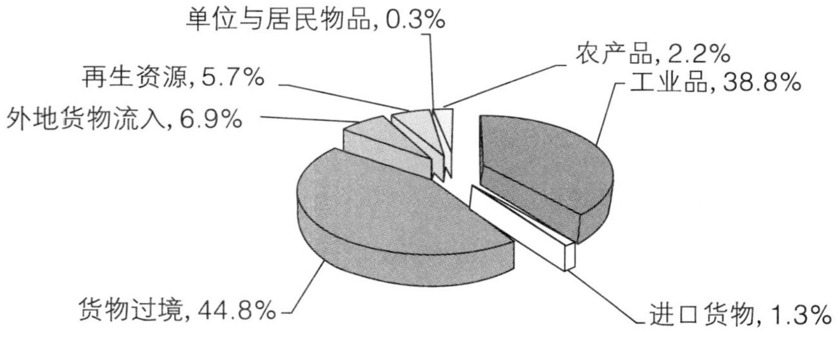

图2　2012 年临沂市物流总额构成情况

三、物流相关产业固定资产投资平稳

2012 年临沂市固定资产投资总额为 2016.7 亿元。物流相关产业固定资产投资总额为 191.2 亿元，比上年同期增长 42.8%，占山东省物流投资总量的 6.6%，占临沂市固定资产投资的 9.5%。其中，交通运输业为 78.2 亿元，邮政仓储业为 11.7 亿元，批发零售业为 101.3 亿元（见图 3）。

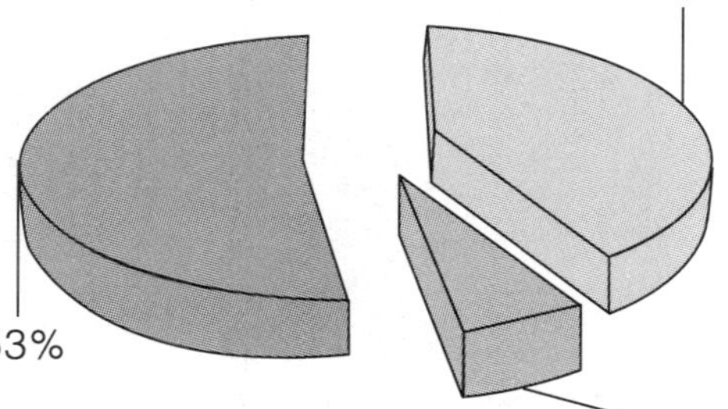

图3　临沂市物流相关产业固定资产投资构成

四、物流业发展的现状及对策

近两年，临沂市物流业呈现快速发展态势。截至目前，临沂市已有规模以上物流企业331家，其中，营业收入1000万元以上的企业为217家，占比达65.6%；亿元以上的企业为97家，占比达29.3%。临沂市已获国家3A级以上物流园区及物流企业6家（其中，荣庆5A级，立晨、北方、天源4A级，华派克、盛安3A级）。临沂市有省级物流园区18个，其中，13个已建成运营，5个正在规划建设中。尽管临沂市物流业发展起步较早，优势相对明显，但仍存在不少制约发展的因素，如基础设施不够完善、管理模式较为粗放、信息互动平台不够成熟；行业集中度较低、诚信监管尚待完善、物流企业外向度不高；物流成本持续上升、行业竞争过度、企业抗风险能力不强、专业物流人才不足等，这些都需要在今后的工作实践中不断地采取措施予以修正，需要下大力气认真解决。

为加快扶持、培育一批服务水平高、竞争能力强的重点物流企业、物流园区充分发挥临沂市"市场名城、物流之都"、"中国临沂、物流天下"的品牌优势，推动临沂市现代物流业健康快速发展，临沂市经信委、发改委、财政委、国土局、商务委、交通委、工商局和人民银行等多家单位部门联合筛选出一批主业突出、资产规模较大、赢利水平较高的物流企业，并确定了临沂市22家重点物流企业给予整合政策重点扶持。同时，抓住临沂市全力打造六大千亿级主导产业的契机，结合临沂市物流业实际，重点围绕工业制造业联动及第三方物流和金融物流等领域，计划制定出台临沂市关于加快现代物流业发展的意见。我们坚信，在临沂市政府的正确决策下，临沂市现代物流业一定会取得新的大发展。

（刘昊霖　临沂市经信委）

2012年乌海市物流业发展情况

近年来，乌海市依托得天独厚的区位优势和产业优势，坚持“政府引导、市场运作、重点扶持、加快发展”的原则，优先发展生产性物流业，努力把现代物流业培育成新的经济增长点。

一、物流业发展的现状

（一）乌海的物流业正在发展中不断壮大

物流产业是物流资源产业化形成的一种复合型或聚合型产业，涵盖运输、仓储、装卸、搬运、包装、流通加工、配送、信息平台等诸多行业。目前，乌海市有公路物流企业103家，拥有6026台运输车辆，货物运输行业从业人员31930人，运输能力17.1万吨，仓储面积约70万平方米。2012年乌海市共完成货物运输11763.8万吨，比上年增长12.6%，其中，铁路运输2069.5万吨，比上年下降25.3%；公路运输8474万吨，比上年增长25.8%；民航运输1220.3吨，比上年增长71.5%。2012年乌海市物流业增加值达到38亿元，是2005年的3.5倍。物流业已成为乌海市第三产业中占比重最大的行业。

（二）现代物流业雏形已初步形成

1. 基础设施条件初具规模

截至2012年年底，乌海市拥有载货汽车26129辆，营运11508辆；拥有挂车1833辆，营运1823辆；装卸搬运能力在5000万吨以上。初步形成沟通“两大经济区”，畅通各主要工业园区，联通两大口岸的“两条环线”、“五个出口”及延伸的公路网格局。截至2012年年底，乌海市公路通车里程为890.23千米，按照公路等级标准划分有高速公路64.5千米、一级路159.38千米、二级路259.67千米、三级路197.66千米、四级路199.03千米，市、区、镇全部通油路，公路密度达到每百平方千米通车里程50.75千米。

目前，乌海市正在积极筹划“三基地四出口”的区域铁路网；民航机场已开通乌海—北京、乌海—西安—广州、乌海—上海、乌海—海口等航线10条。

2. 大型物流园区建设全面启动

2012年，乌海市已建、在建物流项目共计17个。其中，生产性物流重点项目13个，总投资85.64亿元。目前，已运营的生产性物流项目7个，分别是内蒙古众利惠农物流有限公司千里山物流园区、乌海市呼铁同洲物流园一期、乌海市源通煤炭化工物流园、西来峰铁神物流园、焦炭交易中心、乌海市亚力达物流园、如意君正物流园；续建物流项目2个，分别是广东塑料交易所内蒙古交收仓储中心、海南如意俊安物流园；新建物流项目4个，分别是内蒙古太西煤集团乌海西铁路物流园、隆信详物流园、内蒙古展帮物流园、锦达物流园。众多物流园项目建设和投产对实现企业产品快速便捷销售及原辅材料采购，促进企业加快生产流程，降低经营成本都将起到较大的作用。

3. 已搭建成煤炭交易中心作为煤炭物流的主要交易平台

煤炭交易中心自2011年年底正式运营以来，完成交易量约40万吨，入驻交易中心的企业有广纳物流、太西集团、德盛集团等。目前，一方面，交易中心继续正与如意俊安物流园洽谈租赁交割仓相关事宜；另一方面，积极整合乌海市周边162家物流信息部和40家焦炭化验室，着于建立全市规模最大、功能完善的信息平台与焦炭化验室。下一步交易中心准备加大招商引资力度，引进有实力的物流企业和煤炭企业，并与多家银行联合为入驻企业提供贷款融资。

（三）出台各项政策积极支持物流业发展

按照乌海政发〔2011〕9号《关于深化企业改革，优化产业结构实施意见》的要求，开展企业二三产业分离，细化专业分工，这对推动物流业发展乃至全市经济协调、可持续发展具有积极作用。同时，为确保物流业快速、健康、可持续发展，乌海市制定出台了一系列支持物流业发展的优惠政策，对投资亿元以上，具备运输、仓储、流通加工、物流信息等多种功能的现代物流企业在税收、土地等方面给予优惠，简化行政审批和监管手续，减免行政事业性收费，大力助推现代物流业发展。

乌海市加大对物流业的投入，每年安排5000万元到2亿元资金，通过贴息、补助、奖励等形式支持现代物流业发展，一批重点物流项目稳步推进。现代物流业的快速发展不仅助力主导产业“供—产—销”体系的畅通，同时也极大地改善了地区运输结构。2012年，乌海铁路运输结构调整取得重大突破，“白货”外运量首次超过“黑货”，占比达到54%。在1000多万吨的外运量中焦炭外运量为400多万吨，同比增长50%以上。

二、物流业发展的有利因素

乌海市具有包兰铁路、东乌铁路和110、109国道，以及京藏和荣乌高速公路经过的区位优势和自身产业产品结构的特点，以及外向型经济日益扩大的需要，发展现代物流业具有得天独厚的先决条件。

一是经济的持续高涨带动了消费品流通市场的大发展和逐年增长的外需贸易，形成了强大的物流需求。2012年，乌海市国内生产总值为563亿元，占内蒙古自治区GDP的3.5%。乌海市GDP增速已经连续16年保持两位数以上的增长，尤其是“十一五”以来GDP年均增长达到18.6%。乌海市社会消费品零售总额增长速度在内蒙古自治区名列前茅，目前，已连续五年保持全区第一。

二是自身的产业结构和产品特点决定了物流业有广阔的发展空间。乌海作为一个资源型城市，煤炭开采、洗选、煤化工、氯碱化工、冶金、建材这些产业的原料及产品需大吨位的运输。2005年以来，乌海市主要工业产品，如原煤、洗煤、焦炭、水泥、平板玻璃、电石、PVC、生铁和铁合金的产量年均增长情况分别为：原煤 15.1%、洗煤 30.3%、焦炭 15.8%、平板玻璃 2.1%、水泥 10.6%、PVC 59.7%、铁合金 4.5%、生铁 21.1%、电石 18.3%，由于本地加工工业不发达，就地转化能力很小，80%以上的产品需外运；加之周边有蒙西、棋盘井、乌斯太 3 个重要工业园区产品的流转，为物流业的发展提供了广阔的空间。

三是得天独厚的区位条件形成了物流业发展的比较优势。乌海是连接我国西北和华北的重要枢纽，也是“宁陕蒙甘榆”沿黄经济带的中心，同时还是呼和浩特—包头—鄂尔多斯金三角经济区的延伸地带。特别是乌海市被确定为自治区西部重化工基地和建设“一城两基地”后，对周边地区经济的辐射作用进一步增强，日益频繁的区域经济交流与合作使乌海物流业发展的比较优势更加凸显。

三、物流业发展中存在的问题

乌海市的物流业在迅速发展的同时，也存在一些不容忽视的问题，主要表现在以下方面。

一是第三方物流服务比重低，企业规模小。目前，乌海市第三方物流在物流市场的比重仅为30%左右，虽高于我国的18%，但低于日本的80%和美国的57%，与发达国家和地区相比还有很大的差距。乌海市不仅第三方物流服务比重低，而且第三方物流企业的规模也较小，到 2012 年乌海市具有资质的规模以上的物流企业只有几户，远不及赤峰、鄂尔多斯和通辽等地。

二是物流市场机制不健全、竞争秩序不规范、诚信经营度低。目前，乌海市物流业还处于起步阶段，行业管理制度不完善、行业法规不健全，导致物流市场上无证照经营、违章超装滥载、偷税漏税、忽视安全生产、货损货差严重、以压价等不正当手段招揽货源、把持控制运力等现象时有发生。因担保、抵押制度不健全，第三方结算体系没有形成，导致诚信纠纷经常出现。

三是物流企业技术装备差，信息化水平低。从基础设施上看，乌海市物流园区还处在起步时期，拥有自主品牌的跨地区、跨行业大型物流企业仍是空白，包装、仓储、装卸、搬运还处于手工操作、人工处理的低级阶段。从信息技术上看，物流企业充分利用互联网来汇集运输、储存、装卸、包装、加工、配送等众多合作伙伴的信息，根据企业的需要选择每一个环节最合适的合作伙伴，并能及时满足客户的需求，这是物流企业的重要条件。由于乌海市物流企业总体来说信息化建设起步比较晚，信息化程度较低，不少物流企业业务沟通还处在电话联系阶段，现代信息技术，如条码技术、射频技术、EDI 技术、电子结算交易系统技术、GPS 跟踪定位系统技术等都处于学习和起步阶段。

四是物流专业人才偏少、经营管理水平不高。就乌海市目前而言，多数物流企业人才储备不足，专业人员多属“摸着石头过河”操作模式，没有经过正规、专门的物流管理和物流技能训练。在从业人员中，拥有高级职称的物流人员仅占 0.58%，远远低于乌海市 9.7%的平均水平，而高级技师、技师的比例也仅为 0.18%和 0.44%，也分别低于乌海市 0.23%和 0.87%的平均水平。人才的严重匮乏致使物流企业管理水平低下、组织涣散、竞争力弱。

四、加快现代物流业发展的几点建议

（一）继续培育物流龙头企业，推进产业互动，提高综合运输组织能力

一是培育发展一批物流龙头企业。着力改变交通运输行业“低小散”的现状，突出市场主体建设。在现有几个大型物流园区的基础上，建成乌海西煤炭物流园，争取实施连接策克口岸、甘其毛道口岸的铁路通道建设工程，畅通蒙古国煤炭输入铁路通道。同时，积极与山东寿光、河北张北地区、甘肃河西走廊地区、银川、河套地区等我国重要的蔬菜、粮食、畜产品生产基地对接，实现蔬菜、粮食、畜产品的直销。建设冷链物流配送中心，实现农副产品及蔬菜冷链物流服务辐射乌海市及周边地区。逐步培育一批竞争力强、示范作用显著的具备运输、仓储、流通加工、物流信息等多功能以上的现代物流企业。

二是分离发展一批物流企业。树立现代物流经营理念，充分认识在市场经济条件下，生产和流通日益社会化、专业化，物流已不再是生产、流通的派生部门和辅助手段，而是相对独立分离出来的，是大有发展前景的新兴产业部门。要下大力气分离发展一批物流企业，按照专业分工协作的原则，推进生产制造和商贸企业分离开来，利用现有的仓储力、运输车辆等资产将生产物料和产品配送等服务业务从企业内部剥离，交由专业物流公司经营。

三是引进移植一批物流企业。充分利用物流资源的比较优势，主动融入我国物流网络体系，积极与北京、广州、成都、银川、西安、包头、石家庄等重要物流节点城市对接，引进和嫁接一批国际著名物流企业，与央企合作发展一批骨干物流企业，实现物流、信息流、资金流等的互通、共享。

四是整合提升一批物流企业。鼓励和引导现有运输、仓储、货代、联运、快递企业通过参股、兼并、联合、合资、合作等多种形式进行资产重组，加快向现代物流企业转型升级。指导组建一批跨地区、跨行业、跨所有制，服务水平高的、具有较强竞争力的大型物流企业，积极参与国内外市场竞争。

五是积极发展先进运输组织模式。鼓励不同运输方式之间和同一种运输方式内部通过联合经营、合作经营，实现优势互补、效率提高的多种运输方式相互协调衔接的物流运输发展模式，改变企业各自为政的局面，形成一个完整、统一的社会物流体系。

（二）科学规划园区布局，充分发挥比较优势

科学规划是科学发展的龙头。物流的规划与建设首先要与经济发展水平相适应，与周边地区的物流发展状况相联系，不能一哄而上，防止重复建设。其次要合理定位，突出特色。凭借乌海各地区优越的物流资源条件，可以将乌海市及三区定位成功能不同的物流服务中心，增强区域互补性、互惠性竞争的能力。

（三）建立物流主体信用制度，开展诚信服务

衡量现代物流业发展水平的一个重要标志，就是物流主体有很高的商业信用，遵守职业道德。第三方物流是指由供方与需方以外的物流企业提供物流服务的业务模式，通过契约形式来规范物流供应者和物流消费者之间的关系，其服务落实在一系列委托与被委托、代理与被代理的关系上，完全以信用制度、信用体系为基础。生产企业以合同方式将物流活动委托给第三方物流企业，第三方物流企业以合同方式汇集仓储、运输、包装等众多合作伙伴协同服务以及时满足顾客的要求。在物流正常运行过程中涉及多个物流参与者，其中任何一个物流参与者出现信用问题都将影响物流业的正常运作，甚至无法进行。因此，要加快物流信用制度建设，实行企业信用分级制度，建立企业信用档案，随时公开曝光不讲信用的物流企业，对逐步净化物流市场、优化物流环境、推动物流业健康发展意义重大。

（四）加强物流企业信息化建设，提高物流企业运作效率

物流信息化主要包括物流企业设施自动化和经营网络化两个方面。设施自动化是指货物的接收、分拣、装卸、运送、监控等环节以自动化的过程来完成。设施自动化涉及的技术非常多，如条码技术、射频识别技术、EDI技术、全球卫星定位技术、地理信息系统技术等，通过这些技术设施，可以实现货物的自动识别、自动分拣、自动装卸、自动存取，从而大大提高物流作业效率。经营网络化是指将网络技术运用到物流企业运行的各个方面，它既包括物流企业内部管理上的网络化，也包括对外联系上的网络化。物流信息化建设需要大量的人才、资金和科技投入，因此，政府要将其列入科技、技改项目，加强管理，从税收政策、资金政策、人才政策和技术方面给予更多的支持与帮助，促进其发展。

（五）加速物流人才培养，引进优秀物流人才

现代物流业涉及管理、贸易、运输、包装、计算机及网络技术等多门类学科。作为一个人才密集型的行业，物流业的发展需要一大批熟悉服务对象的生产、经营、销售，熟悉物流服务、组织运输、组织管理相关业务，熟悉市场营销和计算机网络、信息开发维护等方面的人才。要培养和引进一批高层次、高素质的物流人才除利用高校资源外，还要加强乌海市现有物流人员的职业培训工作，努力造就一大批熟悉物流运作规律，并有开拓创新精神的人才队伍，提高整个物流产业管理水平和市场竞争力。一方面，应增强政府、高校、企业之间的合作，加强内部相关人员的培训，形成产、学、研相结合的良性循环。可以采取“请进来，走出去”的办法，通过高校、政府机构、行业协会与企业等多种渠道，邀请国内外著名物流专家举办现代物流培训班，采取长期培养与短期培训、综合理论与专业知识培训、专业知识学习与境内外考察相结合等多种形式，培养和造就一大批懂现代物流技术和熟悉物流管理业务的各层次的专业人才。另一方面，企业也应当建立起行之有效的人才引进机制和对优秀人才的奖励机制。

（刘昆林　乌海市统计局）

第六部分

物流技术与装备

2012 年中国工业车辆行业

2012 年，由于国内经济发展速度放缓、国际发达国家经济恢复依然缓慢和发展中国家受通货膨胀拖累等因素的共同影响，我国工业车辆市场月销售量呈现出前高后低的走势，全年总销售量未能超过 30 万台。尽管同比为负增长，但总销售量还是成为继 2011 年最高纪录后的次高纪录。

根据工业车辆分会 2012 年采录汇总报告销售量数据显示：2012 年我国机动工业车辆达到 288662 台，与上年同期的 310189 台相比下降了 6.94%；非机动工业车辆销售量为 1363764 台，与上年同期的 1655876 台相比下降了 17.64%。2012 年我国机动工业车辆各月销售情况详见表 1。

表 1　　2012 年我国机动工业车辆各月销售情况　　单位：台

类别名称 / 月份	Ⅰ类	Ⅱ类	Ⅲ类	Ⅳ类 + Ⅴ类	Ⅰ ~ Ⅲ类电动叉车	Ⅰ + Ⅳ + Ⅴ类平衡重式叉车	Ⅰ ~ Ⅴ类工业车辆
	电动平衡重乘驾式叉车	电动乘驾式仓储叉车	电动步行式仓储叉车	内燃平衡重式叉车（实心、充气轮胎）			
1	1970	1581	1964	11512	5515	13482	17027
2	2325	896	2515	20289	5736	22614	26025
3	2580	1076	3454	25677	7110	28257	32787
4	2211	1298	3476	19183	6985	21394	26168
5	2570	1016	3370	19224	6956	21794	26180

续 表

类别名称 / 月份	Ⅰ类 电动平衡重乘驾式叉车	Ⅱ类 电动乘驾式仓储叉车	Ⅲ类 电动步行式仓储叉车	Ⅳ类+Ⅴ类 内燃平衡重式叉车（实心、充气轮胎）	Ⅰ～Ⅲ类电动叉车	Ⅰ+Ⅳ+Ⅴ类平衡重式叉车	Ⅰ～Ⅴ类工业车辆
6	2660	1119	3336	17345	7115	20005	24460
7	2678	1069	3187	16724	6934	19402	23658
8	2653	914	3066	17054	6633	19707	23687
9	2638	980	3140	17416	6758	20054	24174
10	2587	1049	2560	15212	6196	17799	21408
11	2692	1019	3471	16364	7182	19056	23546
12	2345	1077	3491	12629	6913	14974	19542
合计	29909	13094	37030	208629	80033	238538	288662

一、国内市场情况

2012 年，我国叉车市场全年共销售机动工业车辆 214119 台，与上年的 236257 台相比下降了 9.37%。我国叉车市场的销售量占亚洲叉车市场 363816 台销售量的 58.85%，比上年下降了 4.37 个百分点，仍列亚洲第 1 位；我国叉车市场的销售量占世界叉车市场 943724 台总销售量的 22.69%，比上年下降了 2.40 个百分点，继续位列世界第一大销售市场。

下图为 2012 年 1—12 月我国叉车市场销售量走势。从图中可以清楚地看到我国叉车市场全年销售量的变化情况。

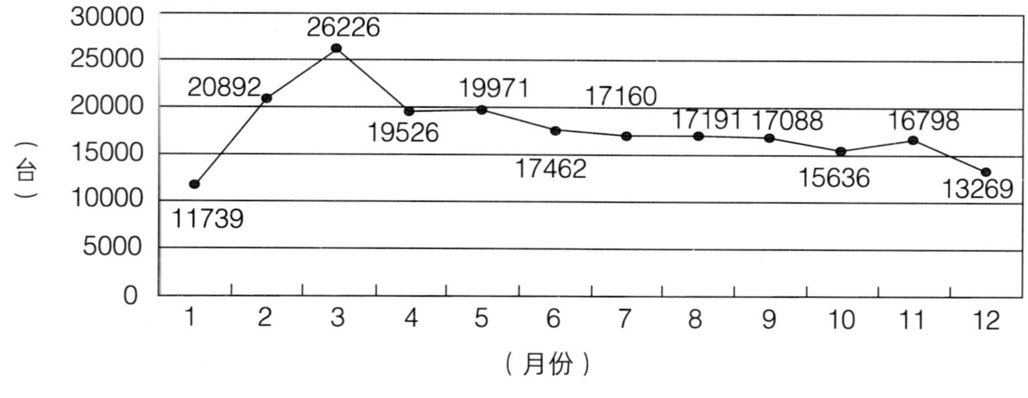

2012 年 1—12 月我国叉车市场销售量走势

二、出口情况

2012年，我国工业车辆出口量依然在高位运行，虽然金融危机后表现较好的新兴市场国家出现了一些回落，但我国的机动工业车辆出口量仍然保持上升的态势。全年共出口机动工业车辆97786台，与上年的84249台相比上升了16.07%。其中，电动叉车（含巷道堆垛机）出口量为43229台，与上年33689台的出口量相比上升了28.32%；内燃叉车（含集装箱叉车）的出口量为54557台，与上年50560台的出口量相比上升了7.91%。2005—2012年我国机动工业车辆出口数量和金额情况如表2所示。

表2　　2005—2012年我国机动工业车辆出口数量和金额情况统计

年份	出口机动工业车辆			
	数量（台）	同比增长（%）	金额（美元）	同比增加（%）
2005	16462	69.78	178385261	74.78
2006	26588	61.51	290735210	62.98
2007	48871	83.81	529515401	82.13
2008	60333	23.45	722682384	36.48
2009	27558	-54.32	309421396	-57.18
2010	47143	71.07	517832892	67.36
2011	84249	78.71	1014556246	95.92
2012	97786	16.07	1251750489	23.38

在出口的97786台机动工业车辆中，美洲占比32.84%、亚洲占比26.77%、欧洲占比26.00%、非洲占比9.23%、大洋洲占比5.16%；在出口的43229台电动叉车（含巷道堆垛机）中，美洲占比41.78%、欧洲占比30.26%、亚洲占比21.97%、大洋洲占比3.58%、非洲占比2.42%；在出口的54557台内燃叉车（含集装箱叉车）中，亚洲占比30.58%、美洲占比25.77%、欧洲占比22.63%、非洲占比14.62%、大洋洲占比6.41%。2012年我国机动工业车辆出口世界各大洲数量及占比情况见表3。

表 3　　2012 年我国机动工业车辆出口世界各大洲数量及占比情况统计

大洲名称	机动工业车辆		电动叉车		内燃叉车	
	数量（台）	占比（%）	数量（台）	占比（%）	数量（台）	占比（%）
亚洲	26180	26.77	9497	21.97	16683	30.58
非洲	9022	9.23	1045	2.42	7977	14.62
欧洲	25426	26.00	13081	30.26	12345	22.63
拉丁美洲	15392	15.74	3986	9.22	11406	20.91
北美洲	16724	17.10	14073	32.55	2651	4.86
大洋洲	5042	5.16	1547	3.58	3495	6.41
合计	97786	100.00	43229	100.00	54557	100.00

2012 年，我国共出口非机动工业车辆（轻小型搬运车辆）1686161 台，与上年同期的 1786013 台相比下降了 5.95%。2012 年 1—12 月我国非机动工业车辆（轻小型搬运车辆）出口情况详见表 4。

2012 年我国非机动工业车辆（轻小型搬运车辆）出口世界各大洲情况详见表 5。

表 4　　2012 年 1—12 月我国非机动工业车辆（轻小型搬运车辆）出口情况

月　份	1	2	3	4	5	6
出口数量（台）	148894	73380	162676	128871	160372	156005
月　份	7	8	9	10	11	12
出口数量（台）	168554	155371	166238	135137	162822	167693

表 5　　2012 年我国非机动工业车辆（轻小型搬运车辆）出口世界各大洲情况

大洲名称	出口数量（台）	占比（%）
亚洲	323390	19.18
非洲	39727	2.36
欧洲	775030	45.96
拉丁美洲	116886	6.93
北美洲	396551	23.52
大洋洲	34577	2.05
合计	1686161	100.00

从表5可以看出，我国出口到欧美的非机动工业车辆（轻小型搬运车辆）占非机动工业车辆（轻小型搬运车辆）出口总量的76.41%。其中，欧洲占比45.96%、美洲占比30.45%，亚洲只占19.18%的比例。

三、进口情况

2012年，我国共进口叉车及装有升降或搬运装置的工业车辆12970台，与上年的15632台进口量相比下降了17.03%；进口总金额为3.21亿美元，与上年3.68亿美元的进口总金额相比下降了12.81%。其中，电动叉车（含巷道堆垛机）6660台，与上年的进口量9264台相比下降了28.11%；内燃叉车（含集装箱叉车）1738台（其中集装箱叉车34台），与上年的进口量1912台相比下降了9.10%；未列名叉车4572台，与上年的进口量4456台相比下降了2.60%。2005—2012年我国对外贸易中机动工业车辆的进口情况详见表6。

表6　　2005—2012年我国机动工业车辆进口情况

年份	进口机动工业车辆			
	进口数量（台）	同比增长（%）	进口金额（美元）	同比增长（%）
2005	14920	−1.21	238796519	14.49
2006	14938	0.12	285835052	19.70
2007	16549	10.78	347486220	21.57
2008	13807	−16.57	343233710	−1.22
2009	9652	−30.09	293627560	−14.45
2010	14644	51.72	389169560	32.54
2011	15632	6.75	368447853	−5.32
2012	12970	−17.03	321267736	−12.81

2012年，我国进口的机动工业车辆分别来自29个国家和地区。在2012年进口的8398台机动工业车辆中，来自欧洲的占比52.07%、来自美洲的占比13.73%、来自亚洲的占比33.75%、来自大洋洲的占比0.45%；在进口的6660台电动叉车（含巷道堆垛机）中，来自欧洲的占比61.77%、来自美洲的占比13.63%、来自亚洲的占比24.47%、来自大洋洲的占比0.12%；在进口的1738台内燃叉车（含集装箱叉车台）中，来自欧洲的占比14.90%、来自美洲的占比14.10%、来自亚洲的占比69.28%、来自大洋洲的占比1.73%。

四、市场展望

工业车辆是物流装备中用途最广泛的设备之一，应用于各行各业中。近年来，随着对生产、运输效率要求越来越高，用机器代替人工的趋势非常普遍。过去十年，我国的工业车辆销售主要集中在沿海地区和国内主要城市，未来随着城镇化进程的深入，使用工业车辆的地区和范围会进一步扩大。由此可以预测，我国的工业车辆市场还会有很好的发展空间。

综合来看，工业车辆行业将从前些年的高速跳跃式发展向稳步式发展转变，无论是国内市场还是国外市场都有很好的机会。

（张洁　中国工程机械工业协会工业车辆分会）

2012 年中国自动化立体库行业

随着我国制造业和电子商务的飞速发展，市场对自动化立体库的需求越来越大，同时企业技术升级的压力也越来越大。

一、2012 年我国自动化立体库行业发展回顾

2012 年，我国自动化立体库行业发展有以下特点。

（一）市场需求大幅上升

2012 年，我国自动化立体库行业总产值接近 40 亿元，与 2011 年相比增长幅度在 20% 左右。2012 年，我国新建自动化立体库近 250 座，共生产了 1500 多台不同规格型号的有轨巷道堆垛机产品。新建自动化立体库主要集中在医药制造及流通、快速消费品生产流通、服装生产、机械电子制造、轨道交通、军事后勤等行业领域。

截至 2012 年年底，我国累计建成的自动化立体库约 2500 座，在役的自动化立体库达到 1800 座。

（二）技术升级压力越来越大

目前，我国自动化立体库技术基本还停留在 20 世纪末和 21 世纪初的水平，十年间没有大的技术突破和创新。究其原因是我国加入 WTO 后，物流装备市场膨胀过快，使大部分厂家忙于应付日常订单，鲜有精力去关注技术创新。客观地讲，传统自动化立体库技术已走到尽头，国内外技术水平日益趋近，但国外尤其是欧洲厂商早已开始研制替代技术和产品，且已推向市场。因此，在下一轮竞争中欧洲厂商会尽显技术优势，并进一步拉大与国内厂家的技术差距，倒逼国内厂商重新开始追赶的步伐。

近期，欧洲和日本厂商在国内外重要物流展会上展示了两项关键技术和产品：一是 MINI -LOAD 自动化立体库；二是替代传统堆垛机的梭式小车技术。这两项技术将在未来十年内成为自动化立体库的重点技术并得到普遍使用。

1. MINI - LOAD 自动化立体库

随着物流业务的多样化和精细化，货物存储单元逐渐缩小，塑料箱和纸箱逐步成了直接储存单元。欧洲物流仓储设备厂家率先研制出 MINI - LOAD 自动化立体库，其中的堆垛机从结构形式到控制方式都与以往的堆垛机截然不同。其结构普遍采用双柱楔型桅杆式，采用桁

架结构以减轻重量，使重心降低。采用合金铝型材和高科技新型复合材料，既提高了强度，减轻了重量，又美观实用。由于型材表面经过脱碳处理提高了耐磨性，可以直接作为工作面，减少了加工量。为提高堆垛机的工作速度和作业平顺性，采用大量气动元件实现工作安全性能。运行参数成倍提高，运行速度达到400米/秒，起升速度达到100米/秒，由于采用全新控制和驱动技术，定位精度在±2毫米以内。存取货装置功能强大，速度快，双排双深，可以实现每次存取1～4个物流箱的多种作业组合，最快10秒存取1个物流箱，每台堆垛机可以负责上万个物流箱的存取作业。机械传动方面采用伺服电机驱动，不再通过减速机、直接驱动轮组或无变形齿型带往返拉动轮组进行水平和垂直运动，取货装置相当复杂。为解决直接处理纸箱和塑料箱问题，采用水平开合装置按箱子宽度调整取货装置的开档尺寸，同时取货行程可以自动变化，按箱子长度确定行程，纵深方向可以取1个或2个箱子，作业效率非常高。

目前，欧洲十几家主要的堆垛机制造商均推出了自行设计的MINI－LOAD自动化立体库和堆垛机。日本大福和村田公司也已研制出类似产品，但其技术水平比欧洲产品稍逊一筹。国内生产的MINI－LOAD堆垛机基本是在托盘堆垛机的基础上微缩改造而来，其技术参数与国外相比差距很大。

2. 以梭式小车为核心的新型自动化立体库

针对传统自动化立体库的作业效率完全取决于堆垛机效率，且立体库一旦建成，堆垛机效率无法调节，难以满足物流配送中心作业波动调节需要，出现忙时不够用、闲时又浪费的情况，欧洲厂商研制出一种带有绿色物流概念的新型仓储模式，替代传统意义上的巷道堆垛式自动化立体库，其核心设备是能在货格中自动搬运托盘或物流箱的紧凑型梭式小车。该梭式小车与固定在货架端部的垂直提升机自由组合配合使用，可替代堆垛机完成托盘或物流箱的快速存取作业。由于其作业有效载荷与设备自重比值较小，意味着可大大降低每个仓储单元存取作业的能耗，具有绿色节能概念。梭式小车的动力来自电池供电，运行采用自行式。取货分两种方式：一种是深入到货物下方通过举升方式取货，另一种是在巷道中侧向水平推拉方式取货。具体采用哪种方式取决于仓库布局和货物存取要求，可灵活选用。梭式小车技术推出后改变了传统立体库的设计理念，提升了空间利用率和存取作业效率，尤其是系统拓展非常方便，是市场应用极广的产品技术。在对空间利用率要求高的冷库以及旧仓库升级改造项目中更加适用。

目前，欧洲已有几十个厂商推出了该类系统和产品，而国内企业还没有研制出适用于密集存储的梭式小车技术和产品，市场上采用的均为欧洲产品。国内企业虽已着手研制该技术，但推出成型产品尚需时日。

二、自动化立体库的发展展望

随着我国经济的快速发展，土地和劳动力资源将日益短缺，仓储系统向立体化、机械化、自动化和信息化发展将成为长期趋势。因此，自动化立体库市场会逐步扩大。预计未来三年，其市场规模年复合增长率依然会保持在30%左右。由此推断，2013年自动化立体库市场总额在50亿元左右。

（祁庆民　中国重型机械协会物流与仓储机械分会）

2012 年中国托盘业

2012 年是我国托盘行业发展比较艰难的一年，由于欧债、美债危机的严重影响，进出口贸易额大幅下降，致使随货物出口的托盘订单大量减少，大部分托盘生产企业经营困难增大，小部分企业主要是面向高端客户的托盘生产企业和周转箱制造企业，生产仍旧保持较高的增长率和利润水平。

一、托盘拥有量仍持续增加

根据中国物流与采购联合会托盘专业委员会（以下简称托盘委）的初步统计，2011 年我国的托盘拥有量为 8.1 亿片，2012 年我国的托盘数量增至 8.6 亿片，即 2012 年一年时间，托盘的拥有量比上年增加了 0.5 亿片。这说明与许多行业生产销售不景气相比，托盘行业生产仍然持续向好，产量和用量保持双增长。由于托盘属易损产品，每年的产出量和损耗量没有一定之规。比如，木托盘使用一次或多次后会损坏，损坏的木托盘视情况或被拆成木板改做它用，或经过修补继续使用。塑料托盘的重复使用性较强，然而一旦损坏则无法修复。因此，托盘的拥有量是不断变化的。2008—2012 年我国托盘拥有量情况如下图所示。

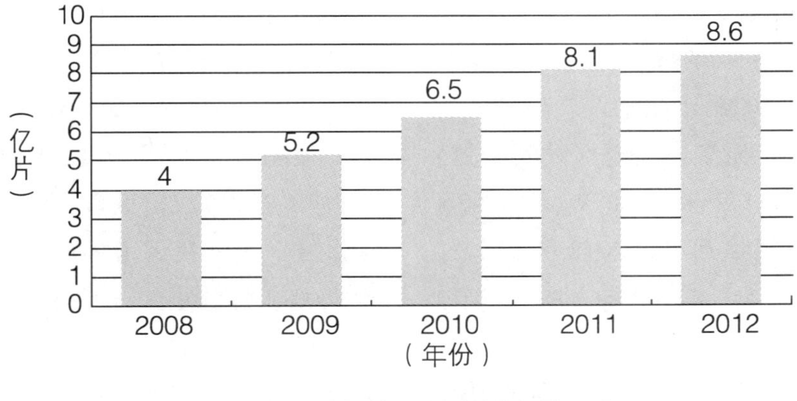

2008—2012 年我国托盘拥有量示意

从上图可以看出，我国托盘的拥有量近几年呈稳定增长趋势，但2012年增幅明显减缓。

目前，在五大类托盘中，木托盘的拥有量仍占绝大多数，占比高达80%；而塑料托盘拥有量近年增幅较大，占比已由前几年的10%增至2012年的12%。我国各类托盘所占比例如下表所示。

我国五大类托盘占比统计表

托盘类别	木托盘	塑料托盘	纸托盘	金属托盘	复合材料托盘等
占比（%）	80	12	5	2	1

近几年，面对国际木材市场价格不断攀升的局面，国内托盘生产企业从经济效益的角度出发，不断调整生产策略削减木托盘的产量，致使我国木托盘的产量呈持续减少的趋势。塑料托盘因耐用性好、使用寿命长、易清洗、规格形状多样、量身定做简单的特性，广泛为食品、饮料、化工、汽车等行业使用。因此，塑料托盘的产量近年呈明显上升的态势。纸托盘因用途面扩展较快产量有所增加，但增量和增速与塑料托盘相比还是很缓慢的。金属托盘中，除了钢制托盘外，又出现了铝制或铝合金等托盘。

二、2012年托盘行业的亮点

（一）"中国托盘质量保障体系"工程启动

"中国托盘质量保障体系"包括三大部分：第一部分是托盘标准的制定和修订。2008年国家标准《联运通用平托盘·主要尺寸及公差》出台，该标准规定了1.2米×1.0米、1.1米×1.1米两种托盘的规格尺寸。2012年修订了"联运通用平托盘性能要求和试验方法"，新制定了木质平托盘、木质及木质箱式托盘等多项国家标准，这些标准的制修订为托盘质量认证提供了重要依据。第二部分是托盘的质量检验和测试。这部分工作需要有具备国家资质的检验测试机构参与，以便科学、客观、真实地对托盘质量进行评价。第三部分是托盘质量的制度保障。比如第三方托盘质量认定机构，评价系统及操作规程等。这部分工作必须公开、公正、公平，必须得到行业公认和企业认可，必须符合国家政策导向，如低碳环保、节能减排、循环利用等。

2012年3月，托盘委在江苏无锡召开了全国托盘工作会议。参会人员围绕托盘质量保障体系建设等相关问题进行了热烈讨论。托盘委在会后经过广泛地征求相关行业和企业的意见，组织成立了托盘质量认证工作调研小组。该小组于2012年9月展开了全国性、全行业性调查研究，计划2013年继续深入开展可行性调研，并于2013年上半年提出框架体系、总体规划、实施方法、效果分析预测等报告。

（二）我国第一家托盘共用系统公司挂牌

国际三大跨国托盘共用系统公司——集保中国（美国）、招商路凯（中澳）、众力物流（韩国）进驻我国市场已有五年多，他们在大体做好市场铺垫并开始赢利的同时，在我国托盘租赁市场中的影响力也在迅速扩大。2012年6月，我国第一家以木托盘生产企业为主要股东的全亚供应链管理（上海）有限公司正式注册成立。公司股东企业为天津新创、广东罗浮山等有实力和有发展潜力的木托盘生产企业。全亚供应链管理（上海）有限公司是迄今为止我国最具规模的托盘共用系统公司。该公司立足托盘资源共享和托盘循环利用，专注托盘共用系统运营。企业的目标是在全国乃至亚洲地区布局和运作，经营理念是网络化、加盟制和合作共赢。目前，公司已有20多家托盘企业加盟。全亚供应链管理（上海）有限公司采取结合我国国情并符合我国现阶段发展特点的托盘动态租赁方式运作，经营模式完全不同于上述三大国际跨国托盘共用系统公司。经过近半年的运作，全亚供应链管理（上海）有限公司已在上海、成都、重庆、厦门、深圳、武汉等多个大型城市布点，网络覆盖了大半个中国。

（三）托盘标准制修订工作取得新突破

为推进托盘行业规范化运作，促进标准托盘广泛利用，托盘委努力创新托盘标准的制修订工作。2012年，在中国物流与采购联合会标准化工作部的指导和帮助下，托盘委把托盘标准的制修订工作作为一项系统工程，全面考量、系统设计、整体创新，力求各类托盘标准匹配衔接。本着从单元化物流的角度出发，把托盘标准放到单元化装载、物流作业、供应链管理中，与叉车、货架、集装箱、包装、配送等相关要素统一考虑，使国外标准与国内发展现状相结合，托盘生产与托盘用户企业相结合，全方位、立体式创新设计的思路和原则，2012年托盘委主抓的16项托盘标准制定工作进展都十分顺利，获得相关领导和企业的好评。

（四）托盘国际会议不断创新与突破

2012年，托盘委举办的“第七届中国托盘国际会议暨2012全球托盘企业家年会”及同期举办的“托盘新产品、新材料、新技术”展览，有多项创新和突破。一是创新会议主题，紧紧围绕2012年严峻经营形势设立了“严酷经营环境中托盘企业家的睿智与抉择”主题。二是新开辟中韩托盘专场论坛，请韩国政府和行业团体负责人、研究机构介绍政府与企业的融合与模式创新，使国内参会代表开眼界、获启迪。三是安排大会代表参观先进样板企业，亲睹优秀托盘生产企业的产品开发、质量验收、企业文化和服务水准，使参会代表学有榜样、干有目标。与会代表感到参加托盘委组织的会议和活动，每次都有丰厚的收获。托盘委通过自身努力，扩大了影响力和凝聚力，发挥了纽带作用。

（五）托盘新产品、新技术、新材料大量涌现

托盘属小型物流器具。目前，我国还没有把托盘列入固定资产加以管理。不仅如此，大部分人认为托盘只是简单的器具，没有技术含量，更不知道它在物流乃至整个供应链中的重要价值。事实上，在物流行业托盘不仅能保障供应链上下游企业产品正常流转、有效衔接、全程顺畅与贯通，还能大幅度提高物流作业效率、降低物流成本。托盘生产的创新对资源节约和促进环保意义重大。

2012年，我国托盘业又有许多托盘新产品、新技术和新材料推出。如某托盘生产企业新研制的EVA改性复合材料成功用于托盘生产制造。这种改性塑料属于新型环保塑料发泡材料，通过改性发泡复合即可变成缓冲性能好、抗震、隔热、防静电的理想托盘材料。利用这种材料制造出来的托盘具有可生物降解、无环境污染、成本低、重量轻、耐水、抗寒、无味、无毒、免熏蒸等优势。用此种新材料制做的新型托盘已在“第七届托盘国际会议暨2012全球托盘企业家年会”上亮相，受到广泛青睐。又如，某塑料托盘生产企业研发的一种新型塑料托盘，由于科学合理地加入了长玻璃纤维，使托盘变得重量很轻、韧性很好、耐寒耐高温、可塑性强、美观耐用、物美价廉，2012 年刚刚推向市场就赢得了好评和订单。

自 2008 年金融危机以来，我国的托盘生产企业面对严峻经营环境和竞争压力，大胆创新，努力探索，已有大量新材料、新工艺、新产品投放市场。目前，托盘的技术创新已出现百花齐放，百家争鸣的景象。近些年，已趋向成熟的在塑料托盘中嵌入钢件和以废纸、废塑料、木屑、秸杆、树枝为原材料生产复合材料托盘的新技术，不但使托盘更加适应现代物流的需求，而且在悄悄地改变着人们的理念，引领人们向科学技术要效益。

（靳伟　中国物流与采购联合会托盘专业委员会常务副主任）

2012 年中国物联网技术应用

2012 年，我国物联网技术已从概念导入和试点示范进入到以实际应用带动整体发展的新阶段。在某些市场基础较好、产业链较为完善的领域，物联网技术应用开花结果。车联网、智能交通、智能家居、智能电网、感知矿山等蓬勃发展，而传统的物联网则更多地退居到了幕后。

一、2012 年物联网技术在物流行业应用的情况

2012 年，在国家相关产业政策的支持和推动下，我国物流行业的物联网技术应用逐步进入稳定高速发展阶段，物联网产业市场规模约为 3650 亿元，比上年增长 38.6%（2011 年物联网产业市场规模为 2632.6 亿元，比 2010 年增长 42.5%）。物联网技术在物流装备智能化、物流信息系统平台和车联网三个领域应用的成功案例较 2011 年明显增加。华夏物联网研究中心对搜集到的 2012 年物流行业应用物联网技术的众多解决方案进行梳理分析，归纳总结出 2012 年我国物流行业应用物联网技术的实际状况。

（一）物流装备智能化应用状况

从物联网技术在我国生根发芽开始，中国智慧物流领域应用最普遍的物联网感知技术首先就是 RFID 技术。据《中国物流信息化蓝皮书》统计，截至 2012 年第一季度，近 85% 的物流信息化案例中采用了 RFID 技术作为物流信息感知技术，而条码应用率减少到 65%，电子单证应用率为 65%。这些物联网基础技术在很大程度上帮助企业提升了信息化水平，详情如图 1 所示。

除 RFID 技术外，扫描、红外、激光、蓝牙等其他感知技术在物流行业中也有一定的应用。根据中国仓储协会调研统计，截至 2013 年一季度，采纳扫描、红外、激光、蓝牙等感知技术的应用合计达 18%，同比增长 8 个百分点。这些技术主要用在自动化物流中心自动输

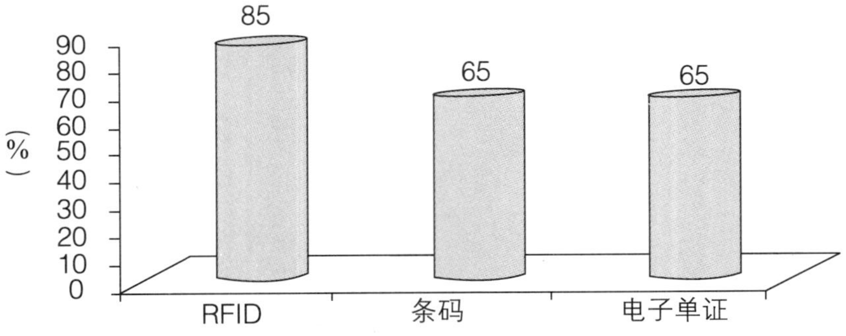

图 1 2012 年我国物流企业各项物联网技术应用情况①

送分拣系统，用于对物品编码自动扫描（指自动输送分拣机上的条码扫描，不包括手持终端的条码扫描）、计数、分拣等方面。此外，激光和红外技术还应用于物流系统中智能搬运机器人的导引。2012 年我国物流行业中物联网技术的应用情况如图 2 所示。

（二）物流信息系统平台应用状况

2012 年我国物流信息化案例的统计分析结果表明，2012—2013 年一季度我国物流行业中物流系统采用互联网技术的占 80%、采用局域网技术的占 75%，受电子商务以及国家对于制造业物流信息化推动的影响，采用无线局域网技术的占比达 70%（包括采用多种网络技术的复杂系统），比例明显增加，详情如图 3 所示。

从第三方物流企业的情况看，面对大范围的物流作业，特别是在货物分布全国各地且处在实时移动状态的情况下，物流企业的网络化信息管理大多是借助于互联网系统与企业局域网相结合的应用；也有物流企业全部采用局域网技术。大多数物流中心的物流网络基于局域网技术，也有少数是采用无线局域网技术组建物流信息网络系统。数据通信方面大多是采用无线通信与有线通信相结合，但新的物流信息系统大量采用了 3G、WIFI 等先进技术。总体看，目前我国的物流信息系统几乎都是并行网络化的运作，传统的点对点的单线管理与优化的物流信息系统已经开始被 E 商务时代所掩埋。

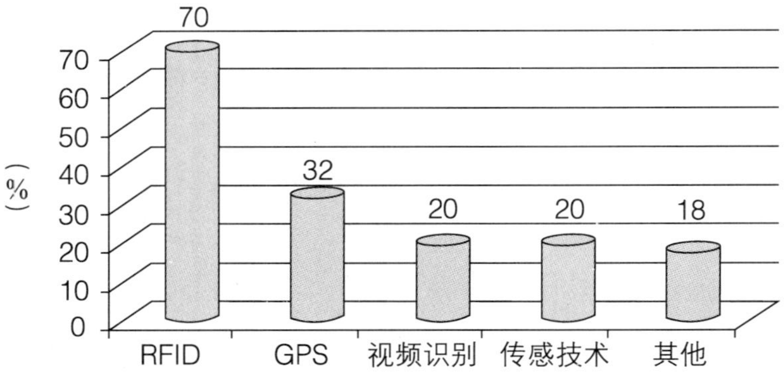

图 2 2012 年我国物流行业中物联网技术应用情况

① 本文图表数据除注明外均源自华夏物联网研究中心。

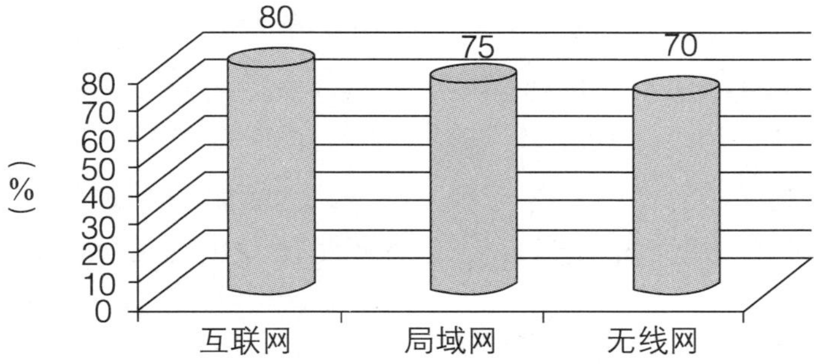

图3　2012—2013 年一季度我国物流行业各类网络技术应用情况

受 2011 年电子商务爆发式增长的影响，2012 年各电商之间围绕物流配送及物流网络化技术结构的竞争趋于白热化。2012 年电子商务网站保持高速、稳定的增长，物流及电子商务企业均把物流信息平台建设及物联网技术的引入作为企业未来最大的投资方向。国家对物联网所涉及的行业给予大力支持，使得物流行业信息化建设步伐明显加快。

（三）车联网技术应用状况

2012 年我国物流信息化案例的统计分析结果表明，2012—2013 年一季度我国车联网技术中导航技术实际应用比例最高，占比为 50%；通信技术占比为 35%，传感技术占比为 10%。车联网技术实际应用占比情况如图 4 所示。数据说明，我国车联网技术的快速发展开拓了智能交通发展的新局面。

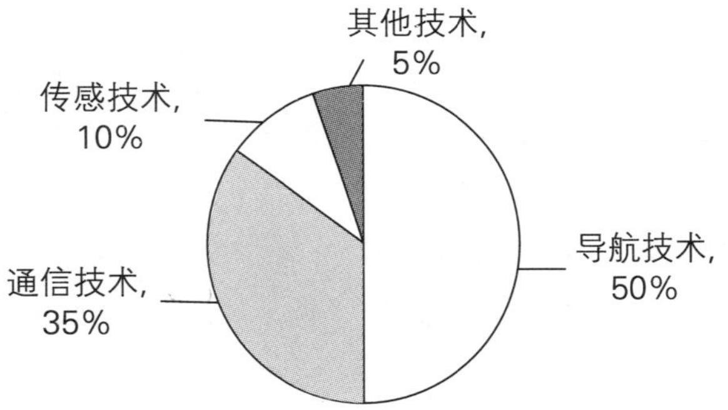

图4　2012—2013 年一季度我国车联网技术实际应用比例分析

2012 年，车联网技术开始着手技术应用及面向客户领域的积极调整。主要体现在以下几方面：一是传感器技术的发展使得汽车 OBD 出现后，大量的后台运营商、软件开发商及车载系列生产商，都把眼光投向了这个领域，着手研究在新功能方面提升服务内容、提高附加值和掌握终端客户群的方法。二是在车载终端领域，虽然安卓操作系统在车机方面面市的产品不是很多，但是根据华夏物联网研究中心与许多车机厂家及方案商的沟通了解，目前整个行业都把安卓操作系统作为公司下一步发展的方向，并已逐步开始立项。三是自动控制技术即汽车电子化、智能化和节能高效化已成为每个汽车生产厂家追求的目标。四是政府部门加强引导。2011 年 GPS 行业新国标的出台及“两客一危”车辆监管政策的出台，都在规范安全及信息传递方面特别强调了与政府部门的联网。不可否认，移动互联网技术的长足发展必将为日后车联网的发展打下坚实的基础。

二、国家出台政策积极支持物联网技术在物流业的应用

2012 年国家相关部委相继出台政策，积极支持物联网技术在物流业的应用，为发展智慧物流建立了良好的政策环境。

2012 年 1 月，我国物联网交通领域应用标准工作组正式成立。交通运输部科技司召开了物联网交通领域应用标准工作组成立大会暨第一次工作会议。这也是国家标准委和国家发改委统一部署，由国家标准委发文批准的六大行业物联网应用标准工作组中首个宣布成立的工作组。

2012 年 2 月 14 日，工信部正式发布了《物联网“十二五”发展规划》（以下简称《规划》），明确将加大财税支持力度，增加物联网发展专项资金规模，加大产业化专项等对物联网的投入比重，鼓励民资、外资进入物联网领域，目标是到 2015 年我国要初步完成物联网产业体系构建。《规划》提出了重点发展物联网的九大应用，包括智能工业、智能农业、智能物流、智能交通、智能电网、智能环保、智能安防、智能医疗和智能家居。《规划》还提出，智慧物流领域将建设库存监控、配送管理、安全追溯等现代流通应用系统，建设跨区域、行业、部门的物流公共服务平台，实现电子商务与物流配送一体化管理。智能交通将建设交通状态感知与交换、交通诱导与智能化管控、车辆定位与调度、车辆远程监测与服务、车路协同控制，建设开放的综合智能交通平台。

2012 年 5 月，国家发展和改革委员会发布了《关于组织实施 2012 年物联网技术研发及产业化专项的通知》，明确要重点依托交通、公共安全、农业、林业、环保、家居、医疗、工业生产、电力、物流十个领域，在 2012 年到 2013 年统筹推进物联网关键技术研发及产业化、标准体系和公共服务平台建设，着力突破核心关键技术，完善产业链，为重点领域物联网应用示范提供有效支撑。

三、物流行业信息化水平制约了智慧物流的发展

随着物联网技术与物流信息化融合趋势日渐明朗，物流行业信息化水平不高的问题制约了智慧物流的发展。这个问题无疑是物联网应用于物流行业的先天障碍。

目前，我国物流企业中仅有 20% 的企业具有较高的信息化处理水平，大量的中小物流企业信息化水平还很低，由此造成仓储运输系统的整合效能低下。信息流通不畅，导致企业对物流服务过程难以及时了解，更难以实现对物流市场需求的全面掌控。有一定信息化水平的物流企业，其综合服务功能不全，与物联网融合应用能力较弱，装备技术水平仍很落后，不仅服务内容和手段过于简单，只能提供单项或分段的物流服务，而且在信息服务、库存管理、方案设计及供应链管理等增值服务方面还没有全面展开，难以理解和掌控物流供应链与物联网的全面融合。更重要的是，第三方物流企业所占市场份额还很低，且物流行业在信息化应用这一领域缺乏与物联网融合的相关认识，没意识到物联网技术将对物流业带来冲击效应。

四、物联网技术在物流业应用展望

2013 年将是我国智慧物流与智能交通领域发展举措实施以及成果显现的一年。从国家《物流业调整和振兴规划》到《关于促进物流业健康发展政策措施的意见》，再到《物联网“十二五”发展规划》和国家发展和改革委员会启动物联网技术研发及产业化专项工作，对我国物联网技术应用推广的政策支持，智慧物流作为一个传统与创新兼而有之的行业，将因势利导取得长足发展。物联网交通领域应用标准工作组的成立也预示着物联网技术将正式在物流行业占据一席之地。表 1 是华夏物联网研究中心对 2013 年我国物流业物联网技术应用市场份额的预测。

表 1　　2013 年我国物流业物联网技术应用市场份额预测

物联网技术	项目规模（亿元）	所占比例（%）
RFID	110	22
GPS	90	18
传感技术	120	24
视频识别	100	20
其他	80	16

数据来源：北京科技大学物流研究所。

2013 年，在智慧物流装备行业中 RFID 技术应用范围将急剧增加，市场份额接近 110 亿元；随着智能手机、平板电脑等智能手持终端在全国范围快速普及，物流仓储以及货运车联网行业中 GPS 技术应用市场份额将增加至 90 亿元；在全国近 1600 家企业从事传感器生产与技术研发的大背景下，传感技术应用于智慧物流信息平台的市场规模可增至 120 亿元；视频识别与其他创新技术应用于智慧物流的市场规模也将接近 180 亿元大关。国家 2012 年出台的一系列物联网产业政策将逐步落地并开始具体实施，相信借助国家重大项目扶持政策，物联网技术对于我国物流行业的发展推动将是日益加大的。

（一）物流装备的物联网技术应用展望

预计以 RFID 为代表的物联网技术在物流业的应用在 2013 年将实现同比增长 60%，总体市场规模超过 400 亿元。其中，物流装备将是增长最快的领域之一。预计到 2015 年物流装备行业使用物联网技术的总体市场规模有望突破 600 亿元，如图 5 所示。

随着《物联网“十二五”发展规划》的实施和国家发展和改革委员会启动物联网技术研发及产业化专项和国务院修订物联网专项资金管理办法，2013 年我国物联网技术应用于物流装备行业将得到全面的政策和资金支持。

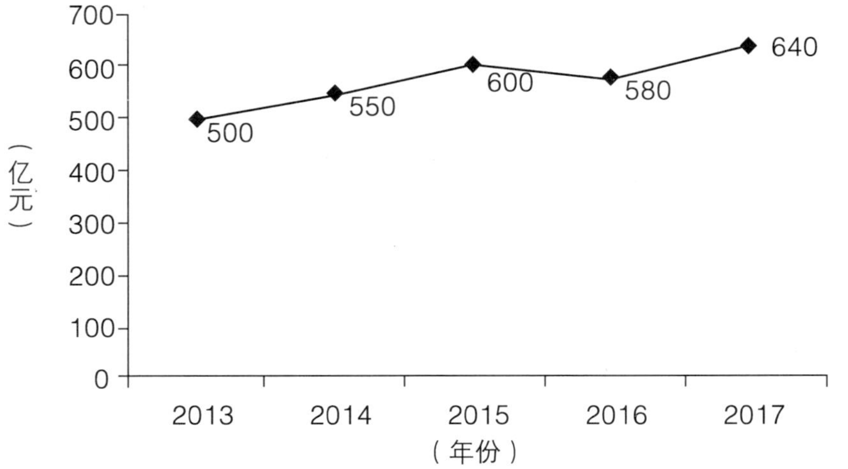

图 5 2013—2017 年我国采用物联网技术的物流装备的市场规模预测

（二）物流信息系统平台应用展望

2013 年，我国将有接近 98% 的物流企业完成物流信息平台建设投资计划。我国物流软件应用普及率将达到 95% 以上，其中运输管理系统、库存、仓储，以及车辆调度系统应用普及率分别为 95% 和 90%。

随着我国在互联网上继续加快构建公共物流信息系统服务平台，以及物流行业物联网技术应用的发展，预计 2013 年我国物流信息系统平台市场规模的增幅将保持 50% 左右，对信息平台的优化以及并行网络化平台的需求将日益强烈。

（三）车联网技术应用展望

我国汽车传感器需求在未来 5 年的复合平均年增长率预计为 12%，2013 年的市场需求接近 110 亿元，2017 年将有望超过 140 亿元。未来 5 年我国车联网领域传感器模块市场需求如表 2 和图 6 所示。

表 2 2013—2017 年我国汽车传感器市场需求预测 单位：亿元

年份	2013	2014	2015	2016	2017
传动系统	60	63	66. 5	70	76. 5
底盘	20	21. 5	22	23. 5	24. 5
安全系统	21	22. 5	23. 5	26	28. 5
安保系统	1. 5	1. 7	1. 9	2. 1	2. 5
车身	4	5	5. 5	6. 5	7. 5
驾驶员信息	0. 8	1	1. 1	1. 2	1. 4
总计	107. 3	114. 7	120. 5	129. 3	140. 9

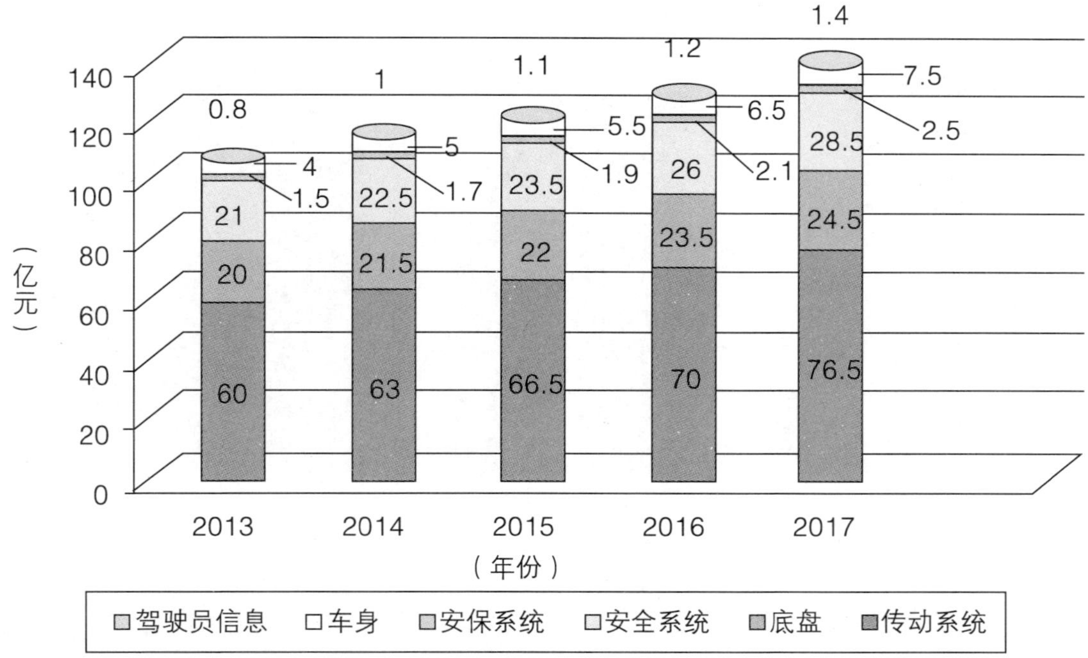

图6 我国汽车传感器市场需求预测

在车联网导航技术方面，根据国家规划，到2013年北斗卫星导航系统将形成区域无源服务能力，到2020年北斗导航系统将实现全球无源服务能力。据预测，到2020年，我国的导航产业将从现在的500亿元产值增加到约4000亿元产值，导航地图企业可以从未来政府和行业应用中获得很大的商业机会。

“十二五”期间，物联网技术将在各行业落地并真正应用于各种解决方案之中。我们期待着物流业与物联网技术高度融合的新局面早日来临。相信随着物联网技术应用不断创新，物流业势必将不断涌现出智慧物流装备、智能仓储系统、智慧物流作业系统、智慧物流追溯系统、智慧物流港口系统、智能货运车联网平台等创新模式，实现多方共赢的局面。

（吴菁芃　北京科技大学物流研究所　华夏物联网研究中心）

第七部分

政府采购

2012 年中国政府采购情况

一、政府采购总体情况

2012 年，我国政府采购规模为 13977.7 亿元，比 2011 年增加 2645.2 亿元、增长 23.3%。其中，服务类采购规模快速扩增，成为全国政府采购规模不断攀升的强劲动力。

二、各地政府采购数据

全国政府采购信息统计情况显示，2012 年我国各地政府采购情况普遍好于上年。2012 年我国各地政府采购情况（按采购规模排序）如下。

（一）江苏省 2012 年采购规模为 1450.25 亿元

2012 年，江苏全省完成政府采购预算 1629.27 亿元，实际采购金额达 1450.25 亿元，同比增加 332.35 亿元、增长 29.73%，在 2011 年突破 1000 亿元大关的基础上继续大幅增长。2012 年江苏省政府采购规模占江苏省当年财政一般预算支出的 20.7%，占江苏省 GDP 的 2.7%，节约资金 179.02 亿元，平均节支率为 10.99%。

（二）广东省 2012 年采购规模为 1232.69 亿元

2012 年，广东全省政府采购规模达 1232.69 亿元，同比增长 18.47%，节约财政资金 94.61 亿元。

其中，强制采购节能产品 75.46 亿元，优先采购环保产品 40.55 亿元，各占同类产品采购总额的 79.57% 和 47.08%。

（三）山东省 2012 年采购规模为 1073.42 亿元

2012 年，山东全省政府采购规模突破 1000 亿元，达到 1073.42 亿元，同比增加 226.43 亿元、增长 27%；节约资金 140.61 亿元，同比增加 21.91 亿元、增长 18.5%。

其中，节能和环保产品采购额分别为 92.07 亿元和 72.9 亿元，各占同类产品采购总额的 92.3% 和 82.2%。

2012 年山东全省进口产品采购额为 9.7 亿元，仅占采购总规模的 0.9%。

（四）浙江省 2012 年采购规模为 835.63 亿元

2012 年，浙江全省完成政府采购预算

980.76亿元，实际合同金额835.63亿元，节约财政资金145.13亿元，采购规模比上年增长7.4%。

其中，货物类项目采购额为300.31亿元、工程类项目采购额为469.89亿元、服务类项目采购额为65.43亿元，分别比上年增长17.9%、1.7%和7.2%。

（五）安徽省2012年采购规模为785.8亿元

2012年，安徽全省政府采购规模达785.8亿元，占全省GDP的4.6%，占全省财政支出的20%。采购规模比上年增加230.2亿元、增长41.4%。

其中，货物类采购额为107.1亿元、工程类采购额为653.6亿元、服务类采购额为25.1亿元，分别占采购规模的13.6%、83.2%和3.2%。工程采购增速为48.9%。

（六）河南省2012年采购规模为730.94亿元

2012年，河南全省政府采购规模达730.94亿元，同比增长28%，节约财政资金98.39亿元。其中，工程类项目采购额为513.63亿元，占全省采购总规模的70.27%。

2012年，河南全省政府采购中国内产品采购金额为729.88亿元，占全省采购总规模的99%。政府采购节能节水产品、环保产品的比例分别达到93.94%和87.01%。

（七）广西壮族自治区2012年采购规模为634.24亿元

2012年，广西壮族自治区全区完成政府采购预算719.53亿元，实际采购金额为634.24亿元，节约财政资金85.29亿元，平均节支率为11.85%。

其中，自治区本级实际采购金额为179.03亿元，节约资金16.48亿元；14个地市实际采购金额共计455.21亿元，节约资金68.81亿元。

（八）重庆市2012年采购规模为588亿元

2012年，重庆全市完成政府采购预算644亿元，比上年增加310亿元、增长93%；实际采购规模为588亿元，同比增加297亿元、增长102%。

其中，市级采购规模达到279亿元，同比增长170%，完成年初计划的132%。

（九）上海市2012年采购规模为433.2亿元

2012年，上海全市政府采购规模为433.2亿元。

其中，节能产品采购额20.8亿元，占同类产品采购金额的83.9%；完成环境标志产品采购额27.1亿元，占同类产品采购金额的76%。全年与中小微企业签订8万多份采购合同，涉及采购金额355.2亿元，占采购规模的82%。

（十）河北省2012年采购规模为422.1亿元

2012年，河北全省政府采购规模达到422.1亿元。其中，工程类项目采购额为289.4亿元，占全省采购总规模的68.56%，节约资金35.7亿元，平均节支率为10.99%。

2012年，河北省全年共采购节能、节水产品95.1亿元，占同类产品全部采购额的95.6%，其中省级采购节能、环保产品为45.6亿元，占同类产品全部采购额的89.1%。

（十一）内蒙古自治区2012年采购规模为403.91亿元

2012年，内蒙古自治区累计执行政府采购预算449亿元，实际采购规模403.91亿元，同比增长19.01%；节约资金45.09亿元，平均节支率为10.04%。

其中，工程类采购额为288.43亿元，占全区政府采购规模的71.41%，同比增长39.77%。另外，公开招标额327.94亿元，占采购规模的81.19%。

（十二）湖北省2012年采购规模为341亿元

2012年，湖北全省政府采购规模达到341亿元，超过年度目标任务26亿元，比上年增长11%。10年累计节约财政资金159.7亿元，平均节支率为9.8%。

当年完成的重要民生采购包括5.08亿元的“农村义务教育薄弱学校改造”、5.07亿元的“农村义务教育阶段免费教科书”和2.85亿元的“班班通”等项目。

（十三）吉林省2012年采购规模为202.7亿元

2012年，吉林全省政府采购规模达到202.7亿元，比上年增加26.9亿元、增长15.3%。近几年来，吉林省政府采购规模平均增幅都在15%以上。

（十四）新疆维吾尔自治区2012年采购规模为181.02亿元

2012年，新疆维吾尔自治区全区政府采购规模为181.02亿元，比上年增长32.45%。其中全区中小企业分享162.81亿元的合同份额，占比近九成。

其中，货物类、工程类和服务类采购金额分别为91.84亿元、72.78亿元和16.39亿元，同比分别增长27.46%、17.93%和36.99%。

（十五）天津市2012年采购规模为174.2亿元

2012年，天津全市完成政府采购预算225.3亿元，实际采购金额为174.2亿元（中小企业分享119.84亿元），节约资金51.1亿元，平均节支率达到22.7%。

其中，货物类项目采购金额为62.1亿元，比上年增长3%；工程类项目采购金额为103.4亿元，占全市实际采购支出总额的59.3%，比上年增长13.8%。

（十六）陕西省2012年采购规模为135.21亿元

2012年，陕西全省政府采购规模为135.21亿元，与2002年的10.93亿元相比增长11.4倍。其中，工程项目采购额48.37亿元，占采购规模的35.7%。

其中，采购节能、节水产品20.93亿元，占同类产品采购额的85.47%；采购环保产品9.32亿元，占同类产品采购额的42.49%。

（十七）甘肃省2012年采购规模为79.4亿元

2012年，甘肃全省政府采购规模达到79.4亿元，比上年增长11.75%，节约财政资金5.58亿元，平均节支率为6.56%。

其中，货物类采购额为64.92亿元、工程类采购额为8.76亿元、服务类采购额为5.72亿元，分别占采购规模的81.76%、11.03%和7.21%。

（十八）青岛市2012年采购规模为162.77亿元

2012年，青岛全市政府采购规模达到162.77亿元，节约资金18.50亿元，平均节支率为10.20%。采购规模与上年相比增加了45.34亿元，同比增长38.61%。

从采购类别看，货物、工程、服务类项目采购额分别为48.49亿元、97.50亿元和16.78亿元，各占采购规模的29.8%、59.9%和10.3%。

2012年，各省市政府采购在全国政府采购中的占比情况如下图所示。2012年，在全国政府采购规模中所占比重较大的省区市依次为江苏省、广东省、山东省、浙江省、安徽省、河南省、广西壮族自治区和重庆市。

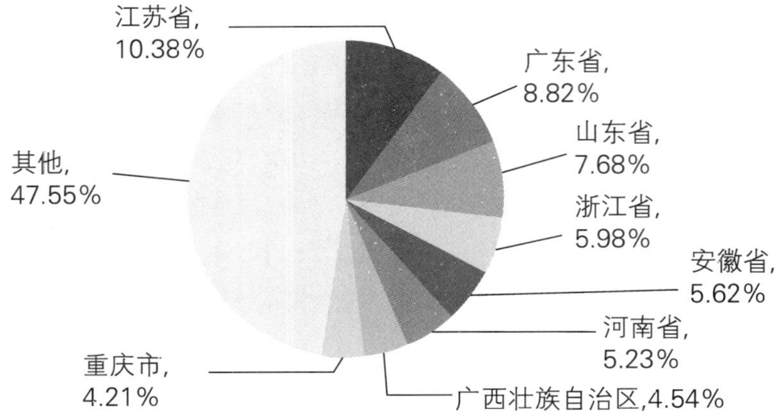

2012 年各省市政府采购在全国政府采购中的占比情况

三、2012 年政府采购的新变化

从财政部公布的全国各省市政府采购统计数据不难发现，随着国民经济结构的调整，2012 年我国政府采购发生了许多新变化。

（一）服务类采购规模强劲增长

2012 年，我国服务类采购规模为 1214 亿元，同比增长 36. 6%，增速明显高于货物类的 14. 6% 和工程类的 26. 6%，占采购规模的比重快速增加。

在货物类项目基本实现“应采尽采”的情况下，大力拓展服务类项目采购范围、扩大其采购规模，无疑是我国政府采购扩面增量的重要发力点。各级财政部门在确保通用类服务项目采购的基础上，积极研究制定推进政府采购政府购买公共服务的制度措施，并创造条件推进政府采购政府购买社会组织等各类服务。

2012 年，安徽省结合基本公共产品和服务提供方式改革，根据“应采尽采”的工作要求，不断拓展服务类项目采购范围。通过积极研究推动将高技术服务、商务服务等专业服务和公共服务，以及机票等通用服务项目纳入政府采购管理范围，推进了全省社会工作服务、社会组织服务和合同能源管理等服务项目采购，当年安徽省服务类采购规模达 25. 1 亿元，比上年增长了 16. 8%。

2012 年，新疆维吾尔自治区服务类采购规模达 16. 39 亿元，比上年增长了 36. 99%，明显高于货物类 27. 46% 和工程类 17. 93% 的增长速度，成为全区政府采购规模增长的重要支柱。

（二）政策功能有效发挥

2012 年，我国政府采购政策功能作用得到充分发挥，在采购节能环保产品、扶持中小企业发展等方面都取得了积极成效。

1. 节能环保

2012 年，我国政府采购强制和优先采购节能、环保产品采购规模超过 2000 亿元。其中，节能、节水产品的采购规模为 1280. 7 亿元，环保产品采购规模为 939. 6 亿元，与上年 910. 6 亿元的节能、节水产品采购规模和 739. 8 亿元的环保产品采购规模相比，增长幅度非常明显。政府采购的示范、引领作用得到较好的发挥。

2012 年，通过不断完善节能产品强制采购、环保产品优先采购相关制度，各地政府采购节能环保产品的规模和比重都明显提高，很多省市采购节能、节水产品和环保产品的金额占同类产品采购总额的比重超过75%。山东全省2012年的节能、环保产品采购规模分别为92.07亿元和72.9亿元，各占同类产品采购总额的92.3%和82.2%；河南省2012年政府采购节能节水产品、环保产品的比例达93.94%和87.01%；河北全省2012年采购节能、节水产品95.1亿元，占同类产品全部采购额的95.6%，省级采购节能、环保产品共计45.6亿元，占同类产品全部采购额的89.1%；上海市2012年完成节能产品采购额20.8亿元，占同类产品采购总额的83.9%；完成环境标志产品采购额27.1亿元，占同类产品采购总额的76%。

2. 扶持中小企业发展

2012年，上海全市政府采购规模为433.2亿元。其中，与中小微企业签订的采购合同多达8万多份，涉及采购金额355.2亿元，占采购规模的82%。在浙江省完成的实际合同金额835.63亿元中，中小企业分享了697.81亿元，占比高达83.51%。数据表明，很多省份中小微企业签订的政府采购合同金额大幅提升，切实享受到了政策扶持带来的实惠，业务量呈现出突飞猛进之势。中小微企业在获得政府采购合同方面结出“累累硕果”。

（三）江苏省政府采购规模蝉联冠军

2012年，江苏全省实际采购规模在2011年突破1000亿元大关的基础上继续大幅增长，达到1450.25亿元，比上年增加了332.35亿元、增长了29.73%，继续蝉联冠军，2012年江苏省1450.25亿元的采购规模稳坐全国政府采购规模第一的“宝座”。

值得注意的是，2012年山东全省政府采购规模突破1000亿元，达到1073.42亿元，相比上年的846.99亿元增加了226.43亿元、增长了27%；节约资金140.61亿元，相比上年的118.7亿元增加了21.91亿元、增长18.5%；采购规模占全省财政支出的比重为18.2%，比上年提高1.3个百分点。继江苏省、广东省之后，山东省通过扩面增量成功加入政府采购规模“千亿元俱乐部”。

（本书编辑部）

2012 年中国政府集中采购情况

一、政府集中采购的总体情况

全国政府采购统计情况显示，2012 年我国政府采购规模达 13977.7 亿元，比 2011 年增加 2645.2 亿元、增长 23.3%。其中，政府集中采购额为 9113.1 亿元，占采购总规模的 65.2%。从集中采购的占比情况看，政府集中采购的主渠道作用得到很好发挥。

二、各地政府集中采购的情况

根据全国政府采购统计情况，2012 年各地政府集中采购的情况（按采购规模排序）如下。

（一）中央国家机关政府采购中心 2012 年采购额 205.1 亿元

2012 年，中央国家机关政府采购中心采购额达到 205.1 亿元，节约财政资金 20.51 亿元，平均节支率为 9.09%。

其中，完成工程项目招标 140 次，采购额为 57.65 亿元，比上年增长 70.5%，工程采购节约资金 5.1 亿元。

（二）上海市政府采购中心 2012 年采购额 69.61 亿元

2012 年，上海市政府采购中心完成采购预算 76.54 亿元，实际合同金额为 69.61 亿元，节约财政资金 6.93 亿元，平均节支率为 9.05%。

上海市政府采购中心积极探索和组织公共服务项目采购，全年完成服务类项目 9800 多批次，合同金额逾 37 亿元，占总合同金额的 53% 以上。

（三）山东省省级机关政府采购中心 2012 年采购额 56.47 亿元

2012 年，山东省省级机关政府采购中心完成采购预算 62.57 亿元，实际合同金额为 56.47 亿元，节约资金 6.1 亿元，平均节支率为 9.75%。山东省省级机关政府采购中心自成立以来，累计完成采购额 340.3 亿元，节约资金达 52.1 亿元，平均节支率为 15.3%。

（四）黑龙江省政府采购中心 2012 年采购额 52.8 亿元

2012 年，黑龙江省政府采购中心完成采购预算 58.4 亿元，实际采购额为 52.8 亿元，节约资金 5.6 亿元，平均节支率为 9.55%。黑龙江省政府采购中心于2007年与专业担保机构合作，5年来共为供应商办理担保总额50399万元，实际放款35189万元。

（五）江苏省政府采购中心2012年采购额41.3亿元

2012年，江苏省政府采购中心完成采购预算47.3亿元，实际合同金额为41.3亿元，平均节支率为12.7%。

江苏省政府采购中心2012年组织采购活动450余次，其中公开招标300余次，占总采购活动次数的67%。

（六）广西壮族自治区政府采购中心2012年采购额38亿元

2012年，广西壮族自治区政府采购中心组织实施1000多个采购项目，完成采购预算41亿元，实际合同金额为38亿元。其中，民生项目采购额达10亿元。

广西壮族自治区政府采购中心成立8年来，累计完成采购额逾112亿元，累计节约资金近10亿元。

（七）安徽省政府采购中心2012年采购额37.2亿元

2012年，安徽省政府采购中心完成采购预算42.08亿元，实际合同金额为37.2亿元，平均节支率为11.6%。

从采购内容看，货物类项目831个，涉及预算34.05亿元，占比为80.92%；工程类项目72个，涉及预算2.22亿元，占比为5.27%；服务类项目124个，涉及预算5.81亿元，占比为13.81%。

（八）浙江省政府采购中心2012年采购额33.82亿元

2012年，浙江省政府采购中心完成采购预算37.28亿元，实际合同金额为33.82亿元，节约资金3.46亿元，平均节支率为9.28%。

其中的重大项目有：义务教育教科书及音像教材9.12亿元；浙江省疾控中心免疫规划疫苗1.68亿元；浙江省环境监测中心的环境监测设备1.6亿元。

（九）青海省政府采购中心2012年采购额26.68亿元

2012年，青海省政府采购中心完成采购预算29.14亿元，比上年增长58.8%，实际合同金额为26.68亿元，节约资金2.46亿元。

其中，货物部门完成83240.75万元，执行率为98.85%；工程部门完成181370.57万元，执行率为99.88%；服务部门完成23857.84万元，执行率为99.25%。

（十）内蒙古自治区政府采购中心2012年采购额25.88亿元

2012年，内蒙古自治区政府采购中心承办各类采购项目579个，完成采购预算27.2亿元，实际合同金额为25.88亿元，节约资金1.32亿元。

内蒙古自治区政府采购中心分段组织实施276个项目，完成采购预算24.08亿元，占采购总量的88.52%。其中，货物类项目采购为16.76亿元，占分段采购的69.6%。

（十一）山西省省级政府采购中心2012年采购额21.6亿元

2012年，山西省省级政府采购中心受理采购预算24.9亿元，全年完成668个项目，涉及采购预算23.99亿元，比上年增加2.57亿元。

该中心全年完成合同金额21.6亿元，平均节支率为9.96%。

（十二）四川省政府采购中心2012年采购额17.53亿元

2012年，四川省政府采购中心组织公开招标265次、竞争性谈判26次、单一来源采购59次、询价采购18次。

2012年，四川省政府采购中心完成采购预算19.23亿元，实际合同金额为17.53亿元，节约资金1.7亿元，平均节支率为8.84%。

（十三）甘肃省政府采购中心2012年采购额14.45亿元

2012年，甘肃省政府采购中心完成采购预算16.29亿元，实际合同金额为14.45亿元，节约资金1.84亿元，平均节支率为11.3%。

（十四）吉林省政府采购中心2012年采购额13.3亿元

2012年，吉林省政府采购中心完成947个采购项目，实际合同金额为13.3亿元，节约财政资金8816万元，平均节支率为6.22%。剔除一些节支率很低和基本没有节支的项目，实际节支率为7.32%。2012年吉林省政府采购中心完成了车辆保险、维修等6项定点和协议供货项目采购任务。

三、政府集中采购工作中的新亮点

（一）国采中心发挥排头兵作用

2012年，中央国家机关政府采购中心（以下简称国采中心）完成委托项目489个，协议供货和定点采购37.49万次，采购额达205.1亿元，共节约资金20.51亿元，平均节支率为9.09%。无论是年度采购额，还是节约资金数目，国采中心在各级集中采购机构中都处于排头兵位置。

工程类项目采购是国采中心2012年集中采购工作的亮点之一。2012年国采中心共完成140个工程项目招标，比上年增加一倍，采购额共计57.65亿元，比上年增长70.5%，节约资金达5.1亿元。通过顺利完成民族文化宫装修改造、广华新城两地块设计施工一体化等重点项目的招标工作，国采中心操作工程项目的水平明显提高。

2012年，国采中心完成了3亿元的正版软件采购任务，90%以上的入围产品下调价格，平均下调7%。在推进批量集中采购试点工作方面，国采中心也取得显著成效，已完成17期批量集中采购任务，采购额近3亿元，平均采购周期由36天缩短至22天，价格较市场价优惠15%，集中采购的规模优势进一步显现，资金节约效果非常明显。

（二）重大民生项目采购效果好

2012年，全国公共财政支出12.57万亿元，比上年增加1.65万亿元，民生等重点支出继续保持快速增长。其中，社会保障和就业支出12542亿元，比上年增加1432亿元、增长12.9%；教育支出21165亿元，比上年增加4667亿元、增长28.3%。

随着政府不断加大民生投入，越来越多的民生项目被纳入政府集中采购范围，这给各级政府集中采购机构提供了广阔的发展空间和展现身手的舞台。

例如，安徽省政府采购中心连续第六年组织实施全省小麦优势产区良种项目采购，预算金额为11.4亿元，合同金额为10.87亿元，为农民节约购种成本0.53亿元；安徽省残联贫困残疾儿童助听器项目采购，节支率高达45.7%；安徽省妇联农村留守流动儿童活动室图书、音像制品项目采购，折扣率为48%。

黑龙江省政府采购中心2012年组织完成的农业、林业、畜牧、水利、粮食等项目，涉及采购预算33.1亿元，实际合同金额达29.7亿元，节约资金3.4亿元，平均节支率为10.2%，保障了惠农政策的有效落实；完成预算6.85亿元的教育、科技、文化和体育设备采购，实际合同金额6.37亿元，节约资金0.48亿元，平均节支率为7%。

广西壮族自治区政府采购中心2012年完成采购额41亿元，其中包括多个重大民生项目，涉及采购额10亿元，较好地推动了自治区经济社会发展。内蒙古自治区政府采购中心组织实施了大批事关社会公共利益和保障民生的项目，如中小学免费教材、农牧区中小学和基层党组织远程教育、“草原书屋”、动物疫苗及诊断试剂、消防车及器材、抗灾物资、特教设备等。山西省省级政府采购中心成功组织实施农村义务教育薄弱学校改造计划“班班通工程”、“农家书屋工程”、食品安全检验设备、山西大医院医疗设备等一大批惠及民生的重大项目采购，为促进新山西建设提供了有力的物质保障。

（三）上海服务类采购占比达五成多

扩规模、拓范围是深化政府采购制度改革的目标之一。当前，货物类项目基本实现“应采尽采”，服务类项目潜力巨大。政府购买公共服务是21世纪公共行政和政府改革的核心要素，我国政府采购服务类项目和政府购买公共服务起步相对较晚。2012年各地的统计数据表明，服务类项目采购额占比普遍不高，大多不到10%，有些地方甚至低于5%。

对于上海市来说，2011年的集中采购目录就扩大了服务类项目的范围，包括物业管理、信息系统维保、培训、课题研究、经济咨询等11个品目。当年，上海市政府采购中心完成合同金额57.23亿元，其中服务类项目采购额21.57亿元，占比37.69%。2012年，该中心再上台阶，完成合同金额69.61亿元，其中37亿元为公共服务类采购，比上年增加15.43亿元，占比在53%以上。

2012年，上海市第三产业增加值占GDP的比重突破60%，上海市政府采购中心的服务类项目采购跟上了该市第三产业的发展步伐。这一点其他地方的集中采购还没有做到。

（四）地方开始推进批量集中采购

继2011年中央单位开始批量集中采购试点后，2012年各地方单位逐步推开这项工作。2012年11月30日，江苏省政府采购中心完成江苏省级单位首次台式计算机、便携式计算机和打印机（含一体机）批量集中采购任务，这标志着经过近半年前期准备的江苏省级单位批量集中采购试点工作取得了实践性成果。数据显示，此次采购台式计算机1177台、便携式计算机326台、打印机（含一体机）311台。从中标结果看，与下达的采购预算937.95万元相比，节约资金273.789万元，平均节支率为29.2%；与可查询的协议供货入围价相比，平均节支率为26.7%。相对于协议供货组织形式，批量集中采购具有明显的价格优势。

（五）黑龙江等地药品采购成效明显

药品价格事关人民群众的切身利益，为社会公众所广泛关注。由于药品购销领域环节多，导致患者负担被人为加大。在一些地方，政府集中采购机构的介入就很好地解决了这一问题。

2012年，黑龙江省政府采购中心通过药品集中采购网上交易平台为全省医疗机构完成采购订单139万笔，总金额达125.27亿元。其中，基本药物采购订单79万笔，金额为10.29亿元；非基本药物采购订单60万笔，金额为114.98亿元，有效降低了药品的价格。

辽宁省政府采购中心在2010年2月完成全省基本药物集中采购、2010年12月完成全省非基本药物集中采购、2011年6月完成基层医疗卫生机构基本药物集中采购的基础上，2012年进一步推进这项工作，取得了明显成效。

（本书编辑部根据全国政府采购统计情况整理）

2012 年中国政府采购工作

2012 年是我国《政府采购法》实施的第 10 个年头。10 年来，作为财政支出重要环节的政府采购，取得了突破性进展。政府采购规模不断扩大、采购影响力明显增强，采购效果显著提升。我国已经实现了政府采购制度建设和公共利益管理的重大突破，进入了法制化、规范化轨道。

一、2012 年我国政府采购概况

2012 年，我国政府采购规模为 13977.7 亿元，比 2011 年增加 2645.2 亿元、增长 23.3%。其中，服务类采购规模快速扩增，成为全国政府采购规模不断攀升的强劲动力。

2012 年，我国政府集中采购额为 9113.1 亿元，占采购总规模的 65.2%。在货物、工程、服务三大采购对象中，服务类采购增速迅猛，同比增长 36.6%。

2012 年，我国政府采购通过公开招标采购方式进行的采购规模为 11706.4 亿元，占采购总规模的 83.8%，公开招标方式仍占政府采购的主导地位。

二、2012 年我国政府采购工作情况

（一）政府采购规模继续扩大

《政府采购法》颁布的 10 年间，我国政府采购总体规模不断扩大，政府采购规模由 2003 年的 1659.4 亿元增加到 2012 年的 13977.7 亿元，年均增长 11.2%，占财政支出的比重由 4.6% 提高到 11.1%，如图 1 所示。

（二）政府采购节约资金分析

节约财政资金是《政府采购法》的立法宗旨之一，节约资金是评定资金使用情况的较好指标。其中，政府采购节约额是指政府采购预算金额与实际政府采购金额之间的差额，节支率是指政府采购的资金节约额与政府采购预算金额的比率。2003—2012 年的 10 年间，我国政府采购累计节约财政资金 8017.1 亿元，平均节支率为 11.2%。2003—2012 年我国政府采购节支情况如下表所示。

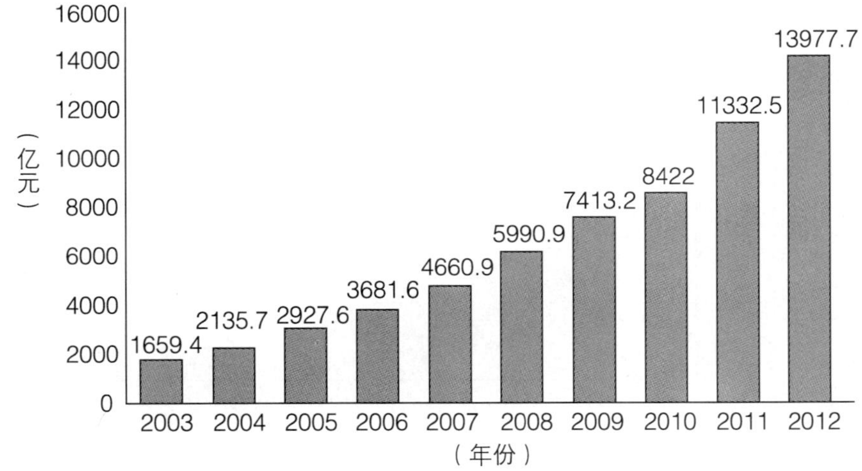

图 1　2003—2012 年我国政府采购规模趋势

2003—2012 年我国政府采购节支情况表

年份	政府采购预算金额（亿元）	政府采购实际金额（亿元）	节约资金额（亿元）	节支率（%）
2003	1856	1659. 4	196. 6	10. 6
2004	2406. 9	2135. 7	271. 2	11. 3
2005	3307. 8	2927. 6	380. 2	11. 5
2006	4122. 2	3681. 6	440. 6	10. 7
2007	5211. 4	4660. 9	574. 8	11
2008	6746. 5	5990. 9	755. 6	11. 2
2009	8320. 1	7413. 2	906. 9	10. 9
2010	9494. 9	8422	1072. 9	11. 3
2011	12900	11332. 5	1567. 5	12. 1
2012	15828. 5	13977. 7	1850. 8	11. 7
合计	70194. 3	62201. 5	8017. 1	—

从表中可以看出，我国实行政府采购制度以来，资金节约成效显著，资金节约额在过去 10 年间呈递增趋势，平均节支率为 11. 2%。

（三）政府采购研究热度分析

2012 年在中国知网上，政府采购的相关文献记录为 21993 条，比 2003 年增加了 12545 条，10 年来增长了 57. 04%。与 2011 年的文献记录相比，增加了 1473 条，比上年同期增长 6. 7%，具体数据如图 2 所示。

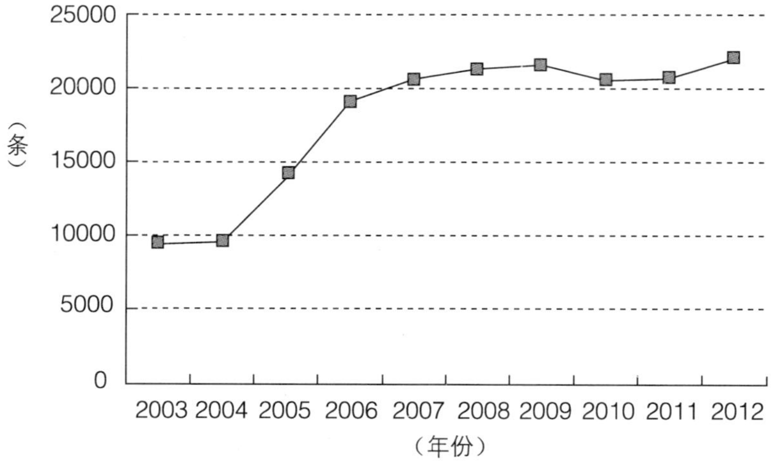

图 2　2003—2012 年我国政府采购信息数据趋势

（四）各省、自治区、直辖市政府采购情况分析

由于我国各地区经济发展水平不同，故各省、自治区、直辖市的政府采购规模也存在差异。2012 年部分省、自治区、直辖市的政府采购规模比较如图 3 所示。

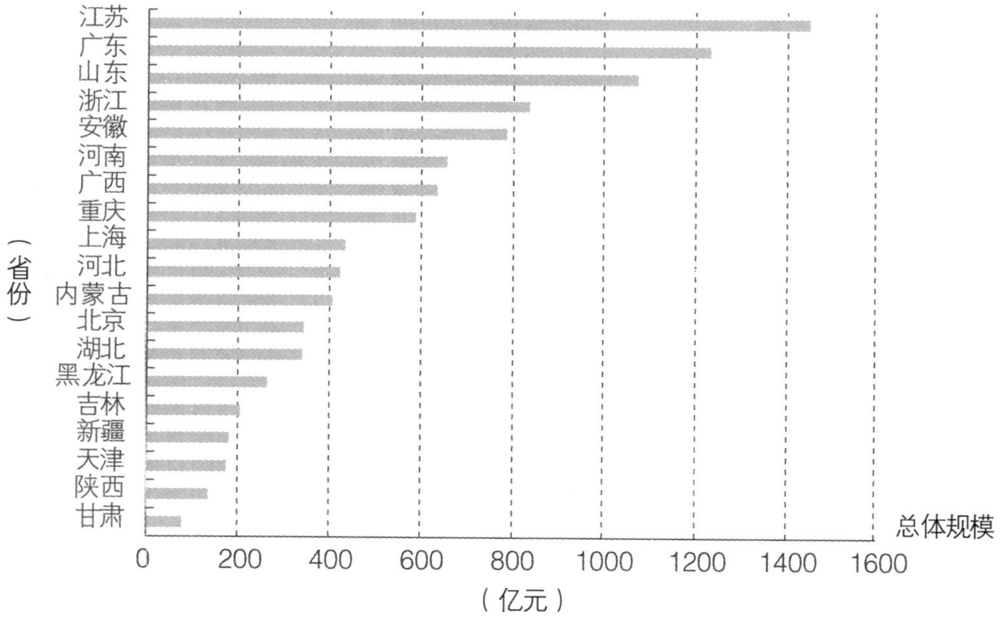

图 3　2012 年我国 19 个省、自治区、直辖市政府采购规模比较

从图 3 可以看出，由于经济发展水平的差异，2012 年我国各省、自治区、直辖市政府采购规模也存在显著差异。整体来看，东部沿海地区政府采购量占全国比重大，如江苏省 2012 年政府采购规模为 1450.25 亿元；西部地区所占比重相对较小，如甘肃省 2012 年政府采购规模为79.4亿元。

三、政府采购建设取得的成绩

（一）法制建设

《政府采购法》实施10年来，对于规范政府采购行为，提高财政资金的使用效率，加强政府的廉政建设起到了促进作用。10年中，我国政府相继出台了《中华人民共和国政府采购法实施条例》、《政府采购非招标方式管理办法》、《政府采购货物和服务招标投标管理办法》和《政府采购供应商投诉处理办法》等，我国 政府采购的法制建设步入了新阶段。

2012年财政部牵头出台了一系列相关政策法规，对政府采购工作给予规范指导。2012年1月20日，财政部和国家发展和改革委员会联合发布了《关于调整公布第十一期节能产品政府采购清单的通知》；2012年1月29日，财政部和环境保护部联合发布了《关于调整公布第九期环境标志产品政府采购清单的通知》；2012年5月22日，财政部发布了《关于印发政府采购品目分类目录（试用）的通知》；2012年6月11日，财政部发布了《关于进一步规范政府采购评审工作有关问题的通知》；2012年6月15日，财政部发布了《关于更新中央单位批量集中采购试点台式计算机和打印机基本配置参考的通知》；2012年9月12日，财政部和环境保护部联合发布了《关于调整公布第十期环境标志产品政府采购清单的通知》；2012年9月16日，财政部和国家发展和改革委员会联合发布了《关于调整公布第十二期节能产品政府采购清单的通知》；2012年10月17日，财政部发布了关于《政府采购非招标采购方式管理办法（征求意见稿）》公开征求意见的通知；2012年12月3日，财政部、监察部、审计署和国家预防腐败局联合发布了《关于开展政府采购甲级代理机构专项检查工作的通知》；2012年12月5日，财政部办公厅发布了《关于完善台式计算机和打印机批量集中采购试点工作的补充通知》。

（二）功能建设

1. 经济功能建设

《政府采购法》颁布以来，政府采购的政策功能在更高层次、更大领域得到重视，并且已从单纯的财政支出管理手段向宏观经济调控工具转变。政策功能的发挥大大拓展了政府采购制度的作用面，提升了政府采购制度在经济社会发展中的地位，增强了制度的生命力。

经济功能是政府采购政策的基本功能，在节约财政性资金、调节宏观经济运行、促进地区协调发展、促进经济与社会协调发展等方面有着积极的促进作用。运用政府采购的经济功能不仅能够保护国内产业和中小企业，促进产业结构优化升级，还能够调控经济总量，更好地进行社会再分配的调节活动。

政府采购功能建设通过1.2万亿元的政府采购、节能清单的执行和中小微企业的优惠政策的落实具体体现出来，并悄然地改变着我国的经济格局。然而，由于政府采购总量没有达到GDP的10%，因而改变经济运行态势常常通过政策直接促进，其在经济功能上的作用有限。

2. 政策功能建设

2012年，国务院正式印发《国家基本公共服务体系“十二五”规划》，要求政府大力购买社会服务，与之相应地，政府采购服务类项目从传统的专业服务快速扩展到公共服务领域，一些廉租房、群众健身、城市规划编制服务等新型服务都纳入了政府采购。为了紧密结合国家改革和宏观经济结构调整的目标，各级财政部门采取多项措施拓展政府采购服务范围，如财政部在中央预算单位2013—2014年政府集中采购目录及标准中新增了“合同能源管理”品目，各地也在集中采购目录中增加了会展、城市维护服务、公益服务等品目，并尝试将森林火险、公办学校消防责任险等纳入政府采购。

（1）扶持中小企业，促进中小企业发展。2012年，我国政府采购在促进节能减排、环境保护、信息安全方面发挥较好的政策功能之后，又把扶持中小企业发展作为发挥政府采购政策功能的重点。2012年4月，国务院发布《关于进一步支持小型微型企业健康发展的意见》（国发〔2012〕14号）。意见明确，要完善财政资金支持政策，充分发挥现有中小企业专项资金的支持引导作用，2012年将专项资金总规模由128.7亿元扩大至141.7亿元；依法设立国家中小企业发展基金，由中央财政安排资金150亿元，分5年到位，2012年安排30亿元，基金主要用于引导地方、创业投资机构及其他社会资金支持处于初创期的小型微型企业等；政府采购支持小型微型企业发展，负有编制部门预算职责的各部门，应当安排不低于年度政府采购项目预算总额18%的份额专门面向小型微型企业采购。在政府采购评审中，对小型微型企业产品可视不同行业情况给予6%～10%的价格扣除。鼓励大中型企业与小型微型企业组成联合体共同参加政府采购，小型微型企业占联合体份额达到30%以上的，可给予联合体2%～3%的价格扣除。推进政府采购信用担保试点，鼓励为小型微型企业参与政府采购提供投标担保、履约担保和融资担保等服务。

随着《关于开展政府采购信用担保试点工作的通知》《政府采购促进中小企业发展暂行办法》（以下简称《暂行办法》）的出台，推进扶持中小企业发展的工作步伐加快，特别是《暂行办法》从规划、参与、实施三个层面出台了激励措施，有预留合同、价格优惠、联合投标等诸多亮点。

（2）鼓励自主创新。政府采购经过多年发展优先采购本国产品的政策已逐步建立，并建立了对政府采购进口产品的审核管理制度，明确了我国政府采购总量中进口产品比例保持在3%以内。

政府采购在促进自主创新中可以起到主导作用，要进一步研究鼓励自主创新、促进产业转型升级等政府采购政策功能具体事项并制定相关政策和办法。政府应为自主创新提供优惠政策并积极组织创新产品的认定；同时企业应不断加强自身创新能力并以政府采购需求为导向，努力提升产品质量和技术含量，积极与国外技术含量高、资金实力雄厚的企业进行战略合作，带动自身和整个民族产业的快速发展。

（3）推动绿色采购。2012年我国强制和优先采购节能、环保产品规模逾2000亿元。其中，节能、节水产品采购规模达1280.7亿元，环保产品采购规模达939.6亿元，占同类产品的84.6%和68.3%，比上年同期分别增加370.1亿元和199.8亿元。

政府采购对节能环保产品的倾斜是推动政府机构节能、建筑节能的有效措施，自2004年发布第一期政府采购节能产品清单至今，财政部逐步建立了强制采购节能产品制度，不断优化节能环保清单管理。2012年，政府采购节能产品清单和环境标志产品清单范围进一步扩大，目前节能产品清单有54种产品、5.8万个型号/系列，环境标志产品清单有83种产品、近3.8万个型号/系列。

（4）促进地区发展。政府可以通过政府采

购的政策性特点，扶持经济不发达地区和城市，例如规定必须在西部地区采购某一产品等，从而促进西部地区该类产品的生产，而产品的生产需要大量人力和物力的投入，因此可以带动当地经济的发展和就业的改善，从而能够更好地进行社会再分配的调节活动。

2012 年，针对集中采购操作执行中出现的质次价高、效率低下等问题，各级财政部门和集中采购机构积极采取措施，进一步规范集中采购工作。例如，中央单位批量集中采购改革试点工作持续推进，台式计算机、打印机批量集中采购价格分别低于市场平均价的 30% 和 20%。一些地方也先后开展了计算机、公务车、复印纸、文件柜等批量采购工作，节支效果显著，集中规模优势明显，有力遏制了“高价”或“高标准”采购行为。

（三）“阳光”建设

我国政府采购占财政支出的比重日趋增大，对经济的影响也越来越大。

公开性和竞争性是政府采购制度的两大原则。充分的、公开的竞争可以使政府采购制度的各项目标得以实现，然而公开竞争原则需要以信息的公开为前提，电子化采购正是政府采购制度的一种创新，它保证了信息要素的公开和不断流动，为供应商提供了良好的竞争平台，是促进阳光采购的主要举措。

2012 年 3 月，温家宝总理在全国第五次廉政工作会议上提出了“加快建设全国统一的电子化政府采购管理交易平台，实现政府采购业务全流程电子化操作”的信息化建设任务，实际上也指明了当前政府采购管理改革的重点内容与突破方向，是“阳光”建设的重要法宝。从 2010 年开始，财政部先后组织浙江、安徽、天津、辽宁、河北、河南、山东等十余个省份的采购监管部门、集采机构以及中央其他部门相关人员，展开了全国政府采购系统建设需求论证工作。在此研究成果基础上，发布了《总体规划》和《数据规范》，明确了全国政府采购信息化建设的目标及数据标准，以保证各地政府采购信息化建设工作的顺利推进。

总体规划的主要内容包括：一个标准化体系、两个业务处理平台、四个共享基础数据库和八个主要子系统。标准化体系是指系统功能规范、技术规范和数据规范。两个业务处理平台是指监督管理业务处理平台和执行交易业务处理平台。四个共享基础数据库是指全国互联互通的代理机构库、评审专家库、供应商库和商品信息库。八个主要子系统是指计划管理、电子评审、协议和定点采购（电子商场）、合同管理、监督预警、诚信体系、数据分析与决策支持、信息服务门户。其中：政府采购业务处理分为监督管理与执行交易两个平台并分别部署在财政内外网上，反映了政府采购管理与交易系统在电子政务与电子商务方面不同的规划要求。四个共享基础数据库则是从全国联网的数据交换与资源共享角度来讲的，在各级交易平台中，实际上也是对代理机构、评审专家、供应商及商品的管理系统，如供应商库就包括了供应商注册、审核、信息维护及诚信信息查询等一系列管理功能。八个主要子系统按业务环节划分，覆盖了预算与需求管理、执行交易、信息发布、履约管理，以及投诉监督等完整的政府采购业务内容。这些措施的实现将进一步改善“阳光”环境，积蓄政府采购的社会正能量。

四、我国政府采购工作存在的问题

2012 年我国政府采购工作仍存在不少问

题，主要是政府采购规范化不够、信息不透明、效率不够高；与发达国家相比，我国政府采购总额占 GDP 的比重小；各地方之间政府采购工作进展不平衡；政府采购人员素质亟待提高。

一是采购法规制度不够规范。在国家制度层面，公共资源交易领域有两部法律，一个是《招投标法》，另一个是《政府采购法》。两法有交叉，有空白，影响公共资源交易正能量的聚集和扩散。另外，由于各地尚处于对政府采购的探索阶段，出台的一些制度政策难免存在遗漏，有的甚至与《政府采购法》相左，因此亟须加紧修改、完善和补充。

二是采购信息不透明。部分领域政府采购信息有选择有时差地公开和沟通，暗箱操作严重影响了政府采购的公正性。部分单位在实行政府采购时与供应商信息不对称，直接影响政府采购效果。具体表现在：一方面，部分单位的信息技术条件不好，采购人员的信息技术水平不高，使得采购部门难以得到详细的近期产品信息。另一方面，供应商拥有专业的信息技术水平和知识，在该行业中了解了相关产品信息，占有信息优势。这种信息不对称的情况让采购单位部门在采购谈判中处于劣势地位。

三是政府采购预算编制相对滞后，约束力有待加强。政府采购预算是政府采购的基础工作，但是在实际操作中却存在不少问题，如政府采购预算形同虚设，基层财力有限不能满足需要；政府采购采用的预算编制方法不够科学，预算单位大部分按照采购项目而不是按要求分类别和项目编制政府采购预算，使政府采购规范化操作难以进行，无法形成规模，不能起到明显的节资作用；采购缺少计划随意性大，采购机构一般是将经过财政批准的资金计划作为采购依据，缺乏有计划地采购和操作，致使采购经常为零星采购、小额采购与重复性采购；频繁调整预算，一些单位计划考虑不详细不周全，在采购过程中采购项目时常发生调整或增加。另外，政府采购预算信息不透明，滞后释放，没有起到预算的原始作用。

四是政府采购范围窄，规模小。由于政府采购应该具有的广泛性和复杂性，政府采购对象应该从汽车、家具、办公用品到武器、航天飞机等无所不包并且数额巨大，而且政府采购的潜在范围非常宽泛。我国的政府采购实践活动虽然涉及了货物、工程和服务三大领域，但是在每一领域中的项目都十分有限。根据国际经验，一国政府采购的规模一般为 GDP 的 10% 以上或为财政支出的 30% 左右。从任一方面来看，当前我国政府采购的规模明显偏小。

五是采购方式随意，规避政府采购。部分单位利用各种借口和方式回避或变相回避政府集中采购。有些采购人始终保持传统思维，进行一些规避方面的操作：化整为零规避公开招标；采用竞争性谈判方式采购应采用公开招标采购的项目；未经采购管理部门审批而自行购买；违规刻意寻求特定品牌与单一来源采购方式，变相逃避政府采购；部分定点、协议供货行为也成为规避政府采购行为的手段。

六是政府采购效率不高，采购行为不规范。一方面不规范的采购制度降低了采购效率，另一方面传统的预算审批方法和手段及预算单位预算编制质量都影响了采购效率。在采购过程中，采购行为不规范，违规采购的现象时有发生。主要表现为：管理机构把关不严，采购单位“先斩后奏”；采购方式的选择随意性大，临时、口头采购多；采购程序违规，询价、评标操作过程简单；评标方法不公开，不严密，人为因素多；定点采购未完全执行。

七是采购工作人员队伍综合素质和专业技

能不足。综合我国的实际情况来看，我国目前依然没有构建起具有较高综合素质和专业技能的采购工作人员队伍，特别是在基层政府单位的采购工作中，采购人员专业素质较差，并且具有很大的随意性，多数集中采购机构为事业单位，人员大多从财政部门内部调剂使用，这种并非为机构内部岗位设置而定向招募专业人员组成的采购员队伍，很难达到《政府采购法》规定的要求。

八是采购单位意识不强。之所以出现采购单位政府采购意识不强的情况，一方面是由于《政府采购法》实施时间不久，宣传力度不够，而原先出台的制度又缺乏刚性，对采购人没有法律约束力；另一方面是由于我国预算编制滞后，政府采购预算管理很难实施。

九是具体管理职责不清。多数政府集中采购机构都设在财政部门，为了精减机构，许多政府采购管理办公室与集中采购机构合署办公，缺乏相互制约的机制，难以充分体现公开、公平、公正的政府采购原则。政府采购行为的执行者往往基础性工作不到位，在不经意间把政府采购工作中出现的矛盾问题转嫁给了采购中心。

十是政府采购过程存在“用权”现象。即“一把手授意”“采购代表引导”“中介组织实现”“专家利益和关系倾向”等用权现象。在我国私心、用智、自由裁量、寻租现象比较突出。“雁过拔毛”“听领导的”“公共利益没人管”等文化比较泛滥，因此强化教育，继续推行“阳光化”政策非常必要。

（陆苗苗　董军佩　周建夫　倪东生　北京物资学院商学院）

第八部分

物流教育、科技、信息化、标准化

2012年中国物流教育

2012年，中国物流教育在相关政府部门、行业协会、高等学校物流类专业教学指导委员会（简称教指委）、全国物流职业教育教学指导委员会（简称行指委）、高校、科研院所和企业的大力推动下，取得了进一步稳定快速的发展，主要表现在以下几个方面。

一、支持产业发展作用日益凸显

2012年，全社会物流总额为177.3万亿元，年均增长21.4%；物流业增加值为3.5万亿元，年均增长15%，占GDP的比重为6.8%，占服务业增加值的比重为15.3%。目前，物流业正在成为国家、区域经济、城市发展，以及企业发展和改善经济结构的重要抓手。现代物流业已成为“十二五”期间国家经济结构调整中服务业在国民经济结构比例上升4个百分点的重要抓手和推动力量。

物流人才一直被视为国民经济发展的紧缺人才之一。2012年，为贯彻落实党的十八大报告、《国家中长期教育发展和改革规划纲要(2010—2020年)》和《教育部关于全面提高高等教育质量的若干意见》（教高〔2012〕4号）的有关要求，进一步发挥行业主管部门和行业组织在发展高等教育和职业教育中的重要作用，推动高等教育和职业教育改革创新。同时，教育主管部门和中国物流与采购联合会认真落实《物流业调整和振兴规划》制订的《落实物流业调整和振兴规划，加快物流人才培养的工作计划》，在学历教育和职业教育方面加强基础性工作的力度，人才培养工作深入开展。2012年，全国博士、硕士、本科、高职和中职学历层次的物流专业在校生突破100万人，行业职业资格认证稳定发展，为支持物流产业发展提供了有力的人力保障。

二、学历教育规模不断扩大

在学历教育方面，物流人才培养已形成了博士、硕士、本科、高职高专和中专的多层次、多元化教育结构，院校数量和招生规模有了进一步提高。据统计，截至2012年年底，在全国本科院校中，经教育批准开设物流管专业的高校有394所，开设物流工程专业的高校有80所，开设采购管理专业的高校有2所；开设物流专业的高等职业院校有800多所，开设物流专业的中等专业学校超过1000所。不同学历层次的物流专业在校生突破100万人。

三、学科专业建设进一步规范

教指委在本科专业目录修订期间，向教育部呈报了《关于申请在管理学门类下增设物流管理与工程类专业的报告》，并陈述了八点理由。同时，教指委、中国物流与采购联合会（以下简称中物联）向行业主管部门国家发改委、工信部和商务部积极反映了情况。国家发改委、工信部、商务部和中物联分别致函教育部，建议在“管理学”门类下设置“物流管理与工程”专业类。目前，教育部已正式批准在“管理学”门类下设立“物流管理与工程”专业类。

2012年，教育部重新制定了中职专业教学标准的编写规范，物流专业作为第一批试点专业，积极配合教育部做好物流专业教学标准的修订工作。在已有标准的基础上，行指委组织专家根据我国物流专业现状进行多次讨论、修改，并在教学工作会议上广泛征求意见。目前已报至教育部。

为贯彻落实2011年鲁昕副部长在“对话”活动上的重要指示，行指委自2011年12月启动“物流企业岗位设置及能力要求标准”的制定工作，2012年完成成立编写小组、申报项目立项、召开专家研讨、编写标准草案、征求草案意见等工作。目前项目立项已经得到国家发改委的批复，草案还需要进一步修订和征求意见，项目计划在2013年年底完成。

四、教育教学理论研究不断深化

物流教改教研课题立项工作自2008年启动以来，得到了广大学校专业教师的积极参与。2012年，完成对上一年度的65个课题的结题验收工作，共确定56个课题通过验收结题；启动对本年度的课题立项工作，共收到143个课题立项申请，课题涉及专业建设与改革、物流实践能力培养及实践教学、物流人才培养模式、课程及教材建设与改革、实验室建设等多个方面。经专家匿名评审，共确定135个课题列入“2012年物流教改教研课题计划”，并予以正式下达。该项工作对推动物流教育教学改革，提高物流教育教学质量，促进物流教学研究活动的开展具有积极的推动作用。

五、交流平台更加广泛

2012年，行指委和中物联共同组织举办了“全国物流行业职业教育工作会议”。会议主题为“以国际化视野培养物流技能人才”，全面总结了近年来物流职业教育的工作经验，分析了我国物流职业教育发展面临的新形势和新问题，会议结合《关于促进物流职业教育改革和发展的若干意见（征求意见稿）》就建立现代物流职业教育体系，创新物流人才培养机制和模式进行了深入研究，明确了“十二五”期间推动物流职业教育发展的重点工作。会议在中职高职内涵建设、校企合作、技能大赛、中英和中德物流职业教育合作等领域开设论坛进行了深入交流，涌现出一批物流职业教育的新成果，对全面推动物流职业教育创新发展将起到积极作用。

六、师资队伍建设实效显著

2012年，由中物联和教指委共同指导、上海海事大学承办的“第十届全国高校物流骨干教师高级研修班”，为来自全国的100多名骨干教师进了行物流专业课程示范教学，授课内容和形式令人耳目一新，取得良好效果。

2012年7月和10月，中物联和行指委分别组织全国中职学校物流专业的学科带头人、骨干教师在青岛和合肥进行了拓展培训。拓展培训首次把物流师职业资格认证的相关知识体系内容列入学习课程，借助实训课程开发设计、信息化教学、研究性体验课程和展示学习成果等多种形式，提高了培训质量，最后通过深入企业参观、实践，帮助教师加深了对专业知识的理解。此次培训收到很好的效果，达到了更新教师教学理念、提高教师教学水平的目的。

2012年6月10日，中物联和行指委共同启动“2012年全国物流中职教师‘长风网杯’信息化大赛”，全国已开设物流专业的中职院校教师争相参与，经过激烈的选拔赛，共有来自全国20多个省市的40多名教师进入了总决赛。总决赛全程网络视频直播，并开通在线互动窗口，供观摩人员进行在线交流互动，期间共有1000多人次在线观看了大赛现场直播。大赛历时5个多月，为深入贯彻落实《国家中长期教育改革和发展规划纲要（2010—2020年）》关于“加快教育信息化进程”的战略部署，加快推进职业教育数字校园建设，提升职业院校教学水平，发挥了积极作用。

七、教育、研究、实践紧密结合协调发展

2012年，中物联和教指委启动了“‘安吉杯’第四届全国大学生物流设计大赛”。大赛成立案例编写组，以安吉汽车物流有限公司真实经营状况为蓝本完成案例编写。在院校、行业、企业中聘请专家担任评委，完成评委库的建立。全国各高校广泛开展校园赛，遴选参赛队参与全国赛，最终共有399支参赛队通过审核获得参赛资格。与往届大赛相比，本届大赛表现出参与范围更广、各高校支持力度明显加大、竞争更加激烈、评审过程更加严谨规范等特点。

中物联和行指委成功举办了“2012年全国职业院校物流技能大赛”（以下简称大赛）。大赛得到全国中职物流专业学校的积极响应，来自全国35个省、市、自治区和计划单列市的代表队，235名参赛选手参加了比赛。大赛不仅对赛项进一步优化，还邀请了德国、英国的职业院校学生组队来华参赛，搭建起国内外职业院校相互磋商和展示交流的平台。引入国际元素是2012年大赛的一个新亮点。大赛内容在贴近企业实际、信息公开、知识共享、赛场回避、国际化等方面得到各方的一致认可。经过前三届大赛的实践积累，物流大赛已经成为整个技能大赛的品牌赛项，其竞技性和观赏性吸引了中央电视台、天津电视台、天津电台、人民网等众多媒体的报道和关注。其中中央电视台播报的新闻中有2/3的画面来自于大赛现场。

大赛通过竞赛的形式实现了将理论教学与实践的结合，提高在校生实际动手能力、策划能力和组织协调能力，不仅为培养实用型人才探索出一种新的形式，同时也为物流院校、企业、行业间搭建了一个有效的公共平台，极大地促进了产、学、研间的交流。

八、行业职业资格认证稳步发展

2012年，物流职业培训工作以院校物流专

业的应届毕业生、大中型企业物流培训市场、待岗工人的再培训为重点，继续稳步发展。

按照教育部的要求，物流行指委利用行业职业资格认证的优势，推动职业院校和物流行业职业资格认证的深度合作，推进物流员智能化考试认证工作，工作得到广大中职院校的积极响应。目前，推广工作已在全国迅速展开。下一步将在此基础上扩大助理物流师智能化考试认证工作与高职院校的有效衔接，在“双证书”建设和推动工作中，中物联与行指委将一同为全国职业院校物流人才培养工作提供指导和服务，形成行业标准、课程体系、师资培养、实训实习和认证服务的物流职教体系。

行业在职业教育中的作用日益显著。中物联时刻关注物流行业的发展状况，职业教育始终紧跟行业发展和需求，借鉴国外职业教育和培训的成功经验，在职业教育领域不断探索符合国家物流行业发展需要的人才培养方式和课程。培训教材及时更新，考核也从实战出发，注重对从业人员能力的提升，使培训更加符合职教特点，始终走在职教前沿。

物流教育和职业培训将充分发挥教育部高等学校物流类专业教学指导委员会、全国物流职业教育教学指导委员会在以行业发展和需求引导人才培养中的特殊作用，在教研教改、师资建设、实习实训基地建设、实验室建设等方面，切实抓好各项工作，并加强与国外物流教育的交流与合作，使全国的物流教育水平比“十一五”时期有一个明显的提升。职业培训立足产业发展，对不同层次和不同岗位从业人员开展有针对性的培训，满足行业和企业发展的需要。

（中物联教育培训部）

2012 年中国物流科技

2012 年中国物流科技奖申报项目的质量和数量比上年有所提高。申报期内共有 207 个单位及个人在网上申报系统注册并通过审核，经初步审查和筛选，124 个项目通过形式审查并提交专家会评。经专家评审组及评审委员会的审议，评出获奖项目 87 项，其中科技进步奖一等奖 14 项、二等奖 28 项、三等奖 45 项。申报单位主要为物流软件企业、第三方物流企业、设备制造企业及高等院校。申报项目主要涉及钢铁、化工、有色、建材、石油、医药、烟草、汽车、机电、电信、网络、农业和连锁零售业，以及高等院校等行业物流过程的各种技术，如物流设备研发制造、企业信息管理系统、物流信息平台研发及应用、典型物流模式研究、企业战略模式转型理论与实证、区域物流发展规划和教材著作等软科学研究以及专业领域；如轮胎制造与翻新、还原橡胶、冷链物流和钢铁物流。情况表明，物流科技创新工作已经渗透到物流行业的每一个角落。

2012 年是中国物流与采购联合会科学技术奖工作开展的第十个年头。10 年来，中国物流与采购联合会科技奖励工作办公室共收到申报项目 1200 余项，评选出获奖项目 352 项，表彰了约 3000 名物流科技工作者。10 年来，中国物流与采购联合会科学技术奖得到了国家科技主管部门、社会和行业的广泛认可，为推进物流行业科技进步发挥了重要作用。

一、物流科技发展的新特点

总结分析近三年上报的科技项目，可以看出近几年我国现代物流业科技发展呈现以下几个特点。

（一）高能耗行业注重节能降耗，进入良性发展阶段

钢铁行业是属于高能耗、重污染行业，依靠科技的发展则可以降低能耗、减少污染，获得良好的经济效益和社会效益。如《沿海钢厂绿色低碳物流技术集成与创新》项目，通过自主研发的海运系统受料技术模型、铁路停车制动装置和板坯库自动装卸等技术，研发出焦油渣回收的逆向物流技术，使鲅鱼圈钢厂综合能耗达到 539 千克/吨，吨钢耗新水 2.4 立方米，水循环利用率达到 98.2%，吨钢粉尘排放量 0.37 千克，成为环境友好、服务社会、资源节约的绿色样板工厂。

汽车行业的《大规模汽车物流高效运作成套技术的集成创新与应用》科技项目对于带动汽车物流行业的节能降耗具有重要示范意义。该项目以降低单车成本为目标，显著降低了汽车物流能耗水平，万元产值能耗数由实施前的0.238 吨标准煤/万元下降到目前的 0.19 吨标准煤/万元。以 2011 年为例，相当于节省标准煤 4320 吨，减少碳排放 12960 吨。2010 年和2011 年平均单车利润 68.19 元，单车利润相比2009 年增长 6.62 元，增加经济效益达 7450.43万元。

（二）物流装备领域自主创新能力增强

在橡胶行业，我国工程轮胎翻新利用率还不到 20%，不仅浪费了大量废旧工程轮胎资源，还增加了轮胎使用的消耗成本。《特巨型工程轮胎无模翻新成套技术、工艺和设备》技术成果利用罐式翻新生产设备进行无模翻新，尚包括削磨、缠绕挂胶、刻花成型、硫化翻新的全套工艺流程，实现特巨型工程轮胎不需模具、间接蒸汽加热、直接氮气保压的硫化新工艺，经查新和专家鉴定该成果属特巨型工程轮胎翻新行业的国际领先技术和方法。其中，特大直径无模翻新硫化罐还填补了国内 57″和国际 63″特巨型工程轮胎翻新设备的空白，不仅为工程轮胎翻新利用提供了重大装备，还对推动翻胎行业技术进步，为实现到 2025 年我国工程轮胎翻新率达到 30% 的规划目标提供了技术和装备保障。

我国整车物流行业十年来虽然发展迅速，但是行业技术和相关开发应用与国际先进水平仍然存在差距，高品质、标准化服务体系也尚未建立。长久物流依托十多年的经验完全自主研发的无人装卸运输模式，实现高端品牌商品车作业的安全化、智能化、可控化，属于国内首创。该技术成果从根本上解决了长期以来商品车公路运输中的关键技术难题，如封闭车厢自身质量过重的问题、商品车运输过程中车辆状况实时信息获取和车辆装载到封闭车厢中后无法打开车门的问题，以及司机在负重装载平台下作业的安全性问题，同时符合国家节能减排和环境保护的政策。此项技术成果有效地填补了国内高端商品车运输技术的空白，为我国物流行业立足于世界作出积极贡献。

（三）物流信息技术水平进一步提高

我国第三方物流潜在市场巨大。先进的管理信息系统是现代第三方物流企业拓展市场最重要的利器和核心竞争力。目前，我国第三方物流企业的信息化水平远不能满足在供应链全球一体化的环境中参与市场竞争的需要，其中一个主要瓶颈是传统的信息集成技术（如点对点集成、EAI 等）。

SOA 技术是新一代的信息架构技术，它正在使信息系统的应用体系结构产生革命性的变化，同时，给我国物流业利用这一创新技术创造竞争优势带来了难得的机遇。湖南现代物流职业技术学院、湖南一力股份有限公司合作研发的项目《SOA－BPM 组合架构的智能敏捷的第三方物流管理信息技术》抓住了 SOA 发展和成熟这个前所未有的机遇，针对我国物流业的需求，首先研究了 SOA－BPM 组合架构技术，解决了相关的关键技术问题，研发出自主知识产权的基于 SOA－BPM 组合架构的信息平台；其次结合我国物流业的实际，特别是我国第三方物流业的实际，研究了在 SOA－BPM 平台上实现第三方物流管理系统的技术；最后又针对第三方物流敏捷性、智能化的需求，研究了在 SOA－BPM 平台上综合性、集成化的应用RFID、GIS、GPS ITS（智能交通系统）等物联网技术实现全程可视化的方法和技术。目前，SOA－BPM 组合架构技术和物联网技术的应用推广已在物流行业大力开展。

在我国烟草行业，目前主要以初级和中级水平的企业为主。其中，52.2%的行业用户信息化水平还处于初级阶段；而那些处于中级水平的行业用户信息化建设，也常存在管理系统分散、业务流程不通畅、集成度不够高等现象。浙江中烟研发的项目《基于物联网的产品物流管理信息化关键技术与系统》结合我国烟草行业从计划经济向市场经济过渡的特殊性，通过对物流物联网技术架构及功能、卷烟成品仓储管理信息化关键技术与应用、卷烟平托盘联运关键技术及系统进行研究，以建立“面向服务，快速响应市场的网上配货、现代服务体系”为目标，开发出国内烟草行业第一个面向市场、为客户提供高效优质服务的卷烟仓储管理系统和卷烟平托盘联运出入库扫码系统。该项目成果是我国烟草行业用高新技术改造传统产业的一个示范，为行业科技进步和技术创新积累了经验。

（四）物流运输管理日趋智能化、透明化

北京中交兴路自主研发的《基于北斗兼容终端的物流运输综合监管服务平台》项目通过车载终端采集数据，针对物流运输的行业特点，建设推广北斗智能位置监控服务系统、北斗货运公共服务系统、车辆工作管理分析系统和甩挂运输车辆智能调度系统。综合运输服务平台提高了物流行业信息化水平和服务水平，降低了物流行业领域对国外卫星导航系统的依赖程度，降低了物流运输成本，为行业管理部门、运输企业、驾驶员等提供运输基础服务支撑。

基于北斗/GPS的运输过程透明管理云服务平台是深圳市宇易通科技有限公司创建的全国性物流运输过程管理服务公共平台，综合应用全球导航卫星系统GNSS（中国北斗和美国GPS）、无线通信技术（GPRS）、地理信息系统（GIS）、车联网技术、互联网技术，使公路物流运输业务通过互联网处理，最终实现公路运输过程智能化、信息化和透明化。该技术成果旨在物流领域实现运输过程透明管理，是现代信息技术在传统物流运输行业的典型应用，对促进我国物流行业运营模式升级，提高货运车辆利用率，落实节能减排政策，保障公路运输安全，打造绿色交通均有重要意义。

（五）危化品物流管理日趋智能化、精细化

化工行业的产品品种繁多，包装千差万别，大多具有易燃、易爆、有毒、有害及腐蚀等特性，所以在运输环节要求运输和存储必须根据不同的产品和性质，采取不同的专业化手段和设备。化工产品的行业特点使得其物流管理系统比一般的传统信息管理信息更为复杂。通过有效的信息管理来提高物流质量，满足不同的客户需求，是化工物流企业提升效益的关键。

中石化研发的“中国石化化工销售有限公司物流运行管理系统”是化工行业内的一个创新技术成果。其利用先进的物联网技术、第三代移动通信技术（3G）与优化技术，建立了全新的化工销售物流运行管理系统，为化工板块现代物流体系的构建提供了支撑，为化工板块整体供应链管理奠定了基础。该管理系统有效地克服了物流类型多样性与复杂性带来的困难，并统筹考虑了商流、资金流和信息流，实现了“四流”的统一。

（六）物联网技术呈积极发展的态势

物联网是当今时代发展的潮流，符合国家“十二五”发展计划蓝图。作为国家五大新兴战略产业之一，物联网已被写入政府工作报告。物联网的发展已成为全球未来发展的一种必然趋势。物联网从开始概念的提出到真正的实施应用只用了短短几年时间，虽然目前物联网技术还不完善成熟，但已经有很大的进步突破并呈现积极发展的态势。

目前，物联网技术已经被广泛地应用在供应链系统、货运系统等方面。安徽幸运国际公司研发的“基于物联网的幸运国际物流管理系统”，就采用了先进的计算机物联网技术，并综合采用了射频标签（RFID）、IC 卡读写器、条码扫面枪、盘点机、LED 屏显、3G（GPS/GPRS/GIS）和温度控制传感器等设备，不仅能满足传统物流业务管理需求，而且实现了运输管理从车辆发车、在途和到货的整个流程的精准定位跟踪，以及仓储管理从货物入库、盘存和自动分拣出库、园区车辆自动收费，特别是对于生活保鲜货物的温度自动控制报警等。该系统解决了传统物流管理中车辆货物不能精准定位跟踪、货物在库管理技术手段落后、效率低和劳动强度大等难题，对于物流供应链实现科学化、精细化管理具有较大促进作用和重要的推广意义。

武汉东本储运有限公司研发的“物联网技术在整车物流信息平台的集成应用”项目实现了对多种不同类型的物联网技术的集成应用，包括对不同物联网后台数据库与信息平台数据库的集成、不同类型物联网技术的中间件开发、相关物联网核心控制设备（节点服务器）和便携式 GPS 设备的设计开发；实现了开放式的、基于物联网技术的物流信息平台。该项目成果对国家目前正在大力扶持的物联网汽车物流技术发展具有积极意义，尤其对于物流行业的信息化而言，如何将物联网技术与现有信息平台集成，如何利用物联网技术管理社会运力资源并将信息开放给更多的用户使用，真正实现广义物联网，都进行了有益的技术研发及应用实践。

在冷链物流方面，镇江市恒伟物流公司结合我国物联网产业和江苏果蔬物流业的现状，研发出了智能物流物联网应用综合保障系统项目“基于 3G－M2M 的冷藏品物流应用示范工程”。该项目依托物联网平台上对物流行业进行智能开发，以 3G－M2M 技术对农产品冷链物流进行的技术研发，实现了冷链物流的自动化、可视化、可控化、智能化、系统化和网络化，形成智慧物流系统，提升了农产品在冷链物流中的质量保障。该项目技术成果不但填补了国内农产品冷链物流系统缺失的空白，还使国内农产品冷链物流系统与国外同类技术处于同一水平阶段。

（七）物流园区借力物联网走向智能化

近年来，我国物流园区在国家的高度重视和政策扶持下数量在稳步增长，结构在不断优化，物流园区与商贸市场和工业园区融合配套，使得其对产业的支撑作用更加明显。

随着物联网技术的发展，物流园区逐步走向管理智能化。北京烟草物流中心结合自身情况，研发出了物流中心的智能化物流管理园区。该项目采用先进的物联网技术，引入最新的 TPM 管理理念，打破了原有的传统管理模式，是国内烟草行业较为领先的智能物流管理园区，构建起了北京烟草物流中心智能管理平台，成功实现了“全面感知、实时监控、合理调度、职能管理”。通过现代信息技术，从人员、设备、环境安全三方面，实现了物流中心管理的智能化，将物流中心管理从烦琐的人工劳动中解除出来，大大提高了企业的工作效率。该项目成果是烟草行业的典范。

二、物流科技发展的趋势

随着物联网时代的来临，电子商务进入到新的发展阶段，科技信息技术的不断升级创新，现代物流业科技发展将呈现以下趋势。

（一）电子商务将迎来新的浪潮

目前，我国电子商务开始进入到了一个新的发展阶段，即从成长期走向成熟期。工信部于2012年3月27日发布了《电子商务“十二五”发展规划》，提出了继续深化推进各种各样的电子商务应用，促进电子商务的行业发展和进一步营造好电子商务发展的制度管理三大目标。明确了集中推进大企业的电子商务、中小企业的电子商务、行业的电子商务、网络零售的发展、移动电子商务和政府电子商务；围绕大力发展电子商务服务业，重点支持各类服务业的延伸；利用政策性措施，在健全法律法规、保护消费者利益、保护知识产权等各个方面进一步营造电子商务发展的环境三大任务。可以肯定在未来的几年内，电子商务将向规模化、经济化、专业化的方向发展，电子商务将迎来新的发展浪潮。

（二）信息化程度将进一步提高，信息化应用将进一步普及

物流信息化是传统物流转型为现代物流的重要标志，信息化技术的应用贯穿于物流的各个环节，对降低物流成本提高物流效率起到了至关重要的作用。目前，大中型物流企业的信息化建设已基本实现全覆盖，下一步建设重点将是如何完善和提升。而小型民营物流企业也将顺应行业发展潮流，逐步转变经营和管理理念，加大对信息化改造的投入，最终实现物流行业全面进入信息化时代。

（三）政府将加强物联网基础性投资建设，促使物联网技术突破闭环应用

物联网技术的发展与应用将引领现代物流业步入智慧物流的新发展阶段。目前无线射频RFID、卫星定位GPS、地理信息GIS及移动通信等主流物联网技术已经在物流企业得以综合应用，但绝大多数仍局限于企业内部的闭环应用，且投入成本较高，需要政府投入以推动相关技术应用范围的扩大。例如，政府在高速公路、运河及主要铁路沿线加装公用式RFID读写器，并开放管理平台和各级政府交通管控平台，帮助物流企业监管物流运输环节，这些举措对于保障危险品运输和食品安全都将起到极大的促进作用。

（四）物流企业经营模式将跨界延伸

从目前的情况看，跨界延伸主要表现为：物流企业介入代理采购及分销业务当中去，生产企业分离物流公司、分离物流业务，物流公司开始进入到车间、生产线，传统仓库在向物流中心和体验中心转变，批发市场向物流中心、产业链枢纽转型，货运场站、机场、码头向物流中心转换，电子商务企业“往下走”进入物流、快递领域，物流、快递企业“往上走”，增加电子商务功能。

（五）自主创新仍是重点

我国物流企业特别是中小企业自主创新能力不强，在国际竞争中缺乏竞争力。近年来，我国政府积极鼓励企业自主创新，陆续出台了相关扶持政策，为中小企业自主创新提供了宽松的环境，自主创新将是企业做强做大的发展重点，也是国家重点扶持对象。

在转变经济发展方式的大背景下，现代物流业对中国经济发展的支撑作用愈加明显。现代物流业的发展离不开科技的支撑，物联网的发展、信息技术的更新等都是我国物流业能否健康、积极发展的重要保障，而科技发展是基础。我们要积极响应国家政策，大力发展推广物流科技，为我国建立布局合理、技术先进、节能环保、便捷高效、安全有序并具有国际竞争力的现代物流服务体系而共同努力。

（刘宇航　中国物流信息中心）

2012 年中国物流信息化

“十二五”期间是我国经济结构战略性调整和转变经济发展方式的重要时期，是推动信息化、工业化深度融合和加快经济社会各领域信息化进程的重要阶段。在一系列政策措施的推动下，2012 年我国物流信息化继续呈现高速发展的势头。

一、我国政府对物流信息化工作高度重视

2012 年 8 月 3 日，国务院发布了《关于深化流通体制改革加快流通产业发展的意见》，在主要任务中明确提出全面提升流通信息化水平。将信息化建设作为发展现代流通产业的战略任务，加强规划和引导，推动营销网、物流网、信息网的有机融合。鼓励流通领域信息技术的研发和集成创新，加快推广物联网、互联网、云计算、全球定位系统、移动通信、地理信息系统、电子标签等技术在流通领域的应用。推进流通领域公共信息服务平台建设，提升各类信息资源的共享和利用效率。支持流通企业利用先进信息技术提高仓储、采购、运输、订单等环节的科学管理水平。鼓励流通企业与供应商、信息服务商加强合作，支持开发和推广适用于中小流通企业的信息化解决方案，加强信息安全保障。

交通运输部也高度重视物流信息化工作。2012 年 3 月 1 日，交通运输部召开了信息化工作领导小组第三次会议，高宏峰副部长在会议总结中强调要做好六项工作。一是要统一思想认识。信息化建设贯穿交通运输发展的全过程，要充分认识到其复杂性、艰巨性和长期性，积极稳步推进信息化发展。二是要搞好统筹规划。要统筹处理好管理与服务之间、不同项目之间、政府投入与利用社会资源之间的关系，并在发展中不断调整和完善规划。三是要强化顶层设计。要在规划基础上从全局出发，整合各方面的资源，凝聚各方面的智慧，研究推进信息化发展的整体框架体系，并结合实际不断完善。四是要严格标准规范。要编制好信息化标准体系表，抓紧基础性标准的制定并在建设实施过程中严格执行。五是要加强技术支持。要高度重视技术支持的重要性，抓好技术审核把关，并统一组织技术专家队伍提供技术咨询服务，不能各自为政。六是要分步分类推进。要根据不同地区、不同领域的信息化发展

现状和需求，分类型、分步骤有序推进信息化建设。

2012年5月10日，工业和信息化部印发的《2012年信息化和工业化深度融合专项资金项目指南》中指出2012年度专项资金支持三个方向的项目，其中第三个方向是面向产业服务与行业管理的信息化服务。支持针对研发设计、企业管理、共性技术、信息服务、交易服务、电子商务、工业物流、节能减排、安全生产等环节，面向产业链、产业集群、行业性和区域性的信息化服务项目。

2012年10月17日，工信部为总结和推广信息化和工业化深度融合（以下简称两化深度融合）典型经验，引领和提升全国两化深度融合整体水平，促进工业转型升级和发展方式转变，按照工信部推进两化深度融合工作的总体部署，决定组织开展国家级两化深度融合示范企业的评定工作。示范企业分行业和领域进行评定，其中工业物流是27个涵盖的行业和领域行业（领域）之一。

2012年4月9日，交通运输部副部长翁孟勇到国家邮政局调研邮政业信息化建设情况时强调，信息化建设首先是服务于邮政业的改革发展，其次是帮助邮政管理部门有效履行监管职能，同时，要充分利用信息化建设为企业和公众服务，让他们能够方便获得所需相关信息。他建议邮政业的信息化要实现两网一平台建设，即要建成政府管理网络、行业安全运行监管网络和邮政业公共信息服务平台。所有履行政府管理职能的信息，都应在政府管理网络上得到体现，包括借助这个网络进行管理职能的延伸和拓展。根据邮政业的实际情况，对特殊时期生产运营情况的监管则可通过行业安全运行监管网络实现。国家邮政局局长马军胜也表示，国家邮政局一定要坚持“统筹规划、突出重点，分步实施、体现效果”的原则，做好邮政业监管信息系统的建设，更好地履行政府管理职能，更好地服务于行业改革发展。

二、物流信息化发展的现状

在国家相关政策的推动下，近两年我国物流企业信息化水平有了大幅度提升，然而由于企业信息化建设缺乏引导，导致企业信息化发展不均衡，信息技术参差不齐。

（一）企业信息化建设缺乏引导、物流企业申请高新技术企业门槛较高

2012年3月15日，中国物流与采购联合会发布的《关于“物流国九条”政策落实情况的调查报告》显示，目前物流企业信息化发展中有两个比较突出的问题。

一是企业信息化发展不均衡，信息化建设缺乏引导。在被调查的企业中，2011年对企业信息化的投入平均为216万元。其中，52%的企业投入超过50万元，41%的企业投入超过100万元，30%的企业投入超过200万元，23%的企业投入超过300万元，14%的企业投入超过500万元，7%的企业投入超过1000万元，部分大型物流企业集团总投入超过3000万元。

调查显示，企业信息化投入平均占投资总额的18%。其中，42%的企业信息化投入占投资总额的10%以上，25%的企业投入占比20%以上，20%的企业投入占比30%以上，13%的企业占比超过50%，6%的企业占比超过80%，个别企业信息化投入占投资总额比例超过90%。

对于信息化建设中存在的问题，52%的企业反映企业信息平台与公共信息平台对接困难，42%的企业反映企业信息化建设投资成本

高，36%的企业反映信息化相关标准缺乏，15%的企业反映实施效果不明显，13%的企业反映技术选型困难。还有企业反映信息安全性问题得不到保障，信息化建设行业信誉度不高，以及企业自身业务整合度不高制约信息化发展等问题。

二是物流企业申请高新技术企业门槛较高，在被调查的企业中，仅有7家企业属于高新技术企业，占比为6%，大部分企业不属于高新技术企业，主要原因是不符合享受政策条件，占非高新技术企业总数的80%。这表明高新技术企业申请门槛较高，物流企业难以通过。

（二）物流企业通过提升物流信息化水平，提高了自身的竞争力

一是提高了物流网络的管控能力和运行效益。申通公司以E3操作平台为基础，将呼叫中心平台、订单调派平台、GPS车辆监控平台及申通网站相互整合，资源共享，建立统一的申通业务一体化调派平台。所有的加盟公司、网点及门店均通过该平台进行业务操作，实现了对加盟网点所有车辆的实时监控，可以辅助申通公司管理公司直观、高效地完成对网点的车辆和人员调度，提高车辆使用效率，降低运营成本，为监管网点提供信息支持；提供车辆在途信息查询功能，提高客户满意度，降低客户投诉数量；给广大申通网点提供了一个统一的业务一体化调派平台，不仅为各加盟网点节省了软件平台开发及硬件购置费用，而且借助本项目实施，大大提高了各个网点的信息化水平，并为网点调派车辆和人员，降低油耗发挥重要作用。

又如，武汉邮政速递物流有限公司应用的“武汉邮政速递EMS物流监管平台”包括车务通子系统、视频监控子系统、话务中心集群调度子系统，实现了对其运送邮件车辆人员进行统一调度管理，整合资源提高车辆利用率运送邮件车辆、人员通过GPS及基站定位技术进行实时监控，形成一个以有线为主无线为辅，多层次立体化管理平台，从而达到对整个“EMS”投递过程进行有效监管，实时调度，提高管理水平和工作效率的效果。

二是物流企业通过提升物流信息化水平，延伸服务到上下游合作伙伴，提高物流效益。中国外运股份有限公司应用的船代、货代业务网上服务系统主要服务于货代、船公司和货主，将内部的业务处理系统与互联网对接，延伸至合作伙伴，进而向社会开放，为客户提供网上订舱、提单确认、费用对账、箱管、运输状态全程跟踪等服务内容，为客户提供了快捷、透明的“一站式”服务。以此为基础，部分区域公司已经初步形成了完整的国际海运订舱业务的电子商务模式。中外运的网上服务系统搭建了订舱客户和船公司之间互动的桥梁，改变了传统的订舱模式，降低企业沟通成本和运营成本，使得整个海运过程更方便、更快捷，并可为客户提供高度安全、高度个性化的服务。

中国远洋物流有限公司应用的中远综合物流信息系统以关注物流客户乃至其上下游的客户需求为主导，通过业务有效驱动与技术应用拉动相结合，建立贯穿各业务环节的操作和管理信息协作管理，并在第三方物流信息系统外包服务中，提出Control Towe“控制塔”理论，帮助用户实现整个供应链环节贯穿“VCM”概念：可视化（全程跟踪），可控（异常事件处理），可量度（KPI）。中远物流使用本项目建设的平台，实现了客户需求的多样性和内部运作的灵活性，通过本平台的交互式开放的应用，对物流业务实现了全程控制和管理，实现物流业务的协同作业。

泰利物流集团在经济全球化的大趋势下，建立了信息系统平台，将信息化系统拓展到供应链的上下游，为上游厂商开发采购、生产物流管理模块，同时将下游的分销企业纳入到供应链的一体化系统，实现了信息资源的共享。同时伴随着物流产业面向供应链管理的系统快速发展，资源、市场和信息的整合推动了物流信息平台化。

三、物流信息化发展的新趋势

经过近几年的物流信息化建设，特别是通过流程创新，全行业的物流信息化呈现向供应链信息化发展的趋势。

一是产业物流信息化需要物流信息系统与上下游的信息系统进行对接。江苏飞力达国际物流股份有限公司应用的供应链协同平台通过构建三方敏捷物流，使制造商、飞力达物流、供应商三者之间建立协同作业机制，在与制造商 ERP 系统进行对接时，根据公司协同平台每日提供的供应商库存信息下单，供应商在公司的库存量低于安全库存时，协同平台自动向供应商发出补货信息，供应商收到补货信息后，进行及时补货；同时通过信息在整个物流环节的共享，实现各方对物流过程的追踪管控，提高物流效率；供应链协同平台将有效整合包括货代资源、运输资源和仓储资源在内各种协助资源，提高物流信息透明化，便于降低成本、提高作业效率及准确度。

武汉东本储运有限公司应用的协同化整车物流信息平台公司立足于多方协同，建立协同化整车物流信息平台，整合整车物流链上的不同资源，实现了物流商与承运商、主机厂资源的优化配置，提高了整车物流的资源利用率，并细分整车物流流程，使整车物流的每一环都紧紧相扣，导入先进的物流技术手段，精细化管理整车物流业务。由于整合了汽车供应链上的不同资源，实现了物流资源的优化配置，提高了整车物流资源利用率。

二是专业物流的发展依赖于创新服务模式。为了与制造企业建立更为紧密的合作关系，针对制造企业资金紧张的情况，立晨物流公司适时做出战略调整，将物流服务延伸到了金融物流服务，为广大客户提供动产质押监管服务，拓宽了客户的融资渠道，有效地缓解了流动资金不足的压力。同时立晨物流着眼未来，战略布局电子商务，借助电子商务平台和电子交易手段提升供应链管理，可提供从电子商务平台的设计开发，到电子商务平台的运营管理，再到商品的网络营销渠道覆盖全流程的电子商务外包服务。无论是运输、配送、仓储、包装等基础物流服务，还是国际物流、金融物流等供应链物流管理服务，再到物流咨询、物流信息化和电子商务服务，立晨物流沿着供应链的三条主线：物流、资金流和信息流，为制造企业提供全程的供应链一体化物流服务。

一汽物流有限公司应用的一汽物流整车物流信息管理系统专门开发了物流金融模块。随着汽车金融的发展，一汽物流新增了银行监管项目，TMS 也为此项目专门开发了银行监管模块。现在已成功接纳建设银行、中国银行、中信银行等七家银行的监管项目，有效地解决了上下游资金不足的难题。统一的物流管理平台，做到物流、信息流、资金流三流合一，实现业务、核算一体化管理。

三是流程的规范化、标准化是提升产业物流信息化的基础。中国石化化工销售公司应用的化工销售物流信息系统（LIS），有效克服物流类型多样性与复杂性带来的困难，在系统框架设计、流程再造、单据处理中实现了规范化、标准化，并统筹考虑商流、资金流与信息流，实现“四流”的统一。LIS 是为化工品物流运作量身定制的系统，项目开发中团队核心成员积极开拓创新，不断寻求技术方案突破，将先进的管理理念融入 IT 建设中，形成具有特色并在国内领先的化工品物流运作应用平台，值得借鉴。

浙江中烟工业有限责任公司应用的基于 RFID 的多层平库卷烟成品仓储信息管理系统项目采用的卷烟联运平托盘方式已经在烟草行业广泛推广，至今已推广至全国 139 家烟草商业公司，用托盘联运的卷烟占浙江中烟全年总销量的 74.5%；同时，由浙江中烟牵头制定了 1 个行业标准——《卷烟联运平托盘电子标签应用规范》（YCT_ 272—2008）。通过业务流程的梳理及标准化，实现了货物的先进先出，电子货位管理，作业流程监控管理，以解决条码带来的不足，同时提高仓储管理、控制的精度，从而在数字化和信息化的基础上最大限度提高物流仓储作业管理效率。

四、物流公共信息平台正在向供应链、电子商务等方向延伸服务

一是信息平台服务标准的建设和推广应用越来越广泛。浙江新华书店公司，依托“国家交通物流信息共享平台”标准体系，成功开展数据交换，构建了“新华书店—信息共享平台—各种用户”的信息交换新模式，极大改善了新华书店原有的多对多的数据交换瓶颈，显著降低数据交换成本，提高了数据的准确程度。目前“国家交通物流信息共享平台”标准体系有了新进展，目前的重点工作是信息服务标准的建设以及面向中日韩的信息交换标准建设。

合肥维天运通公司建设的“承载行业标准流程的公共服务平台”，提出通过信息平台的信息服务固化和优化业务流程的认识。结合公司产品，构建了“货运配载信息服务”、“冷链信息服务”的标准化流程。

二是供应链信息服务平台的建设开始起步。浙江九龙港口供应链智慧物流电子商务协同平台是浙江九龙根据自身经营战略需要，精心打造的基于协同管理和智慧物流的信息化平台，平台利用成熟的信息技术和物联网技术，将客户、合作伙伴紧密结合，在统一的管理协同平台上进行标准化物流作业，支撑九龙物流从单一物流提供商向供应链一体化解决方案提供商的战略转变。

湖北省物流公共信息平台的功能要满足全省物流系统中政府管理部门、政府职能部门、物流企业、工商企业不同层次的参与者对公共物流信息平台的信息需求和功能需求。一个有效集成的公共物流信息平台，应可以为物流服务提供商、货主制造商及政府相关部门提供一个统一、高效的沟通界面，为客户提供供应链综合解决方案。

三是物流电子商务平台发展迅速。成都国际五金机电城借助统一的展贸物流公共信息平台将园区各企业孤立的商贸业务与物流业务模式改造成为商贸物流一体化的整合模式，并将园区传统的实体商铺业务拓展到了电子商务领域。最终实现线上线下信息的互通共享。通过电子商务，可以实现园区线上销售指导线下终端铺货，也可利用线下终端优势，提供高效配送服务，把网络订单、仓储、物流、采购和生产等过程有机整合，实现高效供应链，达到线下线上一体化经营。

中国邮政速递物流建设了统一的电子商务平台，并推出了一套定制的快递物流服务“e邮宝”，以应对日益发展的电子商务快递物流业务。该电子商务平台是EMS统一的电子商务合作伙伴订单接入渠道和生产协作平台，平台集仓储、订单、派揽、运输、退换货、代收货款等功能为一体，并提供丰富的订单管理、统计分析、信息反馈、KPI质量考核功能，能够方便、快捷地为电子商务合作伙伴提供信息接入，形成一个高效的电子商务协同作业平台。

五、物联网等新技术推动物流信息化快速发展

在物联网技术推动中，出现了两类智能终端，一类是跟着物走的，叫车载终端，记录了对货物管理的种种要求；另一类叫手持终端，它记录其中涉及人的部分。这两种终端都具有四种基本功能：识别功能、定位功能、传感功能、无线通信功能，这渐渐成为所有智能终端的底层标配，推动着基础的信息标准的建设，也推动物流信息化的快速发展。

六、电子商务是促进物流信息化发展的强大动力

从“8·15”价格战、到“双十一光棍节”，电商之间的每一次激烈角逐无不伴随着对物流体系的极大考验。由于京东、凡客等电商企业自建物流体系，将对已有的物流快递企业提出了挑战，但由于电商物流目前只在大城市占据优势，在二三线城市还有盲点，并且物流成本依然偏高，所以，电商自营物流与传统物流企业是既合作又竞争的关系。这就要求我们的传统物流企业应该提高自身的信息化水平，加强与电商企业的信息共享和互联互通，提高自身的服务水平，不仅提供物流服务，还要创新服务模式，开创互利共赢的合作模式。

（晏庆华　中国物流与采购联合会网络事业部）

2012 年中国物流标准化

2012 年是国家标准化“十二五”规划实施的第一年，在国家标准委提出的“系统管理、重点突破、整体提升”战略思想指导下，我国物流标准化工作取得了良好的进展。综合看，2012 年我国物流标准化工作主要有以下几个方面的进展。

一、标准的质量越来越受到重视，企业标准化意识加强

（一）标准制修订全过程管理机制进一步完善和加强

标准化工作是一项复杂的系统工程，标准化是发现标准需求、研究制定标准、实施应用标准、评价标准应用效果的过程。标准是以需求为导向的。每项标准的好坏，不仅体现在是否有标准，还体现在标准是否是行业真正需求的，是否制定得有质量、应用得有效果。

2012 年，全国物流标准化技术委员会对标准制修订全过程管理机制进一步完善。一是把好立项关，对拟立项的标准开展前期的预研，并从标准立项的必要性、前期预研情况、标准解决的问题、标准的主要技术要素，以及标准后期宣贯的方案等方面组织专家论证，由专家对标准立项的可行性提出意见和建议。二是对标准制修订全过程进行监管、协调，针对在制标准存在的标准内容重复交叉、一致性差，标准调研范围小、投入的技术力量薄弱等问题，由中国物流与采购联合会或全国物流标委会协助起草单位组织开展行业调研，同时强化了标准研制中的论证。在标准征求意见阶段，增加了前期的审核流程，扩大了征求意见的范围。对一些行业内重要的、涉及范围广的标准，征求意见的范围包括了全国物流部级联席会议成员单位、全国各省市物流主管部门和各省市物流协会等，还包括了国家相关部门、相关领域的政府主管部门、全国物流主管部门和物流协会等。在标准审查阶段，进一步加强了标准审查质量，对不符合要求的标准必须重新补充调研、重新征求意见。此外，在专家组成上注重审查专家熟悉标准所涉及的领域，增加了来自标准用户（企业）的专家。

（二）企业标准化意识增强，积极参与标准制修订

2012 年，有更多的生产企业、物流企业及物流配套服务企业参与到了标准的制修订中，

企业的标准化意识逐渐增强。汽车物流分会牵头起草的汽车物流标准，是由一汽、东风、上汽等大型汽车生产企业、主机厂和专业的汽车物流骨干企业共同组成的起草组，在全国范围内组织开展专题调研，经反复研讨后完成的，不仅使企业更加了解标准，使标准更具可操作性，也为今后的标准实施奠定了基础；由中物联冷链专业委员会组织起草的冷链通用性标准，医药物流和食品、农副产品物流标准，参与起草的医药流通企业、医药设施生产企业、食品加工企业和物流企业近30家。每次的论证会都吸引了众多的企业参与标准讨论，提出合理化建议。企业对标准的认识在增强，更多企业在标准制修订中给予资金和技术上的支持，企业正在逐渐成为标准制修订的主体。

企业参与国际标准的积极性也在逐步加强。第一个由中国专家发起和主导、全国物流标准化技术委员会委员单位上海起帆科技有限公司参加起草的物流领域国际标准《ISO 18186：2011 货物集装箱——RFID 货运标签系统》，在2012年申报了“中国标准创新贡献奖”，并获得一等奖。

（三）标准的制修订工作取得进展

2012年，在《全国物流标准专项规划》（以下简称《规划》）总体要求的指导下，全国物流标准化技术委员会认真落实《规划》的中各项工作，标准制修订工作取得新进展。截至2012年年底，由全国物流标准化技术委员会归口的37项物流标准已全部被国家标准委批准列入“国家标准制修订计划”。其中，已正式发布实施的标准3项，已向国家标准委报批的标准1项，已通过专家审查的标准8项，已向全国物流标准化技术委员会报审的标准2项，正在征求意见阶段的标准7项，正在起草阶段的标准16项，预计在2013年年底前，所有在制标准均可进入审查阶段，较好地完成了既定的目标。

2012年，全国新发布的物流标准共23项。其中，国家标准8项（详见表1），行业标准15项。正在制定的国家标准（详见表3），行业标准12项（详见表2）。

表1　　2012年我国发布的物流国家标准

序号	标准名称	标准号	发布时间	实施时间
1	工业货架设计计算	GB/T 28576—2012	2012年6月29日	2012年10月1日
2	冷链物流分类与基本要求	GB/T 28577—2012	2012年6月29日	2012年10月1日
3	出版物物流接口作业规范	GB/T 28578—2012	2012年6月29日	2012年10月1日
4	出版物物流退货作业规范	GB/T 28579—2012	2012年6月29日	2012年10月1日
5	口岸物流服务质量规范	GB/T 28580—2012	2012年6月29日	2012年10月1日
6	通用仓库及库区规划设计参数	GB/T 28581—2012	2012年6月29日	2012年10月1日
7	药品冷链物流运作规范	GB/T 28842—2012	2012年11月5日	2012年12月1日
8	食品冷链物流追溯管理要求	GB/T 28843—2012	2012年11月5日	2012年12月1日

《工业货架设计计算》国家标准主要规定了组装式工业货架的基本结构、计算模型、计算工况与荷载组合以及强度、刚度与稳定性校核方法。该标准适用于组装式工业货架中的自动化立体仓库货架、窄巷道托盘货架、普通托盘货架的设计计算。其他类型货架亦可参照本标准执行，标准的发布填补了我国相关标准的空白。

《冷链物流分类与基本要求》国家标准主要规定了冷链物流分类和基本要求。该标准按温度适用范围、按所服务的物品对象对冷物流进行了分类，并从设施设备、温度控制、物品保护、人员管理、质量控制等方面提出了基本要求，该标准适用于冷链物流的管理。

《出版物物流接口作业规范》和《出版物物流退货作业规范》是针对出版物物流目前存在的突出问题而制定发布的配套系列国家标准。《出版物物流接口作业规范》规定了出版物物流（包括图书、报纸、期刊、音像制品、电子出版物等）接口的构成、接口作业的结构化命名，规定了出版物物流接口的作业分类、名称和作业内容及要求等。该标准适用于从事出版发行活动的，不同参与方之间出版物物流流程的衔接。《出版物物流退货作业规范》则规定了出版物物流退货类型、退货作业基本要求、退货信息标识等，该标准适用于出版物发行及相关企业的出版物退货作业和管理。

《口岸物流服务质量规范》国家标准规定了一般货物口岸物流服务的基本要求，规定了方案设计服务、信息服务、作业服务、客户服务等物流服务的具体要求和主要服务质量指标等，适用于提供一般货物口岸物流服务相关企业的物流管理，也可作为对一般货物口岸物流服务提供企业进行选择和评价的依据。但此标准不适用于危险货物、鲜活易腐货物的物流服务管理。

《通用仓库及库区规划设计参数》国家标准从库区选址、库区布局、仓库设计、仓库相关设施等方面规定了通用仓库及库区规划设计中基于现代物流运作需要的基本要求与参数，给出了绿色仓库设计的基本要求。该标准适用于单层通用仓库及库区的新建、改建或扩建。多层库、低温仓库、危险品仓库等亦可参照执行。

《药品冷链物流运作规范》国家标准规定了冷藏药品物流过程中的收货、验收、储存、养护、发货、运输、温度监测和控制、设施设备、人员配备等方面的要求。该标准适用于冷藏药品在生产与流通过程中的物流运作管理。

《食品冷链物流追溯管理要求》国家标准规定了食品冷链物流的追溯管理总则以及建立追溯体系、追溯信息采集、追溯信息管理和实施追溯的管理要求。该标准适用于预包装食品从生产结束到销售之前的运输、仓储、装卸等冷链物流环节中的追溯管理。

表 2　　2012 年我国发布的物流行业标准

序号	标准名称	标准号	发布时间	实施时间
1	物流企业客户满意度评估规范	WB/T 1040—2012	2012 年 3 月 24 日	2012 年 7 月 1 日
2	自动分拣设备管理要求	WB/T 1041—2012	2012 年 3 月 24 日	2012 年 7 月 1 日

续 表

序号	标准名称	标准号	发布时间	实施时间
3	货架术语	WB/T 1042—2012	2012 年 3 月 24 日	2012 年 7 月 1 日
4	货架分类及代码	WB/T 1043—2012	2012 年 3 月 24 日	2012 年 7 月 1 日
5	托盘式货架	WB/T 1044—2012	2012 年 3 月 24 日	2012 年 7 月 1 日
6	驶入式货架	WB/T 1045—2012	2012 年 3 月 24 日	2012 年 7 月 1 日
7	易腐食品机动车辆冷藏运输要求	WB/T 1046—2012	2012 年 3 月 24 日	2012 年 7 月 1 日

《物流企业客户满意度评估规范》行业标准规定了物流企业进行客户满意度评估时评估指标的设定原则与内容、评估指标的量化处理与评估指标权重的确定方法、评估数据的调查方法及具体的评估步骤，并给出了物流企业客户满意度的等级划分标准。该标准适用于 GB/T 19680 中所规定的物流企业，生产企业物流服务客户满意度评估亦可参照执行。

《自动分拣设备管理要求》行业标准规定了自动分拣设备的基础管理、前期管理、使用管理、维护修理管理、改造与更新、人员的培训，档案管理等管理要求。

《货架术语》行业标准规定货架的基本名词术语、基本类型以及货架主要构件、货架辅助构件、货架承载能力及装载质量的术语等。适用于各类仓储业（不包括自动化立体仓库）使用的各种组装式钢结构货架的信息管理及数据交换。

《货架分类及代码》行业标准规定了仓储货架（不包括自动化立体仓库货架）的分类，并根据功能分类规定其代号。

《托盘式货架》和《驶入式货架》行业标准分别规定了托盘式货架和驶入式货架的载荷，尺寸、结构，性能要求，喷涂要求，以及验测规则等。

《易腐食品机动车辆冷藏运输要求》行业标准规定了易腐食品机动车辆冷藏运输的技术要求及操作、设备维护要求等。适用于易腐食品道路机动车辆冷藏运输活动的管理。

2012 年，向国家标准委报批国家标准 8 项，全国物流标委会审查通过国家标准 10 项（详见表 3）。

2012 年，正在制定的国家标准 47 项（详见表 4），行业标准 12 项（详见表 5）。

表 3　2012 年已报批及通过审查的标准项目

序号	项目编号	中文项目名称	制定情况
1	20100352—T—469	物流服务合同准则	已报批
2	20100331—T—469	仓储绩效指标体系	已报批
3	20100332—T—469	仓单要素与格式规范	已报批
4	20100353—T—469	物流景气指数统计指标体系	已报批

续 表

序号	项目编号	中文项目名称	制定情况
5	20100354—T—469	物流园区统计指标体系	已报批
6	20091372—T—469	物流园区服务要求及评估指标	已报批
7	20090299—T—469	物流企业分类及评估指标（修订）	已报批
8	20091375—T—469	医药物流服务规范	已报批
9	20061424—T—469	联运通用平托盘性能要求（修订）	已通过审查
10	20061425—T—469	联运通用平托盘试验方法（修订）	已通过审查
11	20100340—T—469	模压平托盘	已通过审查
12	20100342—T—469	木质平托盘	已通过审查
13	20100343—T—469	汽车物流术语	已通过审查
14	20100345—T—469	汽车零部件物流 塑料周转箱尺寸系列及技术要求	已通过审查
15	20100348—T—469	塑料箱式托盘	已通过审查
16	20091369—T—469	汽车物流服务评价指标	已通过审查
17	20091370—T—469	整车物流实物质量监控要求	已通过审查
18	20080042—T—469	人造纤维车载物固定装置	已通过审查

表 4　　2012 年正在制修订的国家标准项目（已列入国家标准制修订计划）

序号	项目编号	项目名称（中文）
1	20091367—T—469	冷链物流企业服务条件评估（改名为：物流企业冷链服务条件）
2	20091368—T—469	媒介购物的物流服务质量要求
3	20091371—T—469	水产品冷链物流服务规范
4	20091373—T—469	医药生物冷藏箱通用规范
5	20100330—T—469	仓储货架使用规范
6	20100333—T—469	低温仓储作业规范
7	20100334—T—469	钢制平托盘
8	20100335—T—469	搁板式货架
9	20100336—T—469	阁楼式货架
10	20100337—T—469	公路物流主要单证要素与格式要求

续 表

序号	项目编号	项目名称（中文）
11	20100338—T—469	库房货架一体化仓库
12	20100339—T—469	冷库用货架
13	20100341—T—469	木质及木制品箱式托盘
14	20100344—T—469	汽车及零部（配）件物流信息系统功能及基本要求
15	20100347—T—469	数控升降柜技术条件
16	20100350—T—469	通用钢制运输、周转、仓储托盘箱
17	20100351—T—469	物流单证基本要求
18	20100355—T—469	悬臂式货架
19	20100356—T—469	液压高度调节板
20	20100357—T—469	液压升降平台
21	20100358—T—469	应急物流企业条件评估
22	20100359—T—469	应急物资仓储设施设备
23	20100360—T—469	重力式货架
24	20100361—T—469	自动化立体仓库安装、维护与保养
25	20102389—T—469	应急物资投送包装及标识
26	20120488—T—469	非危液态化工产品逆向物流方案设计要求
27	20120489—T—469	非危液态化工产品逆向物流绩效评估指标
28	20120490—T—469	非危液态化工产品逆向物流通用服务规范
29	20120491—T—469	非危液态化工产品逆向物流作业规范
30	20120492—T—469	非危液态化工产品物流突发事件的处理
31	20120493—T—469	钢铁物流包装标识规范
32	20120494—T—469	钢铁物流统计指标体系
33	20120495—T—469	钢铁物流验货操作规范
34	20120496—T—469	钢铁物流作业规范
35	20120497—T—469	共用系统塑料平托盘质量
36	20120498—T—469	共用系统用托盘维修管理规范
37	20120499—T—469	共用系统用托盘作业规范

续 表

序号	项目编号	项目名称（中文）
38	20120500—T—469	家电物流干线运输规范
39	20120501—T—469	家电物流配送服务要求
40	20120502—T—469	家电物流配送中心仓储作业规范
41	20120503—T—469	家电物流配送中心服务规范
42	20120504—T—469	家电物流企业服务条件
43	20120505—T—469	平托盘最大工作载荷
44	20120506—T—469	汽车物流统计指标体系
45	20120507—T—469	塑料吹塑平托盘
46	20120508—T—469	托盘共用系统管理规范
47	20120509—T—469	医药物流仓储技术规范

表 5　2012 年正在制修订的行业标准项目（已列入国家发改委标准制修订计划）

序号	项目名称（中文）
1	物流企业岗位设置及能力要求
2	汽车零部件物流器具分类及编码
3	餐饮冷链物流服务规范
4	冷链运输车辆应用选型技术规范
5	商用车背车装载技术要求
6	货架安装及验收技术条件
7	废旧蓄电池回收管理规范
8	电能计量器具塑料周转箱尺寸及技术要求
9	电能计量器具瓦楞纸箱尺寸及技术要求
10	电能计量器具储运包装服务质量要求
11	钢筋加工配送中心规划及基本要求
12	货运主动安全防控仪器与系统技术要求

（四）专业类标准占比加大

经过对目前已发布和在制的国家标准和行业标准进行分类统计可知，基础类和通用类标准占比达到56%（见图1），这两类标准包括基础术语、分类、图示符号、条码符号、单证等基础类标准和岗位设置、统计、园区库区的规划设计、设施设备、作业及服务的管理等通用类标准。

2012年，标准的制修订工作着力加强了专业类物流的标准制修订，使专业类标准占到了发布和在制标准的44%。汽车物流、医药物流、食品及农副产品物流、冷链物流、应急物流、家电物流、钢铁物流、出版物物流、口岸物流、电力物流、媒介购物的等一批专业性物流标准相继发布或正在加快制定。专业类物流标准中不同专业物流标准的占比情况如图2所示。

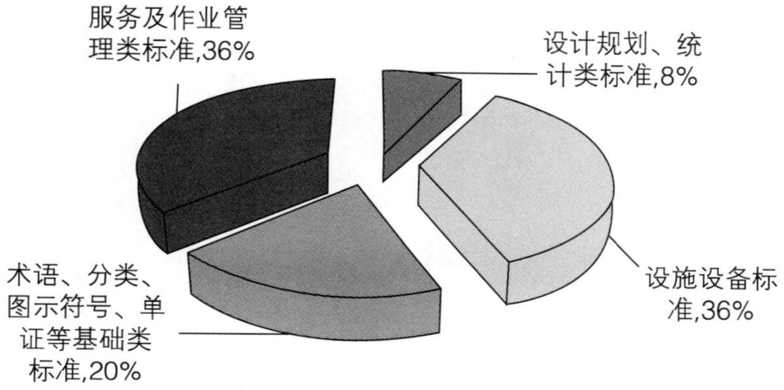

图1　基础类和通用类标准占比情况

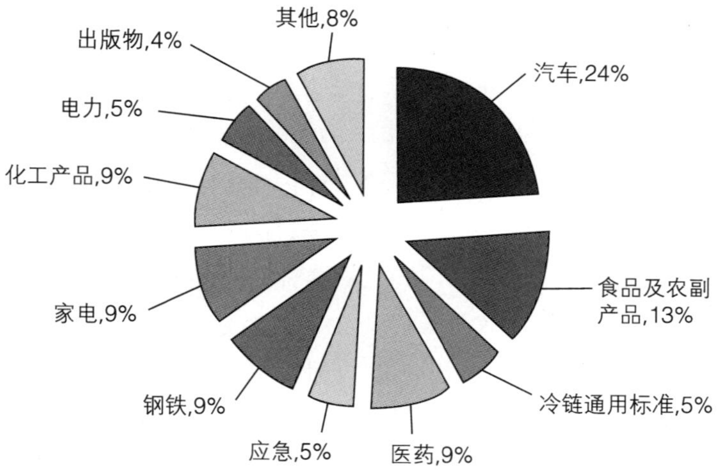

图2　专业类物流标准情况

二、物流标准的前期研究稳步推进

中国物流与采购联合会作为物流行业组织承担着物流国家标准课题研究的主要工作，连续三年承担了国家科技部、国家质检总局下达的标准化质检公益科研专项工作，所承担的“冷链物流等重点物流领域关键技术标准研究”质检公益性行业科研专项，于2012年11月22日顺利通过了国家质量监督检验检疫总局验收，项目得到了专家的一致认可。通过课题研究，对物流单证、物流统计、应急物流，以及汽车、医药、食品、冷链等专业物流标准化需求有了深入的了解，完成了21项国家标准和3项行业标准的研制。

承担的“家电物流等重点物流领域关键技术标准研究”科研专项，经过两年的研究于2012年年底已完成了课题的主要研究工作。课题分为四个子课题，分别是家电物流领域关键技术标准研究、钢铁物流领域关键技术标准研究、非危液态化工产品逆向物流领域关键技术标准研究，以及托盘共用系统关键技术标准研究，课题完成了相关物流领域的现状研究、标准化需求的研究，提出了这四个领域的物流标准规划，完成了22项国家标准草案的研制。22项标准均列入国家标准委下发的“2012年标准制修订计划”中。

承担的“煤炭物流等重点物流领域关键技术标准研究”科研专项，于2012年1月正式启动，课题包括了煤炭物流关键技术标准研究、粮食物流关键技术标准研究、棉花物流关键技术标准研究和铁矿石物流关键技术标准研究，将完成9项国家标准的研制，目前课题已完成了初步的调研及标准草案，项目进展顺利。

上述基础性研究对于保障国家标准的质量，提升专业领域服务水平，引领行业健康发展都起到了重要的保障作用。

三、积极探索标准的贯彻实施方式，一批重点物流标准的实施贯彻取得了一定成效

将标准的宣传扩展到了标准研制的各个阶段，对一些管理性标准，在研制时就与行业主管部门进行沟通，使标准成为其行业管理及规范发展的抓手，如研制的医药物流的几项标准，就在制定时积极与药品的管理部门、商务部等沟通，将标准的重要技术内容纳入到部门的管理办法和相关认证中，使研制的标准为行业部门管理提供了重要的科学依据。

将一些重要的标准通过协会的平台进行广泛宣传。如通过中国物流与采购联合会的行业优势，借助联合会搭建的政府部门、行业组织、科研院所和物流骨干企业的大平台，发布物流标准信息。每个标准的制定均向联合会7000多家会员单位广泛征求意见，对于一些行业内重要的关键标准由中物联向物流部级联席会议的15个部门和单位征求意见，借助A级企业评估工作，向企业介绍标准。通过物流与采购联合会与全国物流标准委网站进行物流标准化宣传，通过联合印刷《物流标准目录手册》、加大物流标准化电子动态刊物发放范围等方式，对现有的物流标准进行宣传。

借助协会的管理与服务推进标准的实施，

中国物流与采购联合会作为物流的行业团体会，积极宣传贯彻国家标准，依据《物流企业分类与评估指标》国家标准开展A级物流企业评估，截至2012年年底依据标准评估的A级企业已达到2100多家，标准的实施得到了各级政府部门的大力支持，各级政府部门把A级物流企业作为政策的落脚点和工作的抓手，国家发改委、国家税务总局、商务部、铁道部、交通部等有关部门，以及全国25个省市、27个市县区等各级地方政府部门出台相关扶持政策，用A级物流企业引领、规范物流行业健康、快速发展，企业通过标准的实施，提升了企业的核心竞争力，通过评估发现和培育一大批行业标杆企业，成为我国物流企业的典范。

2012年，中物联和物流专业委员会加大了标准的宣传工作，如联合会的专业委员会及相关组织在各类的物流论坛、物流行业会议上召开标准的解读会，宣传新发布的标准，中物联冷链专业委员会通过年会用半天的时间解读现行的冷链物流标准，仓储协会通过年会对新发布的库区设计标准进行了解读和宣传，得到了企业的好评。

四、人才队伍建设得到加强

2012年，全国物流标准委加强了专业领域物流专家库的建设，目前专家库包括了汽车物流专家库、冷链物流专家库、粮食物流专家库、医药物流专家库、商贸物流专家库、应急物流专家库、化工物流专家库、家电物流专家库、物流园区专家库等，为标准的研制提供了技术保障；全国物流标准委还针对参加标准制修订的人员对标准理解不够，但培训的人员数量不多的情况，与国家标准委审查部合作，开展GB1.1等标准化知识的培训，2012年参加培训并取得证书的人员有50余人。

（李红梅　中国物流与采购联合会标准化工作委员会）

2012 年中国物流与供应链相关科技文献发表情况

本文通过对多个检索数据库 2012 年国内外物流与供应链相关文献的发表数据进行统计，并与 2011 年的一些相关数据进行对比分析，得出 2012 年尽管国内外物流与供应链领域科技论文数量在部分数据库中呈现出一种减少的趋势，但国内外在物流与供应链领域的科技研究总体还是不断在向前发展。尤其是我国的物流科研水平正不断提高，与国外物流业发达国家之间的差距不断缩小。

一、2011—2012 年各文献数据库论文发表、项目情况统计

以下数据均系 2012 年 7 月 2 日检索所得，检索范围为 2011—2012 年所发表的物流与供应链相关科技论文。根据检索条件，汇总 SCI - E、CPCI - S、Ei、SSCI 等数据库数据，检索结果如表 1 所示。

表 1　2011 年和 2012 年各文献数据库中物流与供应链相关科技论文和项目统计

数据库名称	2011 年相关论文数量（篇）	2012 年相关论文数量（篇）	同比增长（%）
SCI	14900	16897	13. 40
CPCI - S	1805	1517	-15. 96
Ei	6447	6013	-6. 73
SSCI	5737	6342	10. 55
自然基金网	110	116	5. 45
国家哲学社会科学规划办公室	12	7	-41. 67

续 表

数据库名称	2011 年相关论文数量（篇）	2012 年相关论文数量（篇）	同比增长（%）
中国高校人文社会科学信息网	101	83	-17.82
中国学术期刊网络出版总库	6518	6167	-5.39
中国优秀硕士学位论文全文数据库	1006	979	-2.86
中国博士学位论文全文数据库	90	72	-20
中国重要报纸全文数据库	6224	6846	9.99
中国重要会议论文全文数据库	147	85	-42.18

二、SCI 文献库统计分析

（一）检索条件

在 Web of Science 数据库中，以“logistics”或“supply chain”为检索条件，以标题为检索范围，勾选 SCI－E 数据库，得到 2011 年和 2012 年的 SCI 文献收录情况。其中，2012 年的 SCI 文献为 1070 篇，相较于 2011 年的发表量 1019 篇增长了 4.77 个百分点，这一增长率相对于 2010—2011 年的增长率略微有所下降。检索到的 11 年的文献中用英文撰写的比例高达 96.369%，占据绝对比例；2012 年用英文撰写的论文数也占到了 96.822%。可见，物流相关学者及科研人员的英文实力已达到一个很高的水平，这为物流的学术研究提供了一个国际化的交流平台，为各国物流业在世界范围内互相交流，共同发展打下了坚实基础。

（二）作者单位及地区

从表 2 中可以看出近两年美国依然在物流研究领域独占鳌头，论文发表数量在 SCI 中占据了近 1/4 的比重。而中国在排名上仅次于美国，论文发表数量以几倍优势多于排名相对靠后的国家/地区，走在了物流科研的前端。2012 年与 2011 年相比，中国的论文发表数量增长率高达 19%，与处于领先地位的美国之间的差距也不断缩小，2012 年论文发表数量占据份额与美国仅差 5.514 个百分点，而这一差距在 2011 年为 9.028 个百分点。由此可见，中国近两年在物流研究领域发展迅猛。这也间接反映了中国物流业发展态势蓬勃兴盛，其规模、速度、质量、模式都出现了跨越式的增长。另外，物流业作为服务业的重要一环，也得到了政府和社会的高度关注。随着国务院有关物流业“国八条”及“十二五”针对物联网等政策的进一步落实，依托互联网和信息技术的快速发展，物流配套设备的不断完善，中国物流业的信息化和现代化水平逐步提高。物流产业结构也逐步从以简单的仓储、运输为主，转向更多更全面的物流过程管理、物流信息管理及物流系统设计等，新兴的第三方物流企业迅速崛起。此外，中国作为世界第一大发展中国家，其强烈的社会责任感使得国内物流业需要在绿色物流、逆向物流方面做出努力，由此催生的学术研究也会进一步开展。

表 2　　2011 年和 2012 年 SCI 数据库中文献发表数量最多的十个国家数据

国家和地区	2011 年文献数量（篇）	百分比（%）	国家和地区	2012 年文献数量（篇）	百分比（%）
美国	254	24. 926	美国	259	24. 206
中国	162	15. 898	中国	200	18. 692
英国	68	6. 673	中国台湾地区	69	6. 449
德国	68	6. 673	加拿大	61	5. 701
中国台湾地区	68	6. 673	德国	55	5. 140
加拿大	45	4. 416	印度	55	5. 140
西班牙	40	3. 925	英国	50	4. 673
意大利	37	3. 631	伊朗	47	4. 393
伊朗	36	3. 533	西班牙	46	4. 299
法国	32	3. 140	意大利	42	3. 925

2012 年论文发表数量最多的机构是香港理工大学（30 篇），其发表数量远远超过了第二名哈尔滨工业大学（13 篇）和并列第三的华中科技大学（12 篇）、电子科技大学（12 篇）；并列第四的是中原大学（9 篇）、印度理工学院（9 篇）和马萨诸塞大学（9 篇）；另外，布鲁内耳大学（8 篇）、香港中文大学（8 篇）和大连理工大学（8 篇）仅以一篇之差紧随其后，位列第五。值得注意的是，发表论文数量前五的机构中，中国的大学占据绝大多数，尤其是香港理工大学，以绝对优势领跑在各大科研机构的最先列。同时，其他国内大学也拥有可观的科研输出，说明中国的大学对于物流领域的科研项目投入有所增加，可量化成果丰硕，对国内物流业的发展起到了重要作用。

（三）发表期刊分布

SCI 在 2012 年发表的文献中，收录来自期刊《国际生产经济学杂志》（International Journal of Production Economics）的相关文章最多，共 106 篇，占比为 9. 907%。收录来自期刊《国际生产研究杂志》（International Journal of Production Research）的相关文章 70 篇，占总数的 6. 542%，位居第二。位居第三的是期刊《专家系统与应用》（Expert Systems With Applications），共收录了 27 篇，占比为 2. 523%。另外，收录量超过 20 篇的期刊还有《欧洲运筹学》（European Journal of Operational Research，EJOR）。

三、CPCI - S 文献库统计分析

（一）检索条件

在 Web of Science 数据库中，以“logistics”或“supply chain”为关键词，以主题为检索范围，并勾选 CPCI - S 数据库，检索 2012 年的文献数据并与 2011 年同时期的文献篇数

进行对比可得，2011 年出版的文献为 1805 篇，而在 2012 年为 1517 篇，总数有一定的减少。

以标题为搜索对象，以物流（Logistics），或供应链（Supply Chain）为关键词检索 CPCI－S数据库，则可检索到 2012 年该库收录的相关文献篇数为 626 篇，相比于 2011 年的 460 篇，总数增加了 150 多篇。

（二）作者单位及地区

仍以主题为检索范围，对 2012 年该库收录并出版的 1517 篇文献进行检索，并与 2011 年该库收录并出版的文献数量进行对比，在精炼检索结果中以团体作者进行分类可以看到，IEEE 以 252 篇的数量仍居于第一，排在第二位和第三位的分别是 TANGER LTD 的 11 篇和 ASME 的 3 篇，IEEE 占了 16.6%（见表 3）。

若以机构名称进行分类检索，则北京交通大学以 24 篇的数量位居榜首，武汉科技大学以 22 篇位居第二，美国加州大学系统有 13 篇，北京大学和哈尔滨工业大学各有 10 篇。因为 2012 年的文献发表总篇数呈上升趋势，每个大学发表文献篇数与 2011 年相比基本上都呈上升的趋势。2012 年的同一时期，论文发表前三的机构分别为武汉科技大学（23 篇）、北京交通大学（19 篇）、美国加州大学系统（15 篇）。可以看出，物流作为一门新兴产业，发展前期的一些探讨性的研究以及领域初期的一些研究已经达到一种完满境界，其后更加深入地研究和探讨难度会加大，研究文献的数量会减少，这就需要更加良好的科研环境和科研氛围。我国的北京交通大学和武汉科技大学，还有其他一些院校能够保持可观的科研输出，表明了其对物流领域的研究很重视，且科研氛围很好。

若以国家/地区进行分类检索，结果则更能说明以上观点。在国家/地区的分类中，中国以 648 篇的文献数量居于榜首，并且远远超过排名第二的美国（400 多篇）。

表 3　　2011 年和 2012 年团体作者发表文献篇数（前五位）统计

2012 年		2011 年	
团体作者	发表文献数量（篇）	团体作者	发表文献数量（篇）
IEEE	252	IEEE	220
TANGER LTD	11	EBM ORG COMM	82
ASME	3	ASME	36
JPDL INTERNATIONAL	3	TANGER LTD	8
SWISS HIV COHORT STUDY	1	INT SPEECH COMMUN ASSOC	7

（三）发表期刊分布

在 CPCI－S 文献库精炼检索结果的来源出版物栏中进行检索，则排名第一的是期刊《先进的材料研究》（Advanced Materials Research），发表文献 209 篇。其次是期刊《应用力学和材料学》（Applied Mechanics and Materials），发表文献 118 篇；期刊《智能计算与软件计算进展》（Advances in Intelligent and Soft Computing）

排名第三，发表文献 67 篇。

四、Ei 文献库统计分析

（一）检索条件

在 Ei Village 中以“logistic” or “supply chain”为关键字，以 Subject/Title/Abstract 为检索项，检索 2012 年的文献发表数据，共检索到 6013 篇文献资料。其中，中国有 1892 篇，位居第一；美国有 1234 篇，位居第二；德国有 322 篇，位居第三（见表 4）。与前几年相比，中国依然保持一种在物流科研上的高度热情，论文发表量近几年一直位居第一名，并且与第二名的美国始终保持比较大的距离，这在一定的程度上反映出中国对物流这个新兴产业的高度重视并且在物流领域内有了属于自己的权威。

以关键字“logistic” or “supply chain”并且作者地区为 china 为检索条件，以 Subject/Title/Abstract 为检索项，时间跨度为 2012 to 2012 进行检索，共检索到文献 1892 篇。表 5 反映了 2011 年和 2012 年 Ei 文献库中中国作者发表文献的数量及 Ei 数据库文献总量的比例情况。从表 5 可以看出，2012 年 Ei 文献库中中国的文献量有所下降，但仍然保持较大比重。从这些数据也可以看出，中国的物流产业正在向更加成熟的领域迈进，一些初期初级的研究及论文已经饱和，需要向更加高深的程度进军，论文研究也是逐渐从量向质改变。

表 4　2012 年 Ei 文献库各国发表关于物流和供应链文献数量排位前五名的情况

国家和地区	2012 年发表的关于物流和供应链的文献数量（篇）
中国	1892
美国	1234
德国	322
英国	293
中国台湾地区	245

表 5　2011 年和 2012 年 Ei 文献库中中国作者发表文献数量及占文献库文献总量的比例情况

年份	Ei 中的文献数量（篇）	中国发表的文献数量（篇）	占比（%）
2011	6747	2504	37. 11
2012	6013	1892	31. 47

（二）作者单位及地区

从数据库 Refine Results 板块的作者单位中可以发现，其大部分的论文文献出自中国高校的物流专业，故 Ei 文献库可以从一个侧面反映中国高校的物流科研水平。分析 Ei 文献库收录的 2012 年各大高校发表的物流相关文献篇幅可知，华中科技大学管理学院排名第一，发表了23篇论文；其次是香港理工大学工程学院20篇和北京交通大学交通运输学院17篇。与2011年对比可知，中国各高校发表的文献篇数差距逐渐缩小，分布更加均匀。说明中国各高校的物流科研水平正逐渐靠近（见表6）。

表6　　2011年和2012年Ei文献库中物流相关文献发表数量排名前十的单位

2012年		2011年	
作者单位	文献数量（篇）	作者单位	文献数量（篇）
华中科技大学管理学院	23	哈尔滨商业大学管理学院	23
香港理工大学工程学院	20	北京理工大学经济管理学院	18
北京交通大学交通运输学院	17	同济大学经济管理学院	17
华南理工大学工商管理学院	16	西南交通大学交通运输学院	16
电子科技大学经济管理学院	14	北京物资学院信息学院	15
台湾清华大学工业工程与工程管理学系	12	华南理工大学工商管理学院	15
重庆交通大学管理学院	10	天津大学管理学院	14
北京航空航天大学经济管理学院	10	武汉理工大学管理学院	14
东南大学系统工程研究所	10	华中科技大学管理学院	13
重庆大学经济与工商管理学院	9	北京大学经济管理学院	13

（三）发表期刊分布

在Ei文献库Refine Results版块的期刊分布中可以发现，2012年，期刊《先进材料研究》（Advanced Materials Research）中收录的文献最多，有243篇；次之是期刊《国际生产经济学杂志》（International Journal Of Production Economics），有173篇；期刊《应用力学和材料学》（Applied Mechanics And Materials）排名第三，有154篇；期刊《国际生产研究杂志》（International Journal Of Production Research）排位第四，有111篇。表7是Ei文献库2012年期刊发表文献数量排名前五的情况统计。

表7　　Ei文献库2012年期刊发表文献数量排名前五的情况统计

期刊名称	文献数量（篇）
Advanced Materials Research	243
International Journal Of Production Economics	173

续 表

期刊名称	文献篇数
Applied Mechanics And Materials	154
International Journal Of Production Research	111
Lecture Notes In Computer Science	109

五、SSCI 文献库统计分析

（一）检索条件

2011 年在 SSCI 数据库中以物流或供应链为关键词进行检索，得到文献数量为 673 篇，2012 年这一数字上升到了 737 篇，2012 年比上年有小幅增加。

（二）作者单位及地区

检索 2012 年 SSCI 文献库中物流相关论文发表数据可知，排位前五的机构分别是香港理工大学（HONG KONG POLYTECHNIC UNIVERSITY）（21 篇）、宾夕法尼亚大学（PENN STATE UNIVERSITY）（12 篇）、密歇根州立大学（MICHIGAN STATE UNIVERSITY）（11 篇）、俄亥俄州立大学（UNIVERSITY OF MASSACHUSETTS SYSTEM）（11 篇）、香港城市大学（UNIVERSITY OF ARKANSAS FAYETTEVILLE）（10 篇）。对比 SCI 的统计数据可知，排名前三的三所高校不论是在自然科学还是社会科学领域的物流研究成绩都十分突出，香港理工大学占据领先地位。在排位前五的高校中香港高校占据两个，香港高校的物流科研实力亦可见一斑。

表 8 是 2011 年和 2012 年 SSCI 文献库中物流相关文献发表数量排位前十的国家和地区情况统计。从表 8 中可以看出，而我国在社会科学领域的物流研究处于绝对龙头地位，而我国内地、英国、中国台湾地区的物流研究也在努力追赶。中国仍需进一步提升物流相关技术水平，调整产业结构，规范行业管理，以提升竞争实力。

表 8　2011 年和 2012 年 SSCI 文献库中物流相关文献发表数量前十的国家和地区情况统计

2012 年		2011 年	
国家和地区	文献数量（篇）	国家和地区	文献数量（篇）
美国	238	美国	239
中国	120	中国	78
英国	74	英国	72
中国台湾地区	45	中国台湾地区	60
德国	40	德国	31

续 表

2012 年		2011 年	
国家和地区	文献数量（篇）	国家和地区	文献数量（篇）
加拿大	33	加拿大	25
新西兰	30	西班牙	23
西班牙	29	澳大利亚	19
瑞典	28	伊朗	19
澳大利亚	27	韩国	19

（三）发表期刊分布

在 SSCI 文献库中，发表物流相关文献数量排名前五位的期刊依次是：《国际生产经济学杂志》（International Journal of Production Economics）共计发表文献 86 篇，占文献总数量的 11.669%；《国际生产研究杂志》（International Journal of Production Research）发表文献 35 篇，占比为 4.749%；《供应链管理国际期刊》（Supply Chain Management An International Journal）发表文献 35 篇，占比为 4.749%；《国际实物分销与物流管理》（International Journal of Physical Distribution Logistics Management）发表文献 30 篇，占比为 4.071%；《供应链管理期刊》（Journal of Supply Chain Management）发表文献 20 篇，占比 2.714%。

六、中国期刊全文数据库文献统计分析

（一）中国学术期刊网络总库文献库

在中国知网（http：//www.edu.cnki.net）数据库中国学术期刊网络出版总库，以“物流”和“供应链”为关键词（两者关系为“或者包含”），并选择中英文扩展检索项进行检索，分别检索出 2011 年和 2012 年物流相关文献发表情况，其中一些有代表性的学科文献如表 9 所示。

表 9　2011 年和 2012 年中国学术期刊网络总库文献库不同学科中相关文献数量的统计情况

学科类别	2012 年相关文献数量（篇）	2011 年相关文献数量（篇）
宏观经济管理与可持续发展	3480	3180
企业经济	1481	1695
工业经济	1032	992
贸易经济	622	578
计算机软件及计算机应用	294	288

续 表

学科类别	2012 年相关文献数量（篇）	2011 年相关文献数量（篇）
交通运输经济	270	245
公路与水路运输	199	189

通过检索可得，2012 年中国学术期刊网络出版总库中的相关文献有 6167 篇，2011 年度同一时期有 6518 篇。与 2011 年相关刊物出版物流或供应链文献的情况相对比，2012 年减少了 351 篇，下降了 5.7%。

通过检索文献作者及其单位的相关数据。由表 10 可得，2012 年在物流供应链领域发表论文的高产作者的篇数都比较平均，且 10 篇以上的要比 2011 年多，这充分说明了我国在这一领域的重视以及这一领域的可挖掘性，这些高质量的论文为我们研究物流领域增添了很大的辅助作用，也为我国发展物流奠定了足够的理论基础。其中的华中科技大学是以总篇数 55 篇居于大学排名中第 6 名，北京交通大学以 130 篇仍居于第 1 名，其后是北京物资学院 81 篇，西南交通大学 78 篇，上海海事大学 67 篇和重庆大学 67 篇等。这些大学的科研气氛浓郁，讲师教授的科研积极性高，着实为我国的物流事业作了很大的贡献。

表 10　发表相关文献篇数在 10 篇及以上的作者及单位

作者姓名	相关单位	文献数量（篇）
赵道致	天津大学	14
马士华	华中科技大学	13

文献中关键字代表了物流科研的主趋势，表 11 统计了检索中国学术期刊网络总库文献库 2011 年和 2012 年前发表文献中前 10 位关键字词频出现情况。从表 11 中看出 2011 年和 2012 年相比变化不大，供应链、物流、供应链管理的出现频率继续靠前。

表 11　中国学术期刊网络总库文献库 2011 年和 2012 年相关文献关键词出现情况统计

2012 年		2011 年	
关键词	词频	关键词	词频
供应链	899	供应链	873
物流	768	物流	827
供应链管理	179	供应链管理	209

续 表

2012 年		2011 年	
关键词	词频	关键词	词频
第三方物流	165	电子商务	171
电子商务	156	对策	146
对策	120	第三方物流	134
逆向物流	112	物流管理	131
物流管理	105	农场品	97
物流企业	86	物流业	93
现代物流	85	逆向物流	89

（二）中国优秀硕、博学位论文文献库

1. 中国优秀硕士学位论文文献库

在中国期刊全文数据库（http：//www. cnki. net）中，选择中国优秀硕士学位论文全文数据库。以“物流”、“供应链”为关键词，它们的逻辑关系为“或者包含”，分别检索2011和2012年相关文献情况，得到记录如表1所示。中国优秀硕士学位论文主要的论文类别是行业指导、基础研究、工程技术。这些学位论文包含的学科专业主要有企业管理（433篇）、管理科学与工程（600篇）、计算机应用技术（102篇）、交通运输规划与管理（31篇）等。2012年中国优秀硕士学位论文文献库中物流和供应链文献发表数量排位前十的高校情况如表12所示。

表12　2012年中国优秀硕士学位论文文献库中发表物流和供应链文献数量排位前十的高校情况统计

高校校名	发表数量（篇）
上海交通大学	116
华南理工大学	93
北京交通大学	84
吉林大学	75
华东理工大学	69
电子科技大学	65
天津大学	60
山东大学	58
西南交通大学	56
大连海事大学	54

2. 中国博士学位论文全文数据库

在中国期刊全文数据库（http://www.cnki.net）中，选择中国博士学位论文全文数据库，以“物流”、“供应链”为关键词，它们的逻辑关系为“或者包含”，分别检索2011年和2012年的文献情况，得到记录如表1所示。中国优秀博士学位论文主要的论文类别是基础研究、行业指导、政策研究。这些学位论文包含的学科专业主要有管理科学与工程（53篇）、企业管理（15篇）、农业经济管理（8篇）等。2012年中国博士学位论文全文数据库中物流和供应链相关文献发表数量排位前五的高校见表13。

3. 中国重要会议文献库

在中国期刊全文数据库（http://www.edu.cnki.net）中，进入中国重要会议论文全文数据库，以“物流”、“供应链”为关键词，它们的逻辑关系为“或者包含”，分别检索2011年和2012年收录的会议文献，检索得到中国重要会议上发表物流与供应链相关的文献出现词频位居前五位的主要关键词如表14所示。

表13　2012年中国博士学位论文全文数据库中物流和供应链相关文献发表数量排位前五的高校情况统计

高校校名	发表数量（篇）
北京交通大学	11
天津大学	8
浙江大学	6
华中科技大学	6
吉林大学	6

表14　2011年和2012年中国重要会议发表的物流与供应链相关科技文献中位居前五位的关键字统计

2011年		2012年	
关键词	词频	关键词	词频
供应链	13	物联网	10
物流	8	供应链	9
物联网	8	物流园区	6
ERP	6	电子商务	6
闭环供应链	6	物流	5

4. 中国重要报纸文献库

在中国期刊全文数据库（http://www.edu.net）中，进入中国重要报纸全文数据库。以“物流”、“供应链”为关键词，它们的逻辑关系为“或者包含”，分别检索2011年和2012年中国重要报纸刊载的物流与供应链相关的文献情况。检索得到的结果是2011年中国重要报纸刊载的物流与供应链相关文献共计6224篇，2012发表的文献共计6846篇。2011年和2012年刊载物流和供应链相关文献排名位居前十位的报纸如表15所示。从表15可以看出，2012年中国重要报纸刊载的物流与供应链相关的文献数量有所上升，上升幅度为23%左右。其中，《现代物流报》在2012年刊载的物流与供应链相关的文献数量超越了《中国邮政报》，位居第一。对比2011年，《中国冶金报》和《上海证券报》退出了前十的行列，而《东莞日报》和《中国证券报》挤进了前十的行列。

表15 2011年和2012年刊载物流与供应链相关文献的数量排名位居前十位的报纸

排序	2011年		2012年	
	报纸名称	刊载数量（篇）	报纸名称	刊载数量（篇）
1	中国邮政报	111	现代物流报	100
2	国际商报	67	中国邮政报	92
3	现代物流报	63	第一财经日报	89
4	中国经营报	62	中国经营报	88
5	第一财经日报	56	21世纪经济报道	76
6	医药经济报	53	北京商报	74
7	中国冶金报	50	东莞日报	64
8	21世纪经济报道	49	国际商报	57
9	上海证券报	44	中国证券报	51
10	北京商报	44	医药经济报	46

七、国家自然基金网统计分析

在网站http://isis.nsfc.gov.cn项目检索中，以“项目”为主题词，以“物流”，或“供应链”为检索条件检索2011年和2012年国家自然基金网批准项目。剔除不相关课题检索结果如表16所示。总体上看，物流项目数与供应链项目数增长幅度较小，项目数总体增长率达到12.02%。

表 16　　国家自然基金网 2011 年和 2012 年获批项目数

物流项目数（个）		供应链项目数（个）		项目数合计（个）		项目数增长率（%）		
2011 年	2012 年	2011 年	2012 年	2011 年	2012 年	物流	供应链	合计
28	30	82	86	110	116	7.14	4.88	12.02

八、国家社科基金项目统计分析

在网站 http：//www. npopss－cn. gov. cn 中的 2012 年国家社科基金年度项目的公布列表中，检索到立项的物流或供应链的一般项目如表 17 所示。从表 17 中可以看出，2012 年国家社科基金批准的物流项目数有较大幅度减少，供应链项目数没有变化。

表 17　　2011 年和 2012 年国家社科基金批准的物流和供应链项目统计

物流项目数（个）		供链项目数（个）		项目数合计（个）		项目增长数（个）		
2011 年	2012 年	2011 年	2012 年	2011 年	2012 年	物流项目	供应链项目	合计
7	2	5	5	12	7	－5	0	－5

九、教育部人文社会科学一般项目统计分析

在网站 http：//sinoss. net 中公布的《2012 年教育部人文社会科学研究一般项目（规划基金项目、青年基金项目、自筹经费项目）立项一览表》里，搜索与物流或供应链有关的一般项目（包括一般项目中的青年基金项目），结果如表 18 所示。从表 18 不难看出，2012 年教育部人文社会科学一般项目数较 2011 年有较明显的增长，而供应链项目数较 2011 年有一定幅度的下降。2012 年一般项目增长率达到 5%。

表 18　　2011 年和 2012 年教育部人文社会科学一般项目的批准情况

	物流项目（个）		供应链项目（个）		项目合计（个）		项目增长率（%）		
	2011 年	2012 年	2011 年	2012 年	2011 年	2012 年	物流项目	供应链项目	合计
一般项目	14	21	46	36	60	57	50.00	－21.74	5.00
青年基金项目	8	11	33	15	41	26	37.5	－54.55	－36.59

十、数据源和方法

本文的数据源涉及七个检索数据库，分别是美国科学引文索引（SCI）文献库、科技会议论文引文索引（CPCI-S，原ISTP）文献库、美国工程索引（Ei）文献库、社会科学引文索引（SSCI）文献库、中国学术文献总库（CNKI）文献库、国家自然科学基金网、全国哲学社会科学规划办公室，以及中国高校人文社会科学信息网。

《科学引文索引》（Science Citation Index，SCI）是由美国科学信息研究所（ISI）1961年创办出版的引文数据库。它与Ei（工程索引）、ISTP（科技会议录索引）并称为世界三大科技文献检索系统。SCI在充分考虑了期刊的学术价值的基础上，运用引文数据分析和同行评估相结合的方法，收录了全世界出版的数、理、化、农、林、医、生命科学、天文、地理、环境、材料、工程技术等150多个学科领域，近6381种期刊。因而，SCI检索系统被国内外学术界作为制订学科发展规划和进行学术排名的重要依据，是国际公认的反映基础学科研究水准的代表性工具。其网络版数据库SCI－E更是方便读者进行检索与研究。

《科技会议论文引文索引》（Conference Proceedings Citation Index-Science，CPCI-S），创刊于1978年，由美国科学情报研究所编制，专门收录、报道国际最新出版的科学技术会议录资料的文摘信息，包括专著、丛书、预印本，以及来源于期刊的会议论文。数据涵盖了社会科学、艺术与人文科学领域的会议文献。

《社会科学引文索引》（Social Sciences Citation Index，SSCI）为SCI的姊妹篇，亦由美国科学信息研究所创建，是目前世界上可以用来对不同国家和地区的社会科学论文的数量进行统计分析的大型检索工具。1999年SSCI全文收录了1809种世界最重要的社会科学期刊，内容覆盖包括人类学、法律、经济、历史、地理、心理学等55个领域。收录文献类型包括研究论文、书评、专题讨论、社论、人物自传和书信等，选择收录（Selectively Covered）期刊1300多种。

《工程索引》（The Engineering Index）是供查阅工程技术领域文献的综合性情报检索刊物，简称Ei，1884年创刊，由美国工程信息公司编辑出版。每年摘录世界工程技术期刊约3000种，还有会议文献、图书、技术报告和学位论文等，报道文摘约15万条，内容包括全部工程学科和工程活动领域的研究成果。数据库每年新增50万条工程类文献，数据来自5100种工程类期刊、会议论文和技术报告，原始文献来自40余个国家，涉及的语言多达39种，其中3600种有文摘。年报道文献量16万余条。每期附有主题索引与作者索引，每年还另外出版年卷本和年度索引，年度索引还增加了作者单位索引，为读者提供了很大的便利。

中国学术资源总库（CNIK）是中国知网的核心资源，是由众多院士、科学家和专家学者参与策划、编纂的我国知识信息资源的大规模集成体。目前，中国知网已实现了国内25%的知识资源的数字化和网络化共享，集结了7000多种期刊、近1000种报纸、18万本博士/硕士论文、16万册会议论文、30万册图书，以及国内外1100多个专业数据库，是全球信息量最大、最具价值的中文网站。

《科学基金网络信息系统》（Internet-based Science Information System，ISIS）是由国家自然科学基金委员会于2000年委托香港城市大学和爱瑞思软件（深圳）有限公司共同开发完成。该系统旨在辅助科学基金项目的全过程精细化管理。自 2003 年全面推广以来，有力地推动了我国科技管理信息化建设的步伐。

全国哲学社会科学规划办公室是全国哲学社会科学规划领导小组的办事机构。其主要职责是负责制订全国哲学社会科学发展规划和年度计划方案、具体管理和筹措国家社会科学基金、检查中长期规划和年度计划实施情况，交流社会科学研究信息、组织对重大课题研究成果的鉴定、验收和推广。

中国高校人文社会科学信息网（简称社科网）是以服务人文社会科学研究、服务社科研究管理、服务人文社科资源及成果推广应用为宗旨，以成为人文社会科学的资料信息中心、网络出版中心、信息发布中心、网络管理中心和咨询服务中心为目标，由教育部社会科学司指导建设的为人文社会科学服务的专业性门户网站。社科网自 2001 年建设以来，分别在科研管理软件、科研项目管理、社科新闻资讯、成果网络出版等方面为高校人文社会科学的发展作出了应有的贡献，获得全国高校人文社科研究工作者和社会的广泛好评。

（范琳琳　杨雅妮　何烨　彭弋凌　潘立飞　蒋长兵　浙江工商大学）

博大世通

北京亦庄保税物流中心于2011年12月19日获准封关运行，创造了项目当年批复、当年规划建设、当年验收、当年封关运行的奇迹，创造了国内同类型物流中心建设速度最快、起步速度最快的记录。2012年，亦庄保税物流中心业务量激增，正逐步转入效益发挥期，中心相关工作人员通过加快业务办理速度、加强中心交通疏导等工作保证各项业务开展顺利，中心为京东方、乐金化学、康宁等多家北京经济技术开发区重点企业提供了优质、高效的保税服务。

截至2012年年底，亦庄保税物流中心总计服务企业60家，总服务“一日游”业务车辆达1990次，中心库房已出租面积17526.1平方米，占中心可出租库房面积的42.49%，处于行业较高水平。

中心政策优势

货物从境外入区，予以保税；货物从区外入区视同出口，享受出口退税；中心放宽了一线贸易管制，中心与境外之间进出的货物，不实行进出口配额、许可证件管理；保税间货物实行保税监管，区内企业间货物可以自由流转。

自正式封关运营以来，结合企业需求，于2012年8月27日起正式开展了7×24小时预约验放；实施了分类通关，低风险货物可以快速放行；开通了无纸化通关试点；特别是开通了分送集报，大大提高了通关效率。

除此之外，中心主动优化转关模式，关区内实现了与北京朝阳口岸和北京首都机场口岸的高效联动，关区间实现了与苏州海关、天津海关及上海海关的顺畅配合。

中心着力为企业量身打造个性化通关方案，提高企业效率。

中国邮政速递物流
CHINA POSTAL EXPRESS & LOGISTICS

EMS | CNPL 中邮物流

中国远洋物流有限公司

——务实，协调，创新，进取

中国远洋物流有限公司成立于2002年1月8日，是居中国市场领先地位的国际化第三方物流企业。

中远物流定位于“整合的物流服务提供商”，以做“最强的物流服务商、最好的船舶代理人”为目标，秉承“服务客户最优，回报股东最大”的经营理念，在电子、化工、航空、电力、汽车、会展、融资物流领域为国内外客户提供全程物流解决方案，提升供应链管理品质；为全球国际贸易商提供海运和空运货代服务，为海内外船东提供中国港口的船务代理服务，实现客户价值最大化。

中远物流在中国设立了8家区域公司400多个业务分支机构，与40多家海外国际货运代理企业签订了长期合作协议，在美洲、亚洲、欧洲设有多家海外公司和代表处，形成了遍及中国、辐射全球的服务网络系统。

中远物流拥有和控制4000余辆各类运输车辆，大件运输车辆431轴线，11800多载重吨。在中国运营300多个堆场、危险品库、冷库、立体自动化分拨中心和海关监管库、保税库，在北美、西亚、西欧拥有各类仓储和运输资源，是中国最具实力的陆上运输和仓储企业之一。

国际化，中远物流与您同行

中远物流是国内少数拥有核心技术的物流企业，自主研发的“公路大件运输决策系统”、“大件货物滚装上下船计算机模拟系统”、“飞机大部件跨洋运输技术”、“多式联运—大集中货运主干信息系统”物流技术获得了4项国家级专利和4项科技进步成果奖。在推广通用物流信息技术的基础上，自主研发综合物流管理信息系统、配送中心信息系统和船代、货代业务等专业信息系统，建立了安全快捷的数据交换和电子商务平台。

中远物流建立了完善的企业管理体系，通过英国BSI的ISO 9001（2000）、14001（2004）和OHSAS18001（2007）综合管理体系认证，与中国人民大学合作开发并应用客户完全满意度测评系统（TCSS），寻求规范化管理和个性化服务、标准化流程和多样化需求的结合，形成了自我约束、改进、创新、发展的循环管控机制。

作为中远集团全球契约的首批履约成员单位，中远物流从产品责任、安全、环境等方面关注企业社会责任的实施，倡导绿色物流的环保理念，在行业内率先实施HSE管理体系，将可持续发展与企业的整体管理体系融合起来，每年投入巨资对运输车辆和物流设备进行更新和改造，以满足生态环境对车辆的特殊要求，促进环境和企业的和谐发展。

中远物流的努力和业绩得到了客户和社会的认可，从2003年到2009年，中远物流连续六届获“中国物流百强企业”榜首荣誉；中国货运业大奖最佳物流公司综合服务、流程管理、响应能力、网络覆盖等各奖项第一名；2005年位列中国首批9家5A级物流企业榜首；2006年英国《劳氏亚洲航运物流》“中国最佳物流企业”；“2006—2007年度中国物流最具影响力企业”榜首；“2007—2008年度中国物流企业杰出贡献奖、最具社会责任感企业”榜首。2009—2012年，获得中国国际物流节组评的“物流经典解决方案奖”、“中国物流杰出企业”等多个奖项。

中国远洋物流有限公司（中国外轮代理有限公司）
地址：北京市朝阳区八里庄北里220号中远物流大厦　邮编：100025
电话：010-51568000
传真：010-51568000
网址：www.cosco-logistics.com.cn, www.penavico.com.cn
免费服务热线：8008105158/8008105156
邮箱：service@cosco-logistics.com.cn

FOTON

北京福田物流有限公司

北京福田物流有限公司（简称北京福田物流公司）创建于2002年5月6日，员工2600余人，年营业额近17亿元。公司下设8个分公司、12个销售物流部、17个生产物流部、22个办事处和3个中转库，先后开发并引进了TMS、WMS、FMS、GPS、RFID、Call-Center等信息系统，并拥有目前国内最先进的轮胎装配生产线。可以为客户提供完善的仓储、配送业务和科学的管理方法及先进的信息技术支持。

自公司成立以来，连续被评为"中国物流百强企业"、"中国最具竞争力50强物流企业"、"中国汽车物流行业十大影响力品牌"和"AAAA级综合服务型物流企业"。经过福田物流人的不懈努力，在不远的将来必将实现"成为中国物流行业最优秀的整体物流解决方案提供商"的目标，为中国物流事业做出积极的贡献。

公司地址：北京市海淀区丰秀中路1号
联系电话：010-58710733
客服电话：4008865156
公司网址：www.ft56.com

南光物流有限公司
——根植澳门 进军内地

南光物流有限公司（以下简称南光物流）有着悠久的历史，长期以来一直致力于配合国家和澳门每一个重要经济发展时期的经济建设，对我国的经济发展起到了积极的推动作用。随着南光（集团）有限公司“根植澳门，继续做好并延伸现有业务；进军内地，重点发展房地产、农副产品及物流业务；稳健投资，积极寻求新的效益增长点”的发展战略的逐步推进，南光物流率先将物流业务延伸到珠海及内地其他地区，在珠海保税区、珠澳跨境工业区和珠海高栏港等地建立了大型物流基地，通过配套齐全的“一条龙”综合物流服务建立起内地与澳门便捷、高效的物流通道；同时在上海及广州等城市设点，着手在内地经济发达地区通过投资、兼并、参股和控股等多种途径进行物流网络布局；通过在资源整合型的供应链物流、商贸物流以及第三方物流等领域的研究探索，努力成为澳门地区具有最强实力的综合物流运营商，成为珠海、内地和细分行业具有品牌影响力的第三方物流和供应链管理运营商，成为链接内地与葡语国家商贸往来的具有竞争力的综合物流服务商。

南光物流上述业务的主要服务对象包括国内加工贸易型企业，海外制造商、海外贸易商社、进出口贸易商，货物涉及电子信息、通信、精密仪器、新能源、新材料等行业的各类高附加值进出口商品。

南光物流在资源不断扩大与整合优化的基础上，按照“做精澳门业务，做大做强国内业务，本着源自澳门、服务全中国的理念，致力于成为区域和特定细分行业领先的现代物流企业”的发展战略，以“服务最优、成本最低”的经营理念，竭诚为海内外客户提供快捷、安全、准确、定制化和一体化的综合性国际第三方物流服务，期望与广大合作伙伴共同发展物流事业。

北京长久物流股份有限公司

——至诚、志专、致远

北京长久物流股份有限公司（简称长久物流）成立于1992年，注册资本1.62亿元，系吉林省长久实业集团有限公司核心子公司，总部设立在北京。公司涵盖汽车供应链中的整车物流、零部件物流、进出口物流及物流增值服务等业务；提供汽车行业专业的物流规划、运输、仓储、配送等相关服务，长久物流在全国设有多家全资、控股子公司，业务网络达40余处，形成以华北、东北、华东、华南、西北、西南为基地的全国大循环汽车物流资源网络布局；乘用车和商用车综合运输能力达150万辆，服务团队数千人，年产值超过20亿元。

秉承“至诚、志专、致远”的企业价值观、“敬业、求实、创新、奉献”的企业精神和“专注汽车物流，引领行业标准”的企业使命，经过二十年的专业积累，长久物流通过一整套严谨、科学的物流管理体系和运营流程，在业内赢得了广大客户的高度赞誉。长久物流凭借优质的服务和先进的技术，已实现了信息化、网络化、自动化、电子化、标准化，使得公司成为目前国内最大的现代化汽车物流民营企业之一。

长久物流2003年9月通过ISO 9001：2000标准质量管理体系认证；2012年被中国物流与采购联合会评为“5A级综合物流企业“；2008年2月，长久物流以绝对优势中标"奥运火炬传递"核心车辆承运项目，成为奥运火炬传递全程物流服务唯一承运商，为奥运火炬在中国境内113个城市的传递提供汽车物流运输服务。整个活动历时3个多月，运输里程560000公里，全程无延迟、无事故，用实际行动履行了对百年奥运的庄严承诺；2011年11月，长久物流获得自营进出口资质，标志着长久物流从此可依法自主地开展进出口业务。长久物流的专业化服务得到了业界及客户的高度认可，获得众多荣誉，如"中国物流业大奖——2012汽车及机械物流最佳企业奖、2012行业物流突出贡献奖"、"2012年度中国最具投资价值物流企业（项目）" "2012中国物流信息化优秀应用企业" “2012中国快运品牌盛典——中国快运50强 ” “2012年度全国先进物流企业” “汽车物流行业特别突出贡献企业”等。

第九部分

部分优秀物流企业经典案例

中远网络物流信息科技有限公司的综合物流信息管理平台系统

一、企业简介

中远网络物流信息科技有限公司（以下简称公司）是中远集团下属的唯一一家 IT 旗舰公司。自 1997 年起，负责整个中远集团的 IT 业务，承接集团及国内外大中型企业有关供应链和物流系统信息管理平台解决方案的咨询、设计和研发项目。公司已经为烟草、交通运输、电信、铁路港口、汽车制造、零售、电子电器、农资等行业提供了大量优秀物流解决方案。

公司已获得工信部认证的二级系统集成商资质；已经通过 ISO 9000 认证，是国家认定的高新技术企业和软件企业，是国家发改委第一批全国信息化试点单位，是被国家信息产业部列为全国首批由行业信息化管理机构向信息化产业转型的 40 家试点单位之一，是国家信息产业部认定的行业信息技术应用推广服务机构示范企业，是国家发改委批准的 2006 年信息产业化专项和技术创新专项的实施单位，是科技部 2007 年科技支撑项目“智能集装箱”承接单位之一，是欧盟 FP－7 研究框架（2008 年）SMART－CM 项目承接单位之一。公司具备 CMMI 三级资格。

二、项目背景

生产制造企业物流业务主要包括原料、辅料、半成品、成品的订单管理、存储和运输等多个环节，同时也包括采购与销售计划的制订与跟踪等。目前，我国生产制造企业特别是一些大型企业，对供应链管理体系的重视程度有了很大提高，各主要作业环节如仓储、分拣、运输等都有了自己的信息系统，如 WMS、TMS 系统等。但由于这些系统在建设各物流管理环节时是逐渐采购或独立开发的，不是在事前从供应链管理的全过程出发统筹设计的，因此依然存在信息孤岛现象，凸显缺乏物流信息系统的集成、缺乏对物流业务的综合管控手段和缺乏与供应链上下游企业交流的信息平台的问题。这些问题是我国生产制造企业供应链管理和物流信息化系统中较为普遍、典型的问题。

针对上述问题并根据目前大多数企业，尤

其是那些在相关环节的物流信息化建设上具有一定基础的企业的需求，公司决定开发一个在对企业各物流信息系统进行有效集成基础之上的，运用先进的供应链管理理念和方法，实现对物流业务综合管控的一体化物流信息化平台系统（以下简称系统）。

公司认为通过该系统可帮助企业实现对物流业务的总体管理和控制，实现企业物流信息的充分交互与共享，实现对企业物流资源的总体调度和配置，实现对企业物流运作的全程监控和预警，从而从全局上提升企业的物流管理水平，提高物流运作的精细化和精益化。

三、系统总体蓝图

物流综合管理平台系统总体上可分为基础设施层、数据交换层、外部系统接入层、信息资源层、服务支撑层、协同服务层、应用层、界面层、用户层，以及 IT 治理框架等部分。通过针对所有这些重要部分进行全面合理的设计，可确保物流管理平台在需求范围及项目边界划分定位方面的准确性。系统总体架构如图 1 所示。

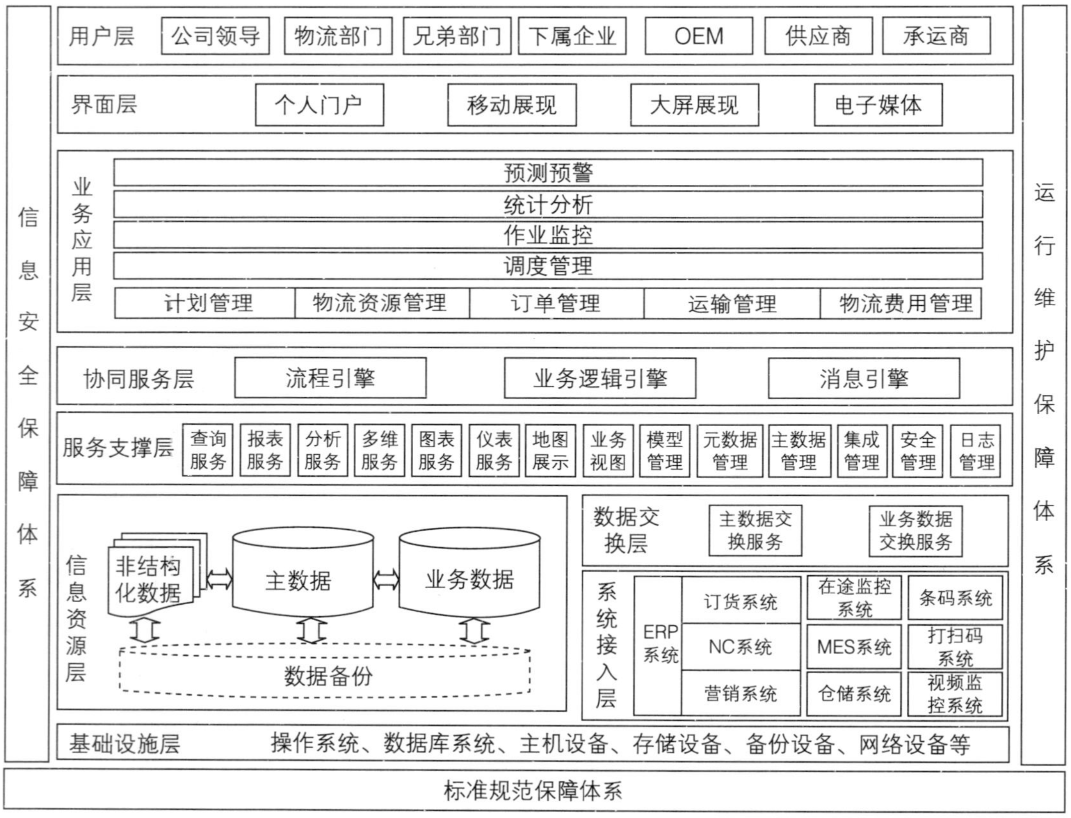

图 1　系统总体架构

（一）基础设施层

基础设施层是支撑物流管理平台的服务器、网络设备和系统软件等的统称，主要包括：操作系统、数据库系统、主机设备、网络设备、存储设备、备份设备等。

（二）数据交换层

数据交换层采用基于企业服务总线（ESB）模式的数据交换平台，实现两个方面的数据交换工作。一是主数据交换服务，包括物流管理平台涉及的客户、供应商、承运商、物料、会计科目规则、费用计划代码等主数据和基础数据。二是系统与外部系统的业务数据交换，提供数据标准、数据格式转换服务。

（三）系统接入层

提供与外部系统接口，通过数据交换层实现物流管理平台与外部系统进行数据交换，提供接入并且进行数据交换的服务对象主要包括：订货系统、条码系统、在途监控系统、NC系统、MES系统、ERP系统、营销系统、仓储系统、打扫码系统、视频监控系统等。

（四）信息资源层

信息资源层用于整个系统数据的集中存储和管理，其中包括主数据、业务数据、非结构化数据和备份/冗余数据。

（五）服务支撑层

主要是支撑物流管理平台的系统管理服务组件、安全管理服务组件、公共应用服务组件、模型管理组件、元数据管理组件、主数据管理组件和集成管理组件等。

（六）协同服务层

为系统提供业务逻辑引擎、流程引擎和消息引擎，可以实现系统内部业务协同服务，也可以对外提供业务协同服务。主要由流程中间件、ESB（企业服务总线）中间件、BPM（业务流程管理）中间件、消息中间件等构成。

（七）应用层

为用户层提供物流业务管理的应用功能，包括资源管理、仓储管理、运输管理、绩效管理、运费核算管理、安全管理、成本管理、统计分析、预测预警、可视化管理、工商协同、配送管理、项目监管、信息交互、决策支持、基础数据管理以及系统管理等。

（八）界面层

为用户层提供几种方式的系统服务展现。主要包括基于浏览器的个人门户展现以及客户端，还提供个性化的移动展现，如智能手机、上网本、移动终端等，以及发布类信息的大屏幕展现等。

（九）用户层

即所有使用本平台的用户。包括公司领导、物流中心、相关业务部门、供应商、承运商、商业公司、合作生产厂等。

（十）标准规范保障体系

标准规范保障体系是企业信息化的基础，包括数据标准、编码标准、接口标准等，以及相关的管理制度和规范。确保系统内部、系统之间的信息集成和信息交换。

（十一）信息安全保障体系

信息安全保障体系确保企业信息安全，应用系统安全运行。包含基本技术要求和基本管理要求两个方面。基本技术要求包括物理安全、网络安全、主机安全、应用安全、数据安全及备份恢复；基本管理要求包括安全管理制度、安全管理结构、人员安全管理、系统建设管理、系统运维管理。

（十二）运行维护保障体系

运行维护保障体系确保系统的正常运行、升级和维护。重点要从三大体系考虑，即运维控制体系、流程体系、监控体系。

四、体统解决方案

（一）系统功能架构

为保证能准确地实现物流综合信息管控平台的功能需求，经过对功能需求进一步分析，系统采用模块化设计，根据业务要求划分为九大模块，并根据各模块的功能要求进一步细分业务主题，并以子模块的方式进行设计具体功能点，具体系统功能架构如图 2 所示。

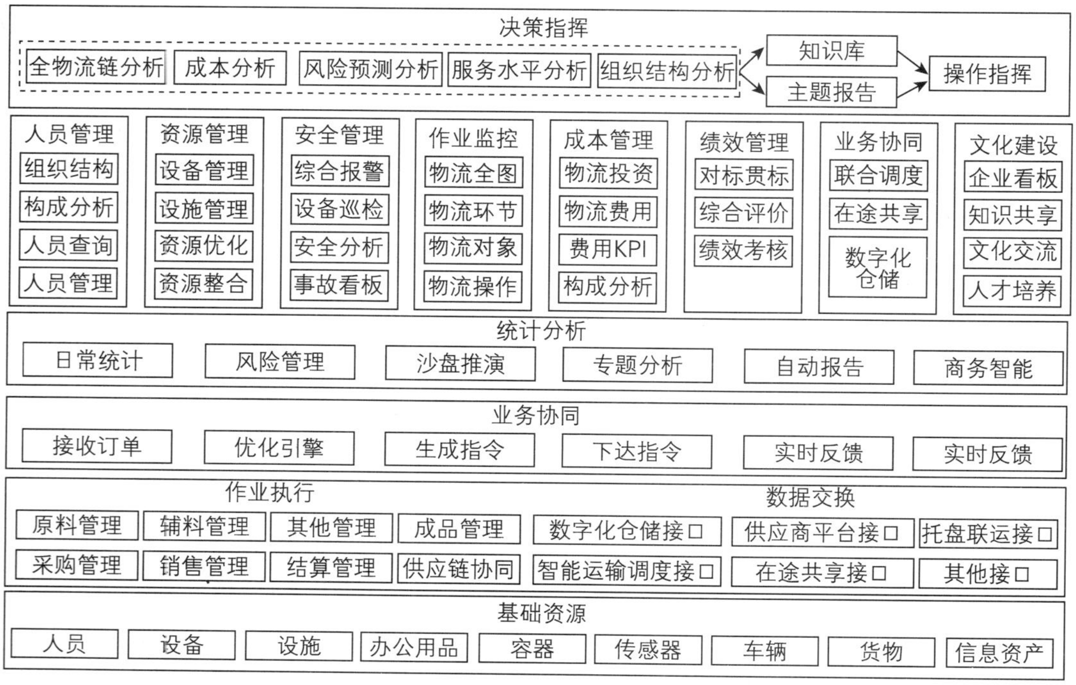

图 2　系统功能架构

（二）系统技术架构

系统技术架构包括界面层、业务应用层、服务引擎层、信息资源层及数据交换层五个部分，具体内容如下。

1. 界面层

主要采用客户端的三层应用访问架构及 B/S 访问架构，通过 http、https 等多种访问协议为用户提供使用系统服务的方式，除了传统的 PC 接入门户以外，系统前端展现层还提供了门户的移动化接入，对于信息发布类的应用可以用移动展现的方式将信息发送到客户端，客户端可以是 PC 上的，也可以在手机上。

2. 业务应用层

提供的各类应用模式的组件和模型，包括原料条码管理、成品管理、辅料管理、运输管理、仓储视频管理、基础信息管理、成本与绩效管理等各种业务应用模式。

3. 服务引擎层

提供引擎及相关服务组件，服务组件包括应用服务器集群、持久管理组件、日志服务组件、地图服务组件、安全管理组件、通信服务组件、视频服务组件等。服务引擎包括工作流引擎、消息引擎等。

4. 信息资源层

主要采用数据库集群技术、非结构化数据库等技术体系，用于整个系统数据的集中存储和管理。同时对数据存储考虑了备份策略，保障数据随时可用。

5. 数据交换层

主要采用 Web Service 实现的企业数据交

换服务，用于支撑内部系统与外部系统或者外部平台的数据交换，同时转换为符合标准规范的数据进行存储。提供接入并且进行数据交换的对象主要包括：一是ERP系统、安保系统、NC系统、数字化仓储系统；二是与其他系统的基础主数据同步，包括客户、供应商、物料、地点、计量单位等主数据。

（三）系统数据架构

系统数据架构主要是基于物流行业和软件行业的数据设计、数据质量及数据安全标准为基础，物理结构按应用数据库存储、备份库存储两个部分进行划分。

1. 应用数据库存储

应用数据库存储是系统的数据存储核心，用于为业务系统功能提供数据来源。为有效保证系统的访问效率及访问质量，对应用数据库的设计采用数据来源层、业务主题层和功能服务层的三层结构设计。

数据来源层是在数据获取的时候，根据数据的来源进行类型划分，以优化数据存储。

业务主题层把来自数据来源层的数据进一步用主题细分数据存储的结构，为业务功能实现进行数据细分。

业务功能层对存储在各主题范围内的数据进行抽取，根据数据的要求进行清洗加工，最后通过具体业务功能进行数据应用。

2. 备份库存储

为保证系统在数据层面的安全，备份库存储采用数据同步技术把数据按历史数据和实时生产数据进行归档存储。

（四）系统集成架构

为保证系统应用功能的实现，在系统集成环节采用多模式的集成手段。其结构如图3所示。

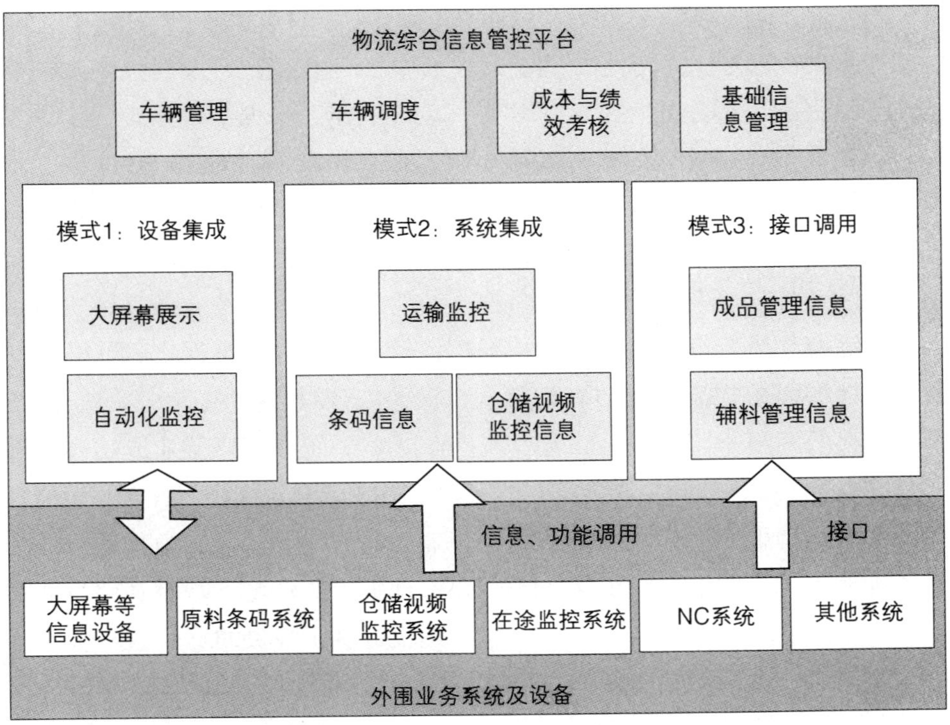

图3　系统集成架构

从图 3 可以看出，系统集成分为设备集成、系统集成及接口调用三种集成方式。

1. 设备集成

根据系统对集成设备的集成要求，本系统涉及的大屏幕等多种自动化、信息化设备进行集成，实现信息系统对各设备的统一控制及调度。

2. 系统集成

系统通过技术手段对相关业务系统的信息调用，实现业务数据的采集及功能的调用，以达到实现系统功能需求。

3. 接口调用

利用外部系统提供的接口进行访问，获取外部系统的业务数据，实现数据的采集及使用。

五、效益分析

2012 年，综合物流管理平台系统已成功中标一些大型制造企业的物流信息化项目，并在河北中烟工业有限责任公司成功地完成了实施，取得了显著的经济效益、管理效益和社会效益。

（一）经济效益

1. 库存和资金占用率降低

河北中烟通过综合物流管理平台系统的应用，实现了公司整体层面的物流信息的有效整合，成品烟平均库存的明显下降，资金占用率大幅度降低。2012 年，河北中烟的成品库存量从应用系统前的 3 万箱降低到了应用系统后的 1.3 万箱，成品库存资金占用量减少了约 3 亿元。

2. 产品销量提升

河北中烟把系统与 ERP 系统、营销系统等有效对接，实现了真实的市场信息的采集、分析和处理，一方面能够根据市场的需求快速、及时地作出物流响应，在第一时间贯彻执行；另一方面实时监控每一步物流操作和运行。河北中烟运用系统提高了客户服务满意度和产品忠诚度，增强了企业产品的市场竞争能力，提升了河北中烟的整体销量。据初步估算，系统实施期间及实施后，河北中烟累计新增利润达 1.02 亿元。

3. 物流成本降低

通过实施平台系统，提升了河北中烟的整体物流运行效率，提高了整个物流环节之间的衔接速度和有效性；通过对河北中烟整体物流信息的有效把控，实现了整体物流资源的有效配置，进一步降低了河北中烟的整体物流费用。

（二）管理效益

河北中烟实施平台系统后，使河北中烟的管理层能够实时、快速、准确地了解公司的整体物流运行情况，及时发现物流运行中存在的问题，迅速根据平台系统提供的关键监控和预警信息作出正确的物流管理决策。

同时，平台系统成功实现了烟草工业公司层面的物流信息的有效集成，实现了物流的综合管控和业务的综合调度，实现了河北中烟物流管理的供应链全程化和可视化。

（三）社会效益

本系统在烟草行业成功实施并取得了良好的效果，得到了国家烟草专卖局及地方烟草行业公司的一致认可，为其他行业公司物流综合管理平台的建设，乃至其他行业的物流信息化建设提供了宝贵的经验。

（中远网络物流信息科技有限公司）

中航物流的一体化供应链信息系统

一、企业简介

中航国际物流有限公司（以下简称中航物流）是中航集团下属专业化子公司。2010年中航国际物流有限公司与中国航空工业供销总公司合并，供销公司的业务除粮贸钢贸外全部划归中航物流，中航物流已成为中国航空工业的专业物流平台。

中航物流肩负中国航空工业物资供应、保军配套的重任，拥有一批通晓各种航空材料及器材性能、生产工艺、国内外技术标准及采购供应渠道的技术专家，以及一个保障航空工业科研、生产配套材料的供应的调度系统网络。中航物流拥有59个与中航工业有配套关系的承制厂、（所）设有驻厂代表室，拥有国内军工系统高效健全的航空产品配套保障和供应体系。

中航物流的17家分支机构和59个驻供应商代表室覆盖了中国航空工业重点生产基地，形成航空产业供应链的国内网点，与中航工业在35个国家的60多个海外机构构成了全球服务网络。中航物流已在全国规划建设了多个物流中心，覆盖哈尔滨、沈阳、北京、天津、上海、西安、成都、武汉、南昌等重要城市，正在建设的上海、天津物流基地充分利用国际交通枢纽的区位优势和优惠政策，为世界航空制造业及高端制造业提供集成的物流服务。

中航物流专业资质包括国际货运代理、进出口报关报检、无船承运人、铁路专用线运营、危化品储运、成品油批发经营权、危险化学品经营权、钢材进出口特许经营权、汽车进出口经营权等。

中航物流业务已覆盖与航空制造相关的贸易物流、钢铁物流、大件物流、成套设备国际物流等业务领域，同时还提供航空原材料和设备采购、清关、仓储、运输、分拨等服务，并根据客户特别需求，策划和实施一体化的物流解决方案。

中航物流的组织架构如图1所示。

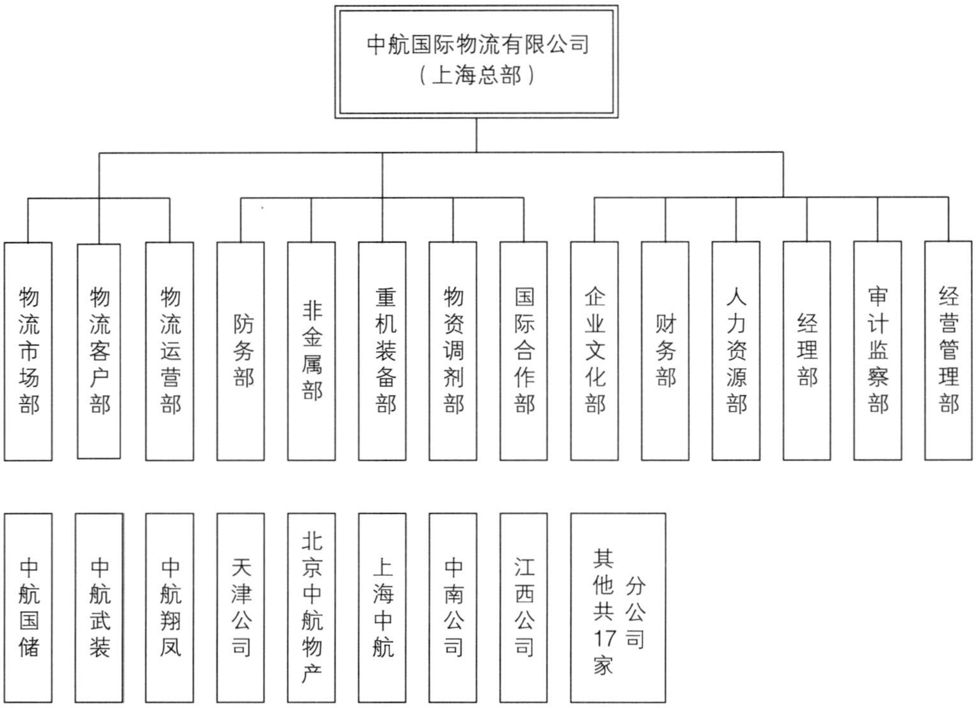

图1 中航物流组织架构

二、项目背景

中航物流在实施信息化之前存在一些问题，主要反映在以下几个方面。

（一）客户资源分散

中航物流的业务运作多以项目物流的形式进行，如空客翼盒项目、波音平/垂尾项目、K8备件项目、成飞项目、中联重科大型机械整机国内运输项目、C919项目及肯尼亚医院项目、赞比亚大学捐赠项目等国际项目。

对于项目物流来说，客户相对单一与集中，项目物流之外的业务大都是零星小额业务，客户资源也较为分散，业务份额相对较小且提升也较难；对于份额较大的项目物流，公司会集中一切优势资源来完成，相对份额较小的业务可利用的资源就会有限，服务品质也较难保证；在客户资源分散的情况下，中航物流沟通成本也会相对较高。

（二）供应资源分散

中航国际物流多以公司的业务导向选择供应商，当业务形态相对繁杂时，体现在供应商的选择上也会较为多样化，供应资源也会较为分散。

在供应资源分散的前提下，中航物流占据供应商业务份额的较小部分，因此中航物流的议价能力也相对较为薄弱；业务形态的多样化，必定使得中航物流的业务集中度差；业务分散的状况，又会使得中航物流的供应能力比较弱。

（三）供应链环节问题

在各成员企业具体日常运营过程中，具体业务操作人员遇到了许多实际的问题。首先是库存持有成本过高。企业在生产过程中产生的在制品存货高，存货周转天数周期长，而且企业存货占收入比率过高，与国外标杆企业相比差距较大。

其次是上下游企业间信息不透明影响企业的协同效益。企业对客户需求的协调响应速度慢，航空产品交付准时性难以保障。

再次是物流资源分散，物流资源利用率低，成本高。中航国际的物流成本占营业收入比重过高，各单位物流规模小，专业化程度低；物流与采购、交付等环节脱节，难以有效协同；缺少对第三方物流公司的统一管理体系。

最后是备件供应链未成体系，影响企业的售后保障。集团内各生产单位各自为政，各自建有不同的售后服务体系。生产单位与客户之间的沟通缺少信息化手段支撑，信息管理困难，沟通效率不高，客户对售后服务的需求得不到及时的响应。

这些问题已经严重影响到了企业的日常运营，并在企业财务报表中有了明显的体现。

（四）集团化管理优化需求

中航物流和中航供销合并后，使得中航物流的业务量明显增加，首先遇到的主要问题就是企业整体的管理问题。如何让企业的管理水平跟上业务的快速膨胀，推动企业业务向更深层次发展，是中航物流亟须解决的问题。

中航物流的使命是打造航空工业物流供应链平台，集采购、仓储、配送、展示、结算、物流金融于一体的供应链管理平台，真正实现物流、商流、资金流、信息流的一体化，形成完整的价值链。通过中航物流平台，使零部件供应商合作关系更加紧密。也通过平台将中航集团的各类资源进行整合，包括仓库、车队、油库、危化品库、专用车辆等，使其发挥最大效益。

为了达到这个效果，首先需要以机构为中心进行集团化优化管理，充分利用各个机构的优势资源，整合各个机构的闲散资源，对各个机构进行标准规范化管理，为业务的急剧增长打好管理基础。其次，中航物流需要对于分散的客户资源实施以客户为中心的管理优化策略，如针对每一个不同的客户，设置专属于该客户的业务管理方式、业务流程操作模式和业务结算方式等。

（五）信息化程度不高

中航物流的多数分支机构信息系统建设相当薄弱，对业务的支持度非常低。多数分支机构业务管理基本上是手工填写单据和手工在 Excel 里记录为主。个别信息化程度稍高的单位，也是以传统的内部信息化为主：缺乏供应链协同应用，无法实现上下游合作伙伴的在线业务交互，如在线查看入库、库存、出库等信息等。信息孤岛普遍存在，现有系统很多都是独立运行，没有数据接口，无法实现数据同步，不能实时满足业务需要。随着业务量的逐年递增，信息化程度不高已经严重阻碍物流业务的发展。

根据中航物流的需求，针对中航物流存在的问题，上海博科资讯股份有限公司为其量身定制了一体化供应链信息系统（以下简称供应链系统），意在帮助中航物流打造一流的供应链物流服务平台。

三、供应链系统的总体目标

中航物流的一体化供应链信息系统支持的供应链物流服务平台架构示意如图 2 所示。上海博科资讯股份有限公司设计的这套系统要实现下述五个目标。

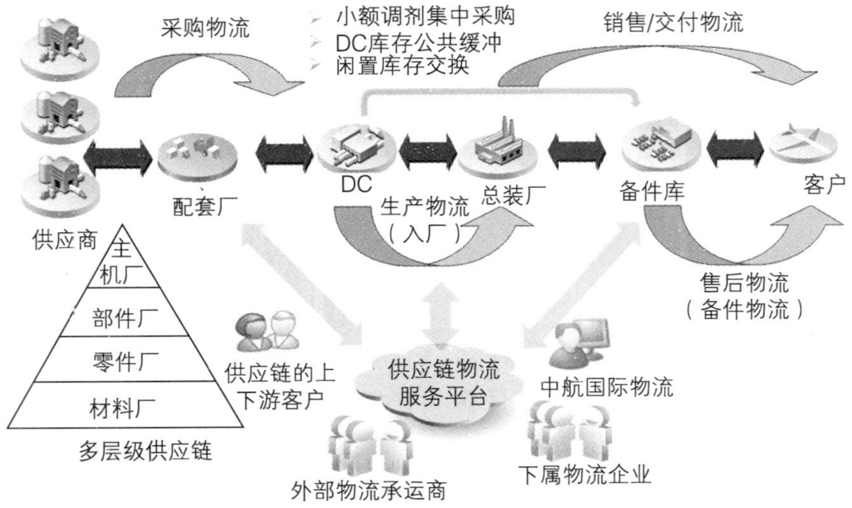

图2 供应链物流服务平台架构

（一）集团管控精细化

通过供应链管理平台的上线使用，对原有中航国际物流较为混乱的集团管控模式进行重新梳理，从公司治理结构、集团战略管理、集团组织管理，以及管控实现（关键资源、业务、战略和文化管控）等多个方面，利用信息系统的功能优点，疏通原有管理模式下各成员企业之间信息流转不通畅的状况，准确地进行总部定位，并因地制宜、因时制宜地设计符合集团自身发展的管控模式，实现战略协同，以及进一步的业务协同和资源协同，避免集团总部与其成员企业间发生发展目标不一致、产生偏离的状况，消除集团内部产生不必要冲突的隐患。

（二）打造供应链协同平台

通过打造统一的供应链物流服务平台，不仅要实现中航物流总公司、各分子公司内部物流业务的统一调度和管理，也要实现供应链上下游的合作伙伴提供业务交互、查询与跟踪。同时要保证物流系统与 ERP 系统主数据的同步与相关联的业务数据的交互。

中航物流业务模式多为项目物流服务，需要借助供应链物流服务平台完成各项目实施过程中资源的组织、控制与协调，此时供应链物流服务平台就是一个供应链协同平台，借助这个协同平台，中航物流还可以向商品展示的方向开拓，采取电子商务展示、场馆展示、展会陈列展示等模式。

（三）完善物流基础管理模块

由于中航物流各构成单位的信息化水平不一、模块零散，因而需要全面推广、集成完善物流管理信息化基础模块，才能快速扭转当前各构成单位信息化建设水平参差不齐的现状，从而为实现从总公司到各分子公司之间高效率的信息协同打下坚实基础，具体包括运输配送服务、仓储服务、加工服务和物流解决方案。

（四）实现业务及时高效协同

中航物流希望拥有一个物流信息平台，实现物流资源供给方与需求方的物流信息集成与共享。中航物流和中航供销的合并，使商流和物流有效对接，企业将遵循效益优先原则，更好地服务重点供应商、重点服务产品和重点客户。对于重点供应商、重点服务产品、重点客户，信息系统服务还需要具有自己的特色，即未来信息系统是共性与个性化的结合。

为保证业务及时高效协同，还需要流畅的资金流做支撑。中航物流在完善各个物流基础模块、建设企业信息门户的前提下，可以采用第三方支付、质押贷款服务、短期资金支持和代理结算等方式加快资金的流转与回笼，以保证物流业务的高效协同。

（五）确保系统功能与性能的扩展性

随着中航物流业务的不断发展及壮大，其业务量必将急剧增大，同时系统用户数也将随之增长，更重要的是发展过程难免会伴随管理方式的提升与变革。管理方式的改变需要系统具备高度的扩展性，而业务量与用户数的剧增则要求系统性能有较大预留，同时也要求系统具有较强的可维护性。

四、供应链管理平台信息系统功能架构

博科信息化解决方案的核心竞争力在于为中航物流提供从商品展示到结算整个供应链流通环节全过程的服务，服务内容涉及商流、物流、资金流、信息流和标准认证五大业务板块，服务项目可以扩展到数百项。为保证项目顺利启动并沿正确的道路发展下去，博科将此次信息化建设的解决方案分为两部分：一部分为核心业务，另一部分为增值服务业务。核心业务就是贯穿“四流一认证”必须提供的、重要的服务内容；增值服务业务是为了更好地完成核心服务而为客户提供的个性的、多样的、可选的服务内容。

核心业务概述包括：商品展示、商品交易、物流服务、资金流服务、标准认证以及供应链流通环节的一体化解决方案。博科为中航物流系统设计的功能架构如图 3 所示。

（一）电子商务平台

电子商务门户作为企业对外完整的窗口，访问门户的人群包括：客户、供应商、服务商，以及企业内各职能部门人员。

根据中航物流的实际需求，电子商务门户可在传统的网站平台基础之上，提供进入物流信息系统的各个子系统或管理模块的超链接。通过对企业各部门和人员权限的分配，实现对系统相应子模块的快速便捷登录和使用；并可提供电子商务的展示服务。

具体内容包括了企业主页功能、会员服务、权限管理、子系统单点登录、在线信息功能、在线订单、业务跟踪、在线查询和在线补货等。

（二）订单管理系统

统一的订单管理平台实现对物流业务的统一管控，包括订单接收、传送、拆分与合并；同时通过订单管理平台实现对仓储、运输业务的协同。通过订单管理系统形成对订单的接收、计划、执行、拆分、跟踪、反馈的跟踪，通过区分各类订单的特征，配置作业规则，实现对订单的全生命周期的管理（支持电子表格数据导入）。

（三）仓储管理

通过自建、收购、合作、加盟的方式为客户提供多类型平面及立体库房，推出集入库分拣、在库保管、出库打包、装卸、分拣、加工、包装、贴标、库存管理、网络仓库、VMI（供应商管理库存）、一对多/多对一 CROSS-DOCKING 越库，通过信息系统平台与客户系统及网络系统的嫁接，实现客户实时掌控库存变化、控制库存流量、流向的需求。

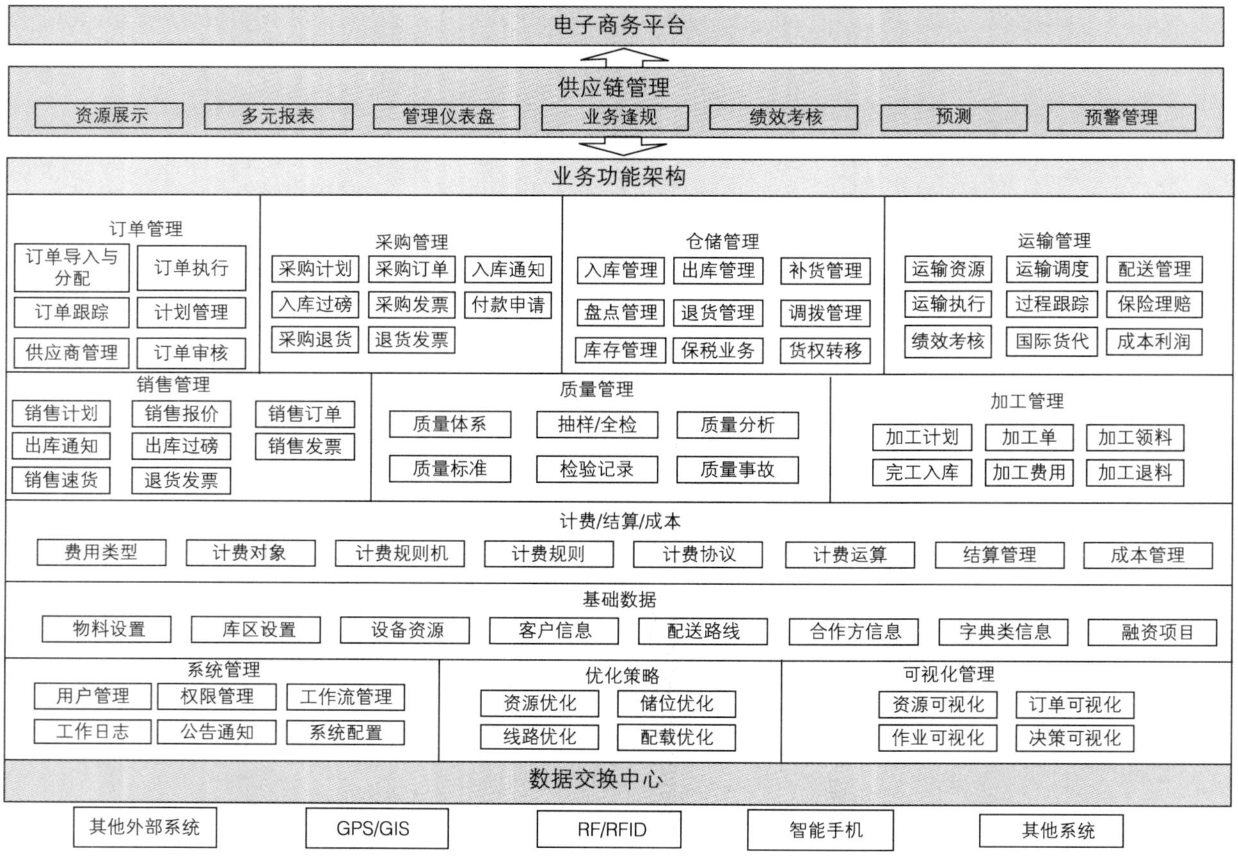

图3 系统功能架构

（四）运输管理

整合社会运输资源，为客户提供集陆路运输、航空货运、海运代理、通关业务、快运/快递于一体的综合运输解决方案，并通过运输网络的搭建连通各级枢纽，实现空网部分业务的物流需求功能。核心功能包括运输作业管理和运力资源管理两大模块。

（五）装卸管理

装卸管理分为仓库装卸、铁路装卸、港口装卸、汽车装卸、飞机装卸等。仓库装卸配合出库、入库、维护保养等活动进行，并且以堆垛、上架、取货等操作为主。主要功能包括装卸业务的分类、装卸作业和设备的调度、机械设备的管理以及作业人员的管理。

（六）计费及结算管理

实现对承运商配送业务的灵活计费。整体物流平台应具备强大的物流结算计费功能。能够支持多种计费模式；计费规则要求具备可配置性；结算计费管理应能够简化复杂的人工计算、核对、对账的过程，提供全电子化的作业模式；能够管理特殊偶发费用。结算和计费既包含对于客户的结算，也包含对下属承运商结算；结算和计费应该包含对于运输配送的结算，同时也包含对于仓储作业、仓租费用、库内加工作业的结算；计费和结算功能应该是一体化自动完成。

（七）加工管理

包括对加工包装流程的管理，以及加工包

装原料的增减处理，由 BOM 表的生成对原料及成品进行精细化管理。

（八）采购管理

采购管理系统是通过采购申请、采购订货、采购入库、采购退货、购货发票处理、价格及供货信息管理等功能综合运用的管理系统，对采购物流和资金流的全过程进行有效地双向控制和跟踪，实现完善的企业物资供应信息管理。该系统可以独立执行采购操作，也可与购销链其他系统、总账系统结合运用，提供更完整、全面的企业物流业务流程管理和财务管理信息。

（九）销售管理

对日常销售行为的管理，包括销售往来客户的基础资料维护，以及报价、销售信息、信用控制、销售委托管理等。

（十）进出口管理

包括对进出口需求的接收、信用单证、电子订舱等流程的管控，允许通过外部系统直接将进出口需求单据导入至本系统。

（十一）交易管理

通过电子和基地平台相结合的方式为商户提供虚实两种交易场所，由商户根据产品类型分区、分片自行或委托代理进行商品的销售、采购业务服务，通过基地现货交易和电子商务平台的建立整合所在城市及区域的商品，形成综合性区域商品贸易集散中心。

（十二）金融物流管理

在原有的各个供应链流程上配合中航物流的各项物流金融业务的展开，根据不同的业务，实现对替代采购、信用证担保、仓单质押融资、买方信贷信息等功能管理。

（十三）主数据管理

对系统日常运行基础资料的管控，包括供应商资料、组织机构、仓储、运输资源、客户资料、合同资料等信息的管控，供系统流程运转时予以引用。

（十四）集团财务管理

以“协同运作、集中管理”的设计理念，为中航国际物流集团本部和其成员企业实现包括集团财务、集团资金、全面预算等完整的集团管控应用目标，为财务部门提供包括集中结算、集中监控、集中信贷等业务功能的资金管理平台；为成员单位提供财务核算、固定资产管理、资金结算、资金存贷等业务功能的管理平台。

（十五）电子集采平台

实现各成员企业在电子集采平台上直接进行采购行为的发起，而具体执行行为通过系统规则设定，可以由集团总部操作或是由各成员企业自行作业，从而实现对各成员企业采购行为的实时管控。并且总部可以根据采购行为的统计，制订出相应的物流调度计划。

五、信息化主要效益分析与评估

供应链平台的上线使用，大大提升了中航物流的业务管理水平，推动了信息化建设的步伐。具体表现为：

一是打造敏捷供应链，提高链条上各个单位之间的需求响应速度，提升各单位之间协同性。库存管理水平持续改进，持有库存成本持续降低。通过电子集采平台的上线使用，建立联合（集中）采购体系，以规模经济带来总体的成本降低。

二是 YIGO 平台的使用，使中航国际物流自身也具备了基本系统功能的开发以及配置能力，减少了后期系统功能调整所产生的时间及人力成本，并且允许其自身 IT 人员通过平台搭建出具有独立自主产权的系统。同时与中航工业各企业的物流公司（或部门）合作、合资，不断扩大中航物流的未来物流资产、资源，不断扩大中航物流业务规模，并促进传统贸易业务规模，最终发展成为中航工业及社会有影响力的物流及供应链服务企业。

三是集采平台的上线使用，帮助有效整合供、需信息，并满足集团总部对各成员企业采购职能的个性化管理，促进中航集团供应体系的建设，实现规模优势，降低集团采购成本，促进中航工业统一供应商管理体系建设。

四是通过物流供应链平台，整合内外部物流资源，强化物流服务网络，促进购、储、运、销各环节的有效衔接，缩短物流周期。提供稳定的物流业务渠道，便于仓储、运输计划准确地制订。

五是通过结算服务，提高结算效率，缩短资金回收期，通过物流融资，为用户提供在库物流监管等服务，增加业务来源，通过物流融资盘活中航流动物质，降低资金压力。

六、结论

在博科与中航物流合作的过程中，博科充分意识到由于航空工业的特殊性，以及航空制造业的复杂程度，致使航空物流管理难度和业务复杂度非常之大。对中航物流而言，供应链管理平台的建设，具有重要的意义：

一是在航空供应链服务领域，还没有一套完善的基于信息系统的标准化管理流程，而这次供应链管理平台的建立，可谓是航空业供应链服务的旗帜和标杆，并为推动航空物流服务发展提供了强劲的助推力。

二是通过信息系统的使用，推动航空供应链传统运营模式的改革，提高航空物流服务质量，通过实践摸索出一套适用于中国航空工业，能够为中国航空制造更好服务的供应链管理平台，并且基于该管理平台，形成一套先进、高效、准确的管理模式。

三是通过该项目的建设，为中航工业内部其他企业在类似信息化建设的推进中，提供经验和模板，从而减少项目实施过程中类似阻力因素所带来的难度，为整个中航工业的信息建设提供助推力。

（中国物流与采购联合会网络事业部）

一汽成都公司的整车仓储定位管理系统

一、应用企业简况

一汽物流（成都）有限公司（以下简称一汽成都公司）是一汽物流有限公司的全资子公司，主要从事商品车仓储、发运，汽车零部件仓储、配送、长途运输，公、铁、水联运，物流方案咨询设计等业务。

一汽成都公司下设整车发运公司、整车仓储公司、零部件物流公司、备品物流公司四大业务公司及经营发展部、财务控制部、综合管理部/党群工作部、人力资源部、安全品质管理部五大职能部门。主要为一汽—大众汽车有限公司成都分公司（以下简称一汽—大众）提供商品车仓储、发运服务及动力总成零部件的取货、仓储、配送、上线服务，为一汽—丰田汽车有限公司（以下简称一汽—丰田）提供西南区备件的仓储、作业和配送服务。

公司现有整车停车场35万平方米、高标准库房3.5万平方米、车辆等设施设备80余台套。整车仓储及备品扩能项目全部建设完成后，一汽成都公司将拥有53万平方米停车场及5万平方米高标准库房、轿车运输车等设施设备700余台套，可满足一汽—大众60万辆和一汽—丰田西南区域的备件物流需求。

通过RFID物联网技术LVCS系统的推进与实施，一汽成都公司，致力于打造“优质、高效”为核心的仓储物流管理一体化平台，此系统对内满足一汽—大众60万辆仓储发运提供了信息支持，为全员绩效考核提供了数据支撑，入库效率提高了40%；备车效率提高了35%。适时规划、有序推进，逐步建立能融通全国的现代化整车物流管控服务体系。通过此系统的实施，一汽成都公司能提高35%每日出车量。

二、实施LVCS系统的背景

一汽成都公司在生产管理和经营管理中一直被下述问题困扰。

一是信息缺乏。由于缺乏有效的车辆状态信息、车辆库位信息，不能对车辆进行有效的监控和管理。

二是过程监控。缺乏对整车物流中间过程

的管理，无信息化过程管控，存在可能丢失车辆长时间不能反映的严重安全隐患。

三是入库管理。商品入库后，满车场寻找空闲库位，再手工抄写库位信息到票据上，统一交给入库管理员手工维护入车辆信息及其库位信息电子表格。

四是库内管理。库内管理缺失。

五是出库跟踪。临时出库后没有跟踪。

六是员工工作量考核。手工记录员工工作量，可能出现记录错误。

七是客户服务。承运商无法对自家车辆进行备车查询和跟踪，不利于提高企业服务质量。

八是信息反馈。操作人员出现错误操作后管理人员不能及时发现操作异常。

为解决上述问题，致力于打造“优质、高效”为核心的仓储物流管理一体化平台。

三、系统设计方案及系统特点

（一）系统架构

1. 系统网络组成

系统网络组成如图 1 所示。

2. 系统网络结构

系统网络结构如图 2 所示。

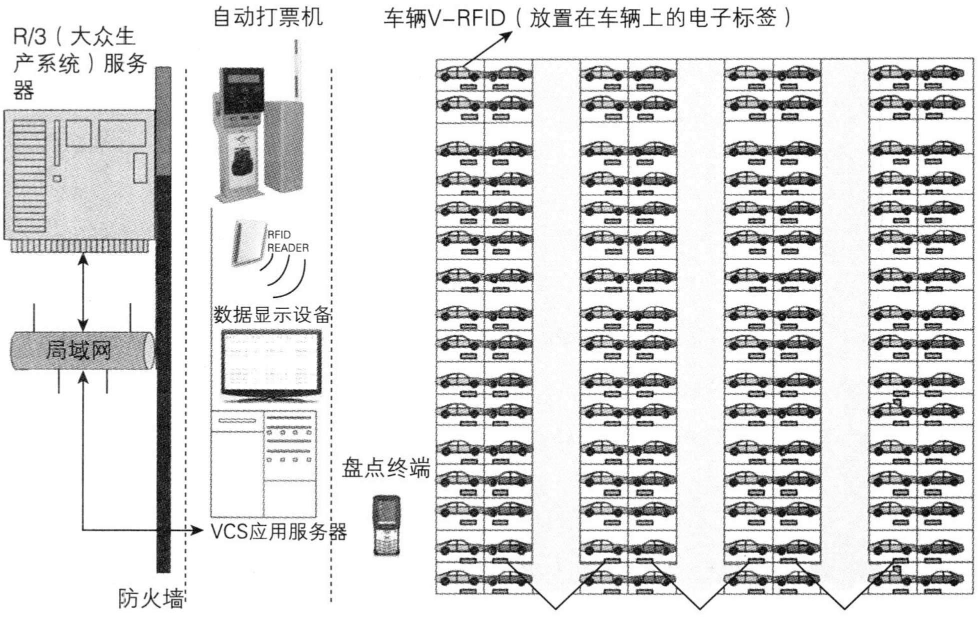

图 1　系统网络组成示意

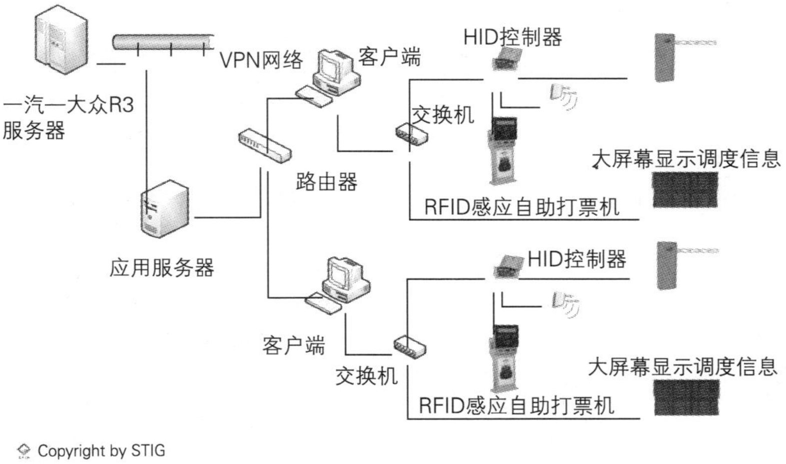

图2　系统网络结构示意

(二) 系统主要管理节点

1. 商品车下线（CP9）管理节点

商品车下线（CP9）管理节点情况如图3所示。

2. 入仓储区大门管理节点

入仓储区大门管理节点情况如图4所示。

3. 配板上道管理节点

配板上道管理节点的情况如图5所示。

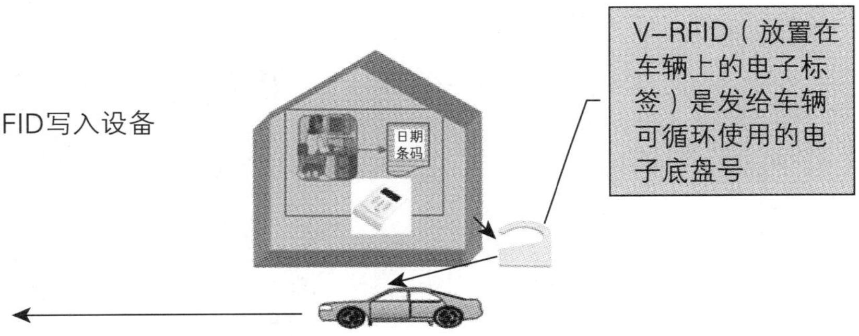

下线车辆到达CP9，系统自动将底盘号加密后写入V-RFID（放置在车辆上的电子标签），工作人员将此V-RFID交给司机，司机将V-RFID放到指定位置。此V-RFID将在车辆装入配板车后回收利用。

CP9：指大众下线车辆出口工位代码。

图3　商品车下线（CP9）管理节点示意

在备车道上安装固定式读写器，车辆到达备车道自动识读车辆 V－RFID（放置在车辆上的电子标签），后台系统发出提示正确或错误信息控制红绿灯，错误信息同时提示到调度室的电脑界面上，电脑报警并记入错误信息表单，调度员根据系统提示信息做相应操作。如果调整正确后系统报警取消。一旦发现存在报警的信息，则此备车道的出库单无法打印。

4. 车辆自提管理节点

车辆自提管理节点的情况如图 6 所示。

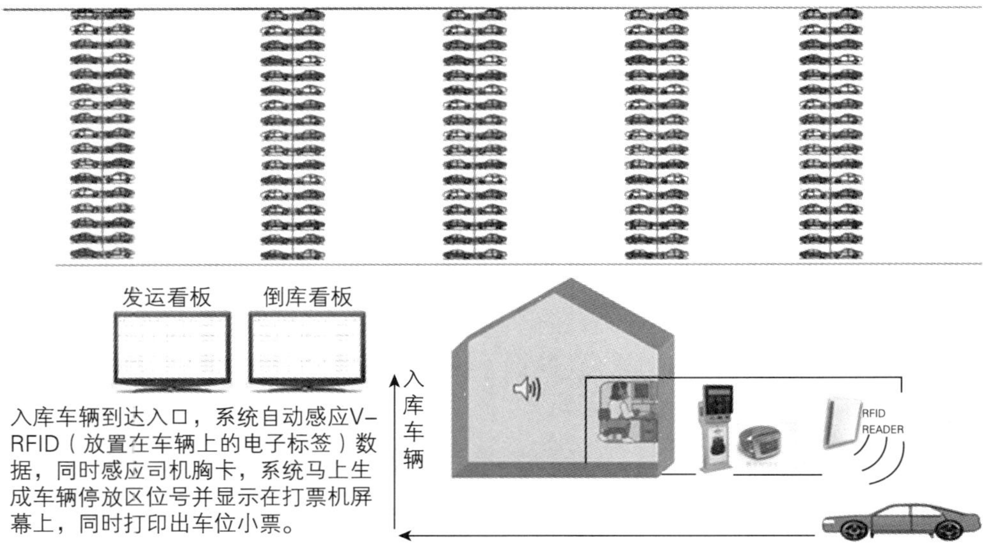

图 4 入仓储区大门管理节点示意

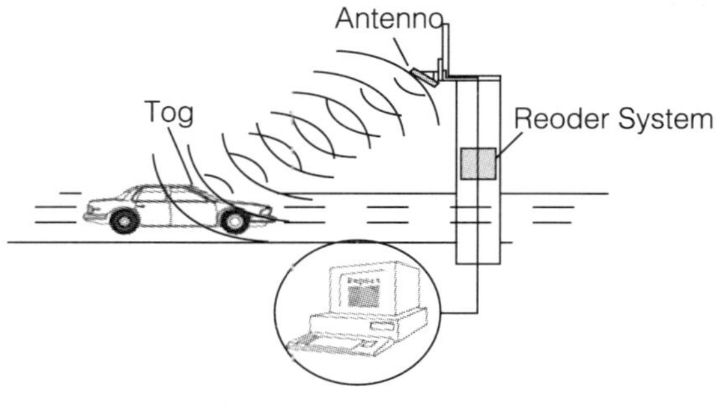

图 5 配板上道管理节点示意

图 6 车辆自提管理节点示意

在自提车通道处安装固定识读设备，自提车辆到达通道入口，设备自动识读车辆 V－RFID（放置在车辆上的电子标签），后台系统发出提示正确或错误信息，错误信息同时提示到调度室的电脑界面上，电脑报警，调度员根据系统提示信息做相应操作。错误信息会记录在数据库，如果调整正确后系统报警取消。否则调度室电脑将一直报警。

5. 倒库管理节点

倒库管理节点的情况如图 7 所示。

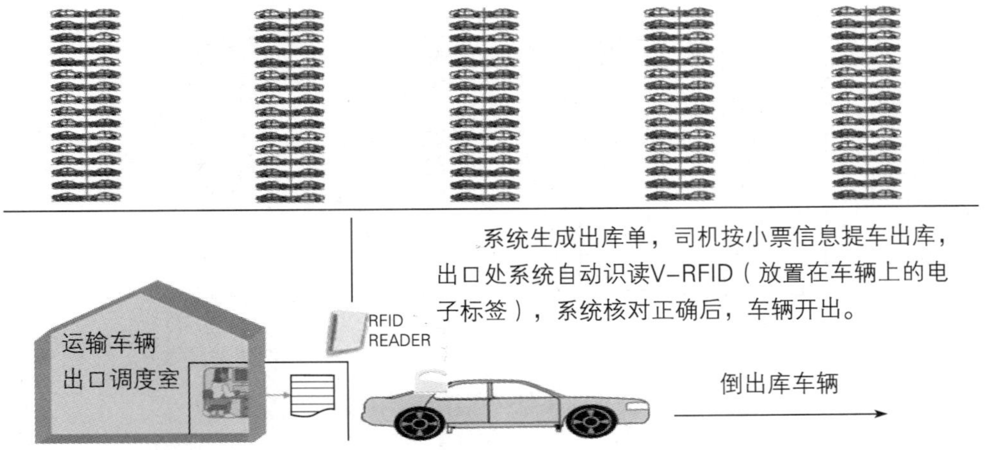

图7　倒库管理节点示意

（三）系统设计特点

本系统设计具有六个特点：坚持“落实规范、总体设计、先进实用、安全可靠、开放兼容”的总原则。

一是开放的数据库。系统管理软件接口符合 TCP/IP 标准，并具有实时、开放的关系型数据库，能够通过 DDL、DDE、OLE 等形式与其他应用软件交换数据，带有标准 ODBC 和 SQL 接口。

二是强大的软件功能，支持多种操作模式。软件配置灵活，在管理模式上只需要通过权限及级别加以控制，在权限范围内实现管理操作。

三是快速部署，具备良好的可扩展性。随着整个业务的不断发展扩大，整个系统必须具有良好的可扩展性。

四是良好的安全设计。采用业界标准的网络安全解决方案，如 SSL、SET、CA 认证、防火墙技术等，以保障网络通信的安全；在内部系统中，选用安全级别较高的操作系统和系统软件；应用系统的设计也要充分考虑安全问题，采用分级权限管理、用户日志记录等措施；系统应具有监督和管理功能，以防止有害信息传播。

五是简单实用。用户界面具有良好的可操作性，简便、直观、实用；应用系统要具有易于掌握、操作简单的特性，同时投资和运行费用低、易于管理。

六是灵活性。信息系统能与以后业务的变动相适应。当业务变动时，无须修改系统或只需极少修改即可。

（四）系统功能

系统功能结构如图 8 所示。

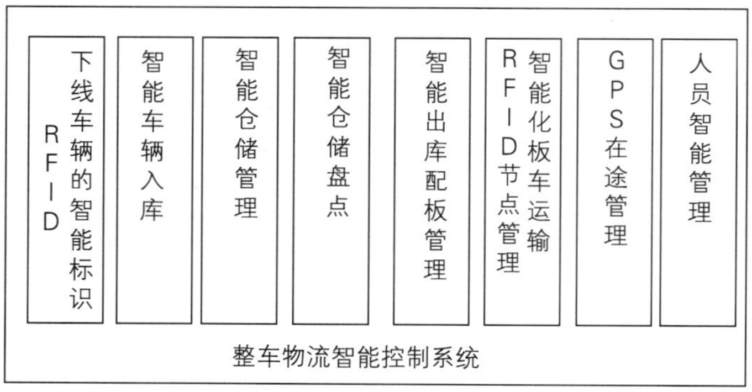

图8 系统功能结构示意

四、效益分析与评估

（一）效益分析

一汽成都公司实施信息化后，取得了良好的效益。信息化实施前后的效益指标对比、分析如图9和图10所示。

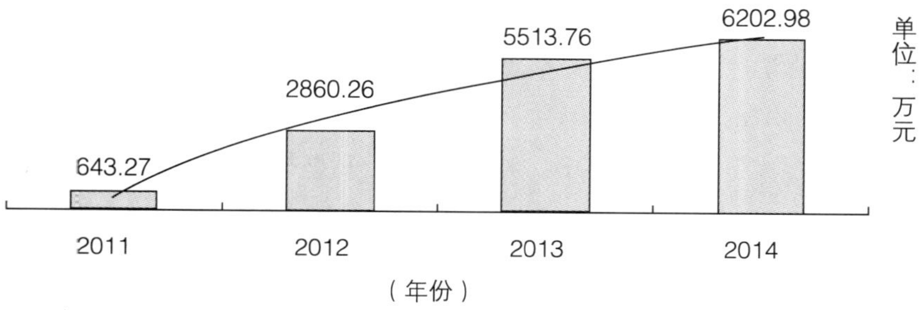

图9 主营业务收入

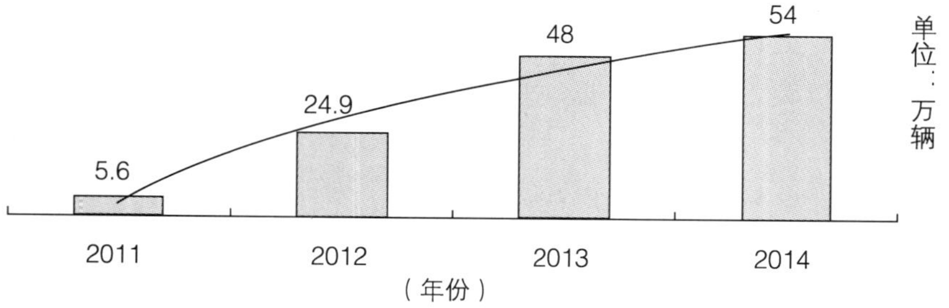

图10 整车出库量

如图9、图10所示，通过实施系统，提升了企业自身管理及服务能力，主营业务收入从643万元提高到6202万元（截至2014年年底）；整车出库量从5.6万辆提高到54万辆

（截至 2014 年年底）。此外，通过实施本项目可为企业带来以下好处。

第一，本项目实施完毕后，可形成集团统一的整车物流智能仓储标准，为下一步在一汽物流其他分公司进行推广实施奠定了基础，大大节省了研发费用。

第二，可降低由于整车物流效率不高而导致的销售市场供应不足、影响客户满意度等问题，为一汽品牌的增值作出贡献。

第三，项目成功上线后运行良好，达到了预期的效果，数据准确性达到 100%。

第四，整个物流过程采用自动化控制，减少了人力劳动，人工成本降低了 20%。

第五，通过本系统的使用，仓储过程中的差错率降低了 90%，配板过程差错率下降到 0.01%以下，明显提高了经济利润。

（二）效益评估

1. 信息化实施对企业业务流程改造与竞争模式的影响

通过实施系统信息化管理，企业改造优化主业务流程个，并打造了全国最先使用 RFID 射频技术的整车仓储定位管理。以 LVCS（车辆定位仓储管理系统）为载体，整合 SAP－R3（一汽大众生产管理 ERP）的主要功能模块。以满足整车仓储要求，进行入库不停车库位分配、车辆仓储定位管理、业务人员操作管理，全过程的跟踪式的信息化物流服务体系。

2. 信息化实施对提高企业竞争力的作用

一是项目成果对公司的物流成本的分析、物流作业与管理改善未来公司物流的规划起着重要的指导、决策意义。

二是该项目在实施成功后，可以对国内其他物流承运商起到示范作用，从而扩大公司品牌的影响力。

五、结论

LVCS 系统对提高管理水平，提高员工信息化操作意识对物联网信息系统的推广起着决定性作用。系统涉及大量 RFID 射频技术，前期规划一定要结合信息流和事务流程。开发人员应当及时和业务员进一步加强沟通，对实际使用过程中出现的问题及时进行解决，使信息化管理更加规范化。

物联网智能感知、识别技术与普适计算在网络的融合应用，被称为继计算机、互联网之后世界信息产业发展的第三次浪潮。作为新兴的物联网技术，LVCS 系统开创中国整车仓储使用物联网 RFID 射频技术的先河，达到了世界先进水平。在开展一汽—大众整车仓储服务商参观学习活动中都得到了仓储服务商及大众德方部长的充分肯定。

（中国物流与采购联合会网络事业部）

唯智运输管理系统在广东中烟的应用

一、应用企业简况

广东中烟工业有限责任公司（以下简称广东中烟），是中国烟草总公司全资的大型国有企业，下属广州、韶关、梅州、湛江四个卷烟生产厂，拥有“双喜”、“椰树”、“羊城”和“红梅”等深受消费者喜爱的卷烟品牌及系列产品。2012 年实现销售收入（自产）307.8 亿元，实现税利总额 224.4 亿元。广东中烟双喜品牌与上海烟草红双喜品牌实现整合后，2012 年品牌规模达 417 万箱，成为中国烟草行业第一大品牌。

广东中烟通过信息系统实现了流程固化，构建了统一的管理和业务运作平台，突破了时空和地域的限制，实现了公司本部对各个生产厂在采购、库存、生产、销售、技术、财务和人事等职能线上的统一管理管控模式，形成了一体多点、垂直管理的集团管理新型机制，提升了企业战略管理能力。

二、项目背景

随着烟草行业现代物流建设的深入推进，对物流管理系统的建设提出了迫切的需求。全行业基本形成了“以信息化带动烟草物流现代化”的共识，“数字烟草”的行业信息化建设格局初步建立。

在这一背景下，广东中烟物流中心于 2011 年正式成立，历经一年的发展，组织机构逐渐完善，通过调整物流中心内部组织结构，专业的物流管理组织架构初步搭建形成。然而面对广东中烟的物流业务，物流中心在运营管理流程、标准化、仓储作业自动化方面，离现代物流标准仍有较大差距。

广东中烟的物流业务主要分为三大部分，分别是采购物流、生产物流、销售物流。其中，采购物流主要包括原烟采购和物资采购；生产物流主要包括原料、物资的移库和调拨；销售物流主要包括卷烟成品的国内销售、成品内部的移库和调拨、合作加工厂的直调销售和成品出口销售等业务。

广东中烟物流运输业务主要包括成品国内销售运输，成品厂间调拨、成品厂内移库、成品回购、成品直调、原烟采购运输、原料调拨运输、原料厂内移库运输、丝束采购运输、物资调拨运输、半成品烟丝（香精香料）调拨运输。目前广东中烟所有物流运输业务都是委托第三方物流公司完成。在系统项目实施以前物流运输业务在计划环节、调度环节、收发货环节、在途跟踪环节、服务环节、结算环节存在着一些共性问题，导致作业效率不高、信息不能共享、综合成本高。

在计划环节：需求部门和物流中心没有协同作业的机制，目前基本上是需求部门将运输计划下达给物流中心后流程结束，需求部门在制订计划时没有考虑物流中心的运力情况，物流中心在接受计划后也没有向需求部门反馈任何信息，这些都导致没有充分发挥烟草物流计划性强的特点。

调度环节：运输调度没有统一的管理标准，本部和各卷烟工厂分散管理、分散作业，除了成品外，对承运商的车辆配载没有监控管理。

收发货环节：目前由于仓储还分布在不同的部门，没有统一到物流中心，导致物流运输业务和仓储业务没有建立协同作业的机制，信息没有共享，各自作业。

在途跟踪环节：物流中心将运输任务下达给承运商后，缺乏对承运商运输任务执行情况的监控管理，承运商的服务质量和客户的满意度都没有有效的管理机制。

服务环节：物流中心没有及时将需求部门下达的运输任务执行情况反馈给需求部门。

结算环节：结算环节的单据要求物流中心和财务部门指定一套标准，现状是物流中心将所有的单据全部移交给财务部门，结果导致一方面物流中心没有相应的单据存档；另一方面，财务部门既存单据过多，审核耗时耗力。

为解决上述问题，提升广东中烟物流业务的整体效率，实现信息共享和协同化作业，因此广东中烟确立了“以信息化建设为关键提升管控水平”的发展策略，希望以信息化建设为引领，全面推进广东中烟物流系统整合与优化。

2012 年 7 月，唯智信息技术（上海）有限公司（以下简称唯智）凭借成功的应用案例、完善的物流解决方案和专业的服务团队等优势，成功竞标广东中烟运输管理系统项目（以下简称系统项目），协助广东中烟推进物流系统的整合和优化工作，构建物流调度平台系统。

系统项目利用现代信息技术和物联网技术，借鉴和应用先进的物流管理思想，以运输业务流程为主线，对广东中烟本部、各卷烟厂和合作生产单位的物流业务进行全面的梳理和优化，在全公司搭建一套集运输计划、运输调度、运输作业、费用管理、服务考评、资源管理、报表管理等功能于一体的专业物流管理系统，通过搭建规范化、集中化的物流业务模型和物流 KPI 指标体系，全面运用信息化手段整合广东中烟的成品、原料、物资、配香、零配件、半成品、广告品等运输业务。同时，利用系统的灵活性和简便性提升整体工作效率，满足企业物流的全程可视化、关键节点可控化、信息共享化、运作协同化的需要，最终实现烟草物流效益最大化、效率最高化、综合成本最低化的目标。

三、唯智运输管理系统在广东中烟中的应用

唯智运输管理系统利用现代信息技术和物

联网技术，借鉴和应用先进的物流管理思想，以运输业务流程为主线，对广东中烟本部、各卷烟厂、合作生产单位的物流业务进行了全面的梳理和优化，搭建了一套集运输计划、运输调度、运输作业、费用管理、服务考评、资源管理、报表管理等功能于一体的专业物流管理系统，并与SAP系统、一号工程、国家在途系统、OA系统做基础或业务数据的交换和流程的协同。通过搭建规范化、集中化的物流业务模型和物流KPI指标体系，全面运用信息化手段整合广东中烟成品、原料、物资、配香、零配件、半成品、广告品等运输业务，同时利用系统的灵活性和简便性提升广东中烟整体工作效率，满足了物流的全程可视化、关键节点可控化、信息共享化、运作协同化的需要，最终实现了烟草物流效益最大化、效率最高化和综合成本最低化的目标。唯智运输管理系统的业务范围覆盖面广，在整个广东中烟物流系统整合优化中起着至关重要的作用。

针对广东中烟的现状及存在问题，唯智有针对性地进行详细的项目规划及实施，并应用于计划环节，物流中心和需求部门建立协调沟通的作业机制，物流中心提供承运商车辆载重信息；调度环节，通过TMS平台统一管理承运商的车辆配载信息，对承运商不合理的配载信息进行有效地监控管理。

广东中烟物流中心实行运输业务集中管理后，运输管理系统成为各部门物流业务衔接的平台，以物流业务职能为分类依据，明确物流中心运输业务与相关部门仓储业务之间的工作关系，确定他们之间的协同作业机制，打通内部信息孤岛，使部门之间的物权归属、管理责任，以及业务接口得以明确，确保物流运输管理工作得以顺利进行。同时，为后续仓储管理纳入物流中心统一管理奠定了基础。随着信息系统的日趋完善，通过信息化手段支撑运输和仓储协同作业，以TMS的配载结果和排车计划去驱动并指导仓储管理系统按时段进行分波次拣货等一系列操作，进一步强化了运输和仓储的一体化作业。

四、项目实施效果

唯智运输管理系统在广东中烟成功实施后帮助广东中烟实现了跨地区、多点生产格局下物流运输需求的统一管理，实现了对运输作业过程的规范化、精细化、透明化管理，实现了对多种运输业务的统一调度，保障了运输业务有效执行。具体效果如下。

一是通过固化销售订单下达机制，结合销售周计划导入功能，提高卷烟成品计划下达的准确率，改善散单较多、多单拼车等运输问题，提高了销售日计划执行率，降低了物流中心对预调度和运输的执行难度，解决了由于散单较多造成运力预测准确率较低的问题，对运力资源实现了更加合理和高效的利用。

二是通过规则固化，改善成品、烟叶运输多单拼车和多点作业的问题。自动分单规则实现了对承运商运输路线份额管理，提高了分配承运商的规范性和及时性，并且具备根据承运商评价结果灵活调整的柔性。自动配车配载规则实现了车辆调度的智能化，实现了对承运商运力资源的统一管控，并且有效提高车辆装载率，帮助节约运输成本。

三是在运输作业监控环节基于KPI指标体系设定精细化监控节点，实现物流流程各关键节点的统一管理，有效提高了对承运商的管控能力和对上游部门的及时响应。

四是对车辆到库、启运、在途、运抵全过程应用了GPS/GIS跟踪技术，实现了运输过程的可视化管理，保证了车辆在途监控的时效性、准确性。通过集成精细化监控节点的实际执行时效信息，实现了对承运商服务情况的实时采集和周期性分析，帮助提高运输服务质量。

五是服务管理提供了对各种类型服务事件的统一入口，实现了对服务事件的可追溯，提高了承运商服务质量定期评估的客观性和准确性。

六是基于移动设备的应用程序，不仅方便管理层对员工各项绩效考核的实施，而且实现物流管理人员对物流作业信息的协同和交互，提高了协同工作效率，为物流管理人员、现场作业人员提供了方便快捷的交互方式。

七是通过采取承运商扫描录入回单等凭证信息维护台账，物流中心结算人员审核并确认每月账单的方式，提高了物流核算的规范性。对运输预算、合同价格、计费规则等进行管理，并可自动计算运输费用，支持款项的申请及核销，提高了物流核算的及时性和准确性。

八是通过优化业务流程，实施看板管理；统一作业标准，优化规范操作；加强安全保障；完善评价体系；加强准确出库率、精准配送率、定时交货率、卷烟损耗率、交通事故发生率等关键指标考核，提高物流评价精益度等手段提升了物流精益化管理水平。

九是通过工商一体化物流信息系统实现了工商信息一体化；实现了对卷烟物权进行转换来实现卷烟“零移动”的物权交接；实现了托盘联运，避免了件烟配送模式的重复作业；提高了工业公司的拣货效率、出库效率、商业公司的入库效率和上架效率。

五、经验总结及推广意义

唯智运输管理系统项目在广东中烟十年现代物流建设规划的总体目标基础上，应用先进的物联网技术，建设一体化的物流信息系统，为广东中烟的仓储、运输、工商物流一体化，以及物流信息综合管理等物流业务提供具有实用、高效、专业的物流信息管理平台，并与国家局物流相关系统、广东中烟相关系统无缝对接，使之成为广东中烟信息管理体系的有机组成部分，实现公司物流业务的精细化管理和一体化运作。

系统项目的成功实施使整个供应链得到了优化，物流成本管理力度有了显著提升，物联网平台逐步形成，与中烟 ERP 系统的集成更扁平、更高效。不仅有效地提高了销售日计划执行率、配车准确性和及时性，更提高了发货速度。信息化实施对企业业务流程改造与竞争模式都带来了巨大的改变，实现对运输作业过程的规范化、精细化、透明化管理，从原有的传统模式转型成为现代化信息化的模式，提高了广东中烟在行业内的竞争力，经济效益明显提高；提高了生产管理精细化和创新水平，推动生产智能化；降低能源消耗；通过深化应用集成，全面支撑产业发展；也为广东中烟进军国际市场提供了强有力的支持。

广东中烟项目中最大的挑战在于系统集成范围大且接口标准复杂。系统集成范围涉及广东中烟自有系统、国家局系统、承运商系统，接口类型不一，且标准较为复杂。唯智在经过一系列的分析后制定策略：合理梳理系统接口边界，在集成架构设计中对现有系统和未来建设系统确定最佳的实施优先级别；对于自有系统和承运商系统，确定统一的集成标准，以我为主；对于国家局系统，加强与相关部门和单位沟通，及早确定接口标准。

（唯智信息技术（上海）有限公司）

全渠道、快响应服装物流服务

——中国邮政速递物流Q客户服务案例

服装是典型的短生命周期产品，具有季节性明显、销售周期短、单品数量多且不断变化等特征。由于服装的销售是通过经销商、分公司、电子商务等多种渠道共同进行，因而形成了差异性的物流需求。如在订单模式上，既有季初的订货式销售订单，又有当季的现货式销售订单；既有仓库之间和门店之间快速响应型小批量调拨订单，又有覆盖范围广泛的电子商务订单。因此，全渠道服务、快速响应末端市场是服装行业对物流服务商的基本要求。

中国邮政速递物流股份有限公司（以下简称中国邮政速递物流）拥有先进的仓储服务能力、完善的陆路运输和快件递送网络，具备快速响应经销商、分公司、电子商务等各种销售渠道不同物流需求的能力，具有为服装行业客户提供优质服务的天然优势。目前，中国邮政速递物流已经在服装行业成功为多家国际、国内知名企业提供了综合的物流解决方案服务，并且凭借对服装行业产品特性、销售模式、物流需求的深入理解，成功帮助多家服装行业客户提供了定制化的物流解决方案，显著提升了客户响应市场变化的灵活性。

中国邮政速递物流为服装行业客户提供的服务包括：订货型大批量货物的仓储管理、补货型小批量订单的仓储管理、调货仓储管理、采购运输、门店配送、门店及仓库间调拨运输、退货运输、电子商务仓储和运输等复杂多样的物流需求。同时，还为客户提供网络规划、仓储规划等增值服务，通过流程再造提升客户的供应链运行效率。如针对分销商、分公司等不同销售渠道模式形成的差异化物流需求，中国邮政速递物流为服装行业的客户提供了CDC（中央仓）、RDC（区域仓）等各级仓储管理服务，合理规划仓储空间，根据服装行业期货、现货和电子商务的不同订货模式，分别设计了相应的存储及分拣策略。同时，配合服装换季新品铺货与过季商品退货的物流特点，制订了高效的入出库作业流程。又如针对电子商务销售高峰期明显、配送覆盖范围广、货品种类多、订单数量大、多个电子商务平台销售、发运渠道和规则多种多样等特点，中国邮政速递物流为客户设计了集仓储管理、运输管理、供应链金融、信息服务、订单归集的一体化解决方案。

中国邮政速递物流已经成功为多家服装行业的客户提供了专业的定制物流服务，均取得了满意度效果。为Q客户提供定制服务的合作案例是众多成功案例中的代表。

一、合作双方的基本情况

中国邮政速递物流是中国邮政集团旗下的企业，主营速递和物流两大业务。基于雄厚的仓储服务实力和全国范围内深度覆盖的小件快递网络与批量货物递送网络，中国邮政速递物流的合同物流业务深入客户供应链核心环节，为高科技、汽车、快消品、服装、医药等行业的客户提供生产支持物流、销售物流、市场支持物流、物流体系规划、供应链金融方案有机整合的物流服务。

Q客户是中国男装行业领导品牌之一，始终致力于为消费者提供满足现代多元化生活需求的高品质服装产品，将西方流行时尚元素融于自身设计理念，并致力于推动中国传统文化与现代时尚创意产业的契合。Q客户的全国终端网点已达3800多家。Q客户通过先进的信息网络系统对全部销售网点进行适时的物流配送服务和信息交流服务，最终通过终端网络将自己的产品和价值观传递给所有终端客户。

二、中国邮政速递物流为Q客户提供的物流服务

中国邮政速递物流根据Q客户的业务特点提供了多种服务，具体如下。

（一）供应链规划服务

Q客户原有的物流体系是随着市场拓展自然形成的。随着业务规模的扩大，存在按产地设置仓库导致对终端市场需求反应不足、仓储中心布局及功能设定不合理、运输配送模式对多种销售渠道的差异性支持不足等情况，使物流体系对销售体系的发展形成了制约。为了更好地支持销售体系的变化和业务规模的扩张，中国邮政速递物流为Q客户做了全国物流网络规划，帮助Q客户优化整个物流体系。

通过对物流网络布局、需求布局、产地布局以及订单数据、仓储出入库数据、流量流向数据进行分析，向Q客户提出物流发展战略建议、产品包装优化建议和物流网络优化策略建议。同时，做出多场景物流网络优化方案，并针对各种方案构建物流网络成本模型和服务水平模式，对运输成本、仓储成本、订单响应时效、客户满意度进行评估。在此基础上，优化订货模式、补货模式、电子商务、退货等各种场景下的物流支撑模式。

（二）仓储服务

针对Q客户多种订货方式、多种品牌、多种渠道的仓储服务需求及超过30万种单品的仓储需求，中国邮政速递物流设计了有针对性的仓储服务流程。在仓储管理方面，引入针对不同门店、不同品牌的多货主管理机制，满足客户多品牌运作的需求；引入全程条码化作业，提升效率；实施商品动态存储，提高储位利用率；配合市场管理需要，执行唯一码扫描跟踪；针对经销商、店面和网店的特点设计不同的拣货和发货策略。此外，还为Q客户提供配件管理、吊牌管理和需求分析等增值服务。

在入库环节，针对订货会有订单入库、日常补货订单入库、门店退货入库、个人退货入库等四种入库类型，设计了相应合理的入库流程，并分库位存放。在出库环节，为满足快速拣货出库的需求，在库内综合使用了RF指引拣货、批量拣货、纸单拣货等多种拣货策略。RF指引拣货在配货环节，可实现系统快速配

货、按照款色码分箱、吊牌批属性配货等功能；在扫描拣货装箱环节，可按区域分配任务、按库位优先规则拣货；在复核和分箱并箱环节，可以节约出货箱、确保拣货数量准确、自动获取箱重量、打印箱标签等。RF 指引拣货用于零售店补货的出货订单，CNPL 会使用客户化的 RF 分组指引拣货功能，能够在拣货的同时做唯一码采集或以扫描点算拣货件数。批量拣货用于铺货订单，利用仓储信息系统标准的 RF 批量拣货功能实现，唯一码扫描采集会在拣货操作完成后，使用开发的客户化功能完成。纸单拣货是专为出货高峰和大订单货库内网络出现故障时定制的应急手段。在拣货作业中，还可以进行波次合并拣货等，提高出库效率。

（三）运输服务

运输主要包括经销商批量递送、门店直接配送，以及电子商务客户直接配送。既有服装、配饰，也有门店需要的各类宣传物料和装修材料。通常 Q 客户从全国总仓库直接发货的运输组织模式有三种，具体如图 1 所示。

Q 客户经区域分仓/省分仓发货的运输组织模式有两种，具体如图 2 所示。

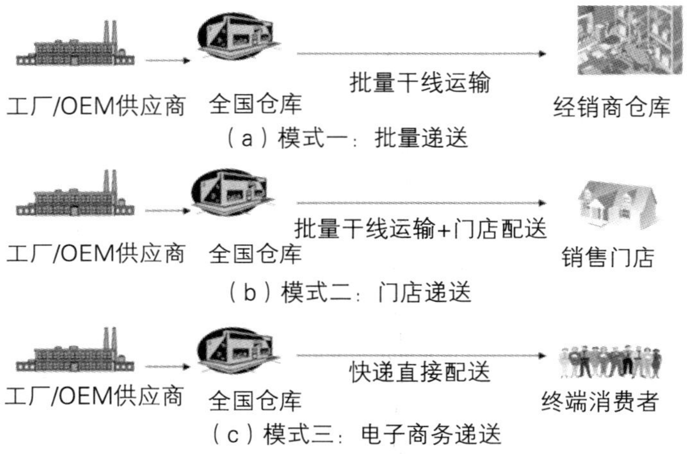

图 1　Q 客户从全国总仓库直接发货的运输组织模式

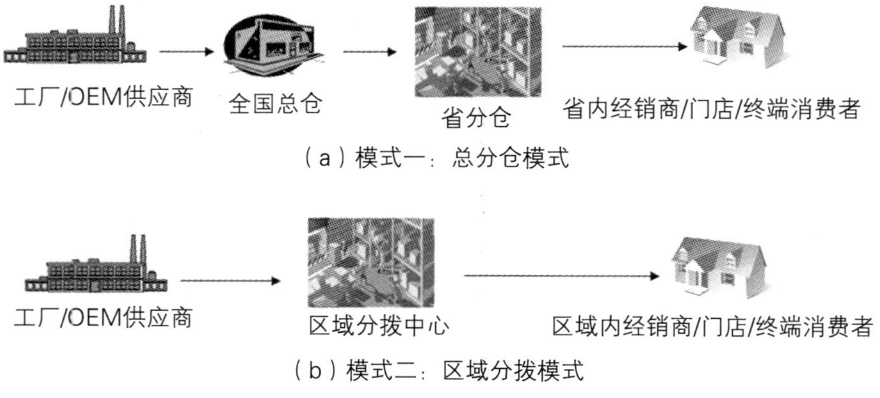

图 2　Q 客户经区域分仓/省分仓发货的运输组织模式

（四）电子商务服务

Q客户在天猫、京东等多家电商平台都有电子商务销售业务。中国邮政速递物流与Q客户的电商ERP系统完成对接，可以直接导出订单、入库出库反馈、回传库存信息、回传运单号及签收信息。

针对不同电商平台在发货面单、递送公司、发货目的地方面的不同要求，中国邮政WMS系统支持多家快递订单的打印和发运支持。

针对电子商务出货时间集中、批量大的特点，在拣货中设定了按照商品拣货、按照平台拣货、按照快递公司拣货等多种规则进行波次拣货以提高效率。

（五）客户服务体系

中国邮政速递物流设立了与Q客户唯一接口的项目组，一对一地与客户沟通对话，提供团队化服务。在项目运作前，中国邮政速递物流客户服务团队会到Q客户的门店进行实地调研，然后制定标准作业流程（SOP）和规范操作中的各项细节。在项目运作过程中，中国邮政速递物流客户服务团队会统一接收各类订单的发货指令，再根据出货点分配到总仓、分仓，统一下达运输配送指令，做到全国范围内服务团队的统一协调管理。

（中国邮政速递物流股份有限公司）

中铁现代物流供应链集成服务模式

中铁现代物流科技股份有限公司（以下简称中铁现代物流）是由世界500强企业中国铁路物资股份有限公司（以下简称中国铁物）控股的国有大型第三方物流公司，成立于2002年，注册资本1.18亿元。中国铁物是经国务院国资委批准，由中国铁路物资总公司整体改制设立的大型中央企业，其前身是铁道部物资管理局，2004年由铁道部移交国务院国资委管理。中国铁物是国家计划单列企业、财政部一级预算单位和商务部重点联系指导的大型流通企业，是我国铁路建设、运营和维护服务的主要物资供应商，也是国内最大的钢材贸易综合服务商之一。2013年，中国铁物位列《财富》世界企业500强第292位。

中铁现代物流以钢材为主的大宗生产资料综合物流服务为核心、铁路物流和金融物流服务为特色，大力发展供应链一体化综合物流业务，拥有基础物流、港口物流、铁路物流、金融物流、钢铁物流、煤炭物流、机电接运七大业务板块，业务范围涉及钢铁、煤炭、矿石等大宗生产资料、快速消费品、汽车等诸多领域。

中铁现代物流被中国物流与采购联合会评为中国首批"AAAAA级综合服务型物流企业"、中国首批"AAA级（最高级别）信用物流企业"、"中国物流示范基地"、"中国物流实验基地"、"中国物流管理创新型企业"和"中国物流杰出企业"，被中国物流学会授予中国首批"物流产学研基地"，被国家人事部和中国物流与采购联合会评为"全国物流行业先进集体"，连续三年被世界品牌实验室授予"中国500最具价值品牌"，连续多年被中国交通运输协会评为"中国物流百强企业"和"全国先进物流企业"。中铁现代物流凭借自身优势，打造铁路物流业务特色突出、金融物流服务行业领先的专业化综合物流服务提供商。

中铁现代物流总部设在北京，经过十多年的积极探索和努力，在大连、北京、天津、青岛、南京、上海、武汉、合肥、长沙、鹰潭、广州、成都、重庆、昆明、西安、太原和呼和浩特等主要枢纽城市设有18家分子公司，控制协调遍布全国的1500多个配送中心及作业部，依托先进的物流信息系统支持，形成了以枢纽城市为核心、覆盖全国的物流网络体系。

一、供应链集成服务模式建设的背景

自2008年金融危机爆发以来，世界经济复苏缓慢，不确定、不稳定的因素逐渐增加，我国物流业的发展不断面临新的挑战，物流市场要素成本不断提高，经营风险不断加大，低水平、粗放式的物流运营模式逐渐被精细化、智能化、一体化、专业化和集成化所取代。

中国铁物“十二五”战略规划确定了以“铁路产业综合服务”和“钢铁供应链集成服务”两大核心主业开展业务，供应链集成服务是重要的发展模式之一。中铁现代物流审慎应对外部宏观经济形势，紧密围绕中国铁物战略发展思路，于2012年适时提出“积极推进供应链集成服务模式，开拓市场、整合资源、优化布局”的工作部署，2013年中铁现代物流更进一步提出要“扎实推进专业化集成化建设，强化供应链集成服务能力”的工作思路，体现出供应链集成服务对中铁现代物流发展的重大意义。

面对物流市场的瞬息万变，以及物流商业模式和赢利模式的不断变革和创新，中铁现代物流清醒地认识到没有核心竞争优势的物流企业将很难在未来立足并获得长久的发展。中铁现代物流的供应链集成服务模式对集中内部优势资源、拓展供应链服务能力、加强实体渠道建设、强化内部管控提出的现实要求，是结合中铁现代物流业务模式和经营特点定制的，所以它是最切合中铁现代物流实际的创新发展模式。

二、供应链集成服务模式的内涵及条件

（一）供应链集成服务的内涵

供应链集成服务是以市场需求为起点，与重要供应商和客户结成稳定的联盟合作伙伴关系，整合供应链资源（上游资源、内部资源和下游客户资源），挖掘供应链上的服务需求，深化增值服务，最终为整个供应链提供全方位服务的集成运营模式。

中铁现代物流的供应链集成服务模式主要围绕铁路和钢铁两个核心业务领域进行供应链上下游延伸，依靠强大的综合物流服务能力、覆盖全国的网络体系和丰富的金融资源，强化供应链和产业链的关键节点控制，集成供应链上下游及内部资源，挖掘供应链服务需求，提供全方位、一体化增值服务，提高供应链上下游企业整体竞争力，实现铁路和钢铁两大产业整体供应链的价值创造与增值服务。

（二）构建供应链集成服务能力的条件

供应链集成服务能力建设需要具备一些条件。首先，要上控资源，资源的控制需要与资源厂商尤其是优质的资源厂商形成战略联盟，需要具备吸引资源厂商进行合作的有效资本；其次，要下控网络，网络既要在区域内发挥单点的运作效用，也要在区域间形成合力，需要经营网点具备稳定、持续、功能多元化等特点；最后，要创新业务模式，业务模式的创新是提高资源和网络效用的关键，需要结合现有业务模式与未来发展方向不断进行业务模式创新。

资源、网络和业务模式三者之间关系紧密，资源是供应链集成服务能力建设的基础和保障，是延伸经营网络、创新业务模式的依托和源泉；网络能够有效延伸供应链集成服务链条，强化供应链集成服务能力建设，是发挥资源效用的关键，能为业务模式创新创造一定条件；创新业务模式既能够深化供应链增值服务，又能够提升资源和网络的集成效用，巩固资源和网络对供应链集成服务能力建设的保障

作用，优化和改善供应链集成服务能力建设。

中铁现代物流在供应链集成服务能力建设方面具备很多有利条件。在钢铁资源方面，中铁现代物流与武钢、攀钢、河北钢铁、宣钢、包钢等一批国内大型钢铁生产企业建立了良好的合作关系；在金融资源方面，中铁现代物流目前与中国工商银行、中国建设银行、中国银行等28家银行签署了战略合作协议，形成了以国有商业银行、股份制银行、区域性银行和外资银行为框架的立体金融机构资源平台；在经营网络方面，中铁现代物流在全国主要枢纽城市设有18家分子公司，控制协调遍布全国的1500多个配送中心及作业部，依托先进的物流信息系统支持，形成了以枢纽城市为核心、覆盖全国的物流网络体系；在创新方面，中铁现代物流不断创新业务模式、创新管控方式、创新激励机制，带来了理论创新、制度创新、业务创新、模式创新、管理创新等，创新使中铁现代物流形成新的经营机制、新的赢利模式和新的管控格局。这些条件为中铁现代物流供应链集成物流能力建设提供了一定的支撑，将有力促进中铁现代物流供应链集成服务能力的建设。

三、供应链集成服务能力建设的经验

纵观中铁现代物流现有的业务模式，七大业务板块沿铁路产业链和钢铁供应链上下游不断延伸，业务环节不断增加，业务链条不断延伸，已经在供应链集成服务能力建设方面积累了一些基础和经验。

在铁路产业服务领域，中铁现代物流在业务初期为铁路建设市场提供铁路基建物资代理的基础上，逐步延伸出铁路物资供应和基建原材料、机车部件、配件的运输业务，使仓储、运输、装卸搬运、配送等基础物流和钢材、水泥等钢铁物流服务链条得以有效延伸，使铁路物流、基础物流和钢铁物流业务得到有效集成，在供应链集成服务能力建设方面积累了宝贵的经验。

在钢铁供应链领域，中铁现代物流沿钢铁供应链上下游开展了非洲矿业铁矿石国际海运业务，以及钢材、煤炭和铁矿石的金融监管、采购执行、贸易、仓储、运输、装卸搬运、配送等业务，深化了公、铁、水路干线多式联运及短途配送服务能力建设，使铁路物流、金融物流与钢铁物流、煤炭物流、基础物流、港口物流之间的集成能力得到增强；金融物流服务模式从金融监管到采购执行，从与汽车经销商合作到与汽车生产商合作，从铁矿石、煤炭等钢铁产业链的上游到钢材终端用户，金融物流不断提高与钢铁物流、煤炭物流、基础物流和港口物流的集成服务能力。

四、供应链集成服务能力建设的探索

近几年来，中国铁物围绕钢铁供应链，从成功入股非洲矿业、控股日照国际铁矿石交易平台到合资成立西本新干线、建设广东钢材交易中心等，通过掌控资源和渠道，中国铁物供应链集成发展模式不断深化、供应链集成服务能力不断增强，中国铁物供应链集成服务模式产生的效益不断得到社会的广泛的认可，连续三年荣登“中国钢贸百强榜第一名”，《中国铁物供应链集成服务模式创新》荣获“2012年度物流行业企业管理现代化创新成果一等奖”。

中铁现代物流积极借鉴和学习中国铁物供应链集成服务发展模式，在供应链集成服务能力建设前期积累的基础上，根据自身战略规划、业务模式、经营网络等的要求不断进行创新探索，立足仓储基地建设、完善全国物流网络布局、深化业务模式创新，不断构建具有竞争优势的供应链集成服务能力。

仓储能力在供应链集成服务能力构建中占据重要位置，是未来发展成供应链集成服务能力的坚实基础，加大仓储基地建设力度、提高仓储能力建设是中铁现代物流不断努力的方向。根据战略规划和业务发展需要，中铁现代物流在一些资源集散地通过投资建设和整体租赁、自营管理，以及输出管理、合作经营等多种方式进行仓储资源的整合。目前中铁现代物流在全国重要资源集散城市和交通枢纽城市拥有仓储资源，不但进一步完善了中铁现代物流全国网络布局，而且有效保障了各项业务及业务之间的集成化发展。

围绕钢铁供应链，中铁现代物流不断加强钢铁物流综合服务基地及其业务模式的研究探索。钢铁物流综合服务基地，集钢铁贸易、仓储配送、钢材加工、电子商务、期货交割、金融监管、采购执行和物流方案设计与咨询等功能于一体，是提升供应链集成服务能力的重要方式之一，是实现供应链集成服务“上控资源、中建渠道、下抓终端”的一个重要环节。通过专业化、信息化、区域化的运作，使钢铁物流综合服务基地成为中铁现代物流集成化发展的重要支撑和安全保障。

近两年来，中铁现代物流在全国重要钢铁资源集散城市不断推进钢铁物流综合服务基地的建设。利用中国铁物和中铁现代物流的品牌、影响力、金融资源、业务模式等自身资源和优势能够有效开发基地所在区域的钢铁大客户，带动区域内中小钢铁企业、钢材经销商、钢材终端用户业务的开展，提高中铁现代物流在钢铁供应链中的市场份额和市场地位，打造钢铁供应链综合服务能力，推进中铁现代物流供应链集成服务模式的建设步伐。

随着经济社会不断地深入发展和深刻变革，未来物流企业之间的竞争将是供应链与供应链之间的竞争。作为国内领先的专业化综合物流服务提供商，中铁现代物流将不断加强供应链集成服务模式的探索与研究，不断融合供应链集成服务的先进理念、前沿理论和管理智慧，不断强化供应链集成服务能力建设，打造具有竞争优势的供应链集成服务模式，创造更为广阔的社会价值！

（张云飞　中铁现代物流科技股份有限公司）

盖世集团的综合物流园区之路

山东盖世国际物流集团（以下简称盖世集团）是一家以物流产业为核心，涉足物流、商贸、房地产三大业态的大型综合性企业集团。盖世集团探索并创立了储运、流通、综合服务三大功能园区互为依托、优势互补的运作模式，引领园区跻身全国单体规模最大的综合性物流园区之列并成为国家仓储龙头企业以及商贸物流园区的典范，被评为5A级物流企业。据不完全统计，2012年整个园区实现销售收入300亿元，吸纳园区及周边地区从业人员5.5万人。园区经济的快速发展，使得商流、物流、人流、资金流、信息流高效融合，对于整合地方物流资源，降低社会物流成本，带动区域经济尤其是物流业的发展发挥了重要作用。

盖世集团的总体发展思路是，按照省委、省政府“转方式、调结构”的部署要求和企业“内强、外扩”的发展战略，不断吸收现代物流先进发展理念，探索并建立园区运营、物流地产、社会物流、物业服务四大板块的运营体系，努力打造信息化、生态化、国际化的综合型现代物流园区，同时稳步推进规模扩张战略，整体构建济南到全省，直至覆盖全国范围的盖世物流网络服务系统，最终形成以仓储物流为核心业务，大力发展商贸物流、农产品物流、冷链物流等业务，拥有全国性物流节点网络的大型综合性物流企业集团。

一、充分利用区位优势，制定正确的产业发展决策

盖世集团发展初期，盖家沟村委领导根据盖家沟所处济青、京福、济聊、济德高速公路和104、220、308、309国道的交汇点的地理位置优势，确定了建立配货中心、发展第三产业的创业思路。事实证明，建立配货中心的发展决策是正确的。正是由于配货中心作为物流信息的交换平台和货物中转场站适应了济南地区及周边地区的物流运输的需求，因而使盖世集团迅速成长起来。现在盖世集团所属的物流园区已经成为山东省规模最大、开通线路最多的公路主枢纽货运场站。

从1998年以交通场站起步运营以来，盖世集团逐步探索出一条以“公路交通场站—物流市场—物流园区”为模式的、独特的物流园区建设道路。经过多年的实践和创新，盖世集团已经逐步从单纯的物流地产商发展成为国内

大型的综合性物流企业，为我国物流园区建设以及现代物流业的发展提供了重要实践经验。

经过不断探索和发展，盖世集团已经形成了以仓储物流、商贸物流、冷链物流、农产品物流和第三方物流为主的五个产业领域。

（一）仓储物流

盖世集团所属储运园可以为客户提供产品仓储、包装、加工、装卸、搬运、运输、配送、信息处理等综合性物流服务。目前，储运园有仓储使用面积150万平方米，是全国规模最大的仓储物流基地之一，已有海尔、海信、国美、格力、中远、中邮、天地华宇、台湾统一等近千家国内外知名企业入驻。2008年，仓储园就通过了国家标准《通用仓库等级》最高标准五星级仓库审核和国家标准《仓储服务质量要求》验收，成为国家仓储物流龙头企业。

盖世集团一贯重视以仓储为中心的物流业务创新发展，在严格按国家标准完善仓库硬件设施、改善仓库服务质量、巩固和引进品牌客户的基础上，不断提高园区整体管理和运作水平和品牌形象。此外，积极与青岛港海运码头相呼应，利用临近省会济南的有利条件构筑山东省现代物流陆路码头。

（二）商贸物流

盖世集团以构建现代化商贸物流中心为目标，借助自身物流优势投资建设了以家电、日化、医药、五金机电、农产品等为核心的综合市场群，探索出具有特色的物流与市场优势互补的运营模式，取得了良好的经济效益和社会效益。盖世集团计划投资60亿元启动盖世商贸物流摩尔城（shopping mall）项目建设，配合济南市城市格局调整及最新发展规划，实行中心园区土地腾笼升级，在济青高速零点区域投资建设盖世大厦和特大型国际化、综合性商贸物流集群，打造现代物流总部基地，形成物流加市场的商贸物流最佳发展格局。项目规划总建筑面积达70万平方米，集商住办公、休闲购物、餐饮娱乐、会议展览、物流配送、旅游文化、金融信息等综合服务功能于一体。项目建成后将明显提升盖世集团自身的竞争力，加快其构建全国性的商贸物流中心、商品集散中心和商品展销中心的步伐。

（三）冷链物流

为发展冷链物流产业，2007年盖世集团规划建设了20万吨冷库，定位于建造全国规模最大、设施最好、服务最优的冷链物流平台。截至目前，盖世集团的冷链物流平台已引进内蒙古小肥羊、伊利实业、巾帼水产、国联水产、蒙牛、佳士博、金锣、亿丰商贸、泰安嘉禾、统一银座等多家知名企业和大型客户进驻。盖世集团已成为全国食品冷链物流定点联系企业，在全国低温仓储行业排名首列。未来几年，盖世集团的冷链物流平台建设将以现代农业物流和冷链物流系统化、标准化、专业化、现代化为目标，配套建设信息化系统，最终实现向客户提供管理先进、设施完善的农产品交易批发和冷藏服务，实现从信息采集、货物冷藏、市场交易、物流配送一条龙的全新运营模式。

（四）农产品物流

盖世集团具备建设农产品物流中心项目优越的交通区位条件以及强大的物流资源优势。2004年盖世集团就开始投资建设物流农贸大市场，截至目前蔬菜、水产、茶叶、粮油、酒水、副食等专业市场已初具规模，交易大厅、农产品检验检测、信息中心、冷链物流等设施正在逐步完善，已有包括多家知名企业在内的1100多家商户入驻市场，盖世集团物流农贸大市场的发展势头良好。未来几年盖世集团将全力推进济南市盖世农产品物流中心项目建设。

定位于打造全国性农产品物流中心，在推动山东省农产品物流发展方面发挥重要作用。根据济南市缺乏规模化、现代化农产品物流中心的现状，盖世集团与深圳农产品股份有限公司共同出资进行济南市盖世农产品物流交易中心项目建设。目前，该项目公司已组建完毕，该项目已被列为国家双百市场工程以及省服务业重点建设项目。全部建设并投入使用后，对促进济南市服务业发展，在转方式、调结构、促增长、惠民生、保稳定以及提高就业率等方面将发挥重要作用。

（五）第三方物流

盖世集团在重点发展仓储物流等业务形成支柱产业的同时，积极拓展第三方物流，形成新的经济增长点。2005 年，集团成功搭建了信息平台，为配送中心进一步有效地整合社会资源提供了强有力的途径，信息平台的搭建有效地把社会闲散资源进行优化整合，各配送车辆可以通过信息中心发布车辆信息，查找货源，由货主和车主进行自主交易或通过信息平台进行交易，货主可以通过信息中心查找到安全可靠的车辆，有效地避免了交易纠纷的发生，提高了盖世物流的信誉度。近几年，配送中心还采用多元化的现代信息手段做技术支持以提高物流运作效率和经济效益。通过系统管理庞大复杂的物流体系和进行物流运输的追踪查询，大大推进了基地物流的数据化和网络化的相关项目建设进程。截至目前，盖世集团内部自有车辆全部装有全球卫星定位系统和地理信息系统，对配送商品进行过程监控的同时提高了车辆的返程配载率，提高了经济效益。物流信息系统的实施，工作人员可以随时对车辆状态、运输路线、承运量进行查找，兼有工资核算和数据分析等庞大功能，提高了配送中心的运作效率。

盖世集团所属配送中心拥有专业技术物流人才 20 余人，负责客户的开发和维护，为客户提供物流方案，提供仓储、运输等一体化的物流服务。盖世集团所属配送中心拥有 50 多辆符合现代物流运作要求的自有核心车辆和 580 多辆合同车辆，因此能够根据客户的不同需求，分别提供平板、箱式、半箱式等车型。同时，借助物流基地搭建的信息平台，盖世集团所属配送中心又整合了一大批社会车辆资源，现已初步形成了近 20 万辆货运车的资源网络，加上物流基地里来自全国各地的 500 余家物流及货运、货代企业的资源，形成了济南至全国各大中城市的 1600 多条物流通道，基本实现全国各省市无盲点覆盖。盖世集团所属配送中心已同海尔电器、海信电器、澳柯玛电器、TCL 电器、统一集团等厂家签订了配送合同书或达成合作意向。目前，盖世集团的物流园区已成为山东省规模最大、开通线路最多的公路主枢纽货运场站，整个园区日均人流量超过 6 万，车流量超过 1.2 万辆，货流量超过 5 万吨，为济南及周边地区提供了一个现代化物流综合服务平台。

二、建设综合型物流园区，凸显集聚效应

在盖世物流专线货运进入成熟期时，盖世集团又瞄准了更高的目标——建立综合型的物流园区。为此，盖世集团根据需求高规格兴建配套服务设施，努力打造综合性物流服务平台，配套建设了宾馆、写字楼、信息中心、加油站、超市、汽修厂、消防站等综合服务设施，引进了公安、消防、交通、工商等政府职能部门驻站服务，使园区具备了更加完善的综合性物流服务平台功能。盖世集团稳步兴建配

套服务设施的行动收到了预期的效果，目前盖世集团的物流园区通过集合的配货、仓储、加工、运输等众多物流相关的功能环节，无形地将各大物流运输企业、物流需求客户集中起来，集聚了巨量的物流信息、人才资源和资金流，实现了物流产业效益的最大化，增强了园区吸引力，增加了园区的增值服务收入。此外，还帮助政府创造了新的就业岗位。

经过十余年的不断建设，盖世集团不仅成功打造了物流公共服务平台，还引导物流园区及周边地区形成了以物流业为主导的现代物流产业集群。盖世集团物流园区的创新发展引领了地区物流产业的集聚发展，促进了地区物流企业的整合，促使济南市物流产业特别是济南市社会物流配送在全国率先实现了由以配载为主的传统运作方式向网络物流配送转变。经过多年的运作，盖世集团物流园区的客户群体结构发生了巨大的变化，数千家配载业户逐步由中远、中海、嘉里—大通、安得、天地华宇、天人、广东迅达、上海佳加、福建盛辉等721家国内外知名企业所取代，实现了园区客户的层次提升。

三、确定适度规模，实现园区建设经营的“可复制”和“多园协同”

伴随盖世综合物流园区经营取得的骄人成绩，盖世集团的业务量急剧增长，使得现有的物流服务设施已经不能适应业务需求。在附近进行扩张还是再选择其他区域建设新园区，成为关系盖世集团能否长久发展的课题。

盖世集团班子成员经过反复调研认为，虽然现有的综合物流园区地理位置具有优势，但是大量的配货车辆在园区内进出，致使园区附近的交通要道经常在高峰时段拥堵，这说明园区的集聚效应已经达到极致，开始出现规模报酬递减、效率降低、效益减少的情况。因此，盖世集团要继续保持发展的最佳方案是另选新址建设新园区，利用盖世集团已有的管理经验和品牌影响力，为客户提供物流服务。基于此原因，盖世集团决定以高起点规划建设齐河、济阳两个新物流园区。2009年盖世集团新园区项目建设启动。新物流园区与老物流园区在信息共享、管理一体化等“软”层面上“多园协同”，产生了规模效应递增的良好局面，由于新老园区相隔一定距离，既分散了车流集中的压力，又有效避开了物流园区原有的交通、用地等的限制，实现了整个园区发展的新飞跃。

四、全面推进信息化建设，打造数字化物流园区

盖世集团数字化物流园区项目通过搭建符合园区“外强、内扩”业务战略的一体化平台，推动实现园区公共服务一体化、经营管理标准化、物流作业自动化、配套支持智能化。抓住园区物流管理的各个环节，建立科学、便捷、高效的应用系统，提升管理服务，提高物流园区的市场竞争力和品牌影响力。

盖世集团数字化物流园区项目采用中创核高基中间件，运用SOA的理念进行搭建，通过基于传感、RFID、3G/3S等物联网及云计算技术等的应用保障平台的先进性。盖世集团数字化物流园区项目建设可消除信息孤岛现象，实现资金流、物流、信息流的融合互通，提高区域和物流园区的管理能力和服务水平，促进物流园区向着规模经营、网络化运作的方向发展，提高物流园区物流运作效率，发挥物流园区的规模效益。

盖世集团数字化物流园区项目主要由一体

化整合平台、公共信息服务平台、物流作业管理平台、企业经营管理平台及智能化配套支持平台等部分组成。一体化整合平台打造一体化应用体系，统一访问入口，保护用户已有投资；公共信息服务平台整合物流信息资源，提供多样化的增值服务，形成新的经济增长点；物流作业管理平台包括仓促管理、配送管理、货运市场管理、运输管理、车辆管理、货物追踪平台等，实现业务流程再造，提升物流作业自动化，实现业务迅速扩张；企业经营管理平台包括综合管理系统，提升经营管理敏感度，辅助支持决策分析；智能化配套支持平台包括智能停车、泊位引导、资源调度管理等智能化配套管理系统，提升园区智能化水平，辅助现代化园区建设。

盖世集团的数字化项目首期建设已经完成，“智能化供应链管理中心”项目入选省“两化”融合首批“四个一百”工程，盖世集团被列为历城区首批信息化和工业化融合重点示范企业。

五、热心公益事业，建立良好的企业形象

盖世集团具有良好的社会责任传统。在盖世集团成立前的1991年，安徽、河南两省遭受重大水灾。刚刚走上致富路的盖家沟村村民们从新闻媒体上得知这个消息后，自发为灾区捐出衣物百余件，捐款1000多元。盖世集团成立后，这一良好的传统随着企业的发展不断发扬光大。1998年，我国长江流域发生严重水灾，盖家沟村人捐出衣物1000余件，捐款万余元。2004年8月，盖世集团向济南慈善总会捐赠助学款2万元，定向帮助全市寒门学子解决上学难的问题。2008年，在支援四川地震灾区活动中，集团共捐资72万元，上缴党员特殊党费3.5万元，总计75.5万元。2010年青海玉树发生7.1级地震，盖世集团又捐出赈灾款3.5万元。盖世集团成立十多年来，年年积极参加省、市、区慈善总会倡导开展的“慈心一日捐”活动，在2010年的“慈心一日捐”活动中，盖世集团就认捐慈善基金2000万元。2011年5月24日，在“慈心一日捐”活动中集团再次捐助慈善基金1000万元，用于慈善事业。集团因慈善事业作出的突出贡献，被评为济南市“最具爱心企业”。

各类社会活动为盖世集团树立了良好的企业形象，随着全社会对于企业社会责任的关注，盖世集团积极的社会形象为企业发展带来了越来越多的机会和积极的社会评价，从而建立良好的企业品牌形象，促进了企业的可持续发展。

（盖忠琳　盖世集团副总经理）

中物华商打造一体化的玉米购销供应链模式

中物华商国际物流股份有限公司（以下简称中物华商）是经国家工商总局核准成立的第三方物流公司，总部设在北京，在沈阳、合肥、曹妃甸、中国香港、加拿大等地设有分公司。

中物华商具有综合一体化的物流、商流、信息流、资金流的运作实施能力，拥有包括货物进出口资质和粮食收购许可证等一系列资质。中物华商秉承诚信、专业、创新、共赢的价值观，致力于成为最值得信赖的供应链集成服务商。

中物华商坚定实施网络化发展战略，稳妥有序地在全国范围进行网络建设，还根据业务需要选择性地发展国际网络。依靠现代企业管理理念、先进的物流信息系统及广布的区域机构，凭借信息化、网络化的现代物流技术手段，除了在全球范围内组织、协调、运作、整合资源，为冶金、化工、电子、能源、快速消费品、汽车等行业提供一体化的服务，还成功打造了高效的一体化玉米供应链，形成了一套专业的具有中物华商特色的玉米供应链模式。

一、中物华商的玉米供应链模式

在中物华商的玉米供应链中，管理中心、采购体系和销售体系各司其职协同作用，通过自有的采购网络系统、物流整合系统，以及分销网络系统，共同完成玉米的采购分销活动，如图1所示。

在玉米供应链的上游，中物华商通过与粮储公司合作进行批量采购、向粮户直接采购和通过粮食期货市场选择性地进口三种途径采购玉米，以确保玉米供应链供给充足。同时，积极建设自己的玉米生产基地，以协作的粮食加工企业为龙头，与基地所在农业协会（合作社）合作，巩固发展“龙头＋基地＋协会（合作社）＋农户”的经营模式，把千家万户的小生产和千变万化的大市场联结起来，提高规模化生产能力和水平，有效把握玉米采购的价格、质量，确保粮源。

中物华商在玉米收获季节将玉米收储集中后，利用自有物流渠道对收储玉米的流通进行统筹安排，确保玉米销售渠道通畅。中物华商的玉米分销客户主要是以玉米为主要加工原料的企业（包括饲料加工厂、化工原料加工企业、食品加工厂等），以玉米作饲料的养殖大户，以及从事港口贸易和粮油企业。

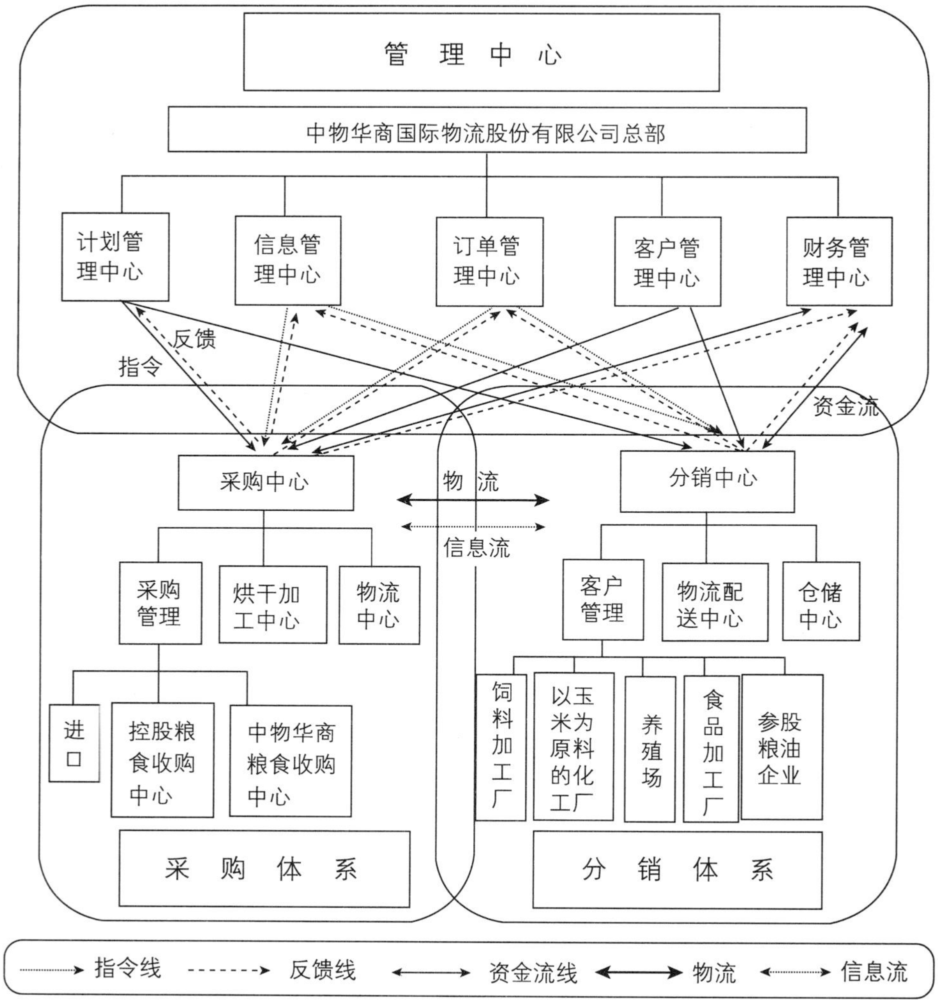

图1 中物华商的玉米供应链模式（商流、物流、信息流、资金流）

作为粮食供应链的核心企业，中物华商不仅带动上游，同时也推动与下游企业的战略合作。下游与依托玉米为原料的加工企业相连接。发挥网点和地域优势，与加工企业采取联合收购方式，签订购销合同以销定购，在降低经营成本和风险的同时主动融入粮食产业化经营，逐步改变“买原粮、卖原粮”的单一经营方式，发展粮油产业化经营，延长产业链条，实现种养加、产供销、贸工农一体化生产，提高农业综合效益。形成了稳定的分销渠道，基本杜绝了因收储玉米无销路而导致供应链流通环节断裂事件的发生，有效保证玉米销售渠道的畅通。

目前，外资企业已经在我国从事粮食的收购、销售、储存、运输、加工、进出口等经营活动，跨国粮商不仅拥有强大的资金优势，而且已建立起了全球性的营销网络，并树立了一系列品牌优势，比如全球四大跨国粮商掌握了80%的国际粮食贸易。在外资加速进入我国粮食产业的背景下，企业必须顺应全球粮食产业发展的产业化、全链条化、巨头化、集聚化趋势，综合统筹粮食产业的生产、储存、运输、流通、加工和消费等诸环节，以构建独有的粮食供应链，打造现代粮食产业体系。中物华商构建的粮食供应链能有效兼顾农民和企业、产区和销区的利益，并以资源的循环利用带动高产、优质、高效、生态、安全农业的发展，促进资源节约型社会建设，推动形成一种更为全面系统的粮食安全—粮食供应链安全，同时也增强了企业的市场竞争力。

二、建立高效的采购体系

玉米是全球第一大谷物。目前，除南极洲之外，世界各大洲有70多个国家种植玉米。据联合国粮农组织统计，2010—2011年，全球玉米产量8.4亿吨，占全球谷物总产量的35%，贸易量约占世界粮食贸易总量的1/3。玉米是用途最为广泛的粮食作物，是食品、饲料，也是重要的工业原料，是加工品种最多、链条最长和增值最高的谷类作物，深加工产品可达2000多种。我国是全球四个玉米种植大国之一。2000—2011年的12年间，我国玉米产量从最初的1.06亿吨大幅增加到1.92亿吨，增幅达到81.13%（2000—2011年我国玉米产量走势见图2）。东北三省和内蒙古是我国玉米作物的主产区，其玉米购销活动规模大、任务艰巨，形成了巨量物流需求。中物华商根据将玉米产品作为粮食的主导业务具有非常深远的战略意义，同时决定在我国优质玉米主产区建立玉米采购体系，以此作为支撑开展相关业务。

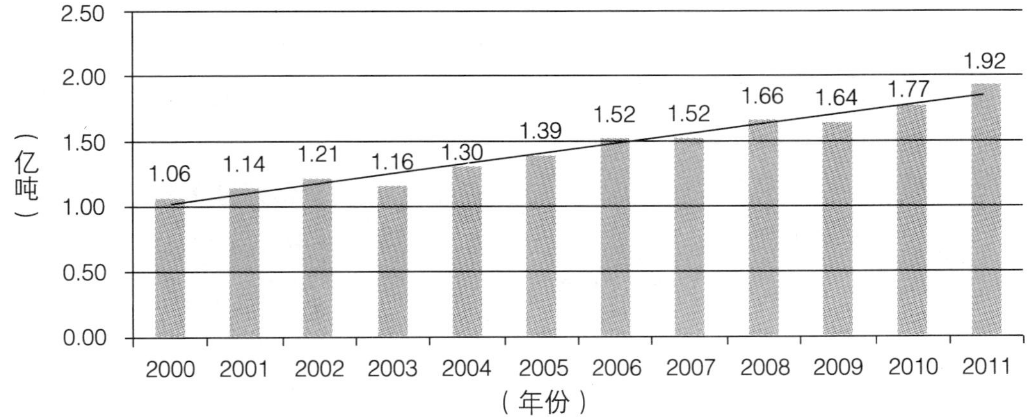

图2　2000—2011年我国玉米产量走势

第一，中物华商深入东北、内蒙古等重点玉米种植基地，设立粮食收储中心，通过系列专业人才的引进及建立玉米市场的周期变动的数据库（如图3所示），实时掌控玉米市场的行情，并与当地玉米种植大户签订玉米收购的合作协议，将玉米业务的产业链直接延伸至最前端。同时，为了保证玉米的足量供应，中物华商还与主产区的粮储机构签订合作协议，在保证双方利益不受损的前提下，争取双赢。

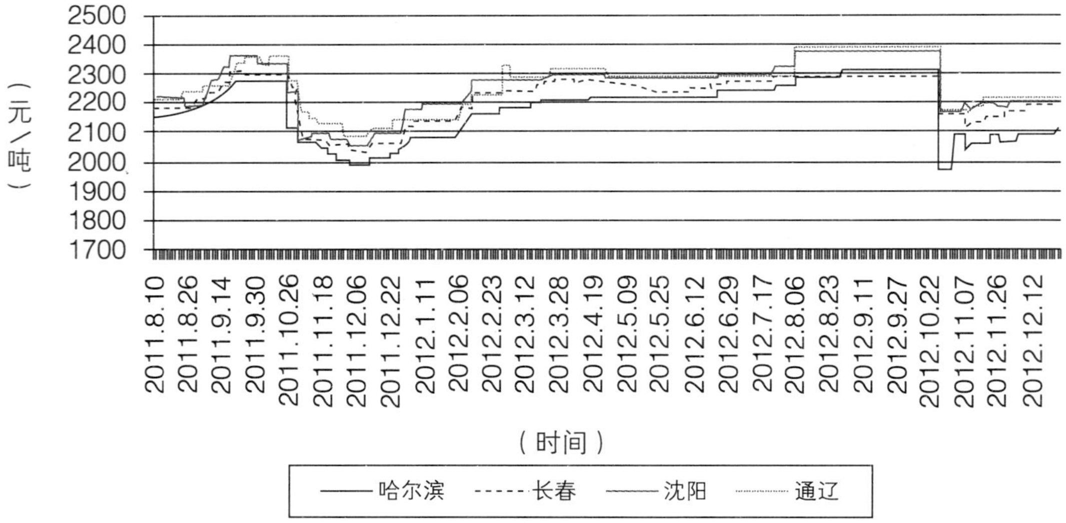

图3 2011—2012年我国东北部分地区玉米收购价格走势

第二，中物华商为实时了解国际玉米市场的情况，建立起一套较为全面的玉米期货数据库。一方面，可以实时了解掌握玉米期货价格的变动情况；另一方面，通过数据对比分析可在恰当的时机选择性进口国外玉米，从而进一步满足国内市场玉米供应链协调运作的需求。

第三，中物华商所设立的各个收储中心具有先进的玉米烘干生产能力，现已形成日烘干能力在2000吨以上的生产水平。

第四，中物华商通过拥有一定规模的仓储设备设施，建立玉米采购体系的物流节点，以配合玉米采购活动的运行。现中物华商建有5个大型粮食采购点，分布于东北和内蒙古地区，各玉米采购点都拥有1～2个具备现代物流设备的粮食仓库，为保证玉米收储、保管及运输的高标准要求提供了有力的保障。随着自身的业务的不断发展，中物华商还会在华北区域建立新的粮食收储中心，满足粮食购销流通的需求。

第五，中物华商把加强对各种运输资源的整合，清晰的战略定位。已在玉米主产区构建了公铁海联运的综合运输体系，现具有日均3000吨玉米的干线运输能力。

三、打造强大的国内分销体系

（一）分销体系建立背景分析

1. 分销区域的定位

我国玉米流通格局有史以来大体上就呈现有“北产南销”的特点，东北西区是主要的玉米流出区，东南沿海、长江中游地区主要的玉米流入区。南北区域玉米市场的价格差异，决定了玉米的主销区域定位于广大的南方市场。

2. 分销行业的定位

纵观世界玉米消费的情况，主要集中在食用、饲用、加工用和种用四个方面。在2010年的世界玉米消费总量中，饲料消费量占比重为57.3%左右；加工用占比达到历史最高水平

40.6%。在我国，根据相关统计，国内玉米的消费需求有65%都用于饲料加工产业，有些机构的预计则高达74%。

在能源需求以及技术进步的双重影响下，玉米工业消费迅猛增加。同时，随着人们生活水平的提高，肉类消费不断增加，而肉类的生产是通过以玉米等为原料的饲料转化而成，饲料的玉米消费量在小幅波动的基础上呈上升趋势。今后几年是畜牧业快速发展阶段，饲料用玉米消费将继续保持增长势头，市场则进一步呈现“食用消费逐年下降、饲料消费稳步增长、工业消费快速发展”的格局。由此，玉米在已定位的主销区域中重点覆盖的行业将是饲料企业及深加工企业。

（二）分销体系的建立

粮食分销体系是实现粮食分销业务的主要载体、方式，是完成商流的基础平台。中物华商粮食分销体系的建设遵循便捷、高效的原则，保证了客户对产品的及时了解、合同的即时签订、资金结算的快速进行，可以根据市场、企业的需求快速做出粮食的分配。

中物华商通过广泛地调研及分销模型的优选，已初步建立起了较为完善的立体分销体系。一方面是加强与玉米的直接消费客户建立合作关系，包括以玉米为主要加工原料的企业，如饲料加工厂、化工原料加工企业、食品加工厂等建立合作，同时直接与需要玉米作为养殖供给的养殖大户签订合作协议，以及与码头的港口贸易。另一方面积极与主销区域有一定分销能力的粮油企业建立起战略合作关系，从而织造起一张全方位的分销服务网络。

中物华商在分销体系中同样加强仓储节点的布局，根据服务客户的分布确定合理的覆盖半径，以求服务最优化。

四、加强总部的集约管理

为了保证粮食采购体系和分销体系高效运转，中物华商建立起较为完善的组织机构，设立了计划管理中心、信息管理中心、客户管理中心、订单管理中心及财务管理中心。计划管理中心作为该业务的核心部门，通过所掌握的市场综合信息，结合自身企业的特点，制订出业务综合发展计划，并分解落实、监督过程、适时调整、考核结果。同时，也是给总部其他职能部门输出业务计划的源泉。信息管理中心、客户管理中心、订单管理中心及财务管理中心是功能性板块，作用就是加强总部的集约管理。

中物华商董事长刘景福在建设玉米供应链的酝酿、调研、立项及落实的每一个推进阶段，始终用打造高效的玉米产业链要求项目团队进行各个细节的设计及布控，力争做最值得信赖的玉米供应链集成服务商。“路漫漫其修远”，中物华商虽然在玉米供应链领域取得了较好的成绩，但是，距最值得信赖的供应链集成服务商还有一定差距。中物华商将秉承诚信、专业、创新、共赢的价值观，不断学习、不断创新，用良好的服务践行“中物华商，让世界更流畅”的理念。

（盛刻索　中物华商国际物流股份有限公司副总经理）

西安国际港务区内陆开发开放的有益探索

长期以来，受制于地处内陆，不沿海、不沿边、不沿江的区位劣势影响，陕西省和西安市的经济发展增速缓慢。陕西省和西安市在以交通与区位作为重要基础优势谋求快速发展的过程中，一直在积极寻求有效的解决方案和最佳路径。因此，如何实现利弊转换，在新的发展阶段寻找到属于自身的优势，是陕西省和西安市的相关领导一直在思考的大问题。在中央构建全方位对外开放格局和深入推进西部大开发战略的背景下，陕西省和西安市迎来了跨跃发展的难得机遇。

西安国际港务区正是在这样的大背景下应运而生的。建设西安国际港务区是陕西省委、省政府和西安市委、市政府共同制定的战略决策，是调整产业结构、转变经济发展方式、提升现代服务业发展水平、打造内陆地区开发开放战略高地的创新举措。由于西安国际港务区建成后将极大拓展陕西省和西安市经济发展的外部空间，因此，建设西安国际港务区是陕西省实现“富裕陕西”战略任务的抓手，同时也为陕西省发展外向型经济提供了硬件支撑和动力保障。

西安国际港务区建设的历程为西部内陆地区探索出了一条开发开放的道路，同时也为西北内陆地区的开发开放提供了可资借鉴的经验。从这个意义上看，西安国际港务区不只是陕西省的开发开放战略高地，也是西北地区内陆经济发展的新引擎。

一、化区位优势为经济优势

陕西省作为西部大开发的“第一阶梯”和“桥头堡”，有着承东启西、连接南北的区位之便；西安市处于中国陆上交通网络的中心位置，是欧亚大陆桥中国段的重要节点城市，天然的区位优势是陕西省和西安市在西部大开发建设中大有作为的先决条件。克服地处内陆并且不沿海、不沿边、不沿江的地域劣势，化区位优势为经济优势是陕西省和西安市西在部大开发建设中发展外向经济必须解决的课题。

中央、省、市政府正是看到这一巨大的优势因素，通过设立西安国际港务区，以开放型经济龙头区域的发展将这种独特的区位优势转化为竞争优势，最终发展成经济优势。同时，借助陕西丰富的资源优势、较强的科教实力以及深厚的文化底蕴，大力实施对外开放带动战略。在中央深入实施西部大开发战略和《关中—天水经济区发展规划》中，西安国际港务区是被明确重点支持发展的园区。在西安国际化大都市建设规划中，西安国际港务区是西安市发展开放型经济的战略先导区和现代服务业的核心功能区。

五年来，西安国际港务区着力推进西安综合保税区、西安铁路集装箱中心站、西安公路港等三大基础平台建设运营，并以此为核心加快临港产业聚集，推动具有开放型经济特色的现代服务业发展。目前，西安国际港务区已由五年前西安市东北一隅的偏僻小镇逐渐成为国内、国际知名企业竞相合作的投资热土。据统计，截至目前西安国际港务区共签订各类招商合同58个，总投资达512.77亿元，其中外资8个，总投资3.5亿美元；内资50个，总投资490.66亿元人民币。全区新登记注册企业达到292户，个体工商户达1705户。其中，深圳华南城、新加坡迅通集团、英国塔塔特钢、中国移动、新疆广汇、海尔集团、迈克集团、中国外运等一批在国际国内有影响力、有产业带动作用的企业已经陆续开工建设，部分项目已投入运营。西安国际港务区初步形成了围绕现代商贸物流，涵盖仓储分拨、信息化应用、广告创意、区域总部等产业链完整、门类齐全的现代生产型服务业产业体系。

西安国际港务区的发展得到了国家相关部委的充分肯定，园区先后获得六块国家级牌子：海关总署等四部委批准成立西安保税物流中心；国务院批准建设西安综合保税区；国家发改委批准西安国际港务区规划，园区升级为国家级开发区；国家发改委批准西安国际港务区为现代服务业试点园区；科技部授予国家级现代服务业创新基地；国家工商总局批准设立国家级广告产业园。

二、陕西开放型经济的新名片

西安国际港务区创新性地将多式联运、海关商检、金融保险、外运货贷、加工贸易和综合保税等诸多功能联合重构，创建了“港口内移、就地办单、海铁联运、无缝对接”的“中国内陆港模式”。

随着西安铁路集装箱中心站和西安综合保税区的建设运营，西安国际港务区为内陆地区搭建的国际内陆港口岸功能平台也正式启动，伴随着与沿海、沿边各类口岸的深度合作，内陆企业梦寐以求的“港口内移、就地办单、海铁联运、无缝对接”的梦想变成现实，西安国际港务区已经成为陕西省和西安市发展外向型经济的核心竞争力，成为辐射整个关中—天水经济区的国际贸易集疏运中心，成为内陆企业进入国际市场，吸引国际国内产业向西部转移的重要枢纽，也成为陕西开放型经济的新名片。

内陆港模式使内陆经济中心城市具有完备齐全的国际港口运行机制和方便快捷的外运操作体系，大大降低了物流成本，提高物流效率，从而形成了内陆地区复合型国际运输、国际贸易、国际金融的操作平台。

内陆企业通过国际港务区办理进出口业务，比到东部港口办理业务每标准箱至少降低成本300元，时间缩短一半，大大提高了国际贸易商品的价格竞争力。例如，果汁出口企业田园冷链通过西安国际港务区办理苹果汁出口业务，仅仅两个月就节约成本支出78万元，实现出口退税1700万元。

截至目前，西安铁路集装箱中心站的货运

吞吐量已突破17万标准箱，2013年一季度西安铁路集装箱中心站的整车货物办理量达到4.95万吨，同比增长150%；西安保税物流中心进出口货物突破7亿美元，内陆港的辐射带动效应进一步显现。2012年，在陕西省进出口货物增速仅为1.1%的背景下，海关特殊监管区域货物进出口额增长了75%。西安港与连云港港、天津港合资成立的国际物流公司，均实现了当年设立当年赢利的目标。青岛港每周固定向西安港发送三趟“五定班列”。

在开放型经济欠发达的我国西北地区，在当前全球经济发展普遍放缓的大环境下，西安国际港务区能有如此之高的业务增长率，足以说明内陆港的重要贡献和西安市国际化程度在迅速提升。

三、助推国家向西开放

进一步推进内陆地区的对内对外开放，以开放促开发是国家的既定政策，也是广大内陆地区加快发展的需要和探索向前的方向。2012年，陕西省进出口总额为147.99亿美元，全省经济的外向度为8%，约为全国的1/6，这说明目前陕西省发展外向经济的能力不能满足陕西省建设西部强省和内陆开发开放战略高地的战略要求。因此，如何降低企业物流成本，聚集资源；如何提升区域经济外向度，推进区域承接产业转移，促进区域产业提升优化，是西部省份及城市共同关心的问题。西安国际港务区的建设发展实践，正是对这些问题的积极探索。

一是积极践行国家向西开放战略实施。西安国际港务区作为新欧亚大陆桥上最大的国际内陆港，对促进新欧亚大陆桥经济新秩序的建设具有积极的推动作用。通过这条欧亚陆路黄金大通道的建设，进一步加深中国西部地区与欧亚沿线国家之间的经贸合作关系——这已得到了各国企业及专家学者的广泛响应和认同。通过西安国际港务区发起的“新筑欧亚大陆桥”活动，包括陕重汽在内的诸多陕西企业和西安国际内陆港成功在哈萨克斯坦、吉尔吉斯斯坦、土耳其、意大利、德国、荷兰等沿桥9个国家、29座城市做了一系列深入推介，众多大陆桥上的欧亚国家开始和国际港务区进行贸易投资方面的探索和合作。

二是积极推动内陆地区融入世界经济循环。西安国际港务区建成的“国际内陆港”，是港口功能在内陆地区的延伸，具有比较完备齐全的国际港口运行机制、方便快捷的货运通关操作体系和通达全球的国际物流条件。向东通过沿海港口强大的航运能力，与日美韩市场结合；向西通过霍尔果斯等沿边口岸与中亚乃至欧洲经济连通；向南通过与成渝、北部湾经济区合作，实现与东盟经济区互动；向北通过与二连浩特、满洲里口岸合作，加强与俄罗斯、蒙古的经济交往。这一国际贸易网络大大拓宽了西部地区经济参与国际市场竞争的渠道，增强了西部国际贸易商品融入世界经济的机会和能力。

三是打造西北地区承接国际产业转移的硬环境。西安综合保税区是陕西省承接国际产业转移的优势性战略资源。综合保税区的政策优越，国外货物入区实行保税；国内货物入区视同出口实行退税，区内企业间的货物交易不征增值税和消费税，这对跨国公司具有显著的吸引力。同时，西安国际内陆港完备的国际口岸功能，实现了多种运输方式的无缝对接，形成便捷高效的立体交通网络，为西部货物大规模集疏提供高效便捷的服务，极大改善西部地区吸引国际产业的“硬”环境，大大提升西部地区承接国际国内产业转移的能力。

展望未来，西安国际港务区将紧抓新一轮西部大开发和西安建设国际化大都市的历史机遇，积极实现建设向运营的转变，成为现代化、生态化、人文化的“现代服务业城”，成为中国西部地区对外开放的示范，成为“国际陆港”发展建设的样本。

（韩松　强晓安）

国药物流的药品运输安全质量管理体系

国药控股股份有限公司（以下简称国药控股）是中国医药集团总公司所属核心企业。国药控股成立十年来，经营规模不断扩大，经济运行质量不断提高，赢利能力持续增长，已发展为中国最大的药品、医疗保健产品分销商及领先的供应链服务提供商，拥有并经营中国最大的药品分销及配送网络，形成了药品分销、物流配送、零售连锁、药品制造、化学试剂、医疗器械、医疗健康产业等相关业态协同发展的一体化产业链。按照国药控股股份有限公司的发展战略及其在全国药品配送运输网络布局的推进，截至 2012 年 5 月，国药控股在全国 30 个省、市、自治区拥有 47 家二级公司，188 家三级公司，在全国 180 多个地市有子公司直接覆盖当地医疗市场。国药控股将配合国家医药战略完成对 300 个地市和 2000 家商业公司，1 万家医院，10 万家药店及诊所的覆盖，实现一站式直销服务，配合国家构建国家药网。

国药集团医药物流有限公司（以下简称国药物流）是国药控股股份有限公司的全资子公司，在上海、北京、广州、天津、沈阳、武汉等地建有现代物流中心与配送中心体系。国药物流的第三方物流业务包括进口保税物流、药品物流、器械物流、冷链物流、零售物流、院内物流、临床试验物流和各类个性化的医药物流解决方案。国药物流主要采取一体化的多仓运营管理模式，通过不断整合资源，构建我国最广阔的医药物流服务网络。2012 年，国药物流的物流网络覆盖了除西藏以外的全部省市自治区，自有物流服务已覆盖全国 30 多个一级城市，100 多个二三级城市，2000 多家商业公司，1 万多家医院，10 万多家药店及诊所，是我国网络覆盖最全的医药物流企业。同时，国药物流还是国家一级抢险、救灾、军需、外援等药械商品的特种储备企业。

国药物流以"关爱生命、呵护健康"为己任，建立了一套药品运输安全质量管理体系，从招标、验证、在途管理等十个方面实施严格管理，确保药品运输的全程安全及可控。

一、集中招标，严格承运商资质评审及业务导入

集中招标，严格承运商资质评审及业务导

入是药品运输安全质量管理体系的第一个方面。随着国药控股的业务发展和国药物流一体化与多仓操作战略的推进，对国药物流的运输操作及承运商管理提出了新的要求。为了能匹配国药控股内部及第三方客户的业务发展，提升运输的运作及网络覆盖能力，根据国药物流有关集中招标采购管理要求，国药物流对相关的运输业务实施统一的承运商集中招标，严格承运商资质评审及业务导入。

集中招标由国药物流运输部门、运营部、质量部、财务部等共同组成招标小组，并邀请国控法务及审计部门进行相关的监标事宜，招标小组对招标的工作进行全程跟进，包含前期的承运商资质审核、议价讲标、现场审核等，并形成线路及区域的分配及最终的中标方案。

集中招标对应标承运商的资质要进行二次严格的评审，即初审和二次评审。初审主要针对三证、运输资质能力、自有车辆等进行评分审核。初审合格后要经过质量部、运输部、物业部参与的现场审计环节，由质量部出具现场审计结果。二次评审主要结合质量部出具的现场审计结果进行第二次资质审核。二次评审后须按照最终的资质评审结果制订后续的报价计划。

二、建立验证机制，保证运输设施与设备符合规定

建立验证机制，保证运输设施与设备符合规定是药品运输安全质量管理体系的第二个方面。

（一）冷藏车验证机制

冷藏车验证一是指冷藏车首次投入使用前和冷藏车制冷系统大修后投入使用前进行的空载验证测试；二是指验证结果符合要求后进行的满载验证测试。冷藏车只有在验证结果符合要求后方可投入使用。冷藏车在日常使用时，每年的冬季和夏季都要进行载货配送再验证。

（二）冷藏箱验证机制

冷藏箱投入使用前应进行运行确认（静态恒温箱内模拟线路测试），测试结果符合药品存储温度要求，再进行性能确认（实际配送线路测试），测试结果符合要求，方可投入使用。冷藏箱包装方式的改进或变更需进行在途运输保温性能再测试验证，验证结果满足药品配送要求即可投入使用。

三、在途温度记录数据管理

在途温度记录数据管理是药品运输安全质量管理体系的第三个方面。

（一）公司自有冷藏车的在途温度记录数据管理

公司自有冷藏车配送时，调度人员必须每次将冷藏车的温度记录装置所记录的温度下载并保存备查。温度记录数据若超出药品要求的存储温度范围，应及时报告质量管理部。如承运商提供的冷藏车配送时，冷藏车采用 GPS 温度记录装置监测车厢温度的，配送时应由承运商将途中车厢内温度记录数据于次日以邮件（Excel 表格或图形文件）形式发给运输部指定人员，该指定人员将温度记录数据电子版、打印件与“冷藏车配送装卸车、温度情况检查表”分别归档保存。

（二）承运商提供的冷藏车在途温度记录数据管理

承运商提供的冷藏车配送时，冷藏车没有 GPS 温度记录装置监测车厢温度时，运输部应到质量管理部领取已设置好（监测时间间隔为 10 分钟）的温度记录仪，做好交接记录。运输

部人员手动启动好温度记录仪后，放在车厢中部，做好醒目标识。配送完成后，驾驶员将该温度记录仪及已填写好的“冷藏车配送装卸车、温度情况检查表”交由承运商快递寄回运输部或质量管理部。

四、推进信息化建设，打造国药模式的TMS系统平台

推进信息化建设，打造国药模式的TMS系统平台是药品运输安全质量管理体系的第四个方面。

TMS系统架构采用基于WEB的B/S多层架构体系实现，底层数据库采用Oracle等大型数据库，可运行在业界主要应用平台，支持在云平台环境中的部署。支持总部集中部署，多层体系架构的独立运作和统管协调运作，搭建统一的国药运输网络。系统具备可靠的安全机制和在线备份机制。包括：基础信息维护、订单管理、车辆管理、调度管理、客户及承运商管理、费用核算、绩效管理和系统管理及平台对接。

随着国药物流信息化建设的推进，国药模式的TMS系统功能逐渐完善，系统与业务的良好匹配性为日常运输业务的正常开展及数据核查与质量安全保证提供较强大系统屏障。

五、完善的承运商培训机制

完善的承运商培训机制是药品运输安全质量管理体系的第五个方面。针对所有的合作承运商，国药运输部门都会对其进行日常的业务培训（包含单证、交接、现场管理、包装、提货要求等），但对冷链产品运输环节的操作培训，是由质量部门负责进行。此外，新的操作业务启动初期，也是由运输部门负责对承运商进行产品及运输操作的培训事宜。

依据项目操作的推进及相关SOP文件的完善，为匹配并保证客户服务质量的需求，运输部门会根据更新的SOP文件或变更的客户需求对涉及的承运商进行相关的培训，以保证客户所有的需求能在第一时间得到落实。

六、健全运输应急预案

健全运输应急预案是药品运输安全质量管理体系的第六个方面。为加强在途运输货物的安全管理，增强对发生重、特大突发事故的应急处置与救援能力，国药物流特制定了运输应急预案，明确了运输过程中发生的交通事故的处理流程与响应机制。主要包含以下内容：一是交通事故应急措施；二是车辆火灾事故汇报程序；三是商品事故损失处理；四是人员伤亡应急处理。

为保证运输应急预案在实际运作过程中的有效性和可行性，国药物流特别进行了先期的运输应急演练，实现对运输应急预案的检验和实践论证。

七、高效在途监管：人工订单跟踪结合GPS在途监控

高效在途监管是药品运输安全质量管理体系的第七个方面。为强化药品运输的在途安全及异常情况的及时响应，国药运输部门结合GPS跟踪系统并配专人负责对所有在途运输的药品进行电话跟踪，以保证药品在途的安全及车辆信息的及时反馈与处理。

八、日常业务的KPI考核

日常业务的KPI考核是药品运输安全质量

管理体系的第八个方面。为保证日常运输业务的开展并实现对操作效果的有效反馈，国药运输部门制定了针对承运商日常操作业务而进行的 KPI 考核，主要考核项包含（现场管理、运输管控、单证跟踪、客户服务等），每月的 KPI 考核结果将由承运商签字确认最终纳入承运商的考核中。

KPI 考核的结果将结合承运商的费用结算与奖惩机制进行管理，并在后期作为新项目或年度招标时对承运商服务质量水平的重要参考指标。

九、承运商运作季度回顾会议

承运商运作季度回顾会议是药品运输安全质量管理体系的第九个方面。国药运输对承运商的管理采用季度回顾会议的方式，主要内容包含所有的日常操作现状、KPI 考核结果、异常问题回顾、主要操作结果、运输方案分析及问题讨论等，通过季度回顾会议不但可以对目前运输业务中存在的各种问题进行汇总并及时处理，还能对新的业务要求进行详细解读并及时培训，也能对承运商操作过程中存在的问题进行反馈沟通。

十、承运商年度审计机制

承运商年度审计机制是药品运输安全质量管理体系的第十个方面。为规范公司对外包承运商的质量审核工作，保证药品配送环节中的质量安全，依据《药品经营质量管理规范》（GSP）和相关法律法规，以及公司对药品配送的质量要求，国药物流建立了承运商年度审计机制，对承运商实施年度审计。

年度审计包含以下主要检查项目：一是公司资质、组织架构检查；二是公司质量方针、目标和文件；三是人员资质、培训；四是车辆管理；五是运输配送管理；六是库房管理；七是文件管理流程；八是消防与安全管理及设施设备管理；九是客户服务与投诉管理。

审计方案由运输部门发起并提前准备相关的承运商资料及名单等，质量管理部负责审阅由运输部门提供的承运商名单及其有关资料，确定审计对象、方法和日程安排。

年度审计的步骤如下。

第一步，组建由运输部门、质量部和物业（安全）部门人员构成的审计小组，由质量管理部的人员担任组长。

第二步，进行现场审计。

第三步，按照现场审计发现的优势项、严重不符合（合格）项、主要不符合（合格）项、次要不符合（合格）项和建议项等要求承运商进行期限内的整改计划和纠正与预防措施提交。

第四步，运输部门负责对承运商整改计划和预防措施的落实情况进行跟踪，并形成跟踪表进行记录反馈。

通过年度审计，国药物流能够实际掌握各外包承运商的现场的运营状态并知晓其各项操作规范性的情况，确保药品在承运商各操作环节的安全可控。

国药物流始终以“关爱生命、呵护健康”为己任，始终把药品运输安全作为首要职责，通过以上运输质量管控体系对相关过程的管理，保证了药品运输的有效监管和质量安全的有效控制。

（黄志鹏　张劲梅　国药集团医药物流有限公司干线运输部　国药集团医药物流有限公司质量管理部）

淮矿物流“平台＋基地”一体化运作案例

一、淮矿物流的基本情况

淮矿现代物流有限责任公司（以下简称淮矿物流）的前身是淮南矿业集团物资供销分公司（以下简称供销分公司），当时的公司物流业务属于企业物流。2005年开始，供销分公司探索物流的社会化服务，2006年建成淮矿物流大市场，2007年建成国内煤炭企业第一家保税仓库，2008年淮矿物流正式成立并逐步由企业物流转型为物流企业。2010年年底，淮南矿业集团重组上市公司芜湖港储运股份有限公司（以下简称芜湖港），淮矿物流的全部资产并入芜湖港，成为芜湖港的全资子公司。2012年，淮矿物流正式完成对斯迪尔电子商务平台的重组，为自身的转型发展迎来了全新的机遇。

淮矿物流是一家集商贸物流、第三方和传统物流、供应链管理、物流园区运营及电子商务为一体的大型国有现代物流企业。淮矿物流成立以来，秉承“服务至上、缔造共赢”的宗旨，坚持“立足安徽、面向华东，顺沿长江，着眼国内国际两个市场”的发展战略，分别设立了上海、江苏、杭州、镇江、合肥、武汉、重庆、昆明、广州、鄂尔多斯、台州、福建12个驻外子（分）公司，仓储配货联运、仓储管理、华东物流市场3个专业化子公司。同时，拥有金属材料、化工线缆、机电产品、燃料建材、国际贸易五大贸易部。

二、淮矿物流的转型发展历程

淮矿物流能够在短时间内从一个企业的物流部门转变发展成为一个在行业和区域内具有较大影响力的现代物流企业，历经了在不断摸索中求发展、在不断自我否定中求发展、在不断创新中求发展的过程。在这个发展过程中，淮矿物流充分认识到现代物流对促进经济发展的重要作用，也加深了对现代物流的理解。

为了推动大宗生产资料流通体系的改革，2012年淮矿物流在全国范围内率先提出“平台＋基地”一体化运作的供应链管理模式，2013年提出了“平台＋基地”全流程管理下的在线结算和在线金融的供应链管理模式，全面确立了公司未来的转型发展方向。

2012年11月16日，淮矿物流正式收购上海斯迪尔电子商务平台，标志着淮矿物流“平台+基地”全流程管理下的在线结算和在线金融的供应链管理模式全面启动。淮矿物流以仓储基地和运输资源作为支撑，以斯迪尔为平台，以信息化为主要手段，为客户提供安全、透明、便捷的结算、融资、交割、物流管理及配送等增值服务，从而逐步实现在构建大宗生产资料流通体系的进程中占有一席之地的宏伟目标。

三、推出“平台+基地”供应链管理模式

（一）供应链管理模式的产生

钢材电子交易市场作为一种全新的流通业态如雨后春笋般在国内不断涌现，随着交易规模的不断放量，交易品种的逐渐增多，开始受到业界的普遍关注。但从钢材电子交易市场的运行状况看，产业供应链脱节成为了时下电子交易规模扩大的一大“瓶颈”。对于淮矿物流来说，供应链物流是淮矿物流发展的根基。一直以来，淮矿物流利用做供应商的供应商的业务模式，发挥集中采购的优势，供应链物流销售收入稳步增长，这种模式属于传统的供应链概念，局限于企业的内部操作层上，注重企业自身的资源利用。通过对钢材市场发展历史和发展趋势的分析研究，淮矿物流提出了“钢材电子期货逐步向钢材电子现货发展”的经营思路。可以说淮矿物流供应链管理模式由此形成。走有特色的电子商务发展之路必须要有平台支撑，经过充分调研，2011年6月29日，淮矿物流选择与上海斯迪尔电子商务公司签署战略合作协议。淮矿物流看中了上海斯迪尔公司的电子交易市场，此举为淮矿物流日后的“平台+基地”一体化运作打下了坚实的基础。

（二）推出“平台+基地”一体化运作模式

2012年2月18日，淮矿物流正式推出“平台+基地”一体化运作模式。2012年11月12日，淮矿物流正式推出“平台+基地”全流程管理下的供应链管理模式。应该说，淮矿物流提出的供应链管理模式参考了合作企业的实践，但更是对既有模式的一种优化，是对成本、现有风险充分考虑后的合理选择。

2012年11月16日，淮矿物流正式重组斯迪尔，成为斯迪尔的控股股东。重组后的斯迪尔摒弃了中远期交易，投身于大宗生产资料的现货电子交易领域。目前，斯迪尔平台以品牌专场和电子超市为主营业态，经营品种涵盖钢材、轴承、劳保用品等种类，平均日交易量超过3万吨。这次重组为淮矿物流的“平台+基地”一体化理论体系提供了坚实的物质保障。

（三）“平台+基地”一体化运作模式设计

1. 基于电子商务平台的设计

随着电子商务的蓬勃发展，大宗商品电子交易市场在国内快速发展，已经成为我国流通领域的一个重要组成部分。特别是B to B电子商务形式将信息流、资金流和物流相结合，实现大宗商品流通环节的集成高效管理，对现货商品交易市场进行了改造与提升，使得国内现货商品交易市场的未来发展空间更加巨大。

2. 基于现货的定位

斯迪尔之所以改为现货电子交易，除了可以大幅提高交易效率、降低成本等优势之外，更重要的是其带动的商业模式的改变，是对整个供应链的创新。客户可以按照区域市场的需求进行货物的投放，通过平台整合产业链而控制定价权。上游制造企业可以逐步降低自有库存，甚至做到零库存。

3. 全流程管理

全流程管理是一种解决传统仓单质押风险

的全面解决方案，是通过静态的仓储管理和动态的联运管理，结合物联网技术确保交易货权的真实和货物的安全，实现产品从生产厂到交割前的整个待交易环节的物流闭环运作的过程。非融资环境下，可保障交易商购买的货物及货权的真实性和可靠性；融资环境下，可有效控制银行融资的风险。

（1）推进仓储管理“信息化、可视化、定制化”。信息化，即是收发存等仓库基础管理流程必须做到信息化，同时，已签订协议的仓储基地必须采用淮矿物流仓储系统，或与淮矿物流仓储系统进行对接；可视化即是按照银行、客户的需求，利用信息技术，采集、传递、存储、分析、处理仓储基地中的库存、物流等相关指标与实物信息，以图形化、实物化的方式展现出来，从而实现仓储物资信息的“透明”化；定制化即是按照库存物品的性质划分出类别，根据各类物品存储量的计划任务，结合各种库房、货场、运输设备的具体条件，确定出各库房和货场的分类存储方案。

（2）构建综合联合运输体系。淮矿物流以“统一调度、统一信息、统一结算、统一标识”为手段，做好承运车、船、人的在途管理，构建了跨城际集货、多点提运、优化暂储、多点分拨为一体的综合联合运输体系。为客户提供一站式物流服务，实现对以长江黄金水道为中心的运力资源的整合，从而构建诚信、集约、高效、透明的社会物流资源配置体系。

（3）在线结算和在线金融。与淘宝、京东等 B to C 电商平台上交易的商品不同，大宗商品交易市场存在支付结算、账户管理和在线融资三大难题，大宗商品基本属于大额交易，单笔交易货款少则十多万，多则几百万，这是由大宗商品的天然属性决定的。同时，买卖双方对交易资金往来要求极高，涉及跨行结算、税票一致、及时到账、当日提现等。目前，斯迪尔提供两种在线结算模式：第三方支付平台和 B to B 在线结算系统。第三方支付平台，就是与一些银行签约、并具备一定实力和信誉保障的第三方独立机构提供的交易支持平台。B to B 在线结算系统，则是银行专门为电子商务活动中的卖方和买方提供的安全、快捷、方便的在线支付中介服务，它可以连接电子商务活动中的卖方和买方，保障资金流的畅通，加速卖方资金回笼，方便买方购物支付。

斯迪尔的在线结算模式有直接支付、商户保证金、银行保证金、中心对账模式、网银直接支付五种模式，目前主要采用的模式为直接支付的模式。

在线融资模式，是淮矿物流与银行、客户系统对接，为客户办理全流程网上操作的融资服务。这种融资模式下，钢厂产品进入淮矿物流全流程管理范围后，即可以在基地的动态库存申请管理融资；银行按物资总量给予卖方一定金额的融资。

（四）基于电子商务平台的实现

1. 面向整个大宗生产资料领域的品牌专场为基础

斯迪尔以品牌销售专场为主，品牌销售专场是专门为生产厂提供“一对多”的网络销售平台，是构建跨区域市场批发体系的重要载体。通过品牌专场，一是可以搭建生产者和消费者直接见面的平台，生产厂可以直接通过平台寻找终端客户，使品牌能牢牢扎根市场；二是能够提高品牌的市场知名度；三是能够使生产企业完整的营销思想得以全面实现，从而确保生产企业真正掌握市场定价权。斯迪尔委派专业的营销队伍，协助客户在全国范围内进行市场营销。销售专场开到哪里，斯迪尔的营销队伍就服务到哪里，仓储基地就建设到哪里。

2011年12月，以建材为主的上海申特专场上线，通过不到一年的时间，申特钢厂交易量从1万吨/月达到1万吨/天，树立了一个可迅速复制的模式。此外，江阴锦澄专场，是淮矿物流真正打破螺纹钢单一交易品种，逐步向整个钢材领域发展，并最终面向整个大宗生产资料的重要一步，标志着国内第一个型材现货电子交易板块的正式启动。南京鼎阳轴承专场、江苏匡克劳保专场标志着斯迪尔由目前单一的钢材品种逐步向轴承、劳保等大宗商品的转变，鄂尔多斯工矿物资专场、哈尔滨西林专场，是斯迪尔迈向全国的第一步，这几大专场反映了斯迪尔交易品种由单一走向多样，交易区域由华东迈向全国的大宗电商物流新格局。

2. 以现货电子超市为依托

类似于普通生活资料领域的“日用百货超市”。在现货电子超市中，厂商的销售需求和客户的采购需求均可以在斯迪尔平台的超市货架上进行展示并快速地达成交易。淮矿物流各区域公司为本区域的客户提供定制化一站式的采购、维护、保养服务，并开发更多的终端客户，确保斯迪尔平台品牌专场在区域逐步扎根落户。

电子超市不仅仅是避免了现货交易的烦琐，省去了买卖双方烦琐的议价环节，更重要的是，为客户提供几乎涵盖大宗商品物流所有环节的服务，并参与到终端的供应链管理中，实现钢铁物流的专业化外包和全方位增值服务，从而实现“电子商务+供应链”的真正融合。客户一是可以通过电子超市平台，看到所有资源信息，品种全、规格多；二是电子超市上的挂价是厂方自主挂价，同一品牌、同一品种、同一规格的挂牌价格由低到高依此排列，方便买卖双方选择。

3. 健全的金融配套

“平台+基地”模式是一种全流程管理的金融服务，完全打破传统的货权质押融资的概念，银行对整个流程进行授信，不再针对一个厂商、一个仓库、一批货物、一个仓单、一次质押，强调对融资货物总量和总价值的双指标控制，通过货物身份证式的管理和流程控制，避免重复质押、互保、联保及货权不清等风险的发生。

（1）在线结算方面。目前，全国有十余家银行与淮矿物流签订了上线协议，资金完全由银行或第三方金融机构直接管理，保障资金安全，从而解决买方因付了款收不到货或卖方因发了货收不到款的后顾之忧。并正在进行紧张的系统开发和测试中。

（2）在线金融方面。淮矿物流针对的是钢厂产品进入淮矿物流全流程管理范围后的管理融资，再对供应链两头的资源进行逐步延伸。同时，淮矿物流提出了对可控货物“百分百融资、基准利率、按日计息”的理念，是对传统融资模式的一种颠覆，可以解决供应链上各方融资难、缺担保、总体的融资成本高等一系列问题。

百分百融资，即是以上下游客户以在淮矿物流管理的在线货物作为质押担保，按总货值的80%～100%进行融资。基准利率，即是按照央行的利率项目对平台上下游客户进行授信。按日计息，即是按照六个月或者一年的贷款利率折算成日利率。

金融体制决定着银行放贷的方向，民营企业很难从银行直接融资。而通过淮矿物流这一方案，可以保证线上客户、银行的利益，能够有效地控制融资风险。按照斯迪尔的品牌销售专场规定，一个专场只配套一家银行，一家银行可服务多个专场。斯迪尔为每一个品牌专场的厂家及围绕厂家的客户配套一家银行，从而确保银行真正实现基于整条供应链的金融服务。同时，线上货款由银行和平台双重把控，货由淮矿物流全流程管理，确保了资金安全。

4. 完善的仓储基地建设

基地是平台公信力的支撑点，平台交易的最终目的是交割，做好交割服务是仓储管理的主要任务。要使平台交易有保障，就必须在全国范围内拓展相应的管理库，这样，可以提高物流配送的效率，提高成交的可能性，进而还可以加快资金的周转，掌握主动权。标准化的仓储基地越多，在竞争激烈市场中的可用砝码也就越多。

淮矿物流明确提出了仓储基地必须要满足三个条件，一是独立的法人主体，二是有明确的物资保管协议，三是货物不能被选为质押物三个基本条件。按照这个标准，淮矿物流在全国整合数十个仓库，旨在配合斯迪尔平台现有专场建设，以此积累经验，从而逐步推进其他品牌的专场销售。仓储基地数量增加，会降低物流成本，但建设成本和管理费用也会相应增加。为此，淮矿物流与专场合作客户签订了“一揽子”——涵盖仓储、联运、贸易等方面的大的合作协议，要求平台上交易的货物必须接受淮矿物流管理。

5. 建立在途货物的实时管理体系

全流程管理的重要一环是动态货物的在途管理，即：生产厂到各仓储基地的实物运输由淮矿物流联运系统运作，实现对管理全程各节点的封闭运行。为了配合斯迪尔全国范围内的模式推广和市场拓展工作，淮矿物流提出了“统一调度、统一信息、统一结算、统一标识”。统一调度，即在各专场供应链上的产成品流向、地理位置、地理环境确定了一批物流节点，并在重要的物流节点和物流商所在地设立调度点，负责具体的调度工作。统一信息，即采用统一的运输管理系统，对所有在途车、船的运行进行动态监控。统一结算，即利用现有系统和网络，采用统一技术平台，实现数据交换、传输和资金结算。统一标识，即自有及整合的运输工具必须使用淮矿物流的统一标识，从而打造成跨城际集货、多点提运、优化暂储、多点分拨为一体的综合联合运输体系。

6. 全面完善信息化支撑体系

企业信息化是电子商务的基础，电子商务是企业信息化建设的高层次内容，也是企业信息化建设的一项中心内容。经过淮矿物流信息团队的深入调研，在公司业务部门和驻外公司的全力配合下，淮矿物流供应链物流系统、仓储系统全部实现了自主研发，供应链物流系统中的保供、现货、贸易融资等业务流程得到了进一步的优化。并在此基础上，完成了业务模型、流程定制、系统功能、原型界面、报表单据、数据结构等基础性设计工作，从而为未来定制结构、新增模块打下坚实的系统基础。

淮矿物流几大系统的核心软件开发建设是同步进行的，有利于提升企业管理效率，节约成本，这样一场声势浩大的信息化变革不仅是一场技术变革，更是对企业经营管理和业务流程的一次革命，通过对核心业务流程的信息化改造，不仅仅是斯迪尔平台，淮矿物流的驻外公司也在逐步改变自己的经营方式，这种管控一体的封闭式信息系统也大大降低了驻外公司的经营风险。

7. 构建科学的制度管理体系

一是先后出台了斯迪尔、联运、仓储、信息、人力资源、财务六项三年发展（2013—2015 年）规划，为新模式的推进提供理论支撑。二是制定了统一的斯迪尔平台等交易规则、标准。三是重新修定、补充编制仓储基地所需的各种分类编码标准，做到标准先行，实施在后。这种标准化建设不仅包括信息管理标准化，也包括现场管理标准化、形象识别的标准化，行为规范标准化、管理制度标准化、业务流程标准化等。事实证明，这种标准化的建设是卓有成效的，仓储基地条件更好、更科学、更规范。

8. 以人才队伍为保障

信息化人才上，淮矿物流以“建立一支方向清晰、分工明确的百人信息化队伍，利用三年的时间形成淮矿物流无可替代的核心竞争力”为目标，坚持高技能人才引进与自主培养相结合，通过实战实练促提高的方式加速信息化人才队伍建设。

（1）仓储人才。淮矿物流在仓储队伍建设上坚持返璞归真、回归仓库管理的方向，要求仓储人员从保障交易后的交割做起，做好收发存管理；以淮矿物流自有物流园作为基地的基地，树立标杆、规范管理、培养人才；并通过举办“管理员培训班”、准军事化训练等多种形式，培养素质过硬的仓储人员队伍。

（2）联运人才。在运输队伍建设上，物流公司坚持转变传统思想观念，树立服务意识，加强对社会物流资源的整合，努力做到“统一标识、统一管理、统一结算”的三个统一，确保全流程管理的安全有效。

淮矿物流将在三年内初步建成具有先进管理水平的人力资源开发与管理体系，形成一套与公司实际情况相配套的选、育、用、留制度体系，为打造全球一流的大宗生产资料供应链管理团队做准备。

四、五位一体共赢格局的形成

（一）厂商

产品卖得掉，价格更合理，资金回笼快，低成本融资是厂商通过平台获得的利益，但最重要的是，新模式消弱了中间商对渠道价格的掌控力。因此平台上销售的价格将会比市场上高出一部分，这部分就是中间商对市场价格的干预。

（二）电商平台

基于电子商务平台的供应链管理模式将成为企业适应市场竞争的一种有效途径。它将供应链中的各个企业通过互联网有效地连接起来，企业管理水平得到了很大的提高，使供求双方及时地搜集和传递市场信息，减少了商业贸易的中间环节，企业不仅获得了丰厚的利润，更重要的是，它重建了大宗商品交易的诚信，为大宗商品行业提供了一个真实、可靠、透明、便捷、共赢的在线交易服务。

（三）金融机构

淮矿物流提出了一家银行只对应一条供应链的配套金融思想。即：一个专场只配套一家银行，一家银行可服务多个专场。让银行真正实现基于整条供应链的一站式、链接式的金融服务，从而创造出更多的资金流量。同时，通过商流、物流、资金流的闭环运作，可以有效保障银行的资金安全。

（四）物流企业

一是有利于提升物流商的品牌和公信力。货物全流程管理是平台交易的基本前提，通过静态的仓储管理和动态的联运管理确保交易货物的真实和资金的安全，帮助物流商提升自身品牌；同时通过淮矿物流规范的物流管理流程和规则提升社会公信力。二是能够提升业务量。随着斯迪尔平台日均销售量的增加，在平台成交的货物，均通过斯迪尔物流管理合作方进行，从而提升物流商的业务量。

（五）终端客户

一是平台丰富的跨区域产品资源带给客户更多的选择和便利，客户的采购成本降低。二是库存压力低。通过钢厂直销及遍布全国的淮矿物流仓储基地，终端客户采购频率可以由一个月订购一次可以变为每天一次，随用随买。三是通过淮矿物流对可控货物“百分百融资、基准利率、按日计息”以及资金流的闭环运作方式，用户的货款安全有保障，融资成本低。

（汪晓秀　淮矿现代物流有限责任公司）

第十部分

附录

关于中国物流企业50强排名的通告

根据国家发展和改革委员会、中国物流与采购联合会《社会物流统计核算与报表制度》的要求，中国物流与采购联合会组织实施了重点物流企业统计调查，根据调查结果，提出了中国物流企业50强排名。

2011年50强物流企业主营业务收入共达7274亿元，同比增长17.5%。在50强物流企业中，主营业务收入排名第一位的是中国远洋运输（集团）总公司，收入为1615.9亿元；排名第50位的收入为18.8亿元，同比增加3.4亿元、增长22.1%。

根据物流企业主营业务收入统计调查数据排序，是一项公益性的活动。我们希望通过中国物流企业50强排名，客观真实反映物流企业改革发展成果，推动我国物流企业做大做强，提高我国物流业竞争力。

2011年中国物流企业50强名单

排名	企业名称	主营业务收入（万元）
1	中国远洋运输（集团）总公司	16159449
2	中国外运长航集团有限公司	9907512
3	中国海运（集团）总公司	6281759
4	福建省厦门象屿股份有限公司	3390502
5	中铁物资集团有限公司	2673645
6	中国物资储运总公司	2627302
7	开滦集团国际物流有限责任公司	2256200
8	天津港（集团）有限公司	2211000
9	中国石油天然气运输公司	2151478
10	河南煤业化工集团国龙物流有限公司	2021684
11	顺丰速运（集团）有限公司	1516973
12	连云港港口物流有限公司	1438040
13	福建省交通运输集团有限责任公司	1271875
14	中铁集装箱运输有限责任公司	1239596

续 表

排 名	企业名称	主营业务收入（万元）
15	朔黄铁路发展有限责任公司	1037824
16	北京康捷空国际货运代理有限公司	976699
17	高港港口综合物流园区	857200
18	中国铁路物资总公司	843120
19	中石油北京天然气管道有限公司	820212
20	中铁快运股份有限公司	810672
21	中国国际货运航空有限公司	807649
22	嘉里物流（中国）投资有限公司	796001
23	五矿物流集团有限公司	781960
24	国电物资集团有限公司	761508
25	海丰国际控股有限公司	700986
26	中国石油化工股份有限公司管道储运分公司	684873
27	重庆港务物流集团有限公司	576081
28	日照港（集团）有限公司	454472
29	德邦物流股份有限公司	433484
30	武汉商贸国有控股集团有限公司	425620
31	中外运敦豪国际航空快件有限公司	411528
32	天地国际运输代理（中国）有限公司	410642
33	广东省航运集团有限公司	366901
34	联邦快递（中国）有限公司	356568
35	青海省通达物流有限责任公司	330945
36	东方国际物流（集团）有限公司	328000
37	重庆长安民生物流股份有限公司	327667
38	中创物流股份有限公司	325554
39	一汽物流有限公司	309546
40	甘肃西部物流有限责任公司	274930
41	江西京九物流有限责任公司	272583
42	青岛福兴祥物流股份有限公司	272345
43	浙江省八达物流有限公司	259087
44	上海现代物流投资发展有限公司	247817
45	江苏里下河物流园区	240057
46	郑州铁路经济开发集团有限公司	238800
47	山西太铁联合物流有限公司	233187
48	北京长久物流股份有限公司	217952
49	国药控股江苏有限公司	213854
50	中铁特货运输有限责任公司	187930

（中国物流与采购联合会　中国物流信息中心）

2012 年中国连锁百强名单和主要外资连锁企业经营情况统计

2012 年中国连锁百强名单

会员	序号	企业名称	销售规模（万元）		门店总数（个）
★	1	苏宁云商集团股份有限公司①	*	12400000	1705
☆	2	百联集团有限公司		12205221	5147
★	3	国美电器有限公司		11747974	1685
★	4	华润万家有限公司		9410000	4423
★		其中：苏果超市有限公司		3315200	2098
★	5	康诚投资（中国）有限公司（大润发）		7247000	219
★	6	沃尔玛（中国）投资有限公司		5800000	395
★	7	重庆商社（集团）有限公司		5449472	327
★		其中：重庆百货大楼股份有限公司		3339965	286
★	8	百胜餐饮集团中国事业部		5220000	5200
☆	9	山东省商业集团有限公司		4938066	526
★		其中：银座集团股份有限公司		3203115	104
★	10	家乐福（中国）管理咨询服务有限公司		4527386	218
★	11	大商股份有限公司②	*	3727500	170
★	12	农工商超市（集团）有限公司		3030275	2734
★	13	永辉超市股份有限公司		2793000	249
★	14	武汉武商集团股份有限公司		2680010	98
★		其中：武汉武商量贩连锁有限公司		1284092	91
★	15	宏图三胞高科技术有限公司		2645612	482

续 表

会员	序号	企业名称	销售规模（万元）		门店总数（个）
★	16	中百控股集团股份有限公司		2621631	948
★		其中：中百仓储超市有限公司		1191092	244
	17	石家庄北国人百集团有限责任公司		2541553	198
★	18	江苏五星电器有限公司		2418530	252
★	19	长春欧亚集团股份有限公司		2414498	58
★	20	海航商业控股有限公司		2400000	448
★	21	北京王府井百货（集团）股份有限公司		2157439	28
★	22	利群集团股份有限公司		2139722	736
★	23	天虹商场股份有限公司		2037346	59
★	24	特易购乐购（中国）投资有限公司	*	2000000	111
★	25	百盛商业集团有限公司		1972358	48
★	26	文峰大世界连锁发展股份有限公司		1949059	995
☆	27	烟台市振华百货集团股份有限公司		1906570	109
★	28	金鹰国际商贸集团（中国）有限公司		1866919	28
★	29	山东家家悦集团有限公司		1818795	595
★	30	新一佳超市有限公司	*	1800000	116
★	31	步步高集团公司		1790819	289
★	32	锦江麦德龙现购自运有限公司		1790000	64
★	33	北京物美商业集团股份有限公司③		1733407	538
★	34	安徽省徽商集团有限公司		1724238	2564
★	35	合肥百货大楼集团股份有限公司④		1690000	190
★	36	乐天玛特		1631829	99
★	37	银泰百货（集团）有限公司		1630871	30
★	38	欧尚（中国）投资有限公司		1630461	54
	39	新世界百货中国有限公司⑤	*	1600000	39
★	40	人人乐连锁商业集团股份有限公司	*	1511000	131
★	41	北京华联综合超市股份有限公司	*	1450000	130

续　表

会员	序号	企业名称	销售规模（万元）		门店总数（个）
☆	42	北京首商集团股份有限公司		1437431	17
★	43	山东潍坊百货集团股份有限公司		1318565	499
	44	茂业国际控股有限公司		1294867	39
★	45	新华都购物广场股份有限公司		1286715	124
★	46	北京京客隆商业集团股份有限公司		1280862	241
	47	北京菜市口百货股份有限公司	*	1270000	15
★	48	辽宁兴隆大家庭商业集团		1251810	30
★	49	武汉中商集团股份有限公司		1251079	48
	50	卜蜂莲花有限公司⑥	*	1249259	57
★	51	郑州丹尼斯集团		1220000	144
★	52	广州屈臣氏个人用品商店有限公司	*	1200000	1500
★	53	江苏华地国际控股集团有限公司		1153503	45
★	54	万达百货有限公司		1117832	57
★	55	中国石化销售有限公司		1101681	20891
★	56	广州市广百股份有限公司		1056978	30
★	57	山东新星集团有限公司		1053217	655
★	58	北京迪信通商贸股份有限公司		1012447	1440
★	59	上海如家酒店管理有限公司	*	982276	1772
★	60	麦当劳（中国）有限公司	*	900000	1500
★		北京乐语世纪通讯设备连锁有限公司		900000	1900
★	62	永旺		808261	36
★	63	中国石油销售公司		800000	13000
	64	宜家家居		763372	11
★	65	伊藤洋华堂（中国）		748672	13
★	66	湖南友谊阿波罗控股股份有限公司		744055	8
★	67	成都红旗连锁股份有限公司		728163	1336
	68	南京中央商场股份有限公司	*	680000	8

续　表

会员	序号	企业名称	销售规模（万元）		门店总数（个）
	69	中国春天百货集团有限公司⑦	*	634070	16
☆	70	济南华联商厦集团股份有限公司		611326	26
★		其中：济南华联超市有限公司		356790	20
★	71	三江购物俱乐部股份有限公司		560000	146
★	72	北京翠微大厦股份有限公司		555658	6
	73	卓展集团控股有限公司	*	528000	4
★	74	邯郸市阳光百货集团总公司		521200	132
	75	长沙通程控股股份有限公司	*	510000	69
★	76	广东嘉荣超市有限公司		491858	73
★	77	广州友谊集团股份有限公司		491180	6
★	78	阜阳华联集团股份有限公司		482312	748
★	79	山东全福元商业集团有限责任公司		464465	171
★	80	北京市顺义国泰商业大厦		461852	14
★	81	山西美特好连锁超市股份有限公司		455386	76
★	82	湖南佳惠百货有限责任公司		445104	239
★	83	青岛维客集团股份有限公司		435597	9
	84	信誉楼百货集团有限公司	*	420000	21
★	85	广东大参林连锁药店有限公司		418000	1210
★	86	浙江人本超市有限公司		415178	1159
★	87	百佳超市（中国区）		407725	51
★	88	北京超市发连锁股份有限公司		403161	131
★	89	老百姓大药房连锁有限公司	*	402600	650
★	90	一丁集团股份有限公司		382936	391
★	91	深圳市海王星辰医药有限公司	*	369600	2883
★	92	青岛利客来集团股份有限公司		366199	421
★	93	四川省互惠商业有限责任公司		361158	1203
★	94	十堰市新合作超市有限公司		361117	2068

续　表

会员	序号	企业名称	销售规模（万元）		门店总数（个）
★	95	贝加物流股份有限公司		356000	359
		重庆和平药房连锁有限责任公司		356000	2610
★	97	中国全聚德（集团）股份有限公司		330441	91
★	98	江苏新合作常客隆连锁超市有限公司		330167	1002
	99	内蒙古民族商场有限责任公司	*	330000	4
★	100	雄峰集团有限公司		329532	143
		合计	186647427		93983

注：

1. ★ 表示为中国连锁经营协会会员企业，☆表示其下属公司为协会会员企业。

2. 数字前面带 * 为估计值。

3. 百强统计采用销售规模的口径，包括含税的直营店、加盟店、输出管理等以公司品牌经营的所有连锁店的销售总额，以及对外批发的销售额，除此外的销售额不计入内。

4. 销售规模或门店数量以特许加盟为主的企业不列入本表，将纳入“2011 年特许百强”榜。

5. 部分企业数据说明：

①苏宁电器股份有限公司销售额为含税的上市公司营业收入，其不含税年报数据为 9388864. 4 万元。

②国美电器有限公司销售额为含税的上市公司营业收入加上非上市部分的估计数。

③百胜餐饮集团中国事业部数据不含内蒙古小肥羊餐饮连锁有限公司数据。

④大商股份有限公司销售额为含税的上市公司营业收入。

⑤烟台市振华百货控股济南人民商场。

⑥安徽徽商集团数据不含生产资料销售。

⑦合肥百货大楼集团股份有限公司数据不包括批发市场交易额。

⑧北京首商集团股份有限公司包含北京新燕莎控股（集团）有限责任公司和北京西单友谊百货集团数据。

（中国连锁协会）

2012 年主要外资连锁企业经营情况统计

会员	序号	百强序号	企业名称	销售规模（万元）		门店总数（个）
★	1	5	大润发		7247000	219
★	2	6	沃尔玛①	*	5800000	395
★	3	8	百胜		5220000	5200
★	4	10	家乐福		4527386	218
★	5	18	五星电器		2418530	252
★	6	24	特易购乐购	*	2000000	111
★	7	25	百盛		1972358	48
★	8	32	麦德龙		1790000	64
★	9	36	乐天玛特		1631829	99
★	10	38	欧尚		1630461	54
	11	39	新世界	*	1600000	39
★	12	50	卜蜂莲花	*	1249259	57
	13	51	郑州丹尼斯		1220000	144
★	14	52	屈臣氏	*	1200000	1500
★	15	60	麦当劳	*	900000	1500
★	16	62	永旺		808261	36
	17	64	宜家家居		763372	11
★	18	65	伊藤洋华堂		748672	13
★	19	87	百佳超市		407725	51
	20		易买得	*	240000	16
			合计		43374853	10027

注：

1. ★ 表示为中国连锁经营协会会员企业。

2. 数字前面带 * 为估计值。

3. 百强统计采用销售规模的口径，包括含税的直营店、加盟店、输出管理等以公司品牌经营的所有连锁店的销售总额，以及对外批发的销售额，除此以外的销售额不计入内。

4. 企业数据说明：

①沃尔玛数据包含原好又多门店销售数据。

（中国连锁协会）

2012 年度中国货代企业百强（综合）名单

排名	公司名称	总营业额（万元）
1	中国外运长航集团有限公司	10667812.80
2	中远国际货运有限公司	4568295.00
3	中国物资储运总公司	2901554.00
4	敦豪全球货运（中国）有限公司	1316141.00
5	建发物流集团有限公司	956516.06
6	中钢国际货运有限公司	900583.00
7	上港集团物流有限公司	843623.48
8	锦程国际物流集团股份有限公司	757360.00
9	嘉里大通物流有限公司	657467.26
10	大连中铁外服国际货运代理有限公司	573258.00
11	振华物流集团有限公司	485693.51
12	中通远洋物流集团有限公司	485246.18
13	深圳市华运国际物流有限公司	438094.00
14	中铁联合物流股份有限公司	424960.03
15	海程邦达国际物流有限公司	403965.00
16	上海亚东国际货运有限公司	392251.98
17	上海远天船务有限公司	382056.00
18	中成国际运输有限公司	318645.00

续 表

排名	公司名称	总营业额（万元）
19	江苏众诚国际物流有限公司	303520.00
20	东方国际物流（集团）有限公司	292507.57
21	天津克运国际物流集团有限公司	287455.00
22	上海环世物流有限公司	263500.00
23	锦海捷亚国际货运有限公司	257303.00
24	嘉宏国际运输代理有限公司	255387.00
25	天津天保国际物流集团有限公司	248995.06
26	近铁国际物流（中国）有限公司	244204.79
27	民生国际货物运输代理有限公司	233054.53
28	青岛全球捷运物流有限公司	230000.00
29	宁波雅戈尔国际贸易运输有限公司	222821.00
30	连云港东大国际货运有限公司	213123.90
31	上海青旅国际货运有限公司	210882.00
32	江苏飞力达国际物流股份有限公司	202123.79
33	新时代国际运输服务有限公司	192081.00
34	中铁国际多式联运有限公司	187167.00
35	硕达（上海）国际货运有限公司	180148.00
36	广西运德汽车运输集团有限公司	179365.60
37	日通国际物流（中国）有限公司	178620.00
38	宁波港东南物流有限公司	170896.82
39	新疆天业（集团）有限公司	160411.00
40	青岛远洋大亚物流有限公司	157318.20
41	深圳市递四方速递有限公司	147406.20
42	北京格罗唯视储运有限公司	140552.71
43	宁波泛洋国际货运代理有限公司	123903.00
44	北京泽坤国际货运代理有限公司	123107.62
45	厦门速传物流发展股份有限公司	119930.00
46	江苏凯通国际物流有限公司	119347.00
47	利通物流有限公司	116896.36

续 表

排名	公司名称	总营业额（万元）
48	广西超大运输集团有限责任公司	108970.00
49	宁波简达国际货运代理有限公司	107794.00
50	中油（天津）物流有限公司	107494.00
51	忠进国际货运有限公司	104204.00
52	连云港凯达国际物流有限公司	103185.00
53	江苏恒隆物流有限公司	98847.00
54	天津京铁鑫诚国际货运代理有限公司	98441.27
55	民航快递有限责任公司	96000.00
56	无锡中旅新侨国际货运（代理）有限责任公司	95368.00
57	天津丰田物流有限公司	94144.00
58	东方中天（河南）航空服务有限公司	90246.00
59	广西瑞通运输集团有限公司	88274.00
60	深圳市海格物流股份有限公司	86981.59
61	浙江兴港国际货运代理有限公司	86895.00
62	中经得美国际快运代理有限公司	77106.00
63	达升物流股份有限公司	75240.00
64	中设国际商务运输代理有限责任公司	74990.00
65	环发讯通（天津）国际货运代理有限公司	74452.12
66	广州欧华国际货运代理有限公司	72827.00
67	深圳新合程供应链股份有限公司	66330.15
68	上海东浩外服国际物流有限公司	63497.00
69	重庆太平洋国际物流有限公司	63491.01
70	大连联泰国际货运代理有限公司	62348.00
71	辽宁港捷国际物流有限公司	61509.00
72	航都（厦门）国际货运代理有限公司	61468.00
73	通用技术集团国际物流有限公司	60885.00
74	深圳市华展国际物流有限公司	60516.55
75	上海美设国际货运有限公司	60380.13
76	嘉友国际物流（北京）有限公司	60092.51

续 表

排名	公司名称	总营业额（万元）
77	辽宁朝晖骏光国际货运代理有限公司	58164.00
78	江苏远洋新世纪货运代理有限公司	57821.00
79	江苏远东物流有限公司	56618.52
80	深圳市柏威国际货运代理有限公司	52328.50
81	中菲行国际货运代理（上海）有限公司	48401.64
82	上海经贸国际货运实业有限公司	47572.00
83	重庆美联国际仓储运输（集团）有限公司	45145.00
84	深圳均辉华惠国际货运有限公司	44106.00
85	北京百福东方国际物流有限责任公司	44100.00
86	北方万邦物流有限公司	43638.00
87	上海通运国际物流有限公司	43293.00
88	新景程国际物流有限公司	42202.00
89	深圳市景华峰国际货运代理有限公司	41360.26
90	大航国际货运有限公司	40249.00
91	深圳市亚洲德科供应链有限公司	39707.00
92	杭州泛远国际物流有限公司	39656.00
93	浙江海洲国际货运代理有限公司	39204.00
94	山东朗越国际运输服务有限公司	39198.00
95	上海佳达航空国际货运代理有限公司	38347.35
96	深圳市长帆国际物流有限公司	38269.59
97	江苏海航国际物流有限公司	37963.00
98	青岛思锐国际物流有限公司	37671.00
99	北京腾昌国际物流有限公司	36630.00
100	深圳市机场航空货运有限公司	36162.00

（中国国际货运代理协会）

2012 年度中国物流与采购联合会科学技术奖获奖项目主要完成单位及完成人名单

序号	等级	项目名称	完成单位	项目完成人
1	一等奖	基于物联网的产品物流管理信息化关键技术与系统	浙江中烟工业有限责任公司、深圳市远望谷信息技术股份有限公司、中远网络物流信息科技有限公司	章志华、汪欢文、陆海良、高扬华、胡滨、黄大雷、王博、梁启荣、杨志华、王正敏、郁钢
2	一等奖	特巨型工程轮胎无模翻新成套技术、工艺和设备	北京金运通大型轮胎翻新有限公司、青岛国盛达科技股份有限公司、青岛科技大学、青岛国人橡胶研究院	马连湘、孙玉和、沈晓燕、王泽鹏、朱军、何燕、宋君萍、余真珠、唐元政、胡文艳、孙桂文
3	一等奖	沿海钢厂绿色低碳物流技术集成与创新	鞍钢股份有限公司鲅鱼圈钢铁分公司	王义栋、徐世帅、侯海云、刘志武、王太祥、孟志权、张勇、韩淑峰、王明国、于峰、王军
4	一等奖	典型武器维修器材消耗规律研究——器材筹措、储存和供应的重要技术基础	总装备部军械技术研究所、蚌埠汽车士官学校	张连武、孙江生、赵方庚、陈学军、黄荣贵、闫鹏程、吕艳梅、王韶光、连光耀、梁伟杰、王凯

续 表

序号	等级	项目名称	完成单位	项目完成人
5	一等奖	军方平战结合仓储自动化物流系统研究与应用	昆明船舶设备集团有限公司、昆明昆船物流信息产业有限公司、云南昆船设计研究院、云南昆船第一机械有限公司、云南昆船第二机械有限公司、云南昆船数码科技有限公司、云南昆船技术服务有限公司	乔锋、姜荣奇、周志坚、何炬、武智、刘学军、唐毅光、王响雷、楼冬梅、王秀、蒋俊
6	一等奖	多技术融合条件下的物联网移动数据采集终端在物流快递行业中的应用	江苏东大集成电路系统工程技术有限公司	胡晨、王正国、田晓明
7	一等奖	钢木龙骨模板支撑体系绿色建筑施工节材代木项目	中铁建设集团有限公司模架中心、木材节约发展中心	田正章、谢敏、喻迺秋、周先利、师玮、马守华、菅云凯、曲树、罗生、李恩宇、王金龙
8	一等奖	机场行李处理系统单机设备行业标准编制	中国民用航空局机场司标准资质处、国家工程机械质量监督检验中心、昆明船舶设备集团有限公司	高天、张建发、张晓昆、谢军华、张卫东、吴光炬、李佳鸿、罗俊斌、陈传伟、罗建明、闵定勇
9	一等奖	国家救灾物资储备库建设规划论证	中国人民解放军后勤学院	徐东、王宗喜、高峰记、付相保、阳波、黄定政、顾九洲
10	一等奖	西本新干线生产性服务平台	西本新干线股份有限公司、上海西本网络科技有限公司、简乐科技、微软（中国）有限公司、上海迅傲科技	虞钢、夏德、段谦忠、林峰、余华、姚云峰、沈晓英、陆村、唐延军、丁佳晶、李军
11	一等奖	物流行业综合信息决策分析平台	海南海航航空信息系统有限公司	刘溪、郭伟军、宋先德、曹相如、张小斌、赵阳、邓凯浪

续　表

序号	等级	项目名称	完成单位	项目完成人
12	一等奖	物流资源社区服务平台（长风网）	北京络捷斯特科技发展有限公司	邵清东、孙红菊、苏兆河、黄鑫、汝之骏、恽绵、李守林、刘宇航
13	一等奖	大规模汽车物流高效运作成套技术的集成创新与应用	安吉汽车物流有限公司、上海海事大学	余德、莫金康、黄有方、林万隆、杨斌、郝杨杨、阮树辉、胡志华、樊炯、范峰、李峰
14	一等奖	中国石化化工销售有限公司物流运行管理系统	中国石化化工销售有限公司、上海博科资讯股份有限公司、石化盈科信息技术有限责任公司	李富芳、许高阳、李熙、索寒生、徐万春、吕利勇、张开华、陈晓峰、叶明
15	一等奖	SOA－BPM 组合架构的智能敏捷的第三方物流管理信息技术	湖南现代物流职业技术学院、湖南一力股份有限公司	文振华、邓子云、黄友森、罗涛、杨晓峰、陈玉林、孙凯、蒯象慧、王武、米志强、李先红
16	二等奖	基于 3G－M2M 的冷藏品物流应用示范工程	镇江市恒伟物流有限公司	于江、罗泽梓、田野、刘镇、于斌
17	二等奖	卷烟高速并行分拣技术研究开发	山东兰剑物流科技股份有限公司、山东省烟草专卖局（公司）物流处	沈敏德、蒋霞、张小艺、吴耀华、范维华、贾立东、肖庆志、孙其臣
18	二等奖	基于 SOA 架构的煤炭综合业务管理系统	天津滨海新区塘沽晋华煤炭物流有限公司、天津东软金算盘软件有限公司	王春涛、李建军、田金平、文兵、赵文杰、侯晓军、段卫国
19	二等奖	航空精密仪器设备封存包装技术研究	中国人民解放军空军勤务学院	郑金忠、史霄霈、崔崇立、吴汉林、黄之杰、耿广龙、郭军、周丽华、谢福哲

续 表

序号	等级	项目名称	完成单位	项目完成人
20	二等奖	基于北斗/GPS 的运输过程透明管理云服务平台	深圳市宇易通科技有限公司	张景涛、李刚、黄滨、任元江、全瑞林、王高利、曹方、胡景邦、刘丹华
21	二等奖	逐月物流管理系统 v3.0	上海逐月网络科技有限公司	周龙、金宇航
22	二等奖	万和国际钢铁产业园区信息管理系统	盛唐集团—万和国际物流有限公司	吴继平、李世东、周晓翠
23	二等奖	"绿道—中国"电子商务平台	江苏宏坤关务咨询有限公司、上海宏泰供应链管理有限公司	孙晓青、高明、陈兴元
24	二等奖	金融危机环境下我国外贸型物流企业战略模式转型研究：理论与实证	天津大学、国家发改委经济运行调节局	刘伟华、彭岩、刘希龙
25	二等奖	电能计量器具集约化管理的智能仓储系统	冀北电力有限公司计量中心、普天物流技术有限公司	王思彤、胡涵清、章鹿华、毛征财、徐占河、毛佑军、丁恒春、付国栋、易忠林
26	二等奖	物流超市在一汽一大众二厂国产化物流中心的应用	长春一汽国际物流有限公司	张萌、于洪、刘春宇、韩宏岩、高跃峰、龚淑玲、袁勇、刘振龙、王锐
27	二等奖	基于车联网应用的车载终端及系统平台	上海航盛实业有限公司	尹占威、郭正光、王海燕、董连飞、夏小良、朱兵
28	二等奖	控制塔（Control Tower）技术的开发和应用	上海安吉汽车零部件物流有限公司	徐秋华、袁思立、夏勇、柴雪骏、吴旭程、刘璐、黄永乐
29	二等奖	XPS 冷库专用复合夹芯板的研制与应用	青岛浩铭节能科技有限公司、北京物资学院	卜庆浩、姜旭、刘汉斌、邵蕊

续 表

序号	等级	项目名称	完成单位	项目完成人
30	二等奖	物流分拣线改造项目	中国烟草总公司北京市公司物流中心	孙壮志、刘玮、周建国、张兴旺、吴效伟、赵全利、杜连城、陈爽、朱妍彦
31	二等奖	基于北斗兼容终端的物流运输综合监管服务平台	北京中交兴路信息科技有限公司	张鹤高、张志平、胡道生、刘绪红、张彤、李艺、李刚、白君彦、高晖
32	二等奖	以兰州铁路枢纽为核心的区域物流信息平台技术研究	兰州交通大学、兰州正远科技有限公司	齐金平、闫军、雷斌、蒋兆远、王焕民、柴获、李晶、代存杰、马殷元
33	二等奖	城市绿色交通智能系统技术经济重大问题研究	济南大学、河南省第一建筑工程集团有限公司、华信通投资管理有限公司、焦作国龙物流有限公司	张伟、冯敬涛、赵建玉、龚兴华、张恩东、胡俊生、邬俊美、澹坤、程世辉
34	二等奖	调达物流模式在汽车物流上的应用	广州风神物流有限公司、东风日产乘用车公司	阳玉龙、吴峻、方彦兵、魏建彬、王荣春、谌先员、章信开、舒国祥、卢马单
35	二等奖	高端商品车无人装卸运输模式	北京长久物流股份有限公司	陈钢、方乃冲、刘栋、王金璞
36	二等奖	“十二五”期交通运输行业促进现代物流发展对策研究	交通运输部科学研究院	赖平仲、刘凌、张天宫、徐婧、冯淑贞、蔡文华、董娜、王娟、宋昊
37	二等奖	实时钢卷库管理及运输系统	北京首钢自动化信息技术有限公司	佘国平、许剑、屈乐圃、米岩、刘劲松、管理、赵大威、崔赛峰、张维
38	二等奖	现代物流物联网关键技术及应用研究	北京交通大学	王喜富、沈喜生、刘子玲、孙宏声、姜秀山、李宏峰、张文瀛、朱婷婷、王艳荣

续 表

序号	等级	项目名称	完成单位	项目完成人
39	二等奖	宝供第三方物流供应链电子商务服务平台建设	宝供物流企业集团有限公司	顾小昱、罗明、朱广熙、林明浩、何甫、葛茂辉、余伟、丁翠清、洪伟静
40	二等奖	基于供应链管理模型的大型企业集团集中采购策略应用研究	国网能源研究院	李云峰、陈武、何琬、常燕、袁圣韵乐、张勇、杨尚东、鲁刚、王丹
41	二等奖	还原橡胶	山西省平遥聚贤橡胶有限公司	王思贤、白景星、王宏利、温志强、王亚兵、王永强
42	二等奖	全封闭、环保型快速定量万吨大列煤炭装车基地	内蒙古呼铁伊东储运股份有限公司	赵敬彬、冯德富、唐波、雷晓峰、樊原虎、王忠、李海波、康耀华、钟槐
43	三等奖	基于物联网的智能零售供应链共有关键技术及其产业化	长沙远望软件技术有限公司、湖南商学院	马达、黄福华、周敏、彭清、戴志林、赵珺、李中平
44	三等奖	山东豪诺医药有限公司	现代医药物流平台项目建设可行性研究	李海滨、杨午、周洪升、蒋振来、杨维端、张亦弛
45	三等奖	可拆卸式卷钢座架	中铁联合物流股份有限公司、南车二七车辆有限公司	史玉辰、刘建双、王顺强、史建立、徐海涛、唐瑞钧、付方林
46	三等奖	云南省乡村流通工程规划	云南财经大学、云南省供销合作社联合社	李严锋、单昆生、冉文学、叶琼伟、赵永宁、何志勇
47	三等奖	长兴综合物流园区低碳节能项目	长兴永畅物流建设开发有限公司	魏铁军、蒋颖、周小龙
48	三等奖	基于 MMS 彩信和物联网技术的图像采集与控制系统	安阳工学院、安阳师范学院	宋强、刘凌霞、高雪霞、杜暖男、石巧连、李方敏、南煜

续 表

序号	等级	项目名称	完成单位	项目完成人
49	三等奖	LILA 仓库管理信息系统	长春一汽国际物流有限公司	张萌、常丹丹、张蕊、勾大可、贾科、李明、张时润
50	三等奖	轿车专用运输车三层叠装技术	一汽物流有限公司	董治泓、阚盛刚、刘国斌、孙晶、徐涵博、彭涌、许婧尧
51	三等奖	一汽物流 P－LMS 管理信息系统研发	一汽物流有限公司、启明信息技术股份有限公司	柏秋莉、尚海峰、丁从军、胡海峰、徐涵博、金铁、张宁芯
52	三等奖	宜昌三峡物流园信息平台规划与设计方案	西南交通大学	章雪岩、钟学燕、卫龙、陈宁
53	三等奖	基于部件的计算机设备管理系统	天津港第五港埠有限公司	皮云生、李宏、张文茹、吴蓓春、王玉芳、原红、李卓
54	三等奖	商品车物流配载调度与运输可视化监控系统	天津丰田物流有限公司、天津大学	唐志忠、李波、袁鹏、李仰乾、祖井兴、冯维维、田雪金
55	三等奖	国际运价信息发布与交易服务平台	宁波自由港网络科技有限公司	杜宏林、孙红丽、孙俊岭、李卫平、史玉珍、张德
56	三等奖	RFID 技术应用于食品安全全程追溯	上海农业信息有限公司	朱铁峰、杨张兵、王海山、王健、宣毅、吴春辉、顾永泉
57	三等奖	虹迪运输管理系统	上海虹迪物流科技有限公司	张建强、戴海峰、孙泰、朱成文、杨锰、黄浩、季俊

续 表

序号	等级	项目名称	完成单位	项目完成人
58	三等奖	河南省物流产业发展机制创新研究	宁波工程学院、商丘职业技术学院	朱占峰、陈勇、李良敏、朱耿、孙志洁、朱一青、杨子清
59	三等奖	道路甩挂运输组织关键技术研究	北京航空航天大学、山东省交通厅道路运输局	高洪涛、李红启、杨明祥、李光诚、徐向阳、唐铁桥
60	三等奖	集医药 SCM、WMS、WCS、TMS 于一体的医药资源管理系统	南通捷科软件技术有限公司	曹峰、廖恒毅、黄永祥、秦晓霞、沈艳丽、周美华、王勇
61	三等奖	物流远程在线开单信息系统	南京大学工程管理学院、惠龙港国际钢铁物流股份有限公司	李敬泉、陈静、周敏、靖晶、岳广晓
62	三等奖	物联网技术在整车物流信息平台的集成应用	武汉东本储运有限公司、武汉昀谷信息技术有限公司、武汉依迅电子信息技术有限公司、武汉理工大学、中国地质大学	王琳、蒋晖、张喆、吴勇、付诚、王晓川、蒋小伟
63	三等奖	米其林商用车省油轮胎的社会经济价值	米其林（中国）投资有限公司	Michael Burroughes
64	三等奖	基于图像处理的烟草物流自动化立体仓库智能盘点系统	河南省烟草公司郑州市公司、北京物资学院、中国烟草总公司职工进修学院	司军鹏、郑进科、胡红春、王茂欣、崔晓云、夏宇、马明
65	三等奖	保温加热近海物流装备研发	大连中集物流装备有限公司	倪建生、王忠连、李永哲、孙广齐、刘春良、李志刚、王文博
66	三等奖	现代物流管理立体化精品教材建设与高职教学改革探究	江苏海事职业技术学院、江苏凤凰新华书业股份公司物流配送中心、江西交通职业技术学院、常州建东职业技术学院、浙江机电职业技术学院	沈默、赵邦良、秦虹、仲颖、陈红霞、齐美志、李承霖

续 表

序号	等级	项目名称	完成单位	项目完成人
67	三等奖	一达通中小企业进出口流程外包服务平台	深圳市一达通企业服务有限公司	魏强、肖锋、熊荣辉
68	三等奖	基于产地批发和冷链物流的蔬菜流通对策研究	湖北经济学院	陶君成、初叶萍、陶念、谭支雄、汪利虹
69	三等奖	易通运输信息管理系统（eTMS）	黑龙江邮政易通信息网络有限责任公司	李传波、张旭辉、刘洪波、张健、张璐璐、刘宇亮、栾继勇
70	三等奖	自动化报关协同平台系统	江苏恒莱科技物流有限公司、苏州市报关集团、苏州诺达软件科技有限公司	黄建栋、金峰、陆海林、李磊、丁云峰、狄露
71	三等奖	农产品物流企业成本控制	内蒙古工业大学、中国农业大学	刘俊华、乔忠、李长青
72	三等奖	郑州东服务区物流中心总体规划	河海大学	王伟、封学军、王前东、张艳、蒋柳鹏、宋新力、夏晶晶
73	三等奖	GPS 智能互动平台	广州广日物流有限公司	张世良、黄辉、张双、曾伟雄、许家瑞、李丽如、林宁
74	三等奖	甩挂运输物流方式的研究与实施	广州城市之星运输有限公司、北京交科公路勘察设计研究院有限公司、广州合捷供应链管理有限公司	黄爱娟、郭胜、陈金柏、黄虎山、刘烈桃、邓近杰
75	三等奖	利用节能车型开展长途甩挂运输	福建盛丰物流集团有限公司	张斌
76	三等奖	智能化物流管理园区的建设	中国烟草总公司北京市公司物流中心	孙壮志、刘玮、张兴旺、吴效伟、杜连城、朱妍彦

续 表

序号	等级	项目名称	完成单位	项目完成人
77	三等奖	一种具有缓冲装置的货运小车	山东嘉隆物流有限公司	宗永生、刘西友、刘刚、张群燕、公洁、魏茂峰、李玲
78	三等奖	中国畜产食品质量安全问题研究	北京物资学院	王可山
79	三等奖	江淮中短途物流运输系列中型卡车产品开发	安徽江淮汽车股份有限公司	周福庚、邹琳、朱伟伟、李海波、单长洲、徐金志、王守胜
80	三等奖	新型高效环保 XKJ480 精炼机	大连宝锋机器制造有限公司	贾先义、单文廷、刘伟、贾德梁、宋绪鹏、张洪海、吕长明
81	三等奖	基于飞扬物流一卡通的第三方物流管理系统	哈尔滨飞扬软件技术有限公司	陈杨、祝红军、刘建华、孟凡生、张博、宿同奎、张景学
82	三等奖	汽车零部件物流 KPI 关键指标构成	广州风神物流有限公司、中国物流与采购联合会汽车物流分会、深圳新合程供应链公司、东风日产乘用车公司、长春一汽国际物流中心、奇瑞汽车股份有限公司	章信开、马增荣、李林、舒国祥、李强、陈焕群、康佳
83	三等奖	电子商务物流配送信息服务平台产业化项目	四川创物科技有限公司、成都亿博物流咨询有限公司	张谢勤、宋文远、冯春捷、范昌虎、熊小林、胡涛
84	三等奖	基于物联网的幸运国际物流管理系统	安徽幸运国际物流股份有限公司、合肥格立威信息科技有限公司	储飞、朱孝立、石雷、汪永涛、张旭东、侯海平、江加海
85	三等奖	密炼法生产乙丙复原橡胶新工艺及再生技术	邢台百胜橡胶制造有限公司	李武锦、张国发、谢红敏

续　表

序号	等级	项目名称	完成单位	项目完成人
86	三等奖	运输管理信息系统（DRP）开发与应用	柳州市桂中海迅运输有限公司	邵铭、张成安、韦华玲、韦泓燕、邓力、郭红霞、唐永松
87	三等奖	基于 RFID 的道路运输移动物流信息平台	北京明伦高科科技发展有限公司	黄惠良、王俊杰、金慧贤、周宾锦

（中物联科技奖励办公室）

2012 年中国物流与采购行业十件大事

1. 国务院发布《关于深化流通体制改革加快流通产业发展的意见》，提出大力发展第三方物流，促进企业内部物流社会化。

2. 财政部、国家税务总局联合发文，对物流企业大宗商品仓储设施用地，减按所属土地等级适用税额标准的 50% 计征城镇土地使用税。

3. 在营业税改征增值税试点地区，交通运输业税负增加较多。李克强副总理要求认真总结试点经验，切实减轻运输企业负担。

4. 国家发改委、铁道部、交通运输部等多部门相继出台政策，鼓励和引导民间投资进入物流相关领域。

5. 由中国物流与采购联合会组织编制的“我国公共采购电子化平台建设方案”获得中央财经领导小组办公室批准，总平台建设基本完成并投入试运行。

6. “物流管理”、“物流工程”列入教育部本科专业大类目录。

7. 全国铁路实施货运组织改革，试行货运业务网上办理和“实货制”运输组织方式。

8. 我国快递业务量全年完成 57 亿件，同比增长 55%，快递“爆仓”和延迟配送问题考验物流企业应对能力。

9. 为期一年的收费公路专项清理工作取得阶段性成效，全国共排查出 771 个需要整改的项目，全面解决各类违规及不合理收费问题任务依然艰巨。

10. 钢贸流通行业仓单重复质押问题引发多方债务纠纷，金融物流风险受到广泛关注。

（中国物流与采购联合会）

2012 年中国物流年度人物

（以姓氏笔画为序）

王　林　中国外运股份有限公司副总裁
付长明　上海佳吉快运有限公司董事长
白新维　内蒙古恒信精功投资有限责任公司董事长
刘用辉　福建省盛辉物流集团有限公司总裁
李　泽　中信信通国际物流有限公司总经理
周少方　云南物流产业集团董事长、党委书记
俞业华　襄阳光彩国际物流产业投资有限公司董事长
郭东圣　泉州安通物流有限公司总裁
钟百胜　深圳市腾邦物流股份有限公司董事局主席
郝继达　山西煤炭运销集团晋煤物流总公司副总经理
翟小平　长三角金属物流园集团有限公司董事长
薄世久　北京长久物流股份有限公司董事长

（中国物流与采购杂志社）

2012 年度“中国物流示范基地”、“中国物流实验基地”名单

中国物流示范基地（5 家）

潍坊鲁东物流有限公司（鲁东物流中心）

湖南全洲医药消费品供应链有限公司

浙江省八达物流有限公司

两湖绿谷物流股份有限公司

嘉兴现代物流园

中国物流实验基地（10 家）

迁安市北方钢铁物流产业聚集区

盐城市现代物流园区

河南煤业化工集团国龙物流有限公司

徐圩新区现代港口综合物流园区

中机（长春）物流科技园

正本物流有限公司

长春东北亚物流有限公司

吉林省东泰建筑材料钢材批发大市场有限公司

长兴综合物流园区

广东宏昌实业有限公司

（中国物流与采购联合会行业部）

2012年物流企业信用评价A级信用企业名单（第九批、第十批）

第九批（共15家）

AAA级信用企业11家（排名不分先后）

北京中铁建工物资有限公司
天津滨海泰达物流集团股份有限公司
中山市秦粤物流有限公司
湖南德鑫物流投资有限公司
正本物流有限公司
中铁现代物流科技股份有限公司
中国铁路物资哈尔滨物流有限公司
天津丰田物流有限公司
四川通宇物流有限公司
陕西贝斯特物流有限公司
宜昌港务集团有限责任公司

AA级信用企业4家（排名不分先后）

浙江海西供应链有限公司
自贡三辰实业有限公司
北京冠捷国际物流有限公司
上海慧全国际物流有限公司

第十批（共41家）

AAA级信用企业13家（排名不分先后）

中信信通国际物流有限公司
一汽物流有限公司
山东高密恒丰粮库有限公司
长春东北亚物流有限公司
江苏中运物流有限公司
河南煤业化工集团国龙物流有限公司
成都中铁西南国际物流有限公司
浙江天跃物流有限公司
延边长白山物流有限公司
中机农业发展投资有限公司
长春京铁物流有限公司
江苏中联物流有限公司
吉林市内陆港货运有限公司

AA级信用企业15家（排名不分先后）

贵州四通晟达物流有限公司
国药控股盐城有限公司

福建建宁铙山和兴物流有限公司
峨眉山市众城物流有限责任公司
内蒙古鄂尔多斯物流有限公司
安徽幸运国际物流股份有限公司
盐城联畅物流有限公司
吉林省顺丰速递有限公司
江苏大王运输集团有限公司
常熟德邦物流有限公司
嘉兴川山甲物资供应链有限公司
吉林省金河物流运输有限公司
吉林省东泰建筑材料钢材批发大市场有限公司
吉林省陆港物流有限公司
广东红东物流股份有限公司

A 级信用企业 13 家（排名不分先后）
上海佳吉快运有限公司盐城分公司
盐城瑞思达物流有限公司
江苏盐港现代物流有限公司
盐城市超越物流有限公司
盐城市苏石石油运输有限公司
盐城市华健物流有限公司
盐城市中盐物流有限公司
嘉兴圆通速递有限公司
嘉兴市宇石国际货运代理有限公司
长兴远华物流有限公司
长兴永畅物流管理有限公司
浙江湖州鹿富物流有限公司
攀枝花鑫铁物流有限公司

（中国物流与采购联合会行业部）

物流企业综合评估第十四批 A 级物流企业名单

一、全国第十四批 A 级物流企业名单（共 337 家）

5A 级物流企业（12 家）：

中铁集装箱运输有限责任公司
国药集团药业股份有限公司
民生轮船股份有限公司
冀中能源集团国际物流有限公司
中国铁路物资哈尔滨物流有限公司
浙江中外运有限公司
厦门国贸泰达物流有限公司（4A 升 5A）
江西京九物流有限责任公司（4A 升 5A）
山东荣庆物流供应链有限公司（4A 升 5A）
郑州铁路经济开发集团有限公司
国药控股湖南有限公司（4A 升 5A）
大汉物流股份有限公司（4A 升 5A）

4A 级物流企业（105 家）：

渤海石油物资供应有限责任公司
上海安盛汽车船务有限公司
上海美源国际物流有限公司
上海万顺物流有限公司
上海优通国际物流有限公司
上海交运沪北物流发展有限公司
上海嘉定国际货运有限公司
中航国际物流有限公司（3A 升 4A）
日邮汽车物流（中国）有限公司
上海万创危险品物流有限公司（3A 升 4A）
重庆中集物流有限公司
重庆城北物流有限公司
唐山市佳源贸易有限公司
唐山市丰润区天明商贸有限公司
万和国际物流有限公司
鑫辰（集团）有限公司
通辽市金港物流有限公司
沈阳铁道物流集团有限公司
长春京铁物流有限公司（3A 升 4A）
吉林省东泰建筑材料钢材批发大市场有限公司
长春市长白山物流有限公司
商德金属股份有限公司
无锡金南物流科技股份有限公司
张家港宏泰码头有限公司

张家港市青草巷农副产品批发市场

中国石油天然气运输公司华东燃气运输分公司

南京医药南通健桥有限公司

南通市汇晟建材市场有限公司

海安正元港务有限公司（3A 升 4A）

南通泓润达资产管理有限公司

江苏旺妮物流有限公司

淮安市翔和翎物流有限公司（3A 升 4A）

江苏淮通物流有限公司

江苏中联物流有限公司

杭州崇贤港投资有限公司

浙江八方物流有限公司（3A 升 4A）

百世物流科技（中国）有限公司（3A 升 4A）

湖州长运汽车运输有限公司

义乌市万达运输有限公司（3A 升 4A）

宁波天地物流有限公司（3A 升 4A）

宁波市江北永发物流有限公司

安徽省交通集团滁州汽运有限公司

合肥新桥物流有限公司

安徽迅捷物流有限责任公司

安徽国力物流有限公司（3A 升 4A）

芜湖港储运股份有限公司

芜湖运泰物流有限责任公司

安徽芜湖中外运有限公司

铜陵有色金属集团铜冠物流有限公司（3A 升 4A）

福建省达发物流运输有限公司（3A 升 4A）

福建华丰运输有限公司（3A 升 4A）

厦门宇信兴业进出口贸易有限公司

厦门诚达运通国际货运代理有限公司（3A 升 4A）

国药控股福建有限公司

江西蓝海物流科技有限公司

江西省宏发物流有限公司

江西新振兴投资集团有限公司

江西桃源物流有限公司

济南奔腾快运有限公司

济南零点物流港有限公司

山东中外运弘志物流有限公司

正本物流有限公司

山东依厂物流有限公司

庆云北方通达物流有限公司（3A 升 4A）

得利斯集团（诸城）贸易物流有限公司

山东滨州银河国际物流有限公司（3A 升 4A）

山东盛运物流有限公司

青岛老船长航运有限公司

青岛啤酒招商物流有限公司（3A 升 4A）

青岛捷成物流有限公司（3A 升 4A）

莱阳市汽车运输有限公司

招远玲珑仓储有限公司

河南巨洋方圆物流有限公司（3A 升 4A）

武汉顺丰速运有限公司

武汉铁路襄阳金利物流有限公司

襄阳风神物流有限公司（3A 升 4A）

大冶有色物流有限公司（3A 升 4A）

远安县万美物流仓储有限责任公司

宜昌晶海物流有限公司

宜昌远东明亮汽车销售服务有限公司

武汉乐道物流有限公司

湖北长城物流有限公司

武汉东本储运有限公司

株洲中南金属材料有限责任公司

株洲大生冷藏有限公司

湖南天士力民生药业有限公司（3A 升 4A）

湖南时代阳光医药有限公司

招商局物流集团湖南有限公司

长沙同安医药有限公司
衡阳衡钢鸿华物流有限公司
南储仓储管理有限公司
湛江宁铁物流有限责任公司
深圳市宏宝物流有限公司
深圳市海格物流股份有限公司
深圳市兆航物流有限公司
广汽丰田物流有限公司（3A 升 4A）
广州市郑铁物流有限公司（3A 升 4A）
中国铁路物资柳州物流有限公司
四川省宏图物流有限责任公司（3A 升 4A）
德阳飞龙运业有限公司（3A 升 4A）
云南腾俊国际物流有限公司（3A 升 4A）
云南红河物流有限责任公司
陕西大件汽车运输有限责任公司（3A 升 4A）
甘肃省邮政速递物流有限公司
新疆九州通医药有限公司

3A 级物流企业（153 家）：
北京西南物流中心有限公司
北京德邦货运代理有限公司
北京京津港国际物流有限公司（2A 升 3A）
天津戴维雅豪国际货运代理有限公司
上海慧全国际物流有限公司
上海菱华仓储服务有限公司
上海百联石化物流有限公司
重庆大江工业集团燕兴物流有限责任公司
重庆保时达保税物流有限公司
河北中恒泰达粮油贸易有限公司
晋城运盛物流有限公司
吉林省顺丰速递有限公司
长春市商业储运有限公司
黑龙江省顺丰速运有限公司
无锡市迅杰物流有限公司
苏州市特种守押保安服务公司常熟分公司
苏州中运杰物流有限公司
昆山一帆运输有限公司
昆山宏程运输有限公司
江苏冉光物流有限公司
昆山佳利货运有限公司（2A 升 3A）
昆山恒安运输有限公司
南通鑫泰医药有限公司
南通大江物流有限公司
南通汇晟物流有限公司
海安正元物流有限公司
南通汇益食品有限公司
杭州东驰物流有限公司
浙江八达仓前物流有限公司
桐庐盛飞物流有限公司
桐庐大运物流有限公司
杭州翔化物流有限公司
杭州广杭物流有限公司（2A 升 3A）
杭州口岸国际物流有限公司
湖州一通物流有限公司（2A 升 3A）
浙江天跃物流有限公司
浙江嘉信医药股份有限公司
嘉兴市第二运输装卸有限责任公司
浙江嘉兴嘉化物流有限公司
平湖市安达汽车运输有限公司（2A 升 3A）
浙江路航物流有限公司
上虞市舜江船务有限公司
浙江华佳业物流有限公司
杭州正刚物流有限公司
浙江金剑国际货运有限公司
绍兴顺丰速运有限公司
台州市路桥亿通物流中心有限公司
浙江省台州市海门港埠总公司
乐清市四通物流有限公司
温州港口服务有限公司
温州市瓯海物流信息中心

浙江省绿通物流有限公司
浙江近远达物流有限公司
义乌市天天快快递有限公司
浙江华迅国际货运代理有限公司
义乌市凤翔国际货运代理有限公司
义乌市顺远国际货运代理有限公司
浙江海悦国际货运代理有限公司
浙江汇隆物流有限公司
义乌市中迪国际货运代理有限公司
浙江泰邦物流有限公司
浙江宏旭国际货运代理有限公司
台州顺丰速运有限公司
余姚市集装箱物流有限公司（2A 升 3A）
宁波神鱼海运有限公司
余姚市文辉工贸有限公司
慈溪市意中联运有限公司
慈溪市万胜物流有限公司
宁波市正源医药药材有限公司
宁波国柜物流有限公司
宁波捷尔国际货运代理有限公司
宁波金海岸物流有限公司
宁波金海岸集装箱运输有限公司
马鞍山市江东航运有限公司
铜陵港务有限责任公司
安徽幸运国际物流股份有限公司
福州外代储运有限公司（2A 升 3A）
漳州新立基沥青有限公司
泉州市英豪物流有限责任公司
晋江市安迅物流有限公司
狮鑫物流（福建）有限公司
福建鑫展旺物流有限公司
福建信运冷藏物流有限公司
福建建宁铙山和兴物流有限公司
三明市春隆物流有限公司
南平烟草物流有限公司（2A 升 3A）
厦门创誉物流有限公司
厦门珉挚集装箱服务有限公司
厦门国际航空港空运货站有限公司
厦门旺墩冷冻仓储有限公司
厦门金贸物流有限公司
山东辰烨投资有限公司
潍坊福田雷沃重工物流有限公司
潍坊联运有限责任公司
潍坊市储运有限公司
青岛裕龙国际物流有限公司
青岛保税物流园区怡港国际物流有限公司
烟台集大物流有限公司
莱阳市交通物流有限公司
招远市鸿发物流服务有限公司
河南大通物流有限公司
漯河市公路运输公司
武汉市金潮物流有限公司
襄阳市凯鹏物流有限公司
襄阳国邦实业有限公司
黄冈市卫尔康医药有限公司
黄石天海物流有限公司（2A 升 3A）
当阳市万里运输有限责任公司
湖北储备物资管理局七三六处
武汉市中运通物流有限责任公司（2A 升 3A）
武汉益嘉物流有限公司（2A 升 3A）
武汉蓝焰物流基地股份有限公司
武汉市西南物流有限公司（2A 升 3A）
武汉新世纪商汇金属材料市场股份有限公司
武汉商汇钢贸城有限公司
株洲千金物流有限公司
湖南国联捷物流有限公司（2A 升 3A）
株洲金马运输有限责任公司
湖南国储物流投资控股有限公司株洲分公司

长沙海驿物流有限公司（2A 升 3A）
长沙巴运物流有限公司
湖南德鑫物流投资有限公司
湖南九鼎物流有限公司
长沙林鸿物流有限公司（2A 升 3A）
长沙市大宇货运服务有限公司（2A 升 3A）
湖南省湘南物流有限公司
国药控股广东物流有限公司
江门市万里达物流有限公司
汕头中远物流有限公司
珠海公交信禾物流有限公司
佛山顺丰速运有限公司
佛山市运输有限公司
广东何氏水产有限公司
深圳新科安达后勤保障有限公司
深圳综合信兴物流有限公司
广州天智市场开发有限公司
广州益嘉物流有限公司
广州市望达物流有限公司
攀枝花恒力（集团）投资有限公司
攀枝花鑫铁物流有限公司
绵阳安运物流有限公司
四川绵阳富临物流有限公司
攀钢集团西昌新钢业物流有限公司
贵阳博众物流运输有限公司
贵州恒申物流有限公司
陕西东岭现代物流有限公司
西安闽兴钢材现货交易市场有限公司
青海世豪物流有限公司
宁夏领鲜物流有限公司
中卫市中杰物流有限公司
新疆亚中机电销售租赁股份有限公司
新疆天域安驰物流有限公司
新疆中远国际货运有限公司

2A 级物流企业（65 家）：
北京市东方友谊食品配送公司
北京嘉里物流有限公司
重庆市铁建物流有限公司
运城市金叶汽车服务有限公司
黑龙江省哈牡绥东投资有限公司
昆山聚力货运有限公司
昆山亚通物流有限公司
昆山市金达货运有限公司
昆山市建昌运输有限公司
昆山托宝箱运输有限公司
昆山宝泰万家货物运输有限公司
昆山明珠运输有限公司
昆山远征货运有限公司
昆山市合隆运输有限公司
杭州宁捷物流有限公司
湖州久运物流有限公司
安吉川达物流有限公司
长兴华顺物流有限公司
浙江美都物流有限公司
嘉兴市大安汽车运输有限责任公司
上虞市联诚物流有限公司
绍兴益盛航运有限公司
上虞市盛达物流有限公司
台州兴港国际集装箱储运有限公司
浙江安畅物流有限公司
宁波青峙化工码头有限公司
慈溪出口加工区飞宇国际物流有限公司
宁波兰羚钢铁实业有限公司
黄山市立信商贸有限公司
黄山合兴来仓储物流有限公司
福建吉源物流有限公司
福州开发区路港沥青有限公司
厦门市烟草物流有限公司
厦门嘉功物流有限公司

德州飞马肉联集团有限公司
河南裕丰物流有限公司
漯河市双红运输有限公司
襄樊市洪沟农副产品有限公司
襄樊百川通物流有限公司
秭归县长江物流有限责任公司
宜昌三峡运输集团有限责任公司
武汉市民生物流有限公司
武汉大康物流有限责任公司
武汉邦尼国际货运代理有限公司
广东红东物流股份有限公司
佛山市百安国际货运代理有限公司
四川省瑞威物流有限公司
绵阳市高水农副产品批发有限公司
泸州市蜀联货运有限公司
泸州永昌港埠物流有限责任公司
西昌市华忠实业运输有限公司
西昌一帆商贸有限责任公司
西昌市礼州恒通联运有限公司
凉山州鑫吉物流有限责任公司
四川省心连心运输有限公司
西昌市鑫源通实业有限公司
凉山州昌龙新运运业有限责任公司
西昌市亨源实业有限公司
德昌县千里马运输有限公司
德昌县鑫达货运有限责任公司
会理县宏大运输有限责任公司
云南华天物流有限公司
宁夏西部吉运国际物流有限公司
新疆快立达物流有限公司
新疆亚中物流商务网络有限责任公司广汇美居物流园

1A 级物流企业（2 家）：
嘉兴市东港货运有限公司
宁波神化特种化学品集成有限公司

二、2012 年上半年通过复核的 A 级物流企业名单（共 158 家）

5A 级物流企业（20 家）：
中国外运长航集团有限公司
五矿物流集团有限公司
北京长久物流股份有限公司
中铁物流集团有限公司
上海现代物流投资发展有限公司
万合集团股份有限公司
冀中能源峰峰集团邯郸鼎峰物流有限公司
河北省物流产业集团有限公司
锦程国际物流集团股份有限公司
江苏省邮政速递物流有限公司
浙江省八达物流有限公司
建发物流集团有限公司
青岛铁路经营集团有限公司
青岛中远国际货运有限公司
华中航运集团有限公司
武汉商贸国有控股集团有限公司
九州通医药集团股份有限公司
广东欧浦钢铁物流股份有限公司
甘肃西部物流有限责任公司
中国石油天然气运输公司
4A 级物流企业（69 家）：
北京京粮物流有限公司
世能达物流（天津）有限公司
天津港物流发展有限公司
上海申丝企业发展有限公司
新杰物流集团股份有限公司
第一钢市市场股份有限公司
上海乾通投资发展有限公司
上海惠尔物流有限公司

上海医药物流中心有限公司
上海东铁货运代理有限公司
上海新新运国际货物运输代理有限公司
上海益嘉物流有限公司
上海华运通仓储配送有限公司
上海恒荣国际货运有限公司
河北好望角物流发展有限公司
山西盛唐物流配送有限责任公司
山西宝特国际物流有限公司
山西晋港物流集团有限公司
包钢集团鹿畅达物流有限责任公司
包钢集团机械化有限公司
长春市亚奇物流有限公司
吉林省福达国际物流有限公司
一汽解放汽车有限公司仓储中心
江苏瀛环国际集团宏海物流有限公司
常熟外贸运输有限责任公司
常熟市安达洲物流有限公司
江苏叠石桥物流有限公司
徐州铁路经营集团有限公司
江苏白杨湾物流中心有限公司
昆山市交通汽车运输有限公司
江苏悦达物流有限公司
江苏富通物流有限公司
绍兴县中国轻纺城国际物流中心有限公司
浙江长运物流股份有限公司
浙江川山甲物资供应链有限公司
浙江山鹰物流有限公司
湖州鑫达国际物流有限公司
宁波市汽车运输集团有限公司
安徽光太实业集团有限公司
合肥市宝元物流有限公司
福建八方物流股份有限公司
厦门晋联物流有限公司
厦门弘信国际物流有限公司
江西昌顺物流有限公司
江西铜业集团（贵溪）物流有限公司
山东九州通医药有限公司
青岛国际机场集团有限公司
青岛麒麟物流集团有限公司
青岛泽翰物流有限公司
烟台交运集团有限责任公司
郑州铁路华东实业总公司
宜昌港务集团有限责任公司
武汉诚通物流有限公司
深圳市共速达物流股份有限公司
佛山市汽车运输集团有限公司
广东省华大物流总公司
广州市嘉诚国际物流股份有限公司
富田—日捆储运（广州）有限公司
广东天润物流市场发展有限公司
柳州宁铁物流有限责任公司
海南和宇运贸有限公司
中海海南物流有限公司
四川金桥物流有限公司
云南昆钢物流有限公司
西安朱宏物流有限公司
陕西华誉物流优钢（集团）有限责任公司
青海物产物资配送有限责任公司
宁夏交通国际物流港
新疆亚欧大陆桥国际物流有限责任公司

3A 级物流企业（56 家）：
北京和众奥顺达物流有限公司
上海成协物流配送有限公司
上海晶通化轻发展有限公司
上海双得力国际物流有限公司
上海弘和物流有限公司
上海港口化工物流有限公司
冀运集团股份有限公司

沈阳中深科技实业有限公司
长春昌大物流有限公司
常熟市通运物流有限公司
张家港捷通中石化工物流有限公司
张家港市永泰码头有限公司
杭州华商物流有限公司
浙江长兴捷通物流有限公司
长兴县鸿运航运有限公司
温州浙闽物流中心开发有限公司
金华市中宇物流有限公司
温州市交通运输集团有限公司
杭州近江物流有限公司
杭州富日物流有限公司
慈溪市公铁联运有限公司
宁波璐璐国际物流有限公司
宁波顺丰速运有限公司
浙江恒顺物流有限公司
安徽百路物流有限公司
福建省中通通信物流有限公司
厦门海投物流有限公司
厦门港务运输有限公司
厦门象屿太平综合物流有限公司
厦门宏高货运有限公司
全球物流（厦门）有限公司
鹰潭市龙虎山东方物流有限公司
山东大舜医药物流有限公司
烟台万方物流有限公司
烟台市联民物业管理有限公司
烟台交运集团莱阳运输有限公司
烟台交运珠玑物流园有限公司
河南省商业储运有限公司
安钢集团汽车运输有限责任公司
河南大用运通物流有限公司
湖北楚元石化物流有限公司
广州市黄埔致发运输工贸发展有限公司
柳州五菱物流有限公司
四川航天天盛物流有限责任公司
攀枝花钢城集团汉风物流有限公司
攀枝花宏德现代物流有限责任公司
四川华峰物流有限公司
东方电气集团大件物流有限公司
绵阳市奔驰物流有限公司
贵阳鑫平运输有限公司
贵州铭宇物流有限责任公司
贵州国程物流有限公司
云南电力物资公司
云南德胜物流有限公司
甘肃省供销合作储运总公司
宁夏天鹰电力物资有限公司

2A 级物流企业（12 家）：
黄骅市运输总公司
昆山市城际货运出租有限公司
浙江金华甬金国际集装箱有限公司
浙江安信达国际货运代理有限公司
浙江华能物流有限公司
宁波市天晴运输有限公司
厦门市大同物流有限公司
湖南虹光通达物流有限公司
湘潭百嘉香食品贸易有限公司
泸州利普物流有限公司
陕西天盛祥物流有限责任公司
宁夏四季青果蔬冷藏物流有限公司

1A 级物流企业（1 家）：
宁波亿百华国际物流有限公司

（中国物流与采购联合会评估办）

2011—2012 年“宝供物流奖”及“宝供物流奖奖学金”获奖名单

一、“宝供物流奖”获奖项目名单

一等奖：

1. 中国邮政速递物流电子商务平台

获奖者：孙韬

工作单位：中国邮政速递物流股份有限公司

2. 中石化化工销售有限公司物流信息系统项目

获奖者：李富芳

获奖单位：中石化化工销售有限公司

3. 电能计量器具集约化管理的智能仓储系统

获奖者：胡涵清、毛征财、毛佑军、付国栋、冉茂轩

工作单位：普天物流技术有限公司

二等奖：

1. 新郑国际机场区港联动管理系统

获奖者：黄慧

工作单位：易网通电子网络系统（深圳）有限公司

2. 道路甩挂运输组织技术及其应用

获奖者：李红启

工作单位：北京航空航天大学交通科学与工程学院

3. 基于混合流水作业组织的集装箱码头集疏运资源调度同步化研究

获奖者：靳志宏

工作单位：大连海事大学物流系统工程研究中心

4. 航空大部件产品交付模式的创新与实践

获奖单位：中航国际物流有限公司

5. 钢铁企业物流成本控制与管理解决方案

获奖者：侯海云

工作单位：鞍钢股份鲅鱼圈钢铁分公司

三等奖：

1. 铁路特种箱物流管理信息系统

获奖单位：中铁铁龙集装箱物流股份有限公司

2. 泸州老窖合同物流业务信息系统

获奖者：谢会忠

工作单位：中国物流有限公司

3. 道路货运智能物流信息终端

获奖单位：北京明伦高科科技发展有限公司

4. 山东盖世物流数字园区

获奖者：盖守岭

获奖单位：山东盖世国际物流集团有限公司

5. 物流金融创新业务风险管理体系设计

获奖者：李毅学

工作单位：江西财经大学工商管理学院

6. 武钢 GPS 车船管控系统

获奖者：梅书荣

工作单位：武钢物流管理公司

7. 科学管理方法在工程物流中的应用——盘营铁路客运专线

获奖者：强俊秀

工作单位：中铁物资集团有限公司

8. 道路运输企业在现代应急物流保障中的实践研究

获奖者：王海兰

工作单位：军事交通学院军事物流系

9. 北京农产品流通体系规划与建设

获奖者：孙前进

工作单位：北京物资学院

10. 港口供应链智慧物流电子商务平台

获奖者：李锋

工作单位：浙江九龙物流有限公司

二、“宝供物流奖奖学金”获得者名单

序号	学校名称	申请人姓名	备注
1	北京交通大学	张毅斌、李汉卿（博士研究生）	
2	中山大学	李一凡、陈振杰	
3	浙江工商大学	王斌达、陈敏	
4	华中科技大学	王如勇（硕士研究生）、唐尧	
5	南京财经大学	张娟（硕士研究生）、顾红霞	
6	东南大学	江亿平（博士研究生）、朱珊珊	

续 表

序号	学校名称	申请人姓名	备注
7	北京邮电大学	张俊彬、刘文硕（硕士研究生）	
8	解放军后勤指挥学院	黄定政（博士研究生）、陈伟（硕士研究生）	
9	华东交通大学	彭小剑（硕士研究生）、钟业敏	
10	武汉理工大学	杨婷婷、朱凤娜	
11	长安大学	珠兰、任冬玲（硕士研究生）	
12	北京物资学院	张迪（硕士研究生）、耿辛（硕士研究生）	
13	西南财经大学	王雪、窦楠	
14	大连海事大学	边展（硕士研究生）、刘金霞（硕士研究生）	
15	天津大学	范炜洁（硕士研究生）、谢冬（硕士研究生）	
16	浙江大学	邵笑蔚、黄超	
17	山东交通学院	侯跃、谭传龙	
18	北京工商大学	卢丽雪（硕士研究生）、刘彤	
19	上海海事大学	陈超、程文（硕士研究生）	
20	兰州交通大学	张汉武、赖宝清	
21	中南财经政法大学	王炳超、龙菲	
22	广东商学院	武亮（硕士研究生）、杨小燕	
23	山东大学	黄文辉、侯爽（硕士研究生）	
24	华南理工大学	陈明明（硕士研究生）、洪嘉惠	
25	中南林业科技大学	易君丽（硕士研究生）、胡淑玉	
26	江西财经大学	顾玲丽、游强	
27	吉林大学	王超、张理	
28	重庆交通大学	臧浩渺、骆书言	
29	云南财经大学	张振云、惠春梅（硕士研究生）	
30	暨南大学	冯艳琼、朱必吨（硕士研究生）	
31	同济大学	范逸天、杨瑾（硕士研究生）	
32	湖南商学院	范烁杰、李立冬	
33	武汉大学	旷玉玲（硕士研究生）、杨瑞静（硕士研究生）	

（中国物流与采购联合会“宝供物流奖”办公室）

2012 年全球物流发展动态

2012 年美国物流发展报告

一、2012 年美国经济的基本情况

2012 年，美国经济总体上继续保持了自经济衰退结束后两年来的趋势。对美国来说，2012 年仍是经济增长后劲不足的一年。虽然经济危机已经过去了四年，但是美国的经济增长速度仍旧缓慢，失业率高企不下，就业岗位创造疲软，低层次就业岗位居多；货运量和运价波动较大，很少能维持几个月的相对稳定。

2012 年，美国产品和服务出口达 2.2 万亿美元，增幅为 4.6%，进口达 2.7 万亿美元，增幅为 2.8%。相比 2011 年，进出口增幅大大放缓，但是进出口总额仍创历史新高。这比 2009 年奥巴马总统呼吁美国出口要翻一番时，增长了 39.1%。2012 年，美国进口原油 30.9 亿桶，比 2011 年（33.2 亿桶）减少了 6.9%。2012 年，出口占 GDP 的比重为 13.9%，与 2011 年持平。向邻国加拿大和墨西哥的出口分别增长了 4.1% 和 9.1%。对其他一些国家的出口也创下历史新高。美国出口的主要制造业为汽车和零备件产业，较 2011 年增长了 10.1%。生产资料和工业用品为主要出口产品。

（一）就业岗位创造疲软，低层次就业岗位居多

2012 年，全美失业率开始缓慢回落，但就业率，即美国成年人的就业人口数量近三年都未有变化，甚至几乎是 30 年来的最低值。美国劳工部数据显示，美国就业人口比重大约为 57%，而如此的低值仅在 1983 年出现过。美国成年人口数量每月增加 20 万人，而平均每月的新岗位数量为 17.3 万个。因而岗位创造率赶不上人口的增长。2012 年 12 月，美联储主席本 · 伯南克（Ben Bernanke）称就业人口率为“劳动力现状中令人堪忧的标志”。经济衰退期，美国经济预计损失了 870 万个就业岗位，复原了 630 万个就业岗位。新增就业岗位数量在增加，但是增长最快的是兼职类岗位工作。此类工作的雇员通常不享有福利待遇，而且工作性质是非长期的。

有趣的是，最新的一些研究分析表明，美联储现在将新增岗位数量（而不是失业率）作为执行宽松货币政策的标志。越来越多的人没有找到工作，但不被列入失业名单，因而整个测量是有所偏差的。按照美联储的标准，美国现在连续四个月平均每月新增岗位至少超过20万个。

（二）家庭净收入和可支配收入增速趋缓

根据美国商务部统计，2012年美国人均收入增长了2.7%。家庭财富与最高值还有6.7%的差距。然而，大部分增长主要得益于美国股价走高，而股市的受益者通常都是高财富积累人士。中产阶级家庭财富主要以房产形式存在，而非投资，而房价仍旧比峰值低26%。美国人消费仍趋紧，大部分支出为必需品，减少了债务和存款方面的支出。家庭债务占可支配收入的比例还在下跌。2011年，更多的人从个人储蓄中取现，降低了存款在可支配收入中的比例。2012年前三季度，个人存款率有略微的上扬，到第四季度又有所下降。零售销售额增长了5.2%，但年底节假日销售额比预期低了很多。美国房市在以近乎历史最低的按揭利率吸引买家，房市继续反弹，同时一大部分现有房屋所有者在做抵押融资。房价走高似乎有点误导性，容易让人对房市过度乐观，房价上涨很大部分原因是回赎权取消的销售作为总体房屋销售的一部分大大减少。仅此一项就拉高了房屋的平均价格。

除大萧条外，史上没有哪个经济危机比2007—2009年的经济大衰退波及范围之广、造成影响之大。2007—2009年，美国家庭净资产值缩减了近50%；上百万人口失业，企业学会了利用更少的人力完成同等量的工作；货车和货机数量不得不精简，零售库存水平也维持低位；供应链实践模式变得越来越多样化，以最高效地利用运力，降低成本，提高效率。各大行业利用科技实施整改，减少对劳动力的依赖，从而提高质量、降低成本。美国汽车行业就是典型代表。外国汽车制造商在美国建立工厂，证明了在美生产的汽车也可以具有价格竞争力。底特律汽车制造商必须适应，否则就会被洗牌出局。经济大衰退给美国带来的唯一正面影响就是各行各业的生产力几乎都提高了。不论在哪里，人们必须学会如何以最少的投入获得最大的收益。然而不幸的是，生产力的提高，在很多情况下意味着失业人员很难再就业。许多企业加大对软件和流程再造的投资，而非对人力资源的投资。关闭一台机器总比解聘一名员工要顺心得多。

（三）未来美国经济发展的几个显著特征

毋庸置疑，在不远的将来美国现在正在经历的转型会转变成为一种经济及物流和供应链的新常态。而这个新常态将会具有以下几个显著特征：GDP低速增长，增长速度徘徊在2.5%~4%；失业率更高、新岗位创造速度更缓慢；企业医保成本上涨将迫使企业尽可能精简全职雇员，聘用更多的兼职雇员；随着货运量增加，货运服务将更加不可靠或难以预测，而运力的增长难以满足货运量增长的需求；海洋运输的时间将变的更长。家庭净收入和可支配收入增速趋缓，低于经济衰退前的增速，消费者更倾向于规避风险。消费信贷增速放缓，有趋于平稳的迹象，且大大低于衰退前的水平，一方面，家庭存款率正在上升，消费者对开支更加谨慎；另一方面，由传统节日所产生销售旺季渐渐淡出——近期的高峰购物旺季不是冷淡得让人几乎毫无察觉，就是在时间上有所推迟，整个旺季对运能和运价的拉动作用几乎为零。随着网购销售的爆炸式增长，物流企业改变了传统管理和配送货物的方式。越来越多的事实表明，配送网络实时可视化是实现低库存、快速交付订单的重要途径。同样的库存水平现在可以同时满足实体店和网店的订单。如果一家商店没有某个客户想要的产品的颜色或码数，通过网络就可实现产品调货并快速送达。

2012 年全球经济还在低谷徘徊，无力完全走出低谷。鉴于全球经济大环境以及各经济体之间贸易的相互依赖性，没有任何迹象表明 2015 年的经济形势将有大的转变。尽管 2012 年美国经济的总体趋势与过去三年的情况相比没有什么太大的改变，但有一点可以坚信——经济领域和物流领域将慢慢恢复增长后劲，即使增速会存在波动。

二、2012 年美国物流业的基本情况

在走出经济危机后，美国物流成本和 GDP 就一直是并驾齐驱。物流行业的表现是经济是否增长的一个有力指标。如果物流领域没有运输货物，那就意味着经济发展形势也不会乐观。

得益于 2011 年第四季度的增长动力，2012 年年初，美国物流业形势大好，但是到第三季度，发展后劲严重不足。运力是对整个行业能够产生多方影响的一个重要因素，既有积极影响，又有消极影响。美国公路货运市场运力一直保持良好态势，基本上没有出现运力不足的情况，设备利用率高。但是具备相关资格条件的司机成为稀缺品，司机短缺问题日益严峻，而这一缺口将从现在的 3 万人扩大到 2016 年的 11.5 万人。海洋货运业仍旧面临运力过剩的问题，同时还须承受装载率低、运价滑坡的压力。航空货运业虽然减少了货机数量，但还是面临运力过剩的问题，加之客机机舱货运空间的提升，进一步加剧了过剩的问题。铁路货运业还有超过 20% 的货运车厢处于闲置状态。

（一）物流业总成本

2012 年，美国商业物流成本增长到 1.33 万亿美元，比 2011 年增加了 430 亿美元（如图 1 所示），有 3.4% 的小幅增长，增幅不及 2011 年的一半。2012 年，运输成本增长了 3%，增幅约为 2011 年的 1/2。物流占 GDP 的比重保持在 8.5%（如图 2 所示），与 2011 年持平，这表明货运业的增长速度与 GDP 的增速大体保持一致。与其他贸易伙伴国相比，美国物流成本占 GDP 的比重表现出彩。经济增长迟缓使这一比重低于正常值，但是近三年供应链行业在生产力、设备利用率以及库存管理方面有长足的进步。这些改善有助于降低物流成本占 GDP 的比重，即使货运量稳增不减。

2012 年，全美库存持有成本增长了 4%。商业库存总量继续攀升，造成库存相关费用，如税收、折旧、报废、保险和库存费用呈上升态势。尽管库存水平继续走高，但得益于美国 2012 年商业利率的不断下跌，使得全美库存占压资金的利息减少了 6.9%。商业利率再一次下调，库存水平有小幅增长。2012 年，全美社会商业库存在其中的三个季度保持增长趋势，只在第二季度有所下滑。第一季度库存水平超过了 2008 年经济衰退期间第三季度所创下的最高值。年终库存水平较之前最高值高了 6.2%。2012 年，美国各行业（农业、采矿、建筑、服务、生产、批发和销售）库存的平均投资相比 2011 年增长了 3.9%，增幅为 3.9%。2012 年，全美三个业态（零售、批发和生产）库存都有所增长。让人意想不到的是，零售业销售增长趋缓导致零售库存面临上涨。事实上，相比于批发业 3.8% 和生产业 1.3% 的增幅，零售业库存增长了 8.3%。2012 年下半年，

制造业和工业生产开始显示出疲软迹象；11月，工业生产出现回升，但制造业持续走低。

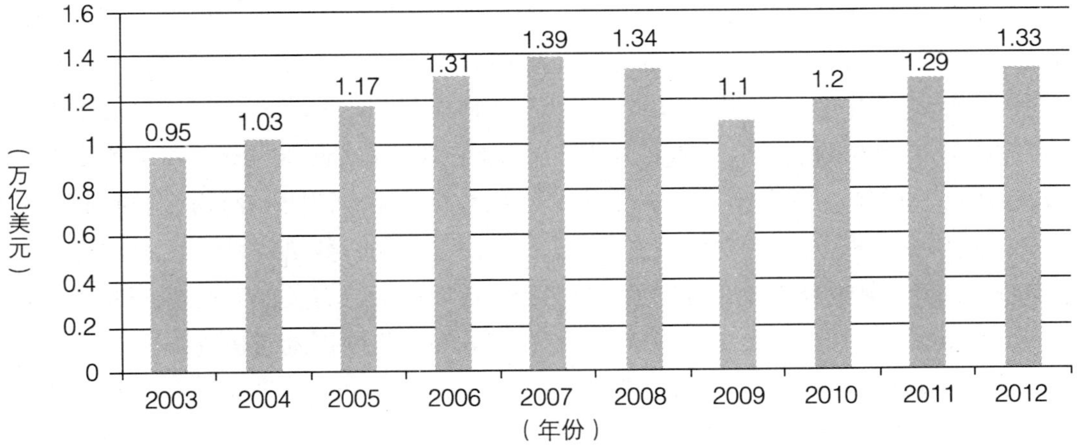

图1 2003—2012年美国商业物流成本

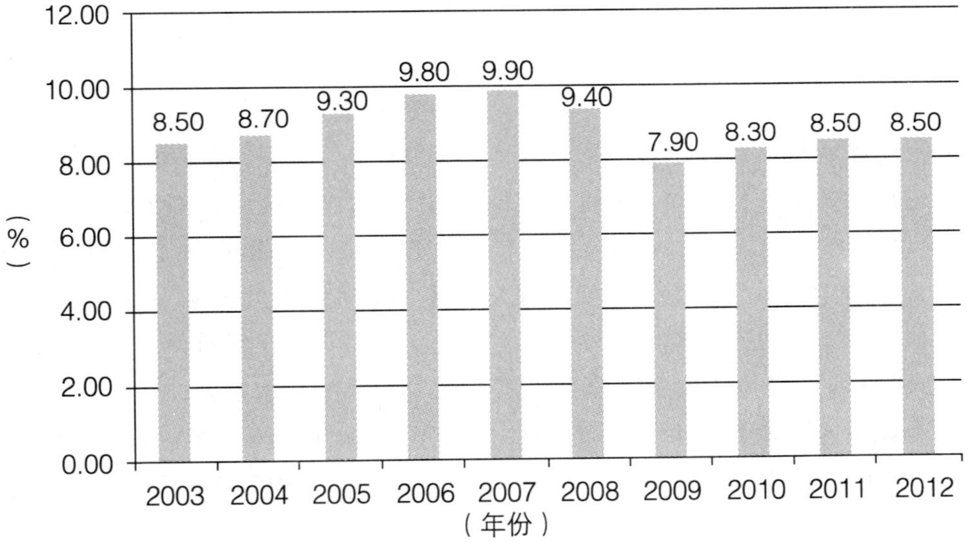

图2 2003—2012年美国物流成本占GDP的比重

经济衰退期间，美国零售存销比从2007年的1.26骤增到2009年年初的1.49，销售与库存之间呈现出反比关系。2012年前四个月，存销比保持在1.26的水平，表明销售和库存维持平衡关系。之后，随着销售疲软，存销比慢慢上升。根据滴漏效应，当零售商不再下新的订单，仓库里的货物不再售出，这一效应会对批发业库存产生影响。而消费者和零售商仍旧希望产品会有库存，且正在连夜运送的途中，这意味着制造商和批发商必须在供应链前端提早准备产品以应对市场需求，而问题是对于消费者行为的预测并没有像以往那样直接有效。

库存持有成本并不仅仅是由库存货物的价值决定的，同时还受库存占压资金的利息的影响。美联储的商业票据率就是用来测量库存占压资金的利息构成。年度商业票据率从2011年的0.13%下降到2012年的0.11%。高库存及历史新低的利率使得库存成本的利息降低了6.9%。在正常的利率条件下，库存增加本应该使库存费用上涨。例如，如果用2007年5.07%的利率去替换现在的利率，库存成本将增加1120亿美元。而这又将改变物流成本占GDP的比重，使其位于8.5%~9.2%。这一影响与美联储突然中止刺激经济的项目的影响相当。

2012年，美国税收、折旧、报废、保险费用增长了2.6%。这些方面费用的增长与库存总量增长呈现正相关。保险费率和税率保持平稳，折旧和报废方面费用成为主要的增长点。

2012年，美国仓储成本增加了7.6%。库存水平的增长占用了全部可用仓储空间。库存租费上涨，表明仓储业复苏迹象逐步明显。新的仓储设施的建设增加了仓储空间，但是库存率也在攀升。

2012年，由于货运量少且不稳定，加之维持运价的压力较大，美国的运输费用仅增加了3.0%。货运公司收入主要用于测量承运人成本。2012年，美国所有运输方式都有小幅的创收，运价和运量都没有特别显著的增长，但是2012年前半年比后半年表现明显更优。

（二）公路运输业

2012年，美国运输成本最大组成部分——公路运输成本有2.9%的增幅。城际公路运输成本增长了3.2%，城内公路运输成本增长了2.1%。2012年，美国公路货运量增长了2.3%。全年货运量时增时减，较为波动。美国公路货运业近几年一直处在一个脆弱的平衡中，随时都可能面临运力问题。随着公路货运量的增长，设备使用率一直保持在高位。新的行业法规，特别是新的联邦汽车运输安全管理局（FMCSA）出台的《服务时长条例》（HOS），将有可能降低运力水平，因为这一新的调整理论上会将一周正常工作时长缩短17%。关于服务时长的实际影响，外界有各种各样的猜测，但统一认为这将使运力水平降低2%~10%。《责任、安全和义务法规》（CSA）项目有关健康证明和药物检查限制了部分司机上岗，而司机数量的减少已经对行业运力造成了负面影响。有关如何通过CSA了解货运公司绩效和可靠度以及司机资格还存有一些疑问。

2012年年初，全美运输车辆销售骤增，但是随着货运量减少，新订单也随即中止。由于市场上二手货车稀少，且价格被抬高，购置一辆更省油、性能更佳的新货车也许会是更好的投资。整体而言，购置新货车的速度还是低于货车报废的速度，因而整体运力并无增加。例如，Con-way公司最近宣布将在2013年购入525台运输车辆。这些车辆的购置是为了替换里程寿命已经超过50万英里的现役货车。而这一特例只是为了满足长期的老客户运输需求。尽管运输车辆数量缩减，货运公司还是面临司机难寻的问题。

2012年美国公路货运业司机岗位缺口达3万个。预计2013年1月1日实施服务时长条例后可能会使运力降低2%~5%，如果考虑这个因素，则司机岗位缺口还要再加10万个，但这和运力是无关的。据美国劳工部预测，公路货运司机在未来几年内将占物流行业新增就业岗位数量的43%。这些司机从何而来？公路货运司机是职业技能培训人员最少的一个工种。只有大约17%的现役司机年龄在35岁以下，而更大一部分司机已经到了离退的年龄。有许多因素影响司机的就业人数。第一个因素就是货运司机资格证很难获得，而且培训的费用高昂。货运公司过去会为司机岗位培训提供资助，但是严峻的经济形势让货运公司取消了很多类似的项目。另一个因素就是失业补助高，再加上一些所谓的隐性经济。许多潜在司机一直领取丰厚且长期的失业补助金，同时做一些小短工，比如修草坪、做杂工、照看小孩。丰富的兼职机会使得他们不用当司机也能够维持正常生活。私营货运车队经营者同样也面临司机老龄化问题，他们一直在以丰厚的待遇和良好的工作环境吸引司机。得益于多式联运的发展，中转运输工作机会也变得更多，司机能够更好的利用时间。司机与公司签订奖金和绩效分红方面的协议越来越普遍。绩效分红既可以留住司机，同时还可以提高整体服务水平。公路货运业在吸引年轻司机方面不是特别成功，主要是因为货运公司并没有做好相关工作，以转变司机这一职业给人的负面印象，同时，也没有让司机们看到更好的职业前景。

（三）铁路运输业

2012 年，美国铁路货运基础设施、设备和人员条件良好。

2012 年，美国铁路运输成本增长了4.9%，相比于 2011 年超过 16% 的增幅，有所下降。每吨/英里一级铁路货运收入从 3.760 美分增长到 3.961 美元，增幅为 5.3%。2012 年，美国铁路货运里程实际减少了 1%，但收入还保持在 1.7 万亿美元以上。与 2011 年相比，2012 年全美铁路货运总量减少了 3.1%。多式联运总量达到了有史以来的第二高，公路货运业的强力竞争拉低了铁路运输运价。平均铁路货运里程从 2011 年的 917.2 英里增长到 947.9 英里。2012 年美国铁路运输量的减少导致单位铁路车厢的平均吨位有所下降。

2012 年，美国一级铁路货运量达 18 亿吨。煤炭运输有所反弹，占整个铁路货运量的 40.2%、收入的 13.5%；化学药品及相关制品占总量的 10.5%、收入的 13.5%。相比而言，货运量增长最快的产品还有原油，增幅达 53%。石油和焦煤只占总货运量的 2.5% 和净收入的 3.4%。

2012 年，美国道路和设备方面的资金投入高达 130 亿美元，增幅为 16.1%。2012 年，燃油价格增长趋缓，燃油在运营费用中所占的比例从 2011 年的 23.1% 下降到 2012 年的 22.8%。这并不完全得益于燃油价格的下调，还与一级铁路在减少了 2.1% 燃油消耗的同时提升了货运能力有很大关系。

（四）海洋运输业

2012 年，美国水路运输成本下降了 0.9%。对于海洋货运公司而言，2012 年又是令人失望的一年。船舶运力突然增加了 7.2%，而全球海洋货运需求大大萎缩。新船舶交付要到 2014 年才会减少，因为海洋货运公司到 2011 年年中才停止新船舶的订购。考虑到 2013 年会有新的船舶投入使用，海洋运输业运力预计将增长 10%。新船舶投入使用将会进一步给行业带来冲击。3 月海洋运输业总体运价的调高，帮助许多海洋货运公司增加了收入。然而，在逐渐缩减的货运量面前，海洋货运公司没能维持运价，而在大打价格战。2012 年，海洋货运公司 7 次试图上调全行业统一运价，但是都没能持久。德鲁里航运咨询公司（Drewery Maritime）的报告显示，2012 年海运平均首重运价从 3 月的 2700 美元下降到年底的 2400 美元。现货运价降幅更大。从 2012 年 7—12 月，世界集装箱运价指数（World Container Index）下降了 33%。

在 2012 年 3 月全美海运量下降、价格战爆发后，有一段时间约有 5.8% 的船舶被闲置，以待提高运价。当年中运价稳固下来，这些船舶又开始投入使用，因而使运价又下降了

2.7%。到10月，闲置船舶占比为3.7%。2012年减速航行成为美国行运业的普遍现象，减速航行拉长了运输时间，使美国运往中国的货物至少需要增加一周的时间。

港口方面，尽管整体增长态势良好，除诺福克港和塔科马港外，2012年美国各大港口并没能像2011年那样有大规模的货运量增长。西海岸的塔科马港货运量增幅最大，达15.9%。洛杉矶港集装箱货运量增幅为1.7%，奥克兰港有0.1%的小幅增长。西雅图港连续第二年货运量呈现负增长，降幅为8%，而长滩港的集装箱货运量减少了0.3%。西海岸的诺福克港成为最大赢家，集装箱货运量增长了9.8%，查尔斯顿港排第二位，增幅为3.4%。纽约—纽泽西港仅增长了0.5%，萨瓦纳港增幅为1.9%。2012年美国主要港口绩效情况如表1所示。

表1　2012年美国主要港口的绩效水平统计

港口名称	2012年集装箱货运量（TEUs）	2011年集装箱货运量（TEUs）	同比增长（%）
洛杉矶港	8077714	7940511	1.70
长滩港	6045662	6061085	-0.30
纽约港	5529908	5503485	0.50
萨瓦纳港	2982471	2927247	1.90
奥克兰港	2344424	2342504	0.10
西雅图港	1885680	2049733	-8
诺福克港	2105887	1918029	9.80
休斯顿港	1922479	1866450	3.00
塔科马港	1711134	1476153	15.90
查尔斯顿港	1424673	1377513	3.40

（五）内河航运业

2012年上半年，美国的内河航运量大幅增长。从2010年下半年起，美国的内河货运量开始下滑。干旱天气使内河航道水位线降低，减少了航道宽度。美国陆军工兵队（Army Corps of Engineers）提供紧急疏浚航道服务，以提高常用河道的适航性。经常会有因河道过窄，只能供一个方向船舶通行的情况出现，导致运输船舶回航等待数天才能通航。将近有100艘船舶在密西西比河下游搁浅，造成数小时至数天的延误。航道变浅意味着吃水量也会减少，承重量减少，速度放缓，同时通航的船舶数量少——任何一个因素都会增加成本。几大港湾在干旱最严重时因为吃水浅而关闭。吃水深度每减少一英寸就意味着几千吨的物品无法运输。干旱导致密西西比河上下11英里范围都在间断的要求停航，滞留船舶达到100艘。每天，一艘滞留船舶的费用为10000美元。谷物运价在那一期间因此增长了25%。

（六）管道运输业

2012年，石油管道运输成本基本保持平稳。得益于运价上调，管道运输收入增长了8.3%。管道运输业仍在国家管控的范围内。

（七）航空货运业

2012年，美国航空货运业收入增长了3.1%，总货运量下降了2.2%。其中，国际货运量降幅为1.4%，国内货运量降幅为0.1%。国内货运航线里程增长了2%，但是国际航线里程减少了3.9%。航空货运业长期面临运力过剩、收益下降的问题。客机机舱载货量增加，侵蚀了航空货运公司一部分业务。客机机舱货运收益大，预计可达65%，因而各航空公司正在努力抢占这块市场。

美国劳工部统计了国际航空货运的运输成本。2009年全年，美国库存水平相当低，很多情况下甚至低于安全库存水平。2010年消费开始复苏，承运人宁愿支付更高的费用使用航空货运，而不是冒风险使用低成本的海洋货运。另外，由于远距离的供应商在需求锐减时关门歇业，致使许多供应链环节中断，而重新建立新的供应链环节，必须使用航空货运以减少运输时间。到2011年中期，零售销售疲软，降低成本成为承运人更加急迫的要求，因而承运人开始转向海洋货运。美国自2009年以来的出口增长使得对外出口的货物运价增高，但是，到2010年中期运价趋于和缓。

（八）货代业

2012年，美国货运代理公司收入增长了5.4%。货运代理公司是代理收运货物、揽货的货运服务商，而且第三方物流是其中最大的一个分支。据Armstrong & Associates物流公司调查，2012年，全美第三方物流领域的收入增长了5.9%。第三方物流领域可以细分为四个部分，每部分代表了一个细分行业。国内运输管理是增长最快的一个部分，净收入增幅达9.2%；采购货运成本有小幅增长，这一部分的市场竞争激烈，从而拉低了运价。承运人相关成本增长了1.8%，物流管理费用增长了3.4%。2003—2012年美国第三方物流市场规模如图3所示。

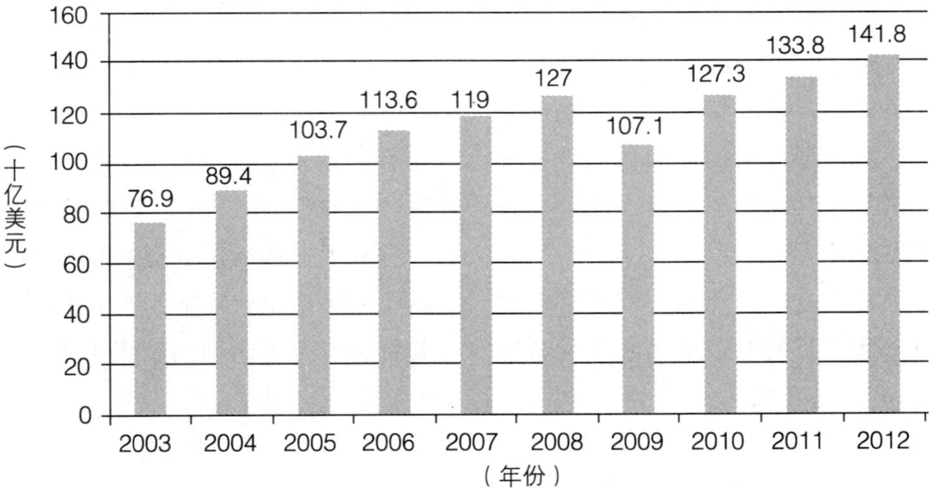

图3 2003—2012年美国第三方物流市场规模

三、美国经济近期发展情况

2013 年与前两年的发展趋势类似：经济有喜有忧，表现不平衡。好的一方面，消费者信心相当高。房地产显示出强劲的复苏态势，2013 年 7 月新屋和旧屋销量增加，更重要的是，建房许可量达到四年来的最高值。汽车和小型货车销量近三年都保持较高增长，带动了进出口活动。美国供应协会（Institute of Supply Management）衡量制造业活动的采购经理指数（PMI）近两年在高速增长。不利的一方面，受自动减赤计划（Sequester）的影响，随之而来的有：政府缩减财政开支和无薪休假、个人所得税增高、零售销售疲软、燃油价格走高、全球经济下滑、就业岗位增长缓慢及失业率高企、物流服务商运营成本高。

世事无常，才几个月变化就如此之大。工业产值一直保持平平，5 月有所上升；消费者信心高涨，已经回复到经济衰退前水平，但是近三个月又有所下滑；5 月，失业率有所攀升。年初大量的房屋建造许可并没有完全转化为新屋开建，这表明复苏比人们想象得要弱。这些指标是否表明美国还在崎岖的复苏之路上探索吗？还是说这些趋势只是新常态？这些趋势是美国近三年一直在重复经历的，而且还将伴随美国未来的三年。可以说美国已经走出了经济危机，但是形势已经不一样了。

美国制造业已经进入冷却期，根据采购经理人指数，2013 年 5 月的制造业实际上是紧缩的。同时，新订单也有收紧，减少了 3.5%；生产减少了 4.9%；未交付订单下降了 5%。消费产品库存增长了 2.5%，供应商交货减少了 2.2%。如果消费者不从商店货架上购买商品，企业不会再下订单，生产商也不会生产。然后，物流业也就没有货物可运输。

以前美国所有的经济复苏都是由消费领域带动的。但是，这次复苏非常不一样。回想一下，只有大萧条对消费者的影响如此之大、持续如此之久。经济危机的后遗症就是，消费者在经历了财务方面的巨大损失之后，对整个经济的信任值会降得非常低，而且很可能自身面临失业，或者家庭成员面临失业。作为美国经济中流砥柱的这些消费者，还未真正实现通过消费拉动经济增长。制造业看似复苏中最闪亮的一颗明星，维持着人们期待的那一点点的增长。然而，制造业形势在过去的几年看起来如此之好的原因是基数不一样。生产产品的价值在经济衰退期大幅下降，降幅达 20%，损失了 200 多万个就业岗位。2010 年，制造业增长速度为 7.4%，该领域的许多新增就业岗位只是弥补上了之前的损失的岗位。2010 年消费者扩大消费性支出，制造业回暖、就业增长。那时我们感觉我们正走在复苏的大道上。但是，2011 年制造业增速放缓到 5%，2012 年这一数值跌到 3% 以下。2013 年这一数值再一次的下跌，使制造业恢复到经济衰退前水平的希望变得更为渺小。

制造业从最开始创造最多就业岗位的行业变成为失业人数最多的行业之一。2012 年，工业生产增长了 3.8%，2013 年预计将减少到 2.3%。制造业与货运业联系相当紧密，生产一旦减少，货运量也会减少。如果物流业既不需要为生产企业运输原材料和供应品，也不需要将制成品运送到消费者手中，那么整个运输业将奄奄一息。

2013 年，不同运输方式的表现不太一样 。到 5 月底，铁路货运量与 2012 年同期相比减少了 1.7%。多式联运与上年同期相比增加了 4.1%。2013 年 5 月，铁路月度货运量 16 个月以来首次增长，多式联运货运量第 42 个月增长。4 月公布的美国货车协会（ATA）月度公路货运量指标，已经连续两个月增长。卡斯海运价指数（Cass Freight Index）用另一种直观方式显示了运输行业的盛衰沉浮。

全球经济形势也许是美国最近经济滑坡的根源。随着出口产品订单的锐减，订单和未交付订单减少，中国经济连续几个月紧缩。中国采购经理人指数在 5 月有所回升。仔细研究经济就会发现美国经济并没有新闻报道的那样乐观。增长领域主要是内向的，大部分增长在国内生产领域，而非出口制造业。2013 年，全球制造业增长期望值已经连续几次调低。近期联合国工业发展局（United Nations Industrial Development Agency）公布了一项对年度制造业增长的调整预计报告。报告显示，2012 年世界制造业增速为 2.9%，基本不超过 3%。北美，主要是美国，只有 0.4% 的增长，但是 2013 年预期增幅将达到 1.7%。美国主要工业制品的供应商在发展中国家，但 2013 年，这些国家的制造业增幅将下降。美国和欧洲下的订单数量不足以保持这些国家的经济增长速度（如表 2 所示）。

表 2　　2013 年美国年度制造业增速预测

国家和地区	年增长率（%）	
	2012	2013（预测）
世界	2.9	3
工业化国家	0.4	1.4
北美	0.4	1.7
东亚	−1.6	4.1
欧洲	1.8	−1.7
发展中国家	5.4	4.5
中国	10.6	9
新工业化国家	5.7	4.4
其他发展中国家	3.7	4.4

四、总结

从经济的角度看，2012 年的确是不容乐观的一年。但是，货物运输业有小幅进步。现阶段全球经济形势前景并不乐观：新订单和未交付订单都在减少，制造业下滑，GDP 前景暗淡。如果不加以控制的话，历史新高的库存水平可能会制约经济的发展。经济增长缓慢将伴随我们很多年。

（译者　王文博　曹璐　CSCMP 中国代表处）

从数据统计的连续性看日本物流的变化[①]

长年以来，日本物流的统计信息收集工作十分精确，连续发布了多篇物流调查报告，制定了一系列的相关物流政策法规，推动了日本物流产业的发展。

一、每年一次《物流业市场规模》的发布

在日本，由卡车运输业、铁路运输业、内航海运业、外航海运业、港口运输业、航空运输业、铁路货运代理业、外航货运代理业、航空货运代理业、仓储业和卡车运输集散站11个行业组成了一个庞大的立体物流网络。

日本物流团体联合会，每年公布一次《物流业市场规模》。如表1所示，2010年，日本物流业的市场规模为2104379亿日元，与2008年的2600118亿日元相比，下降了17.9%。物流企业数量为7.6万家（与2008年相同），其中大部分是中小企业。物流业从业人员数量为125万人，与2008年的154万人相比，下降了18.8%。可以看出，日本的物流市场50%以上为卡车运输，另外的1/3分别为水路运输业、仓储业和铁路货物运输只占到0.6%。

表1　日本物流业市场规模的变化（2010年）

	营业收入（亿日元）	占总收入比率（%）	企业数量（家）	从业人员（万人）	中小企业比率（%）
卡车货物运输业	1202437	57.1	62988	104	99.9
外航货物运输业	403296	20.2	211	0.7	55.2

① 本文系北京物资学院日本物流研究中心阶段性研究成果之一。

续 表

	营业收入（亿日元）	占总收入比率（%）	企业数量（家）	从业人员（万人）	中小企业比率（%）
仓储业	105194	7.1	5789	10.5	91.3
港口运输业	9969	4.7	892	5	88.1
内航货物运输业	8924	4.2	3870	2.2	99.6
航空货运代理业	6137	2.9	170	1.5	51.6
铁路货运代理业	2551	1.2	1008	0.6	83.8
外航货运代理业	2495	1.2	686	0.4	64.9
航空货物运输业	1736	0.8	21	—	26.7
JR 铁路货物运输业	1353	0.6	1	0.6	0.0
卡车运输集散中心业	287	0.1	17	0.05	94.1
合计	2104379	—	76000	125	—

数据来源：《数字看物流（2012 年）》。

近年，日本的物流企业不断重新审视自己的经营理念。日本物流长期以来，先是以生产为出发点考虑物流，后来又以市场营销为出发点考虑物流，再后来从消费者的角度来考虑物流。目前，日本物流产业受到了电子商务、制造业结构调整等因素的影响，在兼顾考虑经济全球化、环境和资源再生利用的问题基础上，不断发挥积极的作用。

二、四年一次《综合物流施策大纲》的制定

日本政府针对其物流发展的不同阶段，自 1997 年开始，由经济产业省和国土交通省每四年共同制定一次《综合物流施策大纲》。由内阁会议通过并颁布，分别于 1997 年、2001 年、2005 年、2009 年和 2013 年制定了五个《综合物流施策大纲》。作为日本物流业的纲领性政策文件，同时也成为引导日本物流业发展的指导性文件。每次《综合物流施策大纲》的实施时间为四年，不仅制订了日本物流业之后四年的发展规划及目标，而且还对上一次《综合物流施策大纲》所确定的目标进行了全面评价，并检验其实施四年之后的效果。随着日本四年一次的《综合物流施策大纲》的制定和实施，日本的物流活动变得更加顺畅、有序，效率不断提高。同时，在推进《综合物流施策大纲》实施的进程中，日本政府部门主动与行业协会及企业进行协调、沟通、合作的模式也起到了非常重要的作用（见表 2）。

表 2　　日本物流五个《综合物流施策大纲》的比较

大纲名称	审议通过时间	实现目标的时间	具体目标
综合物流施策大纲（1997 年）	1997 年 4 月 4 日	1997—2001 年	1. 提供亚洲太平洋地区最为便利和最具竞争力的物流服务。 2. 以不影响产业竞争力的物流成本提供优质的物流服务。 3. 建立能够应对与物流相关的能源问题、环境问题、交通安全问题等的物流系统
综合物流施策大纲（2001 年）	2001 年 7 月 6 日	2011—2005 年	1. 构建一个高度且整体有效率的、面向 21 世纪、与日本经济社会相适应的新的物流系统。 2. 建立一个具有国际竞争力的物流市场。 3. 创建一个能够减轻环境负荷的物流体系和循环型社会，所构建的能够减轻环境负荷的物流体系要对循环型社会作出贡献
综合物流施策大纲（2005）	2005 年 11 月 15 日	2005—2009 年	1. 建立低成本、快捷、无缝的国内国际一体化的物流系统。 2. 建立绿色与环境融洽的环保型物流系统。 3. 建设重视需求方的高效物流体系。 4. 建设确保国民生活安全安定的物流体系
综合物流施策大纲（2009 年）	2009 年 7 月 14 日	2009—2013 年	1. 实现支持全球化供应链的高效物流系统。 2. 实现减少环境污染的绿色物流系统。 3. 实现安全可靠的物流系统

续 表

大纲名称	审议通过时间	实现目标的时间	具体目标
综合物流施策大纲（2013年）	2013年6月25日	2013—2017年	1. 构建高效物流体系，成为支撑国民生活及产业活动的重要功能。 2. 进一步努力减轻环境负荷的影响。 3. 致力于完善安全、安心的物流体系

资料来源：《日本国土交通省报道发表资料》。

根据日本政府提出的物流政策及物流行政管理的指导方针，通过有关政府部门合作，为全面、综合地推动日本物流政策的制定和实施，2013年6月25日，日本内阁会议批准通过了《综合物流施策大纲（2013—2017年）》（以下简称2013年大纲）。2013年大纲的主要内容由以下部分组成。

（一）今后物流政策的发展方向和目标

“以支持日本经济强势增长和经济振兴为目标，推进物流系统建设；取消国内和国际物流不合理、浪费、无意义的部分，实现物流整体优化”，并以此为目标和发展方向，采取以下措施，把2017年作为实现目标的时间，通过探讨开展推广。

1. 构建高效物流体系，成为支撑国民生活及产业活动的重要功能

（1）促进日本的物流系统向亚洲物流圈扩展。

（2）加强物流基础设施建设、提高物流效率，提升日本的区域竞争力。

（3）强化物流人才的培养与教育，推进物流业的发展。

（4）推进货主和物流企业的合作，提高物流效率、调整物流行业结构。

（5）构筑保障国民生活的物流系统。

2. 进一步努力减轻环境负荷的影响

3. 致力于完善安全、安心的物流体系

（1）灾害应急物流系统。

（2）社会资本的正确管理和使用。

（3）物流安全和物流效率的兼容。

（4）确立安全的运输系统、确保安全的物流体系。

（二）今后的推进体制

针对今后推进的具体物流实施方案，应制订工作计划，并制作工作进度表，按照PDCA的管理方法，安排合适的推进速度并进行管理。

三、每年出版一本《日本物流成本调查报告书》

（一）《日本物流成本调查报告书》的编制

《日本物流成本调查报告书》是日本物流系统协会对日本国几百家企业的物流成本相关数据进行调查整理后形成的专项报告。《日本物流成本调查报告书》既有详尽的物流成本相关数据及分析结果，如日本各行业物流成本占销售额的比率，按物流功能划分、按支付形式划分、按物流范围划分的物流成本构成比率，逆向物流成本比率，日本物流成本占GDP比率的变化等数据，还有日本物流系统协会根据数

据分析得出的日本物流成本管理处在的发展阶段及水平的结论。这些调查数据是系统的物流微观数据，从不同的角度反映了日本物流成本的变化趋势。《日本物流成本调查报告书》每年出版一本，已连续出版20多年从未间断过。

（二）《日本物流成本调查报告书（2012年）》

2012年，日本物流系统协会对185家企业的物流成本进行调查后整理出版了《日本物流成本调查报告书（2012年）》。图1～图7显示的数据都来自《日本物流成本调查报告书（2012年）》，这些调查数据从不同的角度反映了日本物流成本的变化趋势。

1. 2012年日本各行业物流成本占销售额的比率

如图1所示，2012年日本各行业物流成本占销售额的比率为4.72%。其中，制造业为4.78%、非制造业为4.52%、批发业为4.36%、零售业为4.69%。

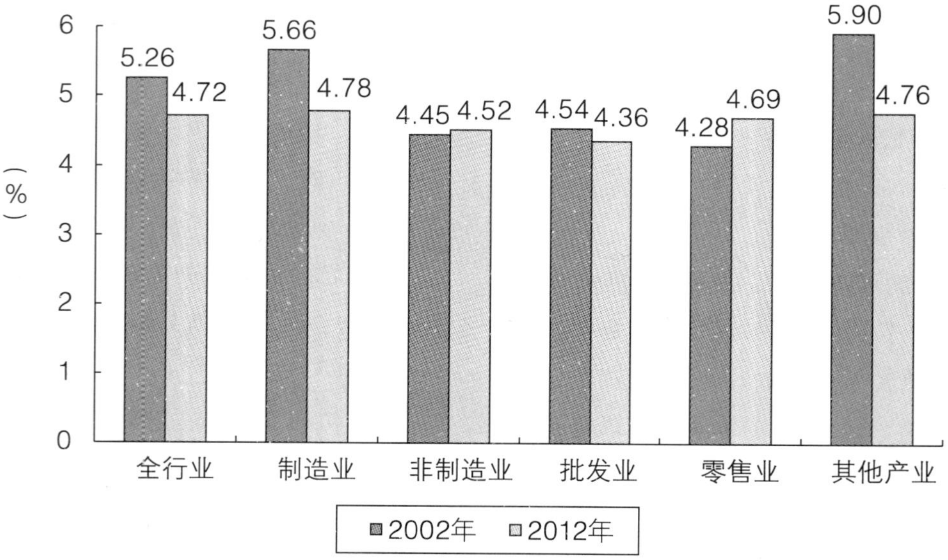

图1 2012年日本各行业物流成本占销售额的比率

2. 物流成本占销售额的比率

从图2可以看出，1995年日本全行业物流成本占全行业销售额的比率为6.13%，到1996年有所上升，之后开始呈下降走势。近几年，日本各行业物流成本占销售额的比率维持在5%以下，2012年为4.72%，为历史最低值。日本物流成本占销售额的比率总体呈下降趋势的成因很多，其中重要原因之一是货主企业通过共同运输及对物流节点的集成实现物流的效率化，最终降低了物流的费用。

3. 按物流功能划分的物流成本构成

如图3所示，2012年日本的运输成本占物流总成本的57.7%、仓储成本占物流总成本的15.3%、管理成本占物流总成本的26.9%。从图3可以看出，随着日本智能交通系统（ITS）的不断完善，不但推进了日本合理化运输的实施，实现了减轻环境负荷，提高运输便利性，而且降低了货物运输成本。运输成本已经不是日本物流成本管理重要环节，取而代之的是库存成本。

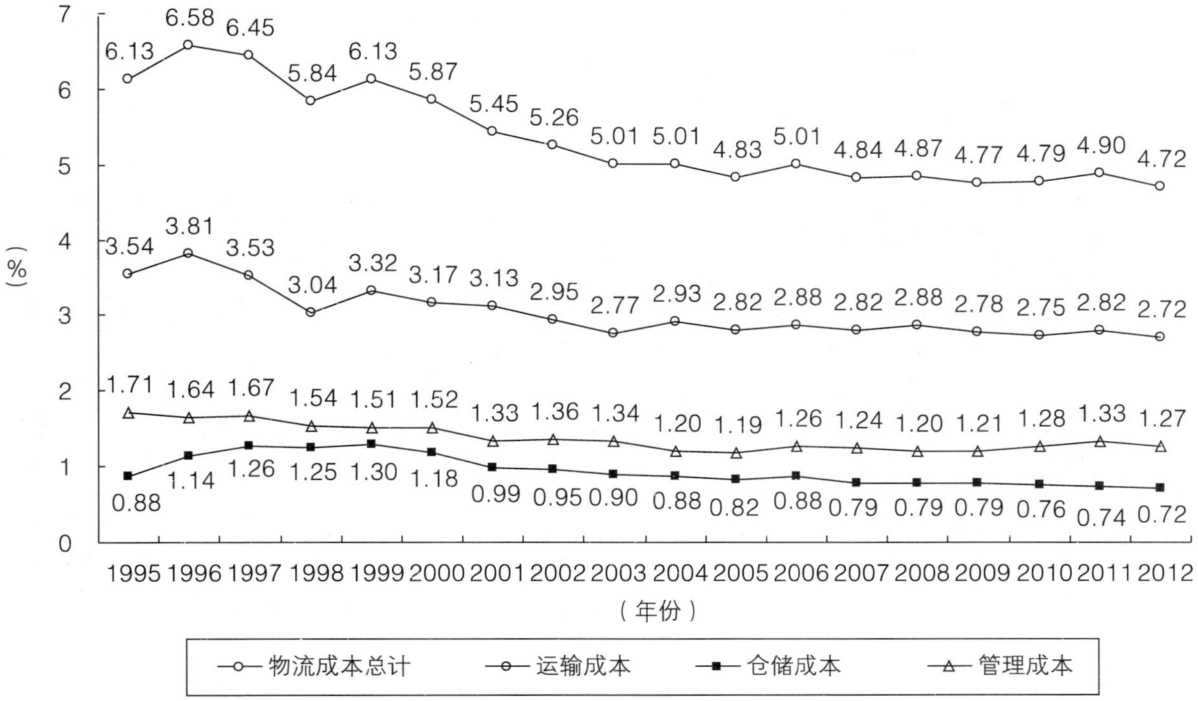

图 2　1995—2012 年日本全行业物流成本占销售额的比率变化

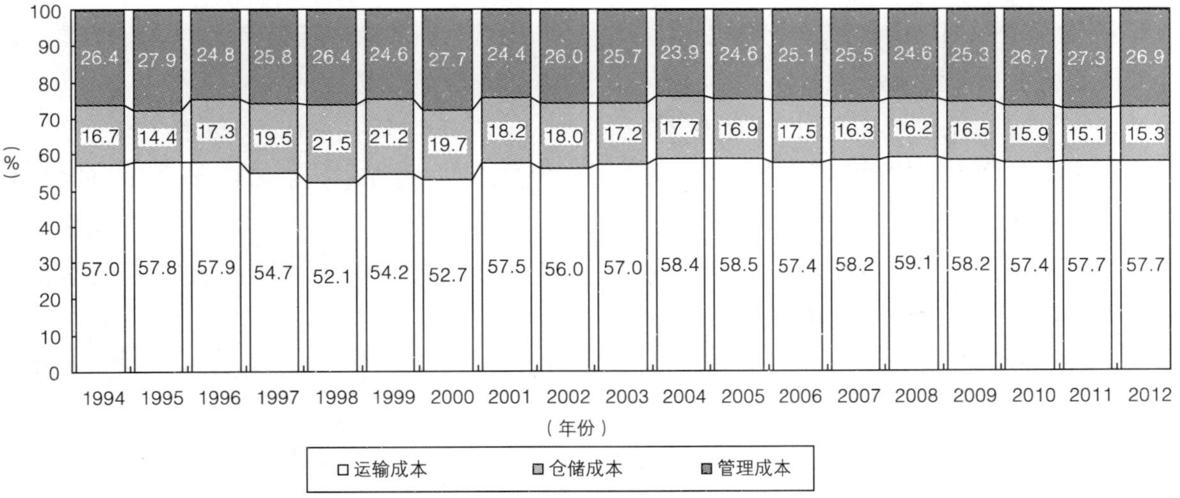

图 3　1994—2012 年日本全行业按物流功能划分物流成本构成的变化

4. 按支付形式划分的物流成本构成

如图 4 所示，2012 年第三方物流占日本物流成本的比率为 71.2%、子公司从事物流的比率为 14.2%、自营物流的比率为 14.6%。从

图4可以看出，近年随着日本物流管理向专业化方向发展的趋势明显，第三方物流占日本物流成本比率呈逐年上升的走势，同时，自营物流的比率呈逐年降低的走势。制造企业为了降低物流活动总成本，将企业的物流业务从其核心业务中剥离开来，成立专业子公司或通过第三方物流企业来提供专门的物流服务。由此一大批物流子公司和专业物流公司应运而生，也进一步推动了日本物流产业的发展。

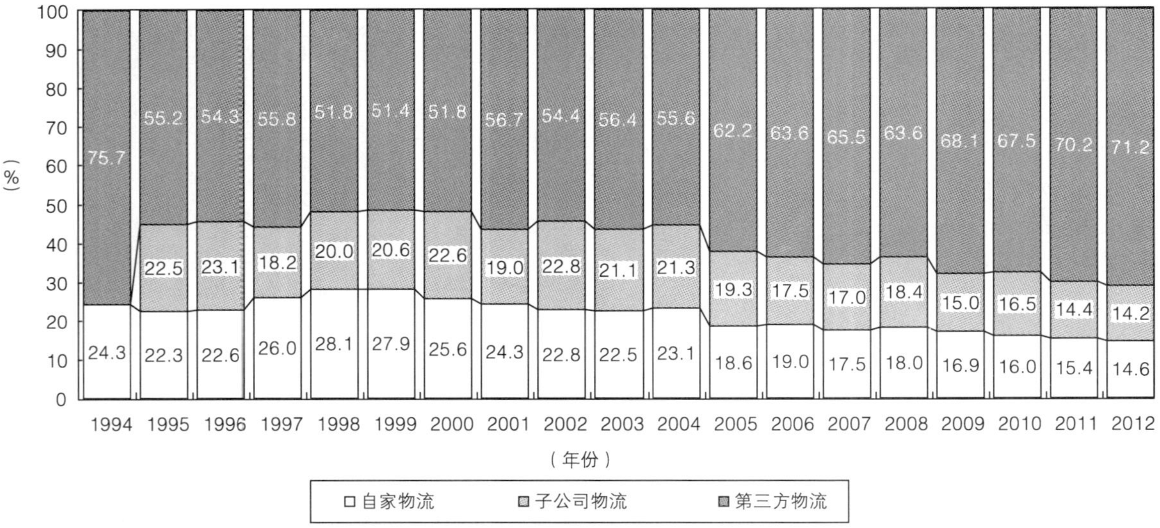

图4　1994—2012 年日本全行业按支付形式划分的物流成本构成变化

5. 按物流范围划分的物流成本构成

如图 5 所示，按物流范围划分，2012 年日本的销售物流占物流总成本的比率为 74. 6%、生产物流占物流总成本的比率为 18. 3%、采购物流占物流总成本的比率为 2%。从图 5 可以看出，采购成本和生产成本所占的比率一直较低，销售成本所占的比率一直很高并且居高不下。这是由于长期以来日本的生产制造业重生产轻销售，因而导致企业的物流成本偏高、利润减少。目前，日本的一些企业开始以综合商社代理供应商，综合商社不但进行投资，还介入原材料的供应和产品的销售，从而降低了生产制造企业的生产与物流成本，实现了共赢。

6. 逆向物流

如图 6 所示，2012 年日本各行业产生的各种逆向物流成本占总物流成本的比率为 3. 14%。从逆向物流的构成上看，其中退货物流成本占比为 1. 09%、回收物流成本占比为 1. 25%、再利用物流成本占比为 0. 74%、废弃物流成本占比为 0. 13%。从图 6 可以看出，近年日本逆向物流成本总体处于下降的趋势。但是，从 2011 年开始日本逆向物流成本有所上升。这主要是因为图书退货物流成本急剧上升所导致。

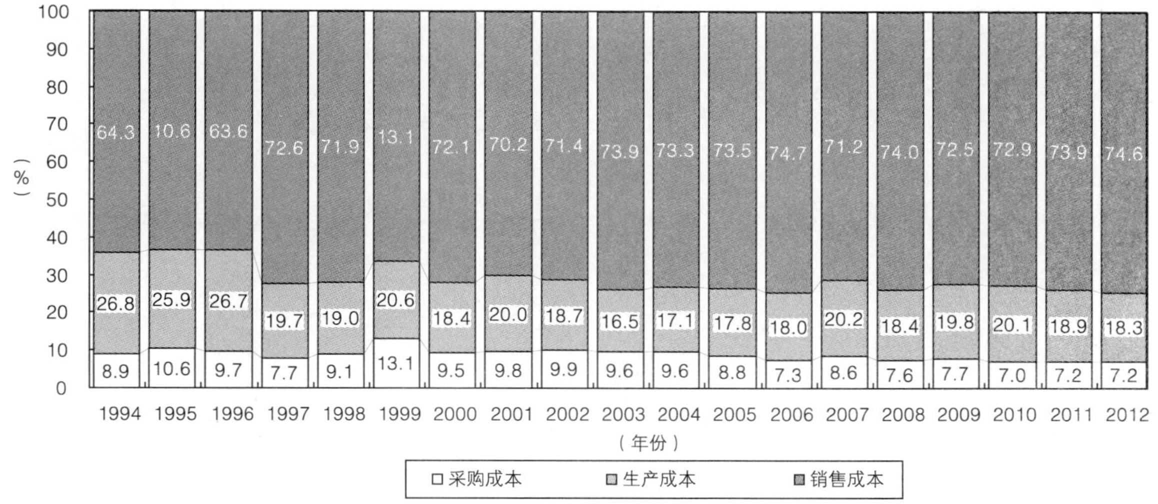

图5 1994—2010年日本全行业按物流范围划分的物流成本构成变化

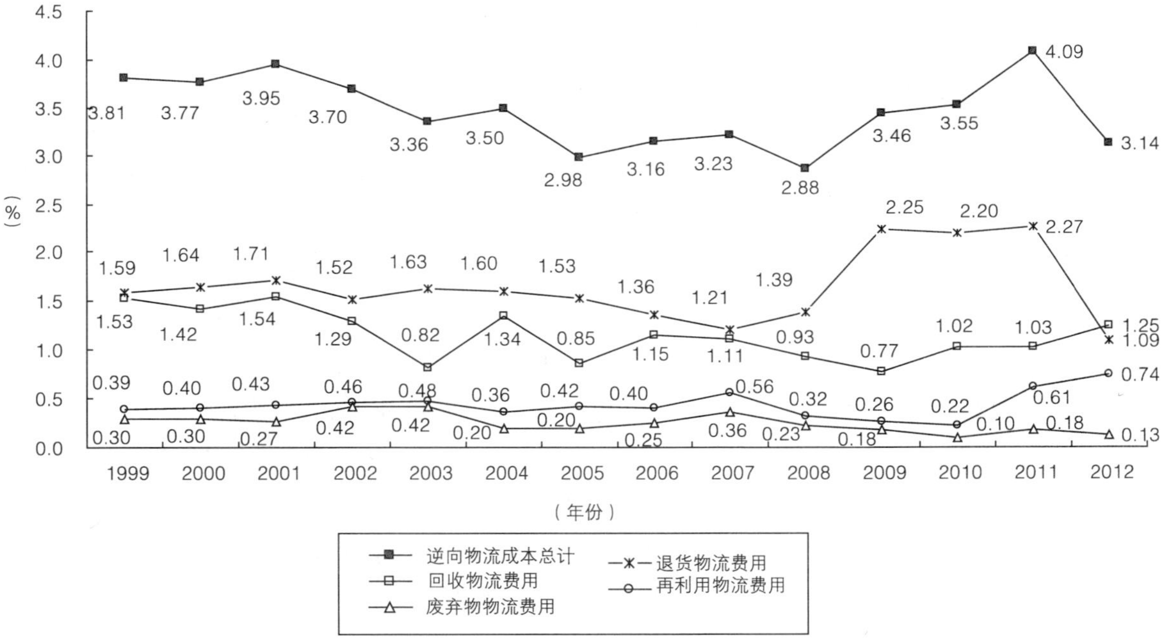

图6 1999—2012年日本逆向物流占物流成本比率的变化

（三）日本物流宏观成本分析

从全球物流成本控制的总体趋势看，日本等发达国家已经有效地将物流成本控制在较小的范围内。这是由于日本不仅形成了全面的物流管理体系和运作流程，而且还制度化地实施了物流成本监控和管理。2012年，日本物流成本占GDP的比率为7.5%，比2011年的8.6%有较大降低。其中的主要原因是在调查中改变了自营卡车运输的调查方法（见图7）。

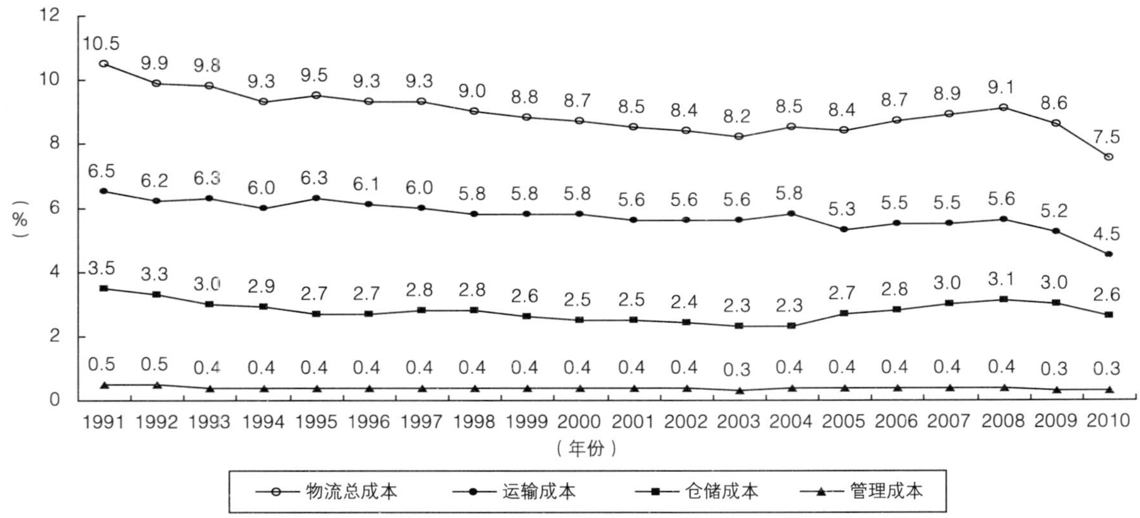

图7　1991—2010 年日本物流成本占 GDP 比率的变化

日本的物流业之所以能够保持较低物流成本，与其有效的物流管理体制有着很大的关系。首先，从物流成本的类别划分看。日本强调可以按照多种标准进行划分，这样可以从不同的角度或侧面反映相应的问题和物流组织程度，通过综合的成本测度全面核算物流成本。其次，从宏观上强化的物流系统和物流成本管理上看。日本政府不断制定了一系列具有重要影响力的政策法规，为物流产业的发展提供了保障。另外，日本的企业物流成本核算基本上是以作业成本法为基础，即借助物流费用和成本的两层分解，最终确立成本对象的成本及相应的绩效，从而能够更为全面地反映物流作业成本，并且以此为基础优化物流活动。

四、每五年编制一部《全国货物纯流动调查报告书》

从 1970 年开始，日本国土交通省每五年编制一部《全国货物纯流动调查报告书》。货物纯流动调查是在掌握货物总运输量的基础上，以货物本身的位置转移为中心，对矿业、制造业、批发业、仓储业发生货物运输的具体地点为对象进行统计，从货物发送地到目的地作为一个整体区间进行统一调查，得到货物纯运输量。在《全国货物纯流动调查报告书》中，以各产业生产出厂的所有货物为对象，对货物品种、重量、收货地、收货人所属行业、运输方式、物流时间等内容的调查，可查明货物运输的到达地及流动量、各产业及行业之间的联系、货物运输发生的原单位、主要的运输手段与运输路径、每件出厂货物的重量和批次、货物的实际重量。

（一）日本货物总运输量

如图 8、图 9 所示，日本 90% 以上的货运量由公路和近海运输承担。2010 年，日本国内货物总运输量为 49.9 亿吨。其中，公路 45.8 亿吨（占总量的 91.8%）、海运 3.7 亿吨（占总量的 7.3%）、铁路 0.4 亿吨（占总量的 0.9%）。2010 年，日本国内货物周转量总计为 4540 亿吨千米。其中，公路 2540 亿吨千米（占总量的 55.8%）、海运 1800 亿吨千米（占总量的 39.5%）、铁路 200 亿吨千米（占总量的 4.5%）。

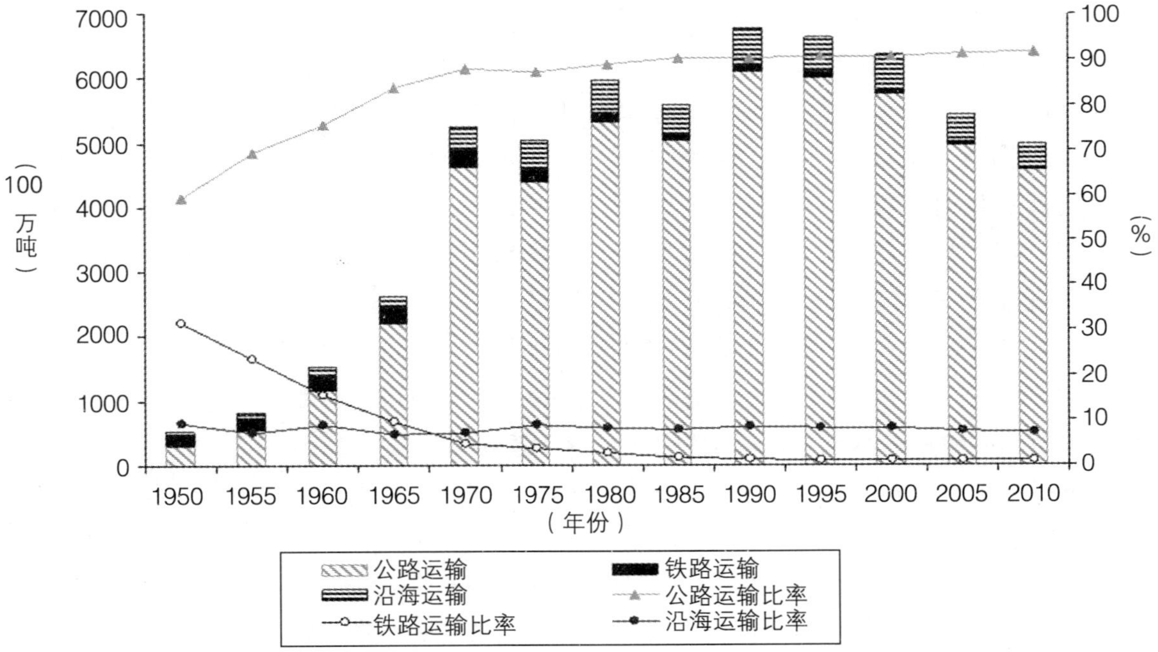

图 8　1950—2010 年日本货物总运输量的变化

数据来源：《日本物流统计年鉴（2012 年）》。

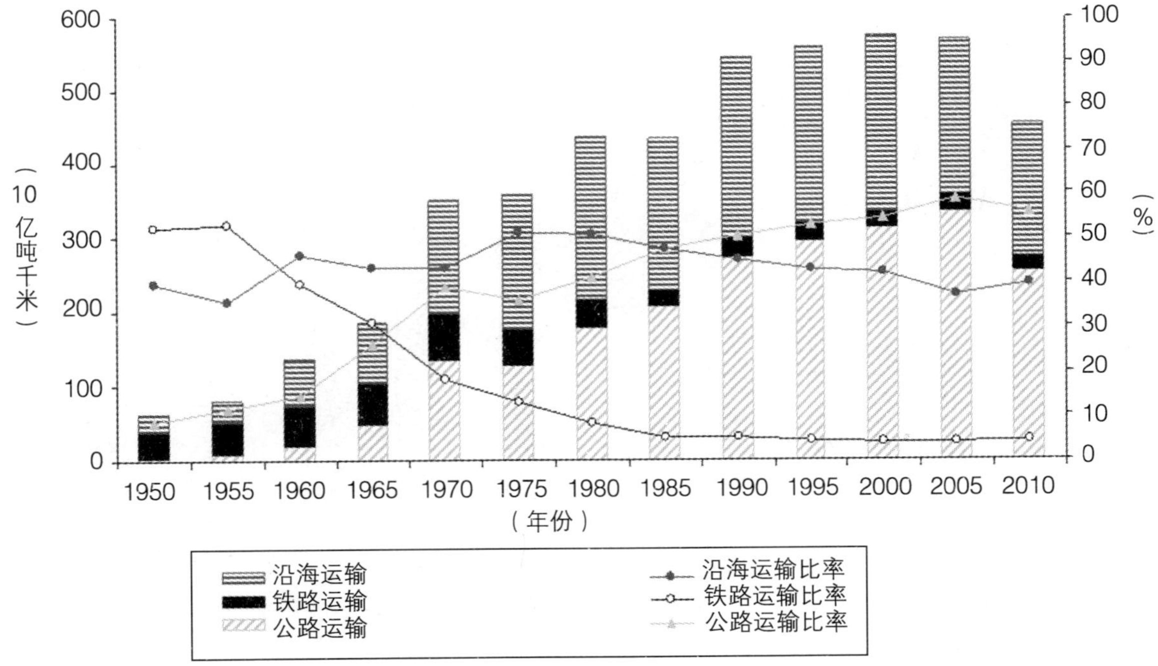

图 9　1950—2010 年日本货物总周转量的变化

数据来源：《日本物流统计年鉴（2012 年）》。

（二）日本货物纯运输量

在统计年鉴中，货物运输量是在一定时期内，从起点到终点，各种运输工具累计运送货物重量之和，是以各种运输工具为中心的货物总运输量的调查统计。在《日本统计年鉴》、《日本交通年鉴》等统计年鉴中，每年也要公布货物总运输量的相关数据。另外，从1970年开始，日本国土交通省每五年编制一部《全国货物纯流动调查报告书》。货物纯流动调查，是在掌握货物总运输量的基础上，以货物本身的位置转移为中心，对矿业、制造业、批发业、仓储业发生货物运输的具体地点作为对象进行统计，从货物发送地到目的地作为一个整体区间进行的统一调查，其所得数据就是货物纯运输量。

根据日本《全国货物纯流动调查报告书（2010年）》中的数据编制出图10、图11和表3。从图10和图11可以看出，2010年日本货物纯运输量为25.9亿吨。从1990年开始，日本货物纯运输量开始下降。另外，2010年日本的矿产品货物纯运输量为4.82亿吨，与1975年的6.78亿吨相比，货运量及所占比率都在同步下降。同样，1975年日本的林业产品货物纯运输量也由0.58亿吨，下降到2010年的0.42亿吨。但是，除矿产品和林业产品之外的农水产品、金属机械工业品、化学工业品、轻工业品、工业杂品的货物纯运输量及其比例都呈现上升趋势。

另外，根据日本《全国货物纯流动调查报告书（2010年）》，在1980年、1985年、1990年、1995年、2000年、2005年和2010年，日本制造业每生产1万日元产品的重量分别下降为81.87千克、79.25千克、72.81千克、70.80千克、69.35千克、66.93千克、62.12千克，这些数据充分表明货物附加价值的增加。

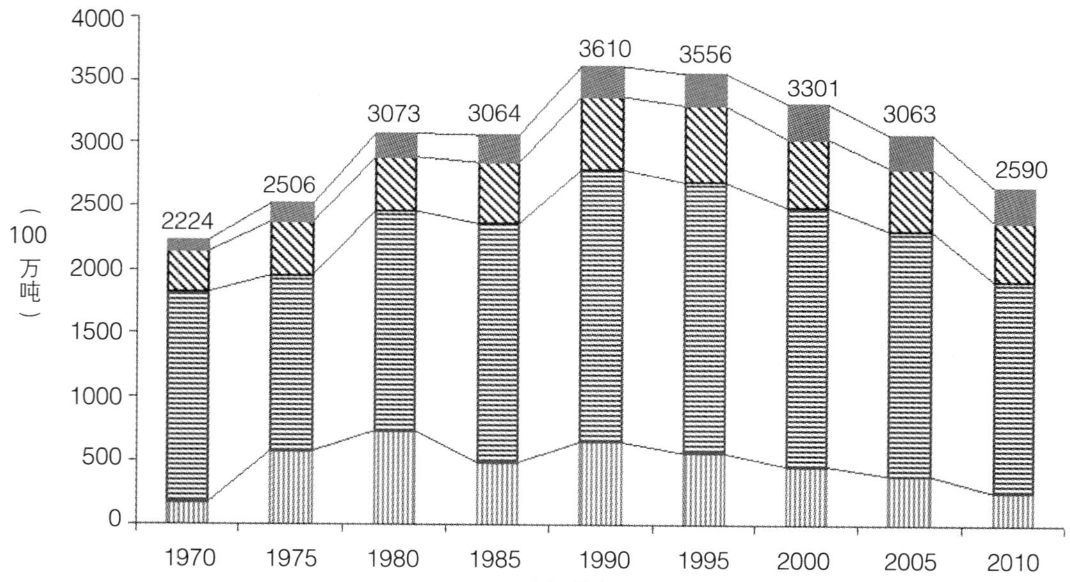

图10　按行业分日本货物纯运输量的变化

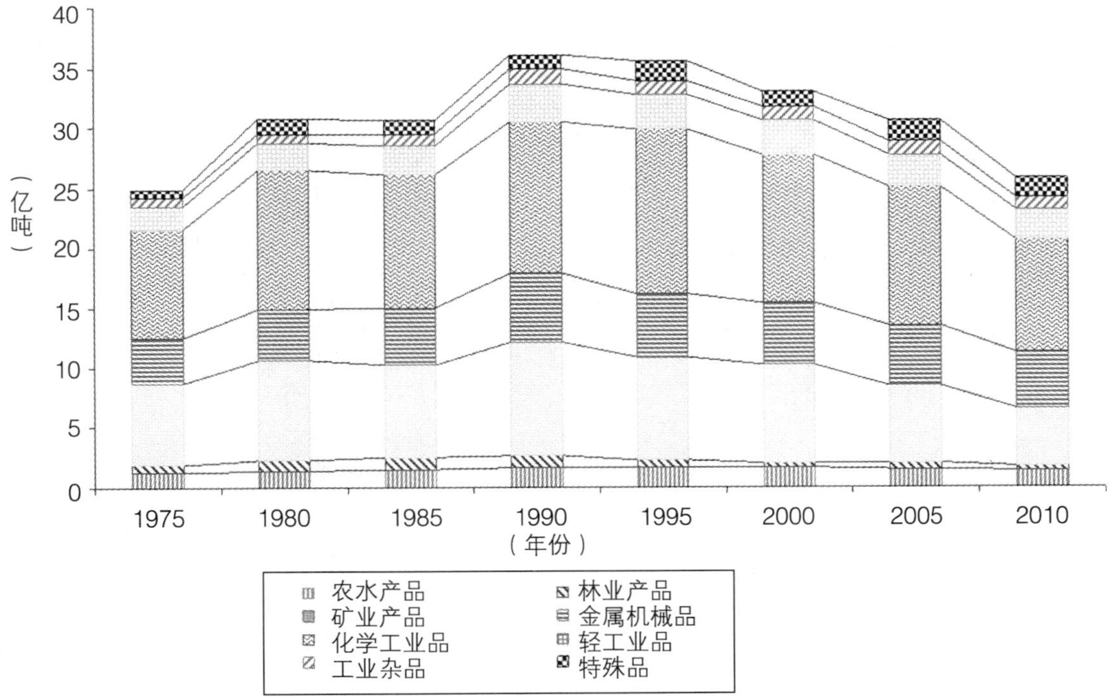

图 11　日本货物纯运输量中货物品种比例的变化

（三）日本货物总运输量与纯运输量的比较

2010 年，日本货物总运输量是纯运输量的 1.96 倍，与 2000 年调查的 2.04 倍相比，二者的比率有所减小（如表 3 所示）。导致日本货物总运输量和纯运输量差异的原因有以下几个方面。

（1）在总运输量统计方面，作为最终的汽车末端运输，要把其运输量重复计入到总量之中。同时，宅配便在运输途中多次装卸搬运，完成混载共同配送时，也要将其重复计入总量之中。

（2）在纯货物流动调查中，农业、建设业、零售业、服务业的货物没有被作为调查对象，自营物流的货物也没有列入调查范围，在进口货物的港口和机场，最初货物流动没有被统计。

表 3　日本货物总运输量与纯运输量的比较

		铁路	公路	水路	航空	其他	总计
2000 年	货物纯运输量（万吨）	4040	269611	42805	86	13624	330166
	比重（%）	1.3	85.2	13.5	0.0	4.1	100
2005 年	货物纯运输量（万吨）	3504	248281	41442	85	12862	306174
	比重（%）	1.2	84.6	14.1	0.0	4.2	100

续 表

		铁路	公路	水路	航空	其他	总计
2010 年	货物纯运输量（万吨）	2633	210287	33022	91	12978	259011
	比重（%）	1. 1	85. 5	13. 4	0. 0	5. 0	100
2000—2005 年货物纯运输量变化率（%）		−13. 3	−7. 9	−3. 2	−0. 2	−5. 6	−7. 3
2005—2010 年货物纯运输量变化率（%）		−24. 9	−15. 3	−20. 3	6. 5	0. 9	−15. 4
2000 年	货物总运输量（万吨）	5868	586326	52260	89	—	644543
	比重（%）	0. 9	91. 0	8. 1	0. 0	—	100
2005 年	货物总运输量（万吨）	5222	507588	44025	88	—	556923
	比重（%）	0. 9	91. 2	7. 9	0. 0	—	100
2010 年	货物总运输量（万吨）	4325	445403	33218	96	—	483041
	比重（%）	0. 9	92. 2	6. 9	0. 0	—	100
2000—2005 年货物总运输量变化率（%）		−11. 0	−13. 4	−15. 8	−1. 1	—	−13. 6
2005—2010 年货物总运输量变化率（%）		−17. 2	−12. 3	−24. 5	9. 2	—	−13. 3
2000 年货物总运输量/2000 年货物纯运输量（%）		2. 04					
2005 年货物总运输量/2005 年货物纯运输量（%）		1. 90					
2010 年货物总运输量/2010 年货物纯运输量（%）		1. 96					

在日本产业结构和运输体系的变化中，货物纯运输量能够真实地反映货物最实际的流动情况，货物附加价值可以衡量国家物流发展水平的高与低。

五、每年发布一次《日本物流系统机械设备生产调查报告》

日本物流系统协会和日本物流系统机械协会每年都要对日本各种物流装备的产量和销售额进行统计，在对统计数据进行梳理分析的基础上发布该年度的《日本物流系统机械设备生产调查报告》。《日本物流系统机械设备生产调查报告》是反映日本物流装备产业的现状和发展动态的专业报告。

日本的物流装备分为四大类，即托盘、起重机、工业车辆、物流系统装备。其中，物流系统装备又分为 12 小类，即自动仓库、台车、输送机、分拣机、拣选设备、回转货架、移动货架、货架、堆垛机、垂直输送机、计算机和其他。如图 12、图 13 所示，2012 年日本物流装备总产值为 9465 亿日元。其中，托盘为 1495 亿日元、起重机为 1185 亿日元、工业车辆为 3424 亿日元、　物流系统装备为 3361 亿日元。

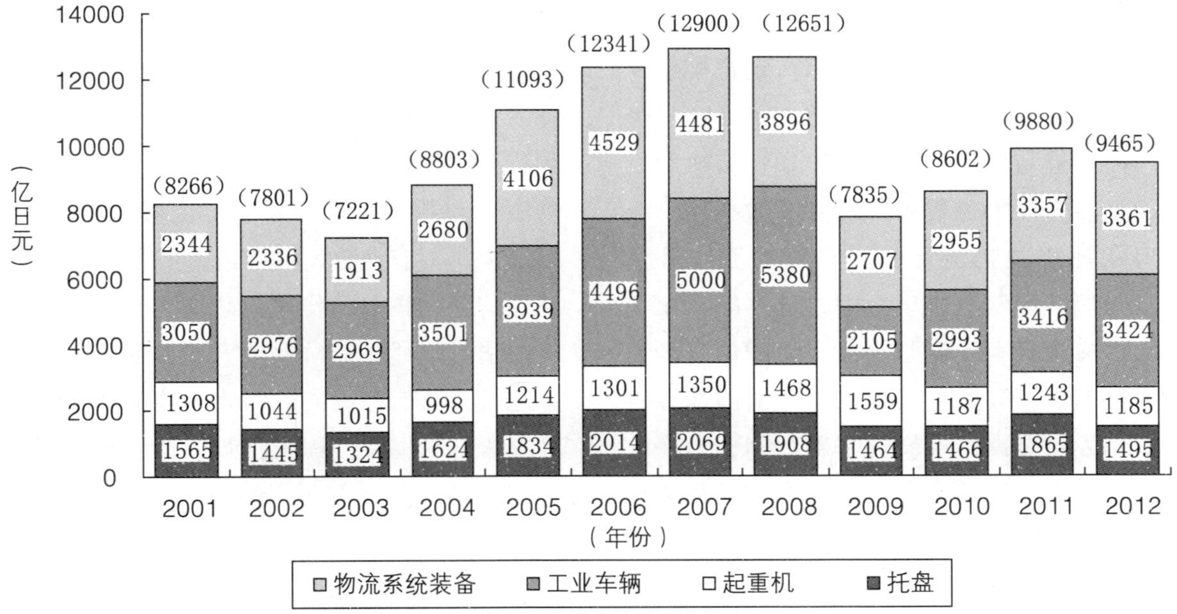

图 12　日本物流装备总产值

数据来源：《日本物流系统机械设备生产调查报告（2012 年）》。

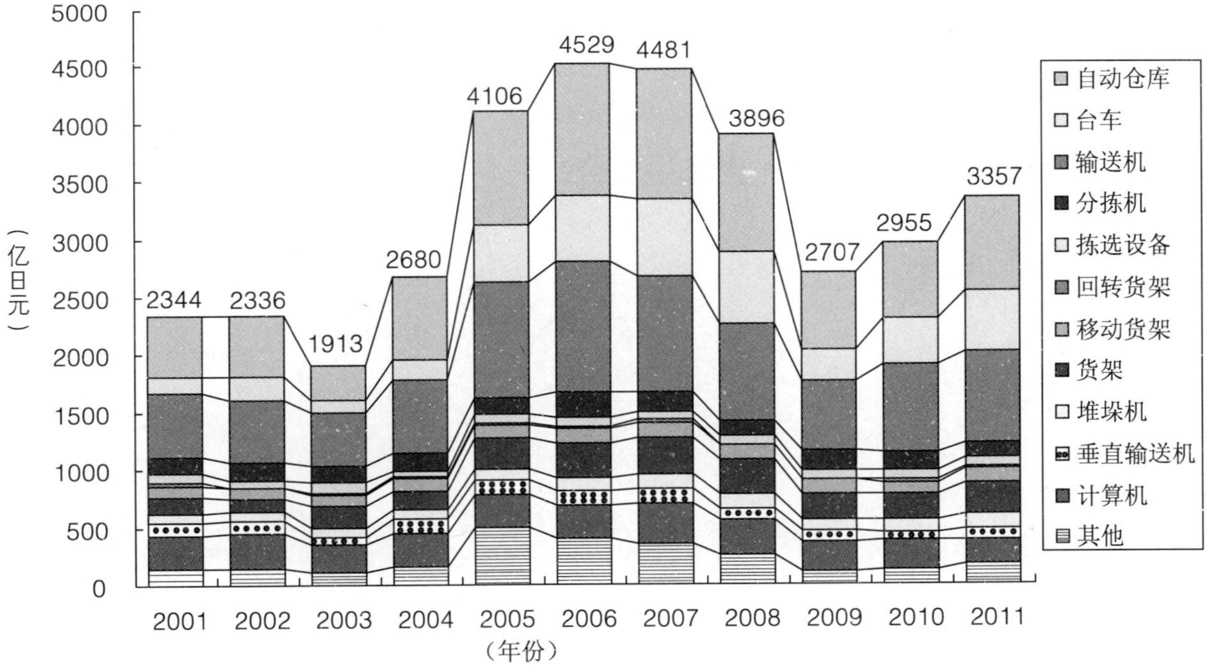

图 13　日本物流系统装备总产值

数据来源：《日本物流系统机械设备生产调查报告（2012 年）》。

六、结论

从日本经验来看，为了更深入地把握物流统计信息，日本很早就开始对物流统计信息进行连续的调查与跟踪，日本政府和物流协会在物流统计信息收集过程中发挥着重大作用。日本政府依托相关物流协会，收集物流统计信息。在物流统计信息收集方面，日本的各个物流协会已成为日本政府与物流企业的信息沟通桥梁。一方面，接受政府委托开展全国性普查和调研，为政府提供可靠的基础数据；另一方面，把企业物流活动中存在的困难和问题通过统计数据的形式如实反映给相关政府部门。在帮助政府收集统计物流信息的同时，通过物流信息的研究分析，起到咨询服务的作用。长期以来，日本的物流协会严格地、准确地进行了数据收集、汇总统计。日本政府根据物流统计数据反映出的结果，制定一些引导性政策和规范，促进了日本物流业向既定的方向发展。

因此，我们要学习日本的经验，建立起完善的物流统计体系，消除由于各企业、各行业和各地区间物流统计信息口径不一致而带来的物流统计数据混乱、重叠、说服力差的现象。另外，我国应充分发挥政府和行业协会在物流统计信息收集上的作用，政府要从各方面引导支持物流统计工作顺利展开，并对物流统计信息进行持续追踪。同时，我国物流协会也要充分发挥自身优势，积极参与物流统计信息收集工作，起到企业和政府物流信息传递的中介职能。

（姜旭　北京物资学院）

西安国际港务区
XI'AN INTERNATIONAL TRADE & LOGISTICS PARK

西部雄心 全球视野
WEST AMBITION&GLOBAL VISION

打造中国最大的国际内陆港
Set up the Largest International Inland Port in China

三大核心支撑平台

西安保税物流业务迅猛增长

西安铁路集装箱中心站运营现场

西安公路港五星大楼引领智慧物流

西安国际港务区位于西安市主城区东北部即灞河与渭河之间的三角洲地带，毗邻 2011 年西安世界园艺博览会会址。园区规划控制区面积 120 平方公里，规划建设区面积 44.6 平方公里。园区通过将沿海的港口口岸服务功能内移至西安，借助西安铁路集装箱货运中心站、西安综合保税区、西安公路港的功能叠加效应，实现公（路）、铁（路）、空、海等多式联运的便捷、高效运转，从而有效发挥西安的交通枢纽优势，提高物流效率，降低物流成本，以大物流带动服务业的大发展，推动产业聚集和提升。西安国际港务区是调整产业结构，转变经济发展方式，提升现代服务业发展水平，打造内陆地区开发开放战略高地的创新举措，是国家深入实施西部大开发战略和关中一天水经济区发展规划所重点支持发展的生产服务业示范园区，是西安市建设具有历史文化特色的国际化大都市的开放型经济先导区和现代服务业核心功能区。

西安铁路集装箱中心站自建成通车运营以来，集装箱吞吐量突破 15 万标箱，同比增长 12.45%，行邮、行包运量实现 873 万件，运送货物 3.9 万车，分拨小汽车 6.6 万台。新筑至乌西客车化班列也已开通。而另一重点项目，西安公路港展示中心已经竣工即将投入使用。

作为国际内陆港功能平台的重点项目之一——西安综合保税区一期的西安保税物流中心自通过国家验收后，截至 2013 年 6 月 16 日，累计实现通关业务 2650 票，西安保税物流中心进出口贸易额突破 83430 万美元，较上年同期增长了 37.50%。涉及物品有飞机结构架件、进口原材料、各类进口生产设备和农副产品等。

铁路港、保税港和公路港将形成口岸服务平台和强有力的物流阵营，实现了运输与进出口的无缝连接，已成为支撑、完善西安国际港务区功能的坚实平台，将在保税仓储、出口加工、物流配送、进出口中转和港口贸易中发挥极大作用，从而更有力地促进沿海港口物流、集疏运等服务功能在西安聚集和实施，满足西安发展国际物流的需求，改善陕西省招商引资的软硬环境，同时为承接国际和东部沿海产业转移创造更有利的条件。

未来的“西安港”将成为世界与中国西部地区国际贸易、国际物流的发生地。伴随着中国经济的高速增长和西安国际化程度的逐步提高，“西安港”将成为世界知名的国际内陆港之一。

西安国际港务区管委会
Administration Committee Of Xi' an International Trade & Logistics Park
地址 /Add：西安国际港务区港务大道六号
Address：No.6 of port Avenue, Xi' an Intemational Logistcs &Trade Part
邮编 /P.C：710026

电话 /Tel：029—83591918
传真 /Fax：029—83332055
E—mail：xilp@yahoo.com.cn
Http：//www.itl.gov.cn

BDLOG

博大世通国际物流(北京)有限公司

Bodashitong International Logistics (Beijing) Co.,Ltd.

保税亦庄 商贸世界

电话：010-56352015 传真：010-56352016

北京亦庄保税物流中心于 2011 年 1 月 5 日经国家相关部门批准设立（署加函 [2011]8 号），是从事保税仓储物流业务的海关集中监管场所，物流中心内设立仓库、堆场、海关监管及检验检疫查验工作区。

中心集保税物流、出口退税、转口贸易、简单加工及增值服务等功能于一体，并享有保税政策。中心总规划面积 20 万平方米，一期建设总面积 13.88 万平方米，保税仓库总面积约为 5 万平方米，于 2011 年 12 月 9 日通过国家四部委联合验收，12 月 19 日正式封关运行。

北京亦庄保税物流中心位于北京经济技术开发区核心区，地处五环路和六环路之间，东临京沪高速公路；距首都机场约 30 公里，距筹建中的北京第二机场约 25 公里，距市中心约 20 公里，距天津新港约 140 公里。往来北京城区、天津港口、环渤海地区顺畅便捷，交通路网发达，具有得天独厚的区位优势。

北京亦庄保税物流中心的建设是服务北京南部制造业基地的重要举措，有利于提高企业物流运作效率、降低成本，促进企业供应链的优化升级。中心将通过向企业提供优质的保税物流服务方式，立足于服务北京经济技术开发区内及其周边区域的企业，并逐步扩大服务范围和区域，把业务辐射至北京市各区县以及整个华北地区。

北京亦庄保税物流中心由博大世通国际物流（北京）有限公司具体负责项目的前期调研、开发建设以及后期运营管理的工作。博大世通公司成立于 2010 年 11 月 23 日，注册资本金为人民币 3.4 亿元，是由北京经济技术开发区管理委员会委托北京经济技术投资开发总公司投资设立。公司主营业务范围包括：仓储服务、物品包装、货运代理、分批包装、专业承包、房地产开发、物业管理、劳务服务、货物进出口、技术进出口、代理进出口等。

百联集团
BAILIAN GROUP

百联集团有限公司组建于2003年4月，是在原上海一百集团、华联集团、上海友谊集团、上海物资集团基础上合并重组的大型国有商贸流通产业集团。集团涵盖综合百货、主题百货、购物中心、奥特莱斯、大型卖场、标准超市、便利店、专业专卖等零售业态，经营有色金属、黑色金属、汽车（新旧车）贸易、燃料、化工原料、机电等生产资料流通业务，涉及商业房地产、仓储物流、电子商务、金融服务等支撑业务。

百联集团下属友谊股份、联华股份、上海物贸、第一医药4家上市公司。拥有以上海为中心，辐射长三角，连接全国25个省、自治区、直辖市近6000余家经营网点，从业员工近20万。2012年百联集团列“中国企业500强”第36位（商贸业第1位）；列“上海企业100强”第3位；列“全球零售业250强”第59位（中国大陆第1位）。

2011年12月，集团投资逾8亿元，投资建设江桥物流基地。该基地储存面积超过20万平方米，具有商品采购、储存、分拣、理货、加工、配送、信息处理、资金结算等诸多物流及相关配套服务功能，涵盖常温商品和生鲜食品等各类快速和耐用消费品。在运行管理等方面基地将运用先进技术手段对货物运输质量实行全程监控。配送范围主要为长三角地区，除百联旗下世纪联华、联华标超、快客便利、网上购物等业态数千家门店外，还将包括在该地区有配送业务需求的生产厂商、授权代理商、批发贸易商、电子商务等商品供应链上游企业，及有配送需求的门店供应链下游零售企业。基地预计将在2013年8月底完工，2014年投入运行。

集团下属上海现代物流投资发展有限公司为集团全资子公司，公司总资产9.54亿元，年经营规模30余亿元，主要从事定向采购、加工、运输、包装、仓储、转运、配送、货代、国际货运，以及供应链咨询、规划、管理等物流服务，形成了三大核心业务，一是城市配送物流业务，主要为百事食品、百特药业、吉买盛等大型企业服务，配送范围辐射全市和江、浙两省数千家网店；二是危险化学品物流，公司所属长桥物流、晶通化学等企业，成为经营危化品物流的重要国有物流企业；三是制造业物流，同宝钢、鞍钢、马钢等多家著名企业合作，提供包括“定向采购—加工—配送—销售”等供应链一体化服务。

办公地址：上海市黄浦区中山南路315号百联大厦13楼　邮编：200010
联系电话（总机）：021-63323636　传真：021-63322323
网址：www.bailiangroup.cn

打造
一流商贸流通
大集团

上海现代物流投资发展有限公司是一家集物流、商流、信息流、资金流为一体的现代物流集成商。先后被评为中国AAAAA级物流企业，进入中国物流50强企业排名，获得上海市满意企业、上海名牌服务企业、物流企业财务会计信用等级A类企业、税务信用等级A类企业、银行资信等级A+级企业等称号，长桥物流基地成为中国物流示范基地。

晋能有限责任公司

煤电一体 绿色发展
全力打造现代化综合能源集团

晋能有限责任公司（以下简称“晋能公司”）是在原山西煤炭运销集团有限公司与山西国际电力集团有限公司的基础上合并重组，组建的以煤炭生产、电力、贸易物流、新能源、燃气、多元等产业为一体的现代综合能源集团，资产总额1650亿元。

两大能源集团合并重组，组建新的现代综合能源集团是山西省落实《煤炭产业政策》及《山西省电力产业调整和振兴规划》，推进山西综改试验区先行先试，创新能源基地发展模式，最大程度发挥产业聚合效应，实现煤电一体、和谐发展的重大举措。

晋能公司的发展战略是以煤电和新能源产业为基础，以煤炭贸易物流为支撑，适度多元、链式发展，建设国内、国际一流的现代化综合能源公司。

晋能公司将按照“板块化运营、专业化管理、市场化服务”的原则，通过战略主导、资本运作和风险管控，依托上市公司通宝能源，做实企业优良资产，做优集团融资平台，努力培育企业核心竞争力，打造山西综合能源基地的企业航母。

到“十二五”末，晋能公司将实现煤炭产量超1亿吨、煤炭贸易量超3亿吨、发电装机超1000万千瓦、新能源发电装机超200万千瓦，营业收入超2500亿元、利税超200亿元、利润超100亿元。

扬帆启航的晋能公司，将按照省委、省政府提出的“高碳资源低碳发展、黑色煤炭绿色发展、资源型产业循环发展”的要求，走出一条富有山西特色的转型发展之路，为山西综合能源基地建设，为美丽山西、小康山西做出新的更大的贡献！

煤炭生产
电力
新能源
贸易物流
燃气
电网
发展综合能源　建设绿色山西

淮矿物流

淮矿现代物流有限责任公司（简称“淮矿物流”）是一家集商贸物流、供应链物流和第三方物流于一体的大型国有现代物流企业。成立于2008年，注册资金10亿元，原为淮南矿业集团的全资子公司，前身是淮南矿业集团物资供销分公司。2010年年底，淮南矿业集团重组上市公司芜湖港，淮矿物流的全部资产并入芜湖港，成为芜湖港储运股份有限公司的全资子公司。

公司拥有金属材料、化工线缆、机电产品、燃料建材、国际贸易五大贸易部，分别设立了上海、江苏、杭州、镇江、合肥、武汉、重庆、昆明、广州、鄂尔多斯、仓储配货联运、仓储管理、华东物流市场等子（分）公司，并控股了上海斯迪尔电子交易市场经营管理有限公司。主营业务板块包括：建材、板材等各种钢材，生铁、废钢、铁矿石等钢材的原材料及辅料，铜和废铜，第三方物流整体外包业务以及仓储、配送、加工、周转等传统物流服务。

淮矿物流发展的总体定位为“商贸物流+第三方物流”，即：充分发挥淮南矿业的品牌、资金等优势，积极开展供应链物流、区域物流和行业物流，推行第三方物流整体外包业务，努力拓展国际物流。以商贸物流为主导拉动第三方物流的开展，以第三方物流为支撑推动商贸物流的发展。同时，淮矿物流通过基于“平台+基地”全流程管理下的供应链管理模式，为生产企业、物流企业、金融企业、电子商务平台、终端客户创造了一个协同发展、互利共赢的诚信空间，从而实现在构建大宗生产资料流通体系的进程中占有一席之地的宏伟目标。

公司成立以来，秉承“服务至上、缔造共赢”的理念，坚持“立足安徽、面向华东、顺沿长江，着眼国内国际两个市场”的战略方针，迅速发展壮大，2012年，全公司实现销售收入314亿元，并被评为国家5A级物流企业、国家3A级信用企业、全国诚信示范市场。

淮矿现代物流监管仓库分布图

服务

服务至上
缔造共赢

立足安徽、面向华东、顺沿长江
着眼国内国际两个市场

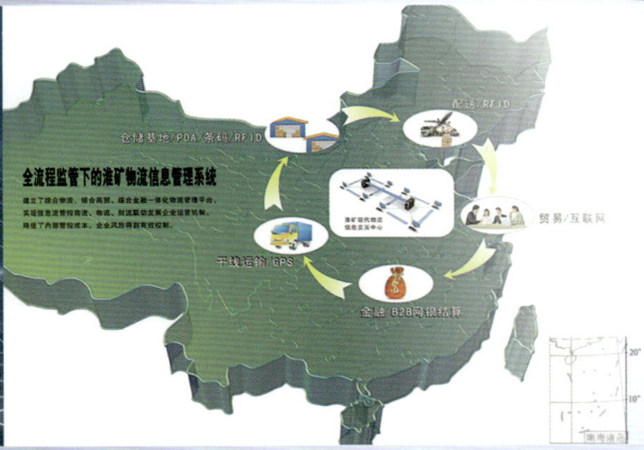

全新的电商平台。斯迪尔电子商务平台——交易货物必须是现货交易，并接受淮矿物流仓储管理公司的第三方管理。

全新的管理模式。静态仓储和动态在途的全流程管理——全流程管理体系下，仓储基地主要负责交易货物的管理和交割，所有管理的货物均由淮矿物流负责运输。

全新的融资理念。银行可以通过淮矿物流、淮矿物流仓储管理公司、斯迪尔电子商务平台等多种方式对流程授信。

优质服务 荣誉保证

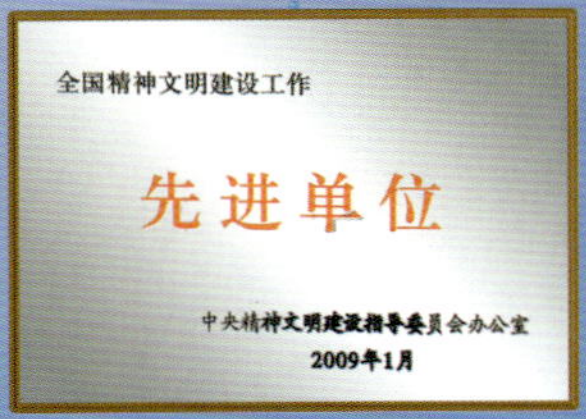

地址： 安徽省淮南市谢家集区望峰岗镇（铁路新村）

电话： 0554-7643999（传真）7643609

网址： www.hnkywl.com

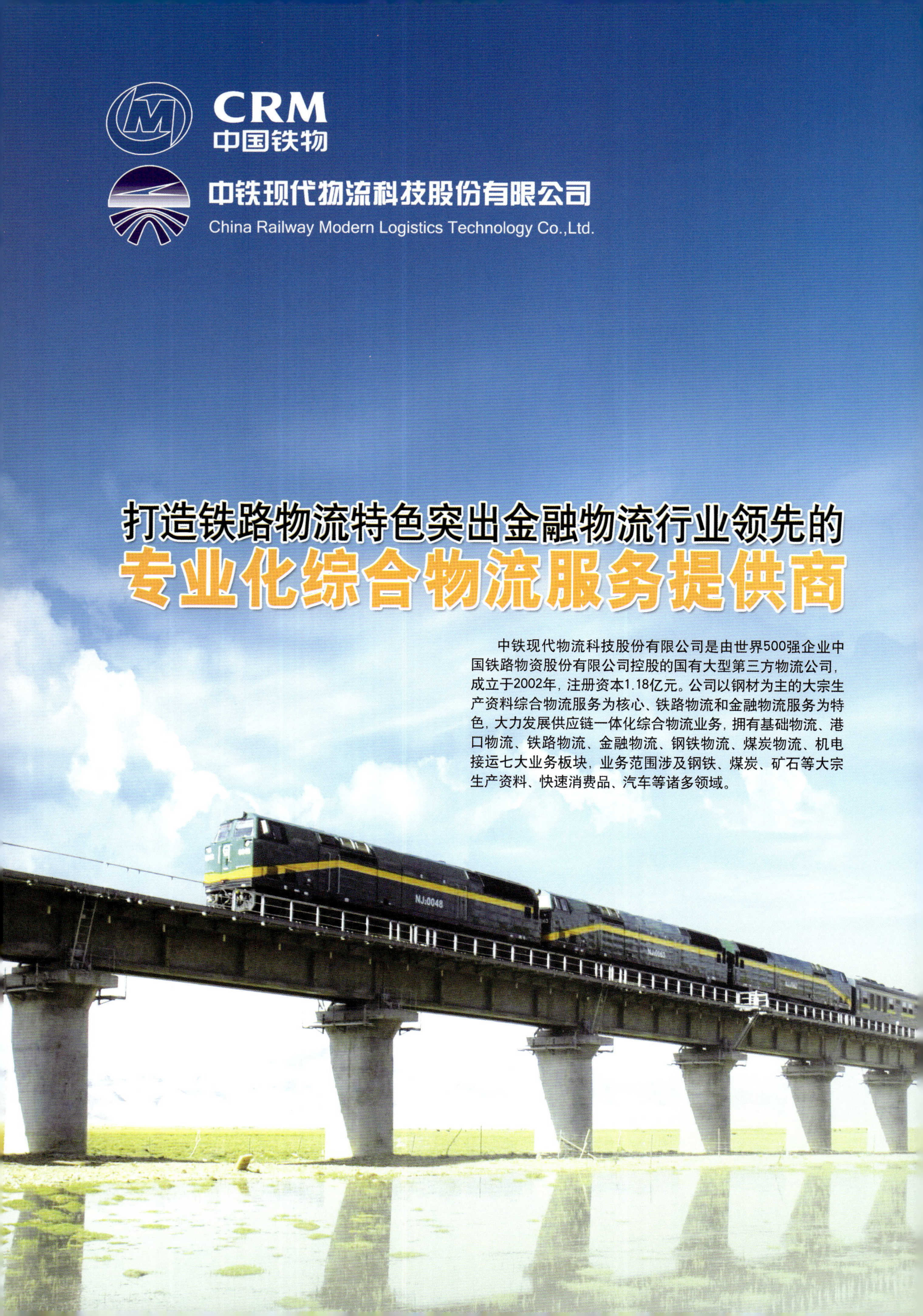
CRM
中国铁物
中铁现代物流科技股份有限公司
China Railway Modern Logistics Technology Co.,Ltd.
打造铁路物流特色突出金融物流行业领先的
专业化综合物流服务提供商
中铁现代物流科技股份有限公司是由世界500强企业中国铁路物资股份有限公司控股的国有大型第三方物流公司，成立于2002年，注册资本1.18亿元。公司以钢材为主的大宗生产资料综合物流服务为核心、铁路物流和金融物流服务为特色，大力发展供应链一体化综合物流业务，拥有基础物流、港口物流、铁路物流、金融物流、钢铁物流、煤炭物流、机电接运七大业务板块，业务范围涉及钢铁、煤炭、矿石等大宗生产资料、快速消费品、汽车等诸多领域。
NJ2 0048

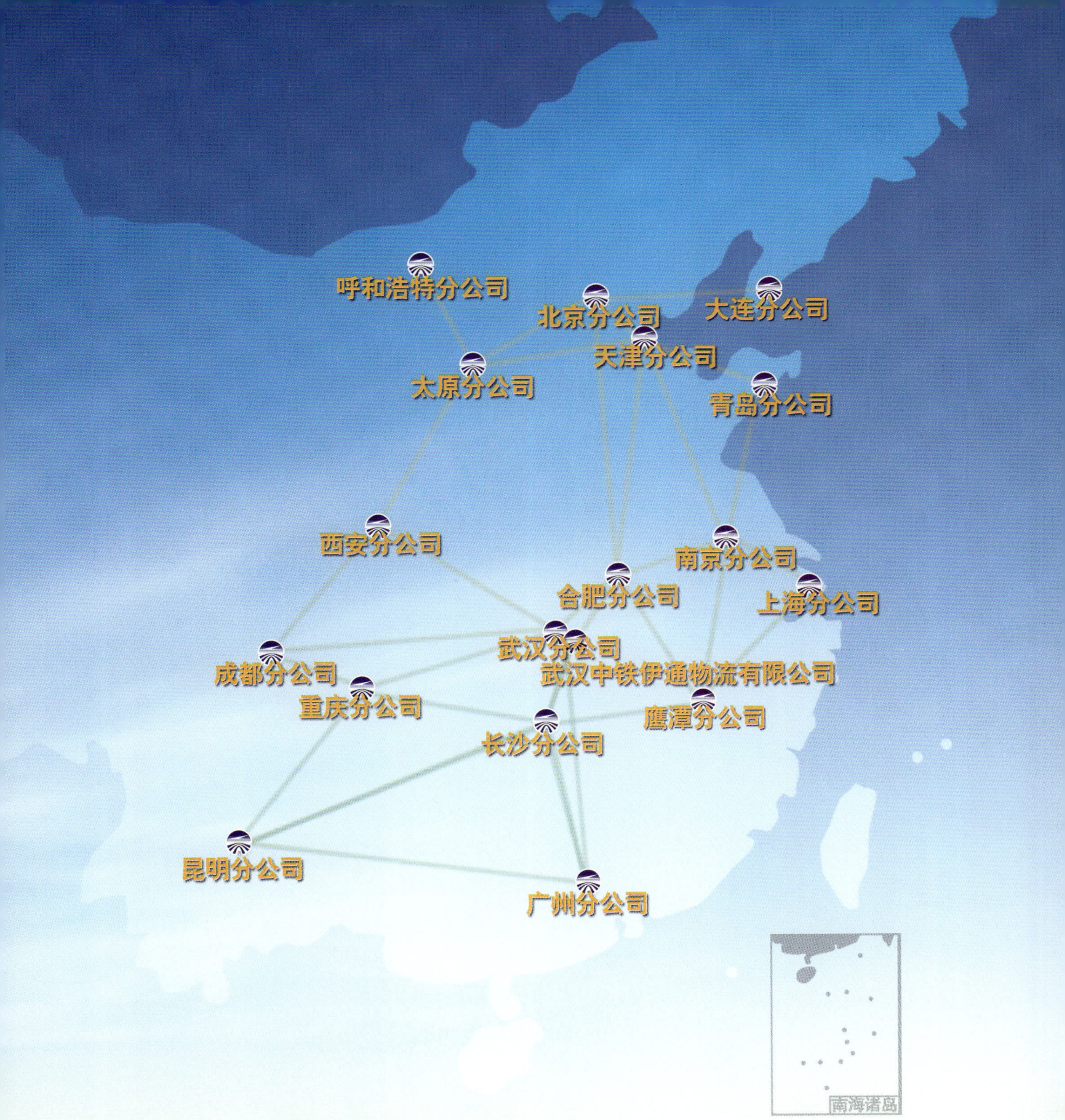

沟通产需 创造价值

www.crml.com.cn

FOTON

北京福田物流有限公司（简称北京福田物流公司）创建于2002年5月6日，员工2600余人，年营业额近17亿元。公司下设8个分公司、12个销售物流部、17个生产物流部、22个办事处和3个中转库，先后开发并引进了TMS、WMS、FMS、GPS、RFID、Call-Center等信息系统，并拥有目前国内最先进的轮胎装配生产线。可以为客户提供完善的仓储、配送业务和科学的管理方法及先进的信息技术支持。

自公司成立以来，连续被评为"中国物流百强企业"、"中国最具竞争力50强物流企业"、"中国汽车物流行业十大影响力品牌"和"AAAA级综合服务型物流企业"。经过福田物流人的不懈努力，在不远的将来必将实现"成为中国物流行业最优秀的整体物流解决方案提供商"的目标，为中国物流事业做出积极的贡献。

北京福田物流有限公司

成为物流行业最优秀的
整体物流解决方案提供商

公司地址：北京市海淀区丰秀中路1号　联系电话：010-58710733　客服电话：4008865156　公司网址：www.ft56.com

高效的装载场地

专业的运输车辆

完善的仓储设施

先进的仓储设备

秀山（武陵）现代物流园区

XIUSHAN (WULING) MODERN LOGISTICS PARK

物聚武陵 流通天下

秀山地处武陵山区腹地，渝鄂湘黔四省市结合部，历来是武陵山区的人员、物资集散地，是重庆市规划建设的地区级物流枢纽、省际区域性边贸中心城市，是重庆市辐射、带动武陵山区域发展的重要窗口和平台。

一、园区规划

秀山（武陵）现代物流园区于 2009 年 7 月启动建设，是重庆市率先挂牌的市级重点物流园区。该园区位于秀山县城规划的商业贸易中心，依托成都铁路局秀山 300 万吨战略装卸点和集装箱站，占地 6 平方公里，其中一期 3.5 平方公里，投资约 98 亿元，按照 8 区 1 园（专业市场区、铁路物流区、化工品园区、总部经济区、物流加工区、城市配送区、仓储区、生活配套区和民俗风情园）的布局，以专业市场为核心，铁路物流为重点，仓储配送为依托，建设集交易、配送、仓储、加工、会展等功能为一体的多功能综合性物流园区，将建成武陵山区市场规模最大、门类最齐全、功能最完备、辐射效果最好的区域性商贸物流中心，有效服务周边 300 公里范围内 18 个区县 800 万人口，实现“买武陵、卖全国，买全国、卖武陵”的战略目标。园区规划到 2015 年，年货运量达到 1000 万吨，市场交易额 200 亿元，建成辐射周边 200 公里范围内的武陵山区域性商贸物流中心；到2020年，年货运量达到1500万吨，市场交易额500亿元，建成武陵山区域性商贸物流中心。

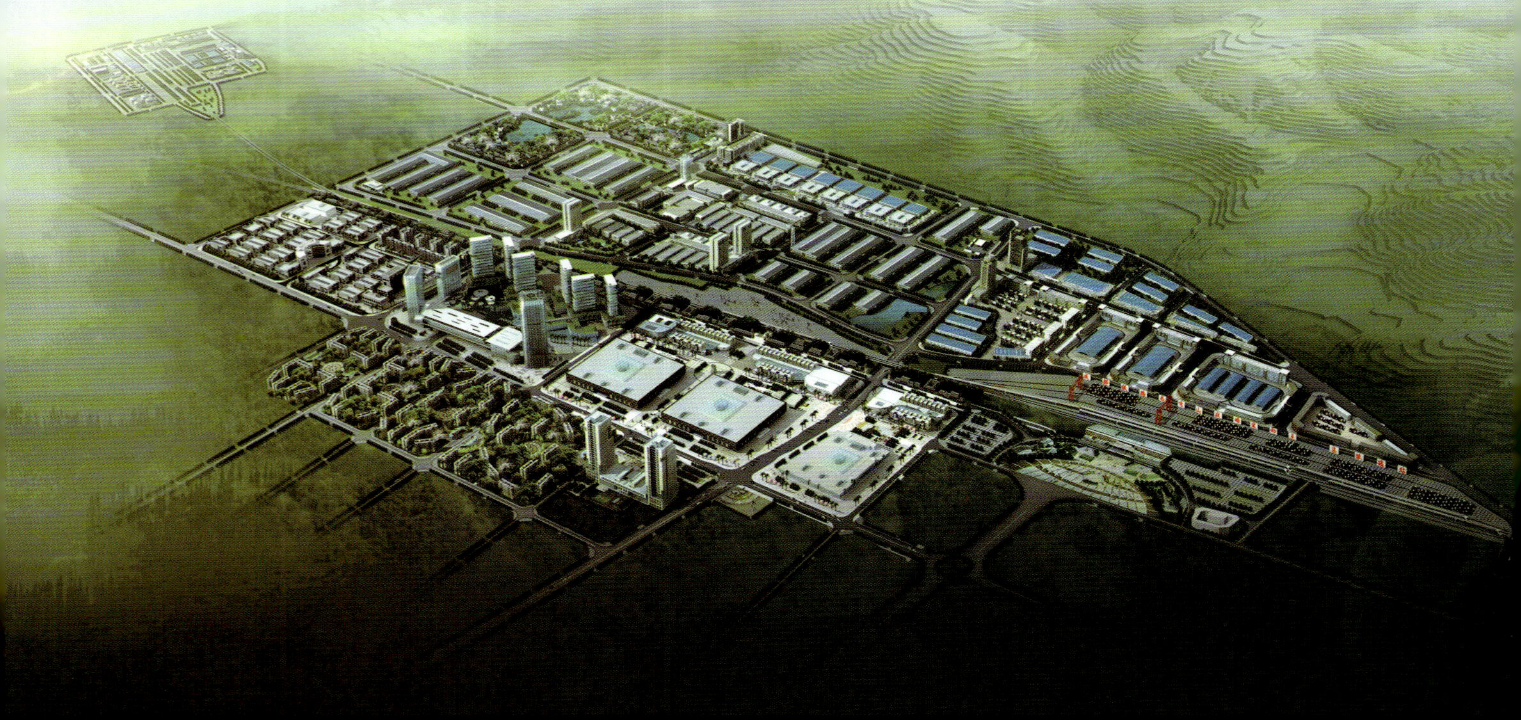

XSNLP

二、园区建设

目前，园区建设项目招商工作全面完成，共引进 21 家企业、22 个项目，协议引资 73.2 亿元，累计完成投资 46 亿元，全面启动专业市场区、铁路物流区、化工品区和配套设施建设。建成建材、钢材、五金机电、型材板材、家居、电子、副食品、服装鞋帽 8 个专业批发市场。基本建成专业市场区、铁路物流区、化工品区，成都铁路局秀山 300 万吨战略装卸点一期工程、会议会展中心一期工程、铁路物流配送中心部分工程和 3 万吨粮库竣工投用。开工建设化工品铁路专线、铁路集装箱站、花灯美食街、货运中心、仓储中心一期工程等配套项目。

三、园区运营

目前，共有 23 家企业、15 家物流企业、3789 家经营户入园经营。现已开业运营武陵名特优农产品总汇、武陵山中药材电子交易中心、武陵工矿产品交易中心、武陵农机具交易中心、武陵钢材批发市场交易大厅等专业市场，运行“中药材买卖通”电子商务交易平台。2012 年，园区实现货物周转量 110 万吨，市场交易额 35.7 亿元。今年 5 月园区开业运营福广建材、副食品、家居、五金机电、钢材、3C、型材板材等批发市场，10 月开业运营服装鞋帽（朝天门市场秀山分市场）、汽车城等市场，全面开街运营花灯美食街。

四、园区功能

园区拥有渝怀铁路线上每年 300 万吨的战略装卸点、集装箱中转站、化工品铁路专线；武陵山区一级的批发市场、大规模的化工品园区、大型的会议会展中心、先进的电子商务服务平台和功能齐备的保税仓库。

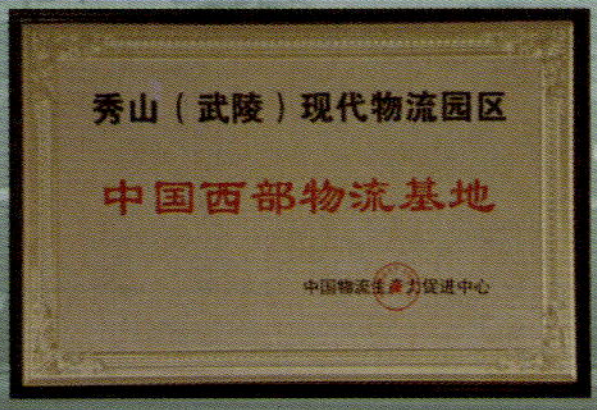

电话：023-76895888
地址：重庆市秀山县物流园区

导航只会指示：继续前行。
我们会问：需要帮忙吗？
联邦快递相信，我们的专业队员，才是我们企业与每项工作的灵魂；我们深信企业的成功，全赖背后团队的优秀表现。请浏览fedex.com/cn/people以了解更多。
联邦快递，优势由人启动。
FedEx Express
联邦快递

画面照片由亚伦·艾森豪威尔在2008年3月18日摄于南密苏里州

广州市商业储运公司
GUANGZHOU LOGISTICS

优质

公司资产总额超过10亿元，自有和运营100多万平方米物流基地，建有50多万平方米现代仓库。竭诚为客户提供现代仓储、运输配送、国际货代、保税物流、多式联运、物流策划、信息管理、物流金融和供应链一体化服务。与轿车制造业、家电、医药、烟草、酒业、百货、通信、化工、钢材、纸业等1000多家工商企业建立了长期发展的合作关系。

便捷

公司拥有300多辆各种类型营运货车，并有效整合调度社会运输车辆资源超过1000辆。公司建有连接京广铁路的双股道铁路专用线，配备各类现代化运输、仓储机械和配套设施，构建成以广州为中心，以珠三角为依托，辐射华南面向全国的物流运作网络。

- ◇ 荣获ISO 9001国际标准认证
- ◇ 荣获国家AAAA级物流企业
- ◇ 荣获4星级中国星级仓库
- ◇ 荣获全国用户满意企业
- ◇ 荣获全国发展商品物流配送重点企业
- ◇ 荣获广东省现代物流龙头企业
- ◇ 荣获广东省高新技术企业
- ◇ 荣获广东省服务业百强企业
- ◇ 荣获广州市重点现代物流企业

诚信

业务咨询：**020-83051726 83051780**

地　　址：广东省广州市沿江东路406号港口中心5楼、10楼

网　　址：www.gz-logistics.com

广州市商业储运公司
GUANGZHOU LOGISTICS

经营网点分布

CRCT

中铁国际多式联运有限公司

China Railway International Multimodal Transport Co., Ltd

中铁国际多式联运有限公司（CRIMT）是中铁集装箱运输有限责任公司（CRCT）下属的全资子公司。其前身中铁国际货运代理有限责任公司（CRIF）成立于 1996 年，是中国最早一批从事国际货运代理业务的企业，具有十多年的国际货运代理经验。

公司下设 17 个分公司和全资子公司四川中铁集装箱物流有限公司、驻哈萨克斯坦代表处等驻外机构，控股中俄铁集国际货运代理（北京）有限公司，参股渝新欧（重庆）物流有限公司等 7 个子公司，经营网络遍及全国主要城市和周边国家如哈萨克斯坦等中亚国家、俄罗斯、蒙古、韩国、日本以及欧洲、北美地区。

客户第一 信誉至上

多式联运 便捷世界

公司的业务基本上由四大部分组成，即国际（海铁）联运、国内物流、互使箱和自备箱经营业务等。

国际（海铁）联运业务主要涉及国际联运、海铁联运、大（小）陆桥班列运输、过境班列运输及物流服务、特色服务如危险品运输等。可以为客户提供报关、报检、换单、短拖、仓储、网上订舱、代办托运、垫付运费、信息追踪、口岸转关等全程代理服务，协调解决运输途中出现的解体和保留等问题、与国外铁路部门的协调、国外段运输等综合性运输服务。

国内物流业务主要包括跨局班列运输、国内铁水联运班列运输、“门到门”全程物流服务等。可以为客户提供仓储、短途运输、网上订舱、代办托运、垫付运费、信息追踪等全程代理服务，协调解决运输途中出现的解体、保留等问题等综合性运输服务。

互使箱业务和出租箱业务：互使箱业务主要是指俄铁箱、哈铁箱在中国境内的互换使用业务和管理。2003 年开始代表中铁集装箱运输有限责任公司对中铁、俄铁和哈铁互使箱进行日常操作和管理，并向客户提供互使箱用箱、中铁箱租箱服务。目前中哈、中俄互使箱，中铁出租箱年进出境箱量可达 40000 余 TEU。

自备箱经营业务：主要包括自营项目、循环项目、转租业务三种模式，签约客户达 120 余家，签约堆场 80 余家，业务范围遍及全国 40 个网点，200 余个办理站，拥有 50 余条成熟线路，并可以提供自备箱网络化物流管理服务，目前业务范围还在不断扩大中。

所获荣誉：先后荣获 2008 年度第六届中国货运业最佳货运代理公司网络覆盖十佳企业和最佳货运代理公司中西部地区最佳银奖；荣列 2011 年度中国货代物流百强排名榜第 35 名，陆运二十强榜中排名第三；荣列 2012 年度中国货代物流百强排名榜第 34 名，陆运二十强榜中排名第三；荣获“新亚欧大陆桥开通运营 20 年突出贡献企业”荣誉称号；荣获“2012 大陆桥运输杰出企业奖”和“2012 最具创新大陆桥运输企业奖”。

公司拥有一支国际化、高素质的业务团队，拥有各种先进的信息系统，拥有集卡车车队、集装箱堆场，11000 余只自备箱，可以为广大客户提供先进的、及时的、便捷的物流服务。

客户服务电话：**400-817-9988**

联系人：陆先生、赵女士

公司地址：北京市丰台区六里桥北里甲 1 号悦都大酒店 12–15 层

邮编：100161

华南城集团

中国现代综合商贸物流
规划、建设和运营领航者

华南城是集多产业门类为一体的现代综合商贸物流基地，
每一座华南城都位居国家战略经济发展高地，业务遍布中国区域核心城市，
迄今开发建设并运营了深圳、南宁、南昌、西安、哈尔滨、郑州、合肥等地项目，
多业态专业市场、仓储物流配送、综合商业、电子商务平台、
会议展览、生活配套及综合物业管理是华南城七大核心业务。

華南城
China South City

客服热线 400 789 1668
www.csc86.com

深圳·华南城

规划总建筑面积260万平米
计划总投资80亿元人民币

南宁·华南城

规划总建筑面积488万平米
计划总投资120亿元人民币

南昌·华南城

规划总建筑面积428万平米
计划总投资100亿元人民币

西安·华南城

规划总建筑面积1750万平米
计划总投资200亿元人民币

哈尔滨·华南城

规划总建筑面积1200万平米
计划总投资200亿元人民币

郑州·华南城

规划总建筑面积1200万平米
计划总投资200亿元人民币

合肥·华南城

规划总建筑面积2000万平米
计划总投资200亿元人民币

香港咨询处：
香港九龙尖沙咀广东道15号港威大厦永明金融大楼22楼2205-07室
Suites 2205-07, 22/F Sunlife Tower, The Gateway, 15 Canton Road, TST, HK
电话 Tel:852-3188 3118　　传真 Fax:852-3188 1323

集团总部地址：
中国深圳市龙岗区平湖华南大道一号(邮编：518111)
No.1 Hua Nan Main Road, Pinghu, Longgang District, Shenzhen, PRC
电话 Tel:86-755-2849 8888-8108　　传真 Fax:86-755-6126 6518

长久物流
CHANGJIU LOGISTICS

北京长久物流股份有限公司是长久集团核心子公司，总部设立在北京，被国家评为“5A级综合物流企业”。2008年，长久物流成为北京奥运火炬传递全程物流服务唯一指定承运商。2012实现商品车运输近130万台，获“中国物流业大奖——2012汽车及机械物流最佳企业奖”、“2012年度中国最具投资价值物流企业”等称号。

经过20年的专业积累，北京长久物流股份有限公司已形成以华北、东北、华东、华南、西北、西南为基地的全国汽车物流资源网络布局，为众多汽车生产企业提供专业的物流规划、运输、仓储、配送等相关服务。长久物流已发展成为国内大型现代化民营汽车物流企业，在中国汽车物流行业中位居三甲之列。

长久物流合作伙伴

mazda Audi 奇瑞汽车 TOYOTA 一汽轿车 Ford

KIA 长城汽车 Great Wall 北汽集团 BAIC Group PEUGEOT CITROËN 中国重汽 DFM 红岩 开瑞绿卡

地址：北京市朝阳区东三环北路霞光里18号佳程广场B座7层
电话：010-57355999　传真：010-57355800
网址：www.changjiulogistics.com

星沙物流
SINSA LOGISTICS

厚德载物

星沙物流

文化建设

“厚德载物、天人合流”是星沙物流人崇尚的企业精神和矢志不渝的追求目标！

“德”是中华民族绵延孜求的至高情操，自周君始，至孔子盛，确立了以“德”为先的核心价值理念，“德”涵盖了忠、孝、仁、义、礼、智、信等囊括美好品行的道德范畴，绵延3000载，弥久盛行。当今企业广为奉行“德经”，湖南星沙物流投资有限公司尤其厚崇重践。

《易经》云：“地势坤，君子以厚德载物”，意为君子应效法天地，在学、行诸方面，应重视品德、增厚美德，心胸像大地一样能容载万物。德发乎于人之心，心人相通；人源于天地，天人相融，天人相通，人心合一，天人合流。星沙物流遵其言、融其行、初品其乐矣。

湖南星沙物流投资有限公司作为一家现代物流企业，以“厚德载物、天人合流”为企业文化的核心。

在文化思想上，星沙物流以“德”为先、坚持社会主义文化价值观，通过多元文化的融合、实践、创新，使企业综合实力得到了发展，使“德政”文化成为了星沙物流的鲜明特征，以文化品牌为基石，促进了企业品牌的提升；

在经营理念上，星沙物流严格恪守商业道德、勇于担当社会责任、坚守诚信经营、不为厚利所惑、协伴同舟共济；

在管理理念上，星沙物流中外兼蓄、怀柔重义、继承民族传统术道、借鉴域外管理精华，他山之石攻其玉、广纳百川聚成洋；

在团队建设上，星沙物流奉行以人为本、人荣企兴，给员工以尊严感、安全感，培养职业精神和价值取向。专业素养、文化素养、道德质量三融合，致力打造一支具有高度文化自觉和自信、综合素质至上的一流团队。

湖南星沙物流投资有限公司在“厚德载物、天人合流”的优秀传统思想的指导下，厚德重人，顺应时代规律，提升文化实力，创造和谐氛围，固其基、强其体、旺其魂、塑其神，着力提升星沙物流的凝聚力和核心竞争力，此乃星沙物流兴业要旨！

地址：湖南省长沙市芙蓉区隆平高科技园雄天路98号　电话：+86 0731-82956099 82958758
传真：+86 0731-82958000　网址：www.sinsawl.com

天人合流

企业文化与品牌建设

品牌建设

湖南星沙物流投资有限公司成立于1999年，注册资金1亿元，是一家现代物流企业，经营范围：物流基础设施投资与运营、物流金融服务、第三方物流服务等。下属企业有湖南星沙物流储运有限公司、邵东星沙物流股份有限公司、湖南广发隆平高科技园创业服务有限公司、长沙广发隆平标准厂房开发有限公司，参股湖南星沙农村商业银行。

星沙物流自创立以来，通过传统文化思想与现代企业经营理念相结合、企业文化建设与企业品牌建设相结合、企业发展与员工培养相结合的方式，秉承服务创造价值、合作成就未来的原则，引领企业发展。

星沙物流2005年通过了ISO 2001国家质量体系认证，根据国家标准委员会颁布的（GB/T 19860—2005）物流企业分类标准，被中国物流与采购联合会评定为综合类AAAAA级物流企业，注册商标“星沙物流”被湖南省工商行政管理局评定为湖南省著名商标，获“湖南省十大商贸物流领军企业”称号，多次被评为湖南省“重合同、守信用”单位。

星沙物流董事长尹国杰先生，高级物流师，全国物流行业劳动模范，中国物流与采购联合会常务理事，湖南省物流与采购联合会执行会长，湖南省物流专家委员会副主任委员，湖南省物流标准化委员会副主任委员，湖南省商务厅商务专家咨询委员会委员，湖南星沙农村商业银行董事，湖南工商界百位诚信人物，中南林业科技大学兼职教授，湖南商学院客座教授，任《湖南省现代物流发展研究报告》主编。

湖南星沙物流投资有限公司在投资物流基础设施方面，先后投资建设了星沙物流中心、邵东星沙物流园、双峰丰厚物流园、广发隆平高科技创业园、长沙大河西高科技创业园等一批物流基础设施项目。现在，星沙物流共有标准仓库16万多平方米，标准化厂房8万多平方米。通过以上项目的建成和运营，星沙物流夯实了基础、做大了规模、壮大了实力。

在物流金融产品的开发和服务方面，星沙物流根据现代物流供应链的特点，于2003年推出了物流金融服务产品，通过将商品等价物转化成金融等价物的原则，采用动产质押、动产抵押等模式，对质押物、抵押物实施自有库监管和输出监管，从而盘活了中小企业流动资产，突破了中小企业融资难的瓶颈，拓展了银行的信贷业务、降低了信贷风险，星沙物流已与工商银行、中国银行、交通银行、农业发展银行、浦发银行、华夏银行、民生银行、长沙银行、华融湘江银行、湖南星沙农村商业银行等10多家金融机构开展该项业务合作。目前，该业务已覆盖全省14个地州、市，累计为300多家中小企业解决了融资难题，融资额达60多亿元。

在第三方物流服务方面，星沙物流为企业提供整体物流外包服务、国际物流服务、多式联运服务、物流配送服务。星沙物流开展物流业与制造业的联动发展，并被国家发改委列为全国“两业联动”示范单位。经过多年的经营和拓展，星沙物流开辟了物流运输专线200多条，拥有运输车辆600多台，开设物流网点300多个，网点覆盖全国各省、自治区、直辖市，并为九芝堂、三一重工、中联重科、山河智能、华天铝业、恒天九五、荣诚鞋业等企业提供第三方物流服务。

未来，星沙物流将以物流基础设施投资为主导、以物流金融服务为核心、以第三方物流服务为支撑，做大、做强、做专星沙物流品牌，引领湖南物流产业，促进区域经济协调发展，切实为湖南经济结构调整、产业升级转型、商贸流通畅达贡献力量。

湖南星沙物流投资有限公司将坚守“服务创造价值，合作成就未来”的经营原则，本着“让优秀企业成为我们的客户，让我们的客户成为优秀的企业”的经营宗旨，愿与广大企业携手共创美好未来！

HurryTop 华运通物流

CNL China Network Logistics

上海华运通仓储配送有限公司，成立于2005年，前身是华运通物流有限公司（1999年注册）。2007年被香港China Network Logistics Limited(以下简称CNL)并购后，成为港商独资企业。注册资金为3627万元人民币，投资总额4760万元人民币。此后，CNL又先后并购了上海辉鹏物流有限公司、上海虎韵物流有限公司、上海华云通实业发展有限公司、廊坊市华运通危险品运输有限公司和安徽华运通物流有限公司。其战略目标是通过资本运作整合国内物流服务市场、创建一个大型物流企业、在2～3年后实现海外上市。业务范围涵盖企业合同物流、国际货代货运、外贸分销。CNL旗下的三个知名品牌为"华运通 HurryTop"、"华运通·达 华运通·达"和"飞鹏"。

华运通是国内知名的第三方物流企业之一。在全国建立了由30多个分公司或办事处组成的物流网络，业务覆盖了除西藏以外的所有地区，为包括宝洁、飞利浦、联合利华、卡夫、丰田、汉高等20多家500强企业及海尔、光明、伊利、泸州老窖、TCL等20多家国内著名品牌企业提供全方位的供应链服务。

公司提供的服务内容涉及原材料物流、成品物流、分销物流、反向物流、售后服务/备品备件物流、危险品物流等。华运通针对不同行业，提供家电、食品、饮料、日化、化工、冷冻冷藏等全套解决方案。

公司的所有业务均建立在国内领先的LMS系统上（LOGISTICS MANAGEMENT SYSTEM），包括仓库管理系统（WMS）、运输管理系统（TMS）及物流信息交换平台LIS（LOGISTICS INFORMATION EXCHANGE PLATFORM），对运作进行实时管理。系统均基于WEB网络，提供良好的用户接口，随时接受客户查询和监控。

华运通有着一批同行业中引以为豪的管理队伍。公司业务骨干均在物流领域有着多年的实践经验。公司管理层绝大多数拥有硕士以上学历，平均年龄38岁，是一个充满朝气和活力的团队。

华运通矢志成为中国优秀的、成功的供应链服务提供商。

集团新动向——B to C业务

华运通·达 作为华运通旗下的快递品牌，以电子商务物流为导向，提供快递、代收货款、逆向物流、仓储和流通加工一条龙服务。

随着B to C业务优势的凸显，公司高度重视物流信息实时、自动化应用，相继采用TMS、WMS、EDI 、DPS和自动分拣机等先进技术，打造信息网络平台，为电子商务类型的客户提供定制的多样化的物流服务。

华运通背景

- 成立于1999年4月
- 多次被国家著名咨询公司和投资银行评为“中国领先的第三方物流企业”
- 总部设在上海，拥有7家分公司和30个物流中心，物流网络覆盖了全国所有的地级和县级城市
- 100万吨年货运输吞吐能力
- 30万平方米专业化管理的仓库
- 50多家世界500强企业选择华运通为长期供应链管理及服务伙伴
- 500多个全国主要城市机构的华运通物流网络

荣誉和资质

- 国家级4A级物流企业
- 获得ISO 9001：2008公司质量管理体系认证
- 中国物流发展重点联系企业
- 被国际著名管理咨询公司美世咨询（Mercer）评为中国知名的第三方物流企业
- 荣获美国供应链协会（CSCMP）颁发的“2006年度优秀供应链管理解决方案及应用案例”奖
- 指定的税务试点物流企业之一
- 中国物流与采购联合会理事单位
- 中国电子商务协会理事单位
- 中国仓储协会理事单位
- 上海物流协会理事单位
- 上海市诚信企业

地址：上海市嘉定区兴邦路333号
邮编：201815
电话：021-60706100
传真：021-60706101
网址：www.cnlgroup.cn
邮件：gm@hurrytop.com

一汽物流
稳中求进 创新发展
打造支撑一汽集团发展的
一体化、网络化、信息化、精益化物流体系
一汽物流有限公司是一汽股份有限公司的全资子公司。主要为一汽提供产前、产中、产后全方位的物流服务，是一汽的主要物流供应商。公司在全国有整车仓储基地76万平方米、高标准库房11万平方米、铁路专用线47公里、内燃机4台、铁路货车50辆，有叉车、吊车、轿车运输车、集装箱及封闭式零部件运输车等专业物流设备2700余台；掌控商品车发运专用车7000余台；资产总额18.27亿元。
2012年，公司实现营业收入和利润总额分别同比增长24%和122%。公司累计发运商品整车210万台，具备了月发运超过20万辆商品车的能力；整车发运到货准时率达到93%，整车发运到货准时率、商品车综合质损率、交通事故控制率等重要KPI指标均有较大幅度改善。
整车物流资源网络化建设日趋完善，驻外机构已覆盖全国20多个大中城市，对流网络资源布局稳步拓展；在全国多地设置了中心库、中转库，仓储面积已超过100万平方米。
天津物流部被列为公路甩挂运输第二批试点单位；成都子公司在大众康采恩组织的两次奥迪特评审中，整车仓储业务获得了92分和93分的好成绩；成都物流基地NCS动力总成物流配送优化改进项目，在天津夏利站比赛中还荣获了“一汽集团服务质量改善明星”称号。
地址：长春市东风大街7088号 电话：0431-85983446 Email：webMaster@faw-logi.com

河北港口集团
HEBEI PORT GROUP

打造“四商合一”现代卓越港口集团

河北港口集团有限公司（简称河北港口集团）是集港口建设、开发、国有资产运营、管理以及投融资功能于一身的综合性企业集团。2012 年完成港口吞吐量 3.49 亿吨，实现物流收入 30.55 亿元，是当今世界最大的干散货港口运输企业。

河北港口集团坚持以科学发展为主题，以转变发展方式为主线，以实现国际化发展为方向，按照“以港为基、跨区经营、开放多元、转型升级”的思路，积极实施“走出去”和“引进来”的开放战略，着力打造资本和信息服务两个平台，大力发展港口经营、建设及配套服务，港口物流，其他水上运输辅助服务三大主业，努力构建港口经营、物流服务、地产开发、投资金融和综合服务五大板块，积极开展港口主业、港口物流、港口建设、港机制造、港口地产、港口服务、资源开发和资本运作八项业务，加快建设秦皇岛、唐山、沧州三大港口基地，最终形成以秦唐沧三大港区为载体、物流项目为辐射节点、集疏通道为纽带的港口物流网络，把企业打造成为集码头运营商、资源开发商、资本运营商和综合物流服务商于一体的大型综合性卓越集团公司。“十二五”末资产总额达到 600 亿元，年营业收入 300 亿元，年利润总额 20 亿元。

网址：www.porthebei.com　地址：河北省石家庄市裕华东路 45 号　邮编：050019　电话：0311—87901111　0335—3092114

JinJiang Dry-port

环宇物流

环宇物流（福建）有限公司集团总部位于海西经济活力区——晋江，是专业从事航空货运、集国内物流和外贸物流于一体的第三方物流企业。公司在全球各地合作运营网点共102个，形成以福建晋江、厦门、福州为枢纽，上海、北京、深圳、沈阳、大连、温州、长春、哈尔滨等各大城市为重要节点的物流网络。

2010年4月，环宇物流投资开发建设泉州晋江国际陆地港项目。晋江陆地港依托晋江高铁货运站，总规划面积2500亩，总投资70亿元。晋江陆地港规划建设五大功能区域，包括通关监管区、公共服务区、综合保税区、商务配套区和采购交易区，将建设成集口岸服务功能和交易、保税、集拼、中转、仓储、加工、配载、配送、商业配套等“一条龙”物流服务的现代化内陆口岸。

1. 以强大的品牌优势增强企业实力

公司自有土地586亩，资产规模在整个泉州地区第三方物流行业中名列前茅。一期建设集装箱堆场30000平方米，标准钢结构仓库24000平方米，标准写字楼5000平方米，宿舍楼6000平方米，拥有叉车、堆高机、正面吊等完备的堆场/仓储作业硬件设施。

2. 以信息化的管理强化企业服务

公司在软件方面拥有先进的ERP管理系统，专业的集装箱数据管理系统、仓储管理系统、运输配送管理系统，通信设施完备。公司制定完备的集装箱堆场作业规范及相关管理制度、仓储装卸、运输配送等相关物流服务规范及KPI考核制度，实现物流服务项目及人员的有效管控。

3. 以优秀人才打造卓越的专业团队

公司拥有一支具有市场经济服务意识、物流操作管理经验丰富和训练有素的人才队伍。公司以科学的人才培养方法，有效的激励机制、公平的竞争平台、广阔的职业发展空间，使得每位员工都能充分体现自我价值，达到员工与企业的共同发展进步。

4. 以精细化的管理模式提升竞争力

公司为制造业提供符合国家相关仓储规定的仓储库位，规范的仓库货物进出交接签收制度，合理的装卸/堆垛服务，规范的进出理货服务，保证存储货物安全，货物进出规范有序，库存货物管理有效。

5. 以企业文化建设创新提升影响力

公司用培训打造文化，让个人目标与企业目标发展相结合，塑造有凝聚力、执行力、战斗力的团队。“为客户创造价值、为员工创造机会、为社会创造效益”的核心价值观，在日常生产经营管理中积极实践。建设敢于创新精益求精的创新文化。

6. 以创新多元化物流服务推进企业发展

公司在完善企业通关服务的基础上，进一步完善规划建设泉州新型综合保税区。依托港区通关功能和保税功能互为结合的优势，根据大泉州地区和腹地经济发展特点，规划发展生产物料进口商品交易市场、进口快速消费品交易市场、对台商贸市场等项目。通过临港交易市场的发展，融合交易（电子商务）、物流、金融、信息运作为一体，为客户提供物流和金融集成式的创新服务。

用心传递服务　速度创造价值

地址：晋江市内坑镇物流园区晋江陆地港通关中心四楼
电话：0595-68583666　传真：0595-85613002

百盟集团 BRANDMONT | 光彩物流基地

—物流·汽车·机械/2000亩产业商铺—

光彩物流基地 财富新领地!

百盟光彩 品牌凝聚力 共创财富未来

襄阳光彩国际物流产业投资有限公司隶属湖北百盟集团，成立于2011年，是为开发光彩物流基地而专门设立的投资开发公司。

秉承“致富思源、回馈社会”的企业精神，继成功开发华中光彩大市场、光彩工业园、光彩国邦物流园等项目后，百盟集团针对襄阳“北拓”的大好时机，抢抓机遇、因势利导，总投资22亿元，总占地2000亩的光彩物流基地应运而生。

光彩物流基地紧邻汉十高速，地处襄阳北万亩产业群的核心，周边大型的产业集群高达十多个，包括二汽东风产业基地、本昌钢铁物流、格力乾通物流、深圳工业园等，地理位置十分优越。项目包括光彩国际汽车城、光彩国际物流园和光彩国际机械城三大板块。

光彩国际汽车城——华中地区规模大、设施齐全的汽车市场，集一线、二、三线轿车形象展示、销售、缴税、保险、车管、办证上牌、修理、汽车美容、二手车检测交易、金融、酒店、宾馆、超市为一体。目前已吸引包括法拉利、路虎、保时捷、雷克萨斯、奔驰房车、宝马MINI、英菲尼迪、凯迪拉克、东风雪铁龙、东风风神、长安福特、上海通用、比亚迪、中华、五菱、昌河、依维柯、金杯等在内的众多国际、国内汽车品牌强势加盟。

光彩国际物流园——华中区域内先进的物流园区，按国际标准规划，是省市区三级政府倡导的华中地区的物流园区重点建设项目、襄阳市2012年大型的投资项目，融合运输业、仓储业、货代业、信息业及金融、行政办公等综合配套于一体的复合型服务综合园区。其中即将建成的物流信息交易中心是湖北三大物流信息平台之一，规划约3万方体量，采用全球先进的物流运作管理系统GLOMS，同时引入客运班车运营理念，采用定站、定时、定线的方式运输，使物流变得更加智能化、高效化，可大大提高运输效率并降低运输成本。目前已有500多家物流信息商户积极入驻物流信息交易中心，仓储、零担入驻商户也已超过300家。

光彩国际机械城——区域内规模大、品牌集中的整合型机械市场，包括工程机械、重型机械、建筑机械、农业机械、机电机械、机床工具等相关配套行业，集展示、采购、交易、仓储、配送为一体，将打造成为中部地区二十年不落后的标准工程机械市场。目前已有徐工集团、山东临工、三一重工、厦工机械、时风集团、中国五征、东方红、千里马叉车、江淮叉车等众多机械行业品牌强势加盟。

目前光彩物流基地的建设、招商形势一片大好，即将迎来五、六月份的盛大试营业，展望未来，一座产业新城已蔚然成形，必将强力带动整个襄阳北的经济发展。

项目鸟瞰图

万亩规划图

汽车标铺效果图

财富热线：0710－2885555\6666

国际免费热线：400-110-2788

项目地址：湖北省襄阳市汉十高速襄阳北出入口处（二汽高速出口）

市内乘568（火车站－光彩物流基地）直达

市内营销中心：春园路与三元路交汇处（蓝钻领域）

网址：www.ccgc56.com/

策划代理：

总策划：刘翀云

山东盖世国际物流集团

Shandong Gaishi International Logistics Group

山东盖世国际物流集团是一家以物流业为核心的大型综合企业集团，自 1998 年起步，借助现代物流业发展的大好机遇，实现了超常规发展。目前集团总资产 100 亿元，占地 7000 亩。拥有济南总部、齐河冠威、济阳济北三个大型物流基地，仓储面积 150 万平方米，冷库 20 万吨。入驻了海尔、国美、中远等 1000 余家国内外知名企业，成为全国规模最大的综合性物流园区之一。盖世集团发展成果主要体现在以下方面：

一、开创了独特的商贸物流园区运营模式。集团探索并创立了储运、流通、综合服务三大功能园区互为依托、优势互补，市场与物流“一体化发展”、“一站式运作”的独特运作模式，为济南市打造了一个规模宏大、体系完善的公共物流服务平台。

二、打造了大型农产品和冷链物流平台。为发展农产品物流，集团 2004 年投资建设了盖世物流农贸大市场，2007 年集团再次规划建设了 20 万吨冷库，目前发展态势良好，作为全国食品冷链物流定点联系企业，为济南市农产品物流产业的改造提升打下了坚实基础。

三、开始构建多园协同的盖世物流服务网络。集团自 2009 年起，先后在德州市齐河县、济南市济阳县开发建设高标准物流园区，逐步建立多园协同、服务济南、覆盖山东、辐射全国的盖世物流服务网络。目前齐河园区引进了格力、安得、宝供等大型知名企业，济阳园区已建成仓库 10 万平方米，目前已有海尔物流、旺旺食品等大型知名企业入住。

四、打造数字化物流园区，全面提升物流信息化水平。集团先后投资 5000 万元用于信息化建设，构建物流信息服务平台。为进一步提高信息化水平，2010 年集团以省经信委牵头的全省公共物流信息平台建设为契机，启动了山东盖世数字化物流园区项目建设，目前项目一期已投入使用。

随着集团不断完善和壮大，公司得到了各级政府和社会的广泛关注与支持，品牌建设取得重大突破。集团目前拥有中国 5A 级物流企业、中国物流百强企业、中国物流示范基地、中国物流产学研基地四项国家殊荣。被山东省政府认定为重点服务业企业和重点服务业园区，先后荣获山东省服务名牌、山东省消费者满意单位、山东省物流信息化示范单位。“盖世”获评山东省著名商标。

服务八方　物流天下

广东物资集团公司
GUANGDONG MATERIALS GROUP CORPORATION
广东物资集团公司是广东省属大型国有企业，是国家重点培育的全国20家大型流通企业之一。主要从事金属、汽车、煤炭、石油化工、木材等生产资料贸易和物流、房地产、类金融等业务，是华南地区生产资料贸易行业中发展历史悠久、经营规模大、服务功能齐全的流通企业。集团连续10年入围中国企业500强，位居广东入围企业前列。近十年来，集团主营的汽车、钢材、煤炭等产品均占据广东省较大市场份额。
做具有国内引导力、国际竞争力的
现代供应链集成服务商
MQ05
安全负荷35t(吊具下)
地址：广州市北较场横路12号物资大厦 邮编：510050 传真：(020) 83834274 网址：www.gdwz.com.cn

中物华商国际物流股份有限公司

中物华商国际物流股份有限公司（以下简称公司）主要提供基于制造业、工程、国际贸易和国内贸易的全供应链综合物流服务，致力于成为最值得信赖的供应链集成服务商。

公司注册资本1.2亿元，下设六个事业部：冶金物流事业部、能源物流事业部、消费品物流事业部、供应链管理事业部、国际物流事业部和工程物流事业部。

公司拥有一支物流理论与实践丰富、职业素养出众、富于创新精神的专家管理团队。公司拥有具有雄厚的理论功底和丰富的实践经验的高管团队；拥有国内知名的专家顾问团队以及由国内行业协会领导、国内知名专家组成的独立董事团队。

公司拥有完善的实体平台和虚拟平台。坚持网络化发展战略，在加拿大、菲律宾、香港等设有境外分支机构；在上海、安徽等地设有八家（分）子公司。公司已开始启动曹妃甸国际物流园的建设。该项目是公司独立运作的大型物流项目，总占地3855亩，将建设成为功能齐全，设施先进，涵盖“三大平台、十大中心、两大基地”的装备物流园，并拥有四个10万吨级的码头。公司正在打造在全国范围内的基于分、子公司以及物流基地的实体平台，同时正在构建生产资料以及消费品的电子商务平台，并构建独具特色的物流金融平台。

公司注重研发，不断创新，走可持续发展之路。联合包括金融、制造、流通等多行业，多业联动，共同发展。公司与多家央企、地方国资企业、国内知名龙头企业、境外上市公司、知名学府及研究机构签订了战略合作协议，如中铁十二局集团公司、京粮集团、泰达物流集团、北京交通大学等，为客户和合作伙伴不断提升价值。

公司技术力量雄厚，有较强的诊断分析能力；供应链综合解决方案的制定能力；综合一体化的物流、商流、信息流、资金流的运作实施能力；多种资源的整合能力；先进物流技术实施能力；物流服务创新能力；流程管控和风险防范能力。

公司拥有的资质包括：货物进出口资质、自理报检单位资质、中国民用航空运输销售代理业务国际一类货运和国内二类货运资质、粮食收购许可证、道路运输经营许可证、预包装食品流通许可证、酒类流通许可证、煤炭经营资格证等。

公司是中国物流与采购联合会和北京市商委重点联系企业，是中国物流与采购联合会常务理事单位、北京物流协会副会长单位、河北省改革战略研究会副会长单位、国家5A级物流企业评估委员会成员单位、《现代物流报》专家组成员单位、北京交通大学物流专业教学指导委员会专家指导组成员单位、中国物流产学研基地。“中物华商，让世界更流畅！”被央视网评为国内最具号召力的企业口号。

中物华商国际物流股份有限公司将秉承诚信、专业、创新、共赢的价值观，创通达方略，绘经纬蓝图，致力于成为最值得信赖的供应链集成服务商！

中物华商，让世界更流畅！

业务板块和运作模式

*基于制造业的综合物流服务
- 实施订单管理
- 采购渠道管理优化、采购执行
- 综合运用多种物流技术，厂内物流优化
- 销售渠道管理及优化、分销执行
- 售后服务

*基于工程的综合物流服务
- 优化施工物流方案
- 物资管理外包服务
- 大件设备物流服务
- 采购及物资供应
- 重要物资全寿命周期管理
- 金融物流服务

*基于国际贸易的综合物流服务
- 全球采购及销售
- 通关代理及保税
- 全程基础物流服务
- 金融物流服务

*基于国内贸易的综合物流服务
- 国内采购及销售
- 客户渠道管理
- 全程基础物流服务
- 金融物流服务

联系电话：010－52818901
传　　真：010－52818900
网　　址：www.cclic.com.cn
地　　址：北京市西城区闹市口大街1号院
长安兴融中心2号楼3层
邮　　编：100031

中国西部现代物流港

SUINING CHINA

中国 · 遂宁

SuiNing China

中国西部现代物流港

通达四海无水港 绿色物流千亿园

中国西部现代物流港地处中国流通领域现代物流示范城市、四川省第二大交通枢纽城市—遂宁市主城区西南部。是全国流通领域现代物流示范城、国家现代服务业物流产业化基地、中国物流示范基地、四川省成长型特色产业园区、四川省生产性服务业功能示范区、四川省新型工业化产业化示范基地和四川省电子商务示范基地。

中国西部现代物流港首期规划面积20平方公里，拓展区40平方公里。按照现代化、智能化、集约化要求，物流港将首期20平方公里划分为物流核心功能区、商流核心功能区、配套服务区和临港产业流通加工及配送区四大板块。自2008年正式开工建设以来，共引进平台项目67个，吸引投资399亿元，累计完成投资159亿元。2012年物流港社会物流交易额突破60亿元。海关监管区将于2013年11月开关营运。园区的开发建设得到了中央、省、市各级领导的亲切关怀和社会各级的大力支持。

远成物流中心：项目由远成集团有限公司投资建设，总占地面积约1790亩，总投资80亿元。建设内容为：物流配送中心、数字立体仓储库、商贸流通品交易区、商务办公区、会展展示中心、电子商务交易区、结算中心、保税物流区、超五星级国际品牌酒店、高端住宅大厦、总部经济区等。该项目已于2013年年初开工建设，建设周期36个月，2015年年底全面建成，将解决就业2万人，可实现年销售收入100亿元。

健坤国际商贸城：项目由香港健坤国际集团投资打造，总占地面积2133.25亩，总投资75亿元，包含交易市场、中心商业服务区、仓储区、产业孵化区、配套住宅区五大板块。整个项目投入使用后，预计入驻商家约2万家，年交易额超过500亿元人民币，可提供10万个就业岗位。

铁路物流园：项目由四川省威斯腾物流有限公司投资建设，总占地面积约1200亩，总投资17.87亿元，包括铁路专用线、仓储配送区、大宗物资集散交易区、海关监管区、综合服务配套区五大部分，拟建设以铁路货运专用线为核心依托的集现代仓储、大宗物资集散交易等功能于一体的综合性现代物流项目。

安东石油遂宁产业总部基地：该项目由安东石油技术（集团）有限公司投资建设，总投资30亿元，占地200亩，实际完成投资10亿元，建设西南石油服务基地。项目建成后，可实现年收入50亿元。

招商热线：0825-6801029 传真：0825-2710005 地址：四川省遂宁市船山区玫瑰大道中国西部现代物流港管委会

南光物流

南光物流有着悠久的历史，长期以来一直致力于配合国家和澳门每一个重要经济发展时期的经济建设，对我国的经济发展起到了积极的推动作用。随着南光（集团）有限公司“根植澳门、进军内地”的发展战略的逐步推进，南光物流率先将物流业务延伸到珠海及内地其他地区，在珠海保税区、珠澳跨境工业区和珠海高栏港等地建立了大型物流基地，通过配套齐全的“一条龙”综合物流服务建立起内地与澳门便捷、高效的物流通道；同时在上海及广州等城市设点，着手在内地经济发达地区通过投资、兼并、参股和控股等多种途径进行物流网络布局。通过在资源整合型的供应链物流、商贸物流以及第三方物流等领域的研究探索，努力成为澳门地区具有最强实力的综合物流运营商，成为珠海、内地和细分行业具有品牌影响力的第三方物流和供应链管理运营商，成为链接内地与葡语国家商贸往来的具有竞争力的综合物流服务商。

近年来，南光物流凭借在粤澳地区的综合物流竞争实力，积极推进业务模式的转型升级，利用现代化的物流信息系统，在珠海地区大力培育高端保税物流，发展形成了主要为生产型企业的供应商提供VMI和JIT服务的物流模式，为广大客户提供优质服务。同时，南光物流在澳门特区政府产业适度多元化的方针指引下，大力推进会展物流和会展搭建的发展，取得了较好的经济效益和社会效益。2012年出色地完成第二届中国（澳门）国际汽车博览会、游艇展以及首届公务机展的主场物流和主场搭建总承包任务，社会影响巨大。

南光物流有限公司全体同人
真诚地希望与大家合作
实现我们之间的共同理想和双赢目的

惠龙港国际
WELLONG PORT INTERNATIONAL

惠龙港国际钢铁物流基地

——客户为根　服务为本

惠龙港国际钢铁物流基地占地 1500 亩，建设 5000 吨至 70000 吨的对外开放码头泊位 10 座，大型铁路接卸货站 1 座，海关公共保税和出口监管仓库各 1 座，全国大型的钢材期货交割库 1 座，货物监管和贷款担保平台各 1 个，全球可视化以及 IC 卡加 PDA 的信息化系统 1 套，钢材系列加工生产线 11 条，交易配套用房 17 万平方米。

基地建设项目选址在具有江海河、水铁公六位一体交通运输优势的镇江市。这里是江苏省的中心，长江和京杭大运河在这里十字交汇；是沪宁、宁通、京沪、宁杭 4 条高速公路和沿江高等级公路、312 国道、机场快速通道的集点；润扬长江公路大桥距惠龙大门仅 800 米，与京沪铁路主线相距只有 1200 米。

惠龙港国际始终推崇“服务创造价值”这一核心理念，创造性地为入驻户提供全方位的增值服务，并提出具有惠龙特色的“三二一”服务承诺，即：

三个平台

担保与监管相结合的融资平台；

期货交割与现货市场相结合的交易平台；

海关保税仓库和出口监管仓库与对外开放码头相结合的跨区营销及进出口平台；

二个中心

集中仓储与分类成材相结合的加工中心；

网上交易与在线配送相结合的配送中心；

一站式服务

实行“客户经理”负责制，从工商注册、税务登记、银行开户、船舶靠港签证、进出口报关报检等全方位一站式服务。

基地已成为：中国钢材期货目前已核准的大型交割库、江苏省现代服务业集聚区、江苏省钢铁物流基地、中国 4A 级物流企业。同时，惠龙港国际还被国务院发展研究中心、中国物流采购联合会、中国钢铁工业协会认定为“中国钢铁物流运营模式及其支撑技术标准实验示范基地”，成为钢铁行业现代物流模式及其支撑技术与标准的国家级示范工程。

惠龙港国际钢铁物流基地自 2010 年 1 月正式开业运营，实现近期目标：2012 年引进入驻企业 249 户，全年开票销售达 310亿元。成为国内钢厂和贸易商在华东地区的钢铁集中分销地，国外客商从中国进口钢铁的集中采购地和长江上游钢厂内外锚链钢原料和成品钢转运的集散地。在未来 5 年内发展成为国内钢铁交易和钢铁物流两大业务领域居主导地位的大型企业集团。实现年基地销售超 1000 亿元人民币的目标。形成立足华东、辐射全国、面向全球、具有标准输出集中分销，分级网络化转运与先进的钢铁电子交易平台相结合的强大辐射功能。通过客户的不断积累进一步加速推动惠龙港周边产业集群的形成。

整合提升供应链，打造千亿钢铁物流基地！

惠龙港国际钢铁物流股份有限公司　　地址(ADD):江苏镇江金桥大道88号　　邮编(P·C):212002　　电话(Tel):0511－85898888

BLC

武汉东西湖保税物流中心

武汉东西湖保税物流中心（以下简称“中心”）以推进现代物流业发展为目标，通过法国葡萄酒保税区和全球商品采购中心两大项目，打造特色板块，逐步形成进口商品和高新技术产品的国际商品展示交易中心；与天河机场签订区港联动协议，通关量再创新高。

法国葡萄酒保税区：中心与法国西南贸易促进会签订协议，在中心内设立法国葡萄酒保税区，将其打造成为法国进口葡萄酒乃至进口食品的华中集散中心。

全球商品采购中心：中心与中国国际贸易学会国际品牌管理中心签订协议，建设中部地区首个全球商品采购中心。通过统一布局、统一发展、统一采购、统一分销、统一服务，打造“全球采购、全国分销”模式，获得进口商品定价权，从而实现商务部提出的“创新流通模式，降低进口消费品价格”的要求。

目前国际商品展示交易中心引进红酒企业4家，在谈企业4家，年销售红酒50万瓶。

区港联动：区港联动不仅方便企业，还将增加中心的通关来源。中心与天河机场签订区港联动协议，将武汉机场空港的港口功能延伸至武汉东西湖保税物流中心，使中心成为虚拟空港，具有集疏、储运、包装、理货、配载和分送等综合功能的空运始发地和目的地。

2012年，保税物流中心服务企业100多家，服务范围覆盖湖北、安徽、山西等10省市，进出口业务达24172票，征收税款达3.86亿元人民币。中心全口径财政收入实现2.66亿元，同比增长33%；同时经济结构不断调整，先进制造业和现代物流业进一步发展壮大，高科技企业、电子商务企业快速发展。

2012年，保税物流中心继续加大招商引资力度，推进现代物流、电子商务、国际商品展示交易中心等几大板块的建设。园区注册企业408家，同比2011年增长17%。引进DHL武汉物流中心、美国安博武汉物流基地、国电集团下属公司国电航运有限公司、中通速递华中总部、德邦物流二期等项目。亚马逊二期、苏宁电器华中物流基地、九州通现代医药物流园等重点项目建设进展顺利。

下一步将尽快转变职能，完成武汉吴家山经济技术开发区“现代物流产业发展规划”，推进经开区现代物流业发展，拟定全区交通物流发展规划及有关政策，提供信息与服务，推进传统运输业向现代物流业转型，推进重点交通物流基地基础设施建设和信息化建设。

开拓创新

打造物流强区

地址：湖北省武汉市东西湖区高桥三路189号 | 电话：027-83264010 | 传真：027-83264010

SWIRE COLD CHAIN LOGISTICS
太古冷链物流

太古冷藏仓库有限公司于中国香港注册，隶属于太古股份有限公司。冷藏业务是太古集团核心发展的业务之一，以仓储量计算，为全球第三大冷链物流运营商。在全球各地（美国、澳大利亚、中国大陆、越南及斯里兰卡等）拥有超过五十座冷库，致力为客户提供先进的冷藏设施及服务。

太古冷藏拟针对高中端的冷冻水产品、冷冻肉制品、进出口冷冻食品、速冻食品、奶制品、红酒、巧克力及冷饮等冷冻商品提供储存服务、物流配送以及各类供应链增值服务，以满足消费者对食品保鲜日趋增长的需求。

太古冷藏仓库有限公司计划在中国大陆重点城市投资建设冷藏库，并提供配套冷链物流服务，从而建立一个覆盖全国的冷链物流网络，通过提供高质量冷链物流服务体系保障食品安全。公司将在中国大陆建立 12~15 个大型现代化冷库，服务华东、华北、华南、华中、西南等全国重要区域，辐射范围达全国人口的 60%。

太古冷藏在中国大陆设施包括位于广州黄埔的广东太古冷链物流有限公司，拥有现代冷库一栋（库容 21000 吨）、传统冷库两栋（库容 16000 吨），此设施已在运营，为华南区领先的冷库冷链企业。另有在建项目于上海、廊坊、南京及宁波四个城市，预计于 2014 年投入运营。在建的冷藏仓库均采用太古冷藏美国及澳大利亚行业内最先进的营运管理、仓库设计及制冷工程技术。上海和廊坊两地仓库各能提供 50000 个货盘位，且多温区存储可以满足不同食品和饮料对温度的需求。下阶段太古冷藏将继续完善全国冷库网络布局，利用多元化的物流方案，协助有关企业建立一个冷链产业的共同协作平台。

太古冷藏致力成为一个现代化的第三方冷链物流运营商，以响应国家“十二五”规划，协助食品产业提高“从农村到餐桌”的食品供应链效率、降低食品在运输过程中的损耗并保障食品安全。

太古冷链物流（上海）有限公司
上海市徐汇区淮海中路1010号嘉华中心3305室
电话：021-51097200
传真：021-33688840
邮箱：enquiry@spcschina.com

保鲜可靠 全程无忧

www.swirepacific.com

川山互动 共甲天下

追求卓越 共享和谐

浙江川山甲物资供应链有限公司（以下简称公司），是全国AAAA级综合服务型物流企业，创建于2008年11月，总部位于杭州国家高新技术产业开发区（滨江）。

公司以“和文化”为经营理念，致力于成为全球一流的供应链管理服务集成运营商。围绕该战略目标，2015年前，公司将通过物流、资金流、信息流、贸易流的整合，搭建“基于物联网的供应链管理平台”，从而为钢铁主、辅料供应商及生产型企业提供一体化供应链管理服务，实现供应链成员企业的运作协同、利益共享、合作共赢。

公司创造型的经营服务模式，获得社会的广泛认可，也实现了自身的快速发展。近几年先后获得了全国先进物流企业、中国物流信息化十佳应用企业、浙江省“十二五”规划中“重点培育发展的物流企业”，浙江省服务业重点企业、杭州市现代物流示范企业等多项荣誉。

目前，公司位于嘉兴现代物流园区内占地面积103.8亩的“全球工业辅料分销服务中心”已破土动工，其第一分中心将于2014年建成投入使用，相信凭借着“理念领先、集成优化、技术先进、高度自动”的超凡技术和模式，带动现代物流业步入全新时代。

“川山互动，共甲天下”是川山甲企业精神的浓缩。水滴聚川，土石积山；山为物，水载山而动，山水互动就是现代物流与社会经济相互依存的关系。甲为优，亦为财，共甲天下就是愿与天下人共同分享利益和成果。川山甲愿以“和”理念为核心，集天下之优质资源，共同开创一个美好的未来。

浙江川山甲物资供应链有限公司

浙江省杭州市滨江区江南大道288号康贝恩大厦B座8楼

电话：0571–86791167 传真：0571–86791166

国药物流

安全、可及、可视、高效

国药集团医药物流有限公司是国药控股股份有限公司（股票代码：HK1099）的全资子公司，专业从事医药物流服务，公司物流网络覆盖中国除西藏以外的所有省市。“十二五”期间，公司将打造四个全国交通枢纽，八个区域物流中心，四十几个省级物流中心，八十几个城市配送中心和若干配送站。

国药物流将以国药控股的全国网络资源为依托，遵循现代供应链管理的理念，以安全、可及、可视、高效的专业物流能力，为全球健康产业的优秀企业打造中立、开放的赛飞供应链管理增值服务平台。

为整条供应链而设的物流网络

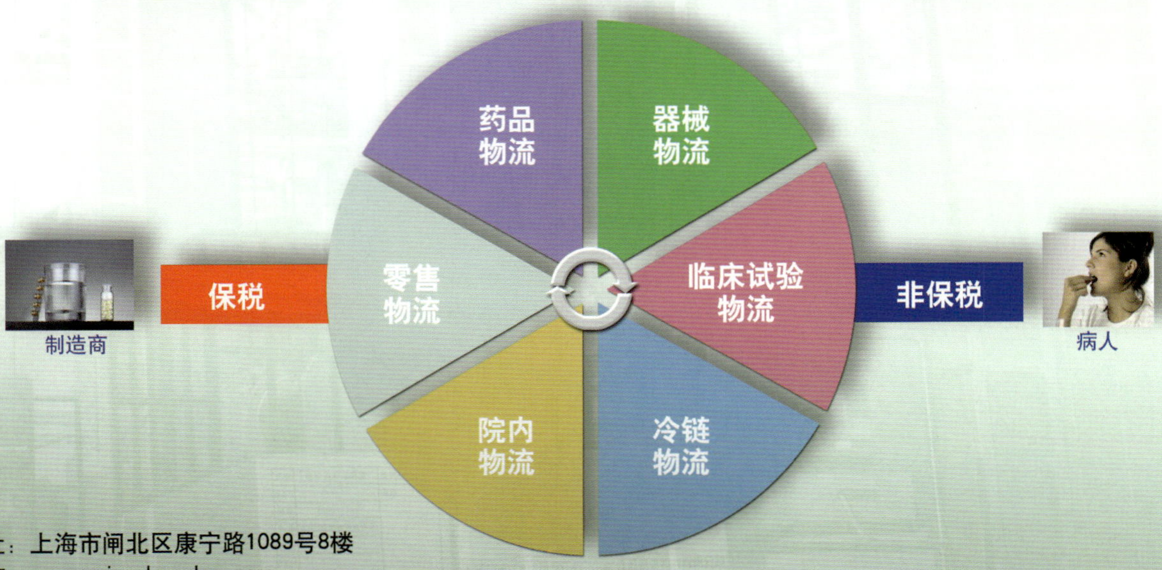

公司地址：上海市闸北区康宁路1089号8楼
网　站：www.sinopharmlog.com
电　话：021–56681000
传　真：021–66553600

第三方业务联系人：过娴（药品业务）　　陈海（医疗器械业务）

内蒙古呼铁伊东储运股份有限公司
INNER MONGOLIA HUTIE YIDONG STORAGE & TRANSPORTATION CO., LTD

内蒙古呼铁伊东储运股份有限公司（以下简称“公司”）成立于2007年12月，注册资本6000万元，以煤炭物流为主要经营项目。

公司建设运营的古城湾装车基地是集机械、电气、液压、数控，集卸、储、装、运于一体，具有“技术创新、生态环保、土地节约、运输高效”特点的现代化、全封闭、环保型万吨煤炭装车基地，日均进出大型汽车1000辆，年发运能力1000万吨。

公司运营以来，以服务理念创新为引领，致力于打造“精品、高效、现代、一流”的绿色煤炭物流企业，通过引进国外先进技术和国内成熟经验兼收并蓄，研发创新，进行煤炭物流前沿技术整合，并在服务理念、管理模式等方面进行尝试革新，实现煤炭全程绿色物流。被铁道部确定为“华北地区铁路网集疏运重点战略装车基地”，被内蒙古自治区列为煤炭物流行业转型示范性项目。公司先后取得了国家级煤炭计量资格认证书；ISO 9001:2008质量体系认证书；被中国物流与采购联合会评为国家5A级综合服务型物流企业；“全封闭、环保型快速定置万吨大列煤炭装车基地”项目荣获中国物流与采购联合会科技进步二等奖；被中国交通运输协会评为“2012年度全国先进物流企业”；连续两年被中国交通运输协会和中国能源协会评为“中国能源物流最佳示范基地”；被中国国情调查委员会和中国保护消费者基金会评为“全国质量服务信誉信得过单位”；被中国国际经济合作学会品牌推广委员会评为“中国物流行业责任品牌承诺单位”；被西部物流百强企业评审委员会评为“西部物流百强企业”；被内蒙古物流协会评为“物流行业二十强”；荣获“包头市节约集约用地先进工业企业”；连续三年获得“包头市发展服务业和对外开放工作先进企业”荣誉称号。

在煤炭物流的大平台上，呼铁伊东公司愿与您真诚携手，融四方力量，汇八方资源，以和聚力，以和兴业，共创未来！

呼铁伊东
HUTIE YIDONG

地址：内蒙古包头市东河区国家生态工业（铝业）园区南绕城公路六公里处
邮编：014040
电话：0472-2206868
传真：0472-2206186
邮箱：nmghtyd@126.com
网址：www.nmhtyd.com

新疆天顺
Xinjiang tianshun
TIAN SHUN
做全球可信赖的物流服务供应商

向卓越企业迈进

新疆天顺供应链有限公司（以下简称公司）成立于2008年12月10日，是由新疆天顺物流有限公司和自然人王普宇共同发起设立的股份有限公司，截至2012年12月31日公司注册资本为5600万元。

公司是一家管理水平先进、产业链覆盖较广、综合配套能力很强的专业从事供应链综合服务的企业，业务链以持续做大做强第三方物流为基础，并延伸至物流园区经营、供应链管理及物流金融监管等业务领域，能够为客户提供包括供应链方案设计、物流、仓储、供应链流程管理、采购、分销、物流监管等在内的一站式、全方位的供应链综合服务，客户遍及新疆全境，业务则已延展至疆外多个省份。

公司是疆内大型的综合性第三方物流供应商。2010年公司被中国物流与采购联合会评定为4A级物流企业，并被推选为中国物流与采购联合会常务理事单位。公司获得中国道路运输协会颁发的“2010年度中国道路运输百强诚信企业”称号。2011年度及2012年度中国特种物流年会，公司分别被评定为“2011年度中国大件物流行业模范单位”和“2012年度全国特种物流行业全国三十强企业”称号。此外，公司申报的第三方企业信息化继承平台建设成果，被中国交通企业管理协会评为“2010年度全国交通企业管理现代化创新成果二等奖”。

公司将继续以第三方物流为基础，以物流园区为网络节点，以强大的信息平台为支撑，以物流金融为引领，

地址：新疆乌鲁木齐经济开发区大连街52号
电话：0991-3792620　传真：0991-3792600
网址：www.xjtsscm.com

★ 中物联国家AAAA级物流企业

★ 国家税务总局试点物流企业

★ 通过ISO 9000质量体系认证

★ 广东省标准化良好行为AAAA级企业

★ 广东省家电物流标准化试点企业

速必达物流以先进的IT系统和专业流程标准为基石，融合丰富的供应链管理和物流运作实践经验，在国内渠道深度分销领域建立了相对领先的物流模式。速必达物流已在全国设有30多个分支机构和40多个配送中心，可根据客户产品市场销售布局及需求，设计相匹配的物流解决方案，提供从工厂仓库管理、长途干线运输到区域仓储、配送一体化的分销供应链物流服务，实现物流作为企业的第三利润源泉。

地址：广东省惠州市仲恺高新区惠风三路17号TCL科技大厦15楼（516006）
电话：0752-2562638　　传真：0752-2562615
邮箱：speedex@tcl.com　　网址：www.speedex.com.cn

河北物流
HEBEI LOGISTICS
河北省物流产业集团有限公司是以生产资料贸易、综合物流服务及相关资产经营为主业，集贸易、矿业、餐饮、报业、仓储、加工、运输等相关物流服务业为一体的5A级大型综合物流企业。集团注册资金1.05亿元人民币，总资产61亿元，下设15家企事业单位。2012年，集团实现营业收入376亿元，实现利税2亿元，经营钢材、煤炭、铁矿石等实物量2500多万吨，实现运输周转量2亿吨公里。
集团连续两年入选中国企业500强，位列2012中国500强353位，中国服务业500强109位，中国物流50强第7位，先后荣获中国生产资料流通创新型企业，中国AAA级信用企业，国家发改委现代物流工作重点联系企业，国家税务总局物流税收试点企业，中国生产资料流通改革开放30年杰出企业，河北省政府重点支持的大型流通企业，河北省物流业“双十示范工程”示范企业，河北省物流行业标准起草单位，河北省诚信企业，河北省物流行业领军企业等诸多资质和荣誉。
目前，集团已形成“立足河北、互动京津、面向全国、连通世界”的物流产业发展格局，在未来3~5年，集团收入将突破1000亿元，为河北省现代服务业的发展，为打好“四个攻坚战”，实现“两个翻番”的目标做出更大的贡献。
立足河北 互动京津
面向全国 连通世界
河北物流
河北物流
HEBEI LOGISTICS
河北省物流产业集团有限公司
HEBEI LOGISTICS INDUSTRY GROUP CO., LTD.
地址：河北省石家庄市中华北大街3号
电话：0311-88600323
传真：0311-88600333
www.hbwljt.cn

大冶有色
DAYE NONFERROUS

大冶有色物流有限公司系大冶有色金属集团控股有限公司下属的湖北金格实业发展有限公司的全资子公司，其前身是成立于1958年的大冶有色金属公司运输部。经过五十多年的创业和发展，公司已成为集铁路运输、公路运输、水路运输、码头转运为一体，承接各类汽车修理，“一汽”系列汽车整车、备品配件和康明斯机油、备件、橡胶制品、成品油等的经营销售以及危险品运输、磨料销售、机械加工、轮胎翻新等业务的综合性物流企业。

现有在册职工675人，其中大学本科及以上学历78人，具有中高级职称31人，中层管理人员42人，党员176人。公司注册资本6379.97万元，固定资产原值13924.48万元，拥有铁路专用线20公里，新型内燃机车、硫酸罐车等铁路设备298台（套），新型自卸大车70台和特种车辆20台，铁路、公路年运输能力达400万吨；船舶运输总装吨位达6万吨；码头年货物吞吐能力达80万吨；年可修理各类工程机械1200台（套），销售磨料制品5万吨。2010年以来，公司先后注资成立了黄石（鄂州）有运汽车销售服务有限公司，已拥有东风风神和东风风行汽车品牌经营权。

公司是湖北省物流协会“副会长单位”、“湖北省物流企业30强”、“湖北省重点物流企业”；荣获并多年保持湖北省“最佳文明单位”、“全国汽车维修信得过业户”、湖北省黄石市“重合同守信用企业”称号，连续十年被评为黄石市“安全生产先进单位”。2011年，被认定为国家第七批物流企业税收试点单位，2012年，被中国物流与采购联合会评为AAAA级物流企业。目前，公司正积极推进大冶有色物流园、大冶有色新码头以及新的铁路物流中心等一批重点项目建设，阔步向AAAAA级物流企业迈进。

网　　址：www.dyyswl.cn
地　　址：湖北省黄石市新下陆冶炼路19号
联系电话：0714-5392641　0714-5393491
传　　真：0714-5391409　0714-5392443

中南物流园

国家AAAA级综合服务型物流企业
湖南省十大商贸物流领军企业
长沙市先进物流企业

服务创造價值
誠信鑄就輝煌

集货运配载　零担专线　仓储配送　停车住宿
餐饮休闲　综合服务于一体的区域物流中心

地址：湖南省长沙市长沙经济技术开发区中南汽车世界凉塘西路311号　邮编：410100
电话：0731-84088566 84088556　传真：0731-84088566　Http://www.znwly.com

秦粤物流
QIN YUE WU LIU

物畅其流 客通天下

广东秦粤物流有限公司董事长封毅

广东秦粤物流有限公司，前身为中山市秦粤物流有限公司，更名于2013年2月22日，是国家“AAAA”级综合服务型物流企业，位于广东省中山市古镇，始创于1992年，主营零担快运、整车配货业务，提供仓储、运输、配载配送、信息服务等专业化供应链服务。属改革开放后国内首批经营货运代理业务的物流企业，具备ISO 9001：2008资质认证，是中国物流综合实力百强企业、中国物流行业诚信示范企业、中国物流行业诚信之星企业、2011年中国物流管理创新型企业、全国物流企业AAA级信用企业。

秦粤物流多年来立足品牌，全力打造现代创新型物流企业。现有北京、西安、乌鲁木齐、兰州、成都、太原、西宁、拉萨、银川、重庆、石家庄、东莞等分公司，员工800余人，运输车辆500余部，经营场所8万平方米，货物日吞吐量达5000余立方米，建立了规范的现代企业管理制度。依托自主研发的信息管理平台，实现网络自主、手机短信一体化信息服务，注重以信息集合为客户创造价值，围绕服务现代化、管理人性化核心，满足不同客户个性化需求，加速企业竞争实力。

诚以修身，信以立业。秦粤物流将一如既往信守“诚实、信用、安全、快捷”的企业宗旨，突出“灯饰物流”的服务特色，立足现代物流，脚踏实地，坚持“让客户享受最优质的服务”原则，努力践行“让您满意”的企业目标。让客户真正享受方便快捷的现代物流服务，成就“物畅其流，客通天下”的行业愿景。

总公司电话：0760—22389999　传真：0760—22389966
地址：广东省中山市古镇镇中国灯都灯饰配件城秦粤物流园
网址：www.qinyue56.com

中国美旗控股集团有限公司

美旗城

MACHI

国际采购物流中心

—— 全球领先的生产性服务贸易平台 ——

（一期）全国建材供应链连锁交易中心

全国联动 盛大启幕

线上线下同步运营/建材采购联盟：共享1000亿采购商机

20年免租/3~5倍融资授信/非加价流通：降低交易成本5%~30%

美旗城海西基地一期建材交易中心（总建筑面积65万平方米，总投资23亿元）

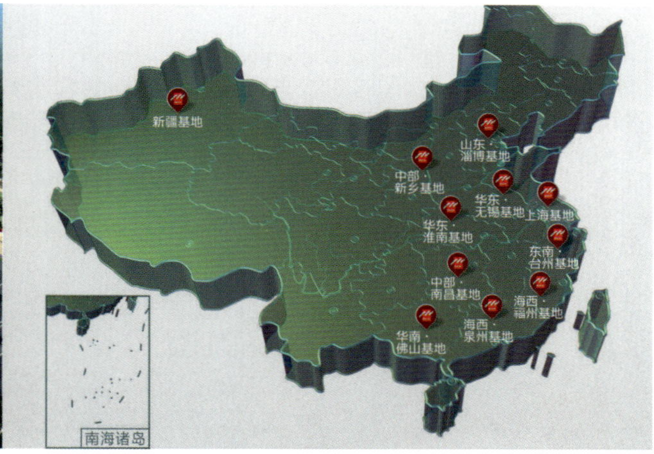

美旗城全国基地布局

国际采购与物流中心
给中国一个支点

美旗城国际采购与物流中心是中国美旗控股集团联合大型物流企业、金融机构共同打造的涵盖中国实体经济各领域的生产性服务贸易平台。集商贸流通、现代物流、电子商务、金融服务于一体，采用美旗“非加价”流通模式和供应链信用金融解决方案，可有效解决我国企业信息不对称、信用缺失、物流成本过高、融资难等难题，提升我国实体经济竞争力。

世界级规划
给区域一个中心

根据区域经济与产业结构的差异，美旗城已完成全国十大基地及各分中心的框架布局，其中，佛山、泉州、福州、无锡、台州等地已全面启动建设招商。5年内，一个世界级集大宗商品交易订单中心，金融结算与融资平台、会议展览中心、商务中心为一体的现代服务业基地，将形成全国联动、全球辐射，为区域发展增添新动力。

非加价模式
给企业一个未来

为有效解决我国流通领域长期存在的信息不对称、信用缺失、三角债严重、中小企业融资难等难题。中国美旗历经20余年的研究与实践，独创“非加价模式”解决方案。各地一期工程联合平安银行与淮矿物流为全球建材企业提供全流程的物流监管联运、电子商务、金融等综合运营管理服务。为大型工程和施工企业、开发商提供一站式建材采购服务。

MACHI
中国美旗

交易席位全球预约中
Consulting telephone
咨询 400-7035-666 项目网址：WWW.MACHI.CN

北大荒物流集团

北大荒集团 BEIDAHUANG LOGISTICS GROUP

北大荒物流集团，是国家“AAAAA”级物流企业，具有完善的信息网络、配送网络、基地网络和一批具有实际经验、高素质专业人才的综合性、多功能的现代物流企业，是国内物流领域中服务功能最为齐全的物流企业之一。

集团下设客运、货运、仓储、加工、冷链物流、粮食物流、港口中转、集装箱运输、危险品运输、物流装备制造、信息指挥中心等20多个专业化子公司及分公司，在京津唐、长三角、珠三角、东北亚、中西部地区拥有五大物流中心，在省内拥有六大物流园区，配送网络遍布全国，并在各中心城市及港口和发达地区设有分支机构。

集团拥有28条铁路专用线，总长度近2万延长米，总仓储能力60余万吨，可调配使用铁路散粮运输车500辆。公司研制出一种拥有自主知识产权的，集自装、自卸、自称、自检等功能为一体的现代化散粮运输汽车，提高了粮食“四散化”运输能力，解决了粮食短途运输问题。

集团的危险品运输车队负责全垦区54座油库，197个加油站的成品油配送任务，保证了服务区域成品油的日常需求和战略储备。集团还配有冷藏、LNG等各类公路运输车，全部安装GPS卫星定位系统。

集团正在建设集客运、货运、专业运输为一体的现代化信息指挥中心，形成覆盖垦区、辐射全国的物流信息平台。

经过十年的不懈奋斗，公司已通过ISO 9001：2008质量管理体系认证；国家道路运输二级资质企业；全国物流行业先进集体；“诚信、维权单位”；物流企业税收试点单位；“中国食品物流行业50强”企业；“十年来对物流行业最具贡献50家物流企业”；通过了安全生产标准省级一级企业的资质评定；中国物流采购与联合会常务理事单位；黑龙江省道路运输协会副会长单位；先后被中共黑龙江省委员会、黑龙江省人民政府授予“文明单位”等各项光荣称号。

预计到2015年，集团全面提升垦区物流服务水平，完成“六大”物流园区、百个重要物流节点及配送网点网络建设，打通垦区粮食外运大通道，健全统一高效的物流信息平台，形成原材料与产成品物流紧密结合，产区与销区路路、路铁、路海、铁海通道紧密对接，形成黑龙江垦区覆盖全国的流通大动脉。建成集成化、专业化、个性化功能齐全的第三方物流产业，将集团打造成为以粮食及食品集装箱运输业务为主、冷链为特色的、享有较高知名度的全国综合性物流企业，进军全国物流行业五十强。

安全 诚信

高效 共赢

地址：黑龙江省哈尔滨市香坊区香电街65号

网址：http://www.bdhwl.com/

联系电话：0451-55399535

传真：0451-55399555

广西玉柴物流集团有限公司（以下简称玉柴物流）一直秉承“和谐发展，服务至上”的经营思想，用心经营、精细管理、优质服务，做优做强、富民强企。已发展成为玉柴集团六大核心板块之一，2012年营业额达32.89亿元，总资产达11.3亿元。先后获得全国先进物流企业、中国用户最满意十大物流品牌、中国车商榜样区域优秀经销商等国家和行业荣誉。CCTV-1新闻报道《广西辉煌50年》曾进行过专题报道。近期更是被中国物流与采购联合会评为5A级综合物流企业。

玉柴物流在创业的道路上勇于进取，始终坚持创新合作，兼容并蓄，博采众长。通过与清华大学联合研发供应链项目，以玉柴集团作为依托力量，以服务客户作为供应链管理的实践。通过与新华社、四大银行及中保、太保、平安等单位建立了战略合作关系，不仅为客户提供更多更便利的服务，也为公司发展提供强有力的资金支持和风险化解。

在日常工作中以“服务创造价值”的观念，建立了客户满意度服务中心，通过了ISO 9000标准的质量管理体系认证。引进了现代物流信息技术平台，搭建先进的客户服务、业务操作、日常办公和GPS车载管理等信息管理系统。在全国范围内实现信息共享，对资源实现统一调度，优化管理，对货物、车辆等进行动态跟踪。

在经营思路上以“运输联动贸易，以贸易促进运输”，现有以北京、天津、深圳、广州、杭州、成都、西安等大城市为支撑点，面向全国城乡的分子公司和运营网点110家，拥有货运车辆3596辆，仓储面积23.5万平方米，并建立了国内机械零备件领域先进的VMI仓储管理系统和正在玉林、南宁、天津建设面向全球客户的大型物流仓储基地，形成覆盖城乡的物流业务网络。

玉柴物流始终不忘社会责任和文化建设，自2006年至2012年期间，积极响应参与玉柴集团的“春蕾计划”，对区内2500名特困女童进行资助。先后向汶川、玉树、雅安芦山等抗震和广西抗旱救灾捐款、捐物。积极参加诸如“植树造林 美丽南宁”植树活动和慰问留守儿童等各类社会公益活动。同时，还建立运行EAP项目，有效进行员工心理疏导，帮助员工解决心理困扰，缓解员工心理压力，实施贴心的人文关怀。

玉柴物流通过企业物流电子商务基地和仓储基地建设，致力与客户建立长期合作、互利双赢的战略合作伙伴，将企业发展成为设施先进、功能完善、安全高效、效益显著、文明环保的跨国商贸物流企业。

法人代表：**陈启贤**　总经理：**陈旭南**

业务咨询：0771-2370018；客户服务：0771-2370033　传真：0771-3813442

地址：广西南宁市厢竹大道63号兴宁区政府综合服务大楼

邮编：530000

天津市物资贸易学校

在创新中不断发展

我校成功承办全国技能大赛物流技能比赛

我校在2012年全国职业院校技能大赛中荣获一等奖的选手

学校为西藏班学生开展了丰富多彩的爱国主义教育活动

天津市物资贸易学校是一所以培养现代商贸流通经济专业人才为主的全日制中等职业学校，学校始建于1964年，为天津市建校历史较早的中等职业学校之一。

2002年，学校率先在天津中职学校中开办现代物流专业，同年10月，学校被天津市有关部门命名为天津市现代物流实用人才培训基地，成为全市培养输送物流服务与管理技能型、应用型人才和高素质劳动者的储备库，多年来为本市重点支柱产业的发展提供了有力的人才智力支持。2007年，学校被教育部指定为天津市全国中职学校物流专业教学指导委员会委员学校和紧缺性人才培养教材编写指定单位。截至目前，学校先后有20余名教师50多人次参加了全国性专业统编教材的编写，其中12名教师担任主编。几年来，学校还先后承担了市教委主办的天津市中职学校物流专业教学指导方案的拟定和论证工作，成功承办了全国流通职业技术教育研究会年会，受到主办单位的一致肯定，在国内和本市职业教育领域产生了广泛的影响。

经过多年的办学实践，学校已经形成了以物流专业为主导，辐射商贸经济等专业，集中等学历教育、成人高等教育及技能培训为一体的培养高素质劳动者和高技能人才的职业教育基地，在本市职业教育领域发挥着举足轻重的作用。

学校始终注重加强学生德育教育工作，强化德育教育特色，突出职业学校学生世界观、人生观、价值观以及思想品德、职业道德、行为准则等方面的教育，提高以德育人、以德治校的辐射力，使加强学生能力培养与突出思想道德素质并重的人才目标落到实处，形成了学校德育教育特色。2013年6月份，我校受教育部委托培养的西藏内地中职班学生圆满完成学业，毕业返乡，为民族教育谱写了一曲动人篇章。

近年来，学校始终坚持服务行业、面向本市、辐射全国的办学方向，以做强物流服务与管理优势专业、推行“订单式”培养和工学交替模式为突破口，深入贯彻“以就业为导向，以能力为本位，以技能为核心”的职业人才目标要求，积极深化教育教学改革，加强实践教学环节，推广先进的教学方法、手段，强化专业技能训练，取得了显著的成果。2010～2012年，学校连续三年承办全国职业院校技能大赛物流技能比赛，并蝉联冠军。为加快专业实践教学改革、提升专业教师能力水平奠定了基础，进而使毕业生的上岗就业竞争力得到显著提高。近几年，国内和本市各大中型商贸物流企业纷纷与学校签定用人协议，使学校毕业生推荐率保持在100%，上岗率达到97%以上，赢得用人单位的好评。

联系电话：022-23792300　传真电话：022-23792300　网址：www.tjwzmyxx.com

地址：天津市西青区侯台东育才路2号　邮编：300384

湖北省现代物流职教集团筹建单位
中国物流学会产学研基地（农村物流方向）
中国物流技术协会校企协作办公室
湖北省示范性重点专业
湖北省示范性物流实训中心建设单位

涂宏斌校长

武汉商贸职业学院物流管理专业

武汉商贸职业学院是经湖北省人民政府批准设立，教育部备案的全日制普通高等学校。校长涂宏斌现任中国物流技术协会副理事长。

学院以社会需求为依据，深化订单式培养、工学交替等多样化的人才培养模式改革，坚持按照合作办学、合作育人、合作就业、合作发展的方针，努力推进工学结合、校企合作。本院物流管理专业为湖北省教育厅“湖北省示范性重点专业”、“湖北省现代物流重点实训基地建设单位”。

根据《湖北省实施国家教育体制改革试点总体方案》，本院承担“推进校企合作、工学结合，完善教育集团化办学的体制机制，促进资源共享、合作共赢”项目。在政府、行业、企业支持下，正着手筹建湖北现代物流职教集团，创造条件筹建湖北现代物流职教产业园区。武汉商贸职业学院将在物流职业教育领域打造更大的发展空间，为经济社会发展提供强有力的现代物流高技能人力资源支撑。

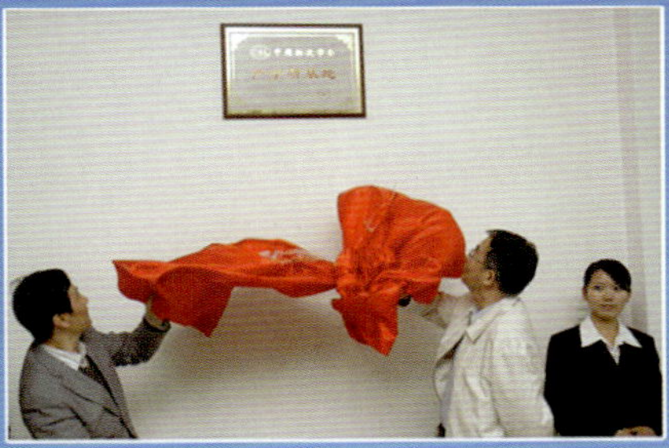

学院地址：湖北省武汉市东湖国家自主创新试验区光谷二路88号
电　　话：027-87901948
网　　址：www.whicu.com

CHKLI
香港物流商會

香港物流商会

香港物流商会成立于2005年，是香港物流业界甚具影响力的商会。本会是香港政府物流发展局的成员，积极关注物流业的发展趋势，争取更佳的营商环境。

本会旨在促进中国香港、中国内地和国际物流业的合作和交流，以中国香港为桥梁，为外资进入内地市场创造条件，为内地同行在中国香港和国际拓展业务提供支持，共创商机。

商会会员分公司及个人会员两种，包括中港两地的企业或个人单位，会员数目约500人。

本会辖下设立不同的委员会，就物流业各方面成立专门发展部门。委员会包括：冷链物流委员会、内地事务发展委员会、陆运及跨境运输委员会、物流信息化委员会、中国内地物流企业委员会、航空物流委员会、海运物流委员会、项目投融资委员会、供应链及综合物流委员会、人力资源发展及培训及考评委员会、国际物流委员会。

商会架构

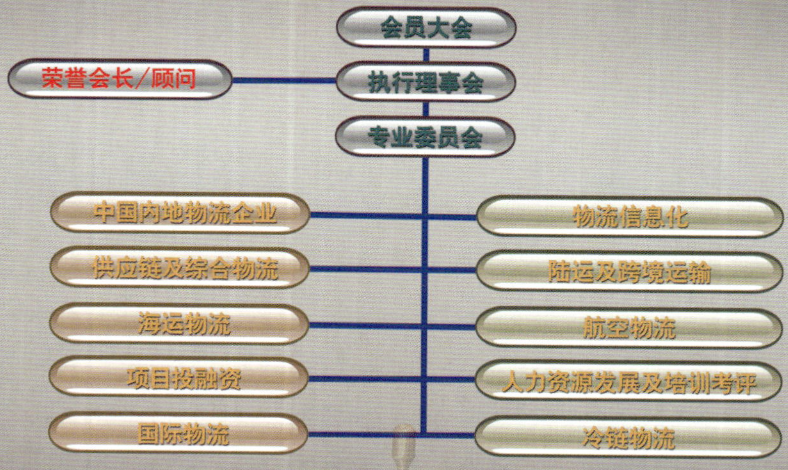

秘书处

地址：香港新界葵涌三号货柜码头亚洲货柜物流中心B座13楼13006-08室东翼
电话：(852) 3586 9278
传真：(852) 3586 9279
电邮：admin@chkli.org
網址：www.chkli.org

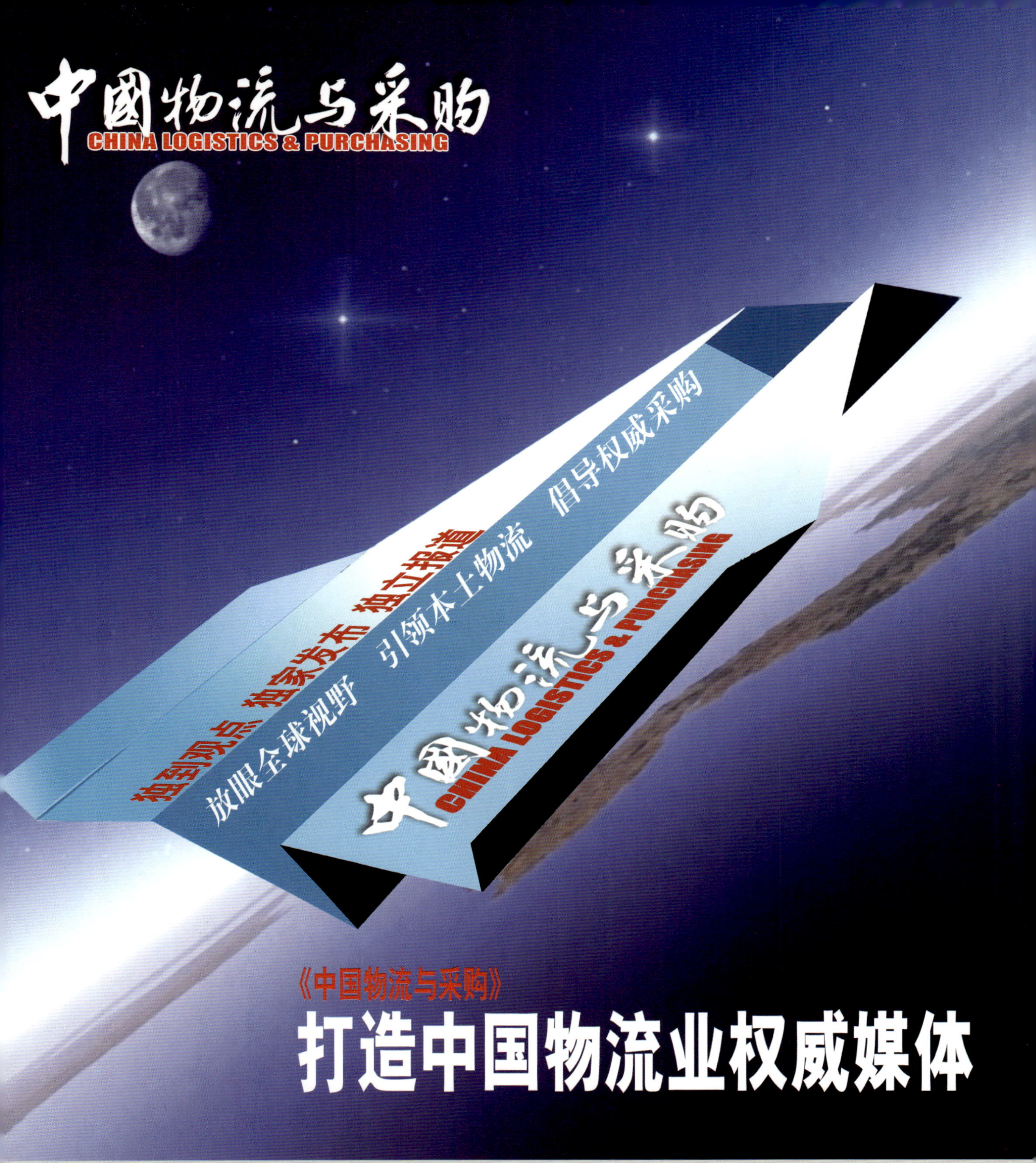

《中国物流与采购》杂志是中国物流与采购联合会主办的直属纸质媒体，中国经济类核心期刊，以“推动中国物流与采购进步”为方向，提供全球化背景下的精彩物流故事和采购见解，搭建中外物流、采购人士无边际社区。

联系方式：010-68392183 010-68392961
地址：北京市西城区月坛北街25号
邮编：100834

我们能帮您
做什么
A级企业查询
找商机
发布物流招标
找物流人才
找供应商
资讯
招标
人才
会员
企业+供求
中国物流与采购行业门户
www.chinawuliu.com.cn
期待您的关注：010-58566588-117
中国物流与采购网
www.chinawuliu.com.cn

現代物流報
专注·专业·影响力
中国公开发行的物流专业报纸，内容涵盖政策、市场、企业、人物以及中国物流的每一个细节，致力于将一个真实、完整的中国物流展现在每一位读者面前。
物流业的
新闻主干道
订阅热线：
10-68536740
10-68391496
MONGOLIA
CHINA
Beijing
Zhengzhou
Xian
Chengdu
Kunming
Guangzhou
Hong Kong
Hanoi
中国物流与采购联合会主管
专注·专业·影响力
現代物流報

物流

LOGISTICS MAGAZINE

提供最新物流资讯
创造第三利润源泉

网上订阅 http://www.logisticsm.net
订阅咨询 刘小姐 电话：020-83516487

杂志订阅

全年12期 单价：15元/期 全年订阅优惠价：150元
(杂志通过邮局邮寄，如需挂号邮寄请另付挂号费72.00元/年·套；
如需快递邮寄，按具体地区收取快递费用或由指定快递公司到付。)

广告刊登、活动合作

咨询联系：胡先生
电话：020-83542713
E-mail: nvsh@logisticsm.net

汇款账号：4400 160 97100 59000 164
开户名：广州市瑞驰文化传播有限公司
开户行：中国建设银行广州育蕾支行

天津物产集团有限公司

天津物产集团有限公司（原天津市物资集团总公司）是国有大型生产资
流通企业，注册资本24.6亿元，总资产864亿元，拥有企业309个，从业人员
00余人。集团经营领域涵盖大宗商品贸易、现代物流、地产开发、金融服务
中职教育等。其中大宗商品贸易主要包括金属（黑色金属、有色金属）、能
（煤炭、焦炭、燃料油）、矿产（铁矿、有色矿、煤矿）、化工、汽车机电五
板块，是全国重点培育的流通领域20家大企业集团之一。

集团经营区域覆盖全国，并在美国、德国、日本、新加坡、菲律宾、中
香港等国家和地区建立了18家境外分支机构。2012年，集团完成销售收入
73亿元，完成进出口额77.6亿美元，经营各类物资总量10744.8万吨。

在“2013年财富世界500强”中，集团排名第343位，比2012年提升73
；在中国入榜的95家企业中排名第55位；在全球12家入榜的贸易类行业
业中排名第9位，在全球排名提升最快的20家企业中排名第17位。

热烈庆祝
天津物产集团
再次入榜世界500强

话：022-23030779　传真：022-23315316
址：天津市和平区营口道4号
址：www.tewoo.com

集团所属单位

天津物产金属国际贸易有限公司
天津市浩物机电汽车贸易有限公司
天津物产化轻国际贸易有限公司
天津物产置业发展有限公司
天津物产能源资源发展有限公司
天津物产基建物资有限公司
天津物产进出口贸易有限公司
天津市浩通物产有限公司
天津物产国际能源发展有限公司
天津市浩瑞矿产有限公司
天津物产国际贸易有限公司
天津物资招商有限公司
天津物产国际物流有限公司
天津物华矿业有限公司
天津市浩信信用担保有限责任公司
天津市商品包装总公司
天津市物资贸易学校

SANHO Logistics 山汉物流

专注于冷链化学品物流

中外合资企业上海山汉国际物流有限公司（以下简称山汉物流）系山汉物流集团（香港）有限公司全资子公司，成立于1995年，是一家集公路普通货物运输、冷链化学运输、危险品运输、仓储配送、供应链管理、解决方案咨询等业务为一体的专业第三方物流企业。

山汉物流立足上海、广州、北京、深圳等国内大中型城市，并设立了立体化的营运网络。公司拥有强大的信息网和先进的TMS物流管理系统，所有运输车辆均装有GPS监控系统，让客户随时随地了解货物在途信息。

山汉物流历经18年的沉淀与积累，逐步建成了一支讲科学、懂管理、敢创新的专业物流团队。“十二五”以来，山汉物流高层审时度势，拓展思路，创新思维，向个性化、缝隙式物流发展，增强企业的核心竞争力。

随着我国化工产品产量快速增加，特别是需要冷藏运输和仓储的化工产品呈现出大规模增长的趋势，这对物流服务规模和效率提出了更高的要求。山汉物流以其自身优势率先打造国内专业冷链化学品物流。

山汉物流先后成为中国交通运输协会成员单位、中国物流与采购联合会理事单位、中国物流行业企业协会会员单位、上海市企业联合会、上海市危险品运输协会会员企业和广州省物流业协会理事会员单位。公司先后获得“中国物流诚信企业”、“中国最佳化工物流企业”、“中华品牌”企业和物流顾问企业等称号。RSQAS认证，ISO 9001：2008质量体系认证、职业健康管理体系认证和环境管理体系认证等殊荣。

今天的山汉物流将以全新的服务理念，优质的服务质量，竭诚为广大客户服务。

全国免费服务热线：4008208330　8008208330
总部热线电话：021-69228800
传　真：021-69228811
地　址：上海市青浦区漕盈路2500号工业园区大厦12楼

企业网上法务部
请个法律顾问？
—No，一个律师，专业有限，应付不了！
公司设立法务部？
—No，太浪费！
合同谈判，文件起草，法律风险防范，仲裁诉讼……怎么办？
Yes！我的法务网
www.myfawu.com
中小企业的网上法务部
在线法律服务管家
◇ 企业法务自助：类型化法规、案例、问答，定制/浏览
◇ 专家在线服务：法务下单，在线申请/回复
◇ 在线法务管家：拟订 签署 执行 法务过程，跟踪管理
◇ 在地化服务：绑定在地法务专员，定期访谈服务
法务资讯平台
法务管理系统

《中国物流年鉴》（2013）广告提供单位

上　册

中国邮政速递物流股份有限公司
西安国际港务区管理委员会
依维柯（中国）商用车销售有限公司
博大世通国际物流（北京）有限公司
百联集团有限公司
晋能有限责任公司
淮矿现代物流有限责任公司
中铁现代物流科技股份有限公司
北京福田物流有限公司
重庆秀山（武陵）现代物流园
联邦快递（中国）有限公司
广州市商业储运公司
中铁国际多式联运有限公司
华南城控股有限公司
北京长久物流股份有限公司
湖南星沙物流投资有限公司
上海华运通仓储配送有限公司
一汽物流有限公司
河北港口集团有限公司
环宇物流（福建）有限公司
襄阳光彩国际物流产业投资有限公司
山东盖世国际物流集团有限公司
广东物资集团公司
中物华商国际物流股份有限公司
中国西部现代物流港管理委员会
南光物流有限公司
惠龙港国际钢铁物流股份有限公司
武汉东西湖保税物流中心
太谷冷链物流（上海）有限公司
浙江川山甲物资供应链有限公司
国药集团医药物流有限公司
内蒙古呼铁伊东储运股份有限公司
新疆天顺供应链有限公司
深圳速必达物流服务有限公司
河北省物流产业集团有限公司
大冶有色物流有限公司
湖南中南物流有限公司（中南物流园）
广东秦粤物流有限公司
中国美旗控股集团有限公司
黑龙江农垦北大荒物流集团有限公司
广西玉柴物流集团有限公司
天津市物资贸易学校
武汉商贸职业学院物流学院
香港物流商会
《中国物流与采购》杂志
中国物流与采购联合会网
《现代物流报》
《物流》杂志
天津物产集团有限公司
上海山汉国际物流有限公司
我的法务网

《中国物流年鉴》（2013）广告提供单位

下　册

中国邮政速递物流股份有限公司
依维柯（中国）商用车销售有限公司
全国性物流节点城市概述
北京市　天津市
沈阳市　大连市　青岛市
济南市　上海市
南京市　宁波市　杭州市
厦门市　广州市　深圳市
郑州市　武汉市
重庆市　成都市
南宁市　西安市
兰州市　乌鲁木齐市
成都市物流协会
上海外高桥物流中心有限公司
河南中原铁道物流有限公司
甘肃西部物流有限责任公司
甘肃省物产集团有限责任公司
新疆亚欧大陆桥煤炭运销有限责任公司
博大世通国际物流（北京）有限公司
中国邮政速递物流股份有限公司
中国远洋物流有限公司
北京福田物流有限公司
南光物流有限公司
北京长久物流股份有限公司

中国物流年鉴

2013（上册）

CHINA LOGISTICS YEARBOOK 2013

CFLP

中国物流与采购联合会编

中国财富出版社
CHINA FORTUNE PRESS

图书在版编目（CIP）数据

中国物流年鉴．2013：全2册/中国物流与采购联合会编．—北京：中国财富出版社，2013.10
ISBN 978-7-5047-4818-8

Ⅰ．①中…　Ⅱ．①中…　Ⅲ．①物流—中国—2013—年鉴　Ⅳ．①F259.22-54

中国版本图书馆CIP数据核字（2013）第229566号

策划编辑　张　茜　　**责任印制**　何崇杭
责任编辑　韦　京　禹　冰　　**责任校对**　梁　凡

出版发行　中国财富出版社（原中国物资出版社）
社　　址　北京市丰台区南四环西路188号5区20号楼　　**邮政编码**　100070
电　　话　010-52227568（发行部）　　010-52227588转307（总编室）
010-68589540（读者服务部）　　010-52227588转305（质检部）
网　　址　http://www.cfpress.com.cn
经　　销　新华书店
印　　刷　北京华正印刷有限公司
书　　号　ISBN 978-7-5047-4818-8/F·2024
开　　本　880mm×1230mm　1/16　　**版　　次**　2013年10月第1版
印　　张　40.75　**彩插**：5.5　　**印　　次**　2013年10月第1次印刷
字　　数　1150千字　　**定　　价**　480.00元（全2册）

版权所有·侵权必究·印装差错·负责调换

《中国物流年鉴》（2013）编委会

顾　问

陆　江　中国物流与采购联合会名誉会长

丁俊发　中国物流与采购联合会顾问

编委会主任

何黎明　中国物流与采购联合会会长

编委会副主任

崔忠付　中国物流与采购联合会副会长兼秘书长

周林燕　中国物流与采购联合会副会长

任豪祥　中国物流与采购联合会副会长

蔡　进　中国物流与采购联合会副会长、中国物流信息中心主任

贺登才　中国物流与采购联合会副会长

余　平　中国物流与采购联合会党委副书记

戴定一　中国物流学会常务副会长

王　彪　中国邮政速递物流股份有限公司总经理

杨　阳　中国铁路物资股份有限公司总裁助理、中铁现代物流科技股份有限公司董事长

编委会委员（按姓氏笔画排序）

王旭东　北京物资学院院长

王宗喜　解放军后勤指挥学院军事物流工程实验室主任、教授

王德占　中铁国际多式联运有限公司总经理

尹国杰　湖南星沙物流投资有限公司董事长

白辉龙　中国西部现代物流港党工委书记、管委会主任

冯　涛　一汽物流有限公司总经理、党委书记

冯德富　内蒙古呼铁伊东储运股份有限公司总经理

邢慷弟　上海外高桥物流中心有限公司党委书记
伍茂辉　广东物资集团公司董事、副总经理、党委委员
刘占芳　中国国际货运代理协会副会长
刘伟平　天津物产集团有限公司总经理
刘秉镰　南开大学现代物流研究中心主任、教授、博导
刘建中　晋能有限责任公司董事长
刘景福　中物华商国际物流股份有限公司董事长
许建华　浙江川山甲物资供应链有限公司董事长
杨小民　秀山华渝物流投资有限公司董事长
李　敏　河北港口集团有限公司总经理、副董事长、党委副书记
李光甫　国药控股股份有限公司副总裁
李国庆　河北省物流产业集团有限公司党委书记
李国辉　澳门货运协会会长
李　岷　上海山汉国际物流有限公司总裁
李德海　河南中原铁道物流有限公司总经理
何　磊　成都市物流协会秘书长
何明珂　北京工商大学研究生部主任、教授、博导
汪　鸣　国家发展和改革委员会综合运输研究所副所长、研究员
汪晓秀　中国物流学会副会长、淮矿现代物流有限责任公司董事长
沈绍基　中国仓储协会会长
宋远方　中国人民大学商学院副院长、教授、博导
宋海棠　广州市商业储运公司党委书记
宋耀征　国家统计局贸易外经统计司司长
张　俊　上海华运通仓储配送有限公司总裁
张际庆　中国远洋物流有限公司总经理
陈启贤　广西玉柴物流集团有限公司董事长
陈嘉良　联邦快递（中国）有限公司中国区总裁
罗煌枫　香港物流商会主席
郑会友　香港物流协会会长
郑松兴　华南城控股有限公司联席主席、执行董事
周建亚　武汉商贸职业学院物流学院名誉院长

钟荣钦　台湾物流协会秘书长
俞业钊　襄阳光彩国际物流产业投资有限公司总经理
施文进　惠龙港国际钢铁物流股份有限公司董事长
姜还发　深圳速必达商务服务有限公司总经理
姜超峰　中国物资储运协会会长
郭戈平　中国连锁经营协会会长
郭鹤立　甘肃省物产集团有限责任公司总经理、党委书记
秦青林　百联集团有限公司副总裁
高会恩　北京福田物流有限公司党委书记、总经理
黄有方　上海海事大学校长、教授、博导
黄建华　博大世通国际物流（北京）有限公司董事长
盖忠琳　山东盖世国际物流集团有限公司副总经理
韩　松　西安市人民政府副市长、中共西安国际港务区工作委员会书记
韩继志　国家粮食局政策法规司副司长
谢为民　甘肃西部物流有限责任公司总经理
谢秉臻　中国美旗控股集团有限公司战略决策委员会主席、中国物流与采购联合会副会长
赖展京　南光物流有限公司总经理
翟玉峰　武汉东西湖保税物流中心有限公司董事长、总经理
薄世久　北京长久物流股份有限公司董事长

特别支持单位

中国邮政速递物流股份有限公司

中国远洋物流有限公司

博大世通国际物流（北京）有限公司

西安国际港务区管理委员会

百联集团有限公司

环宇物流（福建）有限公司

北京福田物流有限公司

淮矿现代物流有限责任公司

南光物流有限公司

联邦快递（中国）有限公司

华南城国际工业原料城（深圳）有限公司

晋能有限责任公司

《中国物流年鉴》（2013）

主　　办　中国物流与采购联合会
承　　办　《中国物流与采购》杂志社
主　　编　何黎明
副 主 编　崔忠付　蔡　进　贺登才
编辑部主任　刘乃杰
编辑部副主任　徐小青
编　　辑　崔　冬　罗　楠　朱贝特　卢　婷　杜　林　贾　丽
发　　行　高　威
广告设计　阳光设计工作室

联系方式
编 辑 部　010－68391393　010－68392774
邮　　箱　xxq6429@yahoo.com.cn
gwrshk@126.com　zgwlnj@126.com
发　　行　010－68391021　010－68392774
传　　真　010－83203997

《中国物流年鉴》（2013）供稿者

（按姓氏笔画排序）

马　蕾　马清涛　马增荣　井夫卉　王　武　王　涛　王　敬　王文博　王立东　王国清　王爱军
王能民　文德华　田　征　史晓青　冯耕中　权　威　朱华斌　朱建清　刘　尹　刘　洋　刘长庆
刘宇航　刘伟华　刘昆林　刘昊霖　刘清利　刘缨缨　汤筠伟　许　磊　孙　敏　闫　鸣　杨雅妮
李　婷　李红梅　李惠红　励方奎　吴菁芃　何　烨　何民爱　汪晓秀　沈　玲　张　洁　张　喆
张云飞　张劲梅　张树义　张海山　张晓东　张彩霞　陆苗苗　陈婷丽　邵　迈　祈庆民　武美燕
范琳琳　周　红　周建夫　胡雨涵　荣　蓉　赵　楠　姜　旭　姜　峰　秦玉鸣　顾国祥　夏　坚
晏庆华　倪东生　徐　勇　徐梦馨　徐海涛　黄志鹏　曹　璐　龚卫锋　盛刻索　崔宇秋　盖忠琳
韩　松　韩文娟　韩永生　韩兆轩　彭弋凌　董军佩　蒋　炜　蒋长兵　焦　飞　鲁　泽　曾庆宝
谢宝贵　谢雨蓉　谢满华　强晓安　靳　伟　樊一江　潘立飞　穆宏宇

国家发展和改革委员会、国家发改委经济运行调节局、国家统计局、国家统计局贸易外经司、国家发展和改革委员会综合运输研究所、北京市统计局服务业处、北京市投资促进局、江苏省经济和信息化委员会、江西省统计局、山东省经济和信息化委员会、山东省统计局、湖北省交通运输厅物流发展局、宁夏自治区统计局、沈阳市发改委经济贸易处、长春市发改委、长春市统计局、南京市统计局、厦门市物流协会 、银川市商务局、苏州市发改委、扬州市发改委物流办、宁波市发改委、晋中市统计局、常州市经济和信息化委员会、连云港市统计局、临沂市经济和信息化委员会、乌海市统计局、中国连锁协会、中国国际货运代理协会、中国粮食行业协会、中国工程机械工业协会工业车辆分会、河北省现代物流协会、吉林省物流与采购联合会、四川省现代物流协会、陕西省物流与采购联合会、黑龙江省物流与采购联合会、长春物流协会、青岛市物流协会、中物联行业部、中物联网络事业部、中物联培训部、中物联标准化委员会、中物联评估办、中物联科技奖励办公室、中物联“宝供物流奖”办公室、中物联汽车物流分会、中物联托盘专业委员会、中物联冷链物流专业委员会、中国物流信息中心、中国散装水泥推广发展协会、重庆市物流与供应链协会、中国木材与木制品流通协会、上海国际航运研究中心、华夏物联网研究中心、广东省现代物流研究院、西安商用信息系统分析及应用工程实验室、北京物资学院商学院、北京科技大学物流研究所、天津科技大学、天津大学管理与经济学部、解放军后勤指挥学院、大连海事大学、上海海事大学、西安交通大学管理学院、山东交通大学、中国邮政速递物流股份有限公司、中铁现代物流科技股份有限公司、中远网络物流信息科技有限公司、中物华商国际物流股份有限公司、中烟商务物流公司、快递物流咨询网、《中国物流与采购》杂志社

编 辑 说 明

一、《中国物流年鉴》（以下简称《年鉴》）是中国物流与采购联合会主办、《中国物流与采购》杂志社承办的大型文献性工具书。自2002年出版发行至今，《年鉴》发行量和发行范围不断扩大，得到业界广泛好评。为使《年鉴》越办越好，我们将继续提高《年鉴》的编辑质量，使其更具权威性、可读性和资料性，成为业界人士查询、引用、论证、存档不可或缺的“工具”。

二、2012年被业内人士称作“政策落实年”。各有关部门为落实“物流国九条”做了大量工作。国家发改委、铁道部、交通运输部等多部门出台政策，鼓励和引导民间投资进入物流相关领域。国家发改委起草编制《物流园区发展专项规划》和《应急物流发展专项规划》；财政部出台物流企业土地使用税减半征收政策，将物流业纳入营业税改征增值税试点范围，扩大营业税差额纳税试点；交通运输部开展收费公路清理工作，积极推广甩挂运输，支持公路枢纽型物流园区建设；商务部启动现代物流技术应用和共同配送综合试点，提出仓储业转型升级指导意见；原铁道部实施货运组织改革，试行“实货制”运输组织方式；工业和信息化部推进工业物流和物流信息化发展；海关总署推进特殊监管区域改革发展。同时，各地政府陆续出台了“物流业发展规划”和配套政策。在各方面共同努力下，“物流国九条”的落实工作取得了新进展，我国物流业政策环境得到进一步改善，物流业在国民经济中的地位和作用日益突出，对于促进其他产业生产方式变革和流通模式转变，进一步支撑我国经济结构调整和发展方式转变发挥了积极作用。

2013版《年鉴》继续延续2012版的框架结构和主体内容，以求真务实的态度，紧跟行业发展的变化，充实了烟草物流、医药物流等相关内容，扩大了地区物流的篇幅，使《年鉴》更加真实、全面地记录行业发展变化的轨迹，成为社会了解行业发展的窗口。

三、2013版《年鉴》的组稿、编纂工作得到了国家发改委、商务部、交通运输部、国家统计局等中央部委和部分省市自治区政府部门、物流行业社团，相关行业协会，中国物流信息中心、全国物流标准化技术委员会等机构，以及中国邮政速递物流股份有限公司、中铁现代物流科技股份有限公司、中远网络物流信息科技有限公司、中物华商国际物流股份有限公司、中烟商务物流公司等知名企业的大力支持，对此我们表示衷心的感谢。

四、对不符合《年鉴》编辑要求的来稿，编辑人员作了谨慎认真地删改，由于时间原因这部分稿件来不及请作者核校，希予见谅。

五、因编辑部人员水平有限，如有不妥之处，恳请批评指正。欢迎大家继续对2014版《年鉴》的组稿和编辑工作给予支持！

《中国物流年鉴》编辑部

2013年8月10日

前　言

2012年，在一系列利好政策的促进下，在经济企稳回升的推动下，我国物流行业保持了平稳增长的态势。全社会物流总额为177.3万亿元，按可比价格计算，同比增长9.8%，增幅比上年回落2.5个百分点；物流业增加值3.5万亿元，按可比价格计算，同比增长9.1%，为国民经济平稳增长作出了新贡献。

自改革开放以来，我国经济在较长时期内保持了持续高速增长。从1978年到2010年，我国GDP年均增长9.9%，其中2001年到2010年的十年间，GDP增速达到10.7%。在经济持续高速增长的推动下，2001—2010年我国物流业增加值年均增长达到14.8%的高速，较好地发挥了对国民经济的支撑和保障作用，有力地促进了经济结构调整和发展方式转变。然而，从2010年下半年开始，我国经济运行下行压力加大，GDP同比增长出现回落势头。2012年我国GDP同比增长7.8%，截至2012年年底我国GDP已连续八个季度延续增速回落态势。有研究机构提出，我国潜在经济增长率将逐步放缓，未来一二十年将从“持续高速增长阶段”进入“中速增长阶段”。这是经济发展到一定阶段的客观规律，也是我国主动政策调整的必然结果。

现实情况表明，我国经济增长阶段的转换期已经开始。受此影响，物流运行增速开始趋缓。截至2012年年底，我国社会物流总额增速已经连续八个季度放缓，企业效益不断下滑，投资增速持续回落。与此同时，长期掩盖在高速增长下的物流总体需求不足、产业层次水平不高、物流效率提升缓慢、市场经营风险加大、能力不足和运力过剩等一系列问题日益突出，成为行业转型发展必须面对的挑战。毋庸置疑，“中速增长阶段”将使我国物流业在未来一段时期内的产业地位、社会需求、发展模式、产业格局和组织方式诸方面发生重大变化。

国际经验表明，经济增速放缓时期，物流业“第三利润源”的战略地位将得到凸显。从目前我国物流业的发展情况看，进入“中速增长阶段”后物流将成为企业挖潜增效、提升利润的重要源泉，物流的产业地位将更加受到重视；受经济增速趋缓影响，客户企业集中主业压力明显加大，将逐步加快物流业务和资源外包；经济增速趋缓和要素成本的提高，将倒逼物流企业发展模式转变；物流外包的深度和广度日益拓展，将推动物流企业组织方式深入变革；在区域产业格局加快调整的局面下，产业转移将呈现新的变化。世间事物都是在变化中发展的，变化中往往孕育着新机遇。对此，业内人士既要有清醒的认识，更要有积极应对的准备，特别是对变化中可能出现的新机遇要有充分的准备。

未来一段时期，伴随经济“中速增长”成为经济运行的常态，我国物流业也将进入适度增长的战略调整时期。物流业在国民经济中的地位和作用日益突出，并将有力促进其他产业转型升级，进一步支撑我国经济结构调整和发展方式转变。新时期物流业要积极应对“中速增长”带来的挑战，抓住产业发展的机遇，坚持“稳增长、调结构、抓整合、促转型”的发展思路，提高增长的质量和效益，减轻经济发展对增长速度的依赖。加快推动物流业从原有成本驱动、速度优先的粗放式增长方式向创新驱动、效益优先的集约化方式转变；从单一功能、比拼价格的传统物流服务商向系统集成、合作共赢的供应链管理服务商转型，全面推动行业持续健康和可持续发展。

《中国物流年鉴》是中国物流与采购联合会主办、《中国物流与采购》杂志社承办的大型文献性工具书。十几年来，《中国物流年鉴》始终坚持不懈地记录我国物流业发展的历程，用数据和事实清晰反映物流业发展变化的轨迹，赢得了业界好评。面对我国物流业不断发展变化的形势，《中国物流年鉴》将继续以求真务实、严谨负责的态度做好资料收录工作。同时，真诚地希望业界同人提出宝贵意见，以使其越做越精、越做越好。

二〇一三年八月十五日

目 录

上 册

第一部分 重要政策

2012 年发布的物流与采购相关的重要政策 …… 3
国务院及国务院办公厅发文 …… 3
国务院《关于深化流通体制改革加快流通产业发展的意见》 …… 3
国务院《关于第六批取消和调整行政审批项目的决定》 …… 8
部委发文 …… 10
财政部 国家税务总局《关于物流企业大宗商品仓储设施用地城镇土地使用税政策的通知》 …… 10
国家邮政局 商务部《关于促进快递服务与网络零售协同发展的指导意见》 …… 11
财政部 交通运输部《关于印发〈公路甩挂运输试点专项资金管理暂行办法〉的通知》 …… 14
国家发展和改革委员会等 12 部委《关于鼓励和引导民间投资进入物流领域的实施意见》 …… 17
商务部办公厅《关于进一步做好流通标准化工作的通知》 …… 20
商务部《关于推进现代物流技术应用和共同配送工作的指导意见》 …… 23
商务部《关于促进仓储业转型升级的指导意见》 …… 26

第二部分 物流统计

2012 年全国物流运行情况通报 …… 31
2012 年全国物流统计工作取得明显进展 …… 33
2012 年全国物流运行情况分析 …… 36
2012 年全国重点企业物流统计调查报告 …… 42

钢铁行业物流成本分析 …… 46
汽车行业物流成本分析 …… 48
金属制品行业物流成本分析 …… 50
有色金属行业物流成本分析 …… 52
石油加工行业物流成本分析 …… 54
煤炭行业物流成本分析 …… 56
化学原料及化学制品制造行业物流成本分析 …… 59
农副食品加工行业物流成本分析 …… 62
食品行业物流成本分析 …… 64
纺织行业物流成本分析 …… 66
医药行业物流成本分析 …… 68
电气机械行业物流成本分析 …… 70
2012 年 1—12 月份中国制造业采购经理指数（PMI） …… 72
2012 年 1—12 月份中国非制造业商务活动指数 …… 85
2012 年重点生产资料流通企业经营情况 …… 99

第三部分　物流产业

2012 年中国交通运输业 …… 111
2012 年中国铁路物流业 …… 119
2012 年中国包装业 …… 125
2012 年中国港口物流业 …… 134
2012 年中国物流地产业 …… 145
2012 年中国保税物流业 …… 155
2012 年中国快递业 …… 168

第四部分　行业物流

2012 年中国制造业物流 …… 179
2012 年中国钢铁物流 …… 198
2012 年中国粮食物流 …… 206
2012 年中国汽车物流 …… 209
2012 年中国书业物流 …… 216
2012 年中国冷链物流 …… 220

2012 年中国烟草物流 …… 225
2012 年中国医药物流 …… 233
2012 年中国军事物流 …… 239
2012 年中国生产资料市场 …… 245
2012 年中国水泥市场 …… 251
2012 年中国木材与木制品市场 …… 260

下 册

第五部分 地区物流

北京市 …… 271
重庆市 …… 276
河北省 …… 286
吉林省 …… 296
黑龙江省 …… 305
江苏省 …… 308
浙江省 …… 312
江西省 …… 319
山东省 …… 324
湖北省交通 …… 331
广东省 …… 335
四川省 …… 338
陕西省 …… 342
宁夏自治区 …… 345
沈阳市 …… 346
长春市 …… 349
南京市 …… 352
厦门市 …… 356
银川市 …… 363
苏州市 …… 367
扬州市 …… 371
宁波市 …… 376

青岛市 …… 379
晋中市 …… 382
常州市 …… 389
连云港市 …… 390
临沂市 …… 393
乌海市 …… 396

第六部分 物流技术与装备

2012 年中国工业车辆行业 …… 403
2012 年中国自动化立体库行业 …… 409
2012 年中国托盘业 …… 411
2012 年中国物联网技术应用 …… 415

第七部分 政府采购

2012 年中国政府采购情况 …… 425
2012 年中国政府集中采购情况 …… 430
2012 年中国政府采购工作 …… 434

第八部分 物流教育、科技、信息化、标准化

2012 年中国物流教育 …… 445
2012 年中国物流科技 …… 449
2012 年中国物流信息化 …… 454
2012 年中国物流标准化 …… 460
2012 年中国物流与供应链相关科技文献发表情况 …… 470

第九部分 部分优秀物流企业经典案例

中远网络物流信息科技有限公司的综合物流信息管理平台系统 …… 487
中航物流的一体化供应链信息系统 …… 493
一汽成都公司的整车仓储定位管理系统 …… 501
唯智运输管理系统在广东中烟的应用 …… 508

全渠道、快响应服装物流服务 …… 512
中铁现代物流供应链集成服务模式 …… 516
盖世集团的综合物流园区之路 …… 520
中物华商打造一体化的玉米购销供应链模式 …… 525
西安国际港务区内陆开发开放的有益探索 …… 530
国药物流的药品运输安全质量管理体系 …… 534
淮矿物流“平台+基地”一体化运作案例 …… 538

第十部分 附录

关于中国物流企业50强排名的通告 …… 547
2012年中国连锁百强名单和主要外资连锁企业经营情况统计 …… 549
2012年中国连锁百强名单 …… 549
2012年主要外资连锁企业经营情况统计 …… 554
2012年度中国货代企业百强（综合）名单 …… 555
2012年度中国物流与采购联合会科学技术奖获奖项目主要完成单位及完成人名单 …… 559
2012年中国物流与采购行业十件大事 …… 570
2012年中国物流年度人物 …… 571
2012年度“中国物流示范基地”、“中国物流实验基地”名单 …… 572
2012年物流企业信用评价A级信用企业名单（第九批、第十批） …… 573
物流企业综合评估第十四批A级物流企业名单 …… 575
2011—2012年“宝供物流奖”及“宝供物流奖奖学金”获奖名单 …… 583
2012年全球物流发展动态 …… 586
2012年美国物流发展报告 …… 586
从数据统计的连续性看日本物流的变化 …… 596

第一部分

重要政策

2012 年发布的物流与采购相关的重要政策

国务院及国务院办公厅发文

国务院《关于深化流通体制改革加快流通产业发展的意见》

（国发〔2012〕39 号　2012 年 8 月 3 日）

各省、自治区、直辖市人民政府，国务院各部委、各直属机构：

改革开放以来，我国流通产业取得长足发展，交易规模持续扩大，基础设施显著改善，新型业态不断涌现，现代流通方式加快发展，流通产业已经成为国民经济的基础性和先导性产业。但总的看，我国流通产业仍处于粗放型发展阶段，网络布局不合理，城乡发展不均衡，集中度偏低，信息化、标准化、国际化程度不高，效率低、成本高问题日益突出。为适应新形势下经济社会发展需要，加快推进流通产业改革发展，现提出如下意见：

一、指导思想、基本原则和主要目标

（一）指导思想。以邓小平理论和“三个代表”重要思想为指导，深入贯彻落实科学发展观，围绕提高流通效率、方便群众生活、保障商品质量、引导生产发展和促进居民消费，加快推进流通产业发展方式转变，着力解决制约流通产业发展的关键问题，有效降低流通成本，全面提升流通现代化水平。

（二）基本原则。坚持发挥市场作用与完善政府职能相结合。在更大程度上发挥市场配置资源的基础性作用，遵循价值规律和市场规则，强化企业在市场中的主体地位；提升政府公共服务、市场监管和宏观调控能力。坚持深化改革与扩大开放相结合。深化流通领域各项改革，为流通产业发展提供制度保障；继续推进流通产业对内对外开放，以开放促改革促发展。坚持促进发展与加强规范相结合，加大对重点领域和薄弱环节的支持力度，推动流通产业加快发展；强化规范市场秩序，提升行业发展质量，切实保障和改

善民生。坚持立足当前与着眼长远相结合。既要紧密结合当前需要，着力降低流通成本，又要注重长远发展，建立流通引导生产、促进消费的长效机制。

（三）主要目标。到2020年，我国流通产业发展的总体目标是：基本建立起统一开放、竞争有序、安全高效、城乡一体的现代流通体系，流通产业现代化水平大幅提升，对国民经济社会发展的贡献进一步增强。

——流通领域提高效率降低成本效果显著，批发零售企业流动资产周转速度加快，全社会物流总费用与国内生产总值的比率明显降低。

——现代信息技术在流通领域得到广泛应用，电子商务、连锁经营和统一配送等成为主要流通方式，连锁化率达到22%左右，商品统一配送率达到75%左右，流通产业整合资源、优化配置的能力进一步增强。

——流通主体的竞争力明显提升，形成一批网络覆盖面广、主营业务突出、品牌知名度高、具有国际竞争力的大型流通企业。

——流通产业发展的政策、市场和法制环境更加优化，市场运行更加平稳规范，居民消费更加便捷安全，全国统一大市场基本形成。

二、主要任务

（四）加强现代流通体系建设。依托交通枢纽、生产基地、中心城市和大型商品集散地，构建全国骨干流通网络，建设一批辐射带动能力强的商贸中心、专业市场以及全国性和区域性配送中心。推动大宗商品交易市场向现货转型，增加期货市场交易品种。优化城市流通网络布局，有序推进贸易中心城市和商业街建设，支持特色商业适度集聚，鼓励便利店、中小综合超市等发展，构建便利消费、便民生活服务体系。鼓励大型流通企业向农村延伸经营网络，增加农村商业网点，拓展网点功能，积极培育和发展农村经纪人，提升农民专业合作社物流配送能力和营销服务水平。支持流通企业建立城乡一体化的营销网络，畅通农产品进城和工业品下乡的双向流通渠道。大力发展第三方物流，促进企业内部物流社会化。加强城际配送、城市配送、农村配送的有效衔接，推广公路不停车收费系统，规范货物装卸场站建设和作业标准。加快建设完整先进的废旧商品回收体系，健全旧货流通网络，促进循环消费。

（五）积极创新流通方式。大力推广并优化供应链管理，鼓励流通企业拓展设计、展示、配送、分销、回收等业务。加快发展电子商务，普及和深化电子商务应用，完善认证、支付等支撑体系，鼓励流通企业建立或依托第三方电子商务平台开展网上交易。创新网络销售模式，发展电话购物、网上购物、电视购物等网络商品与服务交易。统筹农产品集散地、销地、产地批发市场建设，构建农产品产销一体化流通链条，积极推广农超对接、农批对接、农校对接以及农产品展销中心、直销店等产销衔接方式，在大中城市探索采用流动售卖车。围绕节能环保、流通设施、流通信息化等关键领域，大力推进流通标准应用。鼓励商业企业采购和销售绿色产品，促进节能环保产品消费，支持发展信用消费。推动商品条码在流通领域的广泛应用，健全全国统一的物品编码体系。

（六）提高保障市场供应能力。支持建设和改造一批具有公益性质的农产品批发市场、农贸市场、菜市场、社区菜店、农副产品平价商店以及重要商品储备设施、大型物流配送中心、农产品冷链物流设施等，发挥公益性流通设施在满足消费需求、保障市场稳定、提高应急能力中的重要作用。完善中央与地方重要商品储备制度，优化储备品种和区域结构，适当扩大肉类、食糖、边销茶和地方储备中的小包装粮油、蔬菜等生活必需品储备规模。强化市场运行分析和预测预警，增强市场调控的前瞻性和预见性。加强市场应急调控骨干企业队伍建设，提高迅速集散应急商品能力，综合运用信息引导、区域调剂、收储投放、进出口等手段保障市场供求基本平衡。

（七）全面提升流通信息化水平。将信息化建设作为发展现代流通产业的战略任务，加强规划和引导，推动营销网、物流网、信息网的有机融合。鼓励流通领域信息技术的研发和集成创新，加快推广物联网、互联网、云计算、全球定位系统、移动通信、地理信息系统、电子标签等技术在流通领域的应用。推进流通领域公共信息服务平台建设，提升各类信息资源的共享和利用效率。支持流通企业利用先进信息技术提高仓储、采购、运输、订单等环节的科学管理水平。鼓励流通企业与供应商、信息服务商加强合作，支持开发和推广适用于中小流通企业的信息化解决方案。加强信息安全保障。

（八）培育流通企业核心竞争力。积极培育大型流通企业，支持有实力的流通企业跨行业、跨地区兼并重组。支持中小流通企业特别是小微企业专业化、特色化发展，健全中小流通企业服务体系，扶持发展一批专业服务机构，为中小流通企业提供融资、市场开拓、科技应用和管理咨询等服务。鼓励发展直营连锁和特许连锁，支持流通企业跨区域拓展连锁经营网络。积极推进批发市场建设改造和运营模式创新，增强商品吞吐能力和价格发现功能。推动零售企业转变营销方式，提高自营比重。支持流通企业建设现代物流中心，积极发展统一配送。加强知识产权保护，鼓励流通品牌创新发展。

（九）大力规范市场秩序。加强对关系国计民生、生命安全等商品的流通准入管理，形成覆盖准入、监管、退出的全程管理机制。充分利用社会检测资源，建立涉及人身健康与安全的商品检验制度。建立健全肉类、水产品、蔬菜、水果、酒类、中药材、农资等商品流通追溯体系。加大流通领域商品质量监督检查力度，改进监管手段和检验检测技术条件。依法严厉打击侵犯知识产权、制售假冒伪劣商品、商业欺诈和商业贿赂等违法行为。加强网络商品交易的监督管理。规范零售商、供应商交易行为，建立平等和谐的零供关系。加快商业诚信体系建设，完善信用信息采集、利用、查询、披露等制度，推动行业管理部门、执法监管部门、行业组织和征信机构、金融监管部门、银行业金融机构信息共享。细化部门职责分工，堵塞监管漏洞。

（十）深化流通领域改革开放。建立分工明确、权责统一、协调高效的流通管理体制，健全部门协作机制，强化政策制定、执行与监督相互衔接，提高管理效能。加快流通管理部门职能转变，强化社会管理和公共服务职能。在有条件的地区开展现代流通综合试点，加强统筹协调，加快推进大流通、大市场建设。消除地区封锁和行业垄断，严禁阻碍、限制外地商品、服务和经营者进入本地市场，严厉查处经营者通过垄断协议等方式排除、限制竞争的行为。鼓励民间资本进入流通领域，保障民营企业合法权益，促进民营企业健康发展。进一步提高流通产业利用外资的质量和水平，引进现代物流和信息技术带动传统流通产业升级改造。支持有条件的流通企业“走出去”，通过新建、并购、参股、增资等方式建立海外分销中心、展示中心等营销网络和物流服务网络。积极培育国内商品市场的对外贸易功能，推进内外贸易一体化。

三、支持政策

（十一）制订完善流通网络规划。制订全国流通节点城市布局规划，做好各层级、各区域之间规划衔接。科学编制商业网点规划，确定商业网点发展建设需求，将其纳入城市总体规划和土地利用总体规划。乡镇商业网点建设纳入小城镇建设规划。各地制订控制性详细规划和修建性详细规划时应充分考虑商业网点建设需求，做好与商业网点规划的相互衔接。完善社区商业网点配置，新建社区（含廉租房、公租房等保障性住房小区、棚户区改造和旧城改造安置住房小区）商业和综合服务设施面积占社区总建筑面积的比例不得低于10%。地方政府应出资购买一部分商业用房，用于支持社区菜店、菜市场、农副产品平价商店、便利店、早餐店、家政服务点等居民生活必备的商业网点建设。严格社区商业网点用途监管，不得随意改变必备商业网点的用途和性质，拆迁改建时应保证其基本服务功能不缺失。各地可根据实际发布商业网点建设指导目录，引导社会资金投向。

（十二）加大流通业用地支持力度。按照土地利用总体规划和流通业建设项目用地标准，在土地利用年度计划和土地供应计划中统筹安排流通业各类用地。鼓励利用旧厂房、闲置仓库等建设符合规划的流通设施，涉及原划拨土地使用权转让或租赁的，经批准可采取协议方式供应。政府对旧城区改建需搬迁的流通业用地，在收回原国有建设用地使用权后，经批准可以协议出让方式为原土地使用权人安排用地。鼓励各地以租赁方式供应流通业用地。支持依法使用农村集体建设用地发展流通业。制定政府鼓励的流通设施目录，对纳入目录的项目用地予以支持。依法加强流通业用地管理，禁止以物流中心、商品集散地等名义圈占土地，防止土地闲置浪费。

（十三）完善财政金融支持政策。积极发挥中央政府相关投资的促进作用，完善促进消费的财政政策，扩大流通促进资金规模，重点支持公益性流通设施、农产品和农村流通体系、流通信息化建设，以及家政和餐饮等生活服务业、中小流通企业发展、绿色流通、扩大消费等。鼓励银行业金融机构针对流通产业特点，创新金融产品和服务方式，开展动产、仓单、商铺经营权、租赁权等质押融资。改进信贷管理，发展融资租赁、商圈融资、供应链融资、商业保理等业务。充分发挥典当等行业对中小和微型企业融资的补充作用。拓宽流通企业融资渠道，支持符合条件的大型流通企业上市融资、设立财务公司及发行公司（企业）债券和中期票据等债务融资工具。引导金融机构创新消费信贷产品，改进消费信贷业务管理方式，培育和巩固消费信贷增长点。

（十四）减轻流通产业税收负担。在一定期限内免征农产品批发市场、农贸市场城镇土地使用税和房产税。将免征蔬菜流通环节增值税政策扩大到有条件的鲜活农产品。加快制定和完善促进废旧商品回收体系建设的税收政策。完善并落实家政服务企业免征营业税政策，促进生活服务业发展。落实总分支机构汇总纳税政策，促进连锁经营企业跨地区发展。积极推进营业税改增值税试点，完善流通业税制。

（十五）降低流通环节费用。抓紧出台降低流通费用综合性实施方案。优化银行卡刷卡费率结构，降低总体费用水平，扩大银行卡使用范围。加快推进工商用电用水同价。落实好鲜活农产品运输“绿色通道”政策，确保所有整车合法装载运输鲜活农产品车辆全部免缴车辆通行费，结合实际完善适用品种范围。切实规范农产品市场收费、零售商供应商交易收费等流通领域收费行为。深入推进收费公路专项清理，坚决取缔各种违规及不合理收费，降低偏高的通行费收费标准。从严审批一级及以下公路和独立桥梁、隧道收费项目。按照逐步有序的原则，加快推进国家确定的西部地区省份取消政府还贷二级公路收费工作进度。

四、保障措施

（十六）完善流通领域法律法规和标准体系。推动制定、修改流通领域的法律法规，提升流通立法层级。抓紧修订报废汽车回收管理办法，积极推动修改商标法、反不正当竞争法、广告法和消费者权益保护法等法律，研究制定典当管理、商业网点管理、农产品批发市场管理等方面的行政法规。全面清理和取消妨碍公平竞争、设置行政壁垒、排斥外地产品和服务进入本地市场的规定。积极完善流通标准化体系，加大流通标准的制定、实施与宣传力度。

（十七）健全统计和监测制度。加快建立全国统一科学规范的流通统计调查体系和信息共享机制，不断提高流通统计数据质量和工作水平。加强零售、电子商务、居民服务、生产资料流通等重点流通领域的统计数据开发应用，提高服务宏观调控和企业发展的能力。扩大城乡市场监测体系覆盖面，优化样本企业结构，推进信息采集智能化发展，保证数据真实、准确、及时，加快监测信息成果转化。

（十八）发挥行业协会作用。完善流通行业协会的运行机制，引导行业组织制定行业规范和服务要求，加强行业自律和信用评价。支持行业协会为流通企业提供法律、政策、管理、技术、市场信息等咨询及人才培训等服务，及时反映行业诉求，维护企业合法权益。

（十九）强化理论体系、人才队伍和基层机构建设。深化流通领域理论和重大课题研究，完善我国现代流通产业发展的理论和政策研究体系。大力培养流通专业人才，加快形成高校、科研院所与部门、行业企业联合培养人才的机制，积极开展职业教育与培训，提高流通专业人才培养质量。加强干部队伍建设，提高基层干部的服务意识和监管执法能力。加强基层流通管理部门建设，充实一线力量，保证基层流通管理工作通畅有效。

（二十）加强组织领导。国务院有关部门、地方各级人民政府要高度重视加快流通产业改革发展的重要性，切实加强组织领导，根据要求抓紧制定具体实施方案，完善和细化政策措施，确保各项任务落实到位。建立由商务部牵头的全国流通工作部际协调机制，加强对流通工作的协调指导和监督检查，及时研究解决流通产业发展中的重大问题。各地要将加快流通产业改革发展作为调结构、转方式、惠民生的重要抓手，完善配套政策和监管措施，保障流通产业改革发展所需资金，促进流通产业持续健康发展。

国务院《关于第六批取消和调整行政审批项目的决定》

（国发〔2012〕52 号　2012 年 9 月 23 日）

各省、自治区、直辖市人民政府，国务院各部委、各直属机构：

2011 年以来，按照深入推进行政审批制度改革工作电视电话会议的部署和行政审批制度改革的要求，行政审批制度改革工作部际联席会议依据行政许可法等法律法规的规定，对国务院部门的行政审批项目进行了第六轮集中清理。经严格审核论证，国务院决定第六批取消和调整 314 项行政审批项目。各地区、各部门要加强组织领导，明确工作分工，抓好监督检查，完善规章制度，确保行政审批项目的取消和调整及时落实到位。同时，要强化后续监管，明确监管责任，制定监管措施，做好工作衔接，避免出现监管真空。

深化行政审批制度改革是一项长期任务。各地区、各部门要按照党中央、国务院的部署和要求，在现有工作基础上，积极适应经济社会发展需要，坚定不移地深入推进行政审批制度改革。

一、进一步取消和调整行政审批项目。凡公民、法人或者其他组织能够自主决定，市场竞争机制能够有效调节，行业组织或者中介机构能够自律管理的事项，政府都要退出。凡可以采用事后监管和间接管理方式的事项，一律不设前置审批。以部门规章、文件等形式违反行政许可法规定设定的行政许可，要限期改正。探索建立审批项目动态清理工作机制。

二、积极推进行政审批规范化建设。新设审批项目必须于法有据，并严格按照法定程序进行合法性、必要性、合理性审查论证。没有法律法规依据，任何地方和部门不得以规章、文件等形式设定或变相设定行政审批项目。研究制定非行政许可审批项目设定和管理办法。

三、加快推进事业单位改革和社会组织管理改革。把适合事业单位和社会组织承担的事务性工作和管理服务事项，通过委托、招标、合同外包等方式交给事业单位或社会组织承担。抓紧培育相关行业组织，推动行业组织规范、公开、高效、廉洁办事。

四、进一步健全行政审批服务体系。继续推进政务中心建设，健全省市县乡四级联动的政务服务体系，并逐步向村和社区延伸。加强行政审批绩效管理，推行网上审批、并联审批和服务质量公开承诺等做法，不断提高行政审批服务水平。审批项目较多的部门要建立政务大厅或服务窗口。

五、深入推进行政审批领域防治腐败工作。深化审批公开，推行“阳光审批”。加快推广行政审批电子监察系统。严肃查处利用审批权违纪违法案件。

六、把行政审批制度改革与投资体制、财税金融体制、社会体制和行政管理体制改革紧密结合起来。进一步理顺和规范政府与企业、政府与社会的关系，规范上下级政府的关系。进一步优化政府机构设置和职能配置，提高行政效能和公共管理服务质量。

附件：略。

部委发文

财政部 国家税务总局《关于物流企业大宗商品仓储设施用地城镇土地使用税政策的通知》

（财税〔2012〕13号 2012年1月20日）

各省、自治区、直辖市、计划单列市财政厅（局）、地方税务局，西藏、宁夏、青海省（自治区）国家税务局，新疆生产建设兵团财务局：

为促进物流业健康发展，根据《国务院办公厅关于促进物流业健康发展政策措施的意见》（国办发〔2011〕38号）有关精神，现就物流企业大宗商品仓储设施用地城镇土地使用税政策通知如下：

一、自2012年1月1日起至2014年12月31日止，对物流企业自有的（包括自用和出租）大宗商品仓储设施用地，减按所属土地等级适用税额标准的50%计征城镇土地使用税。

二、物流企业是指为工农业生产、流通、进出口和居民生活提供仓储、配送服务的专业物流企业。

大宗商品仓储设施是指仓储设施占地面积在6000平方米以上的，且储存粮食、棉花、油料、糖料、蔬菜、水果、肉类、水产品、化肥、农药、种子、饲料等农产品和农业生产资料；煤炭、焦炭、矿砂、非金属矿产品、原油、成品油、化工原料、木材、橡胶、纸浆及纸制品、钢材、水泥、有色金属、建材、塑料、纺织原料等矿产品和工业原材料；食品、饮料、药品、医疗器械、机电产品、文体用品、出版物等工业制成品的仓储设施。

仓储设施用地，包括仓库库区内的各类仓房（含配送中心）、油罐（池）、货场、晒场（堆场）、罩棚等储存设施和铁路专用线、码头、道路、装卸搬运区域等物流作业配套设施的用地。

三、符合上述减税条件的物流企业需持相关材料向主管税务机关办理备案手续。

请遵照执行。

国家邮政局　商务部《关于促进快递服务与网络零售协同发展的指导意见》

（国邮发〔2012〕1号　2012年2月27日）

各省、自治区、直辖市邮政管理局，商务主管部门，计划单列市及新疆生产建设兵团商务主管部门：

为全面贯彻《邮政业发展“十二五”规划》、《商务部“十二五”电子商务发展指导意见》，落实《国家邮政局关于做好快递业务旺季服务保障工作的意见》（国邮发〔2011〕30号）、《商务部关于促进网络购物健康发展的指导意见》（商商贸发〔2010〕239号）等文件要求，进一步加强邮政管理部门和商务主管部门的合作，促进快递服务与网络零售协同发展，现提出以下意见：

一、充分认识促进快递服务与网络零售协同发展的重要意义

快递服务是面向生产和民生的现代服务业。网络零售是网络化的新型零售形式，是我国战略性新兴产业与现代流通方式的重要组成部分。近年来，快递服务与网络零售相互依存、互为支撑，业务合作日趋紧密、关联领域不断拓展，呈现出互利共赢的良好局面，有力促进了两个市场的发展壮大。同时，在快递服务与网络零售协调发展过程中，也存在一些衔接不顺畅、发展不协调的问题。如运营配套、信息共享等方面仍存在着差距。促进快递服务与网络零售协同发展，是坚持科学发展，转变发展方式，提高发展质量和效益，促进产业转型升级和跨越式发展的客观要求；是切实增强服务能力，提高服务水平，消除发展瓶颈，释放产业活力，实现产业共同做强做大的有效途径。促进快递服务与网络零售协同发展，符合产业发展的客观规律，合作基础坚实，发展前景十分广阔。

二、促进快递服务与网络零售协同发展的指导思想与原则

（一）指导思想。

以科学发展观为指导，以市场为导向，以企业为主体，充分发挥政府的引导作用，统筹快递市场与网络零售市场长远发展要求，优化发展环境，健全产业联动政策，消除协同发展障碍，推动快递服务转型升级，促进网络零售

健康发展。

（二）基本原则。

科学发展，协调推进。政府部门、企业要分别发挥产业引领和市场主体作用，推动快递与网络零售产业转变发展方式，优化产业结构，提高服务质量，增强发展后劲，提升竞争实力，推动两者全面、协调、可持续发展，有效满足经济社会发展的需要。

平等互利，互信合作。快递企业与电子商务企业是平等、独立的市场主体，企业间开展合作应当遵循市场规律，充分考虑双方利益，坚持双方自愿、互利共赢、友好诚信，夯实互信基础，不断推动合作深化。

消除瓶颈，以点带面。集中力量优先解决最终用户、双方企业共同关注的制约协同发展的关键问题，加大对重点环节、重点区域的扶持力度，形成重点带动、整体推进。

三、促进快递服务与网络零售协同发展的政策措施

（一）优化协同发展政策环境。

积极争取《产业结构调整指导目录（2011年本）》及其他相关配套政策支持，认真落实快递服务与网络零售协同发展的财政、税收、土地、人才等扶持政策。研究制定促进协同发展的相关法律法规、政策措施和标准，实现《快递服务》标准与《电子商务模式规范》、《网络购物服务规范》、《第三方电子商务交易平台服务规范》等行业标准、规范的有效对接，推进快递服务和网络零售协同标准化、一体化进程。统筹协调双方资源优势，在快递节点城市和电子商务示范城市重合地区建立协同发展示范基地。深入开展协同发展热点问题的前瞻性研究，为相关政策出台提供理论支撑。

（二）推动双方信息共享、标准对接。

推进行业主管部门信息对接机制建设，加快快递服务与网络零售信息系统数据接口标准的制定工作，建立统一的信息交换标准。推动快递统计监测系统与网络零售统计监测体系、统计监测网络对接，逐步实现行业统计信息的共享与交换。逐步建立基于快递服务和网络零售的公共信息化服务平台，满足政府职能部门、电子商务企业、快递企业、最终用户之间的信息发布、查询、交换需求。鼓励行业间、企业间相关信息互联互通，引导电子商务企业、快递企业完善信息系统，建设面向网络零售的快递配送信息开放式平台，加快快递信息系统与网络零售系统的融合进程。

（三）推动信用体系建设。

积极引导快递企业和电子商务企业建立健全信用管理制度，提高服务诚信度，增强消费者信心。加快实施快递企业等级评定和信用分级管理，支持具备条件的第三方机构对电子商务企业进行信用评价，向消费者提供信用评价信息。推进快递企业与电子商务企业信用评价的互通、互联、互评、互认。建立健全行业管理部门之间信用信息资源的共享机制，建设在线信用信息服务平台，实现信用数据的动态采集、处理、交换，实时向社会推荐诚信企业。

（四）鼓励快递企业构建与网络零售配套的服务体系。

鼓励和引导快递企业在全国物流节点城市和电子商务示范城市重合地区建设快件处理中心、航空及陆运集散中心，有条件的可形成自主航空运输能力。大幅提升揽收、分拣、运输、投递等环节的自动化、信息化、标准化水平。针对网络零售的特点，鼓励快递企业开发多品种、个性化服务的产品体系，拓展服务领域，满足网络零售差异化需求，构建“便捷高

效、竞争有序、技术先进、服务优质”的快递服务体系。

（五）积极探索创新服务模式。

支持快递企业与电子商务企业构建合作发展平台，签订战略合作框架协议，建立战略联盟合作关系，实现合作共赢。鼓励快递企业提供和开发符合网络零售需求的代收货款、保价快件、验货签收等增值服务，促进业务合作深化。积极引导快递企业与电子商务企业建立以促销活动联动和业务分流联动为主的业务协同机制，减缓业务旺季网络零售对快递服务压力。引导具备条件的快递企业建设“仓配一体化”的快件处理中心，推进快件的一站式、规模化、集约化进程。探索构建农村快递服务模式，加大网络零售向农村的拓展力度，提高服务“三农”的能力。鼓励快递企业与电子商务企业开展联合经营或兼并重组，实现优势互补，促进产业链、供应链和服务链的一体化整合。

（六）深化安全领域合作。

制定涉及快递服务与网络零售领域的联动性安全措施。积极推动邮政业安全监管信息系统与商品流通回溯机制的对接，逐步实现对商品储存、销售、运输等重点环节的一体化安全监控。进一步促进快递企业和电子商务企业应急预案对接，健全突发事件应对工作机制。加强信息领域安全管理，防范用户信息泄露。鼓励快递企业和电子商务企业加强信息沟通，确保信息传递安全。积极引导快递企业和电子商务企业共同开展安全业务培训，健全安全生产责任制度，加强安全管理。

（七）提升快递服务网络零售科技应用水平。

支持快递企业与电子商务企业共同开发运用物联网相关技术，加快推广无线射频识别、导航定位、商品服务追溯等创新应用。鼓励快递企业采用仓储运输、装卸搬运、分拣包装等专用技术装备，推进重点快递企业普遍使用手持终端（PDA）设备，提升网络零售快递服务运作效率和服务质量。鼓励快递企业开发应用网络在线工具，推进快递解决方案与网络零售业务流程的融合。

四、促进快递服务与网络零售协同发展的有关要求

国家邮政局、商务部将统筹协调，建立快递服务与网络零售协同发展工作联系制度，定期召开联席会议，协商政策解决问题。

各省、自治区、直辖市邮政管理部门和商务主管部门要充分认识快递服务与网络零售协同发展的重要意义，尽快制定、完善配套政策和措施，建立协同工作机制，密切沟通，抓出成效。

双方行业协会组织要切实发挥桥梁纽带作用，加强协调沟通，促进相关工作开展。中国快递协会要积极落实《快递服务》标准，扎实推进快递企业等级评定工作，促进快递企业服务标准化、管理规范化、品牌专业化建设。

快递企业、电子商务企业要转变观念，提高认识，开展广泛合作。快递企业要加快推动转型升级，加强产业链联动，优化产品结构、提升服务能力，大力支持网络零售健康发展，努力实现上下游互利共赢。电子商务企业要着力完善配套服务体系，深化普及电子商务应用，加强与快递企业的信息沟通与业务联动，提升协同水平。

各省、自治区、直辖市邮政管理部门和商务主管部门请将《意见》落实情况分别报国家邮政局、商务部。

财政部　交通运输部《关于印发〈公路甩挂运输试点专项资金管理暂行办法〉的通知》

（财建〔2012〕137 号　2012 年 4 月 6 日）

各省、自治区、直辖市、计划单列市财政厅（局）、交通运输厅（局），新疆生产建设兵团财务局、交通运输管理部门，天津市、上海市交通运输和港口管理局：

为支持试点地区开展公路甩挂运输工作，中央财政设立了公路甩挂运输试点专项资金。为加强资金的管理，提高资金使用效益，特制定《公路甩挂运输试点专项资金管理暂行办法》。现印发给你们，请遵照执行。

附件：公路甩挂运输试点专项资金管理暂行办法

附件：

公路甩挂运输试点专项资金管理暂行办法

第一章　总则

第一条　为加强公路甩挂运输试点专项资金（以下简称专项资金）管理，提高资金使用效益，促进甩挂运输试点工作的顺利开展，根据《国务院办公厅关于进一步促进道路运输行业健康稳定发展的通知》（国办发〔2011〕63 号），制定本办法。

第二条　本办法所称专项资金是指中央财政从车辆购置税中安排的专项用于支持公路甩挂运输试点项目的资金。

第三条　专项资金的使用和管理坚持以下原则：

（一）政府引导，突出重点。要充分发挥财政资金引导作用，调动企业投资积极性，重点用于对甩挂运输发展具有重要支撑作用的专业化设施和设备的建设、改造、更新项目，确保取得实效。

（二）统筹安排，规范使用。择优选取基础条件好、发展潜力大、示范作用强的项目安排试点。专项资金的使用符合公开、公平、公正的办事程序，资金使用情况和效果接受国家有关部门和社会监督。

第四条　专项资金纳入财政预算管理。

第二章 专项资金支持范围和方式

第五条 专项资金支持的对象是纳入甩挂运输试点的运输企业和站场经营企业（以下简称试点企业）。试点企业由交通运输部会同财政部确定。

第六条 交通运输部会同财政部根据甩挂运输发展的实际情况和需要，分批发布甩挂运输试点工作方案。试点企业应按照试点工作方案的要求，编制企业试点实施方案，报交通运输部、财政部批准。

第七条 专项资金支持纳入企业试点实施方案的以下项目内容：

（一）甩挂作业站场建设或改造。重点包括：货运站场内适合挂车作业的装卸平台、甩挂作业仓储设施；满足汽车列车摘挂和回转要求、可供甩挂车辆中转需要的作业场地及场区道路；甩挂作业必要的装卸设备、标准化托盘和辅助设施等。

（二）甩挂运输车辆更新购置。列入交通运输部甩挂运输推荐车型范围的牵引车和半挂车的更新购置。

（三）甩挂运输管理信息系统建设或改造。重点包括：车辆智能调度系统、作业站场管理信息系统、运输组织与订单管理系统、甩挂运行实时监控系统、甩挂运输油耗监测系统等。

第八条 专项资金的分配采取以奖代补的方式，由财政部、交通运输部根据项目投入运营后实际发生的建筑安装费和设备购置费的投资总额核定补助额度。

第九条 根据项目的不同类别和实际情况，适用定额补助或比例补助。

（一）项目总投资额超过1亿元（含1亿元）的，采用定额补助。其中甩挂作业站场按照500万/个的标准进行补助；管理信息系统按照50万/套的标准进行补助；牵引车和挂车分别按照4万/台和1.5万/台的标准进行补助。每个项目补助总额原则上不高于1000万元。

（二）项目总投资额小于1亿元的，采用比例补助。甩挂作业站场建设或改造、牵引车购置更新、管理信息系统建设或改造按照投资总额的10%给予补助，挂车购置更新按照投资总额的20%给予补助。每个项目补助总额原则上不高于1000万元。

第十条 对已享受中央财政其他资金支持的项目，专项资金不再安排补助。

第十一条 交通运输部用于试点工作方案编制、项目评审、投资审核、监督检查、绩效评估等工作的经费，按照不超过当年专项资金总额0.5%的比例，从专项资金中安排。

第三章 专项资金的申请、审核与拨付

第十二条 试点企业应按照本办法的要求，编制甩挂运输试点专项资金申请书，报所在省（自治区、直辖市、计划单列市）［以下简称省（区、市）］交通运输、财政主管部门进行初审。

专项资金申请书包括项目承担单位基本情况、项目实施内容、运行情况等内容。申请书应附以下材料：

（一）申请单位企业法人营业执照或事业单位机构代码证（复印件加盖单位公章）。

（二）项目立项审批材料和项目投资额证明材料。

第十三条 有关省（区、市）交通运输、财政主管部门对申报材料进行审核汇总后，报交通运输部、财政部。

第十四条 交通运输部会同财政部组织专

家对申请材料进行审核后，由交通运输部提出专项资金分配方案建议，报财政部。

第十五条 财政部对专项资金分配方案进行审核后，将专项资金下达有关省（区、市）财政主管部门，同时抄送交通运输部。

第十六条 专项资金的支付按照财政国库管理制度有关规定执行。专项资金使用中属于政府采购管理范围的，按照政府采购有关规定执行。

第十七条 中央直属企业资金申请程序参照本办法执行。

第四章 专项资金的监督管理

第十八条 试点企业应当按照本办法的规定据实编制甩挂运输试点专项资金申请书，不得弄虚作假，情节严重的，取消试点资格。

第十九条 各级财政、交通运输部门应当加强对专项资金使用的监督管理，建立健全专项资金绩效评价制度。

第二十条 对专项资金的使用情况，由财政部、交通运输部组织重点抽查，对违反规定截留、挪用、骗取资金的，按照《财政违法行为处罚处分条例》（国务院令第427号）及相关法规予以处理。

第五章 附则

第二十一条 本办法由财政部会同交通运输部负责解释。

第二十二条 本办法自发布之日起施行。

国家发展和改革委员会　公安部　财政部　国土资源部　交通运输部　铁道部　商务部　中国人民银行　国家税务总局　国家工商行政管理总局　中国银行业监督管理委员会　中国证券监督管理委员会《关于鼓励和引导民间投资进入物流领域的实施意见》

（发改经贸〔2012〕1619号　2012年5月31日）

各省、自治区、直辖市及计划单列市、新疆生产建设兵团发展改革委、公安厅（局）、财政厅（局、财务局）、国土资源主管部门、交通运输厅（局、委）、商务主管部门，中国人民银行上海总部、各分行、营业部、各省会（首府）城市中心支行、各副省级城市中心支行，各省、自治区、直辖市及计划单列市国家税务局、地方税务局、工商行政管理局（市场监督管理局），各省、自治区、直辖市银监局、证监局，各铁路局，中国物流与采购联合会：

为贯彻落实《国务院关于鼓励和引导民间投资健康发展的若干意见》（国发〔2010〕13号）精神，鼓励和引导民间投资进入物流领域，各地要在切实抓好《国务院办公厅关于促进物流业健康发展政策措施的意见》（国办发〔2011〕38号）文件各项政策措施落实的基础上，进一步加大对民间资本投资物流领域的支持力度，为民营物流企业发展营造良好的环境。为做好此项工作，特提出如下意见：

一、引导民间资本投资第三方物流服务领域

（一）积极支持民间资本投资从事社会化物流服务。为民间资本投资参与承接传统制造业、商贸业的物流服务外包创造条件，鼓励民间资本投资从事为商贸流通企业服务的共同配送业务，降低配送成本、提高配送效率；鼓励民间资本加强与制造企业合作，投资参与制造企业的供应链管理或与制造企业共同组建第三方物流企业。

（二）支持民间资本进入物流业重点领域。鼓励民间资本进入快递、城市配送（含冷链）、医药物流、再生资源物流、汽车及家电物流、特种货物运输、大宗物资物流、多式联运、集装箱、危化品物流、供应链管理、国际物流和

保税物流等重点物流领域。鼓励民营企业和国铁企业开展多种方式的物流合作，提高铁路物流运输服务水平。鼓励民间投资开展厢式货车运输以及重点物资的散装运输等。鼓励民间资本参与物流标准化体系建设。

（三）支持民间资本进入物流基础设施领域。支持民间资本投资运输、仓储、配送、分拨、物流信息化以及物流园区等领域的物流基础设施建设，支持民间资本进入商贸功能区领域，鼓励民间资本投资参与铁水联运、公铁联运、公水联运等转运中心设施建设。鼓励民间投资参与建设铁路干线、客运专线、城际铁路、煤运通道和地方铁路、铁路支线、专用铁路、企业专用线、铁路轮渡及其场站设施等项目。

二、加快形成支持民间资本进入物流领域的管理体制

（一）打破阻碍物流设施资源整合利用的管理瓶颈。鼓励目前只为本行业本系统提供服务的仓储、运输设施向社会开放，鼓励民间资本投资参与现有物流基础设施的整合利用，开展社会化物流服务。

（二）完善资质审批管理。进一步清理针对物流企业的资质审批项目，逐步减少行政审批，积极为民营物流企业设立法人、非法人分支机构提供便利，鼓励民营物流企业开展跨区域网络化经营。进一步规范交通、公安、环保、质检、消防等方面的审批手续，缩短审批时间，提高审批效率。对于法律未规定或国务院未批准必须由法人机构申请的资质，由民营物流企业总部统一申请获得后，其非法人分支机构可向所在地有关部门备案获得。

（三）简化注册经营手续。民间资本投资设立物流企业，在总部统一办理工商登记注册和经营审批手续后，其非法人分支机构可持总部出具的文件，直接到所在地工商行政管理机关申请登记注册，免予办理工商登记核转手续。

三、为民营物流企业创造公平规范的市场竞争环境

（一）切实减轻民营物流企业税收负担。完善营业税改征增值税试点工作。符合条件的民营物流企业同等享受营业税差额纳税试点政策。民营物流企业同等享受已经出台的大宗商品仓储设施用地城镇土地使用税减半征收政策。

（二）加大对民营物流企业的土地政策支持力度。鼓励民营物流企业利用旧厂房、闲置仓库等建设符合规划的物流设施，涉及原划拨土地使用权转让或租赁的，经批准可采取协议方式供应。对于以物流业为主的城市功能区和园区，细化规划功能分区，按国家标准确定土地用途，严格按照不同地类和土地使用标准分宗供地，防止以物流中心、商品集散地名义圈占土地和实施整体供地，增强民营物流企业的土地市场竞争能力，提高节约集约用地水平。

（三）优化民营物流企业融资环境。鼓励银行业金融机构创新适合民营物流企业特点的金融产品和服务方式，对符合条件的民营物流企业积极提供必要的融资支持，提高对民营物流企业的金融服务水平。进一步拓宽民营物流企业融资渠道，完善民营物流企业融资担保制度，发展物流业股权投资基金，积极支持符合条件的民营物流企业上市和发行债券。

（四）促进民营物流企业车辆便利通行。各地在制定本地区促进城区物流车辆便利通行

的管理办法时，要关注民营物流企业发展的需要，对民营物流企业的物流车辆享受同等的通行证发放、进城停靠等便利通行政策。要依法维护民营物流企业生产经营秩序，促进其健康发展。

四、鼓励民营物流企业做强做大

（一）推动民营物流企业加快向现代物流企业转变。鼓励现有单一从事运输、仓储、货代、船代、无船承运人、联运、快递服务的民营企业整合功能、延伸服务，加快向具有较强资源整合和综合服务能力的现代物流企业转型。鼓励中小民营物流企业加强联盟合作，支持大型优势民营物流企业加快兼并重组，不断创新合作方式和服务模式，优化资源配置，提高服务水平，提升民营物流企业竞争力，加快培育一批具有一定规模和国际竞争力的民营物流企业。

（二）积极支持民营物流企业开展国际合作。支持民营物流企业同国际先进物流企业的合资、合作与交流，引进和吸收国外促进现代物流发展的先进经验和管理方法。积极创造有利条件，鼓励民营物流企业“走出去”。鼓励民营物流企业为国内企业海外投资提供配套物流服务，加快建立具有国际竞争力的物流服务网络。

（三）发挥行业协会在支持民营物流企业发展中的重要作用。物流业社团组织要充分发挥政府与企业联系的桥梁纽带作用，积极为民营物流企业发展提供服务支撑，及时向有关政府部门反映民营物流企业发展中面临的问题，切实引导民营物流企业加强行业自律，健全完善内部安全管理制度，严格落实安全管理责任，促进民营物流企业健康发展。

鼓励和引导民间资本进入物流领域，推动民营物流企业加快发展，对于促进物流业结构调整和可持续发展具有重要意义。各单位要认真贯彻落实国家相关政策，切实采取有效措施，鼓励民间资本投资物流领域。同时，注意跟踪了解本地区物流领域利用民间投资的情况、效果和存在的问题，将有关情况和意见建议及时反馈发展改革委。

商务部办公厅《关于进一步做好流通标准化工作的通知》

（商办流通函〔2012〕479号 2012年6月11日）

各省、自治区、直辖市、计划单列市及新疆生产建设兵团商务主管部门，有关事业单位、行业协会、标准化技术委员会：

为深入落实《商务领域标准化管理办法（试行）》（商务部令2012年第5号，以下简称《办法》）和《商务部办公厅关于"十二五"时期流通标准化建设的指导意见》（商流通发〔2011〕430号），进一步做好流通标准化工作，现就有关事项通知如下：

一、提高做好标准化工作的认识

流通标准是规范和引导流通行业发展的技术规则、管理规则和行为规则，是流通业发展的重要技术基础和保障，也是流通业发展水平的重要标志。改革开放30多年来，我国流通业标准化取得了积极成效，标准化工作机制日益健全，标准制修订不断加快，标准实施力度进一步加大，促进了流通业快速健康发展。但由于基础薄弱，标准化建设仍存在一些突出问题，主要表现在：国家标准和强制性标准比例偏低，一些流通行业标准涵盖面窄，基础类、通用类标准少，地方标准配套和工作组织体系不完善，标准化队伍亟待加强等，制约了流通技术进步及其效能的提升。

各地区、有关单位要深刻领会《办法》内容和核心要义，切实履行好《办法》赋予的各项职责，从促进流通业科学发展的战略高度，充分认识做好流通标准化工作对提升产业发展层次、普及先进技术、规范交易行为、提高行业管理水平等方面的重要意义，加强组织领导，完善工作体系，以标准化引领和带动行业发展，将标准化建设作为流通工作的重要基础和加强行业管理的重要手段，切实抓紧抓好，以加快实现我国流通业规范化、集约化、现代化和国际化的发展目标。

二、明确流通标准化工作的目标和任务

2012—2013年流通标准化工作要遵循实施应用标准与健全标准体系并举的原则，以标准宣传贯彻、推广应用为统领，以《办法》实施为保障，全面提升流通标准化工作质量与水

平。加大标准推广实施力度，提高现有标准执行率和应用水平。根据标准应用实践，有针对性、有重点地做好标准制修订工作，完善各行业标准体系。构建以政府部门为主导，各标准化技术委员会和行业协会为依托，企业为实施主体，措施配套、协调联动的标准化工作机制，确保“十二五”期间流通标准化建设任务取得重要阶段性成果。

三、加强对流通标准化工作的组织协调

商务部将加强流通标准体系顶层设计和标准化工作统筹协调，建立健全相关工作制度和标准宣传贯彻绩效评价机制，制定流通标准宣传贯彻总体方案及各行业重点，研究完善支持流通标准化建设相关政策，会同国家标准委等部门共同加强流通标准体系建设。地方商务主管部门要按照标准化工作总体要求，制定相应工作方案，细化目标任务，加大流通领域国家标准、行业标准的宣传贯彻和推广应用，加强对标准实施情况的监督、监测和信息反馈，并结合实际加快完善流通业地方标准。各专业技术委员会和行业协会要充分发挥在行业标准化工作中的组织指导作用，保质高效完成相关标准制修订和宣传贯彻任务，引导流通企业把相关标准落实到企业经营管理的各个环节。

四、大力推进流通标准应用

为使相关标准真正落到实处，切实发挥应有的规范和引导作用，2012—2013 年各级商务主管部门要围绕流通领域质量安全、节能环保、供应链管理、行业准入、流通设施、流通信息化建设等关键环节，大力推进流通标准的推广应用工作。商务部将制定各领域、各行业重点推广标准目录，明确宣传贯彻要求和量化考核目标。同时，选择部分大中城市在重点行业和骨干企业开展标准化示范建设，及时总结推广经验，引导相关领域和行业提高标准应用水平。各地区、各协会要结合实际抓紧制定标准推广应用工作方案，明确各年度标准推广应用重点，采取多种措施推动标准实施，引导广大企业积极投身流通标准化示范建设，全面提高企业标准应用及经营管理和服务水平。商务部将对各地区、各行业标准推广应用工作进行绩效考评，适时开展执行情况检查，及时通报有关情况，对先进地区和行业结合相关政策予以支持。

五、加强标准体系建设及重点领域、基础环节的标准制修订工作

各级商务主管部门、相关行业协会和专业技术委员会要根据地区、行业特点及标准化建设实际，进一步加强标准体系研究和完善，以及重点领域、基础环节的标准制修订工作，逐步形成各行业标准健全完备，不同行业间标准紧密衔接，企业、地方标准与行业、国家标准协调配套的流通标准体系。要将各行业标准实际应用程度作为制修订标准、完善标准体系的重要依据，通过标准宣传贯彻及时发现现有标准体系的薄弱环节，根据行业管理需要和轻重缓急，有针对性地做好标准制修订工作，增强标准的适用性和有效性。当前要着力加强商贸物流、农产品流通、金融仓储、商贸功能区、生产资料流通、餐饮、家政等商贸服务业、特行管理、电子商务等领域急需标准的制修订，抓紧完善相关标准体系，同时积极推荐相关行业标准上升为国家标准，将推荐性标准上升为

强制性标准。要做好相关标准项目的预研和项目储备，及时把行业急需的标准项目纳入制修订计划，切实提高标准立项的质量和水平。商务部将采取标准制修订与课题研究结合等形式，推动重点基础性、公益性标准项目的实施。

六、积极开展标准宣传和培训

各级商务主管部门、相关行业协会和专业技术委员会要制订年度标准宣传计划，将标准宣传与促进流通发展的相关工作及支持政策有机结合，加大对重点行业标准的宣传力度，通过在网络和报纸开设专栏、利用电视媒体宣传、组织标准宣传贯彻会、举办“标准化宣传月”等多种方式，扩大流通标准的影响力和认知度，营造“学标准、用标准”的浓厚氛围。要大力组织开展标准化工作培训，针对各行业特点和实际分别制订培训计划，编发面向企业的学习培训教材，保证培训效果与质量，提升流通标准化工作队伍素质和各行业、广大企业的标准执行力。近期培训内容要与贯彻落实《办法》紧密结合，增强各方面依法推进流通标准化工作的自觉性和主动性，切实将《办法》要求落实到各项工作中，全面提高流通标准化工作的规范化、法制化水平。

七、完善标准化工作保障条件

各地商务主管部门要健全流通标准化工作组织机构，明确专门处（科）室、配备专门人员负责标准化工作。研究出台流通标准化工作配套政策，安排、落实相关工作经费，保障各项工作顺利开展。要加强对当地标准化工作相关事业单位、行业协会的指导，密切与当地标准化行政管理部门的工作沟通，形成各方面协同推进的良好局面。各地区、各行业标准化技术委员会、有关协会要创造条件，抓紧建立本地区、本行业流通标准化信息管理平台，实现标准工作的动态管理和信息共享；尽快建立本地区、本行业流通标准专家库，为工作开展提供智力支持；制定完善包括标准制修订、宣传、应用等重点内容的工作绩效考评制度，确保流通标准化各项工作扎实推进、取得实效。

请各单位于 7 月 10 日前将本单位 2012—2013 年流通标准化工作方案报送商务部（流通发展司），工作进展情况、存在问题及建议等及时上报。

商务部《关于推进现代物流技术应用和共同配送工作的指导意见》

（商流通发〔2012〕211号 2012年6月21日）

各省、自治区、直辖市、计划单列市及新疆生产建设兵团商务主管部门：

为提高商贸物流技术应用水平，降低物流成本，提高流通效率，根据国家“十二五”规划纲要、《国务院办公厅关于促进物流业健康发展政策措施的意见》（国办发〔2011〕38号）、《国内贸易发展规划（2011—2015）》和《商贸物流发展专项规划》（商商贸发〔2011〕67号），商务部决定从2012年开始，组织开展现代物流技术应用和共同配送工作，相关工作意见如下：

一、重要意义

改革开放以来，我国商贸物流取得快速发展，服务领域不断深化，服务模式不断创新，为流通规模扩大、流通方式变革提供了有力支撑。然而，从总体来看，我国商贸物流服务网点分散、技术装备落后、组织化程度低，自营配送、多头配送仍占主导地位，城市“最后一千米”物流成本高、中转难、货车停靠难等问题较为突出。大力推广现代物流技术应用，促进共同配送水平不断提高，是推动商贸物流现代化、提高物流组织化程度的重要途径，对于降低物流成本、提高流通效率、促进国民经济健康发展，扩大消费具有重要意义。

二、工作目标

通过开展现代物流技术应用和共同配送工作，促进大中城市合理规划和布局城市物流节点、优化物流配送组织方式，形成布局合理、运行高效、通行有序、绿色环保的城市配送网络体系。同时，引导和推进批发、零售企业、第三方物流企业供应链模式创新，培育一批运营规范、技术应用水平高、管理有序的商贸物流示范企业。力争到“十二五”末，重点城市共同配送（含统一配送）网点覆盖率达到40%以上，等量货物运输量降低30%以上，物流费用占商品流通费用的比率下降2个百分点。

三、工作任务

（一）完善城市共同配送节点规划布局。

从实现物流资源利用的社会化、物流资源信息共享、提高重点商品共同配送率为出发点，加强试点城市商贸物流设施规划布局，构建以重点商贸物流园区、公共配送中心和末端共同配送点等物流节点为支撑的城市物流配送网络体系。

（二）鼓励商贸物流模式创新。支持商贸、物流企业以联盟、共同持股等多种形式开展共同配送；鼓励连锁零售企业、网络零售企业构建新型配送体系，提高统一配送水平；支持各类批发市场完善和提升物流服务功能，形成集展示、交易、仓储、加工、配送等功能于一体的集约式商贸物流园区；引导物流公共信息服务平台健康发展，支持建设一批物流电子交易平台。

（三）加快物流新技术应用步伐。支持企业改造升级现有物流信息系统，实现物流企业与商贸流通企业、生产企业及相关管理部门之间的数据共用、资源共享。大力推进物联网技术、RFID 射频识别码、GPS 实时监控等新技术在共同配送工作中的应用水平。引导企业在物流活动中采用标准托盘和集装单元，实行货物生产、包装、装卸、运输的全过程标准化管理，推动大型连锁零售企业率先采用标准化托盘共用系统，提高托盘使用率。

（四）加大商贸物流设施改造力度。根据城市共同配送节点规划布局，引导和支持建设、改造一批商贸物流设施：一是支持商贸物流区建设、改造，支持城市近郊服务于城市配送和货物转运的商贸物流园区发展。二是支持标准化配送中心建设、改造，鼓励企业建设立体化仓库、采用先进的分拣设备、设施，引导企业加大冷库设备更新改造，鼓励建设低耗节能型冷库；三是支持流通末端共同配送点和卸货点建设、改造，鼓励建设集配送、零售和便民服务等多功能于一体的物流配送终端。

四、保障措施

（一）明确工作思路，制定实施方案。各地商务主管部门要根据本地区商贸物流工作基础、发展特点和实际需求，选择工作重点，提出推进本地区现代物流技术应用和共同配送工作的总体工作思路，提出符合地区经济发展需要、与本地经济社会发展规划相衔接的工作方案，确定工作目标、实施范围、重点内容和具体措施。

（二）加强组织领导，完善工作机制。各地商务主管部门要高度重视现代物流技术应用和共同配送工作，建立健全与相关部门密切沟通、相互协作的工作联动机制，会同相关部门协调解决工作中企业遇到的土地、城市车辆通行、停靠、企业融资等方面遇到的困难。

（三）有序开展试点，树立工作典范。各地区要结合本地实际，组织重点城市、选择重点领域组织开展试点，树立典范，以点带面。商务部将把实施方案科学合理、组织措施得力、工作成效显著的城市，列为商务部现代物流技术应用和共同配送综合试点城市。

（四）完善政策措施，加大支持力度。各地要充分运用财政资金，通过多种形式引导和带动社会投资，加大对现代物流技术应用和共同配送工作的支持力度，有条件的地区要积极争取设立有关专项支持资金。商务部将商相关部门对纳入商务部试点城市组织实施的示范项目给予一定的财政资金支持。

（五）明确目标责任，强化绩效考核。各地要建立以共同配送网点覆盖率、商贸物流费用率、货物运输量等指标为主体构成的商贸物流量化指标考核体系，加强对比分析和绩效考核。商务部将以此为依据对各地工作开展情况和取得的成效进行量化考核。

（六）加强新闻宣传，扩大社会效应。各地要对工作中出现的新情况、新特点和新的经营模式及产生的效果及时进行总结、分析。同时，要充分发挥网络、报刊等媒体的作用，宣传试点建设成效、典型经验和成功模式。商务部将通过召开工作现场会、经验交流会、发布工作通报等形式，加大交流、宣传和工作推进力度。

商务部《关于促进仓储业转型升级的指导意见》

（商流通发〔2012〕435 号　2012 年 12 月 18 日）

促进仓储业健康发展，加快推进传统仓储向现代物流转型升级，对于建立健全我国现代流通体系、降低流通成本、提高流通效率具有重要的战略意义和现实意义。根据《国务院关于深化流通体制改革加快流通产业发展的意见》和《商贸物流发展专项规划》的要求，现就促进仓储业转型升级工作提出如下意见：

一、促进仓储业转型升级的重要意义

仓储是以满足供应链上下游的需求为目的，依托仓库设施、利用信息技术对货物存储、加工包装、分拣配送等进行有效计划、管理和执行的物流活动，是物流一体化运作和商品流通的重要环节。改革开放以来，我国仓储业快速发展，仓储设施明显改善，产业规模持续扩大，社会化进程逐步加快，服务水平与作业效率有所提高，出现了地产类仓储、金融类仓储、自助式仓储等新的经营业态，一批功能完善、融入供应链一体化服务的现代仓储企业脱颖而出。

但从总体上看，我国仓储业的传统经营方式还没有根本性改变，仓储自动化、标准化与信息化管理仍处于较低水平，造成我国流通企业商品库存时间过长、占压资金过多。2007—2011 年，我国物流总费用占国内生产总值的比重由 18.2% 下降到 17.8%，而保管费用占国内生产总值的比重却由 5.8% 上升到 6.1%。

加快仓储业转型升级，推动传统仓储企业由功能单一的仓储中心向功能完善的各类物流配送中心转变，由商品保管型的传统仓储向库存控制型的现代仓储转变，是建立健全物流配送体系的重要内容，是降低社会库存、提高流通效率的重要途径。

二、指导思想、基本原则和发展目标

（一）指导思想。

深入贯彻落实科学发展观，以提高流通效率为宗旨，以基础设施为依托，以延伸服务链条为主线，以自动化、信息化、标准化为方向，进一步加强规划和政策引导，完善相关法律法规和行业标准，促进各类仓储企业健康发展，加快仓储业转型升级。

（二）基本原则。

坚持市场调节和政策引导相结合，充分发挥市场机制的作用，加强规划和政策引导，营造公平竞争的市场环境，实现企业优胜劣汰；坚持促进发展与加强规范相结合，加大对仓储设施升级改造的支持力度，强化标准规范，提升行业发展质量；坚持服务流通产业与加快行业发展相结合，要适应流通方式转变和流通产业升级的要求，拓展仓储服务链条，加快行业发展；坚持创新经营模式与利用仓储资源相结合，引导企业充分利用仓储资源，转变经营模式，主动开拓市场，实现转型升级。

（三）发展目标。

引导仓储企业由传统仓储中心向多功能、一体化的综合物流服务商转变。在服务方面由仓库出租向仓储管理、库存控制、加工包装、分拣配送、质押监管等多功能增值服务发展；在技术方面由平面堆放、人工操作向立体化存储、单元化作业、机械化与自动化操作发展；在管理方面由分散、粗放式经营向精益化、标准化与信息化发展。用五年左右时间，实现加工配送率达到40%，仓储服务达标率提高到40%，立体仓库的总面积占仓库总面积的40%；仓储企业机械化、自动化、标准化、信息化水平显著提高；商品库存周转速度明显加快，流通环节仓储费用占商品流通费用的比率显著下降。

三、主要任务

（一）支持仓储企业创新经营模式。鼓励仓储企业适应连锁经营、电子商务等现代流通方式发展要求，开展供应链库存管理、加工包装、分拣配送等供应链一体化服务。鼓励仓储企业通过联盟、重组、托管经营等方式，发展网络化仓储配送。支持有条件的仓储企业规范开展质押监管等供应链融资监管服务。

（二）引导仓储企业推广应用新技术。大力推广集装技术和单元化装载技术，提高仓储作业效率。推广应用条码、智能标签、无线射频识别等自动识别、标识技术和货物快速分拣技术。加强仓储技术装备的研发与推广，鼓励企业采用仓储配送、装卸搬运、分拣包装、条码印刷等专用技术设备。

（三）加强仓储企业信息化建设。支持仓储企业购置或自主开发仓储管理信息系统，有条件的仓储企业要积极应用物联网技术。支持仓储企业与连锁企业、电子商务企业、生产企业等建设信息对接系统，实现数据共用、资源共享，提高仓储企业的供应链服务水平。

（四）提高仓储企业标准化应用水平。指导仓储企业在仓库建设、仓库设计、仓储服务、仓储作业绩效考核等方面采用国家标准和行业标准，加大标准推广力度。支持仓储企业进行技术设施、设备的更新改造。鼓励仓储企业使用标准化托盘，积极参与托盘共用系统建设。

（五）鼓励仓储资源利用社会化。鼓励仓储企业通过兼并重组、仓储联盟、共同配送、管理外包、建设仓储资源交易平台等方式，有效提高仓储设施利用率。鼓励企业内部仓储设施对外开放和经营，整合仓储资源，促进仓储资源社会化。

（六）加大冷库改造和建设力度。适应冷链物流快速发展的要求，指导企业对现有冷库进行技术改造，并利用先进技术建设现代化冷库，促进我国冷库由原来大批量、小品种、存期长向小批量、多品种、多流通形式转化。加强冷库系统管理，提高运作效率，鼓励节能减排。

四、保障措施

（一）完善法律法规和政策体系。加快出台行业管理部门规章，规范仓储业经营秩序和企业经营行为。进一步加强行业指导，提升行业发展水平。加强与有关部门沟通协调，研究出台仓储设施改造、信息平台建设等方面的财税政策，引导仓储行业健康有序发展。

（二）完善行业监测与标准体系。建立健全仓储市场监测指标体系，通过仓库租金、仓库利用率、行业发展指数等信息发布，引导仓储市场的有序竞争与协调发展。完善仓储作业规范、服务规范、安全规范、质押监管业务规范等标准体系。统一仓储、运输、配送等环节的计量标准、技术标准和数据传送标准等。

（三）加强人才队伍建设。开展仓储从业人员的资质培训与认证工作，逐步实行持证上岗制度。充分利用高校教育资源和发挥教育培训机构的作用，研究将各类专业仓储从业人员的培养纳入教育体系。

（四）加强行业组织建设。充分发挥行业协会在行业统计、标准拟定与宣传贯彻、课题研究、咨询服务、资质认证、人才培训等方面的积极作用，引导行业健康发展。增强行业协会在诚信体系建设、行业自律，服务企业等方面的功能。

各地商务主管部门要提高认识，转变观念，加强组织领导，健全仓储行业管理机构，明确工作职责，加强行业指导、管理和服务，将促进仓储业转型升级作为推动物流工作的重要抓手，确保取得成效。

第二部分

物流统计

2012年全国物流运行情况通报

2012年我国物流需求缓中趋稳，企业物流效率有所提升，但经济运行中的物流成本依然较高。

一、社会物流总费用较快增长

2012年我国社会物流总费用为9.4万亿元，同比增长11.4%，增幅比上年回落7.1个百分点。其中，运输费用4.9万亿元，同比增长10.7%，占社会物流总费用的比重为52.5%，同比降低0.3个百分点；保管费用3.3万亿元，同比增长11.8%，占社会物流总费用的比重为35.2%，同比提高0.2个百分点；管理费用1.2万亿元，同比增长13.1%，占社会物流总费用的比重为12.3%，同比提高0.1个百分点。

在运输费用中，受燃油价格上涨、道路运量快速增长的影响，道路运输费用同比增长12.6%，增幅比社会物流总费用高出1.2个百分点。在保管费用中，利息费用增长13.3%，增幅比社会物流总费用高出1.9个百分点。

从全国重点企业物流统计调查数据看，2011年我国工业、批发和零售业企业百元销售额占用的物流成本分别为9.3%和7.6%，同比分别降低0.4个和0.2个百分点，反映出我国企业物流效率有所提升。但经济运行中的物流成本依然较高，社会物流总费用与GDP的比率为18%，同比提高0.2个百分点。

二、社会物流总额缓中趋稳

2012年我国社会物流总额为177.3万亿元，按可比价格计算，同比增长9.8%，增幅较上年回落2.5个百分点。分季度看，一季度为10.9%，上半年为10%，前三季度为9.6%，呈逐季回落之势，四季度则明显趋稳回升，全年总体保持较快增长。

从社会物流总额构成情况看，工业品物流总额为162万亿元，按可比价格计算，同比增长10%，是推动社会物流总额增长的主要动力。受网购等电子商务快速发展推动，快递等与民生相关的物流发展势头良好，全年单位与居民物品物流总额按可比价格计算，同比增长23.5%，增幅高于社会物流总额13.7个百分点。进口货物物流总额为11.5万亿元，按可比价格计算，同比增长7.8%。农产品物流总额和再生资源物流总额同比分别增长4.5%

和 10.2%。

三、物流业增加值平稳增长

2012 年我国物流业增加值 3.5 万亿元，按可比价格计算，同比增长 9.1%。其中，交通运输物流增加值增长 8.7%，仓储物流增加值增长 6.8%，批发和零售物流增加值增长 9.8%，邮政物流增加值增长 26.7%。

2012 年物流业增加值占 GDP 的比重为 6.8%，占服务业增加值的比重为 15.3%。2012 年我国物流运行统计数据详见下表。

2012 年我国物流运行统计数据表

	单位	本期	同比增长（%）
一、社会物流总费用	亿元	93702	11.4
运输费用	亿元	49184	10.7
保管费用	亿元	32949	11.8
管理费用	亿元	11569	13.1
二、物流业增加值	亿元	35483	9.1
其中：交通运输业	亿元	25257	8.7
仓储业	亿元	2694	6.8
贸易业	亿元	6632	9.8
邮政业	亿元	901	26.7
三、社会物流总额	亿元	1773156	9.8
其中：农产品物流总额	亿元	28891	4.5
工业品物流总额	亿元	1620269	10.0
进口货物物流总额	亿元	115209	7.8
再生资源物流总额	亿元	6751	10.2
单位与居民物品物流总额	亿元	2037	23.5
四、物流相关行业固定资产投资	亿元	40113	23.9
其中：交通运输业	亿元	26439	20.2
仓储、邮政业	亿元	3857	28.8
贸易业	亿元	9816	33.0

说明：2012 年物流总费用与 GDP 的比率为 18%。物流业增加值占 GDP 的 6.8%，占服务业增加值的 15.3%。

（国家发展和改革委员会　国家统计局　中国物流与采购联合会）

2012 年全国物流统计工作取得明显进展

近几年来，在国家发改委、国家统计局和中国物流与采购联合会的积极组织推动下，在各地物流工作牵头部门、统计局、行业协会和企业的共同努力下，全国物流统计工作开拓创新，扎实推进，不断取得新的成绩。

一、不断完善社会物流统计核算制度

为及时准确地把握《社会物流统计核算与报表制度》（以下简称统计制度）实施中存在的问题，做好统计制度修订完善的工作，使统计制度能更好地适应物流业发展的要求，自 2006 年统计制度正式实施以来，我们每年都组织召开全国物流统计工作会议，加强与省市和企业的交流，了解工作情况和存在的问题。同时，多次深入开展调查研究，召开座谈会，研究优化统计指标体系。在此基础上，按照统计法每两年修订一次的规定，分别于 2008 年、2010 年和 2012 年对《社会物流统计核算与报表制度》作了三次修订，进一步提高了统计制度的科学性、规范性和可操作性。大部分省区市也都按照统计制度要求，结合本地区的实际情况，不断规范和加强本地区的物流统计工作。

二、持续推进重点企业物流统计调查工作

重点企业物流统计调查是物流统计工作的重要内容，每年的统计会都会作为重点工作进行部署。通过几年的持续推动，报表数据质量有了明显提高，缺报、漏报、错报现象有所减少，现在报表有效率达到 95% 左右。同时，调查企业数量不断增加，分布更趋合理，样本代表性进一步增强，调查和核算数据更加准确可靠。目前，全国调查企业样本数量已达到近 1300 家，覆盖工业、商贸和物流企业，包含大中小微及各类所有制类型，地域分布也从东部地区为主扩大到东中西地区。大部分地区都在积极开展重点企业调查工作，想方设法提高调查的准确性和有效性。如福建省将物流统计与企业调查纳入物流业促进条例，从法律上予以保证；江苏省出台专门政策激励地市县有关部门，督促企业按时填报调查表；北京市把企业

调查纳入社会统计范畴，对全市所有企业开展物流情况调查；河北和陕西等部分省市都对被调查企业开展业务培训，不断提高报表的质量。

针对社会上普遍反映煤炭流通成本较高的问题，我们结合重点企业调查组织开展了基于产业链的煤炭物流成本调查研究，系统分析了我国煤炭物流现状、成本结构和存在的问题，提出了降低物流成本，促进煤炭行业发展的对策建议。

三、重点加强对物流运行情况的监测分析

在继续做好统计核算的基础上，为及时反映物流业运行态势，重点加强运行监测分析工作，在监测的时效性、准确性和全面性上狠下工夫。一方面，不断提高统计核算和企业调查的频率，从最初的每年一次，提高到每季度一次，自 2010 年开始实现了月度调查核算，每月发布运行数据，为准确把握运行态势提供了重要参考。另一方面，研究试行反映物流产业景气情况的指数。经过长达 3 年的研究设计和 1 年的试运行，2013 年 3 月正式发布了中国物流业景气指数，加强了对物流产业运行情况的监测、预测和预警能力。中国物流业景气指数的统计方法已经由国家标准委批准立项，并已基本编制完成。目前，已有部分省市开始重视这项工作，如江苏省已发布了省内部分地市的物流业发展指数、深圳市定期发布全市的物流景气指数。

四、高度重视统计调查数据的分析与应用

除每月发布统计核算分析报告外，我们还开展了对调查数据进行深度挖掘和比较分析等相关工作。一是对第二次全国经济普查物流有关数据做了深入分析，出版了分析报告，较为全面地摸清了物流业发展的基本现状。二是重点加强对企业调查数据的分析，每年形成工业企业物流统计调查报告、批发零售业物流统计调查报告、物流企业统计调查报告 3 个综合性分析报告。三是为了解把握行业成本状况，进一步加强了行业成本分析工作，先后推出了十几个重点行业物流成本状况分析报告，为企业加强精细化管理、降低物流成本提供了重要参考。目前，各地也在着力提高数据分析的深度和广度，形成了一批针对性强、参考价值较高的分析报告，较好地发挥了决策参谋作用。

五、稳步健全物流统计工作体系

为组织实施统计制度，在国家层面上建立了国家发改委组织协调、统计局业务指导、中国物流与采购联合会具体实施的工作模式，综合协调推动物流统计工作，有力保障了全国物流统计工作的有序推进。各地区也都十分重视物流统计工作，越来越多的省区市都根据本地的实际情况，加强组织领导，协调推动实施物流统计制度。已经开展物流统计工作的地区，相关基础工作不断地巩固完善并且越来越得到重视和肯定。过去没有开展物流统计工作的地区，有关部门也在克服困难、努力创造条件，陆续加入物流统计的行列。在省市相关部门的大力推动下，部分地区的省会城市和地级城市也已着手开展统计工作。总体来看，全国物流统计工作的体系已经初步形成。

六、结论

近些年，随着物流统计数据的不断丰富和

完善，物流统计反映出的行业发展情况和经济运行的问题已引起社会各界的广泛关注，物流统计的社会影响力在不断扩大。物流相关统计数据和分析报告被报纸、电视、网络等媒体大量报道转载，已经成为全社会了解物流产业情况的重要窗口，权威性逐步被社会认可。央视新闻频道每月都报道我们的统计数据和分析，物流统计数据已经成为国务院、有关部门和各地区制定物流相关规划和政策的重要依据，政策影响力不断提升。国务院2009年出台的《物流业调整和振兴规划》、2012年发布的《服务业发展“十二五”规划》以及全国各地已经公布的“十二五”物流业发展规划，都使用物流统计数据来分析行业发展现状，发展目标也主要是采用总额、总费用与GDP的比率、增加值等关键统计指标。特别是针对物流统计数据反映出的经济运行成本高、效率低的问题，提出了提高效率、降低成本的相关建议，得到了各级政府的高度重视，也与国家“十二五”规划和党的十八大提出的转变经济发展方式，提高经济运行的质量和效益的要求高度一致。

（中国物流信息中心）

2012 年全国物流运行情况分析

2012 年，在经济增长总体平稳的基础上，我国物流发展形势良好，物流需求增幅有所回落但依然保持平稳增长，物流业增加值增长较快，行业物流效率有所提升。与此同时，社会物流总费用增长较快，经济运行中的物流成本依然较高，物流企业压力仍然较大。

一、2012 年我国社会物流运行基本特点

（一）社会物流总额增速有所回落，但依然保持较快增长

2012 年，我国社会物流总额为 177.3 万亿元，按可比价格计算，同比增长 9.8%，增幅较上年同期回落 2.5 个百分点。分季度看，受宏观经济走势影响，社会物流总额增速从第一季度的 10.9%，回落到上半年的 10%，再到前三季度的 9.6%，随着下半年稳增长政策效果的逐步显现，增速由“平稳回落”转为“稳中有升”，全年增长 9.8%，依然保持平稳较快增长。近年来，我国物流总额增速逐步放缓的情况表明，随着我国经济社会发展目标的调整，物流需求逐步由快速增长向平稳较快增长转变，较好地支撑了宏观经济发展。2012 年 1—12 月我国社会物流总额及增长变化走势如图 1 所示。

从社会物流总额的构成情况看，2012 年工业品物流总额为 162 万亿元，按可比价格计算，同比增长 10%，工业品物流总额占社会物流总额的比重为 91.4%，同比提高 0.7 个百分点，说明在我国工业化和城镇化过程中，工业物流是拉动社会物流总额增长的主要动力。

受电子商务、网购快速增长推动，快递等与民生有关物流发展势头良好。2012 年单位与居民物品物流总额为 0.2 万亿元，占社会物流总额的 0.1%，同比增长 23.5%，增幅明显高出社会物流总额整体水平，反映出我国经济具有较强的社会消费增长潜力。

在外部需求改善和国家稳定外贸措施的共同作用下，进口货物物流增长保持稳定。2012 年进口货物物流总额为 11.5 万亿元，占社会物流总额的 6.5%，按可比价格计算，同比增长 7.8%，增幅比上年同期提高 3.4 个百分点。

农产品物流总额和再生资源物流总额分别

为2.9万亿元和0.7万亿元，占社会物流总额的1.6%和0.4%，同比分别增长4.5%和10.2%。2012年我国社会物流总额及增长变化情况如下表所示。

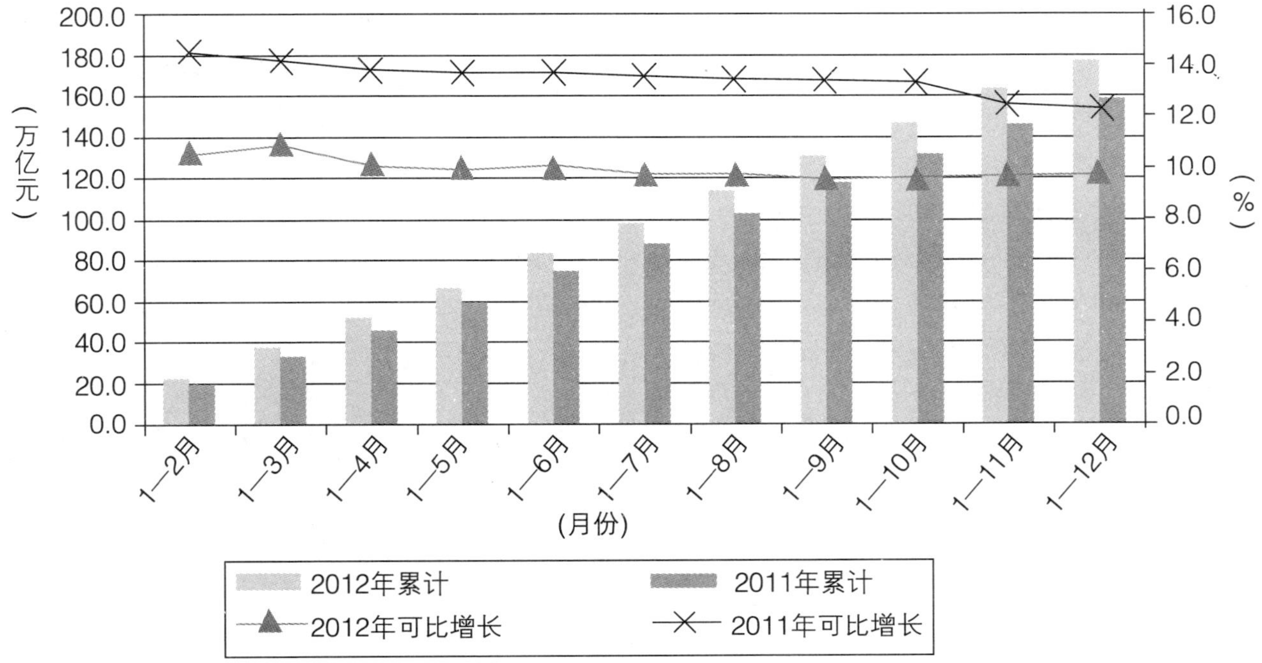

图1　2012年1—12月我国社会物流总额及增长变化走势

2012年我国社会物流总额及增长变化情况表

指标名称	单位	绝对额	同比增长（%）	占比（%）
社会物流总额	万亿元	177.3	9.8	100.0
其中：农产品物流总额	万亿元	2.9	4.5	1.6
工业品物流总额	万亿元	162.0	10.0	91.4
进口货物物流总额	万亿元	11.5	7.8	6.5
再生资源物流总额	万亿元	0.7	10.2	0.4
单位与居民物品物流总额	万亿元	0.2	23.5	0.1

（二）社会物流总费用与GDP比率略有提高

2012年，我国社会物流总费用为9.4万亿元，同比增长11.4%，增幅比上年同期回落7个百分点，社会物流总费用与GDP的比率为18%，同比提高0.2个百分点，显示出经济运行中的物流成本依然较高。分季度看，前三季度增速逐季回落，从一季度的12.2%，回落到上半年的11.9%，再到前三季度的11.3%，全年增速小幅回升，同比增长11.4%。

从社会物流总费用的构成来看，运输费用中尽管道路运输费用增长突出，但铁路、水路及航空运输费用增速回落，运输费用占比下降；受利息费用增长带动，保管费用增长较快，占比上升；管理费用仍保持较快增长，占社会物流总费用比重有所上升。

其中，运输费用为4.9万亿元，同比增长10.7%，占社会物流总费用比重为52.5%，同比下降0.3个百分点。受燃油价格上涨、道路运量增速较快影响，运输费用中道路运输费用同比增长12.6%，增幅比运输费用和社会物流总费用分别高出0.9个和1.2个百分点。

保管费用为3.3万亿元，同比增长11.8%，占社会物流总费用的比重为35.2%，同比提高0.2个百分点。其中，利息费用增长13.3%，增幅比保管费用和社会物流总费用分别高出1.5个和1.9个百分点，反映出经济运行中资金使用成本依然较高。

管理费用为1.2万亿元，同比增长13.1%，占社会物流总费用的比重为12.3%，同比提高0.1个百分点。

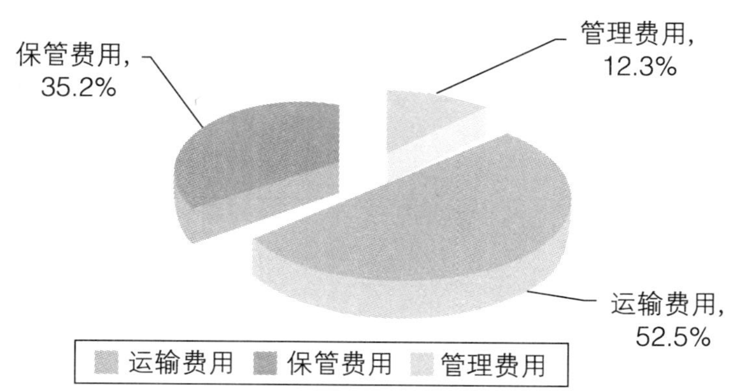

图2　2012年我国社会物流总费用构成情况

（三）物流业增加值平稳增长

2012年，我国物流业增加值为3.5万亿元，按可比价格计算，同比增长9.1%，增幅虽较上年同期有所回落，但仍比第三产业增幅高1个百分点。其中，交通运输物流增加值增长8.7%，仓储物流增加值增长6.8%，批发和零售物流增加值增长9.8%，邮政物流增加值增长26.7%。2012年我国物流业增加值占GDP的比重为6.8%，占服务业增加值的比重为15.3%。

（四）物流业固定资产投资快速增长

2012年我国物流业固定资产投资完成额4万亿元，同比增长23.9%，增幅同比提高16.1个百分点。其中，受上年同期基数较低和当年基建投资力度加大影响，交通运输业投资回升明显，全年完成投资额2.6万亿元，同比增长20.2%，增速同比提高22.4个百分点。贸易业和仓储、邮政业投资均保持较快增长，同比分别增长33%和28.8%。2012年1—12月我国物流业固定资产投资增长变化情况如图3所示。

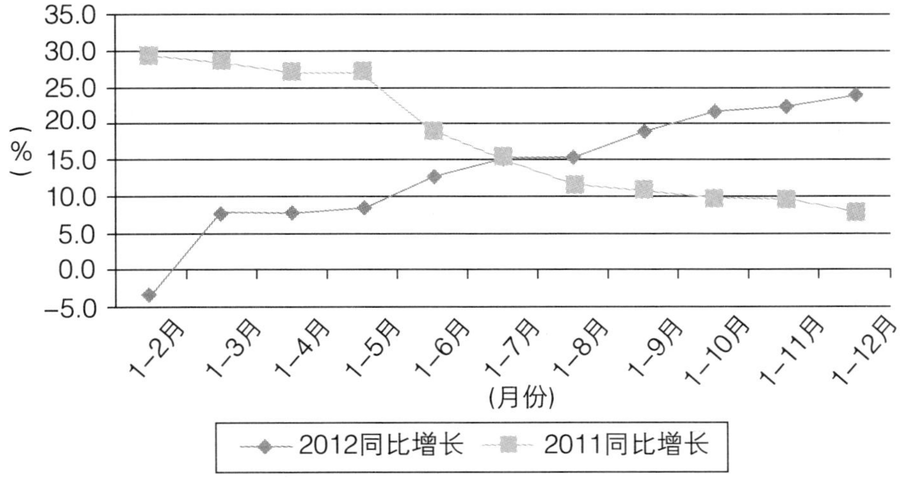

图3 2012年1—12月我国物流业固定资产投资增长变化情况

（五）物流价格低位运行

2012年，受国内外经济增速放缓、需求明显回落等诸多因素影响，我国物流价格保持低位运行。其中，海运市场低位震荡，公路运输市场保持相对平稳。世界经济受欧洲债务危机拖累，全球贸易增速大幅放缓，1—12月波罗的海干散货指数平均为904.7点，同比下降43.1%（如图4所示）；国内沿海煤炭及铁矿石运输需求大幅萎缩，形势持续低迷，1—12月中国沿海干散货运价指数为1233.4点，同比下降9.9%（如图5所示）。

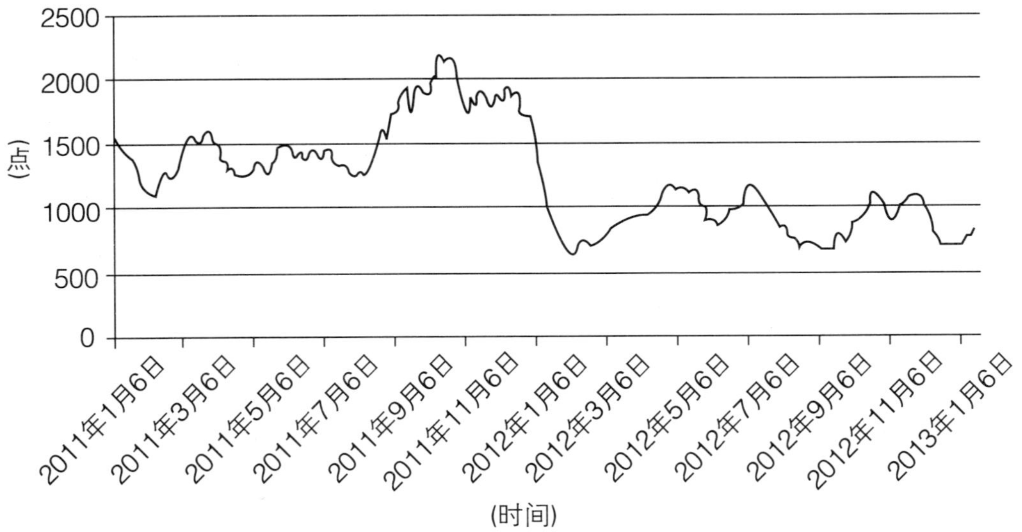

图4 2011—2012年波罗的海干散货运价指数走势（BDI）

图 5　2011—2012 年中国沿海干散货综合运价指数走势（CCBFI）

（六）物流企业成本压力仍然较大

2012 年 1—11 月全国重点物流企业主营业务收入同比增长 26.5%，继续保持快速增长，而主营业务成本同比增长 31.6%，增幅比主营业务收入高 5.1 个百分点。在燃油价格高企、人力成本上升、仓储租金上涨和税费负担较重的情况下，物流企业成本压力依然较大。1—11 月主营业务收入利润率为 4.7%，扣除港口企业后，利润率仅为 3.7%。

从物流业景气指数（CLPI）来看，主营业务成本指数一直保持在 57% 以上高位，平均值为 67.5%。在成本较高的同时，物流服务价格指数平均值为 51%，反映出随着成本增长，物流业对外服务价格却相对疲弱。受此影响，主营业务利润指数全年均值仅为 49.8%。综合主要指数数据变化情况，反映出当前物流业总体水平仍然偏低，整体竞争力不足，同时说明，物流业粗放型的经营方式，将严重制约企业的发展后劲。

（七）物流企业积极应对经济结构调整，行业发展小亮点突出

在当前“调结构，转方式”的过程中，我国经济整体发展逐步由快速增长向中低速适度增长转换，物流运行增速有所趋缓，经营成本上升、企业效益下滑成为行业转型发展的现实问题。物流企业必须深刻意识到由此带来的不利影响，立足于结构转型并做好长期应对的准备。

一是积极调整战略方向，拓展物流业务范围。如中储物流拓展仓储业务，由大宗商品向快销类产品转移，如为电子商务和电视购物企业提供仓储、配送服务，同时为企业提供仓单质押服务。

二是资源战略调整，完成结构转型。如中邮速递物流经过近两年的资源整合，完成快递物流业务与普遍邮政业务的分离，进入待上市阶段。在原有网络布局基础上，完善现有物流快递业务范围，采取西进北上策略，西进为惠普西南工厂提供国内电子产品物流服务，北进为中国重汽提供汽车零部件物流服务。

三是提高供应链服务能力，争取高端物流市场。如中远物流积极参与航空配件、电子、家电领域专业物流，与惠普签订全球性战略合作协议，负责电子产品、原材料采购和分销，与天津空客和哈飞集团合作，为工艺独特、高价值的航空配件提供高质量、订单式的物流服务。

二、2012年我国物流运行和行业发展存在的主要问题

总体来看，2012年我国物流运行由较快增长逐步趋向平稳，增速适度回落，基本与国民经济增长相适应。同时，必须清醒地看到，当前我国物流运行和行业发展依然存在许多问题，突出表现在宏观经济运行的物流成本高、资金使用效率低、经营水平差距大、税费负担重、政策落实难等方面。

（一）经营运行中物流成本高，物流效率与发达国家差距明显

近年来，虽然我国社会物流总费用与GDP的比率呈降低之势，但一直徘徊在18%上下，仍然处于较高水平，特别是与发达国家相比有较大差距。从全国重点企业物流统计调查数据看，2011年我国工业、批发和零售业企业物流成本费用率为8.6%，但仍比日本调查企业高3.7个百分点。

（二）我国企业库存率高，资金使用效率低

目前，我国工业企业从原材料的采购到产成品销售及资金回笼的产业周期长，资源与资金占压严重，运行成本依然较高。突出表现为一是库存率高。2011年规模以上工业企业库存率为10%，比发达国家高出一倍以上。二是资金使用效率低。2011年我国工业企业流动资产周转次数为2.9次，批发和零售业为3次，远低于日本和美国9至10次的水平，反映出宏观层面上我国经济运行效率较低，差距仍然较大。

（三）我国物流企业经营水平还没有明显改观

与跨国企业相比，国内物流企业无论是规模、品牌、赢利能力、国际市场份额，还是物流服务水平和供应链管理能力等方面，均有较大差距。我国物流企业传统服务较多、高端服务较少、同质化竞争激烈，赢利水平难以得到提升，在经济放缓过程中尤为明显。例如，企业反映传统贸易类物流业务量和赢利均下降，2013年仓储合同签约率和续签率下降。同时，由于劳动力短缺，原材料和能源价格高企，资金使用成本的上升等因素，物流企业运营压力增大，经营水平没有明显改观。

（四）税改以来，部分物流企业税费负担有所加重

我国物流企业仍以劳动密集型为主，人力成本占到50%，运输成本占到20%～30%，营改增后，企业（特别是运输企业）可抵扣的进项税额很少，税收负担变相加重。同时，地方纳税机关对物流企业的不同认定，也增加了企业税负。

（五）土地支持政策措施有待明确和完善

据企业反映，土地使用税减半征收政策在执行上采取土地价格先涨后减半征收的做法，企业没有享受到政策带来的预期优惠。

（中国物流信息中心）

2012 年全国重点企业物流统计调查报告

根据《社会物流统计核算与报表制度》要求，国家发展改革委、国家统计局和中国物流与采购联合会对 2011 年全国重点工业、批发和零售业企业物流状况和物流企业经营情况进行了统计调查。本次调查共收到 1241 家企业资料，有效报表 1196 家，报表有效率 92%。从行业看，工业企业 620 家，占 52%；批发和零售业企业 141 家，占 12%；物流企业 435 家，占 36%。

从登记注册类型看，内资企业 990 家，占 83%；港澳台投资企业 78 家，占 6%；外商投资企业 128 家，占 11%。在内资企业中，国有企业占 11%；私营企业占 30%；股份有限公司占 10%；有限责任公司占 27%。

一、工业、批发和零售业企业物流情况

2012 年全国重点企业物流统计调查结果显示，2011 年我国工业、批发和零售业企业销售总额增速有所放缓，物流成本增速回落。但随着产业升级步伐加快以及企业对成本控制意识的不断增强，企业物流效率得以提升，物流成本费用率下降，企业存货率降低，物流外包比例不断提高。

（一）销售总额增幅回落

2011 年我国工业、批发和零售业企业销售总额比上年增长 19.8%，增幅同比回落 8.9 个百分点。其中，工业企业销售总额增长 21.8%，批发和零售业企业销售总额增长 28.3%，增幅分别回落 10.6 个和 3.2 个百分点。尽管企业销售总额增幅有所回落，但从近年情况看仍保持较快增长。

从物流实物量看，2011 年我国工业、批发和零售业企业货运量比上年增长 18.6%，增幅与上年基本持平。其中，工业企业货运量增长 19.5%，增幅提高 1.8 个百分点；批发和零售业企业货运量比上年增长 15%，增幅回落 11.4 个百分点。

（二）物流成本增幅放缓

2011 年我国工业、批发和零售业企业物流成本比上年增长 15%，增幅同比回落 3.2 个百分点。其中，运输成本增长 12.5%，增幅回落 1.2 个百分点；保管成本增长 19%，增幅回落

3.4个百分点；管理成本增长15.3%，增幅回落1.9个百分点。

受贷款利率上升等因素影响，企业利息成本快速增长。2011年我国工业、批发和零售业企业利息成本比上年增长26.7%，增幅同比提高12.9个百分点，超过物流成本11.8个百分点。随着企业对仓储成本控制能力的提升，存货周转期有所降低，2011年我国工业企业存货周转期比上年下降近10%。受此影响，2011年我国仓储成本比上年增长11.7%，增幅同比回落8.2个百分点，低于调查企业物流成本3.3个百分点。

2011年我国工业、批发和零售业企业运输成本占物流成本的51 %，比上年降低2个百分点；保管成本占33.5%，比上年提高2.5个百分点；管理成本占15.5%，比上年降低0.5个百分点。

（三）物流费用率略有下降

2011年我国工业、批发和零售业企业物流费用率为8.4%，比上年下降0.4个百分点。其中，工业企业物流费用率为9.3%，比上年下降0.4个百分点；批发和零售业企业物流费用率为7.6%，比上年下降0.2个百分点。从2008年以来，我国工业、批发和零售业企业物流费用率逐年下降，表明调查企业物流效率有所提高。

虽然我国企业物流效率有所提高，但与发达国家相比，仍存在较大差距。2011年日本企业物流费用率为4.9%，比上年提高0.1个百分点；美国企业物流费用率为7.7%，比上年下降0.6个百分点。如果我国企业物流费用率达到美国企业的水平，可节约物流成本近2成。

（四）物流外包比例提高

2011年我国工业、批发和零售业企业对外支付的物流成本为844.1亿元，比上年增长17.5%，占企业物流成本58.5%，同比提高5个百分点。

从运输量看，2011年我国工业、批发和零售业企业委托代理货运量比上年增长23.4%，占货运量的79.6%，同比提高9.2个百分点。有46%的企业选择运输环节全部外包给专业第三方物流企业，从而推动企业委托代理货运量比重的提升。

二、物流企业经营情况

2011年我国物流企业业务量和主营业务收入虽保持较快增长，但主营业务成本增速较快，主营业务利润及赢利水平下降明显。

（一）主要业务量较快增长，增速放缓

2011年，我国物流企业主要业务量虽保持较快增长，但增幅有所放缓。物流企业货运量比上年增长11.3%，增幅同比回落8.1个百分点；货运周转量同比增长7.8%，增幅回落9.7个百分点；配送量同比增长25.4%，增幅回落21个百分点。与此同时，装卸搬运量和流通加工量分别同比增长25.8%和16.5%，增幅提高3.5个和2.9个百分点。

（二）主营业务收入保持较快增长

2011年我国物流企业主营业务收入比上年增长16.9%。其中，运输收入增长9.6%；仓储收入增长20.6%；配送收入和一体化物流业务收入分别增长63.1%和78.3%。

运输收入增速低于主营业务收入7.3个百分点，但所占比重较大，直接影响主营业务收入增长4.5个百分点。

从物流企业类型看，2011年综合型物流企业主营业务收入比上年增长23.9%，增幅同比回落10.8个百分点；运输型物流企业主营业务收入比上年增长8.8%，增幅回落26.4个百分点；仓储型物流企业主营业务收入比上年增长12.3%，增幅回落9.9个百分点。

从登记注册类型看，2011年内资企业主营业务收入比上年增长18.2%；港澳台商投资企业主营业务收入比上年下降1.1%；外商投资企业主营业务收入比上年增长5.3%。在内资企业中，国有企业主营业务收入比上年增长15.9%；私营企业、有限责任公司主营业务收入增速均超20%。

（三）主营业务成本快速增长

2011年我国物流企业主营业务成本比上年增长29%，增幅同比回落2个百分点。其中，运输成本增长21.5%，增幅提高2.3个百分点；配送成本和一体化物流业务成本分别增长56.6%和82.1%。

从物流企业类型看，仓储型企业主营业务成本比上年增长为6%，增幅同比回落15.6个百分点；综合型企业主营业务成本比上年增长33.5%，增幅回落8.4个百分点；运输型企业主营业务成本增长24%，增幅提高2.1个百分点。

从登记注册类型看，内资企业主营业务成本比上年增长31.2%；港澳台商投资企业主营业务成本比上年增长1.1%；外商投资企业主营业务成本比上年增长1%。内资企业主营业务成本增幅明显高于港澳台及外商投资企业。在内资企业中，国有企业主营业务成本比上年增长34.7%；股份合作企业主营业务成本比上年增长30.4%；有限责任公司主营业务成本比上年增长21.3%；私营企业主营业务成本比上年增长33.3%。

（四）企业资产规模持续扩大

2011年我国物流企业资产规模比上年增长14.3%，增幅同比提高1.3个百分点。

从不同资产规模分组情况看，资产大于10亿元的企业占物流企业总数的15.8%，同比提高2个百分点；资产小于5000万元的企业占物流企业总数的38%，同比下降5.5个百分点。

（五）企业赢利水平明显回落

2011年我国物流企业主营业务利润额比上年下降40.1%。从物流企业类型看，2011年仓储型企业主营业务利润额比上年增长71.9%；综合型企业主营业务利润额比上年增长9.7%；运输型企业主营业务利润额比上年下降103.1%。在运输型企业中，道路运输企业主营业务利润额比上年增长21.8%，增幅提高5.8个百分点，拉动主营业务利润额增长2.0个百分点；水上运输企业主营业务利润额比上年大幅下降98.2%，影响物流企业主营业务利润总额下降46.7个百分点。

从登记注册类型看，内资企业主营业务利润比上年下降47.9%；港澳台商投资企业主营业务利润比上年下降16.4%；而外商投资企业主营业务利润比上年增长21.9%。在内资企业中，国有企业主营业务利润比上年下降86.4%；股份合作企业主营业务利润比上年增长13.7%；有限责任公司主营业务利润比上年增长12.9%；私营企业主营业务利润比上年下降1.2%。与内资及港澳台商投资企业相比，外商投资企业虽主营业务收入增幅回落，但成本等各因素控制相对有效，主营业务利润实现较快增长。

2011年我国物流企业收入利润率为5.3%，比上年下降6.1个百分点。

从物流企业类型看，综合型企业收入利润率为13.8%，仓储型企业收入利润率为8.3%，运输型企业收入利润率为4.2%。在运输型企业中，道路运输企业收入利润率为5.1%；水上运输企业受水运大环境影响，收入利润率仅为0.2%，大幅回落，成为影响调查企业利润率下降的主要因素；管道运输企业收入利润率为41.6%。

（国家发展改革委经济运行调节局 国家统计局贸易外经司 中国物流与采购联合会）

钢铁行业物流成本分析

“十一五”期间，我国钢材产量年均增速达15%，较“十五”时期下降8个百分点，增速明显放缓。未来十年，我国钢铁年产量增长速度将明显回落。但受地产业和汽车制造业对钢材需求增速将有所放缓，部分领域如铁路等基础设施建设、海洋经济等不断发展将促进钢铁需求增加的影响，我国钢铁产量仍保持低速增长。在此大环境下，钢铁企业急需由简单粗放式增长向注重质量提升转变，在淘汰产能过剩的同时加快构建产业供应链，不断向上、下游延伸，提高产品附加值，降低物流成本，最终提高钢铁行业物流效率。

根据《社会物流统计核算与报表制度》要求，2012年4—12月国家发展和改革委员会、国家统计局和中国物流与采购联合会开展了全国重点企业物流统计调查。本次调查钢铁企业主要指国民经济行业中从事黑色金属冶炼加工生产活动的工业企业。

调查结果显示，近年来我国钢铁行业物流逐步向产业链延伸，物流费用率水平持续下降，物流效率有所提升，运输环节成本占比下降。

一、钢铁行业物流费用率持续下降

调查企业汇总数据显示，2011年钢铁行业物流成本费用率为10.5%，比上年同期下降0.7个百分点，比调查的全部工业企业高1.2个百分点。从历年情况看，随着国家淘汰落后产能，钢铁企业积极转型产业升级，行业物流效率逐步提升，4年间钢铁企业物流费用率下降了1.8个百分点。

二、钢铁业物流总额加快增长

2011年我国钢铁生产量增幅虽有所回落，但物流规模依然巨大，其中粗钢产量达6.8亿吨，比上年同期增长11.4%，增幅回落2.3个百分点。与此同时，伴随需求持续增长，2011年全国钢材价格有所上涨，比上年同期增长近10%。钢铁物流总额约达6.3万亿元，同比增长23.5%，增幅提高2.1个百分点，处于工业行业较高水平。

三、物流成本有所下降

2011 年，我国规模以上钢铁企业物流成本比上年增加 890 亿元，增幅减少 30 亿元。其中，运输成本比上年同期下降近 10%，管理成本同比增长 18.4%，保管成本下降 5.1%，直接影响企业物流成本下降 1.8 个百分点。在保管成本中，利息成本同比增长 40%，仓储成本同比增长 9.6%。

四、运输成本占比逐年走低

调查企业汇总数据显示，在钢铁企业物流成本构成中，运输成本占比 51.8%，比上年同期下降 1.8 个百分点；保管成本占比 36.8%，比上年提高 0.6 个百分点；管理成本占比 11.4%，比上年提高 2.4 个百分点。

调查企业汇总数据显示，2011 年钢铁企业运输成本控制相对有效，企业一方面保证运输效率，不断加强监管、统筹运力、合理安排运输路线；另一方面，从运费核算入手，计算最优运量节省油耗。

在保管成本中，仓储成本占比 4.1%，利息成本占比 10.7%，配送、流通加工、包装成本占比 16.2%。从保管成本细项变化情况看，利息成本增速较高，占比提高 3.7 个百分点。受到国家从紧货币政策和企业资金占用多且周转缓慢的影响，2011 年钢铁企业流动资产周转次数仅为 2.8 次，而且钢铁企业铁矿石与产成品库存量加大，2011 年钢铁企业存货比上年增长 9.6%，仓储成本占比提高 0.6 个百分点。

五、钢铁企业外包水平持续提高

调查企业汇总数据显示，2011 年钢铁企业物流外包比例不断提高，推动企业物流效率提升。2011 年对钢铁企业外支付的物流成本占物流成本的比例为 72.9%，同比提高 2.6 个百分点，仍处于工业行业较高水平。

六、物流成本费用率与发达国家差距缩小

2011 年日本钢铁企业物流费用率为 6.6%，比我国钢铁企业物流费用率低 3.9 个百分点。与上年同期相比，中日企业物流费用率差距缩小了 1.1 个百分点。

（中国物流信息中心）

汽车行业物流成本分析

近几年，我国汽车产销量由井喷式增长转为持续平稳增长，汽车行业在国民经济中的支柱作用越来越明显。通过对汽车行业物流成本的构成及其变化趋势分析，为汽车制造企业节约成本、提高物流效率，乃至整个国民经济都有着十分重要的意义。

2012年全国重点企业物流统计调查数据显示，2011年我国汽车行业物流效率有所提高，但物流成本依然较高，与发达国家存在较大差距。

一、汽车行业物流额规模大

2011年我国汽车产量为1919.1万辆，同比增长3%；销量达1850.5万辆，同比增长2.5%。据测算，2011年我国汽车物流总额达4.6万亿元，同比增长15%。

二、汽车行业物流费用率高于整体工业水平

调查企业汇总数据显示，2011年汽车行业物流成本费用率为9.6%，比调查的全部工业企业高0.3个百分点。若按调查的汽车行业物流成本费用率水平推算，2011年我国汽车行业物流费用约为440亿元。

三、运输和管理成本占比超六成

调查企业汇总数据显示，在物流成本构成中，运输成本仍然占比最高，为49.6%。值得关注的是，管理费用占比达18%，比上年同期高0.6个百分点。由此可见，汽车制造企业管理水平、信息化和研发成本等均有待提高和优化。由于汽车制造企业的产品价值较高、体积较大，运输过程中存在较大风险。所以，保险成本相对较高，所占比重为7.3%。近年来，由于有专门的物流公司为汽车制造企业提供一体化物流服务，具有支持和保障汽车采购、生产、销售的物流服务能力。所以，仓储成本所占比重下降0.3个百分点；具有现代物流特点的流通加工、包装、配送成本共占7.7%。

四、物流效率略有提高

调查企业汇总数据显示，2011年汽车行业

物流成本费用率同比下降0.2个百分点，据此推算，2011年我国汽车企业物流成本比2010年节省超40亿元。

汽车行业竞争日益加剧，汽车企业通过物流外包的形式将汽车零部件的采购、运输和整车的销售运输等环节均外包给第三方物流企业以保证节约物流成本。调查企业汇总数据显示，2011年汽车企业委托代理货运量占货运量的比例高达92.5%，同比提高14.9个百分点。汽车行业外包率达70.5%，高于全部工业调查企业12个百分点。

五、物流成本费用率与发达国家差距明显

以日本为例，2011年日本企业物流费用率仅为3.1%，比我国低2.3个百分点。如果达到日本的水平，2011年我国汽车企业可节约超百亿元物流成本。

（中国物流信息中心）

金属制品行业物流成本分析

金属制品行业包括结构性金属制品制造、金属工具制造、集装箱及金属包装容器制造、不锈钢及类似日用金属制品制造等。2011 年在国内需求拉动下金属制品业固定资产投资有所增长，行业物流额巨大，达到 2.3 万亿元。全国重点企业物流统计调查数据显示，2011 年我国金属制品业物流需求同比增长 16.4%，保持较快增长，但物流成本依然偏高，与发达国家存在较大差距。

一、金属制品业物流费用率趋稳

2011 年我国金属制品业物流成本费用率为 9.1%，与上年同期相比回落 0.8 个百分点，我国金属制品业物流费用率总体上仍处于较高水平，但较上年有所好转。若保持上年物流费用率 9.9% 的水平，需多支付物流成本约 4730.4 万元。

二、物流成本保持较快增长

随着物流业务需求的较快发展，金属制品业物流成本继续扩大。据全国重点企业物流统计调查数据显示，2011 年金属制品业物流成本支出同比增长由上年的 47.1% 回落至 21.7%，但物流成本支出仍然快速增长。

三、运输成本所占比重较大

在物流成本构成中，运输成本所占比重为 66.1%，同比回升 2.1%，依然是导致企业物流成本上升的主要因素，也是企业物流效率相对较低的重要原因。

管理成本所占比重为 16.8%，与上年同期相比下降 0.5 个百分点。主要得益于企业信息化水平和管理水平的提高。

仓储成本所占比重为3%，与上年同期相比回落0.1个百分点；配送、流通加工、包装成本所占比重为4.2%，与上年同期相比持平。金属制品企业一方面需要提高储存密度和仓容密度，从而降低仓储成本；另一方面需要灵活运用现代物流信息化技术，加强自动化智能设备的使用，提高配送、流通加工、包装作业效率。

四、对外支付成本占比有所回落

2011年金属制品业对外支付成本同比增长14.8%，低于物流成本增长6.9个百分点。对外支付成本占物流成本的比例为37.3%，同比回落2.2个百分点，但仍低于调查的工业企业平均水平10.4个百分点。

五、物流效率与发达国家相比差距较为明显

以日本为例，2011年日本金属制品业物流费用率仅为4.8%，比我国低4.3个百分点。若按照日本金属制品业物流费用率推算，2011年我国金属制品业物流成本可节约2.6亿元。由此可看出我国金属制品行业的物流效率与日本相比差距仍然较大。

（中国物流信息中心）

有色金属行业物流成本分析

近年来，我国有色金属产业迅速发展，产能规模快速扩张，产量和消费量连续多年保持全球第一，由此引致有色金属行业的物流需求不断扩大，凸显制造业与物流业的战略融合日益重要。据2012年4—12月国家发展和改革委员会、国家统计局和中国物流与采购联合会开展的全国重点企业物流企业统计调查数据显示，2011年我国有色金属冶炼及延压加工业的物流效率不仅与发达国家差距较大，还较上年有所下降。物流业作为现代生产服务业，是工业企业降低库存成本、获取第三利润源的重要途径，尤其是在转变经济发展方式的背景下，有色行业由追求规模扩张向追求效率提高转变，更需要大力发挥现代物流在行业转型中的作用。

一、有色物流规模庞大，延续快速增长态势

2011年，我国有色金属业中十种有色金属的产量为3438.29万吨，同比增长9.8%，增幅虽然较上年明显回落10.6个百分点，但仍然保持较快增长；进出口贸易总额创历史新高，达到1606.77亿美元，同比增长28.1%。从有色金属行业的物流格局来看，生产主要集中在西部内陆，而消费则多在东南沿海，从而使得原料和产成品都需要大量的运输，尤其是2011年以来氧化铝等项目西移，进一步增加了有色行业的物流需求。按调查企业汇总数据推算，2011年我国有色金属行业物流额达3.5万亿元，企业产生的货运量同比增长超过40%，物流规模庞大。

二、物流成本大幅增加，运输成本占据最大份额

调查企业汇总数据显示，2011年有色行业物流同比增长29.8%，其中，运输成本占比57.3%，是控制物流成本的重要因素。值得注意的是，虽然运输成本仍保持较快增长，但与上年同期相比，所占比重下降1.8个百分点。近三年来，有色行业物流运输成本所占比重呈现连续下降的趋势，主要是受利息等其他成本大幅增加的影响。

具体来看，2011年有色行业物流成本中运输成本明显增加，同比增长25.9%。运输成本

大幅增加主要受两个因素影响，一是受油价上涨影响，2011年汽油价格每吨上调550元，柴油价格每吨上调450元；二是受运输方式影响，我国有色金属物流主要以铁路为主、公路为辅的方式，而受铁路运输长期以来供求矛盾的影响，物流成本较高。另据调查资料显示，2011年有色行业物流成本中利息成本出现大幅上升，同比增长4成；配送、流通加工和包装成本同比增长44.4%；管理成本同比增长23.9%。

三、物流费用率不降反升，物流布局有待优化

调查企业汇总数据显示，2011年有色行业物流成本费用率为7.4%，比上年高出0.6个百分点，高于2009年0.1个百分点。在整个工业行业物流费用率呈逐年下降的趋势下，有色行业不降反升，显示出有色行业的物流布局有待优化、物流组织管理能力需要提升。而这一现象与我国有色行业的物流格局变化存在紧密的联系，2011年，我国经济增速平稳回落，同时产业由东部向西部加快转移，在这样的背景下，新疆等西部多个省份启动有色金属项目，进一步增加了物流费用，因此，在产业布局中应该充分考虑物流成本因素。

四、有色物流费用率低于全行业，但与发达国家差距较大

调查企业汇总数据显示，2011年有色金属行业物流成本费用率虽然较上年同期有所上升，但仍低于调查的全部工业企业平均物流费用率1.9个百分点。而从与发达国家相比较的视角看，我国仍有较大差距。2011年，日本有色金属冶炼及延压加工业物流费用率为6.1%，我国比日本高1.2个百分点，而在其他年份，这一差距一直在4个百分点以上。

（中国物流信息中心）

石油加工行业物流成本分析

2011年，我国石油加工企业物流发展态势良好，物流效率有所提高，物流结构得到优化，物流专业化水平显著提升。这一向好发展的趋势受两方面因素驱动，一是效益回落背景下的压力，二是成品油市场对外开放背景下，外资竞争者的推力。一方面，伴随着转变经济发展方式的加快推进，我国经济由追求高速度向追求高效率转变，宏观经济规模增速平稳回落，石油产品需求增势减缓，同时，由于国际原油价格持续攀升，加之我国原油对外依存度上升至55.8%、劳动力成本不断上涨和石油加工企业效益高位回落诸多因素，促使石油加工企业通过精细化管理提升流通效率，积极挖掘石油物流这一第三利润源。另一方面，随着政府对成品油市场的开放，目前已有多家石油跨国公司如埃克森—美孚、BP、壳牌、道达尔等通过合作、联营、独资等方式进入我国的油品市场，在与外资企业的合作与竞争中，国内企业充分借鉴国外先进的物流技术、管理经验以及物流组织方式，不断提高石油物流运作效率和整体竞争力。在石油行业物流效率有所提高的同时，由于我国"北油南运"的运输格局以及仓储中心分布不合理的格局，导致行业物流成本依然较高的客观问题。

一、石油加工行业物流费用率继续下降，但降幅收窄

2009年以来，我国石油加工行业的物流费用率连续3年下降，显示出行业物流效率在不断提高。调查企业汇总数据显示，2011年石油加工行业物流成本费用率为6.3%，同比下降0.2个百分点，较2009年下降1个百分点。2011年石油加工行业物流成本费用率低于全部调查工业企业3个百分点。

二、石油物流需求增速减缓，但仍然保持较快增长

2011年，我国油品价、量齐升，带动石油物流需求保持较快增长，但增速有所收窄。从油品实物量来看，我国原油产量达2.04亿吨，同比增长0.3%；进口量达2.54亿吨，同比增长6%，增幅较上年明显收窄11.5个百分点；原油加工量为4.48亿吨，同比增长4.9%，增幅较上年回落8.5个百分点。从油品价格来看，2011年全年原油平均进口价格为774.9美

元/吨，同比上涨37.2%，而国内成品油平均价格全年上涨17.7%。根据工业统计和调查企业数据测算，2011年我国石油加工行业物流总额超过3.5万亿元，同比增长超过20%，增速有所收窄。

三、配送成本明显下降，而仓储和利息成本大幅上升

调查数据显示，2011年我国石油加工业物流成本同比增长4.3%。从结构上看，虽然运输成本仍然占据最大份额，但走势平稳、增速较小；配送、流通加工、包装成本大幅下降；仓储成本、利息成本和管理成本则明显上升。

一是运输成本增势平稳，占比小幅下降。从占比来看，2011年，石油加工业的物流成本中，运输成本占53.7%，较2010年小幅下降0.9个百分点。从物流格局来看，我国油田大都在北方而主要消费市场在南方，资源远离主要消费市场的“北油南运”运输格局，导致长期以来石油加工业的运输成本占物流成本比重较高；从增速来看，受石油加工业物流需求增速减缓以及海运价格回落影响，运输成本增势较为平稳，同比增长1.7%。

二是配送、流通加工成本明显下降，占比回落。2011年，石油加工业的配送、流通加工与包装的成本同比下降22.9%，同时，该项成本占物流成本的比重由6.8%下降到5.0%，降低1.8个百分点，显示出我国石油加工业的流通配送效率有所提高，现代物流发展得到强化。

三是仓储成本大幅增加，占比有所上升。2011年，石油加工业的仓储成本同比增长11.5%，占物流成本的14.4%，占比较上年上升近1个百分点。仓储成本占比较高主要受到两个因素影响：第一，我国石油行业的仓储设施布局不合理。具体来看，我国石油行业的仓储设施主要集中在东北、西北地区，这些地区已经过剩，而在珠三角、长三角等经济发达地区，石油仓储设施的需求量超过市场的供给量。第二，产成品库存占比较高。2011年，我国石油加工、炼焦及核燃料加工业的产成品占存货的29%，虽然较上年下降2个百分点，但仍处于较高水平。

四是利息成本大幅提升，占比明显增加。2011年，石油加工业的利息成本同比增长15.0%，占物流成本的8.1%，占比较上年明显增加。利息费用的上升，主要是受利率上调影响。2011年以来央行3次上调贷款利率水平，累计上调0.75个百分点至6.56%，直接提高了企业资金使用的成本。

四、石油物流外包率有所提高，但远低于工业平均水平

长期以来，受计划经济和传统“自我为主”观念的影响，我国工商企业普遍追求“大而全”、“小而全”的运作模式，加之由于供应链管理思想缺乏导致的物流供需矛盾突出，很多企业在物流管理和运作上自成体系、自我服务，从而导致在整体上，我国工业企业物流外包比例相对较低。而同时，由于石油加工行业的特殊性和安全性要求，加之石油企业物流相关基础设施较完备。从而更多地选择物流自营。统计调查资料显示，石油加工企业对外支付的物流成本占物流成本的比例仅为28.9%，虽然较上年提高2个百分点，但仍远远低于工业企业平均水平21.4个百分点，低于制造业企业平均水平18.7个百分点，处于行业较低水平。

（中国物流信息中心）

煤炭行业物流成本分析

煤炭以及煤炭制品属于我国的主要能源，在国家能源消费结构中占据举足轻重的地位，煤炭也是我国工业生产的重要生产资料，被称为“工业食粮”。煤炭产业对支撑经济增长、调整经济结构作用突出。我国煤炭的生产及消费地区分布决定了我国“西煤东运”、“北煤南运”、“铁路、公路、海运以及内河等多种方式混合运输”的总体物流格局，从而决定了煤炭物流在煤炭产业长足发展过程的重要战略地位。

随着煤炭产销量以及进出口业务的增长，煤炭物流需求旺盛，推动煤炭物流与煤炭市场较快增长，但由于我国煤炭物流运输距离长、转运节点多、物流环节复杂以及基础设施配套不完善等原因，造成煤炭物流成本居高不下，煤炭物流成本已经占到消费价格的40%。2012年4月至2012年12月，国家发展和改革委员会、国家统计局和中国物流与采购联合会开展的全国重点企业物流统计调查数据显示，2011年我国煤炭行业物流保持较快增长势头，煤炭物流成本费用率有所下降，但与全部工业行业相比，煤炭物流发展方式粗放，物流效率水平仍然偏低。

一、煤炭物流发展势头良好

2011年是“十二五”规划的开局之年，是我国转变经济增长方式的关键时期，面对外部环境复杂多变、世界经济增长乏力、债务危机演化蔓延、输入通胀压力增加的复杂形势，我国采取多种宏观调控措施，有效遏制物价过快上涨，保持经济平稳较快发展，基本完成了“防通胀，调结构，保增长”的预期目标。与宏观经济发展相适应，2011年我国煤炭经济运行总体保持平稳，市场需求旺盛，产销量、净进口和供给总量增加，市场供需基本平衡。据BP能源统计，2011年我国生产原煤和煤炭消费总量分别为35.2亿吨和18.4亿吨油当量，煤炭生产和消费同比分别增长8.8%和9.7%，分别占世界煤炭生产总量和消费总量的49.3%和49.4%，继续保持世界煤炭生产和消费第一大国的地位。2011年煤炭在我国一次能源生产和消费结构中的比重达到77.8%和68.4%，煤炭在我国能源结构中的地位得到巩固和提升。

2011年，在我国火电、建材、化工、冶金等主要耗煤行业的需求推动下，煤炭产、运、销增长较快，极大地拓展了我国煤炭物流市场。在现有煤炭物流格局下，大量原煤及煤炭制品依靠铁路、公路、海运以及内河水运等多种联运方式从生产地向消费地转移，铁路、港口及公路煤炭运量均实现较快增长，由此产生的煤炭物流量和物流总额十分可观。据铁道部统计，2011 年我国铁路煤炭发运量完成 22.7 亿吨，同比增长 13.4%，煤炭运量占铁路货运总量的 57.9%，比 2010 年提高 3.3 个百分点。主要煤运通道中，大秦线完成运量 4.4 亿吨，同比增长 8.7%；侯月线完成 1.8 亿吨，同比增长 3%。据交通运输部统计，2011 年全国主要港口转运煤炭 6.5 亿吨，同比增长 17.5%。其中，北方七港转运煤炭 5.8 亿吨，同比增长 17.1%；秦皇岛港转运煤炭 2.5 亿吨，同比增长 14.3%。此外，据山西省统计，2011 年山西全省煤炭公路货运量达到 3.5 亿吨，同比增长 4.9%，公路货运周转量达到 533.8 亿吨千米，同比增长 7.5%。

重点企业物流统计调查数据显示，2011 年我国煤炭行业货运量比上年增长 6.9%，销售额比上年增长 15.7%。根据调查数据及统计数据推算，2011 年我国煤炭物流总额达到 2.5 万亿元，同比增长 30.8%，比同期工业品物流总额增长高 3.8 个百分点。总体来看，随着煤炭特殊性及对生产生活的影响力不断上升，煤炭物流在降低工业企业生产成本、改善企业经济效益和提高市场竞争力方面的作用愈加明显，经济发展对煤炭物流需求保持旺盛势头。

二、煤炭物流效率有所提高

重点企业物流统计调查数据显示，2011 年我国煤炭行业物流成本费用率为 17.3%，比上年同期下降 2.3 个百分点，显示出煤炭物流效率有所提高。根据推算，2011 年我国煤炭物流成本达到 5600 亿元，按当前物流成本费用率计算可比上年节约物流成本超过 700 亿元。

从煤炭物流成本结构看，煤炭物流运输成本仍占据物流成本的大头，在保持适度增长的同时比重稳中有降；保管成本受利息成本增长带动，保持较快增长；管理成本占比有所提高。企业汇总数据显示，煤炭运输成本同比增长 5.1%，占比 54.8%，比上年同期回落 1.6 个百分点。

保管成本同比增长 7.3%，占比 27.1%，比上年同期提高 0.9 个百分点，其中利息费用增长 49.3%。2011 年，我国政府为控制通胀货币政策适度从紧，上半年 6 次上调准备金率，3 次上调存贷款基准利率，企业资金面趋紧，普遍反映财务费用负担加重。

管理成本占比 18.1%，比上年同期提高 0.7 个百分点。随着煤炭物流复杂程度提高，煤炭物流人力成本及安全投入也在增加，预计人力资源成本仍将保持增长趋势。

尽管成本费用率有所下降，但煤炭物流发展方式粗放，集约化、现代化物流程度不高和物流运力瓶颈约束较大等因素，影响了我国煤炭物流效率的提升。

一是缺乏煤炭供应链一体化思路。现代工业强调生产和流通二者并重，而我国煤炭产业受“重生产、轻流通”思想的影响，许多企业没有意识到在低利润、高成本条件下，物流作为“第三利润源”所能产生的巨大作用，物流部门仍从属于生产部门。此外，生产、流通以及消费企业之间没有形成一体化的供应链体系，面对市场波动，产供销难以协调一致，流通环节蓄水池的调节作用消失导致库存成本上升。2011 年我国煤炭行业存货增长 33.8%，高于工业整体水平，库存成本占比达到 40%，比工业整体水平高 5 个百分点。

二是物流管理体制制约煤炭物流发展。煤炭物流涉及地区广、部门多，在地区分管、部门分割的管理体制下难以形成相对集中的运作方式，煤炭物流供应链难以发挥规模化、网络化和集约化优势，制约了现代物流在煤炭产业中的应用。同时，煤炭市场管理上存在的寻租、设租行为，也增加了煤炭物流的隐性成本。

三是煤炭物流的现代化、信息化程度低。煤炭企业虽然已建立现代企业制度，但部分企业内部的物流活动仍是靠组织内部自我服务，将优秀的第三方物流企业拒之门外，煤炭物流管理方式落后、物流系统粗放，难以适应社会化物流的要求。此外，煤炭企业物流信息化程度偏低，信息技术管理手段和水平落后，产品信息、库存资源的不能共享，物流信息传递失真，造成煤炭物流货物损耗，无形中增加成本。

四是基础设施难以满足煤炭现代物流需求。目前，我国煤炭铁路大通道正逐步建立，但从短期来看铁路增量不大、新投产港口新增有效运力有限，运力与煤炭消费地需求不匹配的问题依然存在。大量煤炭以铁路—水运—公路多次转运，大迂回运输才能完成物流过程，提高了煤炭物流的单位成本。据中国物流信息中心测算，以“三西”地区至华中地区为例，煤炭铁路直达方式的物流单位成本仅为 141.4 元/吨，而铁水联运则高达 303.9 元/吨。

煤炭产业关乎国计民生，而物流则是影响煤炭市场的关键环节，如何通过现代物流管理手段提高煤炭物流的规模化、专业化、信息化以及一体化水平，降低物流费用、提高运营效率，对物流业及煤炭行业的发展有着重要的现实意义。因此，建议：一要按照“煤炭工业十二五”规划要求，落实“发展现代煤炭物流，建立煤炭应急储备体系”的发展目标，加快建立社会化、专业化、信息化的现代煤炭物流服务体系，提高煤炭物流效率，降低煤炭物流成本，加快建立全国煤炭应急储备体系，提高应急保障能力。二要完善管理体制。发挥市场在资源配置中的基础性作用，完善铁路煤运管理体制，组成铁路部门集路、站、运、港统筹一体的协调格局，实现各运输环节的高效衔接；鼓励煤炭物流企业按照现代物流管理模式进行调整和重组，培育大型优秀物流企业，增加综合性、集成化的现代物流企业比重。

（中国物流信息中心）

化学原料及化学制品制造行业物流成本分析

化学工业是我国重要的基础产业。化工产品应用范围广，经济总量大，对拉动经济增长有突出贡献。从2010年开始，我国化学工业实现了历史性的跨越，产值超过美国，居世界首位。2011年，我国化学工业继续保持良好发展势头。2011年年末，我国化学工业规模以上企业有24129家，累计总产值达6.6万亿元，比上年增长33.9%，占全行业总产值的58.6%。其中，化学原料及化学制品制造业在我国化学工业中占主导地位。据2012年重点企业物流统计调查数据显示，2011年我国化学原料及化学制品制造业物流需求快速增长，发展势头良好。但是我国化学原料及化学制品制造业物流仍然处于较为低层次的传统阶段，物流效率不高，物流成本居高不下。

一、化学原料及化学制品制造业物流需求保持较快增长

2011年，我国化学原料及化学制品制造业进一步发展，增速虽然较2010年略有降低，但基本上仍然保持了高增长的态势。2011年，在全国规模以上工业中，化学原料及化学制品制造业增加值同比增长14.7%，比上年15.8%的增速降低了1.1个百分点。在主要产品中，乙烯产量为1528万吨，比上年增长7.4%。初级形态的塑料产量为4798万吨，比上年增长9.3%；合成橡胶产量为349万吨，比上年增长13.1%；合成纤维产量为3096万吨，比上年增长13.9%。烧碱产量为2466万吨，比上年增长15.2%。纯碱产量为2303万吨，比上年增长13.4%。化肥产量为6027万吨，比上年增长12.1%。农药产量为265万吨，比上年增长21.4%。橡胶轮胎外胎产量达83209万条，比上年增长8.5%。电石产量为1738万吨，比上年增长22.3%。全年化学原料及化学制品制造业投资额为3669亿元，同比增长30.9%。

化学原料及化学制品制造业规模的高增长态势，为其行业物流拓展了更大的市场空间。在快速增长的需求带动下，2011年化学原料及化学制品制造业物流规模进一步扩大，并保持了平稳较快增长的态势。根据行业统计数据测算，2011年我国化学原料及化学制品制造业物流总额超过6万亿元，同比增长30.7%，增速比2010年提高3.7个百分点，高出同期工业品

物流总额2.1个百分点。化学原料及化学制品制造业物流货运量比2010年增长15.7%，增势突出。化学原料及化学制品制造业物流作为我国化学原料及化学制品制造业平稳运行的保障和利润增长点的延伸，已成长为独具特色的专业物流行业之一，呈现出蓬勃发展的良好势头。

二、物流费用率同比小幅增长，处于工业行业较高水平

化学原料及化学制品制造业物流的对象大多具有特殊化学性质和物理性质，如毒性、腐蚀性、易燃和易爆等。因此，对储运、配送、包装等各环节均有特殊要求。虽然我国化工行业物流需求一直保持较快增长，但由于上述的行业物流特殊性，我国化学原料及化学制品制造业物流效率较低、成本偏高，与发达国家相比存在较大差距。调查汇总数据显示，2011年化学原料及化学制品制造业企业物流费用率为10.8%，同比增长0.5个百分点，比调查的全部工业企业高1.5个百分点，仍处于较高水平。按调查的化学原料及化学制品制造业物流费用率水平推算，2011年我国化学原料及化学制品制造业物流费用比2010年增加约1600亿元。

三、运输成本居高不下，占比超过五成

从2011年我国化学原料及化学制品制造业物流成本构成来看，运输成本一项独大，占比为58.7%，虽然较2010年略有下降，但仍然超过了总成本的一半。其次为管理成本，占比为23.7%。其他各项成本占比较少，都在8%以内。例如，仓储成本占比为3.4%，配送、流通加工、包装成本占比为6.5%，利息成本占比为7.2%。

从行业物流成本的发展趋势来看，各项物流成本不但没有下降，反而呈现出稳中略升的走势。2011年化学原料及化学制品制造业运输成本继续增长，较2010年增加1个百分点；管理成本明显增长，较2010年增加7个百分点。

化学原料及化学制品制造业物流的对象主要是化学工业原材料和产成品，具有一定的危险性，对运输设备条件和运输人员素质都有较高的要求，既要保证运输的质量水平，又要注重物流过程中的环境保护，因此运输成本相对较高。在目前的化学原料及化学制品制造业物流中，运输方式单一，中间环节多，导致物流效率低下，而且会产生一定的货损，增加了物流成本。因此，推动多式联运的发展，实现铁路运输、公路运输、水路运输和航空运输的顺畅连接，会对化学原料及化学制品制造业物流效率的提高产生重要作用。

四、化学原料及化学制品制造业物流外包率较低

化学原料及化学制品制造业产品不同于一般工业产品，具有一定的特殊性和危险性。因此，化学原料及化学制品制造业物流的经营门槛较高，受到严格的法律法规约束，经营过程中手续复杂，缴纳的各种税费较多，同时对物流设备的要求也很高。因而，专业的第三方物流公司相对较少，物流外包率较低。另外，受到化学原料及化学制品制造业产品自身特殊性的影响，安全成为其行业物流的关键，企业也更多选择自营。

2011年，我国化学原料及化学制品制造业物流外包率为18.9%，比2010年提高0.1个

百分点，无明显变化，远远低于50.3%的工业行业平均水平。化学原料及化学制品制造业企业对外支付的物流成本占物流总成本的21%。目前来看，由于软硬件资源的限制，企业自营物流的服务能力和质量往往难以跟物流需求相匹配，使得物流成本居高不下。企业必须注重内外部资源的整合利用，扬长避短，优化资源配置，在提高服务质量的同时有效控制物流成本，促进我国化学原料及化学制品制造业物流健康发展。

（中国物流信息中心）

农副食品加工行业物流成本分析

农副食品加工业物流活动与居民生产生活关系密切，与消费高度相关。近年来，我国农副食品物流快速发展，对促进商贸繁荣、改善居民生活、畅通流通环境和转变经济发展方式的积极作用日益显现。2012 年 4 月至 2012 年 12 月，国家发展和改革委员会、国家统计局和中国物流与采购联合会开展的全国重点企业物流统计调查，数据显示，2011 年，在我国宏观经济放缓的背景下，农副食品加工业物流逆势而上，保持较快增长的势头。同时，物流成本费用率连续三年下降，物流效率不断提高，为“十二五”时期农副食品加工业物流发展打下了良好基础。

一、农副食品加工业物流需求保持快速增长

2011 年，我国农副食品加工业物流总额达到 4.6 万亿元，同比增长 26.2%，增幅较上年同期提高 0.8 个百分点。在宏观经济趋缓的背景下，我国农副食品加工业物流出现逆势增长主要有四个原因，一是得益于生产平稳增长较快，产业规模扩大，产销衔接较好，为行业物流发展奠定了坚实基础。2011 年我国农副食品加工业增加值同比增长 14.1%，增幅高出全国工业 0.2 个百分点。二是得益于农副食品加工业积极推进结构调整，适应了食品工业中精深加工产品和高附加值产品的生产对农副食品的原料要求。三是得益于国家稳增长、促消费政策的不断出台，拉动了农副食品消费的增长。四是得益于居民收入增长对食品的有效需求进一步扩大。2011 年，我国城镇和农村居民人均可支配收入同比分别增长 8.4% 和 11.4%。

二、农副食品加工业物流成本费用率有所下降，但与发达国家相比仍差距明显

2011 年，我国农副食品加工业物流成本费用率为 11.8%，比 2010 年下降 0.8 个百分点，比 2009 年下降 1.1 个百分点。从近四年的变化趋势可以看出，尽管 2009 年农副食品加工业的物流成本费用率小幅上升，但总体呈下降趋势，显示出我国农副食品加工业物流效率逐步改善。2011 年日本农副食品行业物流成本费用率为 9.4%，比我国低 2.4 个百分点，我国与物流发达国家相比，差距尽管有所缩小但仍较

为明显。根据行业统计和调查数据推算，2011年我国农副食品加工业物流总成本达到5179.7亿元，如果达到日本的水平，则2011年我国农副食品加工业物流可减少20.3%的物流成本，相当于1000多亿元，直接经济效益非常可观。

三、农副食品加工业“两头重，中间轻”，行业物流发展亟待重视

根据2012年重点企业物流统计调查汇总数据，2011年我国农副食品加工业企业物流成本同比小幅下降0.3%。其中，运输成本同比下降，是物流成本下降的主要原因；保管成本受利息成本快速增长影响，比重上升；管理成本继续保持快速增长。

从各项成本构成来看，农副食品加工业的企业运输成本同比下降6%，占物流总成本的比重由59.5%下降至56.1%。

管理成本同比增长11.3%，增幅比上年同期回落2.6个百分点，占物流成本的比重为9%，比上年同期上升0.9个百分点。

保管成本同比增长2.6%，增幅比上年同期回落8.4个百分点，占物流总成本的比重由21.3%上升至21.9%。其中，利息成本同比增长26.4%，增幅比上年同期提高4.4个百分点，占物流总成本比重由3.8%上升至4.8%；仓储成本同比下降2.5%，占物流总成本的比重为13.1%；配送、流通加工和包装成本同比下降2.7%，占物流总成本的比重为3.3%。

从企业调查数据来看，当前我国农副食品行业重心依然是源头生产和终端消费，处于流通环节的农副食品物流配送则较为薄弱。以冷链物流为例，农副食品加工业中屠宰及肉类加工产品、水产品及加工产品对冷藏、冰温以及冷冻要求较高，但因冷链物流不完整且处于无序状态，造成食品物流损耗过高问题。相关资料显示，我国农副产品中肉类、水产品以及大量的果蔬、牛奶和豆制品等基本上是在没有冷链保证的情况下进行运销的，直接导致每年约有800亿元的经济损失。而在欧美发达国家，易腐食品在整个运销过程中冷藏率达到100%。

究其原因，一是对农副食品物流的重视程度不高，相关标准和法律法规不完善。二是农副食品物流发展缺少资金支持，基础设施薄弱，企业自有资金难以建立和维持具有一定规模的物流基础设施，而国家层面对农副食品物流资金投入又缺少优惠政策。三是农副食品加工业本身产业集中度低，企业小、散、弱、差的问题比较突出，难以发挥整体优势。四是质量高、综合服务强的一体化专业物流企业较少，社会化物流程度低。调查数据显示，2011年我国农副食品加工业企业物流外包率为30.9%，低于工业总体水平。

（中国物流信息中心）

食品行业物流成本分析

近年来，食品安全问题不断受到社会公众的广泛关注，随着政府监管力度的不断加大，公众对事关食品安全的物流环节关注度也随之升温。提高食品物流效率，有效保障食品安全与人民生活息息相关。

根据《社会物流统计核算与报表制度》要求，2012 年 4 月至 2012 年 12 月，国家发展和改革委员会、国家统计局和中国物流与采购联合会开展了全国重点企业物流统计调查。调查的食品行业主要包含从事粮食及饲料加工业、植物油加工业、制糖业、屠宰及肉类蛋类加工业、水产品加工业、食用盐加工业和其他食品加工活动的工业企业。调查结果显示：2011 年我国食品行业物流费用率水平同比有所提高，物流效率有所下降。其中，食品冷链物流尚处于起步阶段，规模化、系统化的体系尚未建立，基础设施等相关投资增长较快，相应的物流费用率较高，呈现逐年提高趋势。

一、食品行业物流费用率持续攀升

调查企业汇总数据显示，2011 年我国食品行业物流成本费用率为 5.4%，同比提高 0.1 个百分点。需冷藏的速冻食品制造和液体乳及乳制品制造行业对冷链物流设备投入持续增长，物流费用率水平随之攀升，达 12%，同比提高 1.7 个百分点。

二、食品物流规模快速增长，冷链物流需求增加

调查企业汇总数据显示，2011 年我国食品物流总额达 1.4 万亿元，同比增长 27.2%，增幅同比提高 4.5 个百分点。其中，冷链物流需求持续高速增长，以冷冻食品为例，2011 年物流额约 529 亿元，同比增长 36.1%；液体乳及乳制品制造物流额为 2301 亿元，同比增长 22.2%。

三、库存管理存在差距

在食品物流成本构成中，运输成本占 51.9%，同比下降 1.7 个百分点。保管成本占 35.8%，同比提高 4.1 个百分点。在保管成本中，仓储成本占 13.2%，利息成本占 9.0%，同比提高 1.1 个和 3.5 个百分点。管理成本占

12.3%，同比下降2.4个百分点。

数据显示，2011年我国规模以上食品制造企业持有的原材料、半成品、成品库存超1000亿元，同比增长24.4%。其中产成品库存为478亿元，占比为46.2%。2011年国家实施紧缩的货币政策，多次提高存款准备金率，而较高的库存及较低的存货周转率及资金周转率，造成企业库存贬值，不断推高保险、利息等库存相关成本，库存成本在企业物流成本中的占比越来越高。

四、食品行业物流外包比例提高

调查企业汇总数据显示，我国食品企业物流外包比例快速提高。2011年我国食品企业对外支付的物流成本同比增长42%，增速快于物流成本增长14.1个百分点。对外支付的物流成本占比为44.2%，同比提高5个百分点。

五、物流成本费用率与发达国家仍存在差距

与发达国家相比，我国食品冷链物流仍处于发展阶段，相关基础设施等建设投入较高，导致冷链物流费用率持续攀升；日本冷链物流发展较早，企业物流费用率多年维持在9%，2011年为9.4%，低于我国企业2.6个百分点。

（中国物流信息中心）

纺织行业物流成本分析

纺织业在我国是一个劳动密集度高、对外依存度大的传统产业。2011 年，是纺织业经历大起大落的一年。上半年情况乐观，纺织业发挥综合竞争优势，总体运行平稳。然而进入四季度后，受国际经济复杂多变，国内经济增速放缓影响，纺织业开始受到振动。临近年底，纺织业进入艰难时期，行业整体产值、利润、投资增速全面放缓，企业经营难度加大，成本不断上升，效益下滑明显。总体来看，未来一段时间，纺织业面临的内外部环境仍将较为严峻。面对巨大的压力，企业必须努力调整结构、转型升级、降低物流成本、提高流通效率。据 2012 年重点企业物流统计调查数据显示，2011 年我国纺织业物流效率进一步提高，物流成本增速放缓，物流费用率明显下降。

一、纺织业物流规模进一步扩大，但增速放缓

2011 年，我国规模以上工业中，纺织业增加值同比增长 8.3%，比 2010 年 11.6% 的增速降低了 3.3 个百分点。纺织业主要产品中，纱总产量 2900 万吨，同比增长 6.7%；布总产量 837 亿米，同比增长 4.6%；化学纤维总产量 3390 万吨，同比增长 9.7%。全年纺织业投资额为 3669 亿元，同比增长 30.9%。

在行业需求的带动下，2011 年我国纺织业物流规模进一步增加，但增速比 2010 年有所放缓。根据行业统计数据测算，2011 年我国纺织业物流总额达到 3.3 万亿元，同比增长 16.6%，增速比 2010 年下降 8.5 个百分点，比同期工业品物流总额低 4.3 个百分点。纺织业物流货运量比 2010 年增长 6.4%。

二、物流费用率同比下降，但仍处于较高水平

调查企业汇总数据显示，2011 年纺织业物流费用率为 11.4%，同比下降 0.8 个百分点，比调查的全部工业企业高 2.1 个百分点。按调查的纺织业物流费用率水平推算，2011 年我国纺织业较上年同期相比可节约物流费用约 300 亿元。

三、仓储成本处于工业行业较高水平

2011 年，受欧债危机恶化、金融市场动荡

等因素影响，国际经济形势不乐观，美国、日本、欧盟的纺织品服装进口市场需求相对疲弱，而且来自印度及东南亚各国的市场竞争日益加剧。我国纺织业出口形势呈现增速逐渐下滑的趋势。数据显示，2011 年 1—11 月我国纺织类服装出口同比增速较 1—4 月低约 6 个百分点。受此影响，纺织企业库存水平居高不下。重点企业物流统计调查数据显示，2011 年，纺织业库存成本占比为 43.7%，比工业行业 35.4% 的水平高出 8.3 个百分点。从纺织业物流的各项成本构成来看，2011 年仓储成本占总成本的 5.1%，同比提高 0.4 个百分点。

四、运输成本占比超过五成

数据显示，在 2011 年纺织业物流成本构成中，运输成本占比最高，为 51.3%，虽然较 2010 年略有下降，但仍然超过了总成本的一半。以棉纺织行业为例，据业内人士统计，一吨棉花从新疆到内地的运费约占其生产成本的 2.7%。除运费之外，不同运输方式之间的连接也产生了大量的装卸、仓储成本。而且目前我国棉花装卸搬运作业机械化、自动化程度很低，野蛮装卸搬运经常造成包装破损，不但使棉花受到污染，还增加了人力、物力成本。

管理成本占比 20.2%，同比下降 0.9 个百分点。现代企业的竞争不再是单个企业的竞争，而是要寻求供应链的共赢，只有更加重视各个物流节点相互协作，才能达到整个供应链的物流效益最大化。近年来，越来越多的纺织企业开始逐步探索供应链上的协同合作，以期提高效率、降低管理成本。

利息成本占比 9.7%，比 2010 年同期提高 2 个百分点，涨幅较为明显。2011 年央行三次上调贷款利率，增加了企业的利息成本。

五、纺织业物流外包率较低

2011 年，我国纺织业物流外包率为 39.0%，比 2010 年提高 6.4 个百分点，但仍处于较低水平。纺织企业对外支付的物流成本占物流总成本的 35.5%，在物流总成本同比增加 10.5 个百分点的情况下，对外支付的物流成本反而同比下降 3.5 个百分点。在我国，纺织业是一个传统行业。目前来看，纺织业物流也是以传统的自营模式为主，加工环节多、物流范围广。企业面对复杂的物流环境，不得不在采购环节和销售环节耗费大量的精力和财力去做自己不擅长的事情，导致运输成本和仓储成本居高不下。我国纺织业发展到现阶段，在资源领域和人力领域可以获得的利润源已经越来越有限。因此，纺织企业应重点开发物流这个“第三利润源”，使调整结构、转型升级、专注于核心竞争力变成企业发展的主旋律。随着纺织业物流现代化、专业化水平的不断提升，纺织企业正逐步加大物流外包的比例，将企业不擅长的业务外包出去，如此才能够减少投入，降低成本和风险，突出企业真正的优势，使纺织业尽快走出“大而不强”的困境。

（中国物流信息中心）

医药行业物流成本分析

医药制造业是我国国民经济的重要组成部分。我国是全球人口最多的国家，随着人民生活水平的日益提高和人口老龄化趋势的出现，人们越来越重视自己的健康，这也促使我国医药行业进入了高速增长的阶段。随着民众对医药需求的快速增长，发展物流是医药制造业提高竞争力的必然要求。据 2011 年全国重点企业物流统计调查数据显示，我国医药制造业物流规模不断扩大，但物流效率、物流服务水平等与发达国家相比差距依然较大。物流作为现代生产型服务业，是企业降低成本、获取第三利润源的重要途径。尤其是在当前转变经济发展方式的背景下，医药制造业更需要大力发挥现代物流在行业转型中的作用。

一、物流规模快速增长

伴随着医药产业的快速发展，我国医药制造业物流规模呈继续扩大之势。据全国重点企业物流统计调查数据显示，2011 年我国医药制造业物流总额达 1.43 万亿元，与上年同期相比增长 27.8%。

按调查企业汇总数据推算，2011 年我国医药制造业产生的货运量同比增长 11.9%。从结构上看，自运货运量同比增长 22.3%，委托代理货运量同比增长 9.9%。

二、物流费用依然偏高

据全国重点企业物流统计调查数据显示，2011 年我国医药制造业物流成本费用率为 11.9%，高于 2010 年 0.8 个百分点，高于 2009 年 0.6 个百分点。2011 年，我国医药制造业物流成本费用率高出调查的全部工业企业物流成本费用率 2.6 个百分点。近几年，我国工业行业物流成本费用率呈逐年下降走势，但医药制造业物流成本费用率不仅未降反而在不断升高。究其主要原因，一是我国医药制造业对成本的控制不够重视；二是我国医药制造业的物流布局还有待于进一步优化；三是应用现代医药物流技术和建立现代物流配送体系等物流组织管理能力还需要提升。

三、配送成本下降，但运输、仓储成本依然上升

据全国重点企业物流统计调查数据显示，2011 年我国医药制造业物流成本费用率为

11.9%。按此物流费用率推算，2011年我国医药制造业的物流成本大约为1728.1亿元，与上年同期相比上升了36.02%，医药制造业的物流成本呈明显上升之势。其中：运输成本上升23.5%，保险成本上升45%，仓储成本更是上升了近五成。

在物流成本构成中，运输成本所占比重为43.4%，虽然较上年同期略有下降，但依然是制约企业物流成本的主要因素。

在保管环节中，仓储成本所占比重为12.7%，与上年同期相比上升1.8个百分点。药品是特殊的商品，在医药企业物流过程当中，药品在仓储、装卸搬运等各个环节均有较高的专业技术条件要求，为满足药品对物流技术和物流装备专用性等方面的特殊要求必然要加大投入增加物流成本的支出。配送、流通加工与包装的成本同比下降6%。同时，配送、流通加工与包装成本占物流总成本的比重下降了3.5个百分点，显示出我国医药制造业的流通配送效率有所提高，现代物流水平得到强化。

管理成本所占比重为12.8%，与上年同期相比上升1.1个百分点。劳动力成本的持续上涨，是企业管理成本不断提高的主要推手之一。医药制造业是一个集资本和技术密集型的产业，企业的整体信息化水平和管理水平还有待于进一步提高。

四、物流外包比例有所下降

长期以来，我国工业企业缺乏供应链管理思想，很多企业在物流管理和运作上自成体系、自我服务，从而导致整体企业物流外包比例相对较低。据全国重点企业物流统计调查数据显示，2011年医药制造业物流外包率为57%，与上年同期相比下降12.2%。在调查的医药制造企业中，有38%的医药制造企业均将物流业务全部交由专业物流公司承担，但绝大部分医药制造企业的物流业务还是以自营物流为主。物流业务外包既可以在降低企业营运成本的同时提升服务效率，又是提升企业竞争力的一个手段。随着物流业的快速发展，物流外包代替自营物流是一种新的发展趋势。

五、物流费用率与发达国家差距较大

我国医药制造业物流成本费用率与发达国家相比差距明显。调查数据显示，2011年我国医药制造业物流成本费用率为11.9%，而同期日本医药制造业的物流费用率仅为1.67%。与日本相比，仅物流成本费用率就比我国低10.23个百分点。由此可见，我国医药制造业的物流效率与日本相比差距较为明显。据此推算，我国医药制造业物流费用率如果达到日本的水平，2011年我国医药制造业可节约超过1000亿元的物流成本，其经济效益将是非常可观的。

（中国物流信息中心）

电气机械行业物流成本分析

电气机械行业作为资金、技术密集型产业，已经成为反映一个国家工业发展水平的重要标志。“十二五”时期，产业转型升级和相关政策支持成为行业发展的两大动力。从行业自身发展来看，面对逐步回暖的经济环境，国内企业加大科技研发投入力度、加强海外网络营销、开展国际企业并购重组，大大增强了产品国际竞争力和企业经营实力。从国家政策支持来看，装备制造、电子信息以及物流业三大产业的调整和振兴规划，为我国电气机械与物流业融合发展保驾护航。2011 年，我国电气机械及器材制造业延续较好发展态势。随着电力投资增速回落和相关行业产业结构的优化调整，全行业开始由追求规模效益向追求质量效益转变，行业产销增速同比有所放缓，行业中的物流活动较好地反映出行业发展的特点。据全国重点企业物流统计调查数据显示，2011 年电气机械行业物流需求规模增速有所回落，但依然保持快速增长态势，行业物流效率在工业行业中处于较高水平，但与发达国家相比仍有一定差距。

一、电气机械行业物流规模增速回落

据国家统计局统计，2011 年我国电气机械及器材制造业总资产达 3.8 万亿元，同比增长 18.5 %，较上年同期回落 12.4 个百分点；规模以上工业企业实现主营业务收入 5 万亿元，同比增长 19%，较上年同期回落 11.2 个百分点；实现利润总额同比增长 6.2 %，较上年同期回落 37.4 个百分点。重点产品中，电力行业上游产品增速回升，中下游产品和家电产品增速回落；发电设备增速提高 6.1 个百分点，交流电动机增速回落 19.9 个百分点，家用洗衣机增速回落 15.6 个百分点。尽管行业整体规模增长放缓，但行业发展效益和质量显著提升，电气机械行业单位资产、单位主营业务收入和单位利润总额分别比上年同期增长 62.5%、63.1%和 45.6%，增幅分别较上年同期提高 36.7、38.1 和 7.7 个百分点。在需求支撑下，电气机械行业物流规模保持增长态势，但增速有所回落。2011 年我国电气机械行业物流总额达到5.3万亿元，同比增长21.7%，增速比上年同期下降7.1个百分点。

二、电气机械行业物流成本增速放缓

2011 年，电气机械行业重点企业物流成本较上年同期增长13.1%，增幅比调查的工业企业高5.4个百分点，但较上年同期回落5.5个百分点。

从成本增长趋势看，运输成本、管理成本、利息成本和配送流通加工包装成本增长回落，其中，利息费用回落幅度较大，而仓储成本增幅提高。运输成本同比增长12.1%，增幅较上年同期回落4.3个百分点；管理成本同比增长22.2%，增幅较上年同期回落2.4个百分点；配送、流通、加工包装成本同比增长1.7%，增幅较上年同期回落8.7个百分点；利息成本同比增长18.6%，增幅较上年同期回落37.8个百分点。仓储成本同比增长3.1%，增幅较上年同期提高2.6个百分点。

从成本构成看，受产销增速回落影响，运输、仓储及配送环节成本占比下降，而管理成本和利息成本占比上升。运输成本占比为51.5%，比上年同期回落0.4个百分点；仓储成本占比为3.2%，比上年同期回落0.3个百分点；配送、流通、加工包装成本占比为8.9%，比上年同期回落1个百分点；管理成本占23.4%，比上年同期提高1.7个百分点；利息成本占比为3.7%，比上年同期提高0.2个百分点。

三、电器机械行业物流与发达国家存在差距

近年来，高端物流业与制造业进一步联动，二者融合、互动模式已从售后环节向生产和采购环节延伸，对提升制造企业运营效率和核心竞争力作用明显。2011 年我国电气机械行业物流成本费用率为6.3%，比全部工业行业低3个百分点，但与发达国家相比，其物流效率明显偏低。2011 年日本电气机械行业物流成本费用率为2%，与之相比我国是日本的3.1倍。

总体来看，我国电气机械行业物流仍处于起步阶段，物流的网络化、信息化以及电子商务等现代管理方式和模式较少，基于原材料、零部件以及大件产品的装卸、搬运、仓储、配送等供应链式物流服务基本不存在。而工业企业面对激烈的市场竞争以及成本日益高企的局面，迫切希望物流业与电气行业深度融合，将采购、配送、仓储等业务外包，提高资金利用效率，降低运行成本。因此，发展社会化、专业化的第三方物流服务对于提升电气机械制造业竞争力具有重大意义，也是加快我国制造业转型升级、实现可持续发展的重要途径。

（中国物流信息中心）

2012 年 1—12 月份中国制造业采购经理指数（PMI）

（中国物流与采购联合会发布）

1 月份

2012 年 1 月，中国物流与采购联合会、国家统计局服务业调查中心发布的中国制造业采购经理指数（PMI）为 50.5%，比上月回升 0.2 个百分点。从 11 个分项指数来看，同上月相比，生产指数、新订单指数、购进价格指数、原材料库存指数上升，其余各指数下降。其中，购进价格指数、原材料库存指数上升幅度较大，超过 1 个百分点；积压订单指数、产成品库存指数、进口指数下降明显，降幅超过 2 个百分点。

本月 20 个行业中，烟草制品业、饮料制造业、农副食品加工及食品制造业等 9 个行业高于 50%；金属制品业、木材加工及家具制造业、黑色金属冶炼及压延加工业等 11 个行业低于 50%。分区域来看，中、西部高于 50%；东部低于 50%。从产品类型看，生活消费品类企业高于 50%；原材料与能源、中间品和生产用制成品类企业低于 50%。

针对 1 月份制造业采购经理调查情况，特约分析师张立群分析认为："继上年 12 月份以后，1 月份 PMI 指数继续小幅回升，预示中国经济回调过程逐步趋稳。新订单指数、原材料库存指数上升，反映工业企业生产准备状况有所恢复。新出口订单指数回落，则反映外需水平回落，对外部因素变化可能带来的冲击还需高度关注。从上年 12 月份的投资、出口增速变化看，预计未来经济增速仍将呈回调态势，但趋稳的迹象将渐趋明显。"

新订单指数继续小幅上升。本月新订单指数为 50.4%，比上月回升 0.6 个百分点。20 个行业中，烟草制品业、农副食品加工及食品制造业、饮料制造业、服装鞋帽制造及皮毛羽绒制品业等 10 个行业高于 50%；造纸印刷及文教体育用品制造业、交通运输设备制造业、电气机械及器材制造业等 10 个行业低于 50%。从产品类型来看，生活消费品类企业高于 50%；原材料与能源、中间品和生产用制成品类企业低于 50%。

生产指数稳中略升。本月生产指数为 53.6%，比上月上升 0.2 个百分点。20 个行业中，烟草制品业、饮料制造业、农副食品加工及食品制造业、专用设备制造业、石油加工及炼焦业等11个行业高于50%；化纤制造及橡胶塑料制品业、电气机械及器材制造业、造纸印刷及文教体育用品制造业等9个行业低于50%。

进口指数和新出口订单指数下降。本月新出口订单指数为46.9%，比上月下降1.7个百分点。20个行业中，饮料制造业、木材加工及家具制造业等10个行业高于50%；医药制造业、通用设备制造业、金属制品业等10个行业低于50%。

本月进口指数为46.9%，比上月下降2.2个百分点。分行业来看，20个行业中，石油加工及炼焦业、饮料制造业、化学原料及化学制品制造业等7个行业高于50%；农副食品加工及食品制造业、造纸印刷及文教体育用品制造业、金属制品业等13个行业低于50%。分产品类型来看，原材料与能源类企业高于50%；生活消费品、中间品和生产用制成品类企业低于50%。

产成品库存指数加快回落。本月产成品库存指数为为48.0%，比上月回落2.6个百分点。分行业来看，20个行业中，非金属矿物制品业、黑色金属冶炼及压延加工业、石油加工及炼焦业等8个行业高于50%；纺织业、电气机械及器材制造业、服装鞋帽制造及皮毛羽绒制品业等12个行业低于50%。从产品类型来看，原材料与能源、中间品类企业高于50%；生活消费品和生产用制成品类企业高于50%。

购进价格指数继续回升。本月购进价格指数为50.0%，比上月回升2.9个百分点。分行业来看，20个行业中，石油加工及炼焦业、化学原料及化学制品制造业、纺织业等10个行业高于50%；饮料制造业位于50%；服装鞋帽制造及皮毛羽绒制品业、专用设备制造业、通信设备计算机及其他电子设备制造业等9个行业低于50%。分区域来看，中、西部高于50%；东部低于50%。分产品类型来看，原材料与能源类企业位于50%；中间品、生活消费品类企业高于50%；生产用制成品类企业低于50%。

2月份

中国物流与采购联合会、国家统计局服务业调查中心发布的2012年2月份中国制造业采购经理指数（PMI）为51.0%，比上月回升0.5个百分点。从11个分项指数来看，同上月相比，只有原材料库存指数下降，其余各指数均不同程度上升。其中，新出口订单指数、积压订单指数、购进价格指数上升幅度较大，超过4个百分点。

本月20个行业中，交通运输设备制造业、医药制造业、通用设备制造业等13个行业达到50%以上；造纸印刷及文教体育用品制造业、饮料制造业、黑色金属冶炼及压延加工业等7个行业低于50%。从企业登记注册类型来看，股份有限公司、有限责任公司、外商投资企业高于50%；国有企业、港澳台投资企业低于50%。

针对2月份制造业采购经理调查情况，特约分析师张立群分析认为："2月份PMI指数继续回升，进一步明确了经济回调趋稳的态势。从行业指标来看，同上月回升的主要是以农产品为原料的轻工业有所不同，本月对工业增长有主导作用的重工业相关指标明显回升。但从出口、投资等需求增长情况看，预计未来经济增长仍将有所回调，但幅度趋于缩小。购进价格指数的明显提高，主要反映了输入性涨价因素影响。"

新订单指数继续小幅上升。本月新订单指数为51.0%，比上月回升0.6个百分点。20个行业中，交通运输设备制造业、电气机械及器材制造业、通用设备制造业等12个行业高于50%；化学原料及化学制品制造业、化纤制造及橡胶塑料制品业、黑色金属冶炼及压延加工业等8个行业低于50%。

生产指数稳中有升。本月生产指数为53.8%，比上月上升0.2个百分点。20个行业中，通用设备制造业、交通运输设备制造业、电气机械及器材制造业等13个行业高于50%；造纸印刷及文教体育用品制造业、饮料制造业、金属制品业等7个行业低于50%。

进口指数和新出口订单上升明显。本月新出口订单指数为51.1%，比上月回升4.2个百分点。20个行业中，电气机械及器材制造业、化学原料及化学制品制造业、交通运输设备制造业等12个行业高于50%；有色金属冶炼及压延加工业、黑色金属冶炼及压延加工业、化纤制造及橡胶塑料制品业等8个行业低于50%。

本月进口指数为50.8%，比上月上升3.9个百分点。分行业来看，20个行业中，造纸印刷及文教体育用品制造业、通用设备制造业、服装鞋帽制造及皮毛羽绒制品业等11个行业高于50%；专用设备制造业、纺织业、有色金属冶炼及压延加工业等9个行业低于50%。

原材料库存指数下降。本月原材料库存指数为48.8%，比上月下降0.9个百分点。分行业来看，20个行业中，交通运输设备制造业、通信设备计算机及其他电子设备制造业、化纤制造及橡胶塑料制品业、医药制造业、电气机械及器材制造业、服装鞋帽制造及皮毛羽绒制品业高于50%，其余行业均低于50%。

购进价格指数升幅扩大。本月购进价格指数为54.0%，比上月回升4.0个百分点。分行业来看，20个行业中，石油加工及炼焦业、化学原料及化学制品制造业、化纤制造及橡胶塑料制品业等13个行业高于50%；服装鞋帽制造及皮毛羽绒制品业、专用设备制造业、电气机械及器材制造业等7个行业低于50%。

3月份

中国物流与采购联合会、国家统计局服务业调查中心发布的2012年3月份中国制造业采购经理指数（PMI）为53.1%，比上月上升2.1个百分点。从11个分项指数看，同上月相比，只有供应商配送时间指数下降，其余各指数均不同程度上升。其中，尤其以新订单指数上升最为明显，升幅达到4.1个百分点。

分行业看，烟草制品业、汽车制造业、电气机械及器材制造业等13个行业达到50%以上；专用设备制造业、黑色金属冶炼及压延加工业、纺织业等8个行业低于50%。分区域来看，东、中、西部高于50%；东北部地区位于50%。从企业规模来看，大、中、小微型企业均高于50%，其中大型企业最高，为54.2%；中型企业最低，为50.5%。

针对3月份制造业采购经理调查情况，特约分析师张立群分析认为："3月份PMI指数继续回升，而且幅度加大，各项分类指数普遍回升。从指数本身的意义看，预示经济增长显现回升态势。但从市场需求和经济增长实际看，与此有一定差距。1—2月份出口、投资、消费增速都有不同程度降低，工业增长率也下降1个多百分点；PPI同比涨幅0.4%。经济增速和物价涨幅呈现双降态势。从市场需求与经济增长的关系看，未来经济增长仍将呈现回落态势。对PMI指数与实际经济走势之间的差距，还需进一步观察分析。对我国经济转型导致多类因素变化，以及这些变化对PMI指数与经济走势之间关系的影响，应该高度关注。"

新订单指数升势突出。本月新订单指数为

55.1%，比上月回升4.1个百分点。分行业看，烟草制品业、汽车制造业、非金属矿物制品业、电气机械及器材制造业等15个行业高于50%；木材加工及家具制造业、纺织业、化学纤维及橡胶塑料制品业等6个行业低于50%。

生产指数回升加快。本月生产指数为55.2%，比上月上升1.4个百分点。从行业看，烟草制品业、汽车制造业、电气机械及器材制造业等14个行业高于50%；石油加工炼焦业、木材加工及家具制造业、黑色金属冶炼及压延加工业等7个行业低于50%。

进口指数和新出口订单稳中有升。本月新出口订单指数为51.9%，比上月回升0.8个百分点。从行业来看，电气机械及器材制造业、汽车制造业、金属制品业等14个行业高于50%；石油加工炼焦业、食品制造业和饮料制造业、木材加工及家具制造业等7个行业低于50%。从区域来看，东、中、西部高于50%；东北部低于50%。从企业规模看，大型和小微型企业高于50%；中型企业低于50%。

本月进口指数为51.5%，比上月上升0.7个百分点。从行业来看，通用设备制造业、汽车制造业和农副食品加工业等12个行业高于50%；纺织业、木材加工及家具制造业和黑色金属冶炼及压延加工业等9个行业低于50%。从区域来看，东、西部高于50%；中部和东北部低于50%。

从业人员指数回升到50%以上。本月从业人员指数为51%，比上月回升1.5个百分点。从行业来看，农副食品加工业、通用设备制造业、有色金属冶炼及压延加工业等16个行业高于50%；木材加工及家具制造业和专用设备制造业等5个行业低于50%。从区域来看，东部高于50%；中、西和东北部均低于50%。从企业规模来看，大型和小微型企业高于50%；中型企业低于50%。

购进价格指数继续上升。本月购进价格指数为55.9%，比上月回升1.9个百分点。从行业来看，石油加工炼焦业、木材加工及家具制造业、化学原料和化学制品制造业等19个行业高于50%；化学纤维制和橡胶塑料制品业、通用设备制造业行业低于50%。

4月份

中国物流与采购联合会和国家统计局服务业调查中心发布的4月份中国制造业采购经理指数（PMI）为53.3%，比上月上升0.2个百分点。该指数经历连续五个月回升之后，已经高于去年同期水平，显示经济增长呈现趋稳向好的基本态势。从11个分项指数来看，同上月相比，生产指数、新出口订单指数、供应商配送时间指数上升，其中生产指数上升幅度较大，达到2个百分点；从业人员指数持平；其余7个指数下降，其中新订单指数、采购量指数降幅较小，在1个百分点以内。

分行业看，化学原料和化学制品制造业、专用设备制造业、汽车制造业、石油加工及炼焦业低于50%；化学纤维及橡胶塑料制品业位于50%，其余16个行业均高于50%。从企业规模来看，大中型企业高于50%；小型企业低于50%。

针对4月份制造业采购经理调查情况，特约分析师张立群分析认为："4月份PMI指数继续提高，但幅度明显减小；新订单指数回落。这些情况表明经济趋稳的迹象逐步明显，但仍有一定的不确定性。订单反映市场需求状况，一季度出口、投资、消费增速都较上年同期明显降低，4月份PMI指数中的产成品库存指数回落1.3点，采购量指数回落0.4点，表明去库存活动仍在继续。受需求变化影响，预计未来经济增速仍有继续降低的可能。稳定投资增速，稳定需求增速成为稳定经济增速的关键。”

新订单指数回落。本月新订单指数为54.5%，比上月下降0.6个百分点。从行业看，金属制品业、非金属矿物制品业、电气机械器材制造业和黑色金属冶炼及压延加工业等16个行业高于50%；石油加工及炼焦业、汽车制造业、纺织业等5个行业低于50%。从区域看，东、中、东北部高于50%；西部低于50%。从企业规模看，大中型企业高于50%；小型企业低于50%。

生产指数回升加快。本月生产指数为57.2%，比上月上升2个百分点。从行业看，金属制品业、非金属矿物制品业、电气机械器材制造业等18个行业高于50%；石油加工及炼焦业、汽车制造业和有色金属冶炼及压延加工业3个行业低于50%。

新出口订单指数稳中有升，进口指数下降。本月新出口订单指数为52.2%，比上月回升0.3个百分点。从行业看，黑色金属冶炼及压延加工业、金属制品业、通用设备制造业、汽车制造业和木材加工及家具制造业等14个行业高于50%；化学原料和化学制品制造业、石油加工及炼焦业、纺织业等7个行业低于50%。从区域看，东、中、东北部高于50%；西部低于50%。从企业规模看，大中型企业高于50%；小型企业低于50%。

本月进口指数为50.5%，比上月下降1个百分点。从行业来看，金属制品业、电气机械器材制造业、专用设备制造业等16个行业高于50%；有色金属冶炼及压延加工业、非金属矿物制品业、石油加工及炼焦业、通用设备制造业和汽车制造业5个行业低于50%。

原材料库存指数下降。本月原材料库存指数为48.5%，比上月下降1个百分点。从行业来看，农副食品加工业、石油加工及炼焦业、纺织服装服饰业、电气机械器材制造业等8个行业高于50%；铁路船舶航空航天运输设备制造业、汽车制造业、化学纤维及橡胶塑料制品业、金属制品业、通用设备制造业等13个行业低于50%。

购进价格指数回落。本月购进价格指数为54.8%，比上月下降1.1个百分点。从行业来看，石油加工及炼焦业、农副食品加工业、金属制品业等17个行业高于50%；有色金属冶炼及压延加工业、非金属矿物制品业、纺织业和化学纤维及橡胶塑料制品业4个行业低于50%。

5月份

中国物流与采购联合会和国家统计局服务业调查中心发布的5月份中国制造业采购经理指数（PMI）为50.4%，比上月回落2.9个百分点。显示经济增速出现一定幅度回落。但该指数连续6个月保持在50%以上，反映出经济增长势头并没有改变。从11个分项指数看，同上月相比，除产成品库存指数上升外，其余指数均有不同程度下降。其中购进价格指数降幅最大，达10个百分点；生产指数、新订单指数和积压订单指数降幅超4个百分点；从业人员指数和供应商配送时间指数回落幅度较小，在1个百分点以内。

分行业看，金属制品业、食品及酒饮料精制茶制造业、电气机械器材制造业、纺织服装服饰业和石油加工及炼焦业等10个行业高于50%，其余11个行业均低于50%。从企业规模来看，大中型企业高于50%；小型企业低于50%。

针对5月份制造业采购经理调查情况，特约分析师张立群认为：“5月份PMI指数出现较大幅度回落，与经济增长率回落的趋势是一致的。新订单指数较大幅度回落，预示未来企业开工率可能进一步降低，经济增速可能继续回落。目前宏观经济政策已经在进行有针对性的预调微调，特别在稳定投资方面出台了较多措施，受其影响，预计经济回落态势将趋于平稳。”

新订单指数回落至50%以下。本月新订单指数为49.8%，比上月下降4.7个百分点。从行业看，金属制品业、食品及酒饮料精制茶制造业、电气机械器材制造业和石油加工及炼焦业等11个行业高于50%；专用设备制造业、木材加工及家具制造业、汽车制造业和铁路船舶航空航天运输设备制造业等10个行业低于50%。从区域看，东部和东北部高于50%；中部和西部低于50%。从企业规模看，大中型企业高于50%；小微型企业低于50%。

生产指数回调明显。本月生产指数为52.9%，比上月下降4.3个百分点。从行业看，金属制品业、食品及酒饮料精制茶制造业、石油加工及炼焦业和电气机械器材制造业等14个行业高于50%；汽车制造业、木材加工及家具制造业和铁路船舶航空航天运输设备制造业等7个行业低于50%。从区域看，东、西部和东北部高于50%；中部低于50%。从企业规模看，大型和中型高于50%；小微型企业低于50%。

新出口订单指数和进口指数均有回落。本月新出口订单指数为50.4%，比上月回落1.8个百分点。从行业看，金属制品业、石油加工及炼焦业、纺织服装服饰业、通用设备制造业和汽车制造业等10个行业高于50%；木材加工及家具制造业、有色金属冶炼及压延加工业、专用设备制造业和黑色金属冶炼及压延加工业等11个行业低于50%。从区域看，中、西、东北部高于50%；东部低于50%。从企业规模看，中型和小微型企业高于50%；大型企业低于50%。

本月进口指数为48.1%，比上月下降2.4个百分点。从行业来看，食品及酒饮料精制茶制造业、石油加工及炼焦业和金属制品业等5个行业高于50%；化学原料和化学制品制造业、木材加工及家具制造业和化学纤维及橡胶塑料制品业等16个行业低于50%。

产成品库存指数有所上升。本月产成品库存指数为52.2%，比上月上升2.7个百分点。从行业来看，食品及酒饮料精制茶制造业、黑色金属冶炼及压延加工业、石油加工及炼焦业、医药制造业、专用设备制造业和纺织业等13个行业高于50%；木材加工及家具制造业、有色金属冶炼及压延加工业和铁路船舶航空航天运输设备制造业3个行业位于50%；汽车制造业、电气机械器材制造业、非金属矿物制品业、计算机通信电子设备及仪器仪表制造业和纺织服装服饰业5个行业低于50%。

购进价格指数大幅回落。本月购进价格指数为44.8%，比上月下降10.0个百分点。从行业来看，烟草制品业、木材加工及家具制造业、医药制造业和食品及酒饮料精制茶制造业等6个行业高于50%；石油加工及炼焦业、化学纤维及橡胶塑料制品业、黑色金属冶炼及压延加工业和有色金属冶炼及压延加工业等15个行业低于50%。

6月份

中国物流与采购联合会和国家统计局服务业调查中心发布的6月份中国制造业PMI为50.2%，比上月回落0.2个百分点，显示当前经济发展仍有下行压力。从11个分项指数来看，同上月相比，产成品库存指数、原材料库存指数、供应商配送时间指数有所上升，其余指数均不同程度下降。其中新出口订单指数、采购量指数、购进价格指数回落较明显，降幅在3个百分点左右。

分行业看，纺织服装服饰业、食品及酒饮料精制茶制造业、金属制品业、电气机械器材制造业等10个行业高于50%；黑色金属冶炼及压延加工业、通用设备制造业、化学原料和化学制品制造业等10个行业低于50%。从企业规模来看，大型企业高于50%；中型企业位于50%；小微型企业低于50%。

针对6月份制造业采购经理调查情况，特约分析师张立群分析认为："6月份PMI指数继续回落，但幅度明显减小，预示未来经济增长可能降中趋稳。近期稳增长的政策陆续出台，投资增长降幅减小，消费实际增长率略有提高，出口增速明显反弹，这些也支持未来经济增长降中趋稳的预期。新订单指数、购进价格指数仍在回落，表明影响企业生产预期的因素仍然较多，企业生产的恢复预计还需一定时间。"

新订单指数回落到50%以内。本月新订单指数为49.2%，比上月下降0.6个百分点。从行业看，金属制品业、电气机械器材制造业和计算机通信电子设备及仪器仪表制造业等9个行业高于50%；纺织业、医药制造业、石油加工及炼焦业、汽车制造业、化学原料和化学制品制造业等12个行业低于50%。

生产指数小幅回落。本月生产指数为52%，比上月下降0.9个百分点。从行业看，纺织服装服饰业、木材加工及家具制造业、电气机械器材制造业、铁路船舶航空航天运输设备制造业、食品及酒饮料精制茶制造业等11个行业高于50%；石油加工及炼焦业、化学纤维及橡胶塑料制品业、纺织业、专用设备制造业、汽车制造业等10个行业低于50%。从企业规模看，大型和中型高于50%；小微型企业低于50%。

新出口订单指数、进口指数回落。本月新出口订单指数为47.5%，比上月下降2.9个百分点。从行业看，汽车制造业、木材加工及家具制造业、石油加工及炼焦业、通用设备制造业等12个行业高于50%；纺织业、化学纤维及橡胶塑料制品业、电气机械器材制造业、有色金属冶炼及压延加工业等9个行业低于50%。

本月进口指数为46.5%，比上月下降1.6个百分点。从行业来看，金属制品业、农副食品加工业、铁路船舶航空航天运输设备制造业、电气机械器材制造业、非金属矿物制品业等7个行业高于50%；纺织业、医药制造业、通用设备制造业等14个行业低于50%。

采购量指数显著下降。本月采购量指数为46.9%，比上月下降3.9个百分点。从行业来看，金属制品业、电气机械器材制造业、计算机通信电子设备及仪器仪表制造业等8个行业高于50%；纺织业、非金属矿物制品业、专用设备制造业、汽车制造业等13个行业低于50%。从区域来看，西部高于50%；东部、中部和东北部均低于50%。从企业规模来看，大型、中型和小微型企业均低于50%。

购进价格指数继续回落。本月购进价格指数为41.2%，比上月下降3.6个百分点。从行业来看，烟草制品业高于50%；农副食品加工业和木材加工及家具制造业2个行业位于50%；石油加工及炼焦业、化学纤维及橡胶塑料制品业、黑色金属冶炼及压延加工业、化学原料和化学制品制造业、金属制品业等18个行业低于50%。从区域来看，东、中、西部和东北部均低于50%。从企业规模来看，大型、中型和小微型企业均低于50%。

7月份

中国物流与采购联合会、国家统计局服务

业调查中心发布的7月份中国制造业PMI为50.1%，比上月微幅回落0.1个百分点。从11个分项指数来看，同上月相比，只有原材料库存指数略升，其余指数均不同程度下降。其中产成品库存指数降势突出，降幅达到4.3个百分点，指数下降到48.0%，其余指数降幅较小，多在1个百分点以内。

分行业看，石油加工及炼焦业、农副食品加工业、电气机械器材制造业等10个行业高于50%；化学纤维及橡胶塑料制品业、通用设备制造业、金属制品业等11个行业低于50%。从企业规模来看，大中型企业高于50%；小微型企业低于50%。

针对7月份制造业采购经理调查情况，特约分析师张立群分析认为："7月份PMI指数降幅继续缩小，表明经济增长筑底企稳迹象进一步明显。新订单指数的降幅明显缩小；原材料库存指数略升，产成品库存指数继续加快降低，预示库存调整活动接近尾声。受稳增长各项政策效果的影响，未来市场需求增速预计将稳中略升。企业订单减少态势有望改变，经济增长水平将趋于稳定或略有提高。"

新订单指数小幅下降。本月新订单指数为49.0%，比上月下降0.2个百分点。从行业看，石油加工及炼焦业、农副食品加工业、电气机械器材制造业等7个行业高于50%；黑色金属冶炼及压延加工业、纺织业、汽车制造业等14个行业低于50%。从企业规模看，中型企业高于50%；大型和小微型企业低于50%。

生产指数小幅回落。本月生产指数为51.8%，比上月下降0.2个百分点。从行业看，石油加工及炼焦业、农副食品加工业、电气机械器材制造业等14个行业高于50%；汽车制造业、专用设备制造业、纺织业等7个行业低于50%。从企业规模看，大型和中型企业高于50%；小微型企业低于50%。

新出口订单指数、进口指数下降。本月新出口订单指数为46.6%，比上月下降0.9个百分点。从行业看，专用设备制造业、铁路船舶航空航天运输设备制造业、通用设备制造业、计算机通信电子设备及仪器仪表制造业等10个行业高于50%；纺织业、黑色金属冶炼及压延加工业、有色金属冶炼及压延加工业、非金属矿物制品业等11个行业低于50%。

本月进口指数为45.0%，比上月下降1.5个百分点。从行业来看，铁路船舶航空航天运输设备制造业、石油加工及炼焦业、有色金属冶炼及压延加工业等6个行业高于50%；纺织业、专用设备制造业、汽车制造业、黑色金属冶炼及压延加工业和木材加工及家具制造业等15个行业低于50%。

产成品库存指数显著下降。本月产成品库存指数为48.0%，比上月下降4.3个百分点。从行业来看，黑色金属冶炼及压延加工业、化学原料和化学制品制造业、非金属矿物制品业等6个行业高于50%；化学纤维及橡胶塑料制品业和铁路船舶航空航天运输设备制造业2个行业位于50%；专用设备制造业、农副食品加工业和电气机械器材制造业等13个行业低于50%。

购进价格指数继续下降。本月购进价格指数为41.0%，比上月下降0.2个百分点。从行业来看，农副食品加工业、化学纤维及橡胶塑料制品业、烟草制品业、纺织服装服饰业4个行业高于50%；金属制品业、黑色金属冶炼及压延加工业、有色金属冶炼及压延加工业、通用设备制造业和造纸印刷及文教体美娱用品制造业等17个行业低于50%。从区域来看，东、中、西部和东北部均低于50%。

8月份

中国物流与采购联合会、国家统计局服务

业调查中心发布的8月份中国制造业PMI为49.2%，比上月下降0.9个百分点，显示当前经济仍在下行过程中。从11个分项指数来看，只有生产指数略高于50%，其余指数或位于50%或在50%以下。同上月相比，生产指数、新订单指数、原材料库存指数、从业人员指数下降，其中原材料库存指数降势较为明显，降幅超过3个百分点；新出口订单指数为46.6%，同上月持平；积压订单指数、产成品库存指数、采购量指数、进口指数、购进价格指数、供应商配送时间指数上升，其中购进价格指数上升明显，升幅为5.1个百分点。

分行业来看，石油加工及炼焦业、食品及酒饮料精制茶制造业、烟草制品业等9个行业高于50%；电气机械器材制造业、非金属矿物制品业、化学原料和化学制品制造业等12个行业低于50%。分区域来看，西部略高于50%；东、中、东北部地区均低于50%。从企业规模来看，大、中、小微型企业均低于50%。

针对8月份制造业采购经理调查情况，特约分析师张立群分析认为："8月份PMI指数继续下降而且降幅加大，绝对水平降到50%以下，从指数自身特点看，反映制造业处于收缩状态。从分项指数看，新订单指数降幅为0.3个百分点，新出口订单指数与上月持平，积压订单指数明显上升；购进价格指数明显上升；原材料库存指数大幅下降，产成品库存指数略升。这些变化表明企业持有的订单水平趋稳，对价格上涨的预期开始酝酿，压缩库存、控制开工率的活动接近尾声。从市场需求看，'稳增长'政策效果不断显现，6月份以来国内投资、消费增速趋稳，7月份出口增速大幅下降，但从8月份PMI出口订单指数变化看，未来出口增速可能会有所恢复。市场需求支持的企业订单增长将呈现走稳态势。受其影响，企业长达半年多的去库存活动预计将结束，制造业总体生产水平预计将平稳恢复，经济增速回调态势有望结束。"

新订单指数小幅下降。本月新订单指数为48.7%，比上月下降0.3个百分点。从行业看，食品及酒饮料精制茶制造业、计算机通信电子设备及仪器仪表制造业、农副食品加工业等10个行业高于50%；专用设备制造业、黑色金属冶炼及压延加工业、纺织业等11个行业低于50%。从企业规模看，中型企业高于50%；大型和小微型企业低于50%。

生产指数继续回落。本月生产指数为50.9%，比上月下降0.9个百分点。从行业看，食品及酒饮料精制茶制造业、石油加工及炼焦业和计算机通信电子设备及仪器仪表制造业等13个行业高于50%；专用设备制造业、黑色金属冶炼及压延加工业、纺织业等8个行业低于50%。从区域看，东部、中部和西部高于50%；东北部低于50%。从企业规模看，大型和中型高于50%；小微型企业低于50%。

新出口订单指数持平，进口指数上升。本月新出口订单指数为46.6%，同上月持平。从行业看，农副食品加工业、食品及酒饮料精制茶制造业、计算机通信电子设备及仪器仪表制造业等8个行业高于50%；金属制品业、纺织业、黑色金属冶炼及压延加工业等13个行业低于50%。

本月进口指数为47%，比上月上升2个百分点。从行业来看，石油加工及炼焦业、计算机通信电子设备及仪器仪表制造业、铁路船舶航空航天运输设备制造业等6个行业高于50%；化学原料和化学制品制造业位于50%；金属制品业、医药制造业、木材加工及家具制造业等14个行业低于50%。

采购量指数回升。本月采购量指数为

48.8%，比上月上升2个百分点。从行业来看，食品及酒饮料精制茶制造业、计算机通信电子设备及仪器仪表制造业和石油加工及炼焦业等11个行业高于50%；黑色金属冶炼及压延加工业、专用设备制造业、金属制品业等10个行业低于50%。从区域来看，中部高于50%；东部、东北部和西部均低于50%。

购进价格指数回升。本月购进价格指数为46.1%，比上月上升5.1个百分点。从行业来看，石油加工及炼焦业、农副食品加工业、化学纤维及橡胶塑料制品业、烟草制品业和医药制造业等8个行业高于50%；黑色金属冶炼及压延加工业、金属制品业、专用设备制造业等13个行业低于50%。从企业规模来看，小微型企业高于50%；大型和中型低于50%。

9月份

中国物流与采购联合会、国家统计局服务业调查中心发布的9月份中国制造业PMI为49.8%，比上月回升0.6个百分点，该指数自2012年5月份以来首现回升。从11个分项指数来看，只有产成品库存指数、从业人员指数、供应商配送时间指数略有下降，其余指数均不同程度回升。分行业来看，农副食品加工业、纺织服装服饰业、食品及酒饮料精制茶制造业、烟草制品业等8个行业高于50%；电气机械器材制造业、通用设备制造业、非金属矿物制品业、黑色金属冶炼及压延加工业、纺织业等13个行业低于50%。

针对9月份制造业采购经理调查情况，特约分析师张立群分析认为："9月份PMI指数出现回升，表明经济筑底企稳迹象趋于明显。新订单指数回升，反映国内投资、消费需求增长企稳；新出口订单指数回升，预示出口开始恢复。产成品库存指数继续降低，原材料采购指数回升，表明企业去库存活动基本结束。生产指数回升表明受订单增加的影响，企业生产开始恢复。综合分析，经济增速下行态势开始改变，预计未来经济增长将稳中略升。"

新订单指数回升。本月新订单指数为49.8%，比上月上升1.1个百分点。从行业看，烟草制品业、纺织服装服饰业、食品及酒饮料精制茶制造业、计算机通信电子设备及仪器仪表制造业、汽车制造业等9个行业高于50%；金属制品业、纺织业、黑色金属冶炼及压延加工业等12个行业低于50%。从区域看，东部和东北部高于50%；中部和西部低于50%。从企业规模看，大型企业高于50%；中型企业位于50%；小微型企业低于50%。

生产指数略有回升。本月生产指数为51.3%，比上月上升0.4个百分点。从行业看，烟草制品业、纺织服装服饰业、汽车制造业、农副食品加工业、计算机通信电子设备及仪器仪表制造业等10个行业高于50%；黑色金属冶炼及压延加工业、纺织业、金属制品业、电气机械器材制造业和有色金属冶炼及压延加工业等11个行业低于50%。

新出口订单指数、进口指数回升。本月新出口订单指数为48.8%，比上月上升2.2个百分点。从行业看，有色金属冶炼及压延加工业、计算机通信电子设备及仪器仪表制造业、医药制造业、纺织服装服饰业、农副食品加工业等11个行业高于50%；金属制品业、非金属矿物制品业、化学纤维及橡胶塑料制品业、专用设备制造业、纺织业和黑色金属冶炼及压延加工业等10个行业低于50%。

本月进口指数为47.7%，比上月上升0.7个百分点。从行业来看，计算机通信电子设备及仪器仪表制造业、农副食品加工业、木材加工及家具制造业等7个行业高于50%；金属制品业、专用设备制造业、有色金属冶炼及压延加工业等14个行业低于50%。

产成品库存指数下降。本月产成品库存指数为47.9%，比上月下降0.3个百分点。从行业来看，造纸印刷及文教体美娱用品制造业、电气机械器材制造业、化学原料化学制品制造业等6个行业高于50%；农副食品加工业和通用设备制造业2个行业位于50%；非金属矿物制品业、金属制品业、黑色金属冶炼及压延加工业等13个行业低于50%。

购进价格指数回升。本月购进价格指数为51%，比上月上升4.9个百分点。从行业来看，石油加工及炼焦业、化学原料和化学制品制造业、化学纤维及橡胶塑料制品业等10个行业高于50%；黑色金属冶炼及压延加工业、金属制品业和有色金属冶炼及压延加工业等11个行业低于50%。从区域来看，东部和东北部高于50%；中部和西部低于50%。

10月份

中国物流与采购联合会、国家统计局服务业调查中心发布的10月份中国制造业PMI为50.2%，比上月上升0.4个百分点。从11个分项指数来看，只有积压订单指数下降，其余指数均不同程度回升。其中，采购量指数、原材料库存指数上升明显，升幅超过1个百分点。分行业来看，纺织服装服饰业、木材加工及家具制造业、计算机通信电子设备及仪器仪表制造业、医药制造业、非金属矿物制品业等14个行业高于50%；金属制品业、烟草制品业、造纸印刷及文教体美娱用品制造业等7个行业低于50%。

针对10月份制造业采购经理调查情况，特约分析师张立群分析认为："10月PMI指数继续保持回升态势，已略高于50%的临界值，表明经济已经筑底企稳。新订单指数、新出口订单指数、采购量指数继续回升，反映企业去库存活动基本结束。预计未来经济增长将结束回调，出现小幅回升。"

新订单指数回升。本月新订单指数为50.4%，比上月上升0.6个百分点。从行业看，纺织服装服饰业、汽车制造业、计算机通信电子设备及仪器仪表制造业、黑色金属冶炼及压延加工业和非金属矿物制品业等12个行业高于50%；专用设备制造业、金属制品业、烟草制品业等9个行业低于50%。从企业类型看，大型企业高于50%；中型和小微型企业低于50%。

生产指数上升。本月生产指数为52.1%，比上月上升0.8个百分点。从行业看，非金属矿物制品业、电气机械器材制造业、黑色金属冶炼及压延加工业、计算机通信电子设备及仪器仪表制造业、化学原料和化学制品制造业等15个行业高于50%；烟草制品业、食品及酒饮料精制茶制造业和金属制品业等6个行业低于50%。

新出口订单指数、进口指数回升。本月新出口订单指数为49.3%，比上月上升0.5个百分点。从行业看，木材加工及家具制造业、计算机通信电子设备及仪器仪表制造业、汽车制造业和纺织业等9个行业高于50%；金属制品业、非金属矿物制品业、化学纤维及橡胶塑料制品业和石油加工及炼焦业等10个行业低于50%。

本月进口指数为48.4%，比上月上升0.7个百分点。从行业来看，石油加工及炼焦业、计算机通信电子设备及仪器仪表制造业和有色金属冶炼及压延加工业等8个行业高于50%；专用设备制造业、金属制品业、纺织业、铁路船舶航空航天运输设备制造业和非金属矿物制品业等13个行业低于50%。

购进价格指数上升。本月购进价格指数为

54.3%，比上月上升3.3个百分点。从行业来看，化学纤维及橡胶塑料制品业、石油加工及炼焦业、化学原料和化学制品制造业和黑色金属冶炼及压延加工业等18个行业高于50%；木材加工及家具制造业、汽车制造业和通用设备制造业3个行业低于50%。从区域来看，东部、中部和东北部均高于50%；西部低于50%。从企业规模来看，大型、中型和小微型企业均高于50%。

11月份

中国物流与采购联合会、国家统计局服务业调查中心发布的11月份中国制造业PMI为50.6%，比上月上升0.4个百分点，该指数最近三月稳步小幅回升，显示经济运行企稳态势进一步巩固，呈现温和回升基本走势。

针对11月份制造业采购经理调查情况，特约分析师张立群分析认为："11月份PMI指数继续小幅回升，预示未来经济增长将继续保持小幅温和回升。新订单、出口订单、积压订单指数均有不同程度提高，产成品库存、采购量、原材料库存指数也均有小幅提高，显示去库存活动已开始转向补充库存，工业生产水平有望继续提高。购进价格指数回落，可能反映了市场信心还不够稳定，经济回升的力量偏弱。"

新订单指数继续回升。本月新订单指数为51.2%，比上月上升0.8个百分点。从行业看，木材加工及家具制造业、电气机械器材制造业、纺织服装服饰业和汽车制造业、计算机通信电子设备及仪器仪表制造业等13个行业高于50%。从区域看，东部和中部高于50%；西部和东北部低于50%。

生产指数回升减弱。本月生产指数为52.5%，比上月上升0.4个百分点，升幅较上月缩小0.4个百分点。从行业看，纺织服装服饰业、汽车制造业、木材加工及家具制造业、电气机械器材制造业、计算机通信电子设备及仪器仪表制造业等15个行业高于50%。从区域看，东部、中部和东北部均高于50%；西部位于50%。从企业规模看，大型和中型企业高于50%；小微型企业低于50%。

新出口订单指数回升明显。本月新出口订单指数为50.2%，比上月上升0.9个百分点。从行业看，木材加工及家具制造业、计算机通信电子设备及仪器仪表制造业、纺织服装服饰业、金属制品业和汽车制造业等10个行业高于50%。从区域看，东部高于50%；中部、西部和东北部均低于50%。

购进价格指数下降。本月购进价格指数为50.1%，比上月下降4.2个百分点。从行业来看，黑色金属冶炼及压延加工业、医药制造业、烟草制品业和非金属矿物制品业等8个行业高于50%；化学原料和化学制品制造业、食品及酒饮料精制茶制造业和专用设备制造业等5个行业位于50%。

12月份

中国物流与采购联合会、国家统计局服务业调查中心发布的2012年12月份中国制造业采购经理指数（PMI）为50.6%，与上月持平。从11个分项指数来看，生产指数、新出口订单指数、原材料库存指数、供应商配送时间指数下降，降幅较小，多在1个百分点以内；其余指数或持平或上升。其中，购进价格指数为53.3%，较上月上升明显，升幅为3.2个百分点；其余上升的指数升幅较小，均在1个百分点以内。

针对12月份制造业采购经理调查情况，特约分析师张立群分析认为："12月份PMI指数与上月持平，表明经济回升势头较弱。新订单指数与上月持平，表明市场需求平稳，进一步回升力量不强。出口订单指数略有回落，反映出口形势仍然不好。考虑国内投资消费增长有趋升迹象，综合分析，预计未来市场总需求以平稳为基本特点。受其影响，中国经济正在向7% ~8%的平稳增长区间过渡。”

新订单指数与上月持平。本月新订单指数为51.2%，与上月持平。从行业看，农副食品加工业、汽车制造业、纺织服装服饰业和黑色金属冶炼及压延加工业等11个行业高于50%；非金属矿物制品业、烟草制品业、铁路船舶航空航天运输设备制造业和有色金属冶炼及压延加工业等10个行业低于50%。从区域看，东部和中部高于50%；西部和东北部低于50%。

生产指数环比回落。本月生产指数为52.0%，比上月回落0.5个百分点。从行业看，农副食品加工业、金属制品业、汽车制造业和纺织服装服饰业等11个行业高于50%；烟草制品业、非金属矿物制品业、石油加工及炼焦业和专用设备制造业和铁路船舶航空航天运输设备制造业等10个行业低于50%。从区域看，东部、中部和东北部均高于50%；西部低于50%。

新出口订单指数小幅回调。本月新出口订单指数为50%，比上月回落0.2个百分点。从行业看，农副食品加工业、造纸印刷及文教体美娱用品制造业、有色金属冶炼及压延加工业和电气机械器材制造业等10个行业高于50%；木材加工及家具制造业、专用设备制造业、化学纤维及橡胶塑料制品业和烟草制品业等11个行业低于50%。从区域看，东部高于50%；中部、西部和东北部均低于50%。

购进价格指数明显回升。本月购进价格指数为53.3%，比上月上升3.2个百分点。从行业来看，黑色金属冶炼及压延加工业、农副食品加工业、金属制品业和烟草制品业等13个行业高于50%；石油加工及炼焦业、电气机械器材制造业、食品及酒饮料精制茶制造业和计算机通信电子设备及仪器仪表制造业等8个行业低于50%。从区域来看，东部、中部、西部和东北部地区均高于50%。

2012年1—12月中国制造业PMI走势如下图所示。

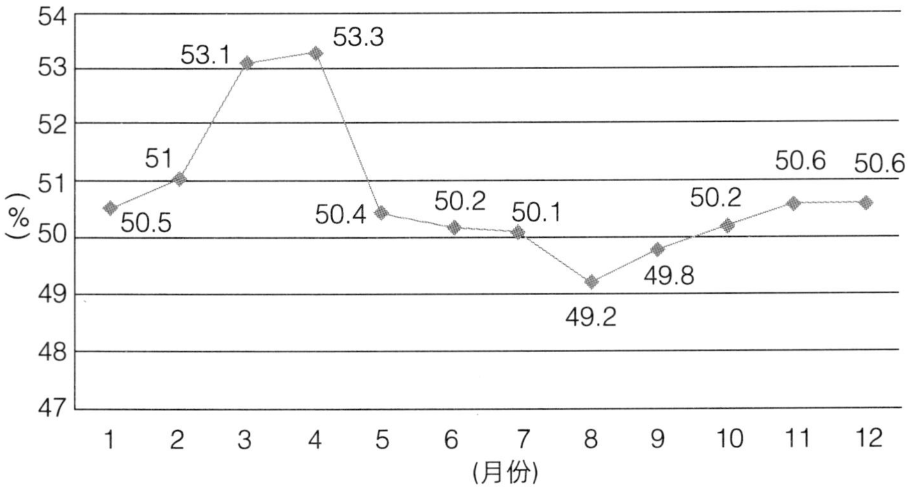

2012年中国制造业PMI走势图

（中国物流信息中心）

2012年1—12月份中国非制造业商务活动指数

（中国物流与采购联合会发布）

1月份

中国物流与采购联合会、国家统计局服务业调查中心发布的2012年1月份的中国非制造业商务活动指数为52.9%，比上月回落3.1个百分点。由于非制造业没有综合指数，通常以商务活动指数来反映非制造业经济的总体变化。

本月中国非制造业PMI各单项指数升降各半。其中，积压订单指数、存货指数、中间投入价格指数、收费价格指数和业务活动预期指数较上月上升，升幅均在1~2个百分点。商务活动指数、新订单指数、新出口订单指数、从业人员指数和供应商配送时间指数均有不同程度下降。

中国物流与采购联合会副会长蔡进认为：1月份，非制造业商务活动指数为52.9%，环比回落，显示非制造业经济增速有所放缓。建筑业活动在淡季影响下的大幅回落延缓了非制造业的整体增长。受春节因素带动的零售业、餐饮业和运输业的良好表现成为本月非制造业经济保持增长的主要动力。同时，上述行业的增长在一定程度上带动了价格的上涨。本月中间投入价格和收费价格较上月均有上升，且升幅较大的行业均集中在消费性服务业领域。房地产行业的商务活动指数38.1%，新订单指数35.7%，均连续五个月环比回落，反映市场继续处于下降区间，特别是投机性和投资性市场需求得到了明显遏制。

在我国经济增长从政策刺激向内生性增长转换的过程中，要注重保持需求增长的稳定性，特别是要注重培育服务业领域消费需求的增长潜力。应通过积极推进结构性减税等财税政策，优化分配结构，处理好分配与增长的关系，有效激发企业活力，提高居民消费能力，促进经济可持续增长。

新订单指数较上月下降。2012年1月新订单指数为48.5%，比上月下降2.0个百分点。分行业来看，消费性服务业最高，为53.3%；生产性服务业次之，为49.7%；建筑业最低，为32.1%。20个行业中，零售业、航空运输业、铁路运输业、道路运输业和电信及其他信息传输服务业等行业高于50%；水上运输业的新订单指数位于 50%；建筑装饰业、房屋及土木工程建筑业、房地产业、其他服务业、建筑安装业和居民服务业等行业低于 50%。

新出口订单指数小幅回落。2012 年 1 月新出口订单指数为 45.8%，环比回落 0.6 个百分点。分行业来看，消费性服务业最高，达到 49.1%；建筑业次之，为 46.5%；生产性服务业最低，为 42.5%。20 个行业中，环境及公共设施管理业、航空运输业和道路运输业等行业高于 50%；建筑安装业、铁路运输业、水上运输业和餐饮业等行业位于 50%；建筑装饰业、租赁及商务服务业、住宿业和管道与其他运输及仓储业等行业低于 50%。

中间投入价格指数较上月上升。2012 年 1 月中间投入价格指数为 58.6%，环比上升 1.2 个百分点。分行业来看，消费性服务业最高，为 61.8%；生产性服务业次之，为 56.6%；建筑业最低，为 53.2%。20 个行业中，住宿业、餐饮业、铁路运输业和航空运输业等行业高于 60%；建筑装饰业的中间投入价格指数位于 60%；房屋及土木工程建筑业、邮政业、批发业、水上运输业和建筑安装业等行业位于 50% ~60%。

业务活动预期指数维持高位。2012 年 1 月业务活动预期指数为 63.2%，比上月上升 1.5 个百分点。分行业来看，建筑业最高，为 67.2%；生产性服务业次之，为 65.4%；消费性服务业最低，为 60.5%。20 个行业中，零售业、计算机服务及软件业、环境及公共设施管理业、电信及其他信息传输服务业和房屋及土木工程建筑业等行业高于 50%；房地产业和其他服务业 2 个行业低于 50%。

（本月以下指数经季节调整后为：商务活动指数为 55.7%，新订单指数为 52.2%，中间投入价格指数为 58.2%，收费价格指数为 51.1%，业务活动预期指数为 65.3%。）

2 月份

中国物流与采购联合会、国家统计局服务业调查中心发布的 2012 年 2 月份的中国非制造业商务活动指数为 48.4%，比上月回落 4.5 个百分点。由于非制造业没有综合指数，通常以商务活动指数来反映非制造业经济的总体变化。

本月中国非制造业 PMI 各单项指数各有升降。收费价格指数、从业人员指数、供应商配送时间指数和业务活动预期指数较上月有所上升。其中，业务活动预期指数升幅最大，超过 3 个百分点；其余 3 个指数的升幅均在 1 个百分点以内。商务活动指数、新订单指数、新出口订单指数、积压订单指数、存货指数和投入价格指数均有不同程度下降。其中，商务活动指数和存货指数降幅较为明显，均超过 4 个百分点；新订单指数环比回落 2.4 个百分点；其余 3 个指数降幅在 1 个百分点之内。

中国物流与采购联合会副会长蔡进认为：2 月份，非制造业的商务活动指数为 48.4%，环比回落 4.5 个百分点。春节过后，以零售、餐饮为主的消费性行业回调明显，成为整体经济活动回落的主要原因。建筑业活动开始出现恢复性增长，需求仍在下降，但降幅趋缓。本月房地产行业有所反弹。其商务活动指数 45.9%，环比上升 7.8 个百分点；新订单指数 40.5%，较上月上升 4.8 个百分点。季节因素和部分地区政策微调带来的预期成就了本月的反弹。本月中间投入价格指数为 58.3%，环比小幅回调 0.3 个百分点，显示物价整体涨势趋稳。但生产性服务业的中间投入价格指数涨幅较大，值得关注。进入 3 月以后，各非制造行业的主要活动均将步入正常的运行轨道，季节扰动因素将有所减弱。

新订单指数较上月回落。2012 年 2 月新订单指数为 46.1%，比上月回落 2.4 个百分点。分行业来看，生产性服务业最高，为 50.1%；建筑业次之，为 49.5%；消费性服务业最低，为 42.3%。20 个行业中，邮政业、电信及其他信息传输服务业和建筑安装业 3 个行业高于 50%；铁路运输业和管道与其他运输及仓储业 2 个行业位于 50%；餐饮业、计算机服务及软件业、居民服务业、航空运输业和房地产业等 15 个行业低于 50%。

新出口订单指数继续小幅回调。2012 年 2 月新出口订单指数为 45.7%，环比回落 0.1 个百分点。分行业来看，建筑业最高，为 48.8%；生产性服务业和消费性服务业较为接近，分别为 45.3% 和 45.2%。20 个行业中，住宿业、邮政业和房地产业 3 个行业高于 50%；建筑安装业、建筑装饰业和铁路运输业等 5 个行业位于 50%；居民服务业、环境及公共设施管理业、计算机服务业及软件业和租赁及商务服务业等 12 个行业的新出口订单指数低于 50%。

收费价格指数微升。2012 年 2 月收费价格指数为 51.3%，较上月上升 0.1 个百分点。分行业来看，生产性服务业的收费价格指数高于 50%，为 53.9%；建筑业和消费性服务业的收费价格指数位于 50%。20 个行业中，批发业、环境及公共设施管理业、航空运输业和建筑安装业等 7 个行业高于 50%；建筑装饰业、水上运输业、邮政业和其他服务业 4 个行业位于 50%；电信及其他信息传输服务业、铁路运输业、居民服务业和租赁及商务服务业等 9 个行业低于 50%。

业务活动预期指数高位回升。2012 年 2 月业务活动预期指数为 66.5%，比上月上升 3.3 个百分点。分行业来看，建筑业最高，为 74.0%；生产性服务业次之，为 69.4%；消费性服务业最低，为 62.0%。20 个行业中，计算机服务及软件业、建筑装饰业、房屋及土木工程建筑业、邮政业、批发业、环境及公共设施管理业、建筑安装业和零售业等 19 个行业高于 50%；其他服务业位于 50%。

（本月以下指数经季节调整后为：商务活动指数为 57.3%，新订单指数为 52.7%，中间投入价格指数为 59.0%，收费价格指数为 51.2%，业务活动预期指数为 63.8%。）

3 月份

中国物流与采购联合会、国家统计局服务业调查中心发布的 2012 年 3 月份的中国非制造业商务活动指数，经季节调整后为 58.0%，比上月上升 0.7 个百分点。由于非制造业没有综合指数，通常以商务活动指数来反映非制造业经济的总体变化。

本月中国非制造业 PMI 各单项指数均有不同程度上升。新出口订单指数、积压订单指数升幅最大，分别为 7.5 个和 4.9 个百分点；从业人员指数和业务活动预期指数升势也较为显著，升幅为 3 个百分点左右；其余指数升幅较小，在 1 个百分点左右。

中国物流与采购联合会副会长蔡进认为：3 月份，经过季节调整的商务活动指数 58.0%，新订单指数 53.5%，均呈现小幅回升态势，表明非制造业经济整体保持稳定增长趋势。服务业的经营活动和市场需求连续两个月保持环比上升，成为稳定非制造业增长的主要动力。建筑业的经营活动和市场需求均保持高位运行，环比均有回调，投资放缓对行业发展的后续影响仍需关注。房地产业商务活动指数回升至 52.7%，新订单指数回升至 49.3%。本月中间投入价格的上升，环比增长 1.2 个百分点，达到 60.2%，成本推动价格上升的压力有所显现。业务活动预期指数达到66.6%，环比上升2.8个百分点，反映企业未来预期依然乐观。

新订单指数较上月小幅回升。2012年3月经季节调整后的新订单指数为53.5%，比上月上升0.8个百分点。分行业来看，建筑业最高，季节调整后的新订单指数为56.3%；服务业季节调整后的新订单指数为52.8%。19个行业中，房屋建筑业、水上运输业、电信及其他信息传输服务业、批发业和租赁及商务服务业等行业高于50%；铁路运输业的新订单指数位于50%；居民及其他服务业、道路运输业和餐饮业等行业低于50%。

中间投入价格指数高位攀升。2012年3月经季节调整后的中间投入价格指数为60.2%，环比上升1.2个百分点。分行业来看，服务业季节调整后的指数为60.1%；建筑业季节调整后的指数为60.6%。19个行业中，道路运输业、水上运输业、管道与其他运输及仓储业和居民及其他服务业等行业高于60%；邮政业、电信及其他信息传输服务业和生态保护与环境及公共设施管理业3个行业位于60%；租赁及商务服务业、零售业和房地产业等行业为50%~60%。

收费价格指数保持升势。2012年3月经季节调整后的收费价格指数为52.0%，较上月上升0.8个百分点。分行业来看，服务业季节调整后的收费价格指数为52.2%；建筑业季节调整后的收费价格指数为51.5%。19个行业中，批发业、管道与其他运输及仓储业、住宿业、居民及其他服务业和房屋建筑业等行业的收费价格指数高于50%；土木工程建筑业、水上运输业、邮政业和互联网及软件信息技术服务业4个行业的收费价格指数位于50%；电信及其他信息传输服务业、铁路运输业和房地产业等行业的收费价格指数低于50%。

业务活动预期指数维持高位。2012年3月经季节调整后的业务活动预期指数为66.6%，比上月上升2.8个百分点。分行业来看，建筑业为66.4%；服务业为66.6%。19个行业中，房屋建筑业、航空运输业、批发业、餐饮业和电信及其他信息传输服务业等行业高于60%；房地产业、道路运输业、住宿业和管道与其他运输及仓储业等行业为50%~60%。如下表所示。

中国非制造业PMI指数（经季节调整后） 单位：%

指数名称	2012年1月	2012年2月	2012年3月
商务活动指数	55.7	57.3	58.0
新订单指数	52.2	52.7	53.5
中间投入价格指数	58.2	59.0	60.2
收费价格指数	51.1	51.2	52.0
业务活动预期指数	65.3	63.8	66.6

4月份

中国物流与采购联合会、国家统计局服务业调查中心发布的2012年4月份的中国非制造业商务活动指数，经季节调整后为56.1%，比上月回落1.9个百分点。

本月中国非制造业PMI各单项指数中，除新出口订单指数和存货指数小幅回升外，其余主要指数均不同程度回落。中间投入价格指数降幅最大，为2.3个百分点；商务活动指数和收费价格指数降幅在1~2个百分点；其余指数降幅在1个百分点以内。

中国物流与采购联合会副会长蔡进认为：4月份，非制造业商务活动指数保持在56.1%的较高水平，显示非制造业经济保持稳健增长的特点。各行业发展较为均衡，整体趋稳。中间投入价格指数和收费价格指数环比均有回落，且低于历史均值，意味着通胀压力趋于缓和。投资与节日消费的增长将会带动非制造业经济活动继续实现稳步提升。本月房地产行业商务活动指数环比增幅明显，创下自2009年9月以来的历史新高。新订单指数与上月持平，变化不大。这种供需关系的变化，有利于平缓房价。

新订单指数小幅回调。2012年4月经季节调整后的新订单指数为52.7%，比上月下降0.8个百分点。分行业来看，建筑业最高，季节调整后的新订单指数为54.3%；服务业季节调整后的新订单指数为52.3%。19个行业中，房屋建筑业、租赁及商务服务业、住宿业、铁路运输业和航空运输业等16行业高于50%；道路运输业、餐饮业和房地产业3个行业的新订单指数低于50%。

中间投入价格指数回落明显。2012年4月经季节调整后的中间投入价格指数为57.9%，环比下降2.3个百分点。分行业来看，服务业季节调整后的指数为58.2%；建筑业季节调整后的指数为56.3%。19个行业中，道路运输业、航空运输业、住宿业、铁路运输业和邮政业等10个行业高于60%；房地产业、水上运输业和建筑安装装饰及其他建筑业等9个行业位于50%~60%。

收费价格指数环比回落。2012年4月经季节调整后的收费价格指数为50.3%，较上月下降1.7个百分点。分行业来看，服务业季节调整后的收费价格指数为50.1%；建筑业季节调整后的收费价格指数为51.2%。19个行业中，互联网及软件信息技术服务业、租赁及商务服务业、住宿业、水上运输业和居民服务及修理业等14个行业的收费价格指数高于50%；土木工程建筑业和邮政业2个行业的收费价格指数位于50%；电信广播电视和卫星传输服务业、铁路运输业和房地产业3个行业的收费价格指数低于50%。

业务活动预期指数高位回调。2012年4月经季节调整后的业务活动预期指数为66.1%，比上月回落0.5个百分点。分行业来看，建筑业最高，季节调整后的业务活动预期指数为66.5%；服务业季节调整后的业务活动预期指数为66.0%。19个行业中，房屋建筑业、互联网及软件信息技术服务业、航空运输业和批发业等15个行业高于60%。

5月份

中国物流与采购联合会、国家统计局服务业调查中心发布的2012年5月份的中国非制造业商务活动指数为55.2%，比上月回落0.9个百分点。由于非制造业没有综合指数，通常以商务活动指数来反映非制造业经济的总体变化。

本月，中国非制造业PMI各单项指数均呈现不同程度回落。其中，新出口订单指数和投入价格指数回落幅度最大，降幅均超过2个百分点以上；存货指数、收费价格指数和供应商配送时间指数降幅为1~2个百分点；其余指数降幅在1个百分点以内。

中国物流与采购联合会副会长蔡进认为：5 月份，非制造业商务活动指数虽有小幅回调，但仍运行在 55.2% 的较高水平，反映出非制造业经济保持平稳较快增长的基本趋势。新订单指数 52.5%，环比小幅回调 0.2 个百分点，市场需求较为稳定。这在一定程度反映出我国经济结构的改善和优化。各行业发展较为均衡。其中，建筑业商务活动指数 59.2%，服务业商务活动指数 54.2%，均保持较快增长趋势。本月价格指数回落较明显。收费价格指数 48.5%，已回落到 50% 以内，中间投入价格指数 53.6%，环比回落速度进一步加快，通胀压力可望继续释放。但也要防止在当前经济增速下滑过程中，部分行业价格回落较快，影响企业正常赢利，也不利于市场平稳发展。

新订单指数略有回调。2012 年 5 月，新订单指数为 52.5%，比上月下降 0.2 个百分点。分行业来看，建筑业新订单指数为 54.2%；服务业新订单指数为 52.1%。19 个行业中，租赁及商务服务业、航空运输业和房屋建筑业、邮政业、装卸搬运及仓储业和电信广播电视和卫星传输服务业等行业高于 50%；批发业位于 50%；土木工程建筑业、房地产业和建筑安装装饰及其他建筑业等行业低于 50%。

新出口订单指数环比回落。2012 年 5 月，新出口订单指数为 50.5%，环比回落 2.2 个百分点。分行业来看，建筑业新出口订单指数为 53.3%；服务业新出口订单指数为 49.8%。19 个行业中，装卸搬运及仓储业、批发业、房屋建筑业、租赁及商务服务业、互联网及软件信息技术服务业和土木工程建筑业等行业高于 50%；道路运输业、邮政业、建筑安装装饰及其他建筑业、零售业和房地产业等行业低于 50%。

中间投入价格指数降幅最大。2012 年 5 月，中间投入价格指数为 53.6%，环比下降 4.3 个百分点。分行业来看，服务业中间价格指数为 54.5%；建筑业中间价格指数为 49.7%。19 个行业中，装卸搬运及仓储业、互联网及软件信息技术服务业、居民服务及修理业、住宿业、租赁及商务服务业和餐饮业等行业高于 50%；房屋建筑业、批发业和水上运输业 3 个行业低于 50%。

收费价格指数回落至 50% 以内。2012 年 5 月，收费价格指数为 48.5%，较上月下降 1.8 个百分点。分行业来看，服务业收费价格指数为 48.2%；建筑业收费价格指数为 49.9%。19 个行业中，租赁及商务服务业、水上运输业、生态保护环境治理及公共设施管理业、装卸搬运及仓储业、居民服务及修理业和铁路运输业等行业高于 50%；批发业、住宿业、电信广播电视和卫星传输服务业、房地产业和房屋建筑业等行业低于 50%。

业务活动预期指数维持高位。2012 年 5 月，业务活动预期指数为 65.4%，比上月回落 0.7 个百分点。分行业来看，建筑业业务活动预期指数为 66.0%；服务业业务活动预期指数为 65.2%。19 个行业中，邮政业、航空运输业、电信广播电视和卫星传输服务业和房屋建筑业等行业超过 70%；批发业、互联网及软件信息技术服务业、租赁及商务服务业和零售业等行业超过 60%；居民服务及修理业、房地产业和水上运输业等行业在 50% ~60%。

6 月份

中国物流与采购联合会、国家统计局服务业调查中心发布的 2012 年 6 月份的中国非制造业商务活动指数为 56.7%，比上月上升 1.5 个百分点。由于非制造业没有综合指数，通常以商务活动指数来反映非制造业经济的总体变化。

本月，中国非制造业 PMI 各单项指数，除在手订单指数和中间投入价格指数环比回落外，其余指数环比均呈现不同程度上升。其中，商务活动指和新订单指数上升幅度均超过 1 个百分点；新出口订单指数与上月持平；存货指数、收费价格指数和供应商配送时间等指数升幅则在 1 个百分点之内。

中国物流与采购联合会副会长蔡进认为：6 月份，商务活动指数 56.7%，环比上升 1.5 个百分点；新订单指数 53.7%，是 2012 年以来新高，显示非制造业经济稳健增长势头。结合 6 月份制造业 PMI 仍在 50% 之上，且降幅明显收窄，说明当前经济增长趋稳迹象开始显现。本月房地产业商务活动指数 58.2%，是 2010 年 12 月以来的新高，新订单指数结束近一年半的下降趋势，回升至 55.7%。信息服务业、物流业等生产性服务业经营活动和市场需求均有明显回升。这对非制造业经济增长具有一定推动作用。建筑业商务活动指数为 58.1%，依然维持高位。随着基础建设投资力度的加大，预计下半年仍将保持较高水平。投入价格与收费价格指数稳中趋降，没有形成新的通胀因素。综合来看，促进经济稳定增长的积极因素正在积聚，有利于下半年经济趋稳向好。

新订单指数回升。2012 年 6 月，新订单指数为 53.7%，比上月上升 1.2 个百分点。分行业来看，建筑业为 54.2%；服务业为 53.6%。19 个行业中，互联网及软件信息技术服务业、邮政业、电信广播电视和卫星传输服务业、租赁及商务服务业、房屋建筑业等 12 个行业高于 50%；道路运输业、水上运输业、土木工程建筑业等 7 个行业低于 50%。

新出口订单指数持平。2012 年 6 月，新出口订单指数为 50.5%，与上月相比持平。分行业来看，建筑业为 54.2%；服务业为 49.6%。19 个行业中，互联网及软件信息技术服务业、房屋建筑业、租赁及商务服务业、批发业和土木工程建筑业 5 个行业高于 50%；装卸搬运及仓储业、邮政业和住宿业等 6 个行业位于 50%；道路运输业、水上运输业、航空运输业等 8 个行业低于 50%。

中间投入价格指数继续下降。2012 年 6 月，中间投入价格指数为 52.1%，环比下降 1.5 个百分点。分行业来看，服务业为 53.3%；建筑业为 47.2%。19 个行业中，住宿业、居民服务及修理业、互联网及软件信息技术服务业、邮政业、租赁及商务服务业等 12 个行业高于 50%；房屋建筑业、航空运输业、装卸搬运及仓储业等 7 个行业低于 50%。

收费价格指数连续两个月低于 50%。2012 年 6 月，收费价格指数为 48.6%，较上月上升 0.1 个百分点。分行业来看，服务业为 48.6%；建筑业为 48.7%。19 个行业中，铁路运输业、租赁及商务服务业、装卸搬运及仓储业、互联网及软件信息技术服务业、生态保护环境治理及公共设施管理业等 11 个行业高于 50%；批发业、建筑安装装饰及其他建筑业、电信广播电视和卫星传输服务业等 8 个行业低于 50%。

业务活动预期指数维持高位。2012 年 6 月，业务活动预期指数为 65.5%，比上月上升 0.1 个百分点。分行业来看，建筑业为 66.7%；服务业为 65.2%。19 个行业中，互联网及软件信息技术服务业、航空运输业、装卸搬运及仓储业、邮政业和房屋建筑业 5 个行业超过 70%；电信广播电视和卫星传输服务业、铁路运输业、餐饮业、租赁及商务服务业、零售业和生态保护环境治理及公共设施管理业等 14 个行业为 50% ~60%。

7 月份

中国物流与采购联合会、国家统计局服务

业调查中心发布的2012年7月份的中国非制造业商务活动指数为55.6%，环比回落1.1个百分点。由于非制造业没有综合指数，通常以商务活动指数来反映非制造业经济的总体变化。

本月，在中国非制造业PMI各单项指数中，在手订单指数、收费价格和供应商配送时间指数环比上升，从业人员指数环比持平，新订单、中间投入价格等其他指数环比均呈现下降。其中，在手订单上升超过1个百分点，而存货指数和中间投入价格指数回落幅度最大，超过2个百分点。

中国物流与采购联合会副会长蔡进认为：7月份，商务活动指数55.6%，新订单指数53.2%，反映出非制造业经济平稳增长格局没有改变。中间投入价格指数和收费价格指数均运行在50%以下，表明价格上升压力进一步减缓。房地产业商务活动指数51.6%，环比回落6.6个百分点，显示在宏观调控政策作用下，房地产市场总体保持平稳运行。中央政治局会议强调下半年着力扩大国内需求，改善居民消费能力和环境，积极促进绿色产品和服务消费，有利于服务业保持平稳较快发展。

新订单指数小幅回调。2012年7月，新订单指数为53.2%，比上月回落0.5个百分点。分行业来看，建筑业新订单指数为57.0%；服务业新订单指数为52.2%。19个行业中，航空运输业、房屋建筑业、租赁及商务服务业和互联网及软件信息技术服务业等行业高于50%；餐饮业位于50%；水上运输业、住宿业、邮政业和建筑安装装饰及其他建筑业等行业低于50%。

从业人员指数持平。2012年7月，从业人员指数为51.4%，与上月相比持平。分行业来看，建筑业从业人员指数为53.2%；服务业从业人员指数为51%。19个行业中，航空运输业、装卸搬运及仓储业、生态保护环境治理及公共设施管理业和房屋建筑业等行业高于50%；铁路运输业位于50%；道路运输业、居民服务及修理业、建筑安装装饰及其他建筑业和互联网及软件信息技术服务业等行业低于50%。

中间投入价格指数回落至50%以下。2012年7月，中间投入价格指数为49.7%，环比下降2.4个百分点。分行业来看，建筑业中间投入价格指数为46.2%；服务业中间投入价格指数为50.5%。19个行业中，居民服务及修理业、租赁及商务服务业、航空运输业、互联网及软件信息技术服务业和餐饮业等行业高于50%；水上运输业、道路运输业、房屋建筑业、批发业和邮政业等行业低于50%。

收费价格指数微幅回升。2012年7月，收费价格指数为48.7%，较上月上升0.1个百分点。分行业来看，建筑业收费价格指数为47.6%；服务业收费价格指数为49%。19个行业中，航空运输业、租赁及商务服务业、生态保护环境治理及公共设施管理业、装卸搬运及仓储业和互联网及软件信息技术服务业等行业高于50%；批发业、零售业、建筑安装装饰及其他建筑业和土木工程建筑业等行业低于50%。

业务活动预期指数高位回调。2012年7月，业务活动预期指数为63.9%，比上月下降1.6个百分点。分行业来看，建筑业业务活动预期指数为64.8%；服务业业务活动预期指数为63.6%。19个行业中，邮政业、互联网及软件信息技术服务业和航空运输业等行业超过60%；居民服务及修理业、道路运输业和房地产业等行业为50%～60%。

8月份

中国物流与采购联合会、国家统计局服务

业调查中心发布的2012年8月份的中国非制造业商务活动指数为56.3%，环比上升0.7个百分点。由于非制造业没有综合指数，通常以商务活动指数来反映非制造业经济的总体变化。

本月，在中国非制造业PMI各单项指数中，新订单、在手订单指数和业务活动预期指数环比回落，其余指数环比均呈现上升。其中，中间投入价格指数环比上升幅度最大，超过7个百分点；收费价格指数环比上升2.5个百分点；其余指数升幅在1个百分点以内。

中国物流与采购联合会副会长蔡进认为：8月份，商务活动指数高位回升，反映出非制造业经济对稳增长的拉动作用更加显现。特别是以零售、住宿餐饮等消费性服务业的显著回升以及信息服务业的活跃，为稳增长奠定了坚实的基础。土木工程建筑业新订单指数连续两个月回升，表明针对稳增长出台的有关投资政策效应开始显现。本月中间投入价格指数和收费价格指数双双回升，特别是中间投入价格指数升幅明显，一方面反映出经济与市场开始趋于活跃；另一方面要警惕国际市场价格，特别是粮食和原油价格的上涨所带来的输入性通胀压力。从市场情况来看，2012年消费需求对稳增长的作用日渐突出。稳增长在保持投资稳定的同时，更加需要注重增强消费需求对经济的拉动作用。

新订单指数环比回落。2012年8月，新订单指数为52.7%，比上月回落0.5个百分点。分行业来看，建筑业新订单指数为55.3%；服务业新订单指数为52.1%。19个行业中，航空运输业、互联网及软件信息技术服务业、租赁及商务服务业和房屋建筑业等行业高于50%；道路运输业、水上运输业、建筑安装装饰及其他建筑业、铁路运输业和房地产业等行业低于50%。

新出口订单指数小幅回升。2012年8月，新出口订单指数为49.6%，比上月回升0.2个百分点。分行业来看，建筑业新出口订单指数为57.9%；服务业新出口订单指数为47.5%。19个行业中，装卸搬运及仓储业、航空运输业、租赁及商务服务业、土木工程建筑业和房屋建筑业等行业高于50%；居民服务及修理业、批发业、房地产业和道路运输业等行业低于50%。

中间投入价格指数升幅明显。2012年8月，中间投入价格指数为57.6%，环比上升7.9个百分点。分行业来看，建筑业中间投入价格指数为50.9%；服务业中间投入价格指数为59.3%。19个行业中，餐饮业、航空运输业、住宿业和装卸搬运及仓储业等行业高于60%；零售业、互联网及软件信息技术服务业、租赁及商务服务业和批发业等行业为50%~60%；房屋建筑业的中间投入价格指数低于50%。

从业人员指数微幅回升。2012年8月，从业人员指数为51.7%，比上月上升0.3个百分点。分行业来看，建筑业从业人员指数为55.6%；服务业从业人员指数为50.7%。19个行业中，航空运输业、房屋建筑业、餐饮业、邮政业和土木工程建筑业等行业高于50%；道路运输业、居民服务及修理业、装卸搬运及仓储业和零售业等行业低于50%。

业务活动预期指数小幅回落。2012年8月，业务活动预期指数为63.2%，比上月下降0.7个百分点。分行业来看，建筑业业务活动预期指数为65.0%；服务业业务活动预期指数为62.7%。19个行业中，邮政业、零售业、住宿业、房屋建筑业和电信广播电视及卫星传输服务业等行业超过60%；道路运输业、房地产业、铁路运输业和水上运输业等行业为50%~

60%；居民服务业低于50%。

9月份

中国物流与采购联合会、国家统计局服务业调查中心发布的2012年9月份的中国非制造业商务活动指数为53.7%，环比回落2.6个百分点。由于非制造业没有综合指数，通常以商务活动指数来反映非制造业经济的总体变化。

本月，在中国非制造业PMI各单项指数中，新出口订单、存货、收费价格和供应商配送时间指数呈现上升。在手订单指数与上月持平。新订单、中间投入价格、从业人员和业务活动预期指数环比回落，其中，业务活动预期指数环比回落幅度最大，超过2个百分点；其余指数回落均在1个百分点以内。

中国物流与采购联合会副会长蔡进认为：9月份，非制造业商务活动指数环比回落，表明非制造业经济增速有所放缓。主要是受生产性服务领域走势偏弱的影响。而受节日消费需求带动，零售业和住宿业明显回升。土木工程建筑业新订单指数连续三个月环比回升，意味着基建投资的有效需求在逐步释放。房地产行业商务活动指数48.3%，环比回落，新订单指数47.1%，环比稍有回升，行业增速较为缓慢，“金九”效应不够明显。非制造业收费价格指数仍有小幅回升，预示近期市场价格将呈现稳中趋升走势。总体来看，非制造业经济仍保持适度增长，在稳定经济增长和优化经济结构中发挥了较好的作用。

新订单指数环比回落。2012年9月，新订单指数为51.8%，比上月回落0.9个百分点。分行业来看，建筑业新订单指数为55.7%；服务业新订单指数为50.8%。19个行业中，住宿业、邮政业、互联网及软件信息技术服务业和零售业等行业高于50%；生态保护环境治理及公共设施管理业、航空运输业、铁路运输业和水上运输业等行业低于50%。

新出口订单指数延续回升趋势。2012年9月，新出口订单指数为49.8%，比上月回升0.2个百分点。分行业来看，建筑业新出口订单指数为57.7%；服务业新出口订单指数为47.8%。19个行业中，邮政业、土木工程建筑业、房屋建筑业、装卸搬运及仓储业和电信广播电视和卫星传输服务业等行业高于50%；建筑安装装饰及其他建筑业、生态保护环境治理及公共设施管理业、铁路运输业、航空运输业和批发业等行业低于50%。

收费价格指数小幅回升。2012年9月，收费价格指数为51.3%，较上月上升0.1个百分点。分行业来看，建筑业收费价格指数51%；服务业收费价格指数为51.4%。19个行业中，批发业、零售业、租赁及商务服务业、装卸搬运及仓储业和土木工程建筑业等行业高于50%；航空运输业、电信广播电视和卫星传输服务业、互联网及软件信息技术服务业和水上运输业等行业低于50%。

从业人员指数小幅回调。2012年9月，从业人员指数为51%，比上月回落0.7个百分点。分行业来看，建筑业从业人员指数为54.1%；服务业从业人员指数为50.2%。19个行业中，房屋建筑业、航空运输业、餐饮业、电信广播电视和卫星传输服务业和装卸搬运及仓储业等行业高于50%；居民服务及修理业、生态保护环境治理及公共设施管理业、铁路运输业和道路运输业等行业低于50%。

业务活动预期指数环比回落。2012年9月，业务活动预期指数为60.9%，比上月下降2.3个百分点。分行业来看，建筑业业务活动预期指数为65.5%；服务业业务活动预期指数为59.8%。19个行业中，邮政业、零售业和互联网及软件信息技术服务业、房屋建筑业、建筑安装装饰及其他建筑业和电信广播电视和卫星传输服务业等行业超过60%；航空运输业、道路运输业和住宿业等行业为50%～60%。

10月份

中国物流与采购联合会、国家统计局服务业调查中心发布的2012年10月份的中国非制造业商务活动指数为55.5%，环比上升1.8个百分点。除该指数外，新订单和从业人员指数延续稳定走势，业务活动预期指数环比增幅明显，达到63.4%。数据变化显示，非制造业经济发展态势良好且增速有所加快。

本月，在中国非制造业PMI各单项指数中，中间投入价格、从业人员、供应商配送时间和业务活动预期指数较上月上升；新订单、新出口订单、存货、收费价格和在手订单指数回落。其中存货指数环比回落幅度最大，超过2个百分点；其余指数回落均在1个百分点以内。

中国物流与采购联合会副会长蔡进认为：10月份，非制造业商务活动指数上升到55.5%的较高水平，有利于巩固稳增长的需求基础。特别是建筑业商务活动指数重回60%以上，零售和餐饮业等消费性服务业增幅较大，反映出扩内需的积极效应。房地产业商务活动回升至50%以上，业务活动预期指数创年内新高，企业预期趋于乐观。中间投入价格指数上升到58.1%的高位，企业成本压力有所增大。总体来看，扩内需对稳增长的作用进一步显现，提振了市场信心。

新订单指数略有回落。2012年10月，新订单指数为51.6%，比上月回落0.2个百分点。分行业来看，建筑业新订单指数为55.4%；服务业新订单指数为50.7%。19个行业中，零售业、房屋建筑业、邮政业、住宿业、道路运输业和电信广播电视和卫星传输服务业等13个行业高于50%；批发业、水上运输业、房地产业、居民服务及修理业、装卸搬运及仓储业和航空运输业6个行业低于50%。

新出口订单指数小幅下降。2012年10月，新出口订单指数为49.3%，比上月下降0.5个百分点。分行业来看，建筑业新出口订单指数为57.2%；服务业新出口订单指数为47.3%。19个行业中，装卸搬运及仓储业、生态保护环境治理及公共设施管理业、土木工程建筑业、铁路运输业、房屋建筑业等8个行业高于50%；建筑安装装饰及其他建筑业、餐饮业、水上运输业等11个行业低于50%。

中间投入价格指数上升。2012年10月，中间投入价格指数为58.1%，环比上升0.6个百分点。分行业来看，建筑业中间投入价格指数为61.5%；服务业中间投入价格指数为57.2%。19个行业中，全部高于50%，其中互联网及软件信息技术服务业、居民服务及修理业、道路运输业、房屋建筑业和建筑安装装饰及其他建筑业等8个行业高于60%。

收费价格指数小幅回落。2012年10月，收费价格指数为50.5%，较上月回落0.8个百分点。分行业来看，建筑业收费价格指数为50.9%；服务业收费价格指数为50.4%。19个行业中，住宿业、互联网及软件信息技术服务业、生态保护环境治理及公共设施管理业、零售业、建筑安装装饰及其他建筑业等12个行业高于50%；批发业位于50%；电信广播电视和卫星传输服务业、居民服务及修理业、装卸搬运及仓储业、航空运输业、铁路运输业和房地产业6个行业低于50%。

从业人员指数略有上升。2012年10月，从业人员指数为51.1%，比上月上升0.1个百分点。分行业来看，建筑业从业人员指数为55.7%；服务业从业人员指数为50%。19个行业中，房屋建筑业、航空运输业、住宿业、建筑安装装饰及其他建筑业、餐饮业、零售业和生态保护环境治理及公共设施管理业等 11 个行业高于 50%；居民服务及修理业、互联网及软件信息技术服务业、水上运输业等 8 个行业低于 50%。

业务活动预期指数明显上升。2012 年 10 月，业务活动预期指数为 63.4%，比上月上升 2.5 个百分点。分行业来看，建筑业业务活动预期指数为 67.8%；服务业业务活动预期指数为 62.3%。19 个行业中，只有生态保护环境治理及公共设施管理业、装卸搬运及仓储业和水上运输业 3 个行业低于 50%，其余均在 50% 以上，其中零售业、邮政业、电信广播电视和卫星传输服务业、房屋建筑业、土木工程建筑业等 9 个行业超过 60%。

11 月份

中国物流与采购联合会、国家统计局服务业调查中心发布的 2012 年 11 月份的中国非制造业商务活动指数为 55.6%，环比上升 0.1 个百分点。由于非制造业没有综合指数，通常以商务活动指数来反映非制造业经济的总体变化。数据变化表明非制造业经济仍保持快速增长趋势。

本月，在中国非制造业 PMI 各单项指数中，新订单、新出口订单、存货、在手订单、从业人员和业务活动预期指数较上月上升；中间投入价格、收费价格和供应商配送时间指数呈现回落。其中中间投入价格指数环比回落幅度最大，达到 5.6 个百分点；收费价格回落 2.1 个百分点；供应商配送时间指数回落在 1 个百分点以内。

中国物流与采购联合会副会长蔡进认为：11 月份，非制造业商务活动指数和新订单指数都继续上升，显示非制造业经济增长加快，内需推动作用更加显现。建筑业的新订单指数创出年内新高，新建项目的需求效应正在释放。房地产业商务活动指数 55.3%，连续两个月保持在 50% 以上，新订单指数本月回升至 51.6%，市场刚性需求有所扩大。本月，中间投入价格指数和收费价格指数双双回落，有利于缓解企业成本压力，但也要防止部分产品价格过低，影响企业经营活力，影响市场需求形成。

新订单指数升幅明显。2012 年 11 月，新订单指数为 53.2%，比上月上升 1.6 个百分点。分行业来看，建筑业新订单指数为 58.1%；服务业新订单指数为 52%。19 个行业中，邮政业、互联网及软件信息技术服务业、房屋建筑业、装卸搬运及仓储业、电信广播电视和卫星传输服务业、批发业和居民服务及修理业等行业高于 50%；生态保护环境治理及公共设施管理业、航空运输业、道路运输业和餐饮业等行业低于 50%。

新出口订单指数回升至 50% 以上。2012 年 11 月，新出口订单指数为 50.8%，比上月上升 1.5 个百分点。分行业来看，建筑业新出口订单指数为 53%；服务业新出口订单指数为 50.2%。19 个行业中，装卸搬运及仓储业、互联网及软件信息技术服务业、房屋建筑业、邮政业、土木工程建筑业和批发业等行业高于 50%；生态保护环境治理及公共设施管理业、租赁及商务服务业和建筑安装装饰及其他建筑业等行业低于 50%。

中间投入价格指数较上月明显回落。2012 年 11 月，中间投入价格指数为 52.5%，环比回落 5.6 个百分点。分行业来看，建筑业中间投入价格指数为 52.9%；服务业中间投入价格指数为 52.5%。19 个行业中，互联网及软件信息技术服务业、居民服务及修理业、住宿业、餐饮业、装卸搬运及仓储业和水上运输业等行业高于50%；生态保护环境治理及公共设施管理业、铁路运输业和航空运输业等行业低于50%。

从业人员指数延续小幅回升态势。2012年11月，从业人员指数为51.8%，比上月上升0.7个百分点。分行业来看，建筑业从业人员指数为55.9%；服务业从业人员指数为50.8%。19个行业中，航空运输业、互联网及软件信息技术服务业、房屋建筑业、土木工程建筑业和餐饮业等行业高于50%；装卸搬运及仓储业、水上运输业和道路运输业等行业低于50%。

业务活动预期指数连续两个月回升。2012年11月，业务活动预期指数为64.6%，比上月上升1.2个百分点。分行业来看，建筑业业务活动预期指数为68%；服务业业务活动预期指数为63.7%。19个行业中，零售业、邮政业、互联网及软件信息技术服务业和房屋建筑业等行业超过60%；房地产业、居民服务及修理业和装卸搬运及仓储业等行业为50%～60%；生态保护环境治理及公共设施管理业低于50%。

12月份

中国物流与采购联合会、国家统计局服务业调查中心发布的2012年12月份的中国非制造业商务活动指数为56.1%，环比上升0.5个百分点。由于非制造业没有综合指数，通常以商务活动指数来反映非制造业经济的总体变化。

本月，在中国非制造业PMI各单项指数中，除在手订单下降，业务活动预期指数持平外，其余新订单、新出口订单、存货、中间投入价格、收费价格、从业人员和供应商配送时间指数均比上月有所回升。其中，新订单、新出口订单、中间投入价格和收费价格指数环比上升幅度超过1个百分点；其余指数上升幅度则在1个百分点以内。

中国物流与采购联合会副会长蔡进认为：12月份，非制造业商务活动指数延续回升态势，新订单指数创全年新高，非制造业经济增速继续加快。服务业商务活动指数高位运行，土木工程建筑业的新订单指数创年内新高，显示出内需拉动经济增长的基础作用增强。房地产业商务活动指数50.2%，新订单指数47.6%，淡季特征有所体现，但指数水平好于去年同期。雨雪天气增多以及节日临近，导致中间投入价格有所回升。

新订单指数创出新高。2012年12月，新订单指数为54.3%，比上月上升1.1个百分点。分行业来看，建筑业新订单指数为57.2%；服务业新订单指数为53.6%。19个行业中，邮政业、互联网及软件信息技术服务业、电信广播电视和卫星传输服务业、零售业和房屋建筑业等行业高于50%；生态保护环境治理及公共设施管理业、道路运输业和租赁及商务服务业等行业低于50%。

新出口订单指数升幅明显。2012年12月，新出口订单指数为52.5%，比上月上升1.7个百分点。分行业来看，建筑业新出口订单指数为54.1%；服务业新出口订单指数为52.1%。19个行业中，邮政业、土木工程建筑业、电信广播电视和卫星传输服务业、铁路运输业、航空运输业和互联网及软件信息技术服务业等行业高于50%；道路运输业、生态保护环境治理及公共设施管理业、建筑安装装饰及其他建筑业和住宿业等行业低于50%。

中间投入价格指数环比回升。2012年12月，中间投入价格指数为53.8%，环比上升1.3个百分点。分行业来看，建筑业中间投入价格指数为51.9%；服务业中间投入价格指数为54.2%。19个行业中，除生态保护环境治理及公共设施管理业低于50%外，餐饮业、装卸搬运及仓储业、邮政业、居民服务及修理业、铁路运输业、零售业和电信广播电视和卫星传输服务业等18个行业均高于50%。

从业人员指数保持升势。2012年12月，从业人员指数为52.1%，比上月上升0.3个百分点。分行业来看，建筑业从业人员指数为54.8%；服务业从业人员指数为51.4%。19个行业中，航空运输业、房屋建筑业、餐饮业、互联网及软件信息技术服务业和零售业等行业高于50%；铁路运输业、租赁及商务服务业和生态保护环境治理及公共设施管理业3个行业位于50%；居民服务及修理业、邮政业和水上运输业等行业低于50%。

业务活动预期指数与上月持平。2012年12月，业务活动预期指数为64.6%，比上月相比持平。分行业来看，建筑业业务活动预期指数为66.7%；服务业业务活动预期指数为64.1%。19个行业中，航空运输业、零售业、房屋建筑业、铁路运输业、生态保护环境治理及公共设施管理业和邮政业等行业超过60%；水上运输业、租赁及商务服务业、装卸搬运及仓储业、房地产业和住宿业等行业在50%～60%。

2012年1—12月中国非制造业商务活动指数走势如下图所示。

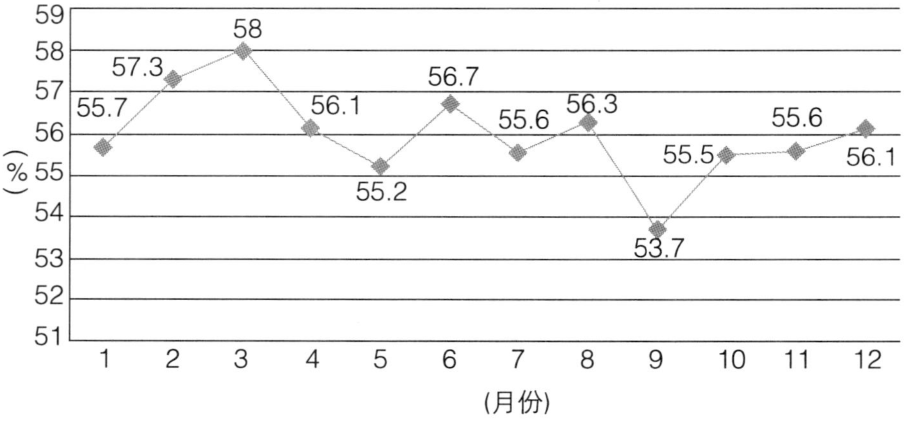

2012年中国非制造业商务活动指数走势图

（中国物流信息中心）

2012 年重点生产资料流通企业经营情况

据对生产资料流通行业重点企业调查情况显示，2012 年我国生产资料流通企业发展势头明显趋缓，行业整体营业规模虽然有所增长，但增速与上年同期相比有较大幅度下降，利润总额同比大幅下滑，企业效益一直未见好转。在市场需求不足，经营效益下降的情况下，行业整体销售利润率和成本费用利润率均明显低于上年同期水平。相关流动性指标持续走低，负债增速偏高且偿债能力下降，资产负债率上升。

整体来看，2012 年，面对复杂的国内外经济形势，我国生产资料流通企业经营效益持续大幅下滑，增加了行业发展的困难和不可持续性。我国生产资料流通企业效益下滑的主要原因有以下三个方面：一是生产资料流通企业受市场需求不足的影响，赢利难度加大。在国家房地产调控政策下，房地产销售不景气和资金来源的减少抑制了房地产开发投资，对生产资料流通构成压力，从而导致与房地产、基建等相关的钢铁行业持续低迷，对铁矿石及相关原燃料产品如原煤等市场的需求也产生了一定影响。由于在受调查的生产资料流通企业中，黑色金属材料类产品的销售额占所有企业总销售额的近五成，因黑色金属材料产品需求受房地产调控、钢材市场不景气等因素的影响萎缩最为严重，导致企业经营情况普遍不乐观。二是企业经营成本上升影响企业利润。2012 年，在通胀压力持续积蓄的情况下，生产资料购进价格持续上行，原材料库存成本居高不下，企业面临去库存化压力，加之物流费用等运营成本偏高，导致生产资料流通企业经营成本持续上涨。据调查数据显示，2012 年重点企业营业成本增速持续高于主营业务收入增速，说明企业的各项成本费用严重挤占企业利润。三是经过金融危机后，我国生产资料流通业在 2011 年走上正常发展轨道，行业整体各项指标增长稳健。2012 年，在宏观经济总体走势趋缓的背景下，行业各项效益指标很难再现 2011 年 30% ~40% 的高速增幅。

2012 年，重点生产资料流通企业经营主要呈现以下几个特点。

一、经营规模小幅增长，增速延续回落走势

据对 82 家重点生产资料流通企业（以下简称82 家企业）的统计调查资料显示，2012 年重点企业经营规模小幅增长，累计实现营业收入 35596 亿元，比上年同期增加 3033 亿元，增长 9.3%，增速比上年同期回落 18.3 个百分点。从各月来看，至 12 月份营业收入增速回落幅度连续 4 个月收窄。累计实现利润总额 583 亿元，同比减少 59 亿元，下降 9.2%。2012 年重点生产资料流通企业营业收入和利润总额增速变化情况如图 1 所示。

2012 年，重点生产资料流通企业营业收入位居前十位的企业如表 1 所示。

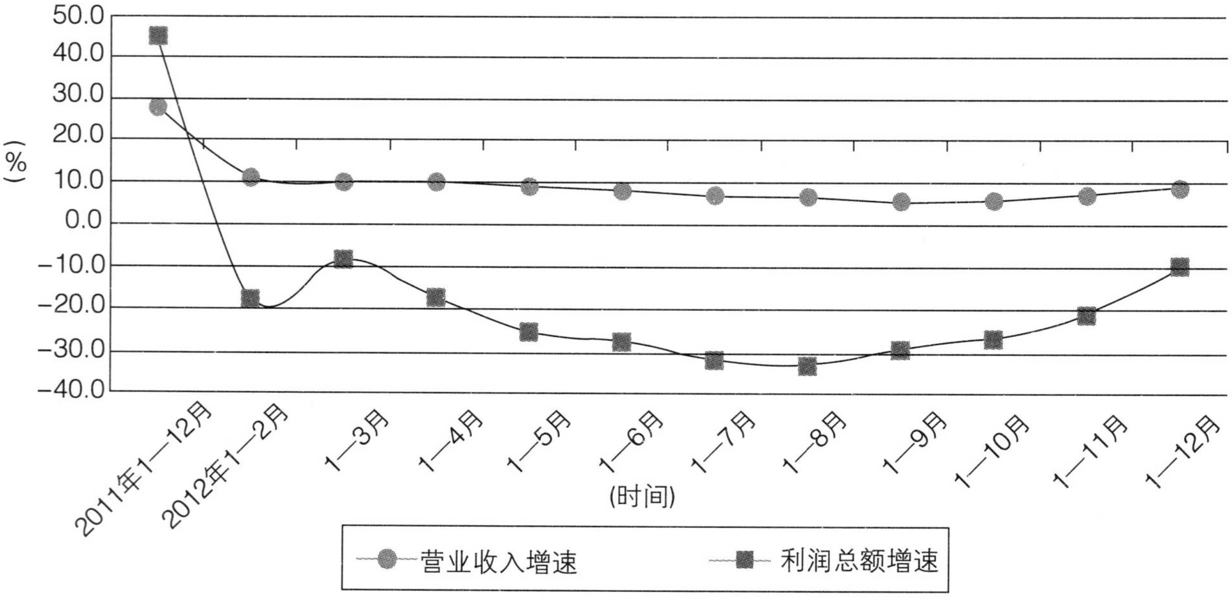

图 1　2012 年重点生产资料流通企业营业收入和利润总额增速变化情况

表 1　2012 年重点生产资料流通企业营业收入位居前十位的企业排序

企业名称	排名	营业收入（万元）	同比增长（%）
中国五矿集团公司	1	32686526	-7.2
天津物产集团有限公司	2	25449043	40.7
中国铁路物资总公司	3	23614993	13.6
浙江省物产集团公司	4	19663705	17.7
中国中钢集团公司	5	14805956	-15.0
中国海洋石油总公司销售分公司	6	10168266	12.8

续 表

企业名称	排名	营业收入（万元）	同比增长（%）
中国兵工物资集团有限公司	7	8974528	86.3
中国航空油料有限责任公司	8	7930880	15.6
中国诚通控股集团有限公司	9	7463521	13.1
广东物资集团公司	10	6988533	24.7
82家企业	总计	355964676	9.3

从2012年我国生产资料市场流通的情况看，各类主要生产资料类别销售额增长缓慢，个别品种增速同比大幅下降。煤炭及制品类累计销售1433亿元，比上年增长18.9%，占汇总企业总销售额的3.8%；石油及制品类累计销售17799亿元，比上年增长9.2%，增幅同比下降18.1个百分点，占总销售额的47%；黑色金属材料类累计销售8196亿元，比上年增长1.7%，增幅同比下降15.2个百分点，占总销售额的1.7%；有色金属材料类累计销售2247亿元，比上年增长23.7%，占总销售额的5.9%；化工材料及制品类累计销售4971亿元，比上年增长2.2%，增幅同比下降31.8个百分点，占总销售额的13.1%（如图2所示）。

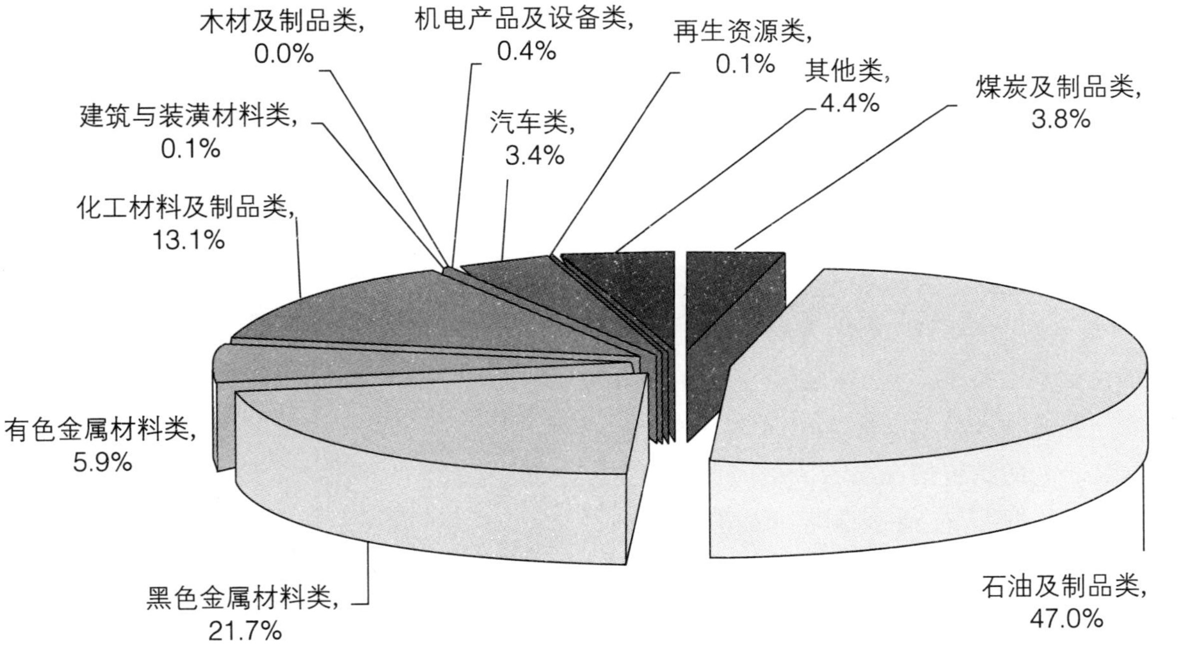

图2 2012年重点生产资料流通企业各产品类别销售占比情况

2012年，全国重点生产资料流通企业整体销售库存率为4.2%，比上年同期下降0.7个百分点。各主要品种销售库存率均有所下降。其中，煤炭及制品类为5.1%，同比降低0.9个百分点；石油及制品类为3.8%，同比降低0.1个百分点；黑色金属材料类为3.6%，同比降低1.8个百分点；有色金属材料类为1.6%，同比降低2.8个百分点；化工材料及制品类为2.5%，同比降低0.2个百分点。对生产资料流通企业来说，保持一定数量的库存可以应对市场的销售变化，但如果库存过高，就会占用大量资金，增加管理成本。因此，合理的销售库存率对企业的发展十分重要。

2012年，我国生产资料流通行业集中度依然较高。大型企业在我国生产资料流通行业中一直占据主导地位，同时由于原物资系统的架构以及企业经营发展的需要，大型生产资料流通企业在全国均有销售网络体系。据初步调查，82家企业分布在全国的二级独立核算法人单位就有近1000家，而且这1000家企业也基本是当地生产资料流通的龙头企业，这种情况造就了我国生产资料流通行业比较高的行业集中度。在调查的82家企业中，全年营业收入超百亿元的有18家，18家百亿元企业的营业收入为34466亿元，占调查企业营业收入总额的96.8%，与上年同期这18家企业营业收入总额的占比基本持平。其中，超千亿元的企业有7家，营业收入所占比重达83.4%。

从各企业的销售情况来看，中国石油化工集团公司占据了石油及制品类销售额的90.6%；在黑色金属材料类销售额中，中国五矿集团公司、天津市物资集团总公司、中国铁路物资总公司和浙江省物产集团四家企业共占69.5%的份额，其中中国五矿集团公司独占22.3%的份额；在有色金属材料类销售额中，中国兵工物资总公司、中国五矿集团公司、中国中钢集团公司和天津物产集团有限公司四家企业共占84.4%的份额，其中中国兵工物资总公司独占39.0%的份额；在煤炭及制品类销售额中，天津市物资集团总公司、中国铁路物资总公司、浙江省物产集团公司和中国中钢集团公司四家企业共占73.9%的份额，其中天津市物资集团总公司独占26.7%的份额；在化工材料及制品类销售额中，中国石油化工集团公司一家独占73.6%的份额。

二、经营效益持续下滑，销售利润率大幅降低

（一）企业赢利能力大幅下滑

2012年，重点流通企业效益明显低于上年同期，销售毛利1702亿元，比上年同期减少6.8亿元，同比下降0.4%。利润总额由上年同期的642亿元，减少到2012年的583亿元，同比下降9.2%。82家企业平均劳动效率为610.7万元/人，比上年同期增加48.4万元/人，同比提高8.6%。

在统计的82家企业中，66家赢利企业共赢利613亿元，赢利企业所占比重为80.5%。在这66家赢利企业中有4家企业是由上年亏损的状态转为赢利，32家企业利润总额比上年同期提高，30家企业利润总额同比下降。16家企业亏损额为30亿元，亏损企业所占比重为19.5%，在这16家亏损企业当中有4家企业由上年的赢利状态转为亏损，5家企业亏损额有所减少，7家企业亏损额有所增加。

2012年，重点生产资料流通企业利润总额排在前十位的企业如表2所示。

表 2　　2012 年重点生产资料流通企业利润总额前十名企业排序

企业名称	排名	利润总额（万元）	同比增长（%）
中国五矿集团公司	1	737979	-33.1
中国航空油料有限责任公司	2	209712	5.6
天津物产集团有限公司	3	187246	145.4
中国铁路物资总公司	4	143319	-4.3
浙江省物产集团公司	5	135218	-41.7
中国诚通控股集团有限公司	6	124583	0.4
武汉商贸国有控股集团有限公司	7	43125	27.4
中国兵工物资集团有限公司	8	34064	-18.0
安徽省徽商集团有限公司	9	25672	16.4
欧姆龙健康医疗（中国）有限公司	10	19561	20.5

（二）企业经营成本仍在上升

2012 年 1—12 月，82 家企业营业成本总计 33894 亿元，同比增加 3040 亿元，增长 9.9%（如图 3 所示）。企业每百元营业收入中的成本构成为 95.2%，比上年同期提高 0.5 个百分点（如图 4 所示）。重点企业营业成本增速已经连续 11 个月高于营业收入增速。企业整体三项费用由升转降，1—12 月合计 1136 亿元，同比减少 95 亿元，下降 7.7%。企支付的各项税费 535 亿元，同比降低 12.2%，降幅较 1—11 月扩大 5.3 个百分点。可见企业的成本仍然较高，但费用水平有所下降。

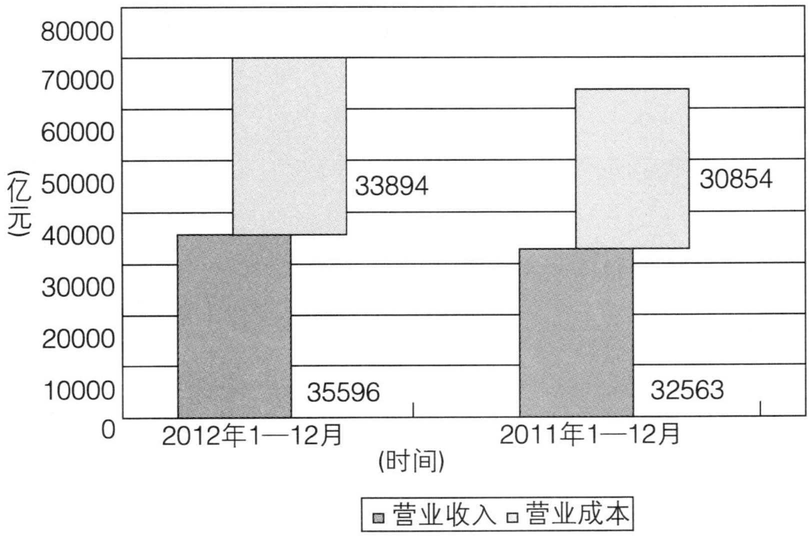

图 3　2012 年重点生产资料流通企业营业收入与营业成本对比

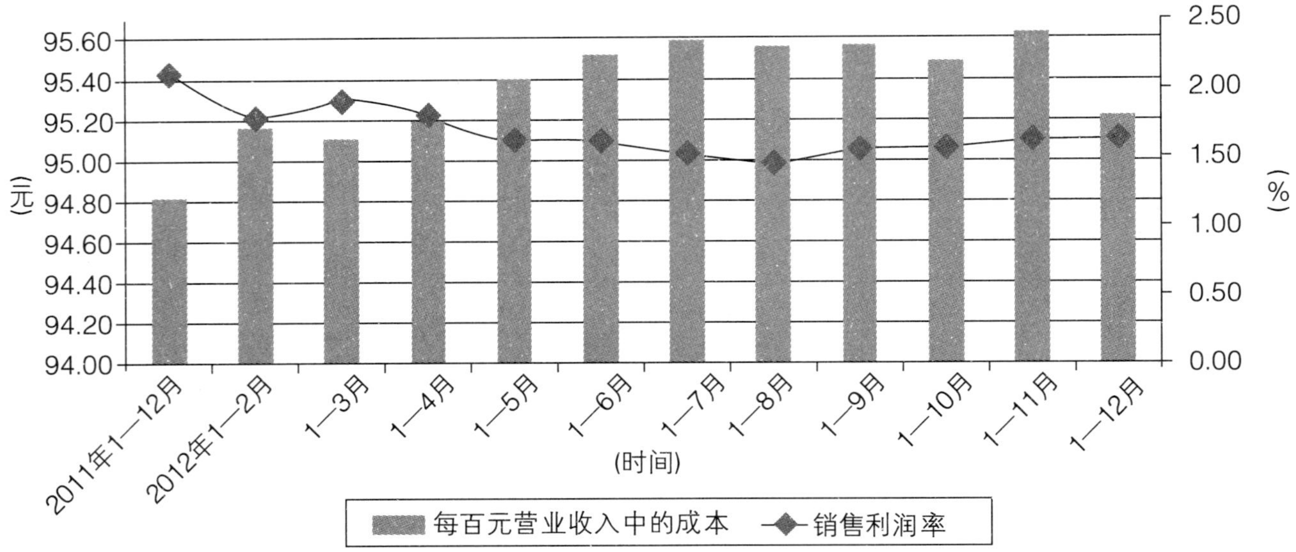

图4 2012年重点生产资料流通企业每百元营业收入的成本构成及销售利润率变化情况

（三）相关效益指标均大幅下滑

在市场需求不足，经营效益下降的情况下，行业整体销售利润率和成本费用利润率均明显低于上年同期水平。2012年1—12月，重点企业整体销售利润率为1.64%，比上年同期降低0.33个百分点；企业整体成本费用利润率为1.66%，比上年同期降低0.34个百分点。

2012年重点生产资料流通企业销售利润率维持在较高水平的前十家企业如表3所示。

2012年重点生产资料流通企业成本费用利润率维持在较高水平的前十家企业如表4所示。

表3　2012年重点生产资料流通企业销售利润率位居前十名的企业排序

企业名称	排名	销售利润率（%）	
		2012年	2011年
山东黑马集团有限公司	1	13.07	7.76
武汉商贸国有控股集团有限公司	2	8.90	8.37
四川万家福投资管理有限公司	3	6.13	7.03
珠海市燃气集团有限公司	4	5.15	1.83
新疆生产建设兵团农七师农业生产资料供应公司	5	3.36	—
沈阳物资集团有限责任公司	6	3.08	3.04
神华新疆能源有限责任公司	7	2.97	0.43
青海省物资产业集团总公司	8	2.79	4.36

续 表

企业名称	排名	销售利润率（%）	
		2012 年	2011 年
贵州省物资集团有限责任公司	9	2.70	3.34
中国航空油料有限责任公司	10	2.64	2.89

表 4　　2012 年重点生产资料流通企业成本费用利润率位居前十名的企业排序

企业名称	排名	成本费用利润率（%）	
		2012 年	2011 年
山东黑马集团有限公司	1	15.58	8.75
重庆港务物流集团有限公司	2	9.47	1.11
武汉商贸国有控股集团有限公司	3	8.55	8.17
四川万家福投资管理有限公司	4	6.77	7.43
珠海市燃气集团有限公司	5	5.22	1.90
神华新疆能源有限责任公司	6	3.17	0.44
新疆生产建设兵团农七师农业生产资料供应公司	7	3.01	—
沈阳物资集团有限责任公司	8	2.91	2.85
青海省物资产业集团总公司	9	2.85	5.67
贵州省物资集团有限责任公司	10	2.72	3.37

流通业在国民经济中的地位日益提升，已经成为拉动经济增长的先导性、支柱性产业，对国民经济的发展起到十分重要的作用。相关实践表明，流通业增加值每增长 1% 会带来 GDP 增长 0.32%。据测算，2012 年 1—12 月重点流通企业增加值率为 14.4%，比上年同期降低 1.2 个百分点。发达国家工业增加值率一般在 35% 以上，说明我国生产资料流通行业仍然需要进一步转变流通方式、深化流通体制改革、提高流通效率。

三、行业整体资金流动性下降

2012 年 1—12 月，82 家企业整体的流动比率为 100.7%，与上年同期相比下降 2.1 个百分点，降幅比前 11 个月缩小 2.3 个百分点。2012 年重点生产资料流通企业流动比率位居前十名的企业如表 5 所示。

表 5　　2012 年重点生产资料流通企业流动比率位居前十名的企业排序

企业名称	排名	流动比率（%）	
		2012 年	2011 年
新疆生产建设兵团奎屯农七师物资总公司	1	287.62	—
新疆金怡进出口有限责任公司	2	276.70	189.78
珠海市燃气集团有限公司	3	188.41	112.88
新疆生产建设兵团建设工程集团石油物资有限责任公司	4	162.16	114.56
新疆生产建设兵团农七师农业生产资料供应公司	5	156.51	151.61
重庆港务物流集团有限公司	6	142.50	153.93
中国诚通控股集团有限公司	7	134.38	119.62
江西煤业物资供应有限责任公司	8	130.63	115.63
中国航空油料有限责任公司	9	128.25	136.13
黄冈市天绿贸易有限公司	10	128.14	185.20

2012 年，82 家企业整体速动资产达 5930 亿元，比上年同期增加 1176 亿元，提高 24.7%。速动比率为 71.5%，比上年同期提高 2.5 个百分点，远未达到通常情况下为 100% 的正常水平。2012 年重点生产资料流通企业速动比率位居前十名的企业如表 6 所示。

表 6　　2012 年重点生产资料流通企业速动比率位居前十名的企业排序

企业名称	排名	速动比率（%）	
		2012 年	2011 年
新疆金怡进出口有限责任公司	1	276.58	176.52
新疆生产建设兵团奎屯农七师物资总公司	2	156.12	2134.00
重庆港务物流集团有限公司	3	133.84	144.36
珠海市燃气集团有限公司	4	130.50	93.33
江西煤业物资供应有限责任公司	5	129.44	110.72
新疆金百胜贸易有限公司	6	119.68	145.30
中国诚通控股集团有限公司	7	105.28	84.61
新疆西部农资物流有限公司	8	105.01	106.32

续 表

企业名称	排名	速动比率（%）	
		2012 年	2011 年
新疆亚鑫国际经贸股份有限公司	9	104.95	75.99
西安西电国际工程有限责任公司	10	103.80	106.32

四、资产规模增速回落，资产负债率上升

（一）行业整体资产规模继续扩大，增速明显回落

2012 年，82 家企业的资产总计为 13383 亿元，同比增加 1862 亿元，增长 16.2%，增速比上年同期回落 3.6 个百分点。其中，流动资产合计 8348 亿元，比上年同期增加 1270 亿元，增长 17.9%；负债合计为 9744 亿元，同比增加 1489 亿元，增长 18.1%，其中流动负债合计 8294 亿元，同比增加 1403 亿元，增长 20.4%。

（二）流动资产周转方面

2012 年 1—12 月我国生产资料流通行业整体应收账款为 901 亿元，比上年同期增加 97 亿元，同比提高 12.1%。应收账款周转率为 39.5 次，同比减少 1.0 次，周转天数（一年按 365 天计算）由上年的 9.0 天延长为 2012 年的 9.2 天。应收账款周转次数比上年有所下降，说明企业整体资产流动性有所降低，短期偿债能力下降，收账速度有所减慢，账龄延长，在一定程度上增加了坏账损失的可能性。

2012 年，我国生产资料流通行业整体存货为 2418 亿元，比上年同期增加 94 亿元，同比增长 4.1%。存货周转率为 14.0 次，比上年增加了 0.7 次，企业存货的流动性及变现速度同比略有提高。流动资产周转率为 4.3 次，比上年同期减少 0.3 次。行业整体平均营业周期为 35.3 天，比上年缩短 1.2 天。2012 年我国生产资料流通企业流动资产周转率位居前十名的企业情况如表 7 所示。

表 7　2012 年我国生产资料流通企业流动资产周转率位居前十名的企业排序

企业名称	排名	流动资产周转率（%）	
		2012 年	2011 年
新疆生产建设兵团石油有限公司	1	16.75	14.02
南通化工轻工股份有限公司	2	15.15	15.43
中国石油化工集团公司	3	13.44	12.85
石河子车城汽车贸易有限公司	4	12.61	20.78
茂名市实业发展集团公司	5	12.18	11.24

续 表

企业名称	排名	流动资产周转率（%）	
		2012 年	2011 年
江西煤业物资供应有限责任公司	6	11.04	6.32
资阳市鸿基废旧物资回收利用有限公司	7	10.40	2.95
中国海洋石油总公司销售分公司	8	10.23	5.47
安庆市吉宽再生资源有限公司	9	7.72	6.22
江苏省惠隆资产管理有限公司	10	7.07	5.55

流动资产周转率不仅反映了流动资产运用效率，同时也影响着企业的赢利水平。企业流动资产周转率上升、周转次数增加，表明企业以相同的流动资产占用实现的营业收入增加，企业流动资产的运用效率提高，进而提高了企业的偿债能力和赢利能力。

（三）总资产周转情况

2012 年，我国生产资料流通行业整体资产周转率为 2.7 次，同比降低 0.2 次。行业整体包括负债和所有者权益在内的全部资产，总体的获利能力仍有待提高。

（四）资产负债率持续上升

当前我国生产资料流通企业资金需求量大，为适应经营发展的需要企业主要以债务融资扩大资产规模和经营规模，资产负债率普遍处于较高水平。2012 年 12 月我国生产资料重点流通企业整体平均资产负债率（举债经营比率）为 72.8%，同比增长 1.2 个百分点，增幅较前 11 个月扩大 0.6 个百分点。

（张喆　中国物流信息中心综合处）

第三部分

物流产业

2012 年中国交通运输业

2012 年是“十二五”承上启下的重要一年，面对复杂严峻的国际经济形势和艰巨繁重的国内改革发展稳定任务，在坚持以科学发展为主题，以加快转变经济发展方式为主线，以稳中求进为工作总基调的方针指导下，我国交通运输事业取得了新的进展，基础设施网络规模不断扩大，结构功能得到优化，运输服务能力与技术装备水平进一步提高，交通节能减排工作也取得新的成绩，为支撑和保障我国新型工业化、城镇化、农业现代化发展以及全面建成小康社会奠定了坚实基础。

一、交通运输发展情况

（一）基础设施

2012 年，我国交通运输、仓储和邮政业共完成固定资产投资 3 万亿元，比上年增长 9.1%，占全社会固定资产投资总额的 8.1%。在有力的资金保障下，我国交通基础设施建设取得了显著成绩。

1. 铁路

2012 年，我国铁路建设进程可谓“波折”。受多因素影响，铁路上半年建设资金压力巨大，1—6 月，铁路累计完成固定资产投资 1777.5 亿元，比上年同期减少 1003.7 亿元，同比下降 36.1%，其中，基本建设投资 1487.1 亿元，比上年同期减少 934.9 亿元，同比下降 38.6%。为此，国家通过调整铁路年度投资计划、增加财政性资金投入、发行铁路建设债券等一系列举措，加大铁路资金保障力度。下半年，铁路建设奋起直追。全年共完成固定资产投资 6339.7 亿元，其中，基本建设投资 5185.1 亿元，圆满完成年度计划任务。

2012 年，我国铁路共投产新线 5382.2 千米，其中，高速铁路 2722.5 千米，哈大、京石武、合蚌等一批高速铁路开通运营。投产复线 4763 千米、电气化铁路 6054 千米。截至 2012 年年底，我国铁路营业里程达到 9.8 万千米，比上年增长 4.7%，路网密度 101.7 千米/万平方千米，比上年增加 4.6 千米/万平方千米。其中，复线里程 4.4 万千米，比上年增长 10.8%，复线率为 44.8%，比上年提高 2.5 个百分点；电气化里程 5.1 万千米，比上年增长 10.8%，电化率达 52.3%，比上年提高 2.9 个百分点（如图 1 所示）。西部地区营业里程达到 3.7 万千米，比上年增长 2.9%。

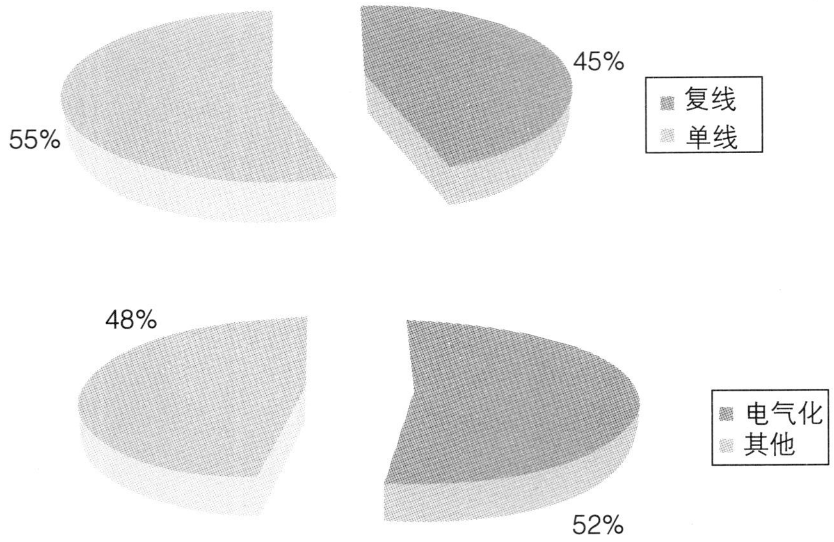

图1　2012 年我国铁路复线、电气化情况

2. 公路

2012 年，我国公路领域共完成建设投资 12713.9 亿元，比上年增长 0.9%，其中，高速公路建设完成投资 7238.3 亿元，比上年下降 2.5%。

截至 2012 年年底，我国公路总里程达 423.8 万千米，比上年年末增加 13.1 万千米；公路密度为 44.1 千米/百平方千米，比上年提高 1.4 千米/百平方千米。公路总里程中，二级及以上公路里程 50.2 万千米，比上年增加 2.8 万千米，占公路总里程的 11.8%，比上年提高 0.3 个百分点。高速公路里程 9.6 万千米，比上年年末增加 1.1 万千米，其中，国家高速公路 6.8 万千米，已完成国家高速公路网规划目标的 79%。全国高速公路车道里程 42.5 万千米，比上年增加 4.9 万千米。全国通公路的乡（镇）占全国乡（镇）总数的 99.97%，通公路的建制村占全国建制村总数的 99.55%，其中，通硬化路面的乡（镇）占全国乡（镇）总数的 97.43%，通硬化路面的建制村占全国建制村总数的 86.46%，分别比上年年末提高 0.25 个和 2.42 个百分点。2012 年我国公路等级结构情况如图 2 所示。

3. 水运

2012 年，我国水运领域建设完成投资额 1493.8 亿元，比上年增长 6.3%，其中，内河建设完成投资额 489.7 亿元，比上年增长 23.1%。

（1）内河航道。截至 2012 年年末，我国内河航道通航里程为 12.5 万千米，比上年年末增加 383 千米。等级航道 6.4 万千米，占总里程的 51%，比上年年末提高 0.7 个百分点。其中，三级及以上航道 9894 千米、五级及以上航道 2.6 万千米，分别占总里程的 7.9% 和 21.1%，均比上年年末提高 0.3 个百分点。

（2）港口。截至 2012 年年底，我国拥有生产用码头泊位 31862 个，比上年年末减少 106 个。其中，沿海港口生产用码头泊位 5623 个，比上年增加 91 个；内河港口生产用码头泊位 26239 个，比上年减少 197 个。全国港口拥有万吨级及以上泊位 1886 个，比上年年末增加124个。其中，沿海港口万吨级及以上泊位1517个，比上年增加95个；内河港口万吨级及以上泊位369个，比上年增加29个。全国万吨级及以上泊位中，专业化泊位997个，通用散货泊位379个，通用件杂货泊位340个，分别比上年年末增加55个、41个和18个。

沿海港口中，货物吞吐量超过亿吨的港口达到29个，比上年增加3个。其中，沿海亿吨港口19个（如表1所示），内河亿吨港口10个。集装箱吞吐量超过100万标准箱的港口达到22个，比上年增加3个，其中沿海港口18个、内河港口4个（如表2所示）。

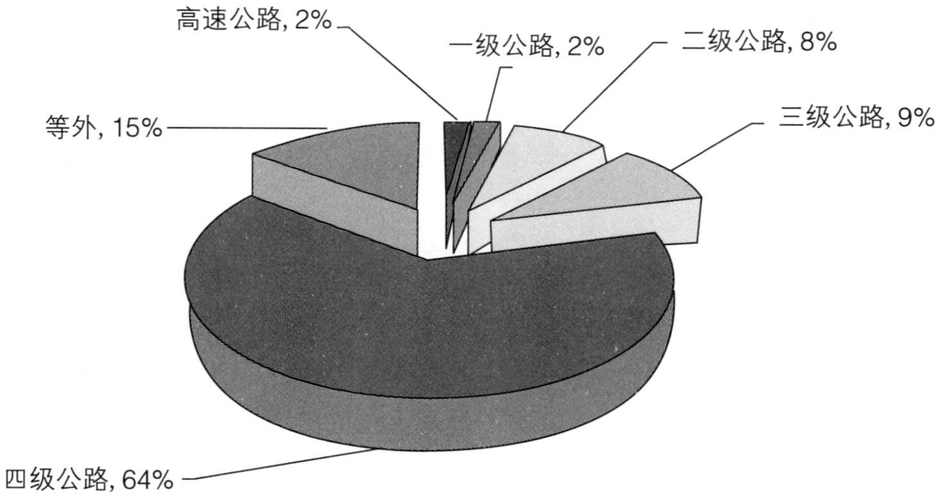

图2　2012年我国公路等级结构情况

表1　2012年我国货物吞吐量过亿吨的沿海港口排序

排名	港口名称	吞吐量（亿吨）	排名	港口名称	吞吐量（亿吨）
1	宁波—舟山港	7.44	11	深圳港	2.28
2	上海港	6.37	12	烟台港	2.03
3	天津港	4.77	13	北部湾港	1.74
4	广州港	4.35	13	连云港港	1.74
5	青岛港	4.07	15	厦门港	1.72
6	大连港	3.74	16	湛江港	1.71
7	唐山港	3.65	17	黄骅港	1.26
8	营口港	3.01	18	福州港	1.14
9	日照港	2.81	19	泉州港	1.04
10	秦皇岛港	2.71			

资料来源：2012年公路水路交通运输行业发展统计公报。

表2　　2012年我国集装箱吞吐量过100万标准箱的沿海港口排序

排名	港口名称	吞吐量（万标准箱）	排名	港口名称	吞吐量（万标准箱）
1	上海港	3252.94	10	营口港	485.10
2	深圳港	2294.13	11	烟台港	185.05
3	宁波—舟山港	1617.48	12	福州港	182.50
4	广州港	1454.74	13	日照港	174.92
5	青岛港	1450.27	14	泉州港	169.70
6	天津港	1230.31	15	丹东港	125.05
7	大连港	806.43	16	汕头港	125.02
8	厦门港	720.17	17	虎门港	110.36
9	连云港港	502.01	18	海口港	100.01

资料来源：2012年公路水路交通运输行业发展统计公报。

4. 民航

截至2012年年底，我国民用航空机场共有183个（不含香港、澳门），其中定期航班通航机场180个，定期航班通航城市178个。各机场中，年旅客吞吐量在100万人次以上的有57个，比上年增加4个，其完成旅客吞吐量占全部机场旅客吞吐量的95.3%；年旅客吞吐量在1000万人次以上的为21个，与上年持平，其完成旅客吞吐量占全部机场旅客吞吐量的74.0%；北京、上海和广州三大城市机场旅客吞吐量占全部机场旅客吞吐量的30.7%。各机场中，年货邮吞吐量在1万吨以上的有49个，比上年增加2个，完成货邮吞吐量占全部机场货邮吞吐量的98.5%；北京、上海和广州三大城市机场货邮吞吐量占全部机场货邮吞吐量的53.5%。

5. 管道

2012年，我国油气管道建设再创佳绩，西气东输二线全线建成投产，对于保障国家能源安全、优化能源消费结构、拉动地方经济增长具有重要作用。截至2012年年底，我国油气管道总里程已接近10万千米。

6. 城市交通

截至2012年年底，我国已有15个城市开通了轨道交通，比上年年末增加2个。轨道交通运营线路69条，运营线路总长度2058千米，比上年年末增加11条、359.2千米，其中地铁、轻轨线路分别为55条、1699千米和9条、291千米。拥有轨道交通车站1375个，其中，换乘站116个，分别比上年增加228个和7个。

（二）运输服务

1. 运输服务总体能力持续增长，不同运输方式发展差异较大

2012年，我国客货运输服务总体能力持续增长，特别是货运服务总量增长迅速。全年全社会完成客运量379亿人、旅客周转量33369亿人千米、货运量412亿吨、货物周转量173145亿吨千米，分别比上年增长7.6%、7.7%、11.5%、8.7%。全年全国港口完成货物吞吐量107.8亿吨、集装箱吞吐量1.77亿标

准箱，分别比上年增长7.3%和8.4%。其中，规模以上港口完成货物吞吐量97.4亿吨、集装箱吞吐量1.7亿标准箱，分别比上年增长8.8%和8.1%。

客运方面，公路运输仍居于主导地位，其承担的客运量和旅客周转量占全社会总量的比重持续上涨，分别达到93.2%和54.1%；铁路承担的客运比重持续下降，特别是在旅客周转量方面，铁路所占比重比上年下降近2个百分点。货运方面，公路承担的货运量和货物周转量的比重同样呈上升趋势，分别达到78.2%和34.6%；铁路、水运所占的比重有所下降，特别是铁路运输下降较为明显，其货运量和货物周转量占比分别比上年下降1.1个和1.5个百分点。2012年我国全社会客货运数量完成情况如表3所示。

表3　2012年我国全社会客货运输量完成情况

类别		单位	绝对数	比上年增长（%）	所占比重（%）
客运量	总量	亿人	379.0	7.6	100
	铁路	亿人	18.9	4.8	5.0
	公路	亿人	354.3	7.8	93.5
	水运	亿人	2.6	4.3	0.7
	民航	亿人	3.2	9.2	0.8
旅客周转量	总量	亿人千米	33368.8	7.7	100
	铁路	亿人千米	9812.3	2.1	29.4
	公路	亿人千米	18468.1	10.2	55.3
	水运	亿人千米	77.4	3.9	0.2
	民航	亿人千米	5010.7	10.4	15.0
货运量	总量	亿吨	412.1	11.5	100
	铁路	亿吨	39.0	-0.7	9.5
	公路	亿吨	322.1	14.2	78.2
	水运	亿吨	45.6	7.0	11.1
	民航	亿吨	0.05	-2.0	0.0
	管道	亿吨	5.3	-7.8	1.3

续 表

类别		单位	绝对数	比上年增长（%）	所占比重（%）
货物周转量	总量	亿吨千米	173145.1	8.7	100
	铁路	亿吨千米	29187.1	-0.9	16.9
	公路	亿吨千米	59992.0	16.8	34.6
	水运	亿吨千米	80654.5	6.9	46.6
	民航	亿吨千米	162.2	-6.8	0.1
	管道	亿吨千米	3149.3	9.1	1.8

资料来源：2012 年国民经济和社会发展统计公报。

2. 运输服务水平不断提升，异质性服务供给能力增强

坚持“以人为本”的服务理念，按照一体化衔接的要求，依托交通基础设施网络功能的不断完善，我国交通运输服务整体水平也得到显著提升，运输服务安全性、舒适性、时效性、便捷性等“异质性”供给能力显著增强，对保障经济社会运行和方便人们出行等发挥了重要作用。铁路方面进一步完善实名制售票，加快推进新一代客票系统建设，创新售票方式，高铁主要车站实现旅客刷二代身份证直接进站上车，中铁银通卡项目在京津城际铁路成功试点，退票费标准也由 20% 下调至 5%，这些举措积极地促进了铁路运输服务效率与水平的提升。公路方面，2012 年 7 月 24 日，国务院批准出台了《重大节假日免收小型客车通行费实施方案》，要求在春节、清明节、劳动节、国庆节等四个国家法定节假日及相应连休日，免收 7 座及以下小型客车的通行费，这一举措对于有效提升收费公路通行效率和服务水平，方便群众快捷出行具有积极作用。此外，水运、民航、城市交通等领域也通过一系列相关举措，切实提升运输服务的效率与水平。尤其值得关注的是，2012 年我国重点依托综合交通枢纽建设，强化了各方式之间、城市内外交通之间的一体化衔接，交通运输的“综合”服务能力得到进一步提升。

（三）技术装备

2012 年，我国交通运输技术装备领域取得新的进展。安全技术研究进一步深入，围绕高速列车防追尾、动车组防倾覆、高铁安全防灾等重点技术，铁路部门安排了一系列课题开展安全技术攻关，会同国家电网公司开展高速铁路雷电防护关键技术研究，研发了高铁雷电监测查询系统；与中国地震局共同开展高速铁路地震监测预警关键技术攻关等。同时，强化铁路建设、信号控制、运输组织等方面技术研究与攻关，深入开展高速铁路无砟轨道、列控系统、新一代客票系统、货运电子商务系统、重载铁路线桥隧评价强化技术、大轴重货车等关键技术研究。除此之外，在桥梁、隧道、深水筑港以及交通信息化、智能化（包括公路联网收费、电子不停车收费等）等技术研发及推广应用方面也取得重大进展。

运输装备的规模与水平也有了显著进步。截至 2012 年年底，我国国家铁路机车达到

1.96 万台，比上年增加 35 台，其中，和谐型大功率机车为6045 台，比上年增加993 台；国家铁路客车达到5.6 万辆，比上年增加0.3 万辆，其中空调车4.3 万辆，占77.8%，比上年提高4 个百分点；国家铁路货车达到70.4 万辆，比上年增加 2.5 万辆。城市地铁车辆达1.1 万辆、轻轨车辆达1247 辆，分别比上年增长25.5% 和 45.2%。全国民用汽车保有量达1.2 亿辆，比上年年末增长 14.3%，其中，私人汽车保有量达 9309 万辆，比上年增长18.3%。公路营运汽车达1339.9 万辆，比上年年末增长6.0%。其中，载货汽车达1253.2 万辆、8062.1 万吨位，分别比上年年末增长6.3%和11.0%，平均吨位6.4 吨/辆，比上年提高 0.3 吨/辆；载客汽车达 86.7 万辆、2166.6 万客位，分别比上年年末增长 2.8% 和3.8%，平均客位为24.9 客位/辆，比上年提高0.3 客位/辆。公共汽电车运营车辆达47.5 万辆、52.8 万标台，分别比上年年末增长 4.8% 和5.7%。出租汽车运营车辆达129.97 万辆，比上年增长 2.8%。水上运输船舶达 17.9 万艘，比上年年末减少 0.4%；净载重量达22848.6 万吨，比上年增长7.5%；平均净载重量达1279.4 吨/艘，比上年增长 7.8%；载客量102.5 万客位，比上年增长 1.7%；集装箱箱位达 157.4 万标准箱，比上年增长 6.7%。民航运输飞机期末在册架数超过1900 架。

（四）节能减排

依托技术节能减排、组织节能减排、管理节能减排等多措并举，2012 年我国交通运输节能减排工作取得显著成绩。国家铁路能源消耗折算标准煤达1745.7 万吨，比上年减少 26.7 万吨、降低 1.5%；单位运输工作量综合能耗4.7 吨标准煤/百万换算吨千米，比上年降低0.8%；化学需氧量排放量达2149.6 吨，比上年降低 2.1%；二氧化硫排放量为 3.8 万吨，比上年降低 5.5%。公路班线客运企业每千人千米单耗 11.7 千克标准煤，比上年增长2.0%；公路专业货运企业每百吨千米单耗1.7 千克标准煤，比上年下降23.4%。城市公交企业每万人次单耗 1.4 吨标准煤，比上年下降2.3%。远洋和沿海货运企业每千吨海里单耗6.2 千克标准煤，比上年下降11.6%；港口企业每万吨单耗 3.0 吨标准煤，比上年下降3.7%。民航领域二氧化碳排放量比上年减少约24 万吨。

二、存在的问题

（一）交通运输发展任务重，资金压力大

2012 年，我国交通建设取得了巨大成就，但发展中的资金紧张状况依然凸显。当前，我国交通基础设施大规模建设尚未完成，投资需求仍维持在较高水平，与此同时，前期建设资金贷款债务偿还高峰期已经到来，一些建成设施也进入集中大修养护期，建设成本、维护成本与财务成本等叠加，使交通运输发展面临前所未有的资金压力。尤其是铁路方面，基本建设资金筹措困难，上半年铁路建设进程明显受阻，且已投产的部分项目财务亏损严重，债务负担日益沉重。普通公路在国内成品油价格和税费改革后原有融资平台收缩，2011 年以来信贷又进一步收紧，中央交通专项资金投入虽略有增长，但地方配套资金落实情况不容乐观。城市轨道交通已经在多个城市大面积铺开建设，投入巨大，营运成本高企，而目前有效的融资渠道仍十分有限，可持续发展面临巨大挑战。

（二）运输结构亟待调整优化

由于我国不同运输方式发展不均衡，各方

式难以发挥比较优势，相互之间缺乏协调配合与有效衔接，使得运输结构不合理问题已存在较长时期，且近年来有进一步深化的趋势。2012年，公路在我国综合交通运输体系中的主导地位继续增强，客货运输量、周转量的比重均有不同程度的提升，平均运距也有较明显的增加；相比之下，铁路客货运输量与周转量所占比重持续下降，特别是在全社会货运总量增长11.5%、货物总周转量增长8.7%的大环境下，铁路货运量与周转量却出现了绝对值下降近1%，运量比重也降至10%以下，在运输服务中的骨干作用远未得到发挥；水运受全球经济增速回落、对外贸易增长放缓等因素影响，货物运输仅小幅增长，运量比重亦有所下降；民航在客运领域保持较快增长，但货运领域不仅份额下降，绝对运量也低于2011年，上海浦东、上海虹桥、昆明长水等机场的货邮吞吐量减少，广州白云、成都双流、西安咸阳等机场的货邮吞吐量增速也明显放缓，与经济全球化与电子商务快速发展的趋势不相符合。运输结构不合理客观反映出当前我国运输发展方面存在的现实问题，对交通运输发展乃至支撑整个经济社会高效运行以及资源节约、环境保护等带来不利影响，亟须从根本上有效解决。

（三）交通运输业税收制度仍需理顺

我国自2012年1月1日起将上海作为首个试点地区，启动交通运输业和部分现代服务业“营改增”改革，自2012年8月1日起至年底，又将试点范围分批扩大至北京、天津、江苏、浙江、安徽、福建、湖北、广东和厦门、深圳10个省（直辖市、计划单列市）。从试点情况来看，一些服务企业的税负有所降低，但大多数交通运输企业却由于可抵扣项较少等原因，税负不降反增。而且，在许多交通运输企业大力开展网络化经营、积极拓展综合物流业务的背景下，“营改增”却并没有解决企业集团与区域公司合并纳税的问题，对物流业务各环节的税率也未进行统一，不利于企业扩张与发展壮大。另外，一些特殊类型的企业，如快递企业目前适用税率仍不明确，阻碍了交通运输企业创新业态与服务模式。上述问题在今后的税制改革中应逐步解决，以期对我国交通运输业形成有利的政策导向和营造宽松的发展环境。

（四）交通绿色发展面临挑战

近年来，我国环境问题日益突出，尤其是2012年以来大范围、持续性雾霾天气在多地出现，“PM2.5”逐渐走入公众视线。有专家指出，城市中的PM2.5主要污染源包括机动车尾气排放和道路扬尘等，而私人机动化水平不断提高、城市道路日益拥堵是造成交通排放快速上升的主要原因之一。交通拥堵不仅造成了环境污染，而且给城市居民的日常生产、生活造成极大不便，甚至造成生命财产损失。据中国科学院发布的报告，北京居民平均上班路途花费时间长达52分钟，其他城市居民上班时间也在不断增加。另外，2011年北京救护车被堵致使伤者死亡事件，更是把城市交通拥堵问题推上风口浪尖。诸多新情况、新问题对交通的绿色发展提出迫切要求，如何在满足经济社会发展日益增长的运输服务需求的同时，实现交通可持续健康发展，是未来我国综合交通运输体系建设迫切需要解决的问题。

（樊一江　谢雨蓉　国家发展和改革委员会综合运输研究所）

2012 年中国铁路物流业

2012 年是铁路系统深入推进科学发展的重要一年。全路认真贯彻落实党中央、国务院对铁路工作的要求，以铁路科学发展为主题，以加快转变铁路发展方式为主线，扎实推进安全风险管理，科学有序推进铁路建设，大力发展多元化经营，全面实施货运组织改革，铁路物流工作取得显著成绩，为经济社会发展作出了重要贡献。

一、2012 年铁路物流发展回顾

（一）铁路建设加快推进

2012 年，我国铁路完成基本建设投资 5185.06 亿元[①]，同比增加 12.7%，其中，新建铁路完成投资 4306.66 亿元[①]，同比增加 10.5%。西安至成都客专陕西段、郑州至徐州客专等项目开工建设，哈大、京石武、合蚌等高铁开通运营，至 2012 年年底共投产新线 5382.2 千米，其中高速铁路 2722.5 千米，全国铁路营业里程达 9.8 万千米[①]，位居世界第二；高铁运营里程达到 9356 千米[②]，位居世界第一。以“四纵四横”为主骨架的快速铁路客运网初具规模，为铁路快运发展和铁路货运能力释放提供了进一步的发展基础。

（二）货运生产经营保持基本稳定

2012 年，全国铁路实现货物总发送量（含行包运量）39.04 亿吨、货运总周转量（含行包周转量）29187.09 亿吨千米[①]、日均装车数 16.6 万车[③]，同比分别小幅下降 0.7%、0.9%、1.6%。完成货运总发送量及总周转量分别占全国货运总量的 9.47% 和 16.86%，市场份额同比下降 1.17% 和 1.63%，整体市场经营状况出现下滑。在重点保障物资运输方面，全年完成粮食运量 1.04 亿吨、石油运量 1.38 亿吨[①]，同比分别增长 5.0% 和 0.7%。大秦、石太、侯月等煤运通道进一步优化运输组织，

---

① 中华人民共和国铁道部．2012 年铁道统计公报。

② 中华人民共和国国家统计局．2012 年国民经济和社会发展统计公报。

③ 中华人民共和国铁道部．2012 年全国铁路主要指标完成情况。

提高车辆周转率，共完成煤炭运量 22.62 亿吨，完成了年度煤炭运输任务，其中 12 月 10 日大秦铁路单日运量实现 133.4 万吨[①]，创历史新高。

（三）铁路物流节点建设工作扎实推进

根据《铁路“十二五”物流发展规划》中提出的全国、区域、地区三级铁路物流中心布局方案，铁路物流中心建设扎实推进，铁路物流节点网络进一步完善。

南宁、昆明、兰州等铁路局分别对局管内铁路物流中心进行了分级规划，如表 1 所示。

哈尔滨、沈阳、太原等铁路局对局管内物流中心数量进行了初步规划，如表 2 所示。

表 1　　2012 年部分铁路局铁路物流中心分级规划情况

铁路局名称	一级铁路综合物流中心	二级铁路综合物流中心	专业型铁路物流中心	总计
郑州铁路局	—	—	12	12
上海铁路局	—	—	30	30
南宁铁路局	3	10	9	22
昆明铁路局	2	3	41	46
兰州铁路局	2	3	1	6
总计	7	16	93	116

注：根据铁路局公告、人民铁道报、人民网等资料统计整理。

表 2　　2012 年部分铁路局铁路物流中心建设规划情况

铁路局名称	物流中心规划建设数量
哈尔滨铁路局	4
沈阳铁路局	48
太原铁路局	12
成都铁路局	5
总计	69

注：根据铁路局公告、人民铁道报、人民网等资料统计整理。

① 秦皇岛煤炭网．大秦铁路日运量再创佳绩［EB/OL］．http：//www.cqcoal.com/a/xinwenzixun/benwangkuaixun/2012/1212/22801.html./2012－12－12.

在自主建设的基础上，郑州、武汉、西安、济南等铁路局分别采用与地方政府、企业合作等形式建设了多个物流中心，形成了多元化的物流中心建设模式。

为进一步推进铁路货运场站向物流中心转型，适应物流市场需求，铁道部运输局在上海、成都铁路局出台的铁路货场、专用线货运设备设施建设相关指导意见的基础上，联合北京交通大学运输学院物流工程系、铁道第三勘察设计院和有关铁路局等单位，积极推进铁路物流中心功能和设施设备配置指导意见等文件的起草论证工作。截至2013年3月中旬，铁道部联合多家单位，先后发布了《铁路标准化货场管理办法》《铁路运输装卸机械发展政策措施》《关于加强铁路货运设施建设的指导意见》《铁路货运标识暂行技术规范》《关于"十二五"铁路货运设备设施建设的实施意见》和《铁路货运场站功能和设施设备配置指导意见》等文件，对铁路货运场站的物流化发展提供了较好的规范指导。

（四）铁路货运电子商务系统提升客户服务质量

2012年，铁路系统以电子商务为依托，全面推行货运改革，提升服务质量。2012年8月，铁路货运电子商务系统率先在上海、昆明、济南、广州铁路（集团）公司等局管内试运行，9月20日在全路全面运行。铁路电子商务系统可为客户提供业务办理、运力资源公示、信息查询等服务，实现了货运需求网上受理，使铁路运力更加公开、公平地服务于客户。铁路货运电子商务系统是铁道部推行以发展现代物流为主攻方向、以货运业务网上受理和"实货制"运输为主要内容的货运组织改革，标志着铁路货运走向市场迈出了重要一步。各铁路局快速适应货运电子商务系统，依托网上办理平台为企业量身制定物流服务解决方案，积极拓展高附加值业务，部分铁路局物流企业已实现全部业务网上办理，取得了明显经济效益和社会效益。与此同时，铁路局物流企业服务能力也得到较大提升。截至第十五批A级物流企业评估结束，铁路系统已拥有15家5A级铁路局物流企业、20家4A级铁路局物流企业，这些A级铁路局物流企业的服务质量和水平已逐渐被客户认可。

（五）货运物流产品不断创新

2012年，铁道部按照货运产品客车化开行思路大力发展快捷运输，开发了市场化与组织化兼具的新型货运产品体系，重点实施了货运产品"百千战略"，先后两次调整班列开行方案。截至2012年年底，开行了118列快运货物班列①，满足集装箱中心站间、高铁平行径路、主要国际联运和铁水联运通道、高附加值货源密集的城际间的货运需求，打造快捷货运产品系列；开行了723列①大型煤矿、港口到重点电厂和钢厂的大宗货物循环直达列车，组织点到点固定循环开行，优化大宗循环直达产品运输。在此基础上，各铁路局充分利用新增货运能力吸引货源，积极提供综合物流服务，在增加大宗货物运量的同时，开拓高端货运市场，推动铁路货运产品结构升级。

二、加快铁路物流发展的重要任务

按照党的"十八"大提出的建设小康社会

① 中国铁路客户服务中心．货运产品方案［EB/OL］．http：//www.12306.cn/mormhweb/hyfw/hycpfa/2013－03－17.

的宏伟目标，我国铁路系统必须要加快建设，发挥保障作用。

（一）加快路网建设，进一步扩大运能

党的“十八”大提出的全面建成小康社会和到2020年国内生产总值比2010年翻一番的宏伟目标，必将带动全社会运输需求的持续增长。同时，对铁路运输保障能力提出了更高的要求。铁路作为基础先导产业，运输能力的形成和发展与扩大内需相连，对促进经济平稳较快发展意义重大。目前，我国铁路运力紧张情况仍未完全缓解，为实现“十二五”末铁路运营里程达到12万千米的发展目标，确保到2020年全面完成《中长期铁路网规划》确定的任务，铁路建设仍面临巨大挑战。

（二）全面深化改革，大力推进体制机制创新

党的“十八”大对全面深化改革开放，推进经济体制和政治体制改革做出了新部署。铁路作为深化改革的重点领域，必须按照政企分开、政资分开、政社分开的方向，加快构建与社会主义市场经济体制相适应的铁路运营管理体制和运行机制。同时，铁路作为综合交通运输体系的骨干，在推进经济结构调整和生态文明建设中都肩负着重要责任。铁路扩大运输市场份额，发挥铁路运量大、成本低、节能环保、节约土地等比较优势，扩展以铁路物流为主攻方向的多元化经营范围，均需要进一步转变铁路传统经营方式，构建新的经营管理体制机制。

（三）延伸服务链，持续提升服务水平

服务是铁路的本质属性。党的“十八”大确定到2020年城乡居民人均收入比2010年翻一番，人民物质文化生活水平将全面提高，这对铁路运输服务工作提出了更高要求，也为铁路物流发展拓展了空间。因此，铁路系统需进一步拓展仓储、配送、加工等多种现代物流服务；简化铁路物流服务流程，推广产业联动、多式联运、电子商务等现代物流服务方式；完善铁路物流服务质量标准体系、质量考核机制，建立持续提高服务质量的长效机制。

三、2013年铁路物流发展展望

2013年是铁路落实“十八”大精神的开局年，是推行铁路体制改革的攻关年，也是实施“十二五”物流发展规划承前启后的关键年。面对落实铁路体制改革方案、保持基础设施建设、加快体制机制转换、实施运输组织改革等一系列新任务，铁路物流发展有望在以下几个方面进一步着力。

（一）落实铁路体制改革方案

2013年3月15日，全国人大批准通过了《国务院机构改革和职能转变方案》。方案提出撤销铁道部，实行铁路政企分开；原铁道部统筹铁路发展规划和政策的行政职责划入交通运输部；组建国家铁路局，由交通运输部管理，承担铁道部的其他行政职责；组建中国铁路总公司，由国务院直属，承担铁道部的企业职责。交通运输大部制整合，有利于各种交通运输方式统一规划、协调发展。加快推进铁路投融资体制改革和运价改革，引入以市场导向为基础的价格形成和调整机制，建立健全规范的公益性线路和运输补贴机制，逐步实现市场经济下铁路公益性与市场性的有机结合。中国铁路总公司将以铁路客货运输服务为主业，实行多元化经营，负责铁路运输统一调度指挥、国家铁路客货运输经营管理、国家规定的公益性运输等任务；将继续享有国家对原铁道部的税收优惠政策，以及国务院及有关部门、地方政府对铁路实行的原有优惠政策[①]，有效控制铁路改革成本，确保铁路体制改革顺利、平稳实施。

（二）保持铁路基础设施建设的良好态势

根据改革方案总体思想及《中长期铁路网规划》的任务要求，2013 年铁路计划安排固定资产投资 6500 亿元，其中基础建设投资 5200 亿元[②]，建设投资规模、投产项目依然保持较高水平，建设任务依然繁重。铁路将继续推进蒙西华中铁路煤运通道项目建设，拓宽融资渠道，着力贯彻由政府、社会参与投资的多元化铁路建设思路，打破融资瓶颈，鼓励和支持地方政府、企业及民间资本投资铁路建设。推进津秦客专、西宝客专、宁杭客专、向莆客专等项目建成投产，逐步发挥铁路对区域经济的助推作用。国家将继续支持铁路建设发展，保持铁路基础设施建设良好态势，进一步加快推进综合交通运输体系建设。

（三）加快铁路经营机制转换

铁路政企分开为经营机制转换创造了有利条件。铁路将逐步落实经营自主权，转换运营机制，推进运输一体化经营，逐步转变资产负债率偏高、运营效率较低的经营现状。铁路将逐步建立对各铁路运输企业的盈亏总额考核机制，完善企业经营业绩考核办法，健全企业内部管理体系和以效益为中心的运行机制，重点强化以市场为导向的营销机制、以全面预算管理为核心的成本控制机制，更好地走向市场和应对市场风险。加快铁路经营机制转换将进一步为铁路物流企业提升市场竞争力、开展市场营销工作、拓展范围创造有利环境。

（四）全面实施货运组织改革

2013 年，各级铁路部门将继续完善铁路货运电子商务系统，以网上受理、“实货制”、全程物流为重点，推进货运组织改革，实现货运市场开发的重大突破。铁路将充分利用铁路客服中心和 12306 网站丰富的信息资源优势，依托铁路货运业务网上办理平台，以最大限度地方便货主为目标，简化网上受理程序、减少审批环节，提高货运承办效率，做到有货必装、随到随装。优化货运产品结构，巩固大宗货源，拓展“白货”和集装箱等高附加值运输市场，拓展铁路物流市场。着力发展“门到门”运输，推动运输业和非运输业融合发展。为提高铁路在高附加值货运市场和物流市场的竞争力，积极开展全程物流服务，推动铁路货运向现代物流转型发展。

（五）进一步提升铁路物流企业市场主体地位

新组建的中国铁路总公司成为铁路运输市场主体，将进一步推动铁路物流企业主动开拓市场，强化经营管理。铁路将着力培育区域骨干企业，树立铁路物流企业责任意识、市场意识、效益意识，增强企业走向市场的信心和决心。继续鼓励铁路物流企业主动开展上门走访、跨局和跨区域合作经营等方式，不断加大客户营销力度，与客户建立稳定合作关系，有效应对市场冲击。适当扩展铁路物流企业经营自主权，适应市场规律，大力发展仓储、配送、加工等现代物流服务，全力满足客户需求，进一步提升铁路物流企业市场主体地位。

---

① 国务院办公厅．国务院关于组建中国铁路总公司有关问题的批复（国函〔2013〕47 号）。

② 盛光祖．开创铁路科学发展新局面为全面建成小康社会作出新的贡献．在全国铁路工作会议上的报告．2013.

（六）引导铁路物流科技创新

为适应铁路发展技术新需求，铁路系统将继续完善铁路技术政策和技术标准体系，推进铁路物流有关规划、规章、规程、规范、标准的起草、修订和实施工作。加强铁路知识产权管理和成果推广应用，规范铁路物流专用设备准入管理，加强国际铁路物流技术交流。与各重点院校、科研机构紧密合作，围绕铁路物流节点拓展经营范围、铁路企业实现网络化经营、铁路物流设施设备配置等关键问题展开积极探索。深化对铁路货运电子商务系统、物流信息化等方面的研究，提高铁路货运与物流服务信息化水平。发挥铁路管理部门对科技创新的协调、指导和服务作用，充分调动企业、院校和科研单位进行铁路物流技术创新的积极性，不断引进先进技术人才提高科研队伍整体能力。

（荣蓉　张晓东　北京交通大学交通运输学院物流工程系）

2012 年中国包装业

我国是世界包装大国，包装产品产量位居世界前列。2011 年我国包装产业工业产值超过 1.3 万亿元，成为仅次于美国的世界第二大包装国。2012 年我国包装行业继续延续上年快速发展的良好势头，为促进国民经济平稳发展继续发挥积极重要作用。

一、包装业继续延续上年快速发展的势头

2012 年我国地方包装业产值保持增长，继续延续上年快速发展的势头。

2012 年贵州省包装工业快速发展，全年全省规模以上包装企业（500 万规模及以上）完成工业总产值 72.7 亿元人民币，比上年净增 23.8 亿元，增速 48.67%。在贵州省五类包装行业中，纸制品包装行业完成产值 31.68 亿元，增速最快，排位第一；塑料包装行业完成产值 20.41 亿元，排位第二；包装装潢及印刷类行业完成产值 11.77 亿元，同比下降 3.09%，从上年第二位降到第三位；日用玻璃制品及玻璃容器制造行业完成产值 8.5 亿元，排位第四；金属容器制造行业排位仍处在第五，产值仅为 3.59 亿元。

2012 年河南省包装行业规模以上工业企业实现总产值 1560 亿元，比 2010 年增长 20%；实现增加值 400 亿元，比 2010 年增长 17%；销售收入达 1400 亿元，比 2010 年增长 17%；净利润达 90 亿元，比 2010 年增长 13%；平均利润率达到 6% 左右。

2012 年天津市包装行业完成工业总产值达 460 亿元，平均增速 8%。近两年天津市包装行业积极组织科技研发项目 29 个，筛选申报 18 个、获批 13 个项目，项目总投资 1.2 亿元，相继获得国家财政部无偿资金资助 1112 万元。

2012 年，温州包装工业总产值达到 640 多亿元，包装相关行业共有 1 万多家企业，从业人员超过 20 万人。

2012 年，赣州市印刷包装产业总产值达 100 亿元。近几年，赣州市印刷包装产业年均增长速度达到 30% 以上。全市印刷包装企业 623 家，亿元以上印刷包装企业 14 家，占印刷包装产值的 70% 左右。赣州印刷产业基地成为承接珠三角印刷产业转移、辐射周边的江西省最大的省级印刷包装产业集聚区，中心区和辐射区吸纳企业 21 家，总投资 20 亿元，于 2011

年进入新闻出版总署产业发展项目库，目前正在申报国家级印刷包装产业基地。到2020年，赣州国家印刷包装产业基地规划产值预计将达1000亿元，实现税收50亿元，增加就业岗位约10万个，并带动运输、服务等行业发展，成为赣州国民经济的重要增长点。

二、产业结构不断优化、地域格局发生重大变化

截至目前，我国包装产业已初步建成了纸、塑、金属、玻璃、竹木等包装制品一应俱全的包装设计、包装原辅材料生产及包装装备制造的系列化产业链条，能够基本满足商品市场对物资流动、商品流通、进出口贸易所需包装物的需要。随着国家经济结构调整和转型升级策略的逐步实施，我国包装产业东“热”西“冷”、南“重”北“轻”的地区差异局面逐步得到改变，中西部地区和东北老工业基地包装行业发展的步伐明显加快。2012年6月6日，西安国家印刷包装产业基地举行揭牌仪式。西安国家印刷包装产业基地是我国第二个国家印刷包装产业基地，基地已吸纳印刷包装企业54家，总投资近40亿元，仅现有项目，全部建成后预计可实现年销售收入超过100亿元。按照规划，到2020年基地将汇集各类印刷包装、创意设计及发行企业1600余家，引进投资总额达到280亿元，年工业总产值将突破800亿元。基地的建立召示着陕西将站在“西部领先、国内一流”的印刷包装产业发展制高点，成为带动西部印刷包装产业大发展、大繁荣的“引领者”。

三、首部商品包装地方性法规出台

包装标准和有关的法律法规陆续出台，对规范商品包装的生产、流通、销售和保护消费者的利益起着重要的法律依据的作用标准。近年来，我国包装行业按照国家标准委的要求和部署，加强与企业的沟通与联系，初步形成了政府推动、市场引导、产学研结合、市场主体和各相关方共同参与的工作机制，标准制修订步伐明显加快，包装标准体系基本形成，标准老化和缺失问题正逐步解决，为提高我国包装制品的质量，促进对外贸易发挥了重要作用。

2012年11月21日，上海市十三届人大常委会第三十七次会议表决通过《上海市商品包装物减量若干规定》（以下简称《规定》），这是我国首部商品包装地方性法规。《规定》将对限制商品过度包装，促进生活垃圾源头减量起到积极作用。《规定》将于2013年2月1日起实施。

《规定》强调，商品包装应当合理，在满足正常功能需求的前提下，其材质、结构、成本应当与内装商品的特性、规格和成本相适应，减少包装废弃物的产生。《规定》指出，生产者和销售者对商品进行包装，不得违反国家限制商品过度包装标准中的强制规定。《规定》传递了上海市鼓励企业采用可循环、可再生、可回收利用或易于降解的包装材料，倡导生产者、销售者在商品外包装明示包装物回收利用及包装成本等信息。《规定》明确，对销售违反强制性规定商品的销售者，最高可处以2万元以上5万元以下的罚款。

《规定》的正式通过实施，表明今后备受关注的限制商品过度包装将在上海地区有法可依。上海市首度推出《规定》来对此加以限制与监管，明确显示出地方及国家对包装行业的重视。

四、企业自主研发能力明显增强

我国包装产业中有不少自我研发的新技术、新设备已达到或超过国际先进水平，众多发明专利已引起世界同行的高度关注。近几年我国包装机械积极介入国际竞争，开拓海外市场，逐步走向国际化。我国制造的包装装备已成为东南亚国家的抢手货，并远销欧美。一批技术创新能力强、创新业绩显著、具有重要示范和导向作用的包装企业纷纷设立研发中心，搭建高水平产学研合作与创新服务平台，提高行业自主创新能力。这些企业对推进和带动我国包装产业快速发展、加快企业科技创新步伐方面，发挥了重要的示范和导向作用。以包装机械发展为例，我国包装机械行业随着科技水平的发展不断创新升级已经初具规模，成为我国机械工业的十大行业之一，为我国包装工业快速发展提供了有效保障。从2011年开始，我国包装机械就开始了新的转变，从单一的设备逐渐转变为配套设备，很多系列产品都采用先进技术，提高设备的工作效率，从而开发出性能可靠、高水平的自动化包装设备。

五、品牌建设、信用等级评价有序开展

2012年7月4日，中国包装联合会包装规划委员会在北京中国国际展览中心“中国包装产业文化体验馆”多功能发布厅召开“2012年中国包装品牌建设高峰会议”。中国包联敖雯楠副秘书长发布了“中国包装优秀品牌”评审标准和评审认定工作细则，并指出自2012年6月1日起，采取企业自愿非集中申报形式开展“2012中国包装优秀品牌”申报工作。

“中国包装优秀品牌”是根据《中华人民共和国商标法》、《中华人民共和国商标法实施条例》和《驰名商标认定和保护规定》的相关规定及标准，基于《驰名商标认定和保护规定》中的相关要求，在中国包装联合会领导下，由中国包装联合会包装规划委员会对中国包装行业品牌进行认定实施。目的是促进中国包装行业标准化建设，引导行业内企业加强品牌意识、实施品牌战略、提升品牌竞争力，形成一批有自主知识产权和业内较强竞争力的优势企业，促进企业和经济社会良好发展，推动企业和行业创新意识提升。

2010年，中国包装联合会通过以提高信誉与质量为先导，评审认定77个品牌为“中国包装优秀品牌”。2011年8月15日起采取企业自愿非集中申报形式长期开展评审认定工作，2011年评审认定“中国包装优秀品牌”2个。截至2012年，已评出“中国包装优秀品牌”79个（见附表）。“中国包装优秀品牌”评审认定工作的开展得到了行业企业的一致认可，评审工作对持续鼓励、引导更多企业重视推行品牌建设具有积极作用。

自2009年起，中国包装联合会根据国家有关文件的规定和中国包装联合会制定的《中国包装联合会企业信用等级评价管理办法》，本着公开、公平、公正、科学的原则，严格按照信用等级评价程序，联同第三方专业评价机构开展了包装行业企业信用评价工作，多年来已累计评出了A级以上信用包装企业近百家，有效地推进了包装行业的诚信建设。2012年包装行业企业信用评价初评结果如下表所示。

初评企业名单

序号	企业名称	等级
1	上峰集团有限公司	AAA
2	沈阳防锈包装材料有限责任公司	AAA
3	广东华业包装材料有限公司	AAA
4	云南侨通包装印刷有限公司	AAA
5	河南金誉包装科技股份有限公司	AAA
6	陕西北人印刷机械有限责任公司	AAA
7	宁夏夏进制箱包装有限公司	AAA
8	广州赛邦印铁制罐有限公司	AAA
9	华联机械集团有限公司	AAA
10	广东振声科技股份有限公司	AAA
11	浙江金石包装有限公司	AA
12	天津市燕南包装股份合作公司	AA
13	丹东市红升包装材料有限公司	AA
14	重庆博士德塑业（集团）有限公司	AA
15	河南光达邮电实业公司	AA

六、人才教育培训成果显现

行业发展最重要的问题就是人才问题。截至目前我国已有70多所高等院校设立了包装及相关学科，每年可为行业培养输送数千名专业人才。另外，通过职业技工院校、培训基地和实训基地，采取校企结合、勤工俭学、订单培养等方法，也为行业培养了大批优秀专业技能型人才。包装行业委员会从2011年开始，为改变行业的人才结构，进行了三个层次的行业培训工作，取得了满意的效果。

第一个层次是二代接班人。这些二代“掌门人”多数是有高学历或是有留学背景的高级专业人才。对这类人员的培训主要是进行专业再学习，从多个方面继续提高素质。

第二个层次是企业管理层。主要包括企业中具有一定管理经验的企业管理人员。对这类人员的培训主要是组织他们参加“职业经理人国家职业资格证书培训”，目的是为行业培养一批高素质的职业经理人。另外，行业还组织了包装企业总裁班，开展国际间培训交流合作项目，培养创新型、复合型人才。

第三个层次是技工。技工即企业中的技术工人。对这类人员的培训方式方法比较多，形式也比较灵活，比如订单培养，目的是提高技术能力。学员学成后一般到定向培养的指定公司实习，然后进入企业成为技术骨干，相当于培养企业自己的子弟兵。采用这种培养方式可以为企业培养一批热爱行业、对企业有忠诚度的人才，帮助企业获得更好的发展。

七、包装企业综合竞争能力和抗风险能力不断增强

截至2012年，我国包装业已有近100家包装生产企业成功挂牌上市，一大批企业登上中国包装行业“百强榜”，成为行业的骨干和中坚力量；初步搭建起高层次、务实性、专项性“中国包装产业金融服务平台”，着力开展境内外上市服务、股权融资、企业兼并收购、企业股权资产重组、贷款担保、融资租赁、债券发行、对外投资等金融服务项目，帮助企业实现高水平转型升级，跨越式发展，企业综合竞争能力和抗风险能力不断强化。

部分印刷包装上市企业2012年的业绩显示，大部分企业实现了营业总收入的增长，也有一部分企业出现营业总收入同比增长下降的局面。

珠海中富：2012年，珠海中富归属于上市公司股东的净利润预计将亏损1.75亿元。受行业疲软等负面因素影响，2012年第四季度下游需求未达到珠海中富预期，主营业务饮料包装收入环比出现大幅下降，主要产品的毛利率环比也有所下滑，导致公司第四季度出现较大亏损。基于公司整体规划及考虑后续市场状况，珠海中富决定对公司业务进行整合，这也导致资产减值增加。

永新股份：2012年，永新股份实现营业收入15.21亿元，同比增长0.52%；实现归属于上市公司股东的净利润1.79亿元，同比增长20.92%。公司主要生产真空镀铝膜、塑胶彩印复合软包装材料、药品包装材料、多功能高阻隔薄膜等高新技术产品。重视技术研发和产品创新，坚持以市场为导向，加之稳定的核心管理团队具有丰富的经验和敏锐的行业洞察力，促使永新股份在报告期内实现稳定增长。此外，公司年产1.2万吨多功能包装新材料项目主体设备于2012年10月投入使用，目前处于试车磨合期，受新产品小试、中试等因素影响，尚未正式进入达产期，项目效益尚未完全体现。

劲嘉股份：2012年，劲嘉股份实现营业总收入21.58亿元，比上年减少6.20%；实现营业利润5.40亿元，比上年增长0.34%；实现归属于上市公司股东的净利润4.38亿元，比上年增长12.63%。面对材料、人工等成本不断增长的压力，劲嘉股份一方面加强业务拓展，依托公司研发优势，加大新产品开发，调整产品结构；另一方面通过精益管理，推进降成本、增效益，使2012年度经营业绩保持平稳发展。

丽鹏股份：2012年，丽鹏股份实现营业总收入6.17亿元，比上年增长5.44%；实现营业利润0.56亿元，比上年增长14.12%；实现归属于上市公司股东的净利润0.42亿元，比上年增长214.42%。报告期内，丽鹏股份业绩稳步增长。其中归属于上市公司股东的净利润大幅增长，是由于上年同期公司下属铝塑厂一车间发生火灾，造成损失记入营业外支出0.25亿元所致。

通产丽星：2012年，通产丽星实现营业总收入10.56亿元，比上年增长13.79%；实现归属于上市公司股东的净利润0.76亿元，比上年下降25.81%。报告期内，营业收入的稳步增长主要归功于通产丽星持续加大业务拓展力度。净利润下滑的原因有：人工成本大幅增加导致产品毛利率下降；利息支出增加造成财

务费用大幅增长；部分客户新产品、新项目进展低于预期，致使前期准备的人工、设备及厂租等费用未能与产销形成配比，在成本增加的同时没有相应的收入增长。

大东南：2012 年，大东南实现营业总收入 8.80 亿元，比上年下降 28.42%；实现营业利润 -1.07 亿元，比上年下降 582.44%。报告期内，大东南所处包装材料行业产能急速扩张，公司传统产品的市场竞争日趋激烈，产品价格下滑幅度较大。公司自 2011 年起进行转型升级，逐渐处理了部分传统的包装生产设备，向新能源、新材料等高科技产品领域迈进，现处于过渡阶段，2012 年多个募投项目仍处于建设期，尚未达产显效，未有业绩贡献。受上述因素影响，2012 年公司经营业绩出现亏损。

美盈森：2012 年，美盈森实现营业总收入 10.33 亿元，比上年增长 22.99%；实现营业利润、归属于上市公司股东的净利润 1.29 亿元、1.07 亿元，比上年增长 21.54%、1.11%。报告期内，随着新建项目订单量的增加，美盈森的销售收入及营业利润实现了较大幅度增长，并呈现逐季提升的良好态势。在新建项目产能利用率上升带来的单位成本降低以及包装一体化服务在新客户中的逐步推广等综合因素的促进下，公司的毛利率水平逐步回升。此外，公司通过加强预算管理，费用控制已初见成效。

上海绿新：2012 年上海绿新总资产比上年增长 34.15%、股本增加 60.00%，归属于上市公司股东的每股净资产下降 32.05%。报告期内，三家新的子公司纳入合并，分别是江阴特锐达包装科技有限公司、优思吉德实业（上海）有限公司和福建泰兴特纸有限公司，使上海绿新的总资产有所增长。2012 年 6 月，公司 2011 年度利润分配方案获得股东大会通过，以资本公积转增股本，增加 1.28 亿股，增长 60%。

奥瑞金：2012 年，奥瑞金实现营业总收入 35 亿元，同比增长 23.21%；实现营业利润 4.90 亿元，同比增长 26.88%；实现归属于上市公司股东的净利润 4.05 亿元，同比增长 27.65%。报告期内，在国内宏观经济增速有所减缓的背景下，奥瑞金积极应对，加强内部控制管理，在保障对传统核心客户供货的同时，积极发展新客户，逐步开拓两片罐业务，保持了业务的稳定增长。

粤华包 B：2012 年与上年同期相比，粤华包 B 归属于上市公司股东的净利润预计可实现增长 110% ~160%，赢利 2.35 亿 ~2.9 亿元。报告期内，粤华包 B 成功转让所持有的利乐华新（佛山）包装有限公司 25% 股权，实现大额投资收益，引起净利润同比大幅增长。

万顺股份：2012 年，万顺股份预计归属于上市公司股东的净利润比上年同期增长 50% ~80%，实现赢利 1.26 亿 ~1.48 亿元。报告期内，鉴于万顺股份收购江苏中基 75% 股权、江阴中基 75% 股权的重大资产重组已于 2012 年 4 月实施完毕，并于 2012 年 4 月 1 日起与母公司并表，且公司全资子公司河南万顺等已于 2012 年开始投产、销售，公司 2012 年业绩较上年同期有较大幅度增长。

紫江企业：2012 年，与上年同期实现归属于上市公司股东的净利润 5.26 亿元相比，紫江企业预计将减少 60% ~70%。紫江企业预计业绩减少的主要原因有：薄膜业务受行业竞争影响，销售及毛利率下滑导致该业务利润较上年同期大幅减少；受国内软饮料行业增速下滑和原材料价格波动的影响，公司产品毛利率有所下降；公司投资新项目增加银行贷款规模导致财务费用增加较多，汇兑收益同比大幅减少；投资收益大幅减少。

附件：

2010 年中国包装优秀品牌名单（排名不分先后）

编号	品牌名称	品牌持有单位
CPF10 – H001	Beautystar	深圳通产丽星股份有限公司
CPF10 – H002	CHIEN YEH 图形	贵州千叶塑胶有限公司
CPF10 – H003	DareGlobal	大亚科技股份有限公司
CPF10 – H004	HG	佛山杜邦鸿基薄膜有限公司
CPF10 – H005	MG	青岛美光机械有限公司
CPF10 – H006	NANDA	南大（浙江）环保科技有限公司
CPF10 – H007	NOVEL 永新股份	黄山永新股份有限公司
CPF10 – H008	SALFO 上峰	上峰集团有限公司
CPF10 – H009	SN	海南赛诺实业有限公司
CPF10 – H010	SRS	上海人民塑料印刷厂
CPF10 – H011	爱迪尔	浙江爱迪尔包装集团有限公司
CPF10 – H012	奥瑞金	北京奥瑞金新美制罐有限公司
CPF10 – H013	百草园	浙江富陵控股集团有限公司
CPF10 – H014	百年人天	武汉人天包装技术有限公司
CPF10 – H015	博业	瑞安市博业激光应用技术有限公司
CPF10 – H016	昌氏牌	无锡鸿昌精密机械有限公司
CPF10 – H017	长春牌	长春印刷机械有限责任公司
CPF10 – H018	创美图	中山创美涂料有限公司
CPF10 – H019	春秋	张家港春秋科技有限公司
CPF10 – H020	大东南	浙江大东南集团有限公司
CPF10 – H021	大富	大连大富塑料彩印有限公司
CPF10 – H022	大自然	厦门大自然纸业有限公司
CPF10 – H023	德冠	广东德冠薄膜新材料股份有限公司
CPF10 – H024	东泰	营口东盛实业有限公司
CPF10 – H025	方圆	秦皇岛方圆玻璃有限公司
CPF10 – H026	高盟牌	北京高盟新材料股份有限公司

续 表

编号	品牌名称	品牌持有单位
CPF10－H027	海牛牌	浙江长海包装集团有限公司
CPF10－H028	合兴包装	厦门合兴包装印刷股份有限公司
CPF10－H029	和业	广东华业包装材料有限公司
CPF10－H030	恒远中汇彩印包装	新疆恒远中汇彩印包装有限公司
CPF10－H031	华丽	河南华丽纸业包装股份有限公司
CPF10－H032	华明	天津市津东华明纸箱厂
CPF10－H033	华特容器	深圳华特容器股份有限公司
CPF10－H034	华兴	广东华兴玻璃有限公司
CPF10－H035	界龙	上海界龙集团有限公司
CPF10－H036	金陵	南京金陵金箔股份有限公司
CPF10－H037	金石	浙江金石包装有限公司
CPF10－H038	金誉	金誉（河南）包装有限公司
CPF10－H039	金钟	陕西科龙塑业有限公司
CPF10－H040	九星	深圳市九星印刷公司
CPF10－H041	聚武机械	常州聚武机械有限公司
CPF10－H042	康和	中山市康和化工有限公司
CPF10－H043	珂牌	鞍山市发蓝钢带有限责任公司
CPF10－H044	科盛机械	江阴科盛机械有限公司
CPF10－H045	崂山玻璃	青岛崂山玻璃有限公司
CPF10－H046	领成	雄县领成包装材料科技有限公司
CPF10－H047	隆华	哈尔滨隆华艺达包装制品有限公司
CPF10－H048	绿成包装	浙江绿成包装集团有限公司
CPF10－H049	美盛隆	深圳美新隆制罐有限公司
CPF10－H050	美盈森	深圳市美盈森环保科技股份有限公司
CPF10－H051	秦诺	陕西北人印刷机械有限责任公司
CPF10－H052	锐利	方正国际软件（北京）有限公司
CPF10－H053	三王牌	湖北京山轻工机械股份有限公司

续 表

编号	品牌名称	品牌持有单位
CPF10 –H054	上洋	哈尔滨上洋包装制品有限公司
CPF10 –H055	沈防	沈阳防锈包装材料有限责任公司
CPF10 –H056	昇兴牌	昇兴（福建）集团有限公司
CPF10 –H057	胜达	胜达集团有限公司
CPF10 –H058	狮印	上海亚华印刷机械有限公司
CPF10 –H059	石岛	山东华鹏玻璃股份有限公司
CPF10 –H060	世界包装组织亚洲包装中心	亚洲包装中心有限公司
CPF10 –H061	双星牌	江苏双星彩塑新材料股份有限公司
CPF10 –H062	松德	中山市松德包装机械股份有限公司
CPF10 –H063	天锥	西安航天华阳印刷包装设备有限公司
CPF10 –H064	五牛	四川五牛印务有限公司
CPF10 –H065	笑妈妈	营口东盛实业有限公司
CPF10 –H066	新机	河南新机股份有限公司
CPF10 –H067	烟印	上海烟草包装印刷有限公司
CPF10 –H068	扬子	南京扬子塑料化工有限责任公司
CPF10 –H069	翼鹰	上海光华印刷机械有限公司
CPF10 –H070	永发	天津华一有限责任公司
CPF10 –H071	有恒	天津长荣印刷设备股份有限公司
CPF10 –H072	源兴包装	源兴包装（中国）有限公司
CPF10 –H073	远航	河南远航包装机械有限公司
CPF10 –H074	中金	江苏中金玛泰医药包装有限公司
CPF10 –H075	中粮包装	中粮包装控股有限公司
CPF10 –H076	珠海 letong	珠海市乐通化工股份有限公司
CPF10 –H077	DONGNAN	广东东南薄膜科技股份有限公司
CPF11 –H001	信联智通	广州市信联智通实业有限公司
CPF11 –H002	正业	正业包装（中山）有限公司

（韩永生　天津科技大学）

2012 年中国港口物流业

2012 年，全球经济欲暖还寒，在欧债危机持续发酵、新兴经济体意外疲软、地缘政治风险加剧等多重因素影响下，全球消费需求低迷，贸易保护主义愈演愈烈，全球经济增长陷入“失速”状态。在外贸疲软、内需不振的双重压力下，我国经济贸易未能延续往年的增长优势，增速放缓现象十分明显。受此影响，2012 年我国港口生产增速放缓，港口物流平稳发展。

2012 年，受世界经济持续低迷和对外贸易疲软的影响，我国港口物流发展呈现以下特点。

（一）港口生产增速普遍放缓

2012 年，我国港口吞吐量继续保持增长，但增速明显放缓。全年全国港口共完成货物吞吐量 107.76 亿吨，同比增长 7.3%。其中，规模以上港口完成货物吞吐量 97.8 亿吨，同比增长 7.78%；规模以上港口完成集装箱吞吐量 1.77 亿标准箱，同比增幅达到 7.93%（详见表 1）。

自 2009 年金融危机后，2010 年我国港口生产实现快速恢复，货物吞吐量和集装箱吞吐量同比增幅均达到两位数。然而自 2011 年开始，我国港口吞吐量增幅便出现逐年收窄态势。特别是我国实施结构调整、经济转型的战略后，电力、钢铁、水泥、化工、矿建材料等资源消耗较大的行业生产增长明显放缓，大宗商品需求迅速下滑，这一结果成为我国港口生产低增速的主因。

虽然我国港口吞吐量总体上增速普遍放缓，但部分沿海中小型港口及内河港口发展却十分迅速。2012 年，我国亿吨以上港口（包括沿海和内河港口）新增至 29 个，其中岳阳港（内河）和泉州港分别以 15% 和 10.1% 的增速挤入亿吨大港行列；吞吐量达到 2 亿吨以上的港口已增至 13 个。在国家对内河航运发展的大力支持下，内河港口实现了快速发展，吞吐量超过亿吨的内河港口已达到 10 个。2011 年和 2012 年我国货物吞吐量位居前三十名的港口情况如表 2 所示。

表1　2007—2012年我国规模以上港口货物吞吐量及集装箱吞吐量统计

年份		2007	2008	2009	2010	2011	2012
内贸	吞吐量（亿吨）	52.6	58.7	69.7	80.2	90.7	97.8
	同比增长（%）	15.10	11.60	18.70	15.10	13.09	7.78
外贸	吞吐量（亿吨）	17.91	18.99	21.8	24.73	27.57	30.2
	同比增长（%）	13.80	6.00	14.80	13.40	11.48	9.54
集装箱吞吐量	（亿标准箱）	1.14	1.29	1.22	1.45	1.64	1.77
	同比增长（%）	22.60	13.20	-5.40	18.90	13.10	7.93

表2　2012年和2011年我国货物吞吐量位居前三十名的港口情况统计

排名		港口名称	货物吞吐量（亿吨）		增幅	排名		港口名称	货物吞吐量（亿吨）		增幅
2011年	2012年		2012年	2011年	（%）	2012年	2011年		2012年	2011年	（%）
1	2	宁波—舟山港	7.44	6.78	9.67	16	16	连云港港	1.85	1.66	11.45
2	1	上海港	7.36	7.20	2.18	17	20	湖州港（内河）	1.78	1.45	22.51
3	3	天津港	4.76	4.51	5.54	18	19	北部湾港	1.74	1.53	13.80
4	4	广州港	4.34	4.29	1.17	19	18	厦门港	1.72	1.56	10.26
5	5	苏州港（内河）	4.28	3.80	12.61	20	17	湛江港	1.71	1.57	8.92
6	6	青岛港	4.07	3.75	8.53	21	24	镇江港（内河）	1.35	1.11	21.38
7	7	大连港	3.73	3.38	10.36	22	21	江阴港（内河）	1.32	1.28	3.13
8	8	唐山港	3.65	3.12	16.81	23	26	泰州港（内河）	1.29	1.00	29.21
9	9	营口港	3.01	2.61	15.44	24	23	黄骅港	1.25	1.11	12.16
10	11	日照港	2.81	2.53	11.07	25	22	重庆港（内河）	1.25	1.13	10.62
11	10	秦皇岛港	2.63	2.53	4.06	26	26	福州港	1.14	1.02	11.63
12	12	深圳港	2.28	2.23	2.17	27	25	嘉兴港（内河）	1.08	1.06	
13	13	烟台港	2.01	1.80	11.48	28	29	岳阳港（内河）	1.04	0.90	15.00
14	14	南京港（内河）	1.92	1.74	10.34	29	28	泉州港	1.04	0.94	10.10
15	15	南通港（内河）	1.85	1.73	6.90	30	30	杭州港	0.90	0.89	1.60

1. 货物吞吐量外贸好于内贸，同比增幅逐月收窄

2012年，我国港口货物吞吐量表现出增幅逐月收窄的态势，除2月由于1月的低基数影响，同比增速达到15.64%以外，其余各月均呈现个位数增长，且1月和8月的同比增幅甚至达到了自2011年1月以来各月的最低点，增幅均未超过5%。虽然国家在下半年及时出台了一些“稳增长”的政策措施，新上了一批大型基建项目来拉动经济增长，且自9月起港口

货物吞吐量增速结束了继续放缓态势，实现恢复性增长，但受2011年基数较高的影响，2012年下半年港口货物吞吐量增速仍不及上半年（如图1所示）。

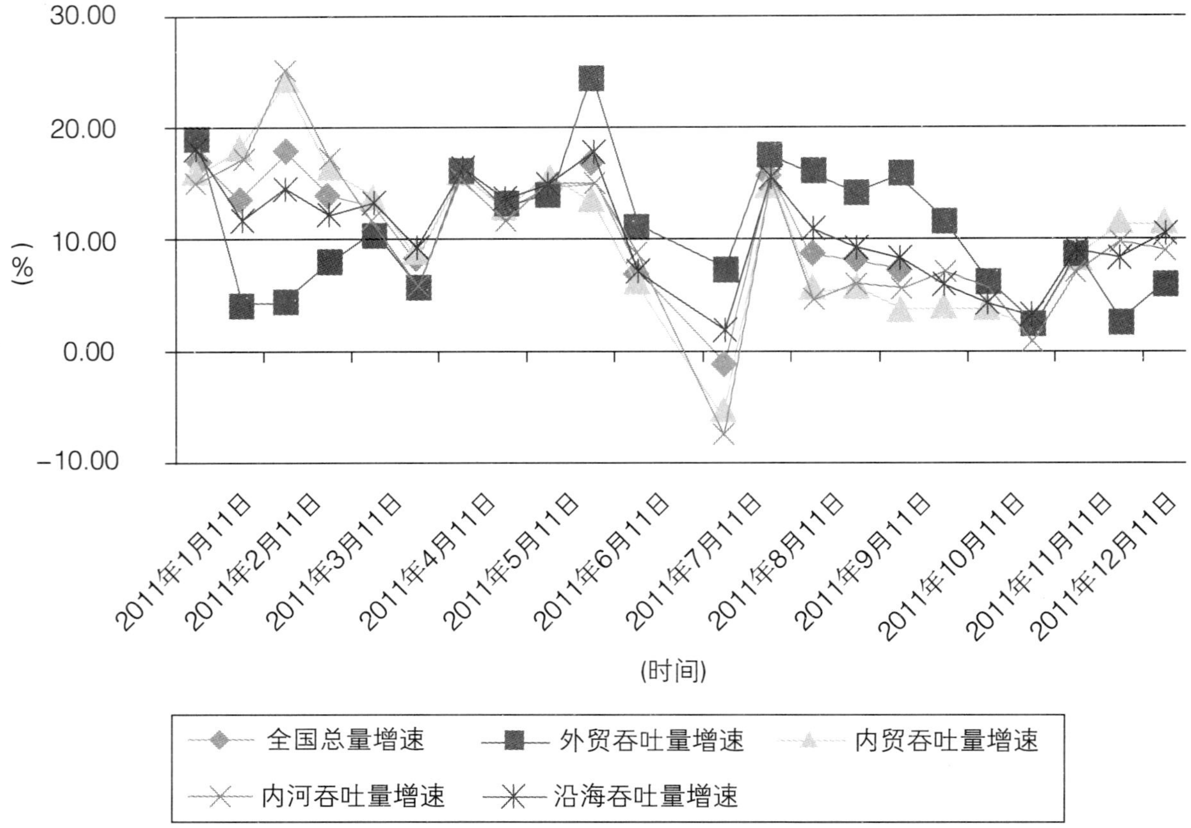

图1 2011—2012年规模以上港口内外贸吞吐量增速走势

2012年，我国港口货物吞吐量增长表现的一个明显特点是外贸增长好于内贸增长。从表1的数据可以看出，2007年以来我国的内贸增长一直好于外贸增长，而2012年情况却发生了逆转即外贸形势好于内贸形势，除四季度在国内加大投资力度内贸回暖，使得全季度内贸增速高于外贸外，其余时间外贸增速均高于内贸增速。而在外贸增速高于内贸增速的影响下，2012年我国沿海港口的货物吞吐量增速也高于内河港口货物吞吐量增速。详情如图2所示。全年沿海港口共完成货物吞吐量68.8亿吨，同比增长8.2%；内河港口共完成货物吞吐量38.96亿吨，同比增长5.9%。

2. 集装箱外贸好于内贸，全球市场份额继续增加

2012年，我国规模以上港口累计完成集装箱吞吐量1.77亿标准箱，同比增长7.93%，虽然增速较2011年回落了3.7个百分点，但在内外贸双双不振的情况下已属难得。集装箱吞吐量超过100万标准箱的港口由2011年的19个增加到22个，其中沿海港口18个，内河港口4个。环渤海湾部分港口受益于腹地物流业稳步增长，集装箱吞吐量保持了快速发展态势。大连港和日照港分别以26%和24.4%的增

速在全国港口集装箱排名中上升一位。苏州港和南京港以25.2%和27.7%的增速成为全国内河最大的两个港口，其集装箱吞吐量甚至超过部分沿海港口，位居全国第九和第十二位，详情如表3所示。

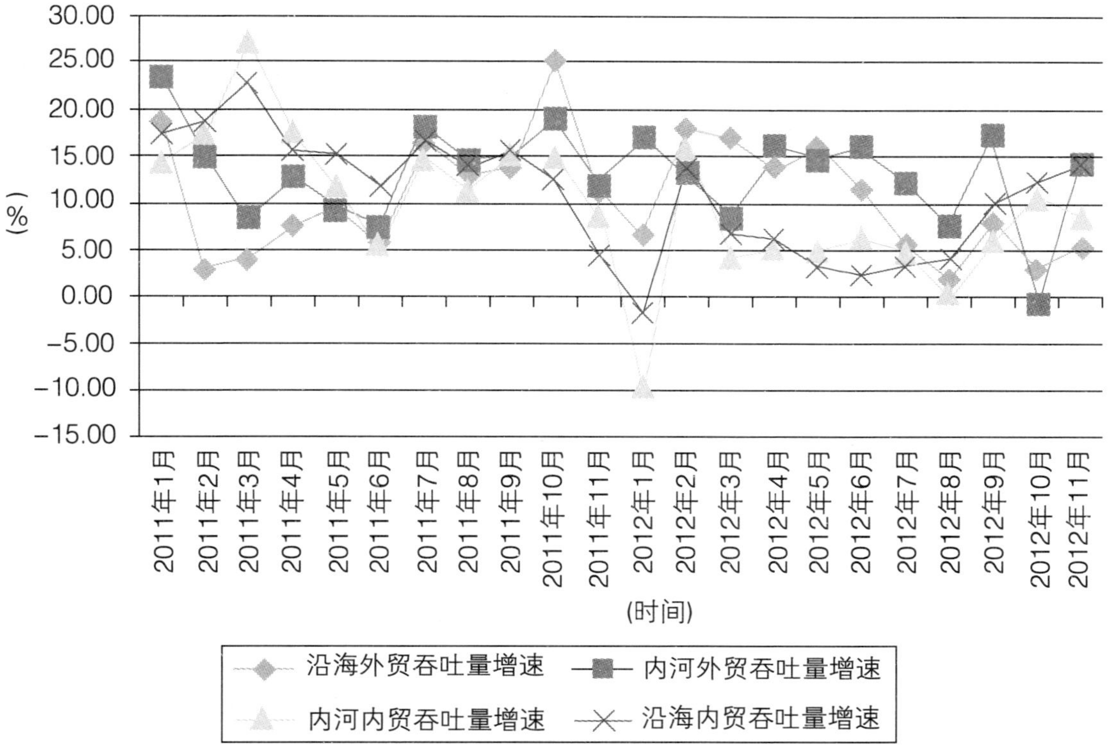

图2 2011—2012年我国规模以上沿海和内河港口内外贸吞吐量增速走势

表3 2012年我国港口集装箱吞吐量位居前20名的港口统计

排名	港口名称	2012年吞吐量（万标准箱）	同比增长（%）	2011年吞吐量（万标准箱）	同比增长（%）
1	上海港	3253	2.49	3173.9	9.30
2	深圳港	2294.1	1.96	2249.9	0.00
3	宁波—舟山港	1617.5	10.49	1463.93	11.30
4	广州港	1454.7	1.67	1430.8	14.30
5	青岛港	1450.27	11.38	1302.04	8.40
6	天津港	1230.3	6.17	1158.8	14.80
7	大连港	806.4	26.00	640	21.70
8	厦门港	720.17	11.46	646.1	10.90
9	苏州港	586.35	25.15	468.5	28.60

续 表

排名	港口名称	2012 年吞吐量（万标准箱）	同比增长（%）	2011 年吞吐量（万标准箱）	同比增长（%）
10	连云港港	502.01	3.46	485.2	25.30
11	营口港	485.1	20.28	403.3	20.80
12	南京港	230.03	27.72	180.1	24.00
13	烟台港	185.05	8.28	170.9	10.90
14	福州港	182.50	9.94	166	12.80
15	日照港	174.92	24.41	140.6	32.50
16	泉州港	169.70	8.16	156.9	14.60
17	汕头港	124.96	13.50	110.1	18.00
18	中山港	123.7	–3.89	128.7	2.90
19	锦州港	86.9	3.58	83.9	11.10
20	珠海港	81.1	–0.98	81.9	17.80
总计		15758.76	7.6	14641.57	11.1
全国总计		17758	8.5	16367	12.0

2012 年，我国港口集装箱运输生产形势仍比较稳定。除 7 月和 8 月在上年高基数的影响下增速不足 4%，其他月份增速均在 8% 左右（如图 3 所示）。分航线看，国际航线、内支线和内贸航线集装箱吞吐量分别比上年增长 1.9%、20.6% 和 16.3%。国际航线中，欧洲航线下降了 5.1%、美国航线增长了 1.6%。数据表明，在欧美国家经济不景气、消费需求下滑的影响下，我国港口国际航线的集装箱吞吐量大幅萎缩，阻碍了港口箱量的快速增长；而内支线和内贸线的集装箱吞吐量仍然保持较快增长，成为我国港口发展的新引擎。

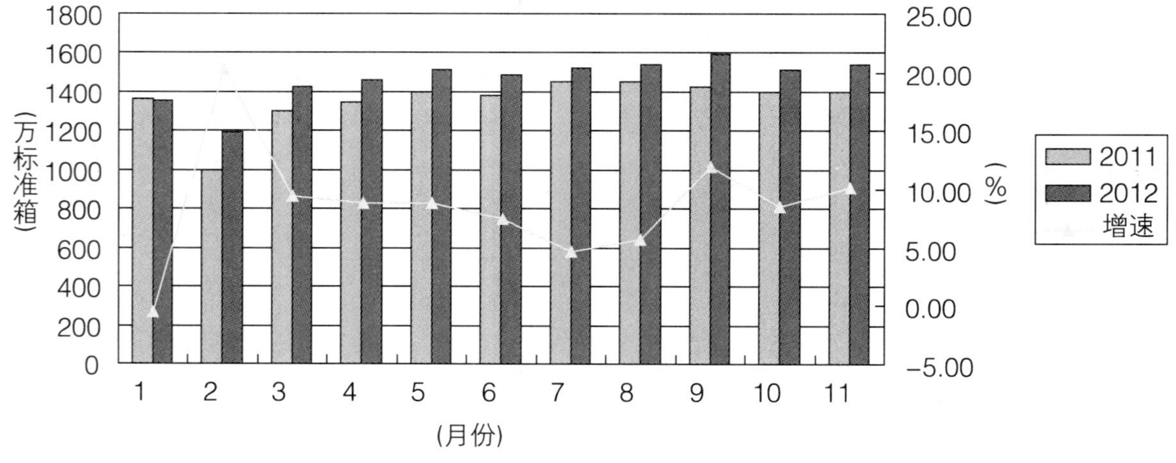

图 3　2011 年和 2012 年我国规模以上港口集装箱吞吐量

2012年，虽然我国集装箱吞吐量增速有所下滑，但在全球集装箱量中的比重仍在提升。2005年，我国港口集装箱量仅占全球集装箱处理量的19%，而2012年这一数字已提升至28.7%，我国集装箱港口在世界上的地位仍在稳步提升。从全球前二十大集装箱港口来看，排在前十的席位皆被亚洲港口所占。其中，我国港口更是独占7席（包含香港在内），上海港继续蝉联世界第一，大连港则凭借26.0%的增速成为前二十大港口中增速最快的港口，并且排名上升两位至17位（参见表4）。

表4　　2012年全球前二十大港口集装箱吞吐量排名

排名		港口名称	集装箱吞吐量（万标准箱）		增长率（%）
2011年	2012年		2011年	2012年	
1	1	上海港	3172	3253	2.5
2	2	新加坡港	2994	3160	5.7
3	3	香港港	2441	2310	-5.3
4	4	深圳港	2258	2294	1.6
5	5	釜山港	1618	1703	5.2
6	6	宁波—舟山港	1480	1617	10.5
7	7	广州港	1430	1454	1.7
8	8	青岛港	1302	1450	11.4
9	9	迪拜港	1301	1327	2.0
11	10	天津港	1157	1230	6.2
10	11	鹿特丹港	1185	1187	0.2
13	12	巴生港港	960	999	4.1
12	13	高雄港	964	984	2.1
14	14	汉堡港	901	893	-0.9
15	15	安特卫普港	866	863	-0.4
16	16	洛杉矶港	794	808	1.8
19	17	大连港	640	806	26.0
17	18	丹戎帕拉帕斯港	750	772	2.9
18	19	厦门港	646	720	11.5
22	20	丹戎不碌港	580	638	10.1

3. 铁矿石吞吐量平稳增长，原油、煤炭吞吐量增长乏力

2012 年，我国港口共完成液体散货吞吐量 9.06 亿吨，比上年下降 0.5%；完成干散货吞吐量 62.91 亿吨，比上年增长 7.4%；完成件杂货吞吐量 10.64 亿吨，比上年增长 4.6%；完成集装箱吞吐量（按重量计算）19.81 亿吨，比上年增长 11.7%；完成滚装汽车吞吐量（按重量计算）5.33 亿吨，比上年增长 10.2%。液体散货、干散货、件杂货、集装箱和滚装汽车在港口货物吞吐量中所占比重分别为 8.4%、58.4%、9.9%、18.4% 和 4.9%。

2012 年，尽管我国经济增速减缓且钢铁生产企业面临严重的产能过剩和巨大亏损，但铁矿石进口量依旧不减，同比增长 8.4% 达 7.436 亿吨，并创下历史新高。有多种因素在推动铁矿石进口增长，包括铁矿石进口价格较低、国内落后的铁矿石产能陆续被淘汰、铁矿石库存大体持平以及将从 2013 年年初开始提振全国钢铁消费的基础设施投资项目等。2012 年，我国规模以上港口共完成铁矿石吞吐量 13.29 亿吨，同比增长 7.7%。其中，外贸吞吐量达到 7.96 亿吨，同比增长 10.6%。其中，唐山港进口铁矿石翻番达到 4677 万吨，铁矿石吞吐量增速达到 29%；宁波港共完成铁矿石接卸量 8218 万吨，同比增长 14.56%。

2012 年，我国原油进口量达到 2.71 亿吨，同比增长 6.8%，但进口增长并非由下游需求带动，而是由于国际油价回落和战略性库存以及新置炼油设备投产带来的商业性补库需求增加所致。各大港口原油装卸情况不甚理想，主要原油装卸港中，宁波—舟山港、天津港与大连港的原油装卸量均落入负增长区间，同比增速分别为 -14.8%、-9.3% 和 -11.6%。

2012 年，我国煤炭吞吐量同样表现惨淡。受经济形势低迷不振、极端恶劣天气、进口煤涌入等诸多外在因素影响，主要煤炭港口吞吐量均出现不同程度的负增长。2012 年，我国主要发煤港口合计发煤量约 5.9 亿吨，较上年下降 5.7%，其中秦皇岛港和天津港的煤炭吞吐量下滑了 6.7% 和 10.2%。

4. 区域港口发展不平衡

2012 年，我国港口生产表现出明显的区域不平衡现象，环渤海港口增速普遍高于珠三角和长三角港口。青岛港、大连港、营口港和日照港无论是港口货物吞吐量还是集装箱吞吐量都保持了较稳定的增长甚至是高速增长，部分港口吞吐量增速甚至超过 20%。珠三角港口的情况最糟，深圳港和广州港的货物吞吐量和集装箱吞吐量增速均未超过 2%。2012 年我国各区域港口集装箱吞吐量情况详见表 5。

表 5　　2009—2012 年我国各区域港口集装箱吞吐量概况

区域名称	2012 年（万标准箱）	同比增长（%）	2011 年（万标准箱）	同比增长（%）	2010 年（万标准箱）	同比增长（%）	2009 年（万标准箱）	同比增长（%）
环渤海湾	4418.6	13.3	3899.5	14.5	3405.5	17.3	2904	3.8
长三角	6188.3	7.2	5778.6	12.9	5118.3	20.5	4245.7	-7.3
东南沿海	1072.3	10.7	969	11.9	866.4	21.1	715.4	-3.6

续 表

区域名称	2012 年（万标准箱）	同比增长（%）	2011 年（万标准箱）	同比增长（%）	2010 年（万标准箱）	同比增长（%）	2009 年（万标准箱）	同比增长（%）
珠三角	4076.1	1.9	4000.7	5.5	3793.4	18.8	3192.7	-8.6
合计	15755.3	7.6	14647.8	11.1	13183.6	19.2	11058.8	-4.8

（二）港口建设稳步推进

随着“十二五”规划的港口项目相继开工，我国港口建设稳步推进。2012 年，我国沿海港口建设投资达到 870 亿元，较 2011 年略有减少。截至 2012 年年末，我国港口拥有生产用码头泊位 31862 个，比上年年末减少 106 个。其中，沿海港口生产用码头泊位 5623 个，比上年年末增加 91 个；内河港口生产用码头泊位 26239 个，比上年年末减少 197 个。截至 2012 年年末，我国港口拥有万吨级及以上泊位 1886 个，比上年年末增加 124 个，其中万吨级及以上泊位中专业化泊位已达 997 个。由于 2012 年全国港口吞吐量增速放缓，新增港口吞吐能力快于港口吞吐量的增速，沿海大型专业化码头表现出适度超前状态。

1. 船舶大型化加速专业码头大型化发展

2012 年，即使我国经济增速放缓，但国际三大矿商必和必拓、力拓和淡水河谷对于我国铁矿石的需求量仍表现出极大信心。基于对我国市场的看好，2012 年淡水河谷依然继续谋求其 40 万吨级矿砂船在我国港口靠泊。虽然出于安全等因素考虑，我国相关部门在 2011 年年底拒绝了淡水河谷 40 万吨级巨型货船的靠泊计划，然而为了更好地服务国内的钢铁企业，我国政府于 2012 年年底再次计划向淡水河谷的 40 万吨级矿砂船开放港口。为了满足对大船靠泊需求，我国沿海主要铁矿石港口都在着力于疏浚航道、建造新的深水码头以迎接大船的挂靠。

目前，我国已批准在宁波—舟山港建设 5 个大型铁矿石泊位来满足 40 万吨级船舶的挂靠，总投资约 7.7 亿美元，可供 5 万乃至 40 万吨级的船舶挂靠。天津港为了迎接大船的到来，30 万吨级航道二期工程已在 2012 年开工，该航道建成后，可以满足吃水在 21 米以内的 30 万吨级油船和散货船进出港的通航需求。我国环渤海湾的干散货码头建设力度相对其他地区较大，包括丹东港、黄骅港、烟台港、曹妃甸港等主要的干散货港口都有港口扩能计划。丹东港的大东港区将建设 20 万吨的矿石泊位，烟台港将重点建设西港区 40 万吨级矿石泊位，黄骅港综合港区航道南岸线、大型干散货区自西向东也将建设 4 个 20 万吨级专业化矿石泊位，年设计通过能力为 5000 万吨。

2. 南方煤炭码头建设加速

为了节约购煤成本，南方电厂用户大量增加煤炭进口量，部分情况下会出现南方煤炭港口拥堵问题。为了解决南方港口严重的压船现象，2012 年南方主要港口加大了对煤炭码头的建设力度。随着南方大型煤炭专业码头的建成，南方煤炭码头将能实现与北方煤炭码头良好对接，有利于北煤南运通道得到保障。福建省计划在莆田建设福建省最大的湄洲湾煤炭码头，以改善湄洲湾沿岸缺乏专业化公用煤炭码头的现状。该项目拟在东吴港区建设10万吨级和7万吨级煤炭接卸泊位各1个，设计年通过能力为1500万吨。国投计划在广西钦州建设服务“北煤南运”上水码头和进口煤炭上水码头，投资14.85亿元新建1个5万吨煤炭接卸泊位，并改造1个7万吨煤炭接卸泊位，新增的接卸能力将达到860万吨。

3. 内河码头向大型化、专业化发展

2012年，我国内河码头的建设力度和速度达到了空前的规模。沿长江的重庆港、岳阳港、武汉港、芜湖港、南京港等内河港口新建的码头呈现大型化发展趋势，并且LNG等专业化码头也逐渐得到发展。合肥市、马鞍山市、嘉兴市、云南省、潍坊市、梧州市等地区的内河港口建设在各省市政府的支持下不断提速。重庆港将在主城港区佛耳岩码头、万州新田港口物流园区、涪陵港区龙头山码头、石柱港区江家槽码头、永川港区朱沱作业区开展码头建设工作，年通过能力可增加2000多万吨。湖北将扩大产能，尤其是加大对油品及化工品等专业码头的建设。合肥内河码头建设同样遍地开花，派河上即将开工建设的中派综合码头比现在的合肥港综合码头一期工程规模还要大。我国内河已形成基本的干支直达、通江达海的港口体系。

4. 码头岸线资源利用集约化、管理规范化

码头岸线资源是港口建设生产的基础性资源，也是不可再生的自然资源。随着我国对港口通过能力的需求不断增加，码头建设力度随之加大，岸线资源开发范围不断扩大。2012年，为了建设“两型港口”实现集约式发展，全国各地都加大了对码头岸线的规范化管理，使得码头资源实现集约化利用，防止过度开发。交通运输部与国家发展与改革委员会共同制定的《港口岸线使用审批管理办法》于2012年7月1日正式实施，该办法明确规定，港口深水岸线使用需实行“地方受理、省级审核、中央审批”的三级审批程序，批准之日起两年内必须开工建设，一次许可期限最高为50年。该办法的实施规范了港口岸线使用的审批范围、程序、内容和形式，有利于保证我国港口岸线深水深用、节约高效、合理利用、有序开发。河北省、辽宁省、马鞍山市等地也制定了相应的措施以提高岸线的集约化利用，优先保障公用码头建设的需要。

（三）港口口岸环境得到优化

2012年，在国家和各级政府的政策推动下，我国港口口岸环境得到优化。

2012年，国务院批准发布《国家口岸发展规划（2011—2015年）》。该规划明确，“十二五”期间我国共有95个新开和扩大开放口岸项目列入其中，包括计划新开口岸39个。根据该规划，我国共有50个沿海水运口岸开放项目列入其中，占总数的52.6%；边境口岸项目31个，占总数的32.6%。截至2012年，我国共有经国务院批准对外开放口岸284个，其中沿海地区146个、沿边地区111个、内陆地区27个。“十二五”期间，我国将推动运行效益较好的口岸开放，同时对运行不达标准、功能退减或布局不合理的口岸，进行必要的整合。浙江省的宁波、舟山、温州、台州和嘉兴5个水运口岸扩大开放项目列入该规划，共涉及27个港区101个子项目、177座码头（215个泊位）、34座船坞，预计扩大开放后浙江省水运口岸年进出口货物吞吐量将增加3.4亿吨，国际集装箱吞吐量将增加650万标准箱。

青岛海关实施区域通关“一次申报、一

次查验、一次放行”，内陆企业可以自由选择属地海关进行申报，在口岸海关进行验放，包括乌鲁木齐、哈尔滨、海口等26个口岸都可被青岛区域通关政策所覆盖。上海港积极推行跨关区“属地报关，口岸验放”通关模式，积极实施通关作业无纸化改革，深化区域通关改革。2012年8月，上海口岸已与全国所有直属海关建立了区域通关合作机制。

（四）无水港辐射范围继续扩大

2012年，随着我国产业内移以及货运铁路的进一步发展，无水港发展继续推进，无水港覆盖范围继续扩大，网络日益完善，越来越多的沿海港口深入内地设立无水港，在珠三角及西南地区港口群，甚至出现了多港争取同一内陆城市的局面。

2012年，我国沿海港口自北向南继续拓展内陆腹地。北方天津港继续牵手安阳设立其第23个无水港区，2012年天津港已运营的无水港共完成运营量17.7万标准箱，同比增长15.3%，推动了天津港集装箱业务的稳定增长。烟台港务集团下属龙口港也在我国西部的青州推进无水港建设。珠三角港口群的积极扩张尤为引人瞩目，深圳港联姻长沙开通首个无水港区，广州港紧随其后积极组建衡阳无水港。

（五）海铁联运发展成效显著

自交通运输部和铁道部签署《关于共同推进铁水联运发展合作协议》、联合发布《关于加快铁水联运发展的指导意见》一年多以来，我国集装箱铁水联运发展成效显著，运输网络得到完善、体制机制实现创新、信息化和服务水平不断提高。2012年我国集装箱铁水联运量预计将达到202万标箱，同比增长4%（2011年为194万标准箱，同比增长19%），其中2012年前11个月6条示范通道共发送集装箱120.6万标准箱，有效助推了中西部地区外向型经济的快速发展。

2012年，温州港集团和浙江金温铁道公司联手开展的海铁联运业务共完成疏运量600万吨，创下年疏运量历史最高纪录。

宁波港域2012年累计完成集装箱海铁联运5.947万标准箱，同比增长27.45%，超额完成年度任务，海铁联运重箱到发率明显上升，达到56%。

2012年大连港新增3条集装箱海铁联运班列，尤其是窑湾到沈阳东的汽车零部件海铁联运运输体系得到进一步完善，全年完成铁海联运量38万标准箱，同比增长保持在5%～6%。

2012年连云港铁水联运集装箱量合计完成30.3万标准箱，与上年基本持平。其中，新亚欧大陆桥过境箱完成7.8万标准箱，因阿拉山口通道换装能力受限，箱量相比上年下降26%。连云港至霍尔果斯集装箱直达列车在2012年12月15日首发后运行稳定，半个月发送4列，完成过境运输414标准箱，不再受单通道换装能力的限制。

（六）绿色自动化港口加速发展

1. 我国推出首个智能环保型全自动化码头

全自动化码头在欧美等人力成本较高的发达国家应用比较广泛，然而随着我国人力成本逐年上涨，码头自动化也将成为未来发展的趋势。2012年，厦门远海集装箱自动化码头建成，成为我国首个智能环保型的全自动化码头。该码头位于厦门海沧保税港区14#泊位及部分15#泊位，设计通过能力为78万～91万标准箱/年，年吞吐能力相比传统码头将增加20%～40%。该码头取消了传统码头水平运输大量应用内燃机驱动的集装箱搬运装置，改用电驱动的集装箱搬运装置，自动导引小车（AGV）首次采用锂电池动力，综合碳排量可减少 14%，整个码头系统比传统码头节能 25% 以上。此外，码头集装箱现场作业过程实现全自动化，大幅提升了码头的管理水平。

2. 港口节能减排资金支持力度加大

为了有效引导和促进交通运输节能减排目标实现，近几年中央财政增加了交通运输节能减排专项资金，用于支持公路水路交通运输节能减排项目实施。其中，2011—2012 年支持港口实现节能减排项目达到 55.5 项，主要包括油改电、油改气、岸电、设备、工艺、照明、供热、管理、操作、施工十类。在国家政策的支持下，我国各港口在节能减排方面也发生了明显的变化。2012 年我国港口节能减排项目的情况如表 6 所示。

表 6　2012 年我国港口节能减排项目概况

项目类型	项目数量	专项资金支持经费（万元）	转向资金支持经费份额（%）
油改电	21	6889	50.7
管理	15.5	2614	19.2
施工	4	1173	8.6
岸电	3	1088	8
工艺	3	826	6
油改气	2	507	3.7
供热	2	222	1.6
操作	2	118	0.9
设备	2	93	0.7
照明	1	57	0.4
总计	55.5	13587	100

（赵楠　上海海事大学　上海国际航运研究中心）

2012 年中国物流地产业

受国际国内政治经济环境变化以及政府宏观调控政策转变等多重因素的影响，2012 年我国物流业总体运行放缓趋稳，稳中有进；物流基础设施建设稳步推进，物流业固定资产投资增速趋稳；物流地产市场需求平稳增长，物流服务设施租金稳步上扬；以物流园区、物流中心、配送中心、分拨中心、物流仓库等为主体的物流地产业在中国继续保持良好的发展态势。

2012 年，在我国国民经济运行缓中企稳、物流业运行态势总体良好、物流基础设施建设稳步推进、物流园区的规划和建设更趋平衡的背景下，我国物流地产业发展迅猛。

（一）物流基础设施建设稳步推进，物流业固定资产投资增速趋稳

自 2009 年至今四年来，我国政府陆续出台了一系列推动物流业发展的政策，我国物流基础设施投资与建设环境明显改善，并逐渐趋向理性。

特别是在 2012 年 6 月国家发展改革委等 12 部门联合发布的《关于鼓励和引导民间投资进入物流领域的实施意见》的出台，各级政府积极鼓励和引导民间资本投资物流基础设施建设领域，2012 年，我国物流业固定资产投资总额继续保持较快增长，呈现逐月回升态势。如下表所示。

2012 年物流相关行业固定资产投资情况表

	第一季度	前两季度	前三季度	全年
物流相关行业固定资产投资（亿元）	5000	15000	26000	40000
物流相关行业固定资产投资增速（%）	7.7	12.7	18.9	23.9
固定资产投资（不含农户）同比增长（%）	20.9	20.4	20.5	20.6

注：“固定资产投资（不含农户）”等于原口径的城镇固定资产投资加上农村企事业组织项目投资。

2012 年，我国的物流相关行业固定资产投资完成额 4 万亿元，同比增长 23.9%，增幅比 2011 年回升了 16.1 个百分点，比 2012 年全年固定资产投资（不含农户）增幅高出了 3.3 个百分点；物流业的平稳发展保障了固定资产投资总水平的稳定。从行业分布来看，交通运输业完成投资额 2.6 万亿元，同比增长 20.2%，增速同比加快 18 个百分点；仓储邮政业和贸易业完成投资额 1.4 万亿元，同比分别增长 28.8% 和 33%。

由于 2011 年《关于促进物流业健康发展政策措施的意见》和 2012 年《关于物流企业大宗商品仓储设施用地城镇土地使用税政策的通知》以及《关于鼓励和引导民间投资进入物流领域的实施意见》等一系列物流领域相关政策措施的贯彻落实，交通运输业投资增幅稳步回升并趋于常态增长，全国道路交通运输网建设稳步推进；物流相关行业固定资产投资继续向仓储物流和商贸服务设施倾斜，促进了区域性物流配套设施的建设和全国性物流网络的布局。

根据铁道部统计中心公布的 2012 年全国铁路主要指标完成情况显示[①]，2012 年我国铁路固定资产投资 6309.79 亿元，其中基本建设投资 5185.06 亿元，比上年同期增加 583.79 亿元，同比增长 12.7%。伴随铁路基础建设领域固定资产投资的持续回暖，2012 年全国铁路新开工项目由年初确定的 9 个增加到 22 个，特别是在第四季度，由于宝兰客专（宝鸡到兰州）、宁西复线（南京到西安）、榆黔扩能（重庆到贵阳）等一大批铁路重大项目相继开工，我国铁路建设已进入新一轮的快速发展期。

根据交通运输部综合规划司发布的 2012 年全国交通运输经济运行情况显示，交通固定资产投资规模维持高位，增速前低后高，结构继续优化。据预计，2012 年全年完成公路水路交通固定资产投资 1.43 万亿元，同比下降 1.2%，投资规模在 2011 年首次超过 1.4 万亿元后继续保持高位，但增速较"十五"、"十一五"时期明显放慢。

从区域分布来看，东、中、西部地区分别完成固定资产投资 5390 亿元、3572 亿元和 5325 亿元，同比下降 2.8%、3.7% 和增长 2.3%，特别是西部地区能够保持相对较快的增长势头，投资占比也较 2011 年提高了 1.3 个百分点。可以看出，交通运输投资分布已经开始由东部沿海地区逐渐向中西部、"老少边穷"等内陆地区倾斜，公路和水路等规划和布局更趋区域性均衡。

从行业分布来看，一是公路建设平稳有序，2012 年预计完成投资 1.24 万亿元，同比下降 1.2%，新增公路通车里程 8.7 万千米，其中高速公路 1.1 万千米，新改建农村公路 19.4 万千米。二是水运建设加快推进，其中：内河建设全年预计完成投资 455 亿元，同比增长 14.3%，新增及改善内河航道里程 789 千米；沿海建设全年预计完成投资 1001 亿元，同比下降 0.6%，新扩建泊位 475 个，其中万吨级泊位 123 个。三是民航基础设施建设稳步推进，支持以大中型机场为核心，积极建设综

① 为反映全国物流园区地理分布状况，在 2006 年、2008 年和 2012 年的三次全国物流园区（基地）调查中，调研组采用了国家"十一五"规划中将全国划分为八大经济区域的方法，本报告沿用该方法。即：东北经济区，北部沿海经济区，东部沿海经济区，南部沿海经济区，黄河中游经济区，长江中游经济区，西北经济区，西南经济区。

合交通枢纽，民航业全年预计完成投资1320亿元，其中基础设施建设投资约700亿元。

（二）物流地产市场需求增长迅速，物流服务设施租金不断上扬

根据国际知名房地产投资管理及服务公司世邦魏理仕和仲量联行的研究报告，2012年中国物流地产市场需求增长迅速，物流服务设施租金不断上扬。究其原因，主要包括以下三点：

一是由于对世界经济的持续低迷和中国市场发展前景的良好预期，2012年国内外企业继续加快在中国地区的扩张步伐，战略布局不再局限于东部沿海地区，已经逐渐向中、西部地区开拓和推进，这就不断催生了对更多更优质的工业厂房、研发基地和仓储物流服务等基础设施设备的市场需求。

二是根据2011年中央经济工作会议的战略部署，各地方政府牢牢把握“扩大内需”这一经济发展的战略基点，将扩大内需的重点更多放在保障和改善民生、加快发展现代服务业和提高中等收入者比重上来，人均可支配收入稳步提高，消费能力和消费水平明显增强。据初步测算，2012年全社会消费品零售总额210307亿元，比上年增长14.3%，扣除价格因素，实际增长12.1%。国内商贸消费市场的持续繁荣和稳定发展，极大地拉动了物流仓储设施和服务需求的快速增长。

三是高新技术产业、连锁零售企业和电子商务的发展，对物流仓储设施和配送中心的市场需求和服务质量要求也在不断提高，但国内大多数的物流园区和物流企业在服务设施和水平上还很难满足相关企业的要求，这样导致了物流地产市场需求的供需紧张局面不断升温。

世邦魏理仕研究部发布的《中国地产观察报告（2013）》中指出，2012年中国仓储物流市场保持活跃，电子商务行业与传统商贸零售业是主要的需求来源。由于在过去几年内供应有限且大多数项目空置率偏低，全国仓储物流市场依然是业主主导的市场。截至2012年第四季度末，全国15个主要城市中除杭州外，仓储物流设施的平均租金水平都实现了不同程度的增长；随着越来越多的企业将生产基地由东南沿海地区转移至内地，年内中西部地区仓储物流市场表现得更为活跃；鉴于仓储物流市场的供给持续紧张，许多企业开始采取买地自建的方式，这一现象在电子商务行业领域表现得尤为明显。另据仲量联行发布的《2012年度北京房地产市场报告》和《2012年度成都房地产市场报告》指出，由于受到第三方物流、电子商务以及传统商贸零售等相关行业的强劲需求拉动，北京地区和成都地区的物流地产市场需求旺盛，物流仓储设施租金都保持了较快增长。

2012年，北京对优质物流物业的需求已连续第三年保持强劲增长，全年市场的净吸纳量远高于市场供应，物流物业租金增幅达到13.6%。在2012年年初，北京空港物流基地和通州物流基地的多个新开工项目均取得了十分理想的预租率，截至2012年年底仅有一个项目尚有部分面积未出租。由于北京地区物流用地日益紧张，物流地产开发商开始逐渐转向廊坊和天津市场。2012年，成都地区物流市场物业的需求也十分旺盛，专业化标准化仓库供不应求，其租金约为26.5元/（平方米·月），同比增幅为8.9%；非标准仓库价格为20元/（平方米·月），同比增幅为4.5%。

（三）物流地产规划与建设趋向理性，区域性发展更趋科学协调

2012年，在国务院办公厅发布的《关于促进物流业健康发展政策措施的意见》引领下，全国各地区物流相关部门加强物流园区规划与建设的科学化和系统性，物流地产的区域性发展更趋均衡。

根据2012年中国物流与采购联合会和中国物流学会联合发布的《第三次全国物流园区（基地）调查报告》的调研结果，经核实，入选《2012年度中国物流园区（基地）名录》的各类物流园区共计754家；与2006年的207家相比，增长了264%；与2008年的475家相比，增长了58.7%。2006年以来，我国物流园区的数量保持稳步增长，如图1所示。

从物流园区的建设状态来看，在754家物流园区中，有165家正在规划中、有241家正在建设中、有348家正在运营中，占比分别为22%、32%和46%。如图2所示。

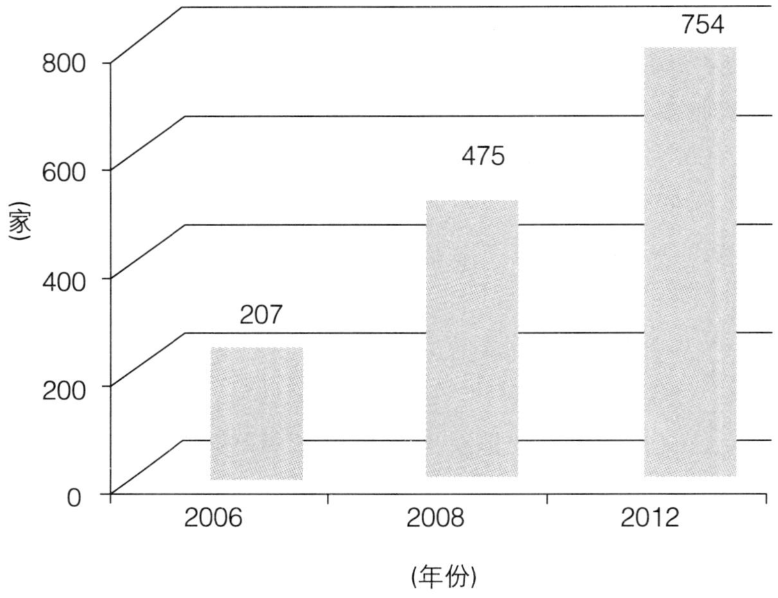

图1 2006年、2008年和2012年全国物流园区（基地）数量对比

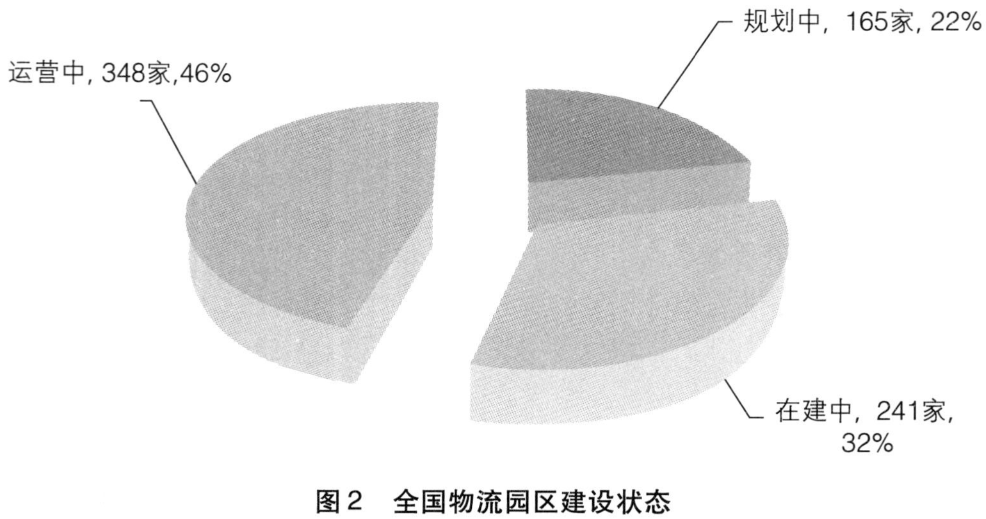

图2 全国物流园区建设状态

与2008年的调查结果相比，处于规划状态的物流园区由原来的134个增加到165个，占比由原来的28%下降至22%；处于在建状态的物流园区由原来的219个增加到241个，占比由原来的46%下降至32%；处于运营状态的物流园区由原来的122个增加到348个，占比由原来的26%大幅提升至46%。如图3和图4所示。

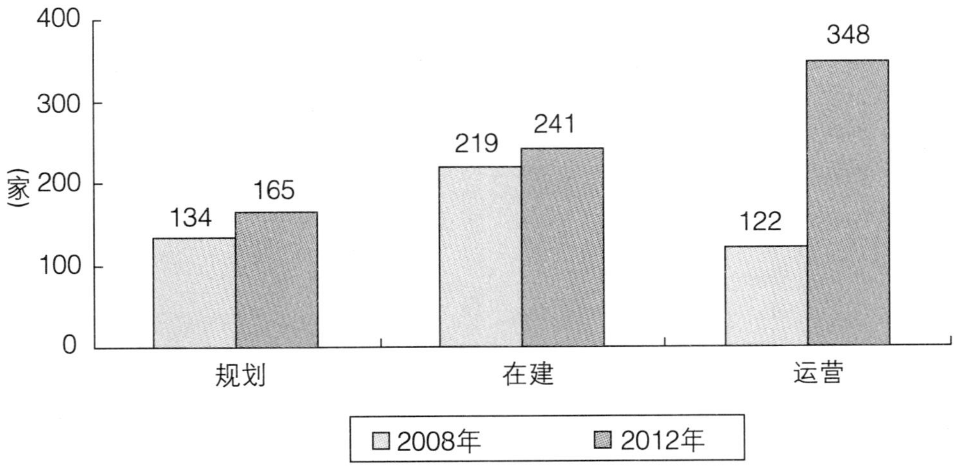

图3　2008年和2012年全国物流园区建设状态对比

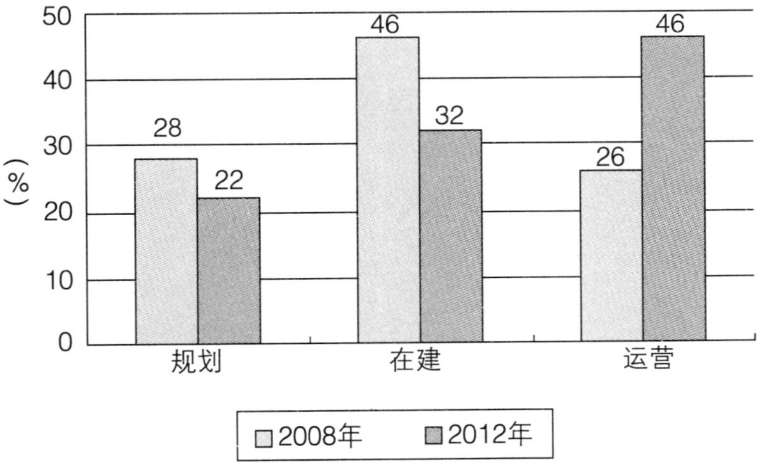

图4　2008年和2012年全国物流园区建设状态占比

与2008年相比，目前处于运营状态的物流园区占比明显升高，而处于规划和在建状态的物流园区比例有较大下降。这表明，2009年以来我国物流园区的发展迅速加快，已完成规划的物流园区相继投入建设和运营，运营状态中的物流园区占比接近50%。受益于《物流业调整和振兴规划》等一系列政策措施以及《物流业发展中长期规划》和《全国物流园区发展规划》等一系列规划编制工作的影响，各级地方政府积极制订科学协调的物流业发展规划，避免盲目开发和重复建设，物流园区的开发和建设逐更趋理性。

从物流园区的区域分布来看，在 754 家物流园区中，长江中游经济区最多，为 139 家，然后依次是北部沿海经济区 128 家、西南经济区 98 家、黄河中游经济区 93 家、东部沿海经济区 93 家、南部沿海经济区 84 家、西北经济区 63 家、东北经济区 56 家，如图 5 所示。

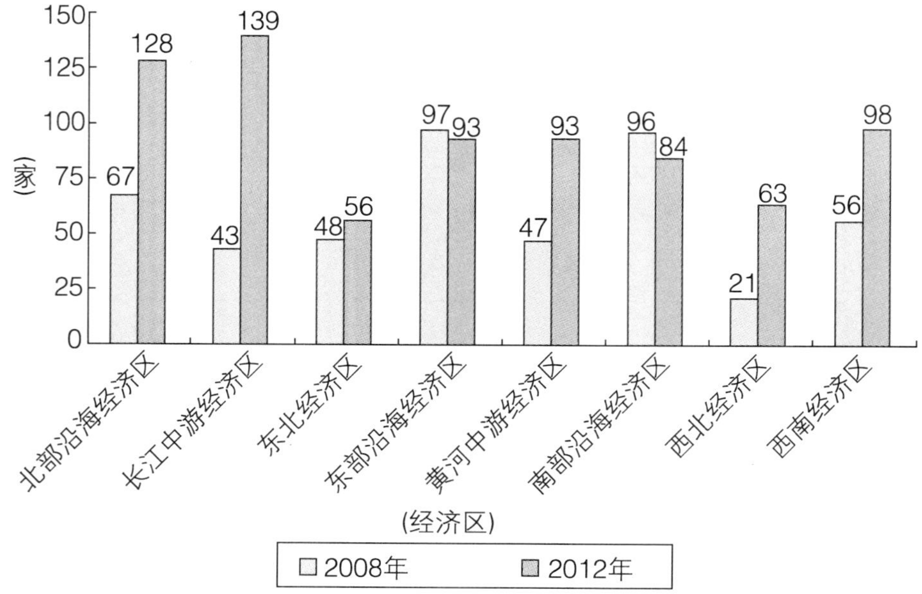

图 5　2008 与 2012 年全国八大经济区物流园区数量对比

与 2008 年相比，2012 年我国物流园区的布局已经发生了结构性变化：一是北部沿海经济区的园区数量增长较快，已经超过东部沿海经济区和南部沿海经济区；二是长江中游经济区、黄河中游经济区、西南经济区和西北经济区四个中西部地区的园区数量上升快；三是东部沿海经济区以及南部沿海经济区的园区数量与 2008 年相比有所下降。

物流园区在区域分布上的变化既是受外部经济环境的影响，又有园区自身调整的原因。一方面，“十二五”规划明确指出，着力推进工业布局的调整和优化，按照国家区域发展总体战略和全国主体功能区规划的要求，充分发挥区域比较优势，加快调整优化重大生产力布局，积极推动产业结构调整、空间有序转移。以制造业为例，东部沿海城市因人工成本增加，劳动力短缺，土地价格昂贵而竞争力逐渐减弱；而内陆地区因城市化水平较低、保有大量廉价劳动力，且土地价格低廉，这些因素都对制造业的发展更具吸引力。近年来，我国政府不断出台相关优惠政策，积极鼓励投资内陆城市发展基础设施，努力实现制造业逐渐由沿海城市转移至中西部，客观上对中西部地区现代物流服务水平提出了新的更高的要求。另外，经济相对发达的沿海经济区，服务创新速度较快，部分地方政府已经开始考虑园区发展的阶段性特点，通过政策引导和市场机制，推进物流园区的优胜劣汰、优化整合、服务和价值提升，使得园区数量有所下降。

综合来讲，目前我国物流园区的数量稳步增长，分布结构变化明显，规划和布局更加科学和协调，区域性发展更趋平衡。

（四）物流地产市场发展机遇良好，开发投资主体更趋多元化

2012年，我国物流地产发展机遇良好，开发投资主体更趋多元化。

首先，我国国民经济运行实现了缓中企稳，保持平稳较快的增长态势，预期未来的前景持续良好。根据国家统计局发布的公报显示，经初步核算，2012年我国国内生产总值为519322亿元，按可比价格计算，比上年增长7.8%。尽管经济增速同比略有下降，但是与其他国家相比，经济增长势头依然强劲。

其次，固定资产投资保持了较快增长，能够持续驱动我国国民经济的平稳增长，为物流地产的发展带来良好的机遇。2012年我国固定资产投资（不含农户）完成364835亿元，比上年名义增长20.6%（扣除价格因素实际增长19.3%），增速比上年回落3.4个百分点；全年基础设施（不包括电力、热力、燃气及水的生产与供应）投资完成58391亿元，比上年增长13.3%。

最后，一系列物流业相关政策措施的相继出台，持续改善着我国物流业发展的政策环境，也为物流地产业的健康发展注入新的活力。2012年2月，由国家财政部和税务总局联合发布的《关于物流企业大宗商品仓储设施用地城镇土地使用税政策的通知》中明确规定，对物流企业自有的（包括自用和出租）大宗商品仓储设施用地，按所属土地等级适用税额标准的50%计征城镇土地使用税。2012年5月，由国家发展改革委和证监会等12部门联合下发的《关于鼓励和引导民间投资进入物流领域的实施意见》明确提出，积极支持民间资本投资运输、仓储、配送、分拨、物流信息化以及物流园区等领域的物流基础设施建设，并在土地政策和融资环境上给予物流企业更多的优惠支持，其中包括“完善民营物流企业融资担保制度，发展物流业股权投资基金，积极支持符合条件的民营物流企业上市和发行债券等”。为了贯彻落实这些政策措施，各地区各部门积极支持商贸流通业的繁荣，加快推动现代物流业的发展，也在一定程度上吸引了许多企业开始构建自有的仓储与配送中心，进军工业地产市场，物流地产业进入快速发展期。

伴随着我国国民经济的平稳健康发展、基础设施领域建设的不断加快以及物流行业相关政策措施的贯彻落实，以物流园区等为代表的物流地产业在2012年迎来了更多的发展机遇。根据调查显示，2012年我国物流园区建设呈现投资热情高、投资主体多元化的特点。目前，国内在建、运营的物流园区多数由民营企业、政府或国有企业作为投资主体建设，外资、合作投资占比较小。如图6所示。

从投资来源来看，园区建设资金以自筹为主，其次是国内贷款。根据近年来国际大型物流地产开发商进入我国市场的情况，可以预见，未来几年外资占比将会持续增加。如图7所示。

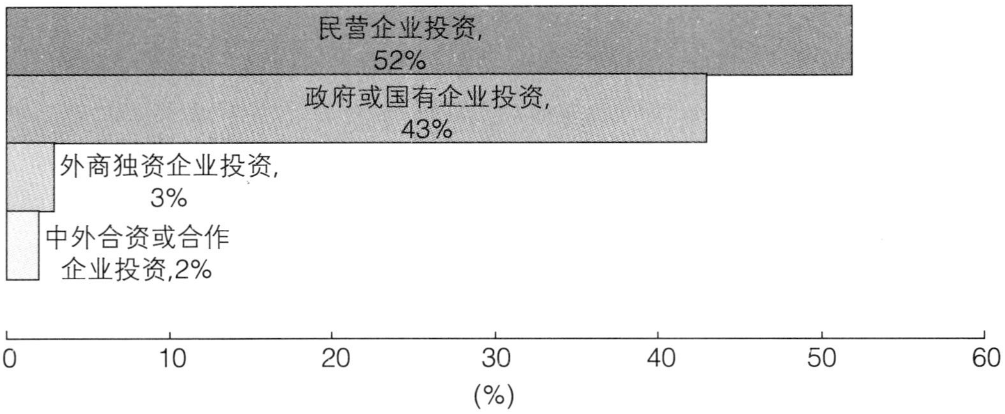

图 6　我国物流园区投资建设主体占比情况

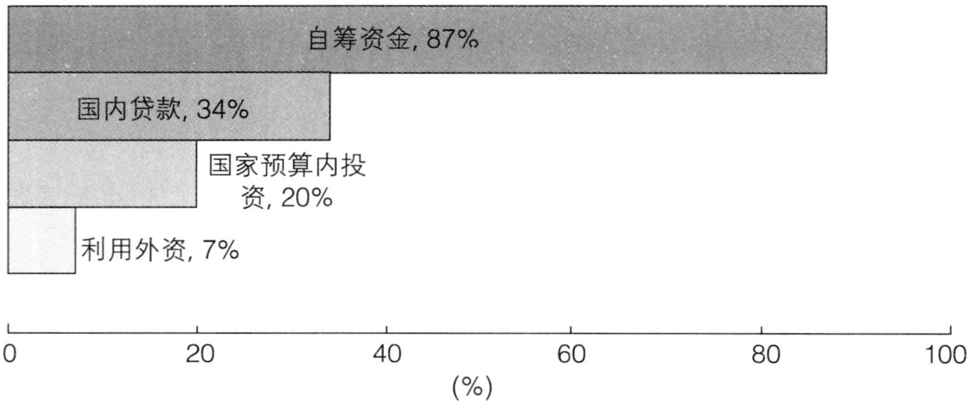

图 7　我国物流园区建设资金来源

注：图中百分比数据是勾选选项的被调查园区占有效调查样本总量的比例，反映被调查园区对该选项的认可程度。

（五）物流园区转型升级态势显现，物流地产增值服务发展较快

根据第三次全国物流园区（基地）调查的结果显示，与 2006 年和 2008 年的两次调查相比，2012 年我国物流园区发展转型升级态势明显，正在从土地招商的初级阶段逐渐向服务创新、管理创新的发展阶段过渡。部分地方政府在园区建设方面开始由初期的规模导向转向效益导向；部分城市调整了物流园区规划，将规模小、分布散的物流园区重新整合为规模较大的物流园区；通过重组、共建等方式整合总量、优化存量，由粗放式发展向内涵式发展转型。

从全国来看，库房/货场租金、办公楼租金仍然是物流园区的主要收入来源，排在前两位，也有部分园区依靠土地增值、税收优惠、国家扶持资金等。可喜的是，各种增值服务收入已经开始成为物流园区重要的收入来源，如图 8 所示。

调查显示，物流园区发展与当地经济发展阶段和水平具有明显的关联性。从地域来看，内陆地区物流园区的发展还处于初创期，表现出明显的土地招商特征，收入主要来源于库房和货场租金、办公楼租金等。而在经济发达的沿海地区，物流园区的发展表现出明显的服务创新和管理创新特征，更多收入来源于产业融合、产业链延伸等增值服务，具有区域需求旺盛、功能定位明确、服务创新意识强、差异化运营明显的特征。

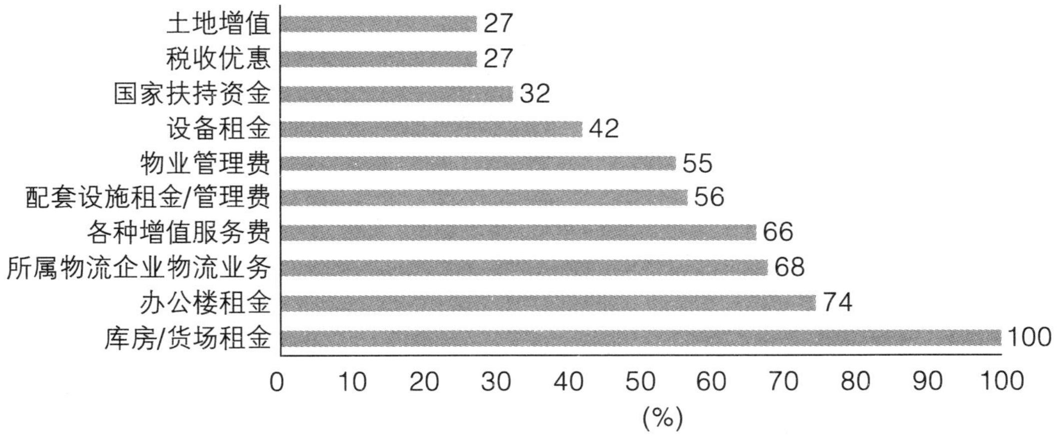

图8　我国物流园区主要收入来源

注：图中百分比数据是勾选选项的被调查园区占有效调查样本总量的比例，反映被调查园区对该选项的认可程度。

（六）物流园区布局向网络化发展，功能集聚特征显现，对产业的支撑作用日益增强

在经济全球化、组织网络化的背景下，物流园区的服务范围逐渐扩大，并通过贸易不断向周边区域辐射；通过跨区域合作，形成网络化服务体系。

随着我国经济发展和城市化推进，部分城市土地资源供求出现失衡，城市功能分区已经成为城市土地优化以及推进城市化进程的主要形式。物流园区的建设出现则是城市功能分区发展的具体体现，而物流资源空间集聚的经济、社会效应又强化了物流园区建设的必要性。城市化规模扩张将使物流园区的集聚效应持续增强。部分地区形成了核心架构辐射全省的大园区分布格局，呈现出明显的集聚性业态。

目前，布局合理、产业集聚、功能集成的网络化物流服务体系在我国部分省市逐步形成，整合区域网络资源，带动区域经济协调发展的功能日益增强。例如，北京市综合考虑城市总体规划、土地利用规划、区域功能定位等多种因素，搭建和完善未来五年的物流网络，突出“广覆盖”、“多组团”、“立体化”的网络结构特征，进一步优化全市物流空间布局。上海市形成了以深水港、外高桥、浦东空港、西北综合四个重点物流园区为核心架构的网络布局，发挥物流园区集聚辐射功能和产业带动提升作用。具有显著开放型经济特征的江苏省，打破园区单点运营模式建立全省园区联盟组织，推动物流园区网络化运营，推动苏南、苏中、苏北三大经济区的协调发展。浙江省基本形成了以省重点物流园区为核心，不同层级、不同特色的物流园区协调发展的物流服务体系。而以浙江传化“公路港”为代表的部分国内物流园区运营商，通过连锁复制方式逐步实现在全国范围内园区的网络化布局和运营，发展势头较快。

在我国综合交通运输体系发展中，物流园区逐渐成为多种交通运输方式的重要衔接点，是实现“最后一公里”的重要载体，是保障城市正常运行的重要支撑。物流园区作为物流大系统的重要节点，其服务城市运行、服务消费、服务产业发展的功能不断提升，对产业的支撑保障作用日益增强。

（权威　冯耕中　王能民　刘缨缨　蒋炜　西安交通大学管理学院　西安市商用信息系统分析与应用工程实验室　上海交通大学安泰经济与管理学院）

2012 年中国保税物流业

2012 年，我国保税物流区域进出口贸易额增长迅速，保税物流场所数量有所增加，保税物流健康持续快速发展。

2012 年，在相关政策的大力支持引导下，我国保税物流朝着更加科学合理的方向发展，海关特殊监管区域和自由贸易区域的建设如火如荼，保税物流实现持续快速发展。

（一）国家大力支持保税物流发展

2012 年是我国保税物流行业的“政策落实年”。前几年国家各部委、海关总署和各地方政府出台的各项促进保税物流发展的重大法规与政策在这一年有了实质性进展。

2012 年 9 月 16 日，国务院办公厅发布的《关于促进外贸稳定增长的若干意见》，从做好出口退税和金融服务、提高贸易便利化水平、改善贸易环境、优化贸易结构、加强组织领导 5 个方面，提出了 16 条具体指导意见和加快出口退税进度、扩大贸易融资规模、降低贸易融资成本、加大出口信用保险支持力度等四条建设性意见。

2012 年 10 月 27 日，国务院发布《关于促进海关特殊监管区域科学发展的指导意见》，从总体要求、加强审核指导、健全管理体系、稳步推进整合优化、完善政策和功能、加强组织领导六个大方面，对海关特殊监管区域的类型、功能、布局、产业结构和管理体系等提出了十六条全面、科学的指导意见。

2012 年 3 月 6 日，依据交通运输部、海事局下发的《关于同意上海海事局在洋山保税港区开展船舶登记工作的批复》，洋山保税港区正式启动“保税船舶登记”试点，成为全国第一个开展“保税船舶登记”的试点区域，可以为注册在洋山保税港区的企业所拥有的从事国际航运业务的保税船舶（即办理了出口退税或进境备案手续的船舶）办理船舶登记业务。保税船舶登记政策的创新突破，为综合保税区开展融资租赁业务创造了有利条件，解决了融资租赁企业在跨境业务中对船舶所有权登记、国籍登记、抵押权登记等方面的实际需求。随着这些政策的逐步落实，我国保税物流将会得到进一步健康快速发展。

（二）海关特殊监管区域持续快速建设

2012 年，我国海关特殊监管区依旧保持着高速发展势头。截至 2012 年 11 月，我国已批准在 27 个省区市设立 110 个海关特殊监管区域，包括 12 个保税区、47 个出口加工区、5

个保税物流园区、14个保税港区、30个综合保税区（如表1、图1所示）和2个跨境工业园区。其中，东部沿海地区有78个，内陆及沿边地区有32个。

表1　2012年我国综合保税区情况

序号	名称	成立时间	规划面积（平方千米）	备注
1	苏州工业园综合保税区	2006-12-17	5.28	国内首个综合保税区
2	天津滨海新区综合保税区	2008-03-10	1.967	
3	北京天竺综合保税区	2008-07-23	5.944	国内第一家直接依托空港口岸设立的综合保税区
4	广西凭祥综合保税区	2008-12-19	8.5	国内第一个在陆地边境线上设立的综合保税区
5	海口综合保税区	2008-12-22	1.93	国内第一个省会城市综合保税区
6	黑龙江绥芬河综合保税区	2009-04-21	1.8	
7	上海浦东机场综合保税区	2009-07-03	3.59	
8	江苏昆山综合保税区	2009-12-20	5.86	
9	重庆西永综合保税区	2010-02-15	10.3	国内面积最大综合保税区
10	广州白云机场综合保税区	2010-07-03	7.385	全国最大的空港综合保税区
11	苏州高新技术产业开发区综合保税区	2010-08-25	3.51	全国首家通过“信息化围网”技术来进行监管的综合保税区
12	成都高新综合保税区	2010-10-18	4.68	
13	郑州新郑综合保税区	2010-10-24	5.073	
14	潍坊综合保税区	2011-01-25	5.17	
15	西安综合保税区	2011-02-14	6.17	西北地区第一个综合保税区
16	阿拉山口综合保税区	2011-05-30	5.6	新疆首个综合保税区
17	武汉东湖综合保税区	2011-08-29	5.41	湖北首个综合保税区
18	沈阳综合保税区	2011-09-07	7.1982	东北地区内陆城市第一个综合保税区
19	长春兴隆综合保税区	2011-12-16	4.89	
20	无锡高新区综合保税区	2012-05-10	3.497	
21	济南综合保税区	2012-05-15	5.22	
22	盐城综合保税区	2012-06-18	2.28	苏北第一家综合保税区
23	淮安综合保税区	2012-07-19	4.92	

续　表

序号	名称	成立时间	规划面积（平方千米）	备注
24	曹妃甸综合保税区	2012－07－30	4.59	
25	太原武宿综合保税区	2012－09－02	2.94	山西省第一家综合保税区
26	银川综合保税区	2012－09－10	4	
27	南京综合保税区	2012－09－17	5.03	
28	西安高新综合保税区	2012－09－22	3.64	
29	舟山港综合保税区	2012－09－29	5.85	
30	衡阳综合保税区	2012－10－25	2.5743	湖南省第一家综合保税区

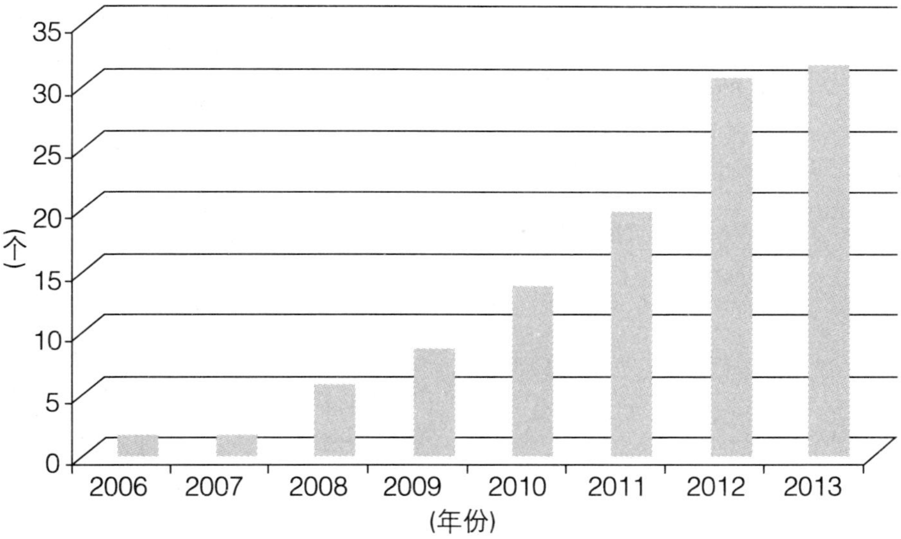

图 1　2006—2012 年我国综合保税区数量

2012 年，我国新增综合保税区 11 个，具体如下：

2012 年 5 月 10 日，无锡高新区综合保税区正式获得国务院批复。保税区规划面积 3.497 平方千米。无锡高新区综合保税区由原无锡出口加工区转型而来，定位打造半导体等先进制造业及生产性服务业基地，依托无锡空港、运河口岸，形成长三角内陆口岸核心区。

2012 年 5 月 15 日，山东济南综合保税区获得国务院批复。保税区规划面积为 5.22 平方千米。济南综合保税区由济南出口加工区转型升级而成，是目前山东省中西部唯一的海关特殊监管区，将集保税加工、保税物流、金融服务、进出口贸易、国际中转等功能于一体，除服务区内企业之外，还将辐射整个济南都市圈。

2012 年 6 月 18 日，江苏盐城综合保税区获得国务院批复。保税区规划面积 2.28 平方千米，是苏北第一家综合保税区。盐城综合保税区的发展定位是以虚拟口岸为依托，建成规划科学、功能完备、设施先进、服务便捷、环境优美的现代化、国际化、智能化的综合保税区，主要功能有口岸作业、保税物流、保税加工、国际贸易等。

2012 年 7 月 19 日，江苏省淮安综合保税区获得国务院批复。保税区规划面积为 4.92 平方千米。淮安综合保税区由淮安出口加工区转型升级而成，是江苏省长江以北第一家在出口加工区基础上转型升级而成的综合保税区。根据规划，淮安综合保税区设保税物流、先进制造业、配套项目和口岸作业等四个功能分区，重点发展以 IT 为代表的先进制造业及以保税物流为主的现代生产性服务业，同时与淮安空港、运河口岸、连云港港口等实现联动互通，形成全国重要的电子信息制造业基地和国际化现代物流基地，推动淮安乃至周边地区开放型经济的快速发展。

2012 年 7 月 30 日，河北曹妃甸综合保税区获得国务院批复。保税区规划面积为 4.59 平方千米。曹妃甸综合保税区主要以保税仓储、中转、全球配送、全球采购、转口贸易、研究设计、出口加工、商品展示、检测修理、港航服务十大功能为依托，凭借国家赋予的优惠政策，重点开展具有“高附加值、高科技含量、高税收、大物流”特色的高端制造业、现代物流业及现代服务业。

2012 年 9 月 2 日，山西省太原武宿综合保税区获得国务院批复。保税区规划面积为 2.94 平方千米。太原武宿综合保税区的成立，标志着山西省有了承接全球高新技术产业转移、发展现代物流业的重要基地，山西外向型企业可从中享受诸多便利和实惠。

2012 年 9 月 10 日，宁夏银川综合保税区获得国务院批准成立。保税区规划面积 4 平方千米。按照规划银川综合保税区将建设成为进出口加工、现代物流和国际贸易同步发展的西部地区最大的外向型产业聚集区，打造内陆开发开放试验区桥头堡，实现银川经济跨越式发展目标，服务和拉动宁夏及西部地区外向型经济发展。

2012 年 9 月 17 日，南京综合保税区经国务院批准设立。保税区规划面积 5.03 平方千米，分为龙潭片和江宁片两个片区，可以发展国际中转、配送、采购、转口贸易和出口加工等业务，形态更开放，也更符合国际惯例。

2012 年 9 月 22 日，陕西省西安高新综合保税区获得国务院批复。保税区规划面积 3.64 平方千米。西安高新综合保税区发展定位是：立足国家级西安高新区，承接外向型产业龙头企业，服务新一代信息技术产业发展，支撑关中—天水经济区外向型经济发展。

2012 年 9 月 29 日，浙江省舟山港综合保税区获得国务院正式批复。保税区总规划面积为 5.85 平方千米。舟山港综合保税区分本岛分区和衢山分区，功能定位为建设成为中国富有特色的现代海洋产业基地、重要的进口商品基地、大宗商品国际物流配送中心，成为面向亚太地区以大宗商品为主的综合保税区。

2012 年 10 月 25 日，湖南省衡阳综合保税区获得国务院批复。保税区规划面积为 2.5743 平方千米。衡阳综合保税区功能定位为“保税仓储、出口加工、转口贸易”，将采用国际最快捷的全新通关方式，一次申报，一次审单，一次检查，一次放行，电子数据联网，24 小时监控，并在海关监管、企业税收、区储货品种时限、关税、外汇管理等方面享受特殊优惠。

（三）多边自由贸易区建设稳步推进

2012 年 5 月 9 日，我国和哥伦比亚签署了《中华人民共和国商务部与哥伦比亚共和国贸易工业旅游部关于开展双边自由贸易协定联合可行性研究的谅解备忘录》，正式启动两国自贸区联合可行性研究。11 月 20 日，在柬埔寨金边举行的东亚领导人系列会议期间，中日韩三国经贸部长举行会晤，宣布启动中日韩自贸区谈判。同日，温家宝总理会同日本、韩国、澳大利亚、新西兰、印度和东盟等 15 国的领导人，共同发布《启动〈区域全面经济伙伴关系协定〉（RCEP）谈判的联合声明》，宣布正式启动这一覆盖 16 个国家的自贸区建设进程。这标志着东亚更大范围的经济一体化迈出了关键一步，充分展现了东亚各国加速整合并推进区域经济一体化的坚定决心。

至此，我国已经与东盟、巴基斯坦、智利、新西兰、新加坡、秘鲁、亚太地区部分国家和哥斯达黎加等 11 个国家和地区签订了自由贸易区协定。目前，正与海合会、澳大利亚、冰岛、挪威、南非、瑞士、韩国、日本和东亚 15 国等 9 个国家和地区性组织进行设立相关自由贸易区的谈判。此外，我国与印度和哥伦比亚也在研究设立相关自由贸易区。我国自由贸易区今天的建设将是我国保税物流未来发展的大方向。随着我国参与的自由贸易区不断增多，我国保税物流的发展势必会展现出更加耀眼的光芒。

（四）海关特殊监管区域进出口额大幅增加

海关数据显示，2012 年我国外贸进出口总值达 38667.6 亿美元，比上年增长 6.2%。其中，出口 20498.3 亿美元，比上年增长 7.9%；进口 18178.3 亿美元，比上年增长 4.3%；贸易顺差 2311 亿美元，扩大 48.1%。

2012 年 1—12 月，我国海关特殊监管区域（包括保税区、出口加工区、保税港区、综合保税区、保税物流园区和珠澳跨境工业园区）进出口累计 6067.5 亿美元，同比增长 29.1%。其中，出口 2955.3 亿美元，同比增长 31.6%；进口 3112.2 亿美元，同比增长 26.9%。贸易总额比上年同期增长 29.1%，高出我国外贸经济总体增速 22.9 个百分点。如表 2、图 2 和图 3 所示。

表 2　2012 年 1—12 月我国海关特殊监管区域进出口、出口和进口数值

月份	进出口（亿美元）	同比增长（%）	环比（%）	出口（亿美元）	同比增长（%）	环比（%）	进口（亿美元）	同比增长（%）	环比（%）
1	346.6	-2.0	-23.5	169.2	8.2	-22.2	177.5	-10.1	-24.7
2	396.7	55.8	14.5	184.9	57.6	9.3	211.9	54.3	19.4
3	509.9	22.8	28.5	241.6	22.2	30.7	268.4	23.3	26.7
4	446.6	20.8	-12.4	212.9	20.5	-11.9	233.7	21.0	-12.9
5	494.7	32.5	10.8	240.1	38.6	12.8	254.7	27.1	9.0
6	513.8	31.3	3.9	254.0	33.8	5.8	259.9	28.9	2.0
7	513.6	27.4	0.0	242.4	19.6	-4.5	271.2	35.2	4.3

续 表

月份	进出口（亿美元）	同比增长（%）	环比（%）	出口（亿美元）	同比增长（%）	环比（%）	进口（亿美元）	同比增长（%）	环比（%）
8	518.5	21.9	1.0	237.8	19.0	-1.9	280.7	24.5	3.5
9	566.9	35.8	9.3	264.3	34.1	11.2	302.6	37.2	7.8
10	537.8	33.7	-5.1	272.4	36.7	3.1	265.3	30.7	-12.3
11	598.5	38.4	11.3	314.5	46.0	15.4	284.0	30.8	7.0
12	630.6	37.3	5.4	323.2	46.6	2.8	307.4	28.7	8.2
合计	6067.5	29.1		2955.3	31.6		3112.2	26.9	

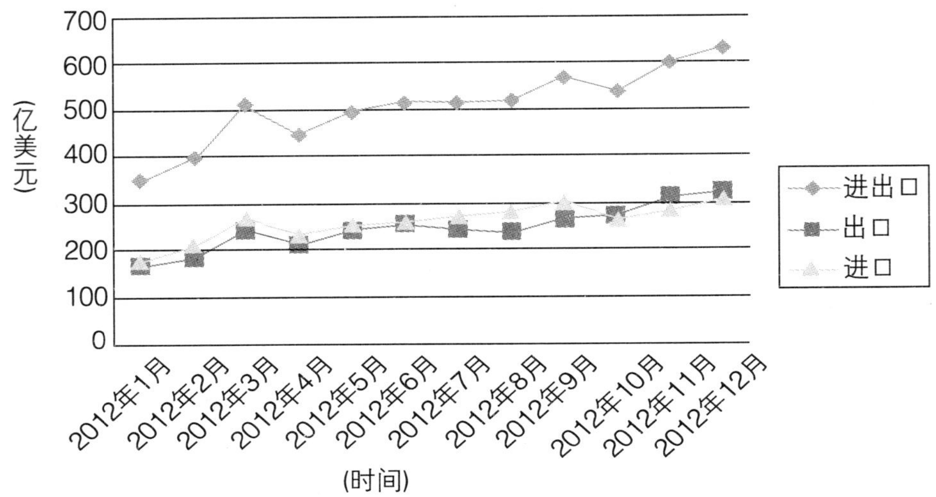

图2　2012 年海关特殊监管区域进出口价值

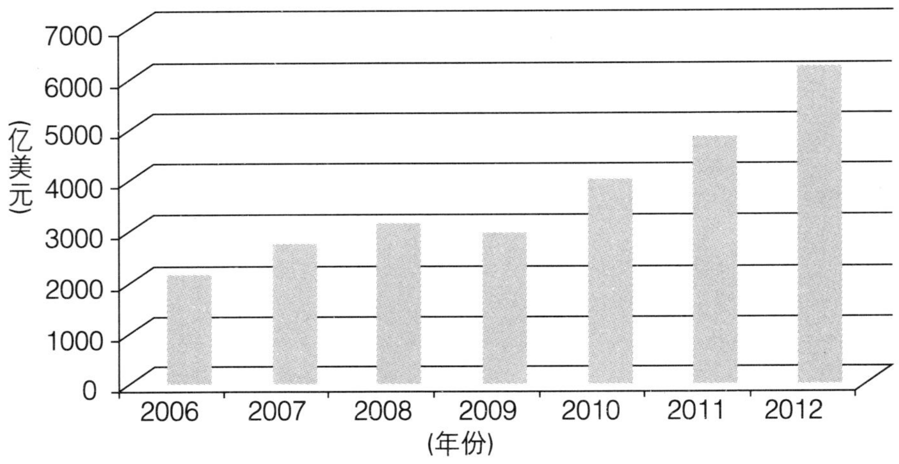

图3　2006—2012 年海关特殊监管区域进出口价值

（五）不同海关特殊监管区域发展水平迥异

从保税物流绝对量来看，保税区以进出口额2537亿美元遥遥领先，这与我国保税区成立时间早、配套设施相对完善、企业投入产出相对稳定等因素有关。从增长幅度来看，保税港区和综合保税区分别以54.4%和50.7%的增长速度独占鳌头，代表了我国保税物流未来的发展趋势；出口加工区和珠澳跨境工业区则分别以3.8%和-21.9%的增长速度位居最后两位，与两个园区的功能单一有关。如表3所示。

表3　　2012年海关特殊监管区进出口数值汇总

监管区类型	进出口（亿美元）	同比增长（%）	进口（亿美元）	同比增长（%）	出口（亿美元）	同比增长（%）
保税区	2537	29.9	875	47.4	1662	22.3
出口加工区	1302.5	3.8	817	-0.1	485.5	11
保税港区	348.6	54.4	135.5	56.6	213.1	53.1
综合保税区	1712.8	50.7	1042.3	52.4	670.5	48.2
保税物流园区	165.4	30.9	85.1	35.4	80.3	26.4
珠澳跨境工业区	1.21	-21.9	0.41	-23.7	0.80	-21.0

1. 保税区进出口情况

2012年是我国保税区诞生22周年，1—12月我国保税区进出口累计达2537亿美元，同比增长29.9%。其中，出口875亿美元，同比增长47.4%；进口1662亿美元，同比增长22.3%。我国保税区进出口额在海关特殊监管区域中依旧处于第一的位置，这与保税区有着有良好的工业基础作保障有直接联系，如表4和图4所示。

表4　　2012年1—12月我国保税区进出口、出口和进口数值

月份	进出口（亿美元）	同比增长（%）	环比（%）	出口（亿美元）	同比增长（%）	环比（%）	进口（亿美元）	同比增长（%）	环比（%）
1	121.2	-20.1	-32.1	37.6	-11.4	-34.1	83.6	-23.4	-31.2
2	157.2	47.6	29.7	45.9	58.8	22.2	111.3	43.5	33.1
3	222.3	25.7	41.4	73.1	37.0	59.1	149.3	20.8	34.2
4	195.2	24.0	-12.2	66.5	42.2	-9.0	128.7	16.4	-13.8
5	224.2	33.3	14.8	79.6	57.9	19.8	144.5	22.8	12.3
6	220.8	27.5	-1.5	74.7	37.5	-6.2	146.1	22.9	1.1

续 表

月份	进出口（亿美元）	同比增长（%）	环比（%）	出口（亿美元）	同比增长（%）	环比（%）	进口（亿美元）	同比增长（%）	环比（%）
7	231. 4	40. 9	4. 8	79. 2	48. 2	5. 9	152. 2	37. 4	4. 2
8	233. 9	35. 5	1. 1	80. 3	52. 6	1. 4	153. 6	27. 9	0. 9
9	234. 2	35. 8	0. 1	82. 2	59. 0	2. 4	152. 0	25. 9	-1. 1
10	204. 7	30. 4	-12. 6	70. 4	53. 0	-14. 4	134. 3	21. 0	-11. 7
11	228. 4	30. 8	11. 6	85. 0	49. 7	20. 7	143. 4	21. 7	6. 8
12	264. 3	48. 1	15. 7	101. 0	77. 2	18. 8	163. 3	34. 5	13. 9
合计	2537. 0	29. 9		875. 0	47. 4		1662. 0	22. 3	

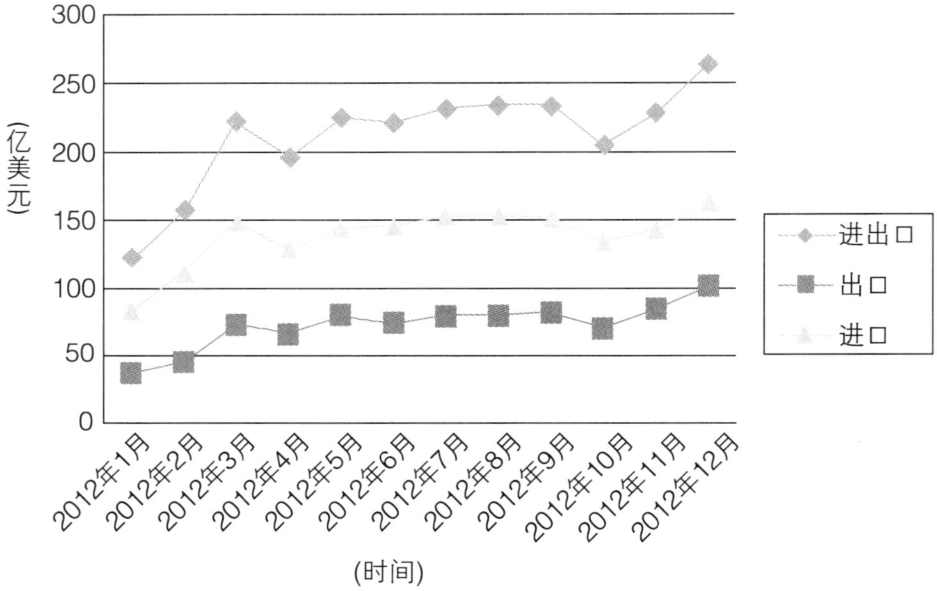

图 4　2012 年我国保税区进出口价值

2. 全国出口加工区进出口情况

2012 年是我国设立出口加工区试点 12 周年，1—12 月，我国出口加工区进出口累计 1302. 5 亿美元，同比增长 3. 8%。其中，出口 817 亿美元，同比降低 0. 1%；进口 485. 5 亿美元，同比增长 11%。出口加工区曾经是海关特殊监管区域的骄子，可以与保税区相媲美，但是由于其功能单一，出现了后劲不足的现象，尤其在综合保税区出现之后，因为其功能更全涵盖了加工贸易功能，因此，比出口加工区表现得更有竞争优势，如表 5 和图 5 所示。

表 5　　　2012 年 1—12 月全国出口加工区进出口、出口和进口数值

月份	进出口（亿美元）	同比增长（%）	环比（%）	出口（亿美元）	同比增长（%）	环比（%）	进口（亿美元）	同比增长（%）	环比（%）
1	89. 7	-4. 9	-15. 7	57. 4	-3. 3	-14. 2	32. 3	-7. 7	-18. 2
2	91. 5	29. 0	2. 0	58. 4	29. 6	1. 8	33. 1	27. 9	2. 4
3	103. 7	-11. 4	13. 4	66. 2	-15. 9	13. 4	37. 5	-1. 9	13. 4
4	89. 9	-13. 7	-13. 3	55. 4	-20. 4	-16. 4	34. 6	0. 0	-7. 9
5	101. 7	7. 6	13. 0	63. 4	3. 4	14. 5	38. 3	15. 5	10. 7
6	102. 8	1. 0	1. 1	68. 4	0. 8	7. 9	34. 4	1. 3	-10. 0
7	109. 1	-4. 6	6. 1	69. 0	-9. 4	1. 0	40. 1	4. 8	16. 4
8	108. 1	-7. 2	-0. 9	66. 4	-8. 4	-3. 8	41. 7	-5. 0	4. 0
9	124. 9	11. 8	15. 5	71. 9	1. 4	8. 2	53. 0	29. 8	27. 1
10	126. 7	11. 4	1. 4	80. 3	3. 5	11. 6	46. 4	28. 4	-12. 4
11	126. 7	15. 2	0. 0	81. 6	13. 4	1. 7	45. 1	18. 6	-2. 9
12	127. 9	20. 3	1. 0	78. 5	17. 5	-3. 8	49. 4	25. 2	9. 6
合计	1302. 5	3. 8		817. 0	-0. 1		485. 5	11. 0	

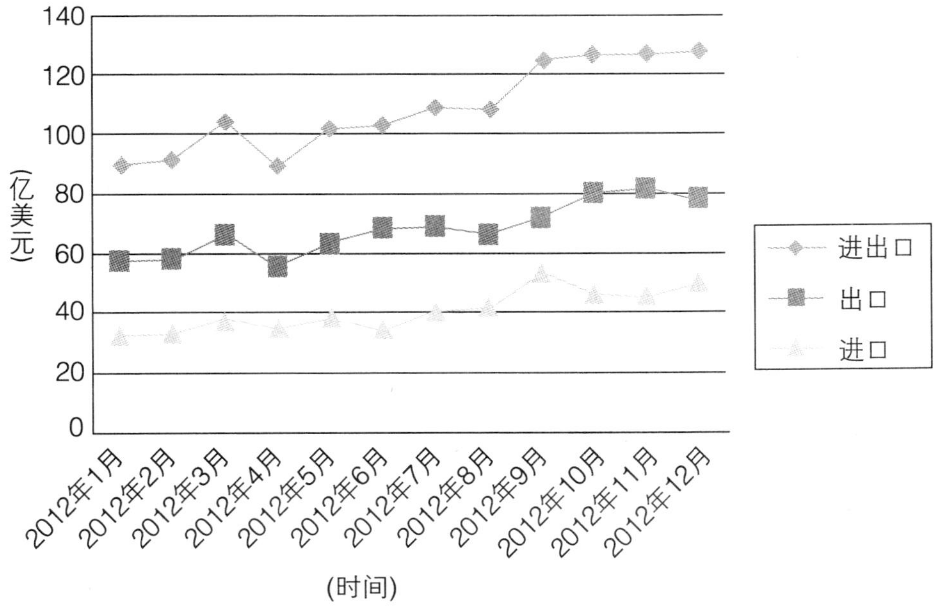

图 5　2012 年我国出口加工区进出口价值

3. 保税港区进出口情况

2012 年 1—12 月，我国保税港区进出口累计 348.6 亿美元，同比增长 54.4%；其中出口 135.5 亿美元，同比增长 56.6%；进口 213.1 亿美元，同比增长 53.1%。保税港区因为有最优惠的政策、兼具港口和综合保税区的功能，因此保税港区发展迅速。如表 6 和图 6 所示。

表 6　　2012 年 1—12 月我国保税港区进出口、出口和进口数值

月份	进出口（亿美元）	同比增长（%）	环比（%）	出口（亿美元）	同比增长（%）	环比（%）	进口（亿美元）	同比增长（%）	环比（%）
1	25.7	38.4	-0.1	9.0	43.7	-13.6	16.7	35.7	9.1
2	28.3	127.3	9.9	9.3	118.4	2.6	19.0	131.9	13.8
3	32.1	62.6	13.6	11.9	76.6	28.8	20.2	55.3	6.2
4	31.2	84.9	-3.1	11.0	61.3	-7.9	20.2	100.9	-0.2
5	31.1	91.9	-0.3	12.5	89.2	14.0	18.6	93.7	-8.0
6	27.3	70.2	-12.2	11.3	76.7	-10.1	16.0	65.9	-13.7
7	27.3	52.8	0.0	10.6	43.2	-6.1	16.7	59.7	4.3
8	27.0	45.2	-1.2	9.9	45.8	-6.6	17.1	44.9	2.3
9	28.1	40.5	4.3	12.5	54.5	26.9	15.6	31.0	-8.8
10	27.1	34.1	-3.7	11.3	48.8	-10.2	15.8	25.4	1.6
11	30.2	29.0	11.2	13.0	42.0	15.6	17.1	20.7	8.2
12	33.8	31.2	12.1	13.3	27.7	2.4	20.5	33.5	19.4
合计	348.6	54.4		135.5	56.6		213.1	53.1	

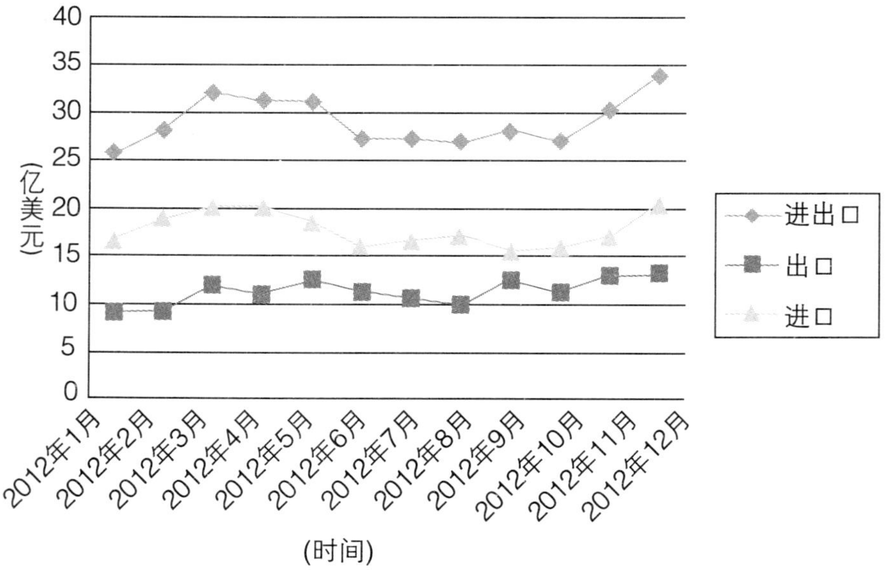

图 6　2012 年我国保税港区进出口价值

4. 综合保税区进出口情况

2012年1—12月，我国综合保税区进出口累计1712.8亿美元，同比增长50.7%；其中，出口1042.3亿美元，同比增长52.4%；进口670.5亿美元，同比增长48.2%。与保税港区类似，综合保税区有着国内最开放的政策优势，促使在短短几年时间内，其进出口贸易额已经超越出口加工区，位居各类海关特殊监管区中贸易额第二位，如表7和图7所示。

5. 保税物流园区进出口情况

2012年1—12月，我国保税物流园区进出口累计165.4亿美元，同比增长30.9%；其中，出口85.1亿美元，同比增长35.4%；进口80.3亿美元，同比增长26.4%。受综合保税区和保税港区的影响，我国保税物流园区增长速度相对缓慢，园区的功能相对单一也是影响因素之一。如表8和图8所示。

表7　　2012年1—12月我国综合保税区进出口、出口和进口数值

月份	进出口（亿美元）	同比增长（%）	环比（%）	出口（亿美元）	同比增长（%）	环比（%）	进口（亿美元）	同比增长（%）	环比（%）
1	100.1	33.7	-25.0	60.4	41.5	-22.9	39.7	23.3	-27.9
2	109.8	96.6	9.7	67.7	94.5	12.1	42.1	100.1	6.0
3	136.6	53.6	24.5	83.8	59.5	23.7	52.9	45.0	25.6
4	117.7	48.0	-13.9	74.3	55.2	-11.2	43.3	37.0	-18.0
5	122.7	43.9	4.3	76.0	53.1	2.2	46.8	31.0	7.9
6	150.9	64.7	22.9	92.9	65.5	22.3	57.9	63.5	23.9
7	134.5	39.1	-10.8	77.4	28.5	-16.8	57.1	56.7	-1.4
8	136.2	27.8	1.3	74.4	19.3	-3.9	61.9	39.9	8.3
9	163.8	59.6	20.3	90.0	48.0	21.1	73.8	76.6	19.3
10	163.0	63.3	-0.5	101.9	61.4	13.1	61.1	66.5	-17.1
11	198.6	72.5	21.8	127.2	75.2	24.9	71.4	68.0	16.7
12	184.1	31.9	-7.3	117.8	45.1	-7.4	66.3	13.6	-7.1
合计	1712.8	50.7		1042.3	52.4		670.5	48.2	

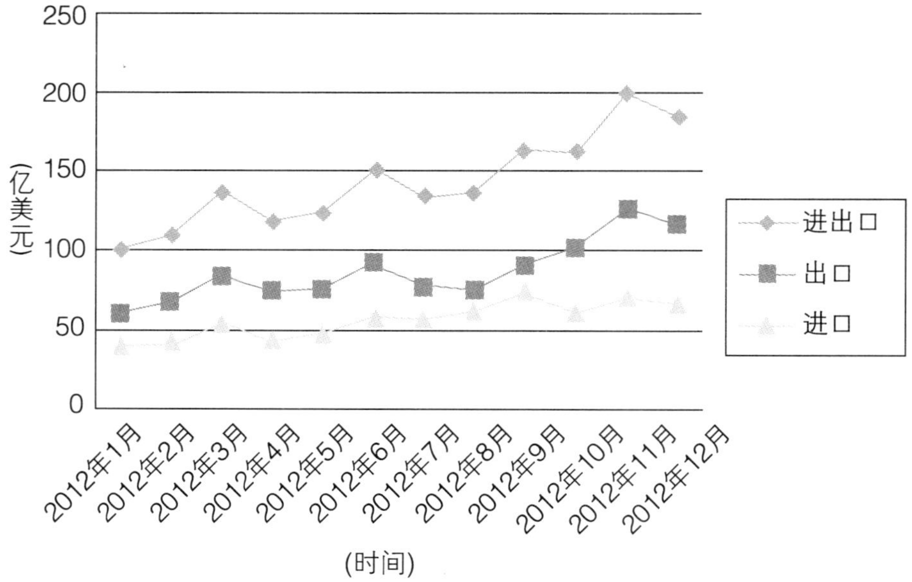

图7 2012 年我国综合保税区进出口价值

表8 2012 年 1—12 月全国保税物流园区进出口、出口和进口数值

月份	进出口（亿美元）	同比增长（%）	环比（%）	出口（亿美元）	同比增长（%）	环比（%）	进口（亿美元）	同比增长（%）	环比（%）
1	9.9	-30.6	9.9	4.8	-14.3	-0.5	5.1	-41.1	21.9
2	10.0	12.4	1.2	3.6	-16.5	-25.3	6.4	39.2	26.1
3	15.0	19.8	50.7	6.6	5.6	84.0	8.5	33.8	32.2
4	12.5	7.2	-16.7	5.7	1.4	-12.9	6.8	12.6	-19.6
5	15.0	61.2	19.8	8.5	64.2	48.7	6.5	57.5	-4.5
6	11.9	36.9	-20.5	6.6	31.8	-22.3	5.3	43.9	-18.2
7	11.2	12.1	-6.3	6.2	15.4	-5.6	4.9	8.1	-7.3
8	13.2	20.4	18.1	6.8	21.4	9.2	6.4	19.2	29.5
9	15.8	48.8	19.6	7.6	40.0	12.1	8.1	58.1	27.5
10	16.1	42.8	2.3	8.6	74.6	12.8	7.5	18.2	-7.6
11	14.4	56.4	-10.6	7.5	57.9	-12.4	6.9	54.8	-8.5
12	20.4	128.2	41.6	12.6	162.4	66.6	7.9	88.9	14.3
合计	165.4	30.9		85.1	35.4		80.3	26.4	

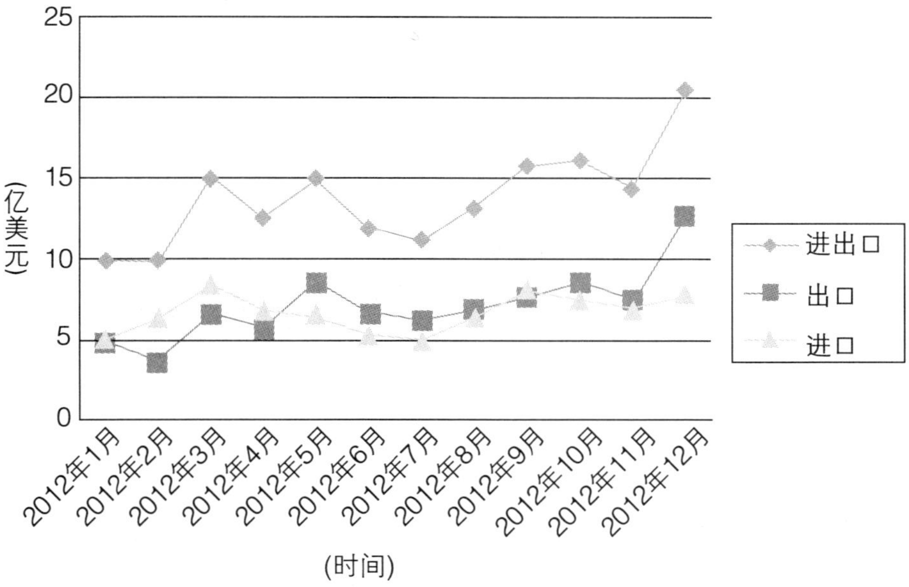

图8　2012年我国保税物流园区进出口价值

（六）海关监管体系更加完善

2012年，我国海关监管体系有了很大的提升。2012年7月，海关总署发布《关于在全国海关试点开展通关作业无纸化改革工作的公告》；2012年9月27日，海关H2010通关自动化信息系统进入全面应用，这些都表明我国海关的监管体系将会在信息技术领域迈上一个新的台阶。

在实践运作中，集装箱RFID货运标签系统的使用也大大提高了我国海关监管的信息化进程。集装箱RFID货运标签系统是一种以集装箱为跟踪目标的“物联网”。集装箱锁扣上挂有电子标签，当集装箱被非法打开后，系统平台在网页上实时报警，同时发送邮件报警和手机短信报警，及时通知货主及相关人员。发货点、码头吊机、收货点等处均有读卡装置，系统平台与海上船舶、道路运输卡车信息平台的对接，实现了集装箱运输的全程实时跟踪。

（田征　王武　王涛　大连海事大学交通运输管理学院　东方海外物流（中国）有限公司天津分公司）

2012 年中国快递业

一、2012 年我国快递市场发展情况

（一）快递业务总体情况

2012 年，我国快递行业的业务量和业务收入均比上年大幅提高。无论是国家邮政局的统计数字还是快递物流咨询网的统计数字均印证了这一事实。如表 1 所示。

据国家邮政局公布的统计信息，2012 年我国快递业务收入完成额呈逐月走高的趋势，1 月的快递业务收入完成额为 62.4 亿元，是全年的最低值；12 月的快递业务收入完成额为 112.7 亿元，是全年的最高值。2012 年各月我国快递业务收入完成额均高于 2011 年同期快递业务收入完成额，详情如图 1 所示。

表 1　　2012 年我国快递业务总体情况

统计单位	快递业务量（亿件）	同比增长（%）	快递业务收入（亿元）	同比增长（%）
国家邮政局	56.9	54.8	1055.3	39.2
快递物流咨询网	58.7	48.3	1102.6	32

注：国家邮政局往年统计的是规模企业的数据，快递物流咨询网统计的范围是全部市场容量，统计数据存在差异属于正常。

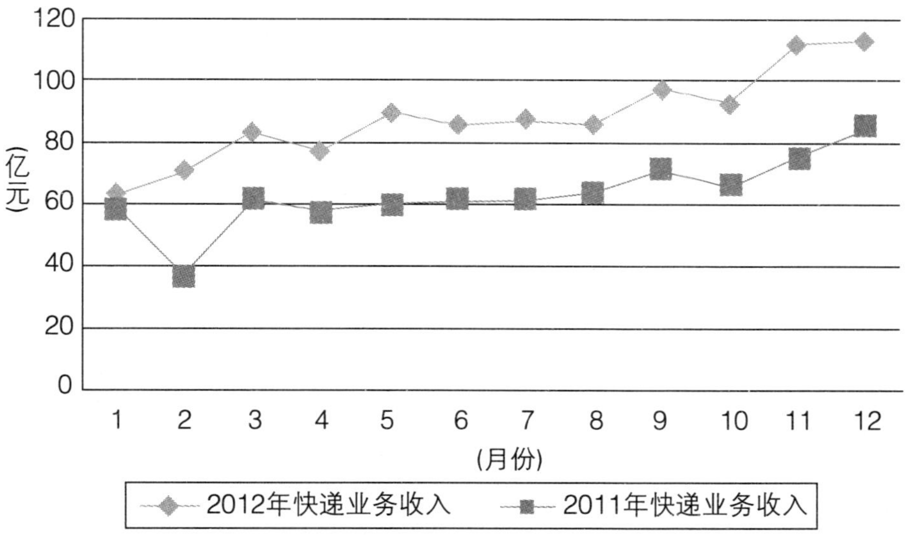

图1　2011 年和 2012 年我国快递业务收入分月完成情况

（二）同城、异地、国际快递业务情况

1. 同城、异地、国际快递业务量和收入情况

据国家邮政局公布的统计信息，2012 年我国快递业务中同城、异地和港澳台及国际业务完成量和业务收入完成量均比上年有所提高。详情如表 2、表 3 和图 2 所示。

表 2　　2012 年我国同城、异地、国际快递业务完成量统计

统计单位	快递业务完成数量（亿件）					
	同城	同比增长（%）	异地	同比增长（%）	港澳台及国际	同比增长（%）
国家邮政局	13. 14	58. 7	41. 94	55	1. 82	30

表 3　　2012 年我国同城、异地、国际快递业务收入完成情况统计

统计单位	完成快递业务收入（亿元）					
	同城	同比增长（%）	异地	同比增长（%）	港澳台及国际	同比增长（%）
国家邮政局	110. 2	67. 3	635. 5	42. 5	205. 6	11. 3

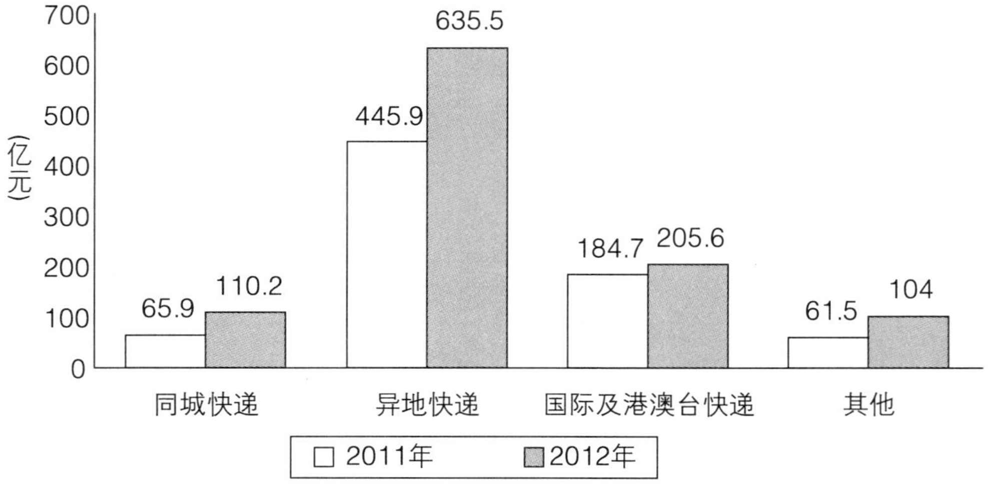

图 2　2011 年和 2012 年我国快递业分专业业务收入完成额比较

2. 同城、异地、国际快递业务收入和业务量所占比重

据国家邮政局公布的统计信息，2012 年我国快递行业同城、异地、国际及港澳台快递业务完成收入额分别占全部快递收入完成额的 10.4%、60.2% 和 19.5%（如图 3 所示）；业务完成量分别占全部快递业务完成量的 23.1%、73.7% 和 3.2%（如图 4 所示）。与上年同期相比，同城快递业务收入的比重上升 1.7 个百分点，异地快递业务收入的比重上升了 1.4 个百分点，国际及港澳台业务收入的比重下降了 4.9 个百分点。

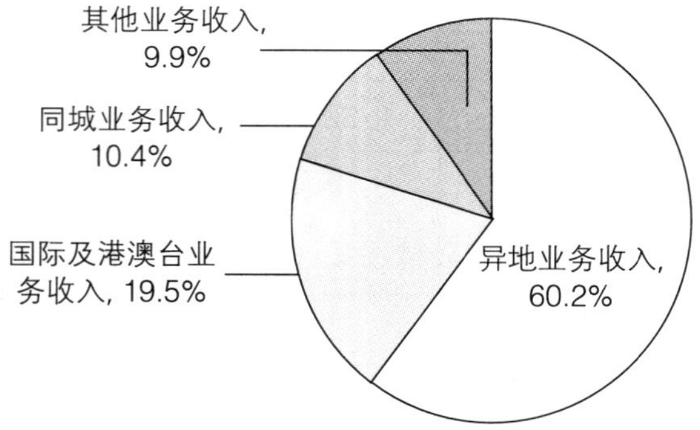

图 3　2012 年我国快递业务完成收入构成情况

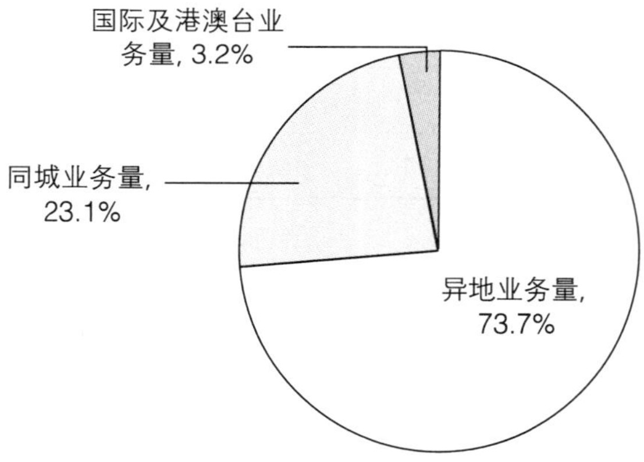

图 4　2012 年我国快递业务完成量构成情况

（三）东、中、西部地区快递业务情况

据国家邮政局公布的统计信息，2012 年我国东、中、西部地区快递业务完成收入的比重分别为 82.3%、9.3% 和 8.4%（如图 5 所示），业务完成量的比重分别为 81.9%、10.5% 和 7.6%（如图 6 所示）。与上年同期相比，东部地区快递业务收入比重上升了 1.2 个百分点，快递业务量比重上升了 2 个百分点；中部地区

快递业务收入比重下降了 0.6 个百分点，快递业务量比重下降了 0.7 个百分点；西部地区快递业务收入比重下降了 0.6 个百分点，快递业务量比重下降了 1.3 个百分点。

（四）省、区、直辖市规模以上快递服务企业业务完成情况

据国家邮政局公布的统计信息，2012 年我国省、区、直辖市规模以上快递服务企业业务完成量和完成收入情况如表 4 所示。

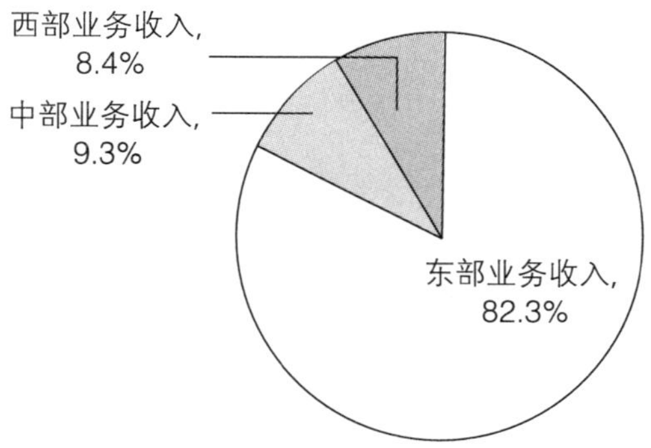

图 5　2012 年我国东、中、西部快递业务完成收入构成情况

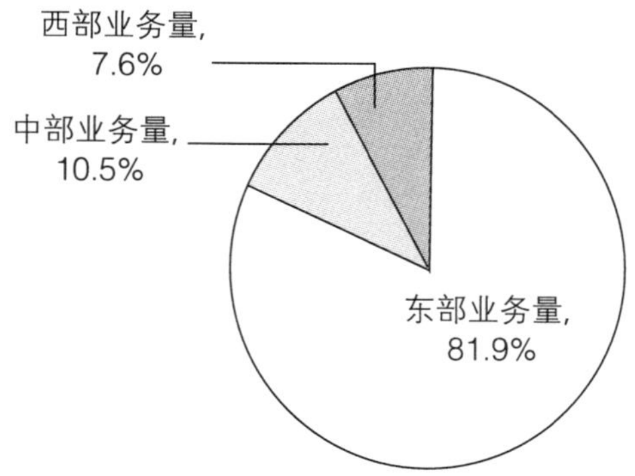

图 6　2012 年我国东、中、西部快递业务完成量构成情况

表 4　2012 年我国省、区、直辖市规模以上快递服务企业业务完成情况

序号	名称	快递业务量累计（万件）	同比增长（%）	快递收入累计（万元）	同比增长（%）
1	全 国	568548.0	54.8	10553324.2	39.2
2	北京市	48073.7	42.8	762737.0	21.9
3	天津市	6364.0	24.0	144376.7	13.6
4	河北省	12469.1	44.0	214740.6	32.3
5	山西省	2805.3	33.7	54284.2	17.0
6	内蒙古自治区	2440.0	22.3	58718.6	29.5
7	辽宁省	7757.4	24.9	179310.6	18.5
8	吉林省	3854.4	45.6	80722.5	27.9
9	黑龙江省	3623.5	18.2	81909.5	14.6
10	上海市	59905.3	46.4	1828629.3	50.1
11	江苏省	63870.5	65.9	1034124.0	45.9
12	浙江省	81986.8	65.1	1197342.6	41.7

续 表

序号	名称	快递业务量累计（万件）	同比增长（%）	快递收入累计（万元）	同比增长（%）
13	安徽省	9731.4	46.8	145715.8	30.1
14	福建省	25593.8	62.4	420985.5	33.0
15	江西省	5472.6	47.3	84144.3	26.3
16	山东省	24731.8	34.1	419168.3	24.9
17	河南省	12503.4	49.2	192209.6	36.8
18	湖北省	11629.8	40.4	183033.8	33.0
19	湖南省	10022.7	58.0	164752.9	43.3
20	广东省	133770.5	76.7	2456278.2	50.5
21	广西省	4395.1	25.7	87490.9	20.5
22	海南省	1123.6	17.8	23230.1	15.2
23	重庆市	5497.9	35.1	103426.5	34.6
24	四川省	12814.4	25.4	225753.7	26.9
25	贵州省	1801.0	17.4	40386.8	10.4
26	云南省	3774.4	24.1	85357.5	21.2
27	西藏自治区	320.1	12.6	12989.2	10.6
28	陕西省	5085.0	29.0	101893.6	21.7
29	甘肃省	1470.3	29.5	35255.3	27.1
30	青海省	286.7	17.3	9844.1	13.0
31	宁夏回族自治区	2967.8	337.1	52709.0	249.7
32	新疆维吾尔自治区	2406.0	25.3	71803.8	24.4

（五）2012 年我国快递行业日均快递业务情况

来自国家邮政局的统计信息表明，2012 年我国快递行业日均快件量为 1896 亿件；快递物流咨询网的数据为 1956 亿件。两个统计数据一致表明，2012 年我国快递行业日均快件业务量接近 2000 亿件。

2012 年，我国日均快件量、日均快递收入和件均收入情况详见表 5。

表5　　2012年我国快递行业日均快递业务情况

统计单位	日均快递业务量（亿件）	日均快递业务收入（亿元）	件均收入	备注
国家邮政局	1896	3.52	18.5	按照300天计算
快递物流咨询网	1956	3.67	18.8	按照300天计算

二、2012年我国快递服务消费者申诉情况

（一）消费者申诉总量

根据国家邮政局公布的信息，2012年我国共受理快递业务有效申诉137351件，占全部有效申诉量的98.3%，比上年增加87886件，增长177.7%。2012年我国快递业务有效申诉分月统计情况详见图7。

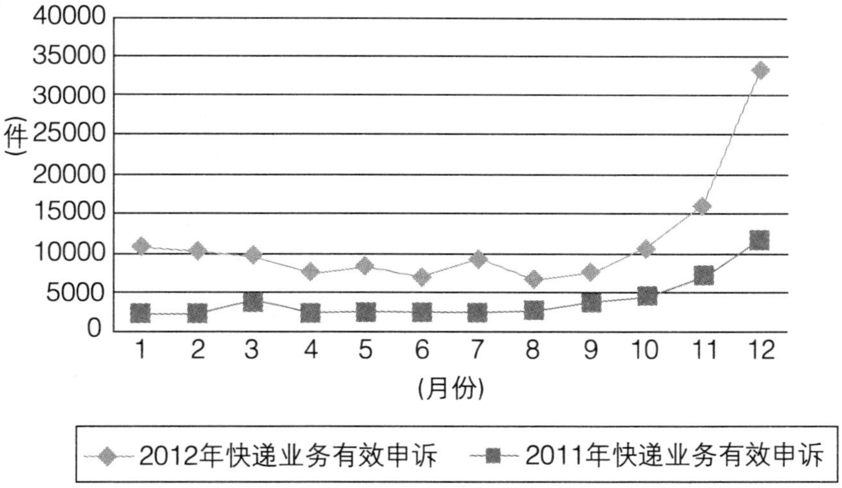

图7　2011—2012年我国快递业务有效申诉分月统计情况

（二）申诉问题统计

根据国家邮政局公布的信息，2012年我国消费者对快递业务问题的有效申诉主要有：延误、丢失、短少、损毁、违规收费、收寄服务、投递业务和代收货款等。除收寄服务的投诉量与上年持平外，延误、丢失、短少、损毁、违规收费、投递服务、代收货款和其他七项问题的投诉量均比上年明显上升。具体情况如表6、图8所示。

表 6　2012 年和 2011 年我国快递业务有效申诉问题比较

有效申诉问题	延误	丢失短少	损毁	违规收费	收寄服务	投递服务	代收货款	其他	合计
2012 年合计（件）	63138	21993	8273	1213	3392	37455	1535	352	137351
问题占比（%）	46.0	16.0	6.0	0.9	2.5	27.3	1.1	0.3	100.0
2011 年合计（件）	25704	8753	3779	638	0	9829	684	78	49465
问题占比（%）	52.0	17.7	7.6	1.3	0.0	19.9	1.4	0.2	100.0
同比增加（件）	37434	13240	4494	575	3392	27626	851	274	87886
同比增长（%）	145.6	151.3	118.9	90.1	0	281.1	124.4	351.3	177.7

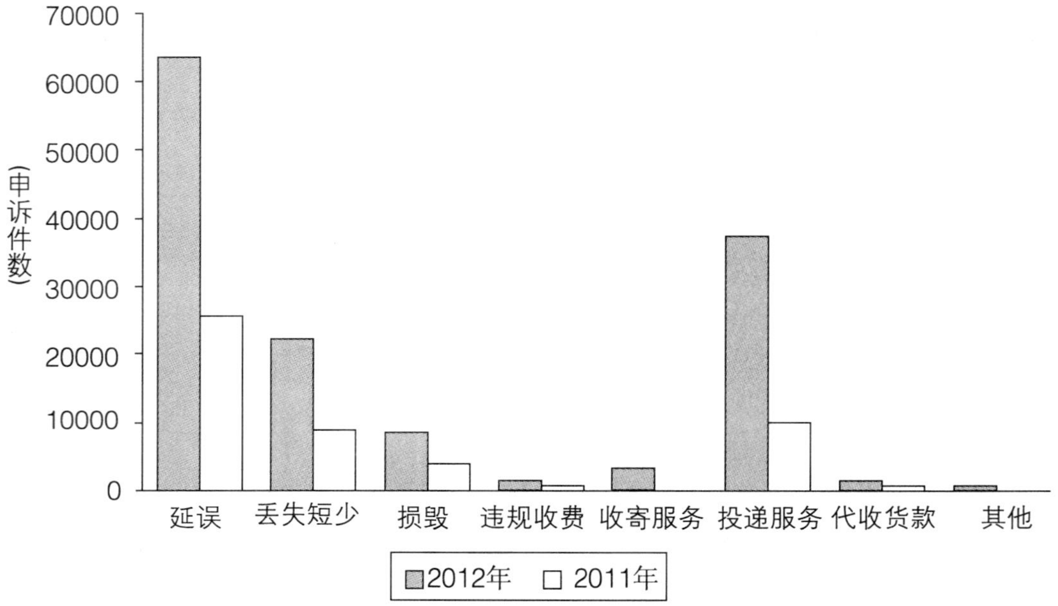

图 8　2012 年与 2011 年我国快递业务有效申诉问题比较

三、2012 年我国快递业发展的亮点

（一）快递业超高速增长，业务收入突破千亿元大关

据国家邮政局统计信息显示，2012 年我国规模以上快递服务企业完成业务量 56.9 亿件，同比增长 54.8%；完成业务收入 1055.3 亿元，同比增长 39.2%。业务收入首次突破千亿元大关，业务量增长率和业务收入增长率创国家邮政局成立 5 年以来新高。业务收入突破千亿元对于国内快递行业来说是个里程碑，自 1984 年我国开办国内特快专递业务至 2010 年，快递收入突破 500 亿元用了整整 26 年的时间。但从 500 亿元到千亿元只用了两年时间，形容我国快递业务呈爆发式增长并不为过。

（二）规范快递业发展的政策不断出台

2012 年，国家邮政局、国家标准委发布了《快递服务》系列国家标准；《快递运单》（GB/T 28582—2012）标准于 2012 年 10 月 1 日起实施。交通运输部审议通过了《邮政业标准化管理办法》；国家邮政局、商务部发布了《关于促进快递服务与网络零售协同发展的指导意见》。另据快递物流咨询网统计，上海等 14 个省、自治区、直辖市先后出台快递物流发展规划或邮政条例，吉林省、青海省、新疆维吾尔自治区、宁波市等发布了关于快递车辆通行的通知，这些标准、法规和管理办法对快递业规范发展、有序发展和健康发展奠定了基础。

此外，2012 年全国（地、市级）邮政管理局相继成立，对强化行业务管理将产生积极作用。

（三）中国邮政速递首发 A 股申请获通过

2012 年 5 月 4 日，中国邮政速递物流顺利通过发行上市审核，他们本次拟发行不超过 40 亿股 A 股，发行后总股本不超过 120 亿股。中信证券担任中国邮政速递保荐人及主承销商。本次募集资金主要用于生产场地建设、信息系统及配套建设、营投网点及配套建设、车辆及设备购置、邮航相关项目建设和补充流动资金等。募投项目实施后，中国邮政速递网络覆盖范围及速递物流服务能力将得到进一步提升，特别是新的南京大型集散中心的建成以及大量现代化配套设施的购置，将极大地提升运营效率，带动产业的优化和升级。

（四）快递业进入航空快递时代

2012 年顺丰速运机队达到了 29 架，其中自有机队 10 架、包租 19 架。其中，波音 737—300 飞机 22 架。波音 757—200 飞机 7 架；中邮速递物流机队规模增至 17 架，其中波音 737—300 型飞机 10 架，波音 737—400 型飞机 7 架；圆通速递已经包租了 3 架飞机。其中，包租波音 737—300 飞机 2 架，空客 330 飞机一架（相当于 3.5 架波音 737—300 飞机）。据快递物流咨询网统计，我国快递企业自有和包租全货机 53 架，占我国全货机总数的 53%。航空快递迅猛发展，已经成为我国快递业提升服务能力的重要标志之一。

（五）6 家快递企业日均快件量突破 200 万件

2012 年 9 月，我国有 6 家快递企业日均快件量突破 200 万件。6 家企业分别是申通快递、圆通速递、顺丰速运、邮政速递物流、韵达快递和中通快递。这 6 家内资快递企业占到快递业务量市场份额约占 80%。其中，“双十一”期间又创日均峰值新高：申通快递最高一日均突破 800 万件、圆通速递突破 700 万件、韵达快递突破 500 万件、中通快递突破 300 万件，快递企业的规模效应进一步显现，标志着市场的集中度进一步提升。据快递物流咨询网统计，2012 年，我国排名前六家快递企业业务量已经占到了市场份额的 78%，同比提升了 8 个百分点。

（六）两家快递外企首获国内快递“牌照”

2012 年 9 月 6 日，国家邮政局批准联邦快递（中国）有限公司（联邦快递）、优比速包裹运送（广东）有限公司（联合包裹）经营国内快递业务。其中，联邦快递首批获准在上海、广州、深圳、杭州、天津、大连、郑州、成都 8 个城市，联合包裹首批获准在上海、广州、深圳、天津、西安 5 个城市，分别开展除信件之外的国内快递业务。此举标志着我国国内快递市场正式向外资快递企业开放。

（七）顺丰速运开通美国快递业务

2012 年 8 月，顺丰速运开通了中国大陆至美国纽约、加州、宾州等 13 个主要州的快件服务业务。起步价190元，暂不收取燃油附加费。成为我国快递业史上第一个以自有品牌进入全球第一大快件国市场的快递企业。至此，顺丰速运已经开通了6个国家的国际快递业务。

（八）快递业优化重组进一步加快

2012年，申通快递前总裁奚春阳以1.6亿元的价格从海航集团手里获得天天快递60%的股权；鑫飞鸿倒闭后其加盟商加盟中铁物流有限公司更名为“飞豹快递”；山东省区域性快递公司“元智捷诚”退出海航加入电子商务落地配公司“微特派”；星晨急便重组鑫飞鸿快递，由于资金链断裂重组不久星辰急便（鑫飞鸿）倒闭；红楼集团接手CCES并更名为“国通快递”；若干快递加盟商重组后成立“汇强快递”等。

（九）“网购”快递爆发式发展

据快递物流咨询网统计，2012年在我国58.7亿件的快件量中，“网购”快件占到68%左右。在消费者投诉中，有95%以上来自“网购”快递。其中，90%以上的投诉与淘宝网和天猫网的电商有关。其“网购”快递投诉占比居高不下的主要原因是“四通一达”与淘宝网和天猫网“网购”之间就开箱验货、包装、内件损毁、保价、代收货款、费率、代理签收、延误、遗失和节日促销活动等制定“游戏规则”。特别是由淘宝网、继而由天猫网牵头在每年“双十一”和“双十二”的促销活动，是造成“爆仓”现象发生的主要原因。

（十）快递发展速度与服务质量失衡凸显

2012年10月22日，圆通、韵达等快递、货代企业违规托运危险品在大连机场自燃，严重危害航空安全，10月29日中航协开出了历史上最重的罚单，注销韵达、圆通等公司二类货运代理资质，请各航空公司终止合作，不承运其揽收货物。这个事件对快递业的航空快件安全敲响了警钟。

2012年12月，中央电视台《经济半小时》栏目对物流行业做了一个系列报道——再问物流。其中，第四、第五、第七期节目重点报道了快递行业乱象，包括快递行业霸王条款、操作不规范、内盗、随便处理无着快件等消费者关心的热点问题。节目通过对业内人士、专家的采访，及记者在快递公司“卧底”调查的情况，对快递行业痼疾进行了一次全方位的深度报道。引起了社会、快递企业及国家邮政局的高度关注。

（徐勇　徐梦馨　快递物流咨询网）

第四部分

行业物流

2012 年中国制造业物流[①]

作为我国国民经济的支柱产业，制造业是我国经济增长的主导和经济转型的基础；作为经济社会发展的重要依托，制造业是我国城镇就业的主要渠道和国际竞争力的集中体现。制造业是我国国民经济发展的核心，因而，制造业物流也是整个行业物流的发展重点。

一、2012 年我国制造业主要指标情况

（一）工业增加值增速情况

据国家统计局和工业与信息化部公布的数据[②]，2012 年，我国工业增加值为 199860 亿元，比上年增长 7.9%；规模以上工业增加值增长 10.0%。如图 1 所示，2012 年的工业经济增长速度与 2011 年同期相比有所下降，表明制造业国内外市场需求增速趋缓，企业生产动力不足，制造业经济总体有所回落，工业经济发展呈现出稳中趋缓态势，但整体仍运行在相对较快的增长区间。2012 年，我国规模以上工业增加值同比增长 10.3%，增速比上年减缓 2.5 个百分点，全年工业增速呈现稳中见缓的运行态势。从轻、重工业分项来看，2012 年重工业增加值增速快于轻工业。2012 年全年轻、重工业增加值同比分别增长 9.6% 和 10.6%，重工业增速快于轻工业 1 个百分点。分行业看，39 个大类行业增加值全部保持同比增长。具体数据如表 1 和图 2 所示。

① 制造业是指对制造资源（物料、能源、设备、工具、资金、技术、信息和人力等）按照市场要求通过制造过程转化为可供人们使用和利用的工业品与生活消费品的行业，包括扣除采掘业、公用业后的所有 30 个行业。一般来说，制造业和工业在概念上基本对等，因此本文不作严格区分。

② 资料来源：国家统计局月度统计数据，http：//www.stats.gov.cn/，作者已经进行整理。

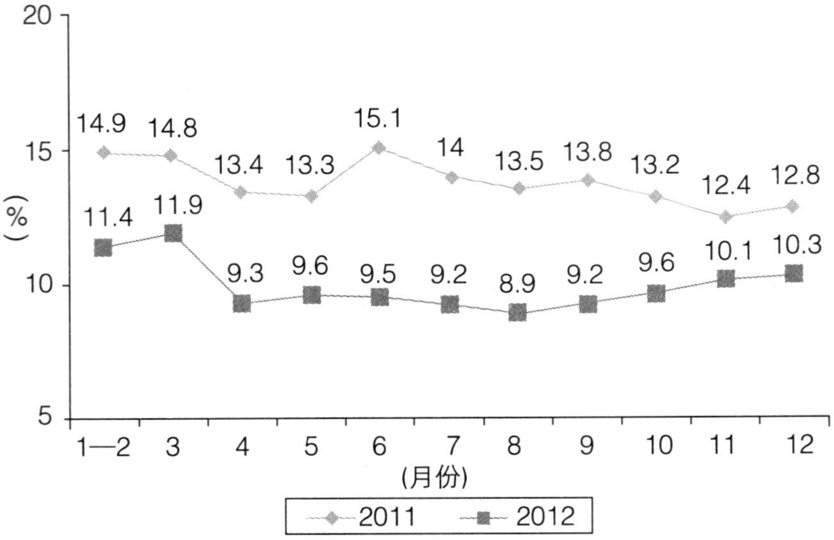

图 1　2011 年和 2012 年我国规模以上工业增加值分月同比增速

表 1　　2012 年我国工业增加值分月同比增长速度统计

月份	工业增加值同比增长（%）	轻工业增加值同比增长（%）	重工业增加值同比增长（%）
1—2	11. 4	12. 7	10. 9
3	11. 9	13. 9	11. 2
4	9. 3	10. 3	8. 9
5	9. 6	9. 1	9. 8
6	9. 5	9. 0	9. 6
7	9. 2	10. 1	8. 8
8	8. 9	8. 6	9. 0
9	9. 2	9. 0	9. 3
10	9. 6	9. 1	9. 7
11	10. 1	9. 2	10. 5
12	10. 3	9. 6	10. 6

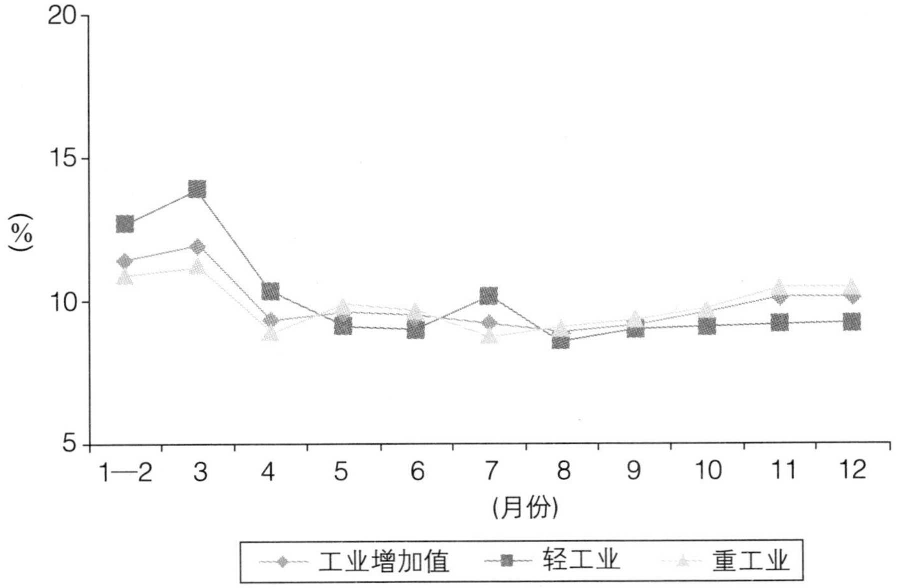

图 2　2012 年我国工业增加值增长速度分月变化情况

（二）主营业务收入及利润率情况

国家统计局统计资料显示①，如图 3 和图 4 所示。2012 年我国规模以上工业企业实现利润 55578 亿元，同比增长 5.3%。12 月当月实现利润 8952 亿元，同比增长 17.3%。规模以上工业企业实现主营业务收入 915915 亿元，同比增长 11%。每百元主营业务收入中的成本为 84.77 元，主营业务收入利润率为 6.07%。

在 41 个工业大类行业中，29 个行业利润同比增长，11 个行业同比下降，1 个行业由同期亏损转为赢利。主要行业利润增长情况：农副食品加工业利润同比增长 20.6%，通用设备制造业增长 4.2%，汽车制造业增长 5.6%，电气机械和器材制造业增长 8.3%，计算机、通信和其他电子设备制造业增长 7.9%，电力、热力生产和供应业增长 69.1%，石油和天然气开采业下降 2.2%，化学原料和化学制品制造业下降 5.9%，黑色金属冶炼和压延加工业下降 37.3%，石油加工、炼焦和核燃料加工业由同期亏损转为赢利。

（三）工业投资增速情况

2012 年，我国固定资产投资（不含农户）达 364835 亿元，比上年名义增长 20.6%（扣除价格因素实际增长 19.3%），增速比上年回落 3.4 个百分点。具体如图 5 所示。

① 国家统计局，2012 年全国规模以上工业企业实现利润同比增长 5.3%，http://www.stats.gov.cn/tjfx/jdfx/t20130127_402869279.htm，2013-1-27。

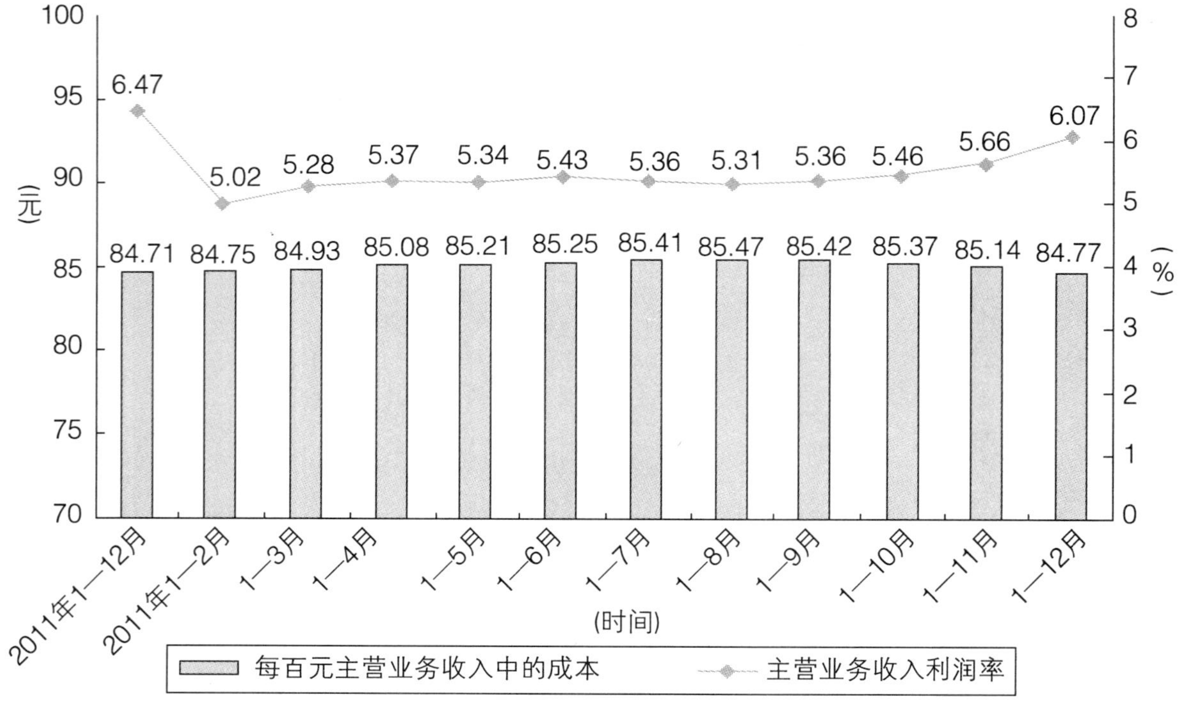

图3　2012年我国规模以上工业企业各月累计每百元营业收入中成本与主营业务收入利润率情况

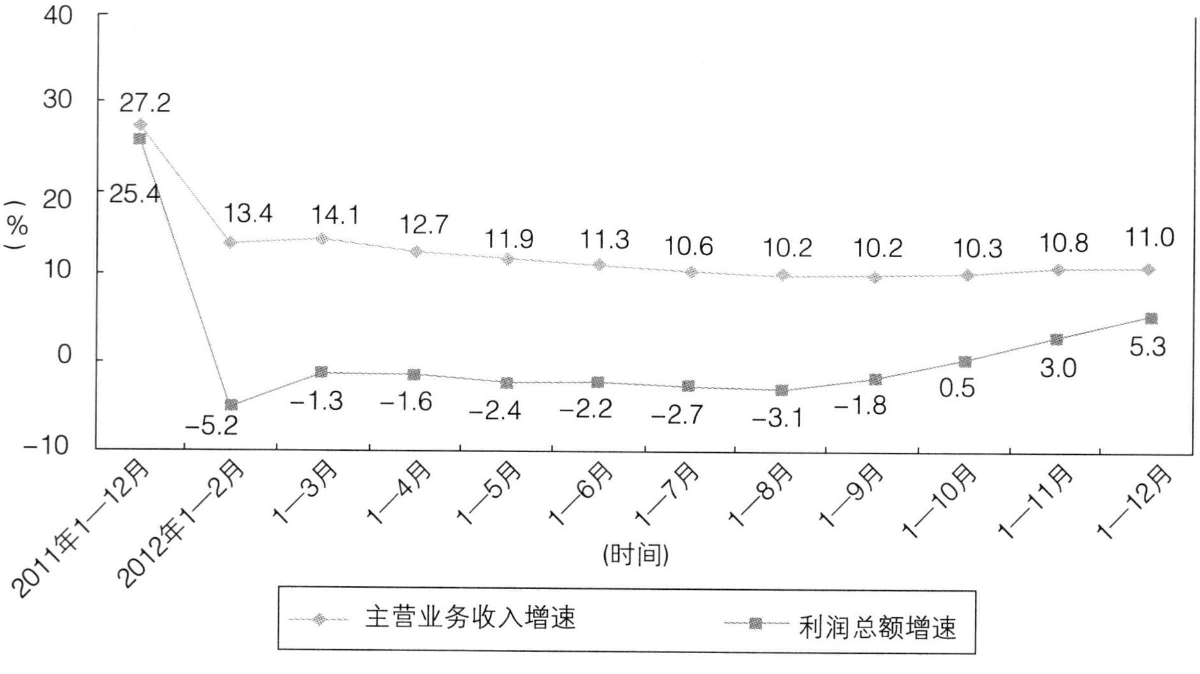

图4　2012年我国规模以上工业企业各月累计主营业务收入与主营业务利润额同比增长情况[①]

① 资料来源：国家统计局月度统计数据，http：//www.stats.gov.cn/，作者已经进行整理。

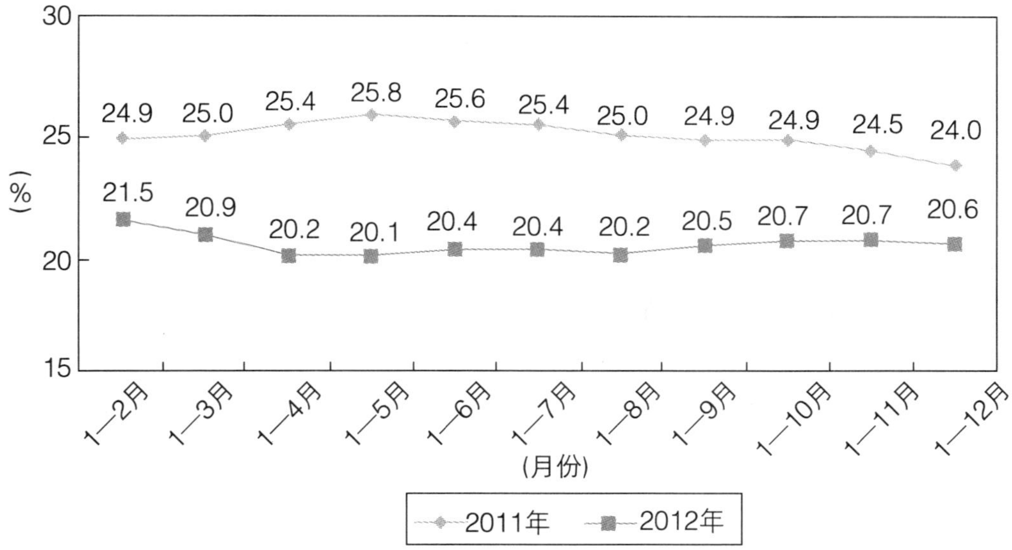

图5 2011年和2012年我国固定资产投资（不含农户）增速[①]走势

分产业看，1—12月，第一产业投资为9004亿元，同比增长32.2%，增速比1—11月加快1.7个百分点；第二产业投资为158672亿元，同比增长20.2%，增速回落0.9个百分点；第三产业投资为197159亿元，同比增长20.6%，增速加快0.2个百分点。第二产业中，工业投资为154636亿元，同比增长20%，增速比1—11月回落1.1个百分点；其中，采矿业投资为13129亿元，同比增长11.8%，增速回落0.4个百分点；制造业投资为124971亿元，同比增长22%，同比增速回落0.8个百分点；电力、热力、燃气及水的生产和供应业投资为16536亿元，同比增长12.8%，增速回落3.4个百分点。

二、2012年我国制造业发展的主要特点

2012年我国制造业面临诸多瓶颈。人力成本上涨、产能过剩、品牌影响力缺乏等问题已经成为阻碍中国制造业发展的难题。同时，制造业经营活动面临更加严峻的市场环境：一方面，外需仍在下行通道（7月出口增速已降至1%）；另一方面国内需求仍未明显回暖。虽然外需萎缩、内需不足以及产能过剩等因素对增长率产生了不利影响。但是，我国制造业的产值已达到世界第一，边际增长率递减实为经济发展规律的大势所趋。从总体上看，2012年我国制造业发展主要呈现以下几个突出特点。

（一）PMI低位运行，增速延续稳中趋缓的态势

如图6所示，除8月和9月外，2012年所有月份PMI指数均位于临界点50%以上，表明制造业保持增速发展。2012年8月PMI指数为49.2%，这是该指数自2011年11月以来首次

① 资料来源：国家统计局月度统计数据，http：//www.stats.gov.cn/，作者已经进行整理。

降至临界点50%以下，低于历史同期均值3.7个百分点。2012年2月以来，PMI指数开始大幅上升，在4月达到53.3%；进入5月，指数骤降，8月降至49.2%，比4月回落4.1个百分点，表明经济增速出现一定幅度下降；9月PMI指数开始回升，10月PMI指数继续保持回升态势，已略高于50%的临界值，表明经济增速延续稳中趋缓的态势。11月和12月的PMI回升至50.6%，表明制造业增速呈现出趋稳的态势。

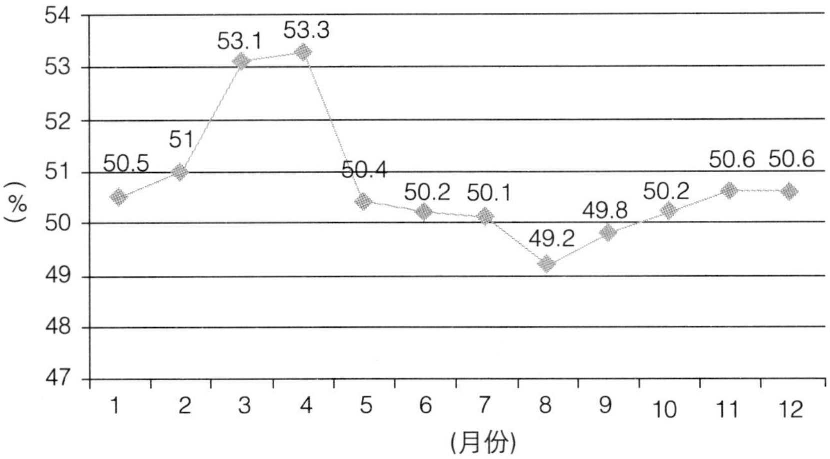

图6 2012年中国制造业PMI指数①

（二）制造业成本上升，但中西部地区成本比较优势尚存

随着能源资源、劳动力、土地等要素成本的快速上升，我国制造业的综合成本已超过印度、越南等一些新兴发展中国家。我国制造业长期依赖的低成本比较优势逐步减弱，新的竞争优势尚未形成。根据相关预测②，2015年我国劳动力总量将达到峰值，之后将缓慢下降。近年来东部沿海地区大面积的“用工荒”和工资薪酬的快速上涨反映了这一变化。从当前制造业从业人员的平均工资来看，越南约为每月1000元，印度约为每月600元，而我国东部沿海已经达到了每月2500~3000元。继2009年耐克关闭在我国唯一一家鞋类生产工厂——太仓工厂后，2012年7月18日，另一体育用品巨头阿迪达斯也准备关闭在华唯一自有工厂。这都从侧面反映出我国制造业成本上升的事实。

虽然一部分依赖廉价劳动力的企业在向国外转移，但许多国内以及跨国制造企业选择向我国河南等中部地区乃至西部地区转移。在东部地区增长放缓的情况下，广袤的中西部地区仍存在巨大的发展潜力，是未来我国保持较快

① 资料来源：国家统计局月度统计数据，http：//www. stats. gov. cn/，作者已经进行整理。

② 环球网，中国制造业发展面临三挑战由大到强须以新求进，http：//finance. huanqiu. com/data/2012 -04/2591158. html2012 -04 -08。

经济增长的重要驱动力。许多企业仍选择留在我国，主要也是由于中西部地区仍有一定的成本优势。另外，我国的基础设施建设水平短期内也仍将远远优于柬埔寨、越南、印度等周边地区。此外，产业链的集聚效应对企业来说也很关键，一些企业在珠三角或长三角的周边地区可以采购自己所需的几乎所有零部件。所以，鉴于成本的地域差异、较为完善的基础设施和前期积累的集聚效应，我国的制造业将在相当长一段时间内保有优势。

（三）加快制造业产业结构调整与转型重组

尽管我国在产业结构调整和制造业转型升级上已经取得了一定的成绩，但2012年各项数据表明，结构调整和制造业转型升级的工作仍需不断深入。

以钢铁行业为例。2012年以来，我国钢铁行业继续面临市场需求减少、钢材价格下降、原燃材料价格居高不下、经济效益不断下滑的严峻形势，致使钢铁企业经济效益进一步下滑，第一季度亏损面达33%，这也是进入21世纪以来我国钢铁行业出现的第一次全行业亏损。而后，全行业亏损面继续扩大。来自中钢协的最新数据显示，80家重点大中型钢铁企业在2012年1—10月利润亏损52.23亿元，行业利润率为-0.18%，亏损面为38.75%，累计亏损企业达31户。在困难时期，制造业必须加快结构调整，注重调整总量，以应对成本上升、国际竞争加大等日益增大的压力。

我国制造业近年来取得了飞速发展，但制造业领域存在的种种问题（如产能过剩）虽然一直处于改善之中，却始终没有取得根本性的变化，反而制约了我国制造业企业转型重组。因此，消除制度障碍、加强政策协调、加强服务指导，协调解决企业兼并重组中遇到的问题，对推进制造业的产业结构调整意义重大。

（四）制造业专项规划和标准陆续发布

2012年是“十二五”规划的第二年，许多制造业专项规划和标准陆续发布。

2012年2月22日，为培育和发展新材料产业，推动材料工业转型升级，支撑新兴产业战略性发展，加快走中国特色的新型工业化道路的步伐，依据《中华人民共和国国民经济和社会发展第十二个五年规划纲要》和《国务院关于加快培育和发展战略性新兴产业的决定》，中国工业与信息化部组织制订了《新材料产业“十二五”发展规划》。规划指出要重点发展特种金属功能材料、高端金属结构材料、先进高分子材料、新型无机非金属材料、高性能复合材料和前沿新材料。

2012年3月12日，为贯彻落实《国民经济和社会发展第十二个五年规划纲要》和《工业转型升级规划（2011—2015年）》，进一步促进我国船舶工业持续健康发展，工业和信息化部制订了《船舶工业“十二五”发展规划》。规划的目标为：到2015年，我国船舶工业产业体系更为完善，产业结构更趋合理，创新能力和产业综合素质显著提升，国际造船市场份额稳居世界前列，成为世界造船强国。

2012年3月22日，为进一步促进我国海洋工程装备制造业持续健康发展，工业和信息化部会同发展改革委、科技部、国资委、国家海洋局制订了《海洋工程装备制造业中长期发展规划》。规划指出，经过十年的发展，实现我国海洋工程装备制造业产业规模位居世界前列，形成若干产业集聚区和大型骨干企业集团，技术水平和创新能力显著提升，关键系统和设备的制造能力明显增强。

2012年5月7日，工信部发布《高端装备制造业“十二五”发展规划》。规划指出，国家将继续实施现行高端装备及基础件财税支持政策，鼓励开展引进消化吸收再创新，并落实有关关键零部件、原材料进口税收优惠政策等。航空工业迎来了新的发展拐点。

2012 年 5 月 22 日，科技部对《“十二五”制造业信息化科技工程规划》进行细致解读。科技部指出，我国制造业信息化发展存在主要问题是重技术、轻标准，出现了信息时代的“信息孤岛”，对此应该充分利用以新兴信息技术为代表的高新技术成果，发挥科技引领和支撑作用，提高企业自主创新能力和综合竞争力，促进制造业跨越式发展。

2012 年 9 月 3 日，为进一步加强钢铁行业管理，规范现有钢铁企业生产经营秩序，推动钢铁行业结构调整和产业升级，工业和信息化部发布《钢铁行业规范条件（2012 年修订）》（自 2012 年 10 月 1 日起实施）。《钢铁行业规范条件（2012 年修订）》的实施对改变目前我国钢铁工业发展模式，引导企业节能减排、促进淘汰落后、推动兼并重组，实现结构调整和转型升级具有重要的现实意义。

2012 年 12 月 5 日，环保部发布《关于实施国家第五阶段气体燃料点燃式发动机与汽车排放标准的公告》，要求从 2013 年 1 月 1 日起，所有天然气汽车必须符合国五标准。这是环保部在 2012 年年初提出天然气汽车必须符合国四标准后，再次提高其排放标准。

三、2012 年我国制造业物流发展现状

2012 年，我国制造业社会物流总额增长较快，增速稳中有升。社会物流总费用依然保持高位水平，但增速有所回落。这反映宏观经济运行的质量和效率仍然偏低，制造业物流成本上升，物流企业效益持续下滑，行业发展的活力受到影响。

（一）社会物流总额增势稳中有升

根据中国物流信息中心的统计数据①，2012 年我国社会物流总费用保持较快增长，社会物流需求增幅有所回落，物流业固定资产投资回落幅度持续扩大。如表 2 所示，2012 年我国社会物流总额为 177.3 万亿元，按可比价格计算，同比增长 9.8%，增幅比上年回落 2.5 个百分点。从构成情况看，其中，工业品物流总额为 162 万亿元，同比增长 10%，占社会物流总额的比重为 91.4%，同比提高 0.7 个百分点；进口货物物流总额为 11.5 万亿元，同比增长 7.8%，增速同比加快 3.4 个百分点；单位与居民物品物流总额同比增长 20.9%，增速同比加快 2.6 个百分点。

从各月社会物流总额增幅看，平均每月增幅在 10% 左右，相比 2011 年的 12% ~ 13% 有所下降。总体来说，2012 年以来我国社会物流总额保持平稳适度增长，且增势更加平稳。

从分项数据来看，如表 2 所示，各分项物流总额自 2012 年 9 月以来呈现明显的回升迹象。工业品物流总额增速回落趋稳，但仍占社会物流总额的绝大部分比重，仍是促进物流规模增大、拉动社会物流总量发展的决定性力量。进口贸易物流总额显著提升，一改 2011 年持续降低的低迷状况，自 2012 年年初起稳步趋升，增幅逐步改善。单位与居民物品物流总额及再生资源物流总额延续 2011 年整年的

① 物流运行数据来源是中国物流信息中心网站：1—11 月我国物流运行情况分析 http：//www.clic.org.cn/wltjw-lyx/index，jhtml，2012 - 12 - 21。

快速增长态势，在2012年保持持续稳定较快增长。从构成情况来看，工业品物流总额162万亿元，按可比价格计算同比增长10%，是推动社会物流总额增长的主要动力。由于网购等电子商务快速发展推动，快递等与民生相关的物流发展势头良好。全年单位与居民物品物流总额按可比价格计算同比增长23.5%，增幅高于社会物流总额13.7个百分点。进口货物物流总额11.5万亿元，按可比价格计算同比增长7.8%。农产品物流总额和再生资源物流总额同比分别增长4.5%和10.2%[①]。

表2　　2012年我国社会物流总额变化情况[②]

指标名称		第一季度	前两季度	前三季度	全年
社会物流总额（万亿元）		38.6	83.6	130.7	177.3
社会物流总额增速（%）		10.9	10	9.6	9.8
同比增速指标（%）	农产品物流总额	3.8	4.3	4.5	4.5
	工业品物流总额	11.6	10.5	10.9	10
	进口物流总额	2.1	4.2	4.9	7.8
	再生资源物流总额	34	10.4	19.3	10.2
	单位与居民物品物流总额	16.1	15.6	16.6	23.5

（二）社会物流总费用增速有所回落，但依然较高

2012年，我国社会物流总费用为9.4万亿元，同比增长11.4%，增幅比上年下降7.1个百分点。其中，运输费用为4.9万亿元，同比增长10.7%，占社会物流总费用的52.5%，同比降低0.3个百分点；保管费用为3.3万亿元，同比增长11.8%，占社会物流总费用的35.2%，同比提高0.2个百分点；管理费用为1.2万亿元，同比增长13.1%，占社会物流总费用的12.3%，同比提高0.1个百分点。具体情况如表3所示。

表3　　2012年我国社会物流总费用变化情况[③]

指标名称	第一季度	前两季度	前三季度	全年
社会物流总费用（万亿元）	1.9	4.1	6.4	9.4

① 资料来源：国家发展改革委，国家统计局，中国物流与采购联合会.2012年全国物流运行情况通报，http://www.chinawuliu.com.cn/lhhkx/201302/26/210410.shtml，2013-2-26。

② 同上。

③ 同上。

续 表

指标名称		第一季度	前两季度	前三季度	全年
社会物流总费用增速（%）		12.2	11.9	11.3	11.4
社会物流总费用与 GDP 的比率（%）		17.9	18.0	18.1	18.0
同比增速指标（%）	运输费用	11.1	10.7	10.7	10.7
	保管费用	13	12.8	11.7	11.8
	管理费用	14.7	14.1	13.5	13.1

在运输费用中，由于燃油价格上涨、道路运量快速增长的影响，道路运输费用同比增长 12.6%，增幅比社会物流总费用高出 1.2 个百分点。在保管费用中，利息费用增长 13.3%，增幅比社会物流总费用高出 1.9 个百分点。

从全国重点企业物流统计调查数据看，2012 年我国工业和批发零售业企业百元销售额占用的物流成本分别为 9.3% 和 7.6%，同比分别降低 0.4 和 0.2 个百分点，表明我国企业物流效率有所提升。但经济运行中的物流成本依然较高，社会物流总费用与 GDP 的比率为 18%，同比提高 0.2 个百分点。各项费用所占比例如图 7 所示。

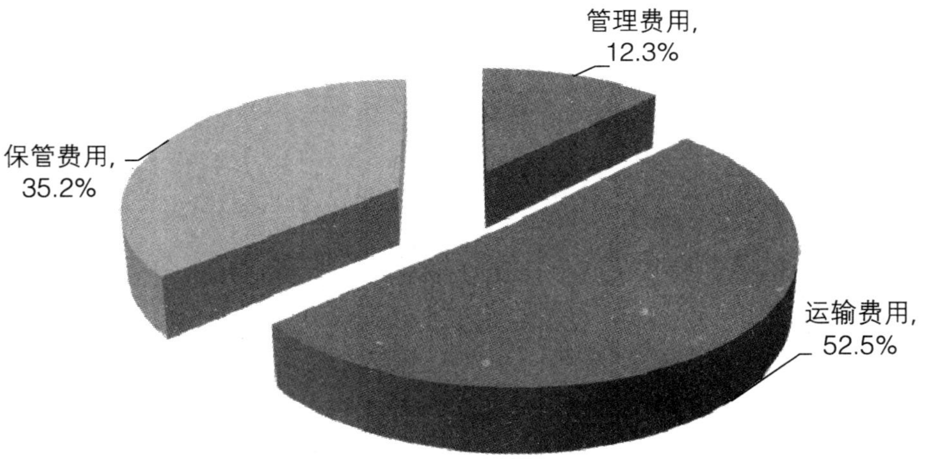

图 7　2012 年 1—12 月我国社会物流总费用构成情况

（三）制造业物流外包持续加速，物流信息化程度显著提升

随着竞争压力的加大和经济活动的全球化与区域化，制造企业亟须专心于自己的核心业务，专注于成本的降低和运行效率的提高，集中发展核心竞争力，而将非核心的部分业务外包。根据国家发改委和南开大学现代物流研究中心于 2012 年 1—4 月对我国工商企业物流业务外包总体情况的调查，2011 年我国有 86.7% 的工商企业对干线运输或配送实施外包。工商企业外包业务范围逐渐扩大，对流通加工、库存管理、物流系统设计等业务实施外包的工商企业比例进一步提高，如表4所示。

在物流外包形式上，上述调查表明，2011年有90%以上的企业通过签订合同与物流服务商合作，近1/4的工商企业与物流服务商结成联盟，具体数据如表5所示①。

随着近几年我国物流业的蓬勃发展，物流信息化受到了普遍重视，物流行业信息化投资规模不断扩大，物流信息技术装备水平得到了较大提高。根据《中国现代物流发展报告（2012）》的调研数据（如表6所示），2011年我国工商企业使用的物流信息技术仍集中于条码技术、GPS/GIS系统和EDI系统，所占比例分别为78.7%、41.3%和37%，与2007年数据相比不难发现，我国工商企业的物流信息化认识与应用程度明显提高。

表4　2007—2011年我国工商企业外包物流业务的种类（含多选）占比统计　单位：%

项目 \ 年份	2007	2008	2009	2010	2011
干线运输	30.8	39.3	42.6	47.8	86.7
配送	32.1	37.4	38.3	43.1	
包装与流通加工	6.7	11.9	13.5	14.6	21.7
仓储保管	16.7	11.9	15.5	16.3	20.8
物流信息管理	8.2	17.5	15.6	16.3	18.0
采购管理	—	—	—	—	15.7
物流系统设计	8.3	10.6	10.7	11.5	14.6
产品装配与安装	—	—	—	—	13.3
库存管理	6.4	6.7	5.4	5.9	8.3

表5　2007—2011年我国工商企业与物流服务商之间的合作形式（含多选）占比统计　单位：%

项目 \ 年份	2007	2008	2009	2010	2011
签订合同	90.4	91.3	93.1	94.6	92.7
战略联盟	26.8	24.3	22.4	25.3	24.0
参股物流服务商	4.2	6.6	4.8	5.9	6.7
其他	0.4	0.1	0.2	0.4	1.1

① 资料来源：南开大学现代物流研究中心，中国现代物流发展报告（2012），北京：中国物资出版社，2012。

表 6　　2007—2011 年我国工商企业采用的物流信息技术（含多选）占比统计　　单位：%

物流信息技术类别	占比				
	2007 年	2008 年	2009 年	2010 年	2011 年
条码技术	58.7	62.18	67.4	72.5	78.7
GPS 与 GIS	43.8	42.24	37.2	38.9	41.3
EDI 系统	23.3	25.38	32.6	37.3	37
EOS	18.5	19.69	18.6	19.1	25.3
ASS	18.5	18.52	17.2	15.7	14.3
RFID	8.3	10.32	14.3	16.2	15.3
其他	3.7	1.76	14	14.1	11.7

（四）物流政策进一步完善落实，推动物流业发展环境改善

2012 年国家和相关部门相继出台政策进一步促进物流业发展，物流产业发展整体环境得到有效改善。中央各部委结合各部实际，陆续出台了有利于物流业发展的政策。工业和信息化部高度重视物流工作，制订了《国家物联网“十二五”发展规划》，更好地指导物联网产业发展。各地方政府结合具体实际，在 2012 年推出了具体的发展意见。如：四川省发布《四川省人民政府办公厅关于促进物流业健康发展的实施意见》，对物流企业从减轻税收负担、加大土地政策支持力度、促进物流车辆便利通行、加快物流管理体制改革、加强物流产业市场主体培育等九个方面进行扶持；湖北省出台了支持物流发展“三十八条”意见；北京市、吉林省、安徽省和陕西省等省市都陆续发布促进物流业发展的具体指导意见。

我国的制造业物流投融资环境不断优化。一方面，针对物流行业投融资难、发展受限的情况，国家发展改革委等十二个部门于 2012 年 6 月 9 日发布《关于鼓励和引导民间投资进入物流领域的实施意见》，引导民间资本投资第三方物流服务领域。该意见积极支持民间资本投资从事社会化物流服务，支持民间资本进入物流业重点领域，鼓励民间资本进入汽车及家电物流、特种货物运输、大宗物资物流、集装箱等重点物流领域。另一方面，许多国有银行和商业银行推出利好政策，助推制造业物流业发展。例如，中国人民银行自 6 月 8 日起分别下调金融机构人民币存贷款基准利率，其中一年期存贷款基准利率下调 0.25 个百分点，这是央行时隔三年半来首次降息；同时，央行还调整了金融机构存贷款利率浮动区间的上下限。这是国民经济的“利好”信号，对于物流业尤其是小微物流企业更是“利好”消息。

（五）制造业物流运作标准陆续出台促进制造业物流规范化

近年来，随着我国制造业和物流业联动的深入发展，国内制造业物流运作标准陆续出台。

2012 年 2 月 18 日，第五届中国钢铁物流合作论坛召开。中国物流与采购联合会钢铁物流专业委员会表示，国内首部钢铁物流行业标准正在制定中，于 2013 年年初向全国钢铁行

业正式推广。通过钢铁物流标准体系的建立，能够实现钢铁物流消费与生产的信息对称，实现钢铁物流全过程的供应链集成效应，完善钢铁物流运行体系，这对钢铁物流产业的健康有序发展具有重要的战略意义。

2012 年 2 月 21 日，由中国物流与采购联合会承办的“煤炭等重要大宗资源性产品物流关键标准研究”质检公益科研专项课题启动会议在北京召开。该研究主要以我国物流发展过程中当前亟须规范的煤炭物流、铁矿石物流、棉花物流、粮食物流四个领域为研究对象，通过全面梳理和系统研究，分析四个领域的物流现状及标准化现状，找出标准化方面存在的不足，充分借鉴国内外的相关经验，提出适合四个领域现阶段发展的物流标准化建议及思路，并完成四个领域的关键技术标准的制定。

2012 年 4 月 19 日，《化工产品逆向物流标准研究》专项课题专家论证会在北京召开。参会专家对子课题研究报告和《化工产品逆向物流通用服务规范》、《化工产品逆向物流作业规范》、《化工产品逆向物流绩效评估指标》、《化工产品逆向物流企业基本要求》、《化工品逆向物流的方案设计要求》、《化工产品物流突发事件的处理》、《废旧蓄电池回收与管理通用规范》七项国家标准的工作组讨论稿进行了论证。

2012 年 5 月 25 日，国家标准委决定对 2012 年第一批拟立项国家标准项目向社会公开征求意见。意见征求截至 2012 年 6 月 24 日。在本次拟立项的国家标准中，有 26 个项目由全国物流标准化技术委员会提出并归口。其中，涉及家电物流、医药物流、钢铁物流、汽车物流、非为液态化工产品逆向物流等专业物流领域，并包含物流统计和物流装备标准等内容。

2012 年 11 月 5 日，国家质检总局、国家标准委发布《中华人民共和国国家标准公告》（2012 年第 28 号），正式批准发布 362 项国家标准（标准将于 2012 年 12 月 1 日起实施）。其中包含《药品冷链物流运作规范》（GB/T 28842—2012）和《食品冷链物流追溯管理要求》（GB/T 28843—2012）两项物流国家标准。

2012 年 12 月 17 日，科技部、质检总局和国家标准委联合印发了《“十二五”技术标准科技发展专项规划》（国科发技〔2012〕1100 号）。其中有很大的比例涉及制造业科技创新的标准化，这也成为今后我国制造业物流技术标准制定的重要依据文件。

四、2012 年制造业与物流业联动发展新进展

随着制造业与物流业的转型升级和现代化产业结构的优化调整，“两业”联动发展已经成为业内关注的热点，两业联动发展的国际化趋势在 2012 年更加明显。2012 年，两业联动有以下几方面进展：

（一）两业联动工作持续推进

近年来，随着国家对物流业发展一系列扶持政策的出台，我国物流业取得了长足发展，并呈现出健康、持续、快速发展的态势，对经济增长的贡献进一步加大。国家各级政府及有关部门和行业协会纷纷采取措施，推动制造业物流发展。

为了持续推动制造业与物流业的联动发展，贯彻落实国务院促进物流业发展的政策精神，中国交通运输协会于 2012 年 4 月 13—14 日在北京召开 2012 年制造业与物流业联动发展年会。本次年会以“寻求两业联动发展的可持续动力”为主题，围绕企业的生产、分销、仓储、配送等物流环节的管理问题展开分析讨论，从供应链、物流信息化、完善物流基础设

施配套服务和提升两业联动过程中的技术装备水平四个方面出发，学习借鉴国内外成功经验并进一步探索两业联动发展的最佳模式，提高物流服务能力，搭建有效的交流与合作平台。

此外，2012 年 9 月 27 日，由国家发展和改革委员会经济运行调节局、工业和信息化部运行监测协调局、国务院国有资产监督管理委员会综合局联合主办，江苏省经济和信息化委员会承办，中国钢铁工业协会等四个行业组织协办的“2012 物流与供应链管理论坛”在江苏省召开。各省市经济主管部门、中央直属和地方重点企业、专业研究机构及媒体代表等共计 200 余人参加了会议。宝钢股份公司资材备件采购部就《规模企业采购管理的持续改进》做了主题发言。会议旨在在当前外需萎缩、内需增长乏力的情况下，推动企业物流模式的转型与创新，促进制造业与物流业联动发展，推动产业供应链条的整合与管控，搭建信息共享和经验交流的平台，进而提升经济运行的质量和效益。

（二）各级地方政府积极推进两业联动发展

2012 年，国家发改委持续推动两业联动发展，各级地方政府如陕西、广东、山东等省市深入落实两业联动的各项工作。

2012 年 4 月，《国家发改委关于下达物流业调整和振兴项目（地方切块部分）2012 年第一批中央预算内投资计划的通知》（发改投资〔2012〕919 号）下发。其中，制造业与物流业联动发展工程是预算内投资的重要工程之一。河北、山东、浙江、江西等许多地方的制造业物流得到补助。

2012 年 2 月 23 日，陕西省召开的全省发展改革系统经贸工作会议提出，2012 年陕西省将以“制造业与物流业联动发展为抓手”，加大项目资金的支持力度，着力推动陕西省现代物流业发展。2012 年，陕西省将在西安、宝鸡、榆林、汉中等地开展试点工作，并鼓励物流企业积极申报国家试点。

2012 年 3 月，《广东省经济和信息化委 2012 年生产服务业工作要点》中明确指出：促进制造业主辅分离，释放生产服务需求，总结推广佛山市和中山市开展制造业主辅分离发展现代服务业的试点经验；引导和鼓励制造业通过外包或专业化分工等方式强化生产服务功能，开展制造业与物流业的联动发展示范工作。同时，出台《广东省制造业与物流业联动发展示范项目认定办法》，认定约 30 个广东省“两业联动”示范项目。

2012 年 5 月 21 日，山东省制造业与物流业联动发展培训班开班，本次培训旨在引导制造业实现资源整合、主辅分离，实行物流外包，释放物流需求，提升物流业服务能力，推动制造业与物流业联动发展。

此外，不少地市政府也深入推动两业联动的发展工作。2012 年 12 月 4 日，一场为物流业和制造业“相亲”的联动业务洽谈会在浙江嘉兴举行。主办方嘉兴市交通运输局、市经信委邀请了 50 家规模以上制造业企业的负责人、物流（运输）部门经理和 60 家物流企业的负责人参加了洽谈会。

（三）两业联动模式不断创新，合作发展方向多元化

在两业联动发展过程中，许多制造企业由简单的运输、仓储等功能型外包逐步向企业物流整体外包发展，物流企业也由单一物流服务向一体化物流服务转变。联动双方把循环取货、供应商管理库存、准时制生产等供应链管理思想与两业联动实践相结合，创造出许多两业联动的新模式。表 7 列出了两业联动模式分类与典型案例。

表 7　两业联动发展模式分类与典型案例①

分类方式	联动模式	联动模式特点	典型案例
按外包程度与企业管理权剥离来分	单业务外包，管理权自营	制造企业的单个物流业务（如运输业务等）外包给第三方物流企业，制造企业保留业务管理权	上海通用汽车有限公司与安吉汽车物流有限公司联动
	多业务外包，管理权自营	制造企业的多个物流业务模块外包给第三方物流企业，制造企业保留业务管理权	上海家化联合股份有限公司与上海惠尔物流公司联动
	全部业务外包，管理权自营	制造企业的全部物流业务外包给第三方物流企业，制造企业保留业务管理权	三星公司全球分拨中心与苏州得而达物流公司联动
	制造企业单独成立下属的物流公司	制造企业成立下属的独资物流公司，物流业务全部剥离给专门物流公司，制造企业无业务管理权	江苏海隆国际贸易有限公司与淮安市海隆冷链物流有限公司联动
	制造企业成立合资物流公司	与其他企业联合成立合资物流公司，物流业务外包全部剥离给专门物流，制造企业无业务管理权	青岛啤酒与招商局物流公司联动项目
	制造企业物流系统剥离	制造企业将物流业务全部交给第三方物流公司，物流系统彻底剥离，制造企业无业务管理权	中铁快运与西藏冰川矿泉水公司的5100矿泉水联动项目
按联动主体数量分	一对一联动	制造企业与物流企业一对一联动	大部分两业联动企业都是这种模式
	一对多联动	一个制造企业与多个物流企业联动；多个制造企业与一个物流企业联动	中捷环洲供应链公司与玉环汽摩配产业集群联动

① 资料来源：全国现代物流工作部际联席会议办公室，全国制造业与物流业联动发展案例精编，中国物资出版社，2011；上海市经济委员会，上海市六大支柱行业物流发展调查报告，2007 年 10 月。

续 表

分类方式	联动模式	联动模式特点	典型案例
按联动主体数量分	多对多联动	制造企业园区与物流企业园区的企业实现多对多联动	上海临港重装备产业区与临港装备制造专业物流基地联动
按联动技术应用程度分	应用既有先进技术装备	在两业联动中，采取既有的各种先进技术设备如 GPS、RFID 等	巨石集团有限公司与浙江宇石国际物流有限公司联动
	完善技术装备使用规则	在两业联动中，完善已有的技术装备使用规则	杭钢集团与浙江八达物流联动
	量身定做专用技术装备	在两业联动中，为物流业务量身定做专用设备	拜耳材料科技（中国）有限公司与上海华谊天原化工物流有限公司的联动
按联动业务环节分	供应环节联动	制造企业的采购与供应业务交给物流企业完成	中储青岛分公司与青岛北海船舶重工有限责任公司联动
	生产环节联动	制造企业的生产环节物流业务交给物流企业完成	福田汽车集团与福田汽车物流联动
	销售环节联动	制造企业的销售环节物流业务交给物流企业完成	奇瑞汽车与芜湖长久物流公司联动
	多个环节联动	制造企业的多个供应链环节交给物流企业完成	山东临工工程机械有限公司与山东立晨物流公司联动
	供应链所有环节联动	制造企业的供应链上下游环节的所有物流业务交给物流企业完成	中铁快运与西藏冰川矿泉水公司联动；中捷环洲供应链公司与浙江凯迪汽车部件工业有限公司联动

注：管理权自营是指制造企业掌握物流业务的管理权。

从两业联动的合作发展方向来看，制造企业与物流企业的合作正朝着多元化方向发展。承接多项合作业务与为客户提供个性化物流解决方案正成为两业联动的发展趋势。根据国家发改委和南开大学现代物流研究中心于2012年1—4月对我国工商企业物流业务外包总体情况的调查，在2012年我国制造企业和物流企业的联动合作发展方向选择中，大部分物流企业选择为客户（制造企业）提供个性化物流解决方案和承接客户的多项物流业务，比例分别为67.3%和66.3%。部分物流企业选择承接客户（制造企业）的所有物流业务和承接客户（制造企业）的某项物流业务，比例相对来说较小。具体数据如表8所示。

表8　　2012年我国制造企业和物流企业的合作发展方向（含多选）

项目	比例（%）
承接客户的某项物流业务	38.6
承接客户的多项物流业务	66.3
为客户提供个性化物流解决方案	67.3
承接客户的所有物流业务	39.6
与客户合资成立物流公司	11.9
成为客户的下属子公司	2.0
其他	0.0

（四）低碳物流发展背景更加明显

为落实“十二五”规划关于逐步建立国内碳排放交易市场的要求，运用市场机制以较低成本实现2020年我国控制温室气体排放行动目标，加快经济发展方式转变和产业结构升级，并结合有关地区申报情况和工作基础，国家发展改革委办公厅确定北京市、天津市、上海市、重庆市、湖北省、广东省及深圳市为碳排放权交易试点。表9为2012年我国碳排放权交易试点省市试点工作的进行情况。

表9　　2012年我国碳排放权交易试点省市试点工作情况

省市	开展日期	工作内容	目的
天津市	2012年3月19日	印发《天津市低碳城市试点工作实施方案》	建立以低碳为特征的产业体系和消费模式
北京市	2012年3月28日	碳排放权交易试点启动仪式	建立区域性碳排放权交易市场体系，推动温室气体减排工作。实现“十二五”单位地区生产总值二氧化碳排放下降目标

续 表

省市	开展日期	工作内容	目的
广东省	2012 年 9 月 11 日	碳排放权交易试点启动暨广州碳排放权交易所揭牌仪式	形成碳排放权交易，促进节能、减碳约束性指标完成和产业结构调整的市场机制
深圳市	2012 年 9 月 19	碳排放权交易试点工作新闻发布会	将 26 个行业的 800 家碳排放“大户”企业纳入碳交易体系
重庆市	2012 年 11 月 13 日	印发了《“十二五”控制温室气体排放和低碳试点工作方案》	碳交易的试点企业主要集中在电解铝、铁合金、电石、烧碱、水泥、钢铁等 6 个高耗能行业

低碳化城市和低碳行业的试点工作启动，表明制造业物流已经开始进入绿色时代。由此表明，在国家“十二五”绿色发展规划的背景下，倡导低碳物流并探索企业绿色责任竞争力，是制造企业和行业的可持续发展之路。构建制造企业的绿色物流体系，实现物流绿色化发展，是制造业物流可持续发展的根本，也是时代发展对物流业的呼唤。

此外，不少社会网络组织也开始倡导绿色物流发展。继 2011 年“中国物流绿色责任行动”后，由物流搜索网主办的“2012 物流中国行”启动仪式暨中国物流技术装备应用创新大会于 2012 年 4 月 18 日在京召开。“2012 物流中国行”活动历时 7 个月，走访全国 20 个城市的百强企业，旨在通过“中国物流绿色责任行动”推动物流行业内的企业在产品研发、生产、加工、包装、运输、仓储等各环节做到环保、低碳，促进制造业、物流业两业联动持续发展①。

（五）“营改增”政策陆续实施，对两业联动将产生影响

2012 年以来，国家陆续开设了营业税差额纳税、营业税改征增值税等试点，并出台了和土地使用税减半征收等税收政策。但是，据中国物流与采购联合会调查结果显示，除营业税差额纳税试点取得积极成效外，其他税收政策还有待进一步完善和落实。尤其是“营改增”的政策实施中仍然存在不少问题。许多物流企业出现税负不“降”反“增”的现象。在被调查的企业中，参与营业税改征增值税试点工作的企业占 18.1%。调查显示，2012 年上半年，90.6% 的试点企业实际缴纳增值税有一定程度的增加。与营业税体制相比，试点企业税负平均增加 33.8%。其中，交通运输服务平均增加 119.7%；75% 的企业税负增加 10% 以上，59.4% 的企业税负增加超过 20%，31.3% 的税负增加超过 50%，18.8% 的税负增加超过 100%。

① 物流搜索网，2012 年第三届物流中国行在京启动，http://www.soo56.com/news/486862012 - 4 - 18_0.htm2012 - 04 - 18。

这种不“降”反“增”的现象源自于过路过桥费用较多、公路罚款问题依然突出、多项行政事业性收费尚未取消等因素。同时，物流企业来源于燃油、路桥费、过境费等方面的成本很难获得增值税专用发票，以致抵扣不充分，在一定程度上增加了税负。

然而，“营改增”的主要作用不在于个别企业或个别行业税负的减少，而在于它的连带性减税，即所有向试点纳税人购买应税服务的进项税额可以抵扣并税负下降的结构性减税，由此实现制造业和物流业等各相关行业的整体性减税，进而有利于国民经济的专业化发展。同时，运输费用已属于现行增值税进项税额抵扣范围，运费发票已纳入增值税管理体系，具备了较好的改革基础。一旦服务业全行业都实行了“营改增”，开具增值税专用发票而非营业税发票，其费用都将进入进项税额抵扣范围，由此环环相扣产生的减税额将十分可观。越来越多的地方政府意识到“营改增”的连带减税效果，都在积极争取加入试点行列，早日推行“营改增”。“营改增”的税制改革对两业联动的发展将起到积极的作用，有助于理清制造企业与物流企业的权责划分，有利于核算相关物流成本，对推动双方的长期合作也将产生深远影响。

（刘伟华　徐海涛　刘洋　天津大学管理与经济学部）

2012 年中国钢铁物流

2012 年我国钢铁工业生产平稳增长，但相对疲弱的需求、产能过剩和供大于求的形势，使我国钢铁行业处于微利或亏损的局面。据国家统计局数据显示，2012 年我国粗钢产量为 71654.2 万吨，同比增长 3.1%；钢材产量为 95186.1 万吨，同比增长 7.7%。2012 年我国黑色金属冶炼及压延加工业实现销售收入 70904.2 亿元，同比仅增长 1.2%，增幅比上年回落 24.32 个百分点；实现利润 1229.43 亿元，比上年减少 732.74 亿元，下降 37.34%；销售利润率仅为 1.73%，同比下降 0.87 个百分点。钢铁相关企业在微利中寻找新的发展发向和赢利增长点，涌现了更多的钢铁物流商业模式，钢铁电子商务企业得到进一步发展和壮大；构筑供应链、延伸产业链成为钢铁行业相关企业扩展竞争力的重要方向，钢材深加工也受到越来越多地方政府和钢铁相关企业的重视，发展势头强劲。

一、2012 年我国钢铁行业物流取得的成绩

（一）建立联盟体系，破解物流瓶颈制约

1. 中国钢铁流通 e 联盟成立

为顺应钢铁电子商务的快速发展，2012 年 4 月 10 日，中国五矿集团五矿发展在北京牵头联合其他 11 家行业相关企业成立了“中国钢铁流通 e 联盟”。此举意在通过聚合行业优势资源，提升资源使用效率，增强多元化服务能力，实现钢铁市场的转型发展。

中国钢铁流通 e 联盟由 12 家企业共同发起成立。12 家企业既有钢铁贸易商、钢铁物流园经营商，也有电子商务和软件企业；既有央企、地方国企，也有民营企业和合资企业。除五矿外，其他 11 家企业分别是：广东物资集团公司、南京华能南方实业开发股份有限公司、安徽省徽商金属物流有限公司、上海永翔投资集团有限公司、上海铁路闵行钢铁发展有限公司、上海缪氏企业集团有限公司、惠龙港国际钢铁物流股份有限公司、重庆龙文实业（集团）有限公司、鞍山钢材现货市场有限公司、北京兰格信息咨询有限责任公司（兰格钢铁网）和杭州高达软件系统有限公司。中国钢铁流通 e 联盟是具有高度数字化、标准化、网络化特征的企业战略合作联盟。联盟将通过联手打造符合联盟标准的钢材数码库，推广统一的信息化仓储管理标准，进而依托联盟标准数

码库各节点来实现企业间真实的物流数据信息、资源及业务的实时共享，建立起覆盖全国的数字化钢材仓储物流网络体系，在全国性物流节点城市形成合理的钢材数码库的网络化布局，使联盟成为具有鲜明特征的全国性钢铁流通公共服务平台、资源整合平台及业务协作平台，为建设面向未来的大宗商品电子商务交易平台打下坚实的基础。

2. 山东成立钢铁物流供应链联盟

为破解物流瓶颈制约，山东省于 2012 年 10 月 16 日成立山东省钢铁物流供应链联盟，已吸纳了包括钢企、运输和港口等行业在内的 107 家单位加盟，加盟单位基本涵盖了产业链上、中、下游以及铁路、公路、海运、港口等行业的运输企业。经测算，联盟内部通过资源整合可降低物流成本 10%。下一步钢铁生产企业将通过物流资产剥离，成立独立核算、自负盈亏的物流公司或全部购买第三方物流服务等方式整合联盟平台内部资源，将钢铁生产企业生产资料供应、运输保障、产销存各个物流环节形成一体化运作。

山东省钢铁物流供应链联盟的成立有利于企业进一步节约挖潜，有效提高钢铁生产企业的经济效益。山东省还将建设山东省钢铁物流供应链联盟信息平台，以钢铁生产企业为核心整合优化物流供应链，加强各环节衔接联动，形成采购、运输、仓储、生产、销售、加工、回收闭合式循环物流链条，打造规模化、特色化的行业物流供应链一体化模式。

（二）钢铁现货电子交易市场发展迅速

1. 国内钢企积极搭建电子商务交易平台

近年来，钢铁生产企业看好钢铁电子商务在提高效率、节省成本、提高产品与服务的附加值，以及广开客源、挖掘原有钢厂营销系统无法覆盖的市场机会的潜力，纷纷涉足钢铁电子商务。目前，宝钢已建成电子采购、电子销售、电子交易、循环物资交易、供应链融资和物流管控六大电子商务系统，应用于企业经营的主要业务领域，并通过电子商务实现了企业间信息化的对接和融合。2010 年宝钢电子商务网上交易规模达 1842 亿元，2012 年宝钢电子商务网上交易规模达 1720 亿元。宝钢旗下的东方钢铁电子商务有限公司成立于 2000 年，是国内钢铁行业首家电子商务公司。公司拥有完善的制造业企业电子销售、采购及交易平台，集成了领先的电子支付、仓储管理、物流跟踪、电子单据、供应链融资等电子商务配套设施，会聚了专业的 BtoB 电子商务战略咨询、业务实施及运营服务队伍，专为制造业企业提供可靠、便捷、稳定和高效的电子商务综合服务。

2012 年 3 月，华菱钢铁投资搭建的荷钢网上线运营。荷钢网通过挂牌、销售，直观便捷展示旗下各种钢材产品，拓宽了销售渠道；公开竞价模式操作简单，实现效益最大化，凸显电子交易平台公开、公正、公平的特点；每日更新现货资源，客户可即时查询其需求的产品；无缝钢管团购，解决了钢管客户小批量订货难的问题。荷钢网广泛吸纳各方资源并依托华菱湘钢、华菱涟钢、华菱钢管等钢厂现货资源，方便客户寻源采购或寻源销售，明显提升了钢材供应链的运营效率，降低了运营成本。荷钢网上线运营后，先后根据用户的需求对网站进行优化完善，并多次与钢厂进行业务模式对接研讨。目前，其针对钢厂资源挂牌销售、竞价销售、钢厂采购、无缝管团购等业务模式已初步完善，达到了业务推广、上线营运的要求。

2012 年 7 月，邯钢电子商务系统钢材现货销售业务已上线试运行。邯钢电子商务系统是邯钢销售钢材现货资源、废旧物资、工业废弃物、气体及焦化等产品的网上交易平台，运用电子商务信息技术，采用国际先进的资讯手段，为交易双方提供钢铁及相关产品的电子商务交易平台，以及相关的信息服务。该系统平台搭建完成后，将实现邯钢统一集中的现货全品种网上销售，扩展营销渠道。同时，可实现销售客户的统一管理，拓宽销售对象范围。实现现货销售透明化、自助化、人性化，达到销售的规模效应。

2012 年 12 月，昆钢电子商务平台结束了近 4 个月的上线试运行正式全面上线运营。此举为昆钢优化上下游供应链关系，降低运营成本，提高经营效益与市场竞争力提供了重要支撑。昆钢电子商务平台试运行期间，电子商务公司加强与供应商和客户的沟通交流，致力于优化用户体验。截至 2012 年年底，已有 600 余家供应商完成在线激活，昆钢大部分采购、销售业务已转入“昆钢在线”运营。昆钢电子商务平台采用了先进的信息技术，充分结合昆钢现有的采购与销售管理业务流程，建立起一套更高效、更低成本、更公开透明的供销模式。通过网上竞拍交易、电子提单、采购寻源、合同管理、审批集成等 16 项功能的一体化协同运作，实现商流、信息流、资金流、物流的统一。

2. 地区钢铁电子交易市场建设步伐加快

2012 年 5 月上旬，河北省政府正式批复同意河北省国资委组建河北钢铁交易中心，河北省国资委同时印发了《关于将河北钢铁交易中心委托河北钢铁集团有限公司运营管理的通知》。河北钢铁交易中心项目是河北省政府主导，由河北钢铁集团承建，主要为钢铁上下游企业提供供应链服务的第三方平台。2012 年 10 月 23 日，该电子商务服务平台如期上线试运行。

3. 第三方电子商务平台——兰格钢铁现货交易中心正式上线

2012 年 11 月 24 日，兰格钢铁现货交易中心上线仪式在“第八届环渤海钢铁市场论坛暨兰格钢铁网 2012 年会”上隆重举行，上线仪式得到了业界高度认可和关注，邀请并吸引了有关部委、行业协会领导以及包括国内专家学者、钢铁行业著名企业代表在内的 2000 余位人士，共同见证兰格钢铁现货交易中心的上线开通。该交易中心的上线开通是兰格钢铁努力打造产业服务链，为贸易商提供从网上交易到在线支付与结算，从货物交收到物流配送的钢铁流通全过程服务的新开端。

兰格钢铁现货交易中心是一个全社会信息资源的共享平台，通过与仓库、银行、钢铁生产企业、钢铁物流企业、物流园区、钢材市场的实时信息互动，将钢铁产业链连接在一起，实现更大范围内资源的优化配置，降低钢材流通的成本。

（三）国内大型钢企加快在海外布局钢材加工配送中心

近两年，国内大型钢企在加大国内钢材加工配送中心建设的同时，也相继在海外布局建立钢材加工配送中心，以进一步深化海外钢材供应链体系，加强与海外客户的合作关系。早在 2011 年，宝钢和鞍钢分别收购了意大利 NSM 剪切加工中心和英国 USS 加工中心部分股权。2012 年 2 月，鞍钢又与韩国 LG 商事签署了一份投资合作意向书，拟在印度和巴西建立钢材加工中心，进军当地的汽车和家电市场。2012 年 4 月 26 日，宝钢股份下属宝和通商株式会社、宝钢国际两家公司，以及韩国本地企业株式会社 GNS 与韩国京畿道政府，在韩国京畿道水原市签署引入外资的投资备忘录。宝钢股份与 GNS 将在韩国京畿道投资新建一家钢材加工配送中心，向 GMK（韩国通用）提供汽车板仓储、剪切、配送等 JIT 服务。

（四）钢铁物流建设项目向深加工领域发展

随着我国进入工业化中期后，各相关行业对钢材的需求量逐步减弱，导致市场出现供大于求的局面。此外，受国家宏观调控和节能减排的限制，钢铁产量和销售规模不可能再扩大。在这种情况下，钢铁生产企业和钢铁物流企业将建设物流园区项目，延伸产业链、发展钢材深加工作为扩展自己的赢利增长点的重要方向。

2012 年，我国钢铁物流园区建设规模仍然较大。据兰格钢铁信息研究中心跟踪数据显示，全年包括签约、开建和建成投运的钢铁物流园区项目共有 24 个，其中签约 7 个、开工建设 11 个、开业 6 个，2012 年我国各区域钢铁物流园区投资建设情况如图 1 所示。

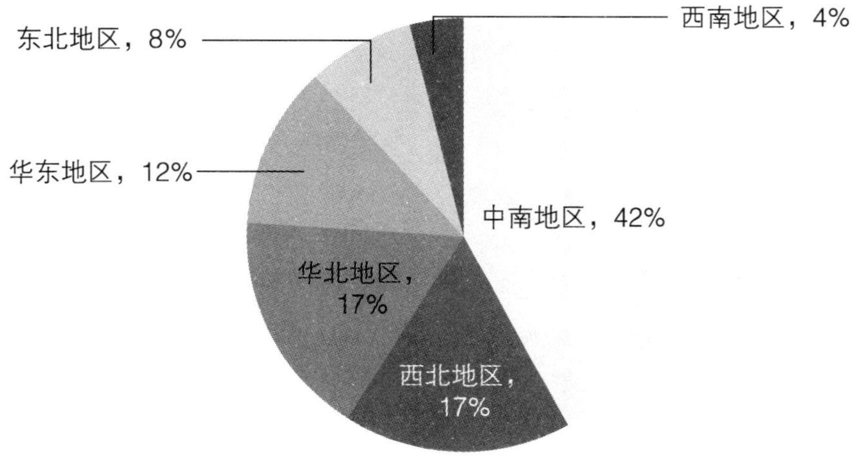

图 1　2012 年我国各区域钢铁物流园区投资建设情况

2012 年，钢材深加工成为全国各地区热衷投资的一个领域。鞍山市加速建设世界级精特钢及钢铁深加工产业基地，力争到“十二五”末期鞍山精特钢及钢铁深加工产业销售收入能够达到 3000 亿 ~ 4000 亿元规模。广东省佛山市丹灶瞄准行业龙头营造集群效应，打造华南地区钢铁物流深加工基地——世海钢材物流中心，该物流中心规划面积 1700 亩，总投资 35 亿元，计划建成以钢铁深加工为主导产业，并涵盖钢材仓储、物流配送、商业服务于一体的钢材现货交易大平台。项目建成后可容纳商户 3200 多家，年钢材深加工销售量将达到 1500 万吨。

不仅如此，2012 年钢铁生产企业也纷纷涉足钢材深加工领域，增加钢材的附加值和提升企业的赢利空间。河北敬业集团控股子公司河北旺业商贸有限公司建设的年产 400 万吨数控钢材深加工项目，是敬业集团深耕本土市场、在“十二五”期间实现结构转型升级的重要举措，还是石家庄市重点项目。此项目计划总投资 20.87 亿元，占地 1200 亩，一期项目投用后，预计年加工配送钢材可达 200 万吨，营业收入达 109.6 亿元。

2012 年 12 月，韶关钢铁与韶关市、东莞市在韶关市曲江经济开发区举行了莞韶华南钢铁深加工科技产业园启动仪式，并签订了《建设莞韶华南钢铁深加工科技产业园战略合作框架协议》。韶关钢铁致力于打造成为宝钢集团华南地区最具竞争力的优特钢长材精品基地，即将建成的特钢生产线将为该科技产业园深加工项目提供优质的特钢材料。

二、我国钢铁物流企业存在的问题及对策

目前，我国钢铁物流业仍存在多方面的问题：一是布局不合理；二是散、乱、小，缺乏竞争力；三是物流成本高，企业效益差；四是法制意识薄弱，缺乏自律性；五是同质化竞争激烈；六是专业化人才奇缺；七是物流效益低，机械化程度不高，业务功能单一；八是缺乏规范管理；九是没有形成信息流、资金流、商流、物流之间的高度集成综合商社服务模式。这些问题的存在，严重阻碍我国钢铁物流业向现代物流业的发展，而产能过剩带来的激烈竞争以及资源压力使钢铁相关企业仍面临稳定市场资源、供需平衡关系、产业链发展战略调整等严峻挑战，所以当前我国钢铁物流企业的转型升级已经到了刻不容缓的境地。钢铁物流企业需要实现转型升级必须要做好以下工作。

（一）要在服务方面集成化，为终端用户提供全方位服务

就现在的形势看，钢铁物流企业在保持合理规模的基础上，必须要通过模式和服务的创新，努力提高在核心业务上的经营管理能力和服务能力。要从提供初级服务产品为主向提供高级服务产品为主过渡，从以提供单一服务为主到以提供多种服务集成为主，改变粗放式经营，提高经营效率和业务经营能力，将业务拓展至钢铁流通领域中分销、加工配送、金融服务、物流服务、电子商务等各个环节，向多功能、一体化、集成式服务方式转变，最大限度地实现钢铁流通各环节的高度协同和组合性增值服务。

（二）要构建供应链体系，向钢铁流通服务性企业转变

供应链是生产与流通过程中涉及将产品或服务提供给最终用户的上游与上游企业所形成的网链结构。“供应链管理，即利用计算机网络技术全面规划供应链的商流、物流、信息流、资金流等，并进行计划、组织、协调和控制。”

钢铁物流企业是钢铁生产企业与下游终端用户实现对接的重要桥梁。从长远来看，钢铁物流企业的发展目标就是要嵌入供应链，在钢铁业的上下游延伸服务，谋求发展，争取在整个供应链中形成相当大的影响力和稳定地位。要积极主动与上游钢铁生产企业、下游终端客户发展战略联盟，建立长期稳定合作关系，打造钢铁产品从出厂到用户这一过程的价值链。钢铁物流企业通过加强渠道建设，与下游用户建立的战略合作机制，联合下游行业开发终端市场，开发终端用户所需要的产品，由传统的钢铁物流企业单体销售向竞合销售转型，打造“钢铁物流战略合作供应链”，为用户提供全方位钢铁材料解决方案，实现与下游行业互利共赢。

面对市场终端客户，钢铁物流企业以供货资源为纽带，融合钢铁供应链上的所有重要关联企业，通过横向联合和纵向协同的整合及合作经营，达到供应链整体价值最大化。

（三）要发展钢材加工服务，延伸产业链

当前钢铁物流业的竞争是商圈对商圈、产业链与产业链之间的产业集群式竞争，而改变传统钢铁贸易经营模式，提升自身在产业链上

的竞争力，就要在钢铁产业链上做文章。向上游延伸主要体现在一些钢铁物流企业控股一些钢铁生产企业或上游铁矿石生产企业，或投资新建一些小型的短流程轧钢企业；此外，钢铁物流企业还积极发展海运业务，通过自造船只或参股控股海运企业、传播公司、货物运输和存放港口等，也是向上游延伸产业链的一个重点方向。

向下游延伸主要体现在向终端用户提供剪切加工方面的服务。钢铁物流企业借助一定的资金优势，通过建设为汽车、造船、家电、交通、建筑、机械等钢铁下游行业服务的专业化剪切加工服务，提升产品价值和企业服务功能，切实提高企业的赢利能力、发展能力。

具体说对汽车产业，要提供板材剪切、落料、激光拼焊及相关服务；对装备制造业，要开展冷拉型钢、模具钢、不锈钢板、镀锌板、彩涂板及电工钢板、管材、线材、棒材、钢结构等深加工服务；对建筑行业，要开展钢筋深加工，包括钢筋的调直矫正、定尺剪切、弯曲成型、焊接钢筋网、焊接钢筋笼、钢筋连接、涂镀等加工。

从世界钢铁产业发展趋势来看，建立完善的钢材深加工配送产业链体系，既是钢铁企业生存发展的需要，也是提高钢铁产品售后服务不可或缺的一部分。据统计，世界发达国家钢材综合深加工的比例已达到50%以上。其中，线材达到60%，棒材达到40%，管材达到30%，板材达到70%左右。而我国钢材深加工的比例仅为10%～15%，我国钢材深加工领域有很大的潜在市场空间。发展钢材深加工是钢铁生产企业和物流企业的战略思考和决策，将有利于扩大产品销售范围，提高产品附加值，提高企业效益，带动地区经济发展。通过深加工、精加工、个性化服务、技术解决方案、统筹物流配送，把服务延伸到供应链的末端，将钢材加工成半成品直接配送到终端用户，节约用户生产成本，使用户逐步向零库存过渡。

（四）要开展连锁经营，实现规模化、网络化、专业化经营

从长远来看，钢材市场的充分竞争必然会推动市场的整合，而市场的整合也必将使现有钢铁物流企业大幅减少。从产业发展角度看，钢铁生产企业集中度将进一步提升，“十二五”期间钢铁工业的发展目标是前十家钢铁生产企业的粗钢产量占全国总产量的比重提升至60%。因此，钢铁物流企业要想与上游生产企业分得润利，就必须向大型化、规模化、集团化发展。

连锁经营是钢铁物流企业规模经营的最佳途径，钢铁物流企业要想做强做大，快速发展连锁经营是最佳的选择。连锁经营不但能降低运营成本，还能利用原有的市场资源，为市场网络化打下良好的基础。针对钢材流通的特性、钢材的销售半径、钢材终端要求建立的网络经营模式。连锁经营有三种拓展模式：一是钢材产地与钢材集散地的钢铁物流企业间建立连锁经营，可有效降低钢材销售成本，同时还将销售渠道拓宽。二是钢材产地或钢材集散地，与钢材终端地之间的钢铁物流企业的连锁，将有效利用钢材终端集群地钢铁物流企业的经营优势，使经营规模做大。三是与钢材专业加工企业连锁，能以较低的成本，较快进入钢材加工行业，再利用本企业的销售优势，扩大市场覆盖面。

（五）要有选择地涉足其他领域，跨行业多元化经营

目前，钢铁物流企业的利润空间越来越小，企业仅仅依靠钢材产品的采购和销售价差获得赢利的难度越来越大，越来越多的钢铁物流企业开始尝试多元化发展。在转型的行业选择上，钢铁物流企业投资与钢铁物流业相关的石板材、物流园区等产业颇具优势；其次在商超、餐饮、家电等经营模式明晰的行业亦有所涉足；不少钢铁物流企业成功地进入房地产、文化娱乐、金融、餐饮、酒业、茶行等其他行业，实施跨行业发展。

但多元化发展并不代表要放弃主营业务。俗话说“只有倒闭的企业，没有倒闭的行业”，尽管目前行业景气度不高，但毕竟是经历一次行业低谷就会淘汰一批竞争对手，最后留下的才是赢家。长期看，鉴于我国工业化、城镇化建设进程及规划，钢铁需求仍将稳步低速增长。目前钢铁行业只是面临深度调整，而非一蹶不振。对钢铁物流企业来说，在目前的经济形势下，如果全部重新进入另一陌生的领域，会有很大不确定性。因为不同行业具有完全不同的经营特点和经营环境，企业往往难以适应和把握，市场机制的不完善以及企业管理能力的欠缺使得钢铁物流企业很难具备在新行业经营中所需要的技术、人力资源、销售渠道等。所以企业不如在对钢铁主业谨慎持有观望的同时，合理有限的开展副业，实现利润和保障的最大化，用非钢产业带来的利润来弥补主营业务的利润下滑，保障多年来在钢铁行业的份额。

（六）积极开拓钢铁现货电子交易业务

随着电子商务的迅速发展，钢铁电子商务打破区域界限，集信息流、资金流、商流和物流于一体，使信息更加公开化，价格更加透明化，地区差价缩小化；使从生产、流通到终端用户的供应链变短，成本降低，流通效率提高。因此，传统的钢铁产业选择电子商务是发展的必然之路。

通过拓展钢铁现货电子交易业务，钢铁物流企业可以实现：让更多的客户看到卖家资源，拓展销路，扩大销量；更方便地管理销售业务和存货，提高效率；更密切地跟踪资源往来，降低失控风险；获得更多的资源、更多的供应商、更优惠的价格、更低的成本、更安全的货款划转，放心付款，安心购货，最终实现稳步发展。

（七）从生产商向服务商转变

近年来，随着国家实施淘汰落后产能的政策，钢铁企业积极转型、产业升级和向产业链延伸，钢铁行业物流费用率水平持续下降，物流效率逐步提升。中国物流与采购联合会开展的全国重点企业物流统计调查结果显示，2011年钢铁行业物流成本费用率为10.5%，比上年同期下降0.7个百分点，比调查的全部工业企业高1.2个百分点。2011年我国钢铁行业物流费用与日本差距继续缩小。2010年日本钢铁企业物流费用率为6.6%，比我国低3.9个百分点。与上年同期相比，中日企业物流费用率差距缩小1.1个百分点（详见图2）。

目前，在钢铁行业效益低下的情况下，钢铁物流成本问题更加突出，运价上涨、劳动力成本上升、钢铁消费量下降、企业赢利能力降低，而钢铁生产既然是物流资源的最大生产地，向物流要效益顺理成章。钢铁生产企业通过建设钢铁物流项目、布局加工配送中心、与终端用户加强战略合作、开发电子商务平台等方式提高直供比例，增强市场竞争力和整体赢利能力，逐步实现由生产商向服务商的转变，将产业链延伸到最终用户。

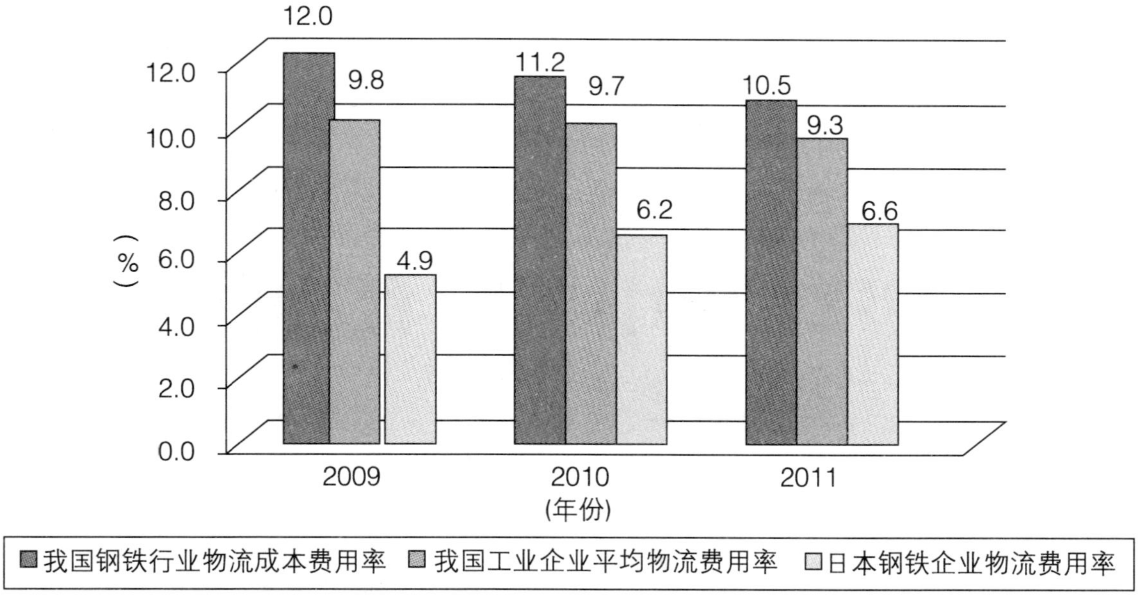

图2　2009—2011 年钢铁企业物流费用率比较

三、结语

在当前形势下，钢铁物流企业要向钢铁物流市场方向转型和升级，转变为集交易、仓储、配送、金融物流、加工、信息服务等功能于一体；同时，增加办公、加工、金融、工商、税务、商定配套服务等多种功能，形成具有一定规模和综合服务功能的钢铁物流集散中心；传统的钢铁交易市场也要建立基于物流平台的电子商务系统，为客户提供网上交易、网上支付、网上查询和商情信息服务，从而形成信息流、资金流、商流与物流高度集成的服务商业模式。

此外，有条件的钢铁物流企业应根据自身不同情况，向钢材以外的品种和行业转变。而钢铁生产企业自身建设物流体系更要转变观念，要实现从生产商向服务商的转变，要走出生产环节，关注物流，积极与物流企业合作，争取实现整合资源的效果。

（刘长庆　王国清　兰格集团）

2012 年中国粮食物流

2012 年我国粮食生产实现“九连增”，全国粮食总产量达到 11791 亿斤，比 2011 年增加了 367 亿斤，创造了新的历史纪录，粮食消费继续增长，我国粮食供需总体上处于紧平衡状态，即“总量基本平衡、结构性紧缺”。分品种看，稻谷供需趋向宽松，籼稻有余，粳稻继续增产制约因素多；小麦供需趋于紧平衡，自给率 95% 以上，但优质小麦供给不足，部分强筋和弱筋小麦品种需要进口；玉米消费需求增长较快，由过去平衡有余转向偏紧；大豆和植物油供需缺口持续扩大，全年进口大豆 5838 万吨，同比增加 11.3%，对外依存度高的局面没有改变。从国际粮食供求形势看，据联合国粮农组织（FAO）2012 年 12 月发布的报告，2012—2013 年度世界谷物产量预计为 22.81 亿吨，比上年度减少 2.8%；库存消费比为 20.5%，比上年度下降 1.5 个百分点；全球大米期末库存增长，小麦和玉米期末库存下降。2012 年全球自然灾害频发，一些主要粮食生产国大幅减产，国际粮价波动，给一些粮食进口国的社会稳定和经济发展造成很大冲击，全球粮食市场价格受金融因素和经济走势影响明显。

面对 2012 年国际市场粮价大幅波动的冲击和经济增长下行压力的影响，国家粮食管理部门适时采取一系列粮食宏观调控措施，保证了粮食供求总量、品种结构的基本平衡和市场价格的基本稳定，保护了种粮农民利益，保障了国家粮食安全，为促进经济社会持续健康发展作出了积极贡献。

一、提高粮食最低收购价格水平，促进农民增收

为保护与调动农民种粮积极性，进一步促进粮食生产稳定发展，保障农民种粮收益，考虑粮食生产成本增加等因素，2012 年国家相关管理部门提高了小麦、稻谷最低收购价格水平，白小麦、红小麦和混合麦最低收购价均提高到每 50 千克 102 元，比 2011 年分别提高 7 元、9 元和 9 元；早籼稻、中晚籼稻和粳稻最低收购价分别提高到每 50 千克 120 元、125 元和 140 元，比 2011 年分别提高 18 元、18 元和 12 元。继续对玉米、油菜子、大豆实行临时收储政策，每 50 千克价格比 2011 年分别提高 7 元、20 元和 30 元。

2012年我国各类粮食企业共收购粮食6275亿斤，其中，国有企业收购2628亿斤，政策性粮食收购749亿斤。国家粮食管理部门通过提价托市、帮助受灾农户整粮减损等措施，帮助种粮农民增收350亿元以上。

二、增加政策性粮食投放市场量，保证粮油供应

为保证粮食市场供应、维护粮食价格基本稳定，积极应对全球粮食减产和价格剧烈波动的冲击，国家粮食管理部门综合利用政策性粮食竞价销售、储备粮油轮换、适时进口转储、组织跨省移库和产销衔接等手段，有效实施粮食宏观调控。2012年全年共安排竞价交易会100场，投放政策性粮食370亿斤，组织政策性粮食跨省移库65亿斤、产销对接487亿斤，保障了市场有效供给，维护了粮价基本稳定，为国家控制物价涨幅、稳定通胀预期发挥了重要作用。

三、粮食仓储设施条件得到改善，粮食物流能力得到增强

2012年，国家和地方政府继续加强粮食流通产业建设，当年中央财政划拨28.78亿元用于补助粮油仓储、物流、市场、质检设施建设和仓房维修的投资，共带动地方和企业投资178亿元。中央和地方的投资的到位使得全国粮食仓储设施条件明显改善，物流能力得到增强，粮食质量安全检测监管能力明显提高，农户科学储粮专项建设步伐加快，行业信息化建设和储运监管物联网示范工程顺利启动。

2012年，我国粮食行业以加快发展主食产业化为突破口，推进粮油工业结构调整和产业转型升级，居民口粮和军粮供应保障能力进一步增强。全国粮油加工企业全年实现工业总产值2.3万亿元，同比增长19.5%。

四、完善应急保障体系　建全粮食供应网络

近几年，我国频遭雨雪冰冻、干旱、洪涝、地震和泥石流等严重自然灾害，客观上推动了粮食应急储备、粮食加工和供应网络建设加快。粮食主管部门积极组织开展粮食应急演练，完善应急保障体系，提升粮食应急供应能力。目前，我国粮油应急加工定点企业和应急供应定点企业已分别增加到5800家和1.6万多家，为满足全国粮食应急需要奠定了扎实基础。2012年，国家有关部门及时向云贵地震灾区调运粮食，充实了薄弱地区粮食库存，保障了受灾地区的粮油供应。同时，放心粮油工程在全国范围内顺利推进取得良好效果。据粗略统计，全国共发展粮油销售服务网点23万多个。其中，城市网点15万多个，农村网点7万多个。

五、深化改革，促进企业转型升级

2012年，我国国有粮食企业产权制度改革步伐加快。在财政、税收和金融政策的支持下，继续推进国有粮食企业兼并重组，企业经营活力有所增强，经济效益稳步提高。据初步统计表明，2012年我国国有粮食企业统算赢利79.5亿元，同比增长12.8%，是自2007年以来全系统连续第6年实现统算赢利。同时，多元粮食经营主体进一步发展壮大，对搞活粮食流通、繁荣粮食市场发挥了重要作用。

六、继续加强法制建设，科学管粮再上新水平

2012年，我国粮食管理部门认真贯彻落实国务院的部署，完成《粮食法》的起草和报审工作，积极配合国家有关部门做好《粮食法（草案）》修改完善、提请审议的相关工作，积极推进立法进程，为推进依法管粮、确保国家粮食安全提供法律保障。为加强国家政策性粮食出库管理，确保国家政策性粮食按质、按量、及时出库投放市场，充分发挥国家政策性粮食在国家宏观调控中的作用，粮食管理部门制定并印发了《国家政策性粮食出库管理暂行办法》，使粮食系统科学管理水平再上新台阶。

（韩兆轩　中国粮食行业协会）

2012 年中国汽车物流

一、2012 年汽车物流行业发展综述

（一）市场规模情况

据中国汽车工业协会统计，2012 年我国累计生产汽车 1927.18 万辆，同比增长 4.63%；销售汽车 1930.64 万辆，同比增长 4.33%。其中，乘用车生产 1552.37 万辆、销售 1549.52 万辆，同比增长 7.17% 和 7.07%；商用车生产 374.81 万辆、销售 381.12 万辆，同比下降 4.71% 和 5.49%。2012 年我国汽车销量再次稳居全球第一大汽车市场，但增长幅度与上年相同在低位徘徊。

2012 年我国海关共进口汽车 109.1 万辆，同比仅增长 8.8%；出口继续保持上年良好的发展态势，达到 105.61 万辆，同比增长 29.70%，出口量首次超过百万辆。

2012 年，我国二手车累计交易量达 480 万辆，同比增长 11.5%；报废汽车的更新量约达 200 万辆，较上年增长 30%，呈现高速增长的势头。据国家统计局公布的数据，2012 年年末我国全国民用汽车保有量达 12089 万辆（包括三轮汽车和低速货车 1145 万辆），比上年年末增长 14.3%。

数据表明，2012 年我国汽车物流市场总量呈小幅增长态势。其中，乘用车物流小幅增长，商用车物流小幅下降，汽车出口、汽车后市场以及二手车和报废汽车回收等新兴市场呈现快速增长的势头。

（二）行业标准建设取得新突破

2012 年，我国汽车物流行业的标准化工作稳步推进，行业标准建设取得新突破。

1. 五项国家标准通过专家审定

（1）《汽车物流术语》国家标准。该标准是汽车物流行业一部基础性的标准。该标准在《物流术语》国家标准的基础上，依据汽车物流特点，对行业间容易发生歧义的、需要规范的、具有广泛代表性的概念进行了定义，标准共规定了术语 102 条，标准的发布实施将规范我国汽车物流的基本概念。

（2）《汽车整车物流质损风险监控要求》国家标准。该标准主要依据美国广泛应用于汽车及各类生产行业的 FMEA（失效模式和后果分析）原理，通过对汽车整车物流环节中易造成质损的风险源进行识别，以及风险的严重度、发生度、难检度的分析，确定关键质量控

制点，该标准规定了各环节的监控等级及监控要求等。

（3）《汽车物流服务评价指标》国家标准。该标准规定了汽车物流服务能力的评价指标，包括整车物流服务评价指标 18 个、零部件物流服务评价指标12 个和9 个售后服务备件物流服务评价指标。该标准适用于从事经营性汽车物流服务的企业进行服务能力的评价。

（4）《汽车零部件物流 塑料周转箱尺寸系列及技术要求》国家标准。该标准是依据《联运通用平托盘——主要尺寸及公差》国家标准推荐的联运通用平托盘为单元载体，规定了汽车零部件物流塑料周转箱尺寸系列以及技术参数要求等，适用于以注塑成型法生产的用于汽车零部件物流的塑料周转箱的设计、生产等。

（5）《乘用车公路运输栓紧带式固定技术要求》国家标准。该标准规定了乘用车道路运输时的固定器具以及技术要求、固定要求等内容，科学合理，操作性强，既充分考虑了国内的实际情况，又兼顾了规范行业、引导发展方向的要求，达到国际先进水平。该标准的颁布实施对改善和提高我国乘用车道路运输的捆绑紧固技术、引导行业健康发展、保障运输安全将起到积极的推动作用，必将为我国汽车物流带来显著的经济效益和社会效益。

2. 启动制定两项行业标准

（1）《汽车零部件物流器具分类及编码》行业标准。该标准主要就汽车零部件物流中可周转使用的常用物流器具的分类、分类方法、编码及编码原则进行了规范。该标准符合国家要求与行业要求的分类与编码规则，是符合我国国情和行业要求的统一标准。该标准的制定，极大方便了相应行业对物流器具的管理、方便了相应行业之间的沟通与交流。

（2）《商用车背车运载技术要求》行业标准。该标准规定了载货类商用车在采用背车方式运输过程中的背载原则及背载技术要求。商用车装载标准的制定，不仅为商用车物流企业提供商品车装载标准，同时也能提高运输效率和降低运输成本。

（三）行业技术创新硕果累累

2012 年，我国汽车物流企业为提升自身的管理运营水平，不断进行技术创新，科技创新硕果累累。

1. 物流企业 MCU 管理模式

安徽江汽物流有限公司的物流企业 MCU 管理模式是一种企业与员工之间共同分享价值增值的机制，可充分地调动员工的创新热情和责任心，进而提高企业效益。

2. 汽车整车物流成本和价格机制研究

安吉汽车物流有限公司的汽车整车物流成本和价格机制研究，理清了整车物流成本构成要素，并搭建了各成本要素与价格之间的逻辑关系。为使成本模型与行业应用充分衔接，研究在以整车物流成本模型的基础上设计了《汽车整车物流成本和价格指数》。这一研究将使今后车辆运输工具标准统一，对汽车整车物流价格的形成及变动产生深远影响，有利于规范汽车企业和物流企业间的合作以及汽车物流企业间的良性竞争。

3. 自动装卸高端车辆运输车

北京长久物流股份有限公司研制的自动装卸高端车辆运输车使用小轮胎车桥、铝合金轮毂，设计轻量化车厢，采用空气悬挂、二维四向自动装卸机构、车辆状态监测系统和车载人机交互平台、智能调度平台，结合订单管理系统、运输管理系统等，既符合国标又可实现智能调度实时可视监控，满足高档汽车物流需要。

4. 商用车销售物流 Telematics 智能化信息平台

东风商用车公司市场销售总部、武汉东电投资管理有限公司开发的商用车销售物流 Telematics 智能化信息平台，通过对管理部门、物流公司、驾驶员、商品车、经销商等多方之间的信息交互，实现了商品车物流与商流的售前、售中、售后的一体化管控，降低了销售风险和物流成本，提升了客户满意度。

5. 滚装作业安全质量标准化操作手册

天津港码头有限公司编制的滚装作业安全质量标准化操作手册，首次完整体现了滚装码头所有的管理流程和作业功能关系，不仅系统简洁，其“功能流程分工任务矩阵”也极具专业和易操作性，“基础数据库”具备开放性。

6. 汽车出口 PDI 作业标准

天津港码头有限公司编制的汽车出口 PDI 作业标准填补了行业空白，对拓展汽车码头针对外贸出口品牌的物流业务范围、开展增值服务有着非常重要的指导意义。

7. 基于物流网技术的整车系统集成应用

武汉东本储运有限公司的基于物流网技术的整车系统集成应用，使用物联网技术实现了对多地点、多用途、多频段 RFID 读取设备的集中化管理及监控，实现了物联网技术与信息系统的集成。

8. 基于 KPI 考核机制下的车辆运输公司动态信用评价体系

中国重汽（香港）有限公司济南轻卡销售部的基于“KPI 考核机制下的车辆运输公司动态信用评价体系”，首次将银行金融系统中的信用信息服务征信体系和行业通用 KPI 进行了拓展。

9. 现代物流技术仓储管理综合应用项目

成都一汽国际物流有限公司的现代物流技术仓储管理综合应用项目，将信息管理系统新增随机存储、内看板卡拉动式补货、托盘条码跟踪追溯、看板分流、自动补货等功能综合为一体，可实现物物相连，增强了库存的综合控制管理，提升了工作效率。

10. 北京汽车新能源汽车漆后车身运输项目

中都物流有限公司的北京汽车新能源汽车漆后车身运输项目，解决了小批量生产的漆后车身长距离运输难题，在行业尚属首例。

11. 进口汽车零部件物流协同

长安福特马自达汽车南京公司的进口汽车零部件物流协同项目，通过整合不同品牌的进口件采购、运输、进口通关等环节，优化了整个进口件供应链，使整个进口件内外物流一体化快速响应。

12. 汽车零部件物流装载技术研究与应用

汽物流有限公司的“汽车零部件物流装载技术研究与应用”项目的装载优化思路和方案，为行业提高装载运行效率、降低成本提供了借鉴，推动了零部件供应商适应物流企业的包装标准化和集约化要求。

13. 乘用车生产线混流精益改善项目

长春一汽国际物流有限公司的“乘用车生产线混流精益改善项目”，在时间管理、流程规划、人员作业质量控制、作业效率提升等多方面进行统一标准，提高客户满意率，加强了物流供应链各环节管理，对行业企业具有很好的借鉴作用。

14. 入厂零部件运输车辆调度算法及优化

武汉东本储运有限公司、东风本田汽车有限公司的“入厂零部件运输车辆调度算法及优化”项目，一是利用启发式算法优化了车辆调度策略，提高了车辆的利用效率、完善了工作流程；二是引入了驻车场概念，减少了入厂车辆等待卸货时间，加快了厂内物流车辆的周转；三是通过建立数学模型，进行仿真计算验证结果，有效规避了项目投入的风险。

15. 汽车顶衬总成模块电功能半自动测试系统

上海安吉通汇汽车物流有限公司的“汽车顶衬总成模块电功能半自动测试系统”，通过技术应用实现了汽车物流业务零缺陷以及零件的可追溯。

16. “倒推式”汽车物流人才培养模式

北京吉利大学物流学院的“倒推式”汽车物流人才培养模式，根据汽车物流企业岗位需求设置课程体系，实现了物流人才的订单式培养。

二、2012年汽车物流行业各细分市场的热点

（一）汽车整车物流

1. 车辆运输车政策问题有了新的进展

（1）车辆运输车标准修订工作全面启动。2012年2月13日，工信部装备司组织召开车辆运输车相关标准座谈会。来自工信部产业司、公安部交管局、交通部科技司、国家质检总局执法监督司、国家认监委认证监管部等有关政府机构负责人，标准修订相关机构交通部公路科学研究院、公安部交通管理科学研究所、中国质量认证中心的有关负责人和专家参加会议。会议在听取各方车辆运输车使用情况、存在的问题以及修订标准的有关建议后，就修订车辆运输车标准问题的紧迫性和必要性达成一致，认为标准工作要本着合理、合法、可行并兼顾效率和安全的原则，先行开展国内外调研，在有充分科学依据基础上尽快确定我国车辆运输车长度、高度、宽度以及车型标准方案；会议责成全国汽车标委会秘书处、中国汽车技术研究中心负责制定标准修订的具体方案，并对加快修订过程、缩短修订时间提出相关要求。

（2）GB1589标准启动修订，车辆运输车结构和外廓尺寸将有新标准。2012年10月16日，全国汽车标准化技术委员会整车分委会在杭州组织召开了强制性国家标准GB1589《道路车辆外廓尺寸、轴荷及质量限值》修订的汽车行业讨论会。会议决定，由汽车业内相关企业联合成立专项小组，开展外廓尺寸等指标修订的技术研究和实验验证工作，为标准修订提供相应的数据支撑；由整车分委会组织成立标准修订工作组，联合行业专家共同研究修订该标准。GB1589的修订和完善，对提高大中型客货车安全技术性能、加强违规载货和超载等问题管理、减少重大事故发生具有重要意义，将进一步推动我国道路交通安全管理工作。

（3）全挂车纳入公告管理，为包括中置轴挂车在内的新型车辆运输车开发和生产扫清了政策障碍。2011年12月31日工业和信息化部、公安部联合发布的《关于进一步提高大中型客货车安全技术性能加强车辆〈公告〉管理和注册登记管理工作的通知》（工信部联产业〔2011〕632号）中明确“自2012年9月1日起，全挂车纳入《公告》管理；自2013年1月1日起，公安机关交通管理部门按照《公告》办理全挂车注册登记”。2012年7月16日工业和信息化部发布《关于全挂车产品实施〈公告〉管理有关事项的通知》（工信部产业〔2012〕344号），其中明确将“《专用汽车和挂车生产企业及产品准入管理规则》（工产业〔2009〕45号公告印发，以下简称《准入规则》）中挂车的定义修改为国家标准GB/T 3730.1—2001《汽车和挂车类型的术语和定

义》中第2.2.1款、第2.2.2款、第2.2.3款所定义的全挂车（牵引杆挂车）、半挂车及中置轴挂车”。“自2012年9月1日起，依照《准入规则》对全挂车生产企业及产品实施准入管理”。两份文件的出台解决了中置轴挂车公告及上高速行驶的政策障碍，待GB1589修改完善后，符合标准的新型车辆运输车将有望上市，届时制约汽车物流行业发展的车辆运输车标准问题将得到彻底解决。

（4）中物联汽车物流分会提出《采取过渡政策稳妥解决商品车运输全行业超限问题》的建议。建议陈述了新的车辆运输车标准出台后，如果对原有老旧车辆运输车“一刀切”更新会给汽车行业带来的严重影响，提出了相关的过渡政策建议，包括对既有半挂车改装的车辆运输车给予特殊整改标准，标准建议为：车辆长度与新标准等长、等宽、等高；整改后的既有车辆，按照国家报废标准规定，逐渐淘汰；设定整改期一年为限。一年内在整改期内，对既有的符合长度的车辆运输车可以使用，陆续整改，到期后所有超过整改标准的车辆运输车必须严格禁止使用；除整改车辆外，行业新增车辆一律按照新标准严格执行。并建议执法部门对违规行为采取更为强硬的淘汰政策，要长期坚持，接受监督，切实堵死“一边罚一边超”、“越罚越超”的老路。中物联汽车分会也将配合国家整顿需要，开展行业自律，对违反国家规定的企业，全行业视其为“害群之马”，汽车生产企业将取消与其物流业务方面的合作，物流同行也将停止与该企业的所有合作，迅速将其淘汰出汽车物流市场。

2. 商用车新型运输方式合法化问题提上解决议程

由于商用车外形尺寸较大，其物流运输有着独特性。目前，商用车80%以上通过公路完成，运输方式主要采用人工驾送。近年来，我国道路基础设施持续改善，但油价上升、劳动力成本也在不断上升，我国主要的商用车物流企业和生产企业在技术创新、节能减排的基础上，探索了背车和拖曳等新的商用车运输方式。这些运输新方式对于节能减排、提高效率很有帮助，并在商用车物流实践中取得了良好效果。但这些运输方式在道路运输管理政策方面还受到一定制约，给商用车物流带来了诸多困难。得到北京福田物流公司和北京长久物流公司的支持，中国物流与采购联合会经过调研，形成了《关于商用车新型运输方式合法化的建议》（以下简称《建议》）报交通运输部。《建议》详细阐述了新型商用车运输方式及技术可靠性、经济合理性以及国外商用车运输方式的借鉴，提出推动解决新型商用车运输方式合法化的具体建议，包括认可背车和拖曳为安全可行的运输方式；明确背车和拖曳属于商品车驾送，不属于道路营运，不适用《道路运输条例》关于货物营运的规定，无须办理营运手续等。

3. 汽车综合运输体系是整车物流的发展热点，铁路和水运市场备受行业关注

中铁特货运输公司是国内铁路系统唯一获得授权经营汽车整车物流业务的企业，一方面，公司在2012年继续完善运营方式，加强管理，强化质量基础，以提升铁路商品汽车物流服务能力为核心，同时在装备安全、备品管理以及信息系统等基础设施建设方面持续改善；另一方面，在已有基础上与国内汽车生产企业和第三方物流企业广泛探讨战略合作，形成的坚实基础为今后铁路货运资源释放后市场的大发展做好了准备。

我国汽车水运领域，除深圳长航和直属安吉物流的安盛船务等老牌滚装物流公司，大

连、天津、上海海通、广州南沙四大码头外，行业又有新锐加盟。中世国际“世源”轮滚装船于2012年9月22日在大连汽车码头起航，“世源”轮可以灵活装载轿车、卡车、客车和大型工程机械等，是国内为数不多的通用型的滚装船之一。烟台港2012年商品车运量突破5万辆，成为区域汽车整车和工程机械新的物流平台；11月6日，国务院办公厅正式批复同意设立宁波梅山保税港区为整车进口口岸，宁波港将与中信信通等国内汽车物流龙头企业合作启动汽车堆场、专用滚装码头及汽车检测线建设。

9月21日在长久物流和中世国际物流有限公司的大力支持下，中国物流与采购联合会汽车物流分会在大连成功召开了“首届全国汽车滚装物流发展研讨会”。会议为全国汽车滚装物流企业提供交流和合作平台，为深入了解行业存在的问题，帮助企业准确把握未来发展方向，推动行业健康快速发展提供思路。并为滚装运输、码头建设和运营、汽车物流的多式联运发展提供分析报告。

（二）零部件物流

1. 零部件物流管理和技术发展已经达到国际先进水平

（1）行业领先的企业已经全面采用国际先进的物流技术。仓储管理系统（WMS）、运输管理系统（TMS）、可视化物流管控平台等技术的应用，实现了从订单级到零件级的动态信息管控；拉动系统自动化、目视化自动拣选系统、AGV搬运技术自动化的应用，既满足了生产线柔性化生产的需求，又满足了配料操作简约化的要求；通过GPS定位系统，提高对日常运作的实时控管和可视化能力，帮助客户控制风险，把供应链管理前移到发运端。

（2）领军企业已经掌握和应用国际先进管理方式。根据不同零部件的特点量身定做，对不同制造商采取不同的送货模式，包括循环取货（Milk Run）、生产线直送（DD）和排序送货（JIT/JIS）等，帮助客户大大降低了库存；推行精益物流方式积极探索物流少人化；与制造企业开展物流同步工程，物流设计与车型开发齐头并进；开发优化包装方案，一方面，实现内部在线工位节约，为多车型生产提供了硬件基础；另一方面，有利于同业间实现包装共享。

2. 企业间的交流深入，各企业由模仿式增长向内生式转变

这种转变主要体现在行业企业已不满足单纯实践理论上的先进管理和技术，而是如何结合自身特点，借鉴同行经验，探索适应企业发展需要的个性化管理和技术方式。一方面，企业对与同行业的KPI对标，兴趣浓厚；另一方面，企业表现出对与同行业间交流的高度热情。2012年中物联汽车物流分会结合行业发展需要，一方面，准备推出汽车零部件物流KPI关键指标体系，提出了相对统一的指标数据模型，为下一步企业间的对标做好准备；另一方面，在一汽集团和安吉物流公司的协调支持下，分别组织了长春和上海两地汽车零部件物流巡访交流活动，参观了两地主要的品牌汽车生产企业和相关物流企业的零部件物流管理情况，并以座谈方式交流各企业管理经验，有利于企业发现自身差距，修正自身做法，提高工作效率和服务质量。

（三）汽车售后服务备件物流

1. 售后服务备件物流已经成为汽车物流产业链中的热点

来自汽车生产企业固有的第三方物流企业，来自在具有网络资源优势的国内外物流巨头，来自在特定地区商业配送基础良好的当地

物流精英，都在抢滩汽车售后服务备件大市场。行业领军企业的汽车售后备件物流业务由发展逐渐走向成熟。7 月，中物联汽车物流分会在苏州举办的“第三届全国售后服务备件物流研讨会”反映出行业发展的焦点和热点，会议开拓性地探讨到汽车配件市场与物流行业的资源整合将为汽车和物流两大行业发展带来的革命性变革；会议倡议多家汽车制造商与物流商可研究推进偏远地区备件物流网络联合循环取货；专家在分析未来汽车产业发展的同时，考虑车型更新速度加快的趋势，建议企业在关注新车售后市场的同时，要关注老旧、报废车辆零部件拆解再利用。

2. 行业领军企业探索售后服务备件物流与汽车零部件入厂物流间的闭环管理

汽车的生产零部件和售后服务备件尽管在使用方向上的不同决定了不同的物流模式，但就零部件本身而言并无差异。行业领先的汽车物流企业，在零部件入厂物流和售后备件物流两大业务分别发展的同时，两大业务的物流资源共享已经得到企业重视，并开始了积极探索。

（四）汽车出口物流

1. 汽车出口物流业务快速增长

据海关信息网公布的信息，2012 年我国出口汽车 99 万辆，比上年增长 20.1%，价值 126.7 亿美元，比上年增长 27.5%；国有企业出口汽车 45.8 万辆，比上年增加 20.5%，占同期我国汽车出口总量的 46.3%。同期，外商投资企业出口 28.2 万辆，比上年增加 14%，占同期我国汽车出口总量的 28.5%。此外，私营企业出口 23.6 万辆，比上年增加 26.5%。据中国汽车工业协会统计，2012 年我国汽车出口前 5 名企业分别是奇瑞、吉利、长城、上汽和力帆。其中，奇瑞和吉利均超过 10 万辆，特别是吉利汽车出口增速达 165%。我国汽车出口量的快速增长，主要得益于我国汽车品牌企业在质量、品牌及售后服务等方面的改善和提升，产品竞争力增强和出口经验丰富。

2. 汽车出口物流配套体系未能适应汽车出口发展需求

我国汽车出口物流与出口区域密切相关，据统计，2012 年我国对亚洲出口汽车 32.2 万辆，同比增长 38.4%，是我国汽车第一大出口市场。其中，对伊拉克出口 9 万辆，激增 1.4 倍，对伊朗出口 7.3 万辆，大幅增长 72.6%。我国对非洲出口汽车 25 万辆，比上年增加 54%，高出同期我国汽车出口总体增速 33.9 个百分点，占同期我国汽车出口总量的 25.3%，为我国汽车第二大出口市场。其中，对阿尔及利亚出口 14.9 万辆，大幅增加 84.8%。同期，我国对俄罗斯出口汽车 8.9 万辆，比上年增加 25%；对智利出口 6.2 万辆，比上年增长 17.3%。然而，目前国内汽车物流相关企业在亚洲和非洲的业务方面并不足够重视，国际汽车物流企业也多来自欧美发达国家，可以判断我国的汽车出口物流在业务集中的亚非地区仍处于小散状态，如何快速发展保障我国汽车出口业务是当务之急。

3. 汽车 KD 件出口物流业务需求旺盛

受到贸易保护和汽车进口国税率调整等因素的影响，我国品牌汽车把转移产能作为扩大出口的重要途径。除已在海外建立 16 个工厂的奇瑞和提前完成出口 8 万辆任务的吉利之外，包括江淮、长安、力帆、长城在内的多家企业都宣布将加大在海外市场的投资，因而，从出口形式上 KD 件比例上升，汽车出口企业需要专业的 KD 件第三方物流和包装服务。

（马增荣　中国物流与采购联合会汽车物流分会）

2012 年中国书业物流

数据显示，经过近 10 年的大力建设，截至 2012 年我国已有 20 多家出版发行集团建立了自有的物流基地。2012 年物流继续成为一些书业上市公司和电子商务青睐的投资项目；受此影响，2012 年我国书业物流建设仍延续以往的热度风景独好。无论财大气粗者一掷千金投资项目，还是资金有限者小心求证、寻求多方合作，加快建设步伐，书业物流向利润中心转变已成共识；加紧布局、增强自身实力，拥有更多的话语权，赢得效益，是项目立项的最终目标。

一、分中心建设提速

根据发达国家经验，物流业是推动经济发展的促进器。目前，国内对物流需求量持续扩大，对物流服务的要求不断提高，给物流业带来足够的发展空间。2012 年，出版发行集团加大了对物流基地建设的力度，最明显的特征是加强区域布局，分中心建设提速。

中文天地旗下江西新华发行集团为充分利用自身图书物流网络配送渠道的优势，提高江西省城市配送、城际配送、专业配送等现代第三方物流业态发展水平，于 2012 年启动了现代出版物流港项目。该项目由南昌璜溪物流中心以及赣东、赣南、赣西、赣北四地物流分中心组成，计划募集资金 6.7 亿元。

凤凰传媒 2012 年优化升级一期物流建设，启动新港物流基地二期工程建设。初步构建江苏省市、县、镇物流配送网络，完成苏北、苏中、苏南物流分中心的选址和调研工作，逐步构建高效快捷的全省 1—2—3 物流配送网络。作为上市募投项目，该项目工程总投资约 3.5 亿元，面积 8.4 万多平方米，项目支持公司电子商务、馆配、文化产品、第三方物流、出版快速反应中心等新业务的发展，满足公司实体网和虚拟网业务开展的需求。

综合考虑湖南省交通格局、区域经济发展和城市规划等因素，中南传媒旗下的湖南省新华书店 2012 年加强了物流网线建设，拟建立高效可控的运输方式和配送途径。该物流网线以湖南华瑞物流有限责任公司物流仓储信息管理系统为基础，搭建长沙中央物流配送中心与四家分拨中心之间的信息交互平台。进一步加强对门店物流工作的管控力度，通过平台、网点和信息系统建设，建立起对湖南省物流机构的垂直管理模式和适应企业发展的物流技术及操作标准。为此，大力拓展第三方物流配送业务，吸引并挖掘包括电子商务、互联网购、大型连锁等高附加值的配送项目。展开同城配送业务，开创社会物流高端品牌，从而获取较好的经济利益和更大的经营规模。

广西新华书店集团有限公司投资建设的中国—东盟文化产品物流分中心于2012年投入使用。该中心集商流、物流为一体，面向广西自治区1100家国有书店和民营零售书店提供图书配供，并开展面向东南亚国家的中文图书销售业务。甘肃新华2012年加快了沙井驿物流园建设步伐，建设文化产业大型现代化物流中心，规划建筑面积11万平方米，主营业务的年发货设计能力为30亿码洋。

在业务运营中一些书业物流者发现，物流自身运作机制与快速发展的主业产生了矛盾。如浙江省新华书店集团2012年第一季度非教材销售同比增长25.7%，主业快速发展对物流形成了大挑战。随着吞吐量高位增长，如果仅杭州一个运营点单体运作将形成瓶颈；如果想辐射全国，区域性的地理位置又将产生局限性。书业物流发展到一定规模，必然出现物流规模和网点布局加速增长的趋势。

除了新华系统，电商也在物流基地建设方面加大投入。亚马逊中国2012年2月在天津开办了我国第11家运营中心，总运营面积近50万平方米。苏宁易购总部于2012年在南京奠基，物流网络建设加速。

二、从企业物流转型物流企业

出版业需要物流，但物流业前景与出版业增长没有直接关系，物流业竞争程度可能会超越书业，这是两个产业发展的难题。随着油价及人力成本的不断上涨，已影响到物流业的经营，面对行业竞争的激烈和客户服务需求的不断提高，物流企业一方面要应对成本的上升，另一方面要增加投入、提高服务，经营难度上升。尽管书业物流成本、费用支出也在不断提升，与部分运输供应商矛盾加剧、人员流动加大，但由于服务对象和客户相对稳定，比社会物流的竞争环境略微宽松一些。伴随着书业物流与社会物流进一步融合，成本、竞争压力将越来越大。根据相关部门社会物流总费用数据统计，一方面，社会物流需求随着经济发展同步扩大，物流增长潜力巨大；另一方面，我国物流总费用和发达国家相比偏高，优化空间同样巨大。在此背景下，出版发行集团比较一致的做法是提升物流的战略地位，向物流要效益，物流中心从成本中心变身利润中心在2012年尤为明显。

浙江新华已达到“把图书物流配送当成企业主业核心竞争力之一”的高度。

在凤凰传媒上市后的管理架构中，进一步突出了物流经营的独立性、自主性，对其进行单独的预算和考核、管理，促使物流逐步由出版物企业物流转型为适应现代电商要求、大流通要求的物流企业，给物流“成本控制中心与营销创利中心”的双重定位，着手构建“管理服务中心、信息及总调中心、费用及低成本运营中心、商品快速流通中心、营销创利中心”五大中心，推动战略转型。

江西新华2012年以项目建设为载体，整合资源，实现“黄金地段产生黄金效益”。把分中心1小时车程范围内的仓库置换出来，用于增加图书销售面积或用于业态转型，经营其他文化产品。河北新华物流2012年的目标是增加外联收入，弥补油价、人力成本上涨不利影响，比如妥善调度、降低空驶率，向利润中心转变。

安徽新华加快发展现代物流业，运用集团物流基地和发行渠道的综合优势，推进与品牌物流企业合作，启动集团第三方物流业务，形成新的业务利润增长点。重庆新华欲提高流转效率，2012 年进行了新物流系统开通运行以来的能效评估和流程论证，梳理薄弱环节，优化运转程序，完善对接模块，提高系统的运转效能。陕西新华拓展以出版物销售为基础、混业经营为方向的商流板块，以专业化物流、第三方物流相结合的物流板块，以盘活存量资产、扩大增量资产、开展资产运营为内容的资产运营板块，以项目带动为主要手段的文化地产板块。

书业物流中心定位将呈两个走向：一个是围绕主业开展物流业务，从教材储运、图书批销到目前连锁经营，即传统的企业物流，较少跨行业发展。目前，大多数出版发行集团物流属于此范畴。另一个是随着国家层面对物流产业的重视，同时随着书业上市公司的增多，一些物流中心已作为主业在发展，实行公司化运作，变身为物流企业。但向物流企业转变并非一蹴而就，对其发展仍持观望态度。由于不是专业出身，与社会上快速发展的物流企业在人才、机制、经验等方面尚存差距，而且跨行业发展，有多种不确定因素。目前，靠物流赢利还比较难，更多处于投资阶段，需要长时间运作探索后才能看到“钱景”。

三、跨区域合作更迫切

为了加快全国出版物发行业更好地发展，推动南北两大物流基地建设，从 2012 年 3 月中旬开始，原新闻出版总署启动了关于组建大型发行物流集团的调研工作。该次调研分 18 个调研组，为期 1 个月，对出版物物流现状、组建大型物流集团的难点、业内外对组建集团的建议等进行了调研。

建设全国性出版物物流集团，有利于出版专业化，有利于经营质量的提高，有利于服务体系的建立。建立大型跨区域的出版物流中心、增强物流配送服务能力，已经成为书业一大趋势，从上市公司凤凰传媒、新华文轩、中南传媒、中文传媒等公司的募投资金投入分析来看，这些公司均看重物流体系的构建。在机遇面前，各地出版发行集团加速物流做大做强的步伐，一方面，在各自省域内稳扎稳打；另一方面，着眼于跨出省域。随着南北两大发行中盘调研的深入，2012 年出版发行集团物流之间的跨地区合作表现更为活跃。提速建设分支机构、跨区域合作密切，加强话语权，“互换市场”、“收购企业”等做法也提到了议事日程。

标志着产业链上下游借力资本运作、跨区域合作打造全国性大中盘的构想已有了初步实践——2012 年 4 月初，由中国出版集团公司与江西新华发行集团有限公司联合投资兴建的新华联合物流中心在北京奠基。

吉林省新华书店集团也与中国出版集团公司携手，在 2012 年 5 月合作成立中吉联合文化传媒（北京）有限公司，重点合作开发物流“第三方利润”。此后，湘鄂赣三省新华书店共同签署战略合作框架协议，明确表示共同打造中部地区一体化物流网络配送体系。

四、书业物流发展的建议

组建国字号大型发行物流集团设想非常宏伟，但实际行动充满艰辛。建议书业物流应尽快实现信息化、科学化、集约化、标准化，努力在提高物流速度、降低物流成本、确保物流质量上狠下工夫。通过整合全国新华系统物流资源，重新梳理业务流程，实现对多元化经营、电子商务销售等新业务的物流支持，打造“品种多样化、市场多方位、服务个性化、内部一体化”的物流服务模式和服务品质，并架构适应和匹配现代网络书店建设和快速发展的BtoC物流体系。探索建立“省、市、县联合运营”的模式，根据不同情况，采取就近送货的接力式配送，货运公司加快递公司两级运输方式送货，邮寄等多种灵活的BtoC方式，满足市场和销售要求。

目前，应着手解决书业物流低端服务过剩，中、高端供应不足的问题。政府出面推动整合物流设施资源，支持大型企业兼并重组，中小企业联盟合作，通过管理创新和技术创新转型升级等，构建全国统一的发行物流配送体系，推动出版物标准统一、数字编码统一、结算体系统一的电子商务体系和发行物流信息平台发展，对实现增值服务和产业链延伸具有重要的现实意义和历史意义。

各地出版发行集团均希望大型发行物流集团能得到资金、税收等多种政策支持。如享受国家对央企和改制文化企业的全部优惠政策，建议相关部门出台支持性政策措施，可设立大型发行物流集团发展专项基金，地方各级政府每年以财政专项补助资金的方式，安排一定财力支持大型物流集团建设项目；建议制定相关的财税政策支持，继续给予图书发行行业增值税、所得税返还，免征物流企业房产税、土地税等政策，并对出版物流企业实行免征高速公路费和过桥费，减少物流费用。

（穆宏宇　张家口教育学院）

2012 年中国冷链物流

2012 年，在政策和市场的双重刺激下，我国冷链物流行业总体平稳发展，冷链流通率、冷库容量、冷藏车产销量等均实现了不同程度增长。

一、2012 年冷链物流市场的市场状况

（一）冷链需求

2012 年，我国冷链需求量达到 8211.2 万吨。其中，冷冻饮品的冷链需求为 286.9 万吨，速冻米面食品的冷链需求为 359.4 万吨，冷冻水产品的冷链需求为 612.1 万吨，水果的冷链需求为 1206.7 万吨，蔬菜的冷链需求为 4400.5 万吨，肉类的冷链需求为 1200 万吨。其中，水果占比为 14.7%、蔬菜占比为 53.6%、肉类占比为 14.6%，水果、蔬菜和肉类三个品类共占比超过 80%，这主要因为水果、蔬菜和肉类的产量基数较高所致。2010—2012 年我国冷链需求规模如下图所示。

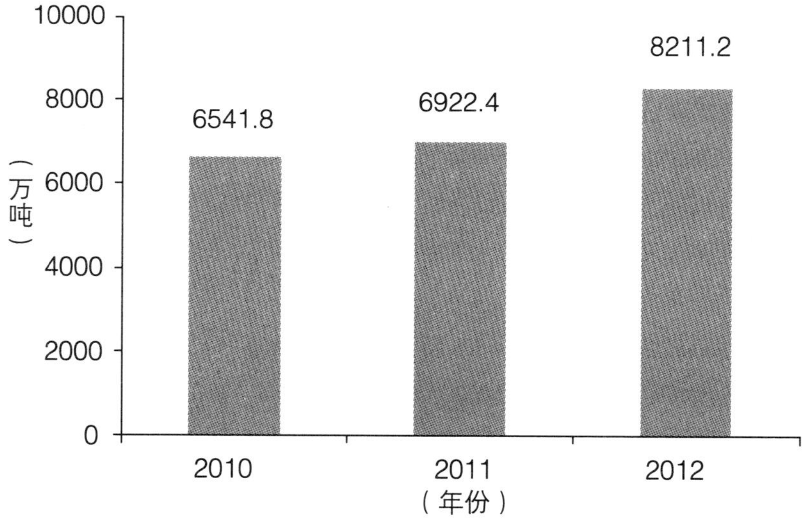

2010—2012 年我国冷链需求规模

目前，我国冷链产品如冷冻饮品、速冻米面食品、冷冻水产品、水果、蔬菜和肉类的市场情况如下表所示。从下表可知，位居冷链需求量前三位的冷链产品，冷鲜蔬菜、冷鲜水果和冷鲜肉类的市场集中度低，地理集中度非常分散品种。这表明要对这三类产品进行冷链管理的难度是非常大的。

2012年我国各冷链品类需求情况

冷链产品分类	2012冷链需求（万吨）	冷链消费品种	市场集中度	地理集中度
冷冻饮品	286.9	冷冻饮品	集中度较高	较分散，全国布点多
速冻米面食品	359.4	速冻米面食品	集中度较高	河南和沿海地区
冷冻水产品	612.1	冷冻水产品	集中度低	基本产于沿海，山东、辽宁、浙江三省是主要产区，消费也是从东部沿海区往内陆递减
水果	1206.7	冷鲜水果	集中度低	非常分散
蔬菜	4400.5	冷鲜蔬菜	集中度低	非常分散
肉类	1200.0	冷鲜肉、冻肉	集中度低	非常分散

（二）冷库规模

近年来，我国冷库建设进入一个爆发式增长阶段。2008—2012年全国的冷库建设项目每年以翻倍的速度增长。截至2011年年底，我国冷库统计总容量（公称容积，下同）为7111万立方米（参考储存量为1742.85万吨）。我国冷库主要分布在东部地区，东部地区的冷库容量占全国冷库总容量的60%多。我国约有46%的冷库用于综合性储存，果蔬是冷库中藏量最大的储藏品类，占据了27%的市场份额。目前，我国的冷库中冷冻冷库占比超过一半，超低温库占比极小。

2012年，受房地产调控、宏观经济增速放缓的影响，我国各地对冷库的投资热情已经开始减退。随着冷链物流配套设施的逐步完善，各地对冷库的投资将会趋于理性，更注重和当地的冷链需求同步。

（三）冷链运输

我国的冷链运输方式有公路运输、铁路运输、航空运输和远洋运输四种。其中，公路运输是目前我国冷藏运输的主要形式，而且占比最大。

近年来，受国家产业政策的拉动和市场需求的影响，国内冷藏车需求量呈逐年上升之势。2011年我国冷藏车的市场年增量达到10000台，到2012年12月我国冷藏车的总量已接近70000台。

二、冷链物流发展情况

（一）中央和地方政府继续加强对冷链物流的支持力度

2011 年 4 月 4 月，农业部出台《农产品加工业“十二五”发展规划》，明确提出要发展冷链物流系统和冷链物流技术，推进产地批发市场建设，提高农产品储运加工能力，解决物流配送半径限制。同时，加大农产品冷链物流体系的建设和政策、资金扶持力度。

商务部为贯彻落实《国务院关于深化流通体制改革加快流通产业发展的意见》、《国务院办公厅关于加强鲜活农产品流通体系建设的意见》的精神，于 2012 年 6 月和 12 月相继发布了《关于推进现代物流技术应用和共同配送工作的指导意见》和《关于加快推进鲜活农产品流通创新的指导意见》。其中，《关于推进现代物流技术应用和共同配送工作的指导意见》明确了“力争到‘十二五’末，重点城市共同配送（含统一配送）网点覆盖率达到 40% 以上，等量货物运输量降低 30% 以上，物流费用占商品流通费用的比率下降 2 个百分点”的工作目标；《关于加快推进鲜活农产品流通创新的指导意见》提出了“经过 3 ~ 5 年的发展，鲜活农产品流通创新的环境进一步完善，流通环节进一步减少，流通成本明显降低，流通效率明显提高，流通的现代化水平明显提升，流通的公益性特征更加突出”的主要目标。两个意见的发布对加速推进商贸物流现代化、拓宽流通渠道、降低物流成本、提高流通效率以及促进国民经济健康发展具有重要意义。

广东省、四川省、河北省、广西壮族自治区以及湖南长沙市、天津市、重庆市、深圳市等地相继出台了各省区市农产品冷链物流发展规划，明确了“十二五”期间各地区冷链物流发展的目标和具体任务，同时陆续出台相关政策加强对冷链物流的支持力度。相信随着国家和地方政府对冷链物流的不断重视，冷链物流即将迎来大发展的良机。

（二）冷链物流标准化和行业报告等基础性工作成效显著

2012 年，《冷链物流分类与基本要求》（GB/T 28577—2012）、《药品冷链物流运作规范》（GB/T 28842—2012）、《食品冷链物流追溯管理要求》（GB/T 28843—2012）三项国家标准以及《易腐食品机动车辆冷藏运输要求》（WB/T 1046—2012）行业标准相继发布。此举标志着我国冷链物流发展已逐步走向标准化和规范化的轨道。

（三）冷链行业掀起投资和并购潮

2012 年 5 月 14 日，中集冷链高新产业园项目在山东胶州举行签约仪式。胶州市政府在签约仪式上与中集集团签订“中集冷链高新产业园”项目合作协议。该项目总投资 50 亿元，包括中集中国冷链总部及国家级冷链研究院项目、冷箱“梦工厂”项目、冷机项目、冷链物流及装备项目及配套项目等。其中，冷箱“梦工厂”项目投产后，将实现年产 10 万台冷箱，成为全球单厂产能最大的冷箱基地。按照设计规划，到 2015 年该产业园建成运营后总产值将超过 150 亿元。此项目标志着我国冷链装备发展逐步向产业链迈进。与之相比，另外几家农业巨头的冷链计划早已启动。雨润集团相继完成了在太原、哈尔滨的冷链投资，其中哈尔滨双城市仅雨润农副产品全球采购中心项目的总投资就高达 180 亿元，预计建成东北最大、国内一流的果蔬、绿色（有机）净菜物流基地。

同年 7 月，上市公司大连獐子岛集团全资收购了珠海锦达鲜活冷藏运输有限公司，这是獐子岛集团为保证海产品质量，开始向产业链下游延伸的重大举措。与此同时，獐子岛锦达鲜活冷藏运输有限公司挂牌成立。随着新一轮合资并购热潮的兴起，我国冷链发展联合化和集约化趋势日益明显。

国内产业巨头对冷链市场的介入，让我们看到了2012年冷链物流产业的又一个行业特征，即冷链企业的供应链意识增强，更多的企业从供应链的角度出发来布局冷链市场。这种意识的转变将在一定程度上改变当前冷链体系缺失的不足。

（四）冷链城市配送更加活跃，并开始跨界经营

冷链城市配送一直是困扰冷链物流发展的难题，城市交通状况差、车辆进城难、超市冷链产品接货不规范等阻碍了冷链城市配送的健康发展。从2012年中国物流与采购联合会冷链专业委员会进行的市场调研的情况看，冷链城市配送一体化能够为企业带来可观的利润。冷链城市配送业务的规模增长迅速，是与城市冷链食品的高速增长密不可分的。以北京为例，2012年北京市冷链食品的年消费增长率超过15%，为冷链城市配送市场带来了一定的增长空间。2012年冷链城市配送的另一个特征是冷链食品的商贸企业与第三方冷链物流企业跨界经营，商贸流通企业向物流功能延伸服务，冷链物流企业介入代理采购和分销业务，借助金融机构开展供应链一体化服务。例如，北京的快行线食品物流，从冷冻食品贸易转型到冷链城市配送，目前，已经发展成为集贸易、物流为一体的代表性企业。

此外，一直没有得到推广的共同配送模式也出现了转机。随着成本的持续上升，越来越多的生产企业、商贸企业开始认识到共同配送为企业带来的隐形利润，共同配送在整个冷链城市配送量中所占比例有所提升。

（五）冷链宅配业务开始兴起

在2012年的冷链市场，“冷链宅配”开始走红。事实上“冷链宅配”模式在日本和中国台湾地区已经非常普遍，在上海、北京等一线城市出现也有两年甚至更长的时间，但配送过程中的操作问题、高成本及需求规模增速缓慢等，造成冷链宅配市场的冷清景象。但是，随着电子商务生鲜业务的快速发展，“冷链宅配”逐渐吸引了行业的目光。一些传统以B to C业务为核心的配送企业开始有意识地涉足冷链宅配，1号店、中粮、顺风优选等知名电子商务企业也选择自建冷链配送队伍，以满足自身电商生鲜业务的需求。从业内的调研来看，随着消费者消费习惯的改变，冷链宅配已经成为不可逆转的趋势。

（六）餐饮冷链物流发展迅速

2012年，我国餐饮冷链物流发展迅速。尽管受到经济下滑的冲击，餐饮业的总体发展受到一定影响，但连锁餐饮的发展势头不减，对冷链物流的需求呈不断上升的趋势。通过对餐饮企业物流负责人的调研发现，餐饮业连锁规模的扩大及对生鲜食品以及工业半成品需求量的增加，是推动我国冷链市场呈现爆发式增长的一个重要原因。连锁餐饮所需的易腐食品，像肉类等食材需要在特定的温度下进行加工、仓储、运输以确保食物的营养、味道和品质。仅仅用传统的保障模式和监管手段已很难适应快餐行业食品安全的保障要求。由于冷链的支持作用日益重要，越来越多的餐饮企业提升了对冷链物流的重视程度，完善冷链物流体系，设立中央厨房，加强对冷链物流的整体控制能力。

（七）农产品批发市场冷链升级改造加速

我国每年约有70%的农产品是通过批发市场进行流通的。截至2012年，我国仅占地面积超过30亩的农产品批发市场数量就有3000家左右。这些批发市场基本发挥了农产品集散、调节供需、保证质量、稳定价格等重要作用，已成为农产品流通的中心枢纽。2012年，随着农产品对冷链需求的不断加大，农产品批发市场对冷链功能的升级改造全面加速。一方面，开始加强冷链物流、配送中心建设，配置农产品预选、分级、包装、配送等设备设施，建设改造冷库等；另一方面，开始构建农产品信息链条和责任追溯链条，提高肉类蔬菜流通信息化、组织化水平，解决来源追溯难等问题，提高食品质量安全保障能力。

（八）连锁超市冷链物流体系逐渐完善

2012年，我国连锁超市对冷链物流的重视程度明显加大。这是由于随着连锁超市业态的不断发展和成熟，生鲜和冷藏、冷冻食品日益成为超市增加销售额的重要部分。因此，超市冷链物流体系的建设和完善被提到议事日程。如沃尔玛、家乐福等大型超市已经开始建设或建成自己的配送中心，并自行创建为企业自身服务的配送模式。而一些正在发展和壮大过程中的超市，则更多地采取第三方冷链物流的方式进行生鲜和冷藏、冷冻食品的配送和储藏。总体来看，整个连锁超市行业对于冷链物流的食品安全保障能力越来越认可，超市冷链物流体系呈现多元化和加速化发展趋势。

（九）冷链理念进一步推广

2012年9月，由中国物流与采购联合会冷链物流专业委员会（简称“冷链委”）和央视财经报道共同策划制作，冷链业内领导、专家和企业人士担纲主演的大片“断裂的冷链”节目播出了。节目一经播出便在消费者当中引起热烈反响，人们意识到了食品安全与冷链的密切关系。下一步，冷链委还要和央视推出相关的后续报道，并且让更多优秀的企业家站出来，推动整个冷链消费市场的进步和发展。

（十）专业化服务能力进一步增强

企业更加重视以客户需求为中心，开发个性化、一体化服务，在餐饮、水产、药品等专业细分领域涌现了一批服务能力强的冷链物流企业。企业加强精细化、集约化管理，通过技术改造、管理提升和人员培训，应对成本上升压力。精益物流、共同配送、供应链集成等新的物流运作模式表现出强大生命力。

（秦玉鸣　中国物流与采购联合会冷链物流专业委员会）

2012 年中国烟草物流

一、我国烟草行业概述

新中国成立至今，我国烟草行业的发展主要分为两个阶段。第一阶段是新中国成立到改革开放烟草行业实行国家专营之前，即 1949—1981 年。这一时期我国烟草行业总体经历了分散经营、集中统一、供产合一三个阶段，其中，新中国成立初期恢复生产的基本需要、“二五”期间经济的整体萧条和后来计划经济体制要求，成为烟草行业经营方式转变的关键性因素。第二阶段是改革开放烟草行业实行国家专营制度到目前，即 1982 年至今。1982 年 1 月 1 日中国烟草总公司正式成立为这一时期烟草行业的发展拉开了新的一幕。1981 年 5 月，国务院以国发〔1981〕85 号文件确定了对烟草行业实行国家专营，1982 年中国烟草总公司正式成立，正式确立了烟草专营和集中管理体制。1983 年 1 月，国务院同意设立轻工业部烟草专卖局。1984 年 1 月，轻工业部烟草专卖局更名为国家烟草专卖局，与中国烟草总公司实行一套机构、两块牌子。1985 年，国家烟草专卖局改为国务院直属局。1993 年 1 月，国务院专门下发《关于进一步加强烟草专卖管理的通知》。1998 年，国办发〔1998〕94 号文件提出对烟草行业实行“统一领导、垂直管理、专卖专营”，经过不断探索发展，烟草行业形成了完整的管理体制。

从 1983 年国务院颁布的《烟草专卖条例》，到 1984 年国家烟草专卖局发布的《烟草专卖条例实施细则》，再到 1991 年颁布的《中华人民共和国烟草专卖法》，一系列法律法规确认了国家烟草专卖制度。1992 年 1 月 1 日《中华人民共和国烟草专卖法》正式实施和 1997 年 7 月 3 日《中华人民共和国烟草专卖法实施条例》的颁布实施，我国烟草行业逐步走向国家专卖和法制化经营。1987 年我国烟草行业共实现税利 170 亿元，首次跃居各行业之首；2012 年我国烟草行业共实现税利 8400 多亿元，是 1978 年的 400 多倍，烟草业已成为我国国民经济的重要支柱产业。

2012 年以来，在国家局“控总量、调结构、降库存、稳价格”为主要内容的组合调控下，烟草行业保持了良好的发展势头，有效的促进了卷烟产销的协调发展。截至 2012 年年底，我国卷烟行业总产值同比增长 10% 以上，卷烟产量连续多年呈稳步增长态势。

2012 年，全国卷烟产量同比小幅增长 2.8%，销售规模趋于平稳，销量结构逐步合理化。从各主要品牌规模上看，实现了市场的覆盖率和铺货率持续提升和卷烟结构全面提升的局面，但增速普遍放缓；从卷烟销售价格体系上看，价格运行状况基本平稳，库存结构合理、可控，促使行业保持了良好的发展势头，有效地促进了烟草物流的协调发展。尽管烟草制品行业面临一定的成本压力，但供销格局相对旺盛，在一定程度上保持了行业的整体赢利局面，利润总额仍保持了一定增长。

二、我国烟草物流行业概况

（一）我国烟草物流发展概况及特点

1. 不同发展阶段

烟草物流是指烟草产品及其上游原材料等在生产及市场中实体流动的过程。按烟草行业国家烟草专卖制度的规定和烟草行业供应链上下游关系，我国烟草物流可划分为供应物流、生产物流和销售流通环节物流。其中，供应物流是指从烟草上游企业以原辅材料供应到为卷烟生产企业流动过程，生产物流是在卷烟生产企业内部为保证卷烟生产提供原辅材料的过程，销售物流是卷烟从出厂到商业企业再到零售户的流通过程。

随着烟草行业的发展，我国烟草物流的发展变化经历了从无到有，从最初的简单运输、上海模式、再到一体化经济模式的发展过程，大体可以分为四个阶段。

第一阶段：计划经济阶段。按照国家计划经济统购统销政策，烟草商业流通主要由各地供销合作社控制，其基本模式为简单的运输、仓储和销售，尚未出现流通过程资源的整合，是烟草流通从无到有阶段。

第二阶段：改革开放初期。伴随着中国烟草总公司的成立，烟草专卖和集中管理体制的落实，各地先后组建成立商业流通经营单位以加强对烟草流通市场的控制，这一时期流通体系发展缓慢，是烟草流通体系初步形成阶段。

第三阶段：20 世纪 90 年代。在市场经济大潮下，形成了以上海烟草公司为代表的充分依托电话、网络、现代物流交通等手段，以标准化、程序化、信息化为核心，以服务客户订单为目标的烟草流通模式。随着国家烟草专卖局在全国范围内对上海模式的推广，实现了利用物流中心对物流、资金流和信息流的整合，初步形成烟草行业现代物流体系。

第四阶段：我国加入 WTO 以后。在国际化经济大潮和国内烟草管制的开放的双重影响下，烟草物流呈现井喷式发展，各地烟草公司不断尝试全球化的管理经营模式，强化烟草物流中心之间的互动，在国际和国内的市场范围内形成了良好的现代物流服务环境。

总体看，我国烟草行业的持续发展为烟草行业现代物流体系的构建提供了基本条件，国际国内烟草市场现代物流体系的良好环境又为烟草行业体制机制改革提供了先进的理念和技术支持，与此同时，国内烟草行业的重组也为现代物流体系的形成奠定了基础。截至 2010 年，我国国内烟草行业格局已经基本形成，烟草行业现代物流体系也基本建成，这就预示着在未来的一段时间内，我国烟草行业中包括物流技术与装备在内的物流系统建设需求将会呈现稳步增长趋势。

2. 目前我国烟草物流建设呈现出物流信息化、工商物流一体化、专业化建设等特点

（1）物流信息化建设。烟草行业生产经

营决策系统的建设和全面应用，为烟草行业物流信息化建设打下了坚实的平台，它将卷烟从生产、出库到商业企业入库、出库及销售全过程的信息采集统计汇总并进行分析，对卷烟物流进行全过程监控和管理，为烟草行业生产经营决策提供了信息化手段的支撑。工商卷烟在途信息系统、批零在途信息系统、仓储视频监控的建设应用，为卷烟仓储运输提供了可视化监控和管理。卷烟物流综合管理平台为加强卷烟物流的管理，提高效率和服务，控制成本，加强绩效考核提供了有力的支撑。

（2）工商物流一体化建设。围绕工商一体化建设，工商企业加强协同，不断在系统对接、信息共享、工商共库、托盘联运、统一物流单证标准、烟箱周转回收、两烟统筹调运等方面拓展推进物流一体化进程。安徽省工商企业同城物流仓储共享；云南工商企业共同开发“物流一体化信息交换平台”，实现工商物流九项关键信息实时交换，研究制订工商同址共库管理、纸箱周转回收作业管理规范，在玉溪、昆明成功试点纸箱回收再利用。川渝中烟、四川省局同城一体化成都试点取得新进展，仓储资源利用率提高17%。江苏、河北中烟积极开展卷烟电子件烟箱应用实践。福建中烟推进纸滑托应用项目研究，努力解决托盘联运装载率偏低等问题。

（3）专业化建设。烟草行业工企业物流中心，商业企业卷烟物流配送中心，积极开展非法人实体化运作，建立完善的业务组织运行机构，资产人员进行统一管理，授权业务独立运行，开展二级独立预算、核算，进行目标绩效考核，建立责权对待的现代物流专业化管理体制和机制，使运行效率和服务得到提升，成本费用管控能力得到有效提升。

（二）我国烟草行业现代物流技术发展历程及现状

在我国烟草行业中，物流技术的引进和创新对于整个行业的运行和发展起到了重要的作用。我国烟草行业物流技术发展主要经历了六个阶段。

第一阶段：引进期。此阶段烟草行业以引进国外物流技术为主导。

第二阶段：合作期。此阶段烟草行业使用的是国内供应商集成的国外技术产品，如进口的堆垛机、机器人、件烟高速分拣系统等设备。

第三阶段：模仿期。此阶段烟草行业开始兴建高架自动立体仓库，采用电子标签辅助人工条烟分拣系统（PTL）等条烟分拣系统。

第四阶段：创新期。此阶段涌现出一批敢于自主创新的国内供应商，都以建造采用全新设计理念的高效率自动条烟分拣系统为目标，将卧式分拣机、通道式分拣机、塔式分拣机等单机分拣系统进行综合应用，形成各具特色的物流系统产品。

第五阶段：实用期。在烟草物流经济适用的要求下，我国烟草流通业回归到最初的手工加机械时期，此阶段的物流技术设计方案趋于谨慎，要求简单实用。

第六阶段：提升期。随着新技术的发展，新设备、新工艺不断出现，由手工加机械的电子标签拣选系统，逐步实现了自动开箱、自动补货、自动分拣、自动包装以及密集储分一体的自动化物流系统，逐步替代了繁重的人工作业环节，有效减少占地面积、提升效率、降低成本。同时，烟草流通业借助外力，如专业的咨询公司对其建设规划和总体目标进行系统、科学的分析论证，加上国家烟草专卖局严格进行项目审批，规范了物流系统的建设。

我国烟草行业是现代物流技术应用最快、最广的领域之一，烟草物流的自动化、信息化程度远远高于其他行业。据不完全统计，在我国已建成的自动化物流系统中，烟草行业就占据了17%的份额，成为第一名。目前，我国烟草行业的自动化物流系统普及率已超过46%，远高于全国20%左右的平均水平。

与此同时，在烟草物流行业也涌现出一批拥有自主技术和知识产品的优秀国有企业。在自动化物流系统的设计和生产方面已经完全能够满足烟草企业的需求，所生产的产品物美价廉具有明显的竞争力。目前，我国烟草行业物流技术在以下几个领域得到了较快的发展。

1. 仓储技术

自动化立体仓库（AS/RS－Automated Storage/Retrieve System）是现代物流系统中迅速发展的一个重要组成部分，它具有节约用地、减轻劳动强度、消除差错、提高仓储自动化水平和管理水平、提高管理和操作人员素质、降低储运损耗、有效地减少流动资金的积压、提高物流效率等诸多优点。与企业级计算机管理信息系统联网以及与生产线紧密相连的自动化立体仓库更是当今CIMS（计算机集成制造系统）及FMS（柔性制造系统）必不可少的关键环节。

目前，国内企业围绕自动化仓储系统开发了多种自动化系统硬件设备及软件产品，如不同类型的库存管理软件、系统仿真软件、图形监控及调度软件、堆垛机输送机控制软件、条码识别跟踪系统、搬运机器人、码垛机械手、自动运行小车等产品。

在高精尖的堆垛机系统等领域，目前我国物流技术装备产品的硬件和国际先进水平还有差距，我国还在使用先进国家的硬件装备系统。但是，国产的分拣系统等在专业技术方面完全能够满足烟草企业的需求，同时在价格等方面也具有较强的市场竞争力。

在烟草仓储环节，目前，主要是建立多层货架立体库，三层托盘货架，单层托盘地面堆放三种仓储系统，其关键设备是货架、自动巷道堆垛机、叉车、无线射频车载系统等。而在分拣设备的选型方面，客户越来越青睐具有日订单处理量大、工作流程为“货物不动、设备运动”的被动式模式。由于我国货架产品具有物美价廉的优势，十分适合烟草专卖局关于烟草物流系统建设的要求，所以，在市场上具有很强的竞争力。

目前，由于卷烟销量快速增长，不少单位面临仓储能力不足的现实困难。提高仓储能力，减少重复投资浪费，由山东兰剑物流科技股份有限公司率先在焦作烟草物流中心应用的密集式储分一体技术，获得了国家烟草专卖局的高度认可，目前这项技术已经在烟草物流企业广泛推广使用。

2011年12月，国家烟草专卖局物流工作会议中明确提出，要以技术改造为着力点，全面推广应用密集式仓储技术，取消中转区和备货区，通过技术改造解决仓储能力不足问题，提高物流建设水平。努力使物流成为行业管理中最优秀的环节。

秦皇岛市局卷烟配送中心采用密集式仓储技术改造方案，解决了当前和未来若干年发展的库容需求，实现了效益效能双提升的目的。通过技改，实现了设备、工艺、流程的有机统一和完美结合，体现了技术创新、流程创新和工艺创新。从技改效果看，减少了投资、降低了运营成本、提高了工作效率、减轻了劳动强度、提升了物流水平。

2. 分拣技术

卷烟分拣系统是烟草商业企业卷烟配送中

心仓库中的大型自动化成套设备系统。大批量的卷烟送入系统后，化整为零，由分拣系统拆件成条，以 0.11 秒/条的高速，精确按照订单信息处理系统的指令，分拣成多则数十条、少则一两条为一个单位后，装入配送专用的包装箱（袋）内，在自动检查确认其包装完好的同时，分别将收货人姓名、地址、品牌、数量、价格及配送路线等打印在外包装标签上。

分拣工艺包括件烟补货工艺和条烟分拣工艺。件烟补货工艺从最初的就地堆放发展到重力式缓存再到最新的密集缓存方式，从设计思路到设备选型不断地完善更新。在实现更加精细化、准确化、及时化的件烟补货的同时，减少了操作人员的无效搬运，提高了物流运行效率。

对于一类配送中心，由于日分拣量较大且多采用托盘立库存储形式，为提高补货效率，适合采用自动化程度较高的密集存储结合重力式缓存模式进行件烟补货。即使订单波动很大，也可以保持稳定的分拣能力，保证烟草公司分拣的正常进行。

条烟分拣工艺主要包括串联模式、并联模式、复合模式等。随着条烟分拣新技术的不断开发和研究，其未来发展趋势将会充分采用预分拣技术。

高速分拣系统是基于并行分拣与分流原理的拆零货物拣选系统。它由补货模块、分拣模块、输送模块、包装模块构成。其中，分拣模块由多种分拣机组合而成，每种分拣机均配备了缓存机构，使之具备了“并行分拣”功能；此外，每种分拣机还配备了分拨机构，使之具备了“分流”功能。而分拣系统的高速分拣性能正是依托了以上两种机构得以实现。缓存机构保证了分拣机之间实现了并行分拣、串行合流的工作模式。基于此，高速分拣系统在分拣效率方面可获得明显的技术优势。以烟草行业为例，高速卷烟分拣系统最高可达到 32000 条/小时左右的条烟分拣效率。

在自动化分拣系统领域，大多采用串行分拣的工作模式，即每台分拣机装载一种品牌货物，然后根据订单需求按顺序依次将货物弹射至前方输送带中。在串行工作模式下，分拣系统的工作效率主要依靠分拣机的单机拣选速度，即单位时间内将拆零货物送至输送带的数量。然而，单机拣选速度不能无限提高，且往往存在效率瓶颈问题，以烟草行业为例，卷烟分拣机的单机效率难以突破 15000 条/小时，加上订单间隔的原因，串行拣选模式下的分拣系统效率一般低于 12000 条/小时。

高速分拣系统舍弃了串行分拣模式，转而采用了并行分拣模式。通过给每台分拣机配备缓存机构，使分拣机之间实现独立工作，即分拣机无须等待串行的工作顺序，可提前将货物分拣到缓存机构中。而且，缓存机构中的货物排列紧密无缝隙，当缓存机构释放货物时，其在输送机构上的排列也最紧密，从而大大提高了输送效率。若缓存机构具有多级别缓存功能，则分拣机的“预分拣”程度更高，并行工作的程度也更强，最终的系统分拣效率会远高于串行分拣系统。高速卷烟分拣系统中各分拣机配备“预分拣机构”后，可提前将卷烟分拣至滑道中密集暂存，然后各滑道按次序以此释放缓存条烟到输送带上，实现密集、高速传送，整体分拣效率可由 12000 条/小时提高到 30000 条/小时，效率提升接近两倍。

临汾市公司积极应用智能精准分拣控制系统，通过自动纠错，有效解决分拣过程中存在的问题，分拣精准率达到 100%，送货准确率、客户满意度进一步提升。

3. 配送技术

（1）工商卷烟在途信息系统。通过数据采集、在途展现及统计分析实现工业卷烟出库发货、在途运输监控、商业到货入库等环节的实时状态信息的采集和跟踪。该系统的实施，标志着工厂卷烟运输管理进入了一个可视、可知、可控的信息化新阶段。

（2）商零在途系统。可对配送零售户的卷烟车辆进行有效监控和调度管理，并可直观地反映任何一户卷烟零售户的基本情况，如零售户的姓名、经营地址、许可证号、有效期限、门店位置、门店照片、逐月销量、守法情况、商业环境等，为经营服务管理提供实时、快捷、直观的基础资料。

（3）线路优化系统。以线路最优化为目标的车辆调度系统。系统通过两阶段算法对于一个确定的卷烟零售户集合，在确定的需求下安排车辆、行驶路线和时间，使得总的行驶里程数最小，达到资源的最大利用率。

（三）多项政策促进烟草物流发展

近十年来，国家烟草专卖局陆续出台了一系列促进物流发展相关的政策法规和标准，推动了我国烟草行业现代物流快速迅猛发展。其中主要有：国家烟草专卖局关于烟草行业信息化建设的“一号工程”项目、《关于烟草行业“十一五”期间卷烟物流中心建设的意见》《烟草商业企业卷烟物流费用管理办法及核算规程》，以及发布的《烟草行业物流标准体系》《烟草商业卷烟物流中心作业规范》《烟草商业企业物流绩效评价标准》《烟草商业企业卷烟物流配送中心服务规范》《烟草工业企业物流作业规范》《烟草商业企业物流配送中心视频监控系统统一平台技术规范》等标准是烟草行业与物流相关的重要法规与政策和标准。

《关于烟草行业“十二五”期间卷烟物流中心建设的意见》等文件，明确了烟草物流配送中心建设的基本原则是坚持“合理规划、统一标准、经济适用、综合配套”原则，指出烟草物流中心建设要高度信息化，适度自动化，采用先进、适用、成熟、经济的技术与装备，防止贪大求洋，也防止低水平重复建设。同时，政策还规定按照预测销售量大于 20 万箱、10 万 ~20 万箱、小于 10 万箱将卷烟配送中心分为一、二、三类，分别明确了建设标准、及技术装备选型政策等。

三、2012 年烟草物流建设

烟草物流是行业的核心业务，是“卷烟上水平”的重要支撑，是中国烟草面向未来提升核心竞争力的重要支撑。近年来，在国家局党组的正确领导和全行业的共同努力下，行业现代物流建设得到快速发展，物流规划建设、管理运行、设施设备和信息化水平都有了较大幅度的提升，烟草物流正逐步向精细化、专业化和系统化方向深入发展。

2012 年 7 月 2 日至 3 日，在河北秦皇岛召开的全国烟草行业物流工作现场会议上，国家局全面推广物流中心储分一体化技术等，进一步提出了“全力打造具有国际一流水平的中国烟草现代物流”的目标任务，为行业现代物流建设提出了更新、更高的要求。

（一）烟草行业各省级单位全部成立物流管理处、物流中心

2010 年烟草行业下发文件要求在各省级局（公司）成立物流管理处，在各省级工业公司成立物流中心，到 2012 年各省级局（公司）和各省级工业公司全部成立了物流管理处和物流中心。物流处和物流中心成立后随即开展了各省的物流规划方案设计工作。截至 2012 年年底，已全部完成了规划设计工作，明确了今后烟草物流的发展思路，确定了发展目标，为烟草行业今后的发展打下了坚实的基础。

浙江、湖南、广东、甘肃四省局和福建、江苏、广西三家中烟公司在完成规划设计工作后又认真开展“规划回头看”工作，不断完善规划内容。山西和安徽省局依据总体规划细化年度实施方案，提高了规划的指导性和执行力。

云南、山西、吉林等省局制定物流建设管理与项目论证办法，浙江、黑龙江、内蒙古、新疆等省区局物流管理部门全程参与论证，加强审查督导，确保规范建设。

（二）物流运行管理水平有了新的提升

一是物流管理水平不断提升。全面开展一费七率对标工作，广泛开展精益物流建设，进行绩效评价。福建省局导入卓越绩效管理，创建A级物流企业；云南、江苏省局推进标准化中转站建设；广西区局通过线路优化全区物流费用下降10%；安徽中烟导入六西格玛管理方法，原料仓库使用率提高20%，成品作业效率提高40%。

二是物流费用核算更为精细。河北省局统一实施物流二级核算，费用考核细化到单车、单条分拣线；廊坊市公司建立18项台账、40项费用定额、223项费用预算管理。2008—2011年，全行业商业卷烟物流费用年均增长7.49%，明显低于同期商业三项费用增幅，同时占三项费用比率持续下降，分别是13.18%、11.92%、11.46%、11.12%，充分说明商业物流费用管控水平持续提升。

三是基层创优深入开展。通过企业自评、交叉互评、综合考评、择优推荐、严格审核等多个环节，共评选出行业示范单位33个、省级示范单位86个。

四是物流服务更加精心到位。天津市公司对工业送货实行“五加二、白加黑”无公休卸货服务模式，甘肃省局把客户投诉作为改进服务质量的切入点，福建省局针对部分重点品牌开展应急送货服务，累计应急送货200余次。

五是非法人实体化运作积极探索。山西、河北、四川、河南等省局研究探索配送中心非法人实体化管理方法与运作模式；红塔集团物流中心非法人实体化运作取得明显成效；福建省局积极实践配送中心公司化管理机制，为行业物流丰富业务体系、创新运作模式积累了有益经验。

（三）物流重点工作得到较好落实

一是积极推进物流建设“两项工作”。学习借鉴焦作、红河配送中心建设经验，探索研究仓储和分拣设备实施“储分一体”的设计理念、密集式货架技术和取消备货区解决方案。云南、安徽省局组织专项技术研讨会；河南省局制订密集式仓储技术规范并部署实施全省推广方案；河北省局积极探索开发和应用密集式仓储技术，仅用270万元就完成了秦皇岛配送中心技改任务，很好地解决了仓储能力不足问题，为行业提供了又一个可以借鉴的成功案例。

二是全面实施信息系统“两个推广”即工商卷烟物流在途信息系统和仓储视频监控系统。工业端系统使用率和商业端到货确认率均已超过95%，并推广应用仓储监控管理系统。河北、山西、江苏、安徽省局，福建中烟等单位已经完成全省统一建设推广任务。江苏省局、湖南中烟正加紧制订批零在途功能规范和工业仓储监控标准，为各省统一规范建设奠定基础。

三是统一建设行业物流电子地图。为行业提供统一规范的电子地图应用与服务，真正实现全国一张图。

（四）物流工作范围有了新的拓展

一是工业物流明显加强。川渝、湖北、山东中烟建立健全工作制度、业务流程和管理规范，加强供应商资质认证，严格落实招标采购。

二是工商物流一体化不断拓展。云南工商企业共同开发“物流一体化信息交换平台”，实现工商物流九项关键信息实时交换，研究工商同址共库和异址共库管理、纸箱周转回收作业管理规范，在玉溪、昆明成功试点纸箱回收再利用。川渝中烟、四川省局同城物流一体化在成都取得新的进展，仓储资源利用率提高17%。江苏、河北中烟积极开展卷烟电子件烟箱应用实践。福建中烟推进纸滑托应用项目研究，努力解决托盘联运装载率偏低等问题。

三是烟叶物流扎实起步。福建中烟研究制定片烟电子标签应用规范行业标准；河北中烟组织开发了片烟条码管理系统，并在全省推广实施；上海集团编制烟叶清洁仓间建设、管理和操作标准；山东中烟加强烟叶仓储管理，建立提质养护管理体系；安徽中烟研发原料仓储养护智能化管理系统并获得国家专利，攻克了数据信息在原料垛内无线传输的障碍，实现无线自动监测原料包芯温湿度信息，智能处理原料管理养护信息。

四是技术应用不断创新。浙江中烟启动批次管理信息平台建设，对物料最小包装单元实行打扫码管理，精确记录其在供应链全程的物流状态，为质量追溯提供系统支撑；云南大理市公司开展物联网应用试点；江苏淮安市公司研发应用卷烟分拣智能控制系统，通过自动纠错，有效解决分拣过程中错码、漏码、多烟、少烟、串号和条烟粘连等现象，分拣精准率达100%。

（五）物流队伍建设得到新的加强

一是启动烟草物流师技能鉴定。江苏省局组织开展初级物流员岗位鉴定；北京市局举办物流岗位初、中级培训考试；职工进修学院长年举办物流师职业资格认证培训并取得国际物流师认证资质，为开展烟草物流师技能鉴定夯实基础。

二是加强物流业务学习培训。江苏、广西、湖北、天津、浙江省局积极开展物流技能比武，福建、湖南、宁夏、山东省局组织开展学历学位教育等。目前，全行业物流从业人员共70331人，专科以上学历超过24000人，其中，研究生以上学历有448人；具有专业技术职称共5673人，其中，高级职称432人；具有物流师职业资格4108人，其中，高级物流师537人。

三是激发员工创新活力。安徽省局开展先锋示范岗、评选标杆员工活动；深圳市局开展白班分拣劳动竞赛，分拣效率提高20%，从而减轻夜班工作负荷，仅能耗每年节省费用超过10万元；济南市公司分拣QC小组通过控制热缩膜宽度和厚度，每年为企业节约资金10万元；黔南州公司“打码设备技术改造”获国家实用新型专利；北京烟草物流中心赵全利同志荣获“全国物流劳动模范”光荣称号等。

（中烟商务物流公司）

2012 年中国医药物流

一、我国医药行业总体发展情况

我国是医药消费和生产大国。我国医药行业是国民经济的重要组成部分，是传统产业和现代产业相结合的集第一、第二、第三产业为一体的综合性产业。其主要门类包括：化学原料药及制剂、中药材、中药饮片、中成药、抗生素、生物制品、生化药品、放射性药品、医疗器械、卫生材料、制药机械、药用包装材料及医药商业。目前，我国每年可生产 1500 多种化学原料药，产能达 200 多万吨。我国每年生产的药品占全球产量的 1/5 以上，我国已经成为当前全球药品市场的主要推动力量之一，可望在 2020 年成为仅次于美国的全球第 2 大药品产销市场。

近 10 年来，我国医药工业产业①规模持续快速增长，年均增长速度超过 20%，如图 1 所示。

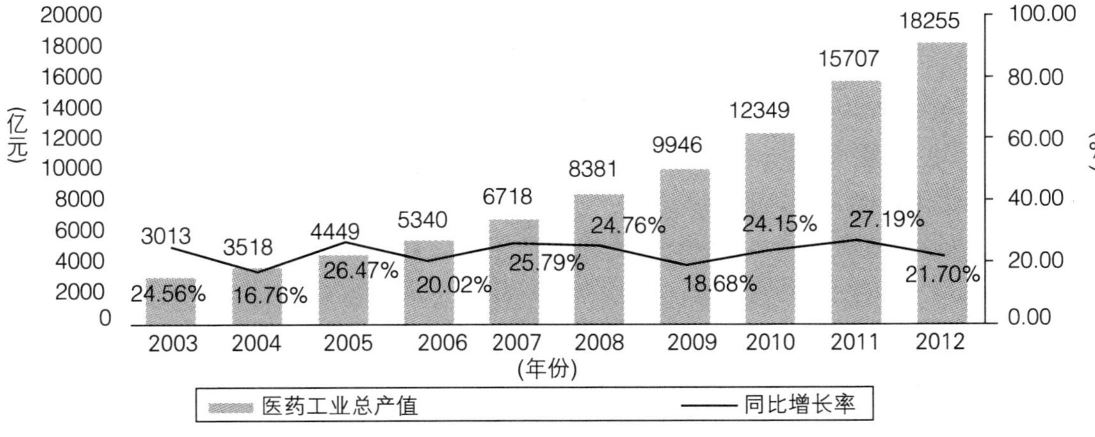

图 1　2003—2012 年我国医药工业总产值及增长情况

① 全国医药工业系指七大子行业的总和，包括化学原料药、化学药品制剂、生物制剂、医疗器械、卫生材料、中成药、中药饮片。

2012 年，我国医药工业实现主营业务收入17950 亿元，同比增长 20. 1%；利润总额达1833 亿元，同比增长 20. 4%，继续维持较高水平，如图 2 所示。

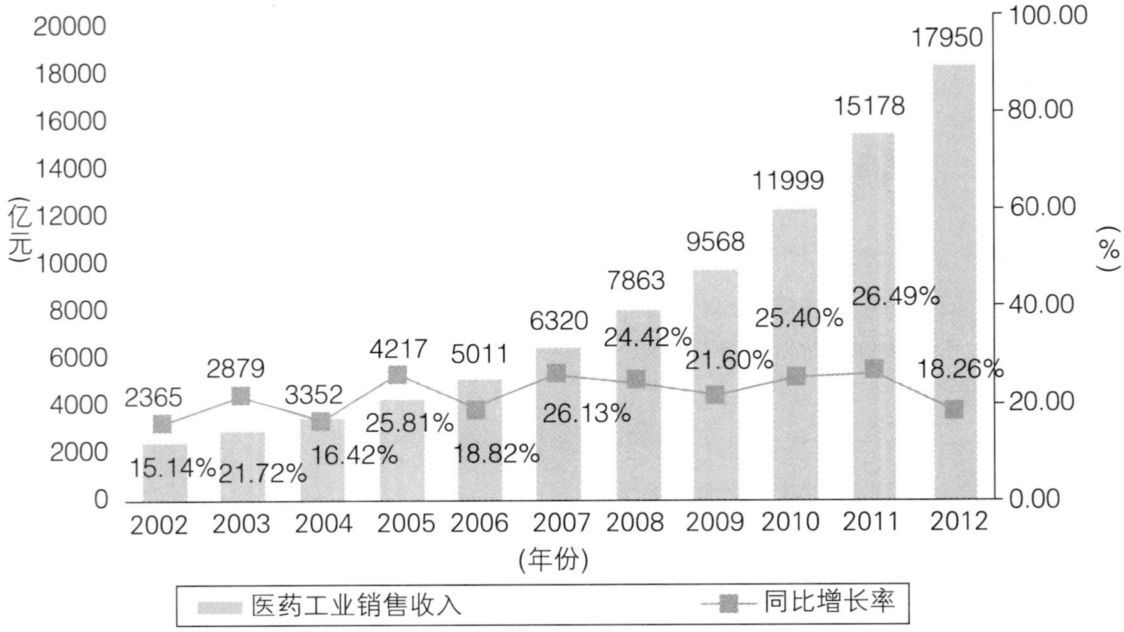

图 2　2002—2012 年我国医药工业销售收入及增长走势

2011 年我国医药行业出口交货值达 1440 亿元，年增长 19. 6%。药品生产水平与国际接轨的步伐正在加快，通过美国 FDA、欧盟认证的化学原料药已达 300 多个，通过美国、欧盟 GMP 认证的制剂企业达 30 多个。医药行业在国民经济中的地位不断上升，生物医药已被列为国家战略性新兴产业重要领域。

2012 年我国医药生产和销售行业平稳运行，虽然经历了欧美经济持续低迷的不利影响，仍然在产业产值、对外贸易、经济效益、完成投资等方面继续保持稳定增长，总体呈现平稳发展态势呈现以下特征。

（一）产业规模稳步增长

截至 2012 年年底，我国医药行业共有企业 6625 家，总资产达 16408 亿元，同比增长 18. 4%。2012 年我国医药工业完成产值 18255 亿元，同比增长 21. 7%。其中，化学药品原药产值 3305 亿元，同比增长 16. 6%；化学药品制剂产值 5089 亿元，同比增长 24. 7%；中药饮片产值 1020 亿元，同比增长 26. 4%；中成药产值 4136 亿元，同比增长 21. 3%；生物生化药品产值 1853 亿元，同比增长 20. 5%；医疗器械产值 1573 亿元，同比增长 20. 6%。2012 年我国医药产业工业增加值比上年增长 14. 5%，高出工业增速 4. 5 个百分点①。

（二）经济效益继续提升

2012 年，我国医药工业实现主营业务收入 17950 亿元，同比增长 20. 1%；利润总额达 1833

① 数据来源：国家发改委 http：//www. sdpc. gov. cn/jjxsfx/t20130228_ 530240. htm。

亿元，同比增长 20.4%，继续维持较高水平。其中，中药饮片、化学药品制剂增速较快，分别为 27.5% 和 25.3%；化学药品原药、中成药、生物生化药品增速稍低，分别为 15.9%、16.9% 和 14.3%。2012 年我国医药产业销售收入利润率约 10.2%，与上年同期基本持平，除化学药品原药、中药饮片等初级产品销售利润率较低外，其余子行业销售收入利润率均高于产业平均水平。

（三）产业投资快速增长

2012 年，受国家实施新版《药品经营质量管理规范》、节能减排力度加大等因素影响，我国医药产业投资继续快速增长，全年累计完成投资 3565 亿元，同比增长 34.6%，高出全社会固定资产投资增速约 14 个百分点。

（四）医药连锁企业数量不断增加

多年来，我国医药企业数量不断增加，截至 2011 年年底我国共有《药品经营许可证》持证企业 440248 家。其中，法人批发企业 11480 家、非法人批发企业 2373 家；零售连锁企业 2607 家，零售连锁门店 146703 家。连锁企业平均拥有门店数量 56 家。2006—2011 年我国医药零售连锁企业数量增长情况如图 3 所示。

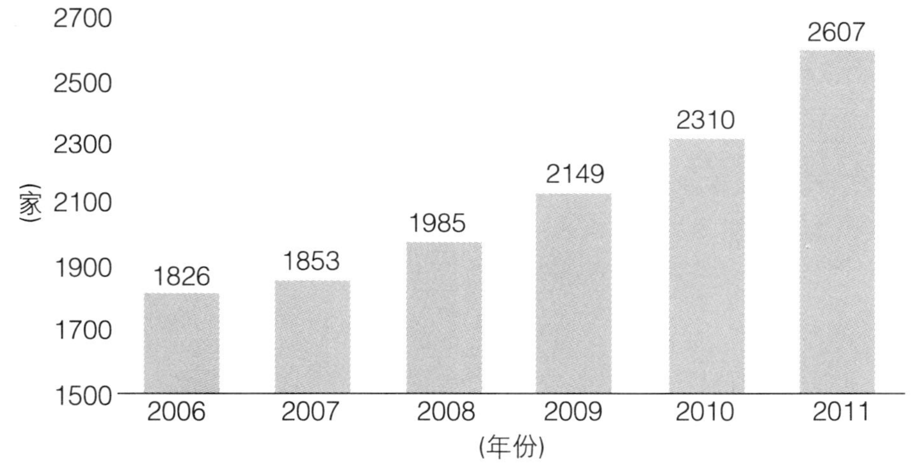

图 3　2006—2011 年中国医药零售连锁企业数量增长

（五）信息技术及产品得以快速发展

伴随着我国医药行业快速发展，相关物流新技术在医药行业得到了广泛的推广和应用。如多层货架、AS/RS、输送机、自动分拣线、RF、电子标签等新技术、新装备得以广泛应用。医药生产、流通企业自动化仓储设备、自动分拣设备数量逐渐增加，同时，现代信息技术也得到了应用，如 RFID、WMS、实时跟踪系统（含冷链全程监控系统）、客户服务系统、与医院 HIS 对接的系统，以及温湿度自动监测系统和配送 GPS 等现代化信息技术逐渐在医药物流过程中发挥作用。

二、2012 年我国医药物流发展现状

现代化医药物流是依托现代化的物流技术装备和物流管理信息系统，有效整合营销渠道上下游资源，通过优化药品流通各环节业务流

程，提高订单处理能力，降低货物分拣差错，缩短库存及配送时间，减少物流成本，提高服务水平和资金使用效益，实现自动化、信息化和效益化的过程。

（一）大型医药物流基地建设步伐加快

随着国家医疗制度改革的推进和医药流通市场的逐步放开，现代化的医药物流体系正在全国范围逐渐形成。我国各省区已经开始推进医药物流基地建设工作，广东、山西、江苏、浙江及安徽等地纷纷投入巨资兴建国家级医药物流基地，投资规模均在亿元以上。截至2012年年底，我国已投入运营和在建的部分医药物流中心（基地）情况详见下表。

我国在建、已建医药物流中心（基地）统计

名称	投资/拟投资额（亿元）	职能
广州国际医药港	41.65	打造国际性的医药大物流基地和健康产业基地
西安高新区物流基地	5	全国第四家国家级医药物流基地
陇西中药材仓储物流基地	1.5	中药物流基地
中越边境中草药材商贸物流基地	10	计划打造中国—东盟国际区域内规模最大、功能最全、影响力最广的中药材商贸物流集散基地
新疆医药物流配送中心	2.2	建成后，该医药物流配送中心将成为新疆乃至我国西北地区最大的医药物流配送基地
华东医药下沙现代物流中心	超2	浙江最大医药物流基地
南宁高新区医药物流基地		华南片区最大的医药物流基地之一
冀州医药物流园	20	打造长江以北最大的医药物流基地
北京天竺综合保税区		高端医药物流产业基地
合肥医药健康产业园	1.2	打造华东地区最大医药物流基地
苏中医药物流中心	3.8	
重庆医药物流基地	3.2	支撑西部地区医药连锁物流、社区终端物流、纯销及批发分销物流及医药三方物流的现代物流综合基地及医药零售连锁经营总部

（二）医药物流中心的建设规模增大

目前在我国医药物流发展过程中，医药自动化仓储中心和快速分拣、配送中心成为医药企业物流系统建设的主要内容。随着医药自动化仓储中心优势的凸显，我国医药企业从扩大仓储规模到增加仓储设施设备在仓储建设方面的投资迅速加大。医药批发企业的仓储规模从过去的500平方米发展到现在的5000平方米，甚至有的省市标准是仓储面积不小于15000平方米。据不完全统计，2010年我国新建的大型现代化医药物流中心超过25座，面积超过30万平方米。如果加上改建、新建中小规模的医药仓库，全国新增医药仓储面积超过50万平方米。在新建与改建的同时，逐渐淘汰过去规模小、技术落后的陈旧仓库。

（三）医药物流技术装备水平不断提升

随着我国社会和经济的发展，人民卫生保健服务水平不断提高和健康保健意识的不断增强，有力地推动了我国医药产品市场规模的不断扩大。然而由于医药产品的特殊性，以及终端消费者对于药品的生产日期以及有效期具有特殊的敏感性，使医药产品对物流仓储、运输，包括温度、湿度、周围环境等流通环节提出了更高的要求。此外，由于医药电子商务的蓬勃兴起，物流配送的订单数量迅速增多、单次订单购货量更小、客户的分布更散，要求物流配送中心或配货站必须能够支持最小包装药品的高效率拆零、分拣、复核、出库、配送等。整包装拆零、分拣能力的高低将决定物流配送的准确性和效率。

因此，医药生产企业更关注仓储问题，几乎所有规模型医药企业都建立了自动化仓储系统（AS/RS），而医药流通企业主要着眼于药品的分拣、配送等环节。随着医药物流基地、仓储物流中心建设规模的扩大，多层货架、AS/RS、输送机、分拣机、RF、电子标签（PTL）等新技术、新装备得以广泛应用；随着新技术装备的投入使用，不仅提高了医药物流作业效率，而且减少了药品的差错率和破损率。同时，解决了医药流通环节对人力的过度依赖问题。目前我国已投入使用或在建的上百座现代化医药物流中心，绝大部分都产生了良好的经济效益和社会效益。

三、我国医药物流发展趋势

（一）药品物流发展规划将从几个方面推动医药物流发展

2011年5月5日，商务部正式发布《全国药品流通行业发展规划纲要（2011—2015）》，确定了“十二五”时期行业发展的总体目标和主要任务，提出要从以下几个方面发展现代化医药物流。

1. 以信息化带动现代医药物流发展

广泛使用先进信息技术，运用企业资源计划管理系统（ERP）、供应链管理等新型管理方法，优化业务流程，提高管理水平。发展基于信息化的新型电子支付和电子结算方式，降低交易成本。构建全国药品市场数据、电子监管等信息平台，引导产业发展，实现药品从生产、流通到使用全过程的信息共享和反馈追溯机制。

2. 提高流通效率，降低流通成本

在未来医药物流体系建设中，将促进使用自动分拣、冷链物流等先进设备，加快传统仓储、配送设施的改造升级。完善医疗用毒性药品、麻醉药品、精神药品、放射性药品和生物制品等特殊药品物流技术保障措施，确保质量安全。

3. 推动医药物流服务专业化发展

鼓励药品流通企业的物流功能社会化，实

施医药物流服务延伸示范工程，引导有实力的企业向医疗机构和生产企业延伸现代医药物流服务。在满足医药物流标准的前提下，有效利用邮政、仓储等社会物流资源，发展第三方医药物流。

4. 推动行业整合

医药物流的快速发展将进一步整合医药流通产业链、提高产业集中度。首先，在行业内部近几年整合的趋势也更加明显，大企业通过并购重组等进行扩张，在企业规模迅速做大之后，加大对物流系统的建设将成为业务资源有效整合、体现规模效益的首要任务。其次，伴随市场竞争的日益激烈，医药行业已经进入微利时代，如何提高竞争力，降低成本和提高效率成为所有企业面临的问题。而在当前医药行业物流水平发展相对滞后、药品流通成本居高不下、销售环节长期分散经营的背景下，整合物流资源，优化医药流通环节，降低流通成本，成为医药企业提高市场竞争力的普遍选择。

（二）物流技术装备的需求和投入将继续增加

未来在医药行业中物流技术装备市场规模前景看好，企业对物流系统的重视程度不断提高，各企业都纷纷规划建设现代化医药物流中心。而医药物流中心常用的物流技术装备主要有货架、叉车、输送机、电子标签、RF、分拣机、AS/RS；辅助设备有托盘、物流箱、拣选车、升降平台、托盘搬运车等。在软件方面主要是WMS、运输跟踪系统（含冷链全程监控系统）、客户服务系统、与医院HIS对接的系统，以及温湿度自动监测系统。一般医药物流中心的技术装备投入往往在几百万元甚至上千万元，大型的医药物流中心装备投入往往超过亿元。

随着我国医药行业相关支持政策的逐步实施，医药物流将得到进一步发展。未来几年内在医药行业中，对于物流技术与装备的投入将会持续增加。预计在“十二五”末期医药行业对物流技术与装备的投入及预测将达到百亿元左右的规模，如图4所示。

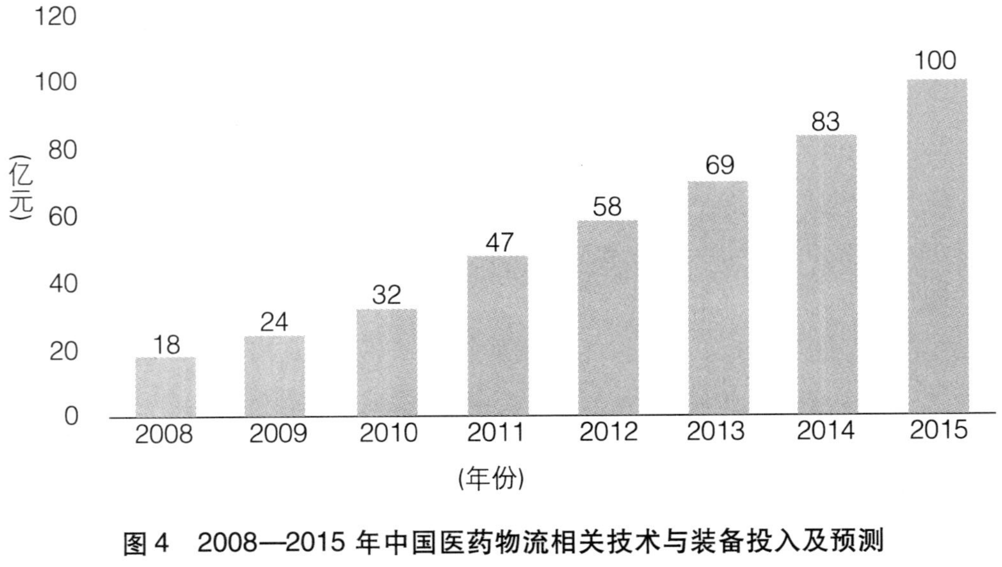

图4　2008—2015年中国医药物流相关技术与装备投入及预测

（何民爱　山东交通大学）

2012 年中国军事物流

2012 年，中国人民解放军紧紧围绕国防和军队建设方针，按照全面建设现代后勤战略部署和现代军事物流体系建设总体要求，紧紧围绕保障打赢、服务部队的根本职能，把握主题、抓住主线，科学安排、狠抓落实，凝聚力量、攻坚克难，中国军事物流各项建设都取得了巨大成绩，为我军应对多种安全威胁、完成多样化军事任务提供坚实的军事物流保障，实现了在新的起点上又好又快发展。

一、军事物流基地化建设稳步推进

2012 年，军事物流基地建设稳步推进，提高了军事物流保障能力，为军队有效履行使命、完成多样化军事任务发挥了越来越重要的作用。

一是坚持强调军事物流基地共建共用。军事物流基地建设坚决秉承了平战结合、平急结合的原则，充分整合了军地物流资源，后装共用，军地通用，以最大限度地满足军事物流保障需要。

二是重点突出军事物流基地综合功能。根据军事物流保障实际需求，借鉴世界军事强国建设经验，军事物流基地建设应主要包括指挥控制中心、计划筹措中心、储存保管中心、战略投送中心、分拣配送中心、维护保养中心、组套包装中心、装备维修中心、信息管理中心、回收处置中心、业务训练中心和生活服务中心等配套建设。

三是灵活采取军事物流基地建设方式。军事物流基地建设应综合考虑基地所担负的使命任务及建设要求，可采取军队资源整合、军队自主新建、军地合作建设等多种方式。

四是切实加强军事物流基地规划设计。军事物流基地建设综合考虑了军事效益、社会效益和经济效益，结合保障对象的使命任务，按照“打仗型”后勤建设标准，充分论证基地建多少、在哪里建、什么时候建、达到什么建设标准、实现什么样的保障能力等问题，形成科学合理的规划方案。主要包括组织机构设计、物流基地选址、保障规模预测、保障流程设计、道路网络规划、信息系统建设、物流装备配备等内容。

五是加紧落实军事物流基地建设配套措施。军事物流基地建设体系要求强、经费投入多、建设周期长、技术难度大、质量标准高，必须建立统筹协调机制，优化物流资源配置，加大经费支持力度，强化建设标准规范，注重军地技术合作，加强人才队伍建设。

二、军事物流机械化建设加快步伐

党的十八大报告指出，按照国防和军队现代化建设“三步走”战略构想，加紧完成机械化和信息化建设双重历史任务，力争到2020年基本实现机械化。2012年，军队加快了军事物流机械化建设步伐，重点是着眼未来信息化战争需要，提高军事物流机械化保障能力。

一是搞好现有军事物流装备的挖潜改造。加大技术革新和维修保养力度，使现有的军事物流设备发挥出最大的保障效能。

二要加大现代军事物流装备配备力度。以遂行多样化军事任务军事物流保障为牵引，有关部门进一步狠抓军事物流装备体系保障能力建设，努力探索建设军事物流单位所需的相关装备配备标准。按照通用性强、维修性好、集中采购、系列配置的思路，统一选配军事物流装备。加快了器材包装标准化、储运集装化、检测数字化、保养机械化、作业自动化的步伐，全面提升军事物流装备机械化作业水平。

三是研发了部分适用高效的新型军事物流装备。重点是研究开发一些实用性强、配套性好的军事物流设备，整体提高了军事物流装备配套作业能力。

四是加强了军事物流装备的统一管理。要合理统筹军事物流装备力量结构，强化军事物流装备工作的集中统管力度，提高军事物流装备技术整体保障层次，全面推进军事物流装备成建制、成系统，形成综合保障能力。

五是适度推动了自动化立体库建设。自动化立体库具有容量大、占地少、效率高和便于管理等优点，既适应物资大流量仓储需要，也符合仓库现代化建设的发展方向。2012年，军队自动化立体仓库建设以实际保障需求为前提，科学论证，因地制宜，实事求是，促进了军事物流核心保障能力的实质提升。

今后几年，我军仓库装备将逐步向集装化、模块化、智能化、可视化、多功能化方向发展。昆船、普天等物流装备集成商与军队有关部门建立了长期战略合作伙伴关系，在军队自动化立体仓库建设方面获取了较大的市场份额。可见，我国军事仓储步入快车道的同时，地方相关物流或仓储装备企业也必将获得更好的经济效益。

三、军事物流信息化建设全面铺开

党的十八大报告指出，按照国防和军队现代化建设“三步走”战略构想，加紧完成机械化和信息化建设双重历史任务，力争到2020年基本实现机械化，信息化建设取得重大进展。建设信息化军事物流，保障打赢信息化战争，是现代军事物流体系建设的中心任务，其核心是实现军事物流保障手段信息化。加快发展信息化军事物流建设不仅是提升军事物流核心保障能力，加快军事物流保障力生成模式转变的战略选择，也是改造提升传统管理模式、促进“两化”融合、提升军事物流智能化水平的重要抓手，已成为军事物流保障力的倍增器。军事物流信息化逐步进入了从量变到质变、从单元到体系、从建设部署到形成能力的全新阶段。2012年，军队切实加强了军事物流信息化建设，主要抓好以下几个方面工作。

一是搞好军事物流信息化建设规划。按照信息化军事物流建设规律，做好顶层规划设计，研究制定军事物流基地信息网络建设、物资编码、自动识别、数据中心和系统开发应用等标准，加大军事物流装备的信息化改造力度，加强军事物流信息系统建设，确保信息化军事物流建设有序发展。

二是搞好军事物流网络建设。以军事物流信息网络为基础，重点抓好军事物流基地局域网建设，实现总部、基地、部队三级业务机关，以及仓库、重点部位的互联互通，同时也应加强军事物流基地应急通信保障能力；积极探索自动识别、自动控制、安全监控等技术的开发与应用，努力推动信息化军事物流建设水平的提高。

三是抓好现代信息化技术推广应用。积极推动新一代移动通信、下一代互联网、移动互联网、云计算、物联网、卫星导航定位技术（重点突出北斗卫星导航定位技术）、现代传感技术、宽带通信技术、自动识别技术、安全监控技术、温湿度控制技术等现代信息技术的实际运用，及时跟踪军内外现代信息技术和物联网技术的发展，切实提高军事物流保障效能，实现保障需求实时可知、保障资源实时可视、保障方式立体机动、保障活动实时可控。

四是突出“军事物流物联网”重点工程建设。军事物流信息化建设应坚持实用、规范、创新的发展理念，坚持“设施先行、创新驱动、重点突破、协同发展”的原则，确立应用牵引的“军事物流物联网”发展模式，以智能库区、智能化立体仓库、智能配送、智能安防、危化品智能监管、智能应急管理、智能电网、智能家属区八大军事物流物联网示范工程建设为核心，加快形成全面感知、可靠物流、智能处理的“军事物流物联网”基本框架。

四、军事物流科学化管理扎实推进

科学化管理是军事物流保障工作的一个永恒主题。2012 年，大力推动了军事物流科学化管理。

一是健全规章制度。围绕贯彻落实总部关于军事物流规范化管理标准和考核办法、军事物流管理有关规章制度，各单位应制定出符合本单位实际、操作性强的配套性制度措施，如人员岗位责任、清仓查库、库房设备管理、仓库安全管理等制度措施，确保管理工作标准要求落到实处。

二是严格落实制度。坚持用制度管人、用制度管物、用制度管事，做到执行制度不打折扣，落实制度不搞变通，坚持常抓不懈、持之以恒，使法规制度变为广大官兵的自觉行动。绝不允许“上有政策，下有对策”，绝不允许有令不行，有禁不止。做到制度面前人人平等、遵守制度没有特权、执行制度没有例外。

三是强化检查监督。通过建立和完善检查监督机制来提高管理能力、管理质量。特别是军事物流单位领导干部，既要在落实制度上做表率，又要在检查监督中起带头作用，定期组织军事物流业务讲评，落实具体奖惩措施，以激发广大军事物流管理人员的事业心和责任感。

四是规范保障流程。在优化保障流程、完善配套建设的基础上，以战备储备物资管理为重点，探索军事物流规范化管理的新模式、新流程。一是坚持战斗力保障力标准，实现基数化储存。二是围绕提高快速收发能力，实现标准化包装。三是以自动识别技术为突破，实现信息化管理。四是着眼重大军事任务需要，实现野战化保障。

五、军事物流安全防护建设硕果累累

2012 年，我军有关部门和单位应进一步加强军事物流安全防护建设，强化综合防范能力。

一是加强了物防建设。按照军事物流设施安全建设相关标准要求，着力解决现有设施的防雷、防洪、防盗、消防和隐蔽伪装等方面所存在的问题，逐年安排有关单位改建或整修避雷针（线、带）、排水沟（渠、涵）、围墙（刺网）、库房门窗及锁具、消防管线、消防器材站，以及建筑物迷彩伪装等，使军事物流单位安防设施达到相关标准。

二是加强了技防建设。科学选配军事物流安防监控系统，充分运用视频监控、电子门禁、消防监控、温湿度监控、防雷系统、智能钥匙柜、电子巡更、电子围栏等先进技术手段，实现军事物流安全监控自动化和可视化，有效提高军事物流防护能力。

三是加强了人防建设。进一步健全军事物流安全管理规章制度，细化安全管理职责与分工，建立检查监督、责任追究、应急处置、安全评估等安全管理机制，实现人防、物防、技防的有机结合，切实提高军事物流安全防范系数，增强安全管理的主动权。

六、绿色军事物流建设发展迅猛

党的十八大报告提出，建设社会主义生态文明。2012 年，切实加强了生态文明宣传教育，增强了军事物流官兵的节约意识、环保意识和生态意识。

一是深入贯彻了节约资源和保护环境的基本国策。充分运用经济、法律和必要的行政手段，集约利用军事物流单位土地资源、设施资源和设备资源，减少资源浪费，推进节能减排，初步建立军事物流资源循环利用体系，推动军事物流资源利用方式根本转变，加强军事物流全过程节约管理，提高军事物流资源利用效率和效益。

二是全面推动了“绿色军事物流”建设。着力推进军事物流绿色发展、循环发展和低碳发展，推动资源节约型、环境友好型军事物流单位建设不断深入。

三是加强了军事物流单位生态环境保护。减少军事物流单位环境损害，提高军事物流单位森林覆盖率和绿色伪装水平，大大增强军事物流单位的生态系统稳定性，明显改善军事物流单位环境，提升军事物流官兵工作生活质量，推动形成人与自然和谐发展的现代化建设新格局。

七、军事物流理论研究百花齐放

随着现代军事物流体系建设的逐步深入，军事物流研究团队也飞速扩容。除了较早开展军事物流与军事仓储研究并取得丰硕研究成果的解放军后勤学院、后勤工程学院、军事经济学院、装甲兵工程学院以外，空军勤务学院、军事交通学院、解放军汽车士官学校、镇江船艇学院、军械工程学院、装备学院等也开始与本单位本部门实际相结合，结合各自优势，研究具有各自特色的军事物流。地方高校如中央财经大学国防经济与管理研究院军事物流与采购研究所、吉林大学军需科技学院国防经济与军事物流研究所也积极从地方的视角深入开展军事物流和军事仓储的研究工作，取得了一些研究成果。

军事物流仓储理论研究必须坚持实事求是，与时俱进，求真务实。今后一段时期，应加强以下重点问题的研究：军民融合的现代军事物流体系建设、军事供应链管理研究、军队应急物流建设、军事物流基地建设、应急投送保障基地建设、新型军事物流保障力量建设、智能化军事物流基地建设、军事物流信息化建设、军事物流信息系统建设、军事物流数据中心建设、军事物流标准化建设、后方仓库管理信息系统建设、军事物流物联网建设、军用物资编目系统建设、军事物流文化建设、绿色军事物流建设、军事物流动员、军队战略供应商管理、战略投送等。

2012 年 11 月，第四届军事物流与应急物流研讨会在武汉举办，20 多个军地单位的 160 余名专家学者参加了本次研讨会。军事物流与应急物流研讨会自 2009 年创办以来，已经连续举办了四届，逐步发展成为军队内部、军队与地方之间相互交流与学习的重要平台，在增进政府部门、军队单位、物流企业以及行业协会相互了解方面发挥了积极作用。

八、军事物流实战训练热潮涌现

党的十八大报告明确提出，要“深入开展信息化条件下军事训练，增强基于信息系统的体系作战能力”。加强基于信息系统的体系作战军事物流保障能力建设，已经成为今后一个时期军事物流建设发展的重心，也是当前军事物流建设的具体抓手。2012 年，持续兴起了大抓军事物流实战保障训练的热潮。

一是推动军事物流“实战化训练”。着眼“保打仗，保打赢”，训练要紧贴实战保障和实际工作要求，打仗需要什么，平时就训练什么，要广泛开展应急演练、模拟推演、网上对抗演习、基地化训练和军地联合演练，不断加大军事物流训练的难度、强度，研究探索成要素、成系统、实战化、连贯性训练模式，使军事物流训练紧贴实战、突出实战、服务实战，实现军事物流保障人员与保障装备的最佳结合，锻造军事物流核心保障能力。

二是着力优化军事物流训练内容体系。必须着眼体系作战军事物流保障能力生成需求，坚持战训一致、信息主导、创新发展、统放结合，不断细化、优化军事物流训练内容体系，使之更加符合信息化条件下军事物流的训练要求、更加体现时代特色、更加紧贴保障实际。

三是全面启动军事物流训练等级评定。实现军事物流训练考评抓手“从无到有”、考评体系“从分到统”、考评质量“从低到高”的实质性跨越。

四是加强军事物流训练的科技含量。综合采用各种科学技术，提高对军事物流的训练质量，磨炼军事物流人员完成多样化军事任务、军事物流保障的坚强意志，锻造强大的综合保障能力，不断加大科技因素对军事物流核心保障能力增长的贡献率，为完成各项保障任务打下坚实基础。

九、军事物流人才培养成果显著

党的十八大报告指出，要培养大批高素质军事人才，深入开展信息化条件下军事训练，增强基于信息系统的体系作战能力。2012 年，军队坚持把质量建设作为实现军事物流现代化的基本指导方针，坚定不移地实施科技兴物流发展战略。军队坚持把军事物流人才建设作为基础工程，大力造就具有奉献精神和创新精神的高素质新型军事物流人才。随着我军物流现代化水平的大幅跃升，对军事物流人员的思想观念、军事素质、知识结构、专业技术等方面的要求越来越高。军事物流系统专业分工细、行业门类多，需要一支懂业务、善管理的高素质人员队伍。加强军事物流教育是时代发展的必然要求，尤其在我军物流系统尚处于改革调整的关键阶段，更应加快军事物流人才的复合式培养。我军物流人才培养坚持院校教育与职业培训相结合，坚持军事物流专业的学员必须具有通军事、懂经济、善管理、强物流、精信息的复合式人才培养模式，毕业分配到部队的军事物流人才深受部队欢迎。

一是加强军事物流院校教育。根据2012年的情况统计，目前，主要由解放军后勤学院军事物流仓储教研室承担全军仓库主任班及军事物流指挥人员中短期轮训任务，后勤工程学院、军事经济学院、装甲兵工程学院、军事交通学院、空军勤务学院、镇江船艇学院承担军事物流生长干部培训任务，解放军后勤学院、后勤工程学院、军事经济学院、军事交通学院、装甲兵工程学院专设军事物流（含军事仓储）硕士专业，后勤学院招收军事物流专业博士研究生并设有军事物流博士后流动站。

二是加强军事物流社会培训。除了军事物流正规教育计划内培训任务以外，军队系统物流师及采购师培训考试工作蓬勃发展。自2003年开始，中国物流与采购联合会与全国物流标准化技术委员会授权后勤指挥学院军事物流工程实验室组织军队系统物流师职业资格认证工作，国家物流师职业资格认证军队分中心设在后勤学院军事物流工程实验室，从2007年下半年开始，军事物流工程实验室承担了军队采购师职业资格认证军队分中心的职责。按照国家物流师与采购师资格认证工作考培分离的总要求，现由后勤指挥学院军事物流工程实验室全面负责全军物流师与采购师的考试工作，截至2012年年底，后勤学院、后勤工程学院、军事经济学院、装甲兵工程学院、空军后勤学院、军事交通学院、车辆管理学院、军械工程学院、镇江舰艇学院九所院校负责军队物流师的培训工作，后勤学院、后勤工程学院、军事经济学院负责军队采购师的培训工作，形成独特的军队物流师与采购师培训考试体系，现一直保持较大的军队物流师与采购师培训规模（2012年参加物流师考试1000多人）和较高的物流师和采购师考试合格率（70%～80%）。今后应进一步完善军队物流师资格认证系统，实现军事物流及采购、运输、仓储人才的标准化认证，使我军物流人才培养走上规范化管理的轨道，为跃升我军物流核心保障能力提供强有力的人才支撑。

（龚卫锋　孙敏　解放军后勤学院　北京市投资促进局）

2012年中国生产资料市场

一、2012年生产资料流通行业运行基本特点

综合来看，2012年生产资料流通行业发展呈现三个突出特点。

（一）受大环境影响，行业发展整体减速

1. 生产资料市场流通规模增速回落

据中国物流信息中心统计，2012年1—11月，全社会生产资料销售总额按可比价计算，同比增长11.8%，增速较上年同期回落1.5个百分点。同期，全社会物流总额为163.4万亿元，按可比价格计算，同比增长9.7%，增幅较上年同期回落3.5个百分点。

2. 生产资料市场价格波动下行

2012年，由于我国生产资料需求增长减缓，市场价格下降。1—12月，生产资料市场综合平均价格比上年同期下降5.6%，比年初下降1.5%。从走势上看，全年曾出现两个回升阶段，分别是2—4月和9—10月，但因回升幅度较小，持续时间较为短暂，终未能扭转全年价格低迷态势。2012年1—11月我国生产资料市场价格走势如表1所示。2011—2012年我国各月生产资料价格总指数走势如图1所示。

表1　　2012年1—11月我国生产资料市场价格走势

指标	年份	1月	2月	3月	4月	5月	6月	7月	8月	9月	10月	11月	12月
环比	2010	2.8	−0.3	1.5	3.2	−0.7	−2.6	−1.3	1.8	1.3	1.7	2.4	1.4
	2011	0.9	1.9	0.8	1.4	0.6	−0.4	−0.1	0.2	−0.5	−2.3	−1.3	−0.9
	2012	−0.6	0.8	0.6	0.4	−1.2	−2.5	−1.9	−1.0	0.2	0.7	−0.4	−0.3
同比	2010	17.0	16.5	20.0	19.3	16.7	11.4	7.7	6.1	9.5	12.3	12.9	11.6
	2011	9.6	12.4	11.4	9.5	10.9	13.5	14.8	13.0	11.0	6.7	2.8	0.5
	2012	−1.2	−2.1	−2.4	−3.4	−5.1	−7.1	−8.8	−9.7	−9.0	−6.4	−5.6	−5.0

续 表

指标	年份	1月	2月	3月	4月	5月	6月	7月	8月	9月	10月	11月	12月
累计同比	2010	17.0	16.8	17.7	17.8	17.5	16.3	14.9	13.6	13.1	12.9	12.9	12.7
	2011	9.6	11.1	11.2	10.7	10.7	11.1	11.6	11.8	11.7	11.1	10.3	9.4
	2012	-1.2	-1.7	-1.9	-2.3	-2.9	-3.6	-4.4	-5.1	-5.5	-5.6	-5.7	-5.6
累计比年初	2012	0.8	1.3	1.6	1.9	1.8	1.3	0.3	-0.3	-0.7	-1.0	-1.3	-1.5

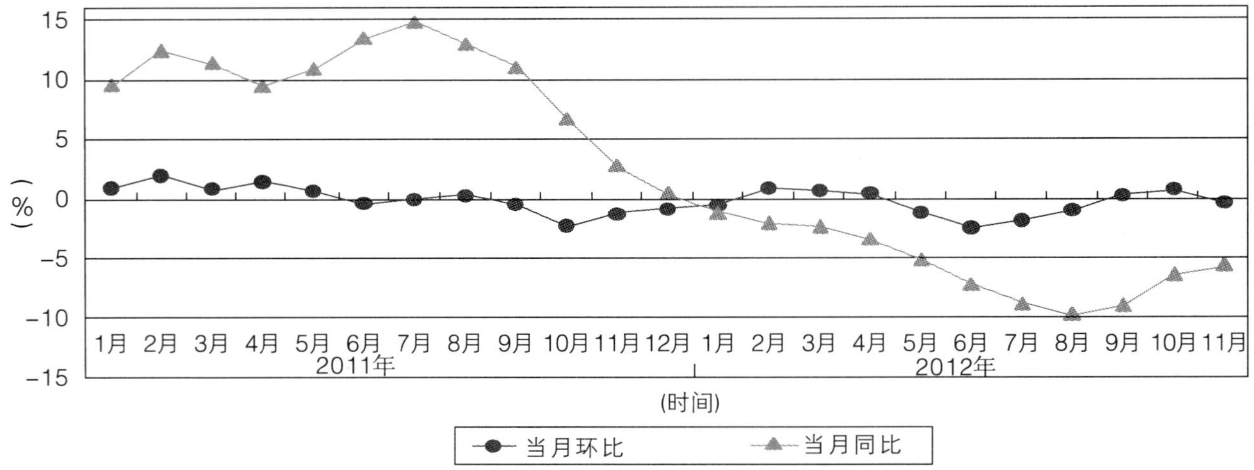

图1 2011—2012 年我国各月生产资料价格总指数走势

3. 企业效益下降

2012 年 1—11 月，重点联系的生产资料流通企业利润总额同比下降 20.8%，销售利润率下降到 1.63%，比上年同期下降了 0.6 个百分点；重点联系的物流企业主营业务利润同比增长 6.8%，主营业务收入利润率为 4.72%，扣除港口企业后利润率为 3.71%，比上年同期下降 0.7 个百分点。

（二）四季度以来行业发展态势企稳回升

从发展趋势来看，1—8 月增速呈持续平稳回落；9 月以后呈现稳步小幅回升。回升具体表现在以下三个方面。

一是市场需求回升。1—11 月，30 种主要生产资料总需求增长 5.2%，增幅较上月提高 1 个百分点。其中，国内需求增长 4.9%，提高 0.6 个百分点。当月全社会生产资料销售总额，9 月以来，增速平稳回升。按可比价计算，9 月、10 月、11 月 3 个月增速分别为 12.9%、13.6% 和 14.3%，每月提升 0.7 个百分点。

二是物流业景气指数明显回升，显示供应链经济活动趋于活跃。据中国物流信息中心统计调查，12 月物流业景气指数达到 53.3%，连续四个月回升（见图 2）。物流业联系生产和消费，其景气指数回升，反映出供应链上的经济活动趋于活跃。

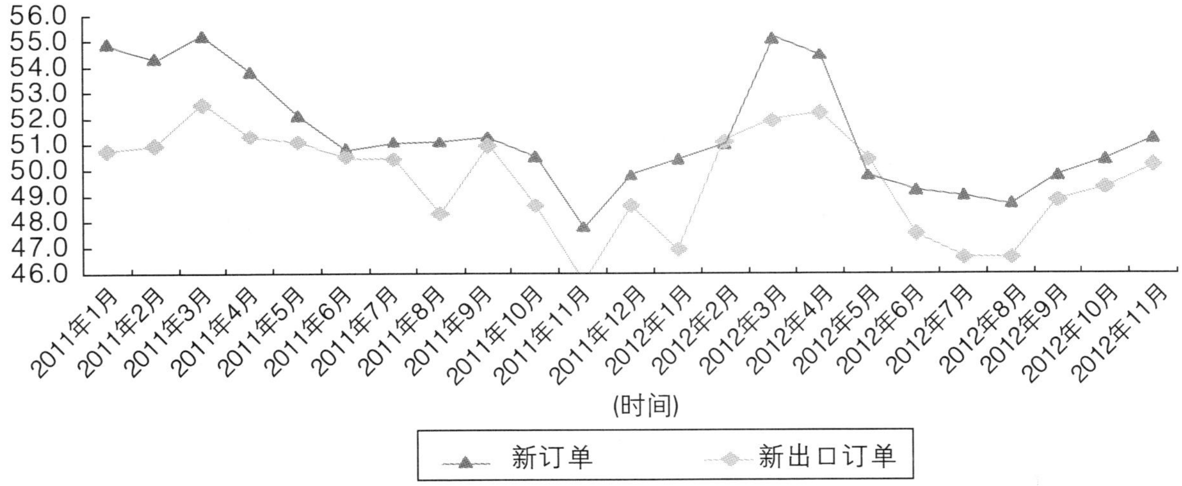

图2　2011 年以来中国制造业生产新订单指数和新出口订单指数走势

三是伴随着需求回升，市场供需关系有所改善。首先是市场供需差率缩小。重点监测的30 种主要生产资料供需差率，从 9 月以来回落到 3% 以内，基本保持稳定，处在较为合理的水平。上半年除了 1 月以外均处在 4% 以上，如表 2 所示。其次是社会库存下降。一方面，工业企业产销率连续回升，制造业产成品库存整体上呈下降趋势。制造业产成品库存指数自 7 月以来，连续 5 个月位于 50% 以下（见图 3）。另一方面，流通环节由于价格持续下跌，商家补库动力不强，库存水平也处在低位。整体上看，全社会库存压力减轻。

表 2　　2012 年 1—11 月我国 30 种主要生产资料供需差率分月情况

月份	供需差率（%）	同比变化（±%）
1	3. 5	0. 1
2	4. 6	-0. 4
3	4. 3	0. 8
4	4. 2	2. 1
5	4. 2	1. 9
6	4. 0	2. 1
7	3. 3	1. 1
8	3. 3	1. 3
9	2. 9	0. 8
10	2. 8	0. 6
11	2. 8	0. 6

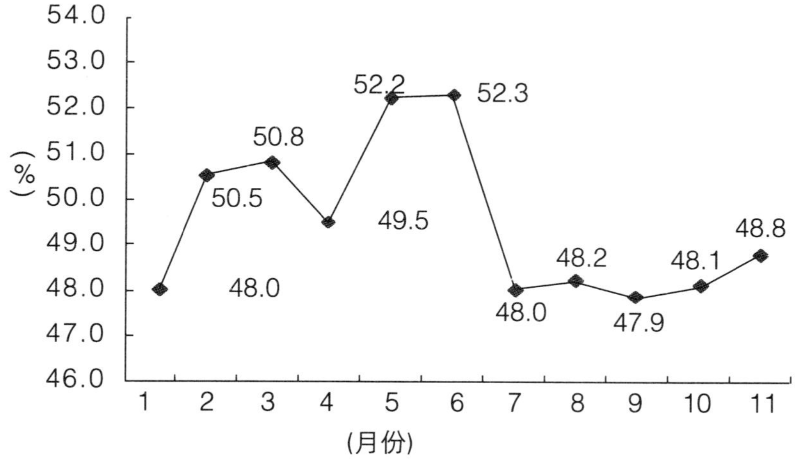

图3 2012 年 1—11 月产成品库存指数走势

（三）生产资料流通行业发展的亮点

1. 生产资料流通企业加快经营模式创新，积极谋求转型升级

2012 年我国生产资料市场环境趋紧，已经形成一种有力的倒逼机制，推动企业谋求转型、通过创新经营模式开辟新的利润源泉。

一是拓展产业链，实现上下游延伸。根据对上海百联集团的调研，在当前钢材市场较为严峻的背景下，上海百联集团充分发挥自己的资金和信誉优势，和产业链上游成立合资公司，实现上控资源，同时强化下游销售网络，获得可观利润，弥补了传统钢铁贸易环节导致的亏损。

二是加大投入，向现代经营模式转型。由于传统贸易逐渐失去生存空间，部分生产资料流通企业谋求向现代经营模式转型。以上海百联集团黑色金属股份公司为例，目前，该公司已经开始部署建立钢材加工服务中心，该中心集加工配送、物流、传统贸易、组织贸易、金融服务、其他信息支持六大功能于一体，将现代物流、商流、资金流和信息流有机融合在一起。在这种模式下，企业的增值服务提供能力、抗市场风险能力大大提高，将逐步取代传统的经营模式而居主导地位，同时也将是企业新的利润源泉。

2. 在物流行业发展整体减速背景下，民生物流发展势头良好

2012 年受电子商务、网购、快递市场活跃推动，民生物流呈现快速发展势头。1—11 月，单位与居民物品物流总额同比增长 19.8%，增幅明显高出社会物流总额整体水平。据重点物流企业反映，虽然受经济下行影响整体业务呈收缩态势，但与民生相关的快递、日化、医疗等部分业务仍保持较快增长，对经营收入贡献增加。民生物流发展势头良好，反映出我国具有较强的社会消费增长潜力。

二、经济运行中值得关注的问题

从生产资料流通行业角度来看，虽然 2012 年四季度经济运行呈现企稳向好、温和回升的基本特征，但仍存在不确定、不稳定性因素，这方面值得关注。

一是经济运行的物流成本高、效率低。2012 年 1—11 月，社会物流总费用 7.2 万亿元，同比增长 11.9%，增幅比同期社会物流总

额高 2.2 个百分点，显示物流成本增长较快。从效率来看，2011 年，我国工业企业产品库存率约为 10%，远高于德国和日本等发达国家 5% 的水平；我国工业企业流动资产周转次数为 2.9 次，远低于德国和日本 9 ~ 10 次的水平，反映出宏观层面上我国经济运行效率较低，微观层面上企业赢利能力较弱，缺乏国际竞争力。

二是在经济发展由高速度向高效率转变过程中，企业创新转型缓慢。现在大多数企业都是传统经营模式，主要靠规模扩张赢得效益。经济增速回落，企业面临的压力增加，效益普遍下滑。这在我们流通行业反映尤为突出。这主要是因为多数生产资料流通企业仍然停留在“一买一卖”传统贸易方式上，创新不足，转型缓慢。从物流企业来看，统计数据显示效益似乎好一些，但主要受两个方面支撑：一是港口利润较高；二是快递、快运发展较快。抛开这两个方面来看，物流行业中更多的是传统型物流企业，在劳动力成本和财务成本大幅上升的背景下，赢利能力微弱。

三是小企业发展较为困难，社会就业吸纳能力减弱。2012 年 9 月以来，虽然大企业经营形式连续好转，但小企业经营仍无起色，其 PMI 指数自 4 月以来一直处在 50% 以下，如图 4 所示。中小企业对吸纳社会就业贡献较大，小企业发展不景气将直接影响社会就业水平。

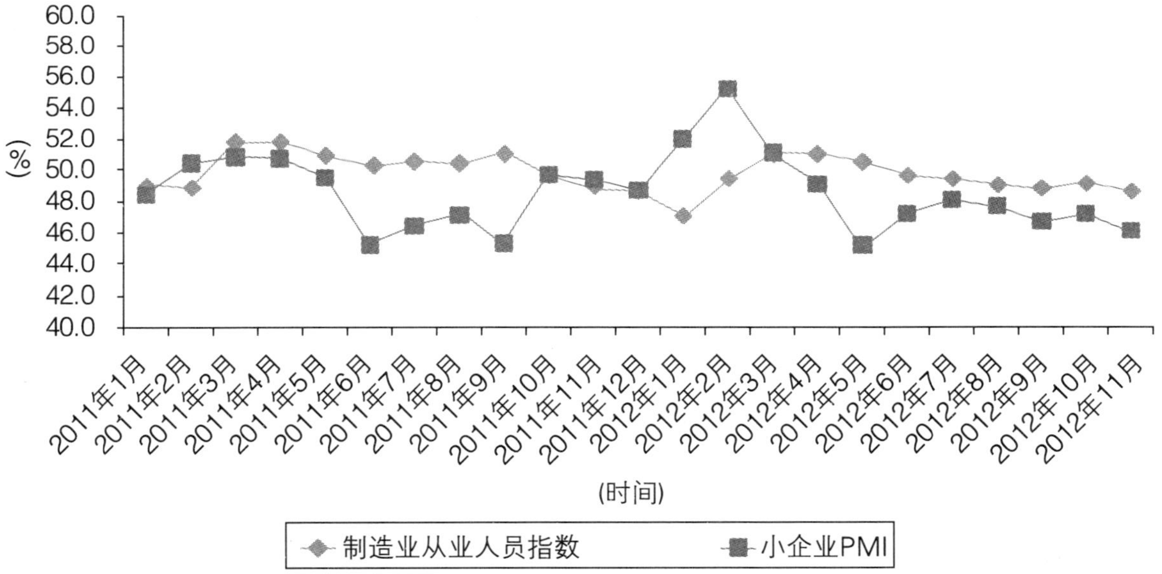

图 4　2011 年以来制造业从业人员指数与小企业 PMI 走势

四是城市物流发展滞后成为城镇化进程的瓶颈制约因素。

首先，城市物流的基础设施建设不足。一方面，城市周边仓库、货场供给不足，导致租金不断提高，增加了物流成本，仓储成本占整个物流成本达到 35% 左右；另一方面，城市规划与城市物流发展不协调。城市物流规划与城外物流基础设施之间不衔接，进城的货物需要在多个批发市场中转、物流环节被人为地加长，城市物流费用加倍上升。其次，物流信息建设滞后，导致城市配送效率低下。信息系统不完善，公共信息平台建设滞后，信息共享机制匮乏，信息孤岛问题突出，导致物流车辆空驶率高，物流资源非优化配置现象普遍。最后，城市管理方式与物流发展不协调。对城市物流的管理通常采取事后围追堵截的方式。调研发现，与民生密切相关的配送车辆不能合法进城通行、停靠和装卸作业，随时面临违规罚款的风险，名目繁多的罚款、检查和不当收费已成为加大物流费用的主要推手。

当前，我国已经把城镇化建设作为拉动内需和带动经济增长的一个重要引擎，但城市物流以及相应物流基础设施发展的滞后，将直接制约着城镇化进程以及城镇化带动经济发展的效能。

（中国物流信息中心）

2012年中国水泥市场

2012年对水泥行业来说，虽然水泥总产量继续增长，但增速已经从2011年的13%下滑至5.74%，全年水泥产量为22.1亿吨，水泥行业告别了生产高速增长时期，进入到平稳低速增长期。2012年，在固定资产投资增长速度放缓导致水泥需求增长速度明显下降，行业新增产能集中释放造成产能过剩进一步加剧的背景下，水泥行业效益和价格滑入低谷，全年行业利润下滑至32.8%。总体来看，2012年水泥行业经济效益比2011年有较大下滑，但行业利润总额依旧处于历史较高位为657亿元。全国散装水泥市场供应量持续增长，但增长速度有所回落。

一、2012年我国水泥市场发展情况

（一）水泥产量低速增长，熟料产量与上年基本持平

2012年，我国累计完成水泥供应量达22.1亿吨，同比增长5.74%，虽然呈现21世纪以来少有的低速增长，但由于基数较大，绝对增量比上年依旧增长超过1亿吨水泥（见图1）。

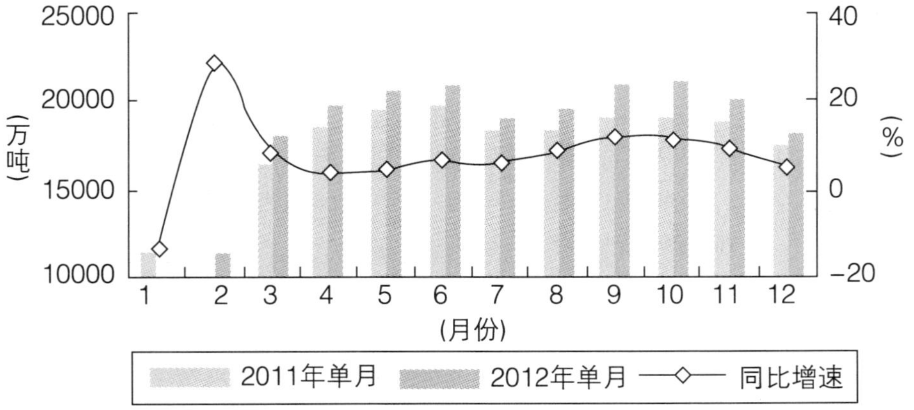

图1　2011年和2012年我国月度水泥产量及增速

来自国家统计局的数据表明，2012 年我国规模以上水泥生产企业熟料产量为 12.79 亿吨，同比增长 1.04%，与上年基本持平。根据中国水泥协会的统计，2012 年行业企业新增水泥熟料产能 1.6 亿吨，在熟料产能明显大幅度增长的情况下，熟料产量却没有增长，并且在 1 月、2 月、8 月和 12 月，4 个月均比上年同期明显下降，如图 2 所示。这说明 2012 年水泥行业窑运转率进一步下降，产能过剩加剧，停窑限产在多数地区已经成为一种常态。

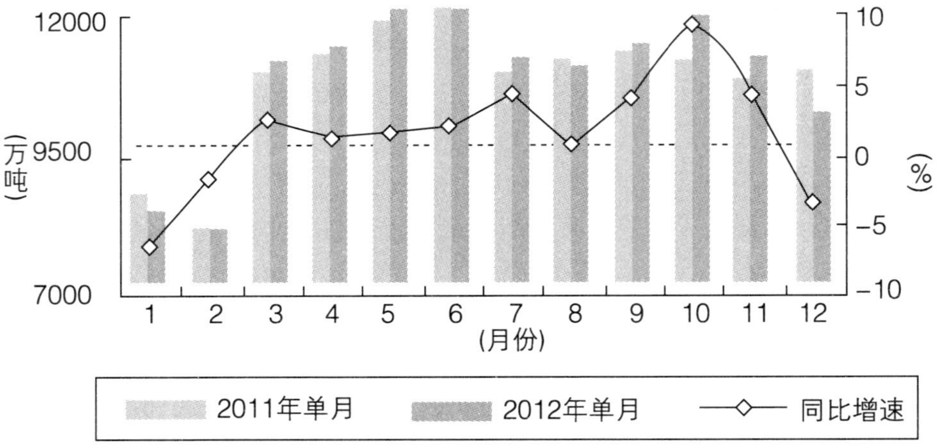

图 2　2011 年和 2012 年我国月度熟料产量及增速

（二）经济效益比 2011 年明显下滑，但效益位居历史第三

2012 年，我国水泥行业实现销售收入 8833 亿元，同比增长 0.06%，与上年基本持平。销售收入增长明显低于产量增长，说明 2012 年水泥价格水平低于上年。

从六大区域看，东北、西北、西南和中南四个区域的销售收入保持增长态势。其中，东北区域的销售收入增长最快在 10% 以上；其次是西北、西南和中南区域，销售收入增长分别为 8.95%、7.04% 和 0.09%；东北区域在产量负增长的情况下，销售收入保持了 10% 的增长，说明东北区域的价格水平好于 2011 年。西北和西南区域虽然销售收入也有明显增长，但低于产量增长，说明其销售收入增长是依靠量的增长实现的。华东和华北区域销售收入为负增长，更说明该地区价格处于低水平（见图 3）。

2012 年，我国水泥行业实现利润总额 657 亿元，低于 2011 年和 2010 年，位居历史第三位，同比增长下降 32.81%，下滑幅度仅次于 2005 年，位居历史第二位（见图 4）。

分区域看，除东北区域的利润总额略有增长外，其余区域均大幅下滑。其中，华北、西北和华东区域下滑幅度最大均超过 40%。华东和中南区域仍是利润贡献大区，利润总额分别为 258 亿元和 192 亿元，合计约占全国利润总额的 70%（见图 5）。

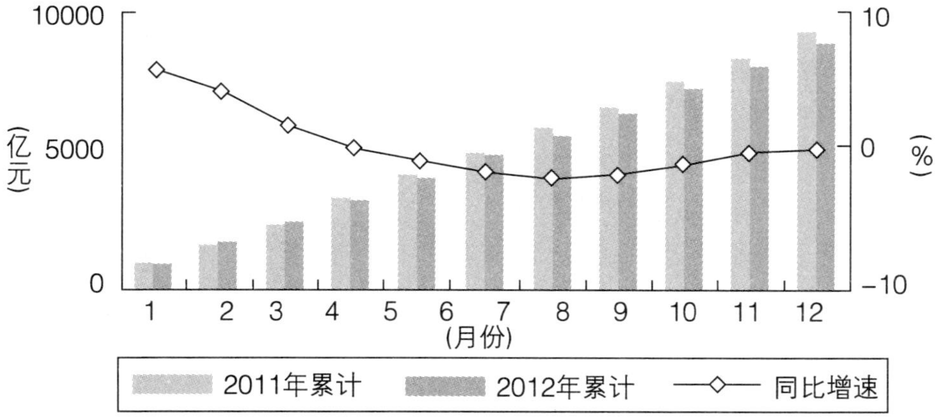

图3　2011 年和2012 年我国水泥行业销售收入及增速

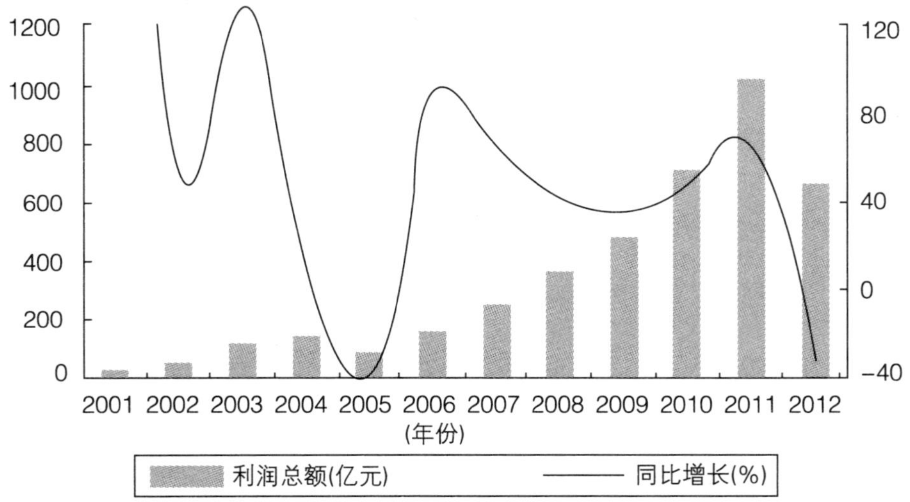

图4　2001—2012 年我国水泥行业利润增长走势

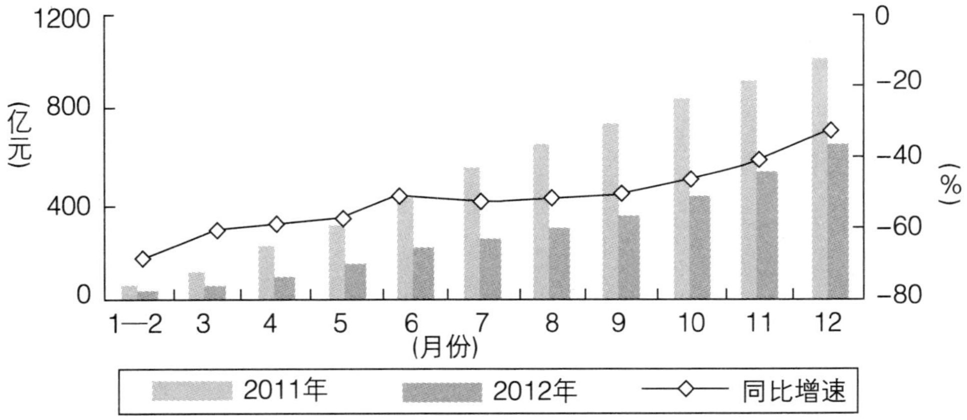

图5　2011 年和2012 年我国水泥行业利润总额及增速

分省区看，全国 31 个省区有 24 个省区同比上年下降，仅 7 个省区同比上年增长。重庆市、青海省和北京市进入全行业亏损行列。山东省表现稳健，以 82 亿元位居各省区排名第一位；其次是河南省和江苏省，分别以 64 亿元和 51 亿元位居各省区排名第二位和第三位。与 2011 年相比，利润损失最大的省是安徽省和浙江省，安徽省从 2011 年利润第一位下滑至第四位，浙江省从 2011 年利润第三位下滑至第九位，两个省的利润比 2011 年分别减少 67 亿元和 53 亿元，合计减少超过 120 亿元 。

吉林省和黑龙江省罕见进入利润排名前十，尤其黑龙江省利润在正增长区。

（三）水泥价格 8 月历史低点，四季度回升

2012 年，我国水泥整体平均价格低于 2011 年、2010 年和 2009 年，与 2008 年基本持平（见图 6）。

从 2012 年 1 月开始，全国水泥价格连续 9 个月呈下滑态势，到 8 月已经接近 10 年来历史低点，全国大部分区域进入到亏损和微利阶段。9 月以后水泥价格明显复苏回升，但经历 11 周上涨后，整体价格水平依旧较低。

分区域看，东北区域是六大区域中价格最高的地区，西南区域为价格最低的地区（见图 7）。

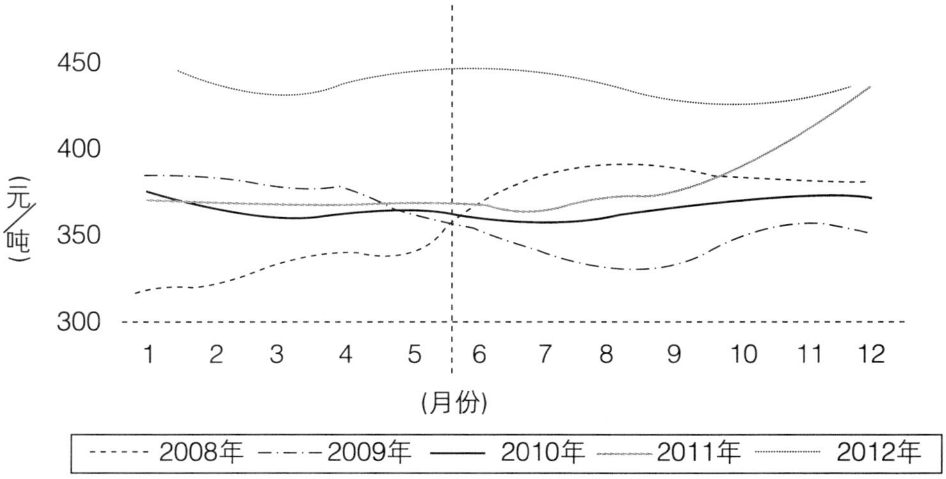

图 6　2008—2012 年我国散水泥月度价格走势

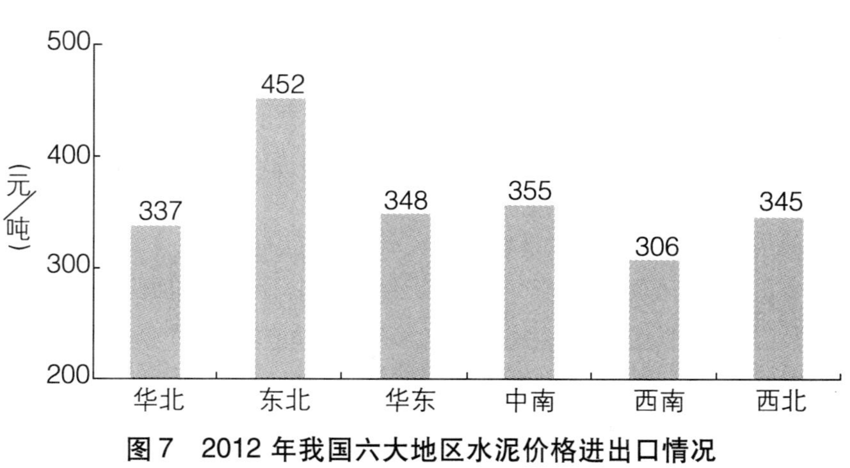

图 7　2012 年我国六大地区水泥价格进出口情况

2012年，我国水泥出口市场相比上年表现有所好转，水泥和熟料共计出口量为1200万吨，同比增长13.18%。其中，水泥出口量为924万吨，同比增长5.02%；熟料出口量为275万吨，同比增长52.16%。熟料出口虽然涨幅较大，但价格已经有所下降。

二、2012年我国散装水泥市场

（一）散装水泥市场总体情况

2012年，我国散装水泥累计供应量为118129.94万吨。其中，大中型水泥企业散装水泥供应量为98323.45万吨，占总量的83.23%，年增长量为11375.99万吨，比上年增长16948.12万吨、减少5572.13万吨（见图8）；年增长率为10.66%，增长速度比上年的18.87%回落8.21个百分点。散装水泥增长速度快于水泥增长速度4.82个百分点，散装水泥年增长量已接近水泥年增长量（见图9）。

2012年，我国平均水泥散装率达到54.14%，比上年年末51.78%提高2.36个百分点。

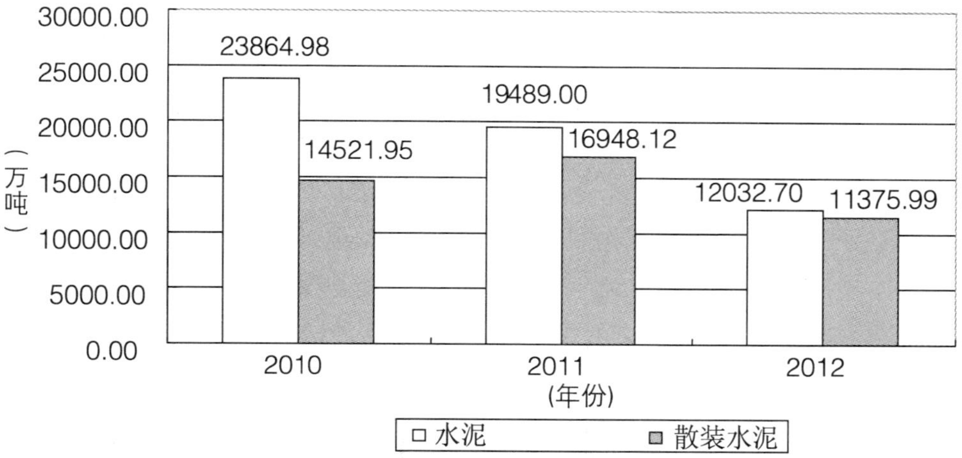

图8　2010—2012年我国水泥、散装水泥同比增长量

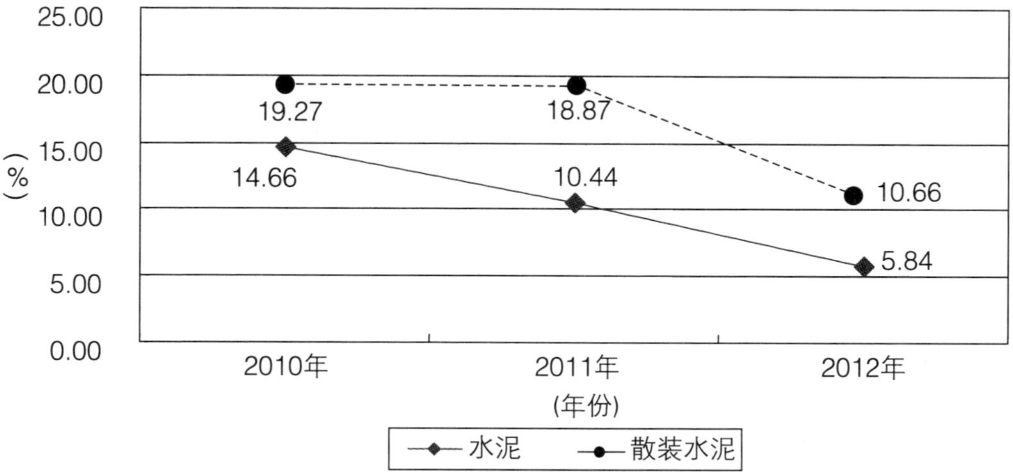

图9　2010—2012年我国水泥、散装水泥同比增长情况

（二）我国区域（三部区、六地区）市场情况

1. 我国中、东、西部地区散装水泥市场供应增长率较上年有所减缓，中部地区市场供应略好于东、西部

2012年，我国东、中、西三区散装水泥年供应增长率分别比上年下滑8.43个、7.00个和9.89个百分点；散装水泥年供应增长量分别减少3382.25万吨、706.23万吨和1483.65万吨。虽然三部区市场供应增长率较减缓，但中部地区的散装水泥市场年增长量还是较突出的，年增长率下滑点也最小，市场供应情况优于东和西部区（详见图10、图11和表1）。

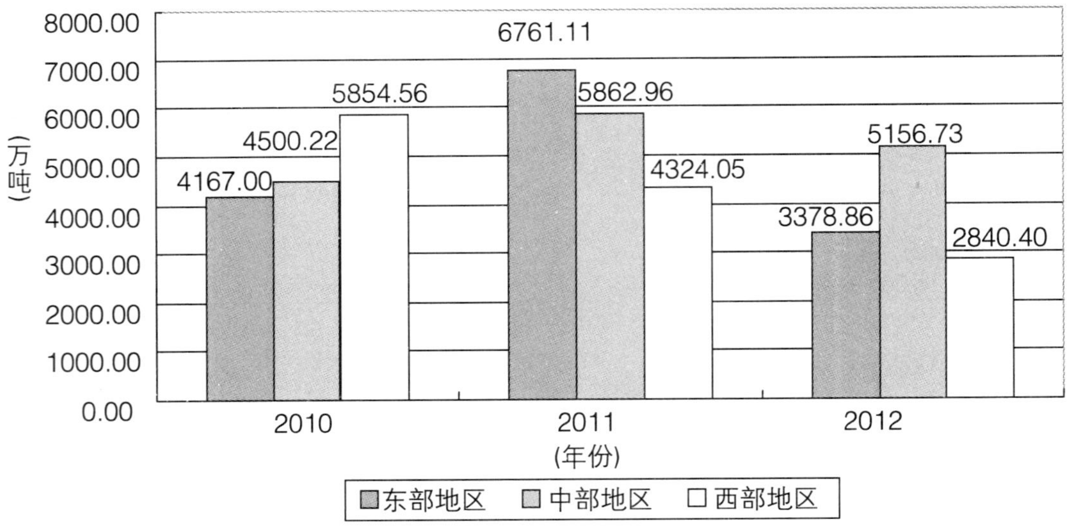

图10　2010—2012年我国中、东、西三区域散装水泥年增长量比

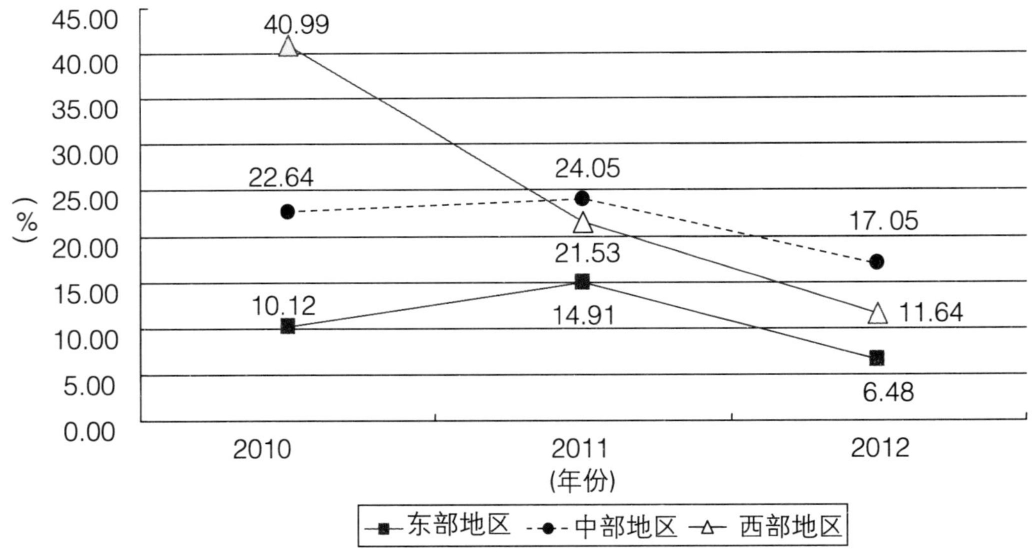

图11　2010—2012年我国东、中、西部地区散装水泥年增长率对比情况

表 1　　2012 年我国东、中、西三地区水泥、散装水泥发展情况对比

地区	水泥产量（万吨）	水泥同比增长量（万吨）	水泥同比增长（%）	散装水泥供应量（万吨）	同比增长量（万吨）	同比增长率（%）	上年同期增长率（%）	占全国比重（%）	上年占全国比重（%）	散装率（%）	上年同期散装率（%）	散装同比提高点
全国	218213.0	12032.7	5.84	118129.94	11375.99	10.66	18.87	100.00	100.00	54.14	51.78	2.36
东部地区	85023.0	37.4	0.04	55489.43	3378.86	6.48	14.91	46.97	48.81	65.26	61.32	3.94
中部地区	66548.0	5953.3	9.82	35394.86	5156.73	17.05	24.05	29.96	28.33	53.19	49.90	3.29
西部地区	66642.0	6042.0	9.97	27245.65	2840.40	11.64	21.53	23.07	22.86	40.88	40.27	0.61

表 2　　2012 年我国六地区水泥、散装水泥发展情况对比

地区	水泥产量（万吨）	水泥同比增长量（万吨）	水泥同比增长率（%）	散装水泥供应量（万吨）	同比增长量（万吨）	同比增长率（%）	上年同期增长率（%）	占全国比重（%）	上年占全国比重（%）	散装率（%）	上年同期散装率（%）	散装率同比提高点
全国	218213.0	12032.7	5.84	118129.94	11375.99	10.66	18.87	100.00	100.00	54.14	51.78	2.36
华北地区	25122.9	−925.5	−3.55	13681.15	1276.17	10.29	28.04	11.58	11.62	54.46	47.62	6.84
东北地区	13740.8	−384.5	−2.72	6698.64	404.05	6.42	26.35	5.67	5.90	48.75	44.56	4.19
华东地区	70016.7	4566.1	6.98	47395.45	4161.76	9.63	14.01	40.12	40.50	67.69	66.06	1.63
中南地区	58426.8	3434.2	6.24	29780.37	2936.17	10.94	19.16	25.21	25.15	50.97	48.81	2.16
西南地区	32735.9	1842.0	5.96	13077.07	1137.97	9.53	23.28	11.07	11.18	39.95	38.65	1.30
西北地区	18169.9	3500.4	23.86	7497.26	1459.87	24.18	20.69	6.35	5.65	41.26	41.16	0.10

2. 六地区中西北地区散装水泥市场供应年增长量、率同比提高

从六地区散装水泥发展情况看，只有西北地区散装水泥年供应增长量率比上年有所提高。同比增长量为 1459. 87 万吨，比上年增加 424. 83 万吨；同比增长率为 24. 18%，比上年提高 3. 49 个百分点。其余五个地区散装水泥量虽持续增长，但增速均有所减缓。尤其东北、华北、西南三个地区的回落点已达到两位数字（见图 12 和表 2）。

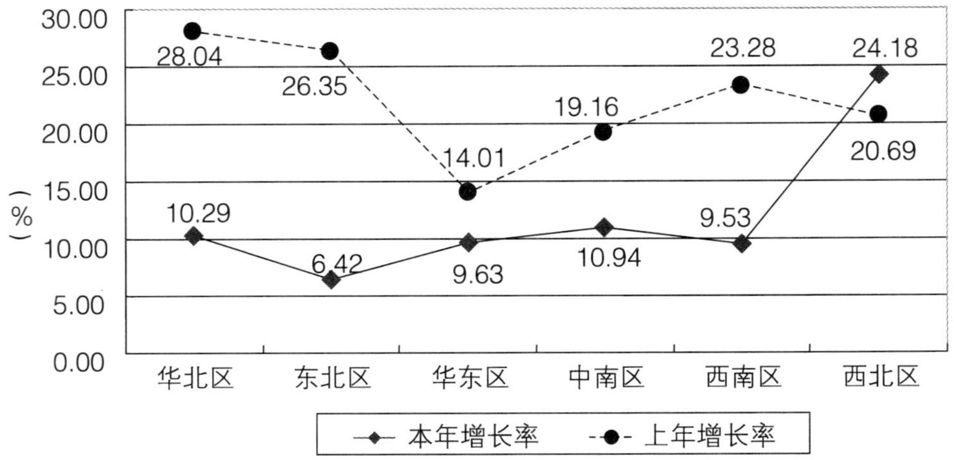

图 12　2012 年我国六地区散装水泥增长率同比情况

3. 农村散装水泥市场情况

2012 年年末，我国农村有散装水泥销售点达 7290 个，其中，水泥生产企业建点 4425 个，其他投资建点 2865 个，同比增加 346 个，同比增长 4. 98%；东部地区有散装水泥销售点 2831 个、中部地区 3558 个、西部地区 901 个，同比分别增加 12 个、265 个和 69 个。农村散装水泥销售点全年销售散装水泥 17806. 47 万吨，同比增加 3809. 24 万吨、增长 27. 21%。

2012 年，我国农村散装水泥使用量为 24868. 56 万吨（其中，农村预拌混凝土使用 9017. 9 万吨，水泥制品使用 5007. 27 万吨），同比增加 3508. 86 万吨、增长 16. 43%，占全国散装水泥使用量（108578. 41 万吨）的比重由上年的 21. 6% 提高到 22. 9%。农村散装水泥使用率为 38. 76%，同比提高 1. 91 个百分点。

4. 散装水泥物流设施装备情况

2012 年年末，我国拥有散装水泥发放库 17070 个，同比增加 849 个、增长 5. 23%，库容量为 4453. 06 万吨，同比增加了 507. 15 万吨、增长 12. 85%；拥有中转库 1952 个，当年增加 68 个、增长 3. 61%，库容量 398. 28 万吨，同比增加 40. 15 万吨、增长 11. 21%；拥有固定接收库 27019 个，同比增加 2349 个、增长 9. 52%，库容量为 1215. 05 万吨，比上年年末增加 307. 77 万吨、增长 33. 92%。

2012 年年末，我国拥有散装水泥专用汽车 43841 辆，当年增加 1825 辆、增长 4. 34%；装载量 142. 73 万吨，同比增加 8. 6 万吨、增长 6. 41%；拥有散装水泥罐 106190 个（其中农村拥有量为 29442 个），装载量为 404. 64 万吨，同比增加 7. 45 万吨、增长 1. 88%；拥有散装水泥专用运输船 1882 艘，当年增加 24 艘，同比增长 1. 29%，装载量为 181. 52 万吨，同比增加 4. 25 万吨、增长 2. 4%；拥有铁路散装水

泥运输专用罐车4955节（其中自备车997节，路用车3958节）同比减少161节（其中自备车同比增加90节，路用车减少251节）。另据铁路有关部门统计，2012年年末我国有铁路散装水泥运输集装箱3060只，全年运输量达125.12万吨，比上年同期减少57.94万吨，运输量下降30.85%。

5. 全国散装水泥消费基本情况

2012年，我国散装水泥使用量为108578.41万吨，同比增加9683.28万吨、增长9.79%。其中，生产预拌混凝土使用量为52833.95万吨，同比增加7504.25万吨、增长16.55%；生产预拌砂浆用560.92万吨，同比增加172.28万吨、增长44.33%；生产水泥制品用18065.18万吨，同比增加3544.53万吨、增长24.41%；分散用户使用量为37118.36万吨，同比减少1537.78万吨（见图13）。

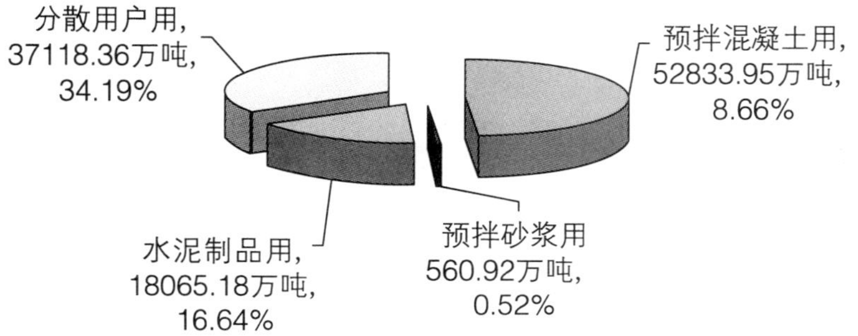

图13 2012年我国散装水泥使用量情况

在散装水泥使用总量中，东部地区为52304.22万吨，同比增加2937.87万吨、增长5.95%；中部地区为32172.96万吨，增加4524.54万吨、增长16.36%；西部地区为24101.23万吨，增加2220.87万吨、增长10.15%（见图14）。各区增长量分别占增长总量9683.28的30.34%、46.73%、22.93%。

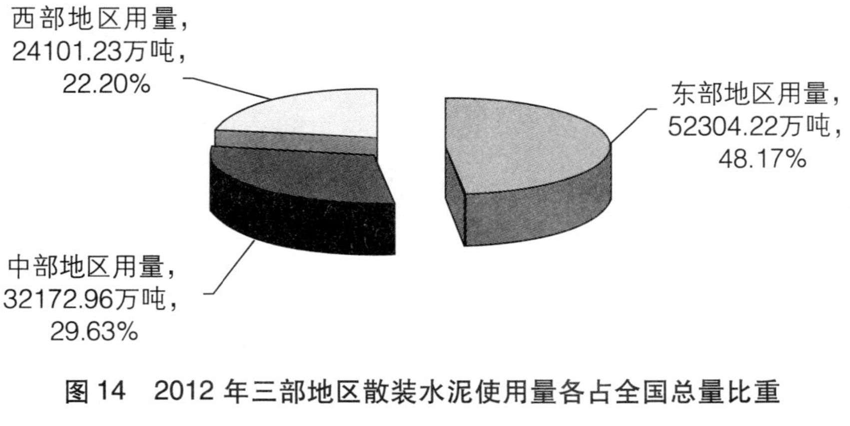

图14 2012年三部地区散装水泥使用量各占全国总量比重

（武美燕 中国散装水泥推广发展协会）

2012 年中国木材与木制品市场

2012 年，中国经济下行压力加大，国内经济发展放缓；同时，国际金融危机深层次影响继续显现，特别是欧洲主权债务危机深化、蔓延，世界经济复苏明显减速，国际市场需求下滑。面对复杂严峻的内外部环境，全年我国木材与木制品行业积极调整产业结构、加快转变发展方式、努力开拓新兴市场，各项经济指标达到稳中有进，发展趋势向好。其中，进出口贸易基本稳定，木制品出口继续增长，库存回落，总体价格稳中有降。

一、2012 年我国木材与木制品市场发展情况

1. 行业生产形势良好

2012 年，在欧美经济疲弱、国内房地产调控以及要素成本不断上涨等多重因素作用下，我国木材与木制品行业在生产方面整体仍然呈向好发展趋势。

据国家林业局统计数据显示，2012 年我国国内商品木材产量为 8174. 87 万立方米，与 2011 年基本持平。人造板行业产量较快增长，但增速低于往年，全年累计生产人造板 22335. 79 万立方米，同比增长 6. 77%，增速比上年下降 29. 42 个百分点。其中，胶合板同比增长 11. 26%，增速比上年下降 27 个百分点；纤维板同比增长 4. 28%，增速比上年下降 23. 45 个百分点；刨花板下降 8. 2%，增速比上年下降 110. 65 个百分点；其他人造板同比增长 9. 44%，增速比上年下降 3. 08 个百分点。受国际市场萎缩和国内房地产调控影响，人造板下游产业放慢了发展速度，全年生产木家具 2. 39 亿件，同比 2011 年减少 2. 14%。据不完全统计，2012 年我国地板产销量约 3. 77 亿平方米，同比下降约 5 个百分点，这是继 2008 年我国地板行业产量销量出现首次下滑后的第三次下降；据中国木材与木制品流通协会初步统计，2012 年我国木门产值为 940 亿元，同比增长 6. 82%，增速比上年下降近 10 个百分点。2011—2012 年我国主要木材与木制品产量统计情况如表 1 所示。

表1　　2011—2012年我国主要木材与木制品产量

名　称	单　位	2011年	2012年	同比增长（%）
木材	万立方米	8145.92	8174.87	0.36
人造板	万立方米	20919.29	22335.79	6.77
其中：胶合板	万立方米	9869.63	10981.17	11.26
刨花板	万立方米	2559.39	2349.55	-8.20
纤维板	万立方米	5562.00	5800.35	4.28
其他人造板	万立方米	2928.15	3204.71	9.44
木家具	亿件	2.44	2.39	-2.14
木门	亿元	880.00	940	6.82
木地板	亿平方米	3.97	3.77	-5.04
其中：强化木地板	亿平方米	2.35	2.11	-10.21
实木复合地板	万平方米	9070.00	8600	-5.18
实木地板	万平方米	4260.00	4170	-2.11
竹地板	万平方米	2510.00	2500	-0.40
其他地板	万平方米	323.00	350	8.36
纸及纸板	万吨	10869.57	11375	4.65

2. 市场消费总体下降

我国是木材与木制品生产和消费大国。2012年，就表观消费量（表观消费量＝产量＋进口量－出口量）而言，我国原木消费量小幅下降3.4%；在主要木制品中，人造板和木门仍有小幅度增长，其中胶合板增幅最大，为11.9%；木家具、木地板、刨花板等木制品均呈不同程度下降，其中木家具降幅达12.3%（详见表2）。

表2　　2011—2012年我国主要木材与木制品市场消费情况

名　称	单　位	2011年	2012年	同比增长（%）
原木	万立方米	11680.8	11283.3	-3.4
人造板	万立方米	16905.3	17987.4	6.4
其中：胶合板	万立方米	8931.2	9995.8	11.9
纤维板	万立方米	5391.5	5620.5	4.2

续　表

名　称	单　位	2011 年	2012 年	同比增长（%）
刨花板	万立方米	2582.5	2371.2	-8.2
木家具	万件	5065.5	4440.3	-12.3
木门	亿元	842.6	901.3	6.9
木地板	亿平方米	3.3	3.1	-6.7

3. 市场价格在缓降中回升

如图 1 所示，2012 年我国木材市场价格整体缓缓下滑，但从第四季度开始小幅回升，从年初至年末价格上涨 4.4%。前三季度，国内木材市场持续低迷，市场存在着供应过剩、需求不足、交易平淡的窘境，木材市场一直处于消化库存的过程中，各品种的价格也不断下跌或相对稳定，仅有少部分品种价格由于货源紧张而上升。第四季度国内经济企稳回升，但由于市场短期信心偏弱，木材贸易商和加工户态度谨慎，木材市场行情没有出现大幅增长。四季度因国外木材价格上涨、货源略显紧张，港口木材货船到港数量减少，主要货场库存都创下了阶段性新低，因此，国内市场价格也相应出现了上涨行情。

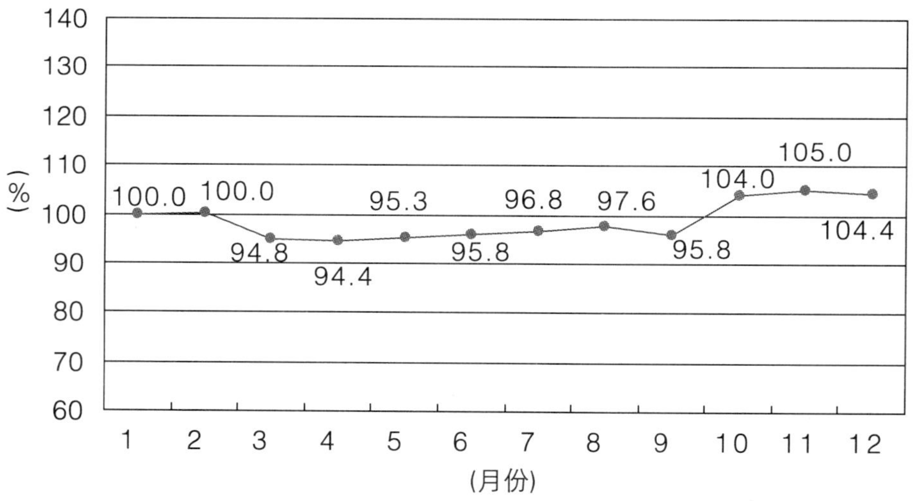

图 1　2012 年中国木材市场价格综合指数

二、2012 年我国木材与木制品进出口贸易情况

2012 年，国际市场需求萎缩、政治经济环境复杂多变，我国木材与木制品外贸规模仍然保持了平稳发展态势。其中，进口贸易回落，出口贸易小幅增长。2007—2012 年我国木材与木制品进出口贸易额变化情况详见图 2。

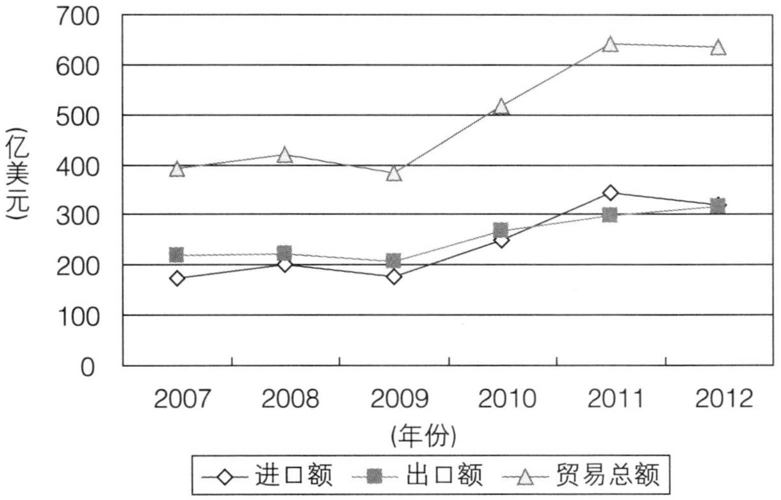

图2 2007—2012 年我国木材与木制品进出口贸易额变化情况

2012 年，我国木材与木制品进出口贸易总额为 637.33 亿美元，同比上年小幅下降 0.73%，基本呈平稳发展态势。其中，出口总额为 317.32 亿美元，同比增长 6.91%，增速比上年回落 4 个百分点；进口总额为 320.01 亿美元，同比下降 7.30%，增速比上年回落 45 个百分点；贸易逆差收窄为 2.69 亿美元，比上年减小 45.71 亿美元。出口占贸易比重为 49.79%，比上年提升 3.56 个百分点，贸易结构朝向好方向发展。分季度看，一、二、三、四季度进出口贸易额分别同比增长 2.65%、3.53%、-5.43% 和 -3.02%。

1. 进口情况

2012 年我国主要进口品种中原木、锯材、薪材、木片、木浆、纸及纸板等进口额比例，如图 3 所示。与 2011 年相比，2012 年我国原木和木浆、废纸及纸板进口比重下降 1 个百分点，而锯材和木片进口比重分别增加 1 个百分点。

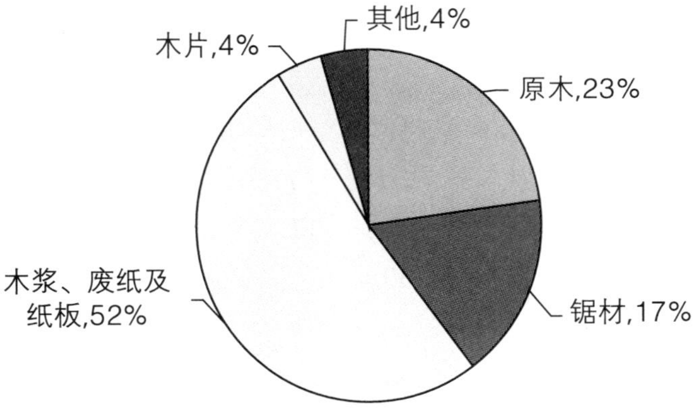

图3 2012 年我国木材与木制品进口额比例

2012年，我国进口木材（原木+锯材）6709.2万立方米（原木材积），同比下降7.94%。其中，进口原木3789.27万立方米，同比下降10.47%，其进口额占我国木材与木制品进口总额的比例为23%；进口锯材2056.59万立方米，同比减少4.43%；木片和木浆、废纸及纸板进口量分别增长15.44%和11.74%。

值得注意的是，2012年我国薄板进口量增速惊人，如图4所示。因其进口份额不大，全年进口额占我国木材与木制品进口总额的比重仅为0.42%，因此，对我国木材进口的整体情况影响较小。2012年1—12月我国薄板进口量为25.72万吨，同比增长71.29%；3月单月进口量创造了3.0万吨的历史最高纪录，同比上年增速达360%。2012年我国主要进口木材产品进口数量增速变化见图4。

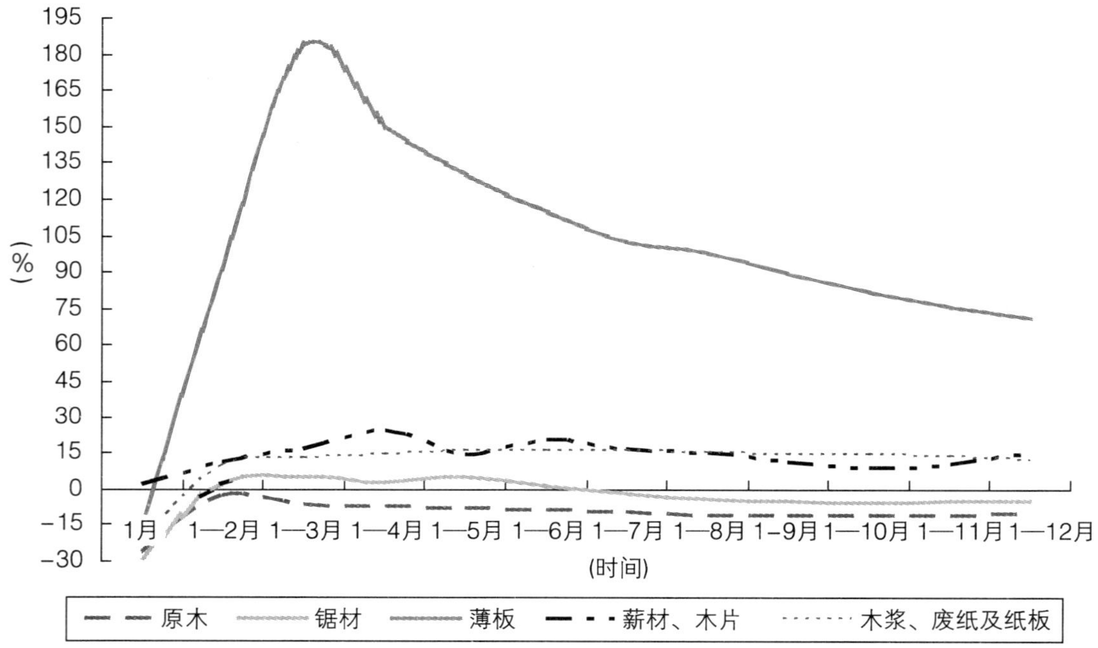

图4 2012年我国主要进口木材产品进口数量增速变化

2012年，我国进口木材（原木+锯材）货源地主要国家如图5所示。一直以来我国主要从俄罗斯、加拿大、新西兰、美国、巴布亚新几内亚等国进口木材，其进口量占我国进口木材总量的比例分别为29.8%、17.3%、13.9%、10.1%和3.9%。与2011年相比，从俄罗斯进口木材的比例下降1.6个百分点，加拿大材所占比例上升了0.7个百分点，新西兰材比例上升1.7个百分点，美国材所占比例下降1.9个百分点。我国主要从俄罗斯、新西兰、美国、巴布亚新几内亚、加拿大等国进口原木，主要从加拿大、俄罗斯、美国、泰国、印度尼西亚等国家进口锯材。

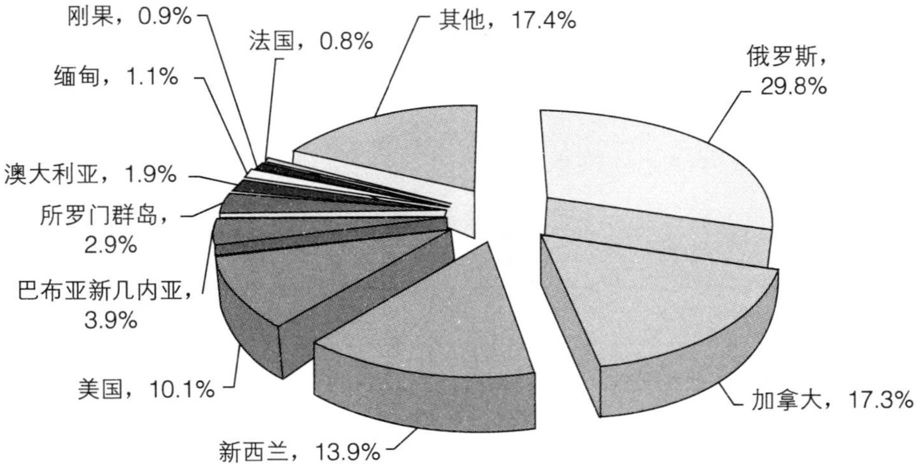

图5　2012年进口木材（原木+锯材）货源地主要国家及所占比重

2. 出口情况

2012年，我国木材与木制品出口总金额为317.32亿美元（不含松香等林产品），同比增长6.91%。木制品出口主要以木家具、木框架坐具和胶合板出口为主，2012年这三者出口值占总出口值的比重达72.8%（见图6）。

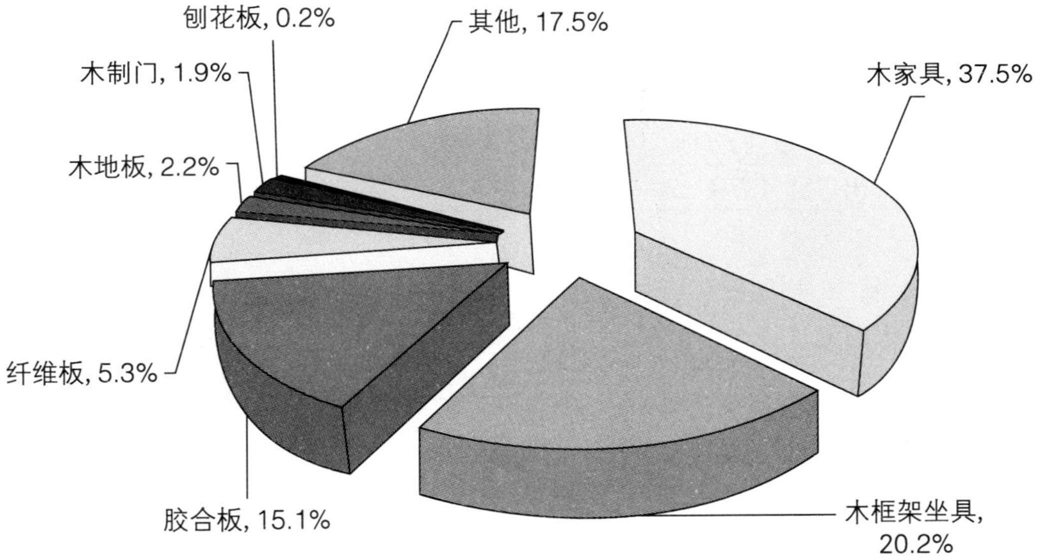

图6　2012年我国主要木制品出口额比例

2012年，我国木家具累计出口2亿件，同比再次小幅下降0.86%；出口金额119.11亿美元，同比增长5.21%，低于同期木材与木制品整体出口增速1.7个百分点，比上年增速下降2.02个百分点。木框架坐具出口量基本与上年持平；出口金额64.2亿美元，同比增长10.73%，增速比上年上升7.2个百分点。木地板出口量额同比上年分别增长3.96%和

9.93%。虽然去年美国对我国胶合板出口发起“反倾销”调查，我国胶合板出口量和出口额还是有所增长，但出口量额增速分别比上年下降了22个百分点和17个百分点。纤维板和刨花板出口量额均呈增长态势，但出口增速均有较大幅度下降。2011—2012年我国主要木制品出口情况如表3所示。

表3　　2011—2012年我国主要木制品出口量额

品种	出口情况	2011年	2012年	同比增长（%）
木家具	出口量（万件）	20159	19984.67	-0.86
	出口额（亿美元）	113.21	119.11	5.21
木地板	出口量（万吨）	40	41.53	3.96
	出口额（亿美元）	6.30	6.93	9.93
木框架坐具	出口量（万件）	8757	8714.44	-0.48
	出口额（亿美元）	57.98	64.20	10.73
木制门	出口量（万吨）	31	32.13	4.45
	出口额（亿美元）	5.79	6.19	6.85
胶合板	出口量（万立方米）	957	1003.26	4.81
	出口额（亿美元）	43.40	47.96	10.51
纤维板	出口量（万吨）	242	253.24	4.62
	出口额（亿美元）	15.48	16.70	7.89
刨花板	出口量（万吨）	12	13.52	8.97
	出口额（万美元）	5039.07	6328.57	25.59

美国是我国木制家具第一大出口市场，2012年出口美国的木制家具量占全国出口量的32.4%，在国际经济形势不好的情况下，比上年仍然增长了1.89%（见表4）。近年来，我国已经取代加拿大、意大利等国成为美国木制家具市场的第一大提供者。2006—2012年，美国木制家具进口前五名的国家里，中国位居第一名，其次是加拿大、马来西亚、印度尼西亚和意大利。虽然2008年、2009年的时候，受金融危机和贸易壁垒的影响，我国出口美国的木制家具总额有所减少，但仍比其他国家出口到美国的多，且自2010年开始，该数据又再次往上提升。欧洲是我国家具出口第二大市场，且其份额呈现不断增长的趋势。日本也在我国家具出口市场中占据重要位置，2012年我国木家具出口数量出现0.86%的小幅下降，主要是由于占我国木家具出口市场第二大份额的日本市场萎缩所致，全年进口量下降了3.89%。

表 4　　2012 年我国主要出口木制品——木家具前 10 位出口国情况

国　家	2012 年（万件）	2011 年（万件）	增减数量（万件）	同比增长（%）
总计	19982. 86	20156. 49	-173. 63	-0. 86
美国	6481. 03	6360. 52	120. 51	1. 89
日本	1887. 12	1963. 58	-76. 46	-3. 89
英国	1103. 06	1001. 06	102. 00	10. 19
德国	962. 86	925. 19	37. 67	4. 07
澳大利亚	950. 04	904. 33	45. 71	5. 05
法国	716. 92	642. 80	74. 12	11. 53
加拿大	714. 20	694. 30	19. 90	2. 87
荷兰	506. 57	421. 11	85. 46	20. 29
沙特阿拉伯	435. 23	406. 72	28. 50	7. 01
阿拉伯联合酋长国	397. 34	—	—	—

木家具出口仍以广东为龙头，占全国出口量的1/3（见图7），但福建和江苏发展都很快，在国际经济形势不好、家具总体出口呈下降的情况下，仍分别增长了12%和15%。广东省不但出口数量位居全国第一，出口单价也相对较高，2012年出口平均单价比全国平均单价高出27. 4美元。

3. 木材进口价格平稳走低

2012 年，我国木材进口价格综合指数呈缓慢下降趋势，从 1 月到 12 月综合指数下降 9. 5 个点（见图 8）。其中，原木进口价格下降了 10. 2 个点，锯材下降 4. 2 个点；针叶木材价格下降 9. 8 个点，阔叶木材价格下降 8. 9 个点。整体而言，2012 年原木进口价格下降幅度较大，锯材进口价格变化较为平稳；针叶木材由于 2011 年进口量价升幅较大，因此，2012 年进口价格经市场调整相对下滑明显。

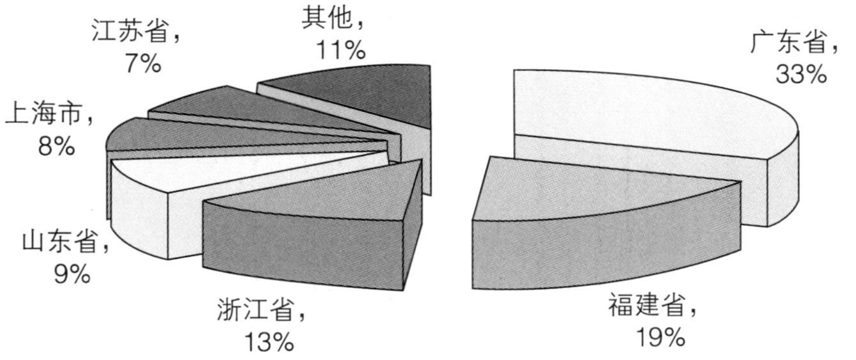

图 7　2012 年我国木家具出口地区占比情况

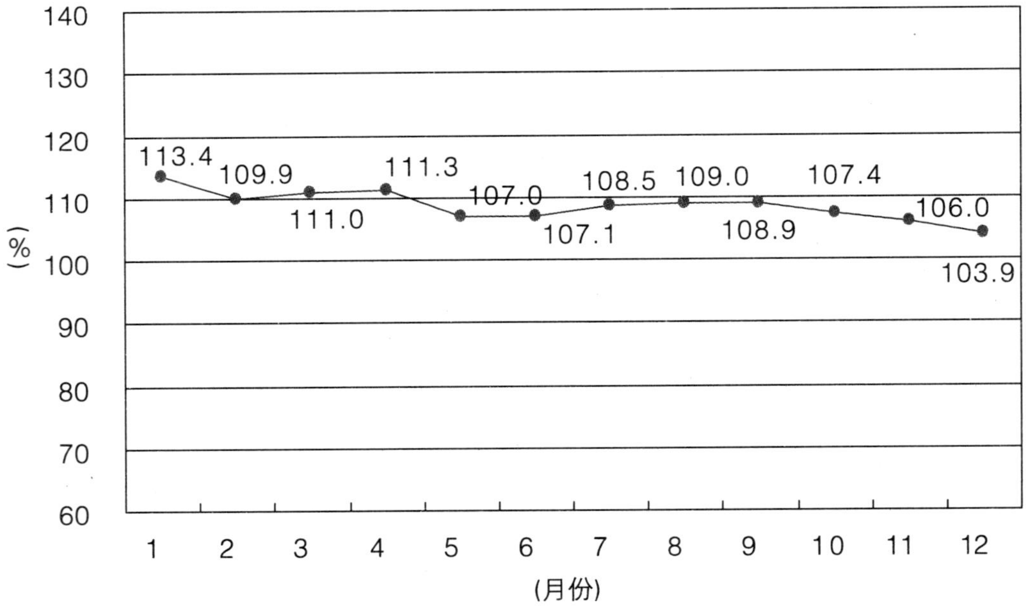

图 8　2012 年我国木材进口价格综合指数走势

（谢满华　中国木材与木制品流通协会）